武汉大学百年名典

作者简介

史述昭 男，（1922—2002年），出生于江西丰城，是我国著名的工程力学专家之一，也是一名优秀的教育工作者。史述昭先生1949年毕业于南昌大学土木工程系。毕业后参加八一革命大学学习，随后在江西省水利局、南昌大学水利系工作。1952年10月全国院系调整从南昌大学调入武汉大学水利学院（原武汉水利电力大学前身）。史述昭先生先后任讲师、副教授、教授，文革后他是首批硕士研究生导师，培养了十余名研究生。史述昭先生又是1992年首批享受国务院政府特殊津贴者，1989年光荣离休（享受厅局级待遇）。史述昭先生在教育战线辛勤耕耘四十多年，为我国高等教育事业献出了毕生的精力，作出了较大的贡献。

史述昭教授一生倾注于教材建设，并作出了突出成绩。由他主持合编的《结构力学》（一、二版）教材，1992年获国家能源部优秀教材一等奖。他还主编了《弹性力学与有限元》、参编了《工程力学与工程结构》等多部教材，其中参编的《建筑力学》一书1988年获国家教委高等学校优秀教材二等奖，这些教材在国内教育界享有较高的声誉和影响。

作者简介

史述昭教授一直从事大型水电工程人字闸门的科研工作，从1972年至1982年负责主持“葛洲坝二、三江船闸人字闸门”的科研项目，1989年至1992年负责主持三峡工程“七·五”攻关科研项目“大型人字闸门静、动力电算程序研制及原型观测”，在这些科研项目中取得了令人瞩目的成果。在国内史述昭教授首次提出将门体结构采用板架与背拉杆预应力的有限计算模型（后发展为壳体空间杆系及背拉杆的有限元计算模型），成功地解决了大型人字闸门的结构分析计算，史述昭教授是人字闸门理论计算方法的奠基人之一。史述昭教授作为主要参加者参加的“葛洲坝二、三江工程及其水电机组”大型科研项目，1985年荣获国家科学技术进步特等奖（证书号85G-T-006-37）；1993年“船闸人字闸门斜杆预应力优化方案”科研项目获国家电力工业部科学技术进步三等奖；1996年“大型人字闸门静、动力电算程序研制及原型观测”科研项目获国家水利部科学技术进步三等奖；另发表论文十余篇。史述昭教授的一生为我国的水利电力建设事业作出了很大贡献。

百年名典

结构力学

史述昭 常连芳 孙保立 彭立生 等编

武汉大学出版社
WUHAN UNIVERSITY PRESS

图书在版编目(CIP)数据

结构力学/史述昭,常连芳,孙保立,彭立生等编. —武汉: 武汉大学出版社,2013.11
武汉大学百年名典
ISBN 978-7-307-11545-3

Ⅰ.结… Ⅱ.①史… ②常… ③孙… ④彭…[等] Ⅲ.结构力学 Ⅳ.O342

中国版本图书馆 CIP 数据核字(2013)第 210339 号

责任编辑:李汉保　　责任校对:鄢春梅　　版式设计:马　佳

出版发行: 武汉大学出版社 (430072 武昌 珞珈山)
(电子邮件: cbs22@whu.edu.cn 网址: www.wdp.com.cn)
印刷: 湖北恒泰印务有限公司
开本:720×1000 1/16 印张:49.75 字数:713 千字 插页:4
版次: 2013 年 11 月第 1 版 2013 年 11 月第 1 次印刷
ISBN 978-7-307-11545-3 定价:98.00 元

《武汉大学百年名典》出版前言

百年武汉大学，走过的是学术传承、学术发展和学术创新的辉煌路程；世纪珞珈山水，承沐的是学者大师们学术风范、学术精神和学术风格的润泽。在武汉大学发展的不同年代，一批批著名学者和学术大师在这里辛勤耕耘，教书育人，著书立说。他们在学术上精品、上品纷呈，有的在继承传统中开创新论，有的集众家之说而独成一派，也有的学贯中西而独领风骚，还有的因顺应时代发展潮流而开学术学科先河。所有这些，构成了武汉大学百年学府最深厚、最深刻的学术底蕴。

武汉大学历年累积的学术精品、上品，不仅凸现了武汉大学"自强、弘毅、求是、拓新"的学术风格和学术风范，而且也丰富了武汉大学"自强、弘毅、求是、拓新"的学术气派和学术精神；不仅深刻反映了武汉大学有过的人文社会科学和自然科学的辉煌的学术成就，而且也从多方面映现了20世纪中国人文社会科学和自然科学发展的最具代表性的学术成就。高等学府，自当以学者为敬，以学术为尊，以学风为重；自当在尊重不同学术成就中增进学术繁荣，在包容不同学术观点中提升学术品质。为此，我们纵览武汉大学百年学术源流，取其上品，掬其精华，结集出版，是为《武汉大学百年名典》。

"根深叶茂，实大声洪。山高水长，流风甚美。"这是董必武同志1963年11月为武汉大学校庆题写的诗句，长期以来为武汉大学师生传颂。我们以此诗句为《武汉大学百年名典》的封面题词，实是希望武汉大学留存的那些泽被当时、惠及后人的学术精品、上品，能在现时代得到更为广泛的发扬和传承；实是希望《武汉大学百年名典》这一恢宏的出版工程，能为中华优秀文化的积累和当代中国学术的繁荣有所建树。

《武汉大学百年名典》编审委员会

再版前言

结构力学是工程科学领域内的重要专业基础课，尤其是土木工程、水电工程、交通工程、机械工程、海洋工程、航天航空工程、军事工程等领域本科生的必修课。随着工业建设的发展需求，结构力学学科本身也在不断地发展，尤其是近年来计算机技术的进步，结构力学的计算分析已经纳入有限元数值分析的范畴，事实上，有限元分析的概念就产生于航空工业的结构分析之中。所以，数十年来，有关结构力学和结构分析的学术论文与专著不断涌现，其中，结构力学的教材在国内已经出版过上百种之多。

武汉大学历来是结构力学学科研究的重镇，我国第一代结构力学领域内的巨匠俞忽先生就长期在武汉大学任教。在俞忽教授的带领下，一批青年教师迅速成长，在俞忽先生于20世纪50年代末谢世后，武汉大学建筑力学教研室的其他诸位教师并未停下脚步，他们继承俞忽先生的学术精神，继续研究和推进结构力学学科。武汉大学史述昭先生主持合编的《结构力学》就是这样一本集学术专著与教材为一体的书籍，该书由中国水利电力出版社于1960年2月出版，该书一经出版，就受到工程界与学术界和高等院校师生的高度评价。我于20世纪60年代就读于清华大学时以及毕业后在国家水利电力部贵阳勘察设计院工作期间就感受到对这本书的高度评价。在工程界和高等院校中有三本结构力学的书给人以深刻印象，一本是清华大学龙驭球先生主编的《结构力学》，第二本是湖南大学李廉锟先生主编的《结构力学原理》，再就是史述昭先生主持合编的《结构力学》。这三本书各有千秋，都是结构力学领域内顶尖水平的作品。

我认为，史述昭先生主持合编的《结构力学》一书有三大特色：

其一，反映了当时结构力学前沿研究成果，比如力矩分配法中的集体分配法、无剪力分配法、结构动力分析中的若干新算法等。即便在有限元分析技术的发展和成熟的今天，这些研究成果仍然是工程技术人员经常运用的主要方法。

其二，理论联系实际，用相当多的篇幅论述了在工程设计中如何运用结构力学的方法解决疑难问题的实例，这一特点受到工程设计人员的欢迎。

其三，行文简明扼要，方程的推演逻辑清晰，理论阐述严谨。

以上特色使得该书好评如潮，成为许多高等院校的首选教材和工程技术人员的重要参考书，从而由水利电力出版社于 1987 年再版。史述昭先生一生从事力学及其应用的研究和教学，著述颇丰，除了上述《结构力学》以外，还主编或参编了《建筑力学》（上、中、下三册，人民教育出版社），《工程力学与工程结构》（人民教育出版社），《弹性力学与有限元》（水利电力出版社），还发表了“用力矩分配法及力矩扩大集体分配法计算矩形外形空间钢架的强迫振动”、“两对边间支加肋板自由振动的变分解法”、“增量理论弹塑性问题的摄动有限元法”等一批有重大影响的论文，并且应用于大型工程的设计计算之中，如三峡大坝大型人字闸门等项目，为国家的重大建设项目做出了贡献。

史述昭先生还是“文革”之后第一批研究生的导师，多年来所培养的学生已成为各科研所和设计院的学术骨干力量。我有幸成为他 1978 级研究生之一，他还为研究生开设了弹性理论等课程，其深入浅出的教学方法和严谨的学风使我们得益匪浅。

除史述昭先生外，参加《结构力学》一书编写的还有武汉大学常连芳教授、孙保立教授和彭立生教授，在此对他们表示敬意！

今年恰逢武汉大学迎来建校 120 周年庆典，武汉大学出版社将史述昭等先生主编的《结构力学》一书收录入《武汉大学百年名典》，重新出版，是对史述昭先生毕生奉献给中国的工程力学学科和教育事业的缅怀和颂扬。再版此书将有助于后人更好地了解面向国家重大建设项目的力学计算原理和方法手段的应用，为工程力学的学科建设再做贡献。

朱以文

2013 年 7 月 25 日于武汉大学

第二版序言

本书第一版作为高等工科院校水利工程各专业教材，于1959年由水利电力出版社出版。在这次修订中，我们除注意保留原书的特点外，并在章、节、内容上作了一定的增删，以作为一本教学、工程科技人员的参考书。原书的机动分析一章作了较大的精简，只保留了一部分合并在绪论一章中；静定梁及梁型刚架、静定平面桁架、三铰拱及三铰刚架等三章进行精简合并为两章，即静定结构的内力计算、静定结构影响线；弹性地基上结构的计算一章，考虑到现在已有不少专著，受篇幅限制，在这次修订中已全部删去。新增加了两章，即矩阵位移法、空间刚架及对钢筋混凝土蜗壳的计算；另外还增加了一个附录，即微型计算机计算连续梁及平面刚架程序。

参加本书第一版编写工作的有：史述昭（第1章绪论、第2章系统的机动分析、第13章弹性地基上结构的计算）、常连芳（第7章超静定结构的一般概念、第11章变位法、第12章力矩分配法、第15章结构的动力计算）、孙保立（第6章结构的变位，第9章连续梁、第16章超静定刚架的影响线、全书的习题）、彭立生（第10章无铰拱的计算、第14章弹性结构的稳定计算、第16章连拱框架的计算）、姜国珍（第5章三铰拱及三铰刚架、第8章力法计算超静定结构）、金雅鹤（第3章静定梁及梁型刚架）、王磊（第4章静定平面桁架、第16章连拱坝在横向地震作用下的近似计算）、王坚白（第16章弹性基础圆拱及弹性介质中水工结构的计算、空腹刚架）。金雅鹤、李万聪参加了全书的绘图工作。

参加本次修订工作的有：史述昭（第1章绪论、第15章空间刚架及对钢筋混凝土蜗壳的计算）、常连芳（第5章超静定结构的一般概念、第 9 章位移法、第 10 章力矩分配法、第 12 章结构的动力计算)、孙保立（第 4 章结构位移、第 7 章连续梁)、彭立生（第 8 章无铰拱、第 11 章结构的稳定计算)、张立中、金雅鹤（第 2 章静定结构的内力计算)、金雅鹤（第 3 章静定结构影响线)、段克让（第 13 章矩阵位移法)、章监才（第 6 章力法)、何文娟（第 14 章弹性基础圆拱及对岔管的计算)，孟吉复（附录微型计算机计算连续梁及平面刚架程序)。第二版书稿由粟一凡教授进行了总审阅。

在本书的修改过程中，很多读者提出了许多宝贵的意见和建议，特此致谢。

编 者

1985 年 1 月

目　　录

第1章　绪　　论

1.1　结构力学的研究对象及任务

实际工程中所谓的结构，范围是很广泛的，如桥梁、房屋、隧道、闸、坝、船舶、飞机、火箭等，即凡是由一定的材料组成，并能承受荷载的物体都可以称为结构。在土建或水利等工程中，所谓的结构，通常是指直接或间接与地基联结，在力系作用下维持平衡的一部分或几部分组合而成的建筑物。如桥梁（可以是桥架，也可以是桥墩或者是这两部分的组合体）、房屋、隧道、闸、坝，等等。

结构力学所研究的对象就是结构，结构力学的任务是：研究、计算在各种荷载或其他因素单独作用或共同作用下，结构的强度、刚度、稳定及组成规律和性能，使结构符合实用、安全、经济等方面的要求。

计算强度及稳定的目的是使结构有足够的坚固性，计算刚度的目的是使结构不产生超过允许范围的变形。不仅在设计新的结构时要进行这三方面的计算，而且对已建成的结构，当外来因素有改变时也必须计算，以便考虑对结构是否应加固或改变使用条件。

从结构力学的任务来看，结构力学与材料力学、弹性力学、塑性力学有许多共同之处，但是材料力学主要是研究个别杆件的计算理论和方法，如杆、梁、轴、柱的拉、压、弯、剪、扭及其组合情形的计算；结构力学主要是研究由杆件组成的杆件体系的计算理论和方法，如桁架、连续梁、刚架等的计算；弹性力学虽然也研究杆件，但在理论上要求有较高的严密性和精确度，弹性力学主要研究并非由杆件组成的结构，如板、壳、块体等；塑性力学与弹性力学的主要区别在于，塑性力学研究塑性物体或弹塑性物体在塑性状态时的理论。

1.2 作用于结构的荷载及其分类

结构力学是研究在各种荷载或其他因素作用下的结构，这里所指的其他因素，主要是指温度变化、支座位移、材料收缩、安装不准等。至于各种荷载，从不同的观点划分可以有不同的含义，现叙述如下：

（1）根据荷载作用区域面积的大小，可以分为集中荷载与分布荷载，集中荷载是作用在一个点上的荷载，而分布荷载则是分布在一定面积上的荷载。自然，作用在一个点上的集中荷载，只是将作用在小面积上的分布荷载的一种近似。

（2）根据荷载作用的位置可以移动与否，可以分为恒载与活荷载，恒载指作用位置不变的荷载，如结构的自重以及永久性建筑物传来的作用力等。活荷载是指荷载作用位置可以移动的荷载，它又可以分为行动荷载与可动荷载两种，前者如行动的机车车辆，后者如雪、仓库中的存放物等。

（3）根据荷载的作用性质，可以分为静力荷载与动力荷载，静力荷载是逐渐地、缓慢地施加的荷载，在这种荷载作用下不致使结构发生显著的冲击与振动，因此可以忽略惯性力的影响，有些荷载虽然不是逐渐地、缓慢地施加的，但是当惯性力的影响很小时，也可以看作是静力荷载，如结构的自重、静水压力等。动力荷载是随时间迅速变化的荷载，在这种荷载作用下将不能忽略惯性力的影响，如水轮机对基础的振动，海浪对海堤的冲击等。

1.3　平面结构的支座

将结构与地面或其他结构联结起来，以限制其不发生某些相对运动的装置称为支座。

平面结构的支座可以分为以下几种。

1.3.1　活动铰支座

活动铰支座可以允许结构绕支座的某一点转动，同时还可以在一个方向内平行移动，如图1-1（a）所示，结构可以绕支座的中间铰转动，也可以在辊轴上移动，并假定它们之间没有摩擦力，这样，支座反力必通过铰的中心，其方向必垂直于辊轴运动的方向，因此，支座反力的作用点和方向都是已知的，只是反力的大小 R_y 是未知的。这种支座也可以用图1-1（b）所示的一根链杆来表示，结构可以绕 A 点转动，同时也可以在以 B 点为圆心、BA 为半径的圆周上移动，因为移动的距离很小，可以认为是水平移动，这样，支座反力必通过铰 A，作用线将为竖向。

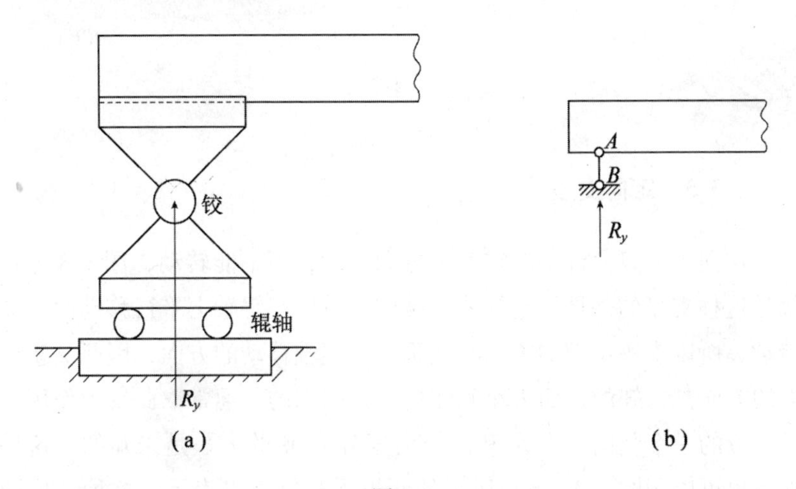

图1-1

1.3.2 固定铰支座

固定铰支座只允许结构绕支座的某一点转动，而不能移动，如图1-2（a）所示就是这种支座的一种构造简图，结构只能绕中间铰转动而不能移动，这样，支座反力必通过铰的中心，因此支座反力的作用点是已知的，而大小和方向是未知的，通常取此反力的水平分力 R_x 和竖向分力 R_y 的大小是未知的。这种支座也可以用图 1-2（b）、（c）所示的两根相交的链杆来表示，这表示结构只能绕 A 点转动但不能移动，所以反力的作用点必通过铰 A，但它的大小和方向是未知的。

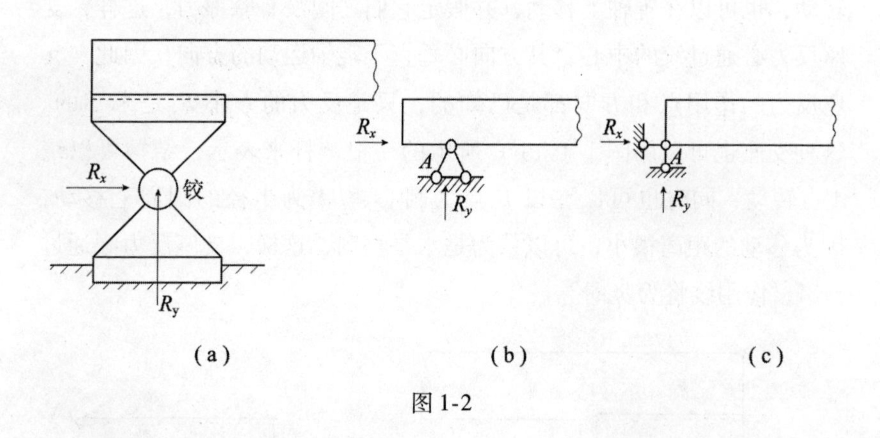

图 1-2

1.3.3 定向支座

定向支座只允许结构在某一方向移动，而不能转动，图 1-3（a）就是这种支座的一种构造简图，结构只可以在辊轴上平行移动而不能转动，所以支座反力的方向必须垂直于辊轴移动的方向，因此支座反力的方向是已知的，而大小和作用点是未知的，通常取此反力作用在某一点的一个竖向分力 R_y 和一个力矩分力 M 的大小是未知的。这种支座也可以用图 1-3（b）所示的两根平行链杆来表示，这种结构同

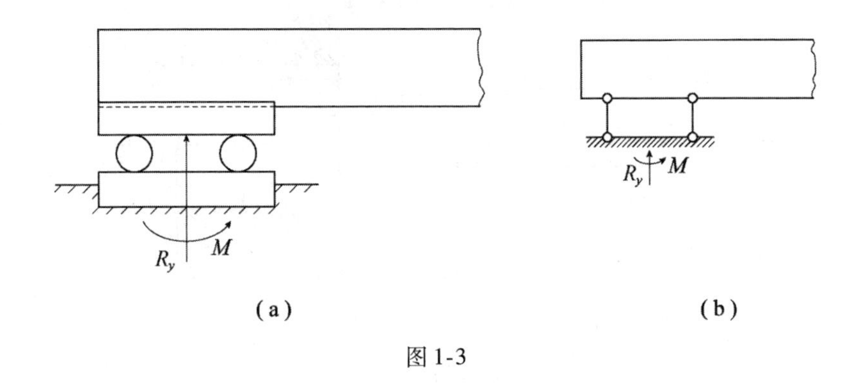

图1-3

样只可以在垂直于链杆方向平行移动而不能转动。

1.3.4 固定支座

固定支座不允许结构有任何方向的移动及转动，图1-4（a）就是这种支座的一种构造简图，由于结构不能作任何移动及转动，因此支座反力的大小、方向和作用点都是未知的，通常取此反力作用在某一点的水平分力 R_x、竖向分力 R_y 和力矩分力 M 的大小是未知的，这种支座也可以用图1-4（b）所示的三根不相互平行，也不同时交于一点的链杆来表示，在这三根链杆的约束下，结构就可以既不能移动也不能转动。

上述支座是常用的四种支座。可以看出，在它们的链杆简图中，所用的链杆数也就是支座反力的未知数的数目。

1.4 结构的计算简图及其分类

在分析某一建筑物时，并不是将整个建筑物原封不动地进行分析，而是有意识地将建筑物的某些次要因素忽略，加以简化后，取其简化图形来计算，这种经过简化后的计算图形称为结构的计算简图。在计算过程中用计算简图来代替实际建筑物，今后，我们所称的结构，都不是指的实际建筑物而是指建筑物的计算简图。一个实际建筑

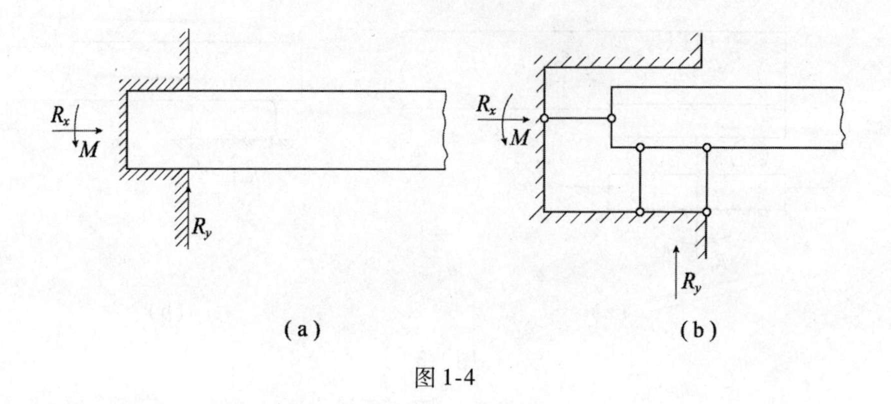

图 1-4

物是很复杂的，如果要完全精确地加以分析，有时几乎是不可能的，即使可能也是异常的复杂，而从工程观点看来也是没有必要的。

如图 1-5（a）所示的简单梁，两端搁置于墙上，中间悬挂一重物，如果要完全按实际情况分析将是很复杂的，首先需确定墙对梁的反力沿墙宽应作何规律分布，这就是一个不很容易解决的问题，现在假定它是沿墙宽均匀分布的，其合力必将通过墙宽的中点，这样就可以分别用固定铰支座与活动铰支座代替墙对梁的联结，同时以梁的轴线来代替梁本身，经过这样简化后就可取图 1-5（b）所示的计算简图计算梁的内力，这样就很容易分析了。显然，如果墙的宽度比梁的长度小很多，同时梁的高度也比长度小很多时，作这样的简化在工程上是完全允许的。

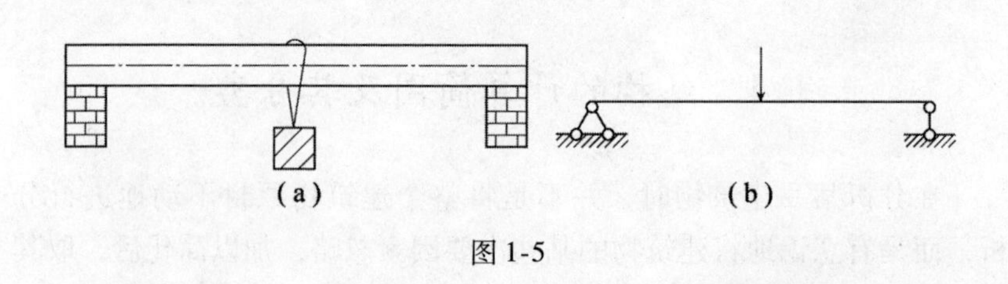

图 1-5

又如图 1-6（a）所示弧形闸门支架，每个结点都是铆接的，是不能自由转动的，如果要按这样的接合方式进行计算将是很复杂的，现在假设各结点都是用理想铰连接的，同时以杆件的轴线来代替杆件的作用，就可以取如图 1-6（b）所示的简图，这样计算内力就可以简单得多。实践及计算证明，经过这样简化的计算结果在工程上是可以采用的。

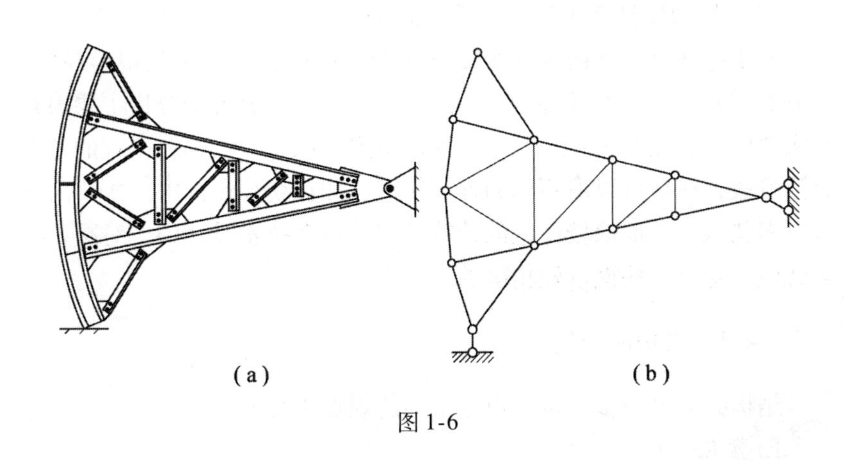

图 1-6

1.4.1　建筑物的简化

对一建筑物加以简化而取为计算简图，通常有以下几方面的简化：

1. 杆系的简化

当计算杆系建筑物的内力时，通常以构成建筑物的各杆件的轴线来代替各杆件，例如以上两例中的简单梁和闸门支架的计算简图就都是这样简化的。

2. 结点的简化

根据建筑物各结点的连接情况，简化为理想的铰结点或理想的刚结点，例如上例中的闸门支架的计算简图，就曾将原来的铆接简化为理想的铰接。

3. 支座的简化

将建筑物的支承处，根据其约束情形加以理想化，简化为一定的支座，例如以上两例中的支承处都分别简化为固定铰支座或活动铰支座。

计算简图的选取，是分析结构时一项重要而必须首先解决的问题，在选取时必须符合下列两项原则：

（1）必须使计算简图尽可能正确反映建筑物的实际情况；

（2）必须使计算工作得到最大的简化。

要很好地符合这两项原则以选取合理的计算简图不是很容易的，一方面需要对工程有较多的实际经验，另一方面要善于分析主要因素与次要因素的相互关系及其相对性而决定其取舍。在同一工程的各个设计阶段，往往可以取不同的计算简图，如在初步设计中，次要因素可以多忽略一些而取较简单的计算简图，但在技术设计中，对次要因素就应少忽略一些而取较精确的计算简图。

1.4.2　结构的分类

结构的类型很多，可以根据不同的观点进行分类。

1. 按几何特征分类

（1）杆件结构

这种结构由杆件或杆系组成，这些杆件的长度远大于其截面尺寸，即一个方向的尺寸远大于其另两个方向的尺寸。如图 1-5 及图 1-6所示的梁及桁架就是杆件结构。

（2）薄壁（薄板或薄壳）结构

这种结构的特点是两个方向的尺寸（长与宽）远大于另一个方向的尺寸（厚），如水闸底板，薄壳屋顶等。

（3）实体结构

这种结构的特点是三个方向的尺寸有同级的大小，如重力坝、挡土墙等。

2. 按空间观点分类

（1）平面结构

所有组成结构的构件的轴线及荷载都同在一平面内的结构。

（2）空间结构

所有组成结构的构件的轴线或荷载不同时在一平面内的结构。

当然，实际的建筑物都是空间的，但在取计算简图时，有的可以分成一个或几个平面结构计算时，这种结构就是平面结构。

3. 按杆件结合的方式分类

（1）铰接结构

所有连接杆件的结点都是用理想铰连接的，每一个铰所连接的各根杆件都可以绕该铰自由转动，铰接结构一般称为桁架，如图 1-6（b）所示的闸门支架简图以及图 1-7 所示的桥架简图都是铰接结构。

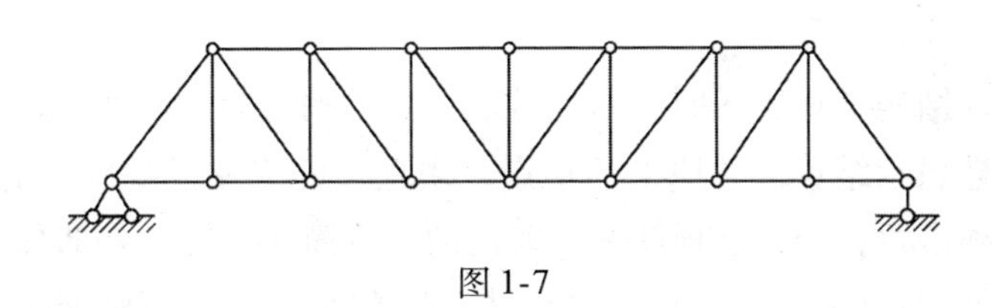

图 1-7

（2）刚接结构

所有连接杆件的结点都是刚性连接的（简称刚接），所谓刚接，就是被连接的杆件都不能绕结点作相对转动，如图 1-8 所示的框架简图就是刚接结构。

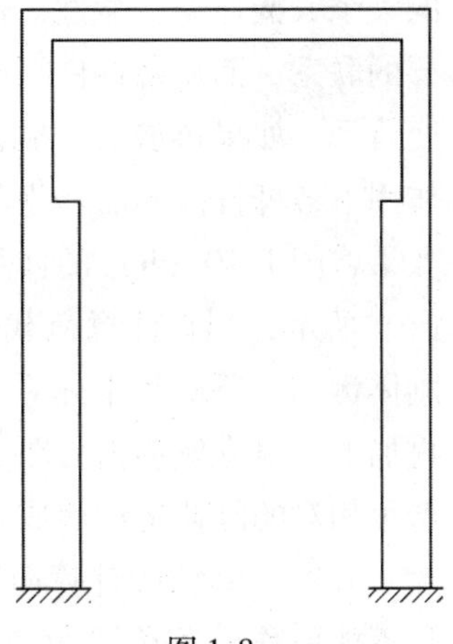

图 1-8

（3）混合接结构

在同一结构上，有些结点是刚接的，有些结点是铰接的，如图 1-9 所示的加强梁简图就是混合接结构。

4. 按计算方法分类

（1）静定结构

只需用静力平衡条件，就可求得全部反力及内力的结构。

（2）超静定结构

只用静力平衡条件，不能求得全部反力及内力的结构。分析这种结构，除需要考虑静力平衡条件外还需要考虑变形条件。

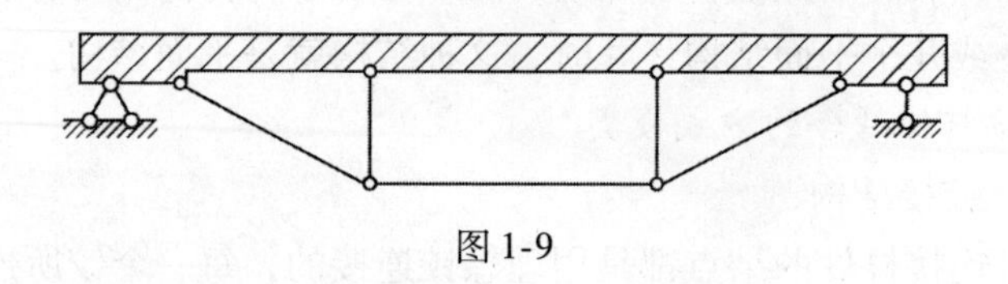

图 1-9

1.5 平面体系的几何组成分析

在取结构计算简图时，我们常取杆件的轴线代替杆件，用理想铰结点或理想刚结点代替原来的结点，用理想的支座代替原来的支承，但是必须注意，经过这样简化后取出的计算简图，结构各部分之间或与被支承的物体之间，应不能产生相对的刚体运动，否则结构将不能承受荷载的作用，而这样一种杆件体系，根据几何组成分析，称为几何可变体系，与此相反，对于不能产生相对运动的体系，称为几何不变体系。如图 1-10（a）所示的体系，是四根杆件用四个铰联接起来的一个铰接体系，显然，在微小的任意力系作用下，此体系因缺少必要的联系，而使各杆件间产生相对的刚体运动，所以它是一个几何可变体系，如果再加上一根斜杆，如图 1-10（b）所示，则在任意力系作用下各杆件间不能产生相对的刚体运动，所以它是几何不变体系，如果将图 1-10（b）的体系用两根支座链杆与基础相联，如图 1-10（c）所示，则在任意荷载作用下，此体系与基础之间将产生相对的刚体运动，所以整个体系（连同基础）仍然是几何可变体系，如果再加上一根支座链杆如图 1-10（d）所示，则此体系的各部分都不会产生相对的刚体运动而成为几何不变体系了。

显然，结构的计算简图必须取成几何不变体系，几何可变体系是不能取作计算简图的。下面介绍几何不变体系几何组成的一些基本规则。

为了下面叙述方便起见，常采用盘体及链杆这两个名词。

体系中的几何不变部分称为盘体。凡是只用两个铰与其他部分相联的杆件（直杆或曲杆）或盘体称为链杆。

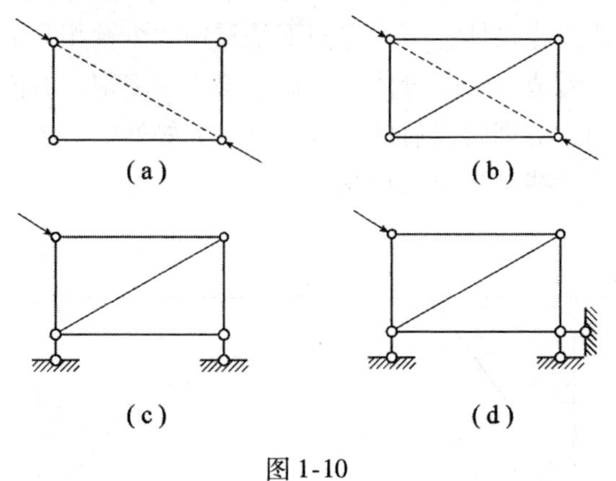

图 1-10

如图 1-11（a）所示的体系，所有的杆件都是只用两个铰相连接的杆件，所以都是链杆。当然每根杆件都是几何不变部分，故也可以当作一个盘体。另外，如果我们已知 *abc* 为一几何不变部分，则可以将这一部分当作一个盘体，同时如果已知 *abcd* 也是一几何不变部分，则也可以将整个这一部分当作一个盘体，同理 *aefg* 也可以当作一个盘体。这样，图 1-11（a）所示体系，就可以用图 1-11（b）所示的体系那样来表示，以后，我们常用如图 1-11（b）所示的一整块刚片来代表一个盘体。

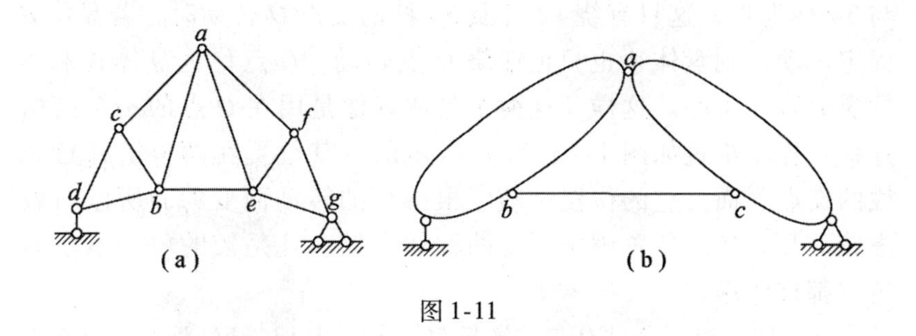

图 1-11

又如图1-12所示的体系，*ab*、*cb*、*de*、*ef*都是链杆，当然，这些链杆也可以当作盘体，值得注意的是：*gh*及*gi*这两根杆件都不能当作链杆而只能当作盘体，因为它们不是只用两个铰相联的杆件。由此可知：链杆可看成为一个盘体，但盘体却不一定都能看成为链杆。分清它们的异同，对理解以后的内容是有很大好处的。下面讲述平面几何不变体系的一些基本组成规则。

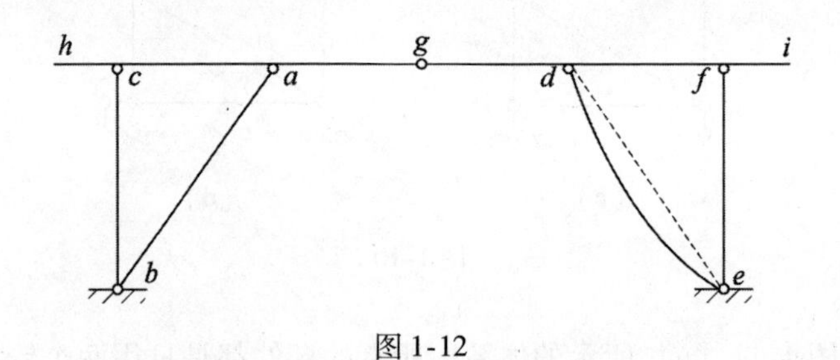

图1-12

规则一，两个盘体，用不同时交于一点，也不互相平行的三根链杆相联，或用一个铰与不通过这个铰的一根链杆相联，则组成一个几何不变体系。

如图1-13（a）所示两个盘体*A*和*B*，用两根链杆12及34相连接，若盘体*A*固定不动，则1及3两点也固定不动，2点运动时其方向将与12杆垂直，4点运动时其方向将与34杆垂直，2及4点均在盘体*B*上，即盘体*B*运动时其方向既要与12杆垂直又要与34杆垂直，这只有绕12杆及34杆的交点*O*转动时，若盘体*B*固定不动，则盘体*A*也只可能绕*O*点转动，*O*点称为盘体*A*和*B*的瞬时转动中心。这样，这两个盘体好像是用在*O*点的一个铰相连接一样。不过如图1-13（a）所示的铰其位置在两根链杆延长线的交点，而且它的位置是随两根链杆的转动而变的，所以叫做虚铰。凡是铰的位置固定不变的称作实铰，凡是铰的位置不是固定的都称作虚铰。

若再加一根不通过*O*点的链杆56，如图1-13（b）所示，则6点也在盘体*B*上，若产生运动，其方向应与56杆垂直，这样，如果盘

体 B 产生运动，其方向既要垂直于链杆12及34，同时又要垂直于链杆56，但这是不可能的，即 A、B 两盘体不能作相对运动。因此如图1-13（b）所示的体系为几何不变体系，这就证明了上述规则的正确性。

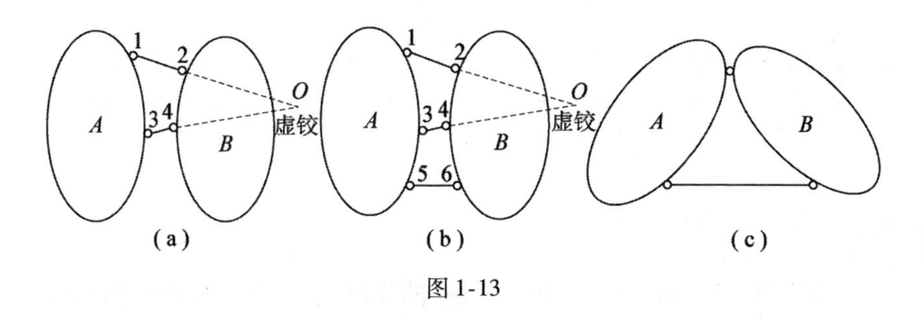

图1-13

因为两根链杆相当于一个铰的作用，所以这两个盘体也可以用一个铰与不通过这个铰的一根链杆相连接，以组成一个几何不变体系，如图1-13（c）所示。

规则二，三个盘体用不同在一直线上的三个铰两两相连接，则组成一几何不变体系。其中任何一个铰也可以用两根链杆代替。

如图1-14（a）所示，三个盘体 A、B 及 C 用不同在一直线上的三个铰两两相连接，这个体系将为几何不变体系。由平面几何学可知：若三角形的三边已定，则此三角形已定。即若盘体 A、B 及 C 不发生弹性变形，则由此三盘体组成的三角形的形状是一定的，因此这样的体系是几何不变体系。事实上若将盘体 C 当做一根链杆，则此体系将与图1-13（c）所示的体系一样而是几何不变体系。若将任何一个铰换成两根链杆，如图1-14（b）所示，则此体系同样为几何不变体系。

上面在讨论两盘体与三盘体如何组成才成为一几何不变体系时，都曾提出一些应避免的情形，如连接两盘体的三根链杆不能同时交于一点也不能互相平行，连接三盘体的三个铰不能同在一直线上等。现在研究，如果出现了这种情形其结果如何。

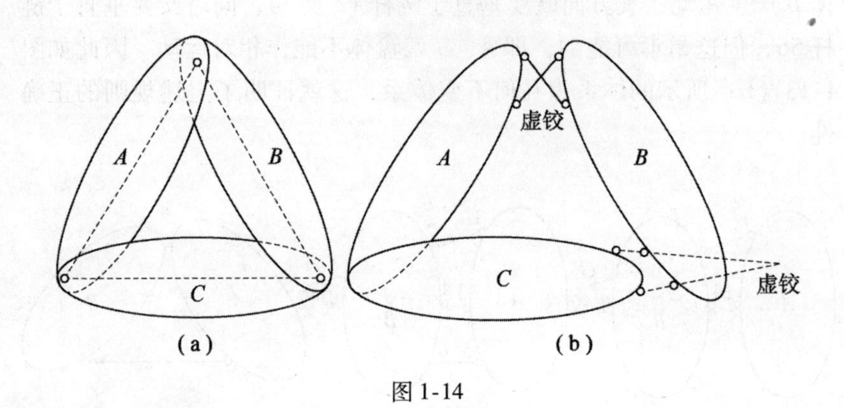

图 1-14

如图 1-15（a）所示，若三根链杆同时交于 O 点，则 O 点仍为这两个盘体的瞬时转动中心，即 A 及 B 两盘体可以绕 O 点作微小的相对转动，当转动一微小角度后，这三根链杆不再同时交于一点，则不再产生相对转动，像这样在某一瞬时可以产生微小相对运动的体系称为瞬时变形体系，或简称瞬变体系。

若三根链杆互相平行但不等长，如图 1-15（b）所示，则仍为瞬变体系，其理由与上述相同，我们可以认为这三根链杆也同时交于一点，不过交点在无穷远处。若三根链杆互相平行且等长，如图 1-15（c）所示，则 A、B 两盘体产生一相对运动后此三链杆仍互相平行，即在任何时刻任何位置，这三根链杆都是平行的，所以在任何时刻都将产生相对运动，因此又可以称这一体系为常变体系。瞬变体系与常

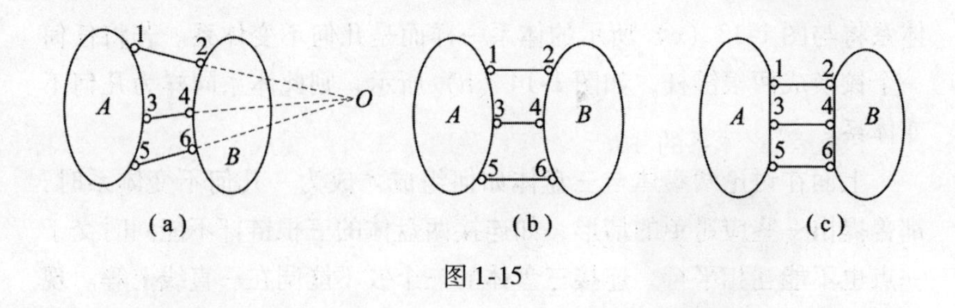

图 1-15

变体系都属几何可变体系一类，但二者是有些区别的，前者只在某一瞬时不能保持固定的几何形状而产生相对运动，而后者在任何时刻都不能保持固定的几何形状而产生相对运动。

现在再研究连接三盘体的三个铰同在一直线上的情形。首先研究图1-16（a）所示体系，若将*AB*、*AC*及地基看成三个盘体，则这三个盘体用*A*、*B*及*C*三个铰相连接，且这三个铰不同在一直线上，所以是几何不变体系，若*A*、*B*及*C*同在一直线上如图1-16（b）所示，则铰*A*将在以*B*点为圆心*BA*为半径，以及以*C*点为圆心，*CA*为半径的两圆弧的公切线上，而*A*点即为公切点，所以*A*点可以在此公切线上作微小的上下移动，当产生一微小移动后，*A*、*B*及*C*不同时在一直线上，运动不再发生，所以也是一个瞬时变形体系。

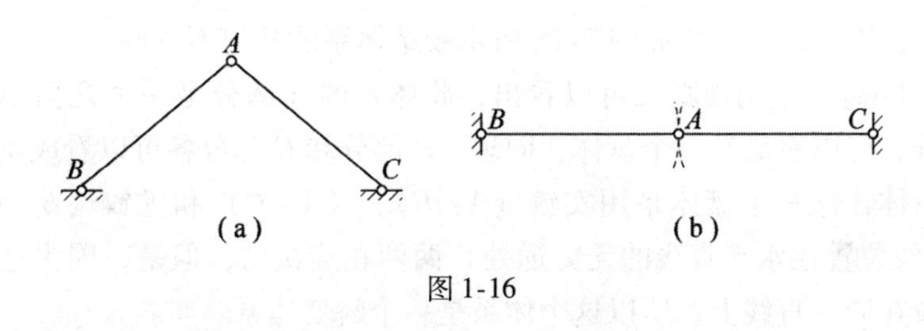

图1-16

显然，几何可变体系与瞬变体系都不能取做结构的计算简图，结构的计算简图必须是几何不变体系。

有了上述一些规则后，就可以用来分析一个体系的几何不变性，其方法是根据规则一和规则二，将一个体系中能符合这两个规则的一些几何不变部分当做一个盘体，这样逐步扩大，直到可以得出结论时为止。

【例1-1】 试分析如图1-17所示的体系的几何不变性。

【解】 此体系的*ABC*、*ADEF*及地基都可以看成为一个盘体，则这三个盘体是用不同在一根直线上的三个铰*A*、*C*及*E*两两相连接的，所以这一部分为一几何不变部分，可以当做一个盘体，再将*GF*和*GH*各当做一个盘体，则这三个盘体是用不同在一根直线上的三个铰*F*、*G*及*H*两两相连接的，所以这一部分也是几何不变部分，这样，整个体系就是一个几何不变体系。

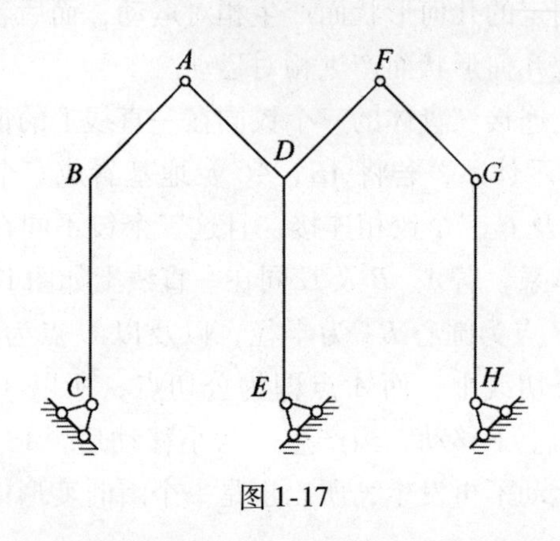

图 1-17

【例 1-2】 分析如图 1-18 所示铰结体系的几何不变性。

【解】 应用规则二可以看出，此体系的 A 部分是一个几何不变部分，可以看成是一个盘体，同理，B 部分和 C 部分各可以看成是一个盘体，这三个盘体是用实铰（A、B）、（A、C）和虚铰（B、C）（虚铰位置在水平直线的无穷远处）两两相连接的，但是，因为这三个铰在同一直线上，所以这个体系是一个瞬变体系。

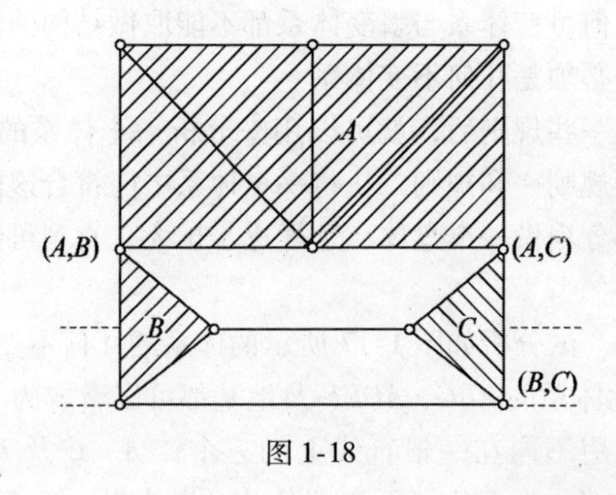

图 1-18

也可以用另外一种方法去分析，例如可以将 A 部分当做一根链杆，因为它是只用两个铰（A，B）和（A，C）与其他部分相联的盘体，这样，这个体系就可看成 B、C 两个盘体是用三根相互平行但不等长的链杆相联的，所以是一个瞬变体系，不论用什么方法去分析，正确的结论应是相同的。

习　　题

分析如图 1-19 ~ 图 1-26 所示体系的几何不变性。

图 1-19

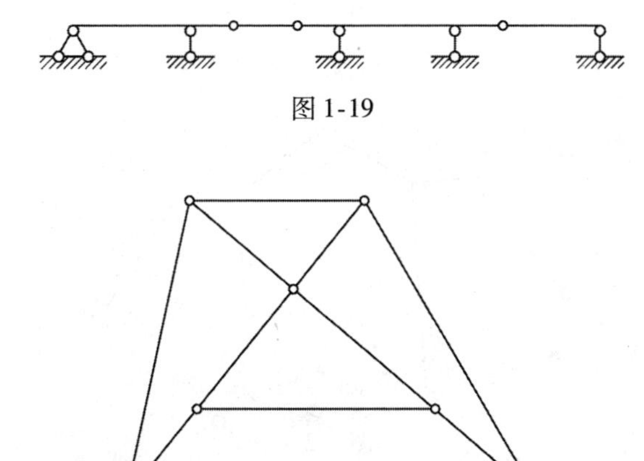

图 1-20

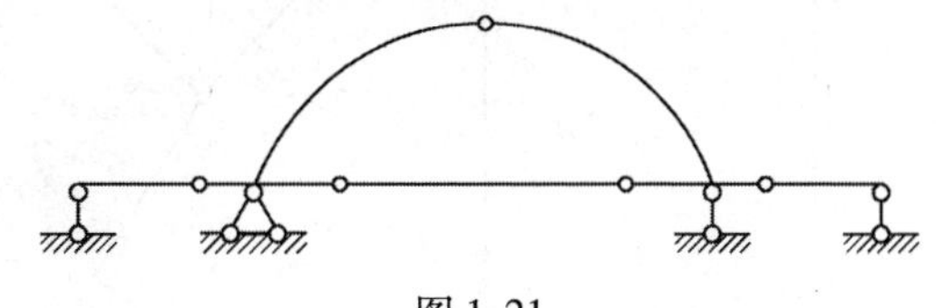

图 1-21

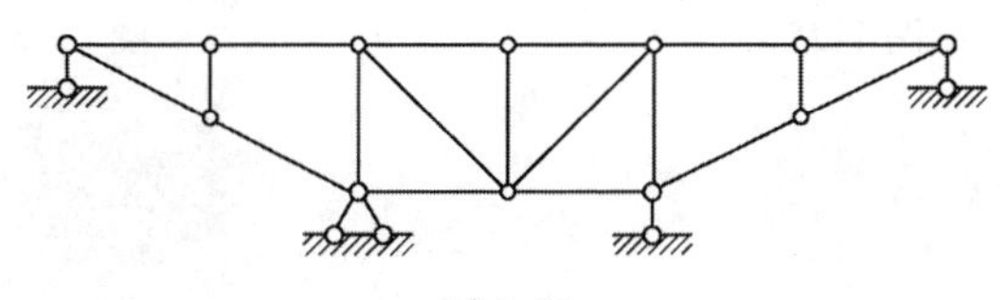

图 1-22

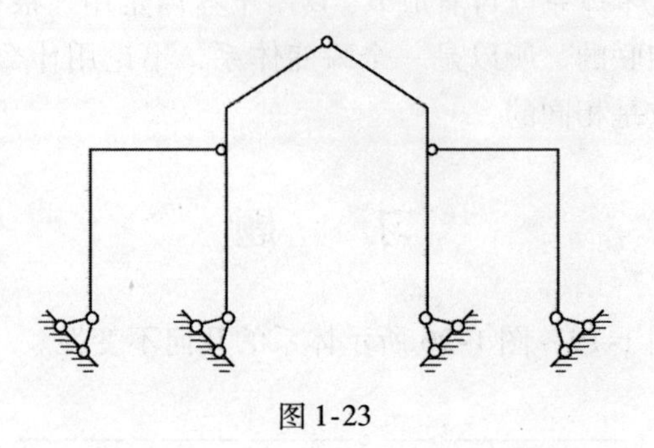

图 1-23

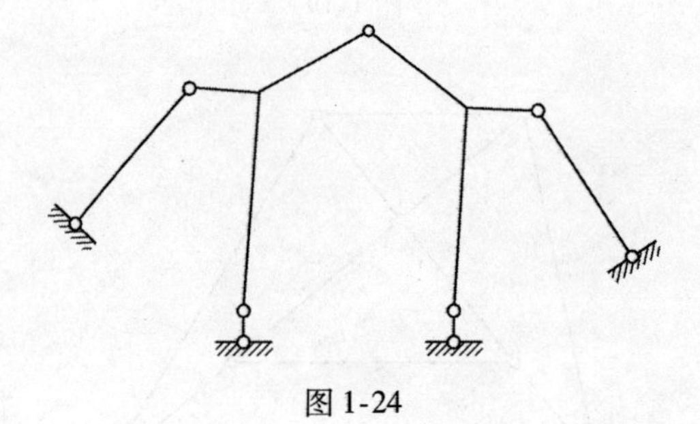

图 1-24

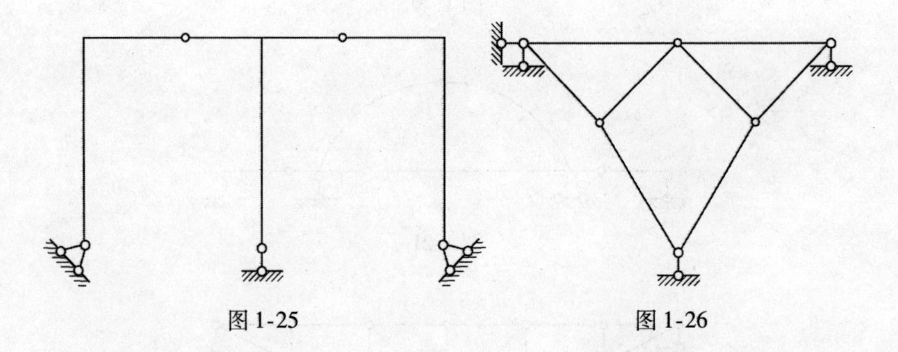

图 1-25　　　　图 1-26

第2章　静定结构的内力计算

2.1　一般介绍

凡在任意荷载作用下，其全部反力及内力可以根据静力平衡条件唯一确定的几何不变体系称为静定结构。

在理解上述定义时必须注意：第一，所谓“静定’必须包括结构的全部反力和全部内力都是静力可定的，而不只是一部分反力和一部分内力是静力可定的。其次，“静定”的含义仅仅是指结构的反力和内力是静力可定的，不包括结构上的其他物理量，例如应力、位移等。

在实际工程中，合乎上述定义的静定结构可以有各种各样的形式，但是根据其构造特点及受力性能常用的型式有：梁、刚架、拱、桁架及组合结构等。

本章主要研究这些形式的静定结构的组成、特点以及在恒载作用下的受力分析问题（包括支座反力和内力的计算、内力图的绘制、受力性能的分析）。

因为静定结构的全部反力和内力都只需用静力平衡条件就可以求得，因此，在计算这些结构的约束反力及内力时，可以像材料力学中计算构件内力时一样，或者利用结构的整体平衡条件，或者利用一部分脱离体的平衡条件，而后者尤其重要，也就是说，对脱离体写出平衡条件是我们进行静定结构受力分析的主要手段。所不同的是材料力学中讨论的是单个构件的计算问题，在结构力学中则讨论整个结构的计算问题。因此在结构力学中就需要采用分解的方法——把结构分解成杆件或单元，将整体结构的计算问题分解为杆件或单元的计算问题。如何将结构进行分解呢？这就与结构的几何组成分析有关，因此，应把受力分析与组成分析两者联系起来，根据几何构造上的特点来确定计算内力和约束反力的合理途径。

2.2 多跨静定梁

静定梁结构除了经常遇到的各自独立的简支梁和悬臂梁之外，也还有相互铰接的多跨静定梁［见图2-1（a）］及轴线具有折线形状的静定梁型刚架［见图2-1（b）］。

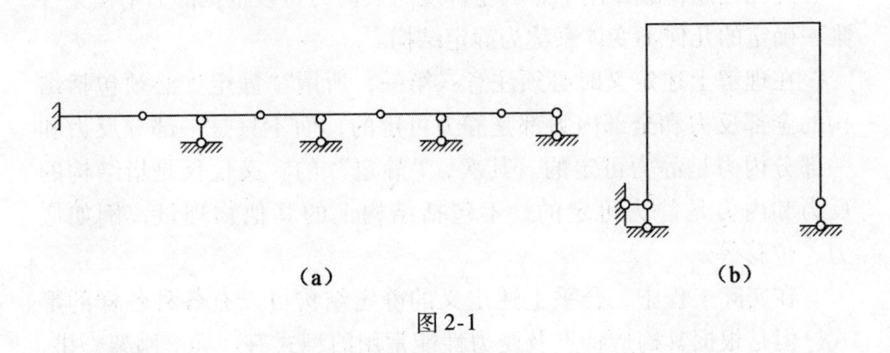

图2-1

关于简支梁及悬臂梁，在材料力学中讲得比较详细，这里不再作介绍。本节将讨论多跨静定梁的组成及计算。

用铰把几根有悬臂或没有悬臂的梁联结在一起，组成静定的几何不变的体系，我们称该体系为多跨静定梁。

常用的多跨静定梁多由两种不同方式组成。第一种组成方式如图2-2（a）所示，其特点是短梁两端支于悬臂上，无铰跨和有铰的跨交替出现。第二种组成方式如图2-2（c）所示，其特点是：除第一跨外，每一跨有一个铰，且除第一跨梁外，每跨梁都由前一跨梁支承。此外还有其他型式，如由前面两种方式混合组成的，如图2-2（e）所示的结构就是一个例子。

如果以两根链杆代替一个铰，便可以得到如图2-2（b）、（d）、

(f) 所示的形式，它们清楚地表示出多跨梁各部分之间相互作用的关系，所以常称为分层关系图。由分层关系图可知，在竖向荷载作用下，有些部分本身可以维持平衡，称为基本部分（或称主梁）。但有些是依靠基本部分的支承才能维持平衡，称它为附属部分（或称次梁）。如图 2-2（b）中 *AC*，*DG*，*HJ* 为基本部分，而 *CD*，*GH* 为附属部分。图 2-2（d）、(f) 所示的关系图中，读者自行分析何者是基本部分，何者是附属部分。

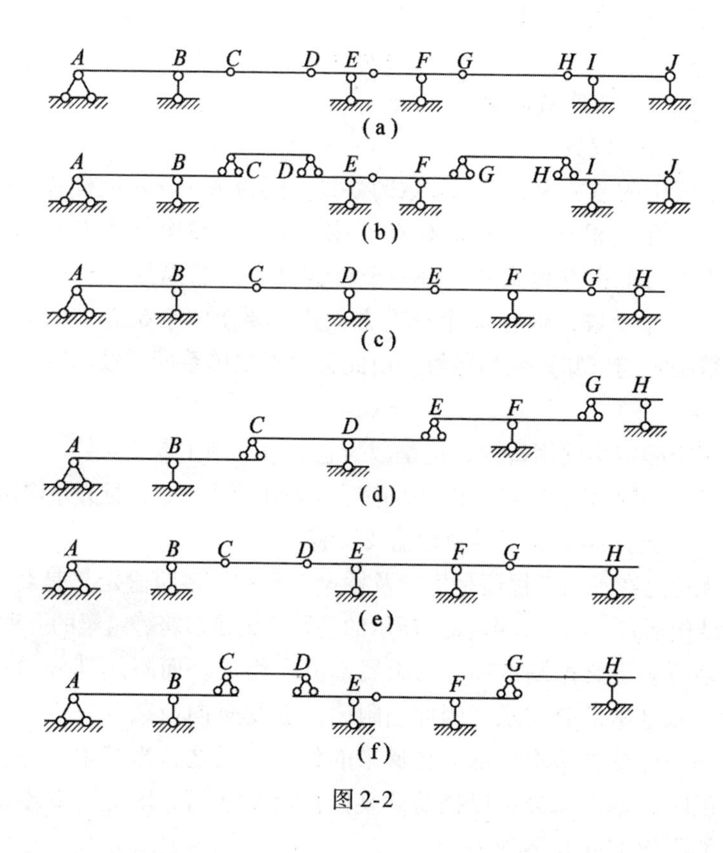

图 2-2

欲使多跨梁成为几何不变的且静定的体系，设置铰时必须符合两个条件。

第一个条件，体系必须是几何不变的，如图 2-3 所示的体系是不能采用的，该体系可以按照虚线所示的方式改变其几何形状。

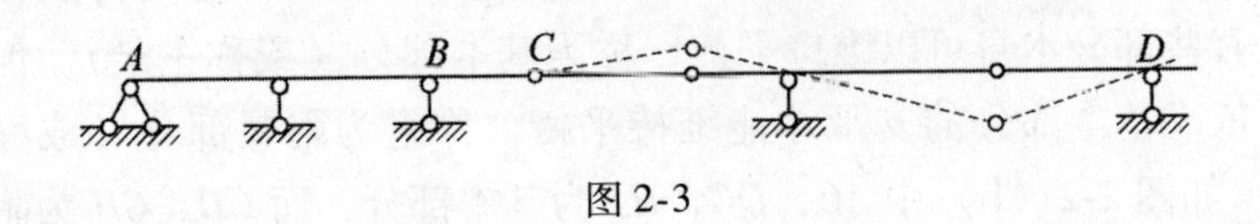

图 2-3

第二个条件，体系必须是静定的，要使体系成为静定的，铰数与支座链杆数应有下列关系

$$C_0 = m + 3$$

式中：C_0——支座链杆数；

m——铰数。

上式中的左端为独立未知数的数目，因为每一支座链杆有一反力未知数，有 C_0 根支座链杆即有 C_0 个未知数。从整个体系来说，除三个基本静力平衡方程式外，每一个单铰又为我们提供一个补充方程式，有 m 个单铰，则有 m 个补充方程式。要使体系是静定的，则方程式数必须与未知数数目相等。由此可以得出体系所需铰的数目

$$m = C_0 - 3$$

多跨静定梁使用普遍，这是因为它具有下列主要优点：

(1) 比同跨度同荷载作用下的简支梁弯矩要小一些，且分布均匀。

(2) 比连续梁易于预制运输及安装。

无论是在水利工程还是房屋及桥梁工程中，多跨静定梁是经常遇到的结构形式。如图 2-4（a）所示的公路桥就是多跨静定梁的一种。

多跨静定梁由基本部分与附属部分所组成。而附属部分的一端或两端靠基本部分支承，因此当附属部分受竖向荷载时，支承它的基本部分即受到从附属部分传递来的作用。反之，当基本部分受竖向荷载时，基本部分可以把荷载直接传递给地面，因此与基本部分相联的附属部分并不受力。

多跨静定梁的荷载有两种：直接荷载和结点荷载。直接荷载就是直接作用于多跨静定梁上的荷载。在直接荷载作用下多跨静定梁的内力计算步骤利用下面的例子来说明。

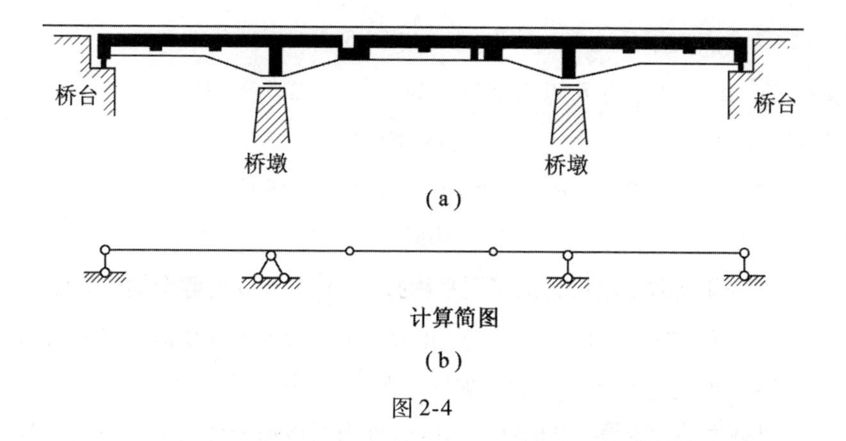

(a)

(b)

图 2-4

【例 2-1】 作如图 2-5（a）所示多跨静定梁的弯矩图及剪力图。

【解】（1）首先作出各梁相互作用的关系图［图 2-5（b）］，以分清梁的基本部分和附属部分。

（2）从图 2-5（b）看出，计算应从附属部分开始，逐步算至基本部分。计算支座反力时，先考虑 EF，KG 部分［图 2-5（c）、(d)］以求得反力及铰处的压力。

图 2-5（c）：EF 梁为一简支梁，其支承反力为

$$R_E = R_F = \frac{40}{2} = 20\text{kN}(\uparrow)$$

图 2-5（d）：KG 梁为一有悬臂端的梁，由 $\sum M_D = 0$ 可得 K 点支承反力

$$R_K \times 6 - 40 \times 3 + 60 = 0$$

$$R_K = 10\text{kN}(\uparrow)$$

$$\sum Y = 0 \qquad R_D = 40 - 10 = 30\text{kN}(\uparrow)$$

然后分析基本部分 AE 及 FK。其上除已知荷载作用外，尚有附属部分传来的压力，方向都朝下。

图 2-5（f）：FK 梁是具有两个悬臂端的梁，除跨中有 $q = 30\text{kN/m}$ 荷载外，还有 F，K 点传来的压力，分别为 20kN 及 10kN

$$\sum M_B = 0 \qquad R_C \times 6 + 20 \times 3 - 30 \times 6 \times 3 - 10 \times 9 = 0$$

得 C 点支承反力为　　　　　　$R_C = 95\text{kN}\ (\uparrow)$

$\sum M_C = 0$，得 B 点支承反力为

$$R_B = 115\text{kN}(\uparrow)$$

同理，从图 2-5（e）可得 AE 梁 A 点的支承反力为

$$R_A = 20\text{kN}(\uparrow)$$

当全部反力求出后，最好用平衡方程 $\sum Y = 0$ 对整个梁作校核。

（3）作弯矩图时，可分别作出 AE、EF、FK 及 KG 各部分的弯矩图，然后再把它们连在一起，如图 2-5（g）所示。

某截面的弯矩等于截面任一边所有外力对该截面形心的力矩之代数和。弯矩正负号规则与材料力学相同，使梁的下侧纤维受拉的弯矩为正的，反之则为负的。作弯矩图时，规定将弯矩绘制在受拉纤维的一边。

以 FK 段弯矩图的作法为例：

B 点和 C 点处弯矩分别是

$$M_B = -20 \times 3 = -60\text{kNm}$$

$$M_C = -10 \times 3 = -30\text{kNm}$$

BC 跨的中点弯矩

$$M = 115 \times 3 - 20 \times 6 - 30 \times 3 \times \frac{3}{2} = +90\text{kNm}$$

因 BC 段受有均布荷载 30kN/m，距 B 点为 x 的任一截面的弯矩为

$$M_x = 115x - 20(x+3) - 30x\left(\frac{x}{2}\right) = -60 + 95x - 15x^2$$

所以 BC 段的弯矩图为抛物线形。

用相同的方法可作出 AE、EF、KG 段的弯矩图，如图 2-5（e）、（c）、（d）所示。

（4）作剪力图时，可以分别作出 AE、EF、FK 及 KG 各部分的剪力图，然后再把它们连在一起，如图 2-5（h）所示。

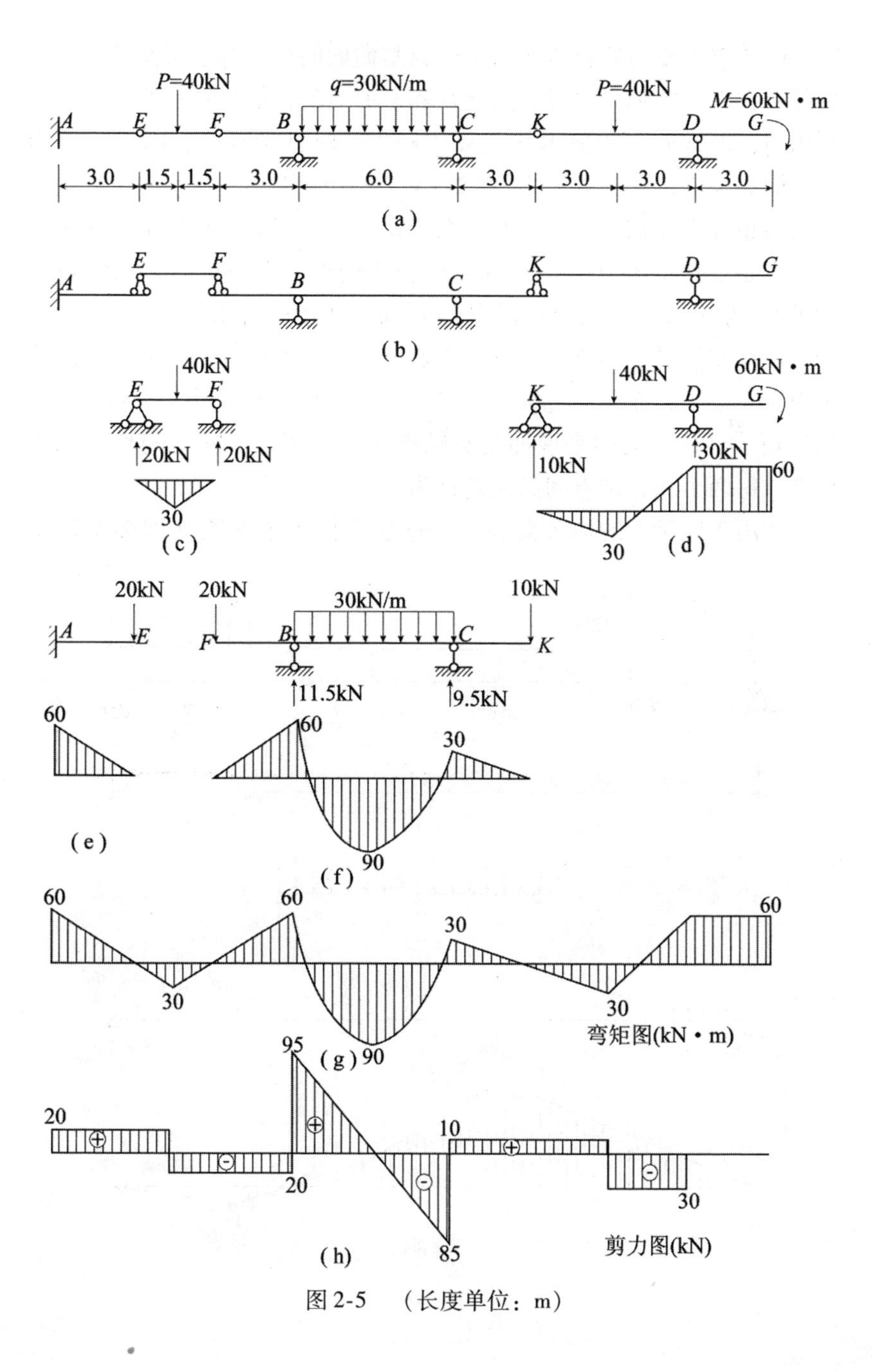

P=40kN
q=30kN/m
P=40kN
M=60kN・m
A E F B C K D G
3.0 1.5 1.5 3.0 6.0 3.0 3.0 3.0 3.0
(a)
A E F B C K D G
(b)
40kN
E F
20kN 20kN
30
(c)
40kN
60kN・m
K D G
10kN
30kN
60
30
(d)
20kN
20kN
30kN/m
10kN
A E F B C K
11.5kN
9.5kN
60
60
30
90
(e)
(f)
60
60
30
60
30
30
90
弯矩图(kN・m)
(g)
95
20
10
20
30
85
(h)
剪力图(kN)

图 2-5　（长度单位：m）

或者求出反力后直接作剪力图，某截面的剪力等于截面任一边所有外力在垂直梁轴方向投影的代数和。剪力的正负号与材料力学规定的相同，即截面上的剪力使脱离体产生顺时针转动时，则此剪力为正。例如 A 支承截面处剪力为+20kN。在中间任一铰中的作用力是一对大小相等方向相反的力，故对剪力图不产生影响。在集中力作用点的左边截面剪力为+20kN，但在集中力作用点的右边截面为+20－40＝－20kN。依此类推，由此可得图 2-5（h）所示剪力图。

现在我们讨论多跨静定梁在结点荷载作用下的计算。荷载不直接作用在大梁上，而是通过纵梁及横梁间接地传递到大梁上，如图 2-6（a）所示，这对大梁来说即受有结点荷载作用。放横梁的地点称为结点，每两个相邻结点间的距离称为节间。

作用于纵梁上的均布荷载，通过横梁作用于大梁（即多跨静定

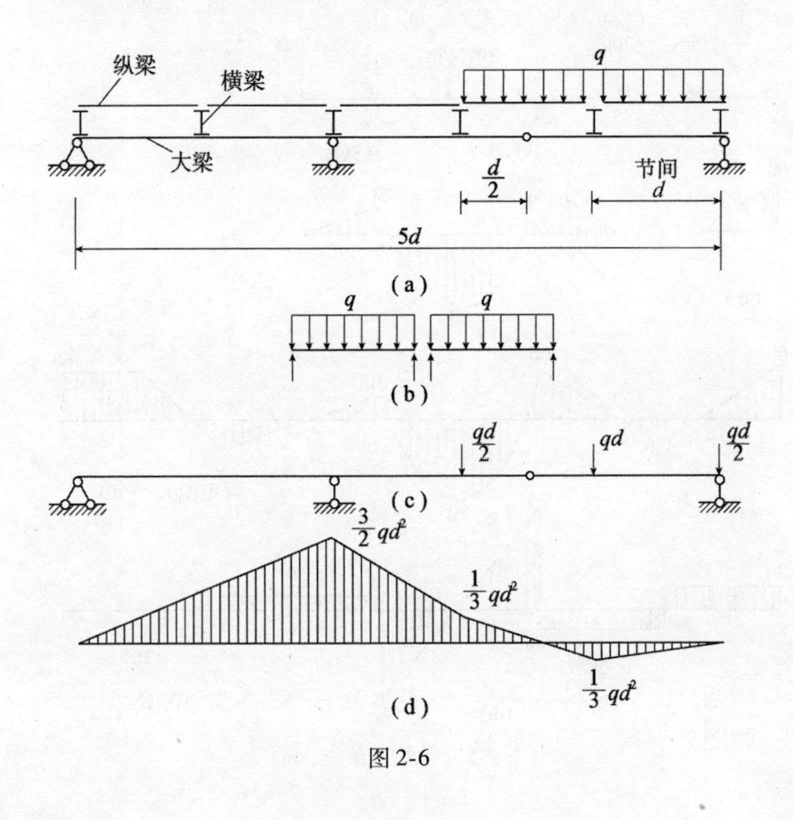

图 2-6

梁）上，图 2-6（b）为受荷载的纵梁及由横梁所得的反力。图 2-6（c）表示大梁上的荷载，即横梁的反力。从这里我们可以看出，不论外荷载是何种形式，大梁只在结点处受有集中荷载，因此在相邻两结点之间，大梁的弯矩图必为一直线，而剪力图必为一水平线。

计算此种多跨静定梁时，应先求出纵梁的反力，再反向作用在大梁上。求得结点荷载以后，大梁的计算与直接荷载时相同。图 2-6（d）即为该梁的弯矩图。

2.3　静定梁型刚架

静定梁型刚架可以分为下列三种基本类型：

（1）简支式：如图 2-7（a）所示。这种刚架一端支承在固定铰支座上，另一端支承在活动铰支座上，其分析方法与简支梁相同。

（2）悬臂式：如图 2-7（b）所示。这种刚架一端嵌固在固定端内，另一端为自由，其分析方法与悬臂梁相同。

（3）多跨式：如图 2-7（c）所示。这种刚架是用铰把基本部分的刚架和附属部分的刚架联结在一起，组成静定的几何不变体系，其分析方法同多跨静定梁。

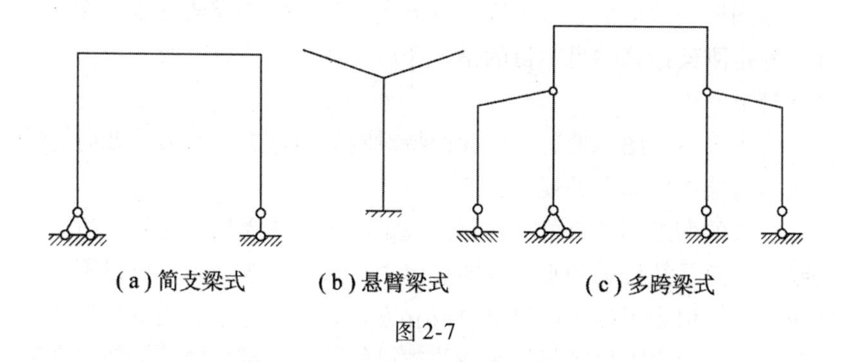

(a) 简支梁式　(b) 悬臂梁式　(c) 多跨梁式

图 2-7

刚架广泛用在钢筋混凝土结构及钢结构中，在木结构中极少采用。如图 2-8（a）所示钢筋混凝土渡槽结构中除支架是超静定刚架外，钢筋混凝土渡槽的横截面截出来就可以当做静定刚架进行分析，如图2-8（b）所示。

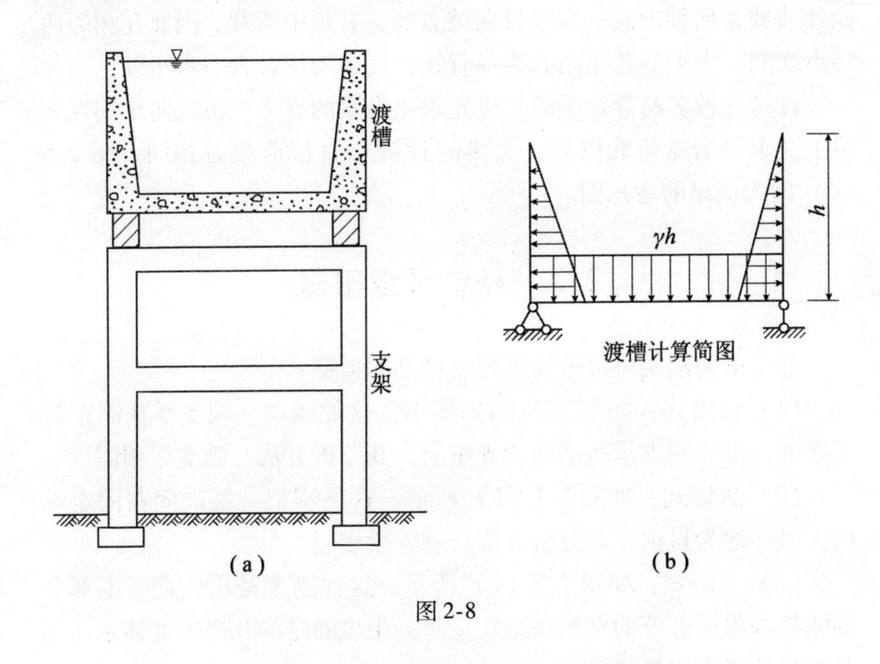

图2-8

刚架的静力计算也是要把钢架在各种荷载作用下，杆件各截面的内力用图形表示出来。有了这些图形我们就可以选择或校核杆件的截面。静定刚架计算的另一目的是为今后计算结构位移以及分析超静定结构打下基础。

为了今后作图方便起见，我们特对刚架的弯矩，剪力及轴向力的正负号与绘图作如下的规定：

刚架的弯矩图和直梁一样仍然规定一律画在受拉纤维的一边。它的纵坐标总是从杆轴的垂直方向量出去，这样，弯矩图上可以不必注明正负号。但为了便于在计算时成立方程式，对弯矩的正负号仍作如下的规定；对水平杆及斜杆则与简支梁的符号规定相同，如使梁产生向下凸出的弯矩算作正弯矩，即在截面以左的外力对该截面作用是顺时针的则为正弯矩，反之为负。或在截面以右的外力对该截面作用是反时针的亦为正弯矩，反之为负。对竖杆规定下端为左端，上端为右端，采用与梁相同的规定。

剪力的正负号的规定如下：如果所有左方的外力的合力对这一部分梁的轴线的法线投影是朝上的话（或右方外力的合力朝下的话），剪力为正的。

当我们要决定任一个横截面处剪力的方向时，我们把梁在该截面处切开，再把剪力放在被切断的地方，如果剪力是正的话，这个剪力就有使被切断的任一部分绕它的另一端产生顺时针转动的趋向。

图 2-9（a）表示的剪力就是正剪力，在这种情况下，放在 cb 部分的 c 点的剪力 Q 有绕 b 点（就是 cb 部分的另一端）顺时针转动的趋势。在另一方面，放在 ca 部分上面的剪力 Q 也有使它绕 a 点（ca 部分的另一端）顺时针转动的趋势。图 2-9（b）表示的是负剪力。

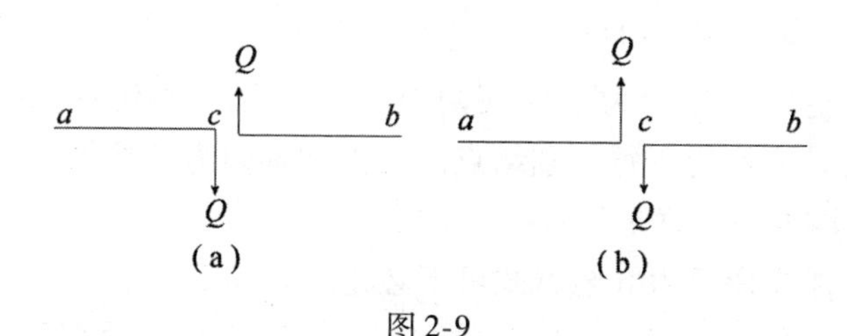

图 2-9

绘制剪力图时，可以绘制在杆件的任一侧，但需标明正负号。轴向力的正负号通常规定：以压力为正，拉力为负。轴向力的求法是这样的：截面任一侧所有各力（包括反力）在所研究截面杆轴切线方向投影的代数和，即为所求截面的轴向力。轴向力图可以绘制在杆件的任一侧或把纵坐标对称地画在杆轴的两边。为了说明杆件截面内轴向力是拉力或为压力，那么在轴向力图上也应注明正负号。

为了校核我们所作的弯矩图、剪力图和轴向力图的正确性，可以利用静力平衡条件来检查，从整个刚架中隔离出来的任一部分都应与静力平衡条件（即 $\sum M=0$，$\sum X=0$，$\sum Y=0$）相符合，这就是一般所谓的静力平衡校核法。

根据静力平衡条件的校核有：

弯矩的校核：利用 $\sum M = 0$ 的条件，在刚结点上的力矩（包括外力矩与弯矩）代数和必须等于零，如图 2-10 所示。

图 2-10（a）　　　　　$M_1 + M_2 - M_3 = 0$

图 2-10（b）　　　　　$M_1 - M_2 = 0$。

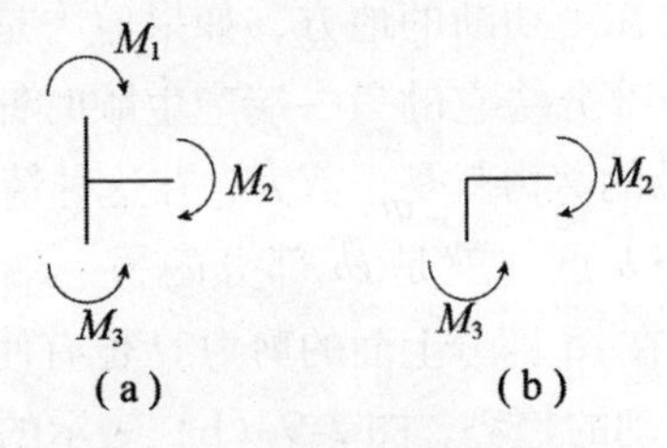

图 2-10

剪力与轴向力的校核：利用 $\sum X = 0$ 及 $\sum Y = 0$ 的条件，在刚结点上所有剪力和轴向力沿任何两个方向的分力的代数和必须等于零。也就是说作用于每一刚结点的剪力和轴向力必须保持平衡。

静定刚架的计算步骤是：

（1）求支座反力（悬臂式可不必先求支座反力）。

（2）分段成立 M、Q 及 N 的方程（以荷载作用改变处，杆件交界处为分段的界限）。

（3）根据方程式绘制内力图。先绘制控制点（如支座、结点、集中力作用点）的纵坐标，而后根据方程的特性（直线或曲线方程）连接出内力图。一般先作弯矩图（因弯矩图以后用得最多），然后可作剪力图及轴向力图。

（4）校核。M、Q、N 图的数值应使结构的任何部分都满足静力平衡条件。

下面是几个作静定梁型刚架 M、Q、N 图的例子。

【例 2-2】 试作如图 2-11 所示刚架的 M、Q、N 图。

【解】（1）本题为悬臂式刚架，因而无需先求反力，从悬臂端开始，可直接按四个分段成立 M、Q 及 N 的方程。

ED 段　　$M_1 = +\frac{qx_1^2}{2}$；$Q_1 = +qx_1$；$N_1 = 0$

DC 段　　$M_2 = -\frac{qa^2}{2}$；$Q_2 = 0$；$N_2 = +qa$

CB 段　　$M_3 = -\frac{qa^2}{2} - qa(x_3 - a) = qa\left(\frac{a}{2} - x_3\right)$

$Q_3 = +qa$；$N_3 = +qa$

BA 段　$M_4 = +qa\left(x_4 - \frac{a}{2}\right) + qa^2 - qa \times a = +qa\left(x_4 - \frac{a}{2}\right)$

$Q_4 = -qa$；$N_4 = +qa$

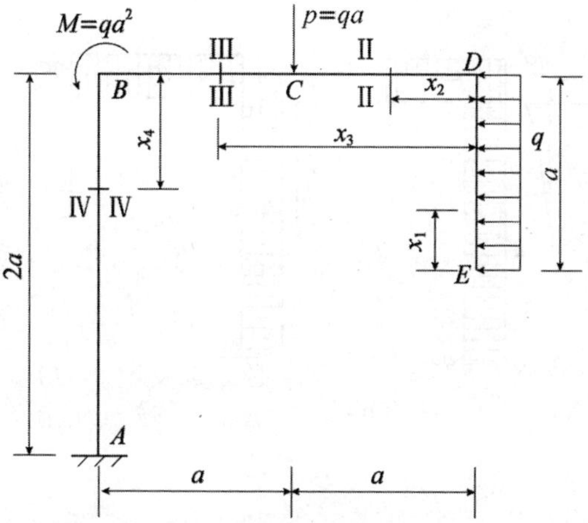

图 2-11

(2) 绘图。确定各控制点的纵坐标值。

ED 段　　$x_1 = 0$：$M_1 = 0$；　　　$Q_1 = 0$；$N_1 = 0$

$x_1 = a$：$M_1 = +\frac{qa^2}{2}$；$Q_1 = qa$；$N_1 = 0$

DC 段　　$\left.\begin{array}{l} x_2 = 0 \\ x_2 = a \end{array}\right\}$：$M_2 = -\frac{qa^2}{2}$；$Q_2 = 0$；$N_2 = +qa$

CB 段　　$x_3 = a$：$M_3 = -\frac{qa^2}{2}$；$Q_3 = +qa$；$N_3 = +qa$

$$x_3 = 2a：M_3 = -\frac{3qa^2}{2}；\ Q_3 = +qa；\ N_3 = +qa$$

BA 段　　$x_4 = 0：M_4 = -\frac{qa^2}{2}；\ Q_4 = -qa；\ N_4 = +qa$

$$x_4 = 2a：M_4 = +\frac{3}{2}qa^2；\ Q_4 = -qa；\ N_4 = +qa$$

按以上计算结果可绘得图 2-12（a）、（b）、（c）所示的 M、Q、N 图。

（3）校核。取结点 B 为脱离体［图 2-12（d）］，在外力及截面内力共同作用下应维持平衡。

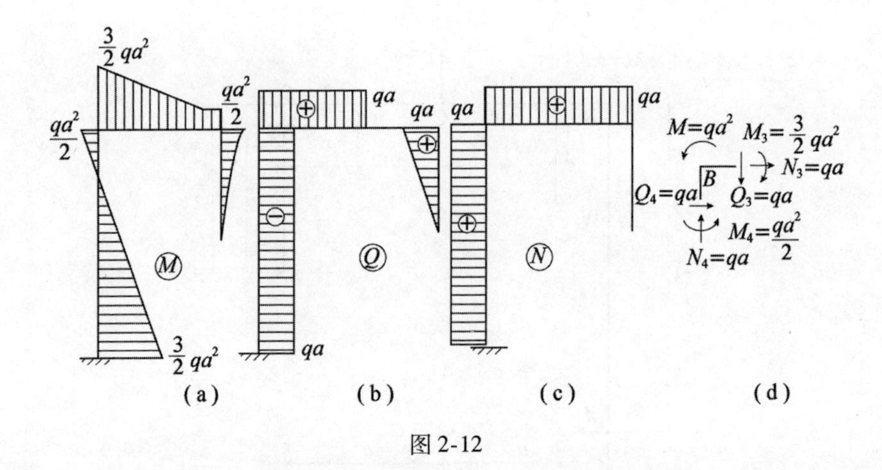

图 2-12

$$\sum M_B = -qa^2 - \frac{qa^2}{2} + \frac{3}{2}qa^2 = 0$$

$$\sum X = +qa - qa = 0$$

$$\sum Y = +qa - qa = 0$$

根据以上计算，证明 B 点是满足平衡条件的。同样可以证明结点 C 也满足平衡条件，这说明计算无误。

【例 2-3】 试作如图 2-13 所示刚架的 M、Q 及 N 图。

【解】（1）求支座反力：利用三个平衡条件

$$\sum M_B = 0：\quad R_A \times 2a + P \times a - q \times 2a \times a = 0$$

$$\sum M_A = 0:\quad -R_B \times 2a + q \times 2a \times a + p \times a = 0$$

$$\sum X = 0:\quad P - H_B = 0$$

因 $P=qa$ 得

$$R_A = \frac{2qa^2 - qa^2}{2a} = \frac{qa}{2}(\uparrow)$$

$$R_B = \frac{2qa^2 + qa^2}{2a} = \frac{3qa}{2}(\uparrow)$$

$$H_B = qa(\leftarrow)。$$

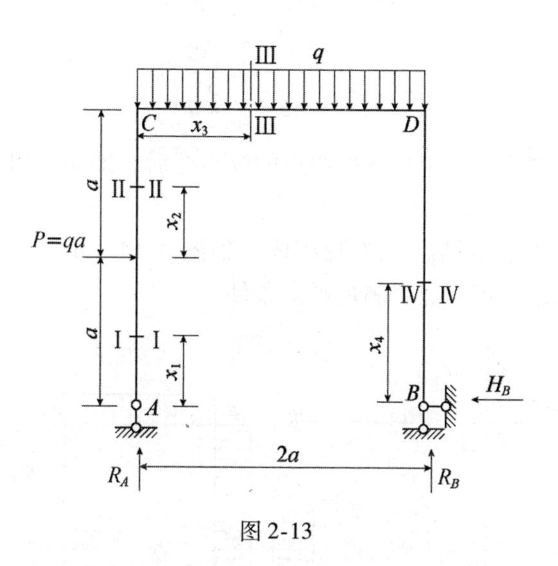

图 2-13

（2）建立各部分的 M、Q 及 N 的方程。取横截面 Ⅰ—Ⅰ 以下部分为脱离体得

$$M_1 = 0;\qquad Q_1 = 0;\qquad N_1 = +R_A = +\frac{qa}{2}$$

取横截面 Ⅱ—Ⅱ 以下部分为脱离体得

$$M_3 = R_A x_3 - Pa - \frac{qx_3^2}{2} = q\left(\frac{ax_3}{2} - a^2 - \frac{x_3^2}{2}\right)$$

$$Q_3 = R_A - qx_3 = q\left(\frac{a}{2} - x_3\right)$$

$$N_3 = + P = + qa$$

$$x_3 = 0 \qquad M_3 = - qa^2; \qquad Q_3 = + \frac{qa}{2}; \qquad N_3 = + qa$$

$$x_3 = a \qquad M_3 = - qa^2; \qquad Q_3 = - \frac{qa}{2}; \qquad N_3 = + qa$$

$$x_3 = 2a \qquad M_3 = - 2qa^2; \qquad Q_3 = - \frac{3qa}{2}; \qquad N_3 = + qa$$

取横截面Ⅳ—Ⅳ以下为脱离体可得

$$M_4 = + H_B x_4 = + qax_4$$

$$Q_4 = + H_B = + qa$$

$$N_4 = + R_B = + \frac{3}{2}qa$$

根据这些方程，求出各控制点的纵坐标后，即能绘出 M、Q 和 N 图，如图 2-14（a）、（b）、（c）所示。

（3）校核：取结点 C 为脱离体，如图 2-14（d）所示，检查一下在力和弯矩作用下能否满足平衡条件。

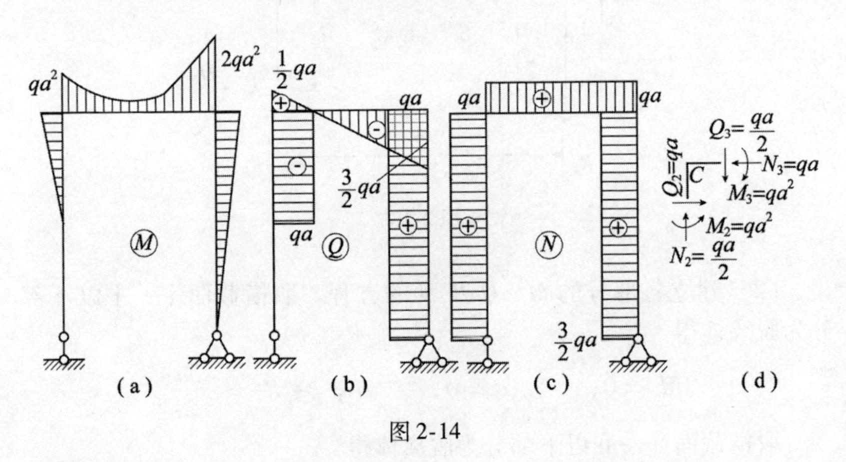

图 2-14

结点 C $\qquad \sum M_C = qa^2 - qa^2 = 0$

$$\sum X = qa - qa = 0$$

$$\sum Y = \frac{qa}{2} - \frac{qa}{2} = 0$$

可见满足平衡条件的要求。同理可证得 D 点也能满足平衡条件的要求，说明计算无误。

【例 2-4】 试作如图 2-15 所示刚架的 M、Q 及 N 图。

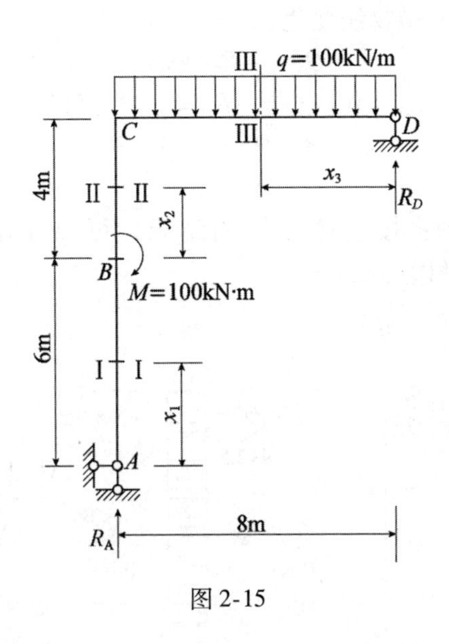

图 2-15

【解】 (1) 求支座反力

$$\sum X = 0;\ H_A = 0$$

$$\sum M_A = 0 \qquad R_D \times 8 - 100 - 100 \times 8 \times \frac{8}{2} = 0$$

$$R_D = 412.5\text{kN}$$

$$\sum Y = 0 \qquad 8 \times 100 - R_D - R_A = 0$$

$$R_A = 800 - 412.5 = 387.5\text{kN}$$

(2) 分段成立方程式：

AB 段：取截面 Ⅰ-Ⅰ 以下为脱离体得

$$M_1 = 0;\ Q_1 = 0;\ N_1 = +R_A = +387.5\text{kN}$$

BC 段：取截面 Ⅱ-Ⅱ 以下部分为脱离体得

$$M_2 = 100\text{kN}\cdot\text{m};\qquad Q_2 = 0;\qquad N_2 = +R_A = +387.5\text{kN}$$

CD段：取截面Ⅲ-Ⅲ以右部分为脱离体得

$$M_3 = R_D \times x_3 - \frac{qx_3^2}{2}$$

$$x_3 = 0; \quad M_3 = 0$$

$$x_3 = 8; \quad M_3 = +100\text{kN} \cdot \text{m}$$

M_3图沿秆件作抛物线变化。

$$Q_3 = -R_D + qx_3$$

$$x_3 = 0,\ Q_3 = -R_D = -412.5\text{kN}$$

$$x_3 = 8,\ Q_3 = +387.5\text{kN}$$

$$N_3 = 0$$

（3）绘制图：按上述计算的结果，可以作出图 2-16（a）、（b）、（c）所示的内力图。

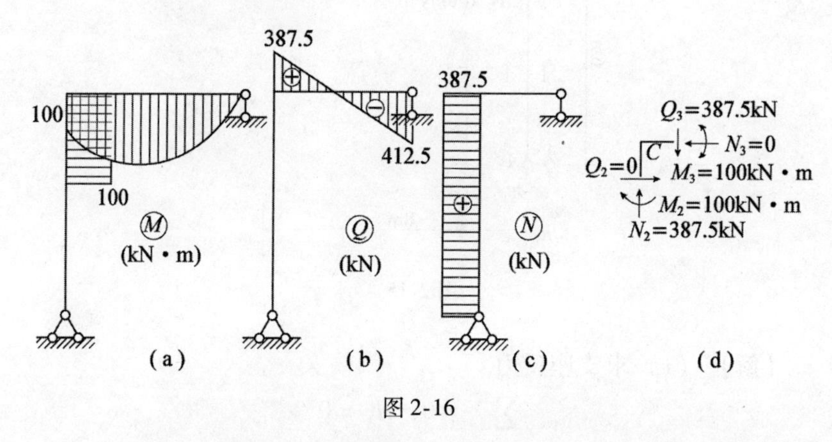

图 2-16

（4）校核：取结点 C [见图 2-16（d）] 为脱离体，检查在力和弯矩作用下能否满足平衡条件。

$$\sum M_C = 100 - 100 = 0$$

$$\sum X = 0 - 0 = 0$$

$$\sum Y = 387.5 - 387.5 = 0$$

满足平衡的三个条件，说明计算无误。

图 2-17（a）、（b）、（c）的几个题目请读者练习作图。

【例 2-5】 试作如图 2-18（a）所示多跨静定刚架的内力图。

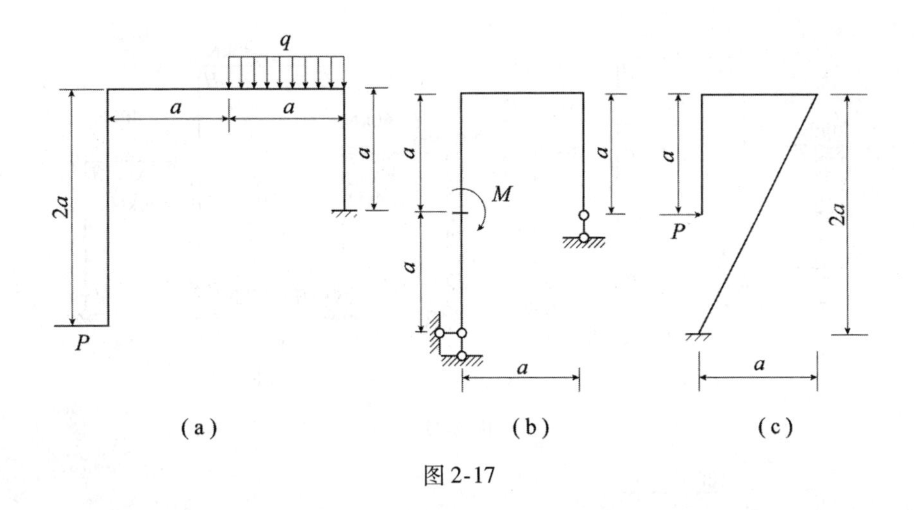

图 2-17

【解】　应用系统几何组成规律，和多跨静定梁一样对这个多跨静定刚架进行分析就可以看出：中间部分的刚架 *AEGHFB* 与基础相联并且构成一个几何不变体系，我们把它叫做多跨静定刚架的基本部分或主刚架；两侧的刚架 *CIE* 及 *DJF* 虽然也是几何不变的部分，但是它们是依附在中间的主刚架上的，所以把它们叫做多跨静定刚架的附属部分或次刚架。基本部分（主刚架）与附属部分（次刚架）相互之间的关系是：当荷载作用在基本部分上时，荷载对附属部分没有影响。所以在计算这个刚架的内力时，可以先将刚架在铰 *E*、*F* 处拆开分成为如图 2-18（b）所示的三个刚架，并且先算出两个附属刚架在各自所受外力作用下的反力如下。

$$V_C = 45\text{kN}(\uparrow);\ V_E = 45\text{kN}(\downarrow);\ H_E = 60\text{kN}(\leftarrow)$$

$$V_D = 20\text{kN}(\uparrow);\ V_F = 20\text{kN}(\uparrow);\quad HF = 0$$

根据作用与反作用力定理，将所求得的 V_E、H_E、V_F、H_F反向作用于主刚架上，连同作用在主刚架上的外荷载，算得主刚架的反力为

$$V_A = 50\text{kN}(\downarrow);\ H_A = 60\text{kN}(\leftarrow);\ V_B = 105\text{kN}(\uparrow)$$

根据每个部分上的荷载与反力，分别作出三个部分的内力图，再将它们合并绘制在一起，即得整个刚架的内力图如图 2-19 所示。

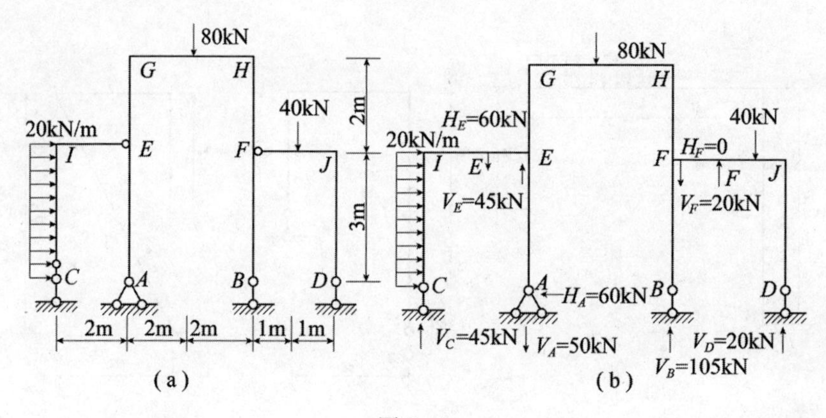

80kN
G
H
2m
40kN
20kN/m
I
E
F
J
3m
C
A
B
D
2m
2m
2m
1m
1m
(a)
80kN
G
H
H_E=60kN
40kN
20kN/m
I
E
E
F
H_F=0
J
F
V_E=45kN
V_F=20kN
C
A
H_A=60kN
B
D
V_C=45kN
V_A=50kN
V_D=20kN
V_B=105kN
(b)

图 2-18

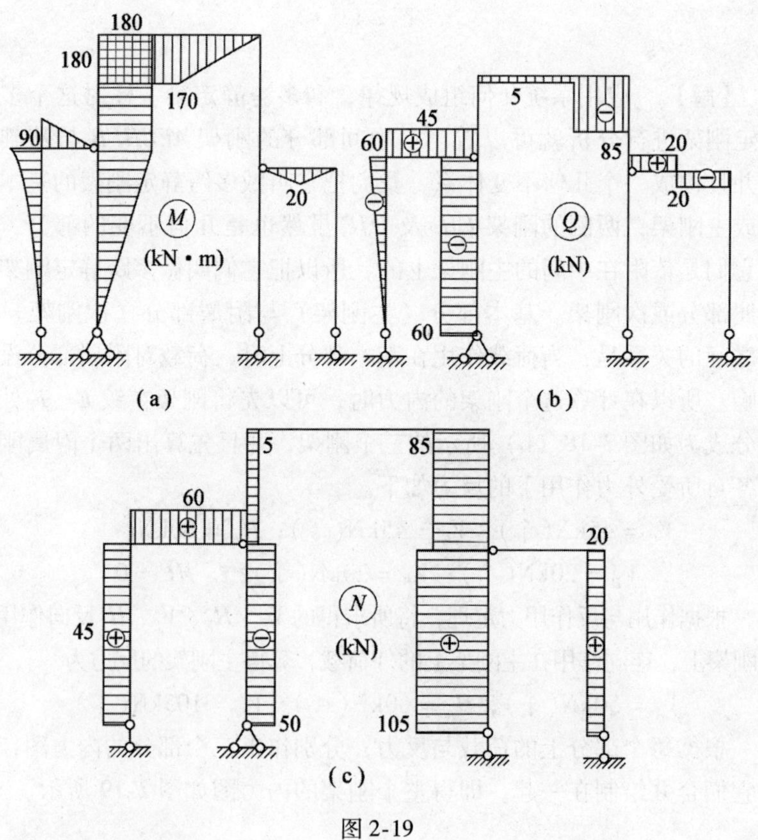

180
180
170
90
20
M
(kN·m)
(a)
5
45
60
85
20
20
Q
(kN)
60
(b)
5
85
60
20
45
N
(kN)
50
105
(c)

图 2-19

2.4　静定平面桁架

2.4.1　一般介绍

由材料力学知道，在梁中各横截面正应力是按直线规律分布的，最外纤维应力最大，中性轴上应力等于零，如图 2-20 所示。因此大部分材料没有充分利用。

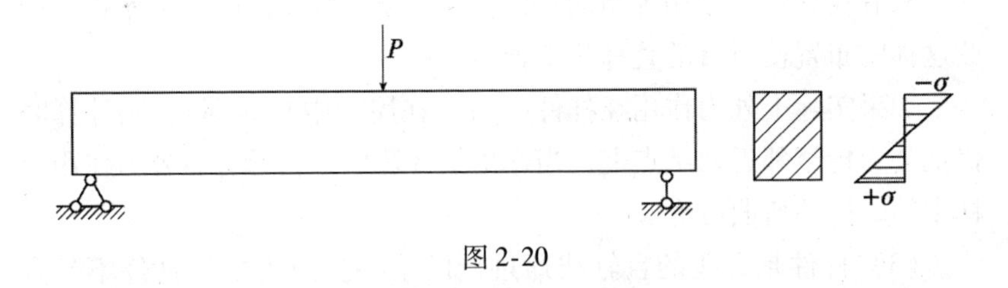

图 2-20

为了节约材料，生产实践中常采用使杆件内主要产生轴力（正应力）的结构——桁架。图 2-21（a）即为桁架的一个例子。为了反映桁架各杆主要产生轴力的特征，我们取桁架的计算简图时常作如下假定：

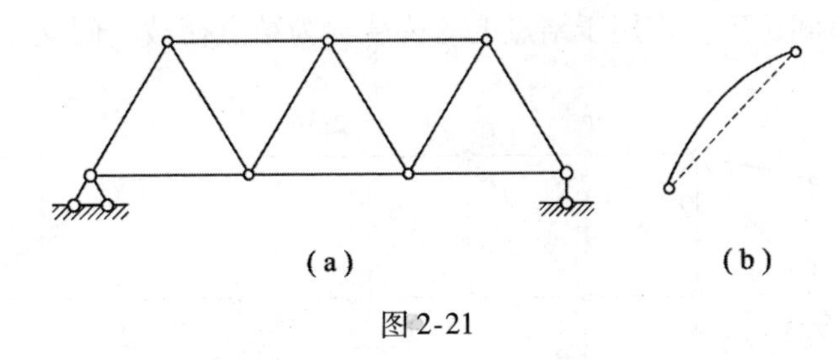

图 2-21

(1) 杆件两端的铰都是理想铰，就是说铰绝对光滑，杆件之间没有摩擦力，可以自由旋转。有一些桁架它们的杆件虽是用铰来连接的，但这些铰和理想铰相差很远，因为它们有摩擦力。实际上绝大多数桁架的结点是铆接或焊接的，有一定的刚性使各杆不能自由绕结点转动。这样，桁架的计算简图和真正的结构就有较大的区别。但实验及计算结果证明：通常按铰接计算得出的内力值和真实的内力值相差很少，不过百分之几而已。所以实际上仍是根据结点是理想铰接的计算简图来计算的。

(2) 外力作用在结点上。通常，我们总可以采取一定布置使外力由结点处传至桁架上。所以这样布置，是因为任何一杆若只是两端和其他杆连接，杆中又无任何外力，则内力只能由两端传至杆上。而两力只有在它们大小相等指向相反且在一条直线上的时候才平衡。因此这样的布置使所有的直杆只受轴力。

如果实际上外力作用在杆件中间（在屋架中常遇到），则计算时仍把外力传至邻近两结点上，当作桁架计算后，再计算有外力作用于杆中间时杆的弯曲应力。

(3) 杆件是直线的且轴线通过铰的中心。因为如果杆件不是直的［见图 2-21 (b)］，则杆内将发生弯矩。

桁架由许多杆件所组成，根据各杆位置的不同分别给予各种名称。如图 2-22 所示的桁架，上边各杆称为上弦杆。下边各杆称为下弦杆，中间各杆称为腹杆，其中竖向的称为竖杆，倾斜的称为斜杆。各杆的交点称为结点。弦杆中两相邻结点间的间段称为节间，其距离 d 称为节间长度。作用于结点上的荷载称为结点荷载。两支座间的距

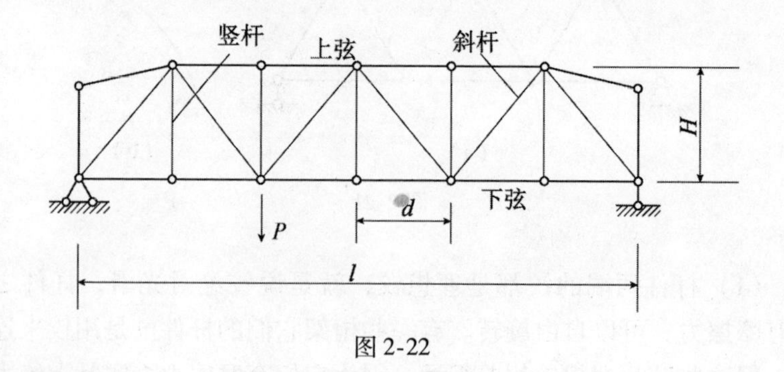

图 2-22

离 l 称为跨度。该图中 H 称为桁架的高度。

桁架在实际工程中应用非常广泛。在水利工程及土建工程中的桥梁（图 2-23 的武汉长江大桥）；屋顶桁架（见图 2-24 和图 2-25）；塔式起重机桁架（见图 2-26）；弧形闸门的构架（见图 2-27）；高压输电线塔架（见图 2-28），等等，都常采用桁架。

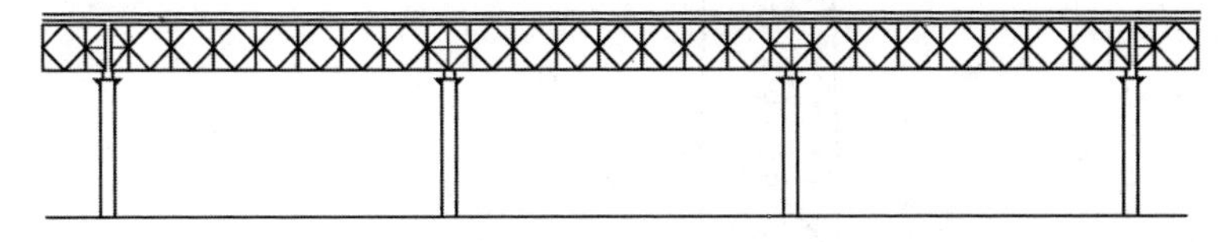

图 2-23

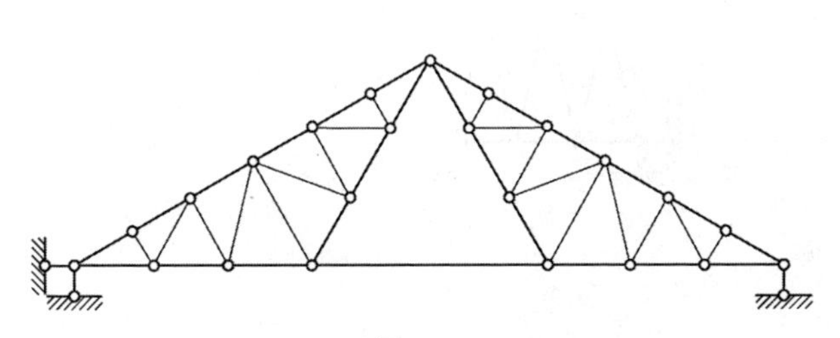

图 2-24

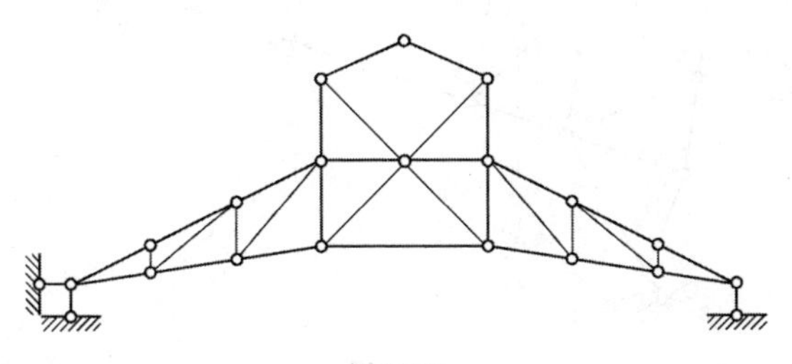

图 2-25

图 2-26

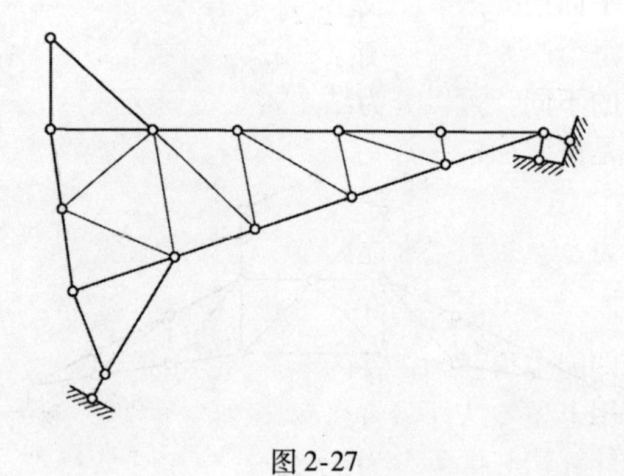

图 2-27

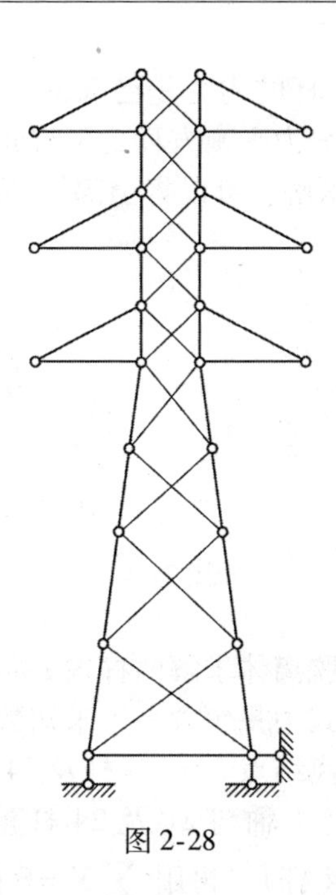

图 2-28

2.4.2　用结点数解法求桁架内力

一般静定平面桁架的支座反力可以先求得，然后将桁架截取一些脱离体，根据每个脱离体的平衡条件，列出方程求解杆件的内力。根据截取脱离体的不同，可以分为结点法及截面法两种。

结点法就是截取桁架的每一个结点为脱离体而考虑其平衡条件，如图 2-29 所示。由于作用于任一结点的力（外力、反力及杆件内力）为一平面共点力系，故可以成立两个静力平衡方程

$$\sum X = 0; \qquad \sum Y = 0$$

解此二方程式即能求得两个杆件的未知内力。若每一结点都只有两个未知内力，则用上述方法即可将全部杆件的内力求得。

用结点法计算桁架内力，为了计算简单必须从两根杆件的结点开始计算。如图 2-29（a）所示桁架，求得反力后，可以截取结点 1 为脱离体［见图 2-29（b），此一结点只有 12 杆及 13 杆二内力为未知数。用二静力平衡方程式即可将此两杆内力求得。其次截取结点 2 为

脱离体，在此结点上 12 杆的内力是已知的，故只有 23 杆及 24 杆两内力为未知数，用两个静力平衡方程式可将此两杆内力求得。这样按照 1，2，3，…的次序求解，可以将全部杆件的内力求得。

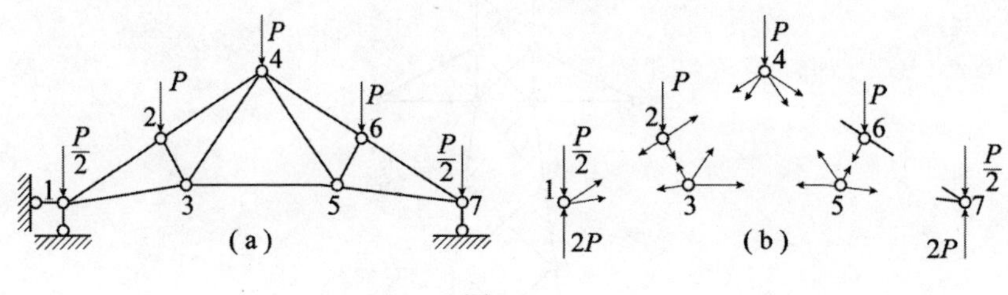

图 2-29

在截取每一结点为脱离体求解两杆内力时，我们不希望解联立方程式，故应使每一方程式中只包含一个未知数。要做到这一点，可适当地选取坐标系。如脱离结点 2 求 23 杆及 24 杆内力时，可选取如图 2-30 所示的坐标系。使 X 轴与 21 及 24 杆重合，Y 轴与 23 杆重合（23 杆系垂直于 21 及 24 杆）。再用 $\sum Y=0$ 的平衡条件则

$$-P\cos\alpha-S_{23}=0,\ S_{23}=-P\cos\alpha$$

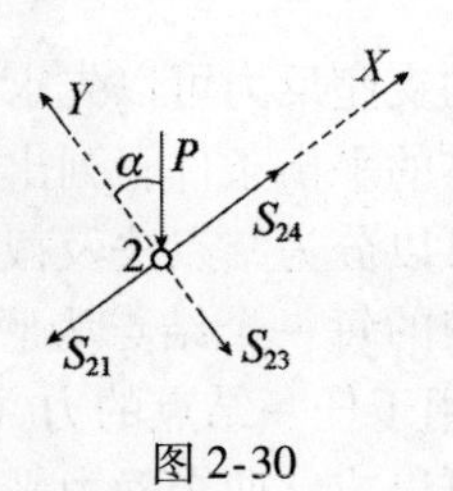

图 2-30

由于桁架内力习惯上以拉力为正、压力为负，所以在计算时先假定每根杆件都是受拉力。若计算结果杆的内力为正值则表示与假设相符，即该杆是受拉；若得负值，则表示与假设相反，即为受压。

利用结点法时，常遇见一些结点平衡的特殊情形，记住这些特殊情形，可使计算简化。现分述如下。

（1）如不在一条直线上的两杆交于一个结点，且结点上没有荷载［见图 2-31（a）］。根据二力平衡条件，因二力不在一直线上，只

有 $S_1=S_2=0$ 才能保持平衡。所以在无荷载的两杆结点，只要两杆不在一条直线上，则此两杆都是零杆。

（2）如三杆交于一结点，且其中两杆在一直线上，结点上又没有荷载［见图 2-31（b）］。除共线的两杆外，第三杆（S_3）称为独杆，将三个内力对垂直于共线二杆的轴投形，成立平衡方程式，可得 $S_3=0$，所以独杆是零杆。共线二杆内力有关系式 $S_1=S_2$ 存在。但它们的值在这一结点不能确定。

（3）结点和（2）所给出的条件相同，但有一荷载和独杆共线［见图 2-31（c）］。同样地将各力对和共线二杆垂直的轴上投影，成立平衡方程，不难得出 $S_3=-P$（负号代表压力）。再以共线二杆为轴，成立投影方程式，仍然得到关系式 $S_1=S_2$，而数值不能在该点确定。

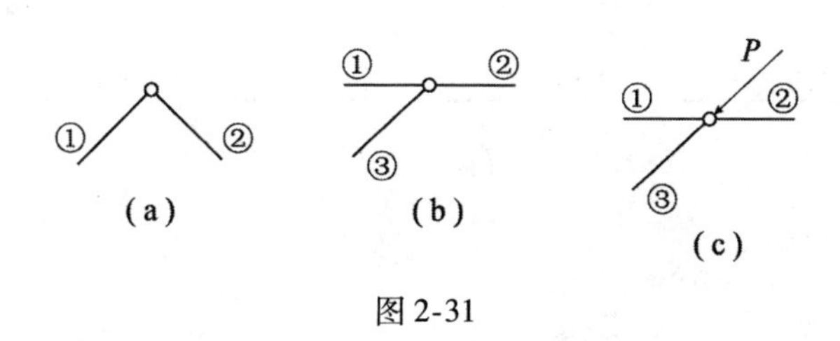

图 2-31

（4）四杆的结点，各杆两两成直线，且无荷载［见图 2-32（a）］。这可以化成情形（3），只要把杆 4 理解为荷载 P 即可。于是从上述情形可以推知 $S_3=S_4$ 和 $S_1=S_2$。

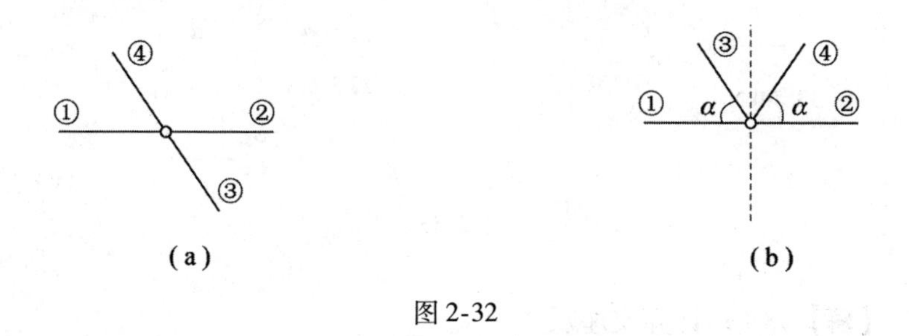

图 2-32

（5）无荷载的四杆结点，其中两杆共线，另外两杆在此直线一侧，与直线的夹角相等［见图 2-32（b）］。根据 $\sum Y=0$ 的平衡条件，可得 $S_3=-S_4$（表示一为拉力，一为压力）。应注意的是在此情况下共线二杆内力是不相等的。

【例 2-6】 用结点法计算如图 2-33 所示三角形屋架各杆的轴向力。

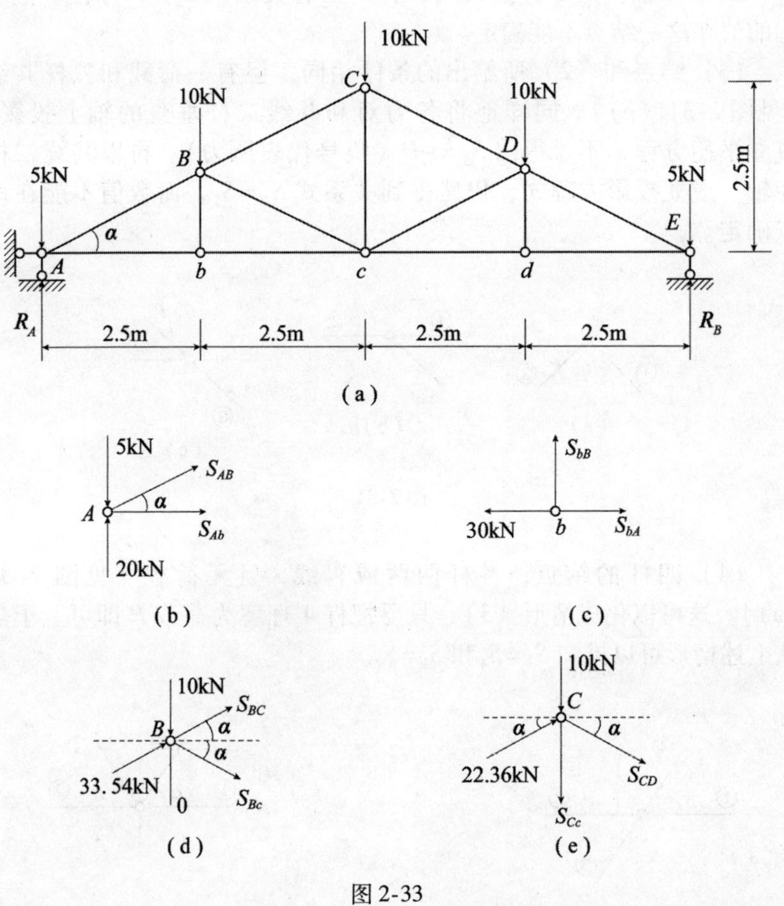

图 2-33

【解】（1）计算支座反力

$$R_A=R_E=\frac{1}{2}(5+10+10+10+5)=20\text{kN}$$

（2）计算各杆内力

1）取结点 A 为脱离体如图 2-33（b）所示。且注意 $AB=2.795$m 由平衡方程 $\sum Y=0$，有

$$20-5+S_{AB}\sin\alpha=0$$

$$S_{AB}=-15\times\frac{1}{\sin\alpha}=-15\times\frac{2.795}{1.25}=-33.54\text{kN}(\text{负号表示压力})$$

由平衡方程 $\sum X=0$，有

$$S_{Ab}+S_{AB}\cos\alpha=0$$

$$S_{Ab}=-S_{AB}\cos\alpha=33.54\times\frac{2.5}{2.795}=30\text{kN}(\text{正号表示拉力})$$

2）取结点 b 为脱离体如图 2-33（c）所示。由平衡方程 $\sum Y=0$，或上述（2）的情形，知 Bb 杆是独杆，所以有

$$S_{Bb}=0$$

由平衡方程 $\sum X=0$，有

$$S_{bc}=30\text{kN}$$

3）取结点 B 为脱离体如图 2-33（d）所示。由平衡方程 $\sum X=0$，有

$$S_{BC}\cos\alpha+S_{Bc}\cos\alpha+33.54\cos\alpha=0$$

由平衡方程 $\sum Y=0$，有

$$S_{BC}\sin\alpha-S_{Bc}\sin\alpha+33.54\sin\alpha-10=0$$

解此二方程得

$$S_{BC}=-22.36\text{kN};\ S_{Bc}=-11.78\text{kN}$$

4）取结点 C 为脱离体，如图 2-33（e）所示，由平衡方程 $\sum X=0$，有

$$S_{CD}\cos\alpha+22.36\cos\alpha=0$$

$$S_{CD}=-22.36\text{kN}$$

由平衡方程 $\sum Y=0$，有

$$S_{Cc}+10-2\times22.36\sin\alpha=0$$

$$S_{Cc}=-10+2\times 22.36\times \frac{1.25}{2.795}=10\text{kN}$$

根据对称关系，右半部各杆内力与左半部相应杆内力相同。

2.4.3 用截面法求桁架内力

如果从桁架中截取的脱离体不限于一个结点，而是选取适当的截面截取桁架的一部分为脱离体而考虑其平衡条件，这样的方法就称为截面法。故截面法所处理的问题为平面一般力系的平衡问题。由理论力学可知，平面一般力系静力平衡条件有三：$\sum X=0$，$\sum Y=0$ 及 $\sum M=0$。如果脱离体中未知内力不超过三个，即可从三个平衡方程中求出此三内力。因此一般说来，截面法所选取的截面不应截断三根以上的杆件（特殊情况例外）。按照脱离体中各未知杆件内力的位置及选用的平衡方程的不同，截面法又可以分力矩法及投影法两种。

1. 力矩法

如图2-34（a）所示桁架，取截面Ⅰ-Ⅰ将桁架分为两部分，考虑左边部分的平衡条件［见图2-34（b）］。此截面共截断三根不平行也不都交于一点的杆件，用三个静力平衡方程即可求得此三杆内力。但在成立平衡方程时最好使每一方程中只包含一个未知数。故求 S_{12} 时可以选取杆17及67的交点7为力矩中心，则

$$\sum M_7=0 \qquad R_A 2d-Pd+S_{12}r_1=0$$

$$S_{12}=-\frac{2R_A d-Pd}{r_1}$$

求 S_{67} 时可以选取杆12及17的交点1为力矩中心，则

$$\sum M_1=0 \qquad R_A d-S_{67}H_1=0$$

$$S_{67}=R_A\frac{d}{H_1}$$

求 S_{17} 时可以选取杆12及67的交点0为力矩中心，则

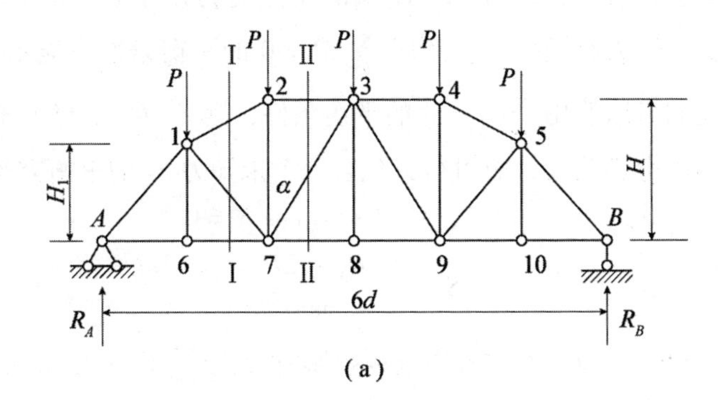

(a)

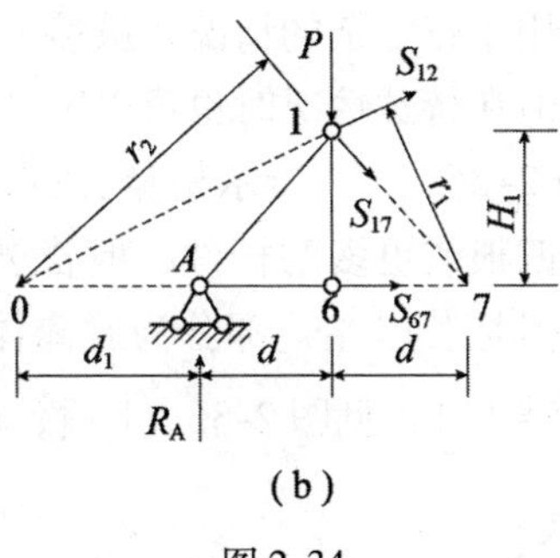

(b)

图 2-34

$$\sum M_0 = 0 \qquad -R_A d_1 + P(d + d_1) + S_{17} r_2 = 0$$

$$S_{17} = \frac{R_A d_1 - P(d + d_1)}{r_2}$$

这三个平衡方程的每一方程式中只有一个未知力，故可以不必解联立方程式。像这样选取三个力矩平衡方程以求内力的方法称为力矩法。

2. 投影法

设欲求图 2-34（a）中杆 73 的内力，可以选取截面Ⅱ－Ⅱ截取桁架左边部分为脱离体，考虑其平衡条件如图 2-35 所示。若

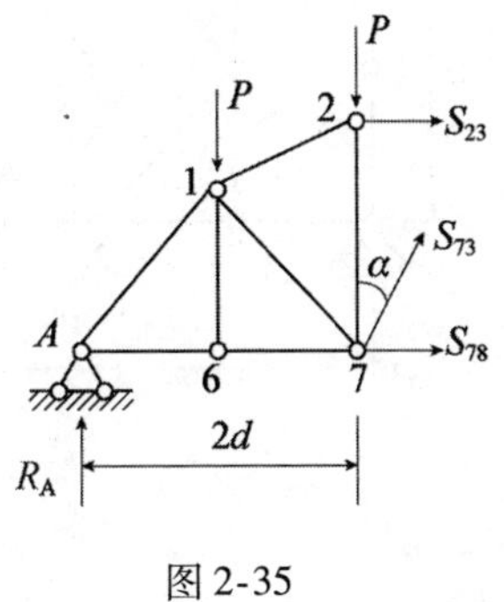

图 2-35

采用力矩法，必须选取杆 23 及 78 的交点为力矩中心，但此二杆平行，其交点在无穷远处，显然用 $\sum M=0$ 的平衡条件不能求得此杆内力。我们可以改用 $\sum Y=0$ 的平衡条件，则 S_{23} 及 S_{78} 与 Y 轴垂直，其 Y 方向的分力为零，故可得只包含一个未知力 S_{73} 的平衡方程，即

$$\sum Y=0,\qquad R_A-2P+S_{73}\cos\alpha=0$$

$$S_{73}=-\frac{R_A-2P}{\cos\alpha}$$

像这样在静力平衡方程中选取投影方程式 $\sum Y=0$ 以求内力的方法，为投影法或称剪力法。

截面法也可以应用于较复杂的情况。虽然上面说过所取截面一般只能截断三根杆件，但在特殊情况时也可以不受这一限制，而应用于较复杂的情形。如图 2-36（a）所示桁架，欲求下弦杆 S_{23} 的内力，取任何截面都得截断四根或更多的杆件，但若选取截面Ⅰ-Ⅰ，虽然也是截断四根杆件，但是若以左边部分为脱离体后，可以看到除 S_{23} 外其他未知力都交于结点 2［见图 2-36（b）］，应用平衡方程 $\sum M_{2'}=0$，可以求得

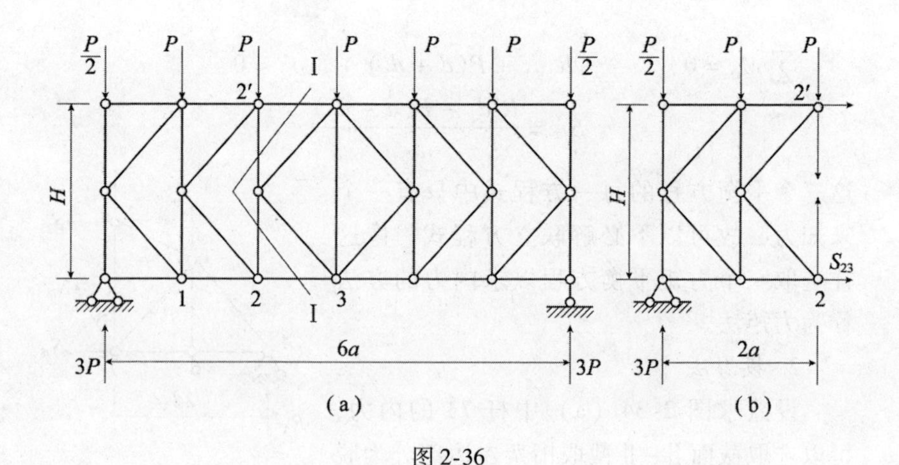

（a）　　　　　　　　　　　　　　（b）

图 2-36

$$3P \times 2a - \frac{P}{2} \times 2a - Pa - S_{23} \times H = 0$$

$$S_{23} = 4P\frac{a}{H}$$

又如图2-37（a）所示的桁架，若求弦杆S_{79}的内力值，取截面Ⅰ-Ⅰ，该截面截断六根杆件，但除待求的S_{79}外，其余未知力全交于一点，因此以此交点为力矩中心，就能立即求出S_{79}。

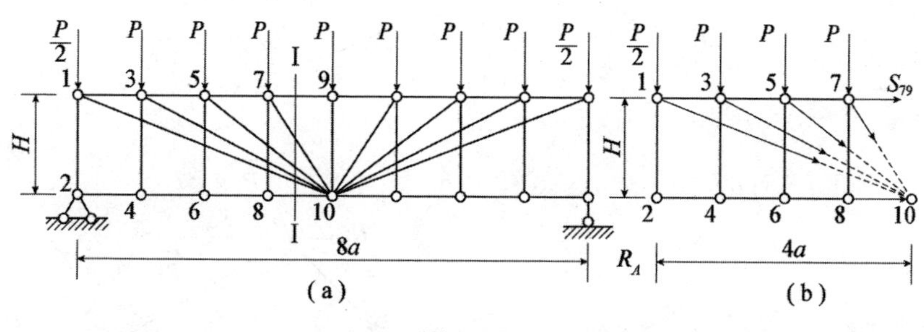

图2-37

对于如图2-38（a）所示的桁架，结点法是不适用的，因为每个结点都有三根杆件，而用截面法也总不能截断三根杆件，而且也不存在如图2-37所示的情况。

但分析上述结构的几何组成，知道该结构是两个基本三角形145和236用三根不交于一点不完全平行的三根杆件连接起来的。如果取其中任一个基本三角形，例如236为脱离体，可以想见它只截断三根杆件。但从图上可以看出，若取r-s-t的封闭截面以内部分为脱离体，如图2-38（b）所示，这时截断的不止三根杆件，除34、56和12外还把14和15杆截断了两次。就因为他们截断了两次，两端两个内力相等而方向相反，所以对于任一平衡方程都没有影响。因此实际上在如图2-38（b）所示的脱离体中，只有三个未知力，用三个力矩平衡方程式即可求出。如求S_{21}时可取S_{34}及S_{65}的交点K_1为力矩中心［见图2-38（c）］；求S_{34}时取S_{21}及S_{65}的交点K_2为力矩中心；求S_{65}时取S_{21}及S_{34}的交点K_3为力矩中心。这样即可不必解联立方程而将此三杆内力求得。

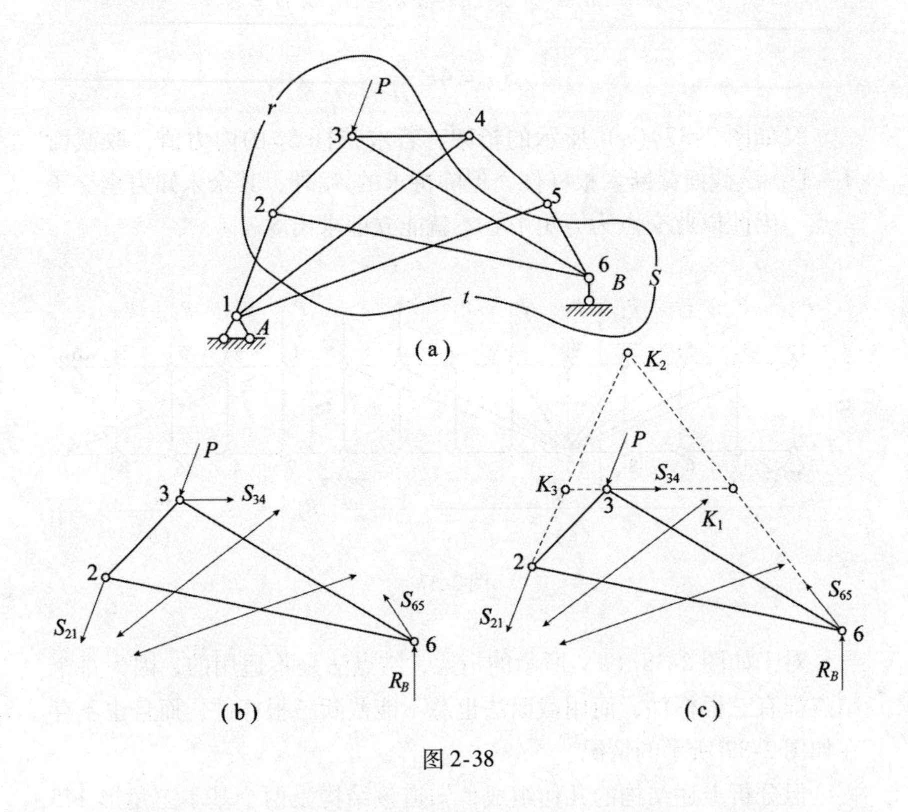

图 2-38

2.4.4 用结点图解法求桁架内力

由结点数解法知道，在计算一简单桁架时，依照一定次序截取结点为脱离体，因每一结点都只有两个未知力，用两个静力平衡方程式即可求得所有杆件内力。这一计算过程完全可以采用图解法。由图解静力学知道，一平面共点平衡力系其力多边形必然闭合，根据力多边形闭合，即可求得二未知力的大小。

如图 2-39（a）所示的桁架，用图解法或数解法求得支座反力后，要求各杆内力可先由二杆的结点 1 开始，截取该结点为脱离体如图 2-39（b）所示，作用于此结点的力有 $R_A=1.5P$（↑）及二未知

力 S_{13}及 S_{12}，因为此结点是平衡的，故此三力构成的力多边形必须闭合。以一定的比例尺作线段 ab 以代表 R_A，其大小及指向均是已知的，从 R_A的两端 b 及 a 各作一线分别与杆 12 及 13 平行得力多边形 abc，如图 2-39（c）所示，则线段 bc 及 ac 的长度分别代表 S_{12}及 S_{13}的大小，至于方向，因力多边形必须闭合，故各力必须首尾相连，因此 S_{12}方向为从 b 到 c，S_{13}方向为从 c 到 a。根据图 2-39（c）所定二内力方向再回到该图（b），可知 S_{13}的方向为离开结点 1，故其内力为拉力。S_{12}为向着结点 1 的，故其内力为压力。

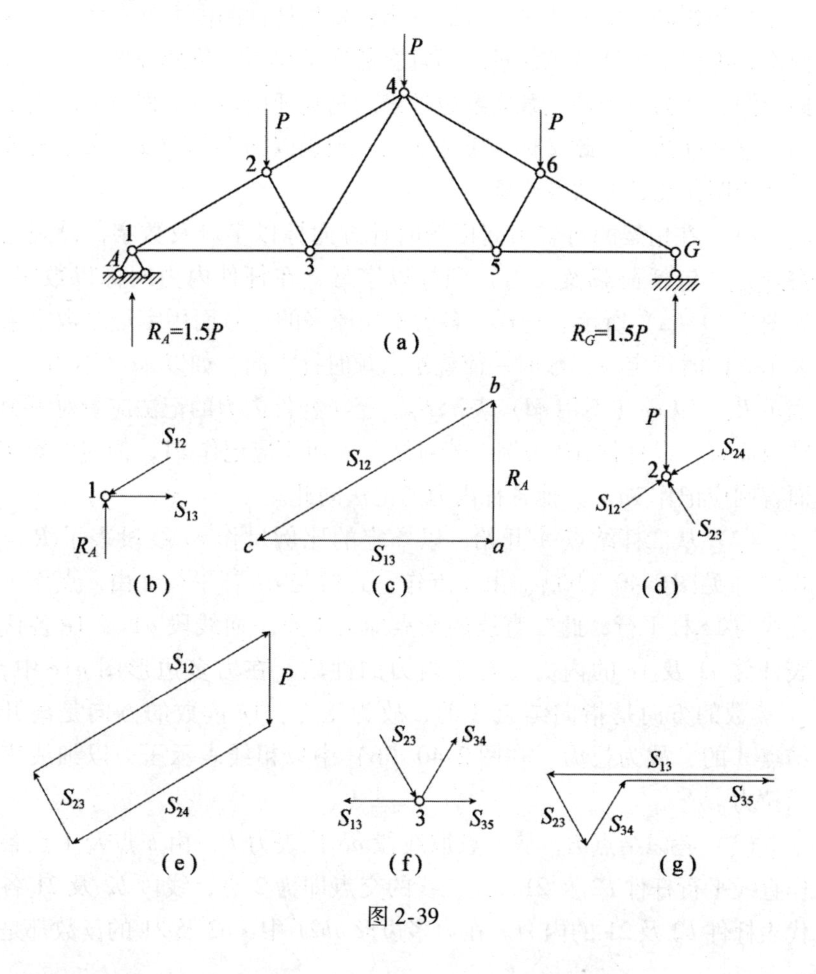

图 2-39

求得 S_{12} 及 S_{13} 后再截取结点 2 为脱离体，如图 2-39（d）所示。作用于此结点的力除荷载 P 外，S_{12} 是已知的，因其内力为压力，故在此脱离体中应指向结点 2。求 S_{23} 及 S_{24} 时可用同样的方法作力多边形图，如图 2-39（e）所示，由图 2-39（e）即可求得 S_{23} 及 S_{24} 的大小及指向，再由图 2-39（d）中可知 S_{23} 及 S_{24} 都是指向结点 2 的，故其内力均为压力。

用同样的方法截取结点 3 为脱离体，并作力多边形［见图 2-39（f）及（g）］，即可求得 S_{34} 及 S_{35}。因为桁架对称，右半部各杆内力与左半部相同。由上述过程可以看出：每根杆件的内力都在图中出现两次，不仅增加计算工作量，而且容易产生误差，故最好把上述力多边形图合并为一个图，既紧凑也准确。马克斯威尔—克列蒙那首先采用了这一办法，因此又称马氏图解法。现仍以图 2-39（a）所示桁架为例说明作图的方法及步骤。

（1）在桁架的每二力间以顺时针方向标以字母及数字，设规定在外力（包括荷载及反力）间标以字母，在杆件内力间标以数字，如图 2-40（a）所示。这样，各力不用原来的记号而用字母或数字来表示。同时规定在读数时一律绕结点顺时针方向，如以 ea（不用 ae）表示 R_A，以 de（不用 ed）表示 R_B。至于杆件内力的记法应看对哪个结点而言，以杆件 AB 为例，若对结点 A 而言应记作 $a1$，但对结点 B 而言则应记作 $1a$。其他各杆内力的记法同此。

（2）从二杆结点 A 开始，以一定的比例尺作 ea 线段表示 $R_A = 1.5P$［见图 2-40（b）］。由 a 点作一直线与 $a1$ 杆平行，由 e 点作一直线与 $1e$ 杆平行，此二直线的交点即为 1 点。而线段 $a1$ 及 $1e$ 各代表杆件 $a1$ 及 $1e$ 的内力。至于内力的性质，在力多边形图 $a1e$ 中，$a1$ 读数的方向是指向结点 A 的，故为压力，$1e$ 读数的方向是离开结点 A 的，故为拉力。在图 2-40（b）中以粗线表示压力以细线表示拉力。

（3）考虑结点 B，从 a 点取线段 ab 代表力 P，由 b 点及 1 点各作直线平行杆件 $b2$ 及 21，此二线的交点即为 2 点，线段 $b2$ 及 21 各代表杆件 $b2$ 及 21 的内力。在力多边形 $ab21$ 中，$b2$ 及 21 的读数都是

指向结点 B 的，故均为压力。

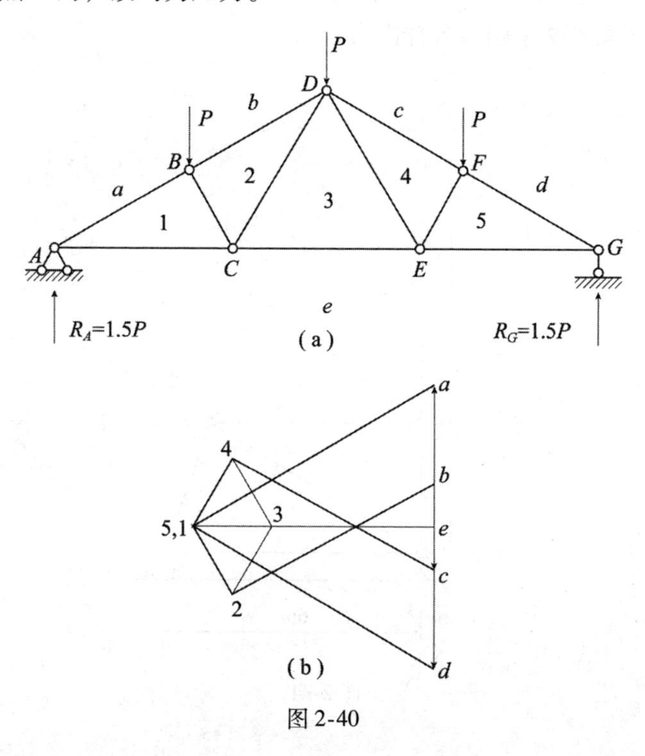

图 2-40

（4）考虑结点 C，从 2 及 e 点各作直线平行杆件 23 及 $3e$ 得交点 3，线段 23 及 $3e$ 各代表杆件 23 及 $3e$ 的内力。二力均为离开结点 C 的，故均为拉力。

（5）左部桁架各内力求出后，可用同样方法依次考虑结点 D 及 E，在图 2-40（b）中可定出点 4 及 5，考虑结点 F 时，只剩下 $d5$ 杆内力未求出，从图 2-40（b）中联结 $d5$ 的直线应与杆件 $d5$ 平行，此一步骤可作校核之用。

图解法用于分析桁架内力有很多优点：各杆的内力可以很紧凑地用一个图形表示出来，尤其是桁架几何形状不很规则时它避免了数解法中繁杂的计算。不过作图时比例尺应取大一些，同时要求作图时很准确以免累积误差。

【例 2-7】 图 2-41 为旋转闸门桁架的计算简图，二桁架间距为 1m，试用图解法求桁架各杆内力。

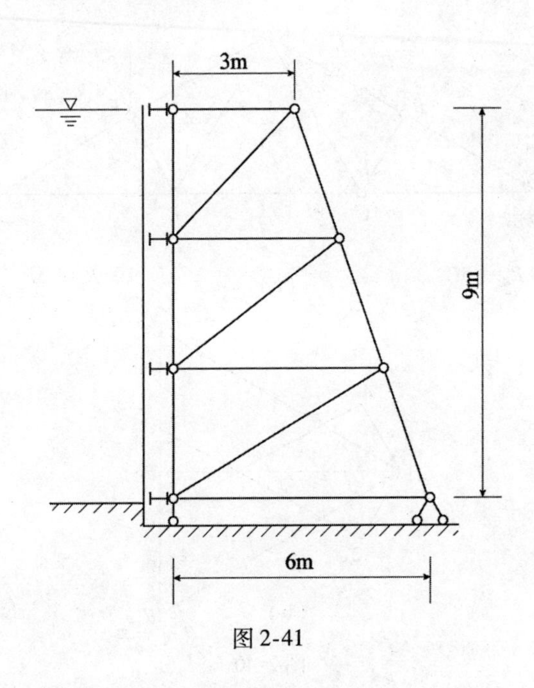

图 2-41

【解】 将作用于桁架结点的水压力求出，如图 2-42（a）所示。并用数解法求出支座反力（本题不计算支座反力也可以）。

（1）采用图解法的记号，如图 2-42（a）所示。

（2）先作外力（荷载及反力）的力多边形图 *efgabcde*，可以看出，此力多边形是封闭的，如图 2-42（b）所示。

（3）考虑结点 *G*，在图 2-42（b）中从 *b* 点及 *a* 点各作直线平行于杆 *b*1 及 1*a*，此二线的交点即为 1 点，在此情形下 1 点与 *a* 点重合，即 1*a* 杆内力为零。*b*1 杆内力等于 *ab* 外力，其读数方向指向结点 *G*，故为压力。

（4）考虑结点 *H*，从 *b* 点及 1 点各作直线平行杆 *b*2 及 21 得交点 2，则线段 *b*2 及 21 各代表该二杆内力，*b*2 读数方向指向结点 *H*，故为压力，21 读数方向离开结点 *H*，故为拉力。

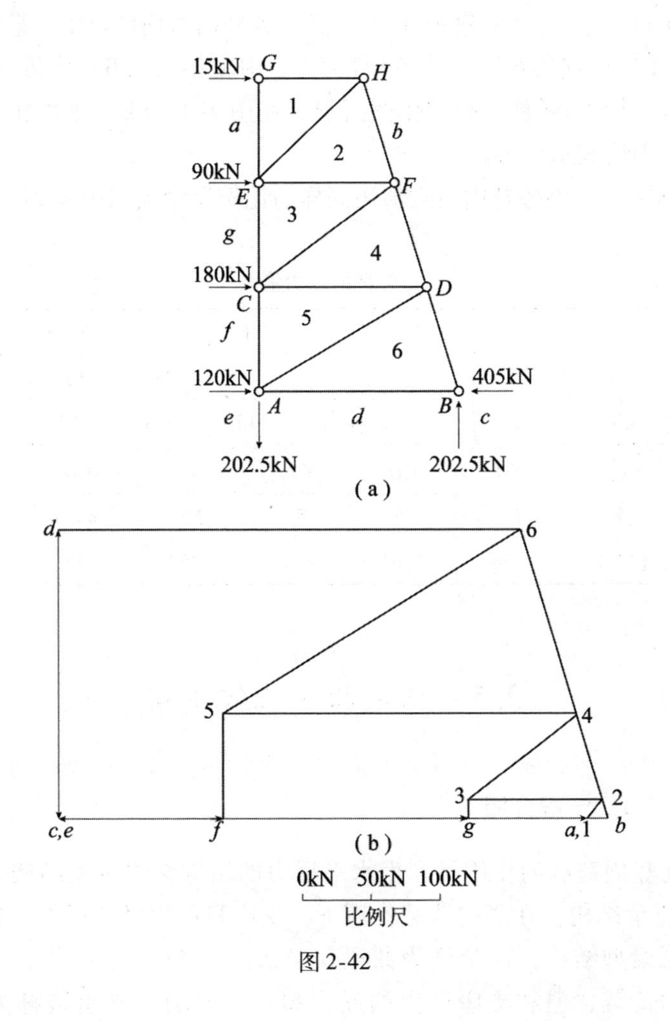

图2-42

（5）考虑结点 E，从2点 g 点各作直线平行于杆23及 $3g$ 得交点3，则得杆23及 $3g$ 内力。由前述方法知23杆为压力，$3g$ 杆为拉力。

（6）考虑结点 F，从 b 点及3点各作直线平行于 $b4$ 及43得交点4，即求出 $b4$ 杆及43杆内力，前者为压力，后者为拉力。

（7）用同样的方法依次考虑 C、D 二结点，可在图2-42（b）中定出 5、6 二点。这样除 $6d$ 杆外，其余各杆内力均已求出。最后在图 2-42（b）中连接 $6d$，取得 $6d$ 杆内力。由图 2-42（b）中可以看出，此线段平行于 $6d$ 杆，故知作图无误。在图 2-42（b）中以粗线表示压力，细线表示拉力。

（8）最后将各杆内力数值用同样的比例尺量出列于表 2-1 中。

表 2-1　　各杆的内力值

杆件名称	EG	GH	HE	HF	EF	EC	FC
文字记号	1*a*	1*b*	12	*b*2	23	3*g*	34
内力/(kN)	0	−15	+16	−12	−101	+12	+101

杆件名称	FD	CD	CA	DA	DB	AB
文字记号	*b*4	45	5*f*	56	*b*6	6*d*
内力/(kN)	−76	−261	+72	+254	−215	−338

2.5　三铰拱及三铰刚架

2.5.1　一般介绍

在竖向荷载的作用下产生水平反力的结构称为拱型结构。如图 2-43 所示结构，在竖向荷载作用下，支座只产生竖向反力。这种结构仍属梁型结构，通常称为曲梁。但如图 2-44 所示结构，虽然只有竖向荷载，但右支座产生的反力却是斜向的（支承链杆方向），因而有水平分力，由此引起左支座反力也有水平分力。这个水平分力通常称为水平推力，是曲梁所没有的。如图 2-45 所示结构在竖向荷载作用下也产生水平推力。这两种结构都是拱型结构。所以拱型结构和梁型结构的根本区别在于，在竖向荷载作用下它们的支座有无水平推力，而不在于它们的外形。

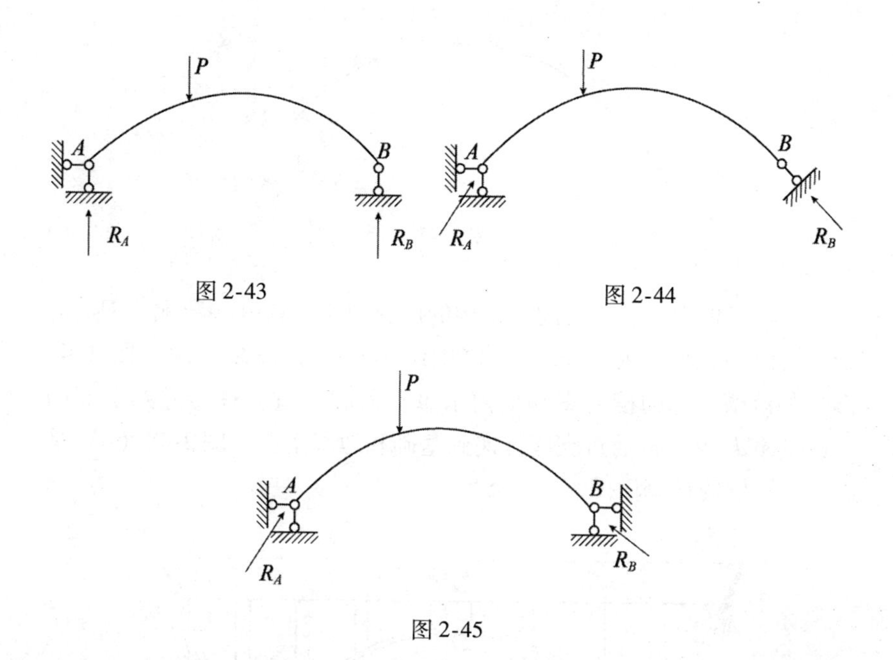

图 2-43

图 2-44

图 2-45

拱可以分为三铰拱（见图 2-46），双铰拱（见图 2-45）和无铰拱（见图 2-47）。其中三铰拱是静定结构。因为它虽有四个未知反力，而静力平衡方程也有四个：三个基本的静力平衡方程（即拱整体的静力平衡方程）和一个根据中间铰处弯矩等于零而建立的方程，所以是静定结构。双铰拱和无铰拱都是超静定结构。

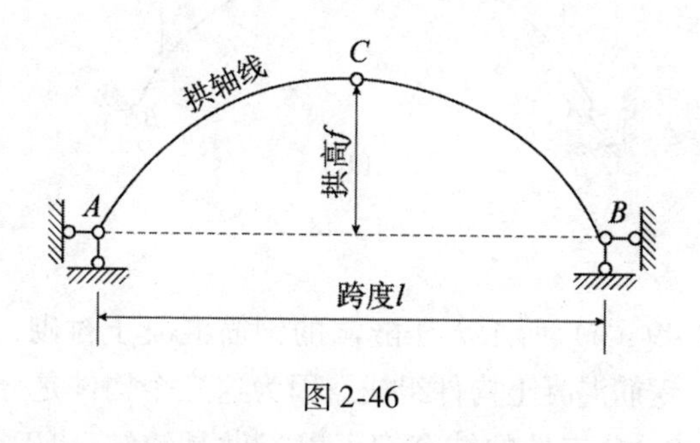

图 2-46

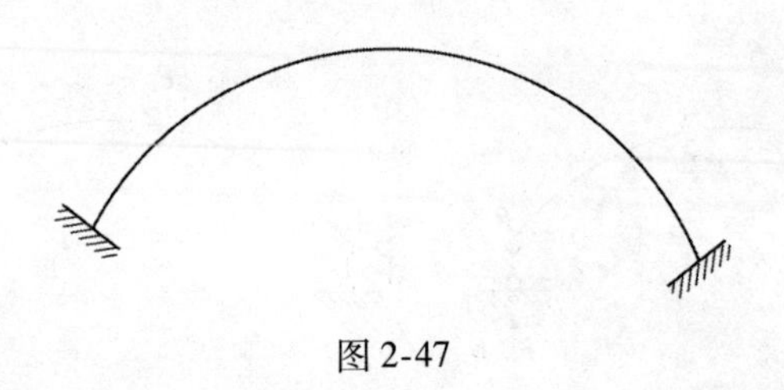

图 2-47

实际工程中，随着装配式结构的广泛应用，在一些装配式钢筋混凝土结构和钢结构中，采用三铰拱结构也日见增多。例如图 2-48 (a) 的渡槽，它的槽身重和槽内水重等荷载通过立柱传递到下面的三铰拱 ACB 上，再通过支座传递到基础和地基上去。图 2-48 (b) 是这个三铰拱的计算简图。

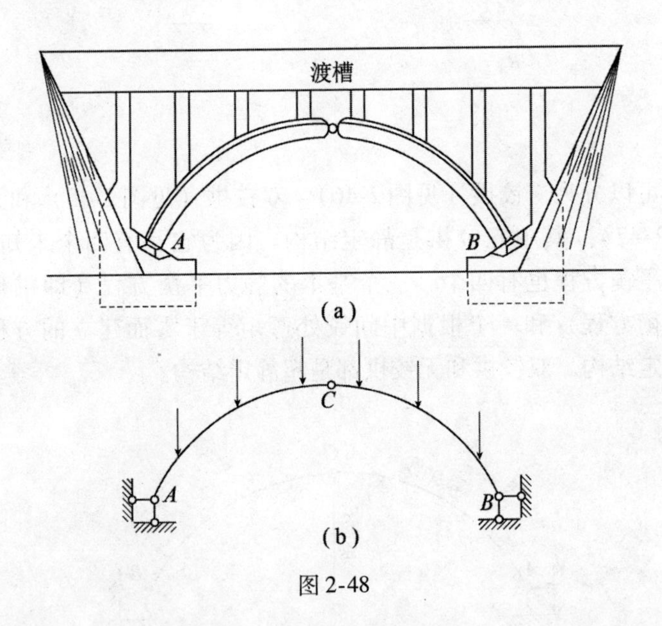

图 2-48

又如图 2-49 (a) 所示无压隧洞的钢筋混凝土衬砌，它是由 AB、AC 和 BC 三个钢筋混凝土构件组成。因为这三个构件是分别浇筑或预制的，在 A、B、C 三处的结合都可以当做是铰结，AB 是反拱底板，

AC 与 BC 则组成一个三铰顶拱。图 2-49（b）是它的计算简图。

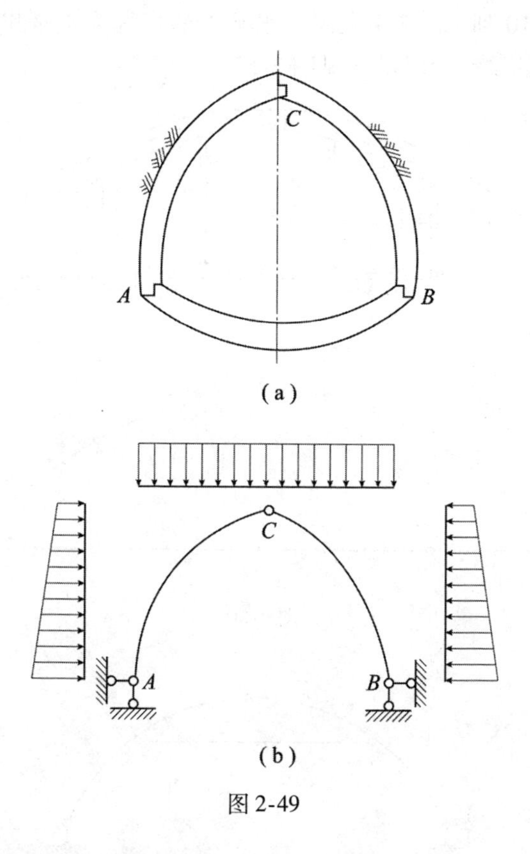

图 2-49

由于拱型结构在支座处有推力，拱的基础一般要求较坚固。有时由于基础不能承受推力，例如三铰拱屋架，为了减少对砖墙的推力，可以采用带拉杆的三铰拱（见图 2-50）。这样，水平拉杆承担了推力，支座仍只有竖向反力。就支座来说，它是梁型结构，但按其结构性能和计算方法来说，它仍属于拱型结构。为了使拱有必要的净空，拉杆可以布置得高于支座水平（见图 2-51）。

通常把拱的支座称为拱脚，拱脚处的铰称为拱脚铰。拱轴上最高的点称为拱顶，中间铰通常布置在拱顶称为顶铰。两拱脚铰间的水平距离 l 称为跨度。从顶铰到拱脚铰连线的垂直距离 f 称为拱高（或矢高）。矢高与跨度之比 f/l 称为矢跨比，它是拱的重要几何特征，其值可以由 1/10 到 1。支座在同一水平上的拱称为水平拱，支座不在同一水平上的拱称为斜拱（见图 2-52）。

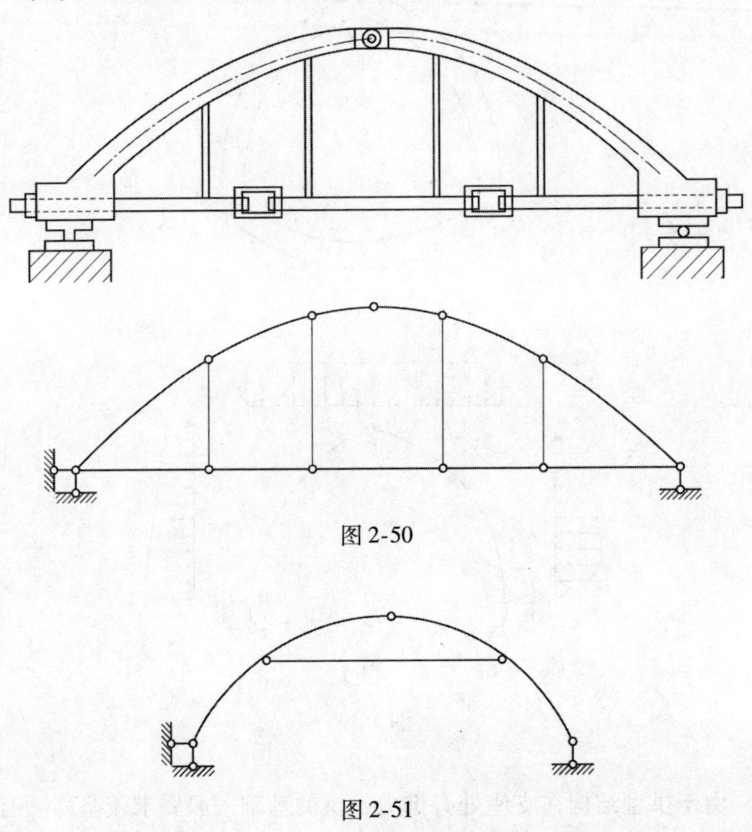

图 2-50

图 2-51

三铰拱的拱身是实体的称为实体三铰拱，拱身由桁架组成的称为

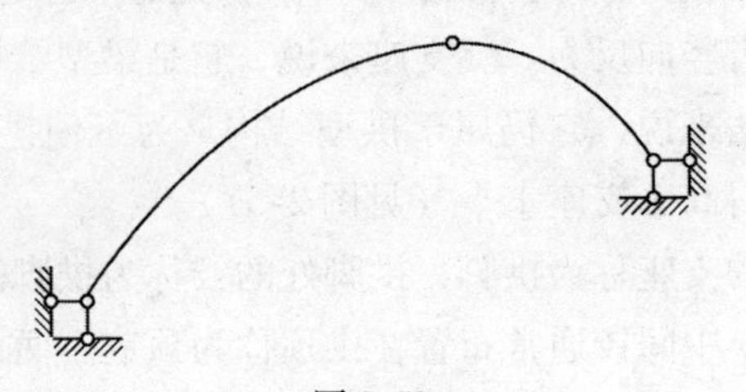

图 2-52

三铰桁架。本章只讨论实体三铰拱的计算。

除了按照曲线形状构成的推力结构以外，还有按照折线形状构成的推力结构，这种结构称为有推力的刚架。图 2-53（a）为三铰刚架，图 2-53（b）为有拉杆的三铰刚架。有推力的刚架内力变化的情形和工作性能与拱型结构相近，所以它的计算方法仍和拱型结构的计算方法基本上相同。

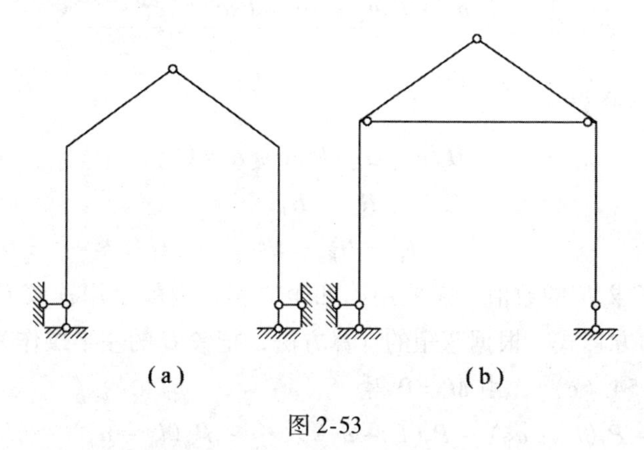

图 2-53

2.5.2　三铰拱的数解法

我们先研究较为一般情况的斜拱［见图 2-54（a）］然后由此再推出对称的拱。并设荷载的方向是竖向的。

1. *支座反力*

上面已经说过，三铰拱有四个支座反力未知数。为了计算的简化，可以将每个支座的反力分解为两个分力：一个是竖向的，另一个是沿两拱脚铰连线 AB 方向的。

首先用以整个拱为脱离体的三个静力平衡方程。

由 $\sum M_B = 0$ 得

$$V_A'l - P_1b_1 - P_2b_2 - \cdots - P_nb_n = 0$$

$$V_A' = \frac{P_1b_1 + P_2b_2 + \cdots + P_nb_n}{l} = \frac{\sum_i^n P_ib_i}{l} \tag{2-1}$$

由 $\sum M_A = 0$ 得

$$V_B'l - P_1a_1 - P_2a_2 - \cdots - P_na_n = 0$$

$$V_B' = \frac{P_1a_1 + P_2a_2 + \cdots + P_na_n}{l} = \frac{\sum_i^n P_ia_i}{l} \tag{2-2}$$

由 $\sum X = 0$ 得

$$H_A'\cos\alpha - H_B'\cos\alpha = 0$$

$$H_A' = H_B' \tag{2-3}$$

并令 $$H_A' = H_B' = H'$$

为了求 H' 的数值，需要用第四个方程，也就是用顶铰 C 处弯矩 $M_C=0$ 的方程式。根据弯矩的计算方法，把铰 C 的左半拱作为脱离体［见图 2-54（c）］，由 $M_C=0$ 得

$$V_A'l_a - P_1(l_a - a_1) - P_2(l_a - a_2) - \cdots - P_m(l_a - a_m) - H'f' = 0$$

所以 $$H' = \frac{V_A'l_a - \sum_i^m P_i(l_a - a_i)}{f'} \tag{2-4}$$

需要注意：这里的 P_i 只包括左半拱上的荷载，而式（2-1）和式（2-2）中的 P_i 则包括拱上的全部荷载。

为了便于比较拱与梁的受力特性，以及使拱的计算概念更为清楚，现研究与三铰拱同跨度同荷载的简支梁（简称为对比梁），如图 2-54（b）所示。如以 V_A^0 和 V_B^0 表示对比梁的支座反力，可以看出它们与三铰拱的 V_A' 和 V_B' 完全相同，故得

$$V_A' = V_A^0 \tag{2-5}$$

$$V_B' = V_B^0 \tag{2-6}$$

若以 M_C^0 表示对比梁上与拱顶铰相对应的截面 C 点的弯矩，即

$$M_C^0 = V_A^0 l_a - \sum_1^m P_i(l_a - a_i)$$

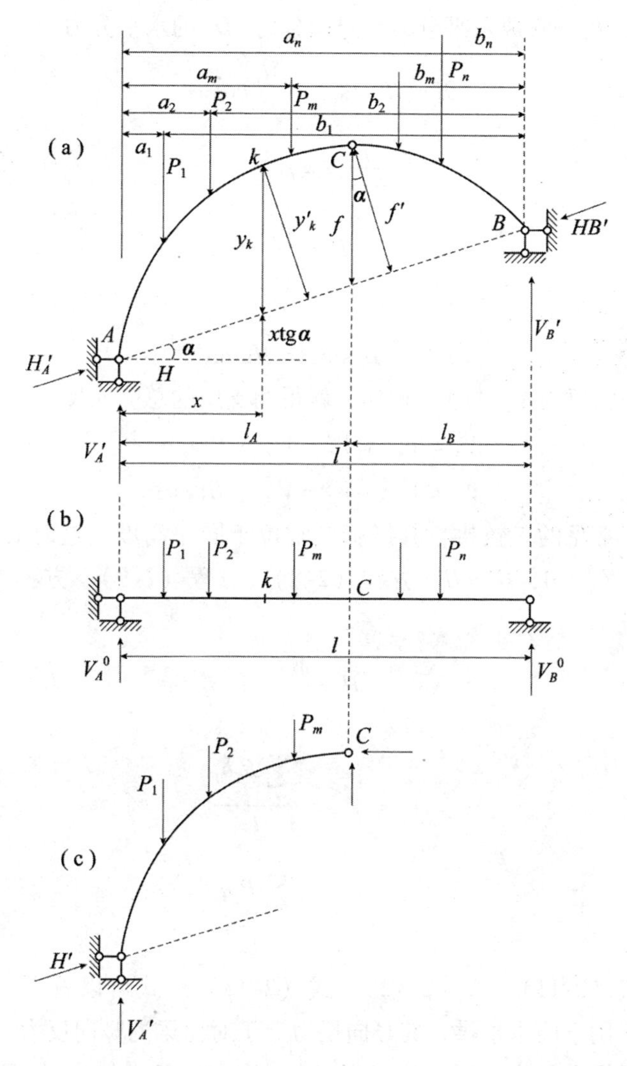

图 2-54

与式（2-4）比较可得

$$H' = \frac{M_C^0}{f'} \tag{2-7}$$

至此全部求得三铰拱的反力，不过 H' 是斜向的，用时不太方便。我们再把 H' 分解成水平分力和竖向分力。H' 的水平分力为

$$H = H'\cos\alpha = \frac{M_C^0}{f'}\cos\alpha$$

因为
$$\frac{f'}{\cos\alpha} = f$$

所以
$$H = \frac{M_C^0}{f} \tag{2-8}$$

H'的竖向分力为

$$V'' = H'\sin\alpha = H\tan\alpha$$

把它和竖向反力 V_A' 与 V_B' 相加，就得两支座的总竖向反力

$$V_A = V_A' + V_A'' = V_A^0 + H\tan\alpha \tag{2-9}$$

$$V_B = V_B' - V_B'' = V_B^0 - H\tan\alpha \tag{2-10}$$

对于常见的三铰拱，其拱脚铰常位于同一高度。这时 $\alpha=0$，于是$f'=f$，$V''=0$，$H'=H$，方程（2-8）、方程（2-9）、方程（2-10）就简化成

$$H = \frac{M_C^0}{f} \tag{2-11}$$

$$V_A = V_A^0 = \frac{\sum_i^n P_i b_i}{l} \tag{2-12}$$

$$V_B = V_B^0 = \frac{\sum_i^n P_i a_i}{l} \tag{2-13}$$

由式（2-11），式（2-12），式（2-13）三式可以看出，对于竖向荷载作用下的水平拱，其竖向反力等于对比梁的竖向反力，其水平推力等于梁上对应于顶铰处截面 C 的弯矩 M_C^0 除以拱高 f。还可以看出，拱的推力 H 与拱轴的形式无关，只决定于 A、B、C 三个铰的位置；当三铰拱的跨度和荷载不变时，推力 H 与拱高成反比，拱高愈

大推力愈小，拱高愈小推力愈大。

2. 弯矩

三铰拱的支座反力求得后，即可求任一截面 k（见图 2-54）的弯矩、剪力和轴力。

先求弯矩，因为某截面的弯矩，等于该截面左侧（或右侧）所有外力对该截面形心的力矩的代数和。弯矩的正负号仍与梁中的规定相同，使下侧纤维发生拉力时为正。于是可得 k 截面弯矩

$$M_k = V_A'x - P_1(x - a_1) - P_2(x - a_2) - H'y_k' = M_k^0 - H'y_k'$$

式中：M_k^0 ——对比梁相应截面 k 处的弯矩。

将 $H' = \dfrac{H}{\cos\alpha}$ 和 $y_k' = y_k\cos\alpha$ 代入上式即得

$$M_k = M_k^0 - Hy_h \tag{2-14}$$

对于水平拱，则可直接得到上式。由此可见，由于推力的存在，拱上任意截面的弯矩较对比梁对应截面的弯矩小一个 $\mathrm{H}y_k$ 的数值。

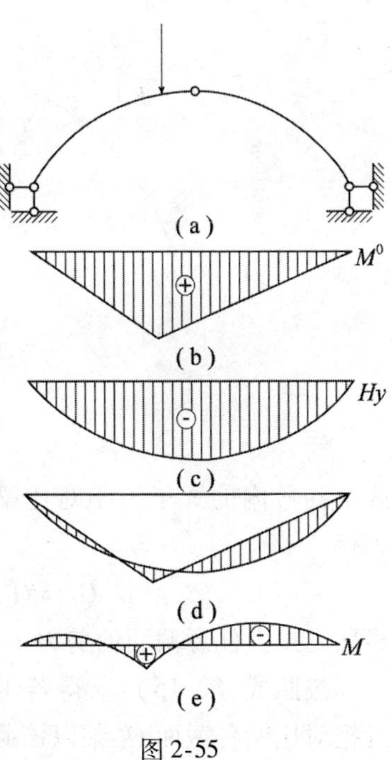

图 2-55

根据式（2-14）计算出若干截面的弯矩值后，即可作出三铰拱的弯矩图。但也可根据这一公式用叠加法作弯矩图。如图 2-55 所示，首先作 M_k^0 图［见图 2-55（b）］，也就是对比梁的弯矩图。然后将拱轴上每一点的纵坐标 y 乘以推力 H，得 Hy 图［见图 2-55（c）］；最后将这两图叠加，即得两图纵坐标之差［见图 2-55（d）］。为方便起见，再改为以水平线为基线的图形［见图 2-55（e）］。

3. 剪力

计算水平拱截面 k（见图 2-56）的剪力。因为某截面的剪力，等于该截面一侧所有各力在该截面拱轴法线

上投影的代数和。并规定该截面左侧各力的投影向上（或向外）时，剪力为正值，反之为负值。先在 k 处作拱轴切线 k_t 和法线 k_n。把 k 截面以左各力投影于法线 k_n 上，就得剪力为

$$Q_k = V_A\cos\varphi_k - \sum P_i\cos\varphi_k - H\sin\varphi_k$$
$$= (V_A - \sum P_i)\cos\varphi_k - H\sin\varphi_k$$

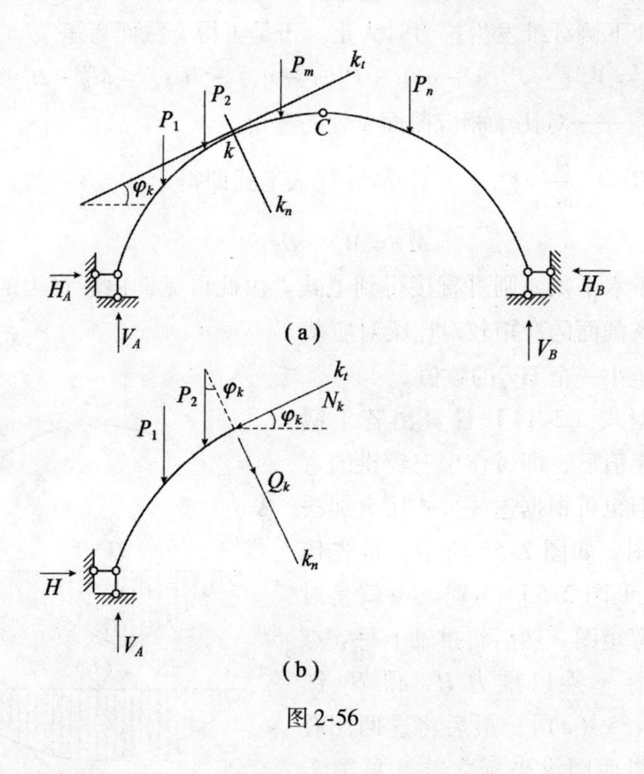

图 2-56

式中括号内的式子等于对比梁相应截面 k 处的剪力，若以 Q_k^0 表示，则得

$$Q_k = Q_k^0\cos\varphi_k - H\sin\varphi_k \tag{2-15}$$

显然，拱上任意截面的剪力小于对比梁相应截面的剪力。

按照式（2-15）求得若干截面的剪力后，即可作出剪力图。或者把对比梁各截面 Q_k^0 乘以该截面的 $\cos\varphi_k$ 的图形与推力 $H\sin\varphi_k$ 的图

形叠加而得。在拱上遇到集中力 P_i时，剪力图相应的就有一个突变。其值等于 $P_i\cos\varphi$。

图 2-57 为剪力图的示例。

4. 轴力

现计算图 2-56 截面 k 的轴力。因为某截面的轴力等于该截面一侧所有各力在该截面切线方向投影的代数和，并规定压力为正，拉力为负。将截面 k 以左各力投影于切线 k_t上，就得

$$N_k = V_A\sin\varphi_k - \sum P_i\sin\varphi_k + H\cos\varphi_k$$
$$= (V_A - \sum P_i)\sin\varphi_k + H\cos\varphi_k$$

已知 $V_A - \sum P_i = Q_k^0$，故上式可写为

$$N_k = Q_k^0\sin\varphi_k + H\cos\varphi_k \tag{2-16}$$

按照这个公式求得若干截面的轴力后，即可绘出轴力图，或者把曲线 $Q_k^0\sin\varphi_k$ 和 $H\cos\varphi_k$ 叠加起来而得。在集中力作用的截面，轴向力图有一个台阶，其值为 $P_i\sin\varphi_k$。图 2-58 为轴力图的示例。

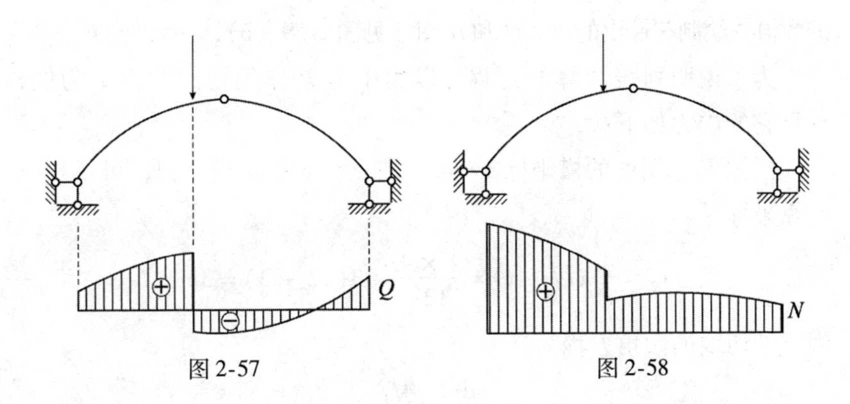

图 2-57　　图 2-58

由式（2-16）可以看出，拱内产生了对比梁内所没有的轴力。在竖向向下的荷载作用下拱内轴力是压力，其数值较大，所以是主要内力。正因为拱主要承受压力，而这压力所产生的应力是均匀分布的，这也说明拱的受力状态比梁的受力状态要好一些。同时也说明拱特别适用于耐压性能较强的材料，如砖、石、混凝土等。

【例2-8】 试绘制如图2-59（a）所示三铰拱的内力图。该拱的轴线是一抛物线，当坐标原点取在支座A时，拱轴方程为

$$y=\frac{4f}{l^2}x(l-x)。$$

【解】（1）求支座反力：由式（2-12）和式（2-13）得

$$V_A=V_A^0=\frac{\sum P_ib_i}{l}=\frac{50\times 9+20\times 6\times 3}{12}=67.5\text{kN}$$

$$V_B=V_B^0=\frac{\sum P_ia_i}{l}=\frac{50\times 3+20\times 6\times 9}{12}=102.5\text{kN}$$

由式（2-11）得

$$H=\frac{M_C^0}{f}=\frac{67.5\times 6-50\times(6-3)}{4}=63.75\text{kN}$$

（2）计算内力，绘制内力图。将拱跨分成8等份，根据式（2-14）、式（2-15）、式（2-16）列表计算各等分点处拱截面的M、Q和N（见内力计算表2-2）。最后根据表2-2中第11列，14列和17列的数值，绘制三铰拱的M，Q和N图［见图2-59（b），（c），（d）］。

为了说明列表计算的过程，以集中力P作用处的截面2为倒，计算它的内力如下：

已知P作用处的横坐标$x=3\text{m}$，将x代入拱轴线方程，可得相应的纵坐标

$$y_2=\frac{4f}{l^2}x(l-x)=\frac{4\times 4}{12^2}\times 3(12-3)=3\text{m}$$

因拱轴切线的倾角方程为

$$\tan\varphi=\frac{\mathrm{d}y}{\mathrm{d}x}=\frac{4f}{l}\left(1-\frac{2x}{l}\right)$$

将$x=3$代入

$$\tan\varphi_2=\frac{4\times 4}{12}\left(1-\frac{2\times 3}{12}\right)=\frac{2}{3}=0.6667$$

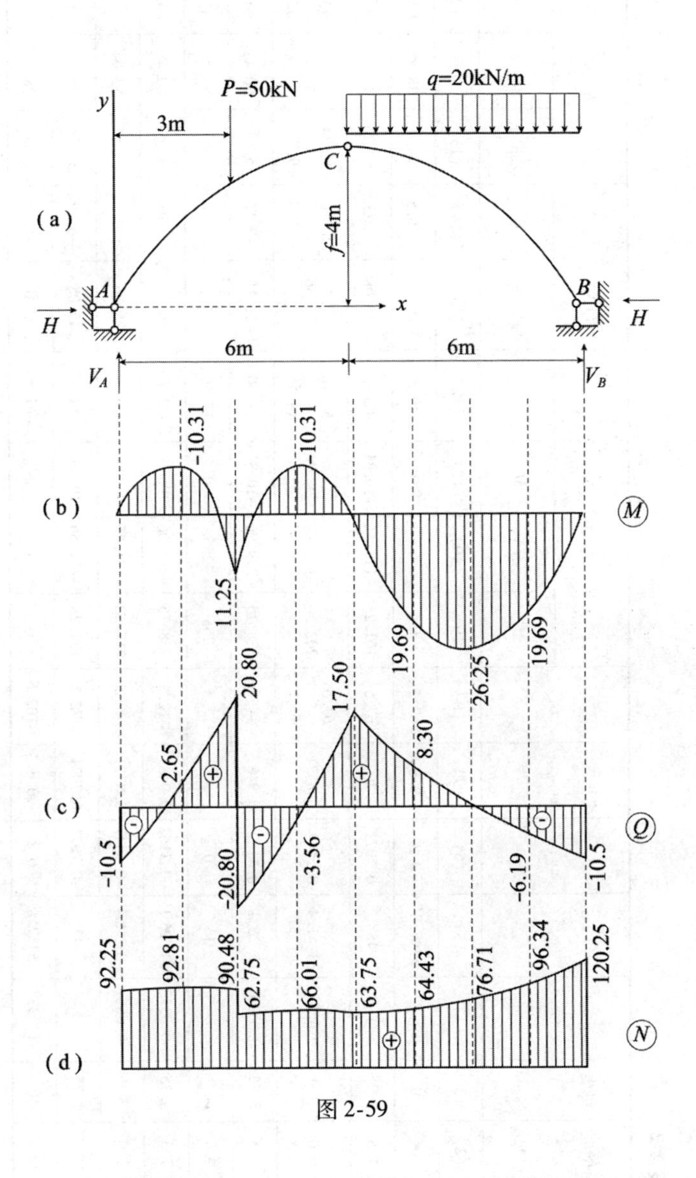
P=50kN
q=20kN/m
y
3m
C
(a)
f=4m
A
B
x
H
H
6m
6m
V_A
V_B
-10.31
-10.31
(b)
M
11.25
19.69
26.25
19.69
20.80
17.50
2.65
8.30
(c)
Q
-10.5
-20.80
-3.56
-6.19
-10.5
92.25
92.81
90.48
62.75
66.01
63.75
64.43
76.71
96.34
120.25
N
(d)

图 2-59

表 2-2

截面序号	横坐标 x /(m)	纵坐标 y /(m)	$\tan\varphi_k$	φ_k	$\sin\varphi_k$	$\cos\varphi_k$	Q_k^0	$M/(\text{kN}\cdot\text{m})$			$Q/(\text{kN})$			$N/(\text{kN})$		
								M_k^0	$-H\cdot y$	M_k	$Q_k^0\cos\varphi_k$	$-H\sin\varphi_k$	Q_k	$Q_k^0\sin\varphi_k$	$H\cos\varphi_k$	N_k
(1)	(2)	(3)	(4)	(5)	(6)	(7)	(8)	(9)	(10)	(11)	(12)	(13)	(14)	(15)	(16)	(17)
0	0	0	1. 3333	53°7. 8′	0. 8	0. 6	67. 5	0	0	0	40. 5	-51. 0	-10. 5	54. 0	38. 25	92. 25
1	1. 5	1. 75	1	45°	0. 7071	0. 7071	67. 5	101. 25	-111. 56	-10. 31	47. 73	-45. 08	2. 65	47. 73	45. 08	92. 81
2	3. 0	3. 0	0. 6667	33°41. 4′	0. 5547	0. 8321	67. 5 17. 5	202. 50	-191. 25	11. 25	56. 16 14. 56	-35. 36	20. 80 -20. 80	37. 44 9. 71	53. 04	90. 48 62. 75
3	4. 5	3. 75	0. 3333	18°26. 1′	0. 3162	0. 9487	17. 5	228. 75	-239. 06	-10. 31	16. 60	-20. 16	-3. 56	5. 53	60. 48	66. 01
4	6. 0	4. 0	0	0°	0	1	17. 5	255	-255	0	17. 50	0	17. 50	0	63. 75	63. 75
5	7. 5	3. 75	-0. 3333	-18°26. 1′	-0. 3162	0. 9487	-12. 5	258. 75	-239. 06	19. 69	-11. 86	20. 16	8. 30	3. 95	60. 48	64. 43
6	9. 0	3. 0	-0. 6667	-33°41. 4′	-0. 5547	0. 8321	-42. 5	217. 50	-191. 25	26. 25	-35. 36	35. 36	0	23. 57	53. 04	76. 61
7	10. 5	1. 75	-1	-45°	-0. 7071	0. 7071	-72. 5	131. 25	-111. 56	19. 69	-51. 27	45. 08	-6. 19	51. 26	45. 08	96. 34
8	12. 0	0	-1. 3333	-53°7. 8′	-0. 8	0. 6	-102. 5	0	0	0	-61. 50	51. 0	-10. 5	82. 0	38. 25	120. 25

$$\varphi_2 = 33°41.4'$$

于是有　　$\sin\varphi_2 = 0.5547$　　　$\cos\varphi_2 = 0.8321$

根据式（2-14）计算截面 2 的弯矩

$$M_2 = M_2^0 - Hy_2 = 67.5 \times 3 - 63.75 \times 3 = 11.25\text{kN} \cdot \text{m}$$

因截面 2 处作用有集中力，计算剪力和轴力时必须分别计算在截面左、右两侧的剪力和轴力。例如在截面 2 的左侧为

$$Q_2 = Q_2^0 \cos\varphi_2 - H\sin\varphi_2 = 67.5 \times 0.8321 - 63.75 \times 0.5547 = 20.80\text{kN}$$

$$N_2 = Q_2^0 \sin\varphi_2 + H\cos\varphi_2 = 67.5 \times 0.5547 + 63.75 \times 0.8321 = 90.48\text{kN}$$

在截面 2 的右侧则为

$$Q_2 = Q_2^0 \cos\varphi_2 - H\sin\varphi_2 = 17.5 \times 0.8321 - 63.75 \times 0.5547 = -20.80\text{kN}$$

$$N_2 = Q_2^0 \sin\varphi_2 + H\cos\varphi_2 = 17.5 \times 0.5547 + 63.75 \times 0.8321 = 62.57\text{kN}$$。

【例 2-9】　绘制如图 2-60（a）所示三铰刚架的 M、Q 和 N 图。

【解】　三铰刚架支座反力的计算与三铰拱相同。至于内力计算，则因它的轴线是折线，在支座反力求得以后，用前面梁型刚架计算内力的方法较简便。

（1）求支座反力：由整个刚架的平衡方程

$$\sum M_B = 0 \quad V_A \times 8 - 240 = 0$$

$$V_A = \frac{240}{8} = 30\text{kN}(\downarrow)$$

由 $\sum Y = 0 \quad V_A - V_B = 0$

$$V_B = V_A = 30\text{kN}(\uparrow)$$

用顶铰 C 处弯矩 $M_C = 0$ 的条件，可取铰 C 以右为脱离体

$$M_C = V_B \times 4 - V_B \times 10 = 0$$

$$H_B = \frac{4}{10}V_B = \frac{4}{10} \times 30 = 12\text{kN}(\leftarrow)$$

由 $\sum X = 0 \quad H_A - H_B = 0$

$$H_A = H_B = 12\text{kN}(\rightarrow)$$

（2）计算弯矩：

杆 AD　$M = -H_A x_1 = -12x_1$

可见弯矩图沿杆轴是直线变化，只要求出杆两端的弯矩即可作图。

$x_1=0$ 时，$M_{AD}=0$；$x_1=5$ 时，$M_{DA}=-60\text{kN}\cdot\text{m}$

杆 DE　　$M=-H_Ax_2+M_0=-12x_2+240$

$x_2=5$ 时，$M_{DE}=180\text{kN}\cdot\text{m}$；$x_2=7$ 时，$M_{ED}=156\text{kN}\cdot\text{m}$

杆 BF　$M=H_Bx_3=12x_3$

$x_3=0$ 时，$M_{BF}=0$；$x_3=7$ 时，$H_{FB}=84\text{kN}\cdot\text{m}$

杆 EC 和杆 FC 的弯矩图可以采取以下方法绘制。已知铰 C 处弯矩等于零。又根据节点 E 和 F 的静力平衡条件知道 $M_{EC}=\text{M}_{ED}=156\text{kNm}$，$M_{FC}=M_{FB}=84\text{kNm}$。并且杆 EC 和 FC 上没有任何荷载，所以其弯矩图必为直线变化，从而可以绘制出此二杆的 M 图。

图 2-60（b）即此三铰刚架的 M 图。

（3）计算剪力：

杆 AE　$Q=-H_A=-12\text{kN}$

杆 EC　将 V_A 和 H_A 在 EC 杆轴的垂直线上投影，得

$$Q=-V_A\cos\alpha-H_A\sin\alpha=-30\times\frac{4}{5}-12\times\frac{3}{5}=-31.2\text{kN}$$

杆 BF　$Q=+H_B=+12\text{kN}$

杆 FC 将 V_B 和 H_B 在 FC 的垂直线上投影，得

$$Q=-V_B\cos\alpha+H_B\sin\alpha=-30\times\frac{4}{5}+12\times\frac{3}{5}=-16.8\text{kN}$$

（4）计算轴力：

杆 AE　$N=-V_A=-30\text{kN}$

杆 E_C 将 H_A 和 V_A 投影在 E_C 轴线上，得

$$N=-V_A\sin\alpha+H_A\cos\alpha=-30\times\frac{3}{5}+12\times\frac{4}{5}=-8.4\text{kN}$$

杆 BF　$N=V_B=30\text{kN}$

杆 FC　将 H_B 和 V_B 投影在 FC 轴线上，得

$$N=V_B\sin\alpha+H_B\cos\alpha=30\times\frac{3}{5}+12\times\frac{4}{5}=-27.6\text{kN}$$

该三铰刚架的 Q，N 图示于图 2-60（c）、（d）。

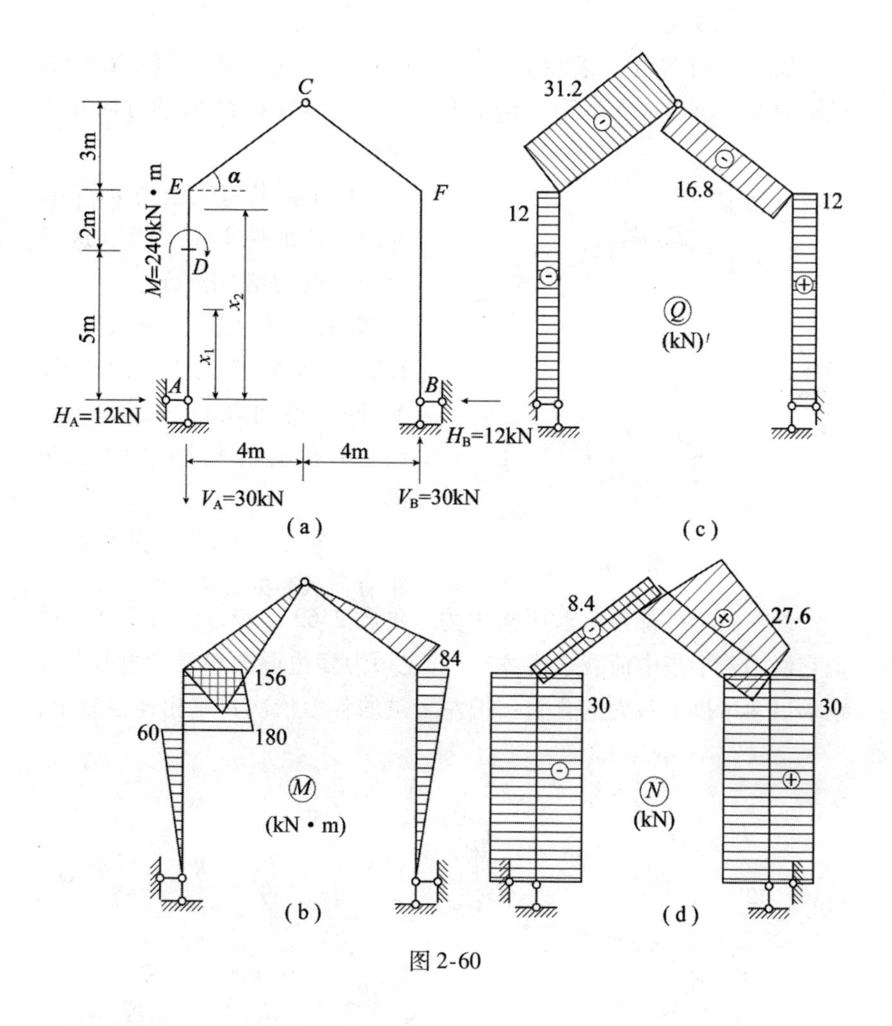

图 2-60

2.5.3　三铰拱的图解法

若拱轴线比较复杂，荷载为任意方向时，用图解法求拱的反力和内力是比较方便的。同时用图解法很容易得出压力线，而当荷载为竖向时，压力线就相当于弯矩图。

1. 支座反力

如图 2-61 所示，若拱上仅有一个集中力在左半拱，因铰 C 处的弯矩为零，所以右支座反力 R_B 必过铰 C，这样就得到 R_B 的方向和作用线。

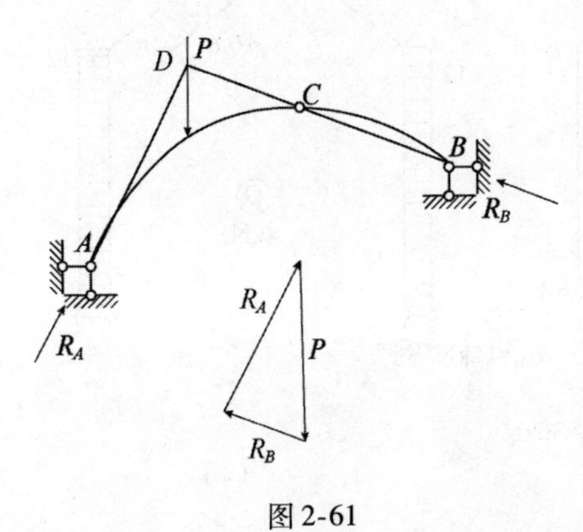

图 2-61

整个拱共有三个力 R_A、R_B 和 P，且维持平衡。所以这三个非平行力必相交于一点。而 P 和 R_B 方向已定并相交于 D 点，所以 R_A 必过 D 点。连接 AD 即可得到 R_A 的方向和作用线。R_A 和 R_B 的大小可由力三角形求出。

同理，亦可求出仅在右半拱有荷载时的支座反力。

设左右半拱都各有若干集中力，见图 2-62（若为分布荷载，就把它们用若干集中荷载来代替）。首先用力多边形图和索多边形图分别求出两半拱上各力的合力：把左半拱的各力依次首尾相连绘制出，

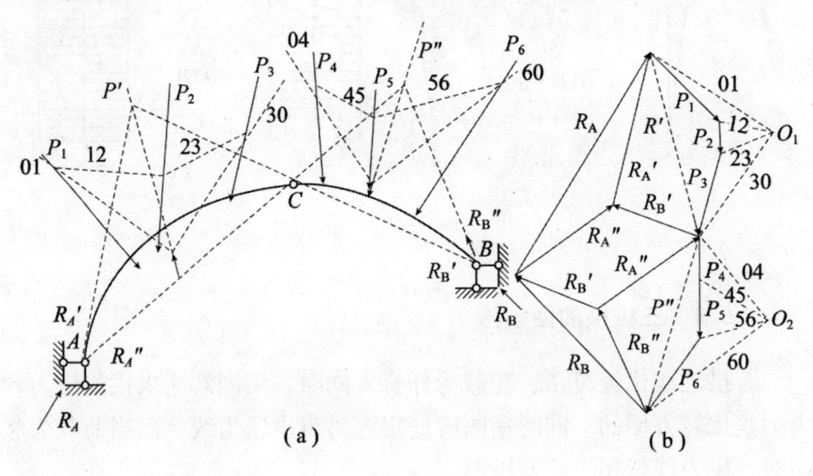

图 2-62

并求出其合力 P' 的大小和方向。在这个力多边形外任选一个极点 O_1，引射线（01，12，…）与力多边形的各力交点相连，再在左半拱的荷载上画索多边形，就得到 P' 的作用线。同理对右半拱上各力画力多边形，选极点 O_2，引射线（04，45，…），作索多边形求得右半拱各力合力 P'' 的大小、方向和作用线。

其次用前述求反力的方法求出当 P' 单独作用时产生的反力 R_A' 和 R_B' 的方向及大小；再求出当 P'' 单独作用时产生的反力 R_A'' 和 R_B'' 的方向和大小。

最后根据力的合成法则在力多边形图中以力 R_B' 和 R_A'' 为边作平行四边形，并将力 R_A' 和 R_A'' 合成为 R_A，将 R_B' 和 R_B'' 合成为 R_B。这样就求得了全部荷载作用下的总反力 R_A 和 R_B。

2. 绘制压力线

支座反力求出后，就可绘制拱的压力线。以研究拱的受力状态和拱轴的合理程度。

拱的压力线也就是拱轴截面的合力的作用线。它的绘制方法如下：从已求得的支座反力 R_A、R_B 和荷载 P_1，P_2，…等形成的力多边形中，以 R_A 和 R_B 的交点 0 为极点，引射线 1–2，2–3，…［见图 2-63（b）］。并在图 2-63（a）中把 R_A 与 P_1 相交，从这个交点作平行于力多边形中的 1–2 射线的索线，与 P_2 相交。再从这个点作平行于 2–3 射线的索线。如此继续下去一直把最后的射线 R_B 画完。图 2-63（a）中的索线多边形就是合力多边形。因力 R_A 就是荷载 P_1 以左各截面内力的合力。而射线 1–2 是 R_A 与 P_1 的合力，所以索线 1–2 就是 P_1 和 P_2 之间各截面内力的合力的作用线。依次类推，合力多边形就代表拱的各截面内力的作用线，因此叫它为压力线。

如图绘制没有错误，压力线必定通过铰 C 和铰 B。

3. 弯矩、切力和轴力

上面已经说明，压力线的每一条线表示该线以左（或以右）所有各力的合力的作用线，而合力的大小和指向则由力多边形的相应射线来确定。这样，拱的任一截面的弯矩、切力和轴力便可由力多边形和压力线来确定。

如求任一截面 k（见图2-63）的弯矩，我们只需把作用在该截面上的合力（在力多边形图中取得）与这个合力到该截面形心的垂直距离（在索多边形图中取得）相乘即得［见图2-63（c）］

$$M_k = R_k r_k$$

如求 k 截面的剪力和轴力，先作 k 截面拱轴的切线和法线，再在力多边形图中对应 k 截面合力的射线2–3这个力，按 k 截面拱轴的法线和切线方向分解得两个分力，它们就分别是 k 截面的剪力和轴力。

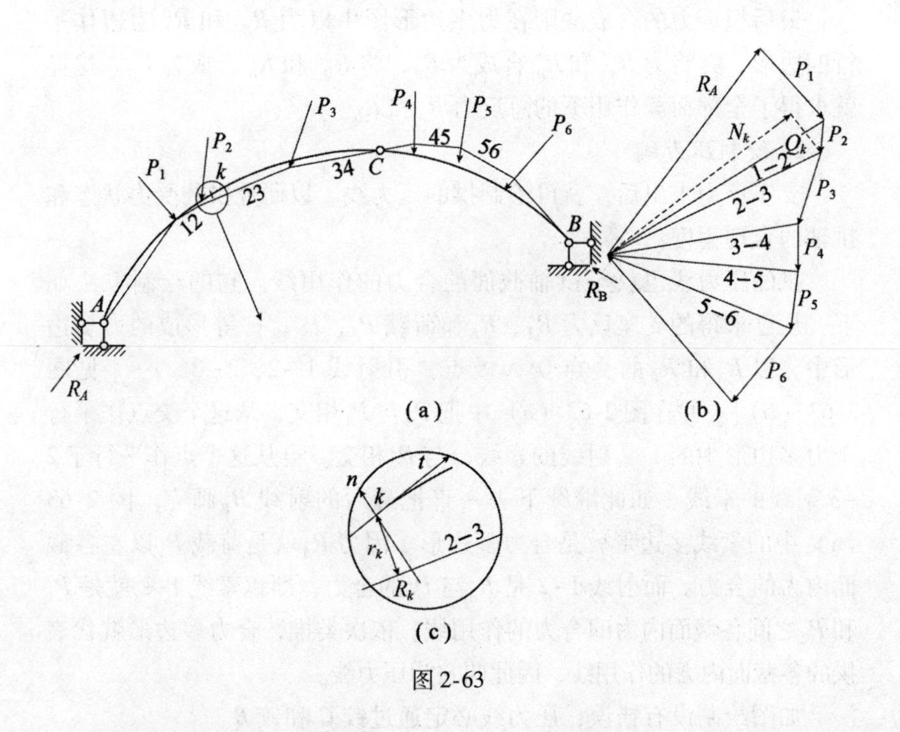

图2-63

4. 竖向荷载下的压力线

竖向荷载下的压力线如图2-64（a）所示。由力多边形图［见图2-64（b）］可知；反力和所有合力的水平分力都等于推力 H。

这样，在确定 k 截面的弯矩时，我们可以把该截面的合力在该截面形心的竖直方向上分解成竖向分力 V_k 和水平分力 H［见图2-64

(c)]，这时有

$$M_k = Hd_k \tag{2-17}$$

式中：d_k——压力线至 k 点的竖直距离。

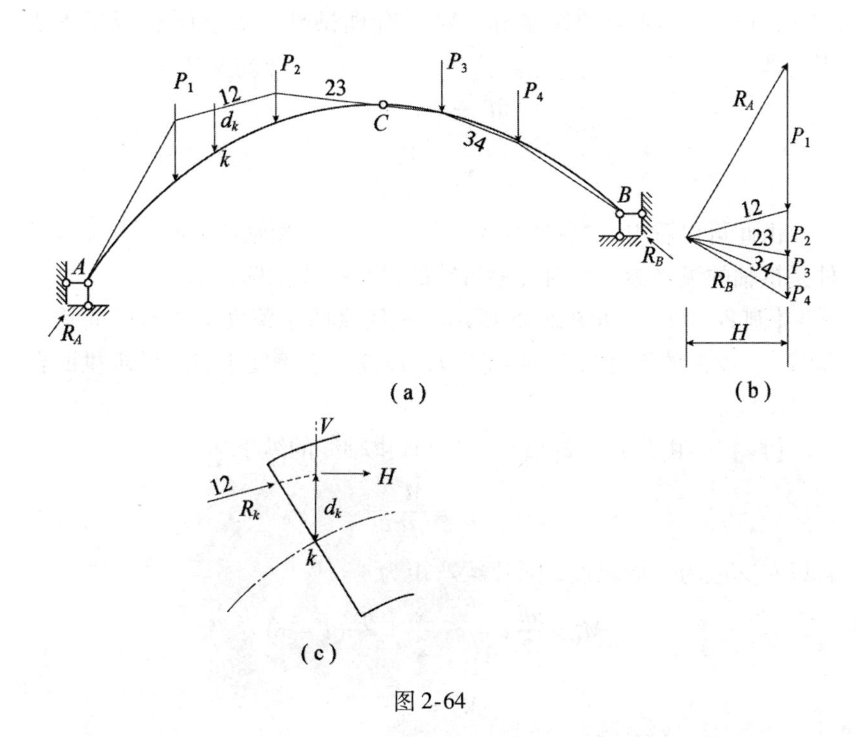

图 2-64

因 H 是常数，故压力线与拱轴间纵距就可代表弯矩图。此弯矩图的比例尺则是 d_k 的比例尺的 H 倍。

2.5.4　三铰拱的合理拱轴

由材料力学知道，构件中的轴力产生的应力是均匀分布的；而弯矩产生的应力是不均匀分布的。在拱结构中，在一定的荷载作用下，其内力还与拱轴线的形状有关。为了充分发挥材料的作用，最理想的当然是截面内只有轴力而没有弯矩和剪力，即只产生均匀应力，这时设计出的截面尺寸也最小。所以在一定的荷载作用下，使拱所有截面弯矩等于零的拱轴线就叫拱的合理拱轴线。

（1）在竖向荷载下的合理拱轴。三铰拱任意截面的弯矩为

$$M_k = M_k^0 - Hy_k$$

式中：y_k——k 截面的纵坐标。对于合理拱轴，要求所有弯矩等于零，即

$$M_k^0 - Hy_k = 0$$

$$y_k = \frac{M_k^0}{H} \tag{2-18}$$

由此可以看出，在竖向荷载下，三铰拱合理轴线的必要和充分条件是拱轴的纵坐标应与对比梁弯矩的纵坐标成比例。

【例2-10】 如图2-65所示，三铰拱的全跨度上受有竖向均布荷载 q，设拱的跨度为 l，拱高为 f，顶铰位于跨度中点，试求拱的合理拱轴线。

【解】 由公式（2-18），拱合理拱轴线的纵坐标为

$$y = \frac{M_k^0}{H}$$

若以左支座为坐标原点，对比梁弯矩为

$$M_k^0 = \frac{ql}{2}x - qx\,\frac{x}{2} = \frac{qx}{2}(l - x)$$

$$M_C^0 = \frac{ql^2}{8}$$

拱的推力为 $$H = \frac{M_C^0}{f} = \frac{ql^2}{8f}$$

这样 $$y = \frac{qx(l - x)8f}{2ql^2} = \frac{4f}{l^2}(l - x)x$$

就是说拱的合理轴线是一根抛物线。

（2）垂直于拱轴的均布荷载。垂直于拱轴的均布荷载，常由于均匀的水压力作用而产生，如图2-66（a）所示。从拱中取微线段 ds 为脱离体［见图2-66（b）］，如这拱轴是合理拱轴，则这脱离体两端截面的弯矩和切力都应等于零，只有轴向力 N 和 N+dN。荷载的合力 qds 如虚线所示。对微线段曲率中心 O 取矩，应用平衡条件 $\sum M_0 = 0$

$$N \cdot \rho - (N + \mathrm{d}N)\rho = 0$$
$$dN = 0$$

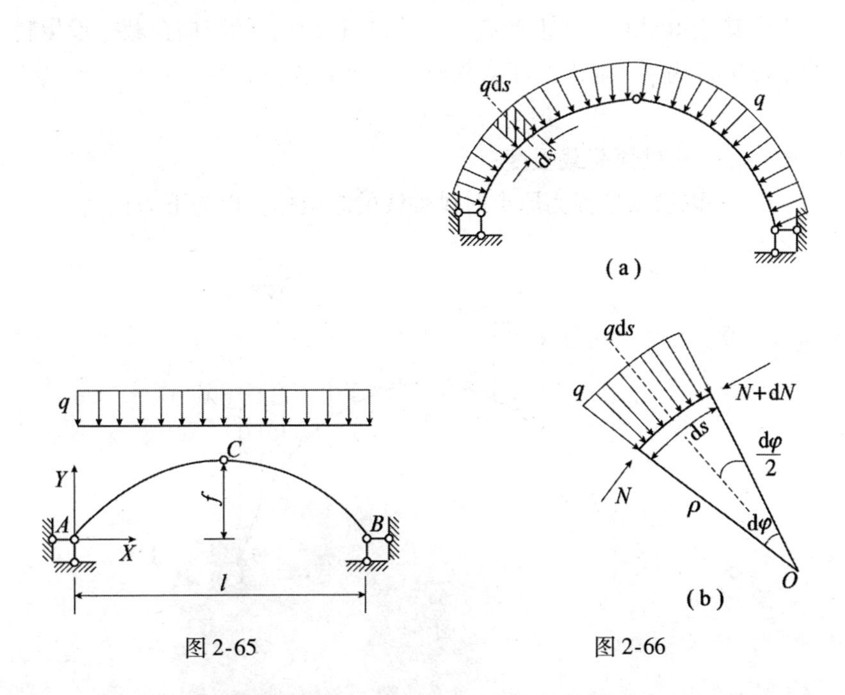

图 2-65　　　　图 2-66

即 N=常量。

再用在荷载合力线方向投影的平衡条件

$$N\sin\frac{\mathrm{d}\varphi}{2} + N\sin\frac{\mathrm{d}\varphi}{2} - q\mathrm{d}s = 0$$

$\mathrm{d}\varphi$ 角极小，可令 $\sin\frac{\mathrm{d}\varphi}{2} = \frac{\mathrm{d}\varphi}{2}$；由上式得到

$$\frac{\mathrm{d}\varphi}{\mathrm{d}s} = \frac{q}{N}$$

因 $\frac{\mathrm{d}\varphi}{\mathrm{d}s} = \frac{1}{\rho}$，$q$，$N$ 都是常量，所以有

$$\frac{1}{\rho} = 常量$$

这个式子说明：在垂直于拱轴的均布荷载作用下，拱的合理轴线是圆

曲线。

（3）竖向的连续分布填料重量荷载。如图 2-67 所示，当拱上有填土或其他填料时，拱上荷载为与填料重量有关的竖向荷载。设填料的单位重量为 γ，则拱上任意截面的竖向荷载强度为

$$q_x = q_C + \gamma y$$

式中：q_C——拱顶荷载强度；

y——以拱顶坐标为原点时拱轴线的纵坐标，以向下为正。

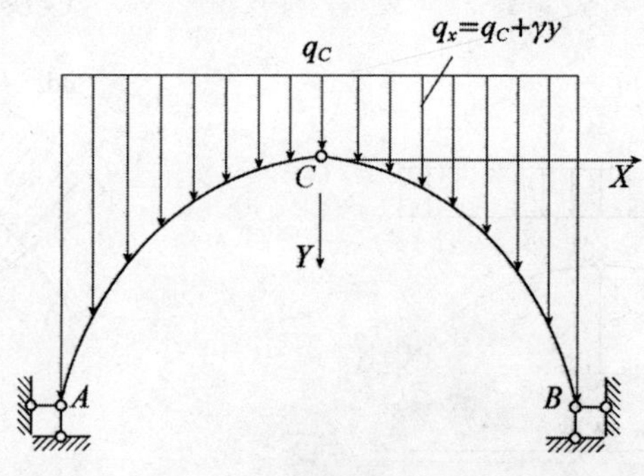

图 2-67

根据拱的合理轴线应满足式（2-18），对它进行两次微分，有

$$\frac{d^2 y}{dx^2} = \frac{1}{H} \cdot \frac{d^2 M}{dx^2} \tag{2-19}$$

由材料力学，梁的弯矩与分布荷载的微分关系式为

$$\frac{d^2 M}{dx^2} = - q_x$$

将此代入上式，并注意 y 轴以下为正，即得

$$\frac{d^2 y}{dx^2} = \frac{q_x}{H}$$

再将 $q_x = q_C + \gamma y$ 代入上式得

$$\frac{d^2 y}{dx^2} - \frac{\gamma}{H} y = \frac{q_C}{H}$$

该二阶微分方程的解为

$$y = A\text{ch}\sqrt{\frac{\gamma}{H}}x + B\text{sh}\sqrt{\frac{\gamma}{H}}x - \frac{q_C}{\gamma}$$

由边界条件：$x=0$ 时，$y=0$；得 $A=\frac{q_C}{\gamma}$

$x=0$ 时，$\frac{dy}{dx}=0$，得 $B=0$

由此得

$$y = \frac{q_C}{\gamma}\left(\text{ch}\sqrt{\frac{\gamma}{H}}x - 1\right) \tag{2-20}$$

式（2-20）说明：在填料重量作用下，三铰拱的合理轴线是一根悬链线。

2.6　静定结构的特性

静定结构是实际工程中常见的、基本的结构型式之一，学习静定结构的内力计算方法，不仅是设计静定结构截面尺寸的本身需要，而且还为计算静定结构的位移及以后学习超静定结构的计算打下基础。因此在读者对各种型式的静定结构内力分布规律及其计算方法有所了解以后，有必要对各种静定结构型式的特性作进一步的归纳，得出静定结构的一般特性。这样就可以帮助读者在今后设计和计算时知道怎样选择合适的结构型式及比较简洁的计算方法。

静定结构和超静定结构都是几何不变体系。但是在几何构造方面，静定结构没有多余的联系，所以它的全部内力和反力只要用静定平衡条件就能唯一地确定，而超静定结构则具有多余的联系，所以它的全部内力及反力只用平衡条件是不能完全确定的，还必须同时用变形条件。这是静定结构不同于超静定结构的一个基本特性。在这个基本特性的基础上再归纳出静定结构所具有的其他特性。

（1）静定结构的反力、内力与所用材料的性质、截面的大小和形状都没有关系。

静定结构的反力和内力计算，只需要应用静力平衡条件，而所有的平衡方程中并不包含与材料性质、截面尺寸、形状有关的物理量，所以这一特性是明显的。

从这一特性可以看出，静定结构的计算比较简单，同时对同一静定结构，当选用不同的材料、不同的截面形状和尺寸时，其反力和内力大小并不会发生变化。

（2）温度变化、材料膨胀和收缩、支座移动和制造误差等不会使静定结构产生反力及内力。

例如图 2-68（a）所示的外伸悬臂梁，当上、下侧的温度改变不同时，在 $t_1>t_2$ 的情况下，除了会使梁的形状略有改变（如该图中虚线所示）外，在梁内并不会产生内力。又如当图 2-68（b）所示三铰刚架的支座发生沉陷时，除了会使结构产生刚体位移外，不会引起反力和内力。所有这些特性都很容易用平衡条件来证明，因为当没有荷载作用在静定结构上面时，根据平衡条件求得的反力均为零，因而内力也都为零。

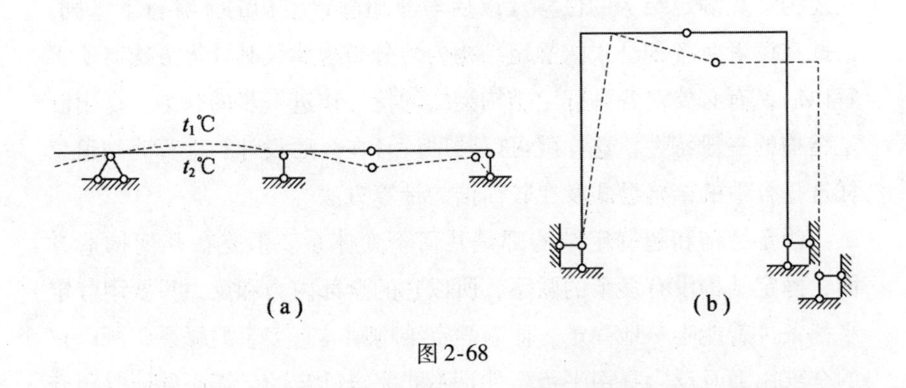

图 2-68

（3）作用在静定结构的基本部分的荷载，只会使基本部分受力，不会使附属部分受力。而作用在结构附属部分上的荷载，则会使基本部分和附属部分同时受力。

静定结构的这一特性，为读者提供了计算反力和内力时所应当采取的计算途径，即计算应当从附属部分开始，再逐步扩大到基本部分上去（参看例 2-1、例 2-5）。

（4）在静定结构的某一几何不变部分作用一组平衡力系，则只会使该部分受力而其余部分内力为零。

例如，在图 2-69（a）所示多跨静定梁的 AB 部分，图 2-69（b）所示桁架的 ABC 部分及 DE 部分上分别作用一组平衡力系时，除了会使相应部分产生内力外，其余部分内力为零。这是因为当作用在结构几何不变部分的力系为平衡力系时，不会引起任何支座反力。所以其余部分的内力保持为零。

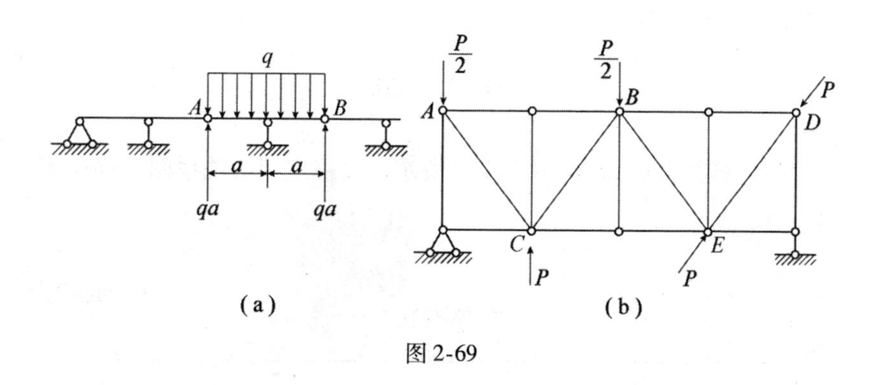

图 2-69

（5）将作用在结构上几何不变部分的荷载作等效变换时，不会影响其他部分的反力和内力。

如果一组力的合力与另一组力的合力完全相同，则此二组力互称为等效力。所谓等效变换就是将一组力换用另一组等效力作用。而一组力的合力就是这组力的等效力的一种常见形式。例如在图 2-70 所示三铰拱 AB 部分上原作用有一组力 P_1、P_2，如果将这组力换用它们的合力 R，对结构的反力和其余部分的内力不会产生影响。

设在 P_1 与 P_2 共同作用下拱其余部分的内力为 S_1，在 R 作用下拱其余部分的内力为 S_2。则在 P_1、P_2 及 $-R$ 同时作用下拱其余部分的内力为 S_1-S_2，但 P_1、P_2 与 $-R$ 是一组平衡力系，由特性

（4）可以知道，在平衡力系作用下，拱的其余部分的内力为零，即应有 $S_1-S_2=0$ 或 $S_1=S_2$。这就证明了在等效力作用下不会影响拱其余部分的内力。

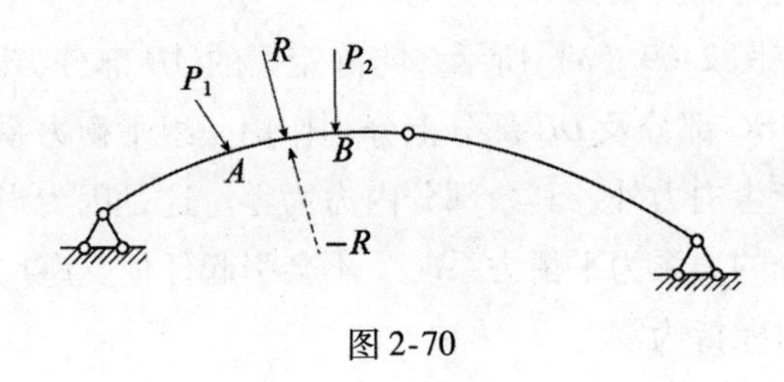

图 2-70

习　题

2-1　试作如图 2-71～图 2-73 所示多跨静定梁的关系图，并作 M 及 Q 图。

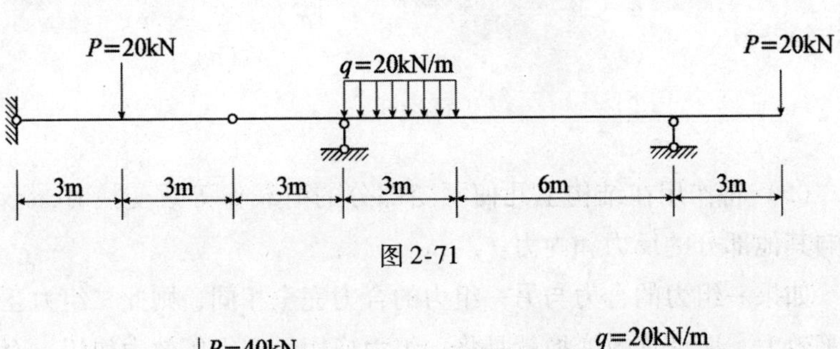

图 2-71

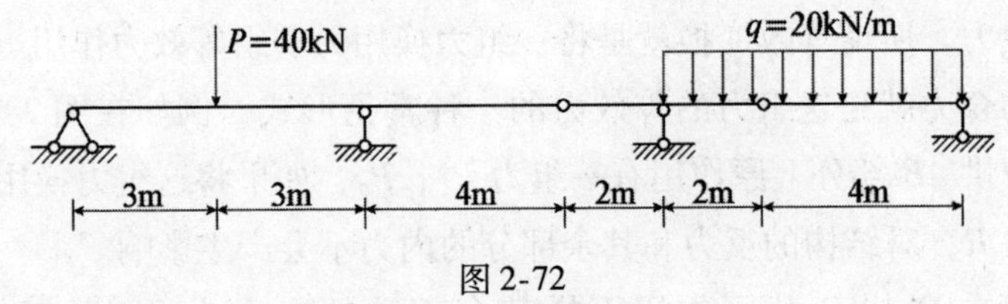

图 2-72

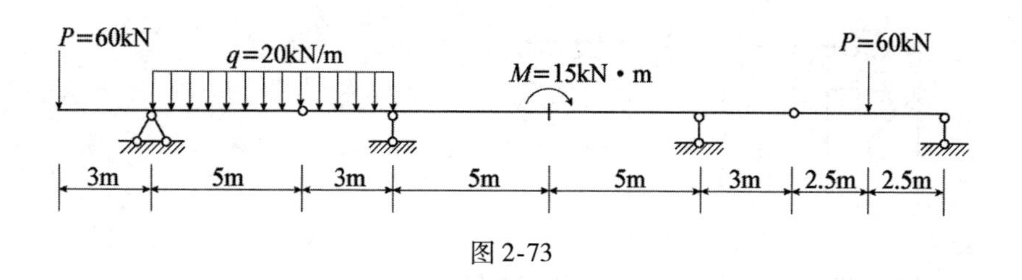

图 2-73

2-2　如图 2-74 所示，欲使跨中截面 C 的正弯矩的数值等于中间支座处的负弯矩的数值，则铰的位置 x 应为多少？

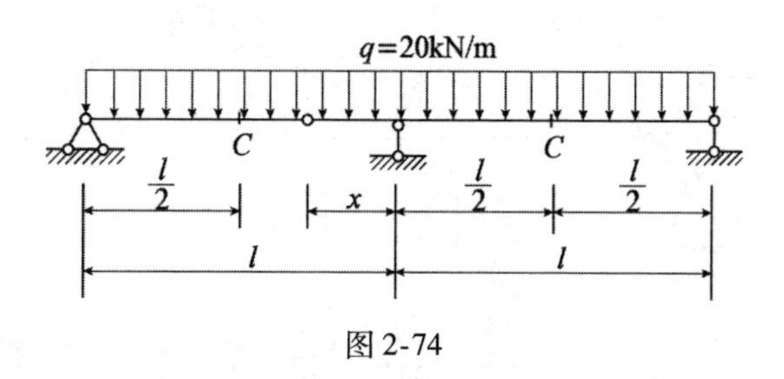

图 2-74

2-3　试作如图 2-75（a）所示静定刚架的 M、Q 及 N 图。

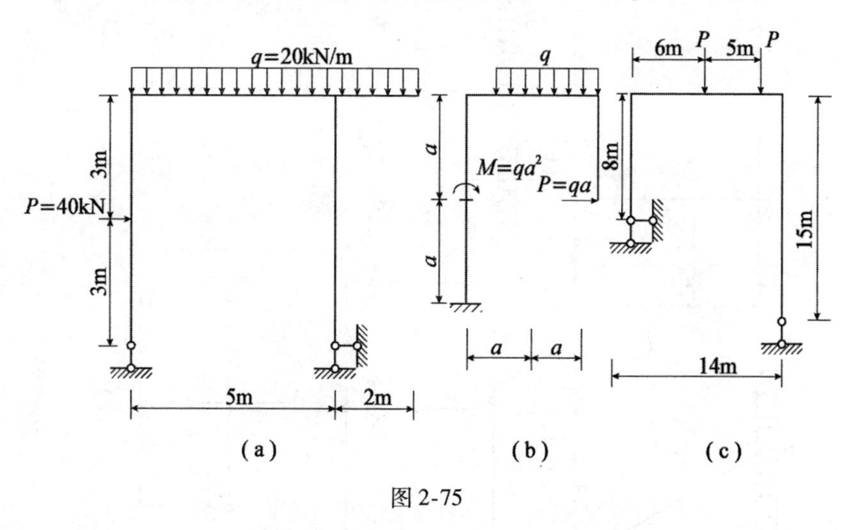

图 2-75

2-4　如图 2-76 所示，试作下列各静定刚架的 M 图。

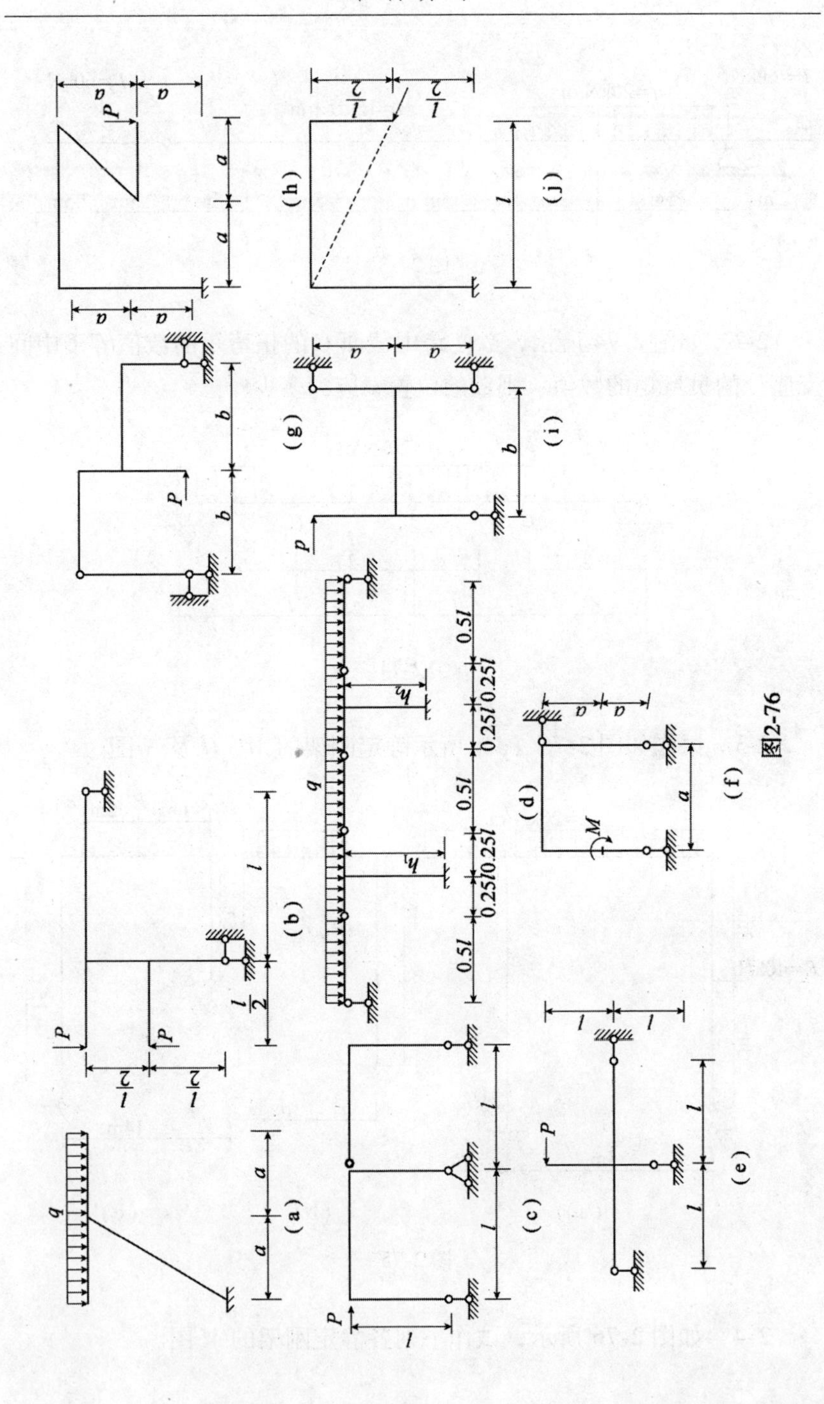

图2-76

2-5　计算如图 2-77 所示桁架各杆内力。

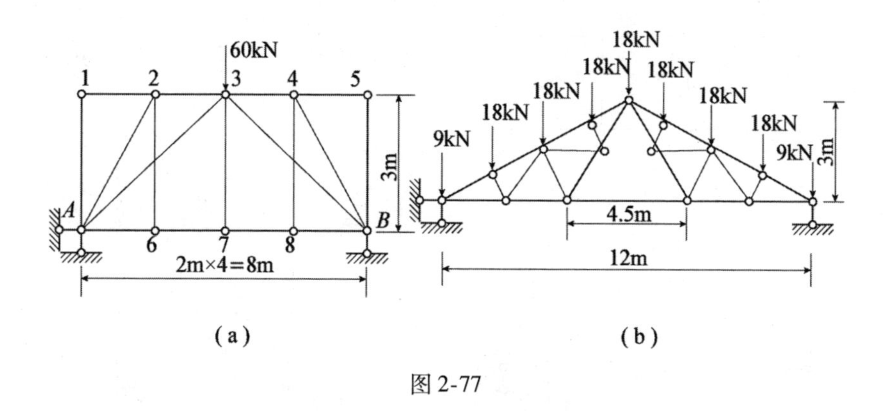

图 2-77

2-6　试用数解法求如图 2-78 所示桁架指定杆件的内力。

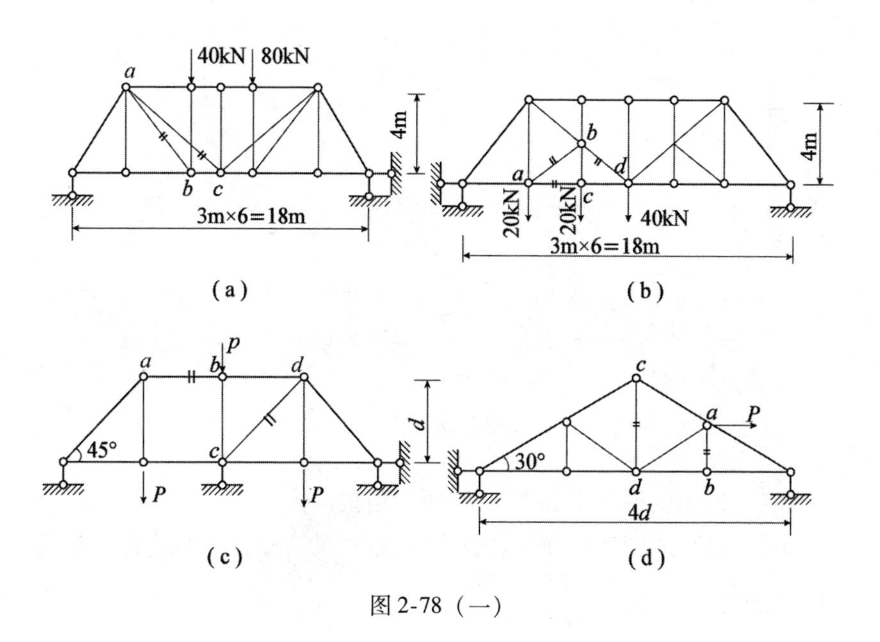

图 2-78（一）

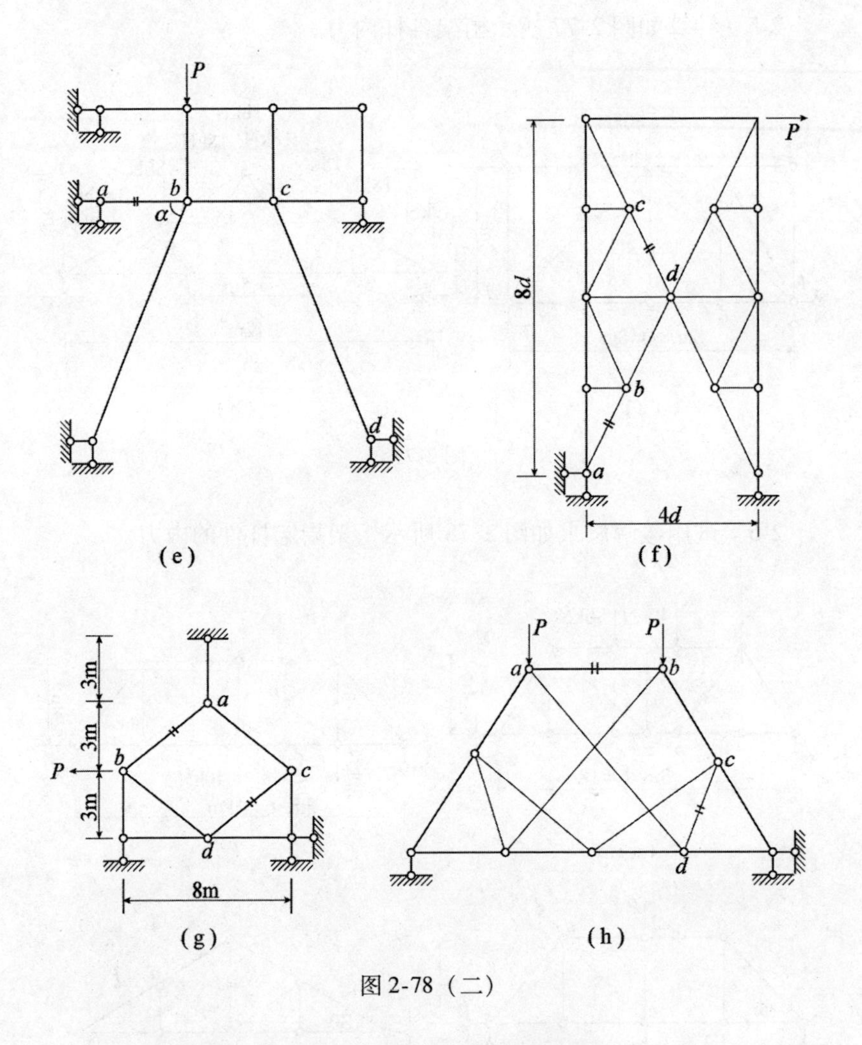

图 2-78（二）

2-7　试用图解法求如图 2-79 所示桁架的内力。

2-8　试作如图 2-80 所示抛物线三铰拱的弯矩图、剪力图和轴力图，拱轴线方程为 $y=\frac{4f}{l^2}x(l-x)$。

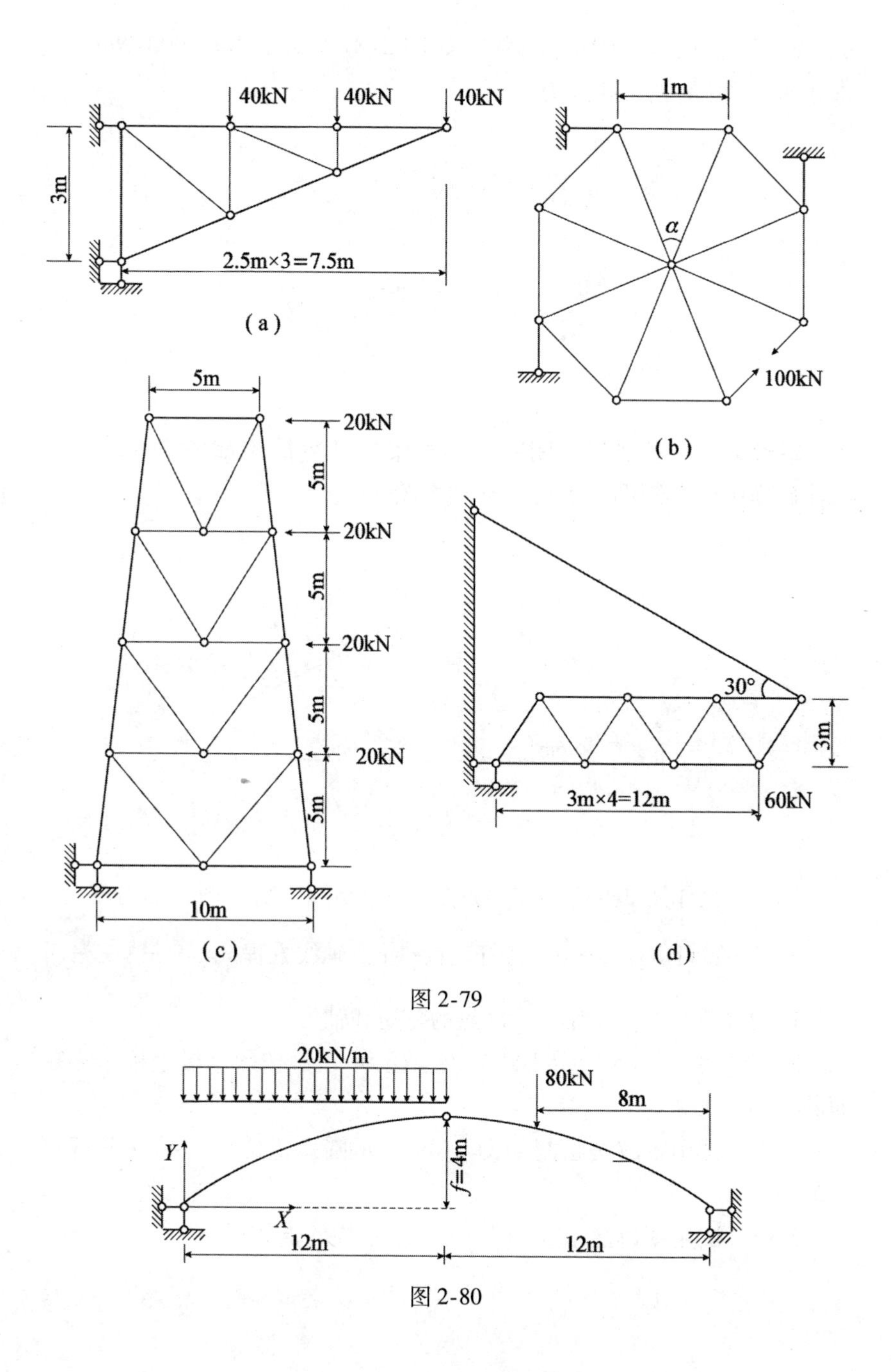
40kN
40kN
40kN
3m
2.5m×3=7.5m
(a)
1m
α
100kN
(b)
5m
20kN
20kN
20kN
20kN
5m
5m
5m
5m
10m
(c)
30°
3m
3m×4=12m
60kN
(d)
20kN/m
80kN
8m
Y
X
f=4m
12m
12m

图 2-79

图 2-80

2-9　已知三铰拱为半圆拱，如图 2-81 所示，$M=1000\text{kNm}$，试求 A、C 截面的轴力和剪力。

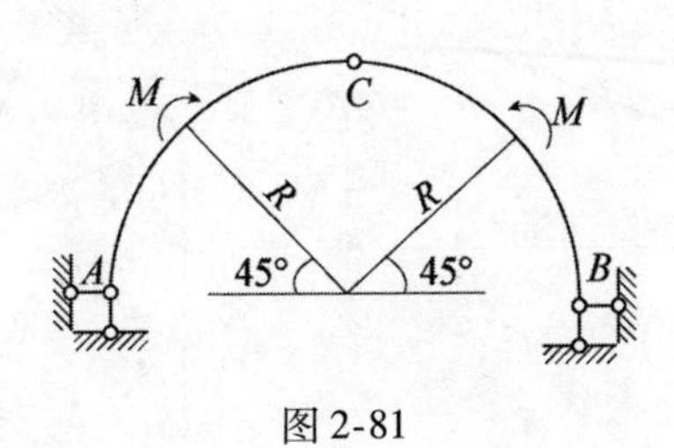

图 2-81

2-10　一人字闸门关闭时，其横梁的计算简图如图 2-82 所示。试作此横梁的弯矩图、剪力图和轴力图。

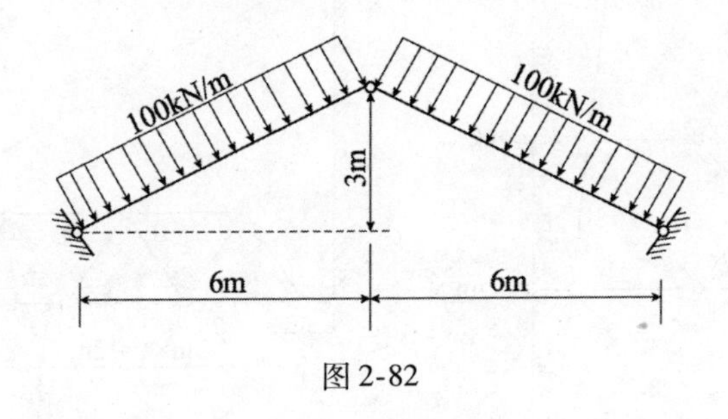

图 2-82

2-11　试作图 2-83 所示三铰刚架的弯矩图、剪力图、轴力图。

2-12　试计算图 2-84 带拉杆三铰拱$\left(\text{拱轴线方程 } y=\dfrac{4fx(l-x)}{l^2}\right)$中拉杆的轴力及 C 点的轴力、D 点的弯矩和轴力。

2-13　如图 2-85 所示半圆弧拱半径为 r，试按图示极坐标求 k 截面的各内力方程。

2-14　试用图解法绘制如图 2-86 所示圆弧拱的压力线（荷载可分为 8 段）。

2-15　试用图解法求如图 2-87 所示结构的支座反力。

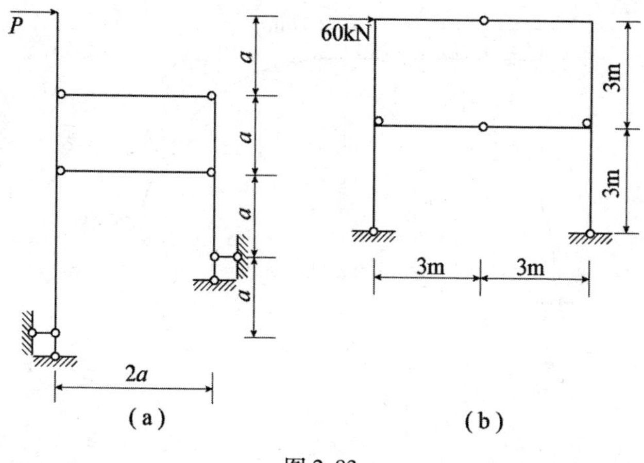

图 2-83

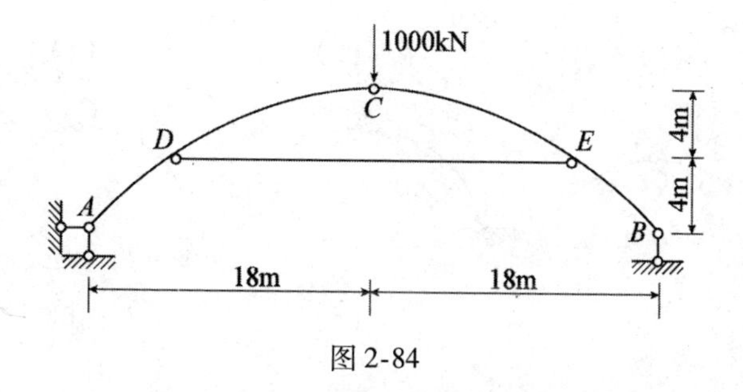

图 2-84

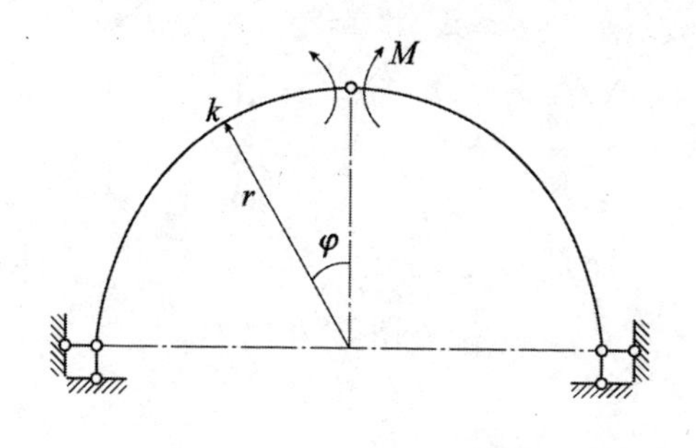

图 2-85

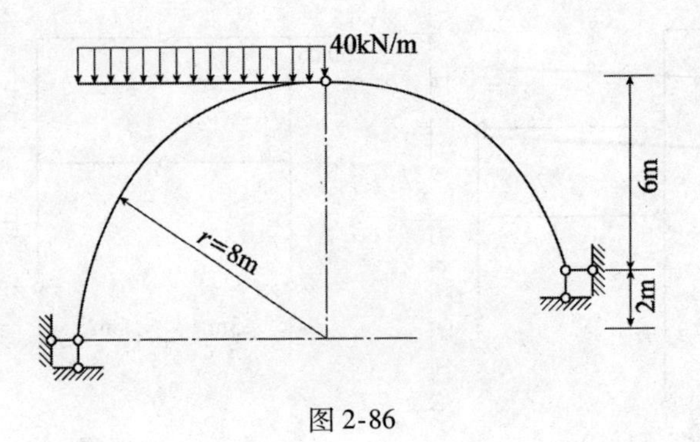

图 2-86

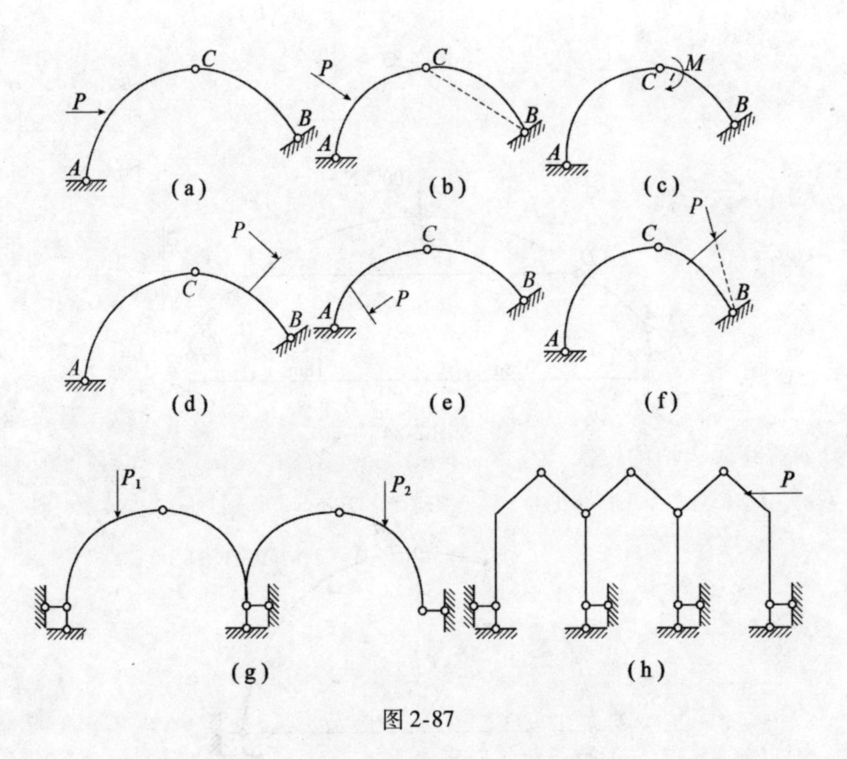

图 2-87

第3章　静定结构影响线

3.1　影响线的概念

在第2章关于内力分析的讨论中，都只考虑到恒载的作用，但是对于一般的工程结构来说，除了承受有恒载外，在不少情况下还会遇到活荷载的问题。恒载是位置固定的荷载，如结构的本身自重。活荷载是位置变化的荷载，通常的活荷载为平行的集中荷载系列，它们彼此相隔一定的距离，如行驶于铁路桥梁上的列车，开行于公路桥上的汽车与拖拉机，以及水电站厂房中吊车梁上的活动吊车等都是活荷载的实例。活荷载有时也可能是连续荷载，如通过桥梁的人群，就可以当做连续活荷载看待。

在结构设计中，要求我们能够求出结构在恒载与活荷载作用下所产生的各项量值（包括弯矩、剪力、支座反力及挠度等）的最大值及产生最大值的位置。在恒载作用下，这些最大值的计算比较简单，例如一静定梁在某种已知恒载作用下，各截面的弯矩是不同的，但我们只要绘制出该梁的弯矩图，便可得出最大弯矩的数值及其截面位置。

但当活荷载作用在结构上时，问题就比较复杂了。因为活荷载的位置是变化的，活荷载位置的改变必然会引起结构各处的弯矩、剪力、反力以及挠度的一系列变化。如图3-1（a）所示，在梁上面有一汽车通行，当汽车在梁上且靠近左支座时，左支座反力 R_A 值较大，而右支座反力 R_B 较小。但当汽车渐渐向右开动，则 R_A 值逐渐减小，而 R_B 值逐渐增大。同样，简支梁各截面上的内力及变形也随着荷载位置的改变而变化［汽车对于简支梁的作用，可以看成两个保持一定距离 d 的集中活荷载，如图 3-1（b）所示］。由上面的分析可知，若荷载既经确定，则梁上的各项量值（某截面上的弯矩、剪力或某支座反力以及某一点的挠度等）均为荷载位置 x 的函数。

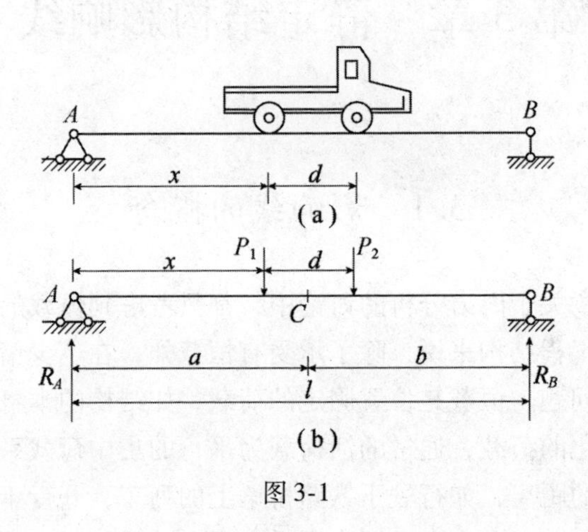

图 3-1

我们知道，梁上截面的数目无限多，而且每一个截面一般有三个内力（弯矩、剪力、轴向力），因此不可能一起同时都来研究，而必须把问题限制一下，就是每一次只研究某一个截面的某一个内力。如欲求当活荷载 P_1 及 P_2 在梁上移动时梁内某指定截面 C 的弯矩（M_C）的最大值，显然必须首先研究当保持一定距离 d 的集中荷载 P_1 及 P_2 在梁上移动时弯矩 M_C 的变化规律。这样不难理解，根据这种荷载在梁上移动时，所求得的弯矩 M_C 的变化规律，仅仅适用于这一荷载，而对于其他荷载就不能适用了。如此说来，对于某一种实际活荷载都必须求出它们在梁上移动时 M_C 的变化规律，然后才能求得当这一种荷载通过简支梁时梁内指定截面所产生的弯矩最大值，即使这样问题仍旧很复杂。

但是，我们可先研究单一的移动荷载对于某一个量值的影响，然后借助叠加原理来研究一系列荷载移动时对该量值的影响。因为一系列荷载对某量值的影响等于各个荷载对该量值影响的总和。

当我们选取的移动荷载是最简单而且是最基本的单位集中荷载（$P=1$）时，则使我们研究的问题更加简单。如图 3-2 所示，单位集中荷载（$P=1$）在梁上移动，弯矩 M_C要发生变化，我们用图线把这个变化规律表示出来。这个表示弯矩 M_C随着单位荷载（$P=1$）在梁上移动时变化规律的图线，称为指定截面弯矩 M_C的影响线。

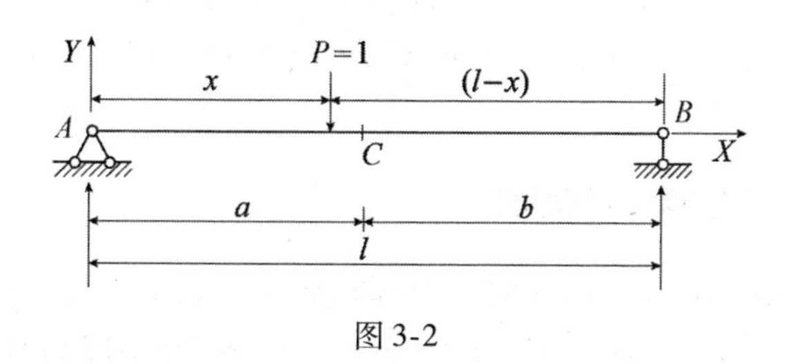

图 3-2

综合以上分析，可得影响线的定义如下：

当一个指向不变的单位活荷载（$P=1$）在结构上移动时，表示在一定地点所产生的某项量值（如反力、弯矩、剪力、挠度等）变化规律的图线称为这个量值的影响线。

影响线的种类很多，如反力、剪力、弯矩以及挠度，等等，影响线的形状可以为直线形、折线形，曲线形或折断的曲线形等。在静定结构中，除了挠度外，反力及内力量值的影响线均为直线形或折线形。但在超静定结构中则均为曲线形。

影响线的优点，首先在于它非常清楚地表示出，当荷载在结构上移动时，影响线所代表的某量值的变化情况。

其次，因为影响线是根据一个最基本的单位活荷载（$P=1$）在结构上移动时所作出的，因此影响线不仅可以根据叠加原理适用于任何类型的实际活荷载（必须与单位荷载指向相同），同时也可以应用影响线来求恒载所产生的各种量值。

作影响线的方法有静力法和机动法，下面先讲用静力法作影响线。

3.2 静力法作静定梁的影响线

用静力法作简单梁某一反力或内力影响线的步骤是：①把单位荷载（$P=1$）放在梁上任意地点，并根据所选定的坐标原点，用 x 表示从原点到单位荷载（$P=1$）的距离。②应用静力平衡关系，建立所求量值的影响线方程式。③根据所列出的方程式，以 x 为变数作出所求的影响线。

3.2.1 简支梁的影响线

反力影响线。求作梁的反力影响线就是要说明这样的问题：当单位荷载 $P=1$ 在梁上移动时，梁的反力大小的变化情况如何？

如图 3-3（a）所示，取简支梁 AB 左端的 A 点为坐标原点，令 x 为自原点到荷载 $P=1$ 的距离，当荷载具有这个暂定的位置后，则反力 R_A 由 $\sum M_B=0$ 求得

$$R_A l - P(l - x) = 0$$

$$R_A = \frac{P(l - x)}{l} = \frac{l - x}{l} \tag{3-1}$$

式（3-1）表示左端反力 R_A 随着荷载 $P=1$ 的位置移动而变化的规律，我们称它为反力 R_A 的影响线方程。

从式（3-1）显然可知，它的图形是一条直线，只需定出两点就可以把它绘制出来。这条直线可以按下列数值作出：

当 $x=0$ 时　　　　$R_A=1$

当 $x=l$ 时　　　　$R_A=0$

反力 R_A 影响线示于图 3-3（b）。

同样可以绘制出右端反力 R_B 的影响线，即由 $\sum M_A=0$ 得

$$-R_B l + Px = 0$$

$$R_B = \frac{Px}{l} = \frac{x}{l} \tag{3-2}$$

当 $x=0$ 时　　　　$R_B=0$

当 $x=l$ 时　　　　　　$R_B = 1$

可以按上列数值绘制出反力 R_B 的影响线，如图 3-3（c）所示。

由图 3-3（b）、（c）可知，简支梁反力影响线的特征是：在跨度之间为一直线变化，它的最高点在该支承点，此处的纵距为 1。最低点在另一支承点上，其纵距为零。向上作用的反力一般规定为正，把该影响线绘制在基线的上面。

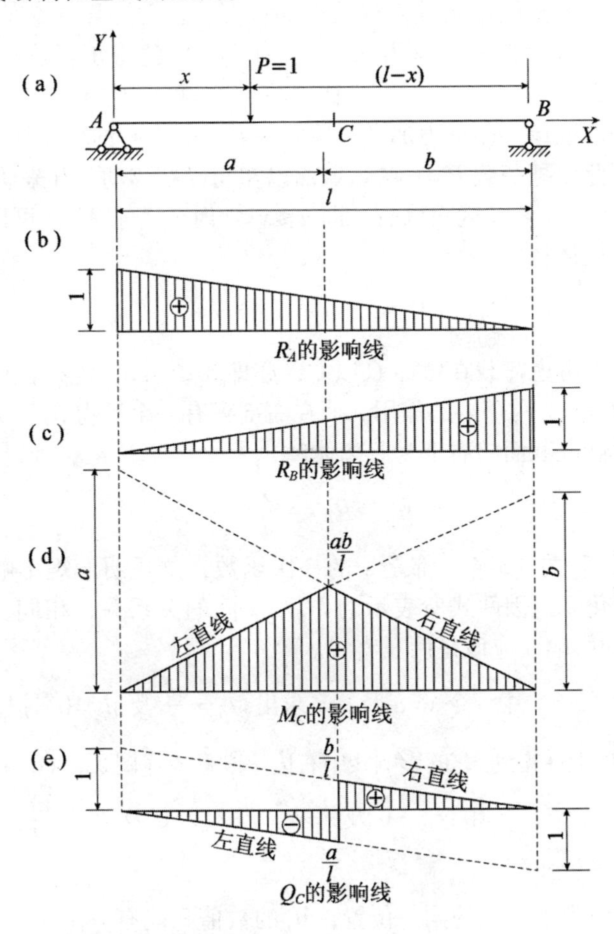

图 3-3

值得指出的是，包含在上述影响线方程式中的变数 x 是代表单位荷载的位置，然而 x 的数值不一定从 A 点量起，也可以从任何一定点量起，例如从 B 点量起，当然由此所得的方程式在形式上是不同的，然而所得影响线图形是不变的。从方程式（3-1）及式（3-2）可以看出，反力影响线的纵距为无因次量。

弯矩影响线。这里首先需要确定我们所要作的是哪一截面的弯矩影响线，也就是说首先需指定截面的位置。设要作图 3-3（a）所示简支梁 C 截面（距左支座为 a，右支座为 b）的弯矩影响线。显然，当单位荷载 $P=1$ 在 C 截面以左移动与在 C 截面以右移动时，C 截面的弯矩是不能像支座反力那样，用同一方程式把它的变化规律表示出来的，因此要把荷载 $P=1$ 在 C 截面以左与以右移动分开来研究。

当 $P=1$ 位于 C 截面以右，即 $a \leqslant x \leqslant l$ 时，若求 M_C，可以取截面左部为脱离体得

$$M_C = R_A a = \frac{l-x}{l} \times a \tag{3-3}$$

其次再考虑荷载在截面 C 以左，亦即 $0 \leqslant x \leqslant a$，这时截面左部有反力 R_A 和 $P=1$ 两个力的作用，而在右部只有一个反力 R_B，为了计算简单，我们取截面的右部为脱离体

$$M_C = R_B b = \frac{x}{l} \times b \tag{3-4}$$

式（3-3）和式（3-4）都是 x 的一次函数，这说明弯矩影响线仍然按直线变化，但因两式所表示的 M_C 与 x 间的关系并不相同，即组成全部 M_C 的影响线应该是两段直线。

在式（3-3）中，令 $x=a$ 及 $x=l$ 求出 $M_C=\frac{ab}{l}$ 及 $M_C=0$，把正的纵距画在基线以上便得到 M_C 的影响线中右边一段直线［图 3-3（d）］。

再在式（3-4）中令 $x=0$ 及 $x=a$，得 $M_C=0$ 及 $M_C=\frac{ab}{l}$，同样可作出左边的直线。

因为对应于荷载的同一位置，M_C 的数值只能有一个，当 $P=1$ 正在 C 点，即 $x=a$ 时，那两段直线必然在 C 截面下面相交，具有相同的纵距 $\frac{ab}{l}$。

从式（3-3）及式（3-4）可以看出，M_C影响线还可以通过以下的方法得到：当$P=1$在C截面以右时，M_C的影响线纵距为R_A影响线的a倍，而当$P=1$在C截面以左时，M_C的影响线纵距恰为R_B的影响线的b倍。作图时只要将R_A的影响线在A点所具有的纵距由1改为a，将R_B的影响线在B点所具有的纵距由1改为b就行了。由相似三角形的比例关系，可知两条直线的交点，恰好与截面C的位置对应着，它的纵距是$\frac{ab}{l}$。

对M_C的影响线我们还可以这样来作，只作左直线或右直线，然后从C截面的形心引垂直于梁轴的直线与左直线或右直线相交，然后再把该交点与右边或左边的零点用直线连接起来就得到M_C的影响线。

弯矩影响线纵距的因次为长度（与梁的长度因次相同）。

值得注意的是影响线M_C只给出了C截面的弯矩变化规律，如果要求另一截面的弯矩变化规律，我们还得画另一条影响线。

剪力影响线与弯矩影响线一样，首先需确定截面位置，同样也不能用一个方程式把荷载$P=1$在截面以左与以右移动时剪力的变化规律表示出来，必须分开研究。如作图 3-3（a）所示C截面的剪力Q_C的影响线，要依照下列两种情况建立Q_C的影响线方程：

当$P=1$位于C截面以左时，$0\leqslant x\leqslant a$，取右部分为脱离体

$$Q_C=-R_B=-\frac{x}{l} \tag{3-5}$$

当$P=1$位于C截面以右时，$a\leqslant x\leqslant l$，取左部分为脱离体

$$Q_C=R_A=\frac{l-x}{l} \tag{3-6}$$

由此可知，从左支座A到截面C，Q_C的影响线恰与这一段的R_B影响线相同，但为负号。又从截面C到右支座B，Q_C的影响线恰与这一段R_A影响线相同，如图 3-3（e）所示。当$P=1$稍偏C点右边时，则$Q_C=\frac{b}{l}$，当$P=1$稍偏C点左边时，则$Q_C=-\frac{a}{l}$，这表明一旦荷载$P=1$从截面C的左边移到它的右边，则Q_C就从$-\frac{a}{l}$跃为$+\frac{b}{l}$，因此在截面C处出现一个突变。

显然我们仍可以利用反力影响线来作 Q_C 的影响线，即在同一基线上作出 R_A 与 $-R_B$ 的两个影响线，取 R_A 影响线上 C 截面以右一段和 $-R_B$ 影响线上 C 截面以左一段，并作一竖直联线，便构成了 Q_C 的全部影响线。不难看出两段直线是平行的。因为其延长线在两个支座处的纵距都等于 1。

剪力影响线的纵距为一无因次量，剪力的正负与材料力学所规定的相同。

在这里我们对影响线与内力图之间的差别加以归纳，如图 3-4（a）、（b）所示。

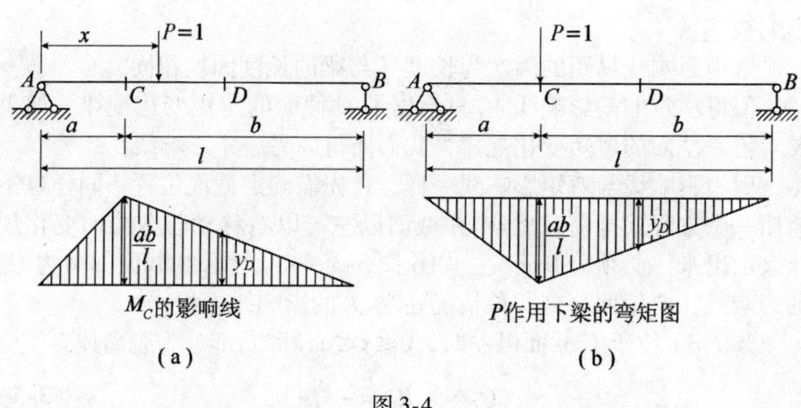

图 3-4

（1）作影响线所用的荷载为一个位置变化的单位荷载 $P=1$。但内力图的荷载是作用在梁上位置固定的荷载。

（2）影响线所代表的是梁内某一固定截面的内力，但内力图所指的内力是属于梁内所有各个截面的内力。比较同一截面位置 D 处各图纵坐标的意义是不同的，图 3-4（a）中的 y_D 是 $P=1$ 移动到 D 处时 M_C 的大小，而图 3-4（b）中的 y_D 是 $P=1$ 固定作用在 C 处时截面 D 的弯矩值。

3.2.2　外伸梁的影响线

当梁具有伸出于支承的悬臂时，荷载除了在支承之间移动外，还可能移动到两端的悬臂上。

支座反力影响线［见图 3-5（a）］，将支座 A 作为坐标原点，用 x

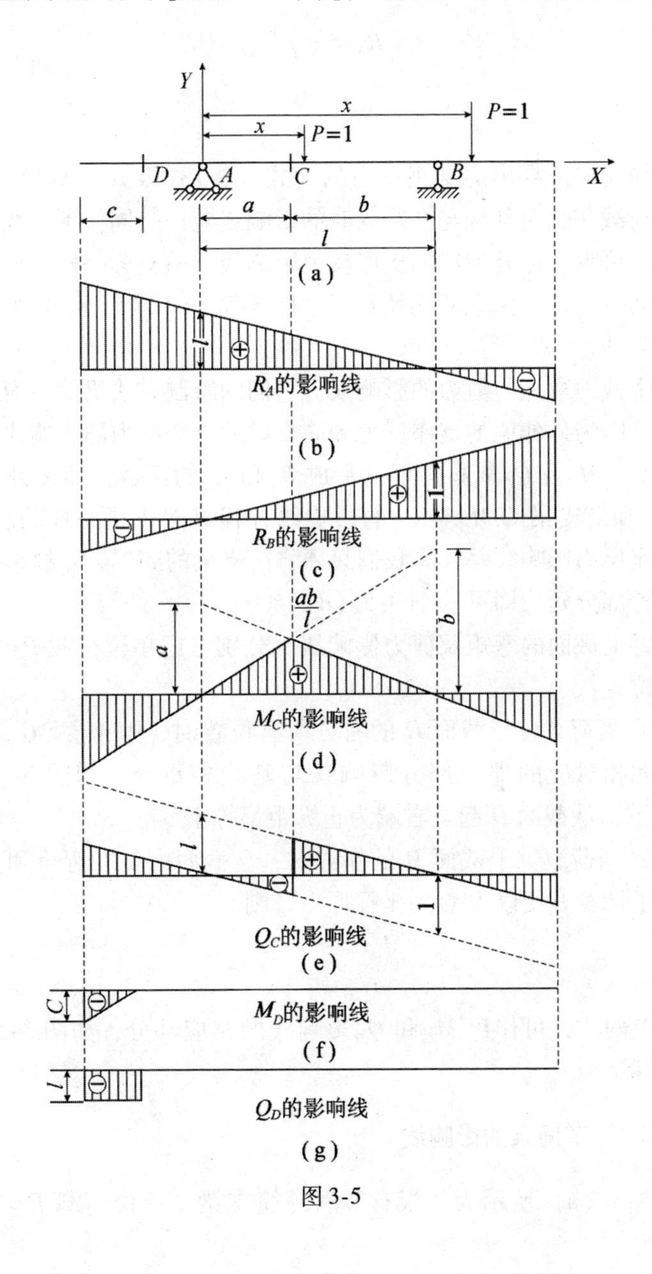

图 3-5

代表单位荷载到 A 点的距离，当单位荷载在原点以右时，x 为正，在 A 点以左时 x 为负。则

$$R_A = \frac{l - x}{l}$$

$$R_B = \frac{x}{l}$$

与简支梁所导出的支座反力的公式（3-1）及式（3-2）完全相同。即荷载在悬臂部分与在跨内时的影响线应该是同一条直线。

由此可见，作外伸梁的支座反力影响线与简支梁一样，仅仅是将这条跨间直线延长到悬臂端就行了。图 3-5（b）、（c）分别是 R_A 及 R_B 的影响线。

跨中截面弯矩与剪力的影响线。它们的绘制方法仍然与简支梁一样，这是因为外伸梁的支座反力和简支梁的支座反力的影响线方程式是一样的，M_C 及 Q_C 都同样可以写成 R_A 和 R_B 的函数，那么外伸梁的 M_C 与 Q_C 和简支梁的 M_C 与 Q_C 的影响线方程显然也是一样的。因此，和作支座反力影响线一样，我们只须将简支梁的 M_C 与 Q_C 的影响线向两边悬臂部分延长即可［图 3-5（d）、（e）］。

悬臂上截面的弯矩及剪力影响线。分别考虑单位荷载 $P=1$ 的两种不同位置：

（1）当荷载位于截面 D 的右方所有位置时，则 M_D 及 Q_D 都等于零，与此相对应的那一部分影响线与基线相重合。如图 3-5（f）、（g）所示，从截面 D 起至右端为止纵距都等于零。

（2）当荷载位于截面 D 的左方时，D 截面内就有弯矩和剪力产生。为了计算方便以 D 点为坐标原点，则

$$M_D = -1 \times x$$

$$Q_D = -1$$

根据以上两式，可作出 M_D 和 Q_D 影响线的相应部分，如图 3-5（f）、（g）所示。

3.2.3 节间梁的影响线

图 3-6（a）所示为一根有节间的简支梁。单位荷载 $P=1$ 的作

用是由横梁传递至大梁上的，现将大梁各种量值影响线的作法说明如下。

欲求任一支座反力如 R_A 的影响线时，仍需建立 $\sum M_B=0$ 的方程，这与没有横梁的简支梁完全一样。因此支座反力 R_A 及 R_B 的影响线，有横梁的简支梁与没有横梁的简支梁是完全相同的，如图 3-6（b）、（c）所示。

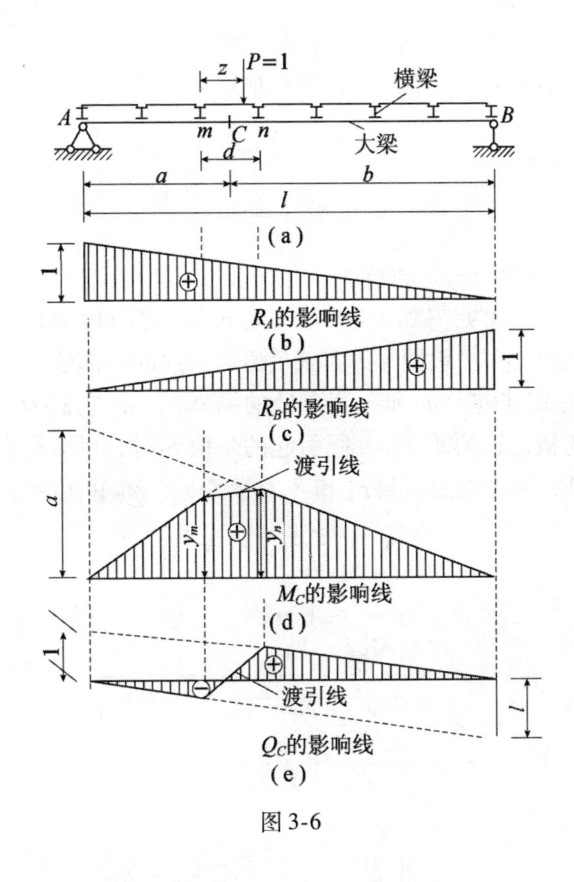

图 3-6

现在我们来研究大梁上任一截面 C 的弯矩和剪力影响线有些什么改变。设截面 C 在节间 m—n 里面。

当单位荷载在结点 n 及 n 以右时

$$M_C = R_A a$$

当单位荷载在结点 m 及 m 以左时

$$M_C = R_B b$$

上述两式与前面荷载直接作用于梁上时完全相同。因此画 Am 和 nB 两部分影响线时，我们可假定荷载直接作用于 AB 梁上，把 M_C的影响线全部画出来［见图 3-6（d）］，而只取这根影响线在梁 A—m 和 n—B 段的两部分。

当单位荷载在节间 m—n 中间移动时，它对于大梁的作用是通过横梁 m，n 传递到大梁上的。这两根横梁的压力为

$$R_m = \frac{d-z}{d}$$

$$R_n = \frac{z}{d}$$

式中：d——节间 m—n 的长度。

现在我们来研究荷载 $P=1$ 在节间 m—n 之间移动时大梁上某一量值 S 的变化情形。设图 3-7 为该量值影响线的一部分。其中 y_m和 y_n为 S 的影响线对应于 m 和 n 两点处的纵坐标，设它们为已知值。根据影响线的概念，要求 $P=1$ 所引起的量值 S 时，可以根据力作用的独立性原理，两个结点荷载 R_m和 R_n对量值 S 的影响可以用下式表示之

$$S = \frac{d-z}{d} y_m + \frac{z}{d} y_n$$

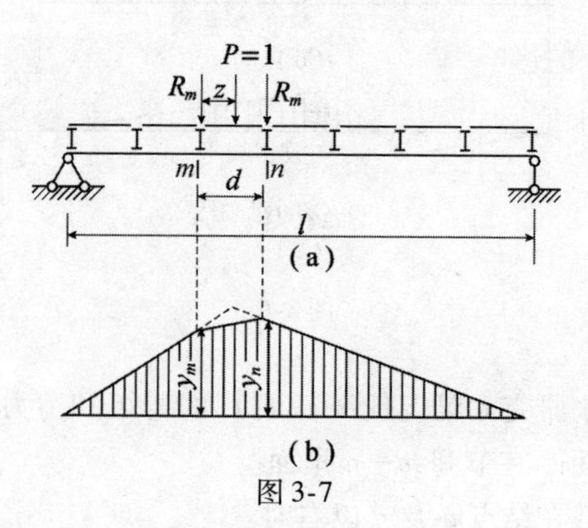

图 3-7

从上式可见单位荷载在 m—n 之间移动时，S 的数值可以用 z 的一次函数来表示。

当 $z=0$ 时　　　　　　　　$S=y_m$

当 $z=d$ 时　　　　　　　　$S=y_n$

故上式为通过纵距为 y_m 及 y_n 的顶点所连的直线方程式，y_m 及 y_n 为 $P=1$ 分别作用在 m 及 n 点时对某量值 S 的影响。

可见，量值 S 在 m—n 之间的一段影响线的作法是把节点处纵坐标 y_m 和 y_n 顶点连接起来的一条直线。这条直线又称为渡引线［见图 3-6 (d)］。

用同样的方法，我们可以把剪力 Q_C 的影响线绘制出来，在 Am 和 nB 两部分上面，Q_C 影响线的纵距和荷载直接放在梁的上面时一样。在横截面 C 所在节间范围内，我们只须拿一条渡引线把在节点下面的纵坐标的顶点连接起来之后就得到如图 3-6（e）所示 Q_C 的影响线。

这里值得注意的是，不论截面 C 在该节间的任何位置，它的剪力影响线都是一样的。这是因为分成节间后的梁，每一节间内所有截面的剪力总是相等的。

由上述讨论，我们可以得出下面的结论：在作节间梁的影响线时，首先不考虑节间的影响，而绘制出所求的影响线，然后引各结点的竖直线与所绘制的影响线相交，把每两个相邻交点用直线连接起来就是我们所需要的影响线。

应用这个结论，常可以解决许多复杂的影响线的问题。例如图 3-8所示的影响线，读者可以很容易用这个方法把其影响线绘制出来。

3.2.4　多跨静定梁的影响线

以分析单跨梁（包括外伸梁）时所得的资料为基础，并利用主梁和次梁相互影响的静力特征，可较方便地作多跨静定梁的影响线。

首先应当正确地分析杆件相互作用的简图——关系图。我们知道当荷载作用于主梁时，次梁并不受力。故次梁内力的影响线与简支梁的内力影响线没有任何区别。其有效范围仅局限于次梁本身及其所支

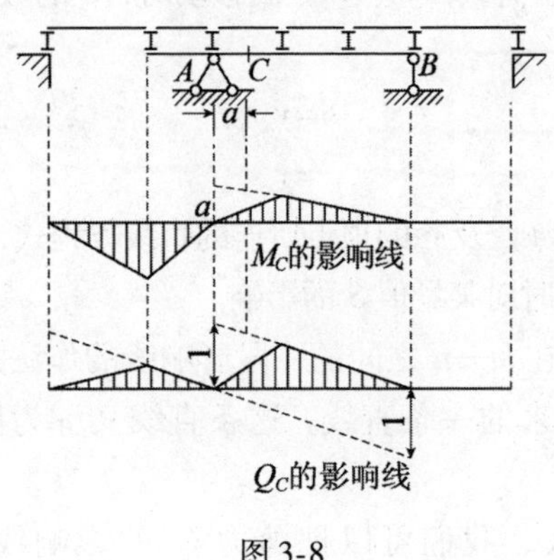

图 3-8

承的其他次梁，在主梁范围内所有纵距均为零。

至于主梁影响线的绘制，与两端有外伸部分的单跨梁相似，首先可不考虑支承在主梁上的次梁，而将主梁内力或反力的影响线绘出，然后再将单位荷载置于该主梁所属的次梁部分上面，不难证明主梁影响线在次梁部分均为直线变化。作此直线时只要求得最容易确定的两点即可。

当荷载 $P=1$ 进入另一主梁上时，原来的那个主梁即不再受力，而其影响线相应的纵距均等于零。这是因为次梁仅是搁置在主梁上面的结构，荷载的影响无法从一根主梁传到另一根主梁上来的缘故。所以某主梁的内力或反力影响线仅局限在主梁本身以及与它相关的次梁范围内，其他部分都等于零。

下面用一例题来说明影响线的绘制法，如图 3-9 所示。

绘制支座反力 R_B的影响线。其作法同单跨梁一样，在支座 B 处取纵距等于 1，引直线与 A 端零点相连，并将此直线延长至悬臂端，当荷载位于悬臂端时，支座反力 B 最大，因而此处影响线纵距也应最大。当荷载向次梁移动时，悬臂端的压力开始减少，因此支座反力 R_B也在减少，当荷载到达第二个铰时，B 点的反力等于零。全部荷载将由后面的主梁承受，因此，由第一个铰下面最大竖距的顶点用直线与第二铰下面的零点相连。以后所有的纵距均为零，因为荷载再向右

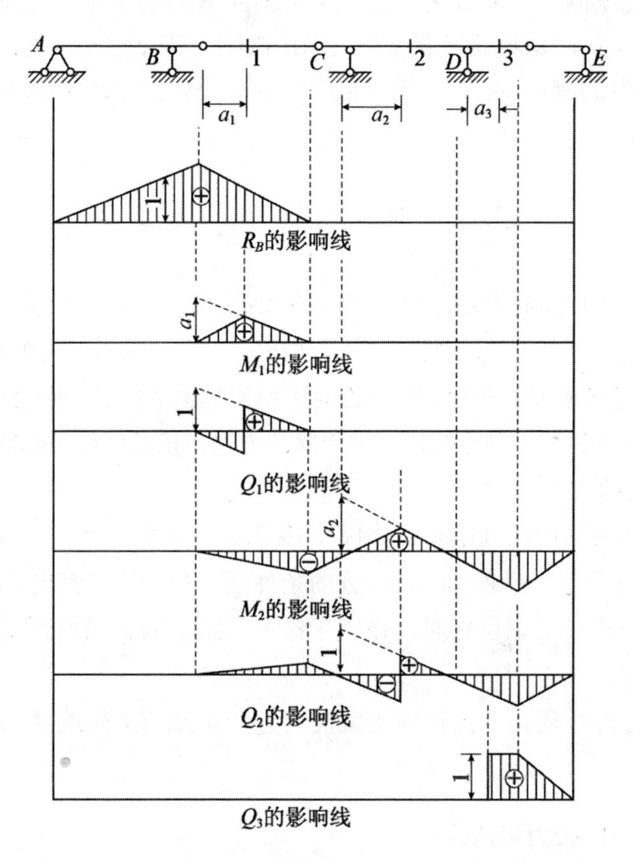

图 3-9

移动时，不再产生支座反力 R_B。

M_1 与 Q_1（次梁截面 1）的影响线，与绘制单跨梁的影响线完全相同。

截面 2 的弯矩影响线，开始绘制时完全与单跨梁相同。然后将其左右两部分影响线延伸至悬臂端。最后用直线与相邻的铰的零点相连。因为当荷载愈接近相邻的铰，截面 2 的弯矩愈小。同理可绘出 Q_2 及 Q_3 的影响线。

由此可以得出结论：要绘制多跨静定梁某一内力或反力的影响

线，应先绘制出该内力或反力所在梁段的影响线（作法和简单梁相同），然后再考虑该梁段有无被支承的次梁，若无被支承的次梁，则影响线即已完成。若有被支承的次梁，则应将与各次梁对应的直线绘制出。

3.3　用机动法作影响线

前面所述用静力法作影响线，常不能预知影响线的形状，然而在许多情况下，当设计结构及进行方案比较选择时，需要不经计算即能迅速获得影响线的形状。另一方面为了校核静力法所得影响线，也需要有一种能迅速得到影响线正确形状的方法。机动法作影响线有可能满足这些要求。

机动法的理论基础是刚体虚位移原理。其原理为：一个体系若处于静止状态，其必要而又充分的条件是，当产生任何与体系控制相符的极微小的虚位移时，作用于这个体系上的力系所作的虚功总和等于零。

下面介绍用机动法作简支梁反力、弯矩及剪力影响线的方法和步骤。

3.3.1　反力影响线

若欲作图 3-10（a）所示简支梁支座 B 的反力 R_B 的影响线，首先去掉产生 R_B 的控制而用力 R_B 代替这个控制，体系原来是平衡的，经过这样转换仍处于平衡状态。不过，静定结构在除掉一个控制以后，就具有一个自由度，所以 AB 梁的 B 端可以上下移动，如图 3-10（b）所示。其次，使 B 点产生一个微小向上（与所加 R_B 的正向一致）的虚位移 δ，由虚位移原理得

$$P(-y) + R_B \times \delta + R_A \times 0 = 0$$

即

$$R_B = P \times \frac{y}{\delta}$$

令 $P=1$ 及 B 点虚位移 $\delta=1$，则上式变成

$$R_B = y$$

这说明图 3-10（b）所示梁的位移图上任一截面的纵距 y 就等于单位荷载 $P=1$ 作用在此截面时所产生的 R_B。这与影响线定义相符合，因此由于 $\delta=1$，而使梁本身所得的位移图正是 R_B的影响线。

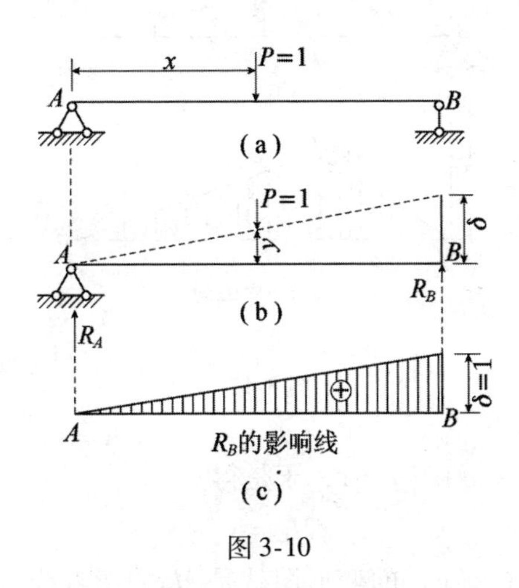

图 3-10

3.3.2　弯矩影响线

欲求图 3-11（a）中截面 C 的弯矩 M_C的影响线，首先把梁在截面 C 的与弯矩相应的控制去掉使梁左右两部分可以在 C 点作任意的相对转动，但不发生任何方向的相对移动。为此，在 C 截面切开后应装一铰［见图 3-11（b）］。当控制去掉后应在铰的左边和右边加上一对实际的弯矩 M_C，体系仍维持平衡，但是只具有一个自由度。然后使左右两部分对铰 C 作相对的微小转动，并令 α 和 β 各为转角，根据虚位移原理得

$$R_A \times 0 + R_B \times 0 + M_C \times \alpha + M_C \times \beta - P \times y = 0$$

$$M_C = \frac{P}{\alpha + \beta} \times y$$

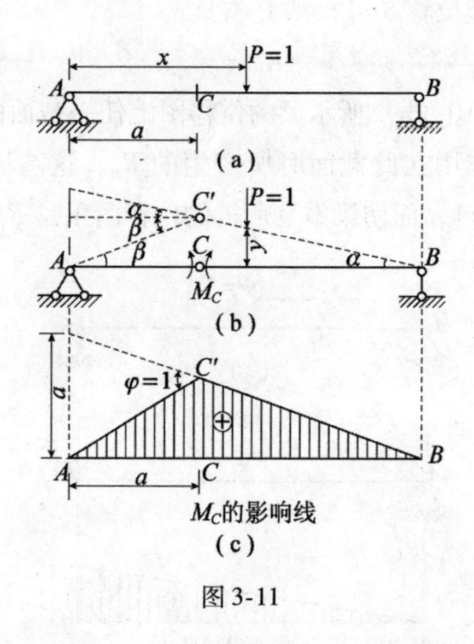

图 3-11

因 $P=1$，并令 $\alpha+\beta=\varphi=1$，于是得

$$M_C=y$$

这说明图 3-11（c）的变形图就是 M_C 的影响线。因 α 和 β 是很微小的，所以使 $\alpha+\beta=1$ 的条件是指 $\alpha+\beta=\varphi=\dfrac{AA'}{AC}=1$，亦即 $AA'=AC=a$。

3.3.3 剪力影响线

若欲求图 3-12（a）中截面 C 的剪力 Q_C 的影响线，首先把梁在截面 C 的与剪力相应的控制去掉，使梁左右两部分可以在 C 点作上下相对的位移，但不发生水平位移和相对转动。为此，在截面 C 切开后应加两根水平链杆，如图 3-12（b）所示。当控制去掉后应在切口处加一对实际的剪力 Q_C。体系仍维持平衡，但具有一个自由度。然后使左右部分在切口处沿 Q_C 方向作相对的微小位移 c' 和 c，根据虚位移原理得

$$R_A \times 0 + R_B \times 0 + Q_C \times c + Q_C \times c' - P \times y = 0$$

$$Q_C = \frac{y}{c + c'} P$$

因 $P=1$，并令 $c+c'=1$，于是得

$$Q_C = y$$

这说明图 3-12（c）的变形图即是 Q_C的影响线。因为截面切口的相对转动控制没有被去掉，所以 Q_C的影响线的两部分必须是互相平行的。

由此我们得出机动法作影响线的方法：结构内某一量值（弯矩、剪力、反力等）的影响线，就是将该量值相应的控制切除后，使结构产生一符合该量值正向单位位移后，结构的变形图线。

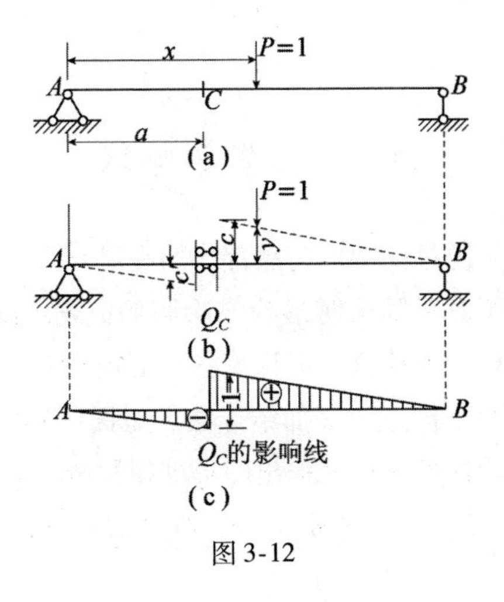

图 3-12

值得注意的是，机动法作影响线不仅适用于简支梁，同样亦可以用于多跨静定梁和超静定梁（如连续梁）。

读者用机动法校对图 3-13 所示的影响线。

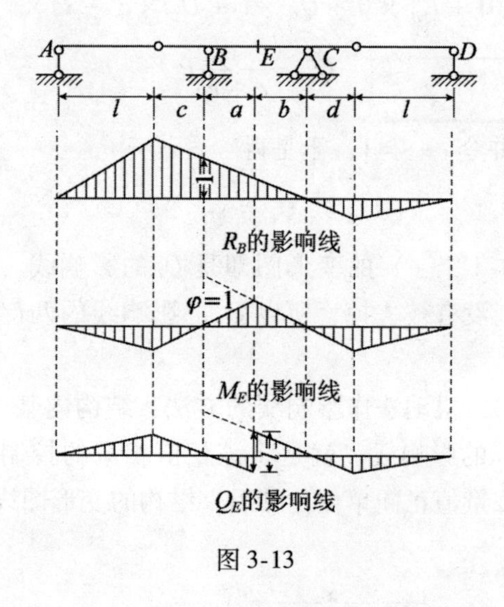

图 3-13

3.4 桁架影响线

在第 2 章中曾说过桁架的荷载都作用在结点上，也就是说都是结点荷载，因此对于有节间梁时影响线绘制的原则，在这里完全适用。此外荷载虽然是单位活荷载，但计算各杆的内力时，仍可用求在恒载作用下杆件内力的分析方法（如结点法、截面法等），将各杆内力的方程式列出，然后根据方程式作出图形即得影响线。在作桁架内力影响线时常采用 O、U、D 及 V 等符号分别代表上弦杆、下弦杆、斜杆及竖杆等的内力。

现以图 3-14 所示桁架为例，说明用不同方法绘制各种性质的杆件内力影响线的方法。

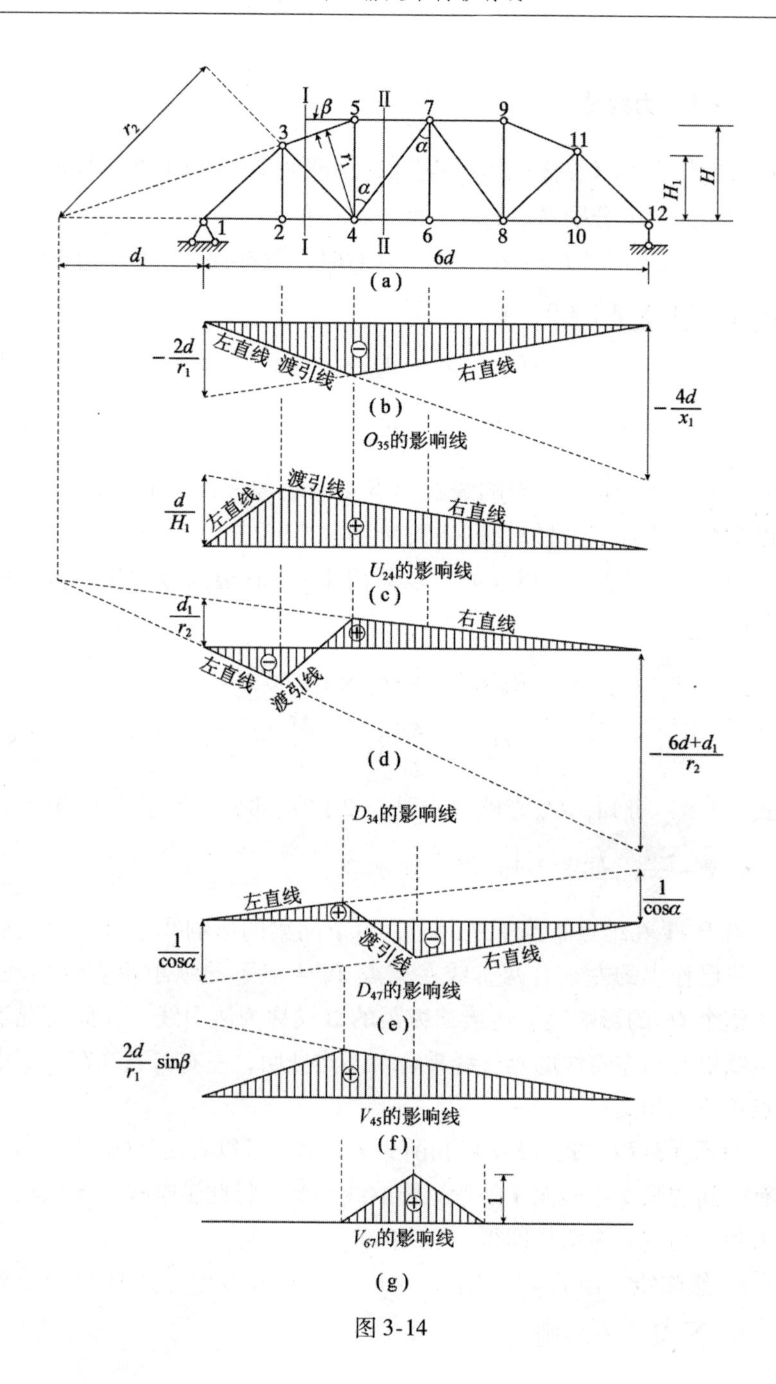

r2
I
β
5
II
7
9
3
11
r1
α
α
H1
H
1
2
4
6
8
10
12
I
II
d1
6d
(a)
-2d/r1
左直线
渡引线
右直线
-4d/x1
(b)
O35的影响线
d/H1
渡引线
左直线
右直线
U24的影响线
(c)
d1/r2
右直线
左直线
渡引线
-(6d+d1)/r2
(d)
D34的影响线
左直线
1/cosα
1/cosα
渡引线
右直线
D47的影响线
(e)
2d/r1 sinβ
V45的影响线
(f)
1
V67的影响线
(g)

图 3-14

3.4.1 力矩法

设要作 O_{35}、U_{24} 及 D_{34} 的影响线，用截面Ⅰ-Ⅰ截断此三杆而将桁架分为两部分，分别考虑各部分的平衡条件。

O_{35} 影响线：当 $P=1$ 在结点 4 以右时，取截面Ⅰ-Ⅰ左边部分为脱离体，用 $\sum M_4=0$，则

$$R_A \times 2d + O_{35} \times r_1 = 0$$

$$O_{35} = -\frac{2d}{r_1}R_A = -\frac{M_4}{r_1} \tag{3-7}$$

由式（3-7）可知，O_{35} 影响线在结点 4 以右部分，等于将 R_A 影响线乘以常数 $-2d/r_1$，如图 3-14（b）所示。

当 $P=1$ 在结点 2 以左时，取截面Ⅰ-Ⅰ右边部分为脱离体，用 $\sum M_4=0$，则

$$R_B \times 4d + O_{35} \times r_1 = 0$$

$$O_{35} = -\frac{4d}{r_1}R_B = -\frac{M_4}{r_1} \tag{3-8}$$

由式（3-8）可知，O_{35} 影响线在结点 2 以左部分，等于将 R_B 影响线乘以常数 $-\frac{4d}{r_1}$，如图 3-14（b）所示。

当 $P=1$ 在结点 2 及 4 之间时，由节间梁的影响线可知为直线变化，将已作出的左、右两直线在结点 2、4 点下的纵距用直线相联，即得整个 O_{35} 的影响线。连接二纵距的直线称为渡引线，在此情况下渡引线恰好与左直线的延长线重合。不难证明，左右二直线在力矩中心点 4 下面相交。

由式（3-7）、式（3-8）和图 3-14（b）可以看出：O_{35} 的影响线与有节间的简支梁截面 4 的弯矩影响线相似，将此影响线的各纵距除以力臂 r_1 再改变为负号即得 O_{35} 影响线。

U_{24} 影响线：当 $P=1$ 在结点 4 以右时，取截面左边部分为脱离体，用 $\sum M_3=0$，则

$$R_A \times d - U_{24} \times H_1 = 0$$

$$U_{24} = \frac{d}{H_1}R_A = \frac{M_3}{H_1} \tag{3-9}$$

由式（3-9）可知，将 R_A 影响线各纵距乘以 d/H_1 即得在结点 4 以右的 U_{24} 影响线。当 $P=1$ 在结点 2 以左时，取截面右边部分为脱离体用 $\sum M_3 = 0$，则

$$R_B \times 5d - U_{24} \times H_1 = 0$$

$$U_{24} = \frac{5d}{H_1}R_B = \frac{M_3}{H_1} \tag{3-10}$$

可见，只需将 R_B 影响线各纵距乘以 $5d/H_1$ 即得在结点 2 以左的 U_{24} 影响线，在结点 2、4 间同样以渡引线相连接，此线恰与右直线重合，整个影响线如图 3-14（c）所示。同样左右二直线在力矩中心点 3 下面相交。

由式（3-9）、式（3-10）及图 3-14（c）可知：U_{24} 影响线等于将有节间简支梁截面 3 的弯矩影响线的各纵距除以 H_1。

D_{34} 影响线：当 $P=1$ 在结点 4 以右时，取截面左边部分为脱离体，用 $\sum M_0 = 0$，则

$$-R_A \times d_1 + D_{34} \times r_2 = 0$$

$$D_{34} = \frac{d_1}{r_2}R_A \tag{3-11}$$

可见，只需将 R_A 影响线各纵距乘以 $\frac{d_1}{r_2}$ 即得在结点 4 以右的 D_{34} 影响线。当 $P=1$ 在结点 2 以左时，取截面右边部分为脱离体，用 $\sum M_0 = 0$，则

$$-R_B(6d + d_1) - D_{34} \times r_2 = 0$$

$$D_{34} = -\frac{6d + d_1}{r_2} \times R_B \tag{3-12}$$

可见，只需将 R_B 影响线各纵距乘以 $-\frac{(6d + d_1)}{r_2}$ 即得在结点 2 以左的 D_{34} 影响线。在结点 2、4 间仍以渡引线相连接，如图 3-14（d）

所示。同样，左右二直线在力矩中心点 0 下面相交。用力矩中心法时，左右二直线都一定在力矩中心下面相交。

3.4.2 投影法

设要作 D_{47} 影响线，可作截面Ⅱ—Ⅱ，如图 3-14（a）所示。当 $P=1$ 在结点 6 以右时，取截面左方部分为脱离体用 $\sum Y=0$，则

$$R_A + D_{47}\cos\alpha = 0$$

$$D_{47} = \frac{1}{\cos\alpha}R_A \tag{3-13}$$

将 R_A 影响线各纵距乘以 $-\frac{1}{\cos\alpha}$，即得在结点 6 以右的 D_{47} 影响线。

当 $P=1$ 在结点 4 以左时，取截面右边部分为脱离体，用 $\sum Y=0$，则

$$R_B - D_{47}\cos\alpha = 0$$

$$D_{47} = \frac{1}{\cos\alpha}R_B \tag{3-14}$$

可见只需将 R_B 影响线各纵距乘以 $-\frac{1}{\cos\alpha}$ 即得在结点 4 以左的 D_{47} 影响线，在结点 4、6 间用渡引线相连接，如图 3-14（e）所示。此时左右二直线互相平行。

3.4.3 结点法

设要作 V_{45} 及 V_{67} 影响线。

V_{45} 影响线：取结点 5 为脱离体，因单位荷载只在下弦移动，故不论 $P=1$ 在何位置，用 $\sum Y=0$，则

$$-V_{45} - O_{35}\sin\beta = 0$$

$$V_{45} = -O_{35}\sin\beta \tag{3-15}$$

可见，只需将 O_{35} 影响线乘以 $-\sin\beta$ 即得 V_{45} 影响线［见图 3-14（f）］。

V_{67} 影响线：取结点 6 为脱离体，当 $P=1$ 在结点 8 以右及在结点

4 以左时，由 $\sum Y = 0$ 的条件可知

$$V_{67} = 0$$

当 $P=1$ 在结点 6 时，用 $\sum Y = 0$，则

$$V_{67} - 1 = 0$$

$$V_{67} = 1 \tag{3-16}$$

当 $P=1$ 在结点 4、6 及 6、8 之间时，影响线成直线，故 V_{67} 影响线如图 3-14（g）所示。

值得注意的是在平行弦桁架中，桥面系可能在上弦（上承），也可能在下弦（下承），此时某些杆件内力影响线的渡引线将因桥面系的不同而改变位置，因而同一杆件的影响线也将不同。

如图 3-15（a）所示的桁架，所有的弦杆及斜杆，无论桥面系在上弦还是在下弦，所取截面将截断同一节间。例如作 U_{57} 影响线时，取截面 Ⅰ—Ⅰ，也就是说不论单位荷载在上弦还是在下弦，所取截面均在第三节间，所以渡引线恒在此节间内 [U_{57} 影响线见图 3-15（b）]。

但如作 V_{56} 影响线时，所取截面 Ⅱ—Ⅱ 在上弦则将节间 4–6 截开，在下弦则将节间 5–7 截开，故桥面系在上弦时，结点 6 以右为右直线结点 4 以左为左直线，渡引线在结点 4、6 之间 [见图 3-15（c）]。若桥面系在下弦时，结点 7 以右为右直线，结点 5 以左为左直线，渡引线在结点 5、7 之间 [见图 3-15（d）。比较图 3-15（c）及图 3-15（d）可以看出，同一杆件因桥面系的不同，其影响线也将不同。

【例 3-1】 设有如图 3-16（a）所示下承式半斜杆桁架，试求作 D_2、V_2'、V_2、D_3'、D_4' 及 V_3 影响线。

【解】 作 D_2 影响线：取结点 b 为脱离体，用 $\sum X = 0$，则

$$D_2 \sin \alpha + D_2' \sin \alpha = 0$$

$$D_2' = - D_2$$

再取截面 Ⅰ—Ⅰ，如图 3-16（a）所示。

当 $P=1$ 在结点 3 以右时，取截面左边为脱离体，用 $\sum Y = 0$，则

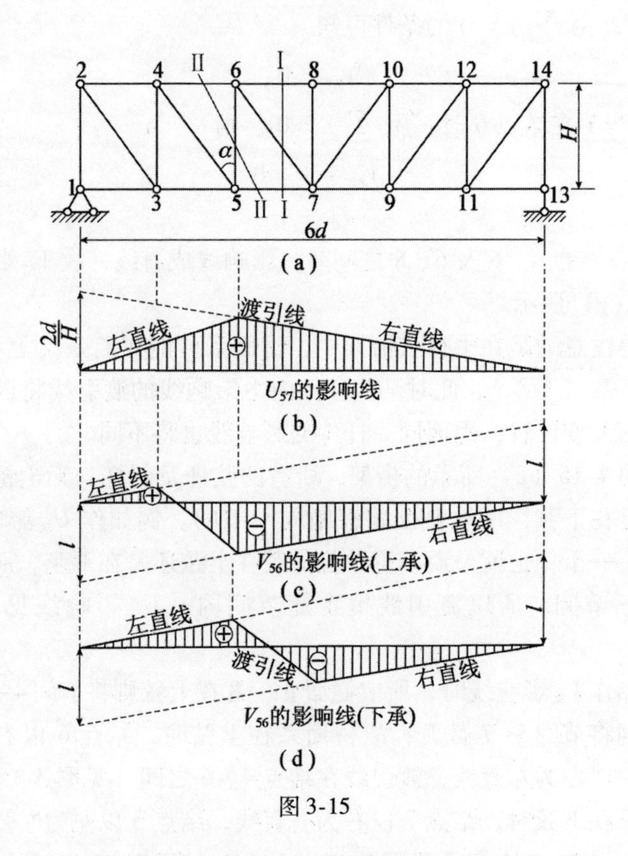

图 3-15

$$R_A - D_2 \cos\alpha + D_2' \cos\alpha = 0$$

$$-2D_2 \cos\alpha + R_A = 0$$

$$D_2 = \frac{1}{2\cos\alpha} \times R_A = \frac{5}{6} \times R_A$$

当 $P=1$ 在结点 2 以左时，取截面右边为脱离体，用 $\sum Y = 0$，则

$$R_B + D_2 \cos\alpha - D_2' \cos\alpha = 0$$

$$D_2 = -\frac{1}{2\cos\alpha} \times R_B = -\frac{5}{6} R_B$$

因此可将左右直线作出，在结点 2 及 3 间用渡引线相连接，即得

D_2影响线［图 3-16（b）］。由上式可知 D_2' 影响线与 D_2影响线相同，但正负号相反。

作 V_2' 影响线：取结点 3′为脱离体，用 $\sum Y=0$，则

$$V_2' + D_2' \cos \alpha = 0$$

$$V_2' = -D_2' \cos \alpha = D_2 \cos \alpha = \frac{3}{5} D_2$$

故将 D_2影响线各纵距乘以 $\frac{3}{5}$ 即得 V_2' 影响线［图 3-16（c）］。

作 V_2影响线：取结点 3 为脱离体，因为桁架为下承桁架，单位荷载只在下弦移动，因此有三种情况须分别考虑。

（1）当 $P=1$ 在结点 4 以右及结点 2 以左时，用 $\sum Y=0$，则

$$V_2 + D_2 \cos \alpha = 0$$

$$V_2 = -D_2 \cos \alpha = -\frac{3}{5} D_2$$

故只需将 D_2影响线各纵标乘以 $-\frac{3}{5}$ 即得在结点 4 以右及结点 2 以左的 V_2影响线。

（2）当 $P=1$ 在结点 3 时，用 $\sum Y=0$，则

$$V_2 + D_2 \cos \alpha - 1 = 0$$

$$V_2 = 1 - D_2 \cos \alpha = 1 - \frac{3}{5} D_2 = 1 - \frac{3}{5} \times \frac{5}{6} R_A$$

$$= 1 - \frac{1}{2} R_A = 1 - \frac{2}{6} = \frac{2}{3}$$

（3）当 $P=1$ 在结点 2、3 及 3、4 之间时，用两渡引线相连接，即得 V_2影响线［见图 3-16（d）］。

作 D_3' 影响线：作法与 D_2影响线相同，取结点 C 为脱离体，用 $\sum X=0$，则

$$D_3 = -D_3'$$

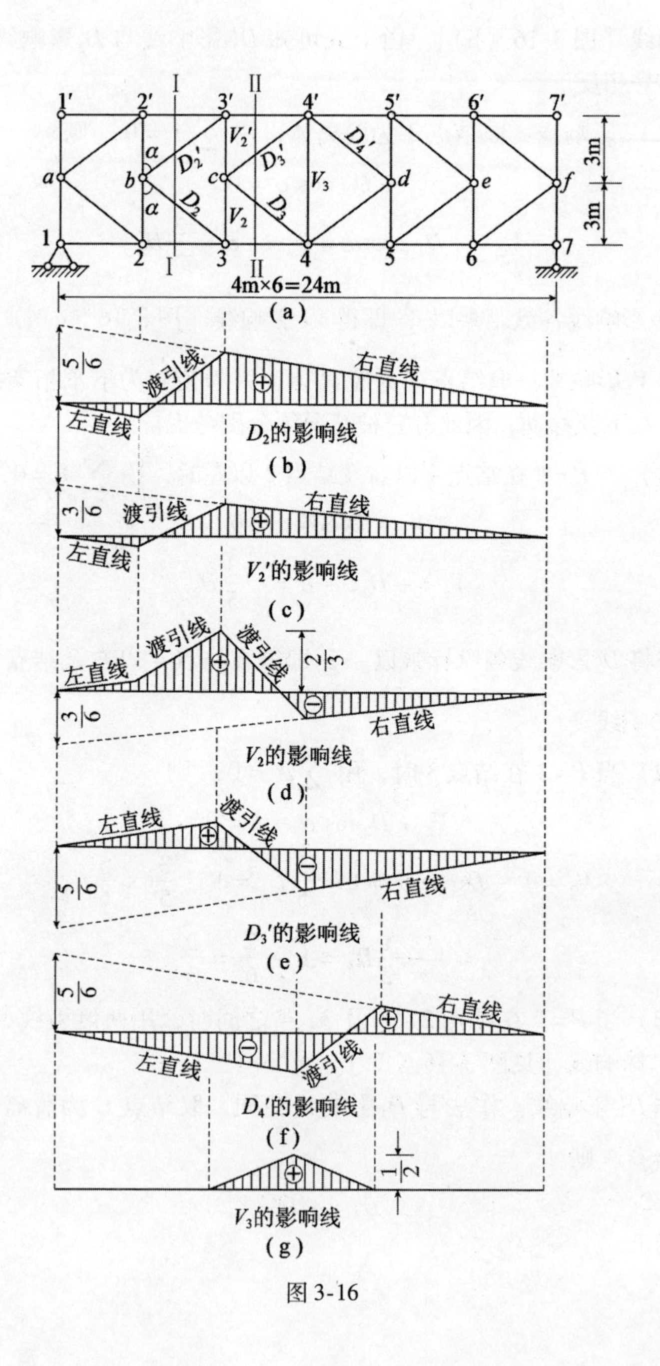
1′
2′
3′
4′
5′
6′
7′
Ⅰ
Ⅱ
a
b
c
d
e
f
α
α
D_2'
D_2
V_2'
V_2
D_3'
D_3
V_3
D_4'
3m
3m
1
2
3
4
5
6
7
4m×6=24m
(a)
$\frac{5}{6}$
渡引线
右直线
左直线
⊕
D_2的影响线
(b)
$\frac{3}{6}$
渡引线
右直线
左直线
V_2'的影响线
(c)
左直线
渡引线
渡引线
$\frac{2}{3}$
$\frac{3}{6}$
右直线
V_2的影响线
(d)
左直线
渡引线
$\frac{5}{6}$
右直线
D_3'的影响线
(e)
$\frac{5}{6}$
右直线
左直线
渡引线
D_4'的影响线
(f)
$\frac{1}{2}$
V_3的影响线
(g)

图 3-16

再取截面Ⅱ—Ⅱ，当 $P=1$ 在结点 4 以右时，取截面左方为脱离体，用 $\sum Y=0$，则

$$R_A - D_3\cos\alpha + D_3'\cos\alpha = 0$$

$$D_3' = -\frac{1}{2\cos\alpha} \times R_A = -\frac{5}{6}R_A$$

当 $P=1$ 在结点 3 以左时，取截面右方为脱离体，用 $\sum Y=0$，则

$$R_B + D_3\cos\alpha - D_3'\cos\alpha = 0$$

$$D_3' = \frac{1}{2\cos\alpha}R_B = \frac{5}{6}R_B$$

在结点 3、4 间再用渡引线相连接，即得 D_3' 影响线［见图 3-16 (e)］。

作 D_4' 影响线：其作法与 D_3' 相同，影响线如图 3-16（f）所示。

作 V_3影响线：取结点 4′为脱离体，用 $\sum Y=0$，则

$$-V_3 - D_3'\cos\alpha - D_4'\cos\alpha = 0$$

$$V_3 = -\cos\alpha(D_3' + D_4') = -\frac{3}{5}(D_3' + D_4')$$

由图 3-16（e）、（f）可以看出，$P=1$ 在结点 5 以右及结点 3 以左

$$D_3' + D_4' = 0$$

$$V_3 = 0$$

故

$P=1$ 在结点 4

$$D_3' + D_4' = -\left(\frac{5}{12} + \frac{5}{12}\right) = -\frac{5}{6}$$

故

$$V_3 = -\frac{3}{5}\left(-\frac{5}{6}\right) = \frac{1}{2}$$

因此 V_3影响线在结点 5 以右及结点 3 以左纵距等于零，在结点 3 纵距等于 1/2，在结点 3、4 及 4、5 间应呈直线变化。其影响线如图3-16（g）所示。

3.5 影响线的应用

3.5.1 利用影响线求结构的反力及内力

1. 集中荷载的作用

如图3-17（a）所示的简支梁AB，当作用于它上面的四个集中荷载位置确定后，欲求由此荷载所产生的剪力Q_C值，可以利用Q_C的影响线。首先设只有P_1的作用，则根据影响线的定义，可知y_1表示当单位荷载$P=1$在P_1的位置时所引起的Q_C的大小。现在不是单位荷载（$P=1$）作用于该处，而是荷载P_1，因此P_1作用所引起的剪力$Q_C=P_1y_1$。同理若只有P_2作用时，则$Q_C=P_2y_2$。故当梁上同时作用有四个集中荷载时，根据叠加原理求得

$$Q_C = P_1y_1 + P_2y_2 + P_3y_3 + P_4y_4 \tag{3-17}$$

值得注意的是，我们所求的是代数和，即y值是有正有负的。从前面知道剪力影响线的纵距为无因次量，故Q_C的单位与力P有同样的单位。

以上所讲的是简支梁某指定截面C的剪力Q_C的计算方法。但这个方法具有普遍的意义。对于任何量值S（如反力、弯矩等）均适用，因此，结构在集中荷载作用下，利用影响线求内力的一般公式

$$S = \sum_{i=1}^{n} P_iy_i \tag{3-18}$$

式中：n——集中荷载的个数。

如果有一组平行集中荷载作用在影响线的同一直线部分时，可用它的合力来代替整个荷载的作用，而不改变所求量值的总和。例如图3-17（c）所示的R_B影响线上有P_1、P_2、P_3、P_4四个集中荷载位于R_B影响线的同一直线部分，而直线与X轴相交，将其交点A作为坐标原点，则得

$$\begin{aligned} R_B &= \sum P_iy_i = P_1y_1 + P_2y_2 + P_3y_3 + P_4y_4 \\ &= P_1x_1\tan\alpha + P_2x_2\tan\alpha + P_3x_3\tan\alpha + P_4x_4\tan\alpha \end{aligned}$$

$$=\tan\alpha(P_1x_1 + P_2x_2 + P_3x_3 + P_4x_4)$$

因为已知各力对于坐标原点 0 点力矩之和等于这些力的合力 R 对于 0 点的力矩，故得

$$P_1x_1 + P_2x_2 + P_3x_3 + P_4x_4 = Rx_0$$

把此式代入上式，得

$$R_B = Rx_0\tan\alpha = Ry_0 \tag{3-19}$$

式中：x_0——A 点至 R 作用线的距离；

y_0——在合力 R 下面影响线的纵距。

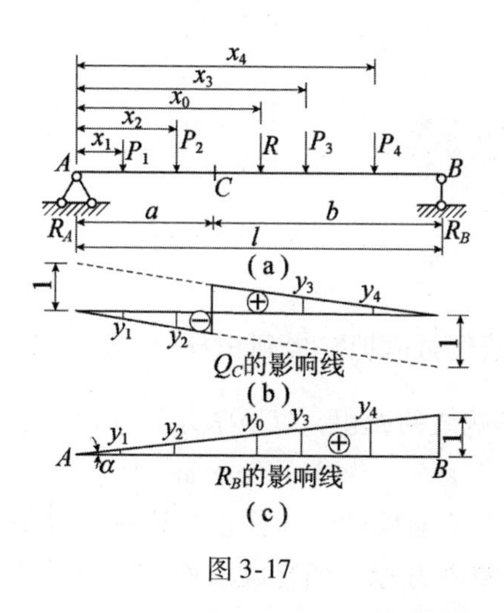

图 3-17

2. 均布荷载作用

当均布荷载作用在结构上，并且位置已经固定时，我们同样可以利用某一量值的影响线来计算该量值的数值。以简支梁 AB 为例，欲求截面 C 在图 3-18（a）所示荷载作用下所产生的弯矩 M_C。此时可以利用 M_C的影响线。取在一段非常短的梁 $\mathrm{d}x$ 上面的荷载 $q\mathrm{d}x$ 当做一个微小的集中力，把 $q\mathrm{d}x$ 乘以 M_C影响线上所对应的纵距 y，就得到由于微小的集中荷载所引起的弯矩为

$$\mathrm{d}M_C = q\mathrm{d}x \times y$$

结构上全部均布荷载作用所引起的弯矩为

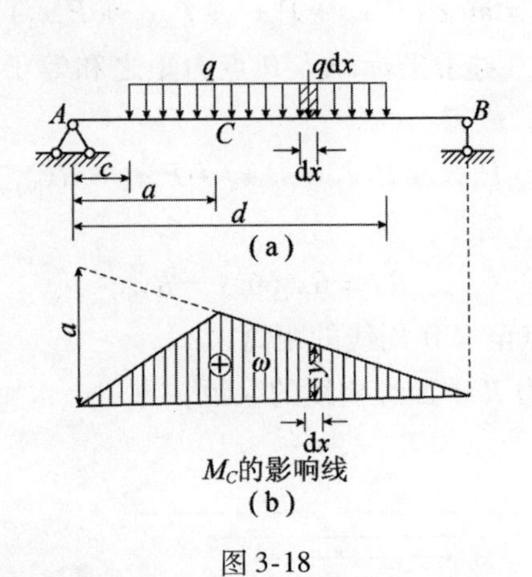

图 3-18

$$M_C = \int_c^d q\mathrm{d}x \cdot y = q\int_c^d y\mathrm{d}x$$

因为 q 是常数，我们可以把它提到积分号外边。而积分 $\int_c^d y\mathrm{d}x$ 为均布荷载范围内 M_C影响线的面积，以 ω 表示这个面积，我们就得

$$M_C = q \times \omega \tag{3-20}$$

式（3-20）是具有普遍性的，同样也可应用它来计算均布荷载作用下所产生的反力和剪力等。当有数段均布荷载作用时，则可分段计算，然后叠加，故可写成一般式

$$S = \sum_{i=1}^{i=n} q_i \omega_i \tag{3-21}$$

式中：n——均布荷载的段数。

由上式可知：由于均布荷载所引起的内力，等于荷载强度与其所对应范围内影响线面积的乘积的代数和。

在计算 q 及 ω 时都应考虑正负，面积的正负是与影响线的相应部分纵标的正负相同的。q 的指向和 $P=1$ 一致者为正。

当有集中荷载及均布荷载共同作用时，可用叠加方法将式（3-18）及式（3-21）相加求其结果。

【例 3-2】 对于图 3-19（a）所示的外伸梁和荷载条件，试用影响线求截面 C 的弯矩和剪力。

【解】 先把截面 C 的影响线 M_C 及 Q_C 画出来，如图 3-19（b）、（c）所示。

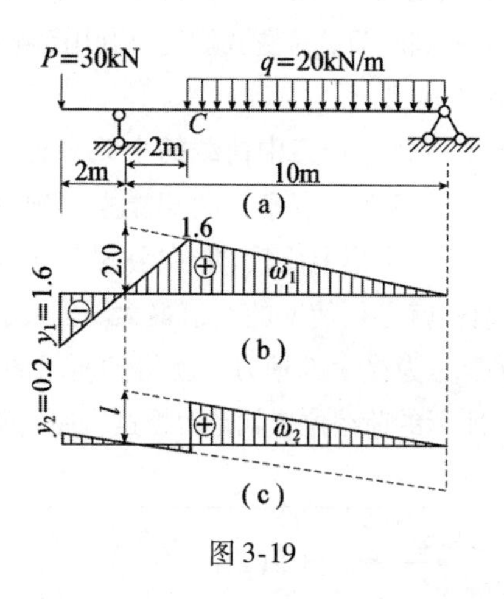

图 3-19

（1）求弯矩 M_C：在集中力 P 的下面影响线 M_C 的纵距 $y_1 = -1.6\text{m}$，在均布荷载下面影响线 M_C 的面积

$$\omega_1 = \frac{1}{2} \times 8 \times 1.6 = 6.4\text{m}^2$$

所以得

$$M_C = Py_1 + q\omega_1 = 30 \times (-1.6) + 20 \times 6.4 = 80\text{kN} \cdot \text{m}$$

（2）求剪力 Q_C：在集中力 P 的下面影响线 Q_C 的纵距 $y_2 = 0.2$。在均布荷载下面影响线的面积

$$\omega_2 = \frac{1}{2} \times 8 \times 0.8 = 3.2\text{m}^2$$

所以得

$$Q_C = Py_2 + q\omega_2 = 30 \times 0.2 + 20 \times 3.2 = 70\text{kN}。$$

3.5.2　最不利的荷载位置

当荷载在结构上移动时，结构中某一量值 S 的数值也随着改变。

荷载在不同位置时量值 S 也得到不同的数值。但在结构设计中，我们需寻求的是量值 S 在这一系列数值中的最大值 S_{max} 和最小值 S_{min}（最大负值）。

使量值 S 产生最大值或最小值的荷载位置均称为该量值的最不利荷载位置。对于这些最不利的荷载位置我们仍可利用影响线来确定它们。

1. 集中活荷载的作用

一个或两个集中荷载。若集中荷载的个数只有一个或两个，要确定最不利荷载位置时，只需凭观察判断即能立即确定。

假使活荷载只包括一个集中荷载 P，在公式 $S=Py$ 中因为 P 为常数，如果要得 S 的最大值，就必须使 y 的数值最大。因此我们只要把集中荷载 P 放在影响线纵距 y 为最大的地方，就得到所求的最不利荷载位置。图 3-20（b）、（c）所示的荷载位置就是根据这一原则确定的。

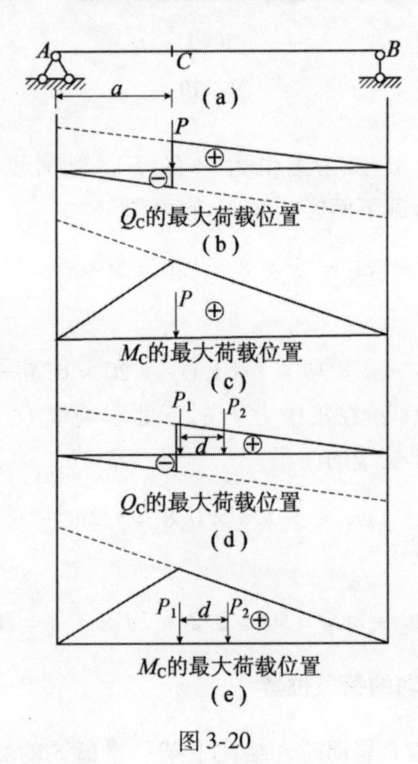

图 3-20

假使活动荷载仅包括两个集中荷载 P_1 及 P_2（$P_1>P_2$），欲求图 3-20（a）所示简支梁的 Q_C 及 M_C 的最大值或最小值。可将其中最大的一个荷载放在影响线的最大纵距处（即放在影响线的顶点上）。而另一个荷载放在坡度较缓的那一边，如图 3-20（d）、（e）所示。

多个集中活荷载。当活荷载中包括多个集中荷载，这时凭观察是不容易决定最不利荷载位置的。因为 $S=\sum Py$，欲使 S 值为最大，必须使 $\sum Py$ 为最大。如何放置荷载才能使 $\sum Py$ 值最大，必须经过多次试算才能确定。下面着重介绍三角形影响线最不利荷载位置的求法。因为简支梁弯矩影响线和许多桁架中弦杆内力影响线都是三角形的，并且多边形影响线中往往也包含有三角形的一部分，因此研究这种影响线的最不利荷载位置的问题具有较广泛的实际意义。设在结构上有一组移动的平行集中荷载，如图 3-21（a）所示，某量值 S 的影响线为三角形。

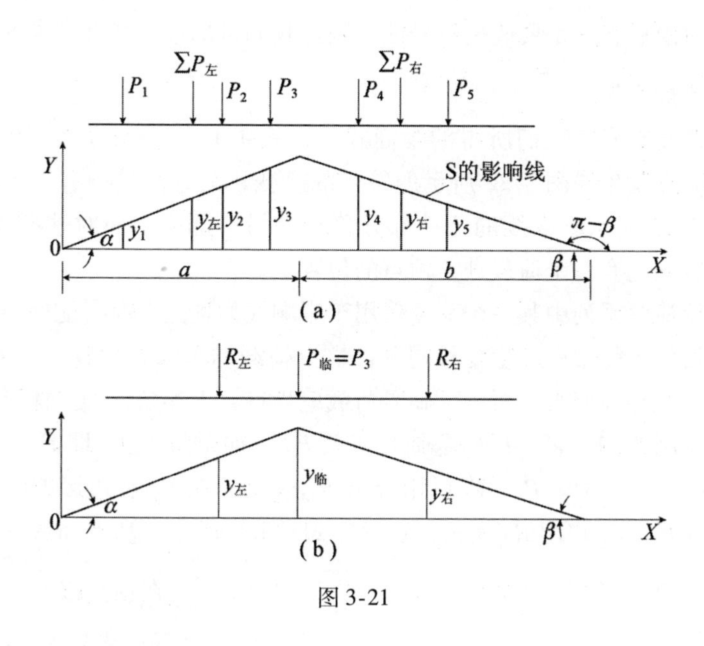

图 3-21

当没有一个集中荷载作用在三角形的顶点上时

$$S = P_1y_1 + P_2y_2 + P_3y_3 + P_4y_4 + P_5y_5 = \sum P_{左}\, y_{左} + \sum P_{右}\, y_{右}$$

为了要求得 S 的最大值，我们将 S 对 x 取一 $P_{比}$ 微商（x 为变数，表示由坐标原点 0 到荷载系中任一个荷载的距离）

$$\frac{\mathrm{d}S}{\mathrm{d}x} = \sum P_{左}\frac{\mathrm{d}y_{左}}{\mathrm{d}x} + \sum P_{右}\frac{\mathrm{d}y_{右}}{\mathrm{d}x}$$

从图 3-21（a）可以看出对于影响线左面部分各点的 $\frac{\mathrm{d}y_{左}}{\mathrm{d}x} = \tan\alpha$，而对于右面部分的各点 $\frac{\mathrm{d}y_{右}}{\mathrm{d}x} = \tan(\pi - \beta) = -\tan\beta$，因此上式又可写成

$$\frac{\mathrm{d}S}{\mathrm{d}x} = \sum P_{左}\tan\alpha - \sum P_{右}\tan\beta$$

由 $S = \sum Py$ 可知：S 为 x 的一次函数，一般不存在 $\frac{\mathrm{d}S}{\mathrm{d}x} = 0$ 求极值的条件，但从图 3-22 可以看出，在一次函数极值（图上只表示极大值）出现的前后，$\frac{\mathrm{d}S}{\mathrm{d}x}$ 是要改变符号的，因此我们可用这个特性来求 S 的最大值或最小值。

现在来研究我们所得的微商式子，式中 $\tan\alpha$ 及 $\tan\beta$ 均为常数，要使微商发生如图 3-22 所示的符号的改变，只有当其中有一个荷载从图 3-21 所示影响线的这一部分移动到另一部分上面时才有可能。为此应预先有一个荷载处于顶点的位置上。

设荷载系列中某一个荷载作用于影响线的顶点上时，能使结构中某一量值 S 的微商发生变号现象，这个荷载称为临界荷载，以 $P_{临}$ 表示之。现在我们来分析一下临界荷载应当符合上述条件的具体形式。

设图 3-21（a）中 P_3 是临界荷载 $P_{临}$，如果将 $P_{临}$（即 P_3）左边影响线上的各力（P_1、P_2）用合力 $R_{左}$ 表示，在 $P_{临}$ 右边影响线上的各力（P_4、P_5）用 $R_{右}$ 表示，如图 3-21（b）所示。从上面的讨论可知，当 $P_{临}$ 在顶点以左时，它应使 $\frac{\mathrm{d}S}{\mathrm{d}x} \geqslant 0$，当 $P_{临}$ 在顶点以右时它应使 $\frac{\mathrm{d}S}{\mathrm{d}x} \leqslant 0$。即

$$(R_{左} + R_{临})\tan\alpha - R_{右}\tan\beta \geqslant 0$$

$$R_{左}\tan\alpha - (R_{右} + R_{临})\tan\beta \leqslant 0$$

从图 3-21（b）知

$$\tan\alpha = \frac{y_{临}}{\alpha};\qquad \tan\beta = \frac{y_{临}}{b}$$

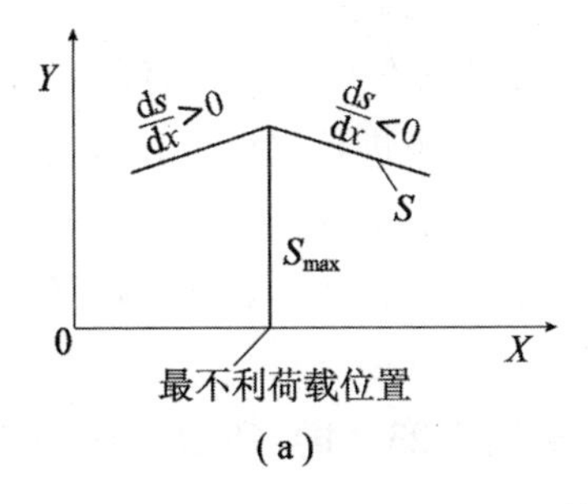

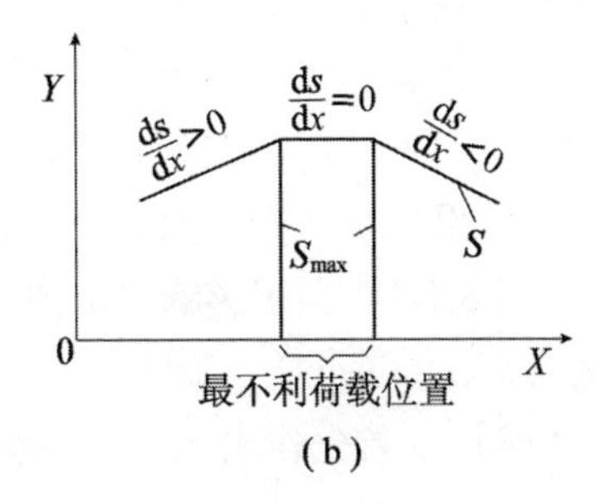

图 3-22

将此式代入上式，我们可得到鉴定临界荷载的两个必要而又充分的条件

$$\begin{cases}\dfrac{R_{左} + P_{临}}{a} \geqslant \dfrac{R_{右}}{b}\\[2ex]\dfrac{R_{左}}{a} \leqslant \dfrac{R_{右} + R_{临}}{b}\end{cases}\tag{3-22}$$

式（3-22）说明临界荷载具有这样一个特性：当 $P_{临}$ 算在影响线顶点那一边时，那一边的平均荷载就大于（或等于）另一边的平均荷载。

决定最不利荷载位置时，首先在荷载系中假定一个荷载作为 $P_{临}$，然后利用式（3-22）条件加以鉴定，如符合条件，则假设对了。反之须再假设其他荷载为 $P_{临}$，再利用式（3-22）鉴定，经过几次试算即可求出临界荷载。从而也就决定了最不利荷载位置。据此以求出量值 S 的最大值。

在决定临界荷载时有几点是值得我们注意的：

（1）按条件式（3-22）鉴定 $P_{临}$ 时，只能把在影响线范围内的荷载代入公式。当把 $P_{临}$ 放在三角形顶点上时若没有新的荷载进入影响线的范围，也没有原来荷载离开影响线，这样的 $P_{临}$ 才是对的。若有上述情况发生，则需按照实际在影响线范围内的荷载重新分析和确定 $P_{临}$。

（2）当荷载系列的排列长度大于影响线三角形的底长时，满足条件式（3-22）的荷载可能不止一个，必须作一系列的尝试，找出各个临界荷载，然后计算出各个临界荷载情况下所产生的量值 S，加以比较，找出其中最大的 S 值，即为最不利荷载的位置。

（3）在影响线不对称，并且荷载系列也不对称，或有可能反向移动的情况下，还需把荷载系列反过方向来再进行试算，并且把两次计算的结果加以比较，取其最大者作为设计的依据。

【例 3-3】 利用影响线求图 3-23（a）所示简支梁中央截面 C 的最大弯矩。

【解】 首先作出 M_C 的影响线，如图 3-23（b）所示。

设活荷载由左向右移动。

首先检验 P_1 是否是临界荷载，根据条件式（3-22）鉴定如下

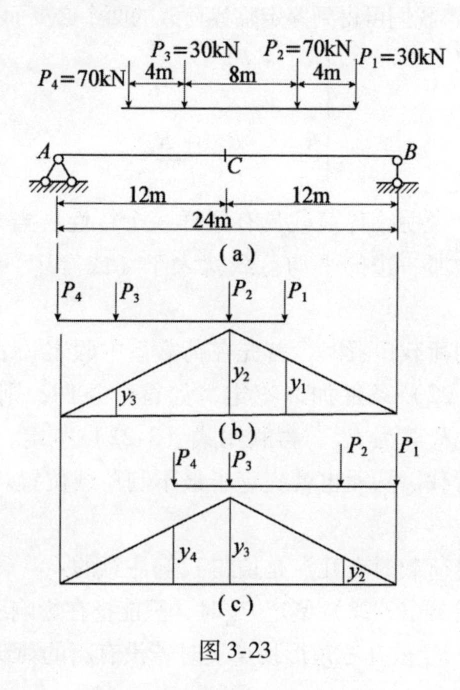

图 3-23

$$\frac{70+30}{12}>\frac{0}{12}$$

$$\frac{30+70}{12}>\frac{30}{12}$$

可见 P_1不能满足条件式（3-22），故 P_1不是临界荷载。

其次检验 P_2是否是临界荷载，根据荷载布置，当 P_2在影响线顶点之左，P_4还没有进入影响线，所以不应考虑，但当 P_2移到顶点之右时，P_4已进入影响线，所以此时即应该考虑

$$\frac{30+70}{12}>\frac{30}{12}$$

$$\frac{70+30}{12}=\frac{70+30}{12}$$

可见 P_2满足临界荷载的条件，故 P_2是一个临界荷载。

上面曾经说过，一连串的荷载作用在梁上时，临界荷载可能不止一个，因为在判定临界荷载时，梁上荷载有进有出，不是固定的，所以必须把所有的情况都考虑到。

再检验 P_3是否是临界荷载

$$\frac{70+30}{12}=\frac{70+30}{12}$$

$$\frac{70}{12}<\frac{30+70}{12}$$

可见 P_3也是一个临界荷载。

当 P_2位于影响线的顶点时［见图 3-23（b）］，影响线的纵距用比例关系求出其数值如下

$$y_1=4;\ y_2=6;\ y_3=2$$

所以

$$M_C=\sum P_i y_i=30\times4+70\times6+30\times2=600\text{kNm}$$

当 P_3位于影响线的顶点时［见图 3-23（c）］，影响线的纵标为

$$y_2=2;\ y_3=6;\ y_4=4$$

所以

$$M_C = \sum P_i y_i = 70 \times 2 + 30 \times 6 + 70 \times 4 = 600\text{kNm}$$

实际上，在这种情况下，从 P_2 来到顶点时起，到 P_3 占有这个位置时止，M_C 保持为一常数，这说明有许多荷载位置都是最不利荷载位置，故得

$$M_{C\max} = 600\text{kN} \cdot \text{m}$$

因本题跨中截面弯矩影响线是对称的，就不需要将活荷载调头计算了。

2. 连续的均布活荷载的作用

均布活荷载在实际计算中也是常遇到的，如人群、履带式车辆等。有时密集的集中荷载群也可以化成均布荷载来计算（如用等效荷载求最大内力）。对于这种荷载分两种情况来讨论。

（1）荷载长度大于影响线的长度，而且可以任意布置。对于这种荷载，凭观察就可决定最不利荷载位置，求 S 的最大值时，就把荷载布满影响线正号部分，求 S 的最小值时，就把荷载布满影响线负号部分。

（2）荷载长度小于影响线的长度。对于这种类型的均布荷载，如果所求量值 S 的影响线是直角三角形，例如简支梁剪力及反力影响线仍可用观察判断决定荷载位置。若所求量值是一般三角形的影响线（如弯矩影响线），可用下面的方法确定最不利荷载位置。由式 $S=q\omega$ 可知，要求 S 最大值，必须使均布荷载在影响线上所占有的面积为最大才有可能（因为 q 为常数）。对于如图 3-24 所示的三角形影响线来说，一定是荷载处在中间部分时，ω 才有可能最大，至于到底放置在哪一确定的位置，下面将研究这个问题。

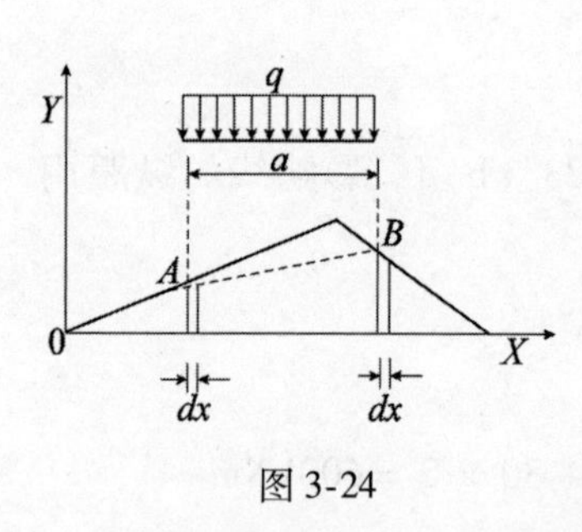

图 3-24

我们将长度为 a 的均布荷载放在三角形中间部分上，从荷载两端向影响线作投影，得 A、B 点，并用直线连接 AB。假想荷载向右移动一个 $\mathrm{d}x$ 距离，此时与荷载位置对应的影响线的面积 ω 增加一个

$y_B\mathrm{d}x$，而减少一个 $y_A\mathrm{d}x$，故 S 的增量为

$$\mathrm{d}S = q(y_B\mathrm{d}x - y_A\mathrm{d}x) = q(y_B - y_A)\mathrm{d}x$$

故

$$\frac{\mathrm{d}S}{\mathrm{d}x} = q(y_B - y_A)$$

求 S 的极限值，应取 $\frac{\mathrm{d}S}{\mathrm{d}x} = 0$，由此得

$$q(y_B - y_A) = 0$$

因为 q 为一常数而不等于零，故只有 $y_B - y_A = 0$ 时才能满足 $\frac{\mathrm{d}S}{\mathrm{d}x} = 0$ 的要求。$y_B - y_A = 0$ 表明直线 AB 必平行影响线三角形的底边（X 轴）。

由此得出结论：在所讨论的情况下，均布荷载最不利位置发生在直线 AB 与影响线的底边相平行的时候。

我们应用图解法很容易满足上述要求，作法如下：

如图 3-25 所示，在横轴（X 轴）上，从影响线的左端起，量取线段 $DE=a$ 得 E 点，然后作 EB 平行 DC 与 CF 相交于 B 点，则 B 点就是所求荷载位置的一个边界。

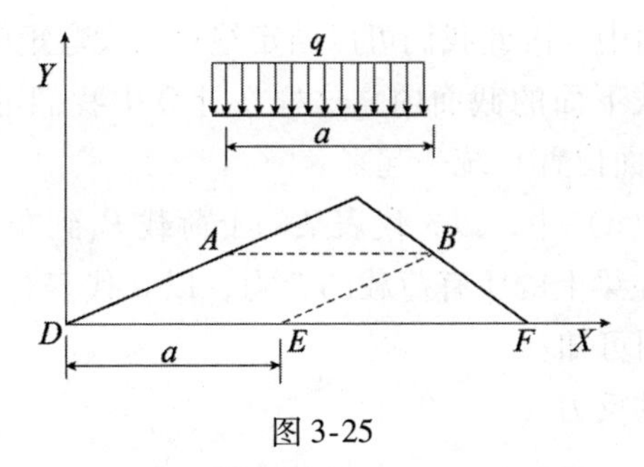

图 3-25

3.6 简支梁的绝对最大剪力及绝对最大弯矩

在前一节里，我们阐明了确定简支梁内某一截面剪力及弯矩最不利荷载位置的方法，当荷载位置确定以后，就可以求得该截面的剪力及弯矩的最大值。但梁上各个截面内，其剪力及弯矩的最大值是各不相同的，其中最大者我们称为绝对最大值。在实际工程设计中我们必须采用这些绝对最大值才能保证安全。对于这个问题，若用寻常的影响线来求解，则需把梁分成若干等份（可分为8、10、12等份，视设计要求的精度而定），分别求出各等份点的最大剪力及弯矩，然后比较，取其中绝对最大值作设计梁的依据。这样做是很麻烦的，需要作一系列的影响线，所以我们改用另一方法。

对于求剪力绝对最大值，由观察判断不难确定，绝对最大正剪力产生在左支座的截面中，绝对最大负剪力产生在右支座截面中。对于求绝对最大弯矩可以用以下较简便的方法。

简支梁在直接荷载下的绝对最大弯矩，与两个可变的因素有关：一是荷载的位置，二是截面的位置。就是说荷载在哪一个位置时，哪一个截面内的弯矩为最大。对于这个问题，可从由分析简支梁的弯矩图得到启发，简支梁在集中荷载作用下，梁上最大弯矩值只发生在集中荷载下的截面中。因此我们可以断定绝对最大弯矩值也必然产生在某一个集中荷载下面的截面内。这样在计算中我们可以把两个变数（荷载位置和截面位置）统一起来。

在图3-26（a）中，以x代表某一个荷载P_K到左支座A的距离，以R代表作用在梁上的所有荷载的合力，以a代表合力R与P_K之间的距离，由该图可知：

左支座A的反力

$$R_A = \left(\frac{l - x - a}{l}\right) R$$

用M_K表示P_K以左所有外荷载（不包括反力）对P_K作用处的力矩之和，则P_K下的截面总弯矩为

$$M_x = R_A x - M_K = \frac{(l - x - a)}{l} Rx - M_K \tag{3-23a}$$

整个荷载移动时，如果没有一个荷载跑出梁外，也没有一个新的荷载进入梁内，则 R 和 M_K 均为常数。则我们令微商 $\frac{\mathrm{d}M}{\mathrm{d}x} = 0$，就可得到 M 的最大值

$$\frac{\mathrm{d}M_x}{\mathrm{d}x} = \frac{R}{l}(l - 2x - a) = 0$$

因为

$$\frac{R}{l} \neq 0$$

故
$$(l-2x-a) = 0$$

从而得 M_x 为最大时 P_K 的位置应满足

$$x = \frac{l - a}{2}$$

的条件。

如 P_K 在合力 R 的右面，如图 3-26（b）所示，则

$$R_A = \left(\frac{l - x + a}{l}\right) R$$

$$M_x = \frac{(l - x + a)}{l} Rx - M_K \tag{3-23b}$$

从而有

$$x = \frac{l + a}{2}$$

故最大 M 的截面位置可以写成

$$x = \frac{l \mp a}{2} \tag{3-24}$$

因此得出如下结论：任何一指定活荷载 P_K 下边截面内的最大弯矩，发生在当跨度中点恰好平分 P_K 与合力 R 之间的距离时。

将式（3-24）的 x 值代入式（3-23）得 P_K 下边截面内最大弯矩值

$$M_{\max}=\frac{R}{l}\frac{(l\mp a)^{2}}{4}-M_{K} \tag{3-25}$$

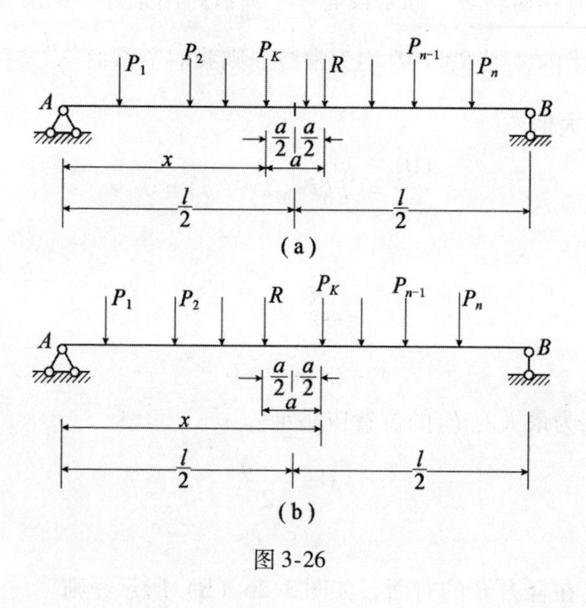

图 3-26

应用式（3-25）可以求出荷载系列中任一荷载下截面内的最大弯矩值。在计算时首先必须确定作用在梁跨度上的荷载个数（荷载系的全部或一部分），从而计算出合力 R 的数值及其在荷载系中的作用点的位置，然后确定某一荷载 P_K 与合力 R 之间的距离 a，由式（3-24）求出 x 值后，就可以利用式（3-25）或按一般静力学方法计算出荷载 P_K 下截面内的最大弯矩值。这样就可把每个荷载下截面内最大弯矩值求得，但是不同荷载下面的数值是各不相同的，因此就需要把各个最大值都算出来，进行比较，才能求出简支梁的绝对最大弯矩值。如果荷载很多，则计算也很不方便。但是经验告诉我们：简支梁绝对最大弯矩虽然不一定发生在梁的中央，但总是产生在梁跨度中点附近的截面中。故可近似地认为使梁中央截面产生最大弯矩的临界荷载 $P_{临}$ 也就是产生绝对最大弯矩的临界荷载 P_{K_0}。因此，我们可以先利用式（3-22）确定出使梁中央截面产生最大弯矩的临界荷载 $P_{临}$，再依照上述方法用式（3-25）求出荷载 $P_{临}$ 下截面内的弯矩，即为所求简支梁的绝对最大弯矩值。

在计算时，必须注意检查当 P_K 放在按式（3-24）决定产生最大弯矩的截面上时，是否有荷载离开与进入梁跨范围内，如发现有这种情况，则合力 R 就有变化，这时就必须按新的荷载组合全部重新计算。

在计算中如遇到个数为奇数的对称荷载，这时常会使合力 R 与中间的一个荷载 P_K 重合。此时 $a=0$，荷载 P_K 下的最大弯矩截面，就在梁跨的中点。

【例 3-4】 一跨度 24m 的简支梁，如图 3-27 所示，当其上行驶一列移动荷载时，试求该梁内的绝对最大弯矩。

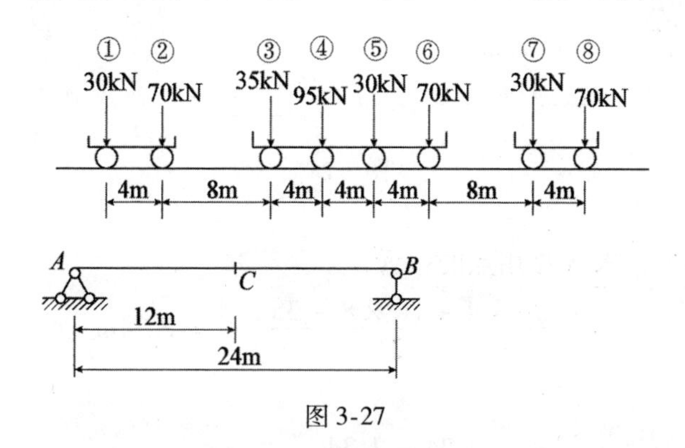

图 3-27

【解】（1）首先确定在这列荷载作用下中间截面 C 的临界荷载。根据直观判明，一般是将最大荷载置于最大纵距处。

检验轮④是否为临界荷载，用式（3-22）验算如下

$$\frac{35+95}{12}=10.8>\frac{30+70}{12}=8.33$$

$$\frac{70+35}{12}=8.75<\frac{95+30+70}{12}=16.2$$

可见满足要求，所以轮④为临界荷载。

检验轮⑤是否为临界荷载，用式（3-22）验算

$$\frac{35+95+30}{12}=13.3>\frac{70+30}{12}=8.33$$

$$\frac{35+95}{12}=10.8>\frac{30+70}{12}=8.33$$

可见不满足要求，故轮⑤不是临界荷载。

（2）以轮④为求绝对最大弯矩的$P_{临}$时，图3-28所示梁上仅有轮③至轮⑥作用。

$$R=35+95+30+70=230\text{kN}$$

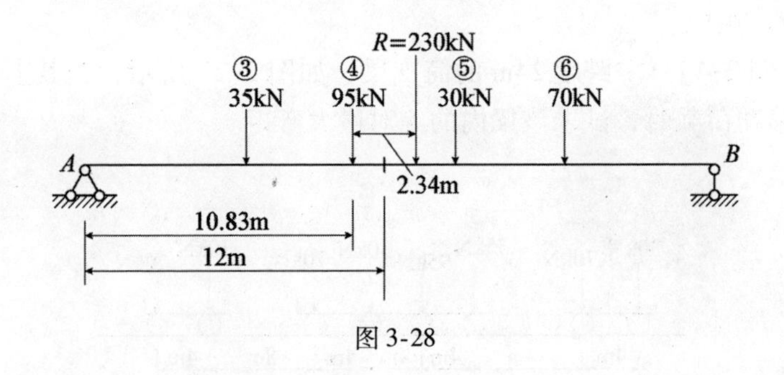

图3-28

以轮④为准，求R作用点的位置

$$a=\frac{30\times4+70\times8-35\times4}{230}=2.34\text{m}$$

故

$$x=\frac{24-2.34}{2}=10.83\text{m}$$

所以

$$M_{\max}=\frac{230}{24}\times\frac{(24-2.34)^2}{4}-35\times4=980\text{kN}\cdot\text{m}$$

习　题

3-1　试作如图3-29所示斜梁AB的R_A、R_A、M_C及Q_C的影响线（单位荷载$P=1$垂直地面沿梁AB移动）。

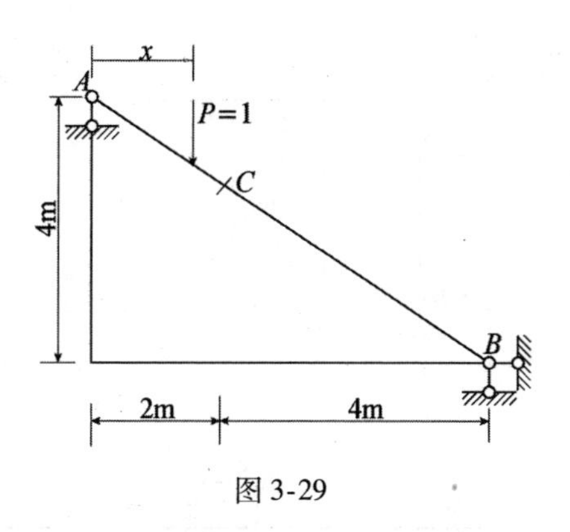

图 3-29

3-2　试作如图 3-30 所示外伸梁 R_A、R_B、M_C、Q_C、M_D和 Q_D的影响线。

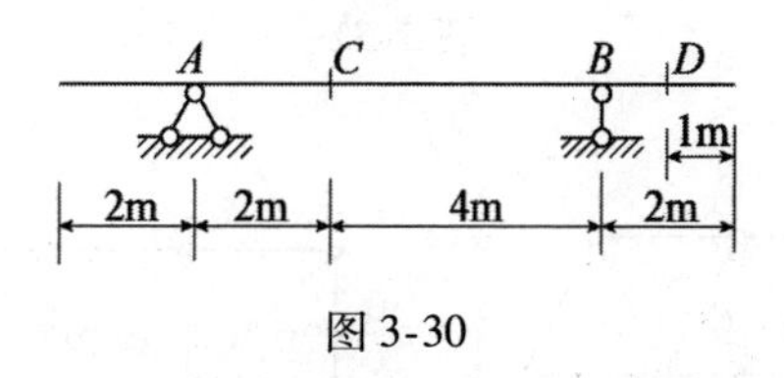

图 3-30

3-3　试用静力法作图 3-31 节梁间 R_A、M_K及 Q_K的影响线。

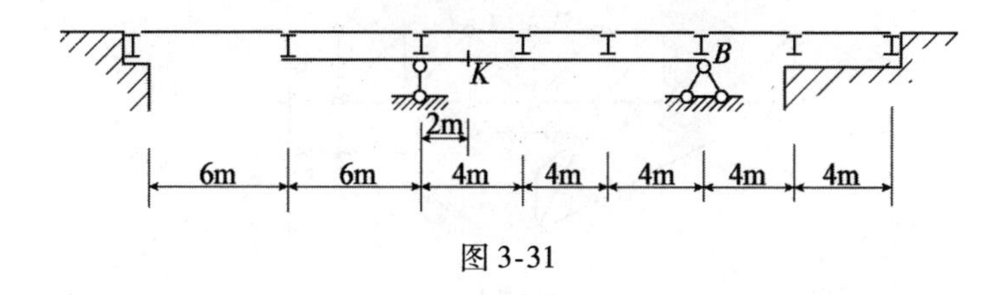

图 3-31

3-4　试用静力法作如图 3-32 所示各指定截面的弯矩及剪力影响线，并用机动法校核。

3-5　试作如图 3-33 所示桁架中各指定杆的轴力影响线。

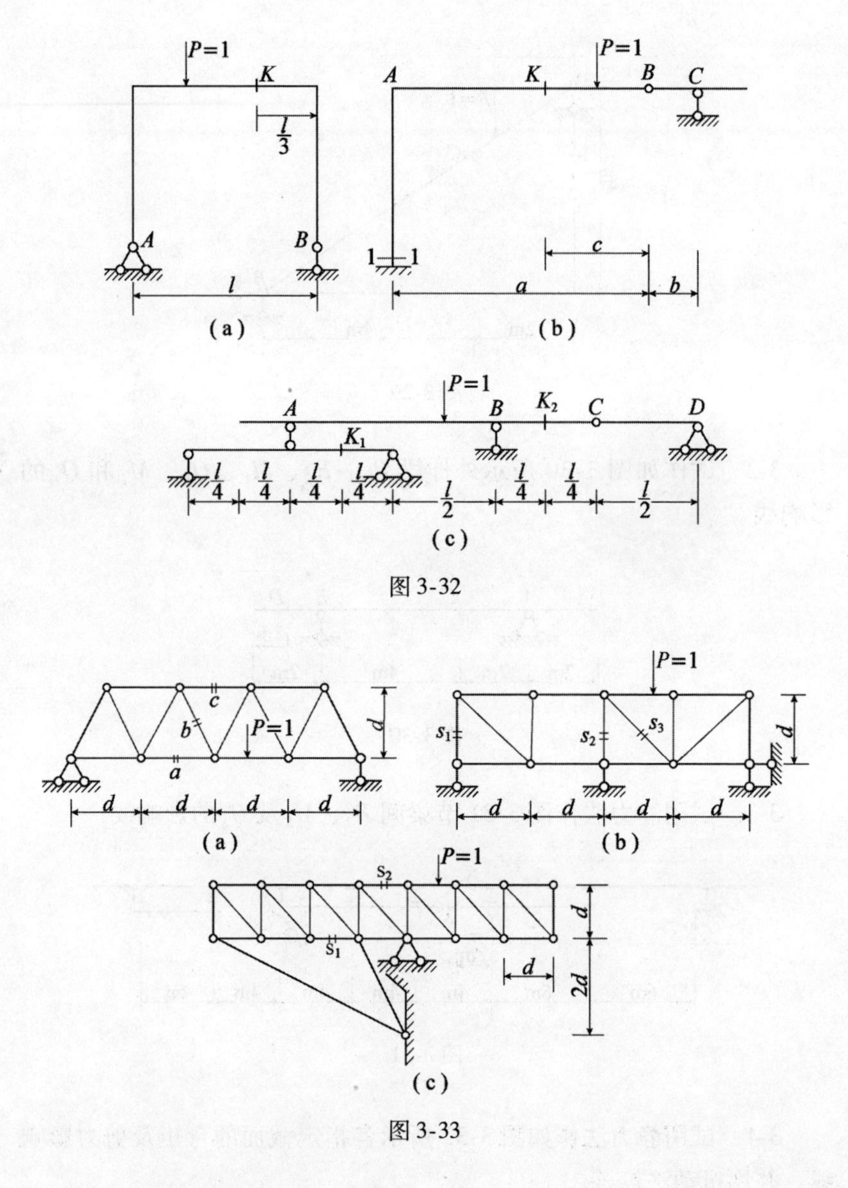

图 3-32

图 3-33

3-6　如图 3-34 所示一简支梁，承受均布荷载 $q=30\text{kN/m}$ 作用。利用 Q_C 影响线计算 Q_C 的数值。

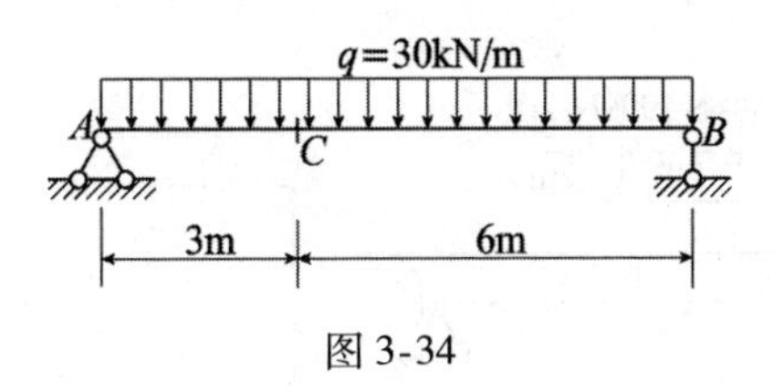

图 3-34

3-7　两台吊车的轮压和轮距如图 3-35 所示。求出吊车梁 AB 的 $M_{C\max}$、$Q_{C\max}$、$Q_{C\min}$ 值。

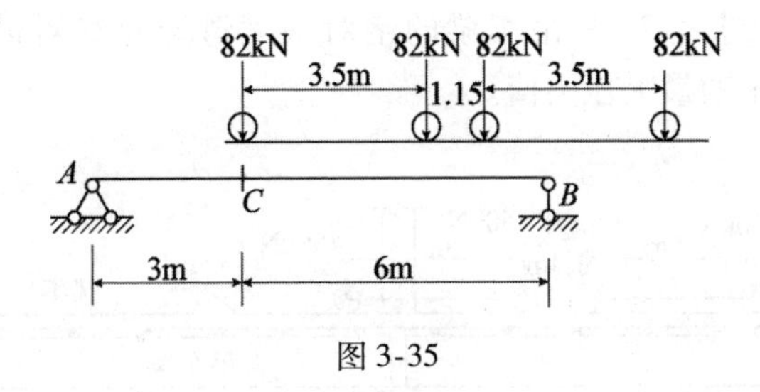

图 3-35

3-8　如图 3-36 所示一公路桁架桥，承受一组移动荷载（上承），求 CD 杆的最大轴力值。

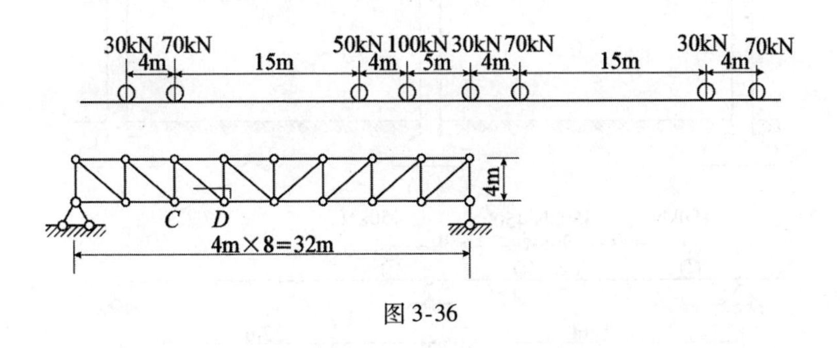

图 3-36

3-9　试求 $R_{C\max}$ 值，活荷载如图 3-37 所示。

3-10　试求 $M_{K\max}$ 值，均布活荷载如图 3-38 所示。

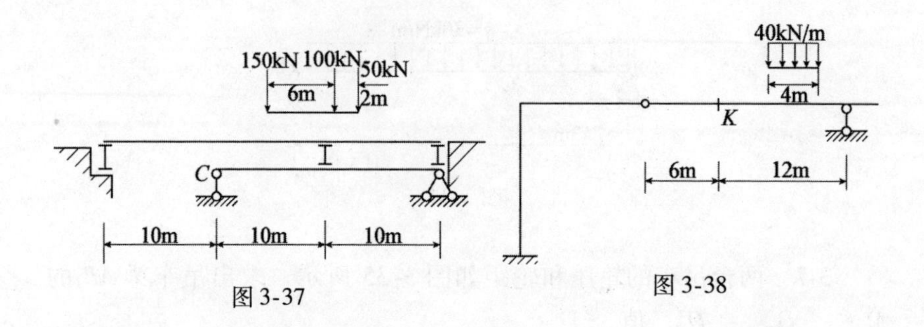

图 3-37　　　　图 3-38

3-11　试求图 3-39 吊车梁的绝对最大弯矩及绝对最大剪力值，并求中间柱子的最大压力值。

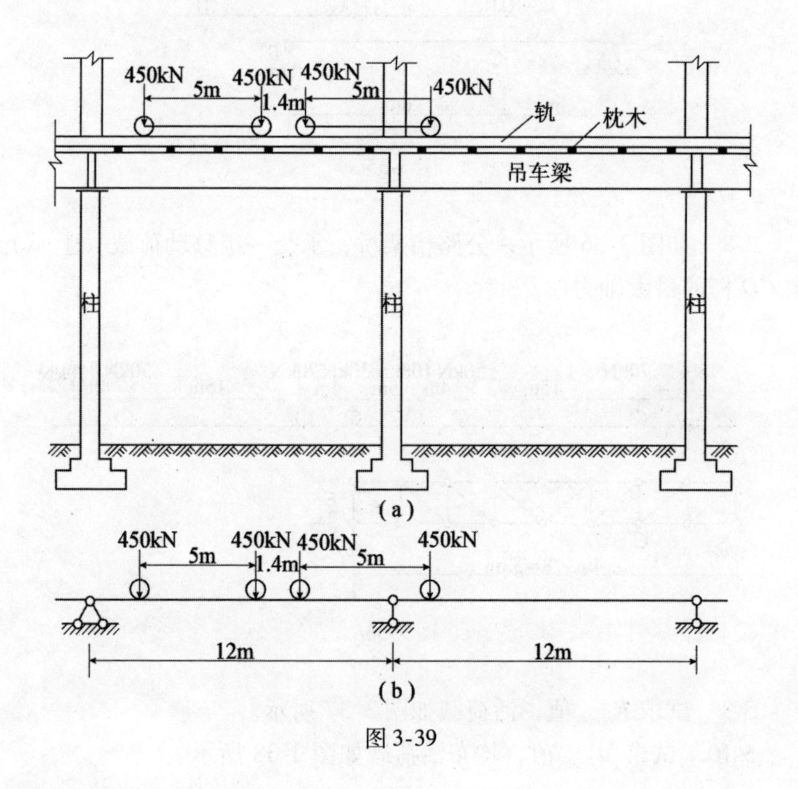

图 3-39

第4章　结构的位移

4.1　一般介绍

结构的位移有线位移及角位移两种。线位移即结构中某点移动的距离，角位移即结构中某截面转动的角度。例如，图4-1中Δ_A为A点的线位移，φ_A为A截面的角位移。

引起结构位移的原因有以下几种：

（1）荷载的作用；

（2）温度的变化；

（3）基础的位移；

（4）材料的收缩；

（5）制作方面的误差。

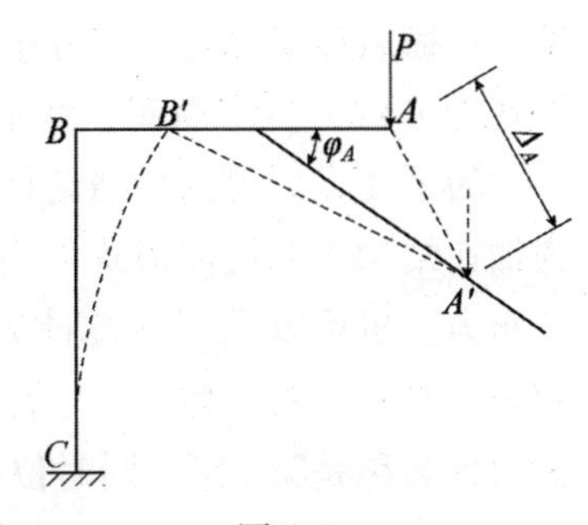

图4-1

研究结构位移的目的有二：

其一，从结构内力分析方面来讲；计算结构位移的主要目的在于为超静定结构的计算服务；

其二，从工程应用方面来讲，计算结构位移的目的就在于保证结构有足够的刚度，使不致产生超出实用上许可的位移。

结构位移计算常用方法的根据是功能原理。因此，本章先介绍弹性结构的功能原理，再介绍弹性结构的位移计算。

本章所谈到的荷载都是指缓慢地逐渐地加在结构上而不引起结构振动的静力荷载。

例如，如图4-2所示，若作用在简支梁上i点的荷载P_i为静力荷

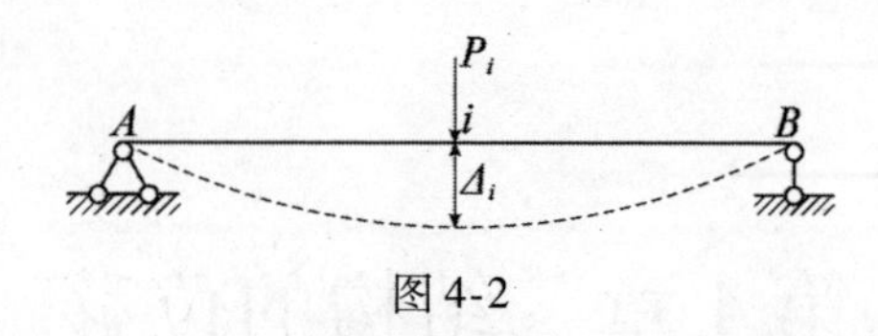

图 4-2

载，严格地讲梁受到 P_i 的作用应是从零值开始，经历无限长的时间逐渐增大，达到最终值 P_i，在这种荷载作用下梁不产生振动亦即没有惯性力。这种加荷载的方式，实际上是不存在的。不过若作用在结构上的荷载使结构在变形的过程中所产生的惯性力与作用在结构上的其他力对比之下相当小的话，就可以忽略惯性力的作用而把它作为静力荷载。在静力荷载的作用下，弹性结构的位移随着外力成比例的增大，当外加荷载达到最终数值不再增加时，变形也就不再增加而达到静止状态，同时结构的内力也像外加荷载和变形一样逐渐增加到最终值。在荷载逐渐增加的过程中任何时刻结构上的外力总是与其内在的弹性力（内力）平衡着，就是说结构处于弹性静力平衡。

为了使以后得到的结论具有普遍性起见，应当把力这个名词理解为加在结构上的任何形式的力；力可以是一般的集中力、集中力矩、分布力，也可以是上述各种力作用的组合，称为广义力，通常以 P 代表，并在其右下角附一下标，如 P_i 表示它的作用点是 i 点或它所属的力系名称是第 i 组。同时位移这个名词也应当理解为广义位移，就是说它可以是线位移也可以是角位移，通常以 Δ 代表，并在其右下角附以两个下标，如 Δ_{Ki} 的第一个下标 K 表示位移的方向及位置，第二个下标 i 表示引起位移的原因。

4.2 实功与位能

4.2.1 实功

实功是实际外加荷载或内力（包括轴力、剪力和弯矩）所做的功。所以实功可以分为外力功与内力功两种。

1. 外力功

外力功是作用在结构上的外力所做的功。

设有一荷载 P_i 作用在某一结构上［见图 4-3（a）］。P 值由零逐渐增加到 P_i，同时作用点 i 在荷载方向内的位移 Δ 也自零逐渐增加到 Δ_i。根据虎克定律，在弹性限度内 P 与 Δ 之间呈直线关系［见图 4-3（b）］，用式子表示则为

$$\Delta = \alpha P \tag{4-1}$$

上式中 α 为一系数，表示 Δ 与 P 的比值，即单位力所引起的位移，它与结构的材料、外形以及所求位移的性质等均有关系。Δ 为沿力作用线当荷载加大到 P 时相应的位移。下面讨论由于静力荷载 P_i 经过位移 Δ_i 所做的功。

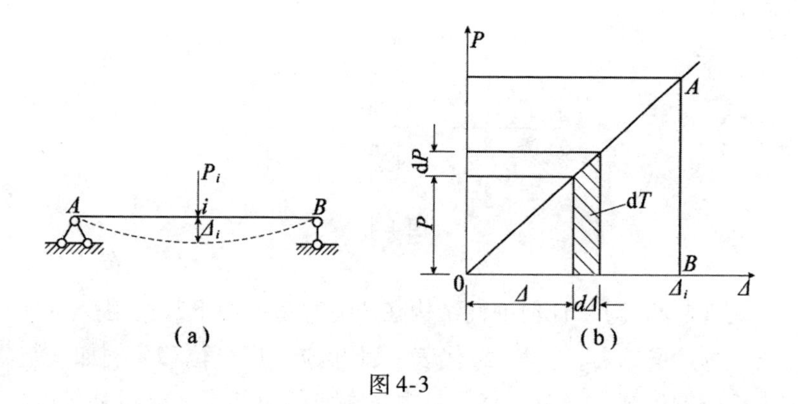

图 4-3

当荷载由 P 增加到 $p+\mathrm{d}p$，则相应的位移也由 Δ 增加到 $\Delta + \mathrm{d}\Delta$。在这短小的过程中荷载的平均值为 $P+\mathrm{d}P/2$，所完成的功为

$$\mathrm{d}T = \left(P + \frac{1}{2}\mathrm{d}P\right)\mathrm{d}\Delta = P\mathrm{d}\Delta + \frac{1}{2}\mathrm{d}P\mathrm{d}\Delta$$

去掉二次微量 $\mathrm{d}P\mathrm{d}\Delta/2$ 得

$$\mathrm{d}T = P\mathrm{d}\Delta$$

由式（4-1），$\mathrm{d}\Delta = \alpha\mathrm{d}P$，故

$$dT = \alpha p dP$$

P_i在增长的过程中所完成的总功为

$$T = \int_0^{P_i} \alpha P dP = \alpha \int_0^{P_i} P dP = \frac{\alpha P_i^2}{2}$$

由于 $\Delta_i = \alpha P_i$ 或 $\alpha = \Delta_i / P_i$，故

$$T = \frac{P_i \Delta_i}{2} \tag{4-2}$$

式（4-2）说明荷载 P_i所做的外力功等于图 4-3（b）所示直线 OA 之下的三角形 OAB 的面积。

应注意，在任何情况下式（4-2）中的位移 Δ_i 都必须是力的作用点沿该力方向的位移。例如，如图 4-4 所示，力 P_i作用线是和水平线成 β 角的方向时，则 P_i做功的位移 Δ_i 应当是 i 点实际位移 ii' 在力 P_i 方向的投影 ii''。

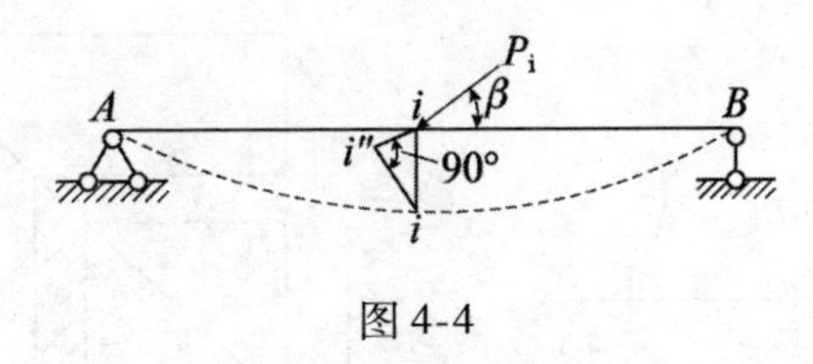

图 4-4

式（4-2）对于任何弹性结构在任何力系作用下都适用。外力 P_i 代表一种广义的力，位移 Δ_i 代表一种相应的广义位移。例如，与集中力相应的位移是一线位移，与力矩相应的位移是一角位移。因此，式（4-2）可以写成更普遍的形式

$$T = \frac{1}{2} \sum P_i \Delta_i \tag{4-3}$$

例如，如图 4-5 所示的情况，就可以利用式（4-3）求得这些外力所做的总功为

$$T = \frac{1}{2}(P_1\Delta_1 + P_2\Delta_2 + P_3\Delta_3 + P_4\Delta_4)$$

式中的 Δ 为结构在这些力共同作用下的最终位移值。

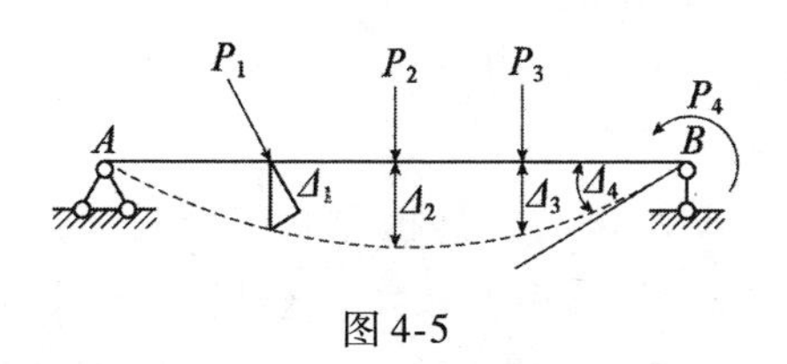

图4-5

式（4-2）表明：在弹性结构上作用静力荷载时，静力荷载所做的功，等于这个静力荷载的最终值与其相应位移最终值乘积的一半。

式（4-3）表明：作用于弹性结构上的各外力所做的总功，等于每个力的最终值乘其相应位移最终值之总和的一半。

另外，还可以得出一个结论，由于功只与外力和位移的最终值有关，故总功与外力施加的次序无关。

2. 内力功

弹性结构在外力作用下，产生内力的同时也产生变形，不但外力做功，同时内力也做了功，这种内力所做的功称为内力功。例如，如图4-6（a）所示的刚架，在外力作用下，一般讲在它的各部分上会产生轴力 N、弯矩 M 及剪力 Q 三种内力。在一般情况下 N、M、Q 做功是互不影响的，故可分别计算然后相加，就得到三种内力所做的总功。

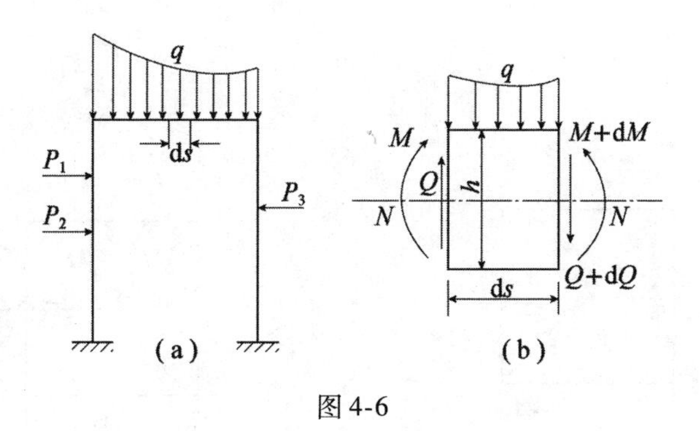

图4-6

现在我们从刚架上取出长度为 ds 的小段来研究。一般讲在 ds 小段上作用有 N、Q、M 及分布荷载［见图4-6（b）］q，因为 dQ、dM

及 qds 所做的功为高一阶的无穷小量，故可忽略不计。

下面分别研究在 ds 小段内三种内力所做的功。

（1）轴力 N 所做的功

从刚架上取出 ds 小段后，其相邻的部分对于它的作用之一就是轴向压力（或拉力），如图 4-7 所示。这种压力对于 ds 小段来说是一外力。此力使 ds 小段缩短的同时，在 ds 小段的内部两端截面上必定产生与外力大小相等方向相反的力（即抵抗 ds 小段缩短的内力或称弹性力）。由于内力作用的方向总是与外力所产生的位移方向相反，故内力功应带有一负号。由于外力 N 的作用，使 ds 小段缩短了 $\Delta_x = N\mathrm{d}s/EF$，则内力 N 在 ds 小段内所做的功为

$$\mathrm{d}V_N = -\frac{1}{2}N\Delta_x = -\frac{N^2\mathrm{d}s}{2EF} \tag{1}$$

式中：F——杆件的截面面积；

E——弹性模数；

EF——抗压（或抗拉）刚度。

（2）弯矩 M 所做的功

在图 4-8 中，由于外力 M 的作用，ds 小段的两端截面相对转动的角度为：$\Delta_\varphi = \dfrac{M\mathrm{d}s}{EI}$，则内力 M 在 ds 小段内所做的功为

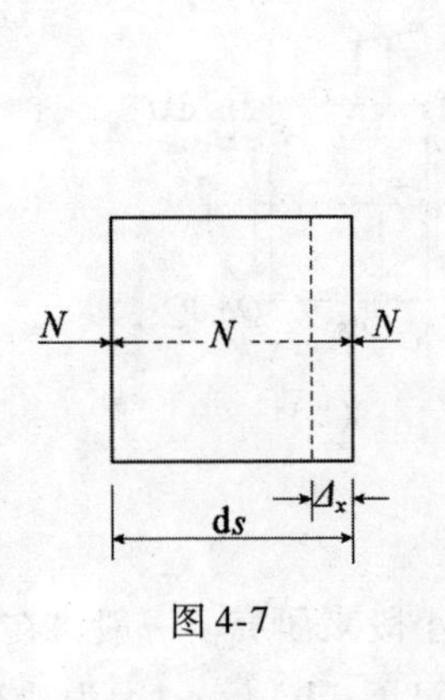

图 4-7

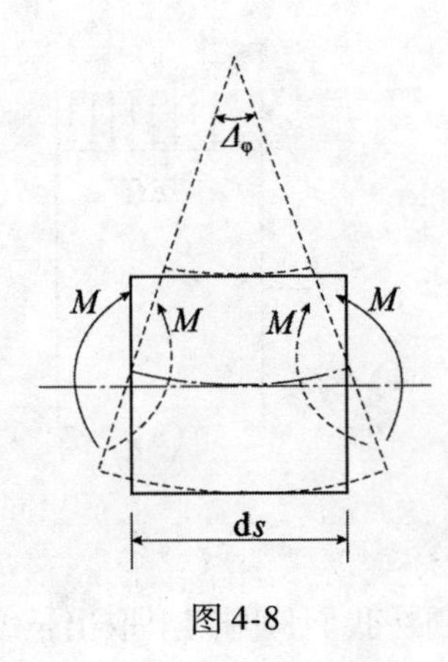

图 4-8

$$dV_M = -\frac{1}{2}M\Delta_{\varphi} = -\frac{M^2 ds}{2EI} \tag{2}$$

式中：I——杆件截面的惯性矩；

EI——抗弯刚度。

（3）剪力 Q 所做的功

1）如图 4-9 所示，设剪力均匀分布在截面上，即剪应力 $\tau = Q/F$。

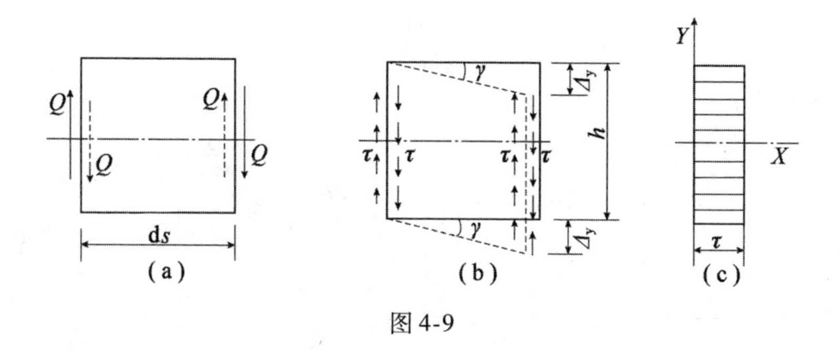

图 4-9

由于外力 Q 的作用，ds 小段的两端截面相对移动了 $\Delta_y = \gamma ds$，则内力 Q 在 ds 小段内所做的功为

$$dV_Q = -\frac{1}{2}Q\Delta_y = -\frac{1}{2}Q\gamma ds$$

已知，$\gamma = \frac{\tau}{G} = \frac{Q}{GF}$，代入上式则得

$$dV_Q = -\frac{Q^2 ds}{2GF} \tag{3}$$

式中：G——抗剪弹性模数；

GF——抗剪刚度。

2）实际上在一般的梁内剪力并非均匀分布在截面上，所以沿着截面高度 h 的剪切变形也不相同。故不能用总剪力 Q 来计算内力功，因此对上式必须加以修正，现在从 ds 小段内取出高度为 dy 的横条为脱离体来进行分析，如图 4-10 所示。

在横条上的剪力可以视为均匀分布。作用于此横条上的剪力为

$$dQ = \tau dF$$

$$dF = b dy; \quad \tau = QS/Ib$$

式中：S——小横条以上部分的截面积对于中性轴的静面矩。

在 y 方向的小横条的剪切变形为

$$\Delta_y = \gamma ds$$

$$\gamma = \frac{\tau}{G} = \frac{QS}{GIb}$$

因此

$$\Delta_y = \frac{QS}{GIb} ds$$

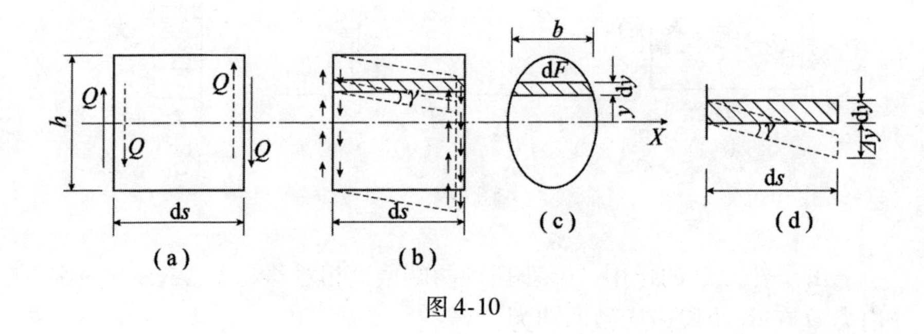

图 4-10

因为小横条截面上的剪力可以认为均匀分布，故其内力 dQ 所做的功为

$$-\frac{1}{2} dQ\Delta_y$$

在长度为 ds，高度为 h 的小段内剪力 Q 所做的功为

$$dV_Q = -\frac{1}{2}\int_F dQ\Delta_y = -\frac{Q^2}{2GF} ds \frac{F}{I^2}\int_F \frac{s^2}{b^2} dF = -h\frac{Q^2}{2GF} ds \qquad (4)$$

式中　$k = \frac{F}{I^2}\int_F \frac{s^2}{b^2} dF$，为一无名数，与荷载无关，只与截面形状有关。经计算求得：

圆形截面　$k = \frac{32}{27}$；矩形截面　$k = 1.20$；工字形截面 $k \approx 1$

由式（4）可见，k 就是式（3）的修正系数。

对于 ds 小段，N、M、Q 三种内力所做的总功为

$$dV = -\left(\frac{N^2 ds}{2EF} + \frac{M^2 ds}{2EI} + k\frac{Q^2 ds}{2GF}\right) \tag{5}$$

对于整个杆件上的内力功，应沿杆件全长进行积分。对于整个结构上的内力功，应把各杆件的内力功总和加起来。故对整个结构总的内力功为

$$V = -\left[\sum\int_0^s \frac{N^2 ds}{2EF} + \sum\int_0^s \frac{M^2 ds}{2EI} + \sum\int_0^s k\frac{Q^2 ds}{2GF}\right] \tag{4-4}$$

4.2.2　位能

对于弹性结构，当作用在结构上的荷载渐渐增加时，变形也就渐渐增加。结果是荷载的作用点沿荷载方向移动，荷载做了功（外力功 T)，此时结构产生变形，因而在结构内部积存着弹性变形能或简称弹能和位能，用 W 表示。设外力功没有任何消耗完全积存为弹能(实际上有很小一部分功因克服各种阻力而消耗了，但在工程中可以认为没有消耗)，即

$$T = W$$

如果将荷载渐渐去掉，则弹性结构将渐渐恢复原来的形状，这就说明外力所做的功全部积存为弹能。在渐渐去掉荷载，结构渐渐恢复原状的过程中，因结构变形的方向正好和内力的方向一致，故此时的内力功为正。此时的弹能就等于卸载时的内力功，也就等于加载时内力功的负值。即

$$W = -V = \sum\left[\int_0^s \frac{N^2 ds}{2EF} + \sum\int_0^s \frac{M^2 ds}{2EI} + \sum\int_0^s k\frac{Q^2 ds}{2GF}\right] \tag{4-5}$$

这样

$$T = -V = W \tag{4-6}$$

因此可得结论：外力功和内力功数值相等，但正负号相反。

把求得的弹能公式分析一下可得以下的结论：

（1）弹能的数值总是正的，因为弹能 W 是内力 N、M、Q 的二次函数，并且弹能与外力功等值同号，与内力功（加载时）等值

反号；

（2）弹能既是内力的二次函数，当然也是位移的二次函数，因为位移是与内力成正比的；

（3）几个力共同产生的弹能，不等于各个力分别产生的弹能之和，就是说计算弹能时不能应用叠加原理。

（4）弹能的总值与荷载施加的次序无关，它的数值只决定于弹性结构的最后内力及变形。

4.3 虚　　功

现在介绍外力和内力所做虚功的概念。注意，今后凡是谈到力和位移都应理解为广义力和广义位移。另外在代表外力功和内力功的符号 T 和 V 的右下角都附有两个下标，如 T_{Ki}、V_{Ki}，第一个下标表明做功的力，第二个下标表明产生位移的原因。

4.3.1 外力虚功

对于如图4-11 所示的弹性结构（对任何弹性结构均可），首先把力 P_K 作用到结构上，力 P_K 增加到它的最终值时，使结构变形到第一个位置（Ⅰ）。这时在力 P_K 方向内的位移为 Δ_{KK}，力 P_K 在位移 Δ_{KK} 上所做的功为

$$T=\frac{1}{2}P_K\Delta_{KK}$$

等到力 P_K 增加到最终值后再开始把力 P_i 作用到结构上，并且力 P_K 仍停留在结构上，但是在力 P_i 增加的期间力 P_K 的大小及方向始终不变。力 P_i 增加到它的最终值时，就使结构由第一个位置（Ⅰ）变形到第二个位置（Ⅱ）。这时在力 P_K 的方向内产生了新的位移 Δ_{Ki}。因为在结构由第一个位置变到第二个位置的过程中，力 P_K 保持为常量，故力 P_K 在位移 Δ_{Ki} 上所做的功为

$$T_{Ki}=P_K\Delta_{Ki}$$

这种功称为虚功，应注意在虚功的式子里没有系数$\frac{1}{2}$。

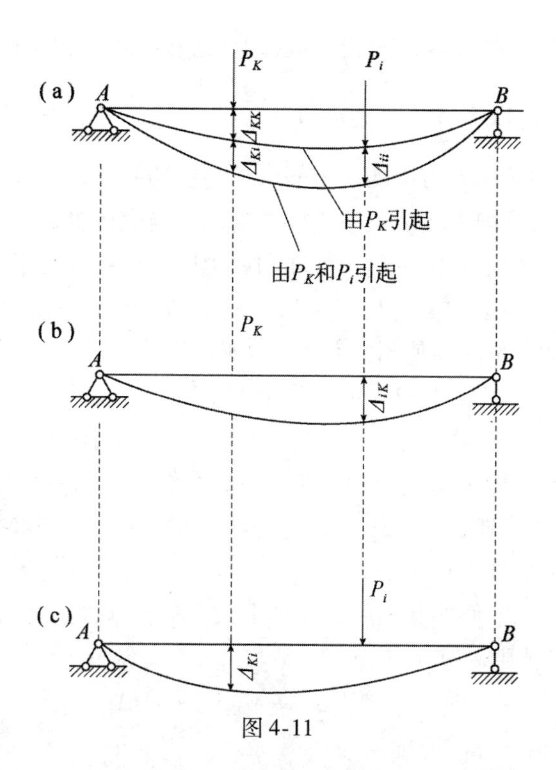

图 4-11

当力 P_K 和 P_i 共同作用在结构上时，力 P_K 所做的总功为

$$T_{KK} + T_{Ki} = \frac{1}{2}P_K\Delta_{KK} + P_K\Delta_{Ki}$$

其中 $T_{Ki} = P_K\Delta_{Ki}$ 是 P_K 所做总功的一部分，但是位移 Δ_{Ki} 的产生是与力 P_K 无关的，而是由于力 P_K 以外的其他原因所引起的。所谓其他原因可能是一个力、力系、力矩、分布荷载、温度变化、基础位移，等等。

如果力 P_K 和 P_i 并不共同作用在结构上，而是成为两个状态［见图 4-11（b）、（c）］，换句话说，也就是当力 P_K 作用在结构上时力 P_i 并不作用在结构上，或是力 P_i 作用在结构上时力 P_K 并不作用在结构上。那么，力 P_K 与位移 Δ_{Ki} 的乘积 $T_{Ki} = P_K\Delta_{Ki}$，或力 P_i 与位移 Δ_{iK} 的乘积 $T_{iK} = P_i\Delta_{iK}$ 也是虚功。

因此我们可以这样说，K 状态的力在 i 状态的相应位移上所做的

功或 i 状态的力在 K 状态的相应位移上所做的功称为虚功。

4.3.2 内力虚功

以上所讲的是外力虚功。如同求外力虚功一样，可以求得内力所做的虚功。所谓内力虚功，系指做功的内力与变形也是由不同原因所产生的，在变形增长的过程中做功的内力同样始终保持常量。

现在假定在结构上［见图4-12（a)］首先作用一组外力 P_K，在 P_K 力增加到它的最终值时，便在结构的任一小段 ds 中产生了内力 N_K、M_K、Q_K［见图4-12（d）所画出的 N_K、M_K、Q_K 对于结构来说是内力，对于单元体 ds 应当作外力］。然后又在结构上加上另外一组外力 P_i，在力 P_i 增加到它的最终值时，在结构的同一小段 ds 上便产生了三种变形，即 Δ_{xi}、$\Delta_{\varphi i}$、Δ_{yi}［见图4-12（e)］。在这些变形的形成期间，由力 P_K 所产生的内力 N_K、M_K、Q_K 始终保持不变，那么内力 N_K、M_K、Q_K 便在其相应的变形上做了功，这种功称为内力虚功。在 ds 小段的范围内这个功为

$$\mathrm{d}V_{Ki}=-\left[N_K\Delta_{xi}+M_K\Delta_{\varphi i}+Q_K\Delta_{yi}\right]$$

对于一根杆件内力虚功为

$$V_{Ki}=-\left[\int_0^S N_K\Delta_{xi}+\int_0^S M_K\Delta_{\varphi i}+\int_0^S Q_K\Delta_{yi}\right] \tag{4-7}$$

对于由许多杆件组成的整个结构内力虚功为

$$V_{Ki}=-\left[\sum\int_0^S N_K\Delta_{xi}+\sum\int_0^S M_K\Delta_{\varphi i}+\sum\int_0^S Q_K\Delta_{yi}\right] \tag{4-8}$$

式中，变形 Δ_{xi}、$\Delta_{\varphi i}$、Δ_{yi} 的产生原因是多种多样的。现在这些变形是由外力 P_i 所产生的，它们的数值可以用下列式子算出

$$\Delta_{xi}=\frac{N_i\mathrm{d}s}{EF}$$

$$\Delta_{\varphi i}=\frac{M_i\mathrm{d}s}{EI}$$

$$\Delta_{yi}=k\frac{Q_i\mathrm{d}s}{GF}$$

把这些数值代入式（4-8）得

$$V_{Ki}=-\left[\sum\int_0^s N_K\frac{N_i\mathrm{d}s}{EF}+\sum\int_0^s M_K\frac{M_i\mathrm{d}s}{EI}+\sum\int_0^s kQ_K\frac{Q_i\mathrm{d}s}{GF}\right] \tag{4-9}$$

式（4-7）～式（4-9）都是计算内力虚功的公式，这是两组外力先后作用到结构上的结果。如果两组外力 P_K 和 P_i 并不共同作用在结构上，而是成为两个状态［见图 4-12（b）、（c）］，那么式（4-7）～式(4-9)仍是计算内力虚功的公式。这个道理与外力虚功一样。因此我们可以这样说，内力虚功就是 K 状态的内力在 i 状态的相应变形上所做的功。

应注意，在内力虚功的式子里也没有系数 1/2，而且内力虚功的

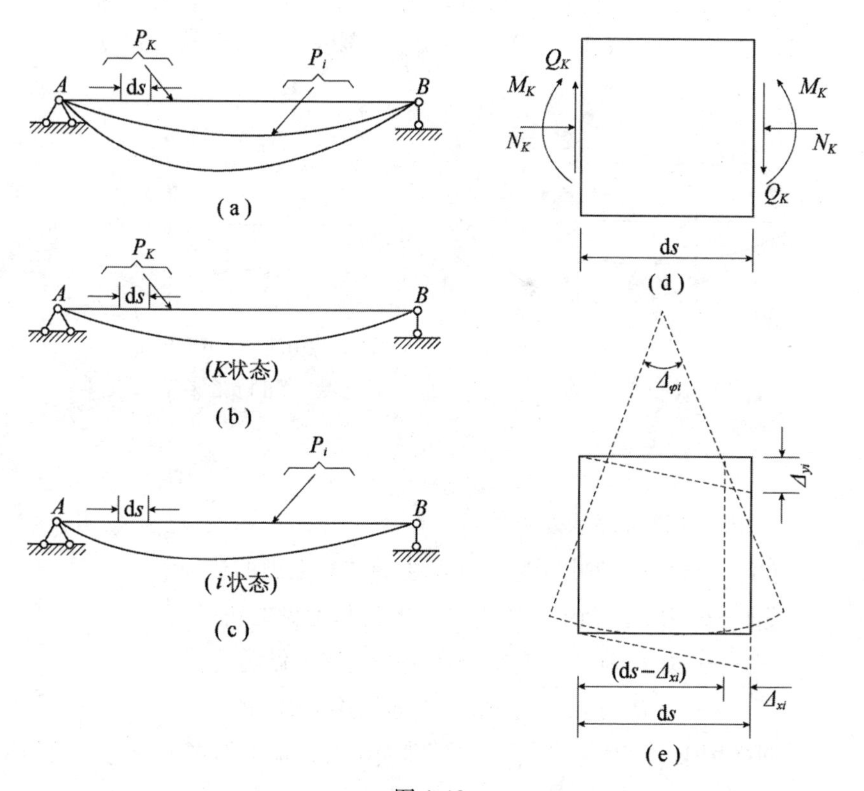

图 4-12

公式前面带有负号但计算结果可能是正的也可能是负的，视方括号内的正负而定。

4.4 功的互等定理及位移的一般公式

4.4.1 功的互等定理

现在考虑用两种不同的次序把广义力 P_K 和 P_i 加到一个弹性结构上的情形，如图 4-13 所示。

在第一种情形［见图 4-13（a)］中，首先把第一组力 P_K 加到结构上，等到 P_K 达到它的最终值以后，再开始把第二组力 P_i 加上去。第二种情形［见图 4-13（b)］加力的顺序恰与第一种情形相反。

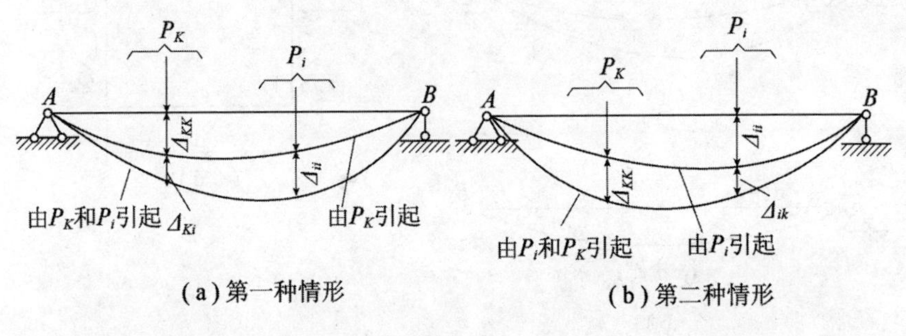

图 4-13

采用下列符号表示外力功：

T_{KK}——力 P_K 在由于它本身产生的位移上做的功；

T_{Ki}——力 P_K 在由于力 P_i 产生的位移上做的功；

T_{ii}——力 P_i 在由于它本身产生的位移上做的功；

T_{iK}——力 P_i 在由于力 P_K 产生的位移上做的功。

同样用 V_{KK}、V_{Ki}、V_{ii}、V_{iK} 分别表示各相应的情形下内力所做的功，于是在第一种情形中，结构上的外力 P_K 和 P_i 所做的总功为

$$T_1 = T_{KK} + T_{Ki} + T_{ii}$$

内力所做的总功为

$$V_1 = V_{KK} + V_{Ki} + V_{ii}$$

根据公式（4-6）得

$$T_1 = -V_1 = W_1$$

式中的 W_1 表示第一种情形的弹能。

同样在第二种情形中，结构的外力和内力所做的总功分别为

$$T_2 = T_{ii} + T_{iK} + T_{KK}$$

$$V_2 = V_{ii} + V_{iK} + V_{KK}$$

同样根据式（4-6）得

$$T_2 = -V_2 = W_2$$

因为在第一种和第二种加荷载的情形下，结构的最初情形和最终情形是完全相同的，故

$$W_1 = W_2$$

于是得

$$T_1 = -V_1 = T_2 = -V_2$$

根据 $T_1 = T_2$ 的关系，得

$$T_{KK} + T_{Ki} + T_{ii} = T_{ii} + T_{iK} + T_{KK}$$

于是求得

$$T_{Ki} = T_{iK} \tag{4-10}$$

式（4-10）即功的互等定理，参照图 4-14 可叙述如下：K 状态的外力 P_K 在 i 状态的相应位移 Δ_{Ki} 上所做的外力虚功，等于 i 状态的外力 P_i 在 K 状态的相应位移 Δ_{iK} 上所做的外力虚功。功的互等定理又称为贝墒（E. Betti）定理，它是线性变形体系的一个重要的互等定理，其应用是很广泛的。

根据 $T_1 = -V_1$ 的关系，得

$$T_{KK} + T_{Ki} + T_{ii} = -V_{KK} - V_{Ki} - V_{ii}$$

因为

$$T_{KK} = -V_{KK},\quad T_{ii} = -V_{ii}$$

故

$$T_{Ki} = -V_{Ki} \tag{4-11a}$$

式（4-11a）表明：K 状态的外力 P_K 在 i 状态的相应位移上所做的外力虚功，等于 K 状态的外力 P_K 产生的内力在 i 状态的相应变形

上所做的内力虚功，但正负号相反。这个互等关系很重要，下面要根据它导出计算位移的一般公式。

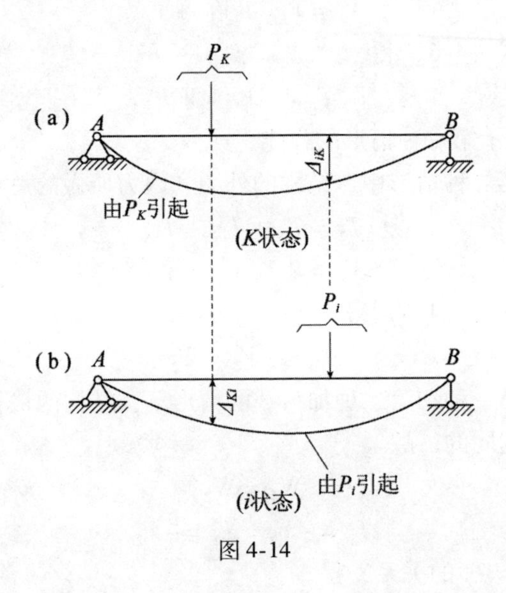

图 4-14

式（4-11 a）所表明的互等关系即虚功原理，亦可改写为

$$T_{Ki} + V_{Ki} = 0 \tag{4-11b}$$

式（4-11b）可表述为：在外力作用下处于平衡状态的结构，当发生任意虚位移时，外力虚功（ T_{Ki} ）与内力虚功（ V_{Ki} ）总和为零。

4.4.2　位移的一般公式

现在研究一个功的互等定理［式（4-11a）］的特殊情形，从而导出求位移的一般公式。

假定一个结构（任何结构）的两个状态如图 4-15 所示，i 状态作用一组广义力（或其他因素），K 状态只作用一个单位力 $P_K = 1$（力或力矩）。根据功的互等定理；$T_{Ki} = - V_{Ki}$［式（4-11a)］，可以组成下式

$$P_K\Delta_{Ki} = \sum\int_0^S \overline{N}_K\Delta_{xi} + \sum\int_0^S \overline{M}_K\Delta_{\varphi i} + \sum\int_0^S \overline{Q}_K\Delta_{yi}$$

因为 $P_K = 1$，故

$$\Delta_{Ki} = \sum \int_0^S \overline{N}_K x_{xi} + \sum \int_0^S \overline{M}_K \Delta_{\varphi i} + \sum \int_0^S \overline{Q}_K \Delta_{yi} \qquad (4\text{-}12)$$

式（4-12）便是求位移的一般公式，可以用来确定任何弹性杆系结构，由于任何原因所产生的任何点，沿任何方向的线位移或角位移。式中的 $\overline{N}_K$、$\overline{M}_K$、$\overline{Q}_K$ 表示由于单位力 $P_K = 1$ 作用所产生的内力。

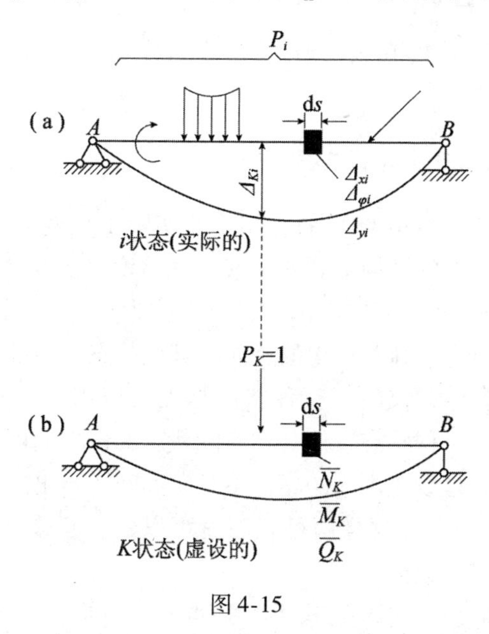

图 4-15

4.5　荷载作用产生的位移

4.5.1　位移公式

在荷载作用下

$$\Delta_{xi} = \frac{N_i \mathrm{d}s}{EF}$$

$$\Delta_{\varphi i}=\frac{M_i\mathrm{d}s}{EI}$$

$$\Delta_{\gamma i}=k\frac{Q_i\mathrm{d}s}{GF}$$

故得

$$\Delta_{Ki}=\sum\int_0^S\overline{N}_K N_i\frac{\mathrm{d}s}{EF}+\sum\int_0^S\overline{M}_K M_i\frac{\mathrm{d}s}{EI}+\sum\int_0^S k\overline{Q}_K Q_i\frac{\mathrm{d}s}{GF}\qquad(4\text{-}13)$$

式（4-13）就是结构在荷载作用下计算位移的公式，又称为莫尔（O. Mohr）公式。

4.5.2 用积分法计算位移

现在来说明式（4-13）的应用。在实际工程问题中，要求的是在给定荷载作用下的结构某处的位移。就是说，已知一种状态（i 状态），这种状态是实际问题给出的，所以称为实际状态。所要求的位移是实际状态给定的荷载产生的，而与其他状态的力没有关系。但为计算所需的位移值，仅仅这一种状态是无法应用式（4-13）的。因此必须再给出另一种状态，使其在实际状态的位移上可以产生外力虚功，这种状态只是设想出来的，而不是实际问题给出的，所以称为虚设状态（K 状态）。由这样两种状态就可以建立起式（4-13），从而计算出所求位移的数值。

利用式（4-13）计算结构上某一点某一方向由已知荷载产生的位移，可以按下列步骤进行：

（1）把给定的结构在实际荷载作用下的情形作为实际状态（i 状态）；

（2）根据所求位移的地点及性质给出相应的虚设状态（K 状态）；

（3）应用同一坐标原点和变数分别列出两种状态下，结构中每一根杆件各段的内力 N_i、$\overline{N}_K$、M_i、$\overline{M}_K$ 和 Q_i、$\overline{Q}_K$ 的式子；

（4）将各内力的式子代入式（4-13），在结构的每一根杆件上逐段积分，然后求其总和，就得到所求的位移值。最后得到的总值若为正值说明所求位移与所假设的单位力的指向一致，若为负值则说明所求位移与所假设的单位力的指向相反。

在实际的应用当中，计算结构位移时，并不是都要取公式(4-13)的右边的全部三项，而只需取其中的一项或两项。

对于求梁、刚架等结构的位移时，经过计算比较证明，一般只计算由弯矩所产生的位移，其结果已够精确，故计算位移的公式为

$$\Delta_{Ki} = \sum \int_0^s \overline{M}_K M_i \frac{ds}{EI} \tag{4-14}$$

对于桁架，因每根杆件只产生轴力，故位移公式为

$$\Delta_{Ki} = \sum \int_0^s \overline{N}_K N_i \frac{ds}{EF}$$

因对于桁架，在一定的荷载作用下，每一根杆件的内力是一常数，同时对于每一根杆件来说 EF 也是常数，故求桁架位移的公式可以写成

$$\Delta_{Ki} = \sum \frac{\overline{N}_K N_i}{EF} \int_0^l ds = \sum \frac{\overline{N}_K N_i l}{EF} \tag{4-15}$$

式中：l——杆件的长度。

最后应当指出，式（4-13）~式（4-15）对于静定或超静定结构都是适用的。本章例子中我们只讨论静定结构的位移计算。

现在我们来讨论一下虚设状态（K 状态）的建立；加于结构上的单位力应该是与所求位移的性质相应的。例如：

欲求结构上某两点 a、b 之间的相对线位移 [见图 4-16（a）、(d)]，就在该两点的联线内加上两个方向相反的单位力。

欲求梁或刚架内某一截面的绝对角位移 [见图 4-16（b）]，就在该截面处加上一个单位力矩。但求桁架中某一杆件的绝对角位移时，应以单位力偶代替单位力矩。构成单位力偶的每一个集中力为 $1/l$，作用于该杆件的两端 [见图 4-16（e）]，其中 l 为该杆件的长度。

欲求梁或刚架内某两个截面间的相对角位移时，就在该两截面处加上两个方向相反的单位力矩 [见图 4-16（c）]。但求桁架中某两个

杆件的相对角位移时，应以两个方向相反的单位力偶来代替单位力矩［见图 4-16（f）］。

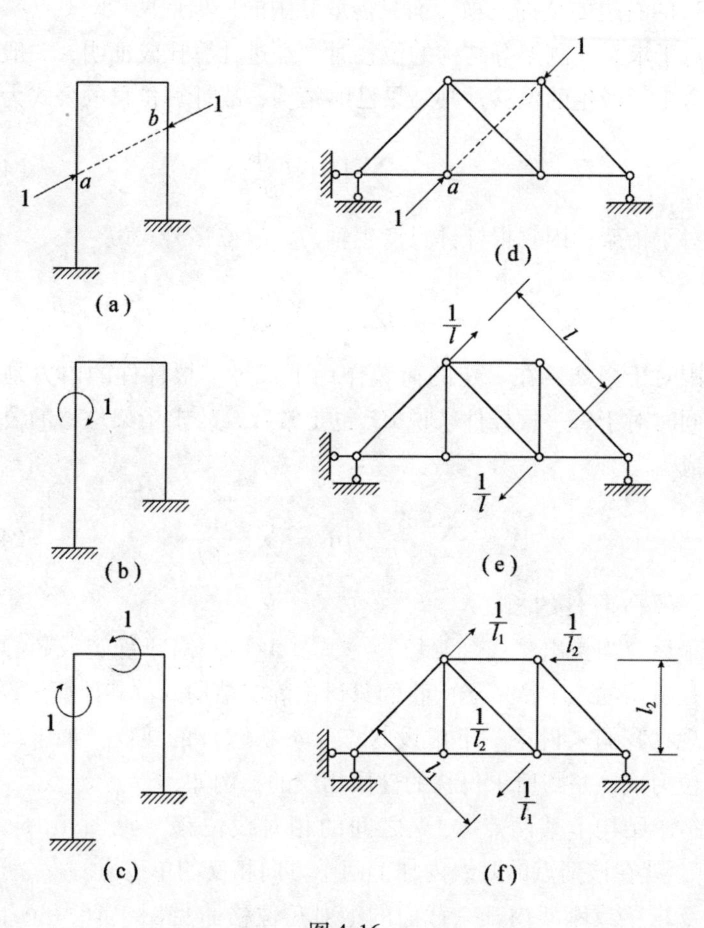

图 4-16

【例 4-1】 求如图 4-17（a）所示刚架上 C 点的水平线位移。

【解】 因为所要求的位移是 C 点的水平线位移，故需在该刚架的 C 点加上一个水平方向的单位力，$P_K = 1$，作为虚设状态［见图 4-17（c）］。为简便起见称荷载作用的实际状态为 i 状态，由单位力作用的虚设状态为 K 状态。对于刚架在求位移时可用式（4-14）

$$\Delta_{Ki} = \sum \int_0^S \overline{M}_K M_i \frac{ds}{EI}$$

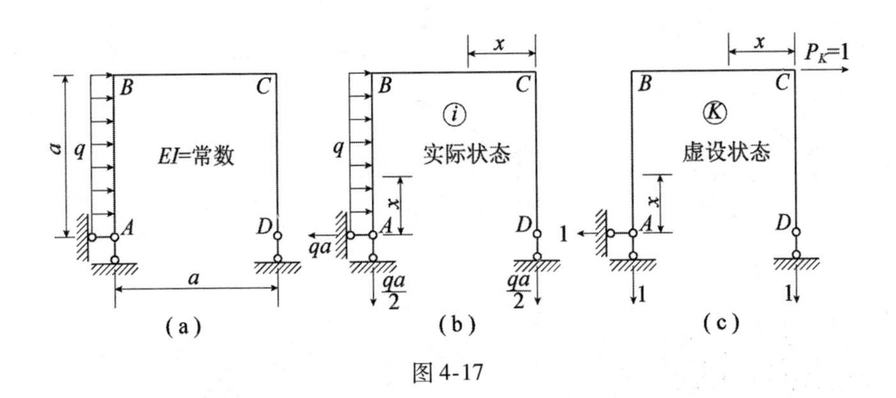

图 4-17

故只需分别列出两个状态下的各段的弯矩式子。

AB 段：$\overline{M}_K = x$　　　$M_i = qax - \dfrac{qx^2}{2}$

CB 段：$\overline{M}_K = x$　　　$M_i = \dfrac{1}{2}qax$

DC 段：$\overline{M}_K = 0$　　　$M_i = 0$

把上列式子代入式（4-14），则得

$$\Delta_{Ki} = \frac{1}{EI}\left[\int_0^a \left(qax - \frac{qx^2}{2}\right) x\mathrm{d}x + \int_0^a \frac{qa}{2}x^2\mathrm{d}x\right] = \frac{3qa^4}{8EI}(\rightarrow)$$

Δ_{Ki} 值是正的，说明 C 点实际的水平线位移的方向与所假设的单位力指向一致，即向右。

【例 4-2】　求如图 4-18（a）所示曲梁上 B 截面的角位移。

【解】　两个状态如图 4-18（a）、（b）所示。设计算位移时允许忽略 N 和 Q 的影响，则位移公式为

$$\Delta_{Ki} = \sum \int_0^S \overline{M}_K M_i \frac{ds}{EI}$$

首先列出两个状态各段 $\overline{M}_K$ 及 M_i 的式子

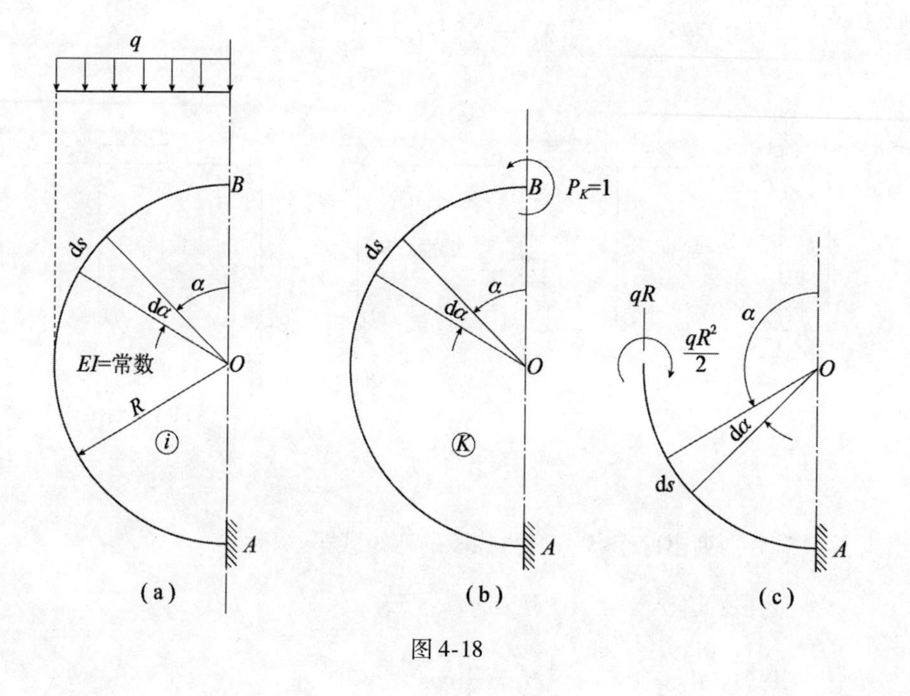

图 4-18

$$a \leqslant \frac{\pi}{2}: \quad \overline{M}_K = +1, \; M_i = -\frac{1}{2}qR^2 \sin^2\alpha$$

$$\alpha \geqslant \frac{\pi}{2}: \overline{M}_K = +1, \; M_i = -\frac{1}{2}qR^2 + qR^2(1-\sin\alpha) = qR^2\left(\frac{1}{2} - \sin\alpha\right)$$

将上列式子代入位移公式中积分，并注意 $ds = Rd\alpha$，则得

$$\Delta_{Ki} = \frac{1}{EI}\left[\int_0^{\pi/2}\left(-\frac{1}{2}qR^2\sin^2\alpha\right)(+1)\,R\mathrm{d}\alpha + \int_{\pi/2}^{\pi} qR^2\left(\frac{1}{2} - \sin\alpha\right)R\mathrm{d}\alpha\right]$$

$$= \frac{qR^3}{EI}\left(\frac{\pi}{8} - 1\right)$$

如果采用 $\pi = 3.14$，则得

$$\Delta_{Ki} = -\frac{0.6075qR^3}{EI}$$

所得结果为负值就说明 B 截面实际角位移的方向与所假设的单位力矩 $P_K = 1$ 作用的方向相反。

【例 4-3】 求如图 4-19（a）所示桁架 D 点的竖向线位移。桁架各杆件的长度及截面面积均列于表 4-1 中。$E = 2.1 \times 10^7\ \mathrm{N/cm^2}$

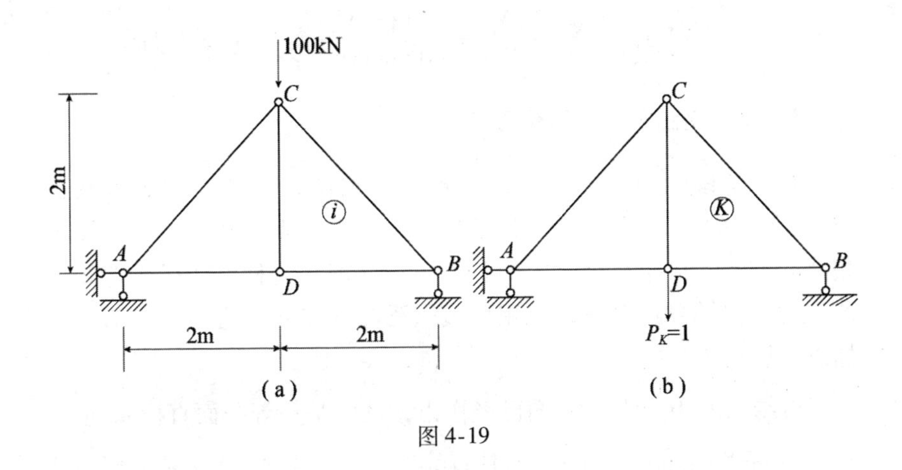

图 4-19

表 4-1　　杆件的长度及截面积

杆件	杆长 l/(cm)	截面面积 F/(cm²)	$\overline{N}_K$		N_i/(kN)		$\frac{\overline{N}_K N_i}{F} l$	
			+	−	+	−	+	−
AC	283	20		0.707		70710	707390	
BC	283	20		0.707		70710	707390	
AD	200	10	0.500		50000		500000	
BD	200	10	0.500		50000		500000	
CD	200	10	1.000		0		0	

【解】 利用式（4-15），$\Delta_{Ki} = \sum \frac{\overline{N}_K N_i l}{EF}$ 计算桁架的位移。因为各个杆件的弹性模数 E 都相同，故可以把 E 提出来，即

$$\Delta_{Ki} = \frac{1}{E} \sum \frac{\overline{N}_K N_i l}{F}$$

计算时采用表格的方式比较方便

$$\sum = \frac{\overline{N}_K N_i l}{F} = 2414780$$

故
$$\Delta_{Ki} = \sum \frac{\overline{N}_K N_i l}{E} = \frac{2414780}{21000000} = 0.11\text{cm} = 1.1\text{mm}\ 。$$

4.5.3 用图乘法计算位移

对于结构中的等截面直杆来说，为求位移而建立的虚设状态（K 状态）的内力图多系直线所组成。对于这些杆件，可以用图形相乘的方法完成位移公式中的各项积分计算。这种方法用于弯矩所产生的位移计算最合适，应用也最广泛。现在就以弯矩项作为例子加以说明。

设结构的 $\overline{M}_K$ 图与 M_i 图已经作出，其中某一等截面直杆 ab 段设 M_i 图有任意的外形，而 $\overline{M}_K$ 图是直线图形，如图 4-20 所示，则对于该段来说位移公式（4-14）中的积分式

$$A = \int_a^b \overline{M}_K M_i \mathrm{d}x$$

就可以用图乘法求出。下面介绍图乘法的实质。

把 $\overline{M}_K$ 图的直线延长与基线相交于 O 点，并以 O 为原点，于是距原点 O 为 x 处的截面的弯矩 $\overline{M}_K = x\tan\alpha$。由此，积分式 A 可以写成

$$A = \int_a^b \overline{M}_K M_i \mathrm{d}x = \int_a^b x\tan\alpha M_i \mathrm{d}x = \tan\alpha \int_a^b x M_i \mathrm{d}x$$

正如图 4-20 所示，上式中的 $M_i\mathrm{d}x = \mathrm{d}\omega_i$ 是 M_i 图中的微分面积，而乘积 $xM_i\mathrm{d}x = x\mathrm{d}\omega_i$ 是微分面积 $\mathrm{d}\omega_i$ 对于通过 O 点纵轴的静面矩。因而 $\int_a^b xM_i\mathrm{d}x$ 就是 M_i 图的整个面积 ω_i 对于此纵轴的静面矩。用 x_0 表示 M_i 图形心 c 的横坐标，则得

$$\int_a^b x M_i \mathrm{d}x = \omega_1 x_0$$

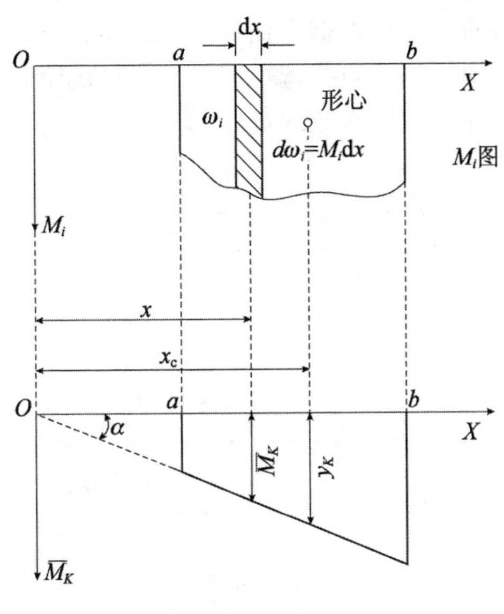

图 4-20

经过以上变换后，积分式 A 可以改写成

$$A=\int_a^b \overline{M}_K M_i \mathrm{d}x = x_c \tan\alpha \omega_i$$

我们知道，式 $x_c \tan\alpha = y_K$ 就是 $\overline{M}_K$ 图中和 M_i 图的形心 C 点对应的纵坐标 y_K。将 y_K 代替积分式 A 中的 $x_c \tan\alpha$ 便得到最后的结果

$$A=\int_a^b \overline{M}_K M_i \mathrm{d}x = \omega_i y_K \tag{4-16}$$

这就是说，积分式 A 的数值，等于 M_i 图的面积 ω_i 与其形心对应的 $\overline{M}_K$ 图的纵坐标 y_K 的乘积。当 $\overline{M}_K$ 为常数时，更易证明式（4-16）的正确性。

应注意，式（4-16）中的纵坐标 y_K 在任何情况下，都必须取自直线图形的弯矩图。故当两个图形均为曲线形时，图乘法是不适用的。如果两个图形均为直线图形时，则纵坐标 y 可以取自任何一个弯矩图，在这种情形下（见图 4-21）

$$\omega_i y_K = \omega_K y_i$$

积分式 A 值的正负号根据下面的规则决定：弯矩图按以前的规定画在受拉纤维的一侧，如果弯矩图与其相应的纵标在杆轴的同一侧，则乘积 $\omega_i y_K$ 取正号，否则取负号。

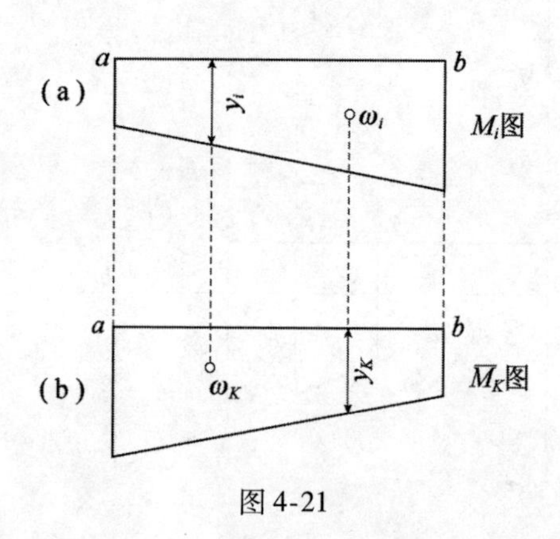

图 4-21

现在来讨论在图乘法中一些计算上的技术问题。为了求得乘积 $\omega_i y_K$，首先必须定出面积 ω_i 的形心位置。对于某些图形我们可以采取适当的措施，以避免求形心位置的麻烦。

如图 4-22 所示，若弯矩 M_i 图为梯形，可以把它分为两个三角形或一个三角形及一个矩形，然后分别图乘再求其总和

$$\sum \omega_i y_K = \frac{al}{2} y_1 + \frac{bl}{2} y_2$$

$$y_1 = \frac{2}{3}c + \frac{1}{3}d$$

式中

$$y_2 = \frac{1}{3}c + \frac{2}{3}d$$

表 4-2 中给出几种常见图形的面积及其形心位置，可供图乘时使用。

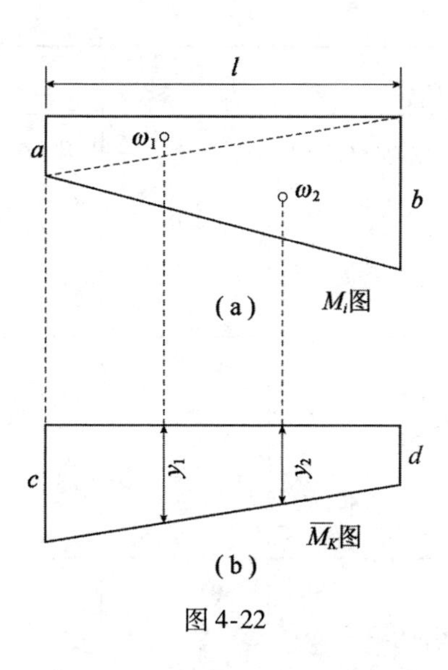

图 4-22

表 4-2　　常见图形的面积及其形心位置

图　形	面　积	重心位置
	$\frac{1}{2}lh$	$x_c = \frac{1}{3}l$
	$\frac{1}{2}lh$	$x_c = \frac{1}{3}(l + a)$

续表

图　　形	面　　积	重心位置
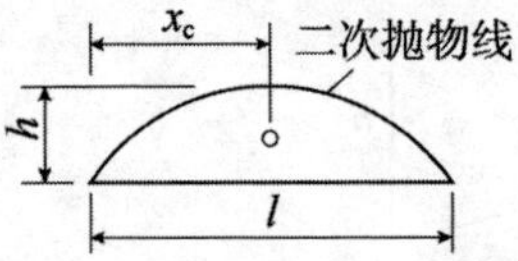 二次抛物线 x_c h l	$\frac{2}{3}lh$	$x_c = \frac{1}{2}l$
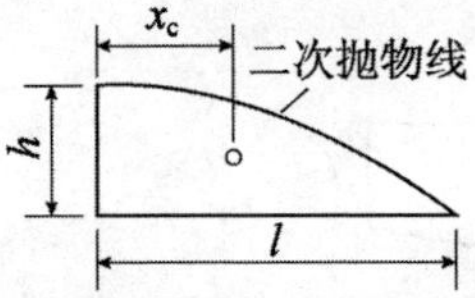 二次抛物线 x_c h l	$\frac{2}{3}lh$	$x_c = \frac{3}{8}l$
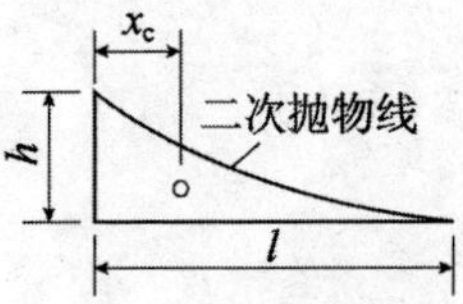 二次抛物线 x_c h l	$\frac{1}{3}lh$	$x_c = \frac{1}{4}l$
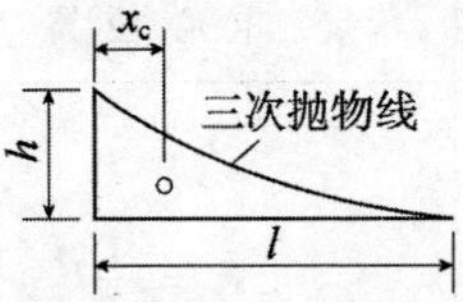 三次抛物线 x_c h l	$\frac{1}{4}lh$	$x_c = \frac{1}{5}l$
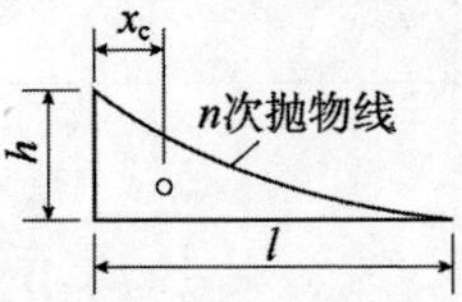 n次抛物线 x_c h l	$\frac{1}{n+1}lh$	$x_0 = \frac{1}{n+2}l$

表4-3 中给出各种 M_i 图与 $\overline{M}_K$ 图积分

$$\int_0^1 \overline{M}_K M_i \mathrm{d}x$$

的数值，应用表4-3 可以提高计算的速度。

表 4-3　　各种 M_i 图与 $\overline{M}_K$ 图的积分

$\overline{M}_K$ 图 / M_i 图	h_5; c, d; l	h_2, h_3; l
h_1, h_1; l	$\frac{1}{2}(h_2+h_3)h_1 l$	$\frac{1}{2}h_4 h_1 l$
h_5; l	$\frac{1}{6}(2h_2+h_3)h_5 l$	$\frac{1}{6}h_4 h_5(a+2b)$
h_5; l	$\frac{1}{6}(2h_3+h_2)h_5 l$	$\frac{1}{6}h_4 h_5(b+2a)$
h_5, h_6; l	$\frac{1}{6}(2h_2h_5+2h_3h_6+h_2h_6+h_3h_5)l$	$\frac{1}{6}(h_5a+h_6b+2h_5b+2h_6a)h_4$
h_4; a, b; l	$\frac{1}{6}(h_2c+h_3d+2h_2d+2h_3c)h_5$	$\frac{1}{6}h_4h_5l\left[2-\frac{(c-a)^2}{bc}\right]$
二次抛物线; h_5; $l/2$, $l/2$; l	$\frac{1}{3}h_5(h_2+h_3)l$	$\frac{1}{3}h_4h_5\left(l+\frac{ab}{l}\right)$
二次抛物线; h_5; l	$\frac{1}{4}h_5\left(h_2+\frac{h_3}{3}\right)l$	$\frac{1}{12}h_4h_5\left(l+b+\frac{b^2}{l}\right)$

续表

$\overline{M}_K$ 图 / M_i 图	h_5, c, d, l	h_2, h_3, l
二次抛物线 h_5 l	$\frac{1}{4}h_5\left(h_2+\frac{h_2}{3}\right)l$	$\frac{1}{12}h_4h_5\left(l+a+\frac{a^2}{l}\right)$

如果 $\overline{M}_K$ 图与 M_i 图均为直线图形，并且均有正负两部分，如图4-23所示，则仍可按前述方法处理。在这种情况下，我们把 M_i 图看做是各在一边的两个△ABC 和△ABD 的叠加，在求 $\sum\omega_i y_K$ 时，要注意图形和纵坐标的正负号

$$\sum\omega_i y_K=-\frac{al}{2}y_1-\frac{bl}{2}y_2$$

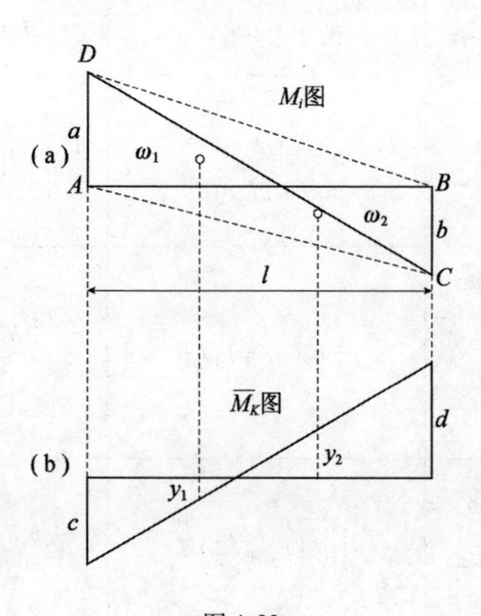

图 4-23

式中
$$y_1 = \frac{2}{3}c - \frac{1}{3}d$$
$$y_2 = -\frac{1}{3}c + \frac{2}{3}d$$

如果 M_i 图为曲线形，而 $\overline{M}_K$ 图为折线形［见图 4-24（a）］，则可按折线的顶点位置，把折线图形分割为几个面积，然后分别进行图乘再求总和

$$\sum \omega_i y_K = \omega_1 y_1 + \omega_2 y_2 + \omega_3 y_3$$

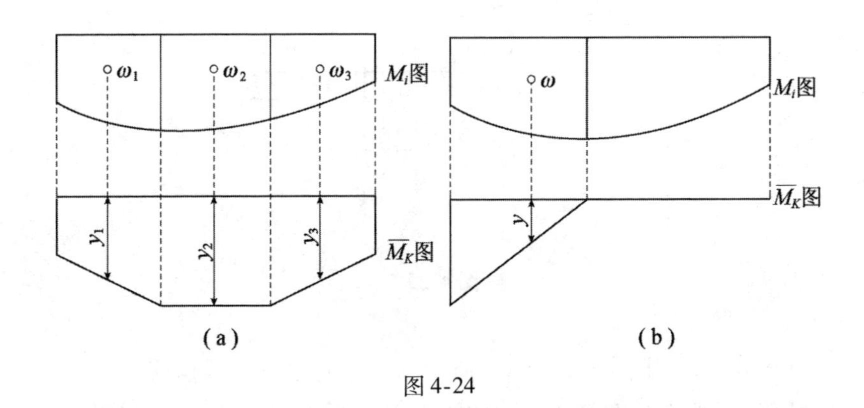

图 4-24

在图 4-24（b）中，$\overline{M}_K$ 图为折线图形的一个特殊情形，可以把折线图形的面积分为两个部分，而仅需求左部分的乘积 $\left(\sum \omega_i y_K = \omega y\right)$。

【例 4-4】 求图 4-25（a）所示刚架 A 点的竖向线位移。

【解】 两个状态的弯矩图如图 4-25（b）、（c）所示。利用图乘法求得

$$\Delta_{Ki} = \frac{1}{EI}\left[\frac{1}{2}\left(l \times \frac{M}{2}\right)\frac{2}{3} \times \frac{l}{2} + \left(\frac{M}{2} \times \frac{l}{2} \times \frac{l}{2}\right) +\right.$$

$$\left(\frac{1}{2}lM\times\frac{1}{3}\times\frac{l}{2}\right)+\left(\frac{1}{2}\times\frac{M}{2}\times l\times\frac{2}{3}\times\frac{l}{2}\right)\Big]=\frac{3Ml^2}{8EI}。$$

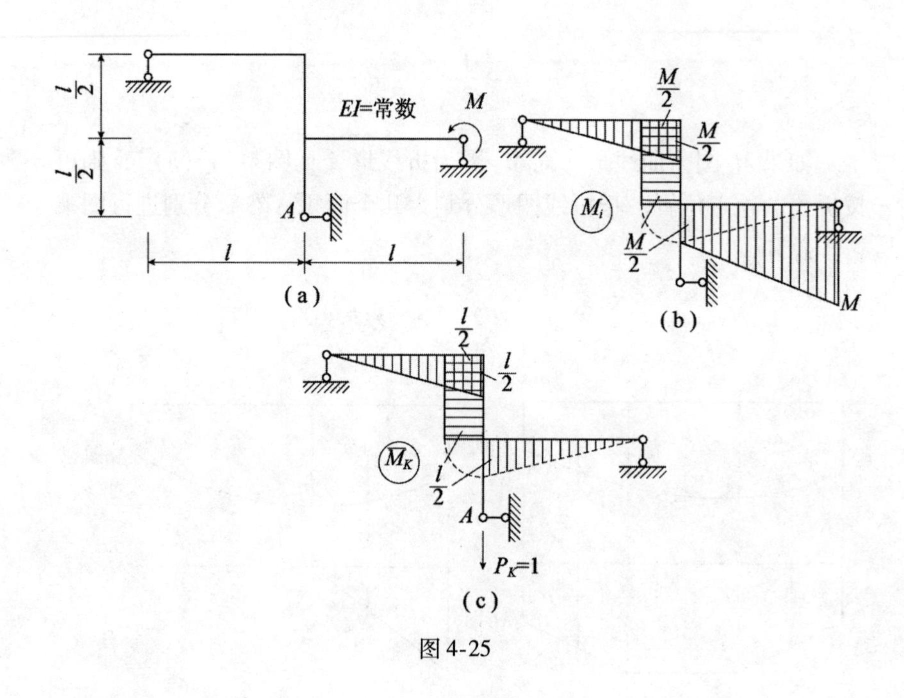

图 4-25

【例 4-5】 求图 4-26（a）所示刚架 B 点的水平线位移。

【解】 两个状态的弯矩图如图 4-26（b）、（c）所示。利用图乘法求得

$$\Delta_{Ki}=-\frac{2}{EI}\left(\frac{1}{2}\sqrt{(2.50)^2+(10)^2}\times15q\times\frac{2}{3}\times10\right)-$$

$$\frac{1}{10EI}(11.875q\times7\times10)-\frac{1}{10EI}\left(\frac{2}{3}\times6.125q\times7\times10\right)$$

$$=-1142.725\frac{q}{EI}$$

最后结果为负值说明 B 点实际水平线位移与单位力的指向相反。

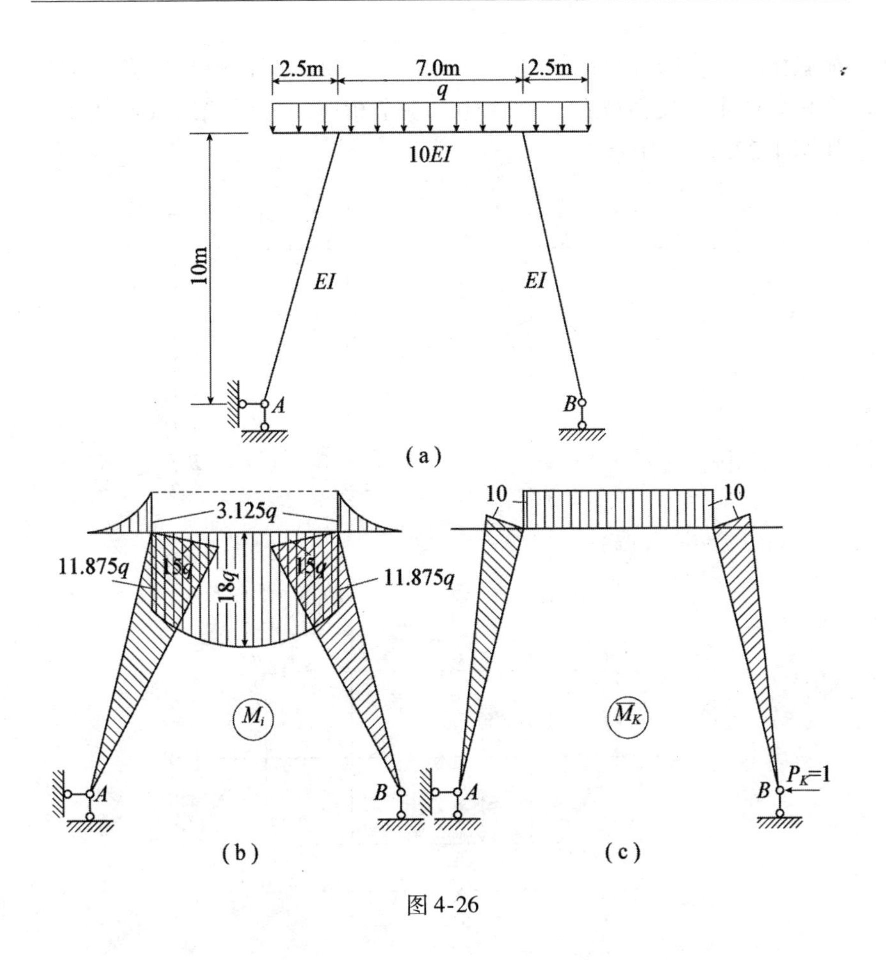

图 4-26

4.6　温度变化产生的位移

任何结构，当其周围的温度发生变化时，也会产生位移，这种因温度变化而产生的结构位移，一般称为温度位移。

设如图 4-27（a）所示结构，其内侧纤维的温度上升量为 t_1，外侧纤维的温度上升量为 t_2，于是结构的各杆件要发生轴向的变形和弯曲。利用虚功原理求位移需要建立两个状态。现在的实际状态（i 状态）是由于结构周围温度发生变化而产生的，与前面所讲过的因荷载作用产生的位移的计算方法一样，如要求结构中某处 K 因温度变化而产生的某种位移，就要建立一个相应的虚设状态（K 状态），如图 4-27（b）所示。

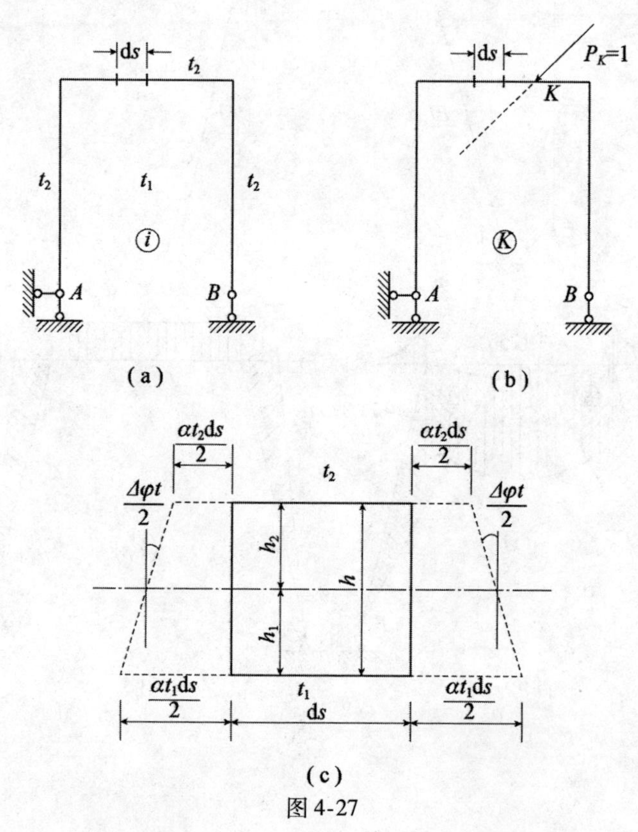

图 4-27

由位移的一般公式（4-12）

$$\Delta_{Ki} = \sum \int_0^S \overline{N}_K \Delta_{xi} + \sum \int_0^S \overline{M}_K \Delta_{\varphi i} + \sum \int_0^S \overline{Q}_K \Delta_{yi}$$

因为实际状态（i 状态）是温度发生变化而产生的，这时需将位移公式中的下标 i 改写成 t。故温度位移公式为

$$\Delta_{Kt} = \sum \int_0^S \overline{N}_K \Delta_{xt} + \sum \int_0^S \overline{M}_K \Delta_{\varphi t} + \sum \int_0^S \overline{Q}_K \Delta_{yt} \tag{4-17}$$

现在我们研究一下式（4-17）中的Δ_{xt}、$\Delta_{\varphi t}$及$\Delta_{\gamma t}$等变形［见图4-27（c）］，因杆件截面的高度很小，所以可以假定结构中杆件内部的温度沿截面高度是按直线变化的。

当杆件的截面对称于中性轴时（$h_1 = h_2$）

$$\Delta_{xt} = \alpha\left|\frac{(t_1 + t_2)}{2}\right|\mathrm{d}s = \alpha|t|\mathrm{d}s$$

$$t = \left|\frac{t_1 + t_2}{2}\right|$$

式中：α——材料的线膨胀系数；

t——杆件轴线处温度变化量的绝对值。

$$\Delta_{\varphi t} = \frac{\alpha}{h}|t_1 - t_2|\mathrm{d}s = \frac{\alpha}{h}|\Delta t|\mathrm{d}s$$

$$\Delta t = | t_1 - t_2 |$$

式中：Δt——杆件两侧纤维温度差数的绝对值。

由于温度变化时不产生剪切变形，故

$$\Delta_{\gamma t} = 0$$

把Δ_{xt}、$\Delta_{\varphi t}$及$\Delta_{\gamma t}$值代入式（4-17）得到计算温度位移的公式

$$\Delta_{Kt} = \sum\left[\pm\alpha\int_0^S |t||\overline{N}_K|\mathrm{d}s \pm \alpha\int_0^S \frac{1}{h}|\Delta t||\overline{M}_K|\mathrm{d}s\right] \qquad (4\text{-}18)$$

以上系就t_1及t_2均为增加而论，如两个或一个是下降只需将以上各式中用负值代入即可。

对于杆件两侧的温度沿杆长不变的等截面杆件组成之结构在求温度位移时可用下式

$$\Delta_{Kt} = \sum\left[\pm\alpha|t|\int_0^S |\overline{N}_K|\mathrm{d}s \pm \alpha\frac{|\Delta t|}{h}\int_0^S |\overline{M}_K|\mathrm{d}s\right] \qquad (4\text{-}19)$$

式中：$\int_0^S |\overline{N}_K|\mathrm{d}s = |\omega_{\overline{N}}|$——$\overline{N}_K$图的面积；

$\int_0^S |\overline{M}_K|\mathrm{d}s = |\omega_{\overline{M}}|$——$\overline{M}_K$图的面积。

故式（4-19）可以写成

$$\Delta_{Kt}=\sum\left[\pm\alpha|t||\omega_{\overline{N}}|\pm\alpha\frac{|\Delta t|}{h}|\omega_{\overline{M}}|\right] \tag{4-20}$$

当杆件的截面不对称于中性轴时（$h_1\neq h_2$），式（4-18）~式（4-20）中的杆轴线处的温度变化量为

$$|t|=\left|\frac{t_1h_2+t_2h_1}{h}\right|$$

对于桁架因各杆件的 $\overline{N}_K$ = 常数；$\overline{M}_K=0$，设 l 为杆长，则

$$\Delta_{Kt}=\sum\pm\alpha|t||\overline{N}_K|l \tag{4-21}$$

以上各公式中的 t、$\omega_{\overline{N}}$、Δt、$\omega_{\overline{M}}$ 及 $\overline{N}_K$ 等取绝对值，对计算是方便的。这时，各项正负号应根据下面的规则决定：如果由于温度所产生的变形与由于单位力作用所产生的变形一致，则对于这一项取正号；反之取负号。

【例 4-6】 求图 4-28 所示结构杆件 AB 中点 D 的竖向线位移。

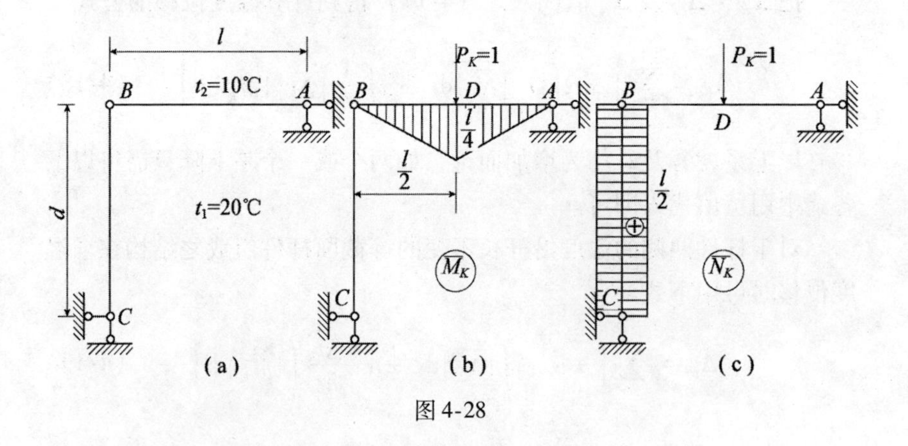

图 4-28

【解】 利用式（4-20）

$$\Delta_{Kt}=\sum\left[\pm\alpha|t||\omega_{\overline{N}}|\pm\alpha\frac{|\Delta t|}{h}|\omega_{\overline{M}}|\right]$$

$$AB\text{ 杆 } |t| = \frac{1}{2}(10 + 20) = 15℃; \quad |\omega_{\overline{N}}| = 0; \quad |\Delta t| = 10℃;$$

$$|\omega_{\overline{M}}| = \frac{1}{2} \times \frac{l}{4} \times l = \frac{l^2}{8}$$

$$BC\text{ 杆 } |t| = 15℃; \quad |\omega_{\overline{N}}| = \frac{1}{2}d; \quad |\Delta t| = 10℃; \quad |\omega_{\overline{M}}| = 0$$

$$\text{故 } \Delta_{Kt} = -\alpha \times 15° \times \frac{d}{2} + \alpha \frac{10°}{h} \times \frac{l^2}{8} = -7.5\alpha d + 1.25\alpha \frac{l^2}{h}$$

上式中第一项取负号是因为：在温度变化情况下 BC 杆应伸长，而在所设单位力作用下 BC 杆受压力应缩短，二者变形相反故取负号。第二项取正号是因为：在温度变化情况下以及所设单位力作用下 AB 杆均为内侧纤维受拉外侧纤维受压，二者变形相同故取正号。

设 $\alpha = 0.00001$；$l = 4\text{m}$；$d = 4\text{m}$；$h = 0.4\text{m}$，则 $\Delta_{Kt} = 0.0002\text{m} = 0.2\text{mm}$。

【例 4-7】 求如图 4-29（a）所示桁架由于竖杆及斜杆温度升高 10℃时产生的 φ_1 角的改变量（见表 4-4）。

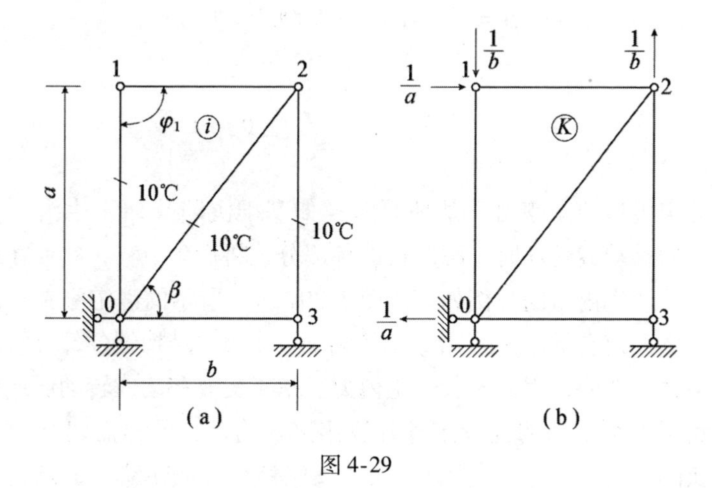

图 4-29

表 4-4　　φ_l 角的改变量

杆件	杆长 l	$\overline{N}_K$	温度变化±	$\pm\alpha\|t\|\|\overline{N}_K\|l$
01	a	$-\frac{1}{b}$	10°	$-10\alpha\frac{a}{b}$
12	b	$-\frac{1}{a}$	0°	0
13	a	–0	10°	0
30	b	–0	0°	0
02	$\frac{b}{\cos\beta}$	$+\frac{1}{a\cos\beta}$	10°	$+10a\frac{b}{a\cos^2\beta}$

【解】 由式（4-21）得

$$\Delta_{Kt} = \sum \pm\alpha\mid t\mid\mid\overline{N}k\mid$$

$$l = 10\alpha\left(\frac{b}{\alpha\cos^2\beta} - \frac{a}{b}\right)$$

设　$\alpha=0.00001$；$b=3$m；$a=4$m，则

$$\cos\beta = \frac{3}{5},\ \Delta_{Kt} = 0.000075(\text{弧度})$$

4.7　支座位移产生的位移

静定结构的支座由于某种原因（如基础沉陷）而发生沿支座控制方向的移动或转动时，则结构的各部分也将产生位移，然而在结构内部是不产生内力的。例如，如图 4-30（a）所示的静定刚架，由于基础沉陷而使右支座 B 点沿竖向移动了一个 Δ，结构的各部分将产生位移但并不弯曲，因此不会产生内力。由于支座移动或转动而产生的位移也可以利用功的互等定理计算出来。为此，同样需建立两个状态。实际状态（i 状态）为已经发生支座移动（或转动）的结构，如图 4-30（a）所示，在此情况下结构既无反力，也无内力。如欲求因支座移动（或转动）而在结构上任一点 K 沿任一方向 n—n 的位移

$\Delta_{K\Delta}$，就必须在未发生支座移动（或转动）的原结构上的 K 点沿 n—n 的方向加一单位力 $P_K=1$ 作为虚设状态（K 状态），如图 4-30（b）所示。在此情形下，结构既产生反力也产生内力，然而只需求出与实际状态的支座移动（或转动）相应的反力。根据功的互等定理，$T_{Ki}=T_{iK}$［式（4-10）］，得

$$P_K\Delta_{K\Delta}-R\Delta=0 \text{ 或 } \Delta_{K\Delta}-R\Delta=0$$

故

$$\Delta_{K\Delta}=R\Delta$$

最后结果为正值，表示在 n—n 方向的位移与所假设的单位力的指向一致。

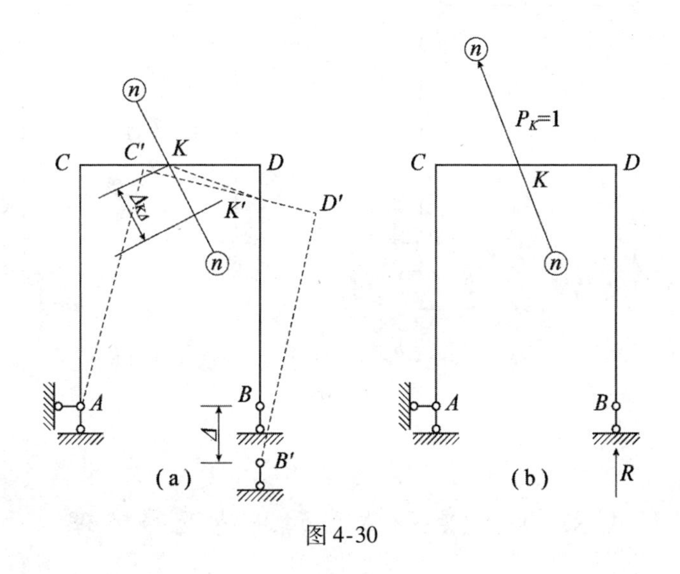

图 4-30

又如图 4-31（a）所示三铰刚架，B 支座发生了移动，沿水平方向的分量为 b，沿竖向的分量为 a。设欲求 E 截面的角位移 $\Delta_{K\Delta}$。可以在刚架的 E 点加上一个单位力矩 $P_K=1$ 作为虚设状态（K 状态），如图 4-31（b）所示，实际状态（i 状态）如图 4-31（a）所示。由于单位力矩 $P_K=1$ 的作用，在 B 点产生的水平反力及竖向反力分别为

$$R_1=\frac{1}{2d};\quad R_2=\frac{1}{l}。$$

根据功的互等定理，$T_{Ki} = T_{iK}$［式（4-10）］，得

$$P_K\Delta_{K\Delta} + R_1 b - R_2 a = 0$$

$$\Delta_{K\Delta} = R_2 a - R_1 b。$$

以 R_1 及 R_2 的数值代入上式，得

$$\Delta_{K\Delta} = \frac{a}{l} - \frac{b}{2d}$$

当结构上有几种因素（如荷载、温度变化、支座移动或转动）同时存在时，可以分别计算其所产生的位移，然后将所得结果叠加。

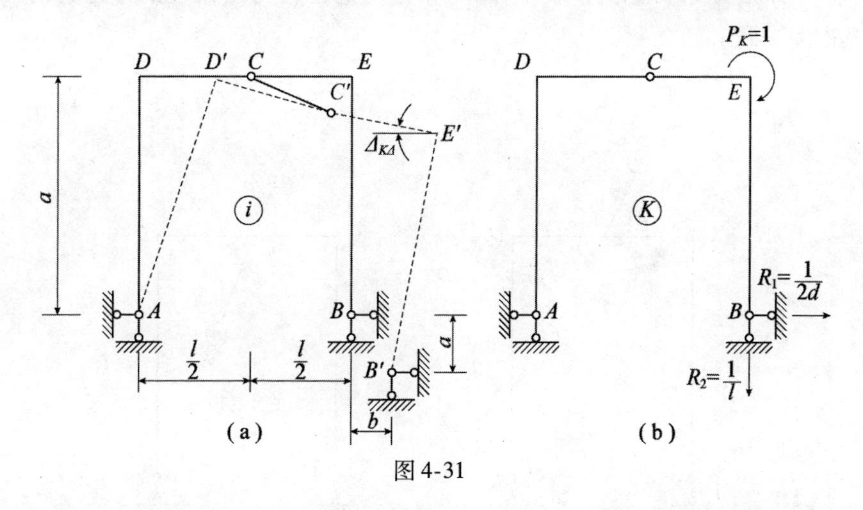

图 4-31

4.8 线性变形体系的其他互等定理

线性变形体系有几个简单的互等定理：其中比较基本的是在 4.4 节中已经介绍过的功的互等定理，其他互等定理是位移互等定理、反力互等定理及反力和位移互等定理。后三个互等定理都可以由功的互等定理推导出来。这些互等定理对结构的计算都有用处。

4.8.1 位移互等定理

现在我们来研究功的互等定理的一个特殊情形。如图 4-32 所示，

在两个状态中均只包含一个广义力，而且这两个力在数值上相等；即 $P_K = P_i$。从式（4-10）功的互等定理可以写出下式

$$P_K \Delta_{Ki} = P_i \Delta_{iK}$$

因为
$$P_K = P_i,$$

故
$$\Delta_{Ki} = \Delta_{iK} \tag{4-22}$$

式（4-22）表明，当两个状态的力 P_K 与 P_i 相等时，由于 i 状态的力 P_i 在 K 状态的力 P_K 的方向内产生的位移 Δ_{Ki} 等于由于 K 状态的力 P_K 在 i 状态的力 P_i 的方向内产生的位移 Δ_{iK}。

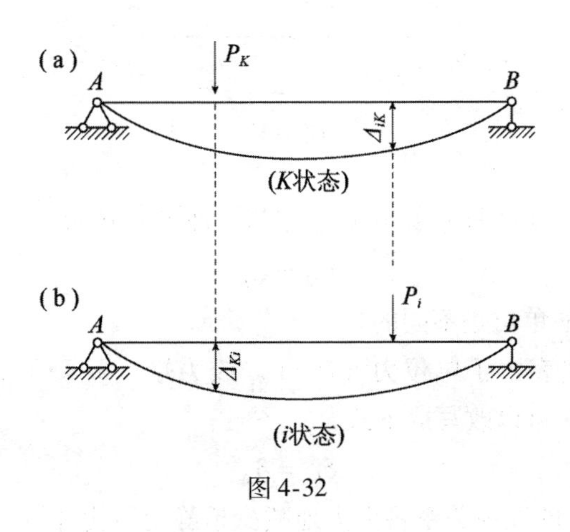

图 4-32

显而易见，因为 P_K 和 P_i 是广义力，式（4-22）中的位移 Δ_{Ki} 和 Δ_{iK} 的单位是可以不同的。如图 4-33 所示，K 状态为一集中力 P 作用在梁的中点，i 状态为一力矩 M 作用在梁的右端。则 Δ_{Ki} 代表由于力矩 M 的作用在梁中点力 P 的方向内产生的线位移（挠度），Δ_{iK} 代表由于集中力 P 的作用在梁的右端力矩 M 的方向内产生的角位移（转角）。

由 $T_{Ki} = T_{iK}$ 的关系得

$$P\Delta_{Ki} = M\Delta_{iK}$$

当 $P = M$（数值相等）时，$\Delta_{Ki} = \Delta_{iK}$。实际上由材料力学可知

$$\Delta_{Ki} = f_{l/2} = \frac{Ml^2}{16EI}$$

$$\Delta_{iK} = \varphi_B = \frac{Pl^2}{16EI}$$

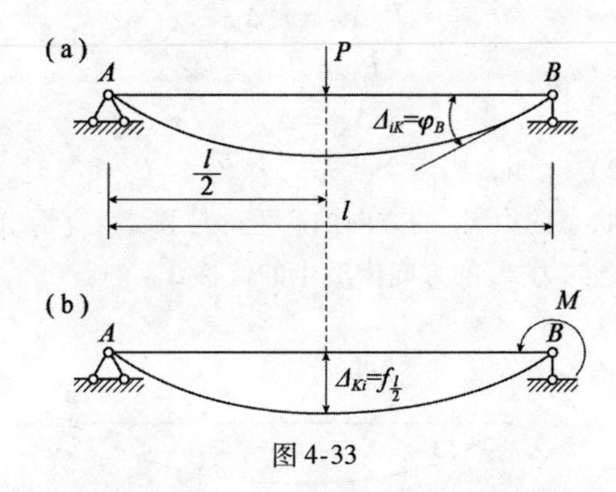

图4-33

为此，当集中力 P 与力矩 M 数值相等，即 $P = M$ 时

$$f_{l/2} = \varphi_B$$

但 $f_{l/2}$ 和 φ_B 的单位是不同的。

若用 δ 代表由于单位力（$P=1$）或力矩（$M=1$）产生的位移，则式（4-22）可以改写成下式

$$\delta_{Ki} = \delta_{iK} \tag{4-23}$$

$\delta_{Ki} = \delta_{iK}$ 的互等关系将大大地减少超静定结构计算工作中求位移的数量，从而减少了计算工作量。

4.8.2 反力互等定理

反力互等定理也是功的互等定理的一个特殊情形。

由材料力学已知，超静定结构不仅在外力作用下产生反力及内力，而且由于其他原因，如支座移动、温度变化等情况下也会产生反力及内力。如图4-34（a）所示一连续梁由于支座 K 发生位移 Δ_K 时所产生的反力，支座 K 产生的反力为 R_{KK}，支座 i 产生的反力为 R_{iK}。如图4-34（b）所示由于支座 i 发生位移 Δ_i 时，所产生的反力，支座 i 产生的反力为 R_{ii} 支座 K 产生的反力为 R_{Ki}。

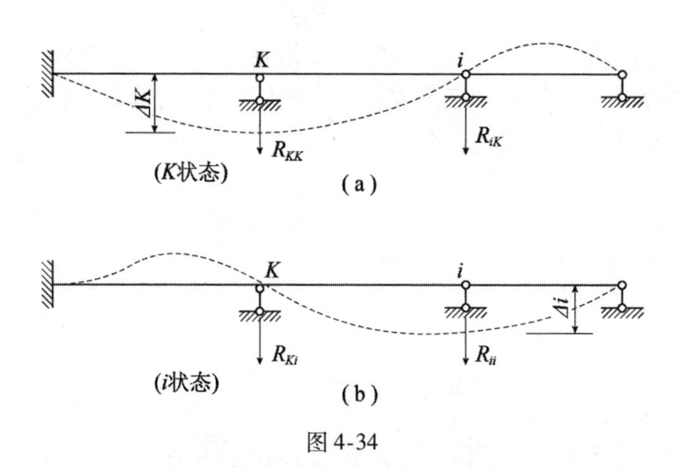

图 4-34

设反力与其相应的位移一致者为正，根据功的互等定理 $T_{Ki}=T_{iK}$，则得

$$R_{KK}\times 0+R_{iK}\Delta_i=R_{ii}\times 0+R_{Ki}\Delta_K$$

即
$$R_{iK}\Delta_i=R_{Ki}\Delta_K$$

当 $\Delta_i=\Delta_K$ 时

$$R_{iK}=R_{Ki} \tag{4-24}$$

式（4-24）所表示的互等关系不仅适用于两个支座之间，而且适用于任何两个控制（或称联系）之间。例如，如图 4-35（a）所示结构，设求 K 截面弯矩与 i 支座反力之间的关系，我们在原结构中切断 K 处与弯矩相应的联系，并令 K 处左右两截面相对转动一角位移 Δ_K，则必须有一对相应的力矩 R_{KK}，这时在 i 支座产生的反力为 R_{iK}［见图 4-35（b）］。然后再令原结构 i 支座沿其本身的方向发生位移 Δ_i，这时在支座 i 产生的反力为 R_{ii}，在 K 截面产生的弯矩为 R_{Ki}［弯矩图如图 4-35（d）所示］。

根据功的互等定理

$$T_{Ki}=T_{iK}$$

则
$$R_{KK}\times 0+R_{iK}\Delta_i=R_{ii}\times 0+R_{Ki}\Delta_K$$

当 $\Delta_i=\Delta_K$（数值相等）时

$$R_{iK} = R_{Ki}$$

因此式（4-24）表明，当控制 K 沿着它本身的方向发生一个位移 Δ_K 时在控制 i 产生的反力 R_{iK}，等于当控制 i 沿着它本身的方向发生一个等于 Δ_K 的位移 Δ_i 时在控制 K 产生的反力 R_{Ki}。

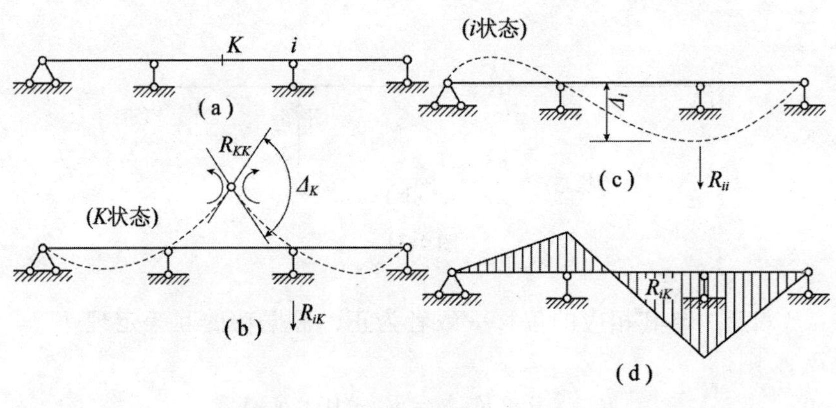

图 4-35

用 r 表示由于控制发生单位位移（$\Delta = 1$）时，在控制处产生的反力，则式（4-24）可以改写成

$$r_{iK} = r_{Ki} \tag{4-25}$$

4.8.3 反力和位移互等定理

除了上述各种互等关系以外，反力和位移之间也存在着互等关系。

在如图 4-36（a）所示的结构中，用 R_{iK} 表示由于 K 点的荷载 R_K 的作用在支座 i 处产生的水平方向的反力。图 4-36（b）表示支座 i 沿着 R_{iK} 的方向发生一个位移 Δ_i，这时在支座 i 处产生水平方向的反力 R_{ii}，而在 K 点沿着 P_K 的方向产生位移 Δ_{Ki}。

根据功的互等定理 $T_{Ki} = T_{iK}$，得：

$$R_K\Delta_{Ki} + R_{iK}\Delta_i = R_{ii} \times 0$$

即
$$P_K\Delta_{Ki} + R_{iK}\Delta_i = 0$$

当 $P_K = \Delta_i$（数值相等）时

$$R_{iK} = -\Delta_{Ki} \tag{4-26}$$

式（4-26）表明，一弹性结构中，由于某 K 点荷载 P_K 的作用使在某一控制 i 处产生的反力 R_{iK}，等于该控制 i 沿着它本身的方向发生一个与反力 R_{iK} 正向一致并在数值上等于荷载 P_K 的位移 Δ_i 时，在 K 点沿着荷载 P_K 的方向产生的位移 Δ_{Ki}，但正负号相反。

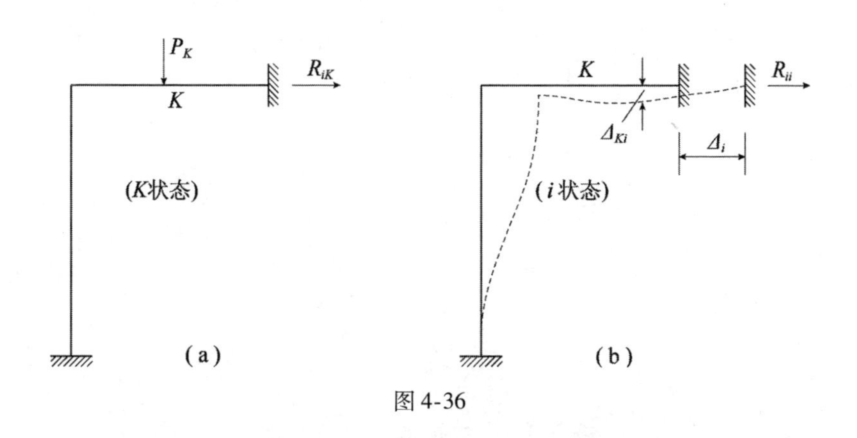

图 4-36

必须注意，这里的荷载与位移和反力与位移的性质都是相应的，即规定位移 Δ_{Ki} 与荷载 P_K 指向相同者为正；反力 R_{iK} 与控制 i 的位移方向相同者为正。

如令 $P_K = \Delta_i = 1$，则式（4-26）可以改写成下式

$$r_{iK} = -\delta_{Ki} \tag{4-27}$$

习　题

4-1　试求如图 4-37 所示结构 A 点的竖向及水平位移。

4-2　试求如图 4-38 所示结构 A 点的水平位移。设已知曲梁的轴线方程为：

$$y = \frac{4f}{l^2}x(l - x)。$$

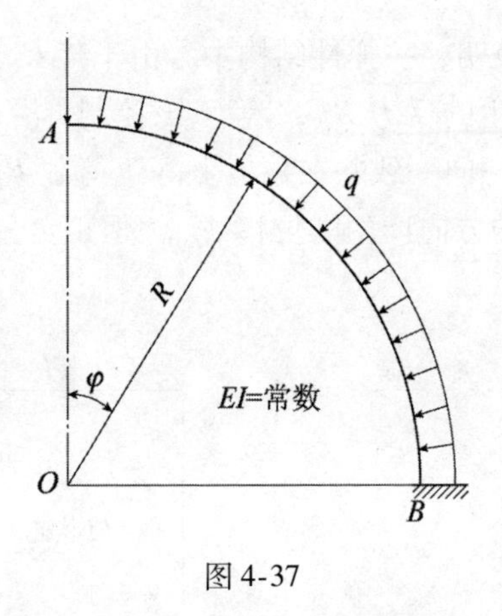

图 4-37

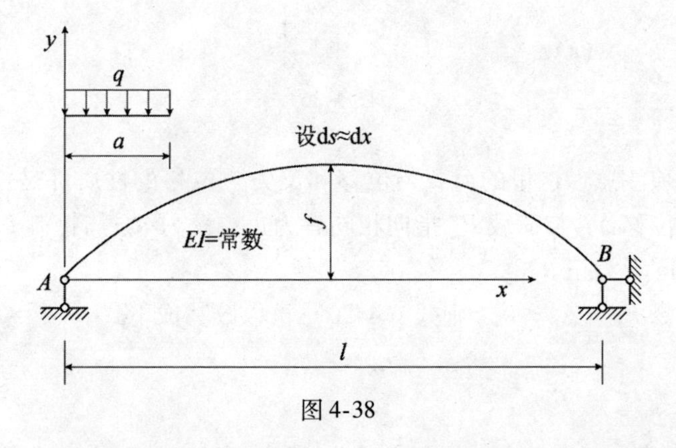

图 4-38

4-3　试求如图 4-39 所示结构 A、B 两点的相对水平线位移。

4-4　试求如图 4-40 所示结构 A、B 两点的相对水平线位移，相对竖向线位移及 A、B 两截面的相对角位移。

4-5　试求如图 4-41 所示结构 A、B 两截面的相对角位移。

4-6　试求如图 4-42 所示结构 A 截面的角位移及 B 点的竖向线位移。

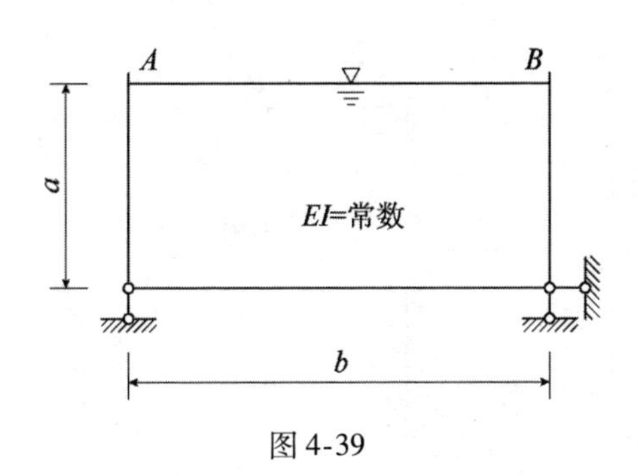

图 4-39

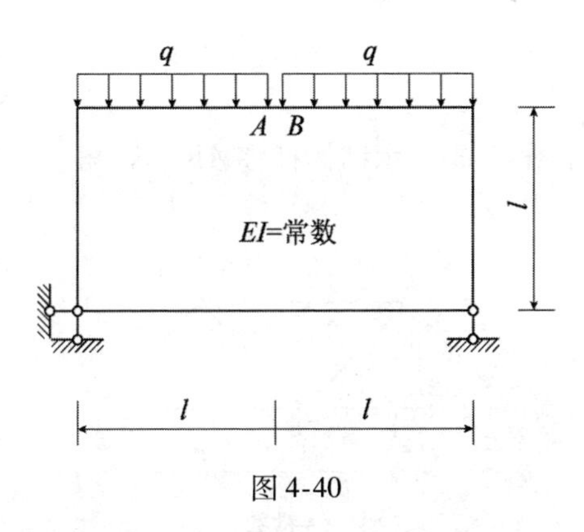

图 4-40

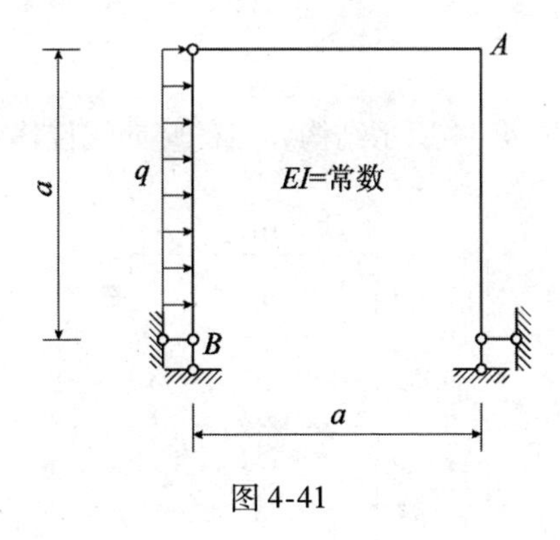

图 4-41

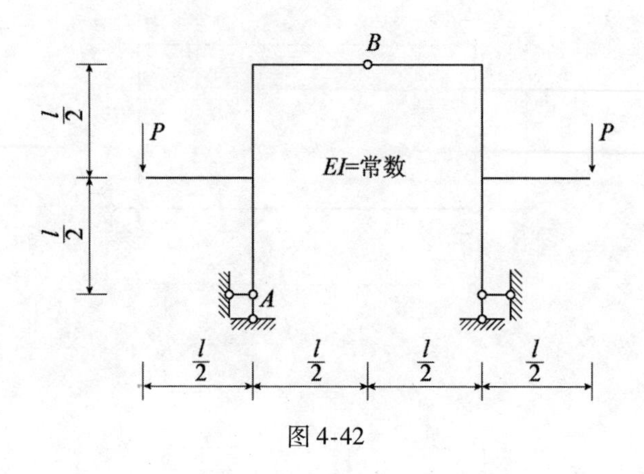

图 4-42

4-7 试求如图 4-43 所示结构杆件 AB 的转角。

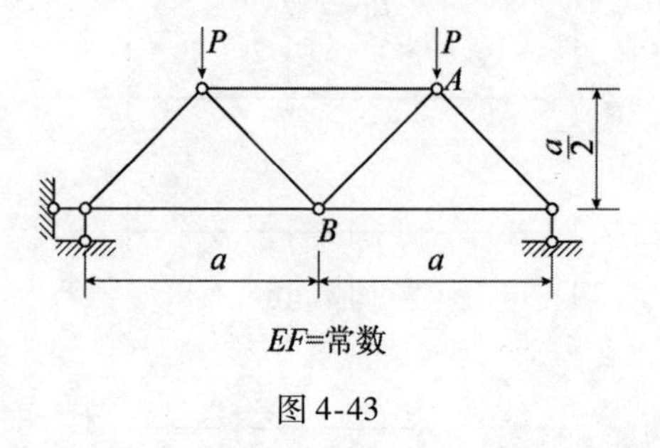

图 4-43

4-8 试求如图 4-44 所示结构 A 点的竖向线位移及水平线位移。

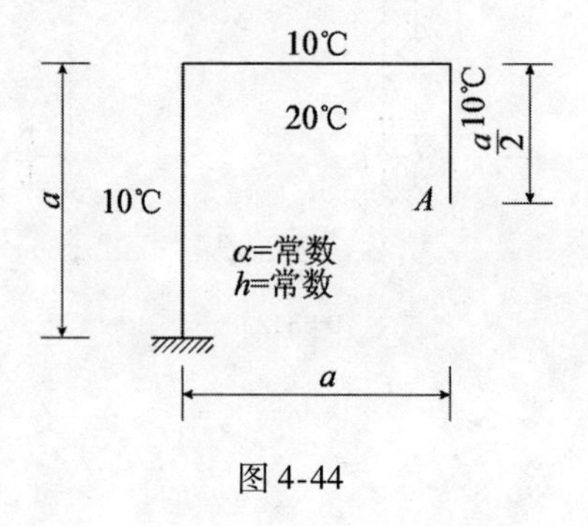

图 4-44

4-9　试求如图 4-45 所示结构 A、B 两点相互离开的距离。

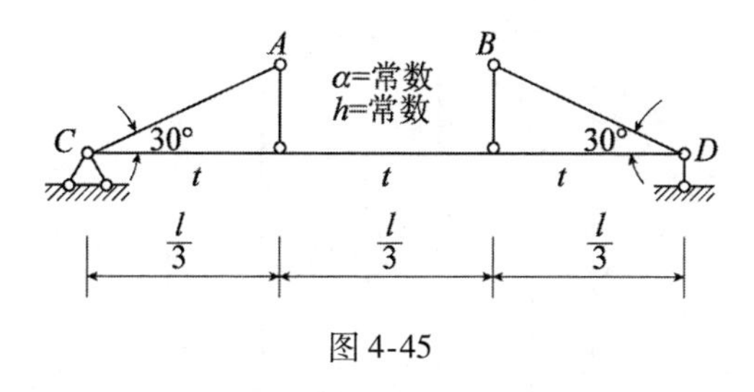

图 4-45

4-10　试求如图 4-46 所示结构 A 点的竖向线位移。

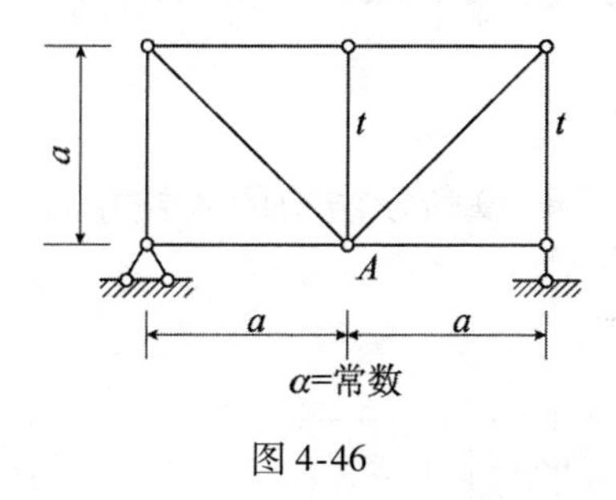

图 4-46

4-11　试求如图 4-47 所示结构 C 点的竖向线位移。

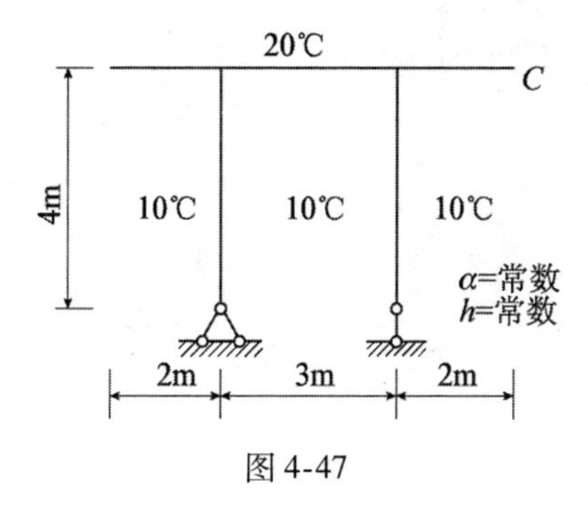

图 4-47

4-12 试求如图 4-48 所示结构 A 点的水平线位移。

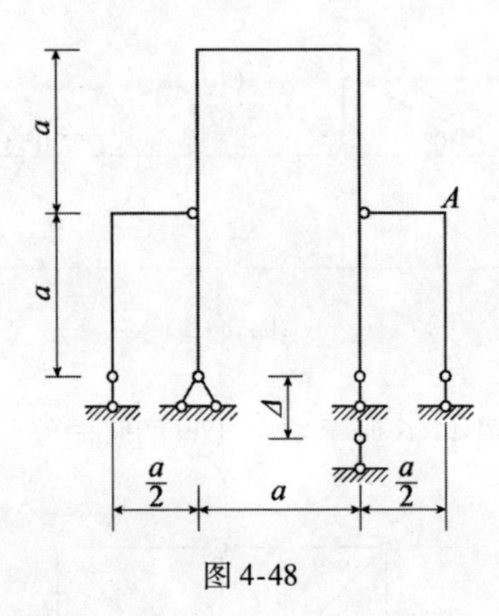

图 4-48

4-13 试求如图 4-49 所示结构的 A 铰左右两截面的相对角位移。

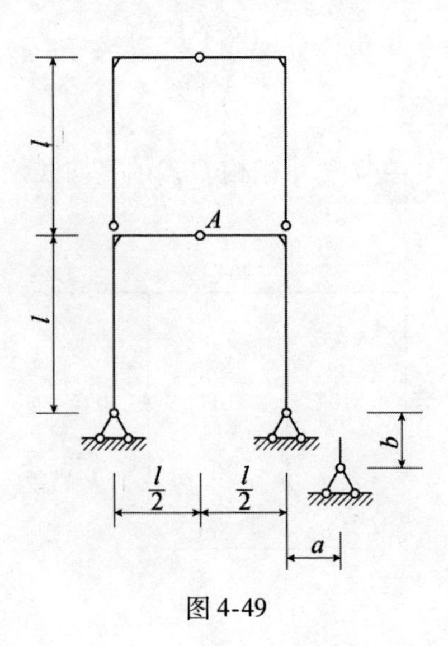

图 4-49

4-14　试求如图 4-50 所示结构 A、B 两点的相对水平线位移、相对竖向线位移及 A、B 两截面的相对角位移。

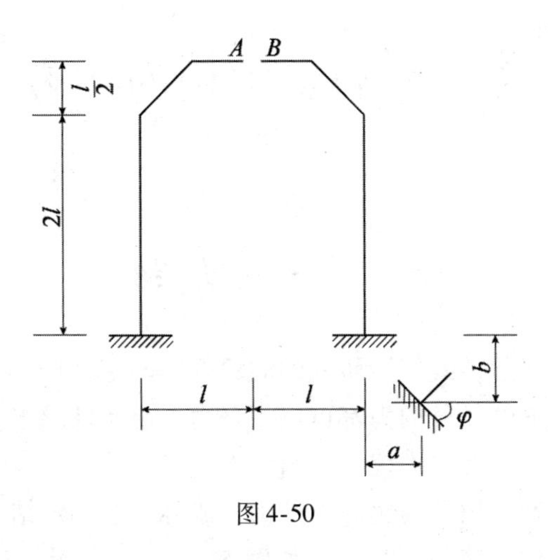

图 4-50

第 5 章　超静定结构的一般概念

5.1　一 般 介 绍

在这一章以前，我们所研究的对象都是静定结构。它们的全部反力以及任何截面的各种内力都可以用静力平衡条件求出。但也有许多结构，它们的反力及内力仅用平衡条件不足以求得，或者只能求得其中一部分。这种结构称为超静定结构，或称为静不定结构。图 5-1 是一些超静定结构的简图。其中，如图 5-1（a）所示一根连续梁，它的支承链杆数目共有六个，因而，未知反力的数目也有六个。但平衡方程式只能成立三个，不足以完全求解，因而是超静定的。在如图 5-1（b）所示的连续刚架中，它的每一个固定支座均有三个未知反力，所以共有十五个未知反力。而所能建立的平衡方程式却只有三个，所以也是超静定结构。如图 5-1（c）所示的圆环，它的均匀分布的反力尽管可以用整体平衡条件求得，但其任一截面的内力是无法仅用静力平衡条件求得的，所以也是超静定的。不难论证，如图 5-1（d）所示的连续拱也是超静定的。如图 5-1（e）所示为一个弧形闸门的支承桁架，它的支座反力尽管可以利用整体平衡条件求得，但它的各杆内力是无法仅用平衡条件全部求得的。因为包括支座链杆在内，共有 20 根链杆，对应有 20 个未知力，而结点数共有 9 个，在每一结点处可以成立两个平衡方程，共能成立 18 个平衡方程，少于未知力的个数，所以也是超静定结构。

习惯上把那些仅用静力平衡条件不足以求解其全部支座反力的结构称为外部超静定结构。例如图 5-1（a）所示连续梁是属于外部超静定的。一旦设法求得这些反力，则全梁内力的计算就完全可以用平衡条件解决。图 5-1（e）称为内部超静定结构，因为它的所有外部反力都可以用平衡条件求得，仅仅是内力不能用平衡条件全部求得。也有些结构，无论是内力或反力，用平衡条件均不足以求解，这时称它们为内外都是超静定结构。上述这种分类法不是绝对的，有时外部超静定也可以看做是内部超静定。以图 5-1（a）所示的连续梁为例，若设法预先将各支座截面的内部弯矩求得，则各支座反力也就可以用静力平衡条件求得了，所以也可以把它看做是内部超静定的。

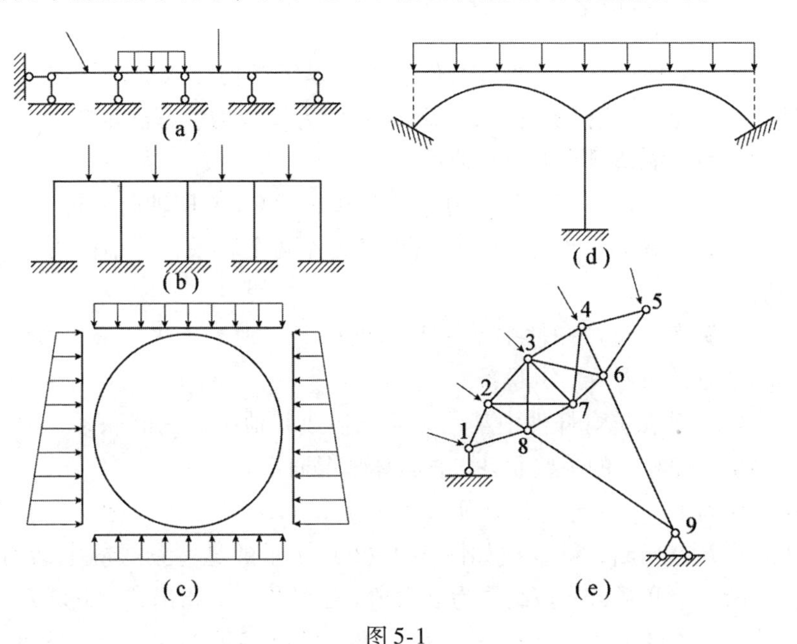

图 5-1

5.2　超静定结构的基本特征与超静定次数的确定

静定结构的全部内力及反力均能用静力平衡条件求得。而对于超静定结构，仅用静力平衡条件尚不足以求得全部内力及反力。可见超静定结构比静定结构具有更多的内部或外部控制或联系。这些较多的控制或联系称为多余控制或多余联系。这一名称的由来是因为若把这些多余的联系取消，则它仍能保持几何不变。所以对几何不变性这一基本要求而言，它们是多余的。而且仅仅限定在这一意义下被理解为是多余的。若从经济的观点、构造的观点等方面着眼，这些联系也发挥着它们的作用，因而就不能当作是多余的。总之，具有多余联系是超静定结构的基本特征。结构中具有的多余联系的总数即为该结构的超静定次数。下面说明确定超静定次数的方法。

5.2.1 去掉多余联系法

去掉一些联系，其数目及位置恰足以将结构变成静定结构（必须几何不变）。这样所去掉的联系总数即为该结构的超静定次数。关于去掉联系的情况有下列几种：

（1）若切断一根链杆，则等于去掉一个联系，即轴向力联系。

（2）若切断一个单铰①，则等于去掉两个联系，即轴向力和切力联系。

（3）若在抗弯杆件中某一截面处切断，则等于去掉三个联系，即轴向力，切力及弯矩联系。

（4）若在抗弯杆件中某一截面处换成其他少于三的联系，则也相当于去掉相应的某些联系，视具体情况而定。

作为第一个例子，现在研究如图 5-2（a）所示的塔架。若将其 B 点及 F 点切断，则变成如图 5-2（b）所示的悬臂梁式静定结构。共切断五个联系，故该结构为五次超静定结构。应指出，切断联系成为静定结构的方式并不限于一种，往往可以多种多样。比如图 5-2（a）所示刚架，也可以在 D、E、F、G 及 H 五个点处换成单铰联系如图 5-2（c）所示。这样就成为静定三铰刚架的综合体了。共切断五个联系，仍得到五次超静定的结论。

不难根据同样的方法查明，图 5-3（a）是九次超静定的，图 5-3

① 连接两个元件的铰称为单铰。连接三个以上元件的铰称为复铰。若某复铰连接 n 个元件，则其作用相当于（n-1）个单铰。

（b）是许多可能的切断多余联系方式中的一个。应指出的是，该图中 *AB* 杆从中部切断本来是不恰当的，因为将使杆件本身成为几何可变的。正确的办法是把 *B* 点及 *A* 点的铰均当做是两根链杆的联系，比如一个是水平的，另一个是竖向的。我们可以将其中水平的一根切断。只有在特殊的情况下，即当 *AB* 杆上没有直接作用横向外力时，则 *AB* 杆只能起链杆作用，这时习惯上可以按图中所示从中间切断，而且切断后仍然按原方向将该链杆画出，以表示原来的内力方向。当 *AB* 杆上直接有横向外力作用时，必须按上述正确的切法。图 5-4（a）是两次超静定结构，图 5-4（b）表示除去多余联系的一个方案。

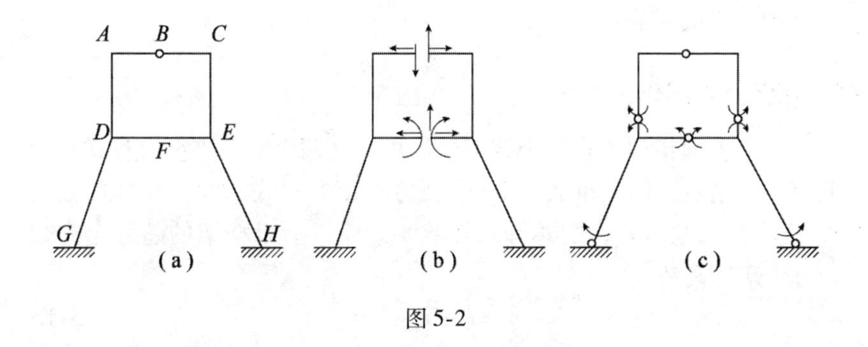

图 5-2

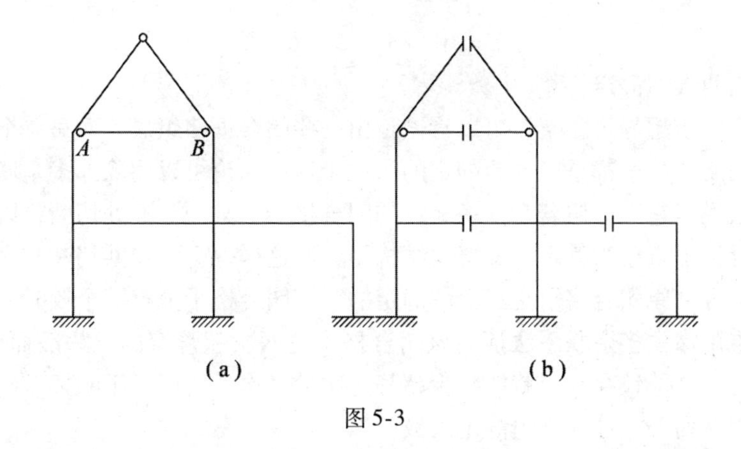

图 5-3

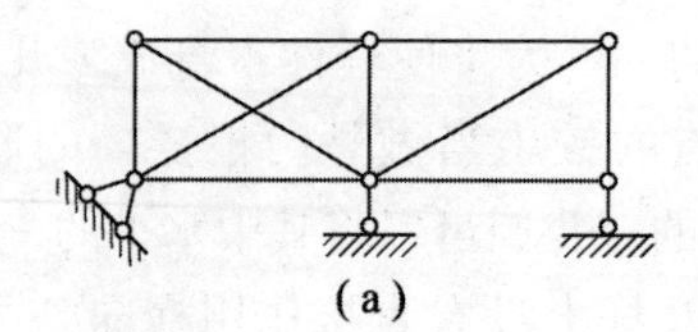

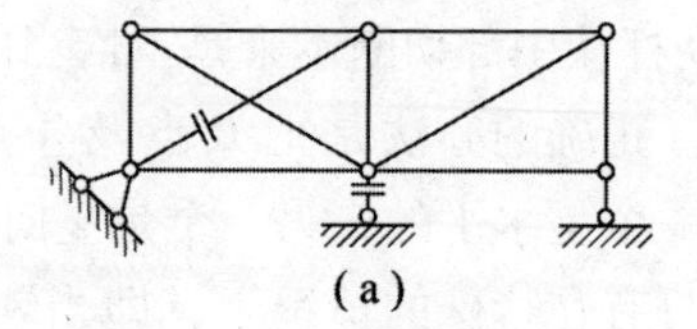

图 5-4

去掉多余联系以决定超静定次数的方法是一种很实用而且很方便的一般性方法。为了正确地运用这种方法，读者必须熟悉地掌握静定结构（几何不变的）的组成规律，因为我们是依靠这些规律去改变原结构使之成为静定的。

5.2.2 公式计算法

对于平面桁架，在每个结点处均可成立两个静力平衡方程式。设共有 y 个结点，则共可成立 $2y$ 个静力平衡方程式。设桁架杆件数为 c，支座链杆数为 c_0，则共有未知数 $c+c_0$ 个。所以桁架的超静定次数 n 的计算公式是

$$n = c + c_o - 2y \tag{5-1}$$

例如在图 5-4（a）所示的桁架中，将 $y=6$，$c=10$，及 $c_0=4$ 代入式（5-1）得

$$n = 10 + 4 - 2 \times 6 = 2$$

故为两次超静定。

对于超静定刚架，可以看做是由一些闭合框格组成。而每一个无铰的闭合格子都是三次超静定的。关于这一结论可以用除掉多余联系法来说明它。即假若在任一无铰的闭合格子上某一截面处切断，则该闭合格子就成为静定的悬臂式结构了。而这样一个切口共切断三个联系，可见原闭合格子是三次超静定的。当闭合格子上有一个铰时，也不难用除去多余联系法证明该闭合格子是两次超静定的。一般而论，每有一个单铰存在，就能减少超静定次数一次。所以对于刚架，建议采用下列公式计算其超静定次数

$$n = 3s - h \quad (5\text{-}2)$$

式中：n——超静定次数；

s——闭合格子数；

h——各格子上存在的单铰数。

式（5-2）是容易理解的，每一个无铰格子即是三次超静定，所以可以首先把每个闭合格子都当做是无铰的，这时超静定次数应为 $3s$。若实际上有铰存在，则每一个单铰均减少一次超静定，故修正数应为 h。以图 5-5 为例，其内部超静定次数为

$$n = 3 \times 1 - 0 = 3$$

式中的“0”表示没有单铰存在。其支承情形是静定的，即外部超静定次数为零。故总的超静定次数也是三。

同理，如图 5-6 所示结构的超静定次数为

$$n = 3 \times 4 = 12$$

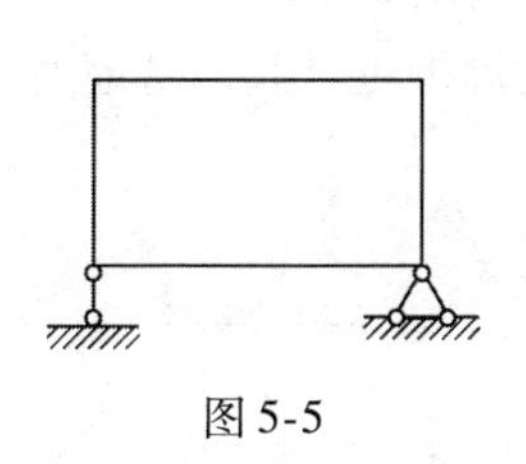

图 5-5

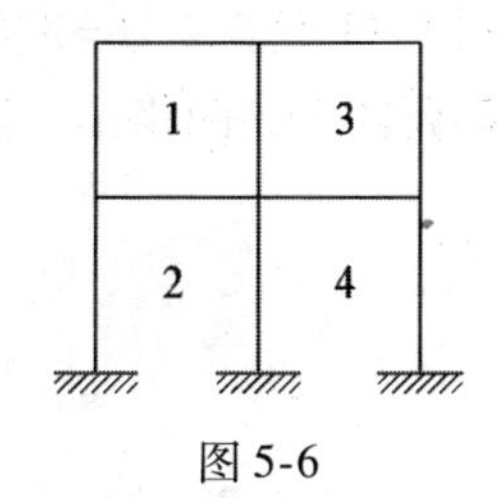

图 5-6

如图 5-7 所示结构的超静定次数为

$$n = 3 \times 3 - 3 = 6$$

用除去多余联系法不难验证这些结论的正确性。

计算闭合格子数目时应注意，每次至少应包括有一根在其他格子中未曾用过的杆子。

以图 5-8 为例，闭合格子应有 1—2—3，2—3—4 及 1—2—4 三个。至于 1—3—4 就不能再当做闭合格子。因为它的各边杆子在考虑上述三个格子时已经全部用过了。其超静定次数为

$$n = 3 \times 3 - 8 = 1$$

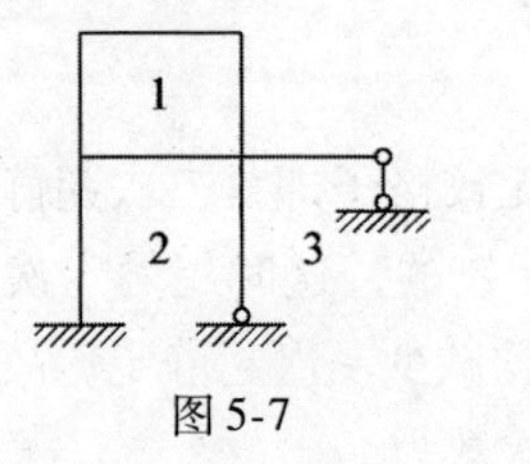

图 5-7

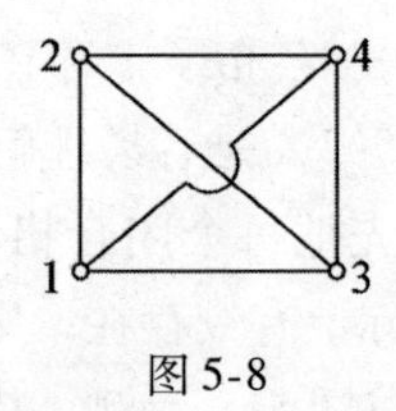

图 5-8

此外，当计算闭合格数时，地球也应看做构件的一种。若地球本身形成一个封闭格子时，则应该将该封闭格子减去。因为我们计算的对象是结构，而不是地球。例如图 5-9，若将结构周围地球连通的一个封闭格子考虑在内，共有四个格子，但实际结构的封闭格子数只有 4-1=3 个。所以是九次超静定。同理，图 5-10 应该只算 9-1=8 个封闭格子，图 5-11 只算 4-1=3 个封闭格子。而图 5-12 所示的两个结构，则应该都算四个封闭格子，因为其闭合的周围也是我们考虑对象的一部分。

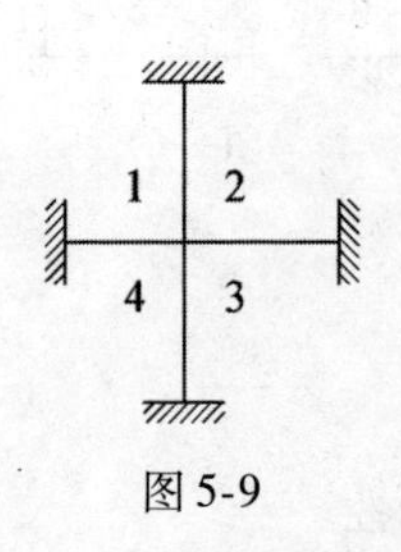

图 5-9

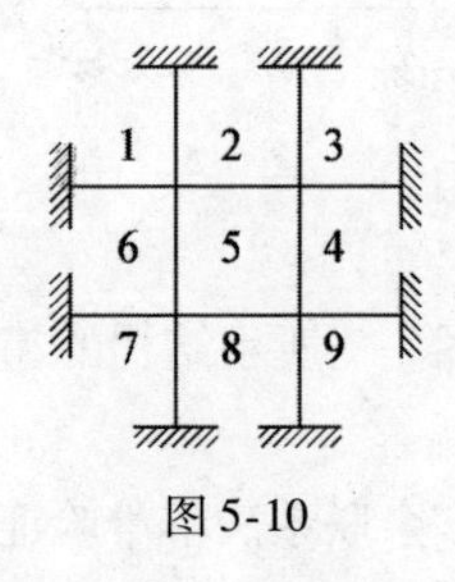

图 5-10

以上介绍了两种计算超静定次数的方法。我们认为第一种方法最有用。因为在后面用力法进行超静定结构计算时总是需要把多余联系去掉的。仅仅计算超静定次数而不知道如何去掉多余联系，对今后的应用来讲是不够的。

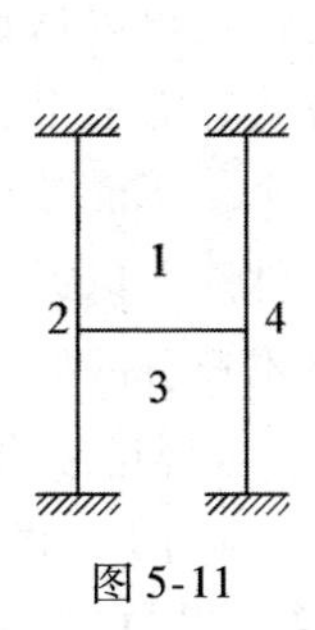

图 5-11

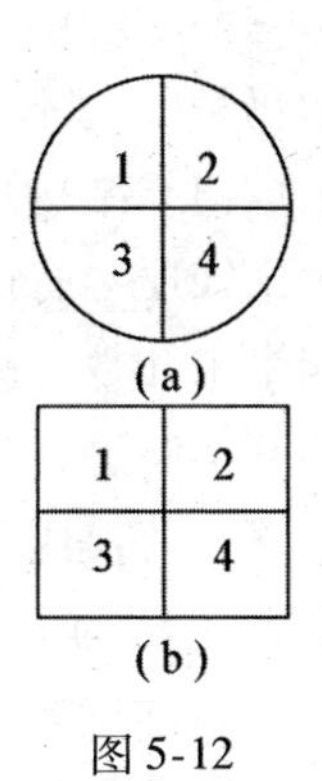

图 5-12

5.3　超静定结构的性质

上面已讲过了超静定结构的基本特征。下面再介绍一些其他方面的性质。

(1) 不能认为任何超静定结构的全部反力或内力都是超静定的。例如图 5-13 所示的结构是超静定的，但其竖向反力是可以首先用平衡条件求得的。杆 *BC* 及 *CE* 的切力也可求得。*BA* 及 *DC* 的轴向力也可求得。又如图 5-1 (e) 所示的桁架，总的说来是超静定的，但它的支承反力及在点 1 和 5 处相交的各杆内力都可根据静力平衡条件求得。可见有些联系可以看作是多余的，而有些联系则不能看作是多余的。因为若把那些静力可定的联系如图 5-13 中的任一竖向支座链杆去掉，则结构就成为几何可变的。这种不能去掉的联系叫做绝对必须的联系。可以去掉而不影响其几何不变性的联系叫做非绝对必须的联系。

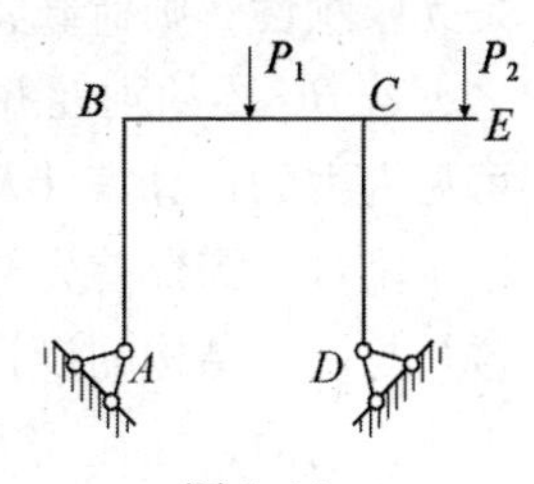

图 5-13

(2) 超静定结构可以有无穷多个满足平衡条件的解答。仍以图 5-13 为例，若将右边的水平支座链杆去掉而代之以力 X_1，则 X_1 可以是任意值，它们均能使结构满足平衡条件。因为去掉一根水平支座链杆后，结构仍是几何不变的。故若把 X_1 理解为外荷载，则外荷载不论具有什么数值，结构均能维持平衡。这一特性也可以从数学的观点加以解释：未知反力有四个，而静力平衡方程式只有三个，三个方程中包含有四个未知数，故其解答可以有无穷多个。下面就会讲到，要想求唯一的真实解答，还需要考虑形变几何条件。所以说，对于超静定结构的解答，若仅用静力平衡条件去核对是不充分的。

（3）与静定结构不同，在超静定结构中，当温度变化、支座沉陷或装配尺寸不准确等原因存在时都可能引起内力①。图 5-14（a）中，虚线表示当温度不均匀变化时的位移曲线。若 A 及 B 两端都是简支的，则为静定结构，其位移曲线在 A 点及 B 点的切线将可以自由倾斜，而且也可以自由水平移动。而现在端切线要保持水平且不让端点水平自由移动，这样就产生了相应的控制力矩及水平反力。图 5-14（b）中虚线表示 B 点沉陷时引起的位移曲线。若 A 和 B 都是简支端，则位移将保持为直线，因而也不会产生内力。但现在的情况是 A 及 B 点均不准转动，即两端轴线均被约束保持为水平，故有反力发生。可见超静定结构的设计，考虑的因素要比静定结构多。

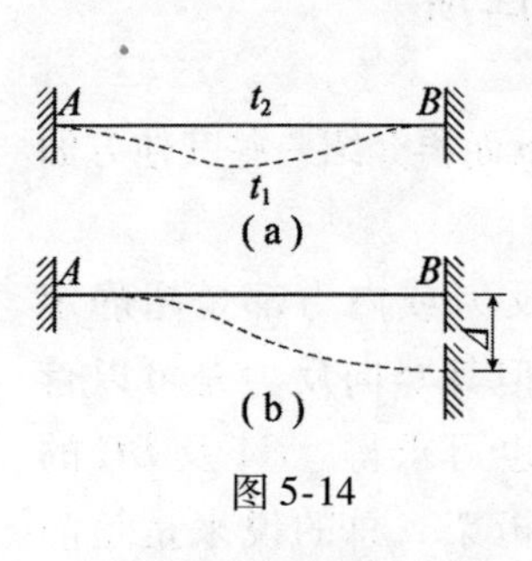

图 5-14

（4）超静定结构的内力分析与结构截面的尺寸有关。如图 5-15 所示连续梁，若将受荷载跨 BC 的横截面加大很多，这时就可以当做是无限刚性，则荷载将完全由 BC 段承担，而不会波及其他跨间。反之，若 BC 段的刚性并不是无限大，则其邻跨也将发生变形和内力。可见内力的计算需计及杆件截面的尺寸。超静定结构的设计要比静定结构困难，需要首先初步假设截面的尺寸，然后才能进行内力分析，这是与静定结构的设计程序不同的。根据算得的内力，再修改尺寸，再分析内力，往往需要反复进行这样的试算才能得到正确合理的设

① 这些原因在静定的绝对必须的联系上不引起内力。

计。

（5）局部荷载对内力的影响范围较静定结构为广。内力的分布也比较均匀。如图 5-16（a）所示为一超静定连续梁，当承受局部荷载 P 后，它的影响将波及全梁。如图 5-16（b）所示为一多跨静定梁，受同样的局部荷载 P 后，波及的范围仅限于 AB 一段。可见超静定结构的各部分有共同协作担负荷载的作用，因此内力的分布也较均匀。

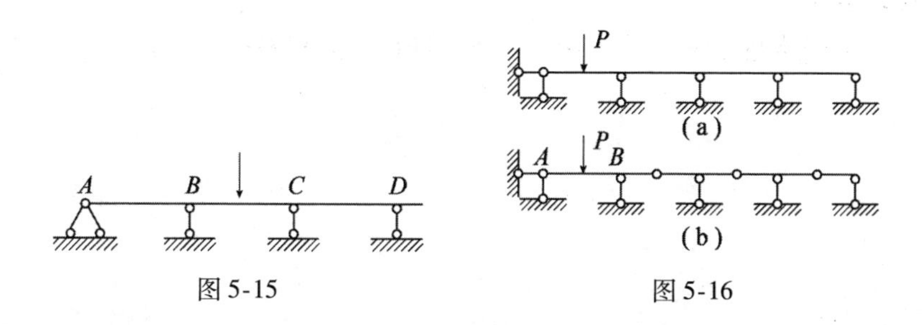

图 5-15　　图 5-16

（6）超静定结构的多余联系因故破坏后，整个结构尚不至破坏。而静定结构中任一个联系破坏将引起整个结构的破坏。可见超静定结构具有更好的防御能力。

5.4　超静定结构计算方法的分类

自从连续性的建筑材料如钢材及混凝土等大量采用以后，超静定结构就被广泛采用。因而超静定结构的内力分析方法得到很大的发展。目前流行着许多方法，这些方法的主要区别在于基本未知数的选择。所谓基本未知数，就是打算首先设法求得的未知数，而且一旦把这些未知数求得，则其他未知数也就可随之求得，故称之为基本的。根据基本未知数选取的不同，计算方法可以分为下列几种：

（1）力法：以多余未知力当做基本未知数。

（2）位移法：以结点角位移及结点线位移当做基本未知数。

（3）混合法：未知数中部分选用多余未知力，部分选用角位移或线位移。

此外还有从力法和位移法这两个基本方法演变出来的一些方法，如常用的力矩分配法，该方法是位移法的变态，用逐渐接近法避免联立方程式的求解。由于电子计算机的发展，在结构分析中广泛采用有限单元法。该方法用于杆件体系时又称为结构矩阵分析方法。其理论基础仍然是力法或位移法。用力法时，称为矩阵力法，用位移法时称为矩阵位移法。一般说来，后者得出的公式和计算程序比较简单，因此，应用很广。

上述这些方法，除矩阵力法外，将在后面有关章节中分别介绍。

第6章　力　　法

6.1　力法原理、基本结构及法方程式

力法是计算超静定结构的最基本方法之一。超静定结构去掉维持几何不变的多余联系后就成为静定结构，力法就是取多余联系处的多余未知力作为未知数而得名的。要求解这些未知力，只应用静力平衡条件是不够的，还必须同时应用变形连续条件。

先取如图6-1（a）所示一次超静定结构为例讲述力法原理。图6-1（a)所示结构，在荷载P作用下其变形曲线如图中虚线所示，C点由于受活动铰支座的约束，只能产生水平位移和转角，不能产生竖向位移。此时C支座的竖向反力X_1是无法用静力平衡条件求得的。当切去C支座链杆并以相应的未知力X_1代替C支座对结构的作用时［见图6-1（b)］，原来超静定结构（以后简称原结构）的计算就转化为有多余未知力作用的静定结构的计算。这种去掉多余联系后得到的静定结构称为力法的基本结构。对基本结构进行计算时，利用叠加

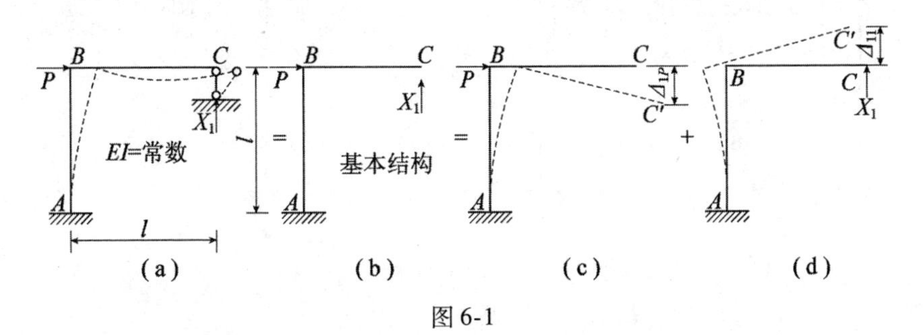

图6-1

原理将图6-1（b）情况分解为图6-1（c）和图6-1（d）两种情况的叠加。

由于原结构在支座 C 处与 X_1 相应的竖向位移为零，所以为了使基本结构的受力和变形与原结构一致，必须使

$$\Delta_{11} + \Delta_{1P} = 0 \tag{6-1}$$

若令 δ_{11} 表示 $X_1 = 1$ 作用时在 X_1 方向产生的位移，则 $\Delta_{11} = X_1\delta_{11}$，代入式（6-1）可以得到

$$X_1\delta_{11} + \Delta_{1P} = 0 \tag{6-2}$$

这个方程称为力法法方程。由上面分析可知，它的物理意义表示基本结构在切除多余联系处的位移应该与原结构位移一致。

上式中的 δ_{11} 为法方程的系数；Δ_{1P} 为法方程的自由项，它们的计算，只要理解了它们的意义，运用计算结构位移的方法就不难求得。如运用图乘法时，分别绘制出基本结构在未知力 $X_1=1$ 和荷载 P 作用下的弯矩图，如图6-2（a），（b）所示。

$$\delta_{11} = \sum\int\frac{\overline{M}_1^2\mathrm{d}s}{\mathrm{EI}} = \frac{1}{EI}\left(l^2 \times l + \frac{l^2}{2} \times \frac{2l}{3}\right) = \frac{4l^3}{3EI}$$

$$\Delta_{1P} = \sum\int\frac{\overline{M}_1 M_P\mathrm{d}s}{EI} = -\frac{1}{EI}\left(l^2 \times \frac{Pl}{2}\right) = -\frac{Pl^3}{2EI}$$

将 δ_{11} 和 Δ_{1P} 代入方程（6–2），可以解出

$$X_1 = -\frac{\Delta_{1P}}{\delta_{11}} - \left(-\frac{Pl^3}{2EI}\right) \times \frac{3EI}{4l^3} = \frac{3}{8}P$$

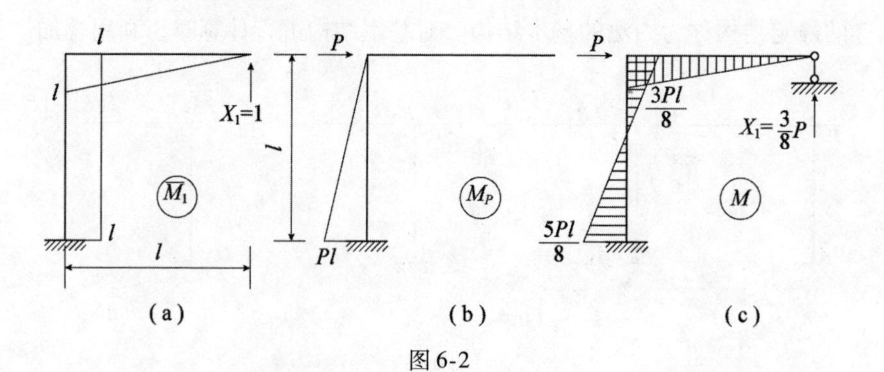

图6-2

求出的未知力 X_1 是正的，表示假设的 X_1 方向是正确的。再将 X_1 与荷载 P 共同作用于基本结构（静定结构）上，利用平衡条件作出基本结构的弯矩图，这个弯矩图也就是原结构的弯矩图［见图 6-2（c）］，或者利用 $\overline{M}_1$ 和 M_P 图进行叠加也可作出，即

$$M = \overline{M}_1 X_1 + M_P \tag{6-3}$$

剪力图和轴力图，同样可以用平衡条件作出。

回顾上例的求解过程，我们可以看出用力法解题的思路是：首先将现时不会求解的超静定结构去掉多余联系变成会求解的静定结构，然后考虑二者的变形要一致建立包含未知力的法方程，联立求解出未知力。由此可见，求解过程中的关键是基本结构和法方程式。

现在再讲述较一般的如图 6-3（a）所示三次超静定结构的计算，基本结构选取如图 6-3（b）所示。图 6-3 中其余四个图表示基本结构在荷载和三个未知力分别单独作用时的变形情况。

其他位移符号的意义，可以按两个下标加以区分，前一个下标表

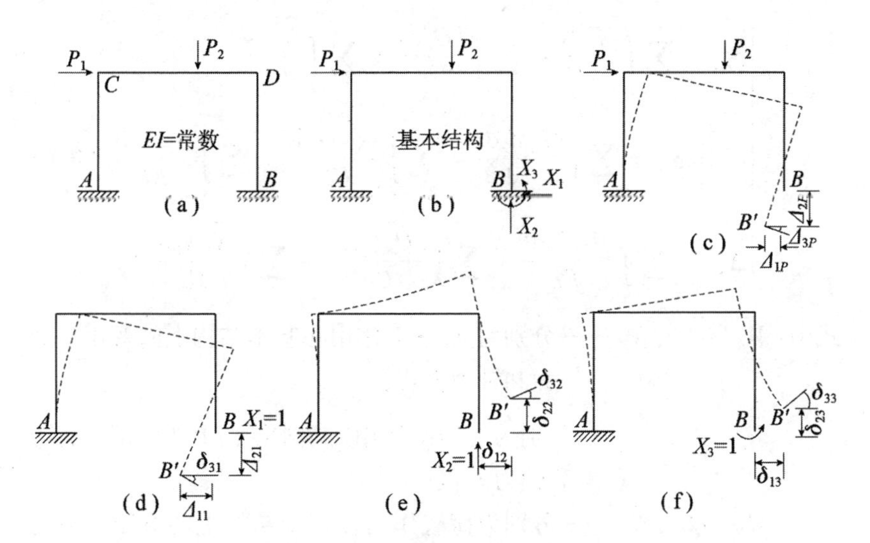

Δ_{1P}，Δ_{2P}，Δ_{3P} ——基本结构在荷载单独作用下分别在 X_1，X_2，X_3 方向的位移；

δ_{11}，δ_{21}，δ_{31} ——基本结构在 $X_1 = 1$ 作用下在 X_1，X_2 和 X_3 方向的位移。

图 6-3

示位移的位置和方向，后一个下标表示产生位移的原因。如果未知力 X_1 不等于1，在它的作用下所产生的位移显然分别为 $X_1\delta_{11}$，$X_1\delta_{21}$，$X_1\delta_{31}$，其余可以类推。原结构 B 支座在水平方向（即 X_1 方向）位移为零，而基本结构在各个多余未知力及荷载各自单独作用下，B 点将分别产生水平位移 $X_1\delta_{11}$，$X_2\delta_{12}$，$X_3\delta_{13}$，Δ_{1P}，而它们叠加的结果应该与原结构一致，由此列出式（6-4）第一式。同理可以写出式（6-4）另两个方程。

$$\begin{cases} X_1\delta_{11}+X_2\delta_{12}+X_3\delta_{13}+\Delta_{1P}=0 & (B\text{ 点沿 } X_1\text{ 方向无水平位移}) \\ X_1\delta_{21}+X_2\delta_{22}+X_3\delta_{23}+\Delta_{2P}=0 & (B\text{ 点沿 } X_2\text{ 方向无竖向位移}) \\ X_1\delta_{31}+X_2\delta_{32}+X_3\delta_{33}+\Delta_{3P}=0 & (B\text{ 点沿 } X_3\text{ 方向无转角}) \end{cases} \tag{6-4}$$

法方程式中的系数 δ_{KK} 称为主系数，δ_{Ki} 称为副系数，它们根据位移的互等定理应有 $\delta_{Ki}=\delta_{iK}$，即有副系数的互等关系，Δ_{KP} 称为自由项，它们都是基本结构的位移，在一般情况下它们的计算表达式为

$$\begin{cases} \delta_{KK}=\sum\int_s\frac{\overline{M}_K^2\mathrm{d}s}{EI}+\sum\int_s\frac{k\overline{Q}_K^2\mathrm{d}s}{GF}+\sum\int_s\frac{\overline{N}_K^2\mathrm{d}s}{EF} \\ \delta_{Ki}=\delta_{iK}=\sum\int_s\frac{\overline{M}_K\overline{M}_i\mathrm{d}s}{EI}+\sum\int_s\frac{k\overline{Q}_K\overline{Q}_i\mathrm{d}s}{GF}+\sum\int_s\frac{\overline{N}_K\overline{N}_i\mathrm{d}s}{EF} \\ \Delta_{KP}=\sum\int_s\frac{\overline{M}_KM_P\mathrm{d}s}{EI}+\sum\int_s\frac{k\overline{Q}_KQ_P\mathrm{d}s}{GF}+\sum\int_s\frac{\overline{N}_KN_P\mathrm{d}s}{EF} \end{cases} \tag{6-5}$$

式中：$\overline{M}_K$、$\overline{Q}_K$、$\overline{N}_K$ ——分别为 $X_K=1$ 作用在基本结构上的弯矩、剪力和轴力方程；

$\overline{M}_i$、$\overline{Q}_i$、$\overline{N}_i$ ——分别为 $X_i=1$ 作用在基本结构上的弯矩、剪力和轴力方程；

M_P、Q_P、N_P ——分别为荷载作用在基本结构上的弯矩、剪力和轴力方程。

当结构是由等截面直杆组成时，上述系数和自由项可以用图乘法求出。

从式（6-5）可以看出，主系数 δ_{KK} 恒为正值，副系数 δ_{Ki} 可以为正、可以为负也可以为零。了解这些系数的特性，不仅可以加深对法方程式意义的理解，而且对以后的计算带来很大的方便。

联立求解法方程式得出全部多余未知力以后的内力计算只要将多余未知力（已经解出）当成荷载，与原有荷载一起作用在基本结构上用平衡条件求出。

必须指出的是，同一个超静定结构可以有多种去掉多余联系的方式，因而可以选取不同的基本结构。例如图6-3（a）所示三次超静定结构，还可以选取如图6-4（a）和图6-4（b）所示基本结构，其法方程式的形式仍如式（6-4）一样，不过其意义有所不同。对图6-4（a）所示基本结构来说，三个法方程式，分别表示原结构在切口处无相对水平位移、相对竖向位移和相对转角。至于对图6-4（b）所示基本结构，读者可以自行说明。根据超静定结构解答的唯一性，各种基本结构所求得的最后结果必然是一样的。

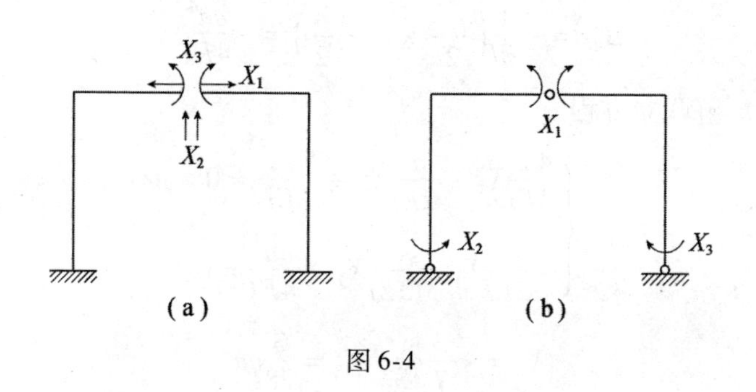

图6-4

6.2　超静定结构在荷载作用下的算例

【例6-1】 计算如图6-5（a）所示刚架并作弯矩图。各杆的抗弯刚度 EI = 常数。

【解】（1）取基本结构：该结构为二次超静定刚架，切去 A 支座的两个多余联系，放置未知力 X_1 和 X_2，如图6-5（b）所示。

(2) 列力法的法方程式：根据原结构 A 点无水平位移和竖向位移的条件建立法方组

$$\begin{cases} X_1\delta_{11} + X_2\delta_{12} + \Delta_{1P} = 0 \\ X_1\delta_{21} + X_2\delta_{22} + \Delta_{2P} = 0。\end{cases}$$

(3) 求系数及自由项：先作出弯矩图 M_P、$\overline{M}_1$ 和 $\overline{M}_2$，如图 6-5 (c)、(d)、(e) 所示，然后利用图乘法可以求得

$$\delta_{11} = \frac{1}{EI}\left(\frac{a^2}{2} \times \frac{2a}{3} + a^2 \times a\right) = \frac{4a^3}{3EI}$$

$$\delta_{12} = \delta_{21} = -\frac{1}{EI}\left(a^2 \times \frac{a}{2}\right) = -\frac{a^3}{2EI}$$

$$\delta_{22} = \frac{1}{EI}\left(\frac{a^2}{2} \times \frac{2a}{3}\right) = \frac{a^3}{3EI}$$

$$\Delta_{1P} = \frac{1}{EI}\left(\frac{1}{3} \times \frac{qa^2}{2} \times a \times \frac{3a}{4} + \frac{qa^2}{2} \times a \times a\right) = \frac{5qa^4}{8EI}$$

$$\Delta_{2P} = -\frac{1}{EI}\left(\frac{qa^2}{2} \times a \times \frac{a}{2}\right) = -\frac{qa^4}{4EI}。$$

(4) 解联立方程

$$\begin{cases} \frac{4a^3}{3EI}X_1 - \frac{a^3}{2EI}X_2 + \frac{5qa^4}{8EI} = 0 \\ -\frac{a^3}{2EI}X_1 + \frac{a^3}{3EI}X_2 - \frac{qa^4}{4EI} = 0 \end{cases}$$

得
$$X_1 = -\frac{3}{7}qa，X_2 = \frac{3}{28}qa$$

未知力 X_1 解出为负值，表示 X_1 假设方向与实际方向相反，X_2 解出为正值，表示与假设方向相同。

(5) 作弯矩图

$$M = \overline{M}_1X_1 + \overline{M}_2X_2 + M_P$$

弯矩图如图 6-5 (f) 所示，绘制于受拉边。

(6) 作剪力图和轴力图：有两种方法，其一是将求解出的多余未知力当做荷载，连同原结构上的荷载共同作用于基本结构上，用作

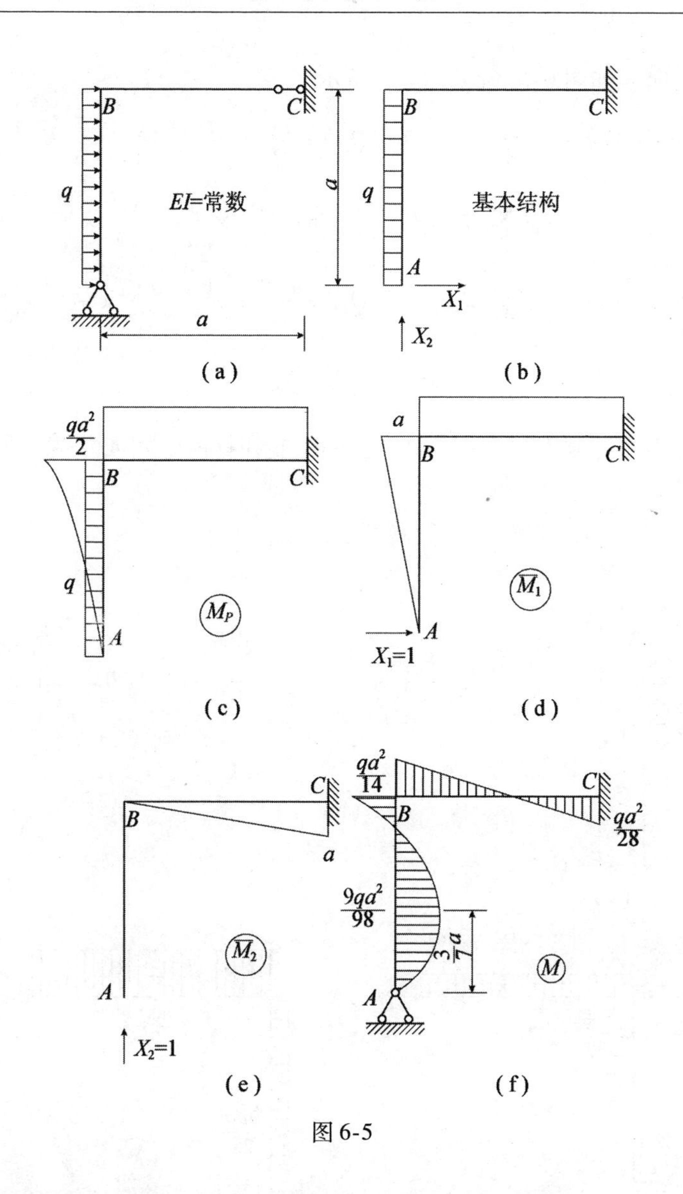

图6-5

静定结构的剪力图和轴力图方法进行，此处不再赘述。

另一种方法是，作某一杆的剪力图时，截出此杆当脱离体，如实地放上弯矩图中已知的杆端弯矩和荷载，由平衡条件求出杆端剪力，即可作出此杆的剪力图。如取 AB，BC 杆为脱离体，杆端剪力先都假设为正向，如图 6-6（a）、（b）所示。

AB 段平衡　　$\sum M_B = 0 \quad Q_{AB} = \frac{qa^2}{2} \times \frac{1}{a} - \frac{qa^2}{14} \times \frac{1}{a} = \frac{3}{7}qa$

$$\sum M_A = 0 \quad Q_{BA} = -\frac{qa^2}{2} \times \frac{1}{a} - \frac{qa^2}{14} \times \frac{1}{a} = -\frac{4}{7}qa$$

BC 段平衡　　$\sum M_B = 0 \quad Q_{BC} = \frac{qa^2}{14} \times \frac{1}{a} + \frac{qa^2}{28} \times \frac{1}{a} = \frac{3}{28}qa$

$$\sum Y = 0 \quad Q_{CB} = \frac{3}{28}qa$$

剪力图绘制于图 6-6（d），正的绘制在杆的上侧或左侧，且注上正负号。

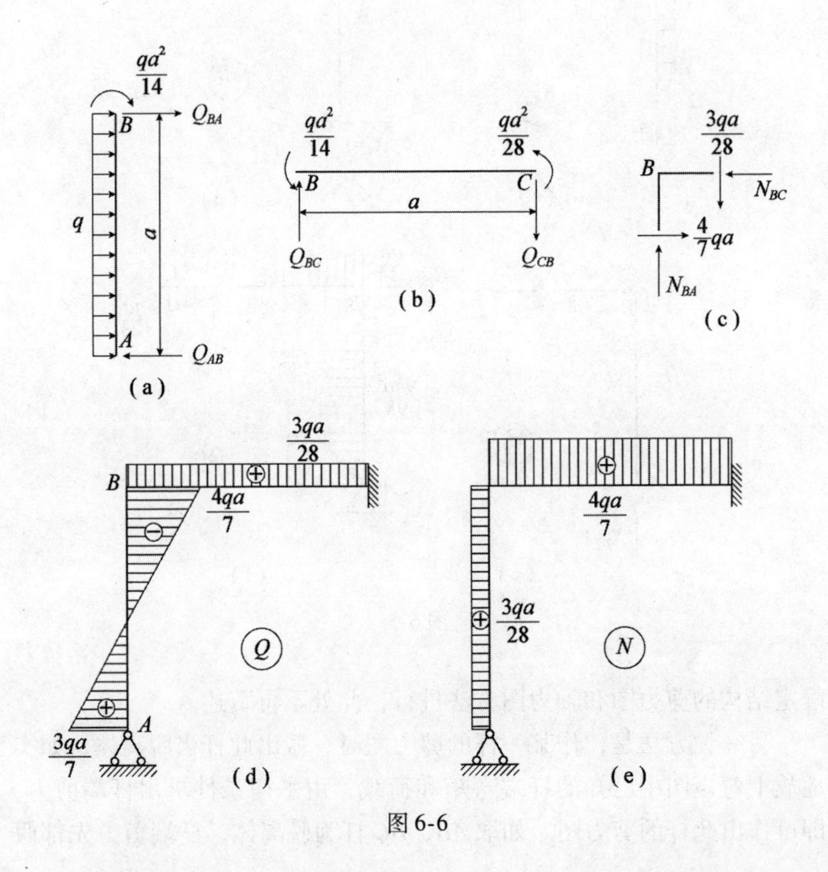

图 6-6

作某一杆的轴力图时，可以取出含该杆的结点为脱离体，如实绘制上 Q 剪力图中的已知杆端剪力，由结点的平衡条件求出杆端轴力，即可作出此杆的轴力图。如取 B 结点为脱离体，如图6-6（c）所示，画上已知的杆端剪力和待求的轴力，当轴力规定压为正时，则假设的正向轴力指向结点，由 $\sum X=0$ 和 $\sum Y=0$ 可以求得

$$N_{BC}=\frac{4}{7}qa,\quad N_{BA}=\frac{3}{28}qa$$

正号表示所求轴力为压力。轴力图绘制于图6-6（e），正的绘制于杆件的上侧或左侧，且注明正负号。

【例6-2】 图6-7（a）为两跨单层厂房排架的计算简图，试求在吊车刹车力 P 作用下的弯矩图。各杆 EI 不同，注在图上。

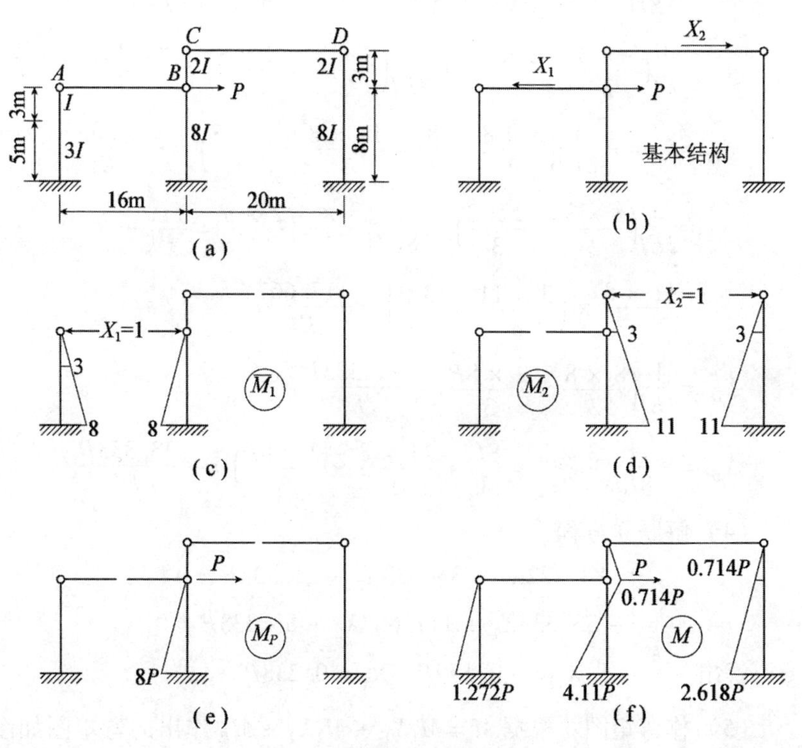

图6-7

【解】（1）取基本结构：因厂房上部屋架简化为只受轴力的链杆，故假设其 EF 为无穷大，切断链杆后变成三个悬臂柱作为基本结构，如图6-7（b）所示。

（2）列法方程式：根据链杆切口的相对位移为零的条件得出

$$\begin{cases}X_1\delta_{11}+X_2\delta_{12}+\Delta_{1P}=0\\X_1\delta_{21}+X_2\delta_{22}+\Delta_{2P}=0\end{cases}$$

由于链杆切口无相对位移且链杆无伸缩变形，上述两个方程也分别表示为 A、B 两点和 C、D 两点之间的相对位移为零的条件。

（3）求系数和自由项：作 $\overline{M}_1$、$\overline{M}_2$ 和 M_P 图，按照 EI 的不同，分段图乘进行叠加可以得到

$$\delta_{11}=\frac{1}{3EI}\left[\frac{8\times5}{2}\left(\frac{2\times8}{3}+\frac{3}{3}\right)+\frac{3\times5}{2}\left(\frac{2\times3}{3}+\frac{8}{3}\right)\right]+$$

$$\frac{1}{EI}\left(\frac{3\times3}{2}\times\frac{2\times3}{3}\right)+\frac{1}{8EI}\left(\frac{8\times8}{2}\times\frac{2\times8}{3}\right)=\frac{84.222}{EI}$$

$$\delta_{12}=\delta_{21}=-\frac{1}{8EI}\left(\frac{3\times8}{2}\times\frac{8}{3}+\frac{11\times8}{2}\times\frac{2\times8}{3}\right)=-\frac{33.333}{EI}$$

$$\delta_{22}=\frac{2}{2EI}\left(\frac{3\times3}{2}\times\frac{2\times3}{3}\right)+\frac{2}{8EI}\left[\frac{3\times8}{2}\left(\frac{2\times3}{3}+\frac{11}{3}\right)+\right.$$

$$\left.\frac{11\times8}{2}\times\left(\frac{2\times11}{3}+\frac{3}{3}\right)\right]=\frac{117.667}{EI}$$

$$\Delta_{1P}=\frac{1}{8EI}\left(\frac{8\times8}{2}\times\frac{2\times8P}{3}\right)=\frac{21.333P}{EI}$$

$$\Delta_{2P}=-\frac{1}{8EI}\left(\frac{3\times8}{2}\times\frac{8P}{3}+\frac{11\times8}{2}\times\frac{2\times8P}{3}\right)=-\frac{33.333P}{EI}。$$

（4）解联立方程

$$\begin{cases}84.222X_1-33.333X_2+21.333P=0\\-33.333X_1+117.667X_2-33.333P=0\end{cases}$$

解出 $X_1=-0.159P$，$X_2=0.238P$。

（5）作弯矩图：根据 $M=\overline{M}_1X_1+\overline{M}_2X_2+M_P$ 作出的弯矩图如图6-7（f）所示。

【例6-3】 计算如图6-8（a）所示曲杆结构的固端弯矩和最大弯矩。

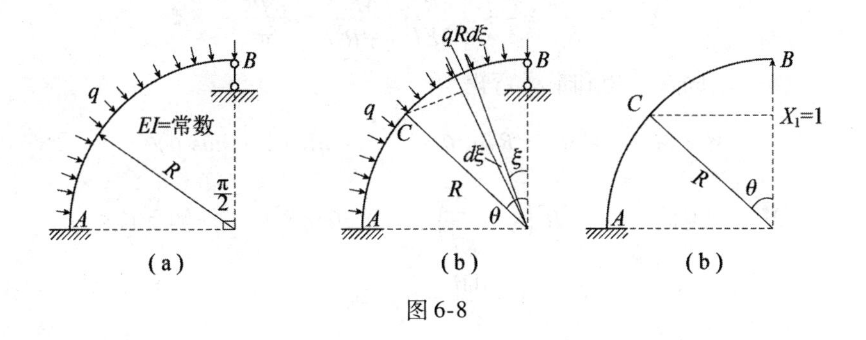

图6-8

【解】（1）取基本结构：切去 B 支座链杆代以未知力 X_1。

（2）列法方程式：根据 B 点竖向位移为零的条件建立法方程。

$$X_1\delta_{11}+\Delta_{1P}=0。$$

（3）求系数和自由项：因为是曲杆结构，要用积分法计算系数及自由项。现只考虑弯曲变形的影响，而不考虑曲杆的曲率对变形的影响。用极坐标列出曲杆上的任意点 C 的弯矩表达式，规定内侧受拉为正弯矩。由图6-8（c）有

$$\overline{M}_1=R\sin\theta$$

列任意点 M_P 的表达式时，要注意荷载方向的改变，引用中间变量 ξ，角 ξ 由零变到 θ，先暂把 θ 当成常量看待，由图6-8（b）有

$$M_P=-\int_0^\theta(qR\mathrm{d}\xi)R\sin(\theta-\xi)=qR^2\int_0^\theta\sin(\theta-\xi)\,\mathrm{d}(\theta-\xi)=$$

$$-qR^2(1-\cos\theta)$$

求系数和自由项

$$\delta_{11}=\int_s\frac{\overline{M}_1^2\mathrm{d}s}{EI}=\frac{1}{EI}\int_0^{\frac{\pi}{2}}(R\sin\theta)^2R\mathrm{d}\theta=\frac{\pi R^3}{4EI}$$

$$\Delta_{1P}=\int_s\frac{\overline{M}_1M_P\mathrm{d}s}{EI}=-\frac{1}{EI}\int_0^{\frac{\pi}{2}}(R\sin\theta)qR^2(1-\cos\theta)R\mathrm{d}\theta=-\frac{qR^4}{2EI}。$$

（4）解方程

$$X_1 = -\frac{\Delta_{1P}}{\delta_{11}} = -\left(-\frac{qR^4}{2EI}\right)\left(\frac{4EI}{\pi R^3}\right) = \frac{2qR}{\pi}。$$

（5）求固端弯矩和最大弯矩

$$M = \overline{M}_1 X_1 + M_P = R\sin\theta \times \frac{2qR}{\pi} - qR^2(1-\cos\theta)$$

$$M_A = [M]_{\theta=\frac{\pi}{2}} = -qR^2\left(1-\frac{2}{\pi}\right) = -0.363qR^2 \quad （外侧受拉）$$

令

$$Q = \frac{\mathrm{d}M}{\mathrm{d}x} = 0，则$$

$$R\cos\theta \times \frac{2qR}{\pi} - qR^2\sin\theta = 0$$

解得 $\tan\theta = \frac{2}{\pi}$，最大弯矩发生在 $\theta = 32.48°$ 处

$$M_{\max} = \frac{2qR^2}{\pi} \times \sin 32.48° - qR^2(1-\cos 32.48°) = 0.186qR^2（内侧受拉）。$$

6.3 超静定结构在温度变化和支座位移作用下的计算

超静定结构与静定结构的差别之一，是由于温度变化和支座位移的作用下也会产生内力，用力法计算时所依据的原理和计算步骤，同荷载作用时完全相同，只是自由项的计算不同。

6.3.1 温度变化情况

现以如图 6-9（a）所示的结构为例，研究它在温度变化时所引起的内力。该图中所示的外侧温度为零度是指与结构竣工时的温度相同，内侧温度比竣工时温度升高 10℃，各杆的抗弯刚度 EI = 常数，截面高度为 h，材料的线膨胀系数为 α。

该结构为一次超静定结构，切去 C 支座链杆作为基本结构，根据原结构 C 点的竖向位移为零的条件，建立法方程式如下

$$X_1\delta_{11} + \Delta_{1t} = 0$$

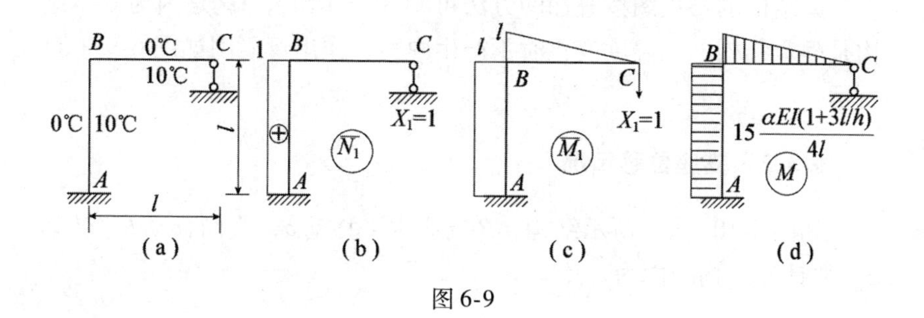

图 6-9

系数 δ_{11} 只考虑弯曲变形，用图乘法可以求得

$$\delta_{11}=\frac{1}{EI}\left(\frac{l^2}{2}\times\frac{2l}{3}+l^2 l\right)=\frac{4l^3}{3EI}$$

自由项 Δ_{1t} 的计算，按照温度变化的位移公式写出

$$\Delta_{1t}=\sum\left[\pm\alpha\frac{|t_1+t_2|}{2}|\omega_{\overline{N}1}|\pm\alpha\frac{|t_1+t_2|}{h}|\omega_{\overline{M}1}|\right] \tag{6-6}$$

在进行计算时，前一项正负号由杆件受轴力 $\overline{N}_1$ 的伸缩变形与温度变化时杆轴线发生的伸缩变形是否一致而定，一致者取正号，不一致取负号。如 AB 杆在假设的 $X_1=1$ 作用下承受压力而缩短，杆轴温升 5℃时伸长，变形相反，故前一项取负号。后一项的正负号由杆件承受弯矩 $\overline{M}_1$ 挠曲方向与温度变化产生的挠曲方向是否一致而定，一致者取正号。如 AB 杆在假设的 $X_1=1$ 作用下外侧受拉向左凸出，而温度变化向右凸出，故后一项取负号。

$$\Delta_{1t}=-\alpha\left(\frac{0+10}{2}\right)(1\times l)-\alpha\left(\frac{10-0}{h}\right)(l\times l)-\alpha\left(\frac{10-0}{h}\right)\left(\frac{l\times l}{2}\right)$$

$$=-5\alpha l-15\alpha\frac{l^2}{h}$$

代入法方程式求解可得

$$X_1=-\frac{\Delta_{1t}}{\delta_{11}}=\frac{15\alpha EI(1+3l/h)}{4l^2}$$

求出的未知力 X_1 为正，表示假设方向与实际方向一致。

原结构的弯矩图按叠加的方法可知 $M=\overline{M}_1X_1$，这是因为基本结构是静定结构，在温度变化时不产生内力，作出弯矩图如图 6-9（d）所示。

6.3.2 支座位移情况

如图 6-10（a）所示结构，B 支座水平移动 a，竖向移动 b，转动 φ，要计算结构的内力。

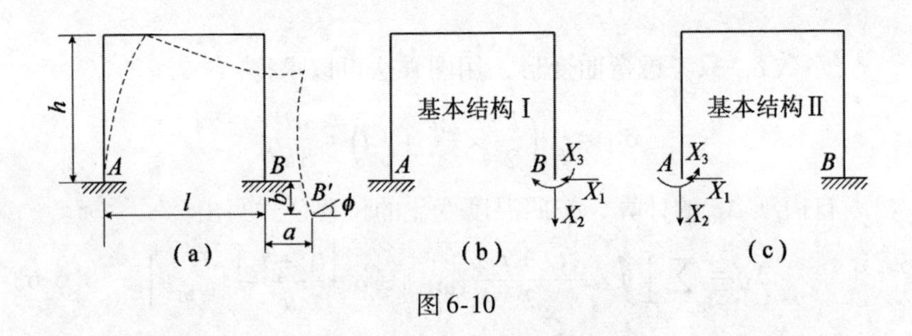

图 6-10

取基本结构时，如果是切去 B 支座，取如图 6-10（b）所示的基本结构Ⅰ，则法方程式为

$$\begin{cases} X_1\delta_{11}+X_2\delta_{12}+X_3\delta_{13}=-a \\ X_1\delta_{21}+X_2\delta_{22}+X_3\delta_{23}=b \\ X_1\delta_{31}+X_2\delta_{32}+X_3\delta_{33}=-\varphi \end{cases}$$

式（6-14）的物理意义可以理解为结构在多余未知力作用下把 B 支座强迫移动到了 B' 点，第一式右边的“$-a$”表示 X_1 方向的移动与所假设的 X_1 方向相反，同理“b”表示与 X_2 方向相同，“$-\varphi$”表示与 X_3 方向相反。

如果取基本结构如图 6-10（c）所示的基本结构Ⅱ，则法方程式为

$$\begin{cases} X_1\delta_{11}+X_2\delta_{12}+X_3\delta_{13}+\Delta_{1\Delta}=0 \\ X_1\delta_{21}+X_2\delta_{22}+X_3\delta_{23}+\Delta_{2\Delta}=0 \\ X_1\delta_{31}+X_2\delta_{32}+X_3\delta_{33}+\Delta_{3\Delta}=0 \end{cases}$$

式中自由项 $\Delta_{K\Delta}$ 表示由于支座移动时基本结构在未知力 X_K 方向

产生的位移，这些位移由虚功原理 $T_{Ki}=0$ 或由几何关系可以求出

$$\Delta_{1\Delta}=-a,\ \Delta_{2\Delta}=-b-l\varphi,\ \Delta_{3\Delta}=\varphi$$

最后应该指出，若结构上同时存在荷载、温度变化和支座位移，则根据叠加原理建立法方程式如下

$$\begin{cases}X_1\delta_{11}+X_2\delta_{12}+X_3\delta_{13}+\Delta_{1P}+\Delta_{1t}+\Delta_{1\Delta}=0\\X_1\delta_{21}+X_2\delta_{22}+X_3\delta_{23}+\Delta_{2P}+\Delta_{2t}+\Delta_{2\Delta}=0\\X_1\delta_{31}+X_2\delta_{32}+X_3\delta_{33}+\Delta_{3P}+\Delta_{3t}+\Delta_{3\Delta}=0\end{cases}\tag{6-7}$$

【例6-4】 如图6-11（a）所示单跨梁，A 支座转动 φ_A，试作其弯矩图。

【解】（1）取基本结构：该结构为三次超静定梁，取基本结构如图6-11（b）所示，则多余未知力为两个杆端弯矩和一个轴力，即 $X_1=M_{AB}$，$X_2=M_{BA}$，$X_3=N_{AB}$。

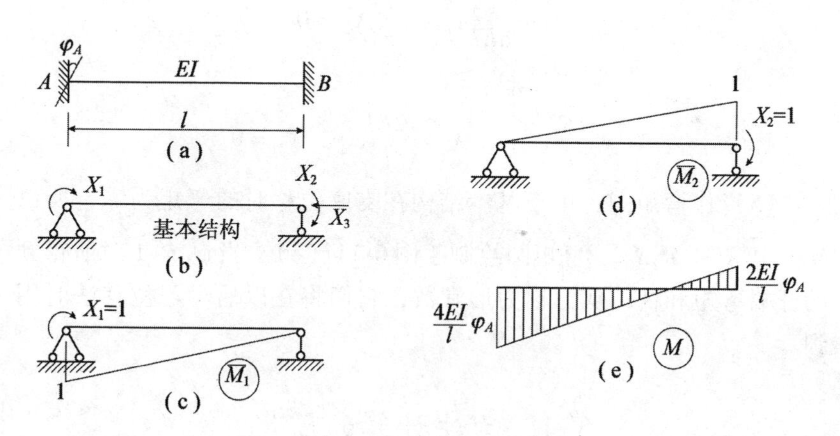

图6-11

（2）列法方程式：根据原结构 A 端转角为 φ_A，B 端转角和水平位移为零的条件可得

$$\begin{cases}X_1\delta_{11}+X_2\delta_{12}+X_3\delta_{13}=\varphi_A\\X_1\delta_{21}+X_2\delta_{22}+X_3\delta_{23}=0\\X_1\delta_{31}+X_2\delta_{32}+X_3\delta_{33}=0\end{cases}。$$

(3) 求系数和自由项：作出 $\overline{M}_1$ 图，$\overline{M}_2$ 图，而 $\overline{M}_3$ 图为零，用图乘法计算可以得到

$$\delta_{11}=\frac{1}{EI}\left(\frac{l\times 1}{2}\times\frac{z}{3}\right)=\frac{l}{3EI}$$

$$\delta_{22}=\frac{l}{3EI}$$

$$\delta_{12}=\delta_{21}=-\frac{1}{EI}\left(\frac{l\times 1}{2}\times\frac{1}{3}\right)=-\frac{l}{6EI}$$

如果考虑轴力对位移的影响，则 δ_{33} 不为零，因为 X_3 作用下无弯矩和剪力，X_1 和 X_2 作用下无轴力，所以 δ_{31} 和 δ_{32} 恒为零。

(4) 解联立方程

$$\begin{cases}\dfrac{l}{3EI}X_1-\dfrac{l}{6EI}X_2=\varphi_A\\ -\dfrac{l}{6EI}X_1+\dfrac{l}{3EI}X_2=0\\ \delta_{33}X_3=0\end{cases}$$

解得 $X_1=\dfrac{4EI}{l}\varphi_A$，　$X_2=\dfrac{2EI}{l}\varphi_A$，$X_3=0$。

(5) 作弯矩图：由于基本结构在支座位移时的弯矩为零，所以 $M=\overline{M}_1X_1+\overline{M}_2X_2$，弯矩图绘制于图 6-11 (e)。当 $\varphi_A=1$ 时所得到的杆端弯矩和杆端剪力称为形常数，它们将在以后学习位移法时用到。

6.4 力法计算的简化

结构的超静定次数愈高，未知力和法方程式的数目就愈多，计算工作量也愈大。研究简化的方法，对减轻计算量提高计算精度很有必要。从法方程式中的主系数永远为正而副系数可正可负也可为零的特点可知，简化计算的主要目标是使法方程式中有尽可能多的副系数为零。本节介绍的简化方法有对称性的利用、弹性中心法和其他方法。

6.4.1　对称性利用

如图6-12（a）所示结构的几何尺寸、截面刚度和支座都对称，我们把具有这三个方面对称的结构，称为对称结构。若其上作用对称荷载，在取基本结构时于对称轴处切开，放上三对多余未知力，即轴力X_1，剪力X_2，弯矩X_3，如图6-12（b）所示，然后分别作出它们的单位弯矩图，如图6-12（d），（e），（f）所示，荷载弯矩图，如图6-12（c）所示。

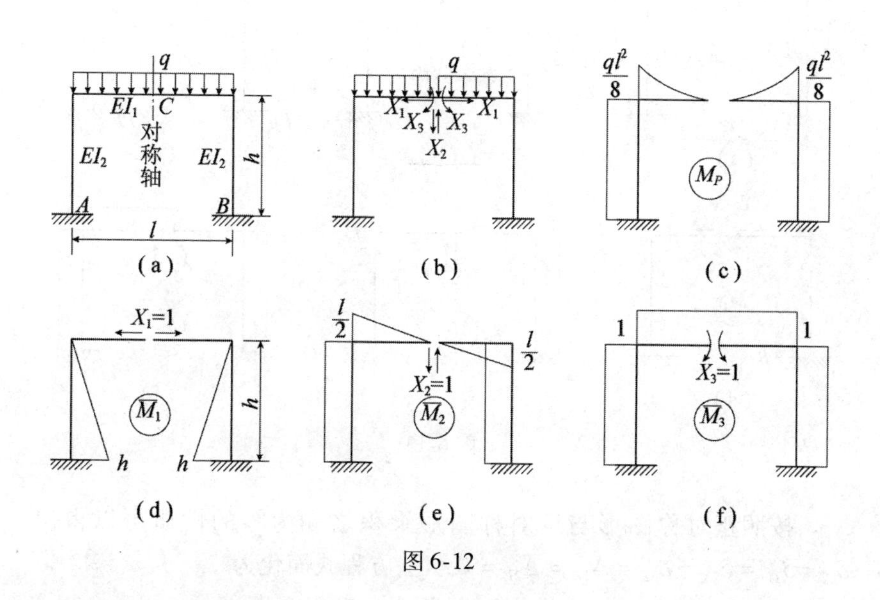

图6-12

用图乘法求系数和自由项时，可以看出$\delta_{12}=\delta_{21}=0$，这是因为$\overline{M}_1$图正对称，$\overline{M}_2$图反对称，图乘结果为零。同理可知$\delta_{23}=\delta_{32}=0$，$\Delta_{2P}=0$，于是法方程式简化为

$$\begin{cases} X_1\delta_{11}+X_3\delta_{13}+\Delta_{1P}=0 \\ X_1\delta_{31}+X_3\delta_{33}+\Delta_{3P}=0 \\ X_2\delta_{22}=0 \end{cases} \tag{6-8}$$

联立求解式（6-8）可知，三对未知力中的反对称未知力$X_2=$

0。由此我们可以得出结论：对称结构在对称荷载作用下其内力及位移也是正对称的，反之亦然。故这种情况下只有正对称未知力，反对称未知力为零。

如图6-13（a）所示为对称结构，其上作用反对称荷载，选对称的基本结构并画出各单位弯矩图如图6-13（b）、（d）、（e）、（f）所示，荷载弯矩图如图6-13（c）所示。

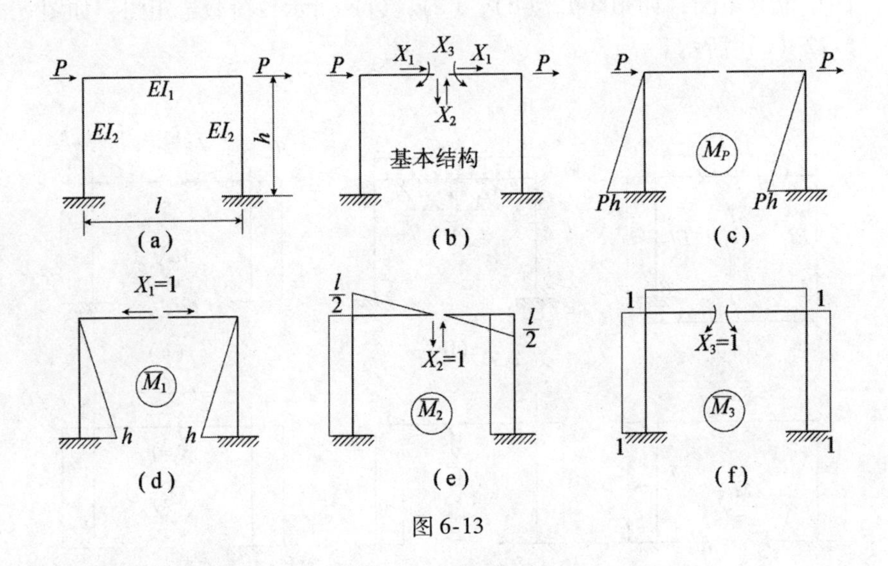

图6-13

按照正对称图形与反对称图形乘积之和为零的性质可以得出 $\delta_{12}=\delta_{21}=\delta_{23}=\delta_{32}=\Delta_{1P}=\Delta_{2P}=0$，法方程式简化为

$$\begin{cases} X_1\delta_{11}+X_3\delta_{13}=0 \\ X_1\delta_{31}+X_3\delta_{33}=0 \\ X_2\delta_{22}+\Delta_{2P}=0 \end{cases} \tag{6-9}$$

由柔度矩阵正定，式（6-9）前两式系数行列式大于零（证明略），可得正对称未知力 $X_1=X_3=0$，由此可知：对称结构在反对称荷载作用下，其内力和位移是反对称的。也就是在对称轴上只产生反对称未知力，正对称未知力为零。

当对称结构上作用的是任意荷载时，我们根据叠加原理把对称位置上的荷载值用求和取半与求差取半的办法，总是可以分解为正、反对称两组荷载。如图6-14（a）所示为六次超静定结构，其上荷载分解为正、反对称两组。此外应用前述结论还可以将未知力分组，分成为两组各只含三个未知力的法方程进行求解，这样做比直接求解六元联立方程式的工作量大为减少。因此，对称结构选用对称的基本结构，总是能够得到一定的简化的。

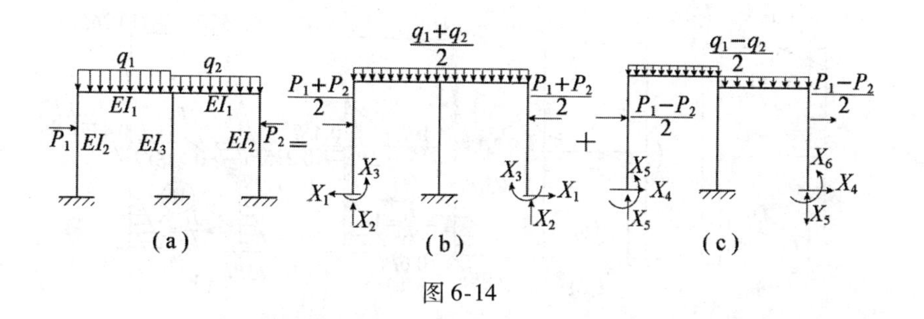

图6-14

【例6-5】 计算如图6-15（a）所示结构并作弯矩图。横杆抗弯刚度为 EI_1，竖杆为 EI_2。

【解】（1）取基本结构：结构对称，荷载分解为正、反对称两组，如图6-15（b）、（c）所示。而图6-15（b）所示正对称结点荷载作用下的弯矩图为零，为了证明这一点，可以在竖柱上的任意点 A、B 处切开，由于此时基本结构的荷载弯矩图 M_P 为零，所以全部自由项为零，而柔度矩阵的行列式大于零，故全部未知力为零，因此，最后弯矩图也为零。

反对称荷载作用下，在对称轴处切开，只有两个反对称的未知力 X_1 和 X_2。

（2）列法方程式：根据对称轴切口处相对竖向位移为零的条件，可以得到

$$\begin{cases} X_1\delta_{11} + X_2\delta_{12} + \Delta_{1P} = 0 \\ X_1\delta_{21} + X_2\delta_{22} + \Delta_{2P} = 0 \end{cases}$$。

（3）求系数和自由项

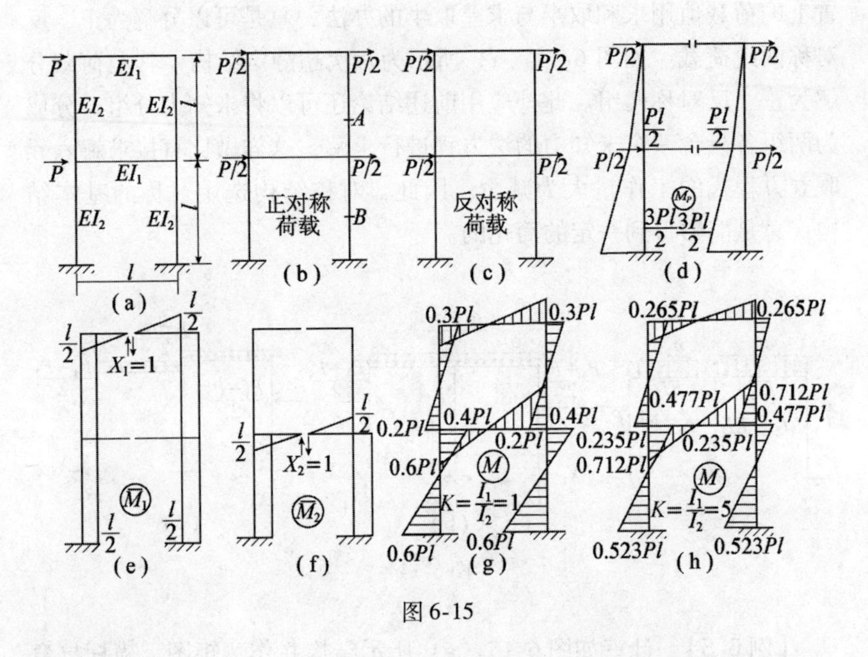

图 6-15

$$\delta_{11}=\frac{2}{EI_1}\left(\frac{1}{2}\times\frac{l}{2}\times\frac{l}{2}\times\frac{2}{3}\times\frac{l}{2}\right)+\frac{2}{EI_2}\left(\frac{l}{2}\times 2l\times\frac{l}{2}\right)=\frac{l^3}{12EI_1}+\frac{l^3}{EI_2}$$

$$\delta_{12}=\delta_{21}=\frac{2}{EI_2}\left(\frac{l}{2}\times l\times\frac{l}{2}\right)=\frac{l^3}{2EI_2}$$

$$\delta_{22}=\frac{2}{EI_1}\left(\frac{1}{2}\times\frac{l}{2}\times\frac{l}{2}\times\frac{2}{3}\times\frac{l}{2}\right)+\frac{2}{EI_2}\left(\frac{l}{2}\times l\times\frac{l}{2}\right)=\frac{l^3}{12EI_1}+\frac{l^3}{2EI_2}$$

$$\Delta_{1P}=-\frac{2}{EI_2}\left[\frac{1}{2}\times\frac{Pl}{2}\times l\times\frac{l}{2}+\frac{1}{2}\left(\frac{Pl}{2}+\frac{3Pl}{2}\right)\times l\times\frac{l}{2}\right]=-\frac{5Pl^3}{4EI_2}$$

$$\Delta_{2P}=-\frac{1}{EI_2}\left[\frac{1}{2}\left(\frac{Pl}{2}+\frac{3Pl}{2}\right)\times l\times\frac{l}{2}\right]=-\frac{Pl^3}{EI_2}。$$

（4）解联立方程

$$\begin{cases}\left(\dfrac{l^3}{12EI_1}+\dfrac{l^3}{EI_2}\right)X_1+\dfrac{l^3}{2EI_2}X_2-\dfrac{5Pl^3}{4EI_2}=0\\ \dfrac{l^3}{2EI_2}X_1+\left(\dfrac{l^3}{12EI_1}+\dfrac{l^3}{2EI_2}\right)X_2-\dfrac{Pl^3}{EI_2}=0\end{cases}$$

令 $K=\dfrac{I_1}{I_2}$，解出

$$X_1=\frac{18K^2+15K}{36K^2+18K+1}P$$

$$X_2=\frac{54K^2+12K}{36K^2+18K+1}P。$$

（5）作弯矩图：

当 $K=1$ 时，$X_1=0.6P$，$X_2=1.2P$ 弯矩图绘制于图6-15（g）。

当 $K=5$ 时，$X_1=0.53P$，$X_2=1.423P$ 弯矩图绘制于图6-15（h）。

讨论：

（1）随着横杆抗弯刚度的增大$\left(\text{即 } K=\dfrac{I_1}{I_2}\text{ 增大}\right)$，上下层竖杆的反弯点（弯矩为零的点）向竖杆中点靠近，若 $K\to\infty$，反弯点在竖杆中点。

（2）当横杆抗弯刚度减小 $K\to 0$ 时，则 X_1 和 X_2 也将趋近于零，此时竖杆变成为悬臂梁。

因此，调整横杆与竖杆的刚度之比，各杆的弯矩值也将相应地发生变化，这是设计中常常要用到的基本概念。

6.4.2　弹性中心法

如图6-16（a）所示为一个闭合周边的三次超静定结构，若将左支座的联系全部除掉，装上一根 $EI=\infty$ 的刚臂，并使其固定在任何一点 O［见图6-16（b）］，由于 O 点为固端且刚臂不能变形，故 A 点的位移必为零，这样以 O 点的位移条件来代替 A 点的位移条件，则结构本身的变形和受力情况没有任何改变。现在我们除掉 O 点的三个多余联系，放置三个多余未知力，其中 X_1 和 X_2 互相垂直而方向暂

时未定，如图 6-16（c）所示。由 O 点的位移条件成立力法的法方程式为

$$\begin{cases} X_1\delta_{11} + X_2\delta_{12} + X_3\delta_{13} + \Delta_{1P} = 0 \\ X_1\delta_{21} + X_2\delta_{22} + X_3\delta_{23} + \Delta_{2P} = 0 \\ X_1\delta_{31} + X_2\delta_{32} + X_3\delta_{33} + \Delta_{3P} = 0 \end{cases} \tag{6-10}$$

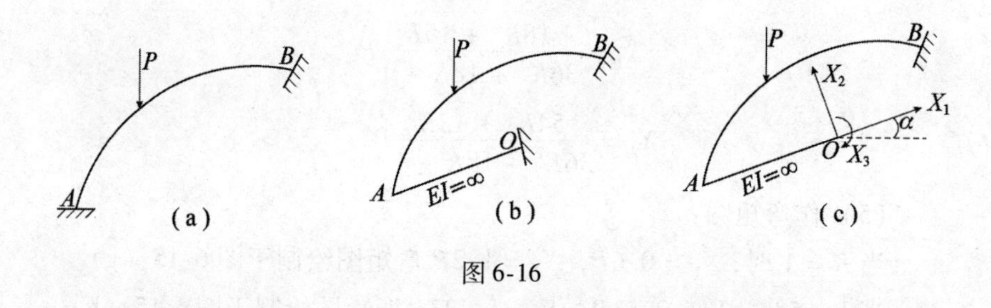

图 6-16

方程中的系数是未知力分别等于单位力作用于基本结构时的位移，其大小显然与未知力的作用点 O 以及 X_1 和 X_2 的方向（由 α 决定）有关，而现在这些条件尚没有确定，可以反过来使全部副系数等于零作为条件，以求得对应的 O 点的位置及 α 角的大小，如图 6-16（c）所示。

为此，将刚臂上的 O 点作为坐标原点，并沿 X_1 和 X_2 的作用线作为坐标轴，由图 6-17 可知

$$\overline{M}_1 = -v, \quad \overline{M}_2 = u, \quad \overline{M}_3 = 1$$

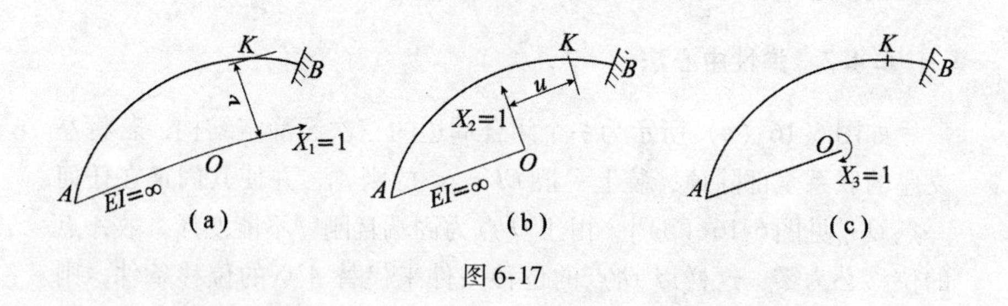

图 6-17

设不考虑剪力和轴力对位移的影响，则各副系数为

$$\begin{cases}\delta_{12}=\delta_{21}=\int_s \dfrac{\overline{M}_1\overline{M}_2}{EI}\mathrm{d}s=-\int_s uv\dfrac{\mathrm{d}s}{EI}\\ \delta_{13}=\delta_{31}=\int_s \dfrac{\overline{M}_1\overline{M}_3}{EI}\mathrm{d}s=-\int_s v\dfrac{\mathrm{d}s}{EI}\\ \delta_{23}=\delta_{32}=\int_s \dfrac{\overline{M}_2\overline{M}_3}{EI}\mathrm{d}s=\int_s u\dfrac{\mathrm{d}s}{EI}\end{cases} \tag{6-11}$$

如果将结构分成许多微段 ds，并且假想在结构的轴线上作一个平面图形，令这个图形的宽度处处等于其相应微段上的 $1/EI$，那么 ds/EI 就是各微段的假想面积 dF，如图6-18 所示，此假想面积称为弹性面积。

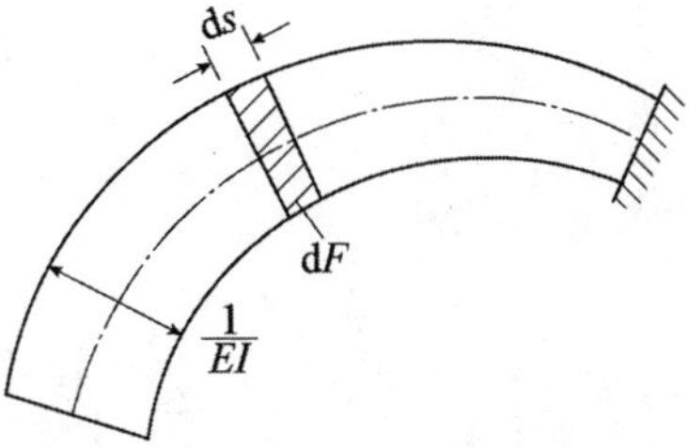

图 6-18

若令副系数符合等于零的条件，则应该有

$$\begin{cases}\delta_{12}=\delta_{21}=-\int_s uv\mathrm{d}F=0\\ \delta_{13}=\delta_{31}=-\int_s v\mathrm{d}F=0\\ \delta_{23}=\delta_{32}=\int_s u\mathrm{d}F=0\end{cases} \tag{6-12}$$

式（6-12）三个积分式的几何意义为：第一个等式表示弹性面积对坐标轴的惯性积等于零，第二个和第三个等式表示弹性面积对同一坐标系统的 X 轴和 Y 轴的面积矩均为零。这就是说只有当 O 点与弹性面积的形心重合，而且未知力 X_1 和 X_2 的方向也与弹性面积的主惯性轴重合时，才能使全部副系数等于零，达到简化的目的，这就是确定 O 点位置和 α 角的规则。由于 O 点必须是弹性面积的形心，所以把这个引用刚臂到 O 点的简化方法，叫做弹性中心法，O 点称为弹性中心。在这种情况下，法方程式为三个独立的方程

$$\begin{cases} X_1\delta_{11} + \Delta_{1P} = 0 \\ X_2\delta_{22} + \Delta_{2P} = 0 \\ X_3\delta_{33} + \Delta_{3P} = 0 \end{cases} \tag{6-13}$$

求结构弹性中心的位置，可以根据求形心位置的方法，选定任一坐标系（见图 6-19）应用下列公式计算

$$\bar{x} = \frac{\int x\mathrm{d}F}{\int \mathrm{d}F} = \frac{\int_0^S x\,\frac{\mathrm{d}s}{EI}}{\int_0^S \frac{\mathrm{d}s}{EI}} \tag{6-14}$$

$$\bar{y} = \frac{\int y\mathrm{d}F}{\int \mathrm{d}F} = \frac{\int_0^S y\,\frac{\mathrm{d}s}{EI}}{\int_0^S \frac{\mathrm{d}s}{EI}} \tag{6-15}$$

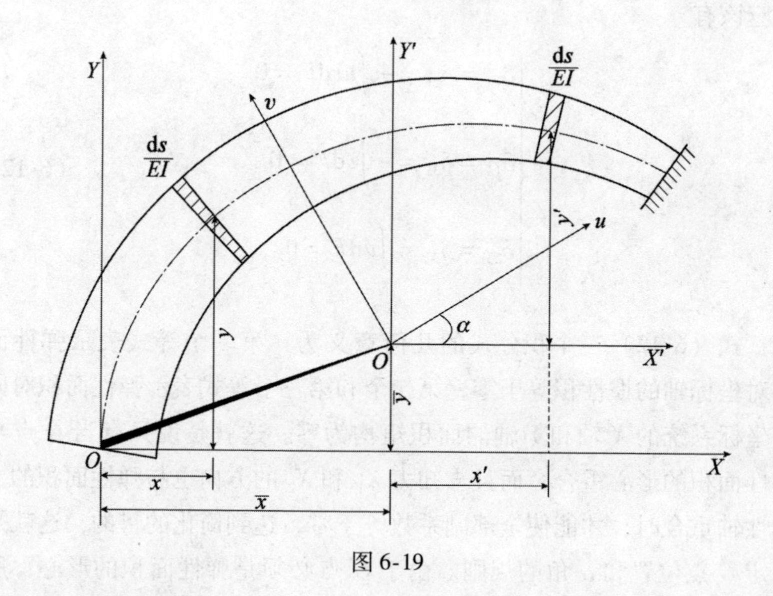

图 6-19

求弹性面积主惯性轴的位置，可以由平面图形几何性质的公式决定。对于对称钴构，其对称轴即为主轴之一，另一主轴将与此对称轴垂直。对于非对称结构，可以利用转轴公式确定主轴的倾角 α

$$\tan 2\alpha = -\frac{2I_{x'y'}}{I_{x'} - I_{y'}} \tag{6-16}$$

式中

$$I_{x'y'} = \int_0^S x'y' \frac{\mathrm{d}s}{EI}$$

$$I_{x'} = \int_0^S y'^2 \frac{\mathrm{d}s}{EI}$$

$$I_{y'} = \int_0^S x'^2 \frac{\mathrm{d}s}{EI}$$

对于非对称结构，求解弹性中心和主轴的工作是很麻烦的，比解三个联立方程式并不一定省事。但结构有一个对称轴时，对称轴就是主轴之一，且弹性中心就在这根对称轴上，此时只需要计算一个坐标值。若结构有两个对称轴时，弹性中心就在此两轴的交点，两个主轴与对称轴重合，这时采用弹性中心法就非常方便。

应该指出：取基本结构时的切口位置可以任意选定，如果切在杆件中间，必须在切口两边装上两根等长的刚臂，计算方法与上述相同。

【例6-6】 图6-20为有一个对称轴的无铰拱，拱轴方程式为 $y = 4f(l - x)\dfrac{x}{l^2}$。截面惯性矩变化规律为 $I_x = I_c/\cos\varphi_x$，式中 I_c 为拱顶截面的惯性矩，φ_x 为 x 截面处拱轴切线与水平线之间的夹角，试求该无铰拱的弹性中心位置。

【解】 计算弹性中心的坐标轴仍用拱轴线方程的坐标轴（见图6-20），因为结构有一个对称轴，故知 $\bar{x} = \dfrac{l}{2}$ 为弹性中心的一个坐标，另一坐标为

$$\bar{y}=\frac{\int_0^s y\frac{ds}{EI_x}}{\int_0^s\frac{ds}{EI_x}}=\frac{\int_0^l\left[\frac{4f}{l^2}(l-x)x\right]\frac{\cos\varphi_x}{EI_c}\times\frac{dx}{\cos\varphi_x}}{\int_0^l\frac{\cos\varphi_x}{EI_c}\times\frac{dx}{\cos\varphi_x}}=\frac{2}{3}f$$

即弹性中心在离开拱顶三分之一拱高处。

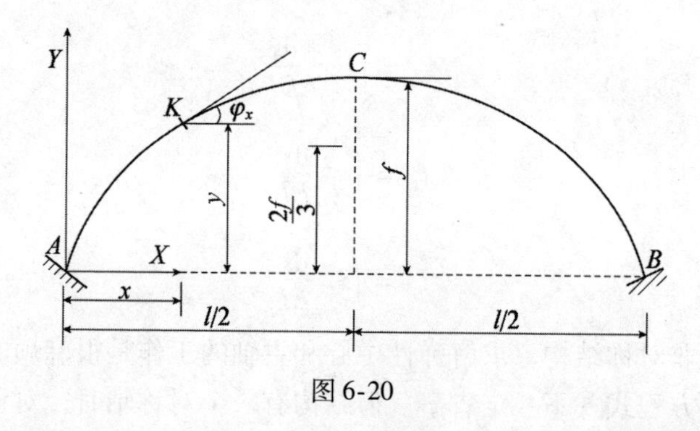

图 6-20

【例 6-7】 试用弹性中心法计算如图 6-21 所示圆管。EI = 常数。

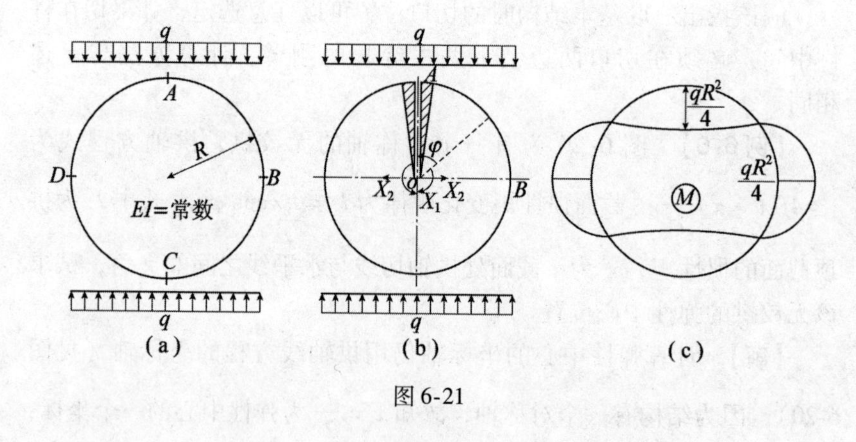

图 6-21

【解】 (1) 取基本结构：等截面圆管有两根对称轴，弹性中心在两轴交点的圆心处。因荷载为正对称，故弹性中心处只有两个多余

未知力 X_1 和 X_2，如图6-21（b）所示。

（2）列法方程式

$$X_1\delta_{11}+\Delta_{1P}=0(\text{刚臂端点 }o\text{ 处无相对转角})$$

$$X_2\delta_{22}+\Delta_{2P}=0(\text{刚臂端点 }o\text{ 处无相对水平位移})。$$

（3）求系数及自由项

$$\overline{M}_1=+1,\quad \overline{M}_2=-R\cos\varphi,\quad M_P=-\frac{q}{2}(R\sin\varphi)^2$$

$$\delta_{11}=\frac{2}{EI}\int_0^{\pi}R\mathrm{d}\varphi=\frac{2\pi R}{EI}$$

$$\delta_{22}=\frac{2}{EI}\int_0^{\pi}\frac{R^2\cos^2\varphi}{EI}R\mathrm{d}\varphi=\frac{\pi R^3}{EI}$$

$$\Delta_{1P}=\frac{2}{EI}\int_0^{\pi}\frac{q}{2}R^3\sin^2\varphi\mathrm{d}\varphi=-\frac{q\pi R^3}{2EI}$$

$$\Delta_{2P}=\frac{2}{EI}\int_0^{\pi}\frac{q}{2}R^4\sin^2\varphi\cos\varphi d\varphi=0。$$

（4）解法方程式

$$X_1=\frac{qR^2}{4},\quad X_2=0。$$

（5）内力表达式

$$M=\overline{M}_1X_1+M_P=\frac{qR^2}{4}-\frac{qR^2}{2}\sin^2\varphi=\frac{qR^2}{4}\cos2\varphi$$

$$Q=\frac{\mathrm{d}M}{\mathrm{d}x}=-\frac{qR}{2}\sin2\varphi$$

$$N=qR\sin^2\varphi\quad(\text{压力})$$

绘制出的弯矩图如图6-21（c）所示。

此题还可先取脱离体由平衡条件判断出 $X_2=0$，然后计算 X_1 和内力，这样计算更简化一些。

6.4.3 其他简化措施

力法的简化方法还有许多，但是简化的措施都仍然是尽量使副系数为零，这里只选用一些。

（1）未知力方向的选择：如图 6-22（a）所示二次超静定刚架，在铰处切开，有两对未知力 X_1 和 X_2，如图 6-22（b）所示。由于这两对未知力所画得的弯矩图 $\overline{M}_1$ 和 $\overline{M}_2$ 互相重叠，因此副系数不能等于零。但是若所设置的两对未知力与两杆的杆轴方向一致，其结果如图 6-22（c）所示。力 X_1 在 BC 杆中不产生弯矩，力 X_2 在 AC 杆中也不产生弯矩，因此副系数 $\delta_{12}=\delta_{21}=0$，使每个法方程式中只包含一个未知力而不必联立求解。

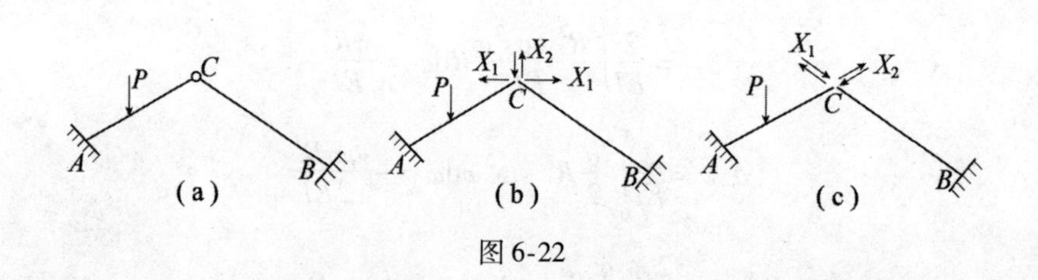

图 6-22

（2）使单位弯矩图限于局部：如图 6-23（a）所示多跨连续梁，若选用图 6-23（b）所示的基本结构时，单位弯矩图都互相重叠，全部副系数都不会为零。如果选用图 6-23（c）所示基本结构，单位弯矩图重叠部分大为减少，此时每个法方程式中最多只有三个系数不为

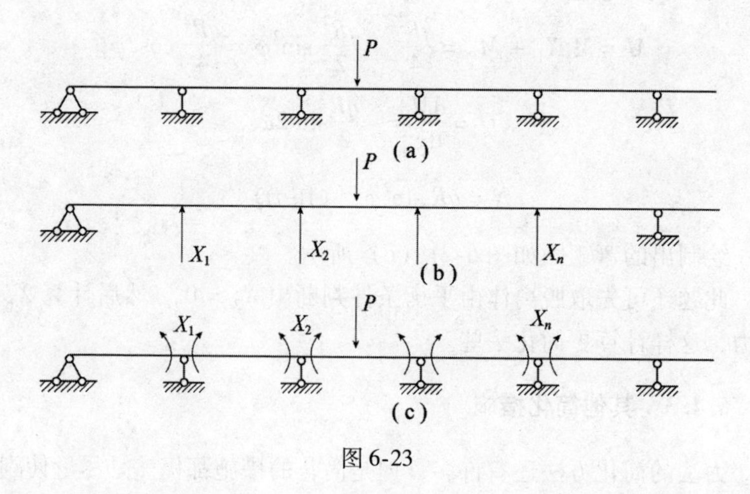

图 6-23

零，也就是一个方程中最多只包含三个多余未知力。

又如图6-24（a）所示多层刚架，选用图6-24（b）所示的基本结构时，单位弯矩图都互相重叠，全部副系数不会为零。但是如果我们将未知力换成为成组的未知力，如图6-24（c）所示，或者用加铰

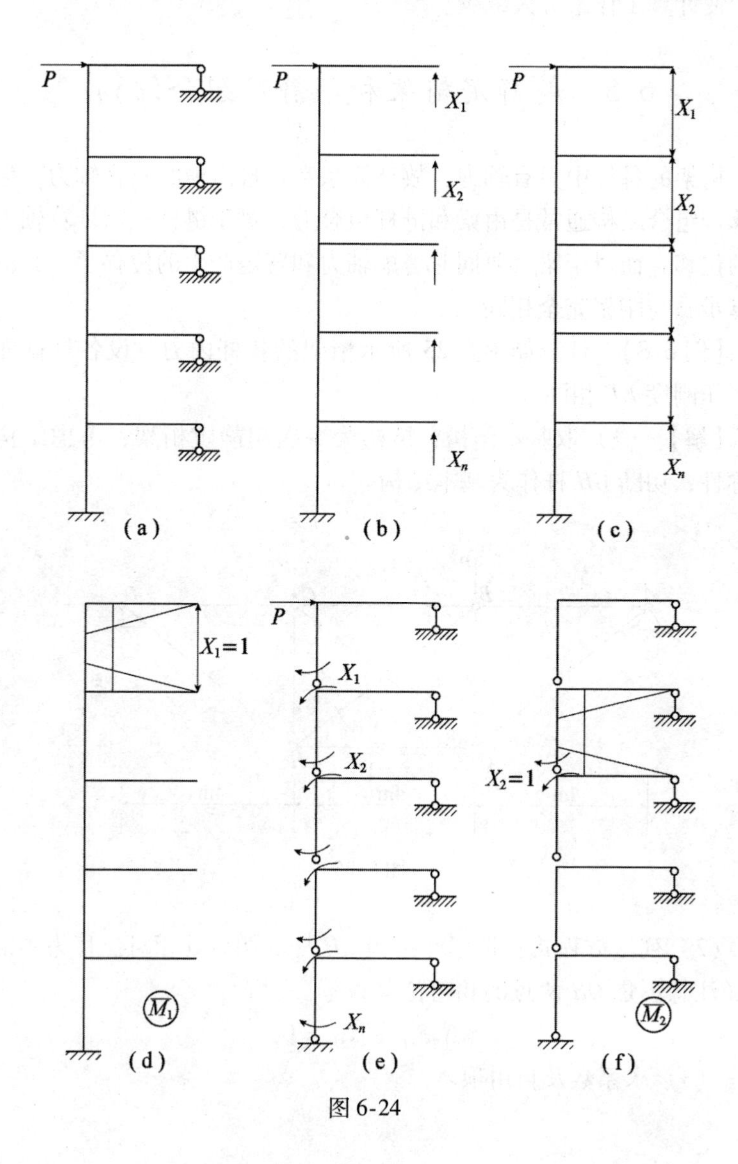

图6-24

办法取图 6-24（e）所示基本结构，它们的单位弯矩图都只限于基本结构的很小一部分。图 6-24（d）、（f）只分别绘出两种情况的 $\overline{M}_1$ 和 $\overline{M}_2$，由此看出它们的每一个法方程式中最多只包含了三个多余未知力，使计算工作量大大减少。

6.5 超静定桁架和超静定组合结构

桁架的各杆中只有轴力，故计算系数及自由项时只含轴力产生的位移。组合结构通常是由梁和链杆组合的，对于链杆只需计算轴力产生的位移，而对于梁就要同时考虑轴力和弯矩产生的位移了。其他的计算步骤与刚架完全相同。

【例 6-8】 计算如图 6-25 所示桁架的各杆内力，设各杆截面抗拉、压刚度 *EF* 相同。

【解】（1）取基本结构：结构为一次超静定桁架，考虑结构的对称性，切断 *GH* 杆作为基本结构。

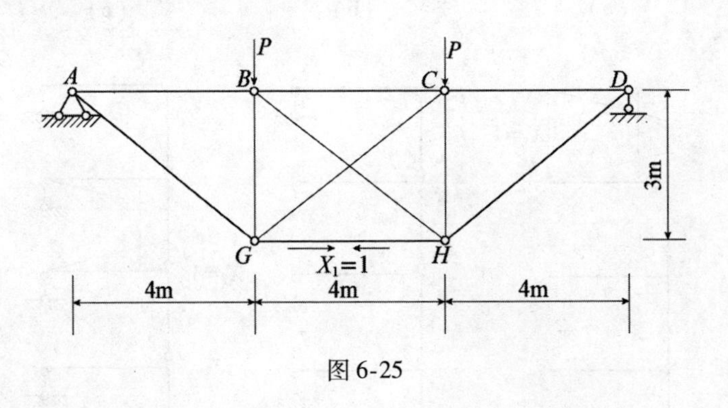

图 6-25

（2）列法方程式：根据原结构 *GH* 杆的切口处相对位移为零的条件（注意不是 *GH* 两点的相对位移为零）建立

$$X_1\delta_{11} + \Delta_{1P} = 0$$

（3）求系数及自由项

$$\delta_{11}=\sum_{1}^{10}\frac{\overline{N}_{Pi}^{2}l_i}{EF},\quad \Delta_{1P}=\sum_{1}^{10}\frac{\overline{N}_{1i}N_{Pi}l_i}{EF}$$

式中 $\overline{N}_{1i}$ 是 $X_1=1$ 在基本结构第 i 杆中产生的轴力，N_{Pi} 是荷载在第 i 杆中产生的轴力，规定拉力为正压力为负，$\sum\limits_{1}^{10}$ 表示对桁架 10 根杆求和，现列表（见表 6-1）计算如下。

由表 6-1 算出

$$\Delta_{1P}=-\frac{243P}{6EF},\quad \delta_{11}=\frac{27}{EF}。$$

（4）解方程

表 6-1　　　　桁架计算

杆件	$\overline{N}_{1i}$	N_{Pi}	l_i	$\overline{N}_{1i}^{2}l_i$	$\overline{N}_{1i}N_{Pi}l_i$	杆件内力 N_i	备注
AG（HD）	0	$+\frac{5}{3}P$	5	0	0	$+\frac{5}{3}P$	AG，HD 二杆内力相同
AB（CD）	0	$-\frac{4}{3}P$	4	0	0	$-\frac{4}{3}P$	AB、CD 二杆内力相同
BG（CH）	$+\frac{3}{4}$	$-2P$	3	$\frac{27}{16}\times 2$	$-\frac{18P}{4}\times 2$	$-\frac{7}{8}P$	BG、CH 二杆内力相同
BC	+1	$-\frac{8}{3}P$	4	4	$-\frac{32P}{3}$	$-\frac{7}{6}P$	
BH（GC）	$-\frac{5}{4}$	$+\frac{5}{3}P$	5	$\frac{125}{16}\times 2$	$-\frac{125P}{12}\times 2$	$-\frac{5}{24}P$	BH、GC 二杆内力相同
GH	+1	0	4	4	0	$\frac{3}{2}P$	
$\sum$				27	$-\frac{243P}{6}$		

$$X_1 = -\frac{\Delta_{1P}}{\delta_{11}} = \frac{2}{3}P。$$

(5) 求各杆的内力

$$N_i = \overline{N}_{1i}X_1 + N_{Pi}$$

计算结果记于表6-1杆件内力 N_i 栏内。

若为多次超静定桁架，计算步骤也完全相同。

【例6-9】 计算如图6-26（a）所示组合结构的内力。已知杆件 AB 的抗弯刚度为 EI，它的抗拉压刚度为 $10EF$，DA、DC、DB 三杆的抗拉压刚度为 EF。

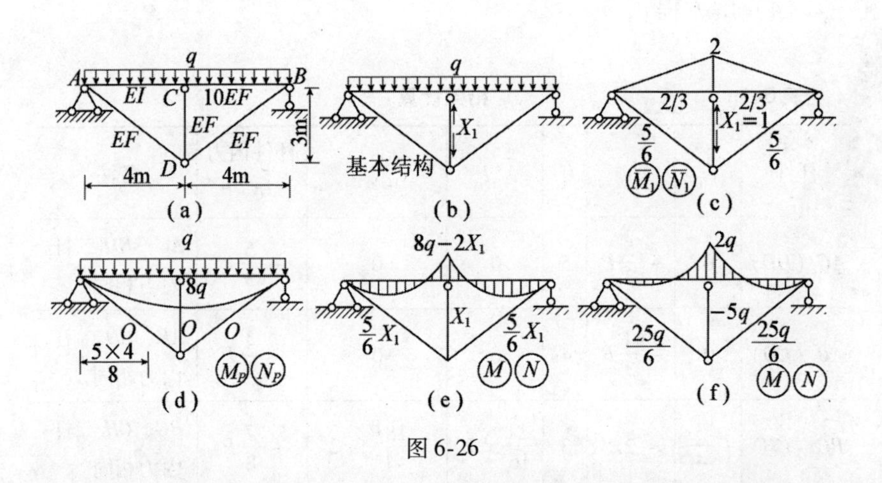

图6-26

【解】 (1) 取基本结构：考虑对称性切断 CD 杆，如图6-26（b）所示。

(2) 列法方程式：根据 CD 杆切口处的相对位移为零的条件列出

$$X_1\delta_{11} + \Delta_{1P} = 0。$$

(3) 求系数及自由项：作出 $\overline{M}_1$、$\overline{N}_1$、M_P 和 N_P 图，见图6-26（c）、（d）。

$$\delta_{11} = \sum\int\frac{\overline{M}_1^2\mathrm{d}s}{EI} + \sum\frac{\overline{N}_1^2 l}{EF}$$

$$=\frac{2}{EI}\left(\frac{1}{2}\times 2\times 4\times\frac{2\times 2}{3}\right)+\frac{1}{EF}\left[1\times 1\times 3+\left(\frac{5}{6}\right)^2\times 5\times 2\right]+$$

$$\frac{1}{10EF}\times\left[\left(\frac{2}{3}\right)^2\times 8\right]=\frac{32}{3EI}+\frac{103}{10EF}$$

$$\Delta_{1P}=\sum\int\frac{\overline{M}_1 M_P\mathrm{d}s}{EI}+\sum\frac{\overline{N}_1 N_P l}{EF}$$

$$=-\frac{2}{EI}\left(\frac{2}{3}\times 8q\times 4\times\frac{5\times 2}{8}\right)+0=-\frac{160q}{3EI}。$$

（4）解方程

$$X_1=-\frac{\Delta_{1P}}{\delta_{11}}=\frac{5q}{1+\frac{309}{320}\left(\frac{EI}{FF}\right)}。$$

（5）计算内力

$$M=\overline{M}_1X_1+M_P,\quad N=\overline{N}_1X_1+N_P$$

弯矩图绘制于图6-26（e），轴力值注在杆上。

讨论：

（1）当梁比杆的刚度大得多时，即 $\frac{EI}{EF}\to\infty$，则 $X_1=0$，$M_C=8q$，相当于 CD 杆不起作用的简支梁情况，其弯矩图如图6-26（d）所示。

（2）当 $\frac{EI}{EF}\to 0$ 时，$X_1=5q$，$M_C=-2q$，AB 梁相当于连续梁情况，其内力如图6-26（f）所示。

6.6　考虑剪切变形和结点刚性域影响时杆的形载常数

在实际工程中，经常会遇到厚壁刚架，即组成刚架的杆件的跨高比 $\frac{l}{h}$ 小于5。如图6-27（a）所示的水电站尾水管的平面箱形刚架，它具有大体积厚截面的特点，其计算简图常常取如图6-27（b）所示的情况，大结点处作为刚性段考虑。

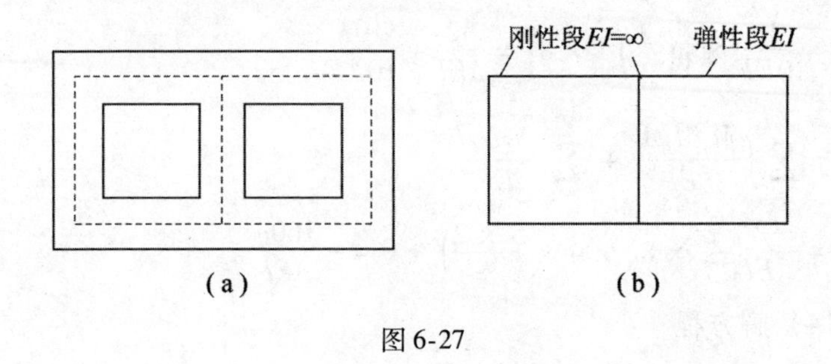

图 6-27

这类结构往往同时还要考虑剪切变形的影响，此时其计算原理和步骤虽然仍同前面一样，但在系数和自由项计算中，需要加进剪力产生的位移项和考虑刚性段的影响。下面以两个带刚性段的单跨超静定梁为例进行计算，这类带刚性段的单跨梁在支座单位位移及荷载作用下的杆端内力，分别称为形常数和载常数，它们是计算厚壁刚架的基础。

如图 6-28（a）所示单跨梁，AC 段为刚性段即抗弯刚度 $EI=\infty$，BC 段为弹性段，它的抗弯刚度为 EI，抗剪刚度为 GF，荷载与杆长如该图所示。

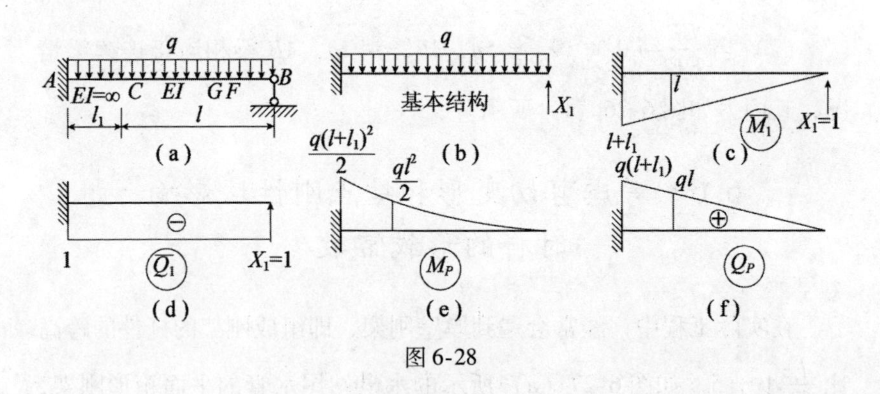

图 6-28

计算中我们除了考虑刚性段的影响外，还要考虑剪切变形对位移的影响。首先切去 B 支座链杆作为基本结构，如图 6-28（b）所示。根据原结构 B 点的竖向位移为零的条件建立力法的法方程式 $X_1\delta_{11}+\Delta_{1P}=0$。作出基本结构的 $\overline{M}_1$、$\overline{Q}_1$ 和 M_P、Q_P 图，如图 6-28（c）、（d）、（e）、（f）所示。利用图乘法求系数及自由项。

$$\delta_{11}=\int_0^{l+l_1}\frac{\overline{M}_1^2\mathrm{d}s}{EI}+K\int_0^{l+l_1}\frac{\overline{Q}_1^2\mathrm{d}s}{GF}=\frac{1}{EI}\left(\frac{l^2}{2}\times\frac{2l}{3}\right)+\frac{K}{GF}(1\times l\times 1)$$

$$=\frac{l^3}{3EI}+\frac{Kl}{GF}$$

$$\Delta_{1P}=\int_0^{l+l_1}\frac{\overline{M}_1M_P\mathrm{d}s}{EI}+K\int_0^{l+l_1}\frac{\overline{Q}_1Q_P\mathrm{d}s}{GF}=-\frac{1}{EI}\left(\frac{1}{3}\times\frac{ql^2}{2}\times l\times\frac{3l}{4}\right)+$$

$$\frac{K}{GF}\left(\frac{1}{2}ql\times l\times 1\right)=-\frac{ql^4}{8EI}-\frac{Kql^2}{2GF}$$

将上面求出的系数和自由项代入法方程式解得

$$X_1=-\frac{\Delta_{1P}}{\delta_{11}}=\frac{\dfrac{ql^4}{8EI}+\dfrac{Kql^2}{2GF}}{\dfrac{l^3}{3EI}+\dfrac{Kl}{GF}}=\frac{\dfrac{ql}{2}\left(GFl+\dfrac{3KEI}{l}-\dfrac{1}{4}GFl\right)}{GFl+\dfrac{3KEI}{l}}$$

$$=\frac{ql}{2}\left(1-\frac{\rho'}{4}\right)\tag{6-17}$$

式中

$$\rho'=\frac{GFl}{GFl+\dfrac{3KEI}{l}}\tag{6-18}$$

若令 $m=l_1/l$，计算梁上 A 点和 C 点的弯矩

$$M_A=X_1(l+l_1)-\frac{q}{2}(l+l_1)^2=-\frac{ql^2(1+m)}{8}(\rho'+4m)\tag{6-19}$$

$$M_C=X_1l-\frac{ql^2}{2}=-\frac{ql^2}{8}\rho'\tag{6-20}$$

杆端剪力也可以利用平衡条件求得。

又如图 6-29（a）所示的两端固定梁 AB，Aa 和 bB 段为刚性段。ab 段为弹性段，其抗弯刚度为 EI，抗剪刚度为 GF。梁的 A 端转角 $\varphi_A=1$，考虑剪切变形和刚性段的影响，试计算杆端弯矩和杆端

剪力。

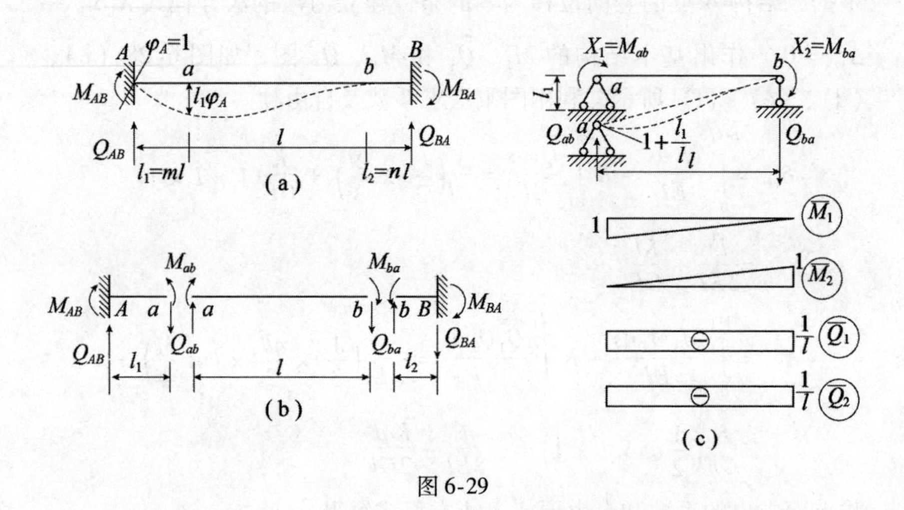

图 6-29

由于 Aa 为刚性段，当 $\varphi_A=1$ 时，则 $\varphi_a=1$ 和 $\Delta_a=l_1$，我们首先计算弹性段 ab 在 $\varphi_A=1$ 和 $\Delta_a=l_1$ 作用下的弯矩和剪力 M_{ab}、M_{ba}、Q_{ab} 和 Q_{ba}，然后如图 6-29（b）所示杆段受力情况，利用平衡条件求出杆端弯矩和杆端剪力 M_{AB}、M_{BA}、Q_{AB} 和 Q_{BA}。

计算弹性段 ab 的端弯矩和端剪力时，取图 6-29（c）所示简支梁作为基本结构，多余未知力 $X_1=M_{ab}$，$X_2=M_{ba}$，从该图上可以看出，此时基本结构为简支梁（其所处位置如图上 $a'b$ 直线），在 X_1 方向相对于 $a'b$ 线的转角为 $\varphi_a+\dfrac{\Delta a}{l}=1+\dfrac{l_1}{l}$，在 X_2 方向相对于 $a'b$ 线的转角为 l_1/l，所以法方程式为

$$\begin{cases} X_1\delta_{11}+X_2\delta_{12}=1+\dfrac{l_1}{l} \\ X_1\delta_{21}+X_2\delta_{22}=\dfrac{l_1}{l} \end{cases} \tag{6-21}$$

作 $\overline{M}_1$、$\overline{Q}_1$、$\overline{M}_2$、$\overline{Q}_2$ 图，如图 6-29（c）所示，系数和自由项用图乘法可以求得

$$\delta_{11}=\int_0^l\frac{\overline{M}_1^2\mathrm{d}s}{EI}+K\int_0^l\frac{\overline{Q}_1^2\mathrm{d}s}{GF}=\frac{1}{EI}\left(\frac{1}{2}\times1\times l\times\frac{2}{3}\right)+\frac{K}{GF}\left(\frac{1}{l}\times l\times\frac{1}{l}\right)$$

$$=\frac{l}{3EI}+\frac{K}{lGF}$$

$$\delta_{22}=\frac{l}{3EI}+\frac{K}{lGF}$$

$$\delta_{12}=\delta_{21}=-\frac{l}{6EI}+\frac{K}{lGF}$$

代入法方程式（6-30）求解可得

$$\begin{aligned}X_1&=M_{ab}=\frac{EI}{l}(3\rho+1)+\frac{6EI}{l^2}\rho ml\\X_2&=M_{ba}=\frac{EI}{l}(3\rho-1)+\frac{6EI}{l^2}\rho ml\end{aligned}\tag{6-22}$$

求出杆端剪力

$$Q_{ab}=Q_{ba}=-\frac{6EI}{l^2}\rho-\frac{12EI}{l^3}\rho ml\tag{6-23}$$

式中

$$\rho=\frac{lGF}{lGF+12K\dfrac{EI}{l}}\tag{6-24}$$

$$m=\frac{l_1}{l}$$

然后取刚性段 Aa 为脱离体，如图 6-29（b）所示，利用平衡条件并代入 M_{ab} 和 Q_{ab} 值化简可得固端弯矩和固端剪力

$$M_{AB}=M_{ab}-Q_{ab}ml=\frac{EI}{l}(3\rho+1+12m\rho+12m^2\rho)\tag{6-25}$$

$$Q_{AB}=Q_{ab}=-\frac{6EI}{l^2}(1+2m)\rho\tag{6-26}$$

同理，以刚性段 Bb 为脱离体，利用平衡条件可以求得

$$M_{BA}=M_{ba}-Q_{ba}nl=\frac{EI}{l}[3\rho-1+6(m+n)\rho+12mn\rho]\tag{6-27}$$

$$Q_{BA}=Q_{ba}=-\frac{6EI}{l^2}(1+2m)\rho\tag{6-28}$$

式中 $m = l_1/l, \quad n = l_2/l$

以上只计算了一组载常数和一组形常数，其他形式单跨梁的形常数、载常数都可以用力法求得或查专门表格。

水工结构中的厚壁刚架，一般截面高度 h 较大，跨高比 $\alpha = \dfrac{l}{h}$ 比较小，所以应该考虑剪切变形和刚性域的影响。通常认为 $\dfrac{l}{h} \leqslant 5$ 时应该同时考虑二者的影响，对于 $\dfrac{l}{h} > 5$ 时，即使不考虑剪切变形也应该考虑刚性域的影响，使计算结果更加接近实际，不然算出的内力值在某些截面可能比实际情况偏大，在另一些截面又可能偏小。关于刚性域范围的确定可以参考相关规定。

6.7 超静定结构位移的计算

静定结构的位移计算，在前面结构位移计算中已经讲过了。应该指出，在那里所讲的理论和方法并不限定只适用于静定结构，在荷载作用下所导得的位移公式及其原理，对超静定结构同样适用。例如位移计算公式

$$\Delta_{Ki} = \sum\int_0^s \overline{M}_K \frac{M_i \mathrm{d}s}{EI} + \sum\int_0^s \overline{N}_K \frac{N_i \mathrm{d}s}{EF} + \sum K\int_0^s \overline{Q}_K \frac{Q_i \mathrm{d}s}{GF} \tag{6-29}$$

其中 M_i、N_i、Q_i 在这里应该是超静定结构在已知荷载（即实际状态）下的内力；而 $\overline{M}_K$、$\overline{N}_K$、$\overline{Q}_K$ 是同一超静定结构在单位荷载（即虚设状态）作用下的内力。不过两种状态下的内力都需要通过超静定结构的计算求得，然后应用式（6-29）进行积分或图乘法计算所求位移。

不过从虚设状态的选择只与实际状态的结构形式有关，而与荷载无关，我们可以把已经求得的多余未知力当做作用在基本结构上的荷载，这时计算得到的基本结构在已知荷载和多余未知力作用下的位移，显然就是原来超静定结构的位移，因为二者的内力情况和变形情

况是相同的。但是这样一来，它的虚设状态就可以选用基本结构了，于是虚设状态的内力计算不再需要求解超静定结构。

例如，计算如图6-30（a）所示结构 C 点的水平位移 Δ_C，既可以用图6-30（a）所示的弯矩图 M（已在本章开头计算过）和图6-30（b）所示的弯矩图 $\overline{M}_{K1}$（可用力法解出）进行图乘求得；也可以用图6-30（a）所示的弯矩图 M 和图6-30（c）所示基本结构弯矩图 $\overline{M}_{K2}$ 进行图乘求得，它们的图乘结果都等于 $\Delta_C=\dfrac{7Pa^3}{48EI}(\rightarrow)$，读者可以自行图乘验证。

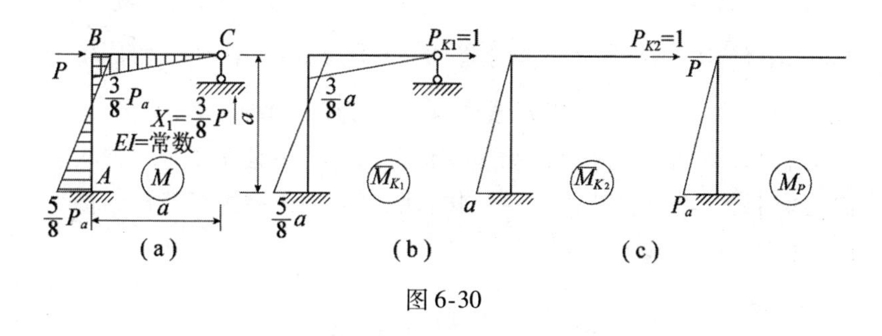

图6-30

当然也可以选择其他形式的基本结构，结果也一定相同。

下面我们对上述结论再作进一步的证明。

例如求图6-31（a）所示结构 D 点的竖向位移 Δ_i，我们可以选用图6-31（b）所示的状态 K，也可以选用图6-31（c）所示的状态 K'。这是因为满足几何条件的实位移 Δ_i 很小，它可以当做虚位移看待，利用虚功原理，外力虚功等于虚变形能（此时结构上的支座反力均不作功）可知

$$P_K\Delta_i=U_{Ki},\qquad P_K'\Delta_i=U_{Ki}'$$

当 $P_K=P_K'=1$ 时，则两者的外力虚功相等，即 $P_K\Delta_i=P_K'\Delta_i$，因而两种情况的虚变形能也应该相等，即 $U_{Ki}=U_{Ki}'$。然而它们分别是由 K 状态和 i 状态的内力以及 K' 状态和 i 状态的内力去求得的，故 K' 状态和 K 状态作为求 Δ_i 的虚设状态是完全等效的。

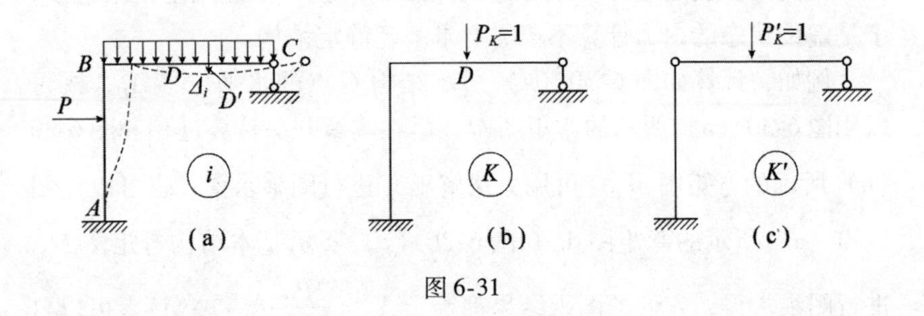

图 6-31

值得指出的是，根据虚功的互等定理，实际状态与虚设状态也可以互换，因此求如图 6-30（a）所示结构 C 点的水平位移 Δ_C 时，也可以用图 6-30（b）所示的弯矩图 $\overline{M}_{K1}$ 与图 6-30（d）所示的 M_P 图相乘。但是决不能用 $\overline{M}_{K2}$ 和 M_P 图相乘，因为该二图中没有一个是原结构的内力。总之，实际状态和虚设状态二者之中必须要有一种状态用原来的超静定结构，至于另一种状态既可以是原来的超静定结构也可以是任意的一种基本结构。

6.8 内力图的校核

力法计算的最后成果是内力图，内力图的正确与否直接关系到设计的好坏，必须重视内力图的校核工作。除了在计算中对每一步校核无误再作下一步计算外，还必须对最后的内力图进行校核。

关于内力图的校核，通常要从平衡条件和变形条件两个方面进行。

6.8.1 平衡条件的校核

从结构中截出任何一个结点或者任何一部分脱离体，把这个脱离体上的外力及截出面上的内力（内力图上已标出）都相应的放在上面，然后验算是否满足全部平衡条件，如果得不到满足，则说明内力图有错误。值得指出的是，这种平衡校核虽然是必要的，但并不是充分的，因为在超静定结构中只满足平衡条件不足以确定多余未知力，也就是说只满足平衡条件，多余未知力有无数多个解。虽然基本结构上的各个内力图绘制得正确，不正确的多余未知力也同样可以使最后的内力图满足平衡条件。所以除了进行平衡条件的校核外，还必须进行变形条件的校核。

6.8.2　变形条件的校核

用求超静定结构位移的方法，任意选取基本结构并且任意选取某个多余未知力 X_i，然后根据最后内力图计算出 X_i 方向的位移 Δ_i，看 Δ_i 与原结构在 X_i 方向的位移（给定值）是否相等。若不相等，说明最后内力图一定有错。如果选用的基本结构就是计算时用过的基本结构，这时若计算某个未知力 X_i 方向的位移，实际上就是在校核第 i 个法方程式的正确性。例如原结构沿 x_1 方向的位移 Δ_1 为零，由位移计算公式可知

$$\begin{aligned}\Delta_1 &= \sum\int\frac{M\overline{M}_1\mathrm{d}s}{EI} = \sum\int\frac{(\overline{M}_1X_1+\overline{M}_2X_2+\cdots+\overline{M}_nX_n+M_P)\overline{M}_1\mathrm{d}s}{EI}\\ &= \sum\int\frac{\overline{M}_1^2X_1\mathrm{d}s}{EI}+\sum\int\frac{\overline{M}_1\overline{M}_2X_2\mathrm{d}s}{EI}+\cdots+\sum\int\frac{\overline{M}_1\overline{M}_nX_n\mathrm{d}s}{EI}+\\ &\quad\sum\int\frac{\overline{M}_1M_P\mathrm{d}s}{EI} = X_1\delta_{11}+X_2\delta_{12}+\cdots+X_n\delta_{1n}+\Delta_{1P}\end{aligned}\tag{6-30}$$

必须为零。

对于无铰的封闭结构，如图6-32（a）所示，如果选用图6-32（b）所示基本结构作为虚设状态去计算任意切口处的相对转角 φ_1，以其计算结果是否为零作为变形校核条件比较方便，如不为零说明结果有错。

因为 $\overline{M}_1$ 在封闭结构各处的数值都是1，所以

$$\varphi_1 = \sum\int\frac{M\overline{M}_1\mathrm{d}s}{EI} = \sum\int\frac{M}{EI}\mathrm{d}s = 0 \tag{6-31}$$

由此得出结论，当结构在荷载作用下，沿封闭框分布的 $\frac{M}{EI}$ 图形

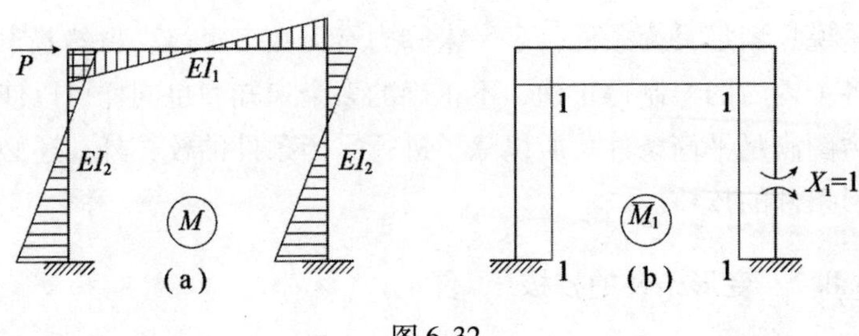

图 6-32

的总面积应该等于零，亦即封闭框上的 $\dfrac{M}{EI}$ 图形内外侧的面积应该相等。如果 EI 是常数，则弯矩图 M 的内外侧面积相等，如果结构有多个无铰的封闭框，则每一个无铰封闭框都应该有上述结果。

下面我们运用这一结论，非常方便地计算如图 6-33（a）所示等截面单跨梁的固端弯矩 M_{AB} 和 M_{BA}。

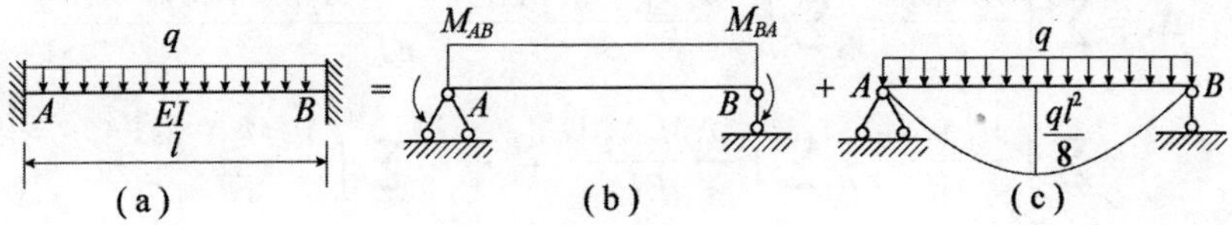

图 6-33

由对称性知道 $M_{AB}=M_{BA}$， 根据 AB 封闭段的弯矩图面积应该为零的条件可知，AB 上侧的受拉面积 $M_{AB}\times l$ 应该等于其下侧的受拉面积，即

$$M_{AB}l=\frac{2}{3}\frac{ql^2}{8}\times l$$

所以

$$M_{AB}=\frac{ql^2}{12}。$$

这与力法计算结构相同，但却简单得多。

力法是适应性最广的方法，求解各类超静定结构都能应用，即不论结构的杆件连接是铰接还是刚接，杆件的轴线是直的还是弯的，杆件的截面是相等的还是变化的，位移因素是只考虑弯曲变形还是同时要考虑剪力和轴力变形等等都可以应用力法。结构力学中的位移法、力矩分配法以及其它方法，也是以力法的计算结果作为自己计算的基础。

习　　题

6-1　用力法计算如图6-34、图6-35所示超静定梁，并作弯矩图和剪力图。

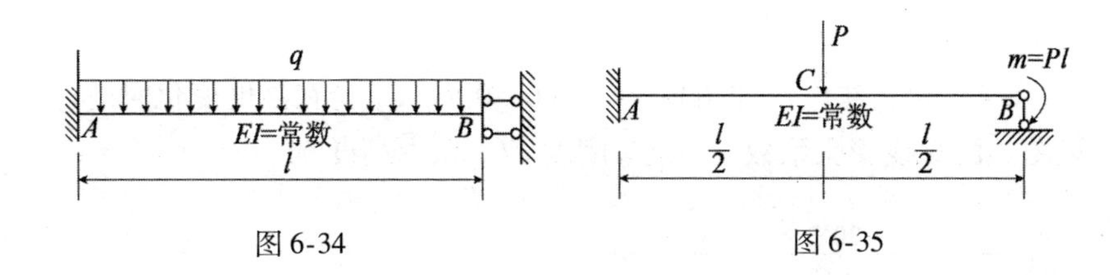

图6-34　　　　图6-35

6-2　用力法计算如图6-36、图6-37所示刚架，并作出 M、Q、N 图。

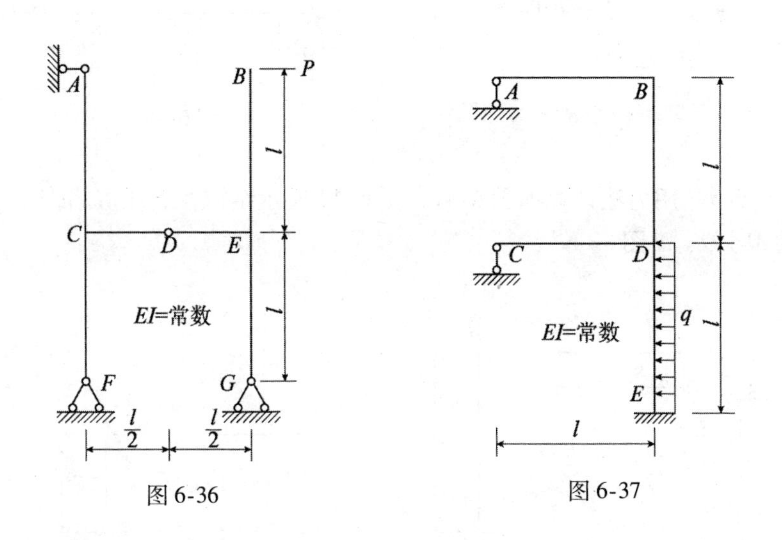

图6-36　　　　图6-37

6-3　试计算如图6-38所示厂房排架在横向刹车力 P 作用下的弯矩图（只考虑弯曲变形的影响，$I_1 : I_2 : I_3 = 1 : 3 : 8$）。

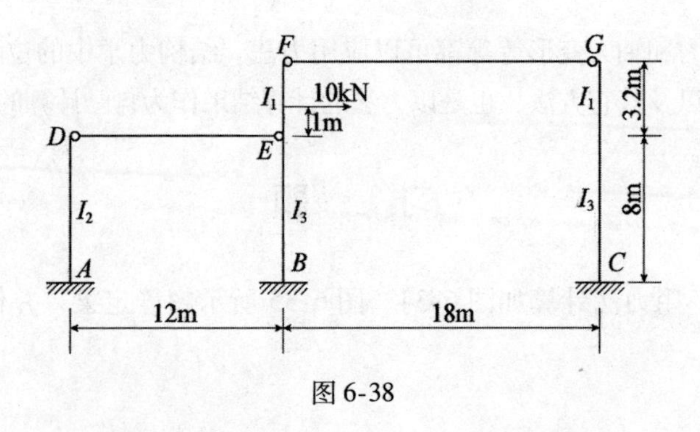

图 6-38

6-4　用力法作出如图 6-39，图 6-40 所示结构在温度变化时的弯矩图。已知线膨胀系数 α，抗弯刚度 EI，截面高度 h。

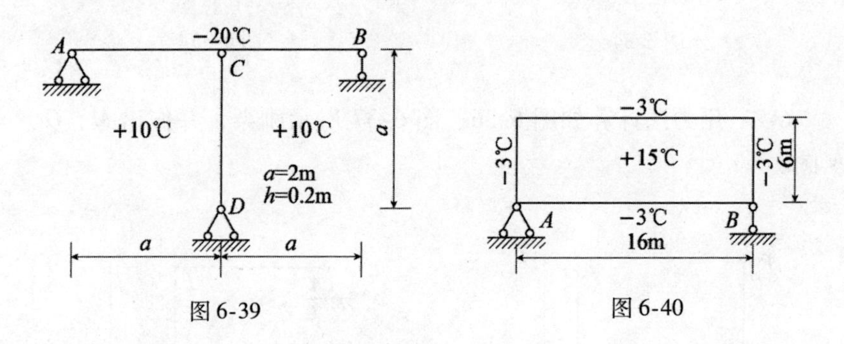

图 6-39　　　　　　　　　　图 6-40

6-5　用力法计算如图 6-41，图 6-42 所示结构在支座沉陷作用下的 M、Q、N 图。

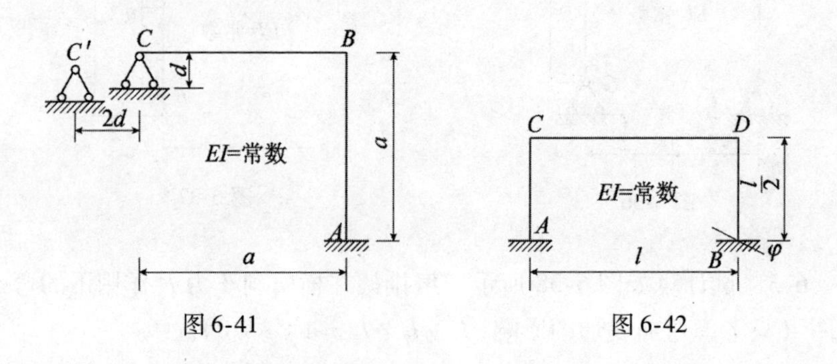

图 6-41　　　　　　　　　　图 6-42

6-6 利用对称简化方法计算如图 6-43 至图 6-46 所示各结构的弯矩图。

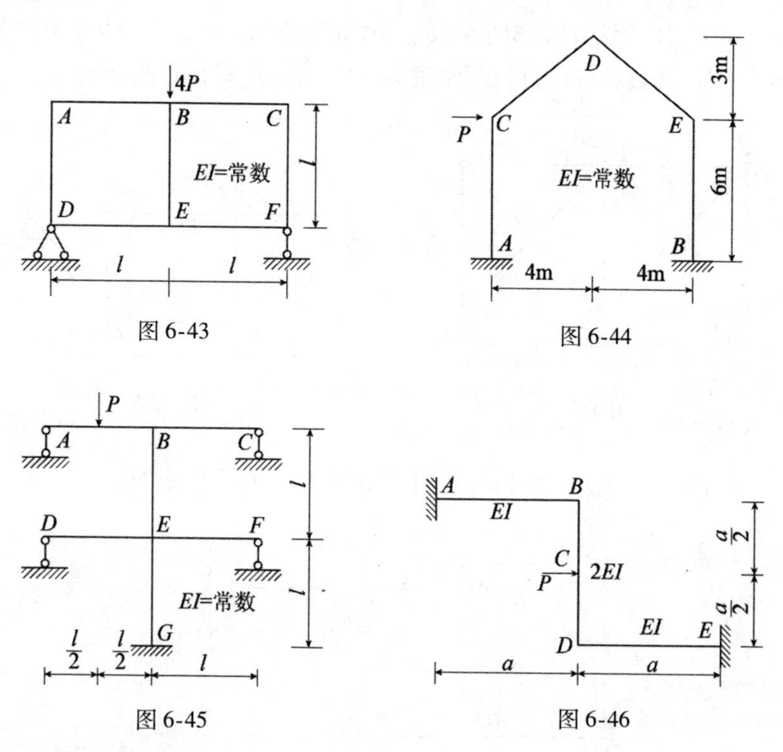

图 6-43

图 6-44

图 6-45

图 6-46

6-7 用力法计算如图 6-47 和图 6-48 所示圆管指定截面上的内力。

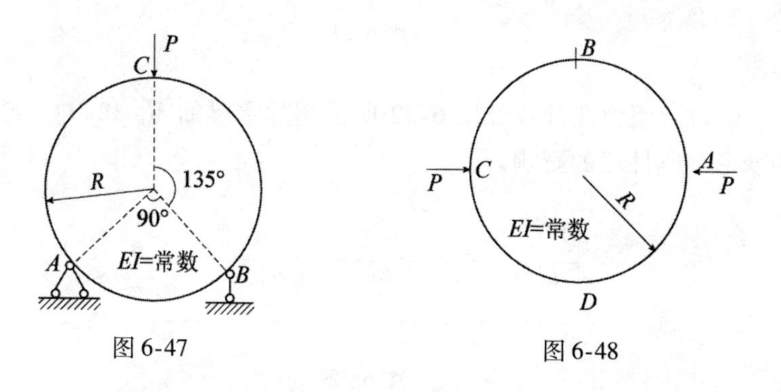

图 6-47

图 6-48

6-8　用力法计算如图 6-49 所示超静定桁架的各杆内力，已知各杆 EF 相同。

6-9　用力法计算如图 6-50 所示组合结构，已知梁 AD 的抗弯刚度为 EI，其余各杆的抗拉压刚度为 EF。梁 AD 只计弯曲变形。

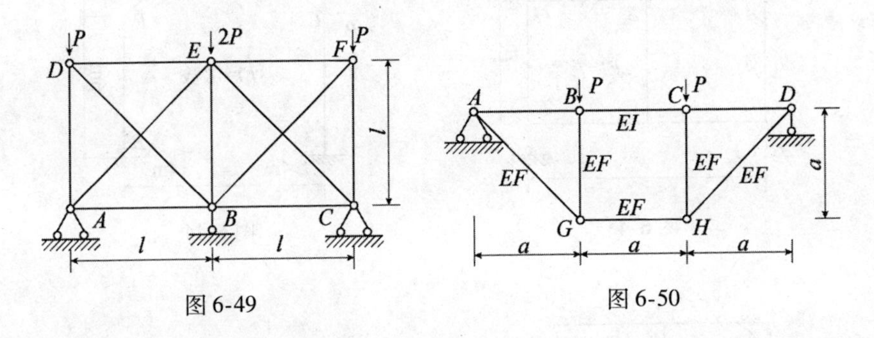

图 6-49　　　　图 6-50

6-10　用力法计算如图 6-51 所示结构，并作弯矩图。

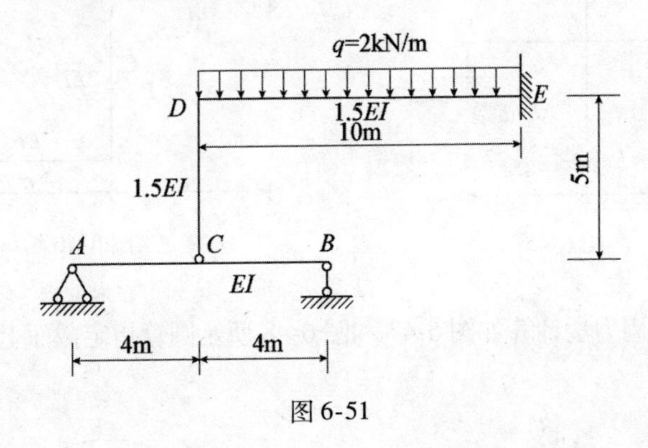

图 6-51

6-11　用力法计算如图 6-52 所示超静定梁的 M_A 和 M_C。考虑剪切变形和刚性段的影响。

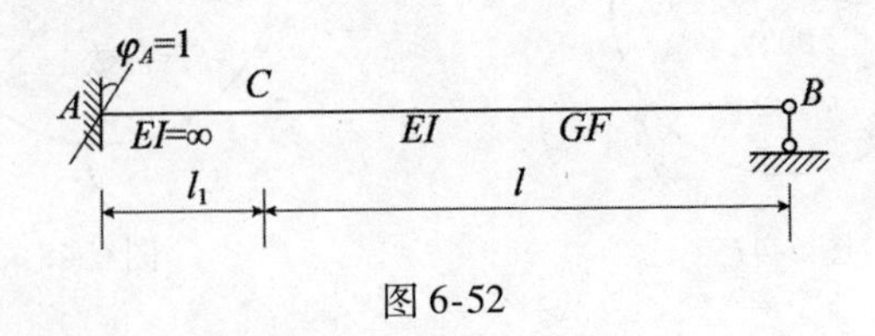

图 6-52

6-12 求习题6–2（见图6-36）D 点的竖向位移 Δ_D。

6-13 求习题6–10（见图6-51）C 点的竖向位移 Δ_C。

6-14 用 $\sum(\omega_M/EI)=0$ 的方法作如图6-53所示结构的弯矩图。

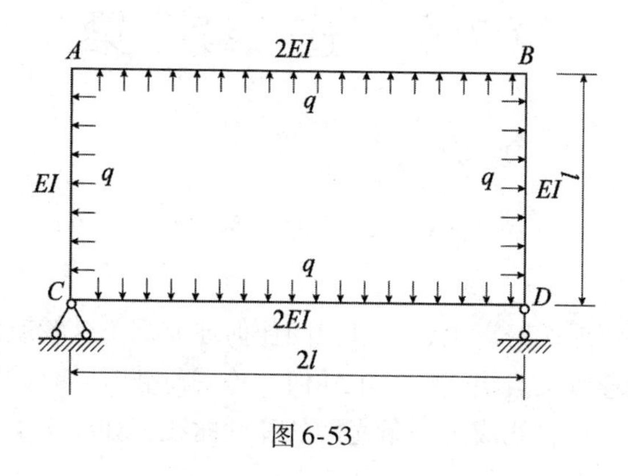

图6-53

第7章 连 续 梁

7.1 一 般 介 绍

凡是两跨或两跨以上，而且中间任何地方都不被铰或切口所中断的梁，称为连续梁。当连续梁上任何一跨有荷载时，全梁所有各跨都将发生弯曲，梁轴线成为一条光滑的弹性曲线，如图 7-1（a）所示，非连续梁则没有这个特点，如图 7-1（b）所示。

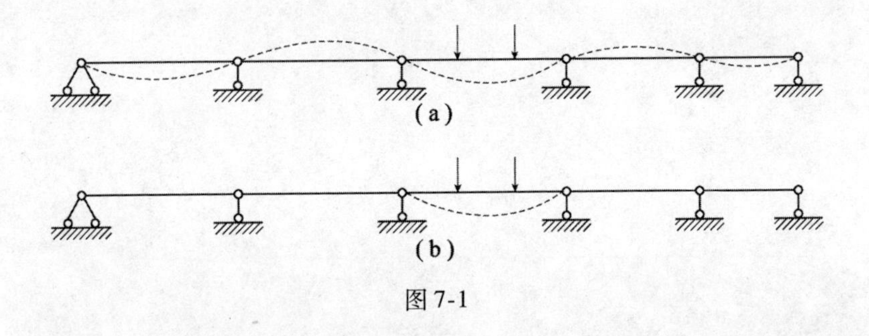

图 7-1

连续梁在钢结构及钢筋混凝土结构中是普遍被采用的，其中尤以钢筋混凝土结构中采用得最多。例如水电站厂房和一般厂房中的吊车梁，桥梁上的主梁多做成连续梁。

连续梁只是在一种情况之下是静定结构，如图 7-2 所示，就是梁有三根支承链杆，而这三根链杆既不相交于一点，又不互相平行，但把梁分成了两跨。除此以外在所有其他情况下，连续梁都是超静定结构，可以用力法计算，也可以用其他方法计算。因为连续梁在工程实际问题中应用非常广泛，故我们把它作为一个特殊的超静定结构问题进行专门的讨论。

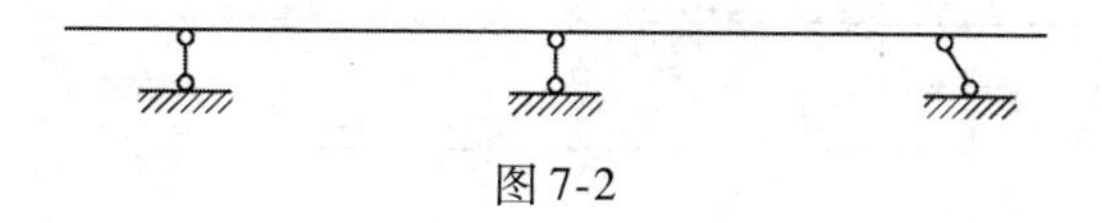

图7-2

7.2 三弯矩方程计算连续梁

7.2.1 荷载的作用

如图7-3（a）所示的连续梁，共有 $m+1$ 个跨度，是一个 m 次超静定结构。

为了使所列出的方程达到最大限度的简化，也就是尽可能使副系数转化为零，可以采用如图7-3（b）所示的基本结构。这种基本结构是把连续梁在每一中间支座处切断并加入一个铰，而用与被切断的联系相对应的各支座处弯矩 X_1，X_2，…，X_m 作为未知数进行求解。

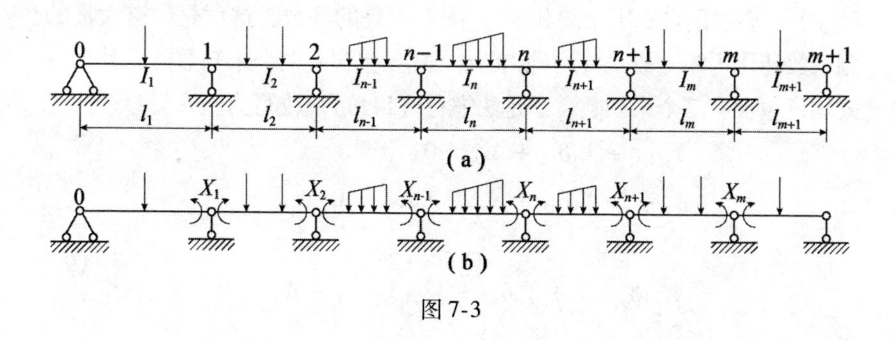

图7-3

这样的基本结构为一系列的简支梁所组成。由于连续梁的弹性曲线，本来为一连续而不折断的光滑曲线，故相邻两跨度的弹性曲线在中间支座处应有一公共切线，如图7-4所示。即在任何中间支座处左

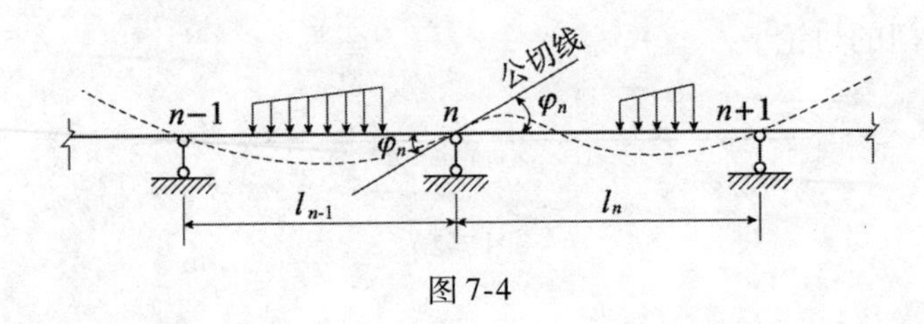

图 7-4

右两截面的相对转角为零。根据基本结构在荷载及多余未知力共同作用下，应当与原结构的受力及变形情况完全相同，即相对位移为零的条件，得法方程

$$
\begin{aligned}
&X_1\delta_{11}+X_2\delta_{12}+\cdots+X_{n-1}\delta_{1,\,n-1}+X_n\delta_{1n}+X_{n+1}\delta_{1,\,n+1}+\cdots+X_m\delta_{1m}+\Delta_{1P}=0\\
&\qquad\vdots\\
&X_1\delta_{n1}+X_2\delta_{n2}+\cdots+X_{n-1}\delta_{n,\,n-1}+X_n\delta_{nn}+X_{n+1}\delta_{n,\,n+1}+\cdots+X_m\delta_{nm}+\Delta_{nP}=0\\
&\qquad\vdots\\
&X_1\delta_{m1}+X_2\delta_{m2}+\cdots+X_{n-1}\delta_{m,\,n-1}+X_n\delta_{mn}+X_{n+1}\delta_{m,\,n+1}+\cdots+X_m\delta_{mm}+\Delta_{mP}=0
\end{aligned}
\tag{1}
$$

为了求出法方程中的各系数及自由项，把各单位力及荷载单独作用于基本结构时的弯矩图绘制出来，如图 7-5 所示。由图 7-5 可以看出任一 $\overline{M}_n$ 图只与它相邻的 $\overline{M}_{n-1}$ 图和 $\overline{M}_{n+1}$ 图有重叠的部分，这就是说有大量的副系数转化为零。故式（1）除首尾二式只包含有两个未知数外，其余各式均只包含有三个未知数。于是法方程（1）可以改写为

$$
\begin{aligned}
&X_1\delta_{11}+X_2\delta_{12}+\Delta_{1P}=0\\
&X_1\delta_{21}+X_2\delta_{22}+X_3\delta_{23}+\Delta_{2P}=0\\
&\qquad\vdots\\
&X_{n-1}\delta_{n,\,n-1}+X_n\delta_{nn}+X_{n+1}\delta_{n,\,n+1}+\Delta_{nP}=0\\
&\qquad\vdots\\
&X_{m-1}\delta_{m,\,m-1}+X_m\delta_{mm}+\Delta_{mP}=0
\end{aligned}
\tag{2}
$$

这就是三弯矩方程的原始形式。式中的系数 δ 及自由项 Δ 的数值可以由图乘法求得。由图 7-5 得

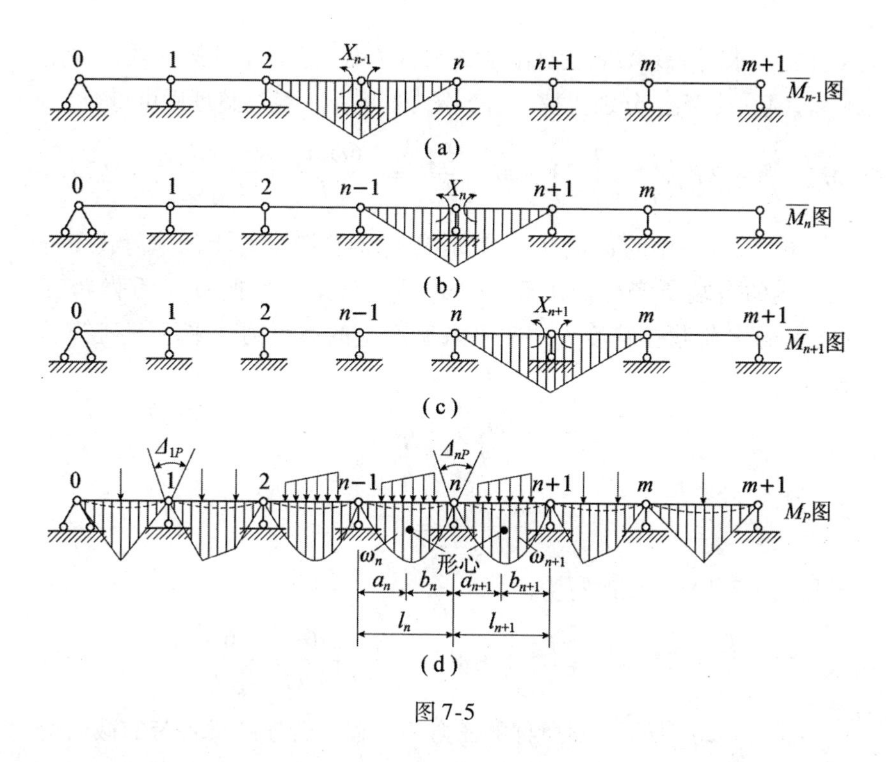

图 7-5

$$\delta_{n,\ n-1} = \int_0^{l_n} \frac{\overline{M}_n \overline{M}_{n-1}}{EI_n} \mathrm{d}x = \frac{l_n}{6EIn}$$

$$\delta_{nn} = \int_0^{l_n} \frac{\overline{M}_n \overline{M}_n}{EI_n} \mathrm{d}x + \int_0^{l_{n+1}} \frac{\overline{M}_n \overline{M}_n}{EI_{n+1}} \mathrm{d}x = \frac{1}{3E}\left(\frac{l_n}{I_n} + \frac{l_{n+1}}{I_{n+1}}\right)$$

$$\delta_{n,\ n+1} = \int_0^{l_{n+1}} \frac{\overline{M}_n \overline{M}_{n+1}}{EI_{n+1}} \mathrm{d}x = \frac{l_{n+1}}{6EI_{n+1}}$$

$$\Delta_{nP} = \int_0^{l_n} \frac{\overline{M}_n M_P}{EI_n} \mathrm{d}x + \int_0^{l_{n+1}} \frac{\overline{M}_{n+1} M_P}{EI_{n+1}} \mathrm{d}x = \frac{1}{EI_n}\omega_n \frac{a_n}{l_n} + \frac{1}{EI_{n+1}}\omega_{n+1} \frac{b_{n+1}}{l_{n+1}}$$

式中：ω_n、ω_{n+1} ——分别为在跨度 l_n 与 l_{n+1} 内由于荷载所引起的弯矩图的面积；

a_n、b_{n+1} ——分别为这两个弯矩图面积的形心至各该跨度的左支座与右支座之间的距离，如图 7-5（d）所示。

把所求得的系数 δ 及自由项 Δ 代入方程（2）中的第 n 式，并用 M_{n-1}，M_n 及 M_{n+1} 分别代替 X_{n-1}、M_n 及 M_{n+1}，经过整理后可得

$$M_{n-1}\frac{l_n}{I_n}+2M_n\left(\frac{l_n}{I_n}+\frac{l_{n+1}}{I_{n+1}}\right)+M_{n+1}\frac{l_{n+1}}{I_{n+1}}=-\frac{6\omega_n a_n}{l_n I_n}-\frac{6\omega_{n+1}b_{n+1}}{l_{n+1}I_{n+1}} \quad (7\text{-}1)$$

式（7-1）中的 $\omega_n a_n/l_n$，就是把 ω_n 看作跨度 l_n 上的虚荷载在跨度 l_n 内的右端所产生的虚反力，$\omega_{n+1}b_{n+1}/l_{n+1}$，是把 ω_{n+1} 看做跨度 l_{n+1} 上的虚荷载在跨度 l_{n+1} 的左端所产生的虚反力。采用下列符号表示

$$\frac{\omega_n a_n}{l_n}=B_n^{\Phi}$$

$$\frac{\omega_{n+1}b_{n+1}}{l_{n+1}}=A_{n+1}^{\Phi}$$

于是式（7-1）可以改写为

$$M_{n-1}\frac{l_n}{I_n}+2M_n\left(\frac{l_n}{I_n}+\frac{l_{n+1}}{I_{n+1}}\right)+M_{n+1}\frac{l_{n+1}}{I_{n+1}}=-\frac{6B_n^{\Phi}}{I_n}-\frac{6A_{n+1}^{\Phi}}{I_{n+1}} \quad (7\text{-}2)$$

式（7-2）便是一般所称的三弯矩方程。若连续梁各跨的截面均相同，即惯性矩为常数；则式（7-2）中的 I_n 和 I_{n+1} 可以消掉，于是式（7-2）可以简化为

$$M_{n-1}l_n+2M_n(l_n+l_{n+1})+M_{n+1}l_{n+1}=-6B_n^{\Phi}-6A_{n+1}^{\Phi} \quad (7\text{-}3)$$

几种常用荷载情形下，梁的虚反力 A^{Φ} 和 B^{Φ} 的数值可以从表 7-1 查得。如果同一跨度内承受几种不同的荷载，可以分别在表 7-1 内查出 A^{Φ} 和 B^{Φ} 的数值，然后求其代数和。

表 7-1　　各种荷载情形下梁的虚反力 A^{Φ} 和 B^{Φ}

编号	荷载情形	A^{Φ}	B^{Φ}
1	$\frac{l}{2}$　P　l	$\frac{Pl^2}{16}$	$\frac{Pl^2}{16}$

续表

编号	荷载情形	A^{Φ}	B^{Φ}
2	a P b；l	$\dfrac{Pab(l+b)}{bl}$	$\dfrac{Pab(l+a)}{bl}$
3	a P $l-2a$ P a；l	$\dfrac{Pa(l-a)}{2}$	$\dfrac{Pa(l-a)}{2}$
4	$\frac{l}{4}$ P $\frac{l}{4}$ P $\frac{l}{4}$ P $\frac{l}{4}$；l	$\dfrac{5}{32}Pl^2$	$\dfrac{5}{32}Pl^2$
5	q；l	$\dfrac{ql^3}{24}$	$\dfrac{ql^3}{24}$
6	q；l	$\dfrac{7}{360}ql^3$	$\dfrac{8}{360}ql^3=\dfrac{ql^3}{45}$
7	q；$\frac{l}{2}$ $\frac{l}{2}$	$\dfrac{5}{192}ql^2$	$\dfrac{5}{192}ql^3$
8	q q；$\frac{l}{2}$ $\frac{l}{2}$	$\dfrac{ql^3}{64}$	$\dfrac{ql^3}{64}$
9	q；n n；a b；l	$\dfrac{qnb(l^2-b^2-n^2)}{3l}$	$\dfrac{qna(l^2-a^2-n^2)}{3l}$
10	抛物线；q；l	$\dfrac{1}{20}ql^3$	$\dfrac{1}{20}ql^3$

续表

编号	荷载情形	A^{Φ}	B^{Φ}
11	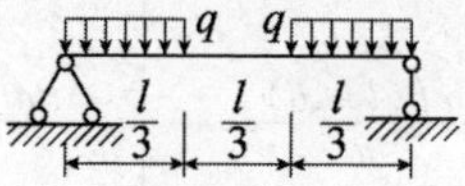 q q $\frac{l}{3}$ $\frac{l}{3}$ $\frac{l}{3}$	$\frac{7}{324}ql^3$	$\frac{7}{324}ql^3$
12	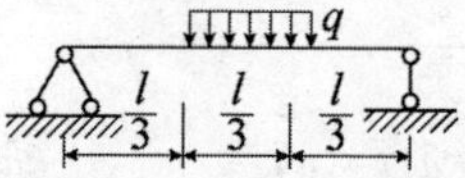 q $\frac{l}{3}$ $\frac{l}{3}$ $\frac{l}{3}$	$\frac{13}{648}ql^3$	$\frac{13}{648}ql^3$
13	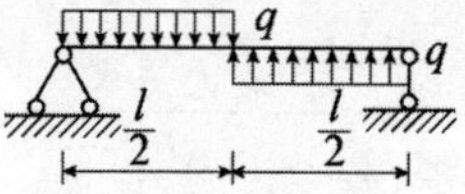 q q $\frac{l}{2}$ $\frac{l}{2}$	$\frac{ql^3}{192}$	$-\frac{ql^2}{192}$
14	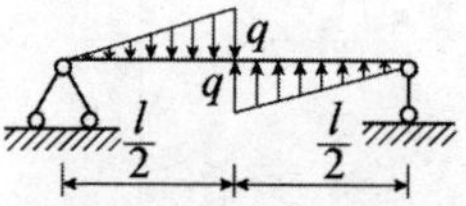 q q $\frac{l}{2}$ $\frac{l}{2}$	$\frac{7}{2880}ql^3$	$-\frac{7}{2880}ql^3$
15	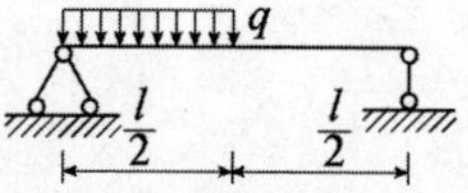 q $\frac{l}{2}$ $\frac{l}{2}$	$\frac{9}{384}ql^3 = \frac{3}{128}ql^3$	$\frac{7}{384}ql^3$
16	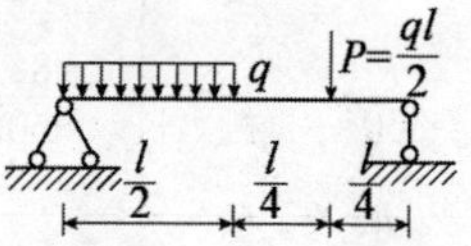 q $P=\frac{ql}{2}$ $\frac{l}{2}$ $\frac{l}{4}$ $\frac{l}{4}$	$\frac{51}{768}ql^3 = \frac{17}{256}ql^3$	$\frac{35}{768}ql^3$
17	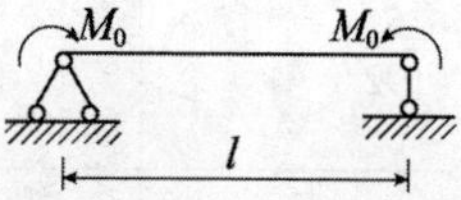 M_0 M_0 l	$\frac{M_0 l}{2}$	$\frac{M_0 l}{2}$
18	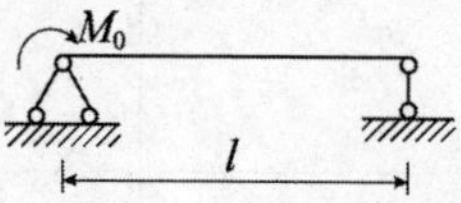 M_0 l	$\frac{2M_0 l}{6} = \frac{M_0 l}{3}$	$\frac{M_0 l}{6}$
19	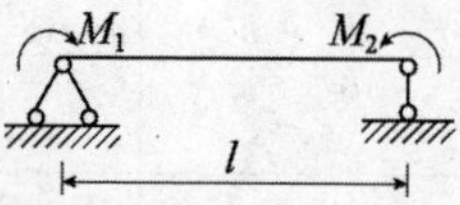 M_1 M_2 l	$\frac{(2M_1 + M_2)l}{6}$	$\frac{(M_1 + 2M_2)l}{6}$
20	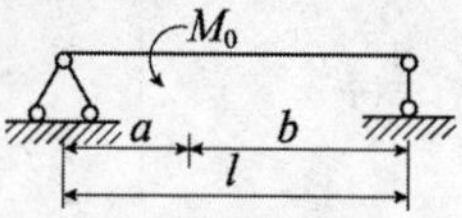 M_0 a b l	$\frac{M_0}{6l}(l^2 - 3b^2)$	$\frac{M_0}{6l}(3a^2 - l^2)$

续表

编号	荷载情形	A^{Φ}	B^{Φ}
21	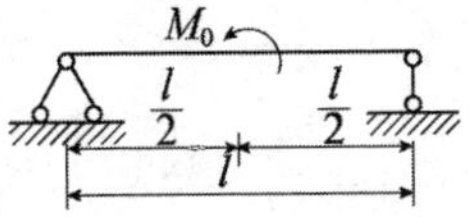	$\frac{M_0 l}{24}$	$-\frac{M_0 l}{24}$
22	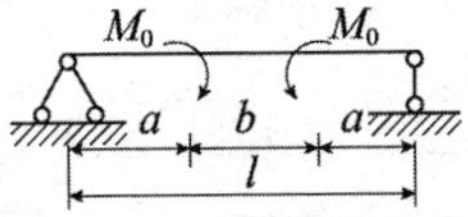	$\frac{M_0 b}{2}$	$\frac{M_0 b}{2}$
23	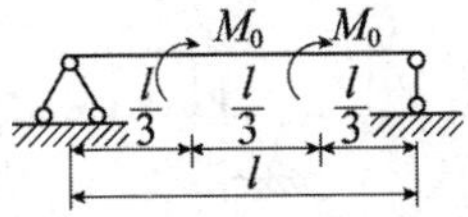	$-\frac{M_0 l}{18}$	$\frac{M_0 l}{18}$

三弯矩方程是建立连续梁中任何相邻两跨的三个支座弯矩相互关系的方程。对于连续梁的每两个相邻跨度可以成立一个方程。如此，依次进行，对于具有 $m+1$ 跨的连续梁就可以成立 m 个方程，也就是说，一个连续梁可以成立三弯矩方程的数目正好等于它所具有的多余联系的数目，因此联立求解所有三弯矩方程，就可以算出所有的未知数。在运用三弯矩方程时，应特别注意连续梁的两端支座情况。

如图 7-6 所示，若连续梁的两端为铰支座，则两端支座弯矩方程中只包含有两个未知弯矩。

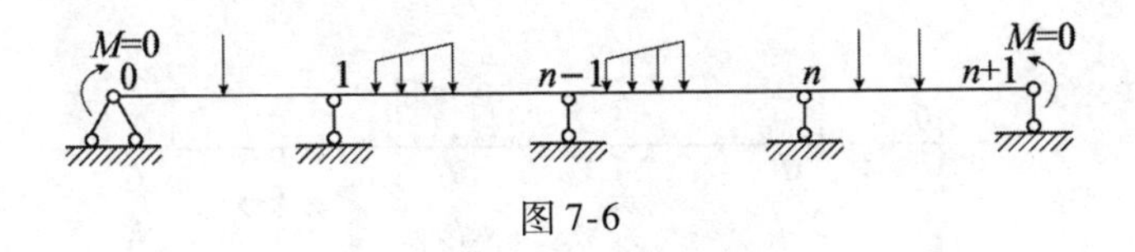

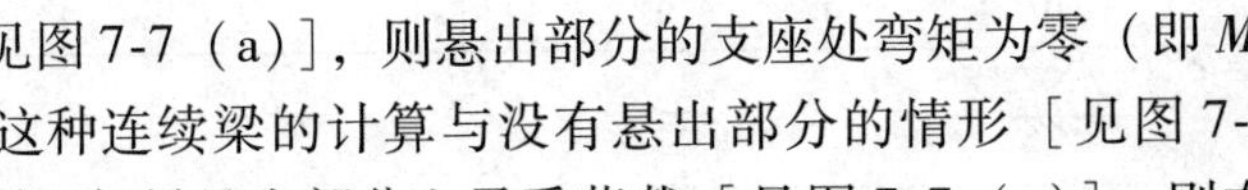

图 7-6

如图 7-7 所示，若连续梁的一端或两端悬出，且悬出部分上没有荷载［见图 7-7（a)］，则悬出部分的支座处弯矩为零（即 $M_0=M_{m+1}=0$），这种连续梁的计算与没有悬出部分的情形［见图 7-7（b)］完全相同。如果悬出部分上承受荷载［见图 7-7（c)］，则在悬出部分的支座处产生弯矩，这种弯矩可以用静定方法算出。利用三弯矩方程时，可以把悬出的部分切断而在端支座的切断处加上一个弯矩

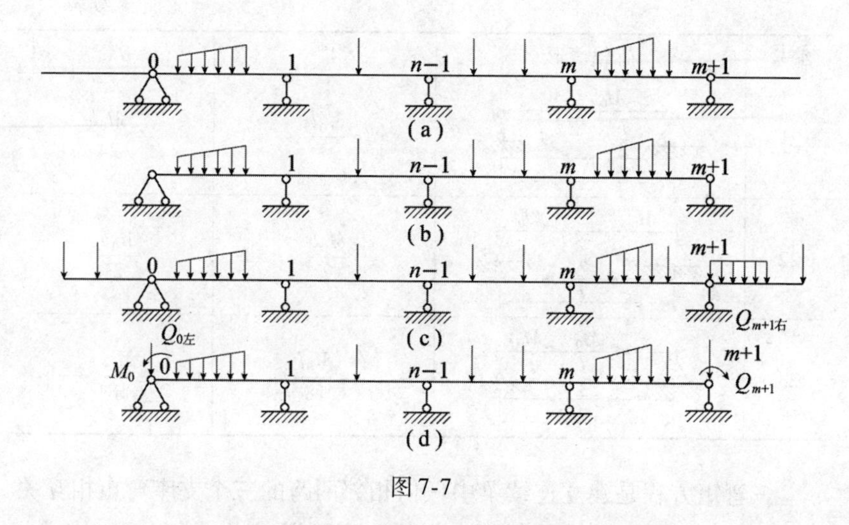

图 7-7

[见图 7-7 (d)]，弯矩的方向应根据悬出部分上的荷载情况而定。于是图 7-7 (c) 所示连续梁的计算问题，就成为图 7-7 (d) 所示连续梁的计算问题了。当然在切断处是有剪力的，但是在支座处切断时，这个剪力并不影响弯矩的数值。

如图 7-8 (a) 所示，若连续梁一端为固定端，则在固定端有弯矩，但固定端处的角位移为零。我们就可以把连续梁的固定支座改用铰支座，并设想连续梁在原固定端处向外伸一个跨度 l_0，其跨长为有

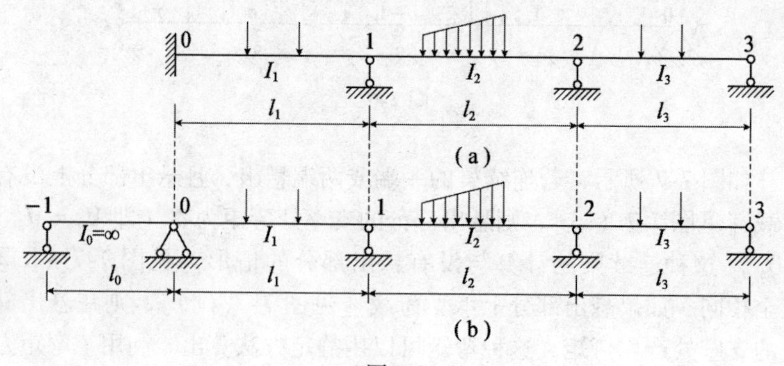

图 7-8

限长，而惯性矩为无限大（即 $I_0=\infty$），如此就保证了与原来固定端的作用完全相同，于是图 7-8（a）所示连续梁的计算问题，就成为图 7-8（b）所示连续梁的计算问题了。若连续梁的右端也是固定端，亦可同样处理。

用三弯矩方程把连续梁各支座弯矩求得以后，就可以把每一跨当作单独的简支梁，作用于此梁上的外力除原来连续梁在该跨内的荷载外，尚有两端的支座弯矩，如图 7-9（a）所示。我们假定支座弯矩 M_{n-1} 及 M_n 均为正值来推导公式。

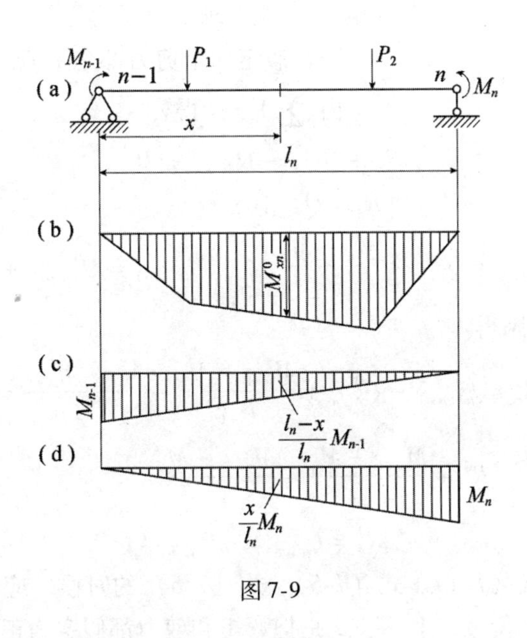

图 7-9

在该梁跨度内任一截面的弯矩 M_{xn}，应当是外荷载及支座弯矩 M_{n-1} 和 M_n 单独作用时在该截面产生的弯矩之代数和

$$M_{xn}=M_{xn}^0+\frac{l_n-x}{l_n}M_{n-1}+\frac{x}{l_n}M_n=M_{xn}^0+\frac{M_n-M_{n-1}}{l_n}x+M_{n-1} \tag{7-4}$$

式中：M_{xn}^0 ——简支梁在外荷载单独作用下 x 截面的弯矩值。

该截面的剪力为

$$Q_{xn}=\frac{\mathrm{d}M_{xn}}{\mathrm{d}x}=\frac{\mathrm{d}M_{xn}^{0}}{\mathrm{d}x}+\frac{M_{n}-M_{n-1}}{l_{n}}=Q_{xn}^{0}+\frac{M_{n}-M_{n-1}}{l_{n}} \tag{7-5}$$

式中：Q_{xn}^{0}——简支梁在外荷载单独作用下 x 截面的剪力值。

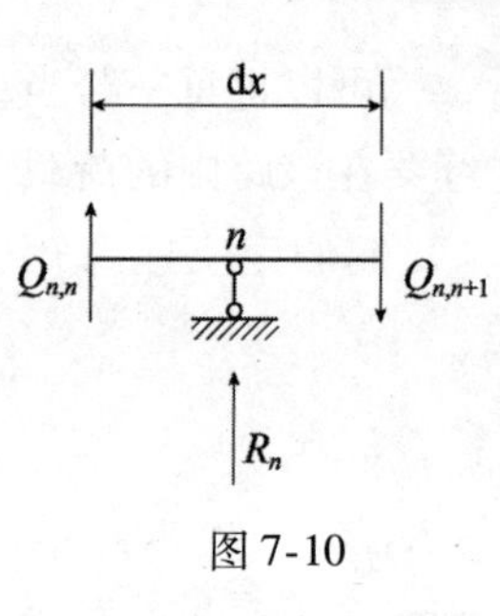

图 7-10

求支座反力时，我们截取包括支座 n（要求反力的支座）的 $\mathrm{d}x$ 一段为脱离体，如图 7-10 所示，作用在 $\mathrm{d}x$ 小段的力除了支座反力外，尚有剪力 Q_{nn}（l_n 跨度内右端的剪力）及 $Q_{n,\ n+1}$（l_{n+1} 跨度内左端的剪力），当然还有弯矩 M_n，但对求支座反力无关。

现在假定两个剪力都是正值。

由 $\sum Y=0$ 得

$$R_{n}+Q_{n,\ n}-Q_{n,\ n+1}=0$$

故

$$R_{n}=Q_{n,\ n+1}-Q_{n,\ n}$$

已知 $Q_{n,\ n}=Q_{n,\ n}^{0}+\dfrac{M_{n}-M_{n-1}}{l_{n}}$； $Q_{n,\ n+1}=Q_{n,\ n+1}^{0}+\dfrac{M_{n+1}-M_{n}}{l_{n}+1}$

代入 R_n 式内则得

$$R_{n}=Q_{n,\ n+1}^{0}-Q_{n,\ n}^{0}+\frac{M_{n+1}-M_{n}}{l_{n+1}}-\frac{M_{n}-M_{n-1}}{l_{n}}=$$

$$R_{n}^{0}+\frac{M_{n+1}-M_{n}}{l_{n+1}}+\frac{M_{n-1}-M_{n}}{l_{n}} \tag{7-6}$$

式中

$$R_{n}^{0}=Q_{n,\ n+1}^{0}-Q_{n,\ n}^{0}$$

在运用式（7-4）、式（7-5）、式（7-6）的时候，应注意实际弯矩和剪力的正负号，上述公式是把弯矩和剪力都假定为正值推导出来的，在应用时，如果实际的弯矩和剪力为负值，应该用负值代入计算。

【例 7-1】 应用三弯矩方程计算如图 7-11（a）所示的连续梁，并绘出连续梁的弯矩图、剪力图，同时求出各支座的反力。

【解】 依照所讲过的对于固定端及悬出端的处理办法，把如图 7-11（a）所示连续梁转化为如图 7-11（b）所示的连续梁进行计算。依照图 7-11（b）中虚线所示的次序把两相邻跨的三弯矩方程建立起

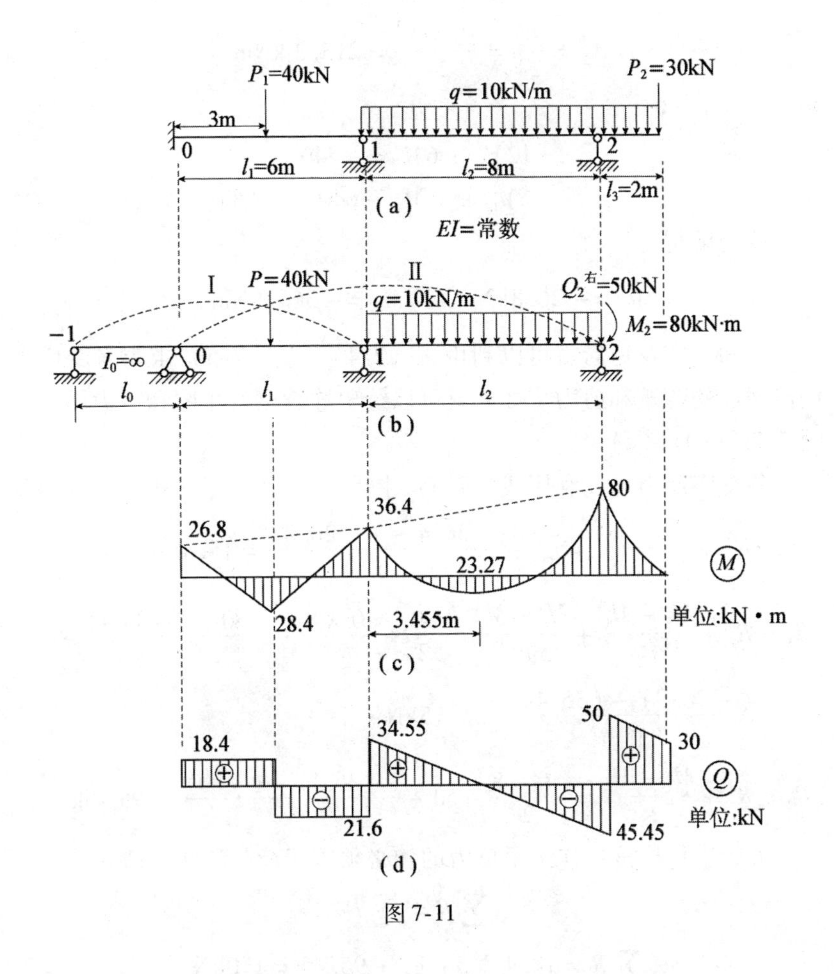

图 7-11

来。

$$2M_0 l_1 + M_1 l_1 = -6A_1^{\Phi}$$

$$M_0 l_1 + 2M_1(l_1 + l_2) + M_2 l_2 = -6B_1^{\Phi} - 6A_2^{\Phi} \qquad (1)$$

已知

$$M_2 = -80\text{kNm}$$

从表 7-1 求得虚反力

$$A_1^{\Phi} = B_1^{\Phi} = \frac{P_1 l_1^2}{16} = \frac{40 \times 6^2}{16} 90\ \text{kNm}^2$$

$$A_2^{\Phi} = \frac{ql_2^3}{24} = \frac{10 \times 8^3}{24} = 213.3 \text{ kNm}^2$$

代入式（1）得

$$\begin{aligned} 12M_0 + 6M_1 &= -540 \\ 6M_0 + 28M_1 - 640 &= -1800 \end{aligned} \tag{2}$$

联立解得

$$M_0 = -26.8\text{kNm}, \quad M_1 = -36.4\text{kNm}。$$

已知支座弯矩后就可以利用式（7-4）、式（7-5）求得各跨度上任何截面的弯矩和剪力。如此就可以绘出连续梁弯矩图和剪力图，见图7-11（c）、(d)。

各支座反力可以利用式（7-6）求得

$$R_0 = R_0^0 + \frac{M_1 - M_0}{l_1} = \frac{40}{2} - \frac{-36.4 - (-26.8)}{6} = 18.4\text{kN} \cdot \uparrow$$

$$R_1 = R_1^0 + \frac{M_2 - M_1}{l_2} + \frac{M_0 - M_1}{l_1} = \frac{40}{2} + \frac{10 \times 8}{2} + \frac{-80 - (-36.4)}{8} + \frac{(-26.8) - (36.4)}{6} = 56.15\text{kN} \cdot \uparrow$$

$$R_2 = R_2^0 + \frac{M_1 - M_2}{l_2} = \frac{10 \times 8}{2} + 50 + \frac{(-36.4) - (-80)}{8} = 95.45\text{kN} \uparrow$$

最后进行校核：连续梁反力的和必须等于荷载的和，即

$$\sum R = \sum P$$

$$\sum R = 18.4 + 56.15 + 95.45 = 170\text{kN}$$

$$\sum P = 40 + 30 + 10 \times 10 = 170\text{kN}$$

计算没有错误。

7.2.2 温度变化的影响

连续梁在其周围的温度发生变化时，梁轴会发生弯曲，从而产生内力。如图7-12（a）所示一连续梁中任意两个相邻跨度，设梁的下侧温度上升 t_1^0，上侧温度上升 t_2^0。仍然取一系列的简支梁组成基本结

构，图7-12（b）示出其中的两个跨度。现在，在支座 n 处产生相对角位移的因素有两种：一种是支座 $n-1$、n、$n+1$ 的未知弯矩 M_{n-1}、M_n、M_{n+1}（即 X_{n-1}、X_n、X_{n+1}）；另外一种是支座 n 左右两跨度的温度变化。根据在支座 n 处由两种因素所产生的相对角位移等于零，得

$$M_{n-1}\delta_{n,\ n-1} + M_n\delta_{n,\ n} + M_{n+1}\delta_{n.\ n+1} + \Delta_n t = 0$$

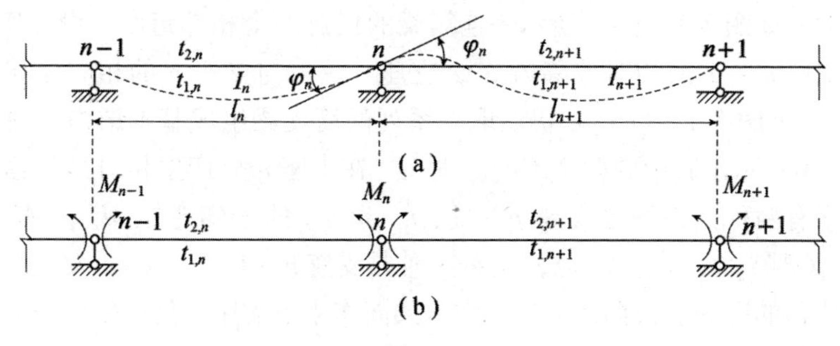

图7-12

上式中未知数的系数计算方法同前述，自由项为由于温度变化而产生的，则为

$$\Delta_{nt} = \sum \pm\alpha|t|\int_0^l|\overline{N}_n|\mathrm{d}x + \sum \pm\alpha\frac{|\Delta t|}{h}\int_0^l|\overline{M}_n|\mathrm{d}x$$

由于 $\overline{N}_n = 0$，故

$$\Delta_{nt} = \alpha\frac{\Delta t_n}{h_n}\int_0^{l_n}\overline{M}_n\mathrm{d}x \pm \alpha\frac{\Delta t_{n+1}}{h_{n+1}}\int_0^{l_{n+1}}\overline{M}_n\mathrm{d}x = \alpha\frac{\Delta t_n}{h_n}\times\frac{l_n}{2} + x\frac{\Delta t_{n+1}}{h_{n+1}}\times\frac{l_{n+1}}{2}$$

式中 $$\Delta t = t_1 - t_2$$

于是可以写出连续梁在温度变化时的三弯矩方程

$$M_{n-1}\frac{l_n}{I_n} + 2M_n\left(\frac{l_n}{I_n} + \frac{l_{n+1}}{I_{n+1}}\right) + M_{n+1}\frac{l_{n+1}}{I_{n+1}} = -3E\alpha\left(\frac{\Delta t_n}{h_n}l_n + \frac{\Delta t_{n+1}}{h_{n+1}}l_{n+1}\right) \tag{7-7}$$

如果连续梁各跨度的截面均相同，则惯性矩 I 及梁高 h 为常数，式（7-7）可以简化为

$$M_{n-1}l_n + 2M_n(l_n + l_{n+1}) + M_n l_{n+1} = -\frac{3EI\alpha}{h}(\Delta t_n l_n + \Delta t_{n+1} l_{n+1}) \tag{7-8}$$

7.2.3 支座位移的影响

当连续梁的支座发生不均匀的位移时，梁轴产生弯曲，从而产生内力。如图 7-13（a）所示一连续梁的任意两个相邻跨度。设支座 n 与支座 $n-1$ 的相对位移为 Δ_n，支座 $n+1$ 与支座 n 的相对位移为 Δ_{n+1}［见图 7-13（a）］。仍然取一系列的简支梁组成基本结构，图7-13（b）示出其中的两个跨度。现在，在支座 n 处产生相对角位移的因素有两种：一种是支座 $n-1$、n、$n+1$ 的未知弯矩 M_{n-1}、M_n、M_{n+1}（即 X_{n-1}、X_n、X_{n+1}）；另外一种是支座 $n-1$、n、$n+1$ 发生的相对位移的影响。根据以上两种因素共同作用下支座 n 处产生的相对角位移为零，得

$$M_{n-1}\delta_{n,\ n-1} + M_n\delta_{n,\ n} + M_{n+1}\delta_{n,\ n+1} + \Delta_{n\Delta} = 0$$

上式中未知数的系数计算方法同前，自由项为由于支座位移的影响而产生的相对角位移，由图 7-13（b）得

$$\Delta_{n\Delta} = \frac{\Delta_{n+1}}{l_{n+1}} - \frac{\Delta_n}{l_n}$$

于是可以写出连续梁的支座产生位移时的三弯矩方程

$$M_{n-1}\frac{l_n}{I_n} + 2M_n\left(\frac{l_n}{I_n} + \frac{l_{n+1}}{I_{n+1}}\right) + M_{n+1}\frac{l_{n+1}}{I_{n+1}} = -6E\left(\frac{\Delta_{n+1}}{l_{n+1}} - \frac{\Delta_n}{l_n}\right) \tag{7-9}$$

如果连续梁各跨度的截面均相同，则惯性矩 I 为常数，式（7-9）可以简化为

$$M_{n-1}l_n + 2M_n(l_n + l_{n+1}) + M_{n+1}l_{n+1} = -6EI\left(\frac{\Delta_{n+1}}{l_{n+1}} - \frac{\Delta_n}{l_n}\right) \tag{7-10}$$

如果荷载、温度变化、支座位移等因素同时存在，则可以把自由项叠加一并计算。

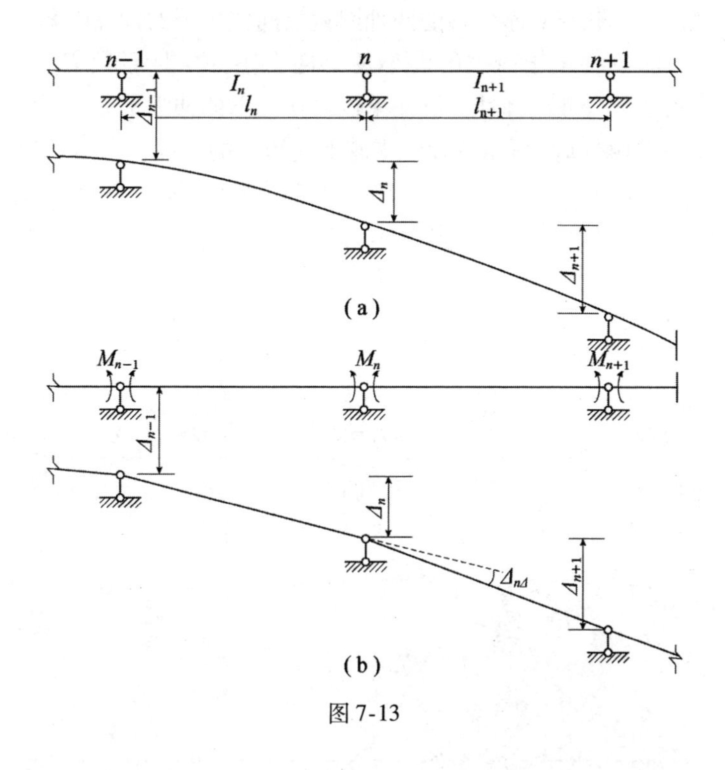

图 7-13

7.3　弹性支座上的连续梁

以上已经讨论了关于刚性支座上的连续梁的计算方法。然而在实际工程结构中，常会遇到支承在弹性支座上的连续梁。所谓弹性支座上的连续梁就是说，在荷载作用下，连续梁的支座有弹性的伸长或缩短，这也就意味着在连续梁的支座处将有竖向位移发生，这种位移通常是与支座反力的大小成正比例的。关于弹性支座上的连续梁的例子是很多的。例如：支承于细长的柔性支架或弹性基础上的连续梁，支承于悬浮礅座上的连续梁浮桥，支承在弹性横梁上的纵梁（连续梁），等等。

弹性支座上的连续梁的计算问题，实系以前讲过的刚性支座上的连续梁，在荷载与支座位移的两种因素共同作用下的计算问题，这种支座位移的量决定于荷载的大小及弹性支座的柔性系数 C 的大小。所谓柔性系数，亦即弹性支座在单位力作用下的伸缩量。

如图7-14（a）所示一弹性支座上连续梁的一段，而图7-14（b）所示连续梁承受荷载以后的支座位移情况，图中各 Δ_i 为相应支座的绝对位移，图7-14（c）为其基本结构。

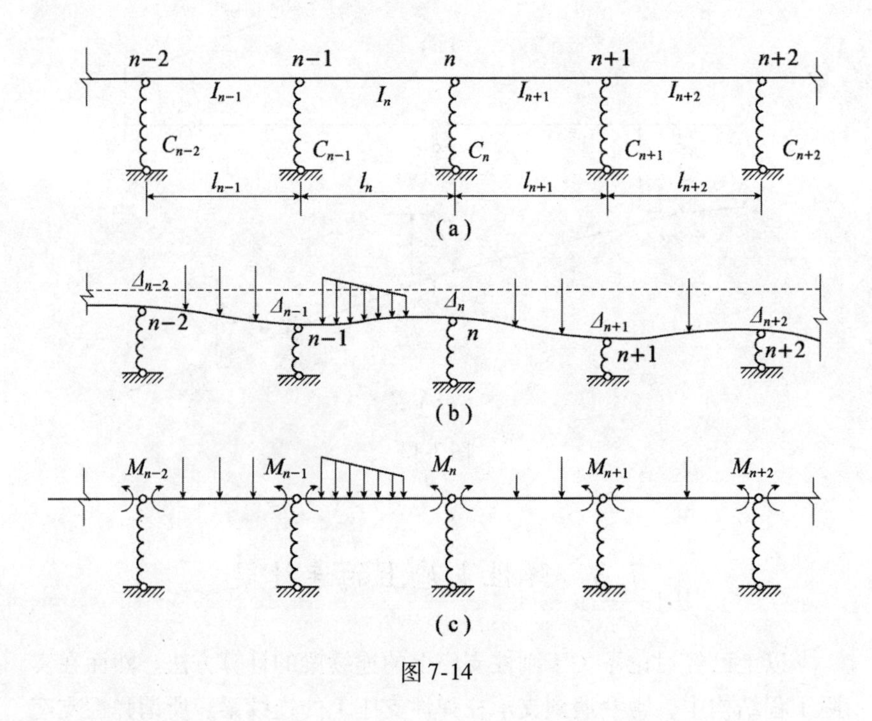

图7-14

根据 n 支座处的变形条件可以写出下面的方程

$$M_{n-1}\delta_{n,\ n-1} + M_n\delta_{n,\ n} + M_{n+1}\delta_{n,\ n+1} + \Delta_{nP} + \Delta_{n\Delta} = 0 \qquad (1)$$

式（1）中各系数 δ 及自由项 Δ_{nP} 的计算，见第7章7.2节，下面专门讨论自由项 $\Delta_{n\Delta}$ 的计算。

$$\Delta_{n\Delta} = -\frac{\Delta_n - \Delta_{n-1}}{l_n} + \frac{\Delta_{n+1} - \Delta_n}{l_{n+1}} = \frac{\Delta_{n-1}}{l_n} - \Delta_n\left(\frac{1}{l_n} + \frac{1}{l_{n+1}}\right) + \frac{\Delta_{n+1}}{l_{n+1}} \qquad (2)$$

式（2）中的

$$\Delta_{n-1}=-C_{n-1}R_{n-1}$$
$$\Delta_{n}=-C_{n}R_{n}$$
$$\Delta_{n+1}=-C_{n+1}R_{n+1}$$

式中 R 为连续梁的支座反力。因 Δ 恒与 R 的方向相反，故式中用一负号。代入式（2）则得

$$\Delta_{n\Delta}=-\frac{C_{n-1}R_{n-1}}{l_n}+C_nR_n\left(\frac{1}{l_n}+\frac{1}{l_{n+1}}\right)-\frac{C_{n+1}R_{n+1}}{l_{n+1}} \tag{3}$$

式（3）中的各支座反力 R 可用式（7-6）计算。故得

$$\begin{aligned}\Delta_{n\Delta}=&-\frac{C_{n-1}}{l_n}\left(R_{n-1}^0+\frac{M_{n-2}}{l_{n-1}}-\frac{M_{n-1}}{l_{n-1}}-\frac{M_{n-1}}{l_n}+\frac{M_n}{l_n}\right)+\\&C_n\left(\frac{1}{l_n}+\frac{1}{l_{n+1}}\right)\left(R_n^0+\frac{M_{n-1}}{l_n}-\frac{M_n}{l_n}-\frac{M_n}{l_{n+1}}+\frac{M_{n+1}}{l_{n+1}}\right)-\\&\frac{C_{n+1}}{l_{n+1}}\left(R_{n+1}^0+\frac{M_n}{l_{n+1}}-\frac{M_{n+1}}{l_{n+1}}-\frac{M_{n+1}}{l_{n+2}}+\frac{M_{n+2}}{l_{n+2}}\right)\end{aligned} \tag{4}$$

把式中属于同一未知数的各项合并，则得

$$\begin{aligned}\Delta_{n\Delta}=&-\left[R_{n-1}^0\frac{C_{n-1}}{l_n}-R_n^0\left(\frac{C_n}{l_n}+\frac{C_n}{l_{n+1}}\right)+R_{n+1}^0\frac{C_{n+1}}{l_{n+1}}\right]-\\&M_{n-2}\frac{C_{n-1}}{l_nl_{n-1}}+M_{n-1}\left(\frac{C_{n-1}}{l_nl_{n-1}}+\frac{C_{n-1}}{l_n^2}+\frac{C_n}{l_n^2}+\frac{C_n}{l_{n+1}l_n}\right)-\\&M_n\left(\frac{C_{n-1}}{l_n^2}+\frac{C_n}{l_n^2}+2\frac{C_n}{l_{n+1}l_n}+\frac{C_n}{l_{n+1}^2}+\frac{C_{n+1}}{l_{n+1}^2}\right)+\\&M_{n+1}\left(\frac{C_n}{l_nl_{n+1}}+\frac{C_n}{l_{n+1}^2}+\frac{C_{n+1}}{l_{n+1}^2}+\frac{C_{n+1}}{l_{n+1}l_{n+2}}\right)-M_{n+2}\frac{C_{n+1}}{l_{n+1}l_{n+2}}\end{aligned} \tag{5}$$

把各系数及自由项代入式（1）并引用记号

$$\alpha_{n-1}=6E\frac{C_{n-1}}{l_n}\qquad\alpha_n=6E\frac{C_n}{l_n}$$
$$\alpha_n'=6E\frac{C_n}{l_{n+1}}\qquad\alpha_{n+1}=6E\frac{C_{n+1}}{l_{n+1}}$$

经整理简化后，得

$$-M_{n-2}\frac{\alpha_{n-1}}{l_{n-1}}+M_{n+1}\left[\frac{l_n}{I_n}+\alpha_{n-1}\left(\frac{1}{l_{n-1}}+\frac{1}{l_n}\right)+\alpha_n\frac{1}{l_n}+\alpha_n'\frac{1}{l_n}\right]+$$

$$M_n\left\{2\left(\frac{l_n}{I_n}+\frac{l_{n+1}}{I_{n+1}}\right)-\left[\frac{\alpha_{n-1}}{l_n}+\alpha_n\left(\frac{1}{l_n}+\frac{1}{l_{n+1}}\right)+\alpha_n'\left(\frac{1}{l_n}+\frac{1}{l_{n+1}}\right)+\frac{\alpha_{n+1}}{l_{n+1}}\right]\right\}+$$

$$M_{n+1}\left[\frac{l_{n+1}}{I_{n+1}}+\alpha_n\frac{1}{l_{n+1}}+\alpha_n'\frac{1}{l_{n+1}}+\alpha_{n+1}\left(\frac{1}{l_{n+1}}+\frac{1}{l_{n+2}}\right)\right]-M_{n+2}\frac{\alpha_{n+1}}{l_{n+2}}=$$

$$-6A_{n+1}^{\Phi}\frac{1}{I_{n+1}}-6B_n^{\Phi}\frac{1}{I_n}+\left[R_{n-1}^0\alpha_{n-1}-R_n^0(\alpha_n+\alpha_n')+R_{n+1}^0\alpha_{n+1}\right] \tag{7-11}$$

式（7-11）通常称为五弯矩方程。对于每两个相邻跨度均可写出这样的方程。方程的数目仍然等于中间支座的数目。

如果所有各个跨度的长度均相同，则 $\alpha_n=\alpha_n'$，故式（7-11）可以简化为

$$-M_{n-2}\alpha_{n-1}+M_{n-1}\left[\frac{l^2}{I_n}+2(\alpha_{n-1}+\alpha_n)\right]+$$

$$M_n\left[2l^2\left(\frac{1}{I_n}+\frac{1}{I_{n+1}}\right)-(\alpha_{n-1}+4\alpha_n+\alpha_{n+1})\right]+$$

$$M_{n+1}\left[\frac{l_2}{I_{n+1}}+2(\alpha_n+\alpha_{n+1})\right]-M_{n+2}\alpha_{n+1}$$

$$=-6l\left(A_{n+1}^{\Phi}\frac{1}{I_{n+1}}+B_n^{\Phi}\frac{1}{I_n}\right)+l\left[R_{n-1}^0\alpha_{n-1}-2R_n^0\alpha_n+R_{n+1}^0\alpha_{n+1}\right] \tag{7-12}$$

如果连续梁的各个跨度截面相同，长度相等，并且各支座的弹性性质也完全相同，就是说各支座的柔性系数 C 也是相等的。则式（7-12）可以简化为

$$-\beta(M_{n-2}+M_{n+2})+(1+4\beta)(M_{n-1}+M_{n+1})+(4-6\beta)M_n$$

$$=-\frac{6A_{n+1}^{\Phi}}{l}-\frac{6B_n^{\Phi}}{l}+\beta l(R_{n-1}^0-2R_n^0+R_{n+1}^0) \tag{7-13}$$

式中
$$\beta=\frac{6EIC}{l^3}$$

以上温度变化，支座位移以及弹性支座上的连续梁，当未知数的

方程成立后，其计算方法和步骤均与荷载作用下的计算相同。

7.4 弯矩定点法计算连续梁

7.4.1 定点及定点比

弯矩定点及定点比的理论，对于作连续梁及刚架的影响线来说是比较好的方法之一。这一理论是在研究观察当梁的一跨承受荷载时的弯矩图中得到的。如图7-15（a）所示的连续梁，当其中某一跨度承受荷载时［见图7-15（b）或（d）］，我们可以用第7章7.2节中的方法作该梁的弯矩图［见图7-15（c）或（e）］。从图上可以看出，除有荷载的跨度外，其余各跨的弯矩图都是一条倾斜直线。在相邻的两个支座上有正负号相反的支座弯矩，并且各倾斜直线均有一次与梁

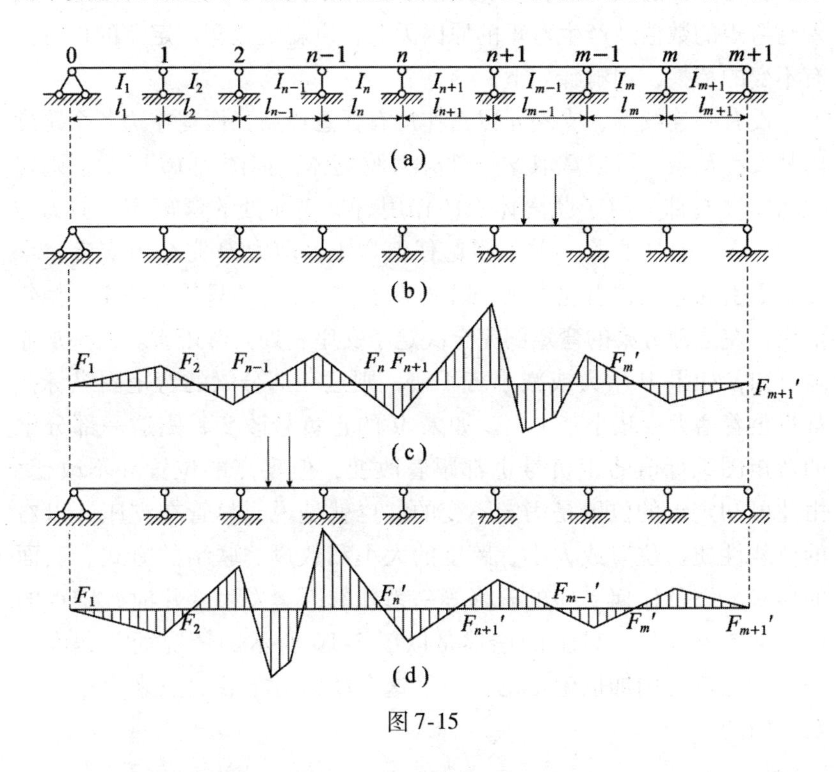

图7-15

轴（基线）相交的地方，即各跨度内均有一个弯矩等于零的点. 如图中所示的 F 及 F' 点称为弯矩定点（或弯矩焦点），简称定点。显然，这些定点也就是该弹性曲线的反弯点。

在每一跨度内有两个定点，一个是左定点，如图中的 F_1、…、F_{n+1}，另一个是右定点，如图中的 F'_n、F'_{n+1}、F'_m 等。它们并不同时出现。如图 7-15（b）、（c）所示，当荷载作用于 $m-1$ 跨度内时，在该跨以左的各跨内只出现左定点，而在该跨以右的各跨内只出现右定点；同样，如图 7-15（d）、（e）所示，当荷载作用于 $n-1$ 跨度内时，在该跨以左的各跨内只出现左定点，而在该跨以右的各跨内只出现右定点。应当注意，只有当某无荷载跨度的一边有荷载时，该跨度弯矩图的零点才是定点，并不是所有弯矩图的零点都是定点。例如图 7-15（c）、（e）中荷载跨的弯矩图的零点就不是定点。

在已知的连续梁上，所有定点的位置是固定不变的，弯矩定点位置与弯矩的数值及产生弯矩的原因无关，也就是说弯矩定点的位置具有不变的特性，现解释如下。

设有一连续梁、支座 n 以右作用有任意荷载，而在左边各个跨度内都没有荷载，可以截取这一部分为脱离体，如图 7-16 所示，则在脱离体以右部分给予脱离体上的作用有支座 n 处的弯矩 M、剪力 Q 及轴力 N。但是轴力 N 并不引起任何弯矩，剪力 Q 完全由支座 n 承受也不引起弯矩，引起支座 n 以左部分弯矩变化的只是弯矩 M。换句话说，左边部分梁的弯矩图完全决定于支座 n 处的弯矩 M。由叠加原理可知，如果 M 增大或减小若干倍，则这一部分梁的弯矩图纵标值都将跟着增大或减小若干倍。如果 M 的正负号改变，则这一部分梁的弯矩图纵标值的正负号也都跟着改变，但零点的位置并不改变。由此可知定点的位置是固定不变的。也就是说，尽管在支座 n 以右的荷载性质、位置或大小、跨度的大小和数量、联结的方式、截面的形状，以及任何支座的升降等一系列的因素发生变化时，定点的位置都是不变的。以上的论述是以图 7-16 所示的情况而言，也就是以左定点为例加以论证的，当然这个性质对于右定点来说也是完全适用的。

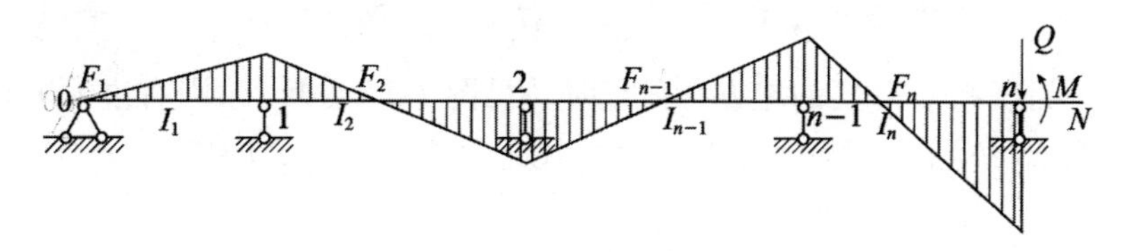

图 7-16

下面进行定点比的讨论，在任何一个跨度内两个支座弯矩的绝对值之比称为该跨度的弯矩定点比值，简称定点比（或焦点比）。显然，由于定点位置的不变性，不难看出定点比值也具有不变性。应注意，左定点比与右定点比是有区别的，这要看该跨的弯矩图零点是左定点还是右定点而定。

设荷载均在 l_n 跨度之右侧，l_n 跨度中出现左定点。这时跨度 l_n 两端弯矩的比值称为左定点比值，如图 7-17 所示，用记号 K_n 表示，即

$$K_n = -\frac{M_n}{M_{n-1}} = \frac{l_n - C_n}{C_n}$$

式中的负号为的是使 K_n 有正值。

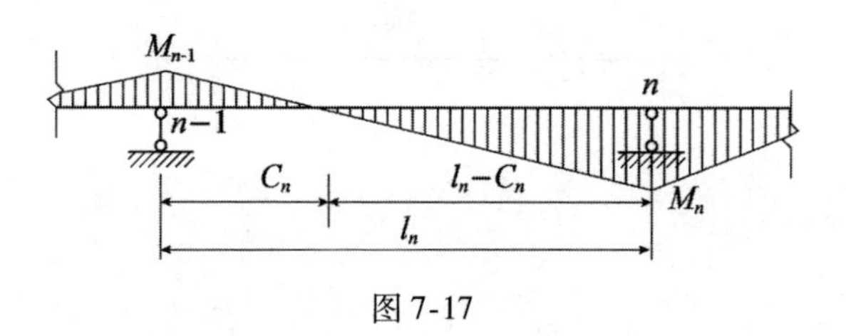

图 7-17

故左定点的位置为

$$C_n = \frac{l_n}{1 + K_n} \tag{7-14}$$

因此，若定点的位置已知，则定点比就可以求得。相反若定点比已知时，即可决定定点的位置。具体而论，当仅在 l_n 跨度的右方有荷载时［见图 7-15（b）］，则各左定点比为

$$K_1 = -\frac{M_1}{M_0};\qquad K_2 = -\frac{M_2}{M_1};\qquad K_n = -\frac{M_n}{M_{n-1}}$$

当仅在 l_n 跨度的左方有荷载时［见图 7-15（d）］，则右边 $n+1$ 跨两端弯矩的比值称为右定点比，用记号 K'_{n+1} 表示，即

$$K'_{m+1} = -\frac{M_m}{M_{m+1}}$$

同理
$$K'_m = -\frac{M_{m-1}}{M_m};\qquad K'_n = -\frac{M_{n-1}}{M_n}$$

但是，由于这许多支座弯矩都是未知数，不能直接利用它们求得各跨度的定点比。下面我们讨论计算定点比的一般公式的推导。设在一连续梁的上面仅在 l_n 跨度的右方有荷载［见图 7-15（b）］。如图 7-18 所示为该连续梁 $n-1$ 支座左右相邻的两个跨度，对于支座 $n-1$ 成立三弯矩方程。

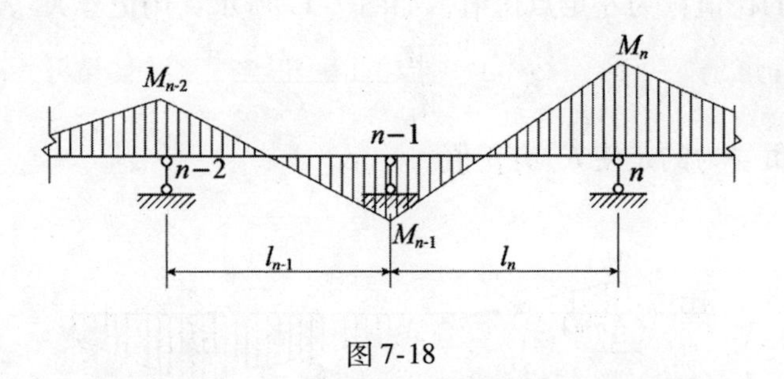

图 7-18

$$M_{n-2}\frac{l_{n-1}}{I_{n-1}} + 2M_{n-1}\left(\frac{l_{n-1}}{I_{n-1}} + \frac{l_n}{I_n}\right) + M_n\frac{l_n}{I_n} = 0 \tag{1}$$

用 M_{n-1} 除式（1）的两边得

$$\frac{M_{n-2}}{M_{n-1}}\frac{l_{n-1}}{I_{n-1}} + 2\left(\frac{l_{n-1}}{I_{n-1}} + \frac{l_n}{I_n}\right) + \frac{M_n}{M_{n-1}}\frac{l_n}{I_n} = 0 \tag{2}$$

因为

$$\frac{M_{n-2}}{M_{n-1}} = -\frac{1}{K_{n-1}};\qquad \frac{M_n}{M_{n-1}} = -K_n$$

故式（1）可以改写为

$$-\frac{1}{K_{n-1}}\frac{l_{n-1}}{I_{n-1}}+2\left(\frac{l_{n-1}}{I_{n-1}}+\frac{l_n}{I_n}\right)-K_n\frac{l_n}{I_n}=0 \tag{3}$$

由式（3）解出

$$K_n=2+\frac{\dfrac{l_{n-1}}{I_{n-1}}}{\dfrac{l_n}{I_n}}\left(2-\frac{1}{K_{n-1}}\right) \tag{4}$$

引用 $i_{n-1}=\dfrac{I_{n-1}}{l_{n-1}}$;　　$i_n=\dfrac{I_n}{l_n}$

则式（4）可以写成

$$K_n=2+\frac{i_n}{i_{n-1}}\left(2-\frac{1}{K_{n-1}}\right) \tag{7-15}$$

式（7-15）就是计算连续梁各个跨度左定点比的一般公式，式(7-15)和三弯矩方程一样，可以循环和连续地在各跨度运用。欲计算某一跨度的定点比，首先必须知道前一跨的定点比，故计算定点比时，必须从第一个跨度开始，然后依次利用公式求得各个跨度的定点比，例如，对于如图7-15（a）所示的连续梁，欲决定各跨度的左定点比时，应从左端的第一跨度计算起。因为此连续梁的左端为铰支座，故 $M_0=0$。因此，在跨度 l_1 内，$K_1=M_1/M_0=\infty$， 而 $C_1=0$，就是说左端第一跨度的左定点位置与支承点0重合。在跨度 l_2 内，左定点比 K_2：由公式（7-15）得

$$K_2=2+\frac{i_2}{i_1}\left(2-\frac{1}{\infty}\right)=2\left(1+\frac{i_2}{i_1}\right)$$

在跨度 l_3 内左定点比为

$$K_3=2+\frac{i_3}{i_2}\left(2-\frac{1}{K_2}\right)$$

余类推。

若连续梁的左端悬出于支座0之外，如图7-19所示，则各跨度左定点的位置并无改变。

若连续梁的左端为固定端，如图7-20（a）所示，则可将其化为

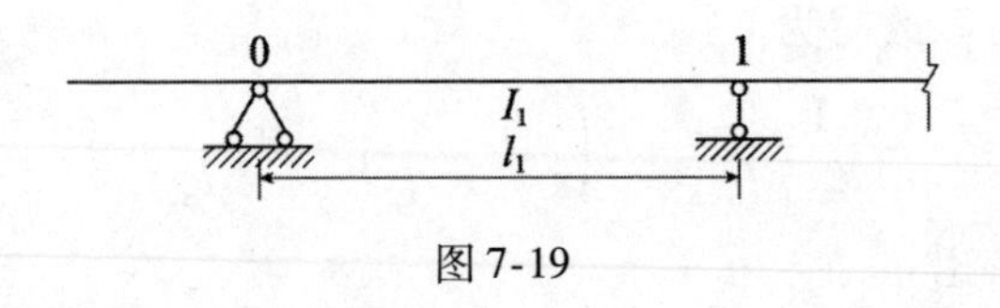

图 7-19

跨长为 l_0（有限值）、惯性矩为 $I_0=\infty$ 的跨度［见图 7-20（b）］。其最左端的弯矩 $M_{-1}=0$，故 $K_0=-\dfrac{M_0}{M_{-1}}=\infty$，由式（7-15）得

$$K_1=2+\frac{i_1}{i_0}\left(2-\frac{1}{K_0}\right)=2+\frac{i_1}{\infty}\left(2-\frac{1}{\infty}\right)=2$$

而 $C_1=\dfrac{l_1}{3}$，就是说，在左端为固定端的连续梁，其左端第一跨度的左定点位置在距左端三分之一的跨度处。由此可见，定点比是 2 与 ∞ 之间的正号数值。左定点比愈大，则左定点 F［见图 7-15（b）］与其左支座之间的距离 C_n 愈小。

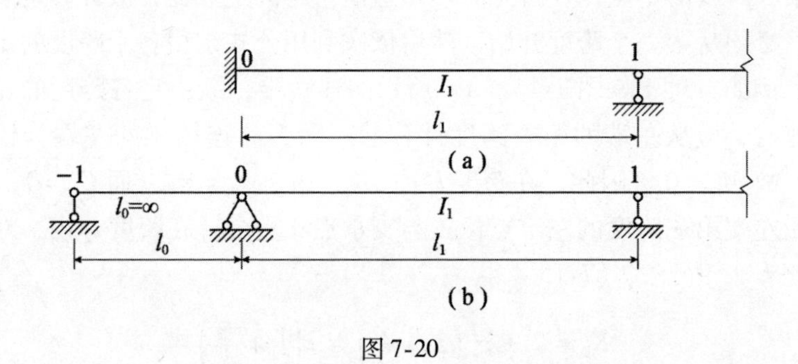

图 7-20

以上关于左定点的所有结论，对于右定点同样适用。只是计算右定点时，应从连续梁的最右一个跨度开始。设在一连续梁上面仅在 l_n 跨度的左方有荷载［见图 7-15（d）］，如图 7-21 所示为该连续梁 n 支座左右相邻的两个跨度。

对于 n 支座成立三弯矩方程，就可导出连续梁计算各个跨度右定点比的一般公式

$$K'_n = 2 + \frac{i_n}{i_{n+1}}\left(2 - \frac{1}{K'_{n+1}}\right) \tag{7-16}$$

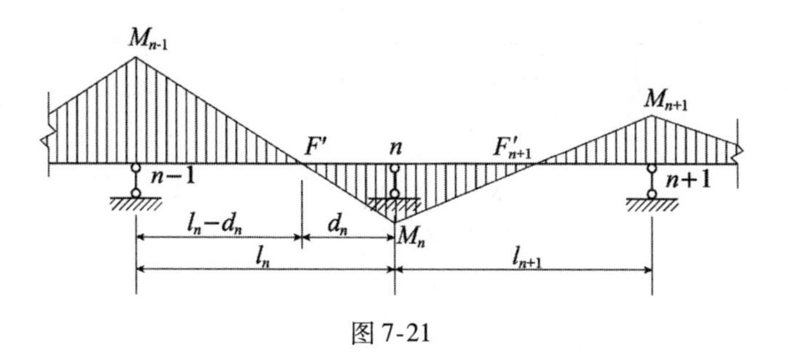

图 7-21

由图 7-21 得

$$K'_n = -\frac{M_{n-1}}{M_n} = \frac{l_n - d_n}{d_n}$$

故右定点的位置为

$$d_n = \frac{l_n}{1 + K'_n} \tag{7-17}$$

现在把计算左右定点比的一般公式均写在下面

$$K_n = 2 + \frac{i_n}{i_{n-1}}\left(2 - \frac{1}{K_{n-1}}\right)$$

$$K'_n = 2 + \frac{i_n}{i_{n+1}}\left(2 - \frac{1}{K'_{n+1}}\right) \tag{7-18}$$

对于各跨度的惯性矩 I 相同的连续梁，计算左右定点比的公式为

$$K_n = 2 + \frac{l_{n-1}}{l_n}\left(2 - \frac{1}{K_{n-1}}\right)$$

$$K'_n = 2 + \frac{l_{n+1}}{l_n}\left(2 - \frac{1}{K'_{n+1}}\right) \tag{7-19}$$

7.4.2　荷载跨度的支座弯矩

由图 7-15 可知，如果荷载跨度内的两个支座弯矩已知时，则连续梁的弯矩图即可利用其定点的特性绘制出来。这两个支座弯矩可以

利用两个三弯矩方程解得，这两个三弯矩方程只与荷载跨度及两个相邻的跨度有关。设一连续梁仅在 l_n 跨度内有荷载，如图 7-22（a）所

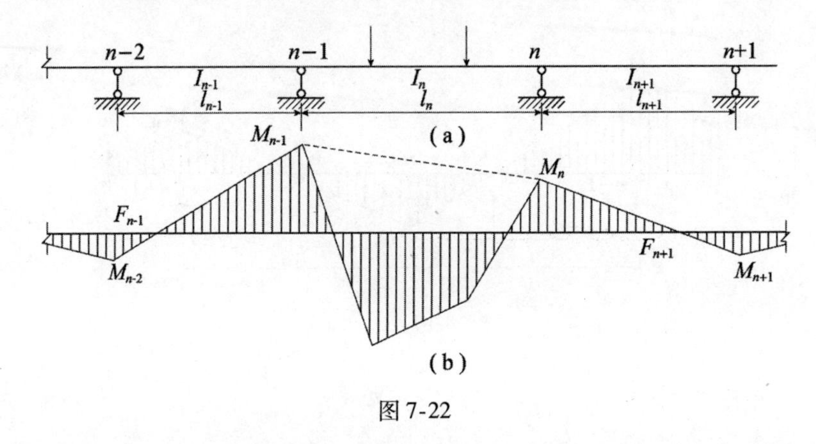

图 7-22

示，可以成立下列两个三弯矩方程

$$M_{n-2}\frac{l_{n-1}}{I_{n-1}}+2M_{n-1}\left(\frac{l_{n-1}}{I_{n-1}}+\frac{l_n}{I_n}\right)+M_n\frac{l_n}{I_n}=-\frac{6A_n^{\Phi}}{I_n}$$

$$M_{n-1}\frac{l_n}{I_n}+2M_n\left(\frac{l_n}{I_n}+\frac{l_{n+1}}{I_{n+1}}\right)+M_{n+1}\frac{l_{n+1}}{I_{n+1}}=-\frac{6B_n^{\Phi}}{I_n}$$

按左、右定点比的定义，可得

$$M_{n-2}=-\frac{M_{n-1}}{K_{n-1}}$$

$$M_{n+1}=-\frac{M_n}{K'_{n+1}}$$

代入上式后，即可消去未知数 M_{n-2} 与 M_{n+1} 而得到

$$\left[2+\frac{l_{n-1}I_n}{l_nI_{n-1}}\left(2-\frac{1}{K_{n-1}}\right)\right]\frac{l_n}{I_n}M_{n-1}+\frac{l_n}{I_n}M_n=-\frac{6A_n^{\Phi}}{I_n}$$

$$\frac{l_n}{I_n}M_{n-1}+\left[2+\frac{l_{n+1}I_n}{l_nI_{n+1}}\left(2-\frac{1}{K'_{n+1}}\right)\right]\frac{l_n}{I_n}M_n=-\frac{6B_n^{\Phi}}{I_n}$$

上式中方括号内的数值为 K_n 与 K'_n。因此可简化为

$$K_nM_{n-1}+M_n=-\frac{6A_n^{\Phi}}{l_n}$$

$$M_{n-1} + K'_n M_n = -\frac{6B_n^{\Phi}}{l_n}$$

求解 M_{n-1} 及 M_n 可得

$$M_{n-1} = -\frac{6(A^{\Phi}K'_n - B_n^{\Phi})}{l_n(K_nK'_n - 1)}$$

$$M_n = -\frac{6(B^{\Phi}K_n - A_n^{\Phi})}{l_n(K_nK'_n - 1)} \tag{7-20}$$

如果荷载跨度为最左边的一个跨度，而左端又为铰支座时，则 $M_{n-1} = 0$，$K_n = \infty$。在这种情况下，计算支座弯矩 M_n 的时候，将出现不定式，根据处理不定式的办法，用 K_n 除 M_n 式的分子及分母，然后再进行计算。于是得

$$M_n = -\frac{6\left(B_n^{\Phi} - \frac{A_n^{\Phi}}{\infty}\right)}{l_n\left(K_n - \frac{1}{\infty}\right)} = -\frac{6B_n^{\Phi}}{l_nK_n} \tag{7-21}$$

如果荷载跨度为最右边的一个跨度，而右端又为铰支座时，则 $M_n = 0$，$K'_n = \infty$。用 K'_n 去除 M_{n-1} 式，于是得

$$M_{n-1} = -\frac{6\left(A_n^{\Phi} - \frac{B_n^{\Phi}}{\infty}\right)}{l_n\left(K_n - \frac{1}{\infty}\right)} = -\frac{6A_n^{\Phi}}{l_nK_n} \tag{7-22}$$

以定点法画连续梁的弯矩图时，首先要算出各跨度左定点比及右定点比，然后由式（7-20）算出荷载跨内的两个支座弯矩 M_{n-1} 及 M_n。根据各左定点比依次向左推算各左支座弯矩值；然后，根据各右定点比依次向右推算各支座弯矩值，即可画出全梁的弯矩图。若多数跨有荷载时，可以利用叠加原理分别求得当只有一跨有荷载时的各支座弯矩然后求其总和。

【例 7-2】 用定点法计算如图 7-23（a）所示的连续梁；设梁的各跨截面相同，即惯性矩 $I =$ 常数，且 $l_1 = l_2 = 5\text{m}$，$l_3 = l_4 = l_5 = 4\text{m}$。

【解】 计算各跨度的定点比，如表 7-2 所示。

计算荷载跨度内的两个支座弯矩

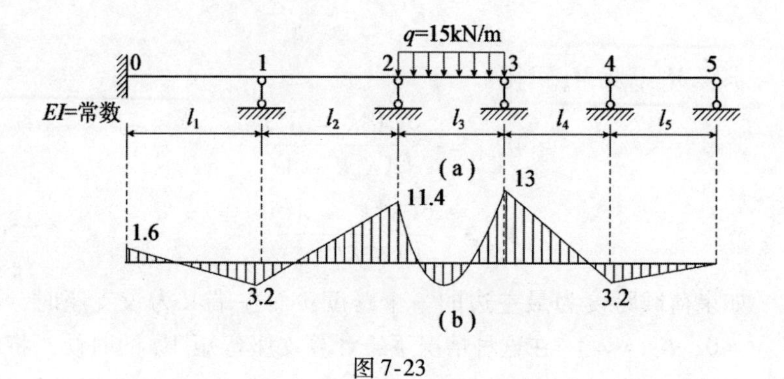

图 7-23

$$M_2=\frac{6\left(\frac{15\times 4^3}{24}\times 3.75-\frac{15\times 4^3}{24}\right)}{4(4.14\times 3.75-1)}=-11.4(\mathrm{kN\cdot m})$$

$$M_3=-\frac{6\left(\frac{15\times 4^3}{24}\times 4.14-\frac{15\times 4^3}{24}\right)}{4(4.14\times 3.75-1)}=-13(\mathrm{kN\cdot m})$$

表 7-2　　**定点比计算表**

左定点比	右定点比
$K_1=2$	$K'_5=\infty$
$K_2=2+\frac{l_1}{l_2}\left(2-\frac{1}{2}\right)=3.50$	$K'_4=2+\frac{l_5}{l_4}\left(2-\frac{1}{\infty}\right)=4$
$K_3=2+\frac{l_2}{l_3}\left(2-\frac{1}{3.50}\right)=4.14$	$K'_2=2+\frac{l_4}{l_3}\left(2-\frac{1}{4}\right)=3.75$
$K_4=2+\frac{l_5}{l_4}\left(2-\frac{1}{4.14}\right)=3.76$	$K'_2=2+\frac{l_3}{l_2}\left(2-\frac{1}{3.75}\right)=3.39$
$K_5=2+\frac{l_4}{l_5}\left(2-\frac{1}{3.76}\right)=3.73$	$K'_1=2+\frac{l_2}{l_1}\left(2-\frac{1}{3.39}\right)=3.70$

计算非荷载跨的支座弯矩

$$M_1=-\frac{M_2}{K_2}=3.2\mathrm{kN\cdot m}$$

$$M_0 = -\frac{M_1}{K_1} = -1.6\text{kNm}$$

$$M_4 = -\frac{M_3}{K_4'} = 3.2\text{kNm}$$

根据各支座弯矩绘制出弯矩图，如图7-23（b）所示。

7.5 用静力法作影响线

由第3章知道所谓结构上某处某一量值 S 的影响线，就是表示该量值 S 随着一个指向不变的单位活荷载 $P=1$ 在结构上移动时变化规律的图形。由此可见，为了作出连续梁某一量值 S 的影响线，就必须把 $P=1$ 依次地放在梁的各个跨度上，首先确定坐标原点，把所研究的量值 S 与表示 $P=1$ 位置的变数（横坐标 x）之间的关系式写出来，然后作出图形。对于连续梁来说利用定点法作影响线是一个相当方便的方法。以如图7-24所示的连续梁为例加以说明。

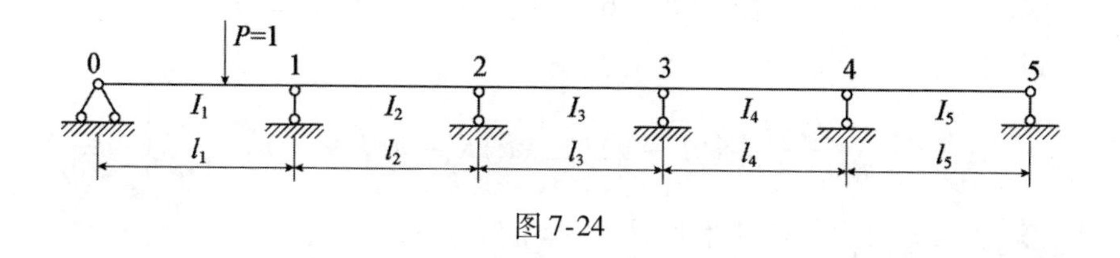

图7-24

7.5.1 支座弯矩影响线

首先利用式（7-18）或式（7-19）计算连续梁各个跨度的左定点比及右定点比。然后把单位荷载 $P=1$ 依次地放在各个跨度内，用 $x=ul_n$ 及 $l_n - x = (1-u)l_n$ 分别表示 $P=1$ 放在 l_n 跨度上时，到该跨度的左支座 $n-1$ 及右支座 n 的距离。其中 u 为一无名数（$0 \leqslant u \leqslant 1$）。如图7-25所示。

利用式（7-20）求得 $P=1$ 所在跨度 l_n 内的两个支座弯矩 M_{n-1} 及 M_n 的公式

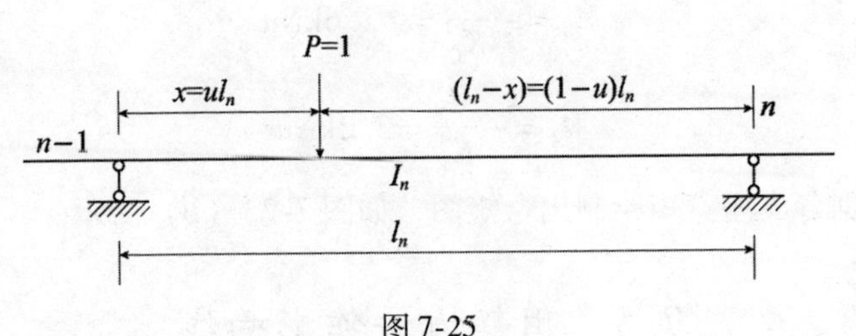

图 7-25

$$M_{n-1}=-\frac{6(A_n^{\Phi}K_n'-B_n^{\Phi})}{l_n(K_nK_n'-1)}$$

$$M_n=-\frac{6(B_n^{\Phi}K_n-A_n^{\Phi})}{l_n(K_nK_n'-1)}$$

由表 7-1 可得

$$A_n^{\Phi}=\frac{1}{6}l_n^2u(1-u)(2-u)$$

$$B_n^{\Phi}=\frac{1}{6}l_n^2u(1-u^2)$$

因此

$$M_{n-1}=-\frac{l_n}{K_nK_n'-1}[u(1-u)(2-u)K_n'-u(1-u^2)] \tag{7-23}$$

$$M_n=-\frac{l_n}{K_nK_n'-1}[u(1-u^2)K_n-u(1-u)(2-u)] \tag{7-24}$$

当 $P=1$ 作用在最左边的跨度内，而左端又为铰支座时，则

$$M_{n-1}=0$$

由式（7-21）

$$M_n=-\frac{6B_n^{\Phi}}{l_nK_n'}=-\frac{l_n}{K_n'}u(1-u^2) \tag{7-25}$$

当 $P=1$ 作用在最右边的跨度内，而右支座又为铰支座时，则

$$M_n=0$$

由式（7-22）

$$M_{n-1}=-\frac{6A_n^{\Phi}}{l_nK_n}=-\frac{l_n}{K_n}u(1-u)(2-u) \tag{7-26}$$

利用式（7-23）～式（7-26）就可以求得由于 $P=1$ 作用在连续梁的任一跨度 l_n 上的任意一点时，所产生的两个支座弯矩 M_{n-1} 及 M_n。再利用定点比推出其他各支座弯矩的数值。如此依次地把 $P=1$ 放在梁的各个跨度上，就可以求得当 $P=1$ 在梁上移动时各个支座弯矩的变化规律，从而可以绘制出所求的支座弯矩影响线。

在实际计算影响线的纵坐标时，应把连续梁的每一跨度分为若干等份，然后分别计算出各该等分点处的纵距。图形的准确性视所取等分点的多少而定。一般多采用5～10等份。式（7-23）～式（7-26）中与 u 有关的项可先算出，列成表（见表7-3）以备应用。表7-3中的系数是按每一跨度分为20等份作出的，这就充分保证了图形的准确性。

对于图7-24所示的连续梁各支座弯矩影响线的形状，如图7-26所示。

7.5.2　跨中截面弯矩影响线

作出任何跨度的两个支座弯矩影响线后，就可以利用式（7-4）用叠加法作该跨度内任何一个截面的弯矩影响线。例如要作如图7-27（a）所示连续梁 l_2 跨度内截面 A 的 M_A 影响线，就可以利用下式计算其纵距

$$M_A = M_A^0 + \frac{l_3 - a}{l_3}M_2 + \frac{a}{l_3}M_3$$

由上式可知，截面 A 的弯矩 M_A 影响线为三条曲线叠加而成。这三条曲线是：①基本结构（简支梁）l_3 跨度内截面 A 的弯矩 M_A^0 影响线；②支座弯矩 M_2 影响线乘以常数 $\frac{l_3 - a}{l_3}$；③支座弯矩 M_3 的影响线乘以常数 $\frac{a}{l_3}$。这些曲线如图7-27所示。

表 7-3　　绘制影响线用系数表

1	2	3	4	5	6	7	8	9	10	11
u	u^2	u^3	$\frac{1}{2}u^2$	$(1-u)$	$\frac{1}{2}(1-u)$	$\frac{2}{3}(1-u)$	$\frac{1}{2}(1-u)^3$	$u(1-u)^2$	$\frac{1}{2}(1-u^2)$	$u(1-u^3)$
0	0.0000	0.0000	0.0000	1.0000	0.5000	1.5000	0.5000	0.0000	0.5000	0.0000
0.05	0.0025	0.0001	0.0013	0.9500	0.4750	1.4250	0.4287	0.0451	0.4988	0.0499
0.10	0.0100	0.0010	0.0050	0.9000	0.4500	1.3500	0.3645	0.0810	0.4950	0.0990
0.15	0.0225	0.0034	0.0113	0.8500	0.4250	1.2750	0.3071	0.1084	0.4888	0.1466
0.20	0.0400	0.0080	0.0200	0.8000	0.4000	1.2000	0.2560	0.1280	0.4800	0.1920
0.25	0.0625	0.0156	0.0313	0.7500	0.3750	1.1250	0.2109	0.1406	0.4688	0.2344
0.30	0.0900	0.0270	0.0450	0.7000	0.3500	1.0500	0.1715	0.1470	0.4550	0.2730
0.35	0.1225	0.0429	0.0613	0.6500	0.3250	0.9750	0.1373	0.1479	0.4388	0.3071
0.40	0.1600	0.0640	0.0800	0.6000	0.3000	0.9000	0.1080	0.1440	0.4200	0.3360
0.45	0.2025	0.0911	0.1013	0.5500	0.2750	0.8250	0.0831	0.1361	0.3988	0.3589
0.50	0.2500	0.1250	0.1250	0.5000	0.2500	0.7500	0.0625	0.1250	0.3750	0.3750
0.55	0.3025	0.1664	0.1513	0.4500	0.2250	0.6750	0.0456	0.1114	0.3488	0.3836
0.60	0.3600	0.2160	0.1800	0.4000	0.2000	0.6000	0.0320	0.0960	0.3200	0.3840
0.65	0.4225	0.2746	0.2113	0.3500	0.1750	0.5250	0.0215	0.0796	0.2888	0.3754
0.70	0.4900	0.3430	0.2450	0.3000	0.1500	0.4500	0.0135	0.0630	0.2550	0.3570
0.75	0.5625	0.4219	0.2813	0.2500	0.1250	0.3750	0.0077	0.0469	0.2188	0.3281
0.80	0.6400	0.5120	0.3200	0.2000	0.1000	0.3000	0.0040	0.0320	0.1800	0.2880
0.85	0.7225	0.6141	0.3613	0.1500	0.0750	0.2250	0.0017	0.0191	0.1388	0.2359
0.90	0.8100	0.7290	0.4050	0.1000	0.0500	0.1500	0.0005	0.0090	0.0950	0.1710
0.95	0.9025	0.8574	0.4513	0.0500	0.0250	0.0750	0.0001	0.0024	0.0488	0.0926
1.00	1.0000	1.0000	0.5000	0.0000	0.0000	0.0000	0.0000	0.000	0.0000	0.0000

12	13	14	15	16	17	18	19	20	21
$\frac{1}{2}u(1-u^2)$	$u^2(1-u)$	$\frac{3}{2}u^2(1-u)$	$u^2(3-u)$	$u^2(3-2u)$	$u(1-u)(2-u)$	$\frac{1}{2}u(1-u)\times(2-u)$	$(1-u)^2\times(1+2u)$	$u(1-u)\times(1-2u)$	$\frac{1}{2}u(2-u)$
0. 0000	0. 0000	0. 0000	0. 0000	0. 0000	0. 0000	0. 0000	1. 0000	0. 0000	0. 0000
0. 0249	0. 0024	0. 0036	0. 0074	0. 0073	0. 0926	0. 0463	0. 9928	0. 0428	0. 0488
0. 0495	0. 0090	0. 0135	0. 0290	0. 0280	0. 1710	0. 0855	0. 9720	0. 0720	0. 0950
0. 0733	0. 0191	0. 0287	0. 0641	0. 0608	0. 2359	0. 1179	0. 9393	0. 0892	0. 1388
0. 0960	0. 0320	0. 0480	0. 1120	0. 1040	0. 2880	0. 1440	0. 8960	0. 0960	0. 1800
0. 1172	0. 0469	0. 0703	0. 1719	0. 1563	0. 3281	0. 1640	0. 8438	0. 0937	0. 2188
0. 1365	0. 0630	0. 0945	0. 2430	0. 2160	0. 3570	0. 1785	0. 7840	0. 0840	0. 2550
0. 1536	0. 0796	0. 1194	0. 3246	0. 2818	0. 3754	0. 1877	0. 7183	0. 0682	0. 2888
0. 1680	0. 0960	0. 1440	0. 4160	0. 3520	0. 3840	0. 1920	0. 6480	0. 0480	0. 3200
0. 1794	0. 1114	0. 1671	0. 5164	0. 4253	0. 3836	0. 1918	0. 5748	0. 0247	0. 3488
0. 1875	0. 1250	0. 1875	0. 6250	0. 5000	0. 3750	0. 1875	0. 5000	0. 0000	0. 3750
0. 1918	0. 1361	0. 2042	0. 7411	0. 5747	0. 3589	0. 1794	0. 4253	−0. 0247	0. 3988
0. 1920	0. 1440	0. 2160	0. 8640	0. 6480	0. 3360	0. 1680	0. 3520	−0. 0480	0. 4200
0. 1877	0. 1479	0. 2218	0. 9929	0. 7182	0. 3071	0. 1536	0. 2818	−0. 0682	0. 4388
0. 1785	0. 1470	0. 2205	1. 1270	0. 7840	0. 2730	0. 1365	0. 2160	−0. 0840	0. 4550
0. 1649	0. 1406	0. 2109	1. 2656	0. 8437	0. 2344	0. 1172	0. 1563	−0. 0937	0. 4688
0. 1440	0. 1280	0. 1920	1. 4080	0. 8960	0. 1920	0. 0960	0. 1040	−0. 0960	0. 4800
0. 1379	0. 1084	0. 1626	1. 5534	0. 9392	0. 1466	0. 0733	0. 0608	−0. 0892	0. 4888
0. 0855	0. 0810	0. 1215	1. 7010	0. 9720	0. 0990	0. 0495	0. 0280	−0. 0720	0. 4950
0. 0463	0. 0451	0. 0677	1. 8501	0. 9928	0. 0499	0. 0249	0. 0073	−0. 0428	0. 4988
0. 0000	0. 0000	0. 0000	2. 0000	1. 0000	0. 0000	0. 0000	0. 0000	0. 0000	0. 5000

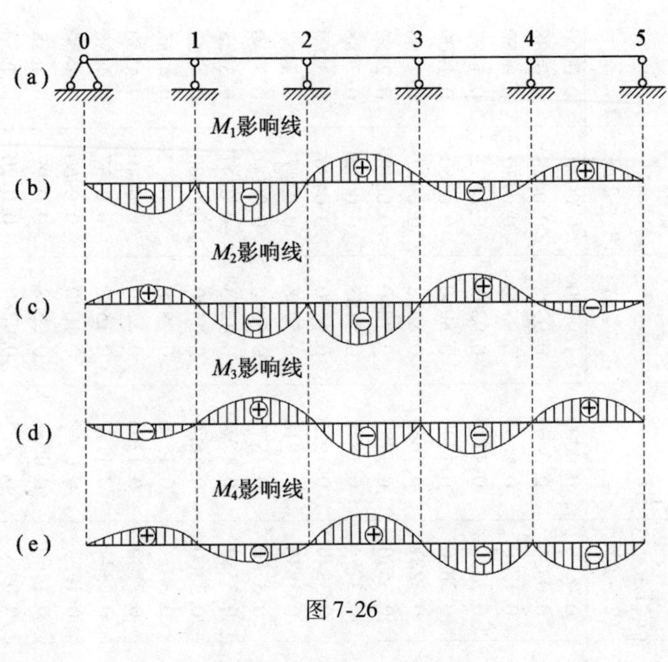
0
1
2
3
4
5
(a)
M_1影响线
(b)
M_2影响线
(c)
M_3影响线
(d)
M_4影响线
(e)

图 7-26

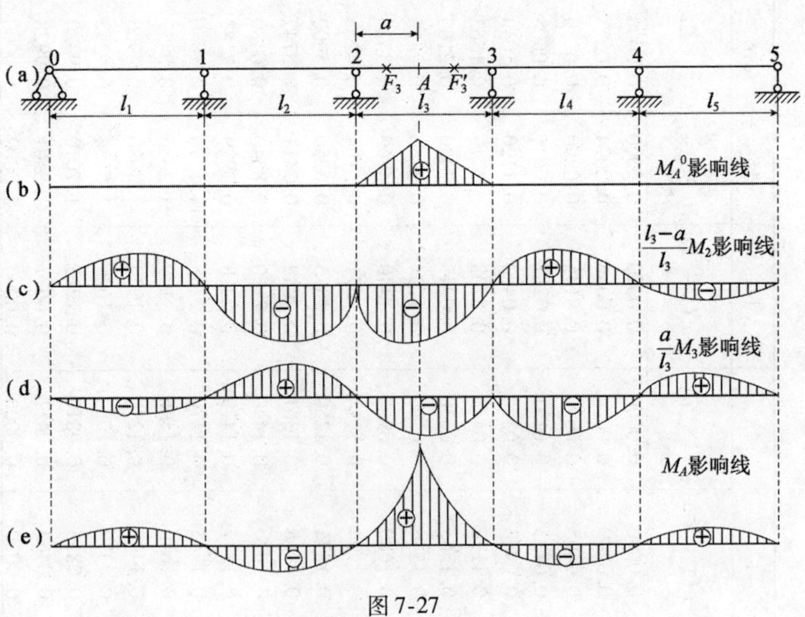
a
0
1
2
3
4
5
(a)
F_3
A
F_3'
l_1
l_2
l_3
l_4
l_5
(b)
$M_A{}^0$影响线
$\frac{l_3-a}{l_3}M_2$影响线
(c)
$\frac{a}{l_3}M_3$影响线
(d)
M_A影响线
(e)

图 7-27

作 M_A 的影响线应注意以下几点：①若截面 A 位于所属跨度的左定点与右定点之间［见图 7–27（a）］，则 M_A 影响线的形状如图 7-27（e）所示；②若截面 A 与所属跨度的左定点 F_3 重合，根据定点的性质可知，当 $P=1$ 在支座 3 以右时，弯矩为零，故 M_A 影响线的形状如图 7-28（b）所示，若与右定点 F_3' 重合时，当 $P=1$ 在支座 2 以左时弯矩为零，则 M_A 影响线如图 7-28（c）所示；③若截面 A 位于所属跨度的左定点与左支座之间［见图 7-29（a）］时，则 M_A 影响线的形状如图 7-29（b）所示；若位于右定点与右支座之间［见图 7-29（c）］时，则影响线如图 7-29（d）所示。以上几个特性，只要列出影响线的方程，是不难应用数学的方法加以证明的。

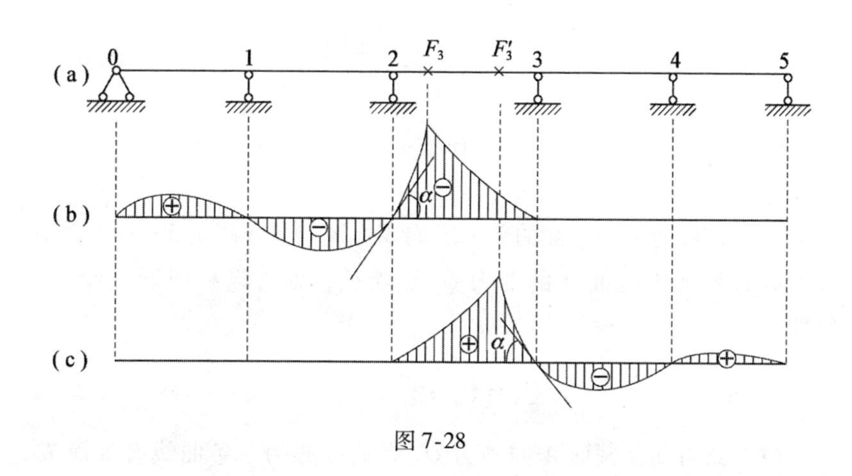

图 7-28

此外，应注意影响线的纵距随着与截面距离的增大而迅速的减小。对于连续梁一般认为，当荷载位于距截面两个跨度以外时，可以忽略不计。因此，对跨度很多的连续梁，当荷载只作用在某一跨度上时，可以近似的把它作为一个五跨连续梁来计算。

7.5.3　剪力影响线

作出任何跨度的两个支座弯矩影响线后，就可以利用式（7-5）

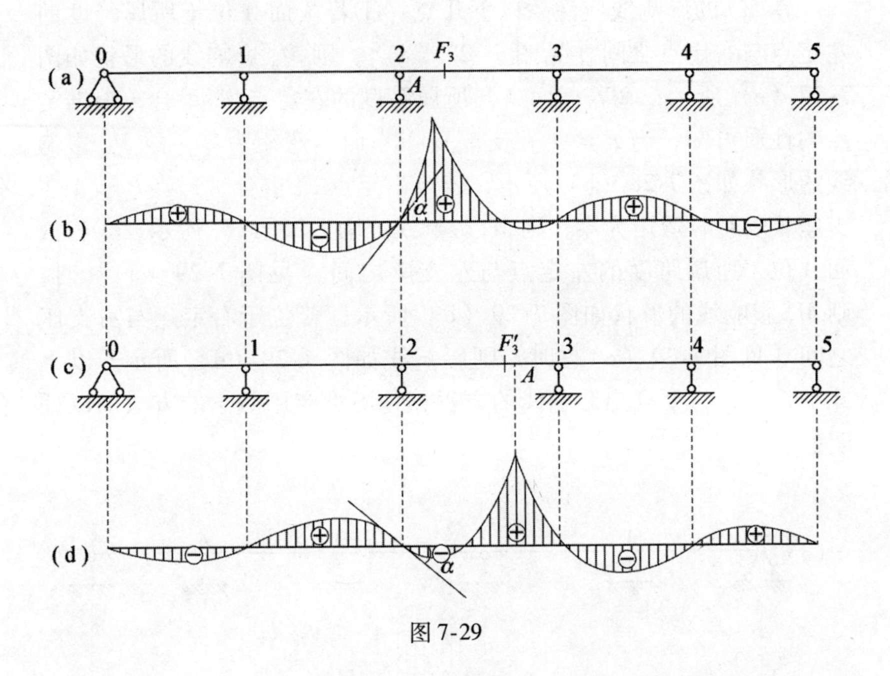

图 7-29

作该跨度内任何一个截面的剪力影响线。例如要作图 7-30（a）所示连续梁 l_3 跨度内截面 A 的剪力 Q_A 影响线，就可以利用下式计算其纵距

$$Q_A = Q_A^0 + \frac{M_3}{l_3} - \frac{M_2}{l_3}$$

由上式可知，截面 A 的剪力 Q_A 影响线亦为三条曲线叠加而成。这三条曲线是：①基本结构（简支梁）l_3 跨度内截面 A 的剪力 Q_A^0 影响线；②支座弯矩 M_3 的影响线乘以常数 $1/l_3$；③支座弯矩 M_2 影响线乘以常数 $-1/l_3$。这些曲线如图 7-30 所示。

在截面 A 所属的跨度范围内，Q_A 影响线的两根支线相距为 1［见图 7-30（e）］。这就是说，两根支线彼此平行。如果要求同一跨度内其他截面的剪力影响线时，只需将这两根支线间的割线在水平方向移动一下就行了。

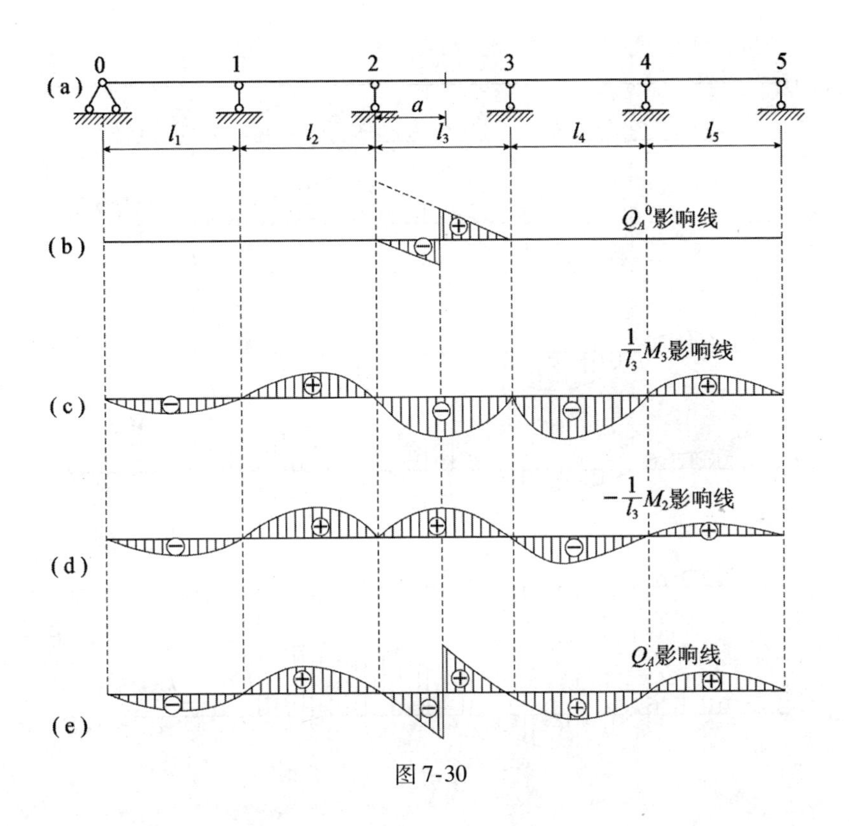

图7-30

7.5.4 反力影响线

支座反力影响线的纵距可以利用式（7-6）计算。例如要作如图7-31（a）所示连续梁支座3反力 R_3 的影响线，就可以利用下式计算其纵距

$$R_3 = R_3^0 + \frac{M_4 - M_3}{l_4} + \frac{M_2 - M_3}{l_3} = R_3^0 + \frac{M_2}{l_3} - \left(\frac{1}{l_3} + \frac{1}{l_4}\right) M_3 + \frac{M_4}{l_4}$$

由上式可知：支座反力 R_3 影响线由四条曲线叠加而成。其中一条曲线为基本结构（简支梁）中支座3反力 R_3^0 影响线，其余三条曲线为三个支座弯矩影响线各乘以不同的常数而得到。这些曲线如图7-31所示。

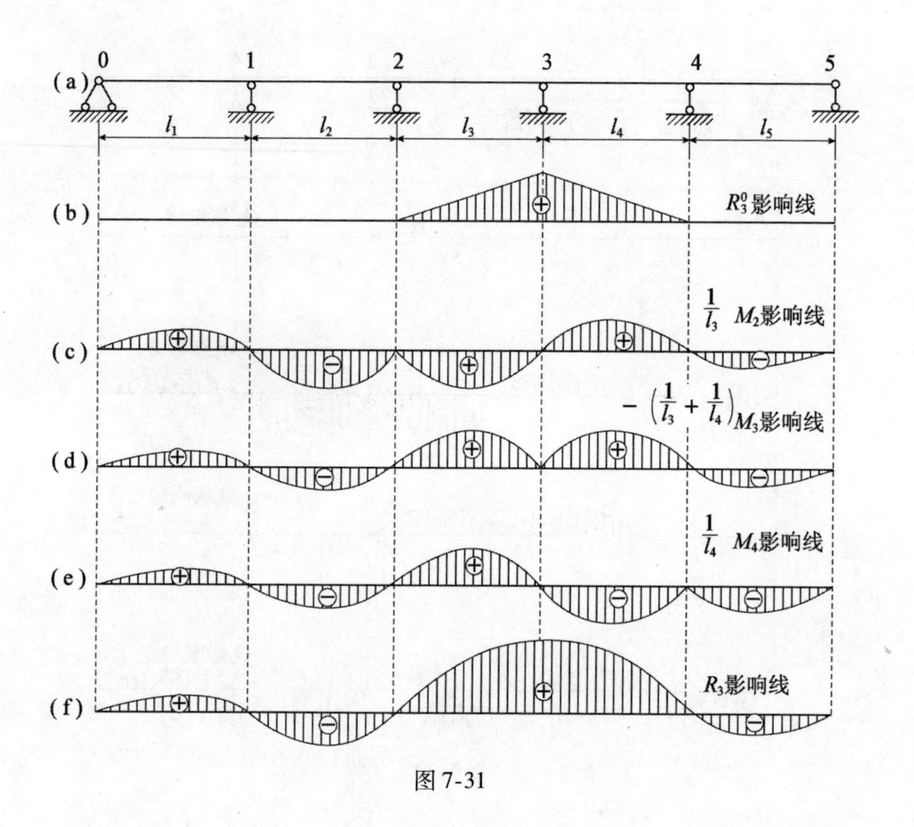

图 7-31

由式（7-6）可知，$R_3=Q_{3,4}-Q_{3,2}$。故支座 3 的反力 R_3 影响线也可由支座 3 左方及右方截面的剪力影响线相叠加而得到。

【例 7-3】 用静力法作如图 7-32 所示连续梁的 M_1、M_2、M_3、M_4、M_A、Q_A、R_2 影响线。连续梁的 E 为常数：$l_1=l_5=6.00\text{m}$；$l_2=l_3=l_4=7.20\text{m}$；$I_1=I_5=I$；$I_2=I_3=I_4=1.2I$。

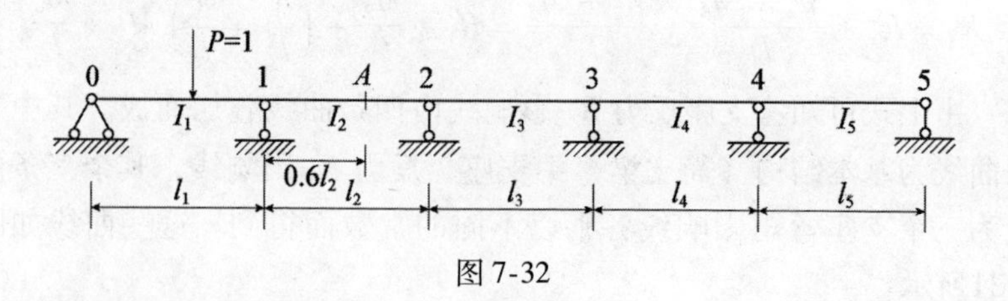

图 7-32

【解】 绘制影响线时，将每个跨度分成5等份。

（1）求定点比，如表7-4所示。

表7-4　　　　计算定点比

左定点比	右定点比
$K_1=\infty$	$K'_5=\infty$
$K_2=4$	$K'_4=4$
$K_3=3.75$	$K'_3=3.75$
$K_4=3.7333$	$K'_2=3.7333$
$K_5=3.7321$	$K'_1=3.7321$

（2）作M_1、M_2、M_3及M_4影响线

为便于说明问题，在支座弯矩M的右下角加上两个下标；第一个下标表明支座名称，第二个下标表明$P=1$所在跨度的名称。例如M_{13}就是$P=1$在l_3跨度上时，支座截面1所产生的弯矩。

因为该连续梁为对称结构，只要作出M_1及M_2影响线，就可以相应地画出M_3及M_4影响线，故下面我们只写出M_1及M_2影响线纵距的算式。

1）成立影响线方程

①$P=1$位于l_1跨度内。由式（7-25）

$$M_{11}=-\frac{l_1}{K'_1}u(1-u^2)=-1.6077u(1-u^2) \tag{1}$$

$$M_{21}=-\frac{M_{11}}{K'_2}=0.4306u(1-u^2) \tag{2}$$

②$P=1$位于l_2跨度内。由式（7-23）

$$\begin{aligned}M_{12}&=-\frac{l_2}{K_2K'_2-1}[u(1-u)(2-u)K'_2-u(1-u^2)]\\&=-0.5168[3.7333u(1-u)(2-u)-u(1-u^2)]\end{aligned} \tag{3}$$

由式（7-24）

$$M_{22}=-\frac{l_2}{K_2K'_2-1}[u(1-u^2)K_2-u(1-u)(2-u)]$$

$$=-0.5168[4u(1-u^2)-u(1-u)(2-u)] \quad (4)$$

③ $P=1$ 位于 l_3 跨度内。由式（7-23）

$$M_{23}=-\frac{l_3}{K_3K_3'-1}[u(1-u)(2-u)K_3'-u(1-u^2)]$$

$$=-0.5512[3.75u(1-u)(2-u)-u(1-u^2)] \quad (5)$$

$$M_{13}=-\frac{M_{33}}{K_2}=0.1378[3.75u(1-u)(2-u)-u(1-u^2)] \quad (6)$$

④ $P=1$ 位于 l_4 跨度内。由式（7-23）

$$M_{34}=-\frac{l_4}{K_4K_4'-1}[u(1-u)(2-u)K_4'-u(1-u^2)]$$

$$=-0.5168[4u(1-u)(2-u)-u(1-u^2)]$$

$$M_{24}=-\frac{M_{34}}{K_3}=0.1378[4u(1-u)(2-u)-u(1-u^2)] \quad (7)$$

$$M_{14}=-\frac{M_{24}}{K_2}=-0.0345[4u(1-u)(2-u)-u(1-u^2)] \quad (8)$$

⑤ $P=1$ 位于 l_5 跨度内。由式（7-26）

$$M_{45}=-\frac{l_5}{K_5}u(1-u)(2-u)=-1.6077u(1-u)(2-u)$$

$$M_{35}=-\frac{M_{45}}{K_4}=0.4306u(1-u)(2-u)$$

$$M_{25}=-\frac{M_{35}}{K_3}=\frac{M_{45}}{K_4K_3}=-0.1148u(1-u)(2-u) \quad (9)$$

$$M_{15}\approx-\frac{M_{25}}{K_2}=0.0287u(1-u)(2-u) \quad (10)$$

2）计算影响线的纵距值

利用方程式（1）、(3）、(6）、(8）、(10）及表 7-3 就可以计算出 M_1 影响线的纵距值。利用方程式（2）、(4）、(5）、(7）、(9）及表 7-3 可以计算出 M_2 影响线的纵距值。

3）绘制影响线

M_1、M_2、M_3、M_4 影响线示于图7-33（b）、（c）、（d）、（e）中。

（3）作 M_A 影响线

M_A 影响线的纵距按式（7-4）计算

$$M_A = M_A^0 + \frac{l_2 - 0.6l_2}{l_2}M_1 + \frac{0.6l_2}{l_2}M_2 = M_A^0 + 0.4M_1 + 0.6M_2$$

式中的 M_1、M_2 取自已经作好的 M_1 及 M_2 影响线。由图7-34（b）可知：

当 $x < a$ 时　$M_A^0 = 0.4l_2 \dfrac{ul_2}{l_2} = 0.4ul_2 = 2.88u$

当 $x > a$ 时　$M_A^0 = 0.6l_2 \dfrac{(1-u)l_2}{l_2} = 0.6(1-u)l_2 = 4.32(1-u)$

兹举例说明 M_A 影响线纵距的计算。例如，在 l_2 跨度内 $u = 0.6$ 处的纵距为

$$y_{0.6}^{\mathrm{II}} = (4.32)(0.4) - (0.4)(0.4498) - (0.6)(0.6202) = 1.1760$$

在 l_4 跨度内 $u = 0.4$ 处的纵距为

$$y_{0.4}^{\mathrm{IV}} = (0.4)(-0.0414) + (0.6)(0.1654) = 0.0826$$

同样可以算出其他各处的纵距。M_A 影响线示如图7-34（c）。

（4）作 Q_A 影响线

Q_A 影响线的纵距按式（7-5）计算

$$Q_A = Q_A^0 + \frac{M_2 - M_1}{l_2}$$

由图7-34（d）可知：

当 $x < a$ 时　$Q_A^0 = -\dfrac{ul_2}{l_2} = -u$

当 $x > a$ 时　$Q_A^0 = \dfrac{(1-u)l_2}{l_2} = 1-u$

兹举例说明 Q_A 影响线纵距的计算。例如，在 l_2 跨度内 $u = 0.8$ 处的纵距为

$$y_{0.8}^{\mathrm{II}} = (1-0.8) + \frac{(-0.4961) - (-0.2216)}{7.2} = 0.1619$$

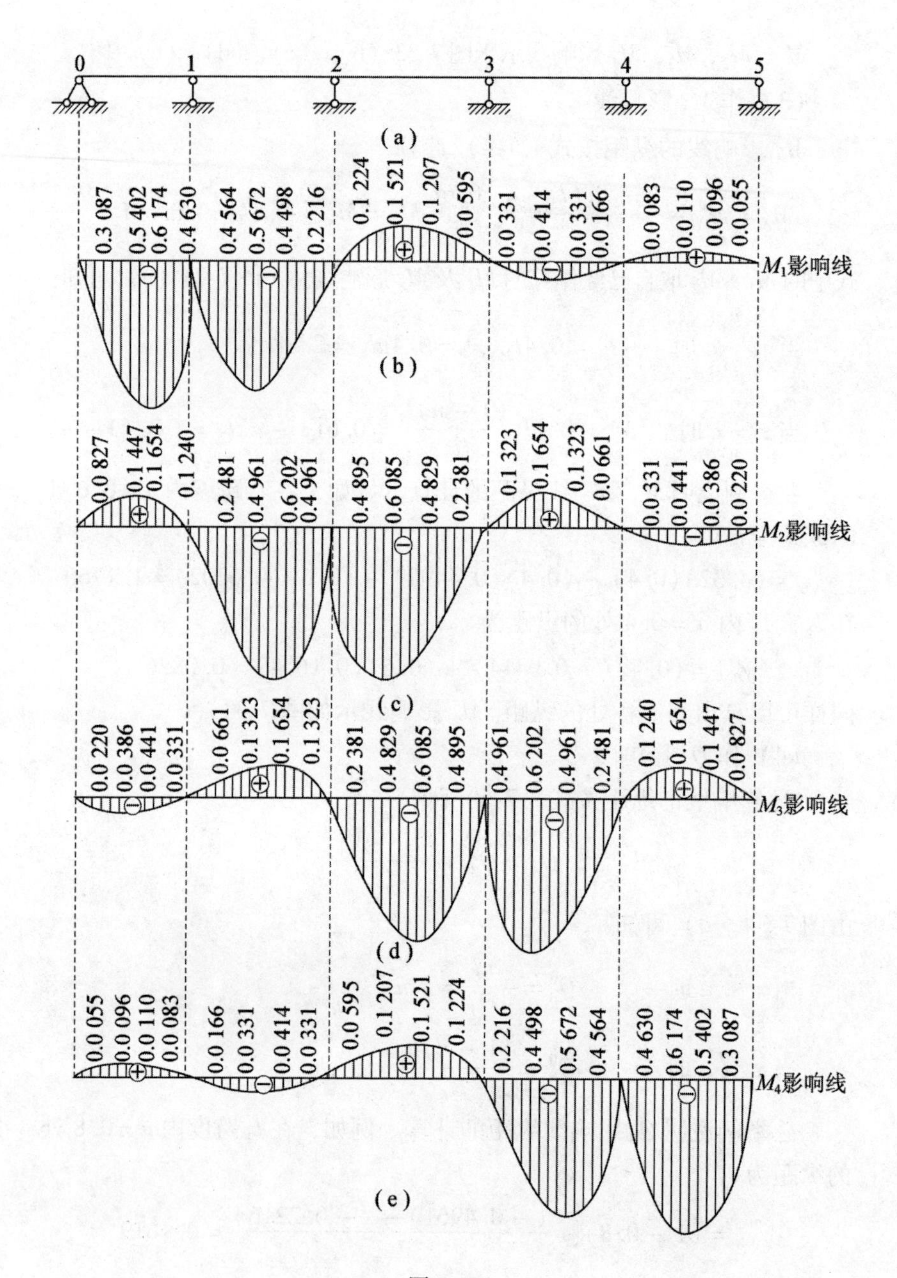

0
1
2
3
4
5
(a)
0.3 087
0.5 402
0.6 174
0.4 630
0.4 564
0.5 672
0.4 498
0.2 216
0.1 224
0.1 521
0.1 207
0.0 595
0.0 331
0.0 414
0.0 331
0.0 166
0.0 083
0.0 110
0.0 096
0.0 055
M_1影响线
(b)
0.0 827
0.1 447
0.1 654
0.1 240
0.2 481
0.4 961
0.6 202
0.4 961
0.4 895
0.6 085
0.4 829
0.2 381
0.1 323
0.1 654
0.1 323
0.0 661
0.0 331
0.0 441
0.0 386
0.0 220
M_2影响线
(c)
0.0 220
0.0 386
0.0 441
0.0 331
0.0 661
0.1 323
0.1 654
0.1 323
0.2 381
0.4 829
0.6 085
0.4 895
0.4 961
0.6 202
0.4 961
0.2 481
0.1 240
0.1 654
0.1 447
0.0 827
M_3影响线
(d)
0.0 055
0.0 096
0.0 110
0.0 083
0.0 166
0.0 331
0.0 414
0.0 331
0.0 595
0.1 207
0.1 521
0.1 224
0.2 216
0.4 498
0.5 672
0.4 564
0.4 630
0.6 174
0.5 402
0.3 087
M_4影响线
(e)

图 7-33

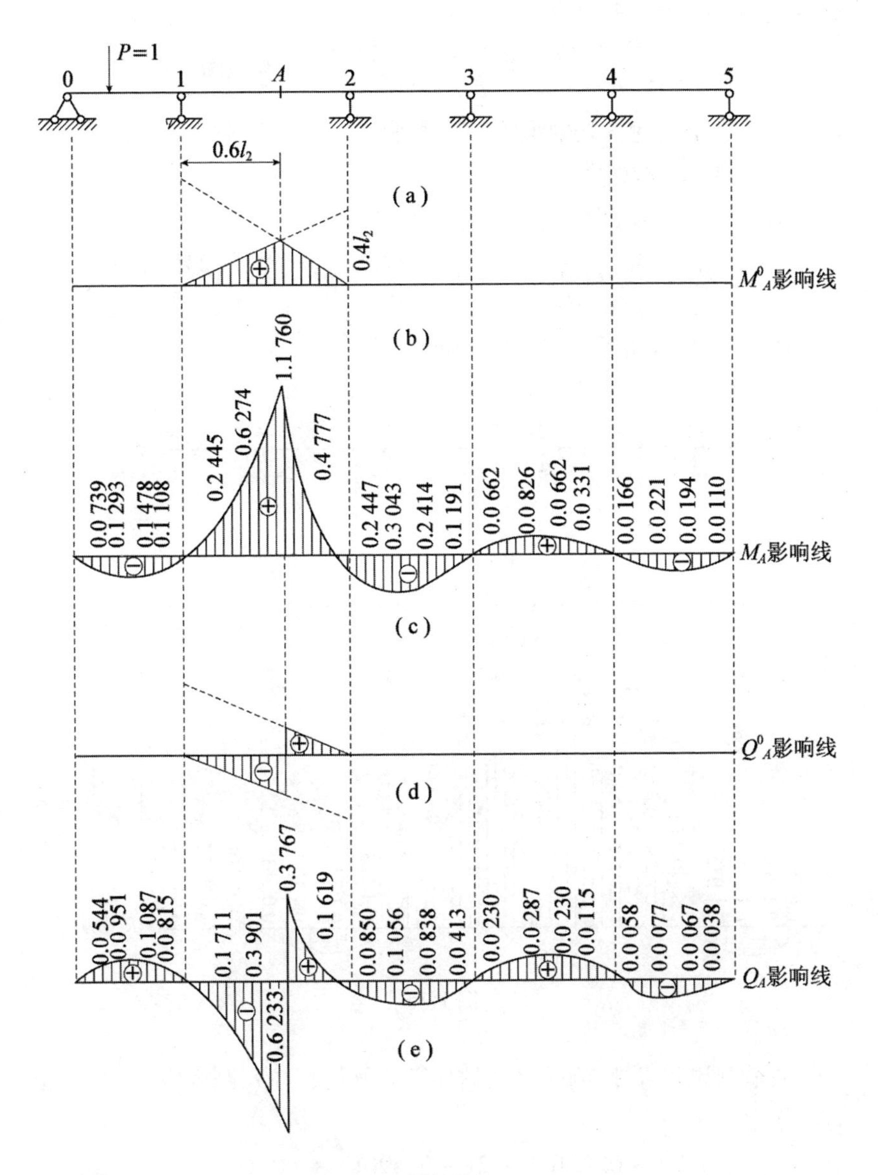
P=1
0
1
A
2
3
4
5
0.6l_2
(a)
0.4l_2
M^0_A影响线
(b)
1.1 760
0.6 274
0.2 445
0.4 777
0.0 739
0.1 293
0.1 478
0.1 108
0.2 447
0.3 043
0.2 414
0.1 191
0.0 662
0.0 826
0.0 662
0.0 331
0.0 166
0.0 221
0.0 194
0.0 110
M_A影响线
(c)
Q^0_A影响线
(d)
0.3 767
0.1 619
0.0 544
0.0 951
0.1 087
0.0 815
0.1 711
0.3 901
0.6 233
0.0 850
0.1 056
0.0 838
0.0 413
0.0 230
0.0 287
0.0 230
0.0 115
0.0 058
0.0 077
0.0 067
0.0 038
Q_A影响线
(e)

图 7-34

在 l_3 跨度内 $u=0.4$ 处为

$$y_{0.4}^{\mathrm{III}}=\frac{(-0.6085)-(0.1521)}{7.2}=-0.1056$$

同样可以算出其他各处的纵距。Q_A 影响线示如图 7-34（e）中。

（5）作 R_2 影响线

R_2 影响线的纵距按式（7-6）计算

$$R_2=R_2^0+\frac{M_1}{l_2}-\left(\frac{1}{l_2}+\frac{1}{l_3}\right)M_2+\frac{M_3}{l_3}=R_2^0+\frac{M_1-2M_2+M_3}{7.2}$$

R_2^0 影响线示如图 7-35（b）所示。

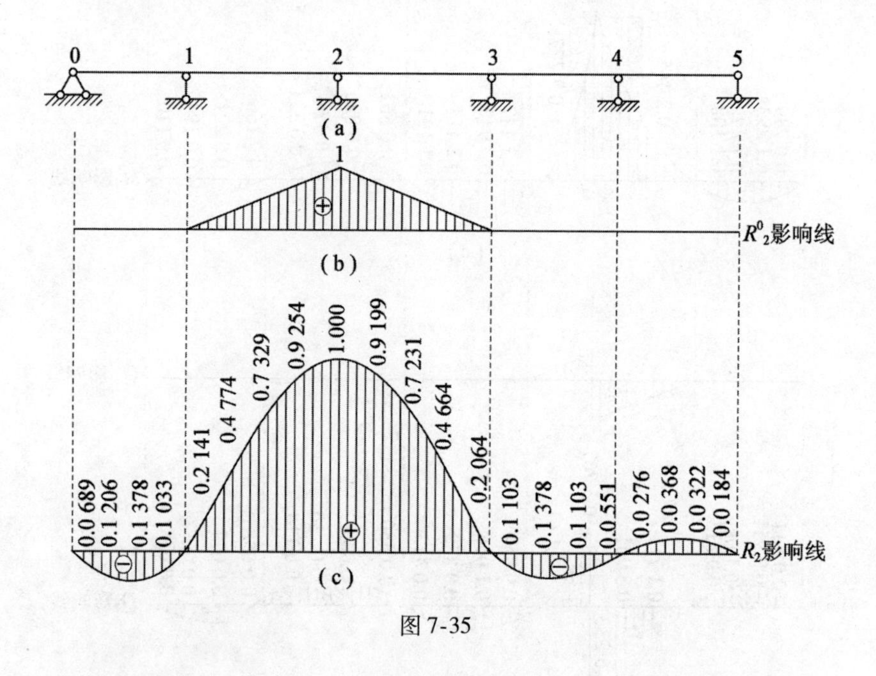

图 7-35

兹举例说明 R_2 影响线纵距的计算。例如，在 l_2 跨度内 $u=0.8$ 处的纵距为

$$y_{0.8}^{\mathrm{II}}=0.8+\frac{(-0.2216)-2(-0.4961)+(0.1323)}{7.2}=0.9254$$

在 l_3 跨度内 $u=0.2$ 处纵距为

$$y_{0.2}^{\mathrm{III}}=0.8+\frac{(0.1224)-2(-0.4895)+(-0.2381)}{7.2}=0.9199。$$

7.6 用机动法作影响线

机动法作影响线同样是一个普遍适用的方法，该方法不仅同样能给出影响线的各纵距值，而重要的是能迅速地给出所求影响线的外形。因为在许多工程实际问题中，往往只需要知道影响线的外形就行了。故机动法具有特殊的优点，而为静力法所不及。同时机动法还可以帮助我们校核用静力法所求得的影响线的外形。

对于任何一个 m 次的超静定结构［见图7-36（a）所示的连续梁］，欲作任何一个指定截面的内力（或反力）影响线（如欲作支座弯矩 M_K 的影响线），就要切断其相应的控制（或称约束），并代以正的未知力 X_K 作用于这个 $m-1$ 次的超静定结构上［见图7-36（b）］，将这个超静定结构作为基本结构，以 X_K 为未知数，用力法求解。根据力法原理，基本结构在 $P=1$ 与 X_K 作用下变形情况应与原结构完全相同。

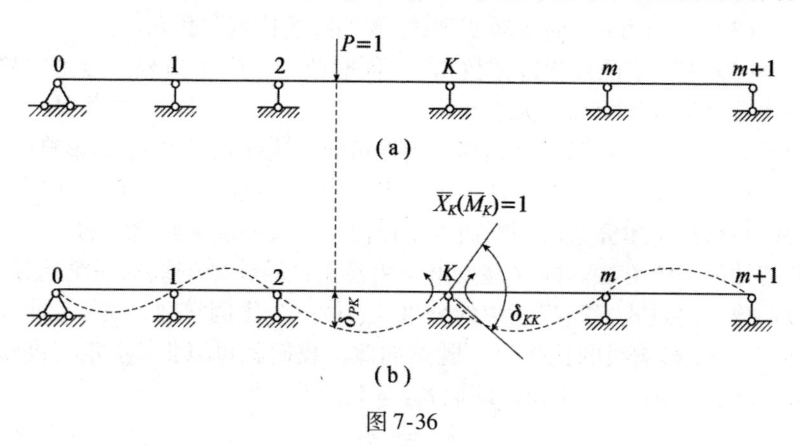

图7-36

因此，根据在 X_K 方向相对位移为零，得

$$X_K\delta_{KK}+\delta_{KP}=0$$

即
$$X_K=-\frac{\delta_{KP}}{\delta_{KK}}=-\frac{\delta_{PK}}{\delta_{KK}} \tag{7-27}$$

式（7-27）中，δ_{PK} 为基本结构由于 $\overline{X}_R = 1$ 的作用在 $P = 1$ 的位置及方向上产生的位移。我们知道 $P = 1$ 是移动的，它在不同的位置就有不同的 δ_{PK} 值。因此，δ_{PK} 代表基本结构在 $\overline{X}_K = 1$ 作用下，在 $P = 1$ 活动的范围内所产生的梁的位移曲线（或称弹性曲线）。δ_{KK} 为基本结构由于 $\overline{X}_K = 1$ 的作用，在 X_K 的位置及方向上产生的位移，该值永远为正而且是个常数［见图 7-36（b）］。

根据式（7-27）我们可以这样说，如果 δ_{PK} 曲线都用一个常数 δ_{KK} 除；则得到与 δ_{PK} 曲线完全相似的一根曲线（δ_{PK}/δ_{KK} 曲线），变号后即为所求的影响线。因此，我们可以得出结论：X_K 影响线的形状与基本结构在 $X_K = 1$ 作用下，所产生的结构的位移曲线（δ_{PK} 曲线）完全相似，而常数 δ_{KK} 就是把 δ_{PK} 曲线转变为 X_K 影响线的比例常数（或称比例尺）。

综合以上所述，用机动法作影响线的步骤是：

（1）欲作任何内力（或反力）的影响线，首先要切断其相应的控制，并代以正的未知力 X_K 作用于此基本结构上面。

（2）作出基本结构在 $\overline{X}_K = 1$ 作用下的梁的位移曲线（δ_{PR} 曲线）。

（3）求出由 δ_{PR} 曲线转变到 X_K 影响线的比例常数 δ_{KK}。

（4）把 δ_{PK} 曲线除以常数 δ_{KK}，同时改变一下正负号，因为位移曲线是以基线下面部分为正基线上面部分为负，变号时只要将基线下面部分当作负的，基线上面部分当作正的，这样就可得 X_K 的影响线。

机动法作影响线的原理不仅给出了作影响线的另一途径，而更重要的是给出了单凭直观判断而不用任何计算就能确定影响线的形状及其特性的一个方法。同时也指出了用模型试验作影响线的一个途径。以前曾经讲过式（7-27）中的分母 δ_{KK} 是一个比例常数，是 δ_{PR} 曲线转变到 X_K 影响线的比例尺。既然如此，我们就可以把 δ_{KK} 定为度量 δ_{PK} 曲线的一个基本单位，即取 $\delta_{KK} = 1$，于是得

$$X_K = -\delta_{PK} \tag{7-28}$$

式（7-28）说明，如以比例尺 $\delta_{KK} = 1$ 来度量 δ_{PK} 曲线，则所量得的数值就是 X_X 影响线纵距值。也就是说若使 $\delta_{KK} = 1$，则相应的 δ_{PK} 曲线就可以看作 X_K 影响线，而 δ_{PK} 曲线是可以由直观判断得出其外形的，如图 7-37 所示为一五跨连续梁各种影响线的外形草图。

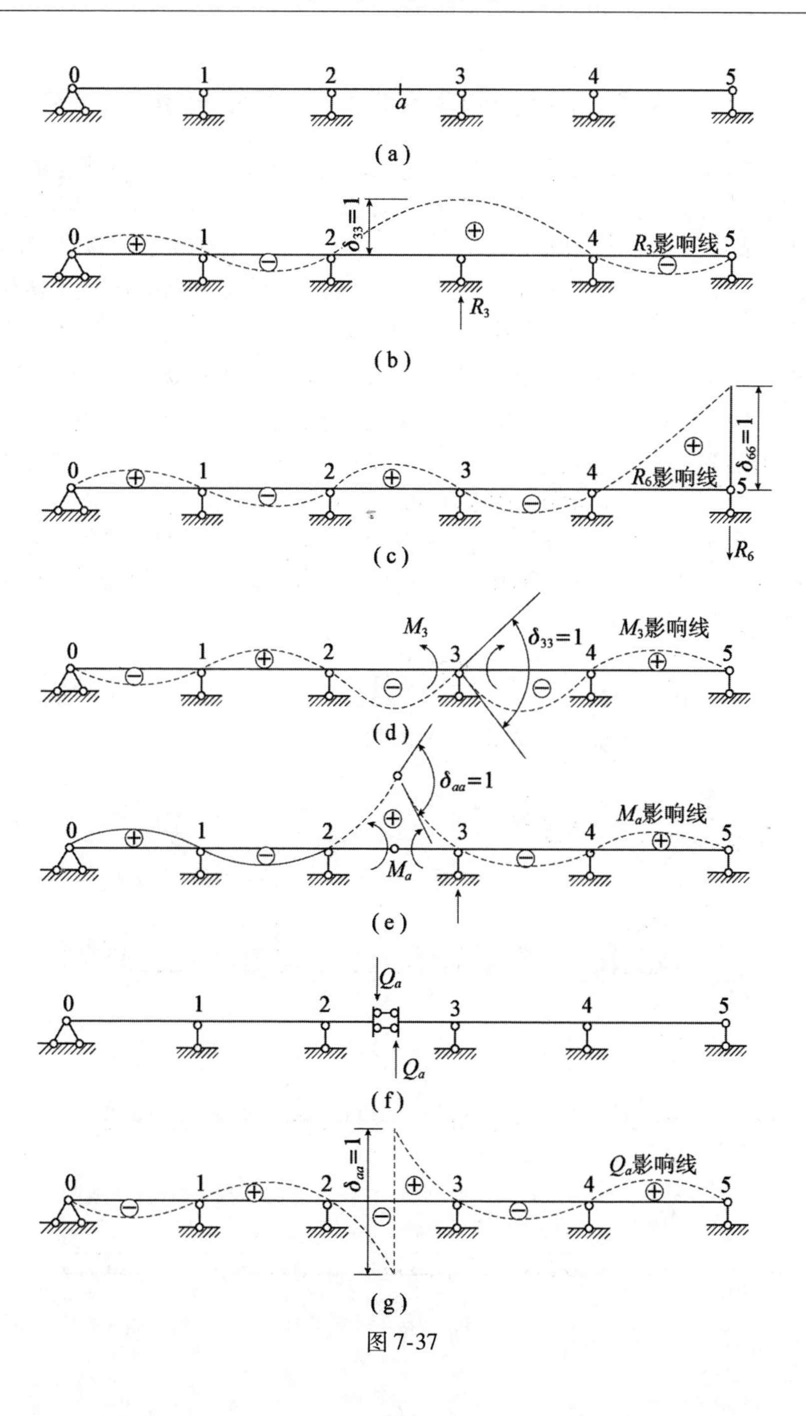
0
1
2
a
3
4
5
(a)
$\delta_{33}=1$
R_3影响线
R_3
(b)
R_6影响线
$\delta_{66}=1$
R_6
(c)
M_3
$\delta_{33}=1$
M_3影响线
(d)
$\delta_{aa}=1$
M_a影响线
M_a
(e)
Q_a
Q_a
(f)
$\delta_{aa}=1$
Q_a影响线
(g)

图 7-37

7.7　在均布活荷载作用下的计算

连续梁除承受恒载外，有时还承受均布活荷载，这种荷载通常规定它可以放在连续梁某些部分上，以期产生某一量值的最大值（最大正值）或最小值（最大负值）。为此，首先应用机动法把该量值的影响线外形作出来。求最大值时，必须把均布活荷载布满影响线具有正纵距的部分，求最小值时，则作相反的布置。布置好活荷载以后就可以利用 $S=\sum q\omega$ 的公式计算出该量值的最大值或最小值。式中的 ω 为均布活荷载作用下的影响线面积，要求得它的数值，必须精确计算出影响线各点的纵距值（或列出方程），这是计算工作量相当大的一部分。因此，通常不采用这种办法，而是采用把均布活荷载布置好以后当做恒载用三弯矩方程（或用在第 10 章（p）所介绍的力矩分配法）计算。图 7-38 及图 7-39 表示出各种量值的最大值及最小值的荷载布置图。

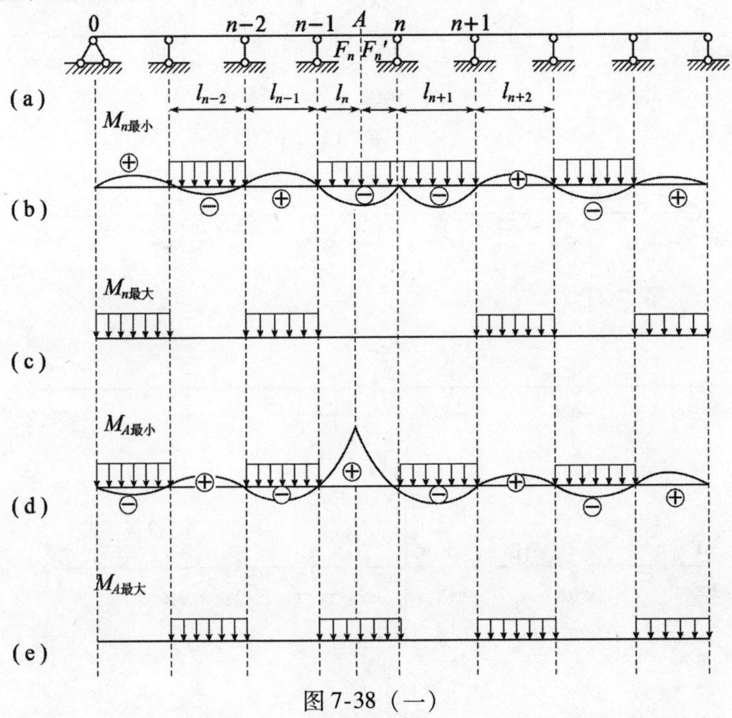

图 7-38（一）

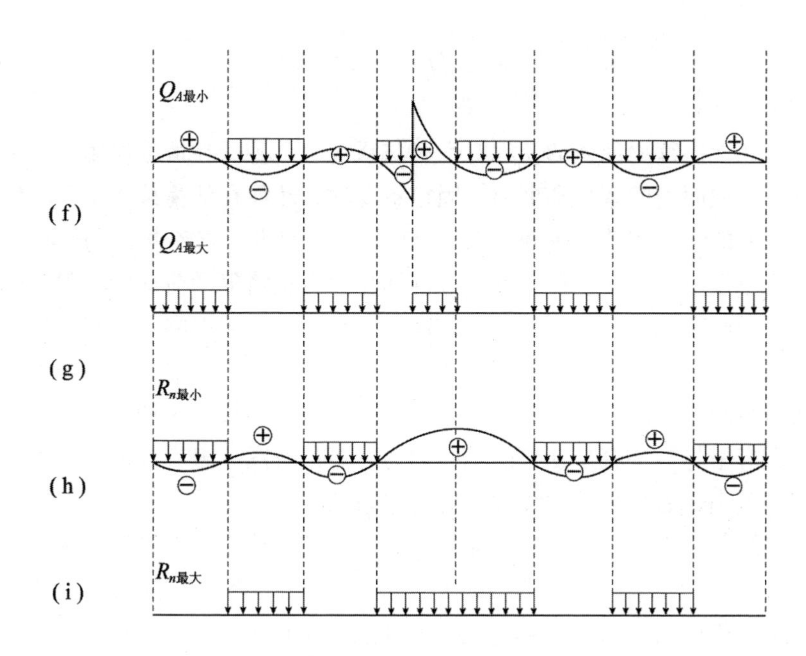

图 7-38（二）

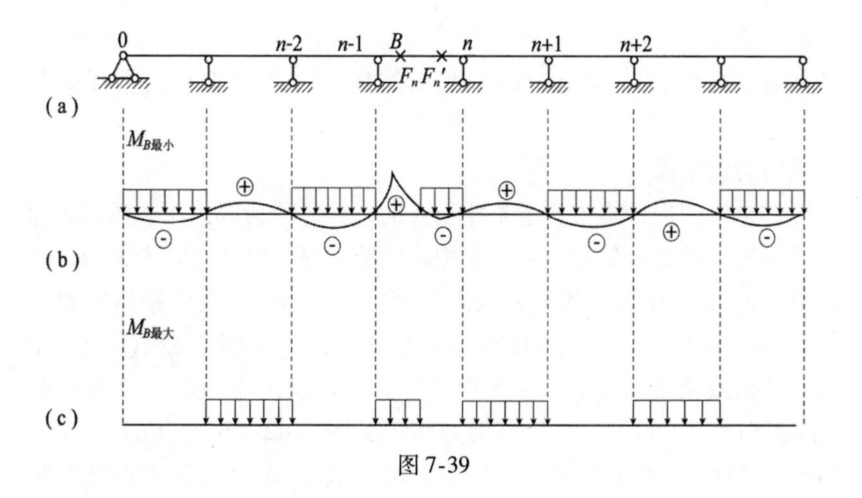

图 7-39

7.8 包 络 图

通常连续梁承受的荷载有恒载与活荷载两种。在恒载作用下，梁中任一截面内的弯矩和剪力是固定不变的；然而在活荷载作用下，任一截面的弯矩和剪力则随荷载配合的不同而变化，故在恒载与活荷载的联合作用下，任一截面的总弯矩和总剪力也将随活荷载的荷载配合的不同而变化。在一定荷载系作用下，在每一个截面内，均有总弯矩和总剪力的最大值与最小值。在设计连续梁的时候，往往需要画出各截面总弯矩或总剪力的最大值与最小值变化的图线。这种表示各截面最大弯矩与最小弯矩变化的图线称为弯矩包络图。表示各截面最大剪力与最小剪力变化的图线称为剪力包络图。

绘制包络图时，首先把连续梁的每一跨度分为若干等份［见图7-40（a)］。如欲绘制弯矩包络图，则应先算出各等分点截面内恒载作用下的弯矩图，如图7-40（b）中的虚线所示。然后按各截面内弯矩影响线的形状，决定该截面内发生最大弯矩与最小弯矩时的荷载配合，由此算出其数值。把这些活荷载作用下的弯矩分别与恒载作用下的弯矩叠加，并在各等分点的竖直线上分别定出代表最大与最小弯矩的两点。分别把各截面的最大弯矩与最小弯矩点连接成曲线，如图7-40（b)中的实线所示，此即连续梁的弯矩包络图。同理可以绘制出剪力包络图。

作包络图的计算工作量是相当大的，如果活荷载为均布活荷载通常采用较简单的近似方法，首先把连续梁的每一跨分为若干等份，然后算出恒载 q_1 作用下各等分截面的弯矩与剪力，从而绘制出恒载 q_1 作用下的弯矩图［见图7-41（a)］与剪力图［见图7-42（a)］。把均布活荷载轮流地布满每一个跨度，并分别绘出弯矩图［见图7-41（b)、(c)、(d)、(e)］与剪力图［见图7-42（b)、(c)、(d)、(e)］。最后，分别在每一等分点处把恒载 q_1 作用下的弯矩纵距与活荷载 q_2 作用下所产生的图形具有同号的纵距叠加起来，即得弯矩与剪力包络图的两个纵距，从而可以绘制出弯矩包络图［见图

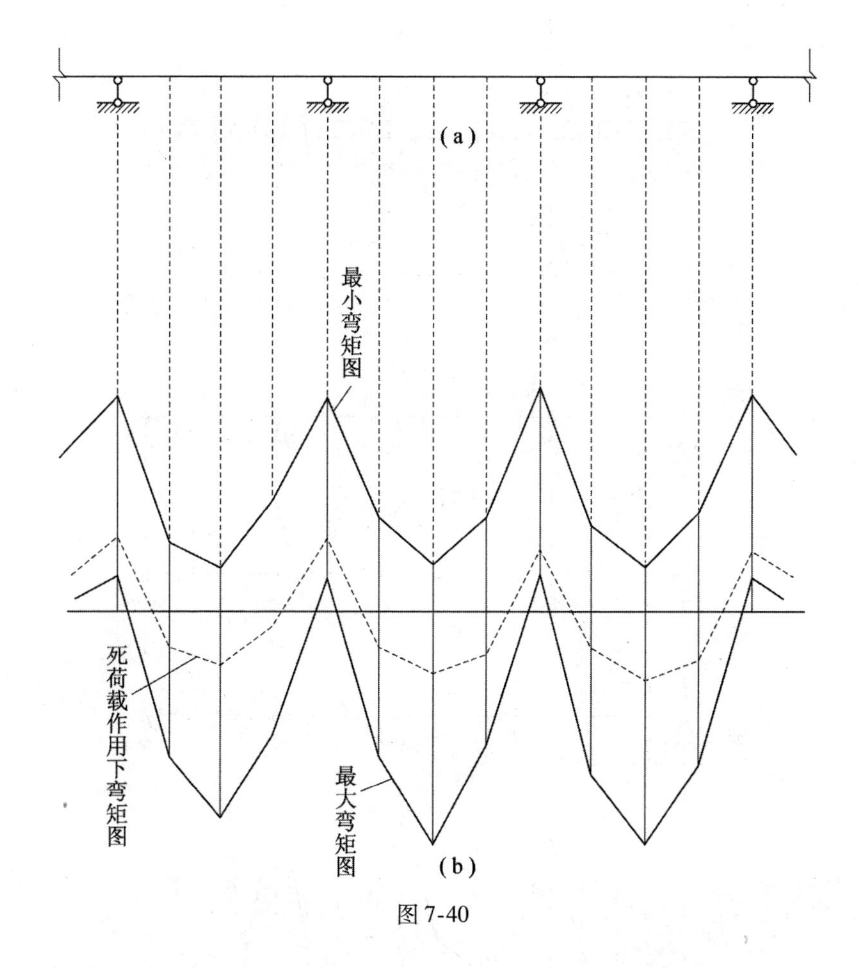

图 7-40

7-41（f)］与剪力包络图［见图 7-42（f)］。例如图 7-41（f）所示的弯矩包络图中，在第一个跨度中央截面处的纵距计算如下：

最大弯矩图的纵距为　　$y_f = y_a + y_b + y_d$

最小弯矩图的纵距为　　$y'_f = y_a + y_c + y_e$

当然这样求得的包络图是近似的，因为对某些截面而论，最大值或最小值可能发生在当某跨度并非布满荷载的情况下。

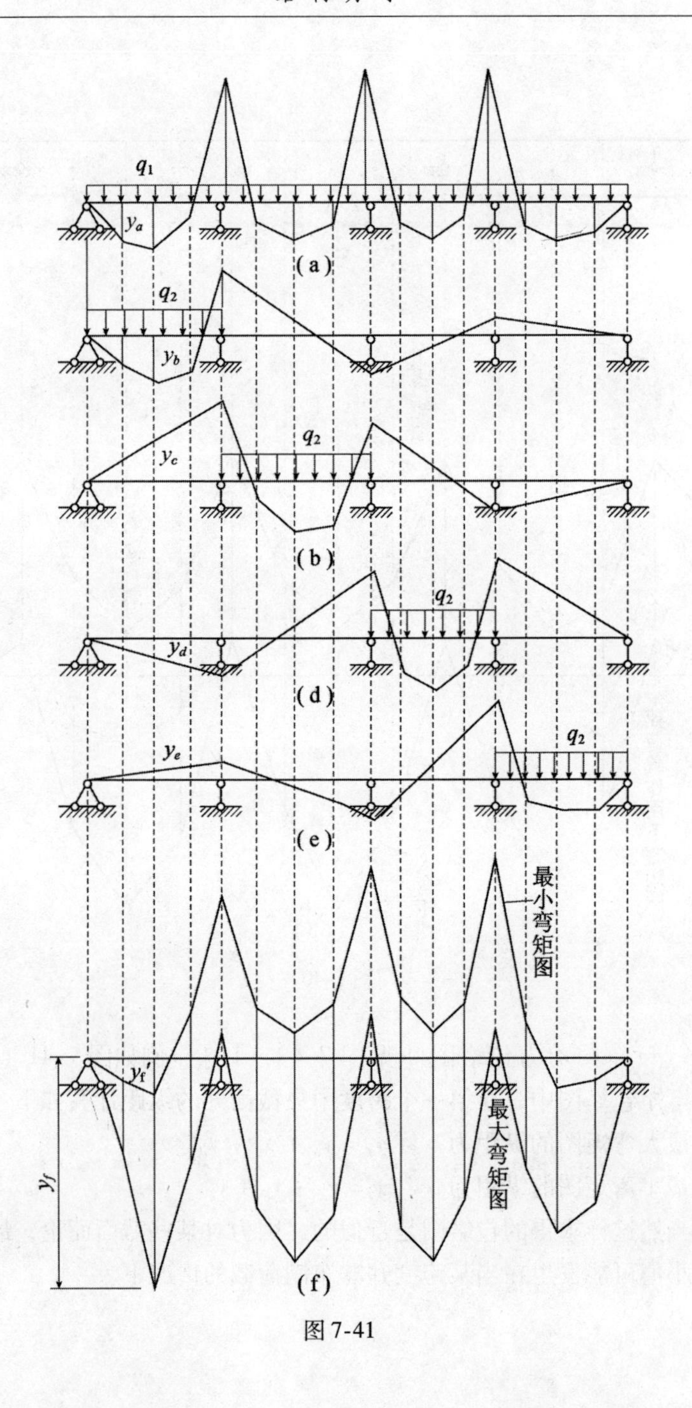

图 7-41

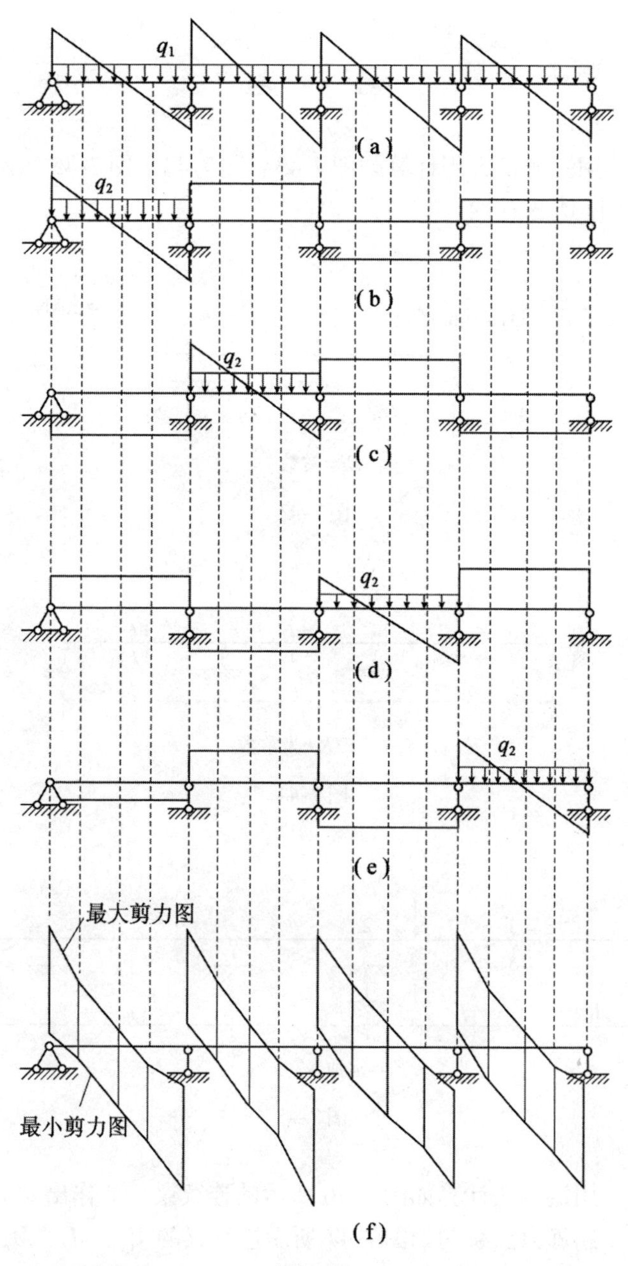

图 7-42

习　题

7-1　用三弯矩方程计算如图 7-43、图 7-44、图 7-45 所示的连续梁，并作出 M 及 Q 图。

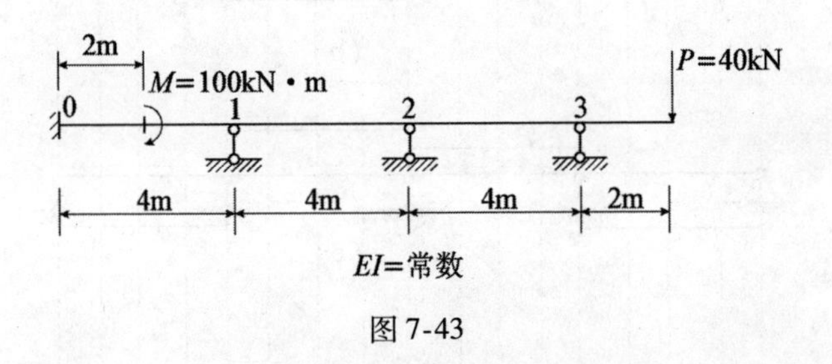

图 7-43

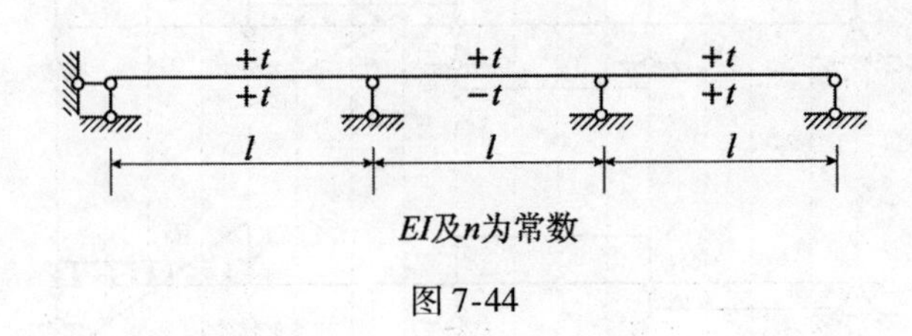

图 7-44

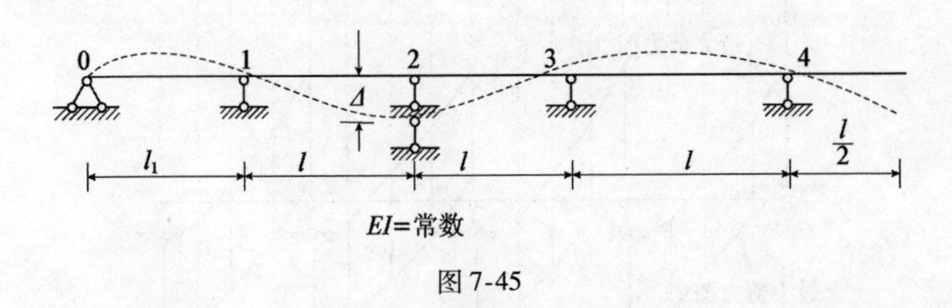

图 7-45

7-2　用定点法计算如图 7-46 所示的连续梁，并作出 M 图。

7-3　用静力法绘制如图 7-47 所示连续梁的 M_1、M_2、M_a 及 Q_a 影响线。

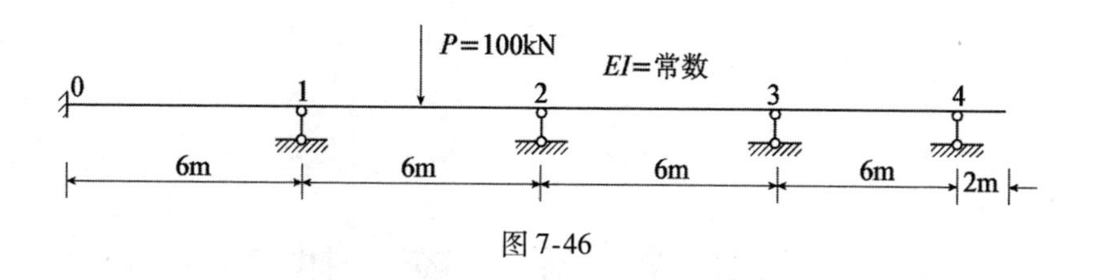

图7-46

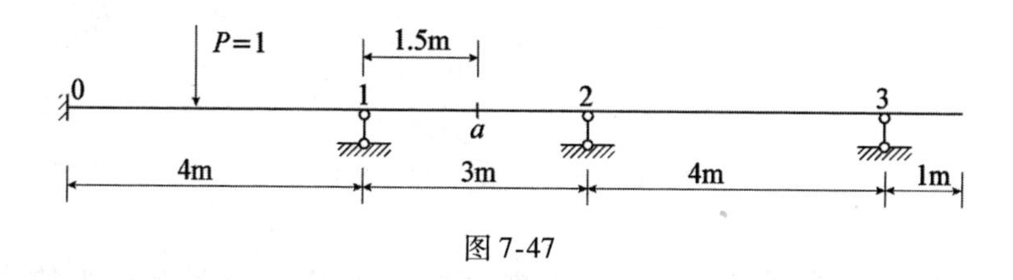

图7-47

7-4 用机动法绘制如图7-48所示连续梁的M_1、M_a、Q_a、R_c及R_2影响线外形。

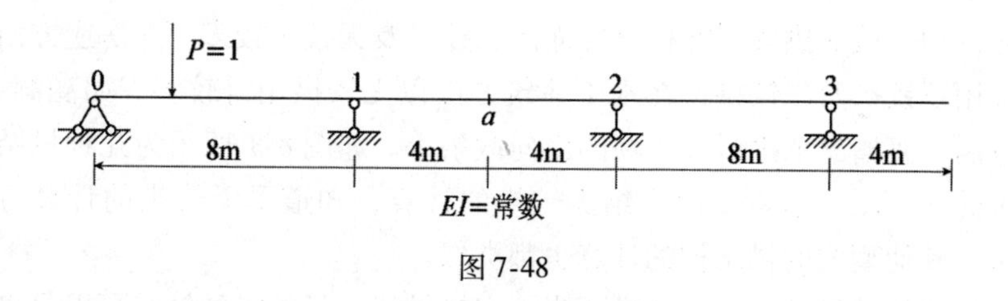

图7-48

7-5 试根据布满全梁的恒载q_1 = 10kN/m及活荷载q_2 = -20kN/m，绘制如图7-49所示连续梁的弯矩及剪力包络图。

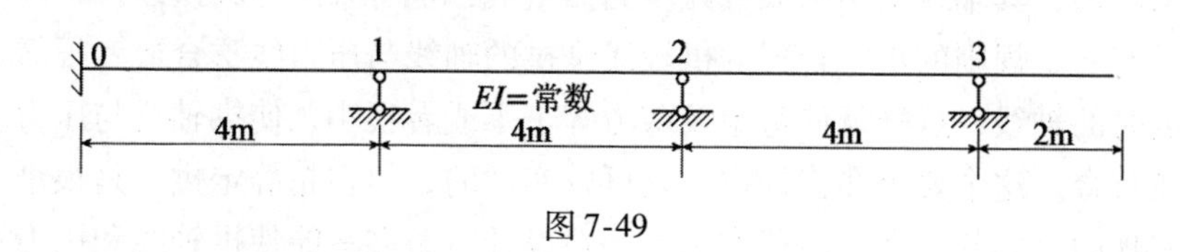

图7-49

第8章 无 铰 拱

8.1 一 般 介 绍

拱是一种轴线为曲线形的有推力的结构，适宜于跨越较大的跨度，可以用较经济的砖石以及混凝土等材料建造，也可以用钢筋混凝土或钢材建造。拱按铰数分有三铰拱、单铰拱、二铰拱及无铰拱等。按轴线型式分有抛物线拱、圆拱及椭圆拱等。按截面的变化分有等截面拱和变截面拱等。在桥梁方面用二铰拱及无铰拱较多。在房屋方面多用三铰拱及二铰拱，在水工建筑方面以无铰拱用得较多。如涵洞、隧洞、渡槽支承拱以及拱坝的横向截条等。如图8-1所示为几种拱结构的示意图。本章专门介绍无铰拱的计算，知道了无铰拱的计算方法，其他型式的拱结构的计算也都类似。

在设计拱结构时，通常要先拟定拱轴线。无铰拱的轴线可以是多种多样的，在桥梁、房屋中多半采用抛物线拱，有由一条抛物线组成的，也有由若干条抛物线分段组成的。在水工结构中的拱坝一般多采用圆拱，其轴线由半圆弧或几段圆弧组成，也有采用椭圆拱以及轴线没有一定规则的拱。合理的拱轴线是拱的轴线与压力线重合或者很靠近时的轴线，这样就使弯矩及剪力等于零或者很小，使拱轴线与压力线重合，这个要求在三铰拱中是可以实现的，但在超静定拱中是很难实现的，尤其是在活荷载作用下，在设计时至多只能使拱轴线和压力线尽可能地靠近。超静定拱的轴线是这样选定的，先假设一条轴线如为抛物线或为圆曲线或为三铰拱的合理轴线，通过计算作出拱的压力线，再取靠近压力线的曲线作为修正的拱轴线，然后再计算再修正，

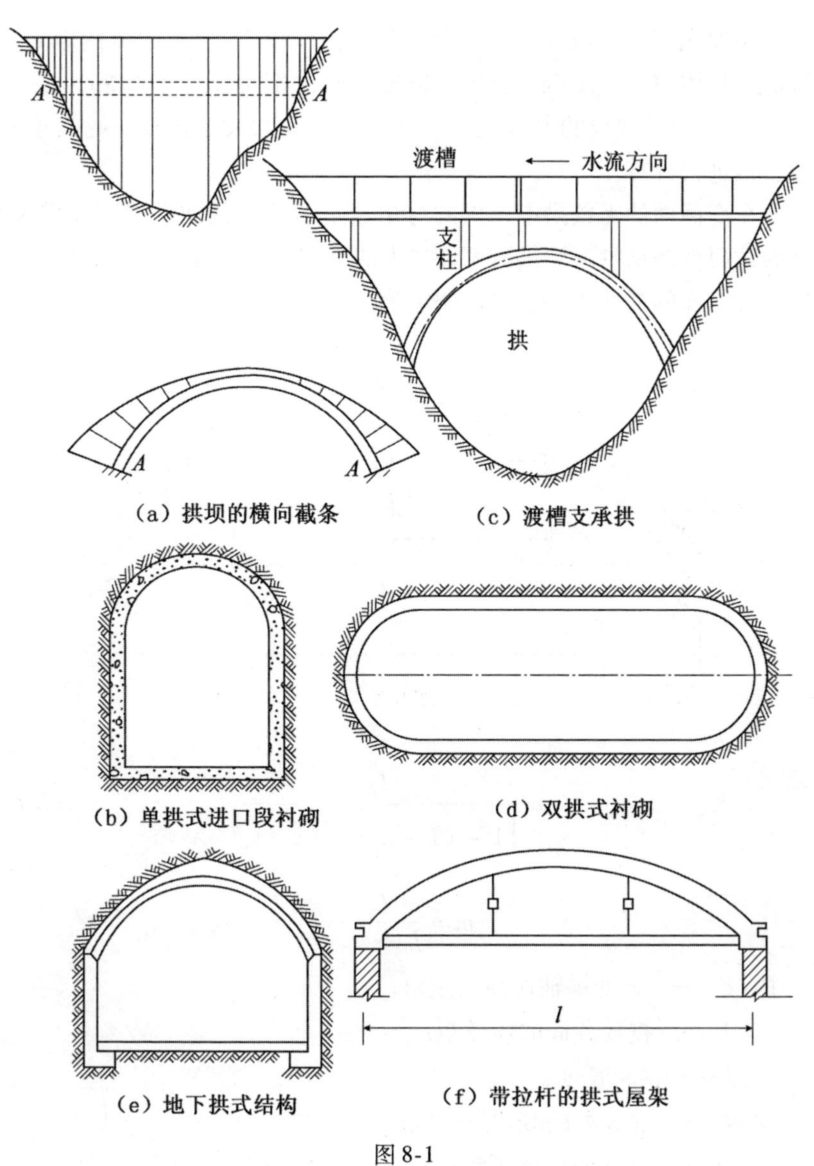

(a) 拱坝的横向截条

(c) 渡槽支承拱

(b) 单拱式进口段衬砌

(d) 双拱式衬砌

(e) 地下拱式结构

(f) 带拉杆的拱式屋架

图8-1

一直到得到比较合理的轴线为止。

无铰拱是三次超静定结构，在计算内力时，和其他超静定结构一样，必须先假定截面尺寸，从而决定截面面积 F_x 及截面惯性矩 I_x。再根据具体情况（基础、材料及需要等）决定跨长 l 及拱高 f，应用 l 及 f 再假定拱轴线的方程式，若计算后截面太大或太小，则需重新修正再进行计算。

在变截面的无铰拱中，拱的弯矩通常是从拱顶到拱脚逐渐增加，拱的截面也是从拱顶到拱脚逐渐加大的，如图 8-2 所示。对于抛物线拱，各截面的惯性矩一般可以假定为

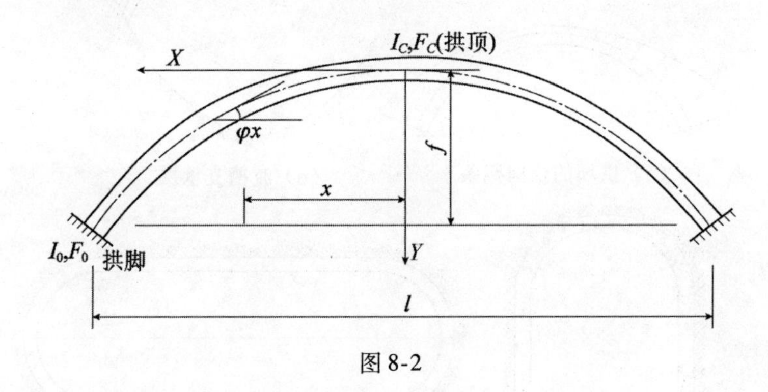

图 8-2

$$I_x = \frac{I_c}{\left[1 - (1 - m)\ \dfrac{2x}{l}\right] \cos\varphi_x} \tag{8-1}$$

$$m = \frac{I_c}{I_0 \cos\varphi_0}$$

式中：φ_x —— x 处拱轴切线的倾角；

I_c ——拱顶截面的惯性矩；

l ——拱跨长度；

I_x ——在 x 处的截面惯性矩；

m ——拱截面变率系数；

I_0、φ_0——拱脚处截面的惯性矩和该处拱轴切线的倾斜角。

在式（8-1）中采用不同的 m 值，就可以得到不同的截面变化规律。通常采用 $m = 1$，此时各截面的惯性矩则为

$$I_x = \frac{I_C}{\cos\varphi_x} \tag{8-2}$$

由式（8-2）可以得出拱的截面面积及拱截面厚度分别为

$$F_x = \frac{F_C}{\sqrt[3]{\cos\varphi_x}}$$

及

$$h_x = \frac{h_C}{\sqrt[3]{\cos\varphi_x}}$$

为了计算简便起见，近似地取

$$\begin{cases} F_x = \dfrac{F_C}{\cos\varphi_x} \\ h_x = \dfrac{h_C}{\cos\varphi_x} \end{cases} \tag{8-3}$$

式中：F_C ——拱顶截面面积；

h_C ——拱顶截面的厚度；

h_x —— x 处的截面厚度。

无铰拱可以设计为主要承受轴向压力，所以适宜用砖石及混凝土等耐压能力较高的材料建造，可以就地取材，是一种比较经济的结构。

8.2　用弹性中心法计算无铰拱

在第 6 章力法中，我们已经学习过弹性中心法解三次超静定结构的方法。无铰拱是三次超静定结构，一般还有一根对称轴，适宜用弹性中心法求解。

取对称无铰拱［见图 8-3（a）］的基本结构如图 8-3（b）所示，其法方程为

$$\begin{cases} X_1\delta_{11} + \Delta_{1P} = 0 \\ X_2\delta_{22} + \Delta_{2P} = 0 \\ X_3\delta_{33} + \Delta_{3P} = 0 \end{cases} \tag{8-4}$$

同时已知

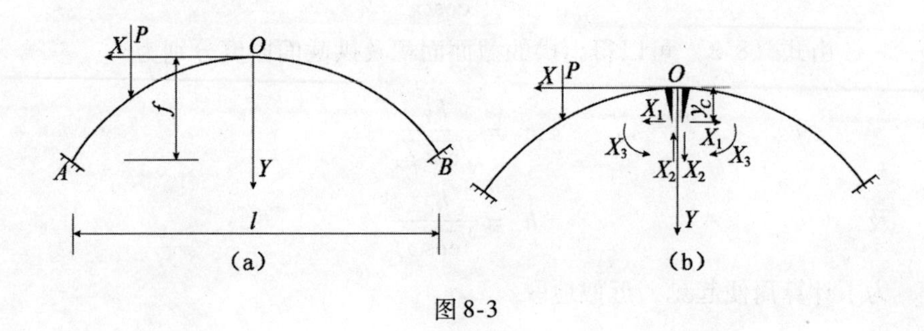

图 8-3

$$y_C=\frac{\int y\dfrac{\mathrm{d}s}{EI_x}}{\int\dfrac{\mathrm{d}s}{EI_x}} \tag{8-5}$$

如果求式（8-5）的积分有困难，可以把积分式化成总和式

$$y_C=\frac{\sum_1^m y\dfrac{\Delta S}{I_x}}{\sum_1^m\dfrac{\Delta S}{I_x}} \tag{8-6}$$

然后用总和法或图解法求 y_C。

用总和法求 y_C，即沿拱轴或沿拱跨分成 m 等份，把每小段的纵坐标 y 及惯性矩 I 当做常数，通常以下式所示的平均值当做整个小段的 y 及 I，即

$$y=\frac{y_{n+1}+y_n}{2},\qquad I=\frac{b\left(\dfrac{h_{n+1}+h_n}{2}\right)^3}{12}$$

式中：b ——拱宽；

h ——拱截面厚度。

式中符号如图 8-4 所示。也可以采用每小段中点截面处的 y 和 I 作为整个小段的 y 和 I。把每段的 y 及 I 计算出，代入式（8-6）即可求得 y_C。

如果轴线方程为

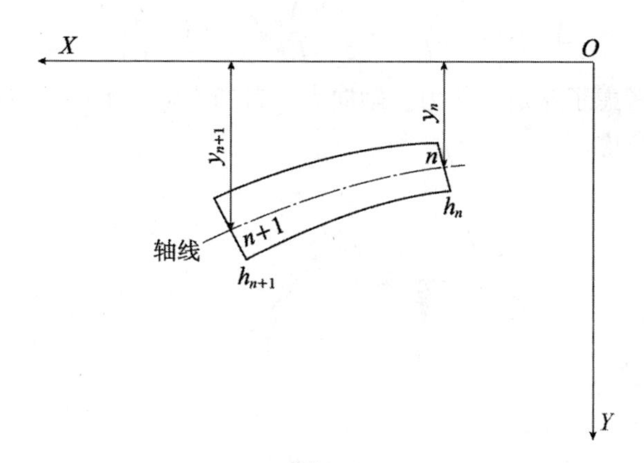

图 8-4

$$y_x = \frac{4f}{l^2}x^2$$

而且截面惯性矩
$$I_x = \frac{I_C}{\cos\varphi_x}$$

那么

$$y_C = \frac{\sum_1^m y \frac{\Delta s}{I_x}}{\sum_1^m \frac{\Delta s}{I_x}} = \frac{\sum_1^m y\Delta x}{\sum_1^m \Delta x} = \frac{\sum_1^m y}{m} = \frac{1}{m}\sum_1^m \frac{y_{n+1}+y_n}{2}$$

也可以用图解法求 y_C，即把 $\frac{\Delta s}{I_x}$ 当做水平荷载，作力多边形及索多边形求出合力的位置即可求得 y_C。如把一半拱分作六段（另一半对称），该拱的力多边形及索多边形如图 8-5 所示，y_C 即可从图上量得。

上述求 y_C 的方法，是在不能积分的情况下采用的近似计算办法。

下面计算法方程的系数和自由项。系数和自由项的算式为

$$\delta_{ii} = \int \frac{\overline{M}_i^2 \mathrm{d}s}{EI} + \int \frac{\overline{N}_i^2 \mathrm{d}s}{EF} + k\int \frac{\overline{Q}_i^2 \mathrm{d}s}{GF}$$

$$\Delta_{iP}=\int\frac{\overline{M}_iM_P\mathrm{d}s}{EI}+\int\frac{\overline{N}_iN_P\mathrm{d}s}{EF}+k\int\frac{\overline{Q}_iQ_P\mathrm{d}s}{GF}$$

式中同时考虑了弯矩、剪力及轴向力三者的影响，解决具体问题时不一定都要考虑。

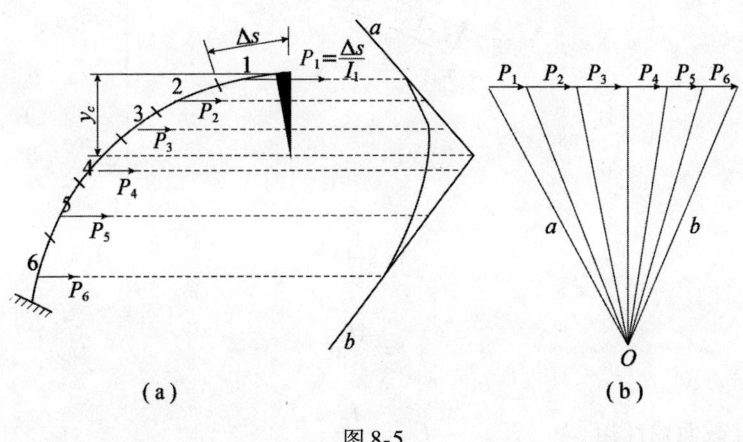

图 8-5

经过比较计算表明，位移式中的轴向力项和剪力项，根据不同的情况可以保留或者忽略。

当$f<\frac{l}{5}$及$\frac{l}{10}>h_C>\frac{l}{30}$时，式（8-4）中的$\delta_{11}$和$\delta_{22}$可以按下式计算

$$E\delta_{11}=\int\overline{M}_1^2\frac{\mathrm{d}s}{I}+\int\overline{N}_1^2\frac{\mathrm{d}s}{F}$$

$$E\delta_{22}=\int\overline{M}_2^2\frac{\mathrm{d}s}{I}$$

在$h_C<\frac{l}{30}$的薄拱中，无论拱高如何$\left(f<\frac{l}{5}\text{或}f>\frac{l}{5}\right)$，$\delta_{11}$算式中的轴向力项也可以不计。

又如涵洞等水工结构中，常遇见$f>\frac{l}{5}$及$h_C>\frac{l}{10}$的情况，那么δ_{11}及δ_{22}可以按下式计算

$$E\delta_{11}=\int\frac{\overline{M}_1^2\mathrm{d}s}{I}+\int\overline{N}_1^2\frac{\mathrm{d}s}{F}+k\frac{E}{G}\int\overline{Q}_1^2\frac{\mathrm{d}s}{F}$$

$$E\delta_{22}=\int\overline{M}_2^2\frac{\mathrm{d}s}{I}+k\frac{E}{G}\int\overline{Q}_2^2\frac{\mathrm{d}s}{F}$$

式（8-4）中的Δ_{1P}和Δ_{2P}，无论拱高及截面尺寸如何，剪力项对它们的影响是很小的，可以不计。但轴向力项对Δ_{1P}的影响较大，应该计及，而在初步计算中也可以不计。轴向力项对Δ_{2P}的影响不大，可以不计。

现把基本结构在单位力作用下的内力算式写出来。设使拱内侧纤维受拉的弯矩为正，轴向力以压力为正，剪力以对另端顺时针旋转为正。如图8-6所示，任意截面由于单位力作用的内力算式为

$$\overline{M}_1=y-y_C,\quad \overline{Q}_1=-\sin\varphi_x,\quad \overline{N}_1=\cos\varphi_x$$

$$\overline{M}_2=x,\quad \overline{Q}_2=-\cos\varphi_x,\quad \overline{N}_2=-\sin\varphi_x$$

$$\overline{M}_3=1,\quad \overline{Q}_3=0,\quad \overline{N}_3=0$$

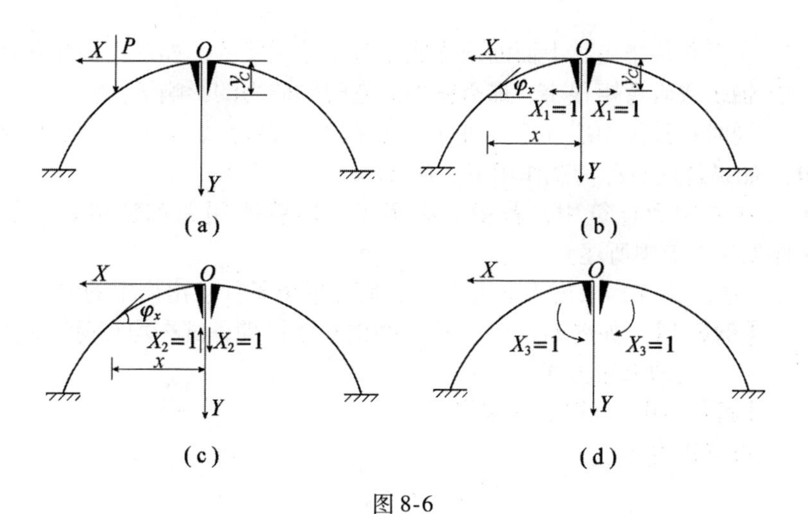

图8-6

这些算式是从左半拱得来的，对右半拱同样适用。不过左半拱的 x 及 φ_x 均为正，右半拱的 x 和 φ_x 均为负。

经过简化以后，一般无铰拱的多余未知力的算式为

$$X_1 = -\frac{\Delta_{1P}}{\delta_{11}} = -\frac{\int \overline{M}_1 M_P \frac{ds}{EI}}{\int \overline{M}_1^2 \frac{ds}{EI} + \int \overline{N}_1^2 \frac{ds}{EF}} = -\frac{\int (y - y_C) M_P \frac{ds}{I}}{\int (y - y_C)^2 \frac{ds}{I} + \int \cos^2 \varphi_x \frac{ds}{F}}$$

$$X_2 = -\frac{\Delta_{2P}}{\delta_{22}} = -\frac{\int \overline{M}_2 M_P \frac{ds}{EI}}{\int \overline{M}_2^2 \frac{ds}{EI}} = -\frac{\int x M_P \frac{ds}{I}}{\int x^2 \frac{ds}{I}} \tag{8-7}$$

$$X_3 = -\frac{\Delta_{3P}}{\delta_{33}} = -\frac{\int \overline{M}_3 M_P \frac{ds}{EI}}{\int \overline{M}_3^2 \frac{ds}{EI}} = -\frac{\int M_P \frac{ds}{I}}{\int \frac{ds}{I}}$$

这里必须指出，上面的简化假定弯矩是主要的。如果拱轴线是合理拱轴线或者弯矩很小，那么就不能忽略轴向力的影响了。

同时在计算中应注意，如果拱是在正对称荷载作用下，则 $X_2 = 0$，如果是反对称荷载作用下，则 $X_1 = 0$，$X_3 = 0$。

在未知力计算中，若积分有困难，那就改用总和法进行计算（详见 8.4 节中所述）。

由式（8-7）求出未知力 X，然后由平衡条件求出拱中的内力。

【例 8-1】 如图 8-7（a）所示圆拱直墙衬砌，试在均布荷载 q 作用下，求拱的未知力 X。

【解】 用弹性中心法求解。

法方程为

$$X_1\delta_{11} + \Delta_{1q} = 0$$
$$X_3\delta_{33} + \Delta_{3q} = 0$$

计算刚臂长度 y_C

$$y_C = \frac{\int_0^{\frac{s}{2}} y \frac{ds}{EI}}{\int_0^{\frac{s}{2}} \frac{ds}{EI}}$$

式中：s ——衬砌的长度。

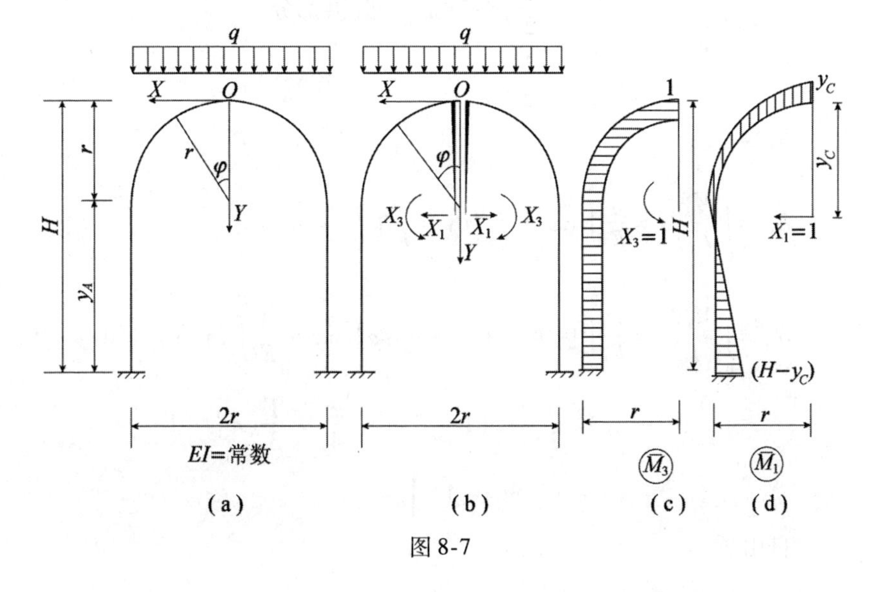

图 8-7

圆拱部分　$y = r(1 - \cos\varphi)$，$ds = rd\varphi$。

直墙部分　$ds = dy$，$m_1 = \dfrac{H}{r}$（洞高与洞宽一半之比）。

积分

$$\int_0^{\frac{s}{2}} y \frac{ds}{EI} = \frac{r^2}{EI}\int_0^{\frac{\pi}{2}} (1 - \cos\varphi) d\varphi + \frac{1}{EI}\int_r^H y dy = \frac{r^2}{EI}\left(\frac{\pi}{2} - \frac{3}{2} + \frac{m_1^2}{2}\right)$$

$$\int_0^{\frac{s}{2}} \frac{ds}{EI} = \frac{r}{EI}\int_0^{\frac{\pi}{2}} d\varphi + \frac{1}{EI}\int_r^H dy = \frac{r}{EI}\left(\frac{\pi}{2} - 1 + m_1\right)$$

代入 y_C 式求得

$$y_C = \frac{\pi - 3 + m_1^2}{\pi - 2 + 2m_1} r = A_C r, \quad A_C = \frac{\pi - 3 + m_1^2}{\pi - 2 + 2m_1}$$

计算系数和自由项: $\overline{M}_3 = 1$

当 $0 \leqslant y \leqslant r$ 时, $M_1 = -(y_C - y) = (r - y_C) - r\cos\varphi$

当 $r \leqslant y \leqslant H$ 时, $M_1 = y - y_C$

$$M_q^1 = -\frac{1}{2}qr^2\sin^2\varphi \quad (\text{圆拱部分})$$

$$M_q^2 = -\frac{1}{2}qr^2 \quad (\text{直墙部分})$$

系数

$$\delta_{33} = \int_0^{\frac{s}{2}} \frac{\overline{M}_3^2}{EI}\mathrm{d}s = \frac{1}{EI}\int_0^{\frac{\pi}{2}} r\mathrm{d}\varphi + \frac{1}{EI}\int_r^H \mathrm{d}y = \frac{r}{EI}\left(\frac{\pi}{2} + m_1 - 1\right)$$

$$\delta_{11} = \int_0^{\frac{s}{2}} \frac{\overline{M}_1^2\mathrm{d}s}{EI} = \frac{r^2}{EI}\int_0^{\frac{\pi}{2}} [(1 - A_C) - \cos\varphi]^2\mathrm{d}\varphi + \frac{1}{EI}\int_r^H (y - y_C)^2\mathrm{d}y$$

$$= \frac{r^3}{EI}\Big[(1 - A_C)^2\frac{\pi}{2} - 2(1 - A_C) + \frac{\pi}{4} + \frac{1}{3}(m_1^3 - 1) - A_C(m_1^2 - 1) + A_C^2(m_1 - 1)\Big]$$

自由项

$$\Delta_{3q} = \int_0^{\frac{s}{2}} \frac{M_q\overline{M}_3\mathrm{d}s}{EI} = -\frac{qr^3}{2EI}\int_0^{\frac{\pi}{2}} \sin^2\varphi\mathrm{d}\varphi - \frac{qr^2}{2EI}\int_r^H \mathrm{d}y$$

$$= -\frac{qr^3}{2EI} \times \left[\frac{\pi}{4} + (m_1 - 1)\right]$$

$$\Delta_{1q} = \int_0^{\frac{s}{2}} \frac{M_q\overline{M}_1\mathrm{d}s}{EI}$$

$$= -\frac{qr^4}{2EI}\int_0^{\frac{\pi}{2}} \sin^2\varphi[(1 - A_C) - \cos\varphi]\mathrm{d}\varphi - \frac{qr^2}{2EI} \times \int_r^H (y - y_C)\mathrm{d}y$$

$$=-\frac{qr^4}{2EI}\left[(1-A_C)\frac{\pi}{4}-\frac{1}{3}+\frac{m_1^2-1}{2}-A_C(m_1-1)\right]$$

将系数和自由项代入法方程，由法方程求得 X_1 和 X_3。由平衡条件即可以求出衬砌任意截面中的内力。

8.3　抛物线无铰拱的计算

若拱的轴线是二次抛物线，同时拱的截面惯性矩有下面的改变规律

$$I_x=\frac{I_C}{\cos\varphi_x}$$

那么法方程里面各多余未知力的系数和自由项的算式都可以积分。在这种情形下，在弹性中心那里的三个未知力 X_1、X_2、X_3 都可以用明显的形式和拱上的荷载建立起关系。

假定拱上的荷载 $P=1$ 作用在离开左支座等于 a 的地方，如图 8-8（a）所示，求拱的多余未知力。

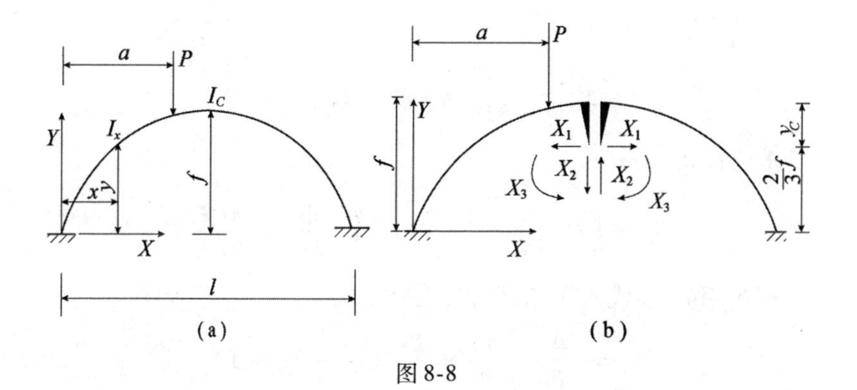

图 8-8

取基本结构如图 8-8（b）所示，法方程式为

$$X_1\delta_{11}+\Delta_{1P}=0$$

$$X_2\delta_{22}+\Delta_{2P}=0$$

$$X_3\delta_{33}+\Delta_{3P}=0$$

由此得

$$X_1=-\frac{\Delta_{1P}}{\delta_{11}},\quad X_2=-\frac{\Delta_{2P}}{\delta_{22}},\quad X_3=-\frac{\Delta_{3P}}{\delta_{33}}。$$

计算系数 δ_{ii} 和自由项 δ_{iP}，在计算中不计轴向力及剪力项对它们的影响。

求位移 Δ_{1P} 的算式为

$$\Delta_{1P} = \int \overline{M}_1 M_P \frac{\mathrm{d}s}{EI_x}$$

M_P 是力 $P = 1$ 在基本结构上各截面产生的弯矩；

$\overline{M}_1$ 是力 $X_1 = 1$ 在基本结构上各截面产生的弯矩。

拱轴线方程为 $y = \frac{4f}{l^2}(l - x)x$，$y_C = \frac{f}{3}$。把 M_P、$\overline{M}_1$ 和 $\mathrm{d}s$ 的算式代入 Δ_{1P} 式，求得

$$\Delta_{1P} = \int \overline{M}_1 M_P \frac{\mathrm{d}s}{EI_x} = -\int_0^q \left(\frac{2}{3}f - y\right) \times 1 \times 1 \times (a - x) \frac{\mathrm{d}x\cos\varphi_x}{EI_C\cos\varphi_x}$$

$$= \frac{fa^2}{3EI_C}\left(2\frac{a}{l} - 1 - \frac{a^2}{l^2}\right)$$

令 $\eta = \frac{a}{l}$，上式变为

$$\Delta_{1P} = -\frac{fl^2}{3EI_C}\eta^2(\eta^2 - 2\eta + 1)$$

求位移 δ_{11} 的算式

$$\delta_{11} = \int \overline{M}_1^2 \frac{\mathrm{d}s}{EI_x} = \int_0^1 \left(\frac{2}{3}f - y\right)^2 \frac{\mathrm{d}x}{EI_C} = \frac{4f^2 l}{45EI_C}$$

将 δ_{11} 和 Δ_{1P} 代入 X_1 的算式，求得

$$X_1 = -\frac{\Delta_{1P}}{\delta_{11}} = \frac{15}{4} \times \frac{l}{f}\eta^2(\eta^2 - 2\eta + 1)$$

利用上式，可以绘制出 X_1 的影响线。给 η 各个不同的数值，从0到0.5止，计算出 X_1 的影响线各点的纵坐标值。X_1 的影响线是两边对称的，左半部的纵坐标值求得后，右半部的纵坐标值也就求得了。

求 Δ_{2P} 的算式

$$\Delta_{2P} = \int \overline{M}_2 M_P \frac{\mathrm{d}s}{EI_x} = \int_0^a \left(\frac{l}{2} - x\right)(a - x)\frac{\mathrm{d}x}{EI_C} = \frac{l^3}{EI_C}\eta^2\left(\frac{\eta}{6} - \frac{1}{4}\right)$$

求 δ_{22} 的算式

$$\delta_{22} = \int \overline{M}_2^2 \frac{ds}{EI} = 2\int_0^{\frac{l}{2}} \left(\frac{l}{2} - x\right)^2 \frac{ds}{EI_C} = \frac{l^3}{12EI_C}$$

因此

$$X_2 = -\frac{\Delta_{2P}}{\delta_{22}} = -12\eta^2\left(\frac{\eta}{6} - \frac{1}{4}\right)$$

利用这个算式即可绘制出 X_2 的影响线的左半部分，η 从0到0.5止。X_2 的影响线是反对称的，知道了左半部分的纵坐标值，也就知道了右半部分的纵坐标值。

求 Δ_{3P} 的算式

$$\Delta_{3P} = \int \overline{M}_3 \overline{M}_p \frac{ds}{EI_x} = -\int_0^a 1 \times (a - x) \frac{dx}{EI_C} = -\frac{a^2}{2EI_C}$$

求 δ_{33} 的算式

$$\delta_{33} = \int \overline{M}_3^2 \frac{ds}{EI_x} = \int_0^l 1 \times \frac{dx}{EI_C} = \frac{l}{EI_C}$$

因此

$$X_3 = -\frac{\Delta_{3p}}{\delta_{33}} = \frac{l\eta^2}{2}$$

利用这个方程，即可把 X_3 影响线的左半部分绘制出来，η 从0到0.5止。X_3 的影响线是两边对称的，左半部分知道了，右半部分也就知道了。

利用 X_1、X_2、X_3 的方程，可以求出拱任何横截面在竖向荷载作用下产生的内力。

8.4 用总和法计算无铰拱

在不能积分或者积分很困难的情况下，可以用总和代替积分，将未知力的算式改变为总和形式如下

$$
\begin{cases}
X_1 = -\dfrac{\sum (y - y_C) M_P \dfrac{\Delta s}{I}}{\sum (y - y_C)^2 \dfrac{\Delta s}{I} + \sum \cos^2\varphi_x \dfrac{\Delta s}{F}} \\
X_2 = -\dfrac{\sum x M_P \dfrac{\Delta s}{I}}{\sum x^2 \dfrac{\Delta s}{I}} \\
X_3 = -\dfrac{\sum M_P \dfrac{\Delta s}{I}}{\sum \dfrac{\Delta s}{I}}
\end{cases}
\tag{8-8}
$$

由积分式改成总和式时，可以沿拱轴或沿拱跨度分成8～20段，所取段数的多少由所需的精确度而定，一般取8～10段。每小段的计算数据（如x、y、M、N、I及F等）均以每小段中点的各种数据为准，也可以以每段两端的平均数据为准，并认为在每段中是常值。具体计算可以列表进行。

现以沿拱轴等分为例，如图8-9（a）所示，先说明总和法的计算步骤，然后列举实例。

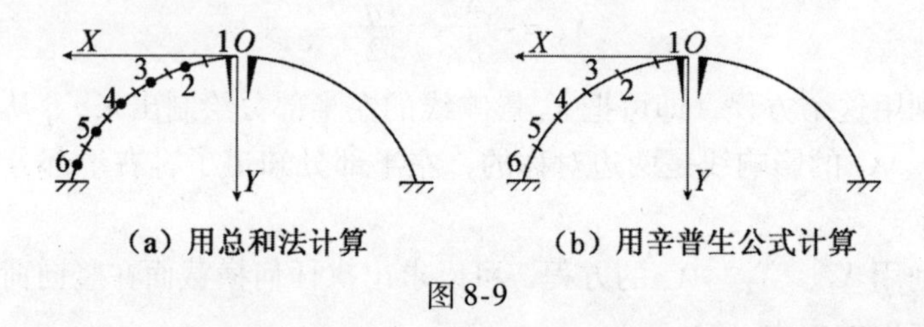

（a）用总和法计算　　（b）用辛普生公式计算

图8-9

为了求得拱轴线各小段的长度及其有关的几何数据，可以绘图量出或用公式计算。当拱轴为圆曲线时，问题答易解决；当拱轴线不能用算式表达或算式较复杂时，一般总是预先设定拱轴线上一系列点的坐标值以及截面厚度，根据这些坐标值用计算或作图方法求出各小段（可近似地当成直线）的长度Δs及倾角φ_x等；当拱轴线为二次抛物线，即$y=\dfrac{4fx^2}{l^2}$而且$\dfrac{f}{l}$值小于$\dfrac{1}{5}$时，拱轴线的总长度s可以用下面导出的近似算式计算。

$$s = \int \mathrm{d}s = 2\int_0^{l/2} \sqrt{1 + y'^2 \mathrm{d}x} = 2\int_0^{l/2} \left[1 + \frac{1}{2}y'^2 + \cdots\right] \mathrm{d}x$$

$$\approx 2\int_0^{l/2} \left[1 + \frac{1}{2}\left(\frac{8fx}{l^2}\right)^2\right] \mathrm{d}x \approx l\left[1 + \frac{8}{3}\frac{f^2}{l^2}\right] \tag{8-9}$$

式中：l——拱的跨度；

　　f——拱的高度。

若沿拱轴线将 s 分为若干等份，则可得各拱段长度 Δs，再将各拱段近似地当成直线，则可算得各拱段的倾角 φ_x 以及各段中点处的坐标 x 和 y 等几何数据。若沿跨度分为若干份（各 Δx 不一定等长），即对应各拱段两端及中点的横坐标已定，根据拱轴线方程即可求得各拱段两端及中点的纵坐标，这样就可以算得各拱段的有关几何数据。

有了各拱段的几何数据，就可以采用列表的形式计算 y_C 以及各未知力，如表 8-1、表 8-2 所示。表格中的项目取决于算式中包括的项目。

表 8-1　　计算无铰拱的几何数据（包括计算 y_C）

块号	x	y	$\tan\varphi_x$	$\sin\varphi_x$	$\cos\varphi_x$	φ_x	F_x	I_x	$\frac{1}{I_x}$	$\Delta W = \frac{\Delta s}{I_x}$	$y\Delta W$
1											
2											
3											
⋮											

表 8-2　　计算未知力

块号	δ_{11}						δ_{22}			δ_{33}	Δ_{1P}		Δ_{2P}	Δ_{3P}
	$(y-y_C)$	$(y-y_C)^2$	$(y-y_C^2)\times\Delta M)$	$\cos^2\varphi_x$	$\frac{1}{F_x}$	$\frac{\cos^2\varphi_x}{F_x}$	x	x^2	$x^2\Delta W$	ΔW	M_P	$(y-y_C)\times M_P\Delta W$	$xM_P\Delta W$	$M_P\Delta W$
1														
2														
3														
⋮														

表8-1和表8-2是根据式（8-6）及式（8-8）列成的。

式（8-6）及式（8-8）的分子分母的总和也可用辛普生公式算出。辛普生公式为

$$\int_0^s f_x \mathrm{d}s = \frac{\Delta s}{3}[f_0 + 4(f_1 + f_2 + \cdots) + 2(f_2 + f_4 + \cdots) + f_n] \tag{8-10}$$

式中：f_x——任意被总和的函数。

用辛普生公式求和时，需沿拱轴分成偶数等份，如图8-9（b）所示，同时表格也需相应地改一次，块号改成断面号数。

沿拱跨等分也是可以的，但在陡拱中不大适宜，因靠近拱脚处的拱段太长，计算误差较大。这时宜在拱脚附近取分点密一些。沿拱跨等分不需计算拱轴线长度，同时 x 和 y 值计算也要容易一些，其余计算步骤完全和沿拱轴等分时相同。

【例8-2】 求如图8-10（a）所示厚度为一个单位的无铰拱的多余未知力。跨度 $l=24\mathrm{m}$，$f=4\mathrm{m}$，拱顶截面厚 $h_C=0.8\mathrm{m}$，惯性矩与截面变化规律为 $I_x=\dfrac{I_C}{\cos\varphi_x}$ 及 $F_x=\dfrac{F_C}{\cos\varphi_x}$。以拱顶截面形心为原点，拱轴线方程为 $y=\dfrac{4f}{l^2}x^2$。拱上的荷载为：拱顶 $q_C=10\mathrm{kN/m}$，拱脚 $q_k=50\mathrm{kN/m}$，$q_x=q_C+10y$。

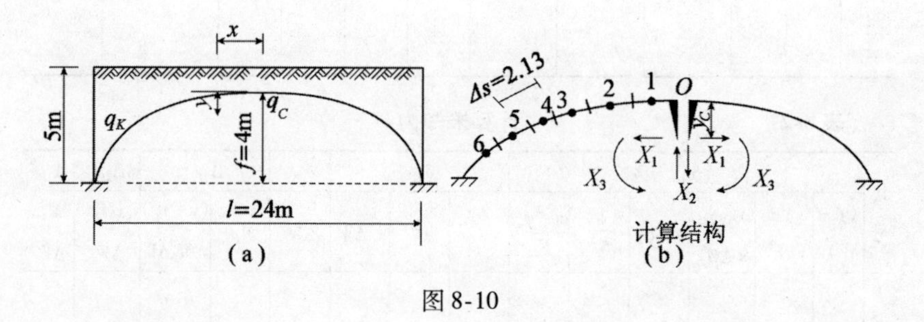

图8-10

【解】 求 y_C：

现分半个拱轴为六等份，每段长度 $\Delta s=2.13\mathrm{m}$，计算各段中点的坐标、惯性矩、$\Delta s/I$ 以及其他在计算上所必需的数字，如表8-3所

表 8-3 无铰拱几何性质的数据

块号	分块中心的坐标		$\tan\varphi_x$	$\sin\varphi_x$	$\cos\varphi_x$	φ_x	$F_x=\frac{Fc}{\cos\varphi_x}$	$I_x=\frac{Ic}{\cos\varphi_x}$	$\frac{1}{I_x}$	$\Delta W=\frac{\Delta s}{I_x}$	$y\Delta W$
	x	y									
1	1.07	0.032	0.0594	0.0593	0.9982	3°24′	0.80	0.0427	23.39	49.82	1.59
2	3.18	0.281	0.1766	0.1739	0.9847	10°01′	0.81	0.0433	23.08	49.16	13.81
3	5.26	0.768	0.2921	0.2803	0.9598	16°17′	0.83	0.0444	22.48	47.81	36.72
4	7.28	1.472	0.4044	0.3748	0.9270	22°01′	0.86	0.0460	21.73	46.27	68.10
5	9.22	2.364	0.5124	0.4560	0.8899	27°08′	0.89	0.0479	20.86	44.42	105.01
6	11.10	3.425	0.6160	0.5247	0.8512	31°39′	0.93	0.0501	19.95	42.50	145.56
										$\sum=279.98$	370.80

示。由式（8-6）以及表8-3的计算结果得

$$y_C=\frac{\sum y\frac{\Delta s}{I}}{\sum\frac{\Delta s}{I}}=\frac{\sum y\cdot\Delta W}{\sum\Delta W}=\frac{370.80}{279.98}=1.324\text{m}$$

由于对称，$X_2=0$，现计算X_1及X_3。由式（8-8）得

$$X_1=-\frac{\sum(y-y_C)M_P\frac{\Delta s}{I}}{\sum(y-y_C)^2\frac{\Delta s}{I}+\sum\cos^2\varphi_x\frac{\Delta s}{F}}$$

$$X_3=-\frac{\sum M_P\frac{\Delta s}{I}}{\sum\frac{\Delta s}{I}}$$

根据算式列表计算，如表8-4、表8-5所示。

表8-4　　δ_{11}及δ_{33}的计算

拱块号	δ_{11}						δ_{33}
	$(y-y_C)$	$(y-y_C)^2$	$(y-y_C)^2\Delta W$	$\cos^2\varphi_x$	$\frac{1}{F_x}$	$\cos^2\varphi_x/F_x$	ΔW
1	-1.2923	1.670	83.22	0.9965	1.247	1.243	
2	-1.0433	1.088	53.44	0.9698	1.235	1.197	
3	-0.5563	0.309	14.79	0.9216	1.205	1.105	
4	0.1477	0.021	1.00	0.8594	1.162	0.995	$E\delta_{33}=2\sum\Delta W$ $=2\times279.98$ $=559.96$
5	1.0397	1.081	48.01	0.7920	1.112	0.881	
6	2.1007	4.413	187.54	0.7747	1.064	0.824	
	$\sum=388.04$			$\sum=6.245$			
	$E\delta_{11}=2\times(388.04+6.245\times2.13)=802.7$						

表 8-5 Δ_{1P}及Δ_{3P}的计算

拱块号	$M_P=-10\left(\frac{1}{2}+\frac{1}{12}y\right)x^2$						$\Delta_{1P}=\sum M_P(y-y_C)\Delta W$		$\Delta_{3P}=\sum M_P\Delta W$
	y	$\frac{1}{12}y$	$\frac{1}{2}+\frac{1}{12}y$	x	x^2	M_P	$(y-y_C)\Delta W$	$M_P(y-y_C)\Delta W$	
1	0.032	0.003	0.503	1.07	1.145	-5.75	-64.267	370.20	-286.6
2	0.281	0.023	0.523	3.18	10.112	-52.93	-51.126	2724.70	-2602.1
3	0.768	0.064	0.564	5.26	27.668	-156.04	-26.66	4150.20	-7460.4
4	1.472	0.123	0.623	7.28	52.998	-329.65	6.83	-2252.90	-15253.1
5	2.364	0.197	0.696	9.225	85.008	-593.15	46.20	-27393.7	-26347.6
6	3.425	0.285	0.785	11.10	123.210	-967.71	89.28	-86397.2	-41127.8
$\sum=$								-108808.50	-93077.5
							$E\Delta_{1P}=2\sum=-217617.0$		$E\Delta_{3P}=2\sum=-186155.0$

根据表中的数字得

$$X_1 = -\frac{-217617.0}{802.7} = 271.2\text{kN}\cdot\text{m}$$

$$X_3 = -\frac{-186155.0}{559.96} = 332.4\text{kN}\cdot\text{m}$$

上面叙述的是对称的无铰拱。无论是水工结构或是桥梁和房屋的拱结构，只要是对称的，上述的计算方法均可适用。若是不对称的拱（如拱坝的底拱），则计算方法应作相应的变化。如图 8-11（a）所示的拱可以应用刚臂来简化计算［见图 8-11（b）］。这时按 $\delta_{13}=0$ 及 $\delta_{23}=0$ 求出刚臂端点的坐标 $\bar{x}$ 及 $\bar{y}$，如图 8-11（b）所示。那么法方程变为

$$\begin{aligned} X_1\delta_{11} + X_2\delta_{12} + \Delta_{1P} &= 0 \\ X_1\delta_{21} + X_2\delta_{22} + \Delta_{2P} &= 0 \\ X_3\delta_{33} + \Delta_{3P} &= 0 \end{aligned}$$

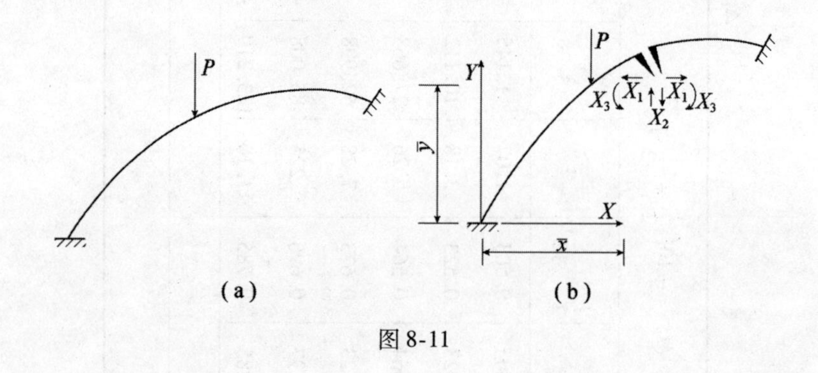

图 8-11

计算出系数及自由项即可求得未知力。然后同上述一样计算整个拱的内力。

也可以用弹性中心法使 $\delta_{12}=0$，但因为还需要做较多的准备工作，计算简化不了多少，因此简化至上述为止。

8.5　拱的内力与压力线

在求得无铰拱的未知力 X_1、X_2 及 X_3 之后，即可用叠加法写出弯矩、轴向力与剪力的方程，即

$$\begin{aligned} M &= X_1\overline{M}_1 + X_2\overline{M}_2 + X_3\overline{M}_3 + M_P \\ &= X_1(y - y_C) + X_2 x + X_3 + M_P \end{aligned} \tag{8-11}$$

$$Q = X_1\overline{Q}_1 + X_2\overline{Q}_2 + Q_P = - X_1\sin\varphi_x - X_2\cos\varphi_x + Q_P$$

$$N = X_1\overline{N}_1 + X_2\overline{N}_2 + N_P = X_1\cos\varphi_x - X_2\sin\varphi_x + N_P$$

式中：M_P、Q_P、N_P——荷载在基本结构上单独作用时在 x 处产生的内力。

由式（8-11）可以求得拱脚处的内力 M、Q 及 N。如果用 R_A 及 R_B 分别代表 A 及 B 支座处的偏心总反力（见图 8-12），那么

$$R_A = \sqrt{Q_D^2 + N_A^2}\,;\quad \theta_A = \arctan\frac{Q_A}{N_A};\quad e_A = \frac{M_A}{R_A}$$

同理

$$R_B = \sqrt{Q_D^2 + N_B^2}\,;\quad \theta_B = \arctan\frac{Q_B}{N_B};\quad e_B = \frac{M_B}{R_B}$$

式中 e_A 及 e_B 为偏心距，M 为正时 e 在外侧，M 为负时 e 在内侧。

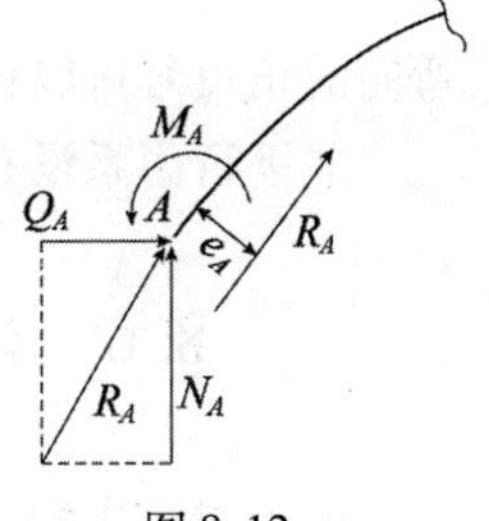

图 8-12

有了反力 R_A 及 R_B 之后，即可绘制拱的压力线。现假定拱上有 P_1、P_2、P_3、P_4 等荷载作用，如图 8-13 所示，要绘制该拱的压力线时应取一比例尺作力多边形，以 R_A 及 R_B 的交点 O 作为极点，如图 8-13（b）所示。根据 A 支座的偏心距 e_A，及 R_A 的方向从 A 支座开始作索多边形，如图 8-13（a）所示。此索多边形即为压力线，因拱受压必通过这条索线。拱轴线与压力线重合时称为合理拱轴线。若压力线在截面三分点以内，则截面只受压不受拉，这条原则对于砖石圬工拱是很重

要的，因为这些材料一般假定不能受拉。

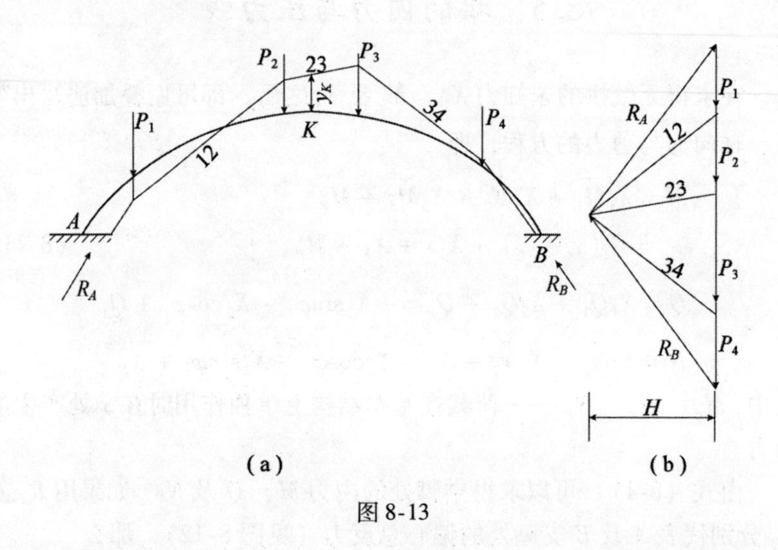

图 8-13

介绍三铰拱时曾证明过在竖向荷载作用下，拱轴线与压力线间的图形即可代表弯矩图，显然，这个原则对各种型式的拱均适用，将各纵坐标乘以极矩 H 即得拱的弯矩值。如图 8-13 的 k 截面，其对应索线2 ~3 的力的水平分力即 H 乘以 y_k 即得该截面的弯矩。因此

$$M_K = Hy_k$$

弯矩的正负号可以根据合力的指向定出。

非平行力系没有统一的极矩，因此不能得出上述的固定关系。

8.6 温度变化及混凝土收缩的影响

由于温度影响，使无铰拱内部产生内力。设外侧温度增量为 t_1^0；内侧温度增量为 t_2^0，如图 8-14 所示。设温度变化是与 y 轴对称的，因此 $X_2 = 0$。拱的法方程为

$$\begin{cases} X_1\delta_{11} + \Delta_{1t} = 0 \\ X_3\delta_{33} + \Delta_{3t} = 0 \end{cases}$$

δ_{11} 及 δ_{33} 的计算同前。Δ_{1t} 及 Δ_{3t} 用结构位移中讲过的公式计算，即

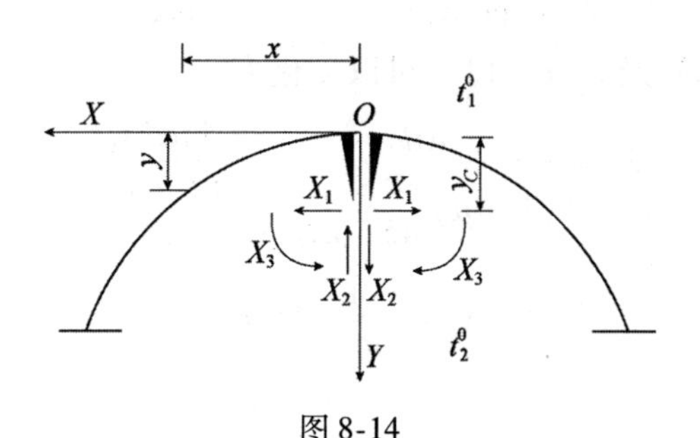

图 8-14

$$\Delta_{1t} = \sum \left[\pm \alpha \left| \frac{t_2 + t_1}{2} \right| \int | \overline{N}_i | \mathrm{d}s \pm \alpha | (t_2 - t_1) | \times \int \frac{1}{h} | \overline{M}_i | \mathrm{d}s \right]$$

现 $\overline{M}_1 = y - y_C$，$\overline{N}_1 = \cos\varphi_x$，$\overline{M}_3 = 1$；

设 $t_2 > t_1$ 并令 $t_2 - t_1 = \Delta t$，$\frac{t_2 + t_1}{2} = t$，那么

$$\Delta_{1t} = -\alpha t \int \cos\varphi_x \mathrm{d}s + \alpha \Delta t \int \frac{y - y_C}{h} \mathrm{d}s$$

$$\Delta_{3t} = \alpha \Delta t \int \frac{\mathrm{d}s}{h}$$

代入得

$$X_1 = -\frac{\Delta_{1t}}{\delta_{11}} = \frac{\alpha t \int \cos\varphi_x \mathrm{d}s - \alpha \Delta t \int \frac{y - y_C}{h} \mathrm{d}s}{\int (y - y_C)^2 \frac{\mathrm{d}s}{EI} + \int \cos^2\varphi_x \frac{\mathrm{d}s}{EF}} \tag{8-12}$$

$$X_3 = -\frac{\Delta_{3t}}{\delta_{33}} = -\frac{\alpha \Delta t \int \frac{\mathrm{d}s}{h}}{\int \frac{\mathrm{d}s}{EI}} \tag{8-13}$$

如果拱轴的方程是抛物线，设坐标原点在拱顶，那么

$$y = \frac{4f}{l^2} x^2$$

截面的惯性矩及高度的变化规律分别设为

$$I_x = \frac{I_C}{\cos\varphi_x} \quad 及 \quad h_x = \frac{h_C}{\cos\varphi_x}$$

那么式（8-12）及式（8-13）可以简化为

$$X_1 = \frac{\alpha t l}{(1+\mu)\ \dfrac{4}{45}f^2\ \dfrac{l}{EI_C}} = \frac{45\alpha EI_C t}{4(1+\mu)f^2} \tag{8-14}$$

$$X_3 = -\frac{1}{h_C}\alpha\Delta tEI_C \tag{8-15}$$

式中

$$\mu = \frac{\int \cos^2\varphi_x \dfrac{ds}{F}}{\int (y-y_C)^2 \dfrac{ds}{I}}$$

由式（18-14）可以看出：拱愈平，拱截面的刚度愈大，则温度影响愈大；减少拱截面的厚度或选用较小弹性模数 E 的材料，可以减少温度应力。

在这里还必须指出，如果计算无铰拱的温度应力积分有困难时，和前面一样可以采用总和法计算。

凝固收缩的影响：由于混凝土有收缩的特性，使无铰拱产生内力，这种收缩的影响与温度均匀下降的影响相当，故可采用计算温度应力的办法来计算混凝土收缩的影响。经过测量，混凝土的凝固收缩系数约为 0.00025，混凝土的温度膨胀系数为 $\alpha = 0.00001$， 两者比较知，欲使两者的作用相当，应取

$$\alpha t = 0.00025$$

或 $\qquad 0.00001t = 0.00025$，得 $t = 25℃$。

故混凝土的收缩相当于温度均匀下降 25℃。又由于混凝土是分段浇注的，故收缩的时间不同，因此常假定相当于温度均匀下降 10℃ ~15℃。

由于温度是均匀变化的，Δt 及 Δ_{3t} 为零，因此只有一个未知力

$$X_1 = -\frac{\Delta_{1t}}{\delta_{11}}$$

其余 X_2 及 X_3 均为零。

8.7　拱坝的计算方法

拱坝是挡水结构物的一种，建筑于较狭窄的河段用以蓄水。拱坝的形状为一曲面形，支承于河槽及两岸，如图8-15所示。

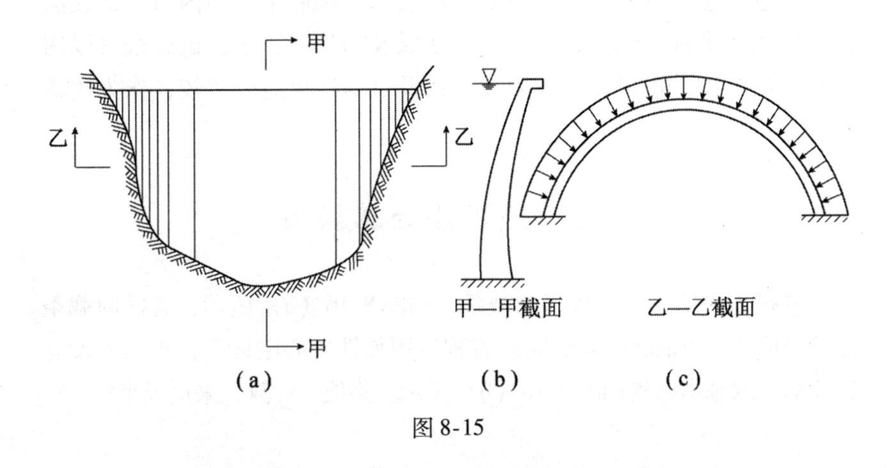

图8-15

拱坝一般是较薄的，坝底厚度一般为坝高的10%～40%。大过这个比例就要按重力坝计算。拱坝受力以后，除将一部分力传递至河底以外，其余大部分力将由拱的作用传递至两岸，而重力坝受力后主要是将力传递至河底。

计算拱坝时必须考虑水压力、泥沙压力、温度变化、混凝土收缩、地震惯性力和激荡力以及自重等。

关于拱坝的精确计算方法是比较复杂的，严格地说拱坝是三面支承一面自由的壳体，可以采用有限元法电算程序进行计算。这里简略介绍实际工程中目前还采用的两种计算方法。即纯拱法和试载法。

纯拱法是用两个水平截面将拱分成许多单位宽的单拱进行计算，假定它们受力后各不相关，好像由许多拱圈重叠而成的一样，即不考虑它们的整体作用。用这种方法分析时，可以完全用前面讲过的计算一般弹性拱的方法。

试载法是考虑了坝的整体作用，假设整个拱坝是由许多支承在河底的悬臂梁系统以及支承在河两岸的拱形系统联合组成的。根据在荷载作用下变形的连续条件，即拱和梁的交点处的位移应相等的条件，经过多次试算把荷载合理分配在拱和梁上，然后分别计算拱和梁的内力，此即所谓试载法。试载法系采用解联立方程的方法并编有计算程序，由电算求出拱和梁上的荷载，然后求出拱和梁上的内力。试载法比纯拱法要准确。纯拱法一般用于薄拱及初步设计中，试载法可以用于技术设计中。也可以和有限元法以及试验结果进行比较，作为比较计算方法之一。

8.8 纯拱法计算拱坝

在拱坝中切出一单位横向截条，如图 8-16（a）所示，若横向截条是等截面的，拱的轴线是圆曲线方程，用弹性中心法计算，积分是没有困难的。取基本结构如图 8-16（b）所示。为便于计算，采用极坐标。

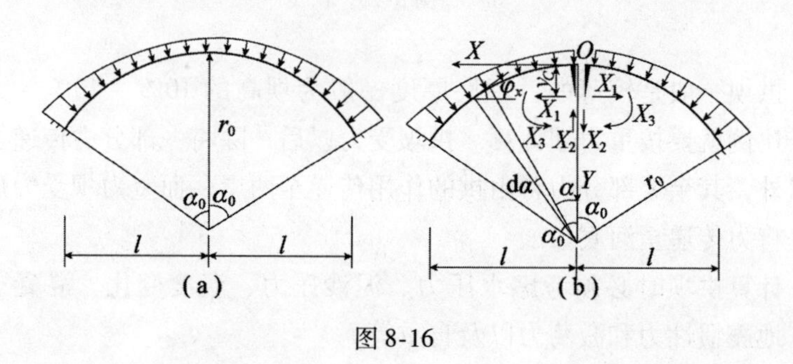

图 8-16

由前述知

$$y_C = \frac{\int y \frac{ds}{I}}{\int \frac{ds}{I}}$$

现

$$y = r_0(1 - \cos\alpha)$$

$$x = r_0 \sin\alpha$$

$$ds = r_0 d\alpha$$

故

$$y_C = \frac{2\int_0^{\alpha_0} r_0(1 - \cos\alpha) r_0 d\alpha}{2\int_0^{\alpha_0} r_0 d\alpha} = r_0 - \frac{l}{\alpha_0} \tag{8-16}$$

由前述知

$$x_1 = -\frac{\Delta_{1P}}{\delta_{11}} = -\frac{\int (y - y_C) M_P \frac{ds}{EI} + \int \cos\varphi_x N_P \frac{ds}{EF}}{\int (y - y_C)^2 \frac{ds}{EI} + \int \cos^2\varphi_x \frac{ds}{EF}}$$

$$x_2 = -\frac{\Delta_{2P}}{\delta_{22}} = -\frac{\int x M_P \frac{ds}{EI}}{\int x^2 \frac{ds}{EI}}$$

$$x_3 = -\frac{\Delta_{3P}}{\delta_{33}} = -\frac{\int M_P \frac{ds}{EI}}{\int \frac{ds}{EI}}$$

设 EI =常数，F =常数，此外 $\varphi_x = \alpha$，代入上式并简化得

$$\begin{cases} x_1 = -\dfrac{\dfrac{E}{I}\int (y - y_C) M_P ds + \int \cos\alpha N_P ds}{\dfrac{F}{I}\int (y - y_C)^2 ds + \int \cos^2\alpha ds} \\ x_2 = -\dfrac{\int x M_P ds}{\int x^2 ds} \\ x_3 = -\dfrac{\int M_P ds}{\int ds} \end{cases} \tag{8-17}$$

式中 $\frac{F}{I}=\frac{e}{\frac{e^3}{12}}=\frac{12}{e^2}$，$e$ 为拱圈厚度。再把 x、y、y_C、$\frac{F}{I}$、ds 及 M_P、N_P 代入，即可求得未知力。求出未知力以后，同前面一样，可以求得整个拱的内力。

【例 8-3】 在拱坝中横向截取一单位拱圈，如图 8-17（a）所示。在圆拱上作用均布径向荷载水压力，试求多余未知力及 M、Q、N 的方程式。

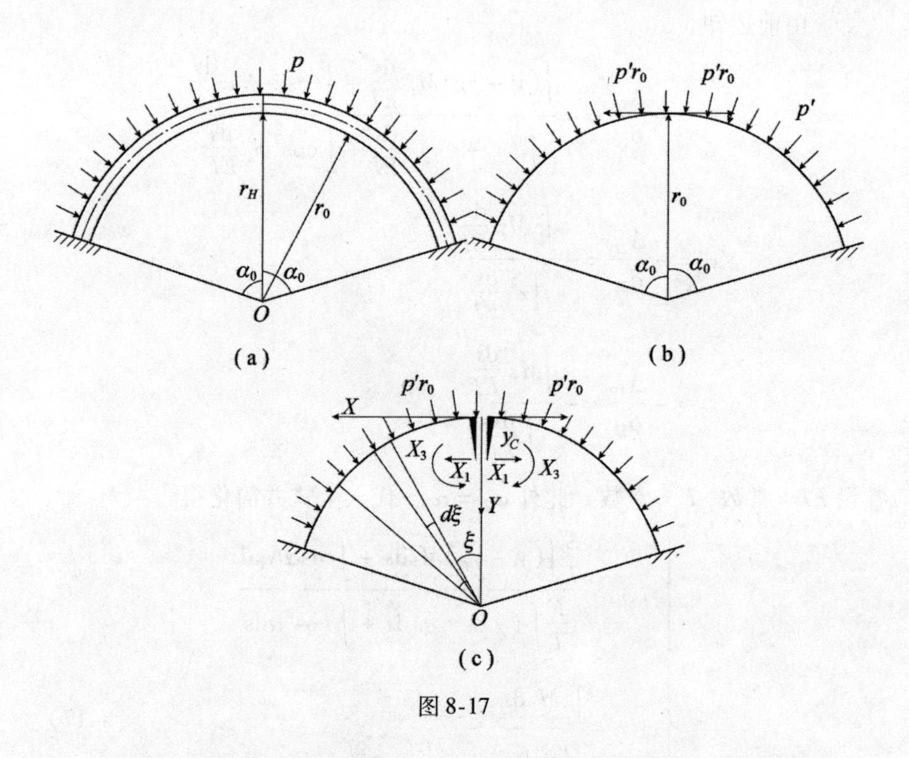

图 8-17

【解】 设拱环外侧的径向荷载强度为 p，把它完全换算到拱轴线上，其强度用 p' 代表，那么

$$ps=p's'$$

即

$$pr_H\alpha_0=p'r_0\alpha_0$$

因此
$$p' = p\frac{r_H}{r_0}$$

由于荷载对称，$X_2 = 0$。同时在这种情况下，有学者研究出一种简化的办法，即在拱顶处加上一对大小相等方向相反的力 $p'r_0$，如图 8-17（b）所示。在同一点上加上这样一对力是不影响整个结构的内力的。

由式（8-16）知

$$y_C = r_0 - \frac{l}{\alpha_0}$$

由图 8-17（c）知

$$M_p = p'r_0(r_0 - r_0\cos\alpha) - \int_0^\alpha p'r_0 \mathrm{d}\xi r_0[\sin(\alpha - \xi)]$$

$$= p'r_0^2(1 - \cos\alpha) - p'r_0^2\cos(\alpha - \xi)\Big|_0^\alpha = 0$$

$$Q_p = -p'r_0\sin\alpha + \int_0^\alpha p'r_0\mathrm{d}\xi\cos(\alpha - \xi) = 0$$

$$N_p = p'r_0\cos\alpha + \int_0^\alpha p'r_0\mathrm{d}\xi\sin(\alpha - \xi) = p'r_0 = pr_H$$

$$y = r_0 - r_0\cos\alpha$$

$$y - y_C = r_0 - r_0\cos\alpha - \left(r_0 - \frac{l}{\alpha_0}\right) = \frac{l}{\alpha_0} - r_0\cos\alpha$$

因此

$$X_3 = -\frac{\Delta_{3p}}{\delta_{33}} = -\frac{\int\frac{M_P\mathrm{d}s}{EI}}{\int\frac{\mathrm{d}s}{EI}} = 0$$

$$X_1 = -\frac{\Delta_{1P}}{\delta_{11}} = -\frac{\int(y - y_C)M_P\frac{\mathrm{d}s}{EI} + \int\cos\varphi_x N_P\frac{\mathrm{d}s}{EF}}{\int(y - y_C)^2\frac{\mathrm{d}s}{EI} + \int\cos^2\varphi_x\frac{\mathrm{d}s}{EF}}$$

$$= -\frac{2\int_0^{\alpha_0}\cos\alpha\cdot p'r_0\cdot r_0\mathrm{d}\alpha}{2\left[\frac{F}{I}\int_0^{\alpha_0}\left(\frac{l}{\alpha_0}-r_0\cos\alpha\right)^2 r_0\mathrm{d}\alpha+\int_0^{\alpha_0}\cos^2\alpha r_0\mathrm{d}\alpha\right]}$$

$$= -\frac{2pr_H r_0\sin\alpha_0}{\frac{F}{I}r_0^3K_4+r_0K_5}$$

式中
$$K_4=\alpha_0+\frac{\sin2\alpha_0}{2}-\frac{2\sin^2\alpha_0}{\alpha_0}$$

$$K_5=\alpha_0+\frac{1}{2}\sin2\alpha_0$$

将其代入式（8-11）知，左半拱

$$M=X_1(y-y_C)$$

$$Q=-X_1\sin\alpha$$

$$N=X_1\cos\alpha+pr_H$$

当 $e\to0$，则 $\frac{F}{I}=\frac{12}{e^2}\to\infty$，$X_1$ 式中分母 $\to\infty$，因此 $X_1\to0$。这样拱中只有轴向力 $N=pr_H$，弯矩及剪力均为零

这里还要指出，上述拱圈以承受轴向力为主，因此在 X_1 式中不能忽略轴向力的影响。

纯拱法计算拱坝只能作为初步估算截面之用。

8.9 试载法计算拱坝简介*

8.9.1 试载法的基本原理

假定拱坝是由许多单位拱环系统和悬臂梁系统联合组成的，如图8-18 所示。单位拱环是指由两个垂直于拱坝圆心轴的平面切割下来

* 摘编自潘家铮、黎展眉编著的《拱坝》，水利电力出版社 1982 年出版。

的单位宽拱环，单位悬臂梁则是由两个通过拱坝圆心轴的竖向平面切割下来的单位宽梁。作用在拱坝上的荷载是由拱环和梁共同负担。根据结构的变形连续条件，所有拱和梁的交点处的位移应完全保持一致。拱坝的试载分析，就是研究拱和梁分别承担多少荷载，进而计算拱和梁的内力。研究拱和梁分别承受多少荷载的方法，一是逐次调整拱上和梁上的荷载，使拱和梁各交点上的位移一致。另一种是根据拱梁交点的位移与荷载的关系以及位移相等的原则成立联立方程组，联解方程组，求拱和梁上的荷载。

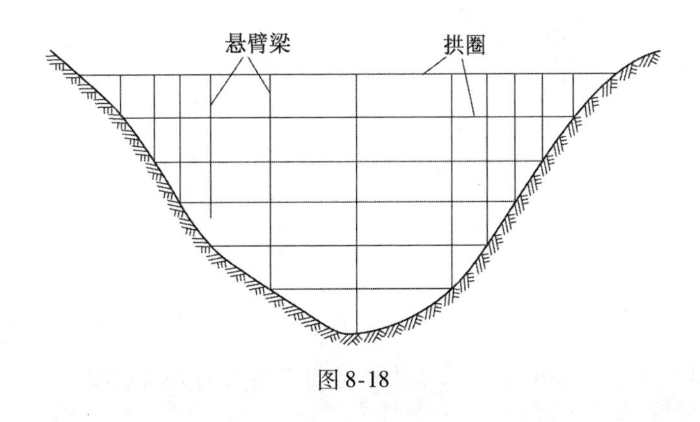

图 8-18

试载法具有明确的力学概念，该方法的计算原理还是准确的，但由于采用了一些近似假定（如平面截面的假定，基础变形的假定，边界条件的近似满足以及近似调整等），所以它的计算结果是近似的。如图 8-19（a）所示拱坝，在拱坝中切出一片梁如图 8-19（b）所示，如果我们不仅将外荷载 P 作用在梁上，而且还将梁两侧的内力也当作荷载作用在梁上（它们与外荷载 P 的合成值就是梁所分担的荷载），然后按一根独立梁计算，根据力学中内外力替代原理，可以求得准确的内力和位移值。同样在拱坝中切取一片水平拱圈如图 8-19（c）所示，将其上下两个切割面上的内力合成值，作为荷载作用在拱上，再按独立拱计算，也可得到准确的内力和位移。如果拱梁在某点相交，则分别由拱和梁体系算出该点的位移应该相等。反过来说，把拱坝分割成拱系和梁系，并且在各切面上施加某种内力系，调整这些内力系，使拱系和梁系在外荷载和内力系作用下，位移处处一致。根据唯一解原理可知，其所加内力代表切割面上真正应力的影响，求出拱梁的应力及位移就是拱坝的真实解答。因此试载法的理论根据还是准确的。

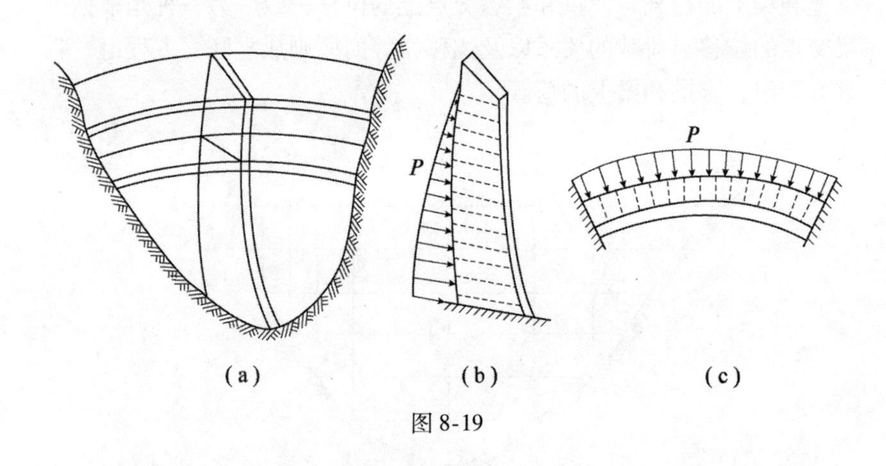

图 8-19

试载法适用于单曲率拱坝或垂直曲率不大的双曲拱坝。

8.9.2　三向和四向调整概念

试载法要通过拱和梁在同一点上位移协调条件来解算梁和拱所承受的荷载，一点上的位移有六个分量，如图 8-20 所示：三个线位移 u（切向）、v（径向）、w（竖向）和三个转动角 θ_z（绕 Z 轴的水平扭角）、θ_t（绕 t 轴或 x 轴的垂直扭角）、θ_r（绕 r 轴或 y 轴的垂直扭角）。对应在拱圈和悬臂梁的位移如图 8-21 所示。在拱和梁上的荷载也有六个：径向荷载 P，切向荷载 q，竖向荷载 s，水平扭矩 $\overline{m}_z$，竖直扭矩 $\overline{m}_t$，另一竖向扭矩 $\overline{m}_r$。从全面讲，应设置六个未知的内力函数，通过每一结点上六个位移分量的协调条件成立方程以确定未知值，即六向调整。

事实上六向调整没有必要，六个荷载中只有三个是独立的，选定

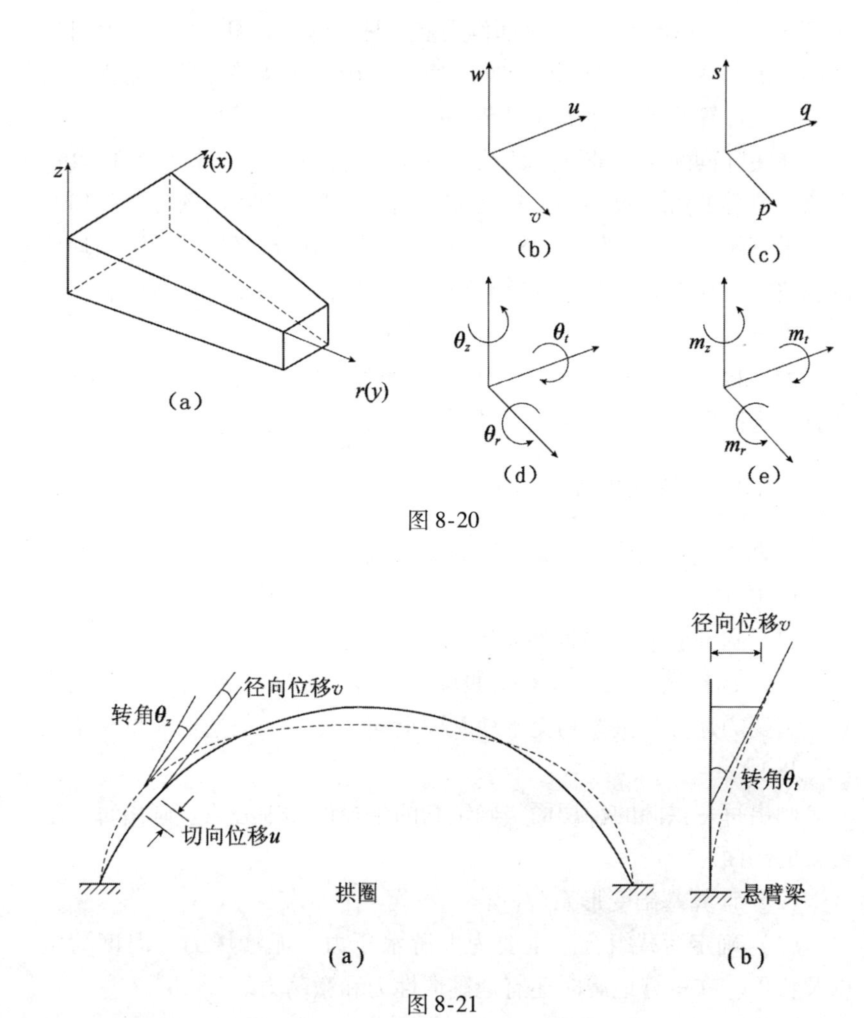

图 8-20

图 8-21

三个作为独立变量后，另外三个通过微元体的平衡条件可以用前者表示。独立变量只有三个，对于结点上的位移协调条件也只需核算三个。一般说来，只需进行三向调整便可获得问题的解决。选取以下三种荷载作为独立变量，即径向荷载 p，切向荷载 q，水平扭载 $\overline{m}_z$，位移协调也只需三个，即径向位移 v，切向位移 u，水平转角 θ_z。

选取 p、q、$\overline{m}_z$ 为未知量，另外 s、$\overline{m}_t$、$\overline{m}_r$ 三个荷载用 p、q、

$\overline{m}_z$ 表示。在拱和梁上必须全部作用这六种荷载。计算 v、u、θ_z 时也必须考虑这六种荷载作用的影响。因此采用三向调整，虽然未知元素少了，但计算步骤却曲折和复杂一些。

在实际问题中，非独立的荷载（s，$\overline{m}_t$，$\overline{m}_r$）并非要全部考虑，有的对位移的影响很小，可以忽略。对于一般的拱坝，经计算可知，只有垂直扭矩 $\overline{m}_t$ 对梁的位移影响不可忽略，其余 s 和 $\overline{m}_r$ 的影响均可以忽略。采用三向调整，计算悬臂梁的位移需考虑 p、q、$\overline{m}_z$、$\overline{m}_t$ 四者的影响。

如果将 $\overline{m}_t$ 作为独立变量，相应增加垂直扭转角的位移协调条件，这就变为四向调整。

8.9.3 试算法求解

试算法就是试载法。试算法的步骤大致如下：

1. 选取基本资料

（1）画出拱坝的平面布置图和剖面图。

（2）选择悬臂梁和水平拱的位置，力求分布大致均匀，并照顾地形突变的地方。拱梁相交于地基面上同一点，一般选用 5 拱 9 梁至 7 拱 38 梁。

画出每一拱圈的平切面，确定它的半径值和中心角。画出每一悬臂梁的剖面。

（3）计算基础变形系数。

（4）确定荷载组合。主要为上游水压力、泥沙压力、温度荷载以及自重。在核算地震时还有地震惯性力和激荡力。

2. 单位荷载作用下位移系数的确定

拱圈上的单位荷载取为均布和四种三角形分布的形式，如图 8-22 所示。

计算各拱圈上作用有每一种单位荷载时拱圈各点的位移，计算点包括拱两端以及各单位荷载的消失点（或拱和梁的交点），计算的位移包括径向、切向及水平转角等。

计算各悬臂梁上作用每一种单位荷载时所产生的位移，首先视梁

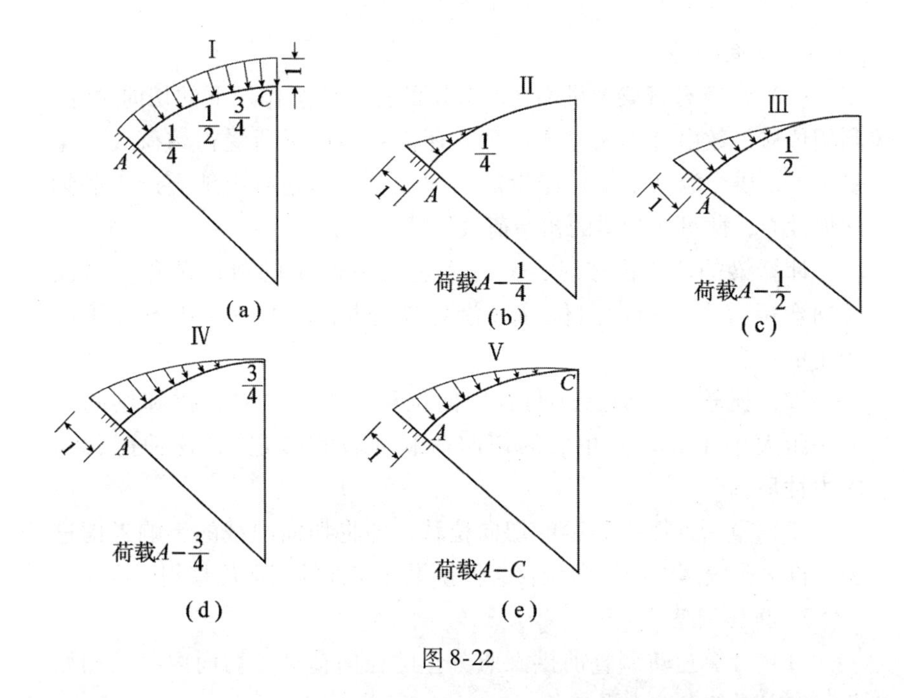

图 8-22

底为刚固，算出在单位荷载作用下各点（拱梁交点）处的各种位移（包括径向、切向和水平扭转位移），同时求出梁底的内力，这些内力施加到拱圈两端上，计算拱圈的位移，把求得拱端位移作为悬臂梁的基础位移。

3. 径向调整

（1）参考其它工程经验，或用近似公式计算，初步划分水平径向荷载，即将交点处的总荷载划分为两部分，分别由拱梁承担，将各梁、各拱分担的径向荷载近似化为各种单位荷载的线性组合。

同时划分拱和梁的初始荷载，水量划给梁，均匀温度荷载划给拱。

（2）计算每一拱圈、每一悬臂梁在所分担的径向荷载及初始荷载作用下的各有关点处的径向位移。

（3）比较拱梁交点处的径向位移。如有明显差异，调整荷载划分，重新计算，直至拱梁交点处的位移基本一致为止。

4. 切向调整

（1）计算悬臂梁及拱圈在所分担的径向荷载作用下的切向位移。利用位移系数由叠加法完成。另外还需算出拱梁所受初始荷载（梁受水重，拱受温度变化）产生的切向位移。如还有由地震产生的切向惯性力，此可作为梁的初始荷载处理。

计算梁的切向位移时，只计入剪力所产生的剪切位移，以及径向弯矩所产生的弯曲位移（沿切向分量），不计入切向弯矩所产生的位移。

（2）比较拱梁交点处两者切向位移的差值，并在拱和梁间试加一组大小相等方向相反的切向荷载（较难拟定），这种荷载属内力性质。

（3）重新计算拱和梁的切向位移，即将切向内载的影响考虑进去，再次比较两者的切向位移，使拱梁交点处的切向位移相近为止。

5. 扭转调整

（1）计算扭转调整前拱圈所分担的径向荷载，切向内载及初始荷载作用下各点的水平转角。

计算悬臂梁在所分担的径向荷载、切向内载及初始荷载作用下各截面的水平扭转角。其中最重要的是切向内载产生的扭转角。

（2）比较拱梁交点处的水平角位移的相差值，并在梁和拱上作用有数值相等、方向相反的扭转内荷载，计算其产生的水平角位移。

（3）计算合成后的水平角位移，重新比较，调整扭转内荷载，直至两者角位移相近为止。

6. 径向再调整

经过切向和扭转调整后，原已协调的径向位移又会有变动，另外在计算中还未计入垂直扭矩的作用，所以须进行再调整。最重要的是径向调整。经过径向再调整后，已能满足多数工程的设计要求。

7. 计算应力

根据最后调整好的径向荷载、切向内载、水平扭转内载和垂直扭转内载，分别计算拱和梁各截面上的各种应力分量，并推算出主应力。

如上所述，三向调整的试算法工作量大，计算烦琐。为了简化试算法，因为径向位移是主要的，切向位移和扭转位移是次要的，故在调整中只进行径向调整，而忽略切向和扭转的调整。还有更简化的试算法（即拱冠梁法），只在拱冠处取一根悬臂梁和若干拱圈，考虑径向调整，划分荷载，求得拱和梁上的荷载。对小型拱坝或在拱坝初步设计阶段可采用拱冠梁法进行估算。

这里对试载法的叙述是简略的，如要了解试载法的详细情况，可参阅有关文献。

8.9.4 解联立方程组法（电算）

采用电子计算机计算，必须编出计算程序。试载法的程序有两种写法。一类按径向、切向、水平扭转，……，逐次调整的方式进行，其步骤与试算法的步骤完全一致，只是各种单位荷载的变形系数，由电子计算机算出。每种位移的调整是由解联立方程解决，不采用试算。另一类程序是将径、切、扭等多向调整一次完成。

用电算求解时，拱和梁都采用单位荷载作分析手段。单位荷载的数量须与结点数相适应并取用标准的三角形形式，在一个结点上取为 1，线性减少到相邻结点为 0。如结点为边界点，则单位荷载呈直角三角形，如图 8-23 所示。将这种标准荷载组合起来，可以近似地反映任何荷载分布曲线。结点愈密，荷载逼近程度愈好。

位移协调方程在每个结点上建立。以一次全调整解法为例来说明如何建立位移协调方程。在拱坝上划出 m 拱和 $2m-1$ 根梁。中央悬臂梁置于河床地基上，其余悬臂梁与相应拱圈交于基础面上同一点，平常采用 5 拱 9 梁（25 个内结点）、6 拱 11 梁（36 个内结点）及 7 拱 13 梁（49 个内结点），对于 U 形河谷，可以在河床内多加 2 ~ 4 根悬臂梁。

一根拱圈和两端的悬臂梁组成一个 U 形体系，在这一体系上任何一点处的荷载会引起所有其它点上的位移。如在 j 点上的单位荷载会引起 i 点上的位移，写为 $\{\delta\}_{ij}$。如地基刚固，各拱各梁间就不再牵连，一根杆件上的位移只与该杆件上的荷载有关，先假定坝基刚固而且按四向调整。每一结点 i 上有 4 个位移分量：径向位移 v，切向位移 u，水平转角 θ_z（简记为 θ）及垂直转角 θ_t（简记为 $\bar{\theta}$），用 $\{\delta\}_i=[vu\theta\bar{\theta}]_i^{\mathrm{T}}$ 记之。待求的未知量是梁在各结点上承担的径向、切向、水平扭转和垂直扭转荷载。用 $\{x\}_i=[p_c、q、\overline{m}_z\ \overline{m}_t]_i^{\mathrm{T}}$ 记之。将 $\overline{m}_z$ 简记为 m，$\overline{m}_i$ 简记为 $\overline{m}$，梁在结点 i 处的荷载列阵为 $\{x\}_i=[p_c q m\overline{m}]_i^{\mathrm{T}}$，拱在同结点上的荷载列阵为 $\{p-p_c-q-m-\overline{m}\}_i^{\mathrm{T}}$。如内结点数为 n，未知量为 $4n$。结点上的荷载知道后，各结点间以直线相连，得到沿拱梁作用的荷载分布曲线，并可化为一组三角形单位荷载的线性组合。

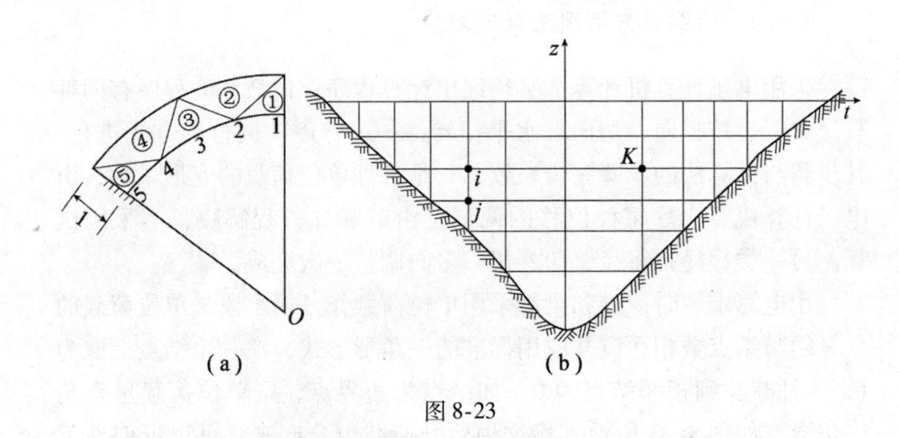

图 8-23

计算拱和梁在结点 i 处的位移（图 8-23），梁上 i 点位移是由作用在该梁上所有三角形荷载所产生的，即

$$\{\delta\}_i^b=\sum_j[C]_{ij}\{x\}_j+\{\delta_0\}_i^b \tag{1}$$

式中 b 代表梁，j 表示梁上任一结点，$\sum\limits_j$ 表示对于每一结点 j 计算相应项并求总和，$\{x\}_j$ 表示作用在结点 j 上的荷载列阵，$\{\boldsymbol{x}\}_j=[p_c q m\overline{m}]_j^{\mathrm{T}}$ 为未知值，$[\boldsymbol{C}]_{ij}$ 是 4 阶方阵，表示在 j 点作用的单位荷载列阵所产生在 i 点上的位移。$[\boldsymbol{C}]$ 中每一元素都是一个位移系数，这些系数可按悬臂梁位移公式算出。$\{\boldsymbol{\delta}_0\}_i^b$ 表示梁在初始荷载作用下 i 点的初始位移。所谓梁的初始荷载指由梁全部承担的荷载如水重或地震惯

性力。

拱圈 i 点的位移为

$$\{\boldsymbol{\delta}\}_i^a = \sum_k [\boldsymbol{A}_{ik}]\{\bar{x}\}_k + \{\delta_0\}_i^a \tag{2}$$

式中 a 表示拱，k 表示拱圈上任一点，$\sum$ 表示对于每一 k 点计算相应项并求和，$\{\bar{\boldsymbol{x}}_k\}$ 表示作用在 k 结点上拱圈的荷载列阵，$[\boldsymbol{A}]_{ik}$ 表示在 k 点作用的单位荷载列阵所产生的在 i 点上的位移，$\{\boldsymbol{\delta}_0\}_i^a$ 表示拱圈在初始荷载（如均匀温度）作用下 i 点处的初始位移。

位移协调条件要求　$\{\delta\}_i^a = \{\delta\}_i^b$，即

$$\sum_j [\boldsymbol{C}]_{ij}\{\boldsymbol{x}\}_j + \{\boldsymbol{\delta}_0\}_i^b = \sum_k [\boldsymbol{A}]_{ik}\{\bar{\boldsymbol{x}}\}_k + \{\boldsymbol{\delta}_0\}_i^d$$

将拱上荷载 $\{\bar{\boldsymbol{x}}\}$ 写为 $\{p - x\}$ 代入 $\{\boldsymbol{p}\} = [p000]^{\mathrm{T}}$，移项后得

$$\sum_j [\boldsymbol{C}]_{ij}\{\boldsymbol{x}\}_j + \sum_k [\boldsymbol{A}]_{ik}\{\boldsymbol{x}\}_k = \sum_{\boldsymbol{k}} [\boldsymbol{A}]_{ik}\{\boldsymbol{p}\}_k + \{\boldsymbol{\delta}_a\}_i^0 - \{\boldsymbol{\delta}_0\}_i^b \tag{3}$$

在每个内结点上成立上述方程式（每个矩阵方程包括四个方程式），联解求出 $4n$ 个未知值 $\{x\}_i$。

上述算法需内存较多，非中型机器所能解决。如按三向调正解算问题，可节约不少内存。

用三向调整来解算问题，其做法有以下几种：

（1）完全忽视垂直扭矩的影响，列阵 $\{\delta\}$ 和 $\{x\}$ 等最后一元素删除，方阵 $[\boldsymbol{C}]$、$[\boldsymbol{A}]$ 等最后一行和一列也删除，使矩阵降为 3 行，这在理论上不准确，在某些实际问题上影响不大。

（2）$2m$ 法。将荷载列阵中的水平扭矩加倍，即采用 $2m$ 代替 m，删去垂直扭矩，按三向问题调整。

（3）迭代法。先忽略垂直扭矩的影响。按（1）方式进行解算。求出解后，从所得的水平扭矩算出各结点上的垂直扭矩值。计算由垂直扭矩产生的悬臂梁位移，加入到梁的总位移中去，重新调整。这一步骤可视需要迭代几次。为此，在计算梁的位移式中应保留垂直扭矩

影响的项目，在程序中编一段利用水平扭矩求垂直扭矩的子程序，以便自动迭代。

(4) 放弃三向一次全调整，仍改用径—切—扭—再调整的并方式进行。

还有一个问题是如何计入地基位移的影响。在这里不再叙述了，可以参阅有关文献。

由上所述的计算方法，求出拱上和梁上的荷载以后，就不难算出拱上和梁上的内力，进而推算拱和梁中应力和主应力。

如果只考虑径向位移调整，协调方程式的建立就简单得多，现扼要说明如下。

根据实际水压力算出各拱圈和梁所受的总荷载，再按简支梁反力原理将这些总荷载集中到交点上，设分别为 P_1，P_2，P_3，…。再将各 P 分为两部分，设

$$P_1 = p_1 + k_1;$$

$$P_2 = p_2 + k_2;$$

$$\vdots$$

式中：p ——梁所受荷载；

k ——拱所受荷载。

在各 p 力作用下算出各交点处梁的径向位移

$$v_1,\ v_2,\ v_3\cdots。$$

在各 k 力作用下算出各交点处拱的径向位移

$$v_1',\ v_2',\ v_3'\cdots。$$

设有 m 个交点，则有 $2m$ 个未知数（每点都有未知数 p 及 k）。

根据位移相等条件建立 m 个方程

$$v_1 = v_1'$$

$$v_2 = v_2'$$

$$\vdots$$

根据荷载分解条件也有 m 个方程

$$p_1 + k_1 = P_1$$

$$p_2 + k_2 = P_2$$

$$\vdots$$

解联立方程即可得出拱和梁上的荷载，然后分别算出拱和梁的内力。

如只选用拱顶处的一根悬臂梁作径向调整，协调方程的成立就更容易。

按水压力算出拱圈和梁的交点处的荷载强度，设

$$q_1,\ q_2,\ \cdots$$

现分解为两部分，设梁上各交点的荷载强度为 x_1，$x_2\cdots$，并设交点之间按直线变化，底点取全部压强。拱圈上各交点的荷载强度应为 $q_1 - x_1$，$q_2 - x_2$，…。并假定各拱圈上的荷载是等强度的，如图 8-24 所示。

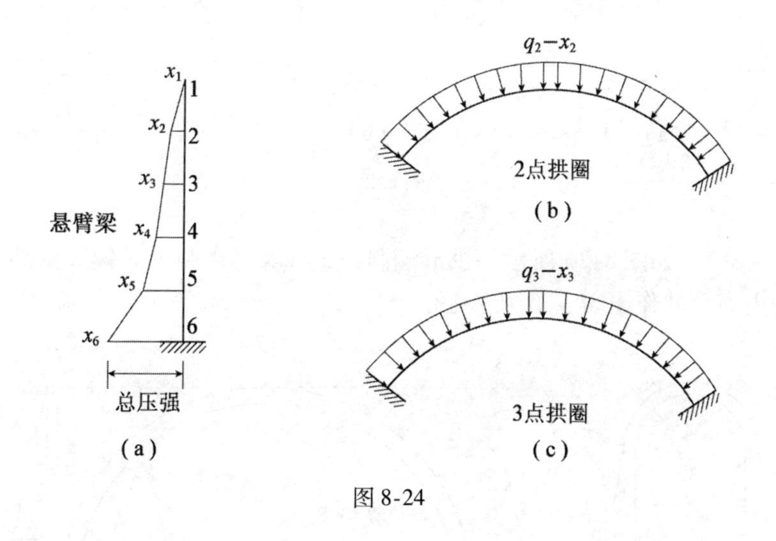

图 8-24

由于拱圈和梁都是取单位宽，故上述压强是单位长度上的压力。梁所分担的荷载 x 就是拱和梁相互的作用力，计算结果是可正可负的。

现计算交点处悬臂梁的径向位移，设为 v_1，$v_2\cdots$，交点处拱圈的位移为 v_1'，v_2'，…。设有 m 个点，则有 m 个 x 未知力。根据位移

协调条件可成立 m 个方程，即

$$v_1 = v'_1$$
$$v_2 = v'_2$$
$$\vdots$$

解之得 x，即求得拱上及梁上的荷载，并分别求出内力。

习　题

8-1　求如图 8-25 所示结构的弹性中心，EI 为常数。

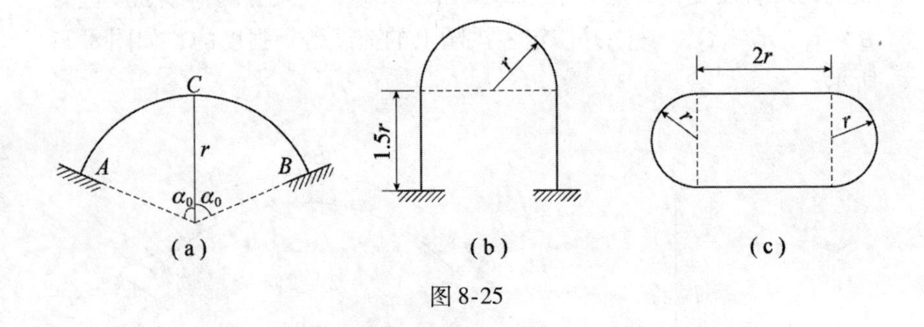

图 8-25

8-2　如图 8-26 所示一拱形涵洞，试计算其半圆形无铰圆拱部分的内力，并作出 M、Q 及 N 图。

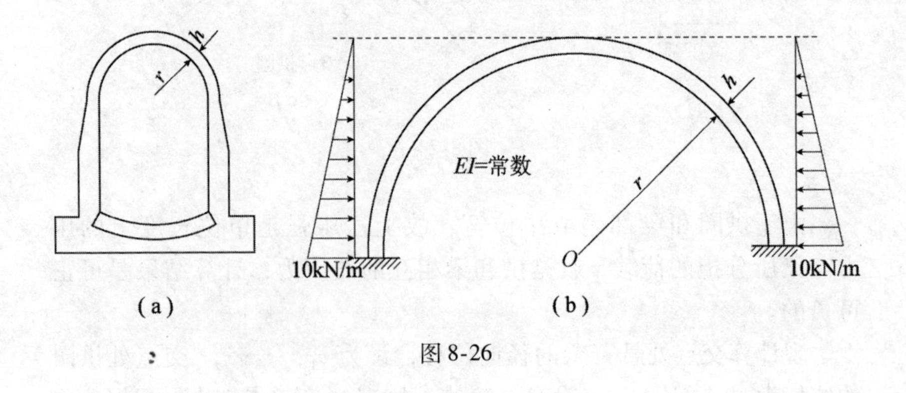

图 8-26

8-3 试计算如图8-27所示无铰圆拱的内力，并作出 M、Q 及 N 图。

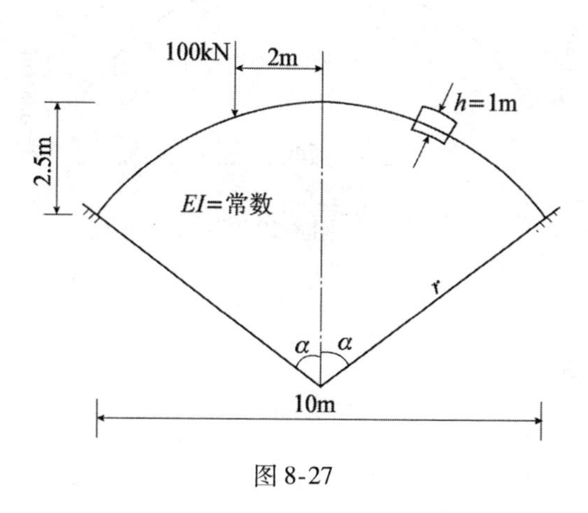

图8-27

8-4 试计算如图8-28所示无铰圆拱当内外缘均受到20℃温度的作用时的内力，并作出 M、Q 及 N 图。

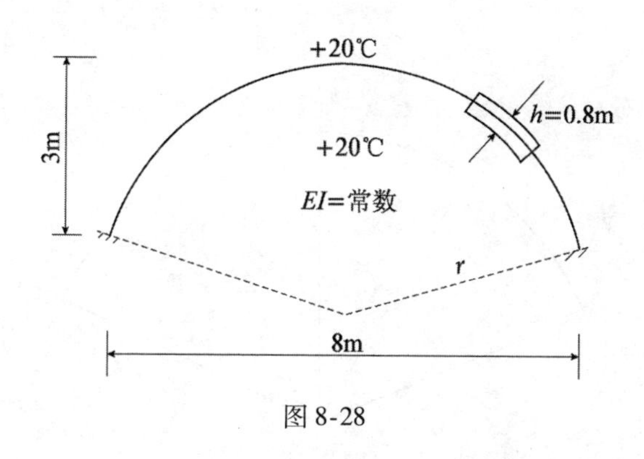

图8-28

8-5 试计算如图8-29所示无铰圆拱，当其右端拱脚产生竖向位移 $\Delta_v = 0.001\text{m}$ 时的内力，并作出 M、Q 及 N 图。

8-6 试计算如图8-30所示无铰圆拱，当其右端拱脚产生向右之水平位移 $\Delta_H = 0.001\text{m}$ 时的内力，并作 M、Q 及 N 图。

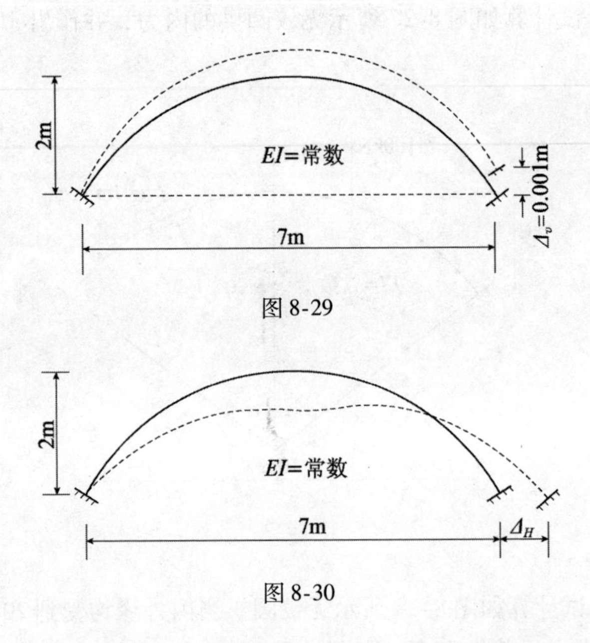

图 8-29

图 8-30

8-7　试计算如图 8-31 和图 8-32 所示无铰拱的内力，并作出 M、Q 及 N 图。

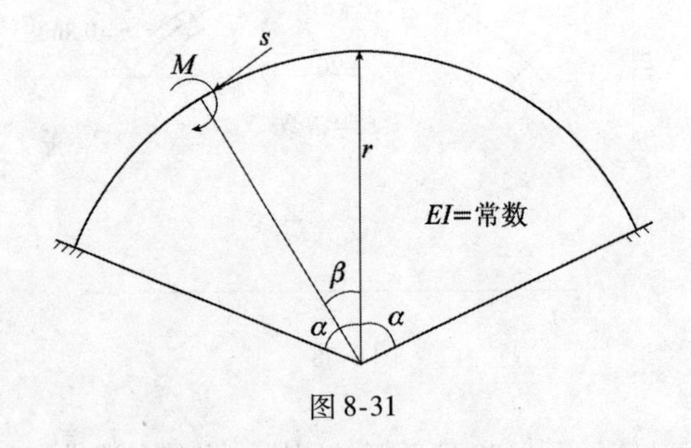

图 8-31

8-8　用总和法或其他近似积分规则计算如图 8-33 所示无铰拱的内力，并作出 M、Q 及 N 图。

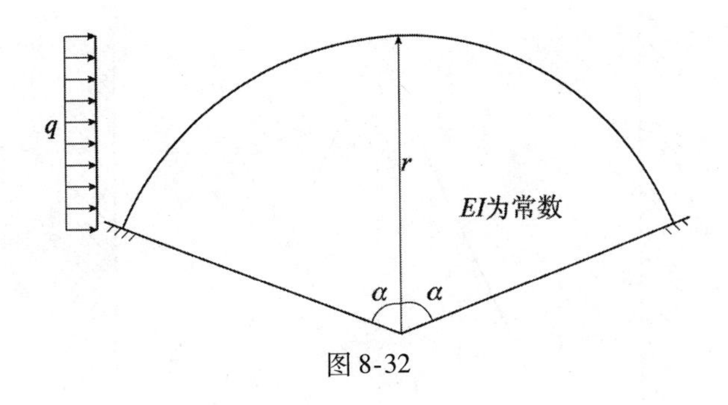

图 8-32

设已知拱的截面为矩形，其宽度 $b = 1\text{m}$，各分点处的拱截面厚度 h 如下表

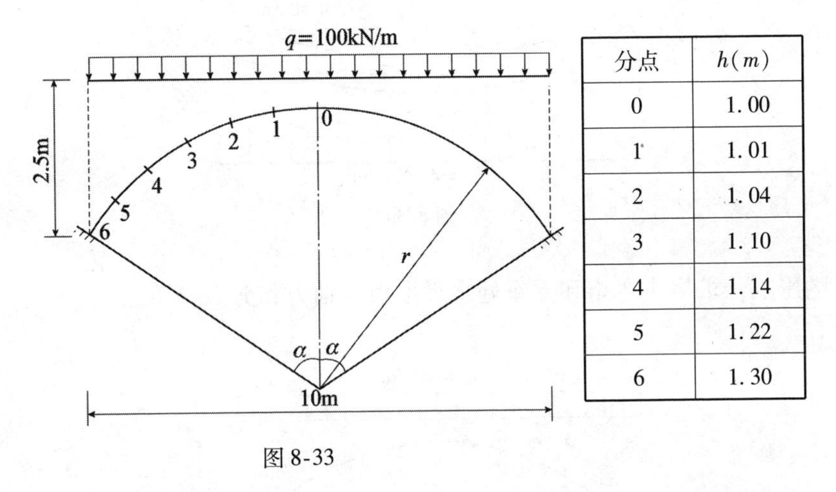

分点	$h(m)$
0	1.00
1	1.01
2	1.04
3	1.10
4	1.14
5	1.22
6	1.30

图 8-33

8-9　求如图 8-34 所示反拱底板的内力。已知：拱为圆弧等截面，EI 为常数，跨长 $l = 3.5\text{m}$，$f = 0.3\text{m}$，拱厚 $h = 0.3\text{m}$，$q = 42.6\text{kN/m}$。

8-10　如图 8-35 所示二次抛物线无铰拱，拱轴方程为 $y = \frac{4fx^2}{l^2}$，$I = \frac{I_C}{\cos\varphi}$，$h = \frac{h_C}{\cos\varphi}$，$l = 16\text{m}$，$f = 4\text{m}$，$q = 8\text{kN/m}$，不计轴向力对位移

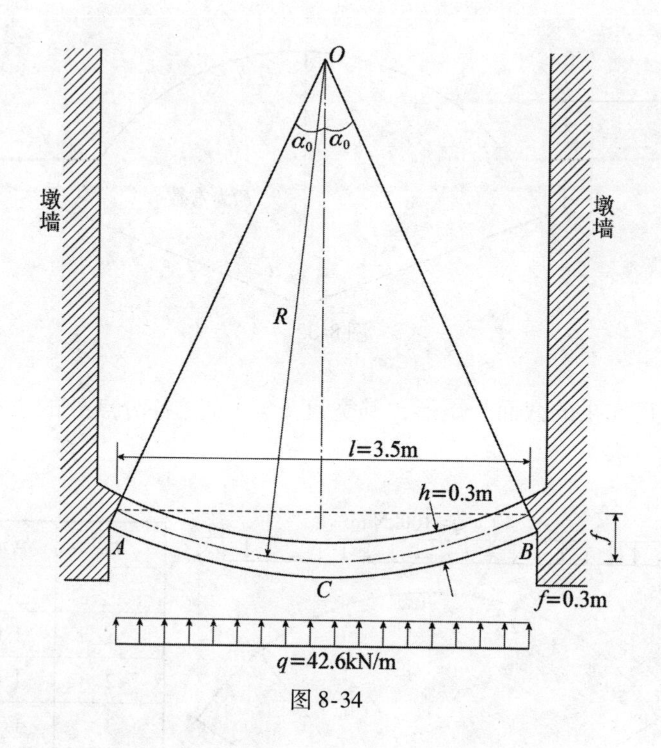

图 8-34

的影响，求拱中弯矩和支座处水平推力、轴力和剪力。

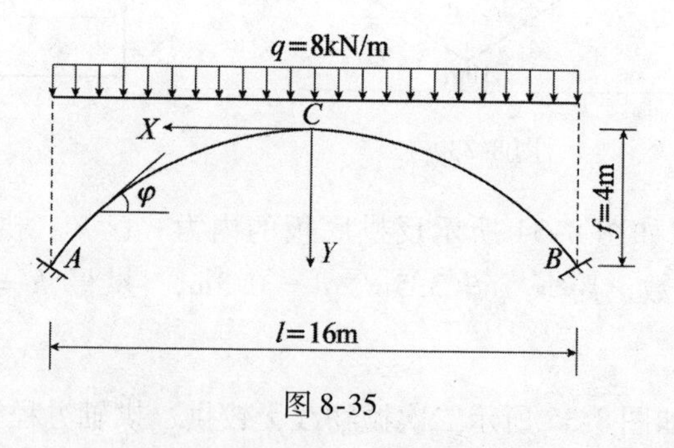

图 8-35

8-11 如图 8-36 所示变截面抛物线无铰拱，P 作用在拱顶，拱轴

线 $y=\dfrac{4fx(l-x)}{l^2}$，截面贯性矩 $I_x=\dfrac{I_C}{\cos\varphi_x}$，算位移时只计弯矩的影响，求 C 点截面的弯矩。

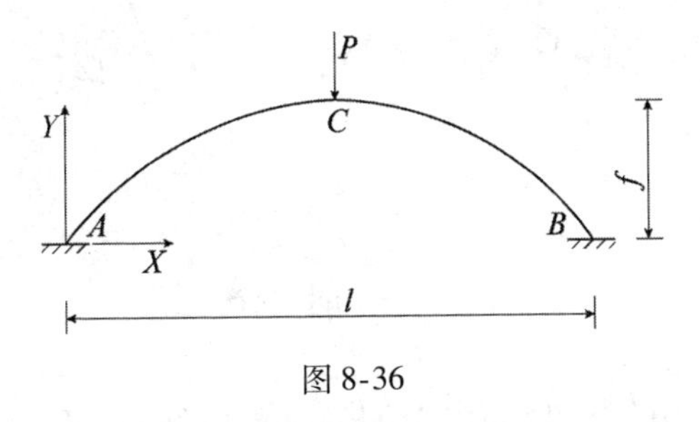

图 8-36

8-12　如图 8-37 所示涵洞的顶拱，它为变截面无铰拱，跨度 $l=36\text{m}$，矢高 $f=18\text{m}$，拱顶截面厚度 $h_C=1.2\text{m}$，拱脚截面厚度 $h_j=1.8\text{m}$，拱顶与拱脚截面间的截面厚度变化规律为 $h_x=h_C+(h_j-h_C)\dfrac{2x}{l}$，拱轴线方程为 $y=\dfrac{4fx^2}{l^2}$，拱在土压力 q 作用下，$q=20\text{kN/m}$，求拱顶内力值。

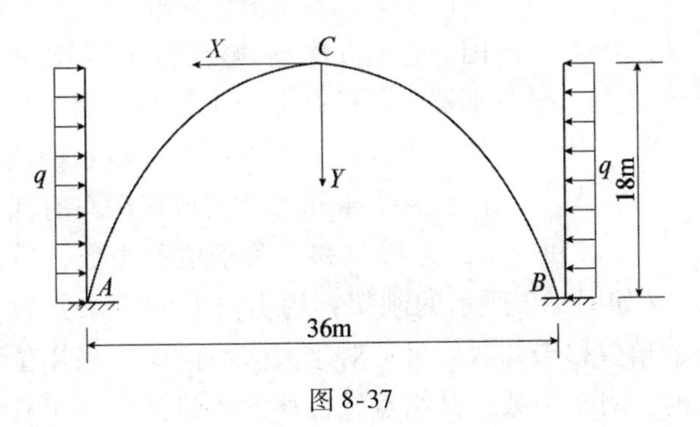

图 8-37

第9章　位　移　法

9.1　一 般 介 绍

在第6章中曾介绍过用力法计算超静定结构，那时是取结构内部或外部的超静定力作未知数的。力法是最基本而且历史最久的方法。后来研究发现，若取结构的结点角位移及结点线位移作为未知数也同样可以求解。这种以角位移或线位移作为未知数的方法定名为位移法。由于许多刚架结构的结点角位移及结点线位移数目远比超静定次数为少，所以用位移法比用力法计算来得简单。例如图9-1所示的刚架，若用力法求解，将有九个未知数，因为它是九次超静定的。但是若采用位移法求解，则只有一个未知数，因为它只有一个结点角位移。再如图9-2所示的刚架，用力法有六个未知数，而位移法只有四个未知数（三个结点角位移和一个结点线位移。关于位移个数，后面还要专门讨论）。又如图9-3所示的刚架，用力法有六个未知数，用位移法只有两个角位移未知数。可见对于大多数刚架，采用位移法计算是很合适的。对于桁架，其结点线位移的数目往往多于其超静定次数，所以手算时宁愿用力法。但是由于有限元电算方法的发展，对于各种类型的结构，可一律采用位移法而并不计较其未知数是否比力法减少。

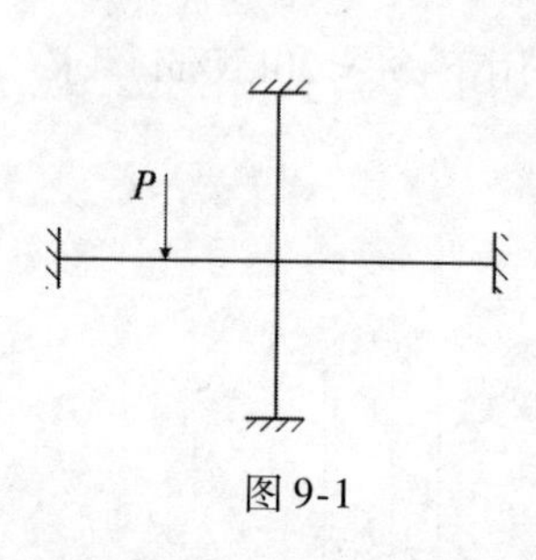

图9-1

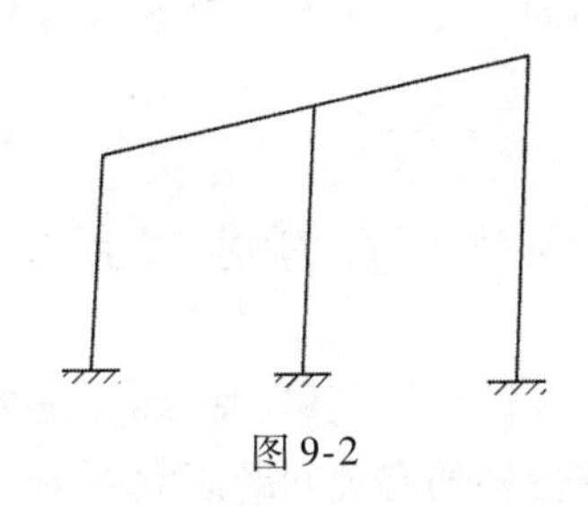

图 9-2

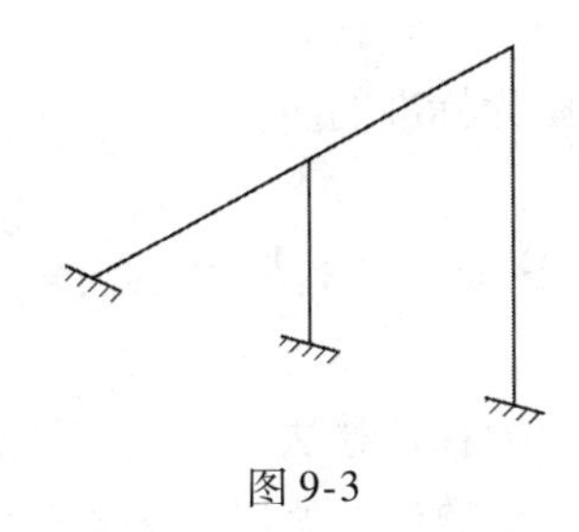

图 9-3

为了阐明位移法的基本原理，在这一章里，限于研究如何用位移法去计算等截面直杆组成的刚架，包括连续梁在内。

用位移法手算时，为了尽可能简化，作如下一些基本假定：

(1) 刚性结点假定：若各杆端不是用铰结合，而是牢固的结合，则假定这种结点是刚性的，即假定变形时在该结点相交各杆端的截面具有相同的转角；

(2) 杆端连线长度不变假定：杆件由于弯曲及拉压，实际上长度是有改变的，但改变量和原长度相比甚小，可以忽略不计。即假定变形前后杆端连线的长度保持不变；

(3) 杆端角位移及垂直于杆长方向上的线位移的计算，均忽略剪力及轴向力对变形的影响；

(4) 小位移假定：比如结点位移的弧线可用垂直于杆件的切线来代替等。

在位移法中，对于位移及内力的正负号作如下的规定：

(1) 结点处杆端截面的角位移（以后简称结点角位移），顺时针转为正，逆时针转为负；

(2) 结点绝对线位移，向右或向下为正，向左或向上为负；

(3) 杆端相对线位移（其数值以垂直于杆件计量），以绕另端顺时针转者为正，逆时针转者为负；

(4) 结点力矩或杆端力矩，顺时针转为正，逆时针转为负；

(5) 剪力，绕作用体顺时针转为正，逆时针转为负；

(6) 轴向力，压力为正，拉力为负。

应注意，这里关于力矩正负号的规定是以顺时针转或逆时针转为标准的，和材料力学及力法中的规定不同，在那里是以某侧纤维受拉或受压为标准的。

9.2 结点角位移、结点线位移及β方程式

因为在位移法中，是以结点角位移及结点线位移的一部分或全部作为未知数的，所以有必要首先将这些位移的有关问题研究一下。

9.2.1 刚结点的角位移及铰结点的角位移

以如图9-4所示的结构为例，A点为完全刚结点，变形后各杆端具有相同的转角φ_A。B点为部分刚结、部分铰结，变形后刚结的杆端BA及BC将具有相同的转角，即

$$\varphi_{BA}=\varphi_{BC}$$

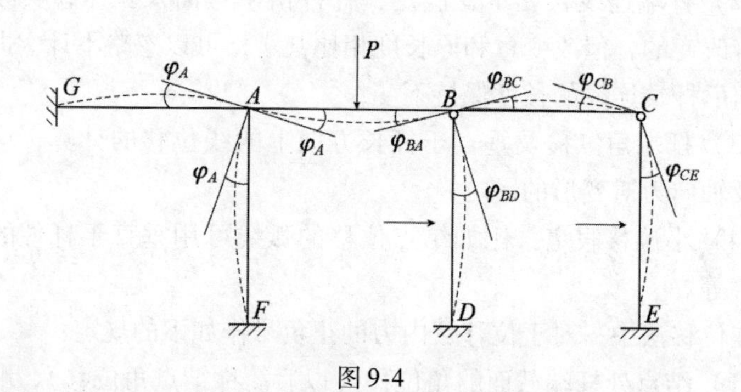

图9-4

而杆端BD的转角将不一定和上述两杆端的转角一致，即

$$\varphi_{BD}\neq\varphi_{BA}$$

C点是铰结，相连两杆端转角也不一致，在图示荷载情况下杆端CB有转角φ_{CB}，而杆端CE将有转角φ_{CE}。

$$\varphi_{CB}\neq\varphi_{CE}$$

所以，图9-4所示结构的独立结点角位移数等于五。至于这些角位移中何者当作未知数，何者可不当作未知数的问题，留待以后讨论。

9.2.2 独立的结点线位移数目

在许多结构中，由于杆件的弹性变形，可能引起结点的线位移。例如图9-5所示刚架，受荷载后由于竖杆的弹性弯曲，将使A点及B点产生水平线位移，根据杆端连线长度不变的基本假定，就可以认为A点和B点具有同一的线位移。又根据小位移假定，A点及B点位移时可以用切线代替其弧线，故可以认为A点及B点没有竖向线位移。所以如图9-5所示结构的独立结点线位移数等于1。决定独立的结点线位移数目的实用办法是附加链杆法。即人为地附加一些链杆，以阻止因弹性变形引起的各结点线位移数目。现在以图9-6所示结构为例，试在A点附加一根链杆AG，根据各杆端连线长度不变的假定，FA及GA两杆可以控制A点无线位移。从不动点A和E出发的AB及EB两杆，可以控制B点无线位移。从两不动点B和D出发的BC和DC两杆可以控制C点使无线位移。可见对图9-6而言，附加一根链杆就足以使全部结点不发生线位移。所以该结构只有一个独立的结点线位移。同理可证，如图9-7所示结构，只要用两根附加链杆就足以阻止全部结点线位移，所以它有两个独立的结点线位移；如图9-4所示结构，不必用附加链杆就可以判定其结点没有线位移。

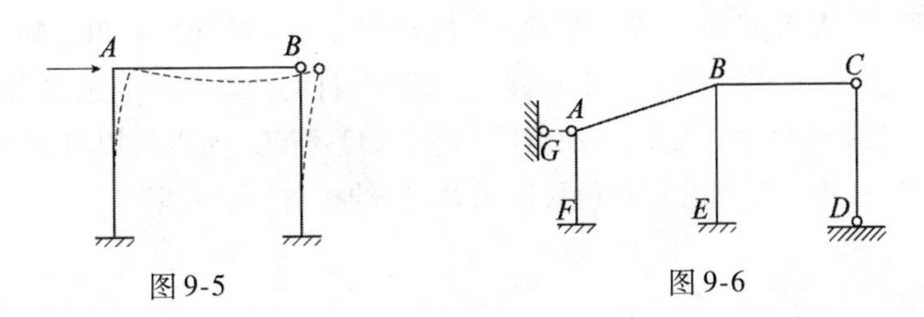

图9-5　　图9-6

应该指出，附加链杆的位置和方向都不是唯一的，但所需数目是唯一的。如图9-6中的附加链杆，也可以放在B点或C点，也可以改成倾斜方向。附加链杆的方向虽然可以多样，但通常均沿实际线位移的方向放置，即垂直于某有关杆件，如图9-8所示链杆的位置，因为这样最能反映被其所控制的真实位移的性质。

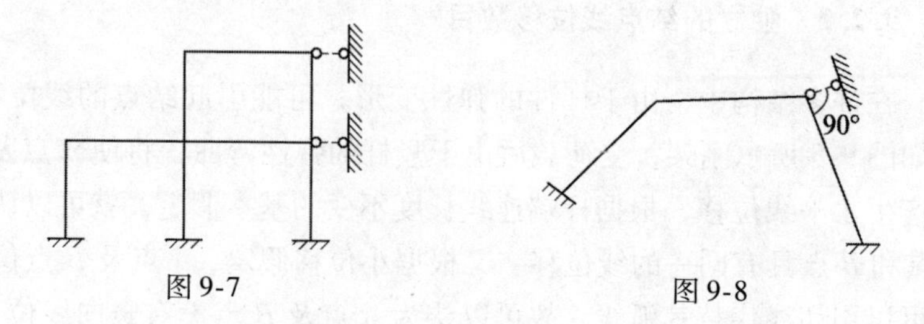

图 9-7　　　　图 9-8

9.2.3　不独立的结点线位移之间的关系

上面已经讲到，各结点的线位移并不都是互相独立的。同时应指出，若已知结点的线位移，就可求得每一杆件两端的相对线位移，反之亦然。对内力直接有关的是杆端相对线位移（杆件平移不产生内力），所以我们着重研究一下各杆件的相对线位移之间的关系。应记得，每一杆件两端相对线位移是垂直于杆件计量的。

1. 具有平行柱的刚架

当刚架的所有柱子都平行时，问题很简单。例如图 9-9 所示刚架，由于假定 BC 杆端连线的长度不变，所以 C 点对 D 点的相对线位移和 B 点对 A 点的相对线位移相等。横梁 BC 的两端没有相对线位移。如图 9-10 所示刚架，两柱也平行，但不等长，横梁 BC 是倾斜的。根据小位移假定，B 及 C 点只有垂直于柱子的水平位移，竖向位移可忽略不计，可见横梁 BC 的两端只有水平移动，即 BC 杆的两端只沿通过 B 及 C 的两根水平线移动。又假定 BC 杆端连线长度不变，所以可以判明 CD 杆及 AB 杆将有相同的相对位移，而 BC 杆的相对位移为零。

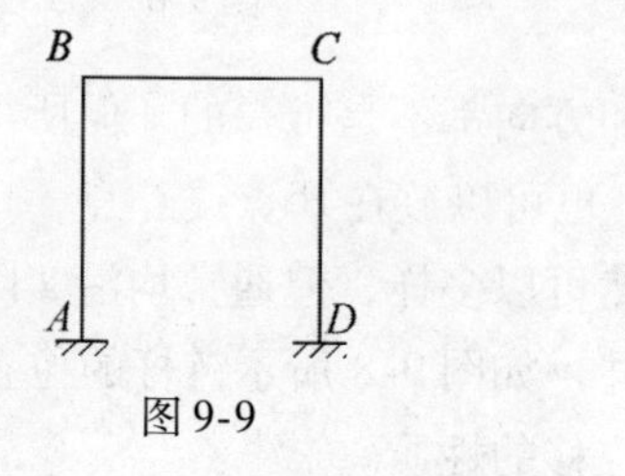

图 9-9

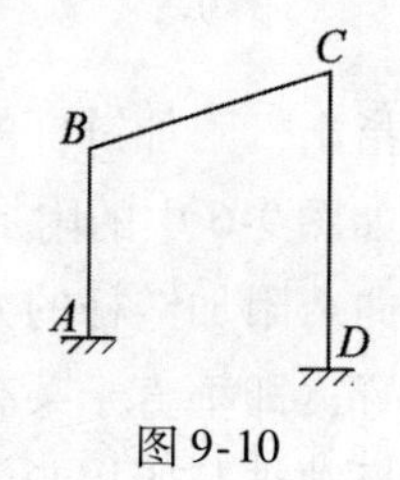

图 9-10

总之，凡是具有平行柱的刚架，不论其横梁倾斜与否，各平行柱将具有同一的相对线位移，而横杆的相对位移为零。

2. 具有不平行柱的刚架

设如图9-11所示为具有任意边数的一个封闭刚架，各结点可以是铰结或是刚结的。用 x 及 y 分别代表各杆长的水平及竖向投影长度。

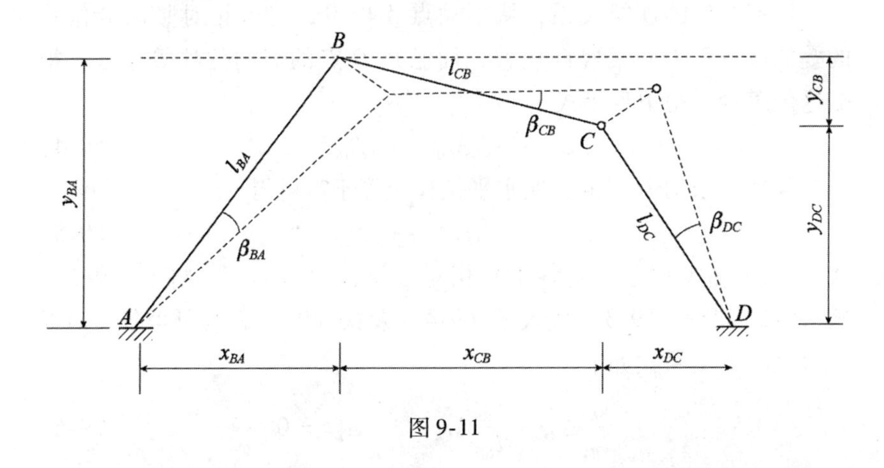

图9-11

设 B 点相对于 A 点的相对位移为 $+\Delta_{BA}$；C 点相对于 B 点的相对位移为 $+\Delta_{CB}$；D 点相于 C 点的相对位移为 $+\Delta_{DC}$。现在研究它们之间的关系。为了方便，引用了如下三个新的量：

BA 杆端连线的角位移，用记号 β_{BA} 表示；CB 杆端连线的角位移，用记号 β_{CB} 表示；DC 杆端连线的角位移，用记号 β_{DC} 表示。

为了推导一般性的公式，这三个量均假设为正值（顺时针转）。

显然，根据小位移假定，β 与 Δ 之间有下列关系

$$\beta_{BA}=\frac{\Delta_{BA}}{l_{BA}} \tag{9-1}$$

$$\beta_{CB}=\frac{\Delta_{CB}}{l_{CB}} \tag{9-2}$$

$$\beta_{DC}=\frac{\Delta_{DC}}{l_{DC}} \tag{9-3}$$

式中各 l 代表各杆的长度。再根据小位移假设，可得下列等式

B 点相对于 A 点的竖向分位移 $= x_{BA}\beta_{BA}$

C 点相对于 B 点的竖向分位移 $= x_{CB}\beta_{CB}$

D 点相对于 C 点的竖向分位移 $= x_{DC}\beta_{DC}$

以上三个分位移均假定向下为正，故当各 β 均设为正值时，式（9-1）至式（9-3）右边均为正值。

根据几何的连续关系，从不动点 A 出发，三个相对竖向分位移的叠加应等于 D 点的竖向位移，而已知 D 点的竖向位移等于零，根据这个道理可得下列等式

$$x_{BA}\beta_{BA} + x_{CB}\beta_{CB} + x_{DC}\beta_{DC} = 0 \tag{9-4}$$

同理，根据 D 点的真实水平位移应等于零可得

$$y_{BA}\beta_{BA} - y_{CB}\beta_{CB} - y_{DC}\beta_{DC} = 0 \tag{9-5}$$

式（9-5）建立时系假定各水平相对分位移向右为正。将式（9-1）、式（9-2）及式（9-3）代入式（9-4）及式（9-5），则可得各相对线位移之间的关系式如下

$$\frac{x_{BA}}{l_{BA}}\Delta_{BA} + \frac{x_{CB}}{l_{CB}}\Delta_{CB} + \frac{x_{DC}}{l_{DC}}\Delta_{DC} = 0 \tag{9-6}$$

$$\frac{y_{BA}}{l_{BA}}\Delta_{BA} - \frac{y_{CB}}{l_{CB}}\Delta_{CB} - \frac{y_{DC}}{l_{DC}}\Delta_{DC} = 0 \tag{9-7}$$

这就是我们所要推导的关系式①。在三个相对线位移之间有两个方程相联系，可见只有一个是独立的。只要其中的任一个被给定，则可用式（9-6）及式（9-7）确定另两个的数值。

对于任意边数的一个封闭框架，恒能根据同样的位移条件，成立与式（9-6）及式（9-7）类似的两个方程（即 $\sum x\beta = 0$，$\sum y\beta = 0$），可见任一封闭框架的独立线位移数恒等于边数减二。

式（9-4）及式（9-5）是在俞忽教授的论文中给出的。在此以前，多用图解法近似地解决这一问题，我们认为采用这里提出的办法是合宜的。

---

① 有些书上采用 β 当作位移法的未知数，这时就应该直接采用式（9-4）及式（9-5）。

9.3　基本杆件的形常数及载常数

为了给位移法的计算作准备，有必要将各种常用到的基本杆件的常用计算成果首先介绍一下。常用基本构件有下列几种：

（1）两端固定的梁，如图9-12所示；

（2）一端固定另一端铰支的梁，如图9-13所示；

（3）一端固定另一端可移动，但不可转动的梁，如图9-14所示；

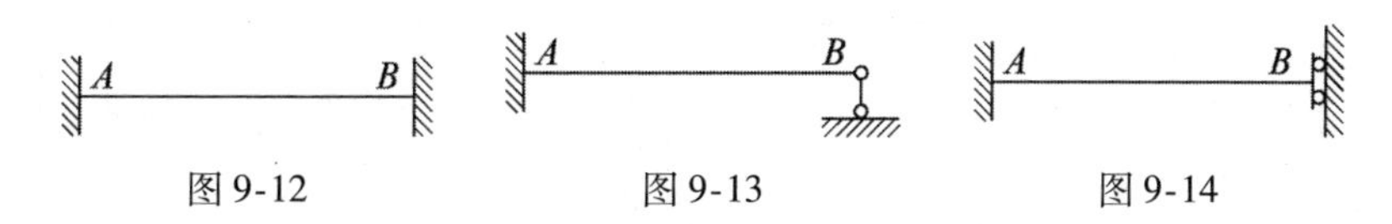

图9-12　　图9-13　　图9-14

（4）其他，如表9-1中所举的一些静定梁。

我们知道，对于前三种单跨超静定梁，不论是荷载作用、温度变化或端截面单位转角或杆端单位相对线位移（相当于力法中支座沉陷），都可用力法求得其结果。至于各种静定梁，只需要用平衡条件就可求得结果。计算结果中的杆端力矩及杆端剪力将是我们以后常用到的，特规定用下列符号表示之：

M_{AB} ——AB 杆的 A 端支座给杆件的杆端力矩，以顺时针转为正；

M_{BA} ——AB 杆的 B 端支座给杆件的杆端力矩，以顺时针转为正；

Q_{AB} ——AB 杆的 A 端支座给杆件的杆端剪力，以使杆件绕另端顺时针旋转者为正；

Q_{BA} ——AB 杆的 B 端支座给杆件的杆端剪力，正负号规定同上。

总之，两个脚标表示所论的杆件，其中第一个脚标表示该杆件的哪一端。现将计算成果列于表9-1中。表中所列数值，凡是由荷载（包括温度变化）产生的均称为载常数；凡是由单位位移产生的均称为形常数。形常数和载常数都是今后常用的。其中端剪力可从弯矩图中得到。用表9-1时应注意下列几点事项：

（1）表中所示的固定端也可换成图9-15（a）的形式，铰支端也可换成图9-15（b）、（c）的形式。这些支承情况的改变，对表中形常数及载常数并无影响。

表 9-1　　基本杆件的形常数及载常数

编号	简　图	弯矩图（绘于拉力边）	杆端力矩		杆端剪力	
			M_{AB}	M_{BA}	Q_{AB}	Q_{BA}
1	$\varphi_A=+1$，$i=\frac{EI}{l}$，A，B，l	M_{AB}，M_{BA}，Q_{AB}，Q_{BA}	$4i$	$2i$	$-\frac{6i}{l^2}$	$-\frac{6i}{l}$
2	$i=\frac{EI}{l}$，A，B，$\Delta=+1$，l		$-\frac{6i}{l}$	$-\frac{6i}{l}$	$-\frac{12i}{l^2}$	$-\frac{12i}{l}$
3	a，P，b，A，B，l		$-\frac{Pab^2}{l^2}$	$\frac{Pba^2}{l^2}$	$\frac{Pb^2}{l^2}\left(1+\frac{2a}{l}\right)$	$-\frac{Pa^2}{l^2}\left(1+\frac{2b}{l}\right)$
4	P，A，B，$l/2$，$l/2$		$-\frac{Pl}{8}$	$\frac{Pl}{8}$	$\frac{P}{2}$	$-\frac{P}{2}$
5	q，A，B，l		$-\frac{ql^2}{12}$	$\frac{ql^2}{12}$	$\frac{ql}{2}$	$-\frac{ql}{2}$

续表

编号	简图	弯矩图（绘于拉力边）	杆端力矩		杆端剪力	
			M_{AB}	M_{BA}	Q_{AB}	Q_{BA}
6	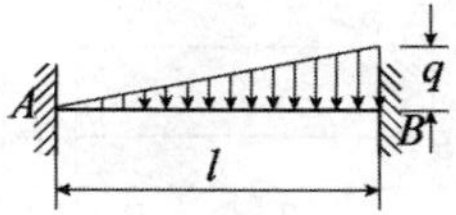 A q B l	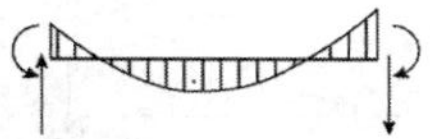	$-\frac{ql^2}{30}$	$\frac{ql^2}{20}$	$\frac{3ql}{20}$	$-\frac{7ql}{20}$
7	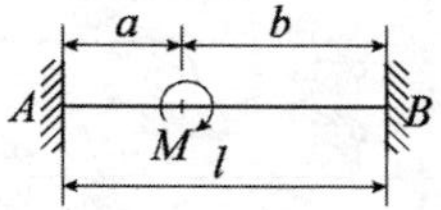 a b A M l B	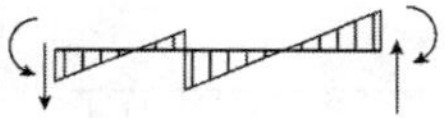	$\frac{Mb}{l^2}(2l-3b)$	$\frac{Ma}{l^2}(2l-3a)$	$-\frac{6ab}{l^3}M$	$-\frac{6ab}{l^3}M$
8	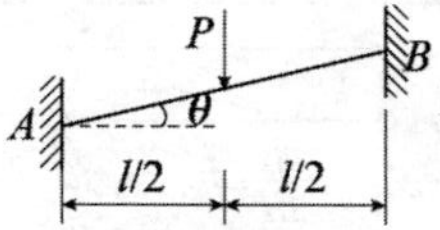 P B A θ l/2 l/2	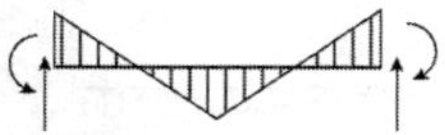	$-\frac{Pl}{8}$	$\frac{Pl}{8}$	$\frac{P\cos\theta}{2}$	$-\frac{P\cos\theta}{2}$
9	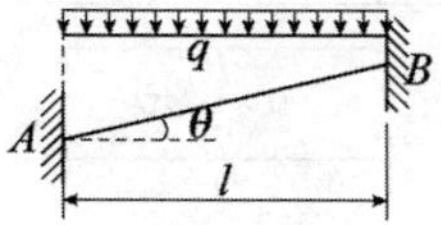 q B A θ l	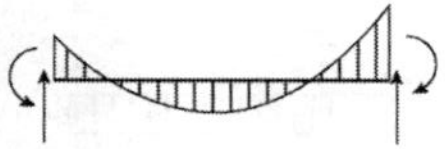	$-\frac{ql^2}{12}$	$\frac{ql^2}{12}$	$\frac{ql}{2}\cos\theta$	$-\frac{ql}{2}\cos\theta$
10	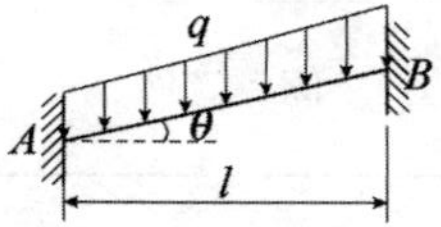 q B A θ l	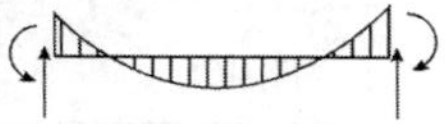	$-\frac{ql^2}{12\cos\theta}$	$\frac{ql^2}{12\cos\theta}$	$\frac{ql}{2}$	$-\frac{ql}{2}$

续表

编号	简图	弯矩图（绘于拉力边）	杆端力矩		杆端剪力	
			M_{AB}	M_{BA}	Q_{AB}	Q_{BA}
11	温度变化 t_2 t_1 $\Delta t=t_1-t_2$ l		$-\frac{EI\alpha\Delta t}{h}$ h—横截面高度 α—膨胀系数	$\frac{EI\alpha\Delta t}{h}$	0	0
12	$\varphi_A=+1$ $i=\frac{EI}{l}$ A B l		$3i$	0	$-\frac{3i}{l}$	$-\frac{3i}{l}$
13	A B $\Delta=+1$ l		$-\frac{3i}{l}$	0	$\frac{3i}{l^2}$	$\frac{3i}{l^2}$
14	a P b A B l		$-\frac{Pb(l^2-b^2)}{2l^2}$	0	$\frac{Pb(3l^2-b^2)}{2l^3}$	$-\frac{Pa^2(3l-a)}{2l^3}$
15	P A B $l/2$ $l/2$		$-\frac{3Pl}{16}$	0	$\frac{11}{16}P$	$-\frac{5}{16}P$

续表

编号	简图	弯矩图（绘于拉力边）	杆端力矩		杆端剪力	
			M_{AB}	M_{BA}	Q_{AB}	Q_{BA}
16	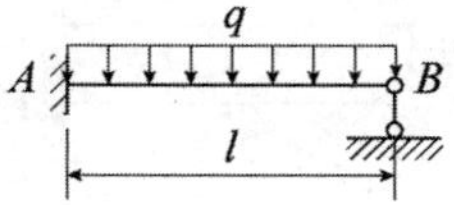 q, A, B, l	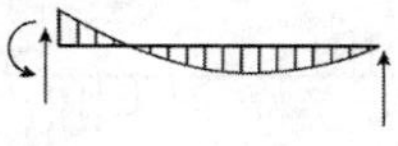	$-\frac{ql^2}{8}$	0	$\frac{5}{8}ql$	$-\frac{3}{8}ql$
17	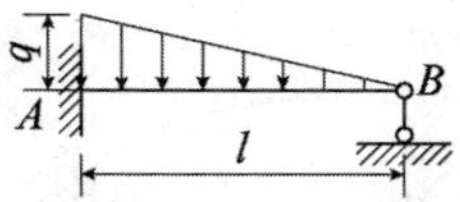 q, A, B, l	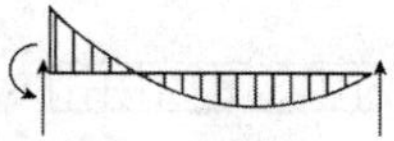	$-\frac{ql^2}{15}$	0	$\frac{2}{5}ql$	$-\frac{1}{10}ql$
18	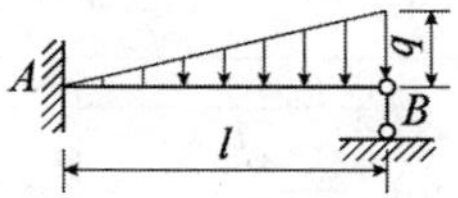 q, A, B, l	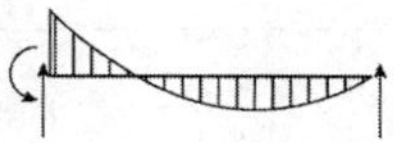	$-\frac{7ql^2}{120}$	0	$\frac{9}{40}ql$	$-\frac{11}{40}ql$
19	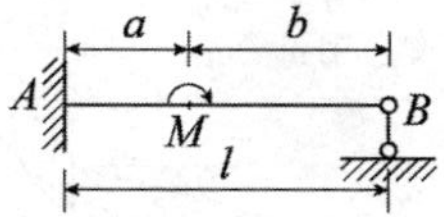 a, b, A, M, B, l	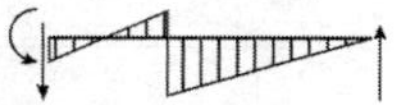	$\frac{M(l^2-3b^2)}{2l^2}$	0	$-\frac{3M(l^2-b^2)}{2l^3}$	$-\frac{3M(l^2-b^2)}{2l^3}$
20	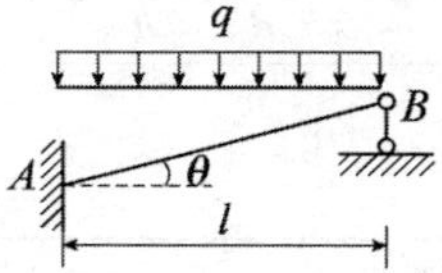 q, A, θ, B, l	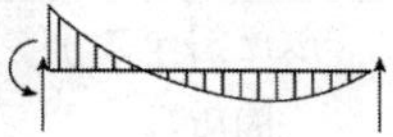	$-\frac{ql^2}{8}$	0	$\frac{5ql}{8}\cos\theta$	$-\frac{3ql}{8}\cos\theta$

续表

编号	简 图	弯矩图（绘于拉力边）	杆端力矩		杆端剪力	
			M_{AB}	M_{BA}	Q_{AB}	Q_{BA}
21	$l/2$ P $l/2$ A B θ		$-\frac{3Pl}{16}$	0	$\frac{11}{16}P\cos\theta$	$-\frac{5}{16}P\cos\theta$
22	温度变化 $\Delta t=t_1-t_2$ t_2 t_1 l A B		$-\frac{3EI\alpha\Delta t}{2h}$ h—横截面高度 α—膨胀系数	0	$-\frac{3EI\alpha\Delta t}{2hl}$	$\frac{3EI\alpha\Delta t}{2hl}$
23	$\varphi_A=+1$ A B l		i	$-i$	0	0
24	P A B l		$-\frac{Pl}{2}$	$-\frac{Pl}{2}$	P	P
25	$l/2$ P $l/2$ A B		$-\frac{3}{8}Pl$	$-\frac{1}{8}Pl$	P	0

续表

编号	简图	弯矩图（绘于拉力边）	杆端力矩		杆端剪力	
			M_{AB}	M_{BA}	Q_{AB}	Q_{BA}
26	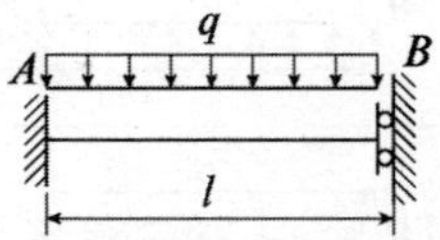 q A B l	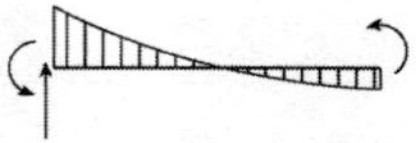	$-\frac{1}{3}ql^2$	$-\frac{1}{6}ql^2$	ql	0
27	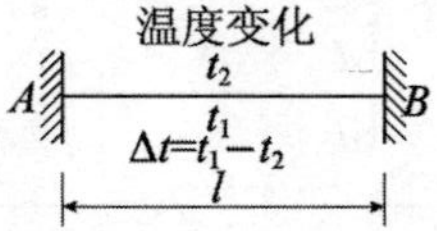 温度变化 t_2 t_1 A B $\Delta t=t_1-t_2$ l	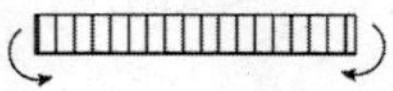	$-\frac{EI\alpha\Delta t}{h}$ h—横截面高度 α—膨胀系数	$\frac{EI\alpha\Delta t}{h}$	0	0
28	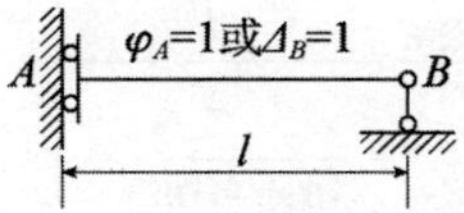 $\varphi_A=1$或$\Delta_B=1$ A B l		0	0	0	0
29	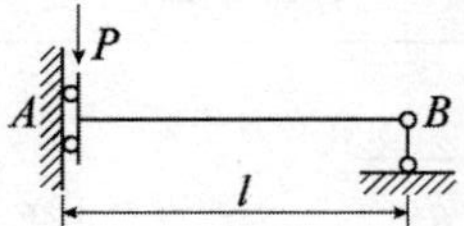 P A B l	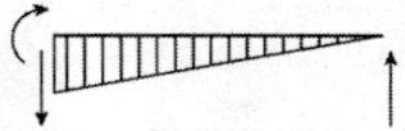	Pl	0	$-P$	$-P$
30	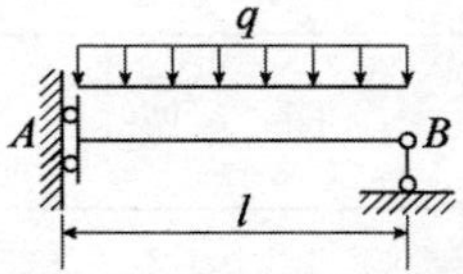 q A B l	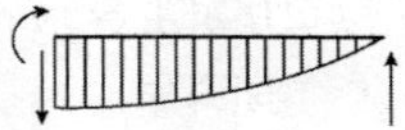	$\frac{ql^2}{2}$	0	0	$-ql$

续表

编号	简图	弯矩图（绘于拉力边）	杆端力矩		杆端剪力	
			M_{AB}	M_{BA}	Q_{AB}	Q_{BA}
31	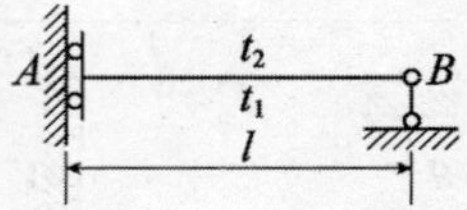 A, t_2, t_1, B, l		0	0	0	0
32	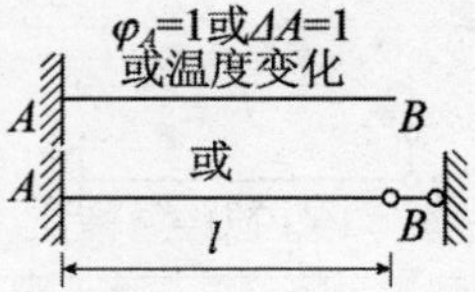 $\varphi_A=1$或$\Delta A=1$或温度变化 A B 或 A B l		0	0	0	0
33	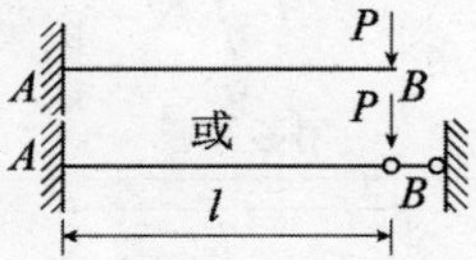 A P B 或 A P B l	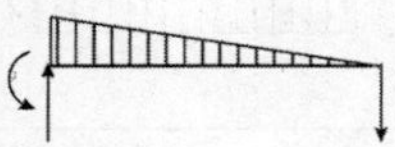	$-Pl$	0	P	P
34	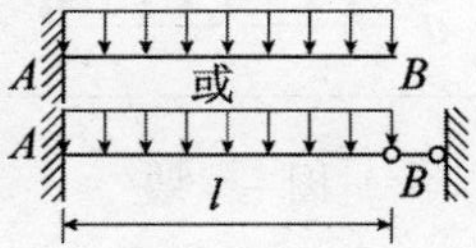 A B 或 A B l	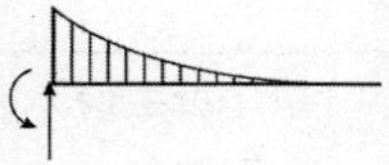	$-\frac{ql^2}{2}$	0	ql	0

(2) 表9-1中所给的形常数系按单位正向转角及单位正向相对线位移计算而得。当单位位移是负值时，所得常数应变号。还应注意，图中的正向相对线位移用右端下移来表示，其实这与左端上移时情况完全相同。表9-1中记号 $i = EI/l$。

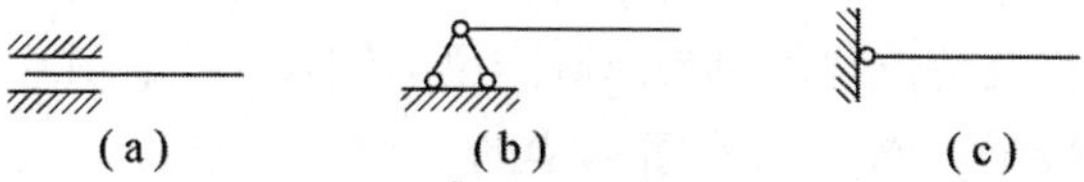

(a) (b) (c)

图9-15

(3) 表中载常数系按荷载指向下方而求得。当荷载指向变化时，表中常数也应变号。此外，荷载情况并不限于表中所列，读者应善于用叠加法，力法或今后学的其他方法补充该表的不足。当集中力或分布力的方向不垂直于杆件时，应将它们分解，取垂直于杆件的分量进行计算。

(4) 表中所列正、负号不必硬性记忆，可以运用直观判断的办法。其根据是端力矩或端剪力的方向应足以保持相应变形线的端切线或端点线位移的方向。

(5) 表中第三纵行弯矩图中所表示的杆端力矩及剪力均系真实的方向，而后面纵行中的数值的正负号系根据所示真实的方向及前面关于端力矩及端剪力正负的规定而给出的。

9.4 位移法的基本原理、基本结构、未知数及法方程

在力法中我们是用切断多余联系的办法，使原结构成为静定的结构（当然必须是几何不变的）作为基本结构进行叠加计算。所谓基本结构，就是说这种结构的一切计算都已完全掌握（即可定），可以作为叠加计算的基础。静定结构的一切计算是已经掌握了的，故力法中就选这种结构作为基本结构。其实，任何结构，不论其为静定或超静定，只要对它的一切计算都已掌握，均可以选作基本结构。所以位

移法就是采用对结点增加控制的办法使原结构变成单跨超静定梁及其他可定杆件（比如静定梁）的综合体作为基本结构的。而单跨超静定梁及其他可定杆件的一切计算是已经掌握了的（参阅表9-1）。例如图9-16（a）所示的结构，用位移法计算时，可在A点及B点附加两个刚臂，见图9-16（b），以控制A及B结点的转角，这样就变成无结点线位移及角位移的单跨超静定梁的综合体了，其中每一根杆件都变成了固端梁，而每一根固端梁的一切计算是我们已预先掌握了的，故可作为基本结构。图9-16（c）、（d）是附加刚臂的放大图，

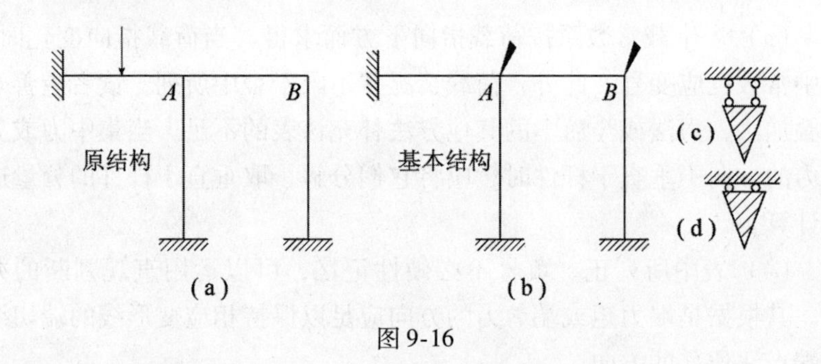

图9-16

意思是说附加刚臂的作用仅限于控制转角，而不控制结点线位移。若原结构本来就有结点线位移，则取基本结构时，通常除了需用附加刚臂控制其结点角位移以外，尚需附加链杆以控制其结点线位移。如图9-17（a）所示结构，它不仅有两个结点角位移，而且还有一个结

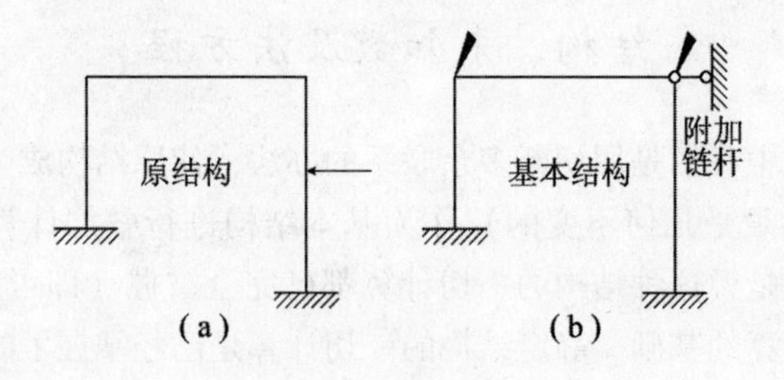

图9-17

点线位移，所以在基本结构图9-17（b）中，除附加两个刚臂外，尚需用一个附加链杆。这样，就把原结构变成无结点角位移及线位移的单跨超静定梁的综合体了。其中每一根杆件的计算都是预先掌握了的。在这个例子里，若不用附加链杆而取有线位移的结构作为基本结构计算是不简便的，因为对它的计算预先并没有很好地掌握。对有些结构，取基本结构时，某些线位移及某些角位移，也可以不必加以控制。如图9-18（a）所示的结构，其基本结构的选取，如图9-18（b）所示。从该图中可看出，只要在1、2、3、4及5诸点加刚臂，在6及7点加链杆，就可以变成为单跨超静定梁及其他可定杆件的综合体了。杆1—8，3—16，3—4，4—5变成单跨两端固定梁；杆1—19，19—9；19—2，2—7，7—3，3—11，5—13，4—12及5—6变成一端固定另端铰支的单跨超静定梁；杆2—10变成一端固定，另端可移动不可转动的单跨超静定梁；杆2—17变成悬臂梁；杆4—15和悬臂梁性质相同，因其端点的链杆对杆端移动没有任何控制能力。

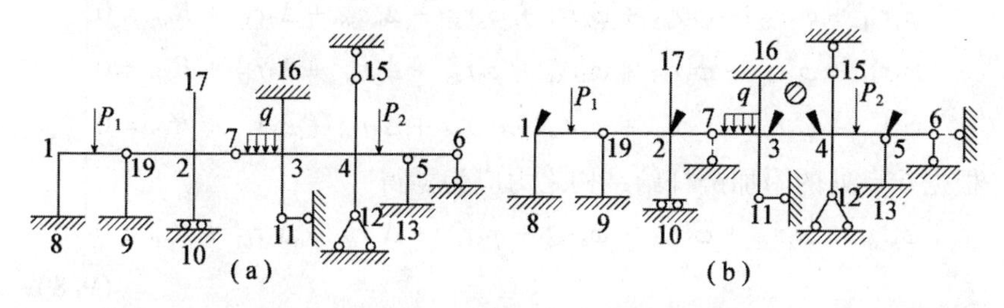

图9-18

这五种类型的杆子都是已掌握了其计算方法的。这五种杆子统称为位移法基本结构的基本杆件。

在基本结构中被附加刚臂控制的结点角位移 φ_1，φ_2，φ_3，φ_4 和 φ_5 以及被附加链杆控制的结点线位移 Δ_6 和 Δ_7 统称为位移法的未知数。只要设法算出这些未知数，则各杆的内力均可据之算出。由这个例子可以看出，位移法的未知数目不一定和全部结点角位移及线位移数目相等。而很多角位移及线位移在一定的情况下是可以不取它们当作未知数的。

在荷载作用下，基本结构固然容易计算，但计算的结果是不符合原结构情形的。为了保持和原结构相同，除了应把原荷载放在基本结构上作用以外，尚需给基本结构以原有的但被控制了的诸结点位移，在这些外荷载及位移共同作用下，基本结构就和原结构的情况相同了。为了要计及诸结点位移对基本结构的影响，就必须设法求得这些位移的大小及方向。为此，根据已知条件建立足够数目的方程，而已知条件是，在原给外荷载及这些未知位移对基本结构共同作用下附加控制给基本结构的力或力矩应该等于零（原结构本来没有这些附加控制）。现仍以图 9-18 为例，利用叠加原理成立方程如下：

按 1 点处刚臂给结构的力矩应为零

$$\varphi_1 r_{11} + \varphi_2 r_{12} + \varphi_3 r_{13} + \varphi_4 r_{14} + \varphi_5 r_{15} + \Delta_6 r_{16} + \Delta_7 r_{17} + R_{1P} = 0$$

把 2 点处刚臂给结构之力矩应力零得

$$\varphi_1 r_{21} + \varphi_2 r_{22} + \varphi_3 r_{23} + \varphi_4 r_{24} + \varphi_5 r_{25} + \Delta_6 r_{26} + \Delta_7 r_{27} + R_{2P} = 0$$

同理可得

$$\varphi_1 r_{31} + \varphi_2 r_{32} + \varphi_3 r_{33} + \varphi_4 r_{34} + \varphi_5 r_{35} + \Delta_6 r_{36} + \Delta_7 r_{37} + R_{3P} = 0$$

$$\varphi_1 r_{41} + \varphi_2 r_{42} + \varphi_3 r_{43} + \varphi_4 r_{44} + \varphi_5 r_{45} + \Delta_6 r_{46} + \Delta_7 r_{47} + R_{4P} = 0$$

$$\varphi_1 r_{51} + \varphi_2 r_{52} + \varphi_3 r_{53} + \varphi_4 r_{54} + \varphi_5 r_{55} + \Delta_6 r_{56} + \Delta_7 r_{57} + R_{5P} = 0$$

根据 6 点处的附加链杆给结构之力应为零得

$$\varphi_1 r_{61} + \varphi_2 r_{62} + \varphi_3 r_{63} + \varphi_4 r_{64} + \varphi_5 r_{65} + \Delta_6 r_{66} + \Delta_7 r_{67} + R_{6P} = 0$$

(9-8)

根据 7 点处的附加链杆给结构之力应为零得

$$\varphi_1 r_{71} + \varphi_2 r_{72} + \varphi_3 r_{73} + \varphi_4 r_{74} + \varphi_5 r_{75} + \Delta_6 r_{76} + \Delta_7 r_{77} + R_{7P} = 0$$

这些方程统称为位移法的法方程，对应于每一个附加控制都可写出一个方程。因为未知位移的个数和附加控制的数目相同，故恒有与未知数数目相等的方程个数。式中各 r 称为系数，各 R 称为自由项。系数中两个下标相同的 r_{ii} 称为主系数，不相同的 r_{ik} 称为副系数。

应记得，系数和自由项的两个下标中，第一个表示发生力矩或力的附加控制的位置，第二个表示发生的原因。

r_{ik} ——基本结构的控制 k 单独发生正向的单位位移时，在控制

i 上发生的给结构的力矩或力；方向和相应控制的正位移方向一致者为正。

R_{iP} ——外荷载单独作用于基本结构时，在控制 i 上发生的给结构的力矩或力；方向和相应控制的正位移方向一致者为正。

式（9-8）的前五式都是对应于附加刚臂成立的，所以其中的每一个系数和自由项都是力矩。后二式是对应于附加链杆成立的，所以其中每一个系数和自由项都是力。

各系数或自由项的计算方法，是根据发生该系数或自由项的相应状态中的结点或分层脱离体的平衡条件求得的。在下面的例题中将有具体的说明。将系数和自由项代入法方程，即可解得各未知位移，从而即可求得原结构的各内力。

9.5　计　算　例　题

现举例来具体阐明用位移法解题的步骤与方法。通过具体的计算例子，无疑将会加深对原理的理解。

【例9-1】 用位移法计算如图9-19（a）所示的刚架，各杆的截面惯性矩值均以某惯性矩 I 值的倍数来表示（因为这样处理对系数的计算是方便的）。

【解】 解题步骤如下：

（1）取基本结构如图9-19（b）所示。相应的未知数为 φ_1。

（2）成立法方程

$$\varphi_1 r_{11} + R_{1P} = 0$$

（3）求系数和自由项。按系数和自由项的意义，需要对基本结构的两个状态作弯矩图（均绘于拉力边），一个是 $\varphi_1 = +1$ 单独作用的状态，另一个是外荷载单独作用的状态。两图的绘制都要利用表9-1的成果。

单位状态的弯矩图用 $\overline{M}_1$ 表示之［见图9-19（c）］；

荷载状态的弯矩图用 $\overline{M}_p$ 表示之［见图9-19（d）］。

r_{11} 系指单位状态中附加刚臂给结构之力矩，规定顺时针转为正。现在假设为正，从 $\overline{M}_1$ 图中取出结点 1 为脱离体如图 9-19（f）所示。

由　$\sum M_1 = 0$ 得

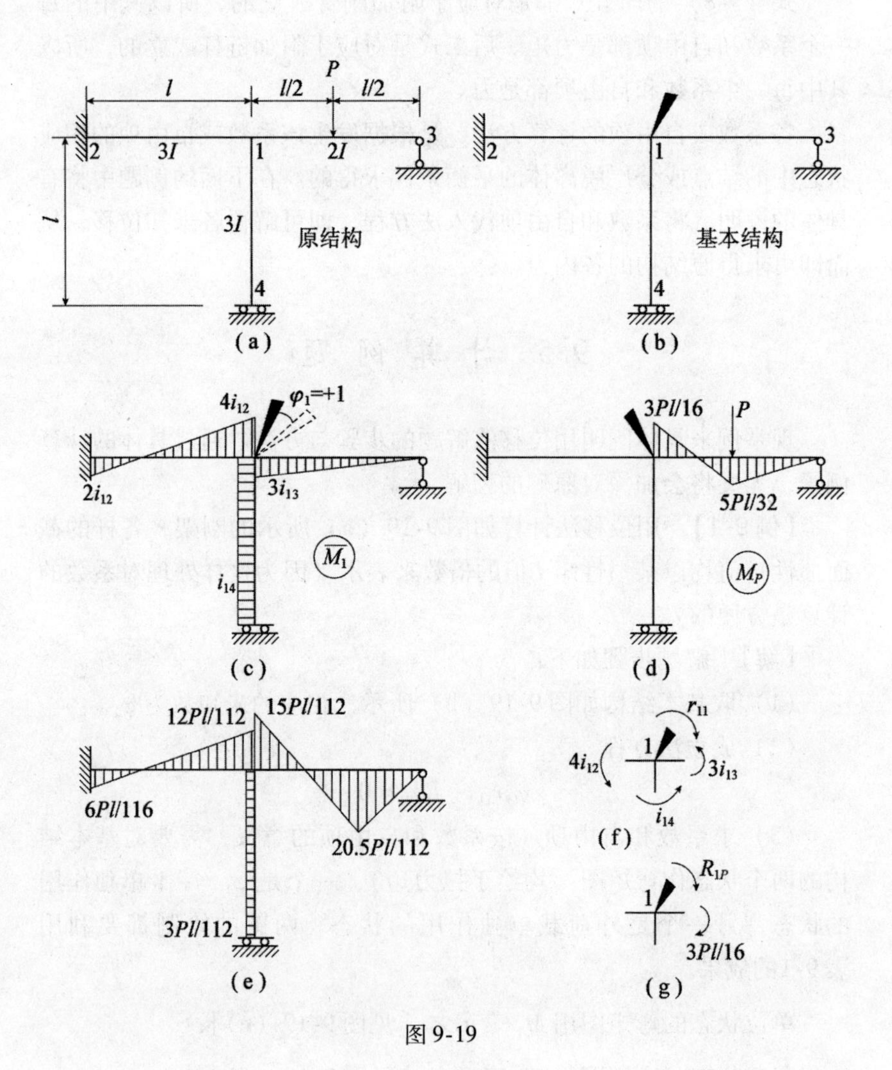

图 9-19

$$r_{11}-3i_{13}-i_{14}-4i_{12}=0$$

故
$$r_{11}=3i_{13}+i_{14}+4i_{12}=\frac{6EI}{l}+\frac{3EI}{l}+\frac{12EI}{l}=\frac{21EI}{l}$$

R_{1P} 系指荷载状态中附加刚臂给结构的力矩，也假设为正，从 M_P 图中取出结点 1 为脱离体［见图 9-19（g）］，利用平衡条件计算如下，由 $\sum M_1=0$ 得

$$R_{1P}+\frac{3Pl}{16}=0$$

故
$$R_{1P}=-\frac{3Pl}{16}$$

（4）将已求得的系数和自由项代入法方程，解之得

$$\varphi_1=-\frac{R_{1P}}{r_{11}}=\frac{3Pl}{16}\cdot\frac{l}{21EI}=+\frac{Pl^2}{112EI}$$

所得结果的正号表示 φ_1 为顺时针转动（即和所设 $\varphi_1=+1$ 的方向相同）。

（5）作总弯矩图，可利用下式叠加求得

$$M=\overline{M}_1\varphi_1+M_P$$

该叠加式中的 φ_1 本身带有正负号，现在情况下 φ_1 是正值，故将 φ_1 值遍乘 $\overline{M}_1$ 图中各值和 M_P 图叠加即得 M 图，如图 9-19（e）所示。叠加时只要将每根杆件上的几个控制点的数值叠加出来就可以了。至于如何根据 M 图作剪力图和轴向力图，以及如何核对这些内力图的正确性等问题，已在力法中讲过了，这里不再重述。

【例 9-2】 用位移法计算如图 9-20（a）所示刚架。

【解】（1）取基本结构如图 9-20（b）所示，未知数为 φ_1 及 φ_2。

（2）成立法方程式

$$\varphi_1 r_{11}+\varphi_2 r_{12}+R_{1P}=0$$
$$\varphi_1 r_{21}+\varphi_2 r_{22}+R_{2P}=0$$

（3）求系数和自由项。因有两个未知数，故需作两个单位弯矩图，此外尚需作荷载作用下的弯矩图，分别用 $\overline{M}_1$、$\overline{M}_2$ 及 M_P 表示之［见图 9-20（c）、（b）、（d）］。应强调指出，这些图中的每一个图只反映一个因素单独作用于基本结构时的影响。作这些图时要用到

表 9-1 中的成果。各系数和自由项都是待定的，在图中均设为正值，求得各系数及自由项以后，就可连正负号一起代入法方程。

在 $\overline{M}_1$ 图中利用结点 1 的平衡条件得 $r_{11}=16i$；利用结点 2 的平衡条件得 $r_{21}=2i$。

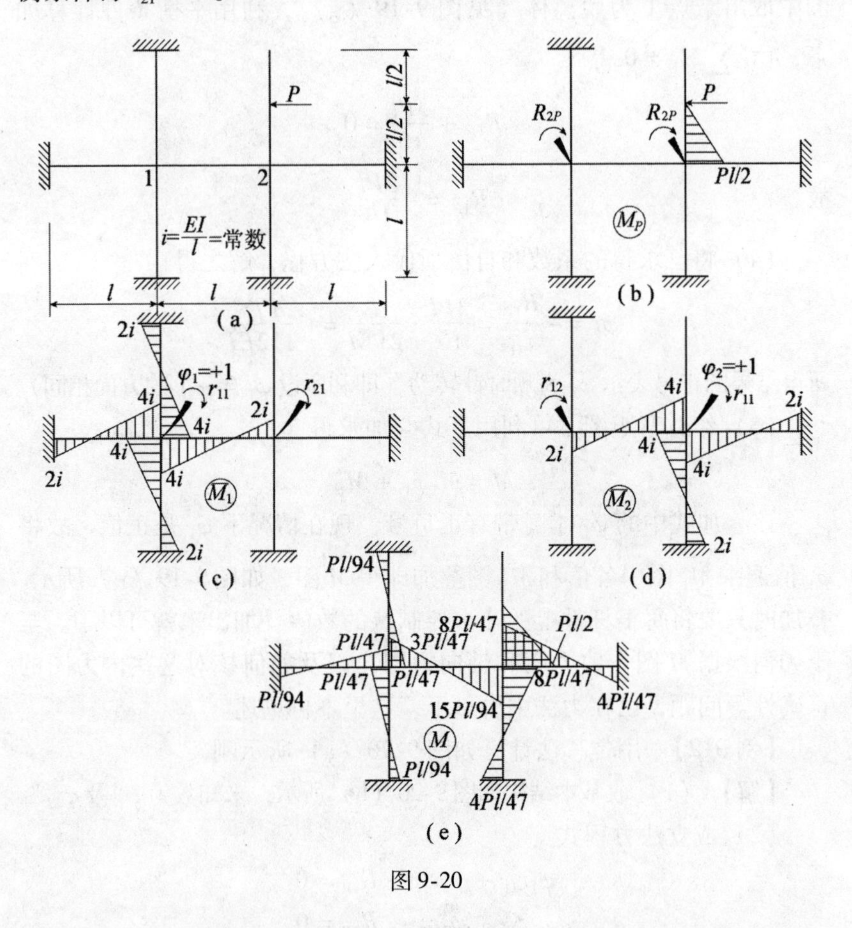

图 9-20

在 $\overline{M}_2$ 图中利用结点 1 的平衡条件得 $r_{12}=2i$；利用结点 2 的平衡条件得 $r_{22}=12i$。

在 M_P 图中利用结点 1 的平衡条件得 $R_{1P}=0$；利用结点 2 的平衡条件得 $R_{2P}=Pl/2$

比较上列各值，可见 $r_{12} = r_{21}$，这并不是偶然的，而是来源于反力互等定理。这一定理可用来减少系数计算的工作量或提供核对的条件。

（4）将系数和自由项代入法方程解得

$$\varphi_1 = +\frac{Pl^2}{188EI}$$

$$\varphi_2 = -\frac{2Pl^2}{47EI}$$

正号表示顺时针转，负号表示反时针转。

（5）按下式叠加即得 M 图，如图 9-20（e）所示

$$M = \overline{M}_1\varphi_1 + \overline{M}_2\varphi_2 + M_P$$

应注意式中 φ_1 及 φ_2 本身带有正负号。

【例 9-3】 现在举一个未知数中包括有结点线位移的例子，如图 9-21（a）所示。设各杆的 $i = EI/l =$ 常数。

【解】 取基本结构如图 9-21（b）所示，除用了三个附加刚臂之外，尚引用了一个附加链杆，相应的未知数为角位移 φ_1、φ_2、φ_3 及线位移 Δ。为了统一编号，将线位移未知数排为第四个，用 Δ_4 表示之（向右为正）。现在有四个未知数，故需作四个单位弯矩图，如图 9-21（c）、（d）、（e）、（f）所示。每个图只考虑一个单位正位移对基本结构的影响。应指出，在 $\overline{M}_4$ 图中，由于是平行柱，故横杆没有弯矩图（参看 9.2 节）。这些单位弯矩图是用以求系数的。为了求自由项尚需作荷载对基本结构单独作用时的弯矩图 M_P，如图 9-21（b）所示。因各杆跨间无荷载，故 $M_P = 0$。根据结点平衡条件可求得下列各值

$r_{11} = 8i$ $r_{12} = 2i$ $r_{13} = 0$ $r_{14} = -2i$ $r_{22} = 12i$ $r_{23} = 2i$ $r_{24} = -\dfrac{6i}{4.5}$ $r_{33} = 8i$ $r_{34} = -i$　$R_{1P} = 0$ $R_{2P} = 0$ $R_{3P} = 0$

再根据分层脱离体（如图 9-21 所示）的平衡条件 $\sum X = 0$，可求得和附加链杆相应的各系数和自由项为

$$r_{44} = \frac{4i}{3} + \frac{12i}{20.25} + \frac{i}{3} = \frac{61}{27}i$$

$$R_{4P} = P = 40$$

根据系数互等关系，其他各系数值就小必再算了。应指出的是，这些互等关系中，有些是链杆给结构的力与刚臂给结构的力矩之间的互等，计算它们时最好以结点为脱离体计算力矩，而尽量避免利用分层脱离体。因为分层脱离体应用起来较为麻烦。至于和链杆相应的系数 r_{44} 及自由项 R_{4P}，就必须取分层脱离体，因为它们不和别的有互等关系。此外，还应注意，各主系数的值总是正号的，而各副系数和自由项则不一定。将各系数和自由项代入下列法方程

$$\varphi_1 r_{11} + \varphi_2 r_{12} + \varphi_3 r_{13} + \Delta_4 r_{14} + R_{1p} = 0$$

$$\varphi_1 r_{21} + \varphi_2 r_{22} + \varphi_3 r_{23} + \Delta_4 r_{24} + R_{2p} = 0$$

$$\varphi_1 r_{31} + \varphi_2 r_{32} + \varphi_3 r_{33} + \Delta_4 r_{34} + R_{3p} = 0$$

$$\varphi_1 r_{41} + \varphi_2 r_{42} + \varphi_3 r_{43} + \Delta_4 r_{44} + R_{4p} = 0$$

解之得

$$\varphi_1 = -\frac{17.03}{EI}$$

$$\varphi_2 = -\frac{3.94}{EI}$$

$$\varphi_3 = -\frac{8.4}{EI}$$

$$\Delta_4 = -\frac{75}{EI}$$

按 $$M = \overline{M}_1\varphi_1 + \overline{M}_2\varphi_2 + \overline{M}_3\varphi_3 + \overline{M}_4\Delta_4 + M_P$$

可叠加得 M 图，如图9-22（g)所示。

【例9-4】 现举一个非平行柱刚架有结点线位移的例子，如图9-22（a）所示。

【解】 取基本结构如图9-22（b）所示，相应的未知数统一编号为 φ_1、φ_2 及 Δ_3。单位弯矩图中相应于单位转角的两个图，和前例一样作出，如图9-22（c）、（d）所示。荷载弯矩图如图9-22（b）所示。要作出当 $\Delta_3 = +1$ 的弯矩图图9-22（e）时比较复杂。该弯矩图

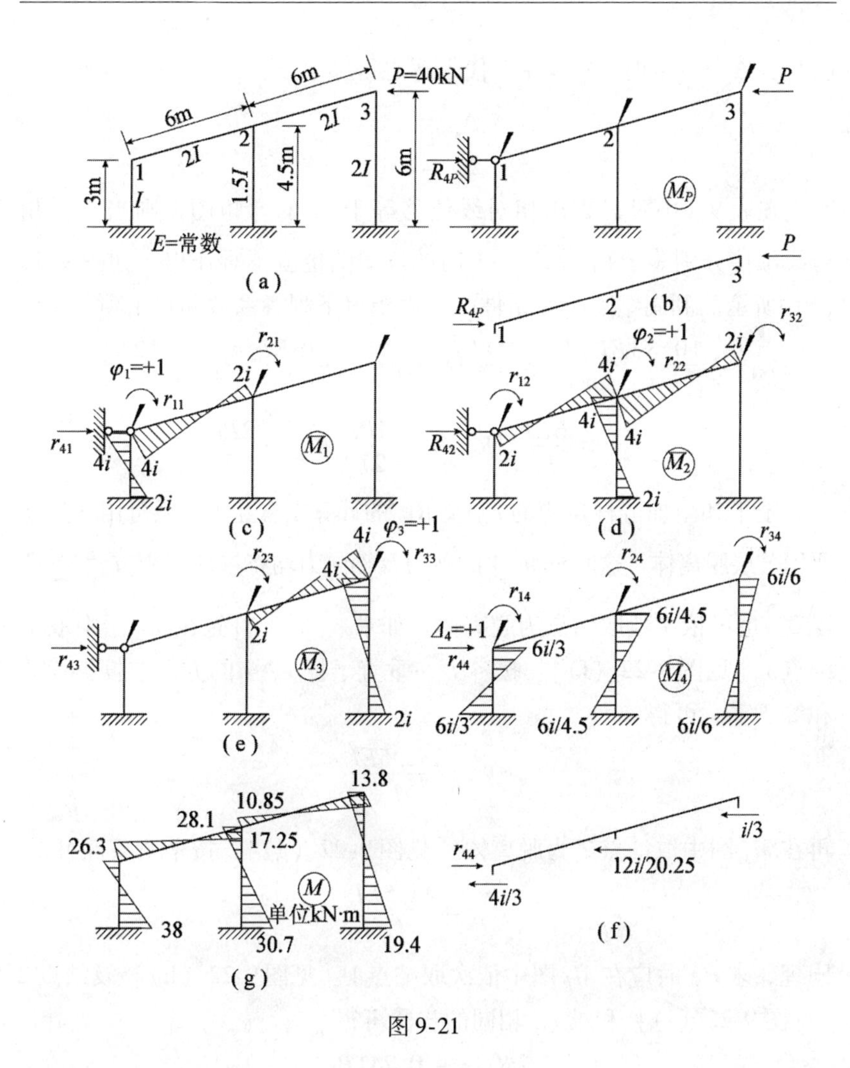

图 9-21

的作法是首先求出 $\Delta_3=+1$ 时各杆的相对线位移，为此需要引用式(9-6)及式(9-7)

$$\begin{cases}\dfrac{l}{\sqrt{2}\,l}\Delta_{14}+\dfrac{l}{l}\Delta_{21}=0\\[2ex]\dfrac{l}{\sqrt{2}\,l}\Delta_{14}-\dfrac{l}{l}\Delta_{52}=0\end{cases}$$

已知当$\Delta_3=+1$时，$\Delta_{52}=+1$代入解之得

$$\Delta_{14}=\sqrt{2}$$

$$\Delta_{21}=-1$$

既然在表9-1中可以查出相对线位移等于+1的弯矩图，则当各杆相对线位移分别等于+1，$\sqrt{2}$，-1时的弯矩图也就不难作出，如图9-22（e）所示。利用结点平衡条件，可以求得下列各系数和自由项

$$r_{11}=\frac{10.83EI}{l}\quad r_{12}=\frac{4EI}{l}\quad r_{13}=\frac{7.76EI}{l^2}\quad r_{22}=\frac{12EI}{l}$$

$$r_{23}=\frac{6EI}{l^2}\quad R_{1P}=-\frac{4Pl}{27}\quad R_{2P}=\frac{2Pl}{27}$$

至于和附加链杆相应的r_{33}及R_{3P}的计算没有互等关系可用，故需要用分层脱离体。这时杆1~4的剪力及轴向力均将参加平衡方程$\sum X=0$。也可依次地取结点为脱离体。如求r_{33}时，首先在$\overline{M}_3$图中取出结点1［见图9-22（f）］。按各力在垂直于杆1~4的方向上投影代数和等于零，可得

$$N_{12}=\frac{32.5EI}{l^3}$$

再在$\overline{M}_3$图中取结点2为脱离体［见图9-22（g）］，按平衡条件可得

$$r_{33}=\frac{44.5EI}{l^3}$$

同理，求R_{3p}时应在M_P图中依次取结点1［见图9-22（h）］及结点2［见图9-22（i）］和求r_{33}相同的步骤可得

$$R_{3P}=-0.741P$$

应注意的是，依次取结点时，应从只有两个未知轴向力的结点开始（剪力可以从M图中求得），因为每个结点处只能成立两个平衡方程。这样依次求得各有关杆件的轴向力以后，就可最后取附加链杆所在的结点为脱离体。各有关轴向力及剪力既已求得，则可用平衡条件求得链杆给结构的力，即系数或自由项。

解法方程可得

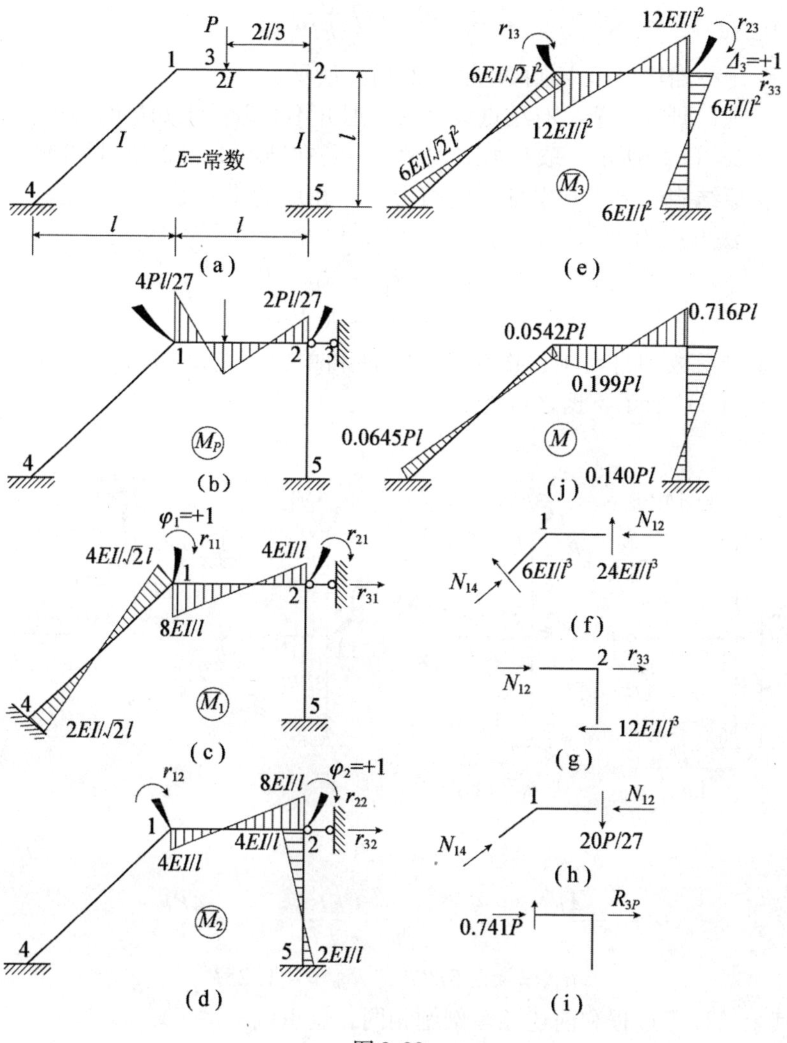

图9-22

$$\varphi_1 = 0.00734 \frac{Pl^2}{EI}$$

$$\varphi_2 = -0.0172 \frac{Pl^2}{EI}$$

$$\Delta_3 = 0.0177\frac{Pl^3}{EI}$$

用叠加法可得 M 图如图 9-22（j）所示。

现在研究一个虽有结点线位移，但并不必取作未知量的例子。如图 9-23（a）所示。取基本结构时，只需在结点 1 和 2 处附加刚臂即可将原结构改造成基本杆件的综合体。相应的未知数只有转角 φ_1 和 φ_2。法方程为

$$\begin{cases}\varphi_1 r_{11} + \varphi_2 r_{12} + R_{1P} = 0\\ \varphi_1 r_{21} + \varphi_2 r_{22} + R_{2P} = 0\end{cases}$$

为了求系数和自由项，作荷载弯矩图和单位弯矩图如图 9-23（b）、（c）、（d）所示。据之可得

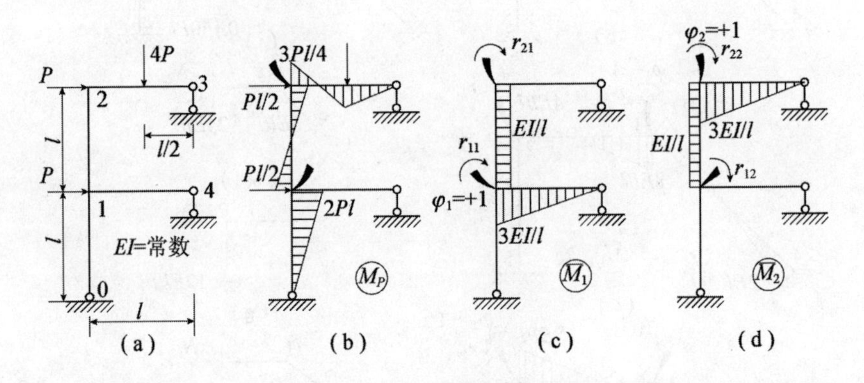

图 9-23

$$r_{11} = \frac{4EI}{l};\quad r_{12} = r_{21} = -\frac{EI}{l};\quad r_{22} = \frac{4EI}{l};$$

$$R_{1P} = -2.5Pl;\quad R_{2P} = -1.25Pl$$

其余的计算过程和前述几个例题相同，这里就不讲了。

9.6 位移法计算温度变化或支座位移产生的内力

在第 5 章中已经介绍过，在静定结构中，温度变化不产生内力。但在超静定结构中，一般则产生内力。对于刚架温度内力的计算，也

可用位移法。例如图9-24所示的刚架，设其横梁两侧的温度变化量分别为 t_1 和 t_2，求解所产生的内力。基本结构的取法，未知数，法方程的形式及作题步骤等和荷载作用时全同。所不同的仅仅有两点，一是 M_P 图现在应代以 M_t 图，另一是自由项 R_{iP} 应代以 R_{it}，即凡是和荷载 P 有关者均代之以温度变化 t。当绘制基本结构的 M_t 图时除了杆1—2的弯矩图可直接从表9-1中查得外，杆1—0的1点也将由于1—2杆中线膨胀而发生移动，从而使杆1—0也发生弯矩（当计算杆1—2的膨胀时，仅计及温度作用就可以了，至于伴随着膨胀而发生在1—2杆中的轴向力的影响可忽略不计）。既然有了各种状态的弯矩图，就可使用前面的办法求系数和自由项，解得未知数，用叠加法作 M 图。

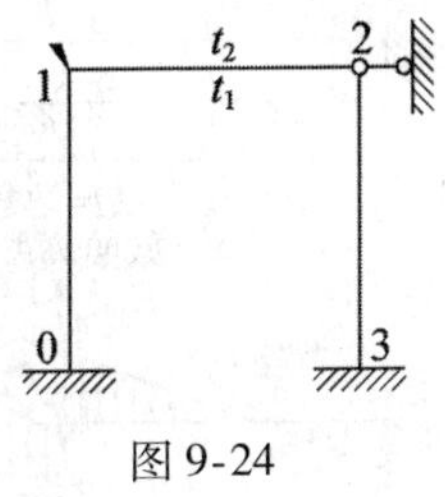

图9-24

在有些情况下，如图9-25中所示的几种刚架，尽管它们是超静定的，但在所示温度变化情况下，由于构造上的特点而使膨胀互相自动协调，各杆只有平移而无结点角位移及杆端相对线位移，故无内力发生。

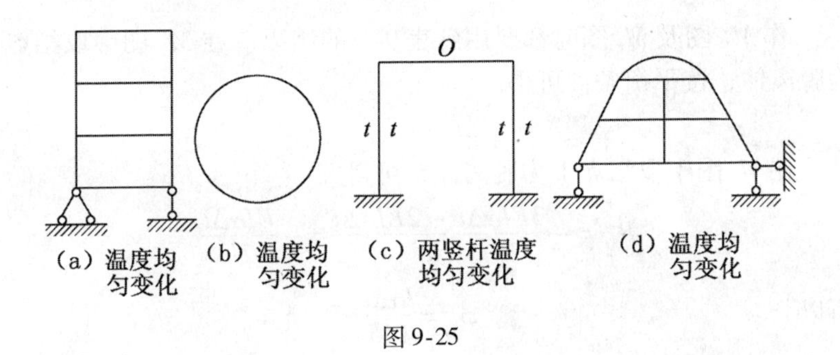

图9-25

其实，对任何结构，不论是铰结或刚结，是直杆或曲杆，只要膨胀时不受支座的约束，当温度均匀变化时都将没有内力发生。这道理是显然的，当温度均匀变化时，全结构各个尺寸都将以相同的比例变形，各杆的相对位置仍然不变，好像摄影一样，只是把原形放大或缩小若干倍，而各结点没有相对线位移也没有角位移，各杆只有平移，故没有任何内力发生。

【例 9-5】 连续梁如图 9-26（a）所示。设梁的下侧温度变化 t_1 度，上侧变化 t_2 度，并设 $t_1 > t_2$。试绘制该连续梁的 M 图。

【解】 在 1 点加刚臂作为基本结构。相应的未知数为 φ_1，法方程为

$$\varphi_1 r_{11} + R_{1t} = 0$$

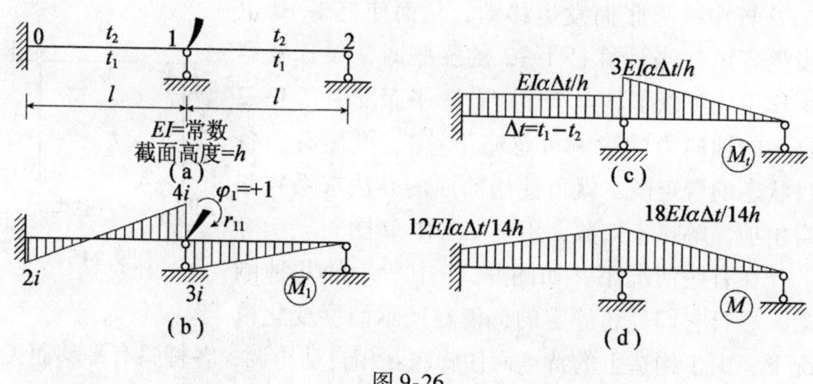

图 9-26

作 $\overline{M}_1$ 图及 M_t 图时都要用到表 9-1 的结果。在 $\overline{M}_1$ 图中取结点 1 为脱离体，按平衡条件可得

$$r_{11} = 7i$$

在 M_t 图中取结点 1 为脱离体，可得

$$R_{1t} = -\frac{3EI\alpha\Delta t - 2EI\alpha\Delta t}{2h} = -\frac{EI\alpha\Delta t}{2h}$$

所以

$$\varphi_1 = \frac{l\alpha\Delta t}{14h}$$

最后按式 $M = M_t + \overline{M}_1\varphi_1$ 叠加即得 M 图，如图 9-26（d）所示。

对于连续梁，基本结构的 M_t 图是容易绘制的，因为这里杆长方向的温度膨胀不引起内力。但对于一般的刚架，M_t 图的绘制就不那么简单了。

【例 9-6】 试用位移法计算如图 9-27（a）所示的刚架，设刚架外侧温度增加 t_1^0，内侧增加 t_2^0。

【解】 将所给温度分解为图9-27（b）及图9-27（c）所示的两部分。取基本结构如图9-27（d）所示，相应的未知数为角位移 Z_1 及线位移 Z_2。相应的法方程式为

$$Z_1 r_{11} + Z_2 r_{12} + R'_{1t} + R''_{1t} = 0$$
$$Z_1 r_{21} + Z_2 r_{22} + R'_{2t} + R''_{2t} = 0$$

式中，各系数的计算和过去各例中的算法全同。自由项 R'_{1t} 及 R''_{1t} 对应于图9-27（b）的温度；自由项 R''_{1t} 及 R''_{2t} 对应于图9-27（c）所示的温度。为了计算 R'_{1t} 和 R'_{2t}，需要作出基本结构在图9-27（b）所示温度作用下产生的弯矩图，如图9-27（e）所示。为了作弯矩图，需要首先计算图9-27（b）中各杆件的伸长（不计轴向力对位移的影响）如下：

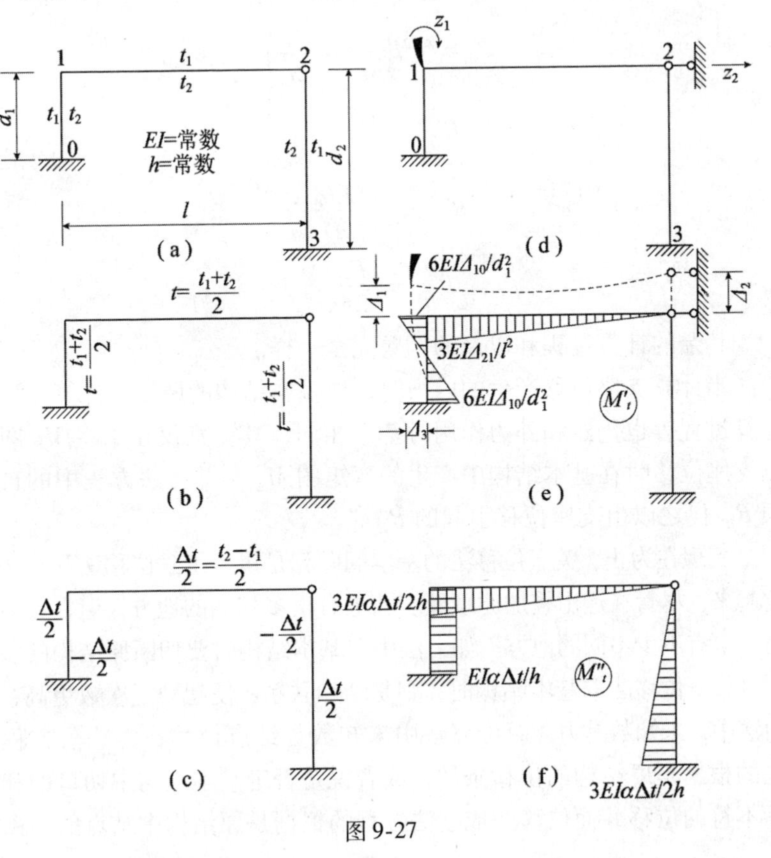

图9-27

柱 0—1 的伸长　　　$\Delta_1 = \alpha t d_1$

柱 2—3 的伸长　　　$\Delta_2 = \alpha t d_2$

横杆 1—2 的伸长　　$\Delta_3 = \alpha t l$

根据这些伸长，可计算各杆两端的相对位移如下：

1 和 2 点的相对位移　$\Delta_{21} = \Delta_1 - \Delta_2 = \alpha t(d_1 - d_2) = -\alpha t(d_2 - d_1)$

0 和 1 点的相对位移　$\Delta_{10} = -\Delta_3 = -\alpha t l$

3 和 2 点的相对位移　$\Delta_{23} = 0$

有了这些相对位移，即可查形常数表（见表 9-1）作出 M'_t 图。

图 9-27（c）中所示的温度，不会使各杆产生轴向变形，只会产生弯曲，直接查表 9-1 即可作出弯矩图，如图 9-27（f）所示。

既作出 M'_t 图及 M''_t 图，就可以利用平衡条件求得各自由项如下

$$R'_{1t} = 6EI\left(\frac{\Delta_{10}}{d_1^2} + \frac{\Delta_{23}}{2l^2}\right)$$

$$R'_{2t} = -\frac{12EI}{d_1^3}\Delta_{10}$$

$$R''_{1t} = \frac{0.5EI\alpha\Delta t}{h}$$

$$R''_{2t} = \frac{3EI\alpha\Delta t}{2hd_2}$$

其余的计算过程和以前的例题完全一样。

当计算支座位移产生的内力时，取基本结构的原则，计算原理和计算过程等也仍然和外力作用时基本相同，其差别仅在于将 M_P 图代以支座位移时在基本结构中产生的弯矩图 M_Δ，并将法方程中的自由项 R_{iP} 代之以由支座位移引起的 $R_{i\Delta}$。

到现在为止，关于位移法的基本问题算是讲完了。位移法和力法对比起来，尽管在运用叠加原理及步骤上有很多相同的地方，但在具体措施上也有不少不同的地方。如力法中取基本结构时要切断原结构的多余联系，而位移法取基本结构时，则是增加联系，使超静定次数更高；在力法中，未知数是力，而位移法中未知数是结点位移；力法法方程成立的根据是原结构的位移条件，或者说是否定基本结构中切口的和实际不符的位移，而位移法成立法方程的根据是原结构中结点的平衡条

件或分层的平衡条件，或者说是否定基本结构中附加控制的存在。

9.7 转角位移方程

现在研究任一基本构件 AB。影响其端力矩及端剪力的因素有四个：A 端转角 φ_A，B 端转角 φ_B，两端相对线位移 Δ_{AB} 以及外荷载（可包括温度变化及支座沉陷）作用下产生的固端力矩 M_F 和固端剪力 Q_F。根据表9-1及叠加原理，可写出杆两端的力矩及剪力公式如下

两端固定的基本构件

$$\begin{cases} M_{AB} = \dfrac{4EI}{l}\varphi_A + \dfrac{2EI}{l}\varphi_B - \dfrac{6EI}{l^2}\Delta_{AB} + M_{FAB} \\ M_{BA} = \dfrac{2EI}{l}\varphi_A + \dfrac{4EI}{l}\varphi_B - \dfrac{6EI}{l^2}\Delta_{AB} + M_{FBA} \\ Q_{AB} = -\dfrac{6EI}{l^2}\varphi_A - \dfrac{6EI}{l^2}\varphi_B + \dfrac{12EI}{l^3}\Delta_{AB} + Q_{FAB} \\ Q_{BA} = -\dfrac{6EI}{l^2}\varphi_A - \dfrac{6EI}{l^2}\varphi_B + \dfrac{12EI}{l^3}\Delta_{AB} + Q_{FBA} \end{cases} \tag{9-9}$$

A 端固定 B 端简支的基本构件

$$\begin{cases} M_{AB} = \dfrac{3EI}{l}\varphi_A - \dfrac{3EI}{l^2}\Delta_{AB} + M_{FAB} \\ M_{BA} = 0 \\ Q_{AB} = -\dfrac{3EI}{l^2}\varphi_A + \dfrac{3EI}{l^3}\Delta_{AB} + Q_{FAB} \\ Q_{BA} = -\dfrac{3EI}{l^2}\varphi_A + \dfrac{3EI}{l^3}\Delta_{AB} + Q_{FBA} \end{cases} \tag{9-10}$$

A 端固定 B 端可移动但不能转动的基本构件

$$\begin{cases} M_{AB} = \dfrac{EI}{l}\varphi_A - \dfrac{EI}{l}\varphi_B + M_{FAB} \\ M_{BA} = -\dfrac{EI}{l}\varphi_A + \dfrac{EI}{l}\varphi_B + M_{FBA} \\ Q_{AB} = Q_{FAB} \\ Q_{BA} = Q_{FBA} \end{cases} \tag{9-11}$$

式（9-9）、式（9-10）及式（9-11）统称为基本构件的转角位

移方程。下面介绍两种应用。

应用一：用以计算各杆的端力矩和端剪力。

由法方程解得各结点位移 φ，Δ 后，计算各杆端力矩及端剪力的途径有二，其一是利用诸内力图 $\overline{M}$ 及 M_P 等进行叠加已如前述。其二是直接利用转角位移方程。但应注意，式中 φ，Δ_{AB}，M_F 等本身有正负号，而且 Δ_{AB} 为杆两端的相对线位移，当法方程中解得的是两端的绝对线位移时，需要推算出相对线位移，其正负号规定见 9.2 节。

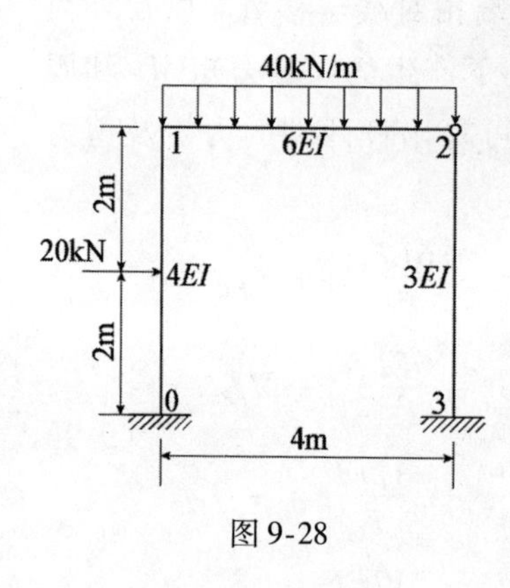

图 9-28

应用二：用以建立法方程。

位移法的法方程的建立，除了用 9.4 节中给出的途径外，还可以利用转角位移方程。现举例说明如下。

【例 9-7】 试利用转角位移公式建立如图 9-28 所示结构的位移法的法方程式。

【解】 在杆 0—1 上运用公式（9-9）得

$$M_{10}=\frac{4\times 4EI}{4}\varphi_1-\frac{6\times 4EI}{4\times 4}\Delta_2+\frac{20\times 4}{8} \tag{1}$$

$$Q_{10}=\frac{-6\times 4EI}{4\times 4}\varphi_1+\frac{12\times 4EI}{4\times 4\times 4}\Delta_2-10 \tag{2}$$

在杆 1—2 及 2—3 上运用式（9-10）得

$$M_{12}=\frac{3\times 6EI}{4}\varphi_1-\frac{40\times 4\times 4}{8} \tag{3}$$

$$Q_{23}=\frac{3\times 3EI}{4\times 4\times 4}\Delta_2 \tag{4}$$

根据结点 1 为脱离体的平衡条件得 $M_{10}+M_{12}=0$

根据横梁为脱离体的平衡条件得 $Q_{10}+Q_{23}=0$

将式（1），（2），（3），（4）代入并合并同类项得

$$8.5EI\varphi_1-1.5EI\Delta_2-70=0$$

$$-1.5EI\varphi_1+0.891EI\Delta_2-10=0$$

利用式（9-8），也可得同样的结果。用式（9-8）的好处是不必经过合并同类项等运算过程就可直接得到需要的方程。其缺点是，初学者需预先作出一系列单位弯矩图 $\overline{M}$ 和荷载弯矩图 M_P。

9.8 对称性的应用

对于对称结构的计算，恒可将荷载（包括温度变化及支座沉陷）分解为正对称和反对称两种情况进行讨论。对于这两种荷载情况可根据力法计算结果归纳出下列两个结论：

（1）对称结构在正对称荷载作用下，只发生正对称的位移和内力，而不会发生反对称的位移和内力；

（2）对称结构在反对称荷载作用下，只发生反对称的位移和内力，而不会发生正对称的位移和内力。

根据位移和内力的这些特点，对称结构恒可只取出一半来计算。在图 9-29 中表示出几种结构在正对称荷载作用时取出一半的计算简图。

图 9-29（a）中，由于 A 点及 B 点没有角位移及线位移，故切出一半计算时，可以按固定端处理；

图 9-29（b）中 A 和 B 点具有竖向线位移，但不可能有角位移，故切出一半时可以将 AB 杆当绝对刚性杆，又因不可能发生反对称的水平线位移，故应用两根水平链杆以反映本来的情况；

图 9-29（c）中 A 和 B 点可有竖向线位移，但不可能有水平线位移及转角，故取出一半的图形中，应代以可竖向移动但不能转动也不能水平移动的支承。

同理，对图 9-29（d），（e）及（g）也可利用对称性取出一半来计算。图 9-29，f 有两根对称轴，故可取出四分之一来计算。总之，这些切口处的支承情况应以能够反映切口真实位移为原则。此外，当所用支承能够反映切口真实位移的同时，切口的真实内力情况也得到反映。例如图 9-29（c）中，A 截面处应该有弯矩和轴向力

（正对称）而无剪力（反对称），在取出一半的简图中，这些情况是得到了如实反映的。

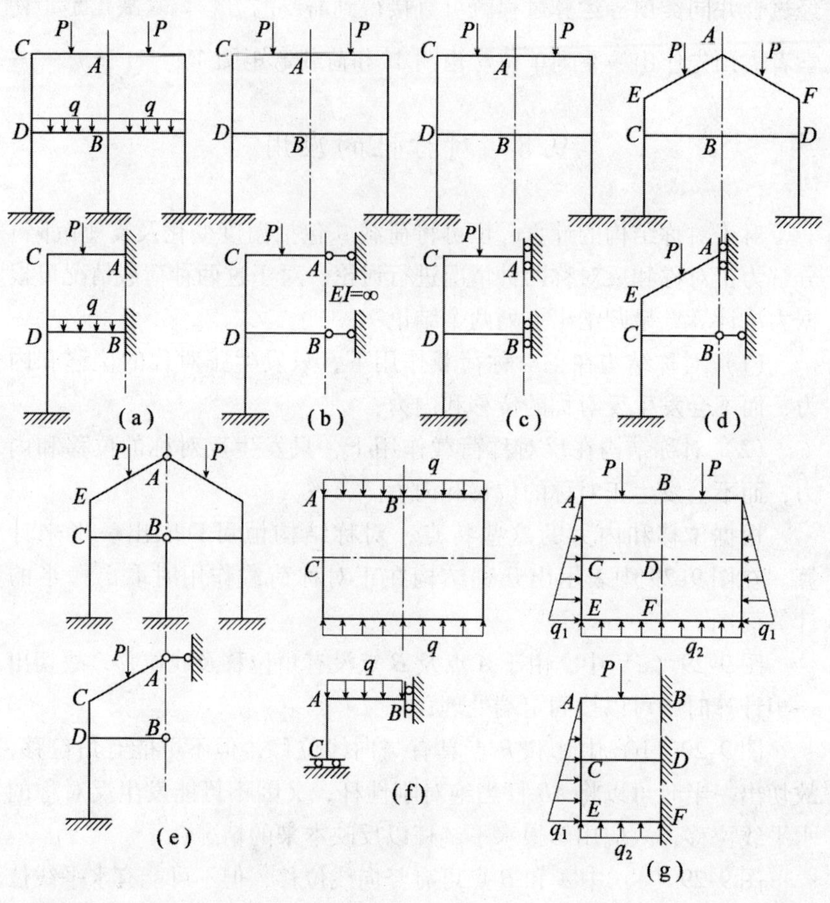

图 9-29

在图 9-30 中列举了反对称荷载时，将结构分解的几个情况。

在图 9-30（a）、（b）中，A 点和 B 点不可能发生属于正对称的竖向线位移，只可能发生属于反对称的水平线位移及转角。同时切口处不可能发生属于正对称的弯矩和水平轴向力，而只能发生反对称性质的竖向剪力。这一切，在所取的一半简图中都应得到反映。在

图9-30（c）、（d）中沿对称轴上都有一根竖杆，其截面惯矩是 I_3，这根竖杆可理解为具有惯矩 $\frac{I_3}{2}$ 的两根杆子前后重叠且分属于左右两半结构，由于荷载是反对称的，这具有 $\frac{I_3}{2}$ 的两根杆子将具有相同的

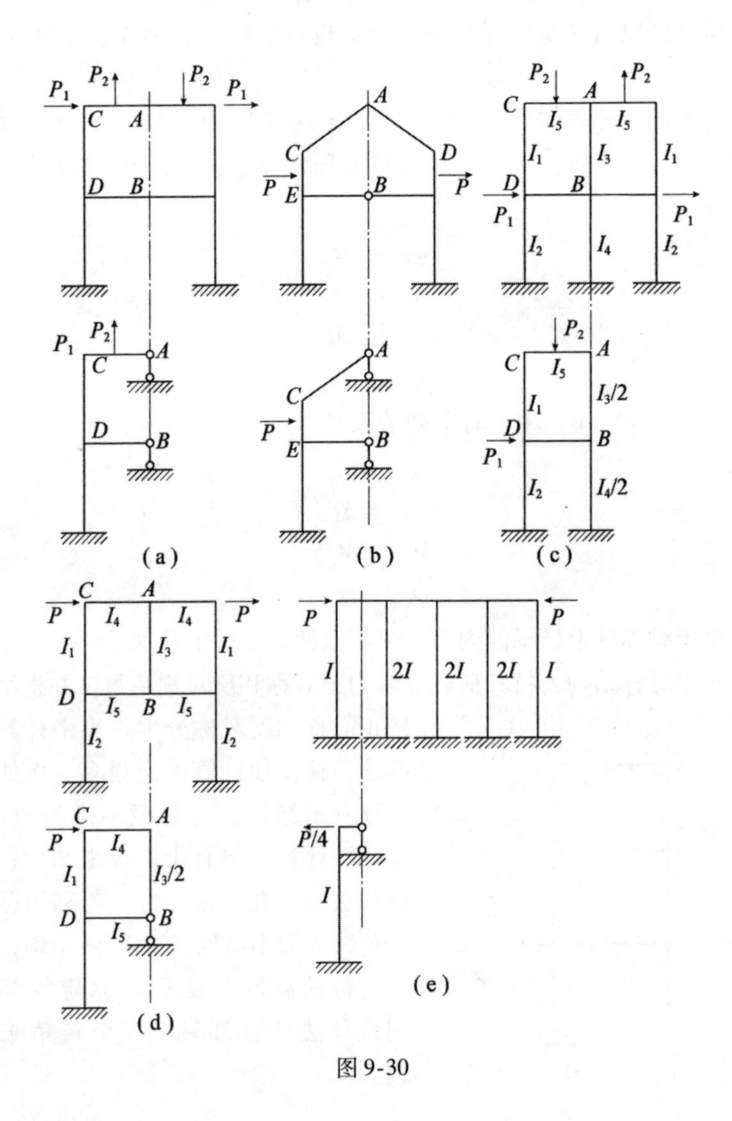

图9-30

位移及变形，而这也正是和原结构相一致的。所以我们可得结论：反对称荷载作用下，对称轴上的杆子在分解后的简图中应取其原惯矩的一半。此外，在图9-30（d）中由于 AB 杆不和基础相连，看起来好像有竖向位移的可能，但利用反对称原理，这竖向位移是属正对称性质的，所以在反对称荷载时也不可能发生。故在分解后的简图中应加一竖向链杆以与真实情况相符。分解也可连续进行多次，如图9-30（e）所示。

对上述分解后的半个结构，计算出其内力及位移以后，另一半的内力及位移就可按正对称或反对称原理求得。例如图9-29（d）中，有下列关系

$$\varphi_D = -\varphi_C$$

$$\Delta_F = -\Delta_E$$

$$M_{FA} = -M_{EA}$$

$$Q_{FA} = -Q_{EA}$$

在图9-30（b）中，有下列关系

$$\varphi_D = \varphi_C$$

$$\Delta_D = \Delta_C$$

$$M_{DA} = M_{CA}$$

$$Q_{DA} = Q_{CA}$$

至于对称轴上杆子的内力，可将以两半部的值叠加求得。

对于对称结构，将其荷载分解为正对称和反对称两组，并将结构按正对称和反对称分出一半来计算的办法，往往使计算简便很多。例如图9-31所示结构，若荷载不进行分解，用力法计算时将有十一个未知数；用位移法将有九个未知数。若利用荷载分解，并取出结构的一半来计算，则正对称荷载部分及反对称荷载部分用位移法计算都只有三个转角未知数。

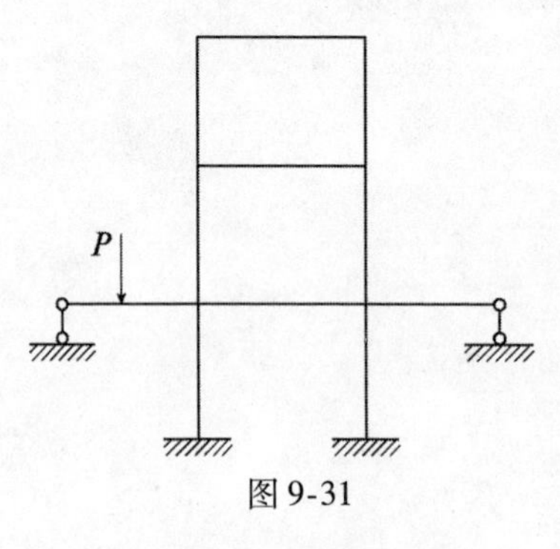

图9-31

9.9　倍数原理及其应用

前述中介绍过，对于有对称轴的结构总可以分解出一半进行计算。其实，在刚架中，不论有无对称轴，只要各杆的刚度 i $\left(i=\frac{EI}{l}\right)$ 满足倍数关系，当计算其因结点受水平推力产生的内力时，也可进行分解。例如图9-32（a）所示的刚架，当计算其内力时就可分解为图9-32（b）和图9-32（c）所示的两个单跨对称刚架的叠加。荷载也按刚度 i 的比例分担。其道理很简单，因图9-32（b）和图9-32（c）中编号相同的结点有相同的线位移和角位移，故二者的位移图形可以完全叠合。这样，叠合后既满足平衡条件，又满足位移协调条件，所以，两内力图在对应杆中叠加的结果就是真实的答案。这时我们说图9-32（a）所示刚架中各杆的刚度 i 值符合倍数原理，即恰能分解为一系列刚度 i 互成比例的单跨对称刚架的意思。应指出，各杆的 i 值不一定非用真实值，也可以用各杆刚度的相互比值，即所谓相对刚度值。因为在荷载作用下，各杆的 i 值同乘或同除一任意倍数只会影响位移的答案，而不会影响内力的答案。另外，倍数原理主要就各杆的刚度 $i\left(i=\frac{EI}{l}\right)$ 值而言，至于各柱是否等长并不影响这种分解。

【例9-8】 试绘制如图9-33（a）所示刚架的弯矩图。

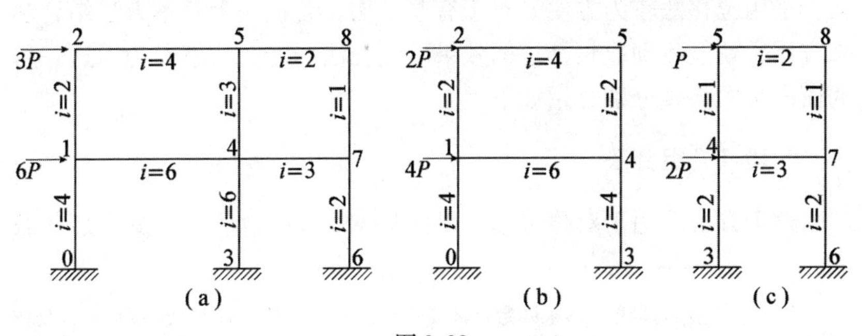

图9-32

【解】 该刚架可根据倍数原理分解为三个如图9-33（b）所示的那样的简单刚架。计算时，可利用对称性再取一半如图9-33（c）。叠加后得到的弯矩图如图9-33（d）所示。

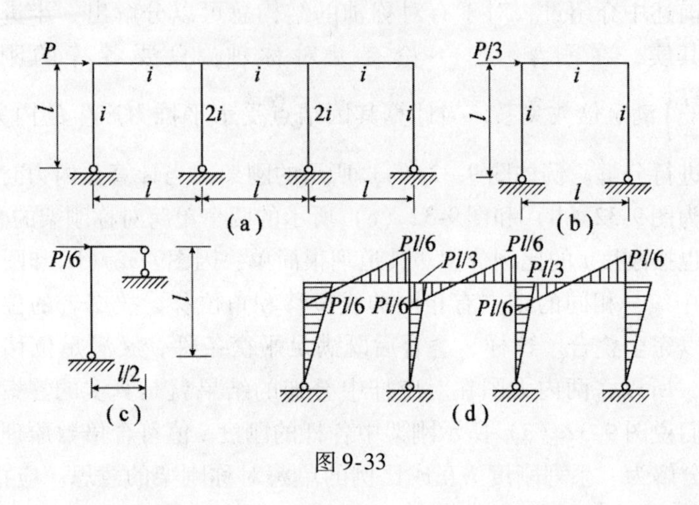

图9-33

9.10 组合法与混合法

力法和位移法是计算超静定刚架的两个基本方法。对于有曲杆的刚架，以及结点线位移未知数（不是结点线位移）① 较多的刚架，采用力法计算往往较为方便。而对于没有结点线位移的直杆组成的刚架，采用位移法较为方便。对于有些结构，若把两个基本方法结合起来应用，就能收到取长补短的效果。组合法和混合法就是为了这一目的而产生的。现分别介绍如下。

9.10.1 组合法

这个方法适用于对称结构。以图9-34（a）为例，当受任意荷载

① 这里指的是线位移未知数，不是指线位移，因为有些线位移并不取作未知数。

时，若采用力法计算，将有十一个未知数，若采用位移法，也将有九个未知数。显然两种方法都相当复杂。较好的办法是将荷载分解为正对称［见图9-34（b）］和反对称［见图9-34（c）］两组，把原题目换成这两个题目的叠加。对图9-34（b）求解时，可判定没有结点线位移，故用位移法求解较合适（因为用力法，将有7个未知数，而用位移法只有3个未知数）。对图9-34（c）求解时，可判定有结点线位移，故用力法较合适（因为用位移法将有六个未知数，而用力法只有四个未知数）。

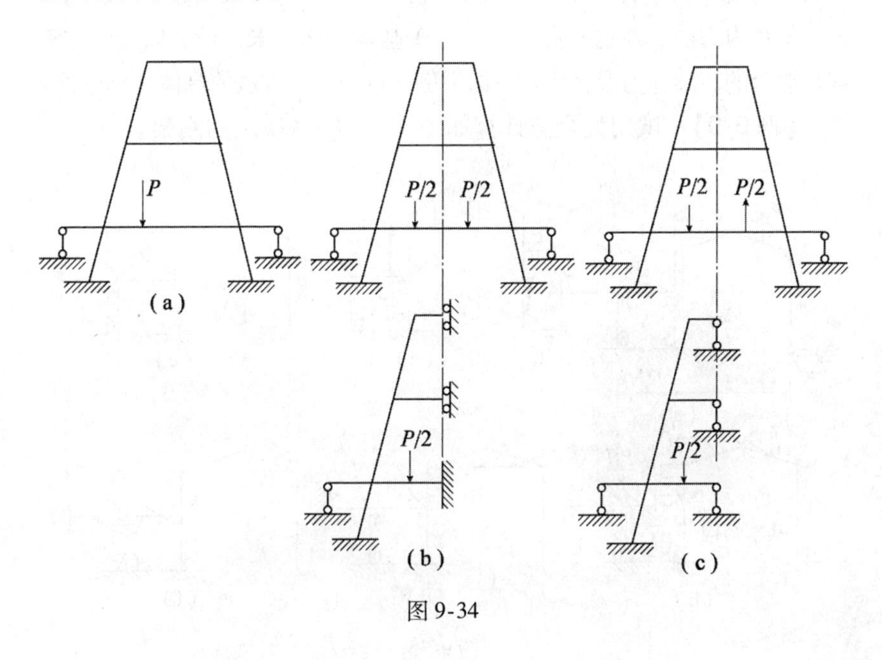

图9-34

上述解题方案称为组合法，也有学者称为分用法。

9.10.2 混合法

在有些刚架中，同时包括有直杆和曲杆，而且直杆部分没有或有很少结点线位移未知数；也有些刚架都是由直杆组成的，但有些部分结点线位移未知数较多，而另外部分没有或有很少结点线位移未知数；还有些刚架，上面附有超静定桁架。在这些情况下，为了兼顾力法及位移法的优点，取基本结构时，可在曲杆部分，或有较多线位移未知数部分，或桁架部分，切断多余联系而取力法的基本结构，在没有或有很少线位移未知数部分，则用附加刚臂及少量附加链杆而取位移法的基本结构。用这两种基本结构的综合体作为原结构的基本结构。显然和这种基本结构相应的未知数中有些是被切断的超静定力，有些是被控制的结点角位移或线位移。成立法方程时，对应于切口成立否定切口位移的法方程，对应于附加控制成立否定控制反力的法方程。当然相应的系数和自由项也分别为位移或反力。联立求解即得各未知数。最后用叠加法得总内力图。在这种办法中，由于基本结构、未知数，以及法方程都是混合的，故称为混合法。下面举例来说明这个方法的具体计算过程。

【例 9-9】 试用混合法计算如图 9-35（a）所示的刚架。

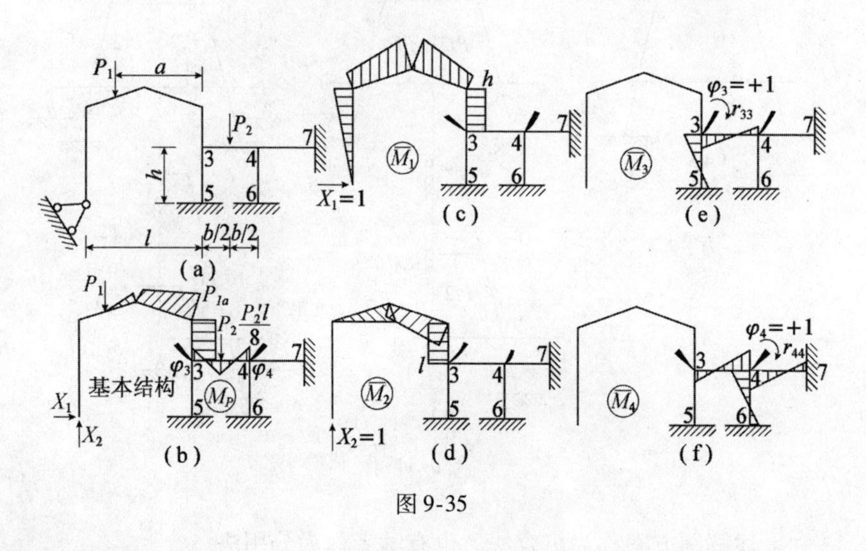

图 9-35

【解】 因为 3 点以左部分结点线位移未知数较多，故取力法基本结构较好，切断两个支承链杆，代以未知力 X_1 及 X_2。3 点以右部分没有结构线位移，故取位移法基本结构较好，即在 3、4 点加上附加刚臂，相应未知数为 φ_3 及 φ_4。总的基本结构如图 9-35（b）所示，共有四个未知数。这个题目若全用力法求解，则将有 8 个未知数；若全用位移法求解，则将有 7 个未知数；可见用混合法是很有利的。按

两个切口的线位移都等于零的条件，可成立两个方程

$$X_1\delta_{11} + X_2\delta_{12} + \varphi_3\delta_{14} + \varphi_4\delta_{14} + \Delta_{1P} = 0$$

$$X_1\delta_{21} + X_2\delta_{22} + \varphi_3\delta_{23} + \varphi_4\delta_{24} + \Delta_{2P} = 0$$

式中的每个系数及自由项都是位移，它们都有两个下标，第一个下标表示位移的地方和方向，第二个下标表示发生位移的原因。

按两个附加刚臂本来不存在的条件，可成立另外两个方程

$$X_1\gamma_{31} + X_2\gamma_{32} + \varphi_3\gamma_{33} + \varphi_4\gamma_{34} + R_{3P} = 0$$

$$X_1\gamma_{41} + X_2\gamma_{42} + \varphi_3\gamma_{43} + \varphi_4\gamma_{44} + R_{4P} = 0$$

式中每个系数和自由项都是附加刚臂给结构的力矩。

这四个方程联立求解，即可求得四个未知数 X_1、X_2、ϕ_3 及 ϕ_4

各系数和自由项按下述方法计算：首先作出各单位弯矩图及 M_P 图，然后用图乘法或积分法可求得

$$\delta_{11} = \sum\int_0^3 \frac{\overline{M}_1^2 \mathrm{d}s}{EI}$$

$$\delta_{12} = \delta_{21} = \sum\int_0^s \frac{\overline{M}_1\ \overline{M}_2}{EI}\mathrm{d}s$$

$$\delta_{22} = \sum\int_0^3 \frac{\overline{M}_2^2 \mathrm{d}s}{EI}$$

$$\Delta_{1P} = \sum\int_0^s \frac{\overline{M}_1 M_P}{EI}\mathrm{d}s$$

$$\Delta_{2P} = \sum\int_0^3 \frac{\overline{M}_2 M_P}{EI}\mathrm{d}s$$

用几何的机动关系，可求得

$$\delta_{13} = \text{半径} \times \text{转角(弧度)} = -h \times 1 = -h$$

即 $\phi_3 = +1$ 时在 x_1 方向上引起的位移。这是根据小位移假定，该位移的计算用转动中心距 x_1 的垂直距离（半径）和转角 $\phi_3 = 1$ 的乘积。结果中的负号表示当 $\phi = +1$ 时，切口移动的方向和 x_1 所设方向相反

$$\delta_{14} = 0$$

这是因为按基本结构的几何控制情况，$\phi_4 = +1$ 时影响不到切口的位移。同理可得

$$\delta_{23} = + l \times 1 = l$$

$$\delta_{24} = 0$$

用结点平衡条件可得

$$r_{31} = + h \quad r_{32} = - l \quad r_{33} = 4i_{34} + 4i_{35} \quad r_{34} = 2i_{34}$$

$$r_{41} = 0 \quad r_{42} = 0 \quad r_{43} = 2i_{34}$$

$$r_{44} = 4(i_{43} + i_{46} + i_{47}) \quad R_{3P} = P_1 a - \frac{P_2 b}{8} \quad R_{4P} = \frac{P_2 b}{8}$$

将各系数加以比较，可以看出有下列关系

$$\delta_{ki} = \delta_{ik}$$

$$r_{ki} = r_{ik}$$

$$\delta_{ki} = - r_{ik}$$

其实，这些关系正是第 4 章中曾证明过的几个互等定理。应用这些互等定理，可减少我们计算系数的工作量。

最后应指出，计算系数及自由项时，或者采用图乘法，或者采用平衡条件，以及或者应根据机动关系，完全取决于所求该系数或自由项的物理意义，正确理解它们的物理意义，就自然地能决定采用什么方法去计算它们了。

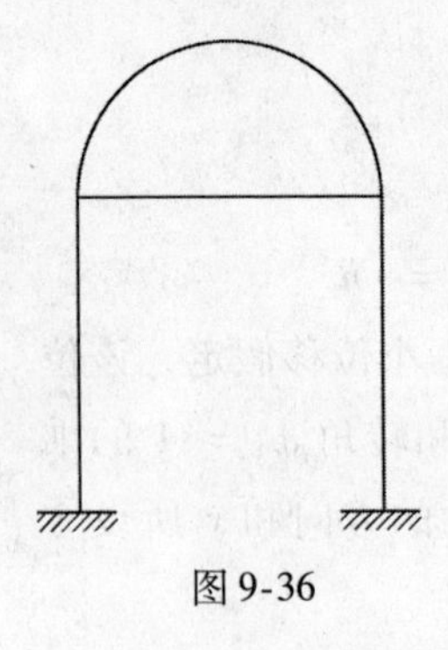

图 9-36

采用组合法或混合法是否有利，不能一概而论，必须对具体问题作具体的分析和比较。此外，关于组合法，并不限于力法和位移法的组合，也可以是力法与混合法的组合或位移法和混合法的组合。例如图 9-36 所示的刚架采用力法与混合法的组合较为合适。具体比较如表 9-2 所示。若正对称荷载及反对称荷载都采用混合法，也是同样的简单，但这已不再称为组合法了。

表 9-2

荷载 \ 未知个数 \ 方法	力　法	混　合　法	组　合　法
正对称荷载	4	3	3（混合法）
反对称荷载	2	2	2（力法）
未知数个数合计	6	5	5

习　　题

9-1　用位移法计算如图 9-37～图 9-45 所示各结构，并作弯矩图。

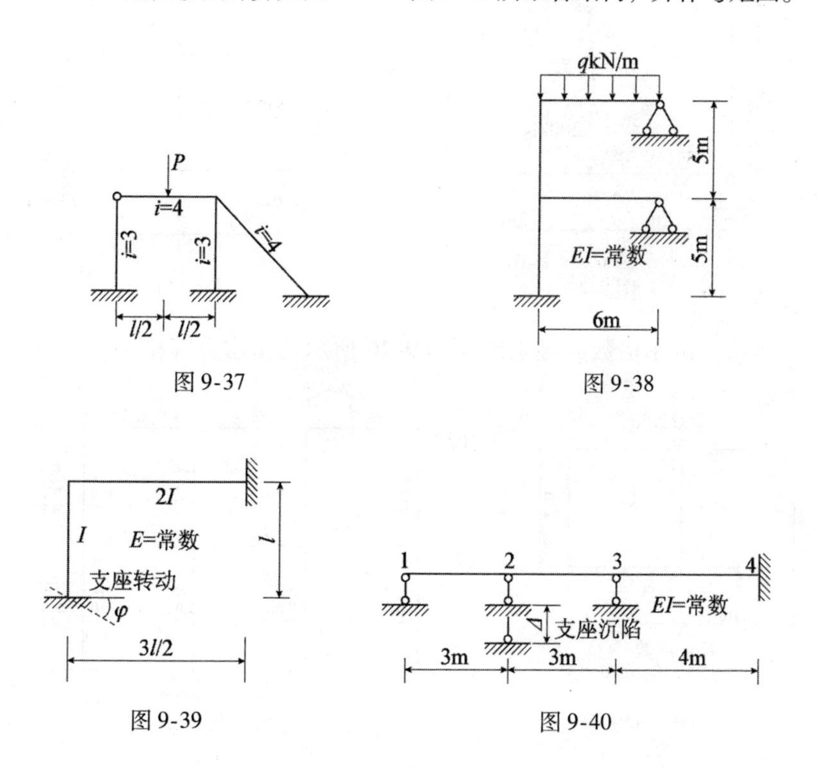

图 9-37　　图 9-38

图 9-39　　图 9-40

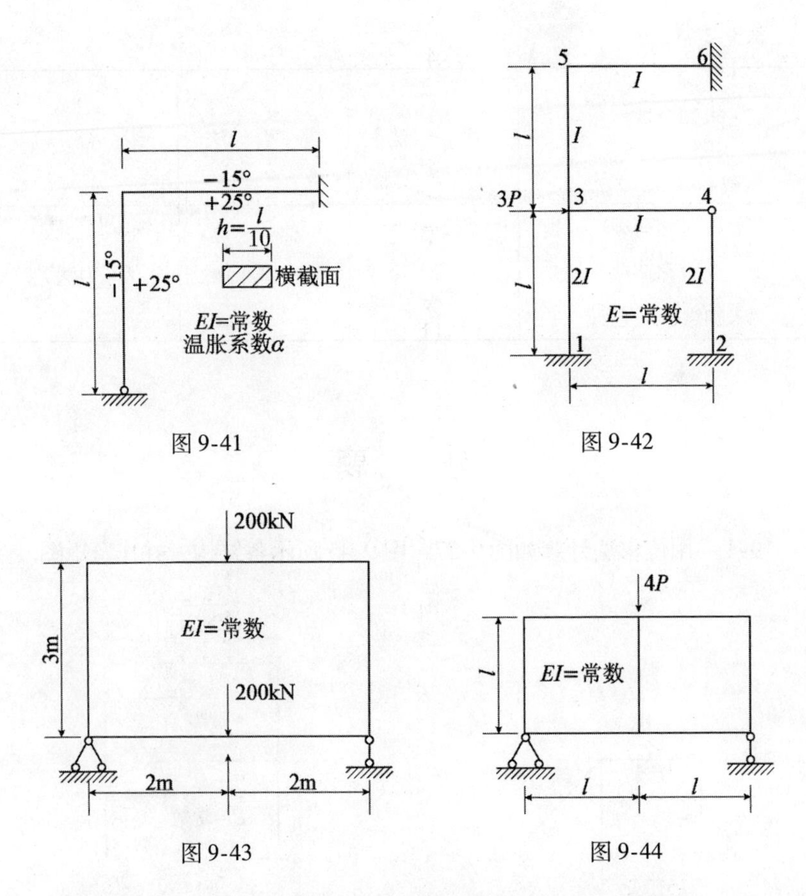

图 9-41　　　　图 9-42

图 9-43　　　　图 9-44

9-2　试用倍数原理求解如图 9-46 所示的多层多跨排架。

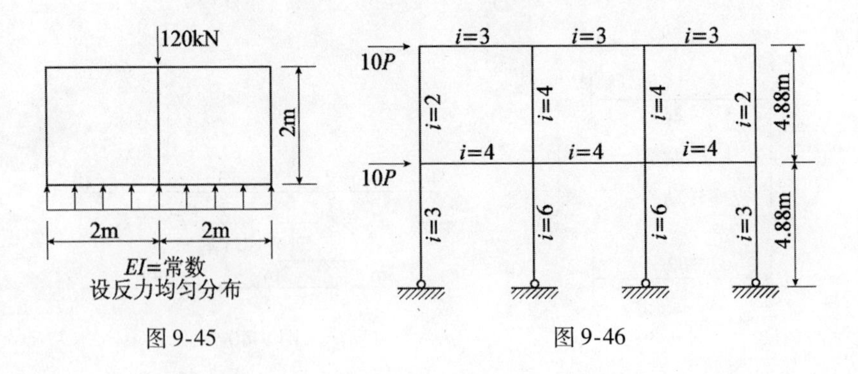

图 9-45　　　　图 9-46

9-3　试定性地作出如图 9-47 所示各刚架的弯矩图的轮廓。

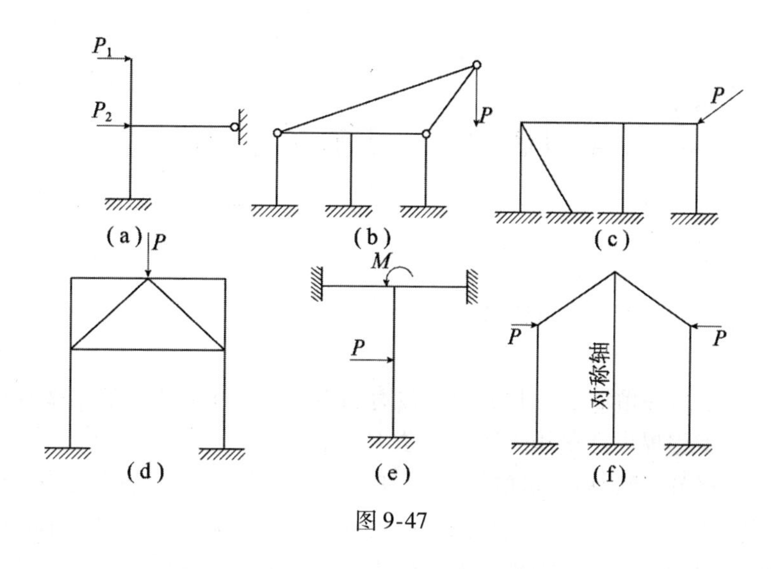

图 9-47

9-4　试利用 β 方程按位移法求解如图 9-48 及图 9-49 所示的刚架。

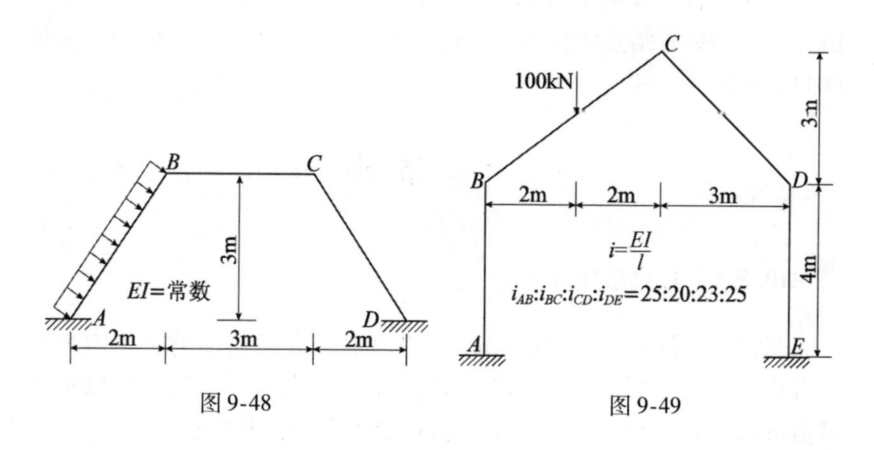

图 9-48　　图 9-49

第10章　力矩分配法

10.1　一般介绍

为了避免解联立方程，对于没有结点线位移未知数①的刚架或连续梁，工程界广泛采用力矩分配法。

力矩分配法是位移法的变态。其原理、基本假定、基本结构、正负号规定等，都和位移法相同。所不同的是否定附加刚臂时并不是成立法方程，而是一个个地逐渐加以否定。也就是用逐渐反复修正的办法使基本结构中附加刚臂给结构之力矩消除而使之恢复到原来的状态。此外，力矩分配法可以直接给出杆端力矩，而不直接给出转角值。对于多数有结点线位移的结构，力矩分配法不能直接应用，而只能间接应用。

10.2　术语解释

10.2.1　杆端抗弯劲度

在任一杆件 AB 中，使杆端 A 产生单位转角时所需的 A 端力矩的绝对值，称为 A 端的抗弯劲度，用 K_{AB} 表示。各种基本杆件的抗弯劲度值可以从表9-1中摘录出来，如图10-1所示，其中：

B 端为固定端时，A 端抗弯劲度为

① 参阅9.10节中的注解。

$$K_{AB} = 4i \tag{10-1}$$

B 端为铰支端时，A 端抗弯劲度为

$$K_{AB} = 3i \tag{10-2}$$

B 端为可以移动但不可转动支承时，A 端的抗弯劲度为

$$K_{AB} = i \tag{10-3}$$

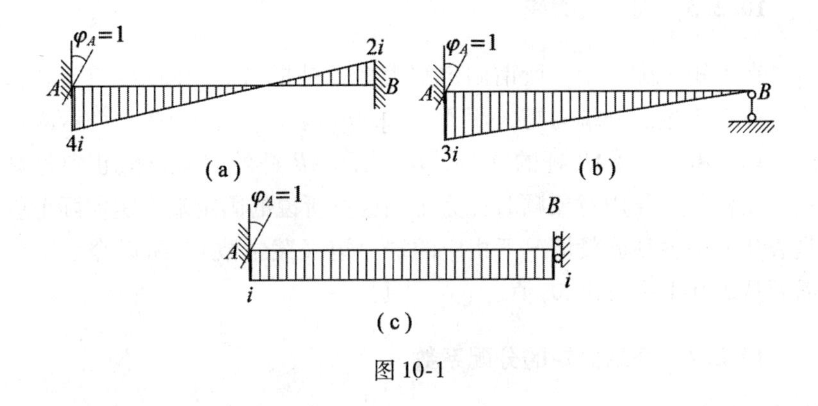

图 10-1

10.2.2　杆端力矩的传递系数

由图 10-1（a）可见，当 A 端转动单位角度时，A 端需要加 $4i$ 的力矩，与此同时，B 端也产生 $2i$ 的力矩，后者可以理解为好像是从 A 端传递过去的一样，故称为传递力矩。在线性前提下，对于任意的 φ_A 值，传递力矩和 A 端力矩的比值不变，即

$$\frac{M_{BA}}{M_{AB}} = \frac{2i}{4i} = \frac{1}{2} \tag{10-4}$$

式中 $\frac{1}{2}$ 即为远端为固定端时的传递系数。

同理，由图 10-1（b）可见，远端为铰支时的传递系数为

$$\frac{M_{BA}}{M_{AB}} = \frac{0}{3i} = 0 \tag{10-5}$$

由图 10-1（c）可见，远端为可移动但不可转动支座时，传递系数为

$$\frac{M_{BA}}{M_{AB}}=\frac{-i}{i}=-1 \tag{10-6}$$

若知道 M_{AB}，则只要用相应的传递系数乘一下就可以得到远端的力矩。这个过程称为力矩的传递。传递系数通常用记号 C_{AB} 表示之，下标 A 在前，B 在后，表明传递的方向是从 A 到 B。

10.2.3 固定端力矩

在力矩分配法中，所谓固定端力矩，是指当梁端固定不转动时，梁上荷载产生的杆端力矩，用 M_{FAB} 及 M_{FBA} 表示。下标中 F 表示固定的意思，AB 表示 AB 杆的 A 端，BA 表示 AB 杆的 B 端。其正负号规定，以杆件为作用对象顺时针为正。这里所说的固定端力矩实际上就是表 9-1 中各种荷载情况下相应的端力矩（载常数）。所以今后仍然需要从表 9-1 中查出 M_F 值。

10.2.4 杆端力矩的分配系数

若有若干个基本杆件的端点都在一个点相交，而且是刚结的，如图 10-2（a）所示。当在该刚结点上加上外力矩 M_1 时，相交各杆端将共同分担这个外力矩 M_1，每个杆端分担的比例称为该杆端的力矩分配系数。现在用位移法导出分配系数的计算公式如下。用位移法计算如图 10-2（a）所示刚架时，应在结点 1 附加一个刚臂构成基本结构，相应未知数为 φ_1，成立法方程

$$\varphi_1 r_{11}+R_{1P}=0$$

作单位弯矩图，如图 10-2（b）所示。根据 $\sum M_1=0$ 的条件求系数和自由项，即

$$r_{11}=4i_{12}+3i_{13}+i_{14}+0=K_{12}+K_{13}+K_{14}+K_{15}=\sum K_1$$

$\sum K_1$ 代表在 1 点所有相交各杆端抗弯劲度之和，应注意其中 $K_{15}=0$。

当外荷载 M_1 对基本结构作用时，是刚臂阻止了结点的旋转，刚臂给结构之力矩为 $-M_1$，即和外力矩反向。故 $R_{1P}=-M_1$。所以

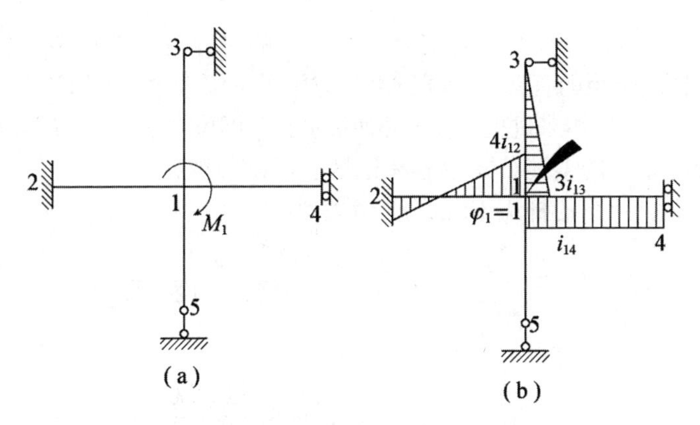

图 10-2

$$\varphi_1 = -\frac{R_{1P}}{r_{11}} = \frac{M_1}{\sum K_1}$$

按叠加法可得

$$M = \overline{M}_1\varphi_1 + M_P = \overline{M}_1\varphi_1$$

即

$$M_{12} = \overline{M}_{12}\varphi_1 = 4i_{12}\frac{M_1}{\sum K_1} = \frac{M_{12}}{\sum K_1}M_1$$

$$M_{13} = \overline{M}_{13}\varphi_1 = 3i_{13}\frac{M_1}{\sum K_1} = \frac{M_{13}}{\sum K_1}M_1$$

$$M_{14} = \overline{M}_{14}\varphi_1 = i_{14}\frac{M_1}{\sum K_1} = \frac{M_{14}}{\sum K_1}M_1$$

$$M_{15} = \overline{M}_{15}\varphi_1 = \frac{M_{15}}{\sum K_1}M_1$$

可见，各杆端分配的力矩和外力矩同号。它们的分配比例分别是

$$\frac{M_{12}}{\sum K_1};\quad \frac{M_{13}}{\sum K_1};\quad \frac{M_{14}}{\sum K_1};\quad \frac{M_{15}}{\sum K_1}$$

显然，不论具体的外力矩 M_1 的大小及正负号如何，这些比例系数是不变的。这些比例系数称为分配系数，今后用记号 μ 代表。利用它们可以很快地计算出如图 10-2（a）所示类型的问题中各杆端分配的力

矩是多少，即将外力矩（本身带正负号，顺时针转为正）乘以分配系数就得杆端力矩的答案。这样就直接应用了由位移法导出的结论，而不必重复位移法的本来过程。即不必通过求转角即可直接求得杆端力矩。

分配系数的上述公式很容易记忆，可以归纳如下：

在 1 点相交的杆端 12 的分配系数为

$$\mu_{12}=\frac{K_{12}}{\sum K_1}=\frac{12\text{ 杆端抗弯劲度}}{\text{相交各杆端抗弯劲度之和}}$$

同理

$$\mu_{13}=\frac{K_{13}}{\sum K_1}=\frac{13\text{ 杆端抗弯劲度}}{\text{相交各杆端抗弯劲度之和}}$$

任意杆端 $1n$

$$\mu_{1n}=\frac{K_{1n}}{\sum K_1}=\frac{1n\text{ 杆端抗弯劲度}}{\text{相交各杆端抗弯劲度之和}} \tag{10-7}$$

计算分配系数时，我们应注意以下几个特点：

（1）由于分子及分母中都是劲度值，故各杆端劲度同时增减任意倍数其比值不变，也就是说，计算时也可以用劲度的相对值即所谓相对劲度①，今后用 K' 表之。

（2）同一结点各杆端的分配系数公式中有同一的分母值。

（3）同一结点所有各杆端的分配系数之和应等于 1。

10.3 力矩分配法原理及例题

力矩分配法的计算过程，是根据叠加原理，将原来状态分解为一些简单状态的叠加。即首先取位移法基本结构，让荷载作用在基本结构上即构成所谓固定状态。然后将附加刚臂的作用消除，即构成所谓放松状态，这些状态内力值的叠加，即得原结构的内力值。力矩分配法直接处理的对象仅限于各杆的杆端力矩。只要有了杆端力矩值，其他各截面的任何内力就不难用静力平衡方程求得了。现以图 10-3 为例说明力矩分配法的原理和计算过程。首先取基本结构如图 10-3（b）

① 分子、分母中的各劲度真值乘或除同一倍数后，称为相对劲度。

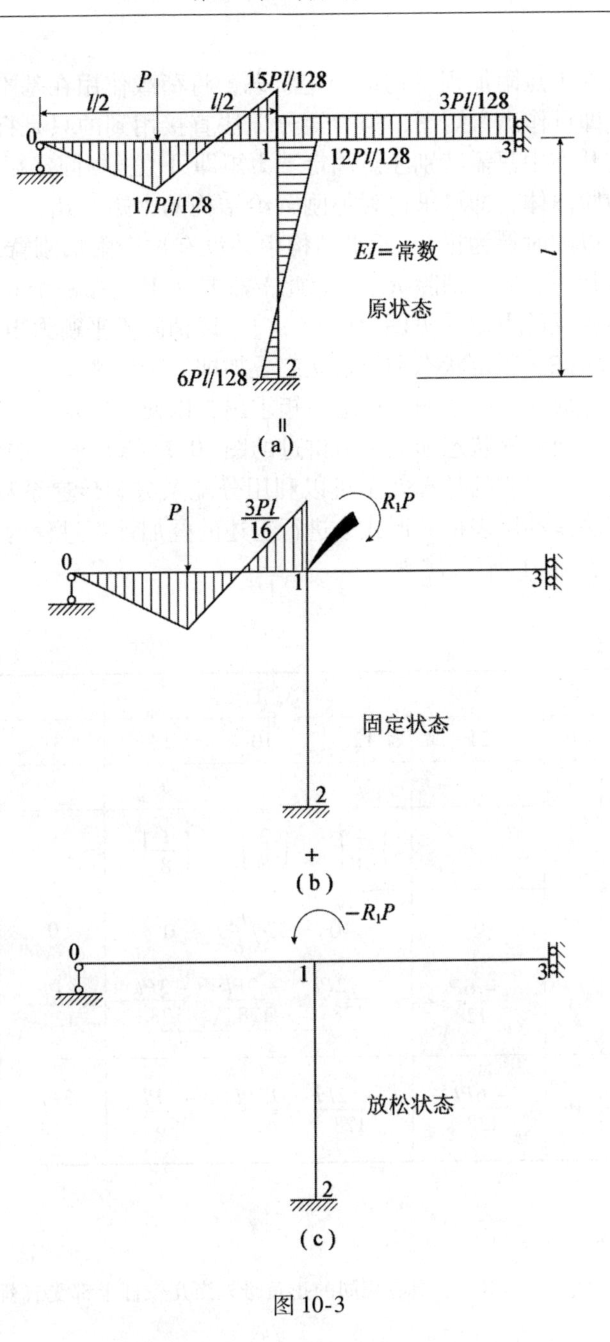
P
15Pl/128
l/2
l/2
3Pl/128
0
1
12Pl/128
3
17Pl/128
l
EI=常数
原状态
6Pl/128
2
=
(a)
P
3Pl/16
R1P
0
1
3
固定状态
2
+
(b)
−R1P
0
1
3
放松状态
2
(c)

图 10-3

所示，即在1点附加刚臂构成固定状态，将荷载作用在基本结构上，查表9-1即可作出弯矩图，但力矩分配法直接用到的只是杆端力矩，故在固定状态中只需特别注意固定端力矩即可。根据固定端力矩，取节点1为脱离体，即可求得附加刚臂给结构的力矩① R_{1P}（称为不平衡力矩，以顺时针为正）。原来结构中并没有这个附加刚臂，为了恢复原来的状态，应该消除 R_{1P}。为此，需要在1点加一个和 R_{1P} 大小相等方向相反的力矩［见图10-3（c）］，以消除不平衡力矩，即构成所谓放松状态。固定状态和放松状态叠加即等于原来状态。现在的任务是需要把放松状态中的各杆端力矩求出，以便和固定状态的各杆端力矩叠加。而放松状态和上一节讲过的图10-2（a）所示的状态属于同一类型。所以它的计算完全可以利用分配系数和传递系数来完成。力矩分配法是利用表格的形式去进行上述的叠加计算过程的。现列表计算，如表10-1所示。

表10-1

结点	0	2	1			3	备注
杆端	01	21	12	10	13	31	
劲度			$4i$	$3i$	i		
分配系数			$\left[\frac{4}{8}\right]$	$\left[\frac{3}{8}\right]$	$\left[\frac{1}{8}\right]$		
固端力矩	0	0	0	$\frac{3Pl}{16}$	0	0	相当于固定状态
在1点分配并传递	0	$\frac{-6Pl}{128}$ ←	$\frac{-12Pl}{128}$	$\frac{-9Pl}{128}$	$\frac{-3Pl}{128}$ →	$\frac{3Pl}{128}$	相当于放松状态
总和	0	$\frac{-6Pl}{128}$	$\frac{-12Pl}{128}$	$\frac{15Pl}{128}$	$\frac{-3Pl}{128}$	$\frac{3Pl}{128}$	即杆端力矩的答案

① 显然，$R_{1P}=M_{F10}$，具有相同的正负号，当几个杆上都受有荷载时，$R_{1P}=\sum M_F$。

其计算步骤是：

（1）排列表格，表中应反映全部结点及全部杆端的名称。因为力矩分配法就是要首先求解各杆端力矩值的。每个结点占一竖行，属于同一结点的各杆端并列在该相应竖行内。次序排列可以任意，但为了便于传递，相邻的杆端应尽量在表中靠近。比如杆端 12 尽可能和杆端 21 相邻。无法同时都照顾到这一要求时，只好离开。比如照顾了杆端 21 和 31，杆端 01 就没法兼顾了。

（2）计算有附加刚臂的各杆端的抗弯劲度或相对劲度，列入表中。其中 $K_{10} = 3i$；$K_{12} = 4i$；$K_{13} = i$。

（3）根据劲度或相对劲度按公式 $\mu_{1n} = \dfrac{K_{1n}}{\sum K_1}$ 计算附加刚臂点处各杆端力矩分配系数，并列入表中，通常加括号，以区别其他数值。其中

$$\mu_{10} = \frac{3i}{8i} = \frac{3}{8};\quad \mu_{12} = \frac{4i}{8i} = \frac{4}{8};\quad \mu_{13} = \frac{i}{8i} = \frac{1}{8}$$

（4）按表 9-1 计算固定端力矩，列入表中。其中 $M_{F10} = 3Pl/16$，其他各杆端的 M_F 均为零。

（5）在有附加刚臂的结点处进行力矩分配及传递（即消除刚臂的作用或消除不平衡力矩）。计算过程是首先求该点各杆端的固端力矩代数和，即 $R_{1P} = \sum M_{F1n} = +3Pl/16$（不列入表中），将 R_{1P} 反号（相当于消除刚臂的作用），分别乘以各分配系数即得各杆端分配力矩，列入表中。其中有

$$-\frac{3Pl}{16} \times \left[\frac{4}{8}\right] = -\frac{12Pl}{128}$$

$$-\frac{3Pl}{16} \times \left[\frac{3}{8}\right] = -\frac{9Pl}{128}$$

$$-\frac{3Pl}{16} \times \left[\frac{1}{8}\right] = -\frac{3Pl}{128}$$

再将各分配力矩乘以相应的传递系数得传递力矩传至远端，并列

入表中，杆端01、21及31的传递系数分别为0、1/2、-1。

习惯上规定，在分配力矩的数值下边划一条横线，表示横线以上已考虑过了。即不平衡力矩或附加刚臂已消除。此外，分配力矩与传递力矩之间划一个箭头，表示已经传递过了的意思。用这些记号（横线和箭头），就能清楚地表示出各力矩值的来源。因此表中可以不要任何文字说明。

（6）将各竖行的固端力矩、分配力矩及传递力矩叠加即得各杆端的总力矩。各结点脱离体应该平衡可以作为核对条件。

（7）根据表中最后给出的各杆端力矩的正负号，决定各杆端是哪一边的纤维受拉，将这些杆端力矩值画在拉力边，再以各杆的两个端力矩连线作基线，将简支梁荷载弯矩图叠加上去，即得总弯矩图。不直接承受荷载的杆件中，其两个端力矩的连线就是总弯矩图［见图10-3(a)］。有了M图就可用在力法一章中讲过的办法作Q图和N图。

以上是基本结构中只有一个附加刚臂的简单情形，当同时有数个附加刚臂时，则应逐次否定每一个刚臂的作用。现以如图10-4所示的连续梁为例说明之。取基本结构时需要在B点及C点附加刚臂。当否定B点的刚臂作用时，C点仍保持固定，因而，其计算过程（即分配和传递）完全和图10-3（c）的计算相似（因B点分配时也只影响相邻的单孔梁）。继而当否定C点的刚臂作用时，B点再次保持固定（又重新加上刚臂），因而使其分配及传递计算也完全和图10-3（c）的计算相似，但这时又重新有力矩传到B点，即B点第二次附加的刚臂又负担了力矩（新的不平衡力矩），故有必要重新在B点进行分配以取消该附加刚臂的作用，这时C点又传来了力矩，又需在C点进行分配。这样往返地进行性质上相同的计算。由于分配系数小于1，传递系数也不大于1，故分配传递几次之后，传递力矩就变得很小了，所以，计算过程是收敛的。要求精度高时，可多分配几次，要求精度低时，少分配几次，通常分配2至3遍也就够了。至于具有悬臂端的D点，当在C点进行分配时（即结构仅仅在C点上作用有集中力矩时），D点完全可以当铰支端看待，因为在这样条

件下 D 点弯矩保持为零。所以 CD 杆的 C 端抗弯劲度应取作 $3i_{CD}$。

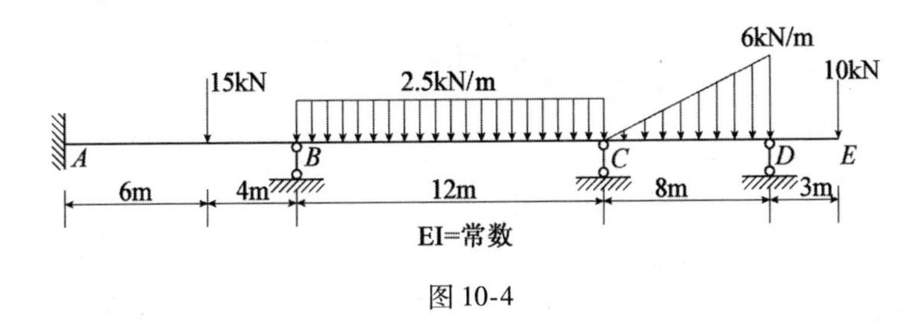

图 10-4

当然 D 点也可以附加刚臂，把它也取作力矩分配点，这时 CD 的抗弯劲度应按 $4i_{CD}$ 计算，DC 的劲度也按 $4i_{CD}$ 计算，但这时计算就麻烦了，因为这时将有 B、C 及 D 三个点参加轮回地分配及传递，为了简单起见，我们是不打算这样做的。但为了计算固端力矩，还是有必要将 D 点暂时固定一次，因为当 CD 跨及悬臂端同时有荷载作用时，D 点即不能当作固定端，也不能当作完全自由旋转的铰支端，因而 CD 跨的固端力矩就无法查表 9-1 求得。而将 D 点暂时固定一次，就可以很容易地计算固端力矩值了。固定一次就要否定（取消）它一次，即在 D 点进行一次分配。在 D 点作一次分配（否定刚臂）后，在其他点分配时再也不固定 D 点了，因而也就再也不需要在 D 点重新分配了。现将上述计算过程列表如表 10-2 所示。

关于相对劲度的计算方法写在备注里。最后一个固端力矩 M_{FDE} 是负值，因为将 DE 脱离出来就可以看出，其杆端力矩是反时针转的。由于在 C 点分配时将 D 点当作铰支端，故取 $K_{CD}=3i_{CD}$。每次分配都是将未划过横线的属于同一结点的所有杆端力矩的代数和反号乘以各分配系数即得各分配力矩。分配后划一横线，再在该点分配时只需将横线以下的杆端力矩代数和反号进行分配。在 C 点作最后一次分配后，本应再传递出去，但已很小（和原来固端力矩相比），可以忽略不计。关于力矩分配的次序，可以从任何点开始，按任意循环次序进行，这是因为叠加过程的加法与次序无关。当然，为了求固端力

表 10-2

结点	A	B		C		D		备注
杆端	AB	BA	BC	CB	CD	DC	DE	
相对劲度		4.8	4	4	4.5	4	0	
分配系数		$\left[\frac{6}{11}\right]$	$\left[\frac{5}{11}\right]$	$\left[\frac{8}{17}\right]$	$\left[\frac{9}{17}\right]$	[1]	[0]	相对劲度的计算
固端力矩	-14.4	21.6	-30	30	-12.8	19.2	-30	$K_{BA}:K_{BC}$
在 D 点分配及传递					5.4 ←	10.8	0	$=\frac{4EI}{10}:\frac{4EI}{12}$;
在 B 点分配及传递	2.29 ←	4.58	3.82 →	1.91				$K_{CD}:K_{DC}$
在 C 点分配及传递			-5.77 ←	-11.53	-12.98 →	0		$=\frac{3EI}{8}:\frac{4EI}{8}$,
在 B 点分配及传递	1.57 ←	3.15	2.62 →	1.31				同乘 $-\frac{12}{EI}$,
在 C 点分配及传递			-0.31 ←	-0.62	-0.69 →	0		$=4.8:4:4.5:6$
在 B 点分配及传递	0.08 ←	0.17	0.14 →	0.07				
在 C 点分配				-0.03	-0.04			
总和	-10.45	29.50	-29.50	21.11	-21.11	30	-30	单位 kN·m

矩而暂时固定一次的 D 点，最好首次将其刚臂取消，以后再也不固定它了。分配次序选择得合适时，能使传递力矩抵消一部分不平衡力矩，这样就收敛得更快一些，但这是技术问题，在原理上，分配次序是可以任意的。因而，当发现某处不平衡力矩算错时，也没有必要全部重算，只需将漏算或多算部分拿来作补充分配就行了。表中最后一横排即杆端力矩的答案，可以根据它们作弯矩图。

最后还应指出，如图 10-4 所示梁中的悬臂端对 D 点以左的作用相当于一个集中力矩，其值等于 30kNm，故用力矩分配法计算之前，也可首先将 DE 段从梁中切除，把 D 点当铰支端，并将集中力矩 30kNm 放在 D 点，然后按力矩分配法进行计算，其结果也是一样的。

下面再举几个水工结构中常见的例子。

【例 10-1】 试用力矩分配法计算如图 10-5（a）所示箱形管壁的弯矩内力。

【解】 解题时，应充分利用对称性。现有两个对称轴，故可以取出四分之一的结构［见图 10-5（b）］进行计算。力矩分配计算如表 10-3 所示。

表 10-3

结点	C	1		A	备注
杆端	$C1$	$1C$	$1A$	$A1$	$M_{F1A}=\frac{-ql^2}{3}$
劲度		$\frac{EI}{1}$	$\frac{EI}{1.5}$		$=-\frac{q(1:5)^2}{3}=-0.75q$
分配系数		[0.6]	[0.4]		$M_{FA1}=-\frac{ql^2}{6}$
固端力矩 在 1 点分配	 $-0.45q$←	 — $0.45q$	$-0.75q$ $0.3q$ —	$-0.375q$ →$-0.3q$	$=-\frac{q(1.5)^2}{6}=-0.375q$
$\sum$	$-0.45q$	$0.45q$	$-0.45q$	$-0.675q$	

作弯矩图如图 10-5（c）所示。

【例 10-2】 试用力矩分配法计算如图 10-6（a）所示矩形洞壁

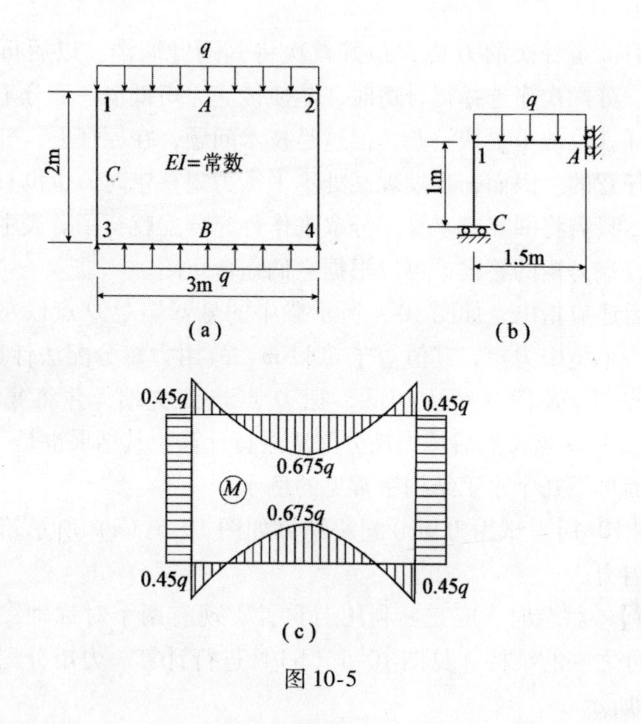

图 10-5

在所示荷载作用下的各杆端力矩值。

【解】 利用对称性取出一半结构，如图 10-6（b）所示进行计算，如表 10-4 所示。

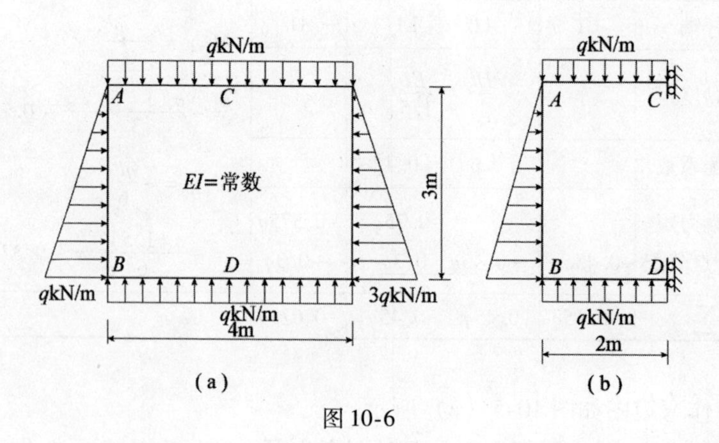

图 10-6

表 10-4

结点	D	B		A		C	备注
杆端	DB	BD	BA	AB	AC	CA	
K		$\frac{EI}{2}$	$\frac{4EI}{3}$	$\frac{4EI}{3}$	$\frac{EI}{2}$		$M_{FBD}=\frac{q\times 2^2}{3}=1.33q$
μ		$\left[\frac{3}{11}\right]$	$\left[\frac{8}{11}\right]$	$\left[\frac{8}{11}\right]$	$\left[\frac{3}{11}\right]$		$M_{FDB}=\frac{q\times 2^2}{6}=0.67q$
M_F/q	0.67	1.33	−1.35	0.90	−1.33	−0.67	$M_{FAC}=-1.33q$
			0.16	0.31	0.12	−0.12	$M_{FCA}=-0.67q$
	0.04	−0.04	−0.10	−0.05			$M_{FBA}=\frac{-3q\times 3^2}{20}=-1.35q$
			0.02	0.04	0.01	−0.01	$M_{FAB}=\frac{3q\times 3^2}{30}=0.90q$
		0.00	−0.02				
杆端力矩	0.71q	1.29q	−1.29q	1.20q	−1.20q	−0.80q	单位　kN·m

【例 10-3】 求作如图 10-7（a）所示刚架的弯矩图。

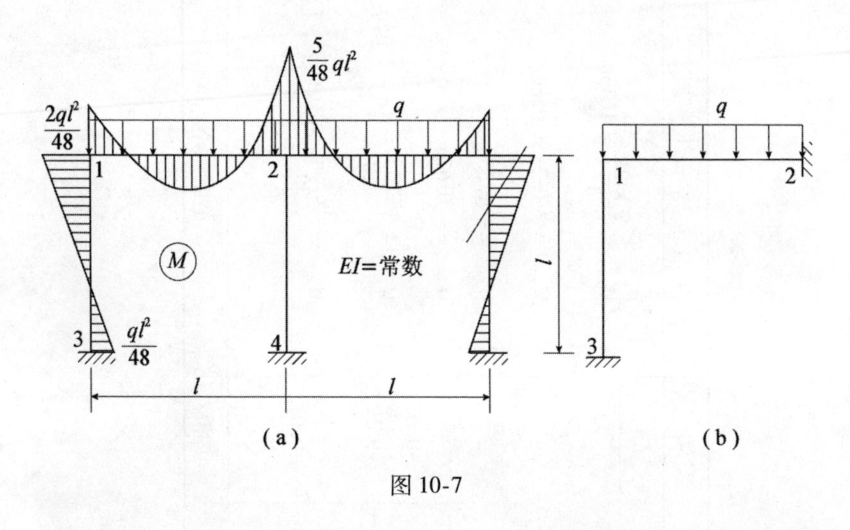

图 10-7

【解】 利用对称性可以判定结点 2 没有角位移，也无水平线位移。又由于有杆 2–4 的存在，故结点 2 也没有竖向位移线，可见结点 2 可以当做固定端。取结构的一半［见图 10-7（b）］进行计算，如表 10-5 所示。

表 10-5

结点	3	1		2
杆端	31	13	12	21
K		$\frac{4EI}{l}$	$\frac{4EI}{l}$	
μ		[0.5]	[0.5]	
M_P	 $\frac{ql^2}{48}$ ←	 $\frac{ql^2}{24}$	$\frac{-ql^2}{12}$ $\frac{ql^2}{24}$ →	$\frac{ql^2}{12}$ $\frac{ql^2}{48}$
$\sum$	$\frac{ql^2}{48}$	$\frac{2ql^2}{48}$	$\frac{-2ql^2}{48}$	$\frac{5ql^2}{48}$

【例 10-4】　在图 10-8 中，设结点 1 处有集中外力矩作用，试计算各杆端力矩值。

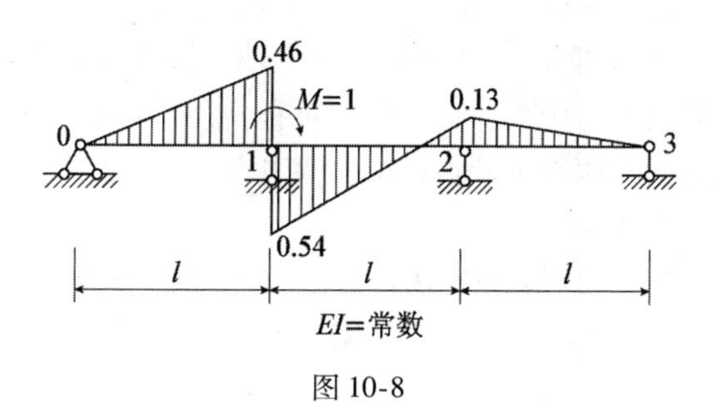

图 10-8

【解】　取基本结构时，在 1 及 2 点附加刚臂，这时固定端力矩是不存在的，因为任何一跨里都没有外荷载。但因没有加刚臂时外力矩有使结点 1 顺时针旋转的趋势，而附加后就不转动了，意思就是说点 1 处的附加刚臂必然给结构一个负号的力矩。所以在力矩分配的计算表中，结点 1 的 M_F 应为负号。具体计算如表 10-6 所示。

表 10-6

结点	0	1		2		3
杆端	01	10	12	21	23	32
K		$\frac{3EI}{l}$	$\frac{4EI}{l}$	$\frac{4EI}{l}$	$\frac{3EI}{l}$	
μ		$\left[\frac{3}{7}\right]$	$\left[\frac{4}{7}\right]$	$\left[\frac{4}{7}\right]$	$\left[\frac{3}{7}\right]$	
M_F		−1				
	0 ←	0. 43	0. 57 →	0. 28		
			−0. 08 ←	−0. 16	−0. 12 →	0
		0. 03	0. 05 →	0. 03		
				−0. 02	−0. 01	
$\sum$	0	0. 46	0. 54	0. 13	−0. 13	0

应注意的是在 M_F 一排中的-1 值，应对应于结点书写，它不属于任何杆端，因固定状态中各杆端没有力矩。分配过程和过去一样，只是最后叠加时该-1 值不参加叠加，因为它并不属于杆端。在结果中，结点 1 处看起来好像是不平衡的，两个端力矩都是正值。其实并不然，因为取结点 1 为脱离体时，绝不可把作用于该结点上的外力矩遗漏了。它们共同作用是平衡的。总的弯矩图可按表 11-6 中最后一排数值作出（见图 10-8）。

【例 10-5】 试计算如图 10-9（a）所示双孔涵洞（图中所示的 i 值系指相对值）的各杆端力矩值并作弯矩图。

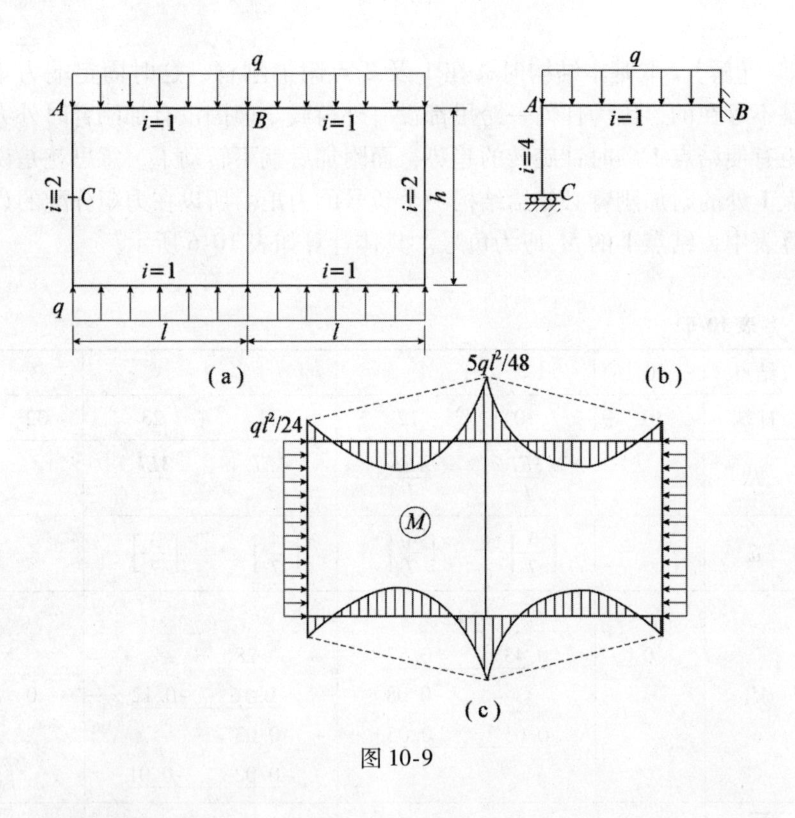

图 10-9

【解】 由于有两个对称轴，故可取以出四分之一的简图

［见图 10-9（b）］进行计算，如表 10-7 所示。弯矩图如图 10-9（c）所示。

表 10-7

杆端	CA		AC	AB		BA
相对劲度			4	4		
μ			[0.5]	[0.5]		
M_F				$\frac{-ql^2}{12}$		$\frac{ql^2}{12}$
	$\frac{-ql^2}{24}$	←	$\frac{ql^2}{24}$	$\frac{ql^2}{24}$	→	$\frac{ql^2}{48}$
$\sum$	$\frac{-ql^2}{24}$		$\frac{ql^2}{24}$	$\frac{-ql^2}{24}$		$\frac{5ql^2}{48}$

力矩分配法不仅可以计算外力产生的内力，而且也可以计算因支座不均匀沉陷或温度变化所产生的内力。这时对称性的利用，基本结构的选取及力矩分配的过程等都和外力作用时相同。所不同的仅在于固定端力矩的计算。固定端力矩的计算仍应借助表 9-1 的相应情形。

【例 10-6】 在图 10-10 中，设支座 3 有转角 $\varphi_3=1$。试确定力矩分配。

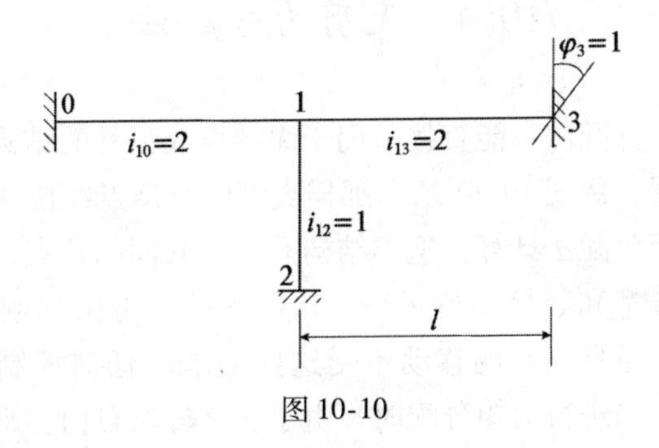

图 10-10

【解】 在点 1 加刚臂作为基本结构，在基本结构中使点 3 产生单位转角，这时，产生的固端力矩有

$$M_{F31} = \frac{4EI}{l}\varphi_3 = \frac{4EI}{l}$$

$$M_{F13} = \frac{2EI}{l}\varphi_3 = \frac{2EI}{l}$$

力矩分配如表 10-8 所示。

表 10-8

杆端	01	21	12	10	13	31
相对劲度			4	8	8	
μ			[0.2]	[0.4]	[0.4]	
$\frac{l}{EI}M_F$	-0.4	-0.2 ←	-0.4	-0.8	2 -0.8 →	4 -0.4
杆端力矩	$\frac{-0.4EI}{l}$	$\frac{-0.2EI}{l}$	$\frac{-0.4EI}{l}$	$\frac{-0.8EI}{l}$	$\frac{1.2EI}{l}$	$\frac{3.6EI}{l}$

应特别注意的是，计算分配系数时，劲度可以用相对值，但计算因支座位移产生的固端力矩时，必须采用劲度的真值。

10.4 无剪力分配法

本来力矩分配法只能直接适用于无结点线位移的结构。但后来的研究结果表明，像图 10-11 所示那样类型的有结点线位移的结构也可以直接用力矩分配法计算。这类结构有一个共同的特点，即竖柱两侧的各支承链杆都和竖柱保持平行，从而各结点上附加刚臂（仅限制转动）以后，这些结点的移动不受这些支承的任何控制。对于这一类型的结构，当进行力矩分配时，由于容许杆端自由移动，故竖柱上

不会引起任何附加剪力，而剪力始终能保持为一个常数，所以被称为无剪力分配法，即分配时不引起附加剪力的意思。下面用一个例子来具体说明这种方法。

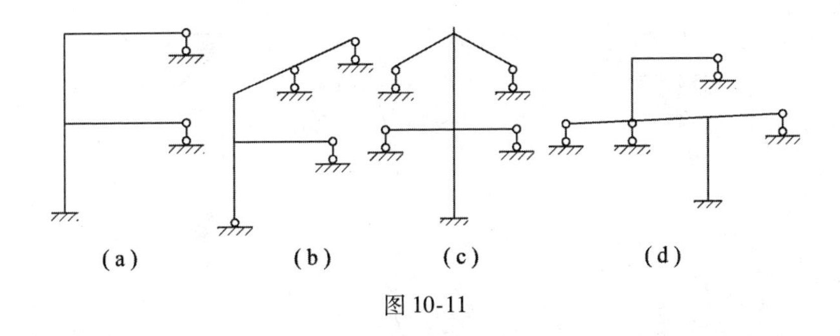

图 10-11

如图 10-12（a）所示为一个对称的单跨多层刚架。在任意荷载作用下总可分解为正对称和反对称两组。正对称荷载部分作用时，由于没有结点线位移，所以计算很容易。这里就不讲它了。特别是当只受正对称的结点荷载时，产生的弯矩图为零值（读者可利用力矩分配法中 $M_F = 0$ 不难证明这一点）。反对称荷载部分作用时，可取出结构的一半计算，如图 10-12（b）所示。取基本结构如图 10-12（c）所示。这就构成了力矩分配法中的固定状态。这个基本结构中的所有横梁都可当作表 9-1 中一端固定另端铰支看待，因为横梁的水平移动并不影响其内力。竖柱 0–1 相当于表 9-1 中一端固定另端可移动但不可转动的情形［见图 10-13（a）］。结点 1 以上各段竖柱的两端虽然都可移动，但本质上和柱 0–1 的情形相同，因为柱段 1–2 或 2–3 都可以用图 10-13（b）表示。不难用力法计算证明，图 10-13（b）所示的杆端抗弯劲度和图 10-13（a）所示的情况完全相同，而且荷载相同时也有相同的固端力矩。此外，还需补充说明，图 10-13（a）或图 10-13（b）所示的上端和下端的抗弯劲度都是一样的，在表 9-1 中尚未提及这一点。这个例题的全部计算如力矩分配表 10-9 所示。若竖柱结点之间有荷载时，其对 M_F 的影响也应计及。当横杆上也有荷载时，则横杆之杆端也将有 M_F 值。

确定了固端力矩值以后，力矩分配就和过去一样了。所不同的是竖杆的传递系数不再是1/2，而是-1，最后的总弯矩如图10-12（b）所示。

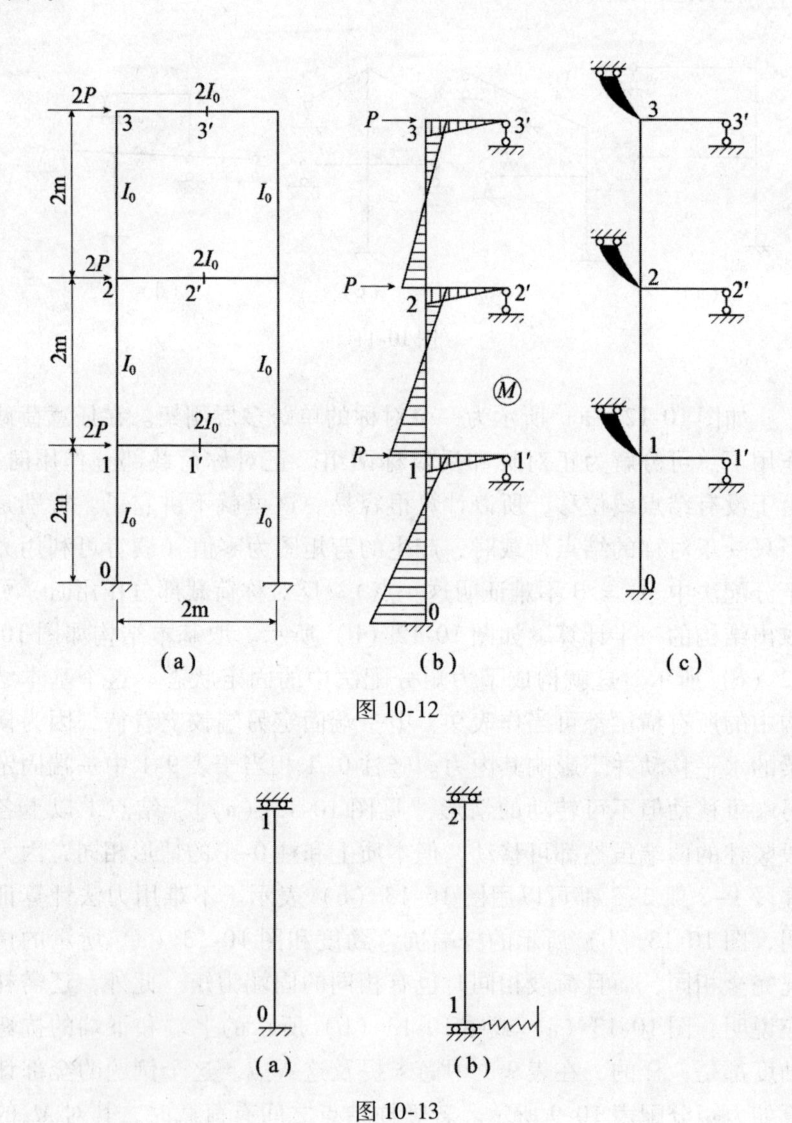

图10-12

图10-13

表 10-9

结点	0	1			2			3	
杆端	01	10	11′	12	21	22′	23	32	33′
相对劲度		$\frac{I_0}{2}$	$6I_0$	$\frac{I_0}{2}$	$\frac{I_0}{2}$	$6I_0$	$\frac{I_0}{2}$	$\frac{I_0}{2}$	$6I_0$
μ		$\left[\frac{0.5}{7}\right]$	$\left[\frac{6}{7}\right]$	$\left[\frac{0.5}{7}\right]$	$\left[\frac{0.5}{7}\right]$	$\left[\frac{6}{7}\right]$	$\left[\frac{0.5}{7}\right]$	$\left[\frac{1}{13}\right]$	$\left[\frac{12}{13}\right]$
$\frac{1}{P}M^F$	−3	−3		−2	−2		−1	−1	
	−0. 358 ←—	0. 358	4. 28	0. 358 —→	−0. 358				
				−0. 24 ←—	0. 24	2. 88	0. 24 —→	−0. 24	
	−0. 01 ←—	0. 01	0. 21	0. 01 —→	−0. 01		−0. 095 ←—	0. 095	1. 145
					0. 01	0. 09	0. 01		
杆端力矩	−3. 37P	−2. 63P	4. 49P	−1. 87P	−2. 12P	2. 97P	−0. 85P	−1. 15P	1. 15P

10.5 力矩一次分配法

对于结点角位移较多的结构，力矩分配及传递的过程是冗长的。所以就产生了缩短力矩分配过程的企图。历史上曾发表过不少解决这一问题的方法。现将其中的力矩一次分配法介绍如下。

10.5.1 广义抗弯劲度

以前所说的抗弯劲度系对单跨梁而言，现将其概念扩充为：使任何刚架的某一杆端产生单位转角所需的力矩值称为该杆端的广义抗弯劲度，用K''表示之。例如在如图 10-14 所示的刚架中使杆端 BA 产生单位转角所需的力矩值就称为杆端 BA 的广义抗弯劲度。这时 A 点不固定，而任其自然转动。K''值的计算可利用普通力矩分配法导出一个公式，按支座沉陷来解决这个题目，如表 10-10 所示。

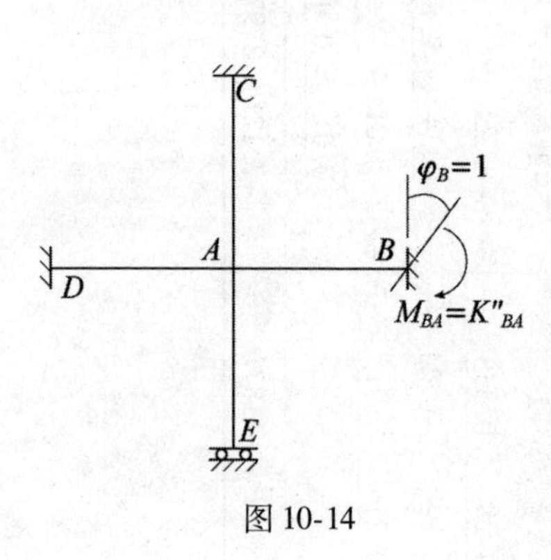

图 10-14

表 10-10

杆端	DA	EA	CA	AC	AD	AE	AB		BA
普通劲度				K_{AC}	K_{AD}	K_{AE}	K_{AB}		K_{BA}
μ				μ_{AC}	μ_{AD}	μ_{AE}	μ_{AB}		
M_F							$C_{BA}K_{BA}$		K_{BA}
分配传递	—	—	—	—	—	—	$-\mu_{AB}C_{BA}K_{BA}$	—→	$-\mu_{AB}C_{AB}C_{BA}K_{BA}$
杆端力矩	—	—	—	—	—	—	—		$[1-\mu_{AB}C_{AB}C_{BA}]K_{BA}$

我们所注意的是 M_{BA} 的值，故其他各杆端的力矩值凡是与我们的目的无关的都未在表 10-10 中列入。由最后结果可见，当 $\varphi_B=1$ 时，

$M_{BA}=[1-\mu_{AB}C_{AB}C_{BA}]K_{BA}$，按定义，这正是 BA 杆端的广义抗弯劲度或称修正抗弯劲度，即

$$K''_{BA}=[1-\mu_{AB}C_{AB}C_{BA}]K_{BA} \tag{10-8}$$

式中，K_{BA}是普通抗弯劲度，$[1-\mu_{AB}C_{AB}C_{BA}]$ 为劲度修正系数，当传递系数 C_{AB}及 C_{BA}都是1/2 时，则修正系数等于 $\left[1-\frac{1}{4}\mu_{AB}\right]$；当传递系数 C_{AB}及 C_{BA}都是−1 时（B 端若具有和 E 端相同的支承）则修正系数等于 $[1-\mu_{AB}]$。

若 D 点也是可转动的结点（即设有若干杆件在 D 点相接合，图中未画出），则可按同样的公式（10-8）计算杆端 AD 的广义抗弯劲度 $K''_{AD}=[1-\mu_{DA}C_{DA}C_{AD}]K_{AD}$，根据 AD 的广义抗弯劲度以及 AC、AB、AE 的普通抗弯劲度算出 AB 的分配系数 μ'_{AB}，然后按上表的计算过程，可证明杆端 BA 广义劲度公式仍具有相同的形式，即

$$K''_{BA}=[1-\mu'_{AB}C_{AB}C_{BA}]K_{BA}$$

所不同的是公式中的分配系数 μ_{AB} 现在应代之以 μ'_{AB}。

可见劲度修正系数的公式 $[1-\mu_{AB}C_{AB}C_{BA}]$ 在形式上具有一般性，我们今后用记号 λ_{BA} 代表这个系数，即

$$\lambda_{BA}=1-\mu_{AB}C_{AB}C_{BA} \tag{10-9}$$

10.5.2　一次分配法的概念和例题

如图 10-15 所示，有一刚架，假设刚架不具有用杆件闭合起来的轮廓（通常称为是敞口的），同时，刚架的基本结构中不需引用附加链杆，这些都是力矩一次分配法论证的前提。

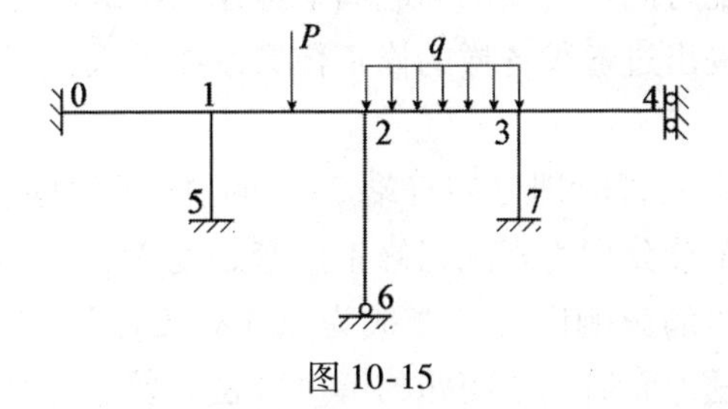

图 10-15

在任何荷载作用下，用普通力矩分配法求解时，需要在点1、2及3处引用附加刚臂，然后按任意次序反复否定这些刚臂，这个反复否定的过程往往是较费时间的，为了缩短这个过程，可以按下述次序进行：

否定1点的刚臂时，所用方法同普通分配法；否定2点的刚臂时，1点不再固定即按杆端2-1的修正劲度以及杆端2-6及2-3的普通劲度计算2点诸杆端的修正分配系数。按这些新的分配系数在2点进行分配时，1点不再附加刚臂，而是任其自然转动，所以就不必再回头在1点重新分配了；当否定3点的刚臂时，2点及1点均不再附加刚臂而均任其自然转动，即分配时按杆端3-2的修正劲度以及3-7、3-4诸杆端的普通劲度计算修正分配系数。这样，在3点分配后也就没有必要再回头在2及1点重新分配了，这种分配过程称作力矩一次分配法。

总之，当具有多个力矩分配点时，可从左到右（当然也可从右到左）依次进行分配计算。在任一点分配时，其左边各点均不再固定，而采用各杆端修正分配系数进行分配。每次分配时，由于右边保持固定，故向右的传递系数仍和普通分配法相同，至于向左的传递问题留待下面讨论。

显然，按这种分配方法，在最后分配点3处一次分配后，就能求得该点各杆端3-2，3-7，及3-4的总分配力矩，和固端力矩叠加即得真正力矩值。此外，杆端4-3、7-3的力矩值也可同时求得。这是因为附加刚臂已全部取消，故所求得的力矩就是真值。至于最后分配点3以左各点的杆端及它们的相邻杆端的力矩值还没有最后求得，这是因为每次分配时向左传递的问题尚未考虑的缘故。为了解决向左传递的问题，曾提出过各种各样的修正传递系数公式。现在介绍一种比较简单的公式：

当否定3点刚臂时即已知杆端3-2的总分配力矩，故杆端3-2的总转角应等于总分配力矩除以修正抗弯劲度K''_{32}。这样，就可把总分配力矩对左边的影响问题转变成为点3处支座沉陷（即转角）对左边的影响问题，而后一个问题的解决办法，曾在本章例10-6中初

步讨论过。当杆端 3-2 有转角等于

$$\frac{\text{杆端 3 - 2 的总分配力矩}}{K''_{32}}$$

时，杆端 2-3 的固定端力矩等于

$$K_{32}\left(\frac{\text{杆端 3 - 2 的总分配力矩}}{K''_{32}}\right)C_{32}=\frac{C_{32}}{\lambda_{32}}(\text{杆端 3 - 2 的总分配力矩}) \tag{10-10}$$

式中，C_{32}是普通传递系数，故 C_{32}/λ_{32} 可看作是修正传递系数，用 C'_{32} 表示之。即将传递系数乘以［$1/\lambda$］，即得修正传递系数，其一般公式可写为

$$C'=C\cdot\frac{1}{\lambda} \tag{10-11}$$

在这个式子中，［$1/\lambda$］是劲度修正系数（式 10-9）的倒数，所以很容易记忆。

按式（10-10）算得传至 2 点的不平衡力矩后，在 2 点按修正分配系数进行分配，将各杆端分配力矩和第一次在 2 点分配力矩时各杆端分配力矩相加，即得总的分配力矩。再和原固端力矩相加，即得各杆端（2—3，2—1，2—6 等）的总力矩。这是因为各附加控制都已取消，而且各附加控制取消时对各该杆端力矩的影响都已计及。

同理，既知杆端 2—1 的总分配力矩，用 K''_{21} 除之即得转角值。同样，按支座沉陷考虑，即将总分配力矩乘以 C_{21}/λ_{21} 传至杆端 1—2，再在 1 点进行分配和传递，叠加即得 1 点及其邻点各杆端总力矩值。当在 1 点和 2 点第二次分配时，都没有必要再向右传了，因为右边的总力矩已经求得。

最后还应指出，任何结点处的各杆端的普通抗弯劲度也可以用该结点处各杆端的相对劲度来代替。这样办并不影响各点分配系数、修正分配系数以及由式（10-11）决定的修正传递系数的数值。因而对最后内力的答案是没有影响的。

【例 10-7】 试用一次分配法计算如图 10-16 所示的刚架，图中标记的 i 值均系相对值。

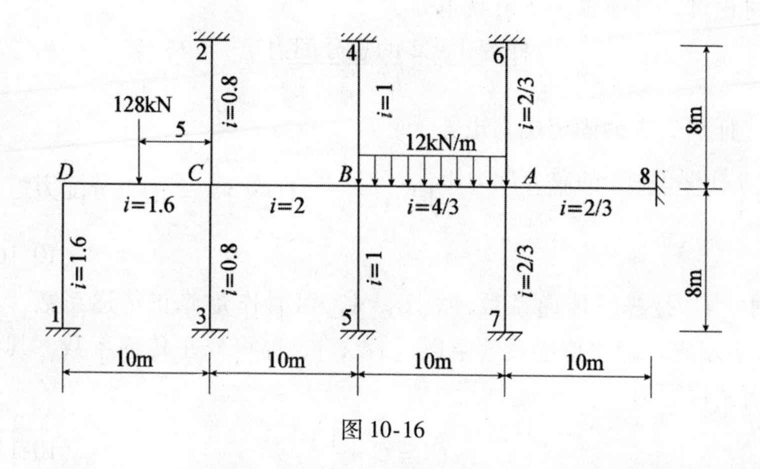

图 10-16

【解】 列表计算（表 10-11）。相对劲度以上各横排和过去普通分配法相同。只是有些非分配点 2、4、6、3、5、7 等没有列入表中（它们只接受传递。也可把它们列入表中）。

最左分配结点 D 的分配系数应先算好，然后再利用算好的杆端 DC 的分配系数 μ_{DC} 按公式（10-9）计算杆端 CD 的劲度修正系数：即 $\lambda_{CD}=1-C_{CD}\times C_{DC}\mu_{DC}=1-1/4\times 0.5=0.875$。修正传递系数按公式（10-11）计算，即 $C'_{CD}=C_{CD}\times 1/\lambda_{CD}=1/0.875\times 1/2=0.571$。用公式（10-8）计算修正劲度 $K''_{CD}=K_{CD}\lambda_{CD}=1.6\times 0.875=1.4$。然后按修正劲度 1.4 及普通劲度 0.8，0.8 及 2 等数据计算 C 点的分配系数，如表 10-11 所示。

用同样的方法，即根据杆端 CB 的分配系数可算得 BC 的劲度修正系数、修正传递系数以及修正劲度，再算得 B 点的分配系数。同法，算得杆端 AB 的修正劲度，修正传递系数以及 A 点分配系数。表示固定端力矩 M_F 的一横排和普通分配法相同。力矩分配的次序是，首先从最左边 D 点开始，分配后按普通传递系数传至右边的 C 点，再在 C 点分配，分配后也按普通传递系数传至右边的 B 点，继而依次在 B 点和 A 点分配，每次分配均只以普通系数向右传递而暂不向左传递（当然每次分配时均应以普通传递系数向 3、5、7、2、4、6

表 10-11

结点	1	D		C				B				A				8
杆端	$1D$	$D1$	DC	CD	$C2$	$C3$	CB	BC	$B4$	$B5$	BA	AB	$A6$	$A7$	$A8$	$8A$
相对劲度 K		1.6	1.6	1.6	0.8	0.8	2	2	1	1	4/3	4/3	2/3	2/3	2/3	
λ				0.875				0.9				0.935				
修正传递系数 $\frac{C}{\lambda}$				0.571				0.556				0.535				
修正劲度 K''				1.4				1.8				1.25				
分配系数		[0.5]	[0.5]	[0.28]	[0.16]	[0.16]	[0.4]	[0.351]	[0.195]	[0.195]	[0.259]	[0.385]	[0.205]	[0.205]	[0.205]	
M_1		-160		160		-100					-100	100				
		80	80 →	40				↗ -20				↗ 15.6				
	45.13 ←			-28	-16	-16	-40	42.1	23.4	23.4	31.1	-44.5	-23.7	-23.7	-23.7	→ -11.9
			-20.5 ←				28 ←				-23.8 ↙					
		10.25	10.25	-7.84	-4.48	-4.48	-11.2	8.35	4.64	4.64	6.17					
杆端力矩	45.13	90.25	-90.25	164.16	-20.48	-120.48	-23.2	30.45	28.04	28.04	-86.53	71.1	-23.7	-23.7	-23.7	-11.9

等杆端传递）。以上所述是第一个过程。在这个过程中，力矩分配及传递是从左向右进行的。下边第二个过程是考虑自右向左的传递，从最右边的 A 点开始，将分配力矩-44.5 乘以修正传递系数 0.535 传至左边的 B 点，在 B 点进行分配（用第一个过程同样的分配系数），将两次分配给杆端 BC 的力矩 42.1 及 8.35 的代数和乘以修正传递系数 0.556 传至左边的 C 点。在 C 点进行分配，将两次分配给杆端 CD 的力矩-28 及-7.84 的代数和乘以修正传递系数 0.571 传至 D 点，D 点是最左边的一个分配点，在这里再分配一次，并用普通传递系数将两次分配给杆端 DI 的力矩 80 及 10.25 的代数和传至杆端 ID。以上所述是第二个过程，在这个过程中，每次分配后也应按普通传递系数传至 2、4、6、3、5、7 诸点。将固定端力矩和两个过程所得数据叠加，即得最后的总力矩值。

由表 10-11 可见，两个分配过程均用相同的分配系数。为了更简单些，可将两次分配合并成一次进行。为此，可采用先传递后分配的办法。简化处理如表 10-12 所示。表中把第一个过程的 D、C、B 诸点的分配过程省略了，而只是向右传递，最后传到 A 点，在 A 点进行分配后向左传递至 B 点，这时在 B 点将所有力矩的代数和反号进行分配至 C 点。在 C 点进行分配传至 D 点。最后在 D 点进行分配。这个简略的计算表格是从原来表格中归纳出来的。必须在理解了前面表格的基础上来理解这个表格。关于力矩的传递也可用如下的办法处理：即在第一个过程中，每次分配可同时向左及右传递，向右用普通传递系数，向左用修正传递系数。在第二个过程中，每次分配只向左传递（用修正传递系数）。显然，这样的计算结果仍然是一样的（计算表未列出）。

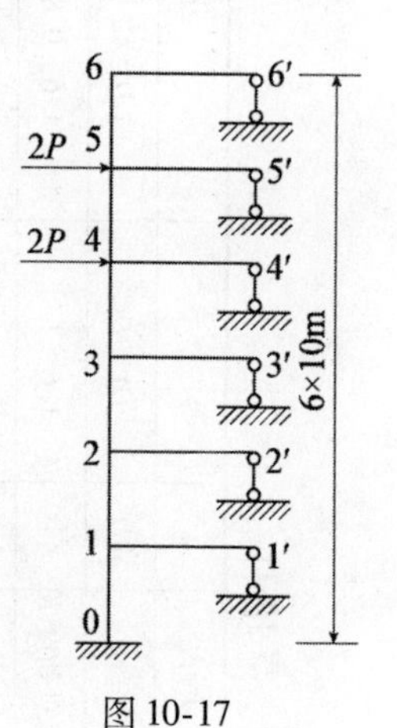

图 10-17

【例 10-8】 试计算如图 10-17 所示刚架，设各横杆的相对 i 值均等于 1，各竖杆的相对 i 值均等于 2。

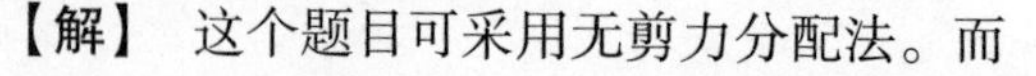

【解】 这个题目可采用无剪力分配法。而

表 10-12

杆端	1*D*	*D*1	*DC*	*CD*	*C*2	*C*3	*CB*	*BC*	*B*4	*B*5	*BA*	*AB*	*A*6	*A*7	*A*8	8*A*
$\frac{C}{\lambda}$					0.571				0.556				0.535			
分配系数		[0.5]	[0.5]	[0.28]	[0.16]	[0.16]	[0.4]	[0.351]	[0.195]	[0.195]	[0.259]	[0.385]	[0.205]	[0.205]	[0.205]	
M_F			-160 ↘	160		-100	}				-100 }	100				
				↘ 40				↘ -20				↘ 15.6				
											-23.8 ←	<u>-44.5</u>	<u>-23.7</u>	<u>-23.7</u>	<u>-23.7</u>	→ -11.9
							28 ←	<u>50.45</u>	<u>28.04</u>	<u>28.04</u>	<u>37.27</u>					
			-20.5 ←	<u>-35.84</u>	<u>-20.48</u>	<u>-20.48</u>	<u>-51.2</u>									
	45.13 ←	<u>90.25</u>	<u>90.25</u>													
杆端力矩	45.13	90.25	-90.25	164.16	-20.48	-120.48	-23.2	30.45	28.04	28.04	-86.53	71.1	-23.7	-23.7	-23.7	-11.9

表 10-13

杆端	01	10	11′	12	21	22′	23	32	33′	34	43	44′	45	54	55′	56	65	66′
相对劲度		1	6	1	1	6	1	1	6	1	1	6	1	1	6	1	1	6
λ						0.875			0.873			0.873			0.873		0.873	
C/λ						-1.142			-1.145			-1.145			-1.145		-1.145	
修正劲度						0.875			0.873			0.873			0.873		0.873	
分配系数		[0.125]	[0.75]	[0.125]	[0.111]	[0.762]	[0.127]	[0.111]	[0.762]	[0.127]	[0.111]	[0.762]	[0.127]	[0.111]	[0.762]	[0.127]	[0.127]	[0.873]
$\frac{1}{P}M_F$	-20	-20		-20	-20		-20	-20		-20	-20		-10	-10				
				→	-5		→	-5.71		→	-5.8		→	-4.55		→	-1.85	
				-6.54 ↖			-6.51 ↖			-5.47 ↖			-1.88 ↖			-0.27	←0.24	1.61
	-5.82←	— 5.82	34.9	5.82	↘ 5.72	39.25	6.54	↘ 5.68	39.0	6.50	↘ 4.18	28.72	4.78	↘ 1.64	11.30	1.88		
杆端力矩	-25.82P	-14.18P	34.9P	-20.72P	-19.28P	39.25P	-19.97P	-20.03P	39.0P	-18.97P	-21.62P	28.72P	-7.10P	-12.91P	11.30P	1.61P	-1.61P	1.61P

无剪力分配法中同样可采用一次分配法。和上述例题不同的地方主要在于普通传递系数 C 是-1 而不是 1/2。因而，劲度修正系数的公式应为

$$\lambda_{AB} = 1 - \mu_{BA} \tag{10-12}$$

现列表计算如表 10-13 所示。

表 10-13 的计算程序和上例简化处理的表格形式相同，凡向结构的上端传递均用系数-1。凡向结构的下端传递采用相应的修正传递系数 C/λ。

应指出，以上的计算过程是从左到右，再从右到左。当然也可以把过程反一反。此外，当遇到对称结构受有不对称荷载时，可先从两端向中间进行计算，然后再从中间向两端进行。这样就能减少分配系数的计算工作。

以上讲了两个例题，第一个例子中所有的传递系数都是 1/2，第二个例子中所有的传递系数都是-1。有时在同一基本结构中，可能同时具有两种传递系数，一部分是 1/2，另一部分是-1。显然，这时力矩一次分配法仍然可以采用，不过对于不同的杆端要采用不同的 C 值代入劲度修正系数的公式（10-9）。此外，力矩一次分配法只能直接应用于无闭合轮廓的敞口刚架。因为有闭合轮廓时力矩分配有循环性相互影响。

也有学者不主张采用力矩一次分配法，因为该方法需要在分配之前增加准备工作。尽管如此，对于收敛较慢的情形，比如分配系数及传递系数较大时（如-1）以及多种荷载对同一结构分别作用时，力矩一次分配法的价值是不可否认的。

10.6　集体分配法

设有一无结点线位移未知数的敞口刚架，如图 10-18 所示，若其中至少存在一个这样的结点 A，其邻点可以全是分配点或者有些是分配点如 1、2、3，有些是端点如 4，但所有邻点的外邻点 5、6、7 都不再是分配点，而是端点。对于这样的特定类型的刚架，为了缩短力矩分配法的计算过程，可设法将结构中 A 点的总不平衡力矩一次分配完毕。这种方法为俞忽教授所提出，叫做集体分配法。对于这种结

构（甚至5、6、7诸点也是分配点时），当然也可采用一次分配法，从四端向A点进行分配和传递，再从A点出发向四方进行分配和传递，但这个过程将不如集体分配法简便。现将此方法介绍如下。

(1) 集体分配法的原理及例题。为了说明的方便，先从一个简单的例子（见图10-19）说起。图中有这样的一个结点A，它的邻点1和2也是分配点，但1和2的外邻点不再是分配点。设在点A有外力矩M_A，若用普通力矩分配法计算则应按表10-14所示步骤进行：

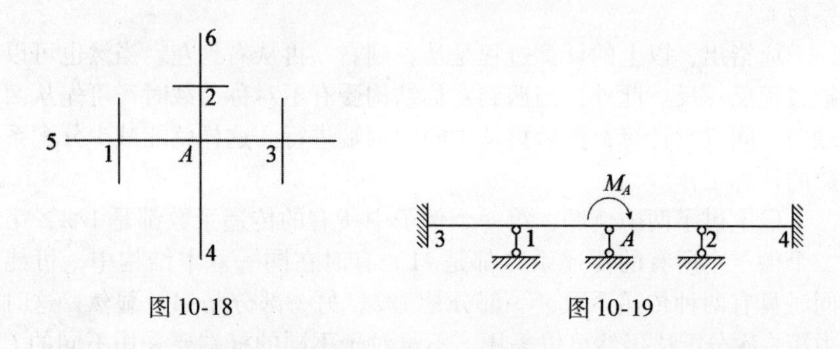

图10-18　　　　图10-19

首先在A点分配，再在A点的邻点分配，一直这样重复下去。而且每轮分配都是运用相同的分配系数及相同的传递系数，进行着性质相同的运算。若设法将性质相同的运算归并起来，进行一次总的计算，则能使计算过程缩短。为了归并A点的分配过程，首先需要把过程中A点先后遇到的不平衡力矩（分配的对象）的总和找出：首先有不平衡力矩$-M_A$，在A的邻点分配后第一次传来的不平衡力矩为

$$\left[-\frac{1}{4}\mu_{A1}\mu_{1A}-\frac{1}{4}\mu_{A2}\mu_{2A}\right]M_A=-\sum\frac{1}{4}\mu_{Ai}\mu_{iA}M_A$$

式中$\sum$应包括的项数和在A点相交杆端的数目相同。图10-19中只有两个分配点，一般而论也可有任意多个分配点。标号i表示A的任一邻点。由上式可见，原不平衡力矩$-M_A$，经过一次分配后传回A点的不平衡力矩应乘以系数$\sum\frac{1}{4}\mu_{Ai}\mu_{iA}$，把这个新的不平衡力矩$-\sum\frac{1}{4}\mu_{Ai}\mu_{iA}M_A$当作出发点再经过一轮同样的分配后，传回来的力矩也应按同一系数计算。因而，第二次传回A点的不平衡力矩应为

表 10-14

杆端	31	13	1A	A1	A2	2A	24	42
普通分配系数		μ_{13}	μ_{1A}	μ_{A1}	μ_{A2}	μ_{2A}	μ_{24}	
M_F				$-M_A$				
在 A 点分配			$\frac{1}{2}\mu_{A1}M_A$ ←	$\mu_{A1}M_A$	$\mu_{A2}M_A$ →	$\frac{1}{2}\mu_{A1}M_A$		
在邻点分配	$\frac{-1}{4}\mu_{A1}\mu_{13}M_A$ ←	$\frac{-1}{2}\mu_{A1}\mu_{13}M_A$	$\frac{-1}{2}\mu_{A1}\mu_{1A}M_A$ →	$\frac{-1}{4}\mu_{A1}\mu_{1A}M_A$	$\frac{-1}{4}\mu_{A2}\mu_{2A}M_A$ ←	$\frac{-1}{2}\mu_{A2}\mu_{2A}M_A$	$\frac{-1}{2}\mu_{A2}\mu_{2A}M_A$ →	$\frac{-1}{4}\mu_{A2}\mu_{24}M_A$

$$-\left[\sum\frac{1}{4}\mu_{Ai}\mu_{iA}\right]^{2}M_{A}$$

同理，第三次传回 A 点的不平衡力矩应为

$$-\left[\sum\frac{1}{4}\mu_{Ai}\mu_{iA}\right]^{3}M_{A}$$

其余类推。

可见，A 点总不平衡力矩应为下列无穷级数的和

$$-\left\{1+\sum\frac{1}{4}\mu_{Ai}\mu_{iA}+\left[\sum\frac{1}{4}\mu_{Ai}\mu_{iA}\right]^{2}+\left[\sum\frac{1}{4}\mu_{Ai}\mu_{iA}\right]^{3}+\left[\sum\frac{1}{4}\mu_{Ai}\mu_{iA}\right]^{4}+\cdots\right\}M_{A}=\left[\frac{1}{1-\sum\frac{1}{4}\mu_{Ai}\mu_{iA}}\right](-M_{A})$$

A 点总不平衡力矩之和等于原不平衡力矩乘以系数

$$\left[\frac{1}{1-\frac{1}{4}\sum\mu_{Ai}\mu_{iA}}\right]$$

这个系数称做集体分配系数，以后用记号 G 代表它，即

$$G=\frac{1}{1-\frac{1}{4}\sum\mu_{Ai}\mu_{iA}}\tag{10-13}$$

这样，将 A 点原有的不平衡力矩（可能是正的，也可能是负的）乘以集体分配系数，即得总的不平衡力矩。将该总不平衡力矩改变正负号，在 A 点作一次总的分配，就把普通分配法在 A 点的所有分配过程都概括了。这一过程叫做在 A 点进行集体分配。A 点称为集体分配点，从 A 点向外传的过程也是很容易总结的，只要将集体分配力矩乘以传递系数传至邻点，这样就把 A 点向外传递的过程概括了。

在邻点的分配过程如何归并呢？首先也需要求出在普通过程中邻点的总不平衡力矩。我们知道，邻点本无不平衡力矩（题设条件），所有不平衡力矩都是从 A 点传来的，故邻点总不平衡力矩就是在 A 点集体分配后从 A 点传来的力矩。所以若把传来的力矩变号，在邻点进行普通分配，这样就等于把邻点的分配过程概括了。分配以后再传递出去，就等于把邻点的传递过程概括了。总之，集体分配法的计

算过程可归纳如下：

将 A 点的原不平衡力矩乘以 A 点的集体分配系数变号分配，并传至邻点。然后在各邻点进行普通分配和传递。最后将各纵行力矩加起来，即得各杆端总力矩值。

以上的论证是假定只在结点 A 处有不平衡力矩。但在一般荷载作用下，其他点往往也同时产生不平衡力矩。这时，应首先作一些准备运算，使问题变成上述情形，然后再用上述的办法进行集体分配。准备运算是容易完成的，只要在 A 点的邻点首先进行普通力矩分配就可以了，因为这样就能将邻点的不平衡力矩取消而使不平衡力矩均集中在 A 点。集体分配法表格的开头和结尾，与普通分配法相同，所不同的只在于中间的计算过程被缩短了。

最后再把集体分配系数公式（10-13）中计算 $\sum \frac{1}{4}\mu_{Ai}\mu_{iA}$ 应注意的问题说一说，$\sum$ 包括的项数应和在 A 点相交的杆件数相同，每一项对应于一根杆件。不过，若有些杆件其一端不是分配点时，则 μ_{iA} 应取零值。比如，当其一端是固定端时或是铰支端时，或是可移动不可转动的支承端时，均应将 μ_{iA} 取零值代入公式。

【例 10-9】 试用集体分配法计算如图 10-20（a）所示结构。

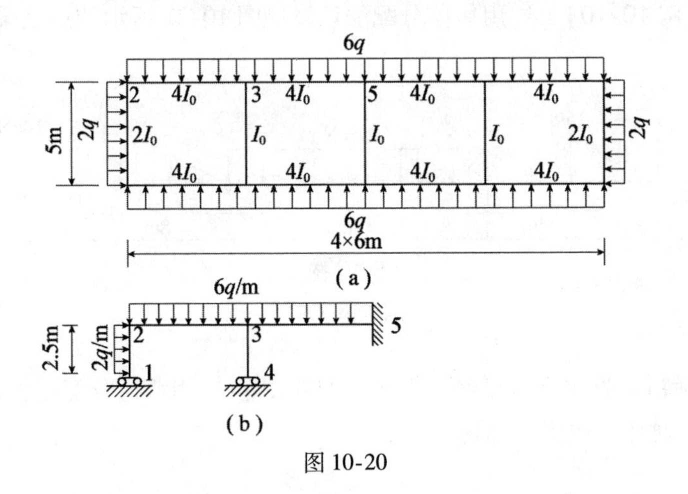

图 10-20

【解】 利用对称性，取出四分之一的简图［见图 10-20（b）］进行计算。先列一个和普通分配法相同的表格，如表 10-15 所示。图中 2 或 3 点均合乎前述集体分配点的条件，现取 3 点作集体分配点。集体分配系数按公式（10-13）计算

$$G_3=\frac{1}{1-\frac{1}{4}(\mu_{32}\mu_{23}+\mu_{35}\mu_{53}+\mu_{34}\mu_{43})}$$

$$=\frac{1}{1-\frac{1}{4}(0.465\times 0.769+0.465\times 0+0.070\times 0)}=1.099$$

式中，μ_{43} 及 μ_{53} 应等于零，这是因为 4 及 5 点都不是分配点，故不能有力矩传至 3 点。

计算过程是首先在 3 点的邻点 2 进行普通分配，以集中不平衡力矩于 3 点。然后，将 3 点的不平衡力矩（18.00－18.00+5.31）乘集体分配系数 1.099 变号后进行集体分配。传至其他点 4、5 及其邻点 2，再在邻点 2 进行普通分配并传递，即完成了集体分配的过程。在 3 点集体分配后不要画横线，等再传回后再画横线，因为传回后，3 点才平衡。将各纵行总和起来即得各杆端力矩的答案。

【例 10-10】 试用集体分配法计算如图 10-21 所示的连续梁。

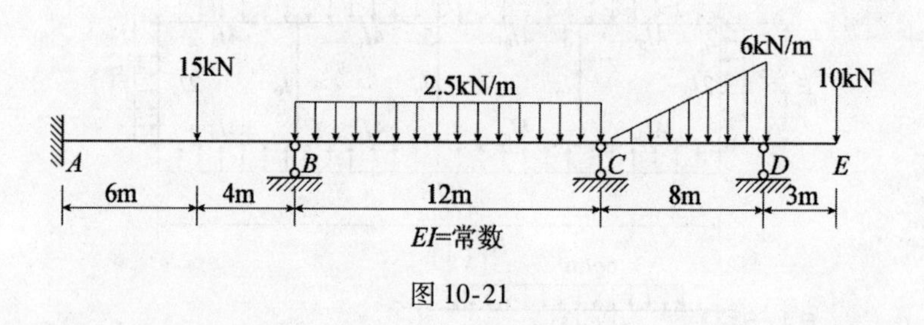

图 10-21

【解】 这个例子已经在前边（见图 10-4）用普通分配法算过了。现为了对比，故仍采用这个例题。

表 10-15

杆端	12	21	23	32	34	35	53	43
劲度		$\frac{2EI}{2.5}$	$\frac{16EI}{6}$	$\frac{16EI}{6}$	$\frac{EI}{2.5}$	$\frac{16EI}{6}$		
μ 3 点集体分配系数 G_3		[0.231]	[0.769]	[0.465]	[0.070] [1.099]	[0.465]		
M_F/q	2.08	4.17	-18.00	18.00		-18.00	18.00	
在 3 的邻点普通分配	-3.20←	— 3.20	10.63 —→	5.31				
在 3 点集体分配			-1.35←—	-2.71	-0.41	-2.71 —	→-1.35	0.41
在 3 的邻点普通分配	-0.31←	— 0.31	1.04 —→	0.52				
杆端力矩	-1.43q	7.68q	-7.68q	21.12q	-0.41q	-20.71q	16.65q	0.41q

计算时首先列一个和普通分配法相同的表格，如表 10-16 所示。

表 10-16

杆　端	AB	BA	BC	CB	CD	DC	DE
普通分配系数 μ		$\left[\frac{6}{11}\right]$	$\left[\frac{5}{11}\right]$	$\left[\frac{8}{17}\right]$	$\left[\frac{9}{17}\right]$	[1]	[0]
C 点集体分配系数 G_C				[1.0565]			
M_F	-14.4	21.6	-30	30	-12.8	19.2	-30
在 C 的邻点分配	2.29 ←	— 4.58	3.82 —	→ 1.91	5.4 ←	—10.8	0
在 C 点集体分配			-6.09 ←	— -12.18	-13.71		
在 C 的邻点分配	1.66 ←	— 3.32	2.77 —	→ 1.38			
杆端力矩	-10.45	29.50	-29.50	21.11	-21.11	30	-30

前述曾经在解图 10-4 时介绍过，D 点不打算当分配点，在那里仅仅固定一次，是为了求固定端力矩的方便。取消后，当在其他点分配时，这里就当铰支端了。因此，关于这个例子的集体分配点的选择，B 或 C 点都是可以的，因为 D 点不当分配点。B 点以右只有一个分配点，B 点以左是端点，故 B 点合乎前述集体分配点的条件。同样，C 点也合乎前述的条件。现在任选其中的一个，比如 C 点。C 点的集体分配系数为

$$G=\frac{1}{1-\frac{1}{4}(\mu_{CB}\mu_{BC}+\mu_{CD}\mu_{DC})}$$

$$=\frac{1}{1-\frac{1}{4}\left(\frac{8}{17}\times\frac{5}{11}+\frac{9}{17}\times 0\right)}=1.0565$$

式中 $\mu_{DC}=0$，是因为在 C 点分配时已把 D 点当铰支端，D 点既不当分配点，故不可能再有力矩传到 C 点来，至于表中 $\mu_{DC}=1$，是仅仅为了计算固端力矩用的。

（2）以上集体分配系数的推导系按传递系数等于 $\frac{1}{2}$ 的情形而

论。假若在图 10-19 中，点 A 和邻点之间传递系数是-1，则上述的集体分配系数的推导过程仍然有效，只需将传递系数 $\frac{1}{2}$ 改成-1 就可以了。这样 A 点不平衡力矩的总和将为

$$-\{1+\sum\mu_{Ai}\mu_{iA}+[\sum\mu_{Ai}\mu_{iA}]^2+[\sum\mu_{Ai}\mu_{iA}]^3+\cdots\}M_A$$

$$=\frac{1}{1-\sum\mu_{Ai}\mu_{iA}}(-M_A)$$

故集体分配系数的公式应为

$$G_A=\frac{1}{1-\sum\mu_{Ai}\mu_{iA}} \tag{10-14}$$

又假若图 10-19 中，点 A 和邻点 1 之的的传递系数是 $\frac{1}{2}$，则 A 和邻点 2 之间的传递系数是-1，则 A 点不平衡力矩的总和将为

$$-\left\{1+\left[\frac{1}{4}\mu_{A1}\mu_{1A}+\mu_{A2}\mu_{2A}\right]+\left[\frac{1}{4}\mu_{A1}\mu_{1A}+\mu_{A2}\mu_{2A}\right]^2+\cdots\right\}M_A$$

$$=\frac{1}{1-\left[\frac{1}{4}\mu_{A1}\mu_{1A}+\mu_{A2}\mu_{2A}\right]}(-M_A)$$

故集体分配系数的公式应为

$$G_A=\frac{1}{1-\left[\frac{1}{4}\mu_{A1}\mu_{1A}+\mu_{A2}\mu_{2A}\right]}$$

一般而论，集体分配系数公式的普遍形式应为

$$G_A=\frac{1}{1-\sum C_{Ai}C_{iA}\mu_{Ai}\mu_{iA}} \tag{10-15}$$

式中 C_{Ai} 及 C_{iA} 代表 A 和邻点 i 之间的传递系数。

【例 10-11】 试用集体分配法计算如图 10-22（a）所示的刚架。

【解】 利用对称性可取简图的一半［见图 10-22（b）］进行计算，如表 10-17 所示。在 B 及 C 两点中任取其一，比如 C 点，当作集体分配点。根据表 10-17 中的分配系数并根据传递系数是-1得

$$G_C=\frac{1}{1-(\mu_{CB}\mu_{BC}+\mu_{CG}\mu_{GC})}=\frac{1}{1-\left(\frac{1}{7}\times\frac{1}{8}+\frac{6}{7}\times 0\right)}=1.018$$

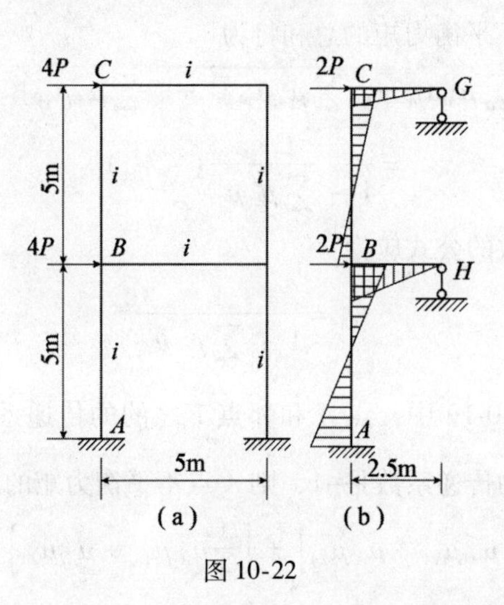

图 10-22

表 10-17

杆端	AB	BA	BH	BC	CB	CG
相对劲度		i	$6i$	i	i	$6i$
μ 集体分配系数		$\left[\frac{1}{8}\right]$	$\left[\frac{6}{8}\right]$	$\left[\frac{1}{8}\right]$	$\left[\frac{1}{7}\right]$	$\left[-\frac{6}{7}\right]$ [1.018]
M_F/P	−10	−10		−5	−5	
集中不平衡力矩于 C 点	−1.875 ←	— 1.875	11.25	1.875 —	→ −1.875	
在 C 点集体分配				−1 ←	— 1	6
在 C 的邻点分配	−0.125 ←	— 0.125	0.75	0.125 —	→ −0.125	
杆端力矩	$-12P$	$-8P$	$12P$	$-4P$	$-6P$	$6P$

（3）对于有些结构（如图 10-23），分配结点较多，因而在其中找不到一个满足以前所述条件的集体分配点。这时可选择多个集体分配点（如可选 3 及 5 点都当作集体分配点），用普通分配法在非集体分配点进行分配，以集中不平衡力矩于 3 及 5 点，然后进行集体分配。在 3 点进行集体分配时，把 5 点当作固定点，再在 5 点进行集体分配时，把 3 点当作固定点。这样两次集体分配后，首先进行了集体分配的 3 点将仍有不平衡力矩，若这个不平衡力矩很小，用普通分配法平衡一下就算了；若该不平衡力矩较大，则在 3 点仍需进行集体分配。这时 5 点又有不平衡力矩，再在 5 点普通分配（力矩小时）或集体分配（力矩大时）。总之，若进行精确计算，需在 3 和 5 点轮流集体分配。若只需近似值，只要依次在 3 及 5 点进行集体分配，再在 3 点普通分配或集体分配一次就行了。对图 10-23 所示的结构具体计算，如表 10-18 所示。

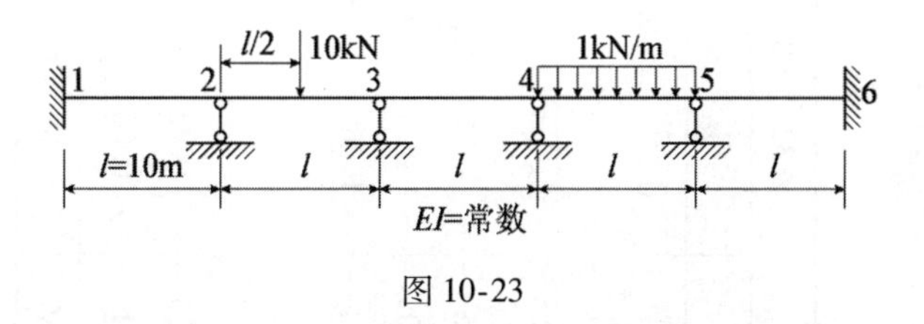

图 10-23

表 10-18 中集体分配系数的计算

$$G_3=\frac{1}{1-\frac{1}{4}(\mu_{32}\mu_{23}+\mu_{34}\mu_{43})}=\frac{1}{1-\frac{1}{4}(0.5\times0.5+0.5\times0.5)}=1.142$$

$$G_5=\frac{1}{1-\frac{1}{4}(\mu_{54}\mu_{45}+\mu_{53}\mu_{35})}=\frac{1}{1-\frac{1}{4}(0.5\times0.5+0.5\times0)}=1.068$$

在表中，最后一次在 4 点分配时，本应再传至 5 点，但我们并没有这样作，因为影响已经不大了。

表 10-18

杆端	12	21	23	32	34	43	45	54	56	65
劲度		$4i$	$4i$	$4i$	$4i$	$4i$	$4i$	$4i$	$4i$	
μ 集体分配系数		[0.5]	[0.5]	[0.5] [1.142]	[0.5]	[0.53]	[0.5]	[0.5] [1.068]	[0.5]	
M_F			-12.5	12.5			-8.33	8.33		
在 2、4 点分配	3.12 ←	— 6.25	6.25 —→	3.12	2.08 ←	— 4.17	4.17 —→	2.08		
在 3 点集体分配			-5.05←—	-10.1	-10.1 —→	-5.05				
在 5 点集体分配	1.26 ←	— 2.53	2.53 —→	1.26	1.26 ←	— 2.52	2.52 —→	1.26		
							-3.11 ←—	-6.23	-6.23 —→	-3.11
在 3 点集体分配					0.78 ←	— 1.56	1.56 —→	0.78		
			-0.23←—	-0.45	-0.45 —→	-0.23				
	0.06 ←	— 0.11	0.11 —→	0.06	0.06 ←	— 0.11	0.11			
杆端力矩	4.44	8.89	-8.89	6.38	-6.37	3.08	-3.08	6.22	-6.23	-3.11

（4）对于封闭式刚架（有些杆子形成连通格子），虽然不能直接采用集体分配法，但把它当做计算工具的一部分仍然是很方便的。以图 10-24 为例，其中各分配点互相连通，将有循环的传递影响，所以不能直接采用集体分配法。但若在其中选择两个集体分配点，如 2 和 4 点，在其任一点集体分配时，另一点当作固定，这样即相当于是敞口式的。在 2 及 4 点轮流进行若干次集体分配，即可得最后答案。

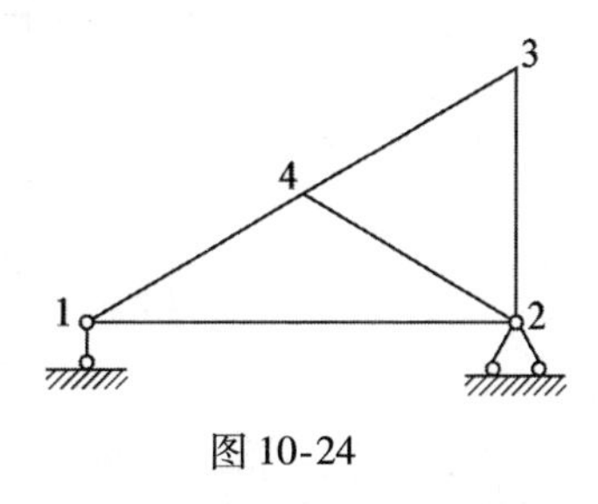

图 10-24

10.7　有结点线位移的刚架计算　附加链杆法

力矩分配法的推导，是以没有结点线位移未知数为前提的，所以，对于有结点线位移未知数的结构，不能直接采用。以前有人引入剪力分配的概念即和逐渐否定附加刚臂的方法类似地去逐渐否定附加链杆。但这种方法往往收敛较慢，采用的人并不很多。现在介绍一个以位移法的思路为主，以力矩分配法为辅的方法［以图 10-25（a）为例］。

取位移法的基本结构时，仅仅在 4 点用一个附加链杆，各结点处并不用附加刚臂，这是和普通位移法不同的地方。也就是说，现在取的基本结构是无结点线位移未知数的结构，对于这种基本结构，用力矩分配法已经很好地掌握了其一切运算。这样相应的未知数仅仅只有一个线位移，记作 Δ_1，成立法方程

$$\Delta_1 r_{11} + R_{1P} = 0$$

为了求系数和自由项，需要作出单位弯矩图 M_1 及荷载弯矩图 M_P。作这些图时，可用力矩分配法或集体分配法作为有力的工具。现在列出力矩分配表 10-19。其中，选 2 点作为集体分配点，集体分配系数为

$$G_2 = \frac{1}{1 - \frac{1}{4}(0.5 \times 0.33 + 0.5 \times 0.33)} = 1.091$$

根据表 10-19 中的 M_P 及 $\overline{M}_1$ 值可分别作出两个弯矩图［见图

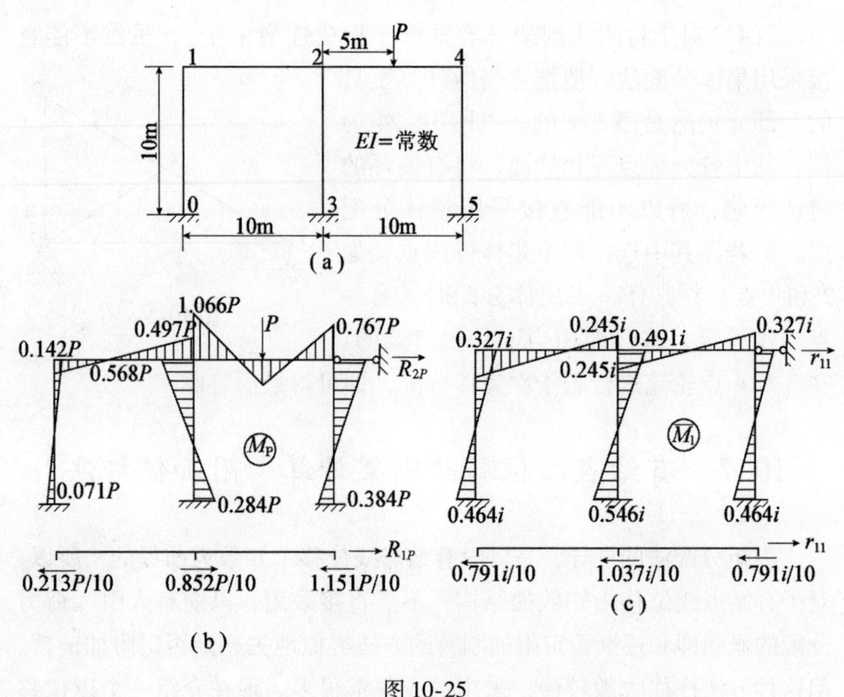

图 10-25

10-25（b）、(c)]。利用这两个图的平衡条件可以求得

$$R_{1P}=\frac{0.512P}{10}$$

$$r_{11}=\frac{2.619i}{10}$$

代入法方程得

$$\Delta_1=\frac{-0.512P}{2.619i}=-0.195\frac{P}{i}$$

按下式叠加即可得总弯矩图

$$M=\overline{M}_1\Delta_1+M_P$$

上述方法称为附加链杆法，因为在取位移法基本结构时，仅仅用附加链杆而得名。这个方法可预先消除任何有结点线位移刚架中的角位移未知数。

表 10-19

杆　端	01	10	12	21	23	24	42	45	54	32
μ G_2		[0. 5]	[0. 5]	[1/3]	[1/3] [1. 091]	[1/3]	[0. 5]	[0. 5]		
外力产生的 M_F/P	 -0. 071 ←	 — -0. 142	 0. 284 ← -0. 142 —	 — 0. 568 → -0. 071	 0. 568 	-1. 25 -0. 313 ← 0. 568 — -0. 071 ←	1. 25 — -0. 625 → 0. 284 — -0. 142	 -0. 625 — -0. 142 —	 → -0. 313 → -0. 071	0. 284
M_P	-0. 071P	-0. 142P	0. 142P	0. 497P	0. 568P	-1. 066P	0. 767P	-0. 767P	-0. 384P	0. 284P
$\Delta_1=1$ 产生的 M_F/i	-0. 6 0. 15 ← -0. 014 ←	-0. 6 — 0. 3 — -0. 027	 0. 3 — 0. 054 ← -0. 027 —	 → 0. 15 — 0. 109 → -0. 014	-0. 6 0. 109 	 0. 15 ← 0. 109 — -0. 014 ←	 — 0. 3 → 0. 054 — -0. 027	-0. 6 0. 3 — -0. 027 —	-0. 6 → 0. 15 → -0. 014	-0. 6 0. 054
$\overline{M}_1$	-0. 464i	-0. 327i	0. 327i	0. 245i	-0. 491i	0. 245i	0. 327i	-0. 327i	-0. 464i	-0. 546i

习　题

10-1　试用力矩分配法计算如图 10-26 ~ 图 10-28 所示结构，并作出 M、Q、N 图。

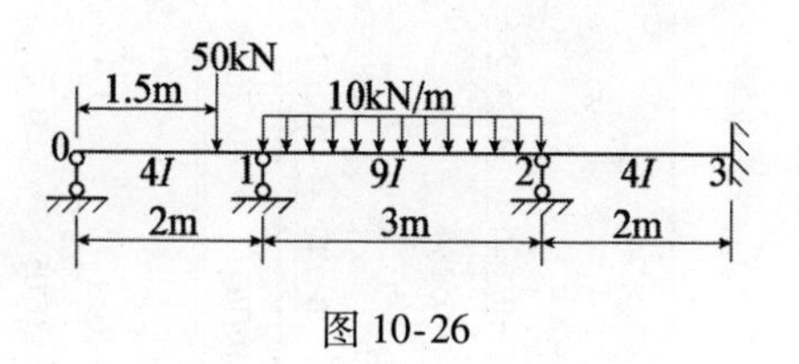

图 10-26

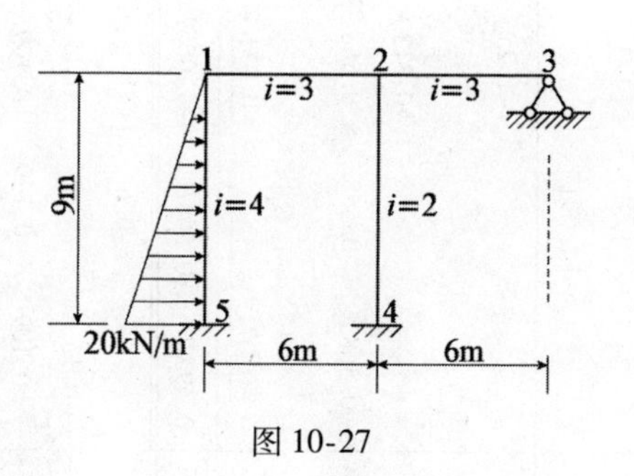

图 10-27

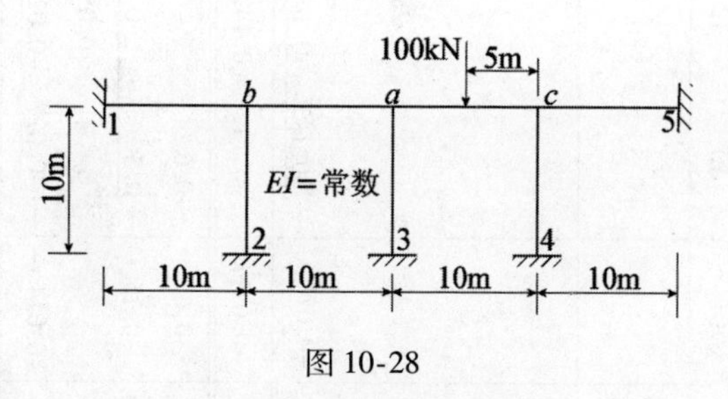

图 10-28

10-2　试用一次分配法计算如图 10-29 及图 10-30 所示结构。

10-3　试用无剪力分配法计算如图 10-31 所示结构。

10-4　试用集体分配法计算如图 10-31 ~ 图 10-33 所示结构。

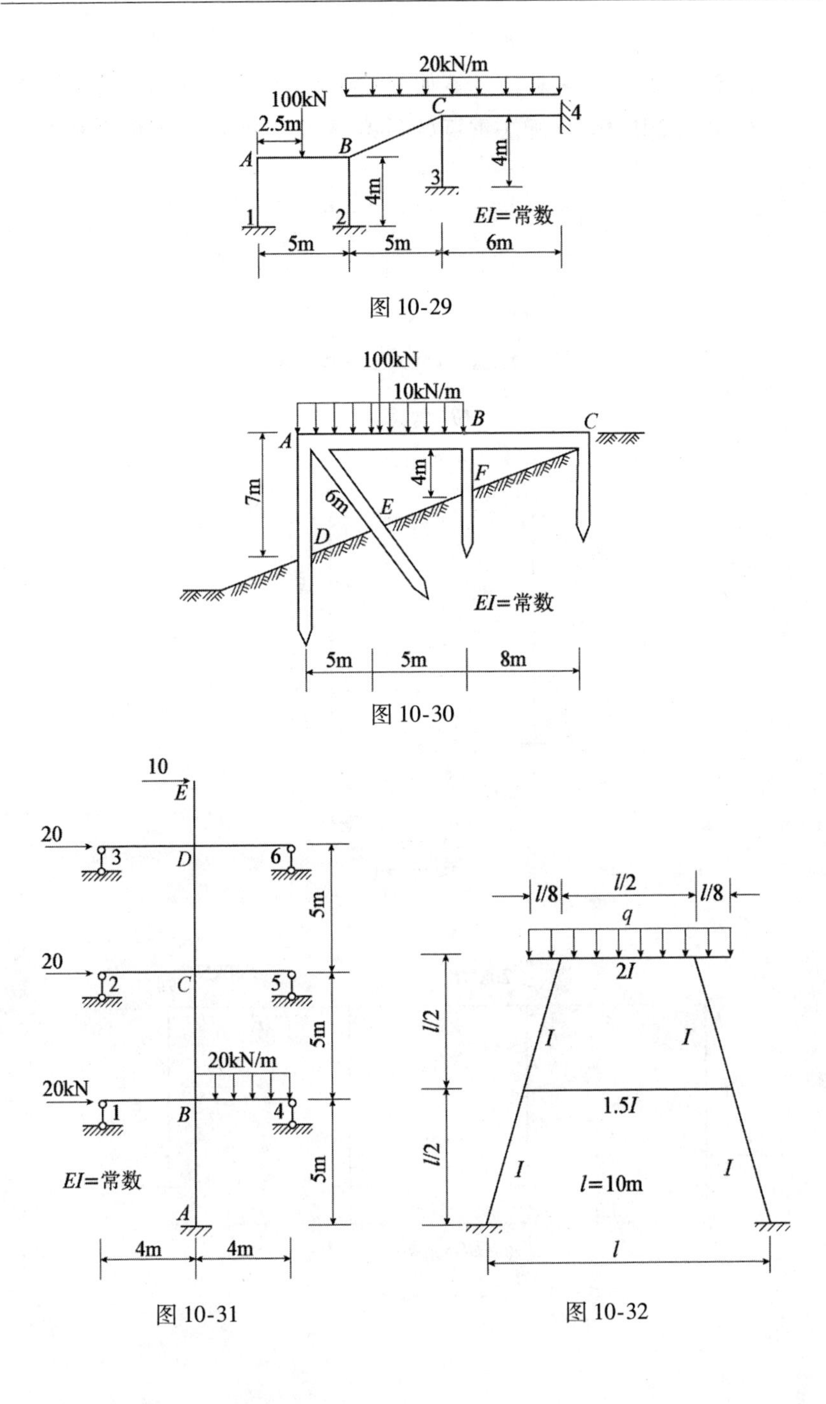

图 10-29

图 10-30

图 10-31

图 10-32

10-5　试用附力链杆法计算如图 10-34 及图 10-35 所示结构。

10-6　试用力矩分配法重算如图 9-48 及图 9-49 所示的刚架。

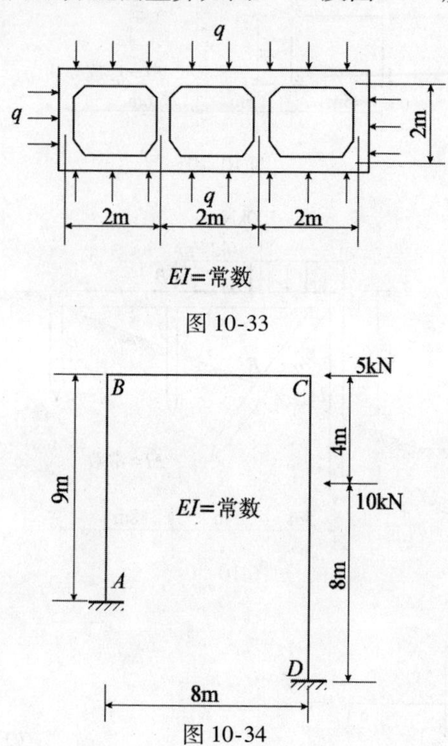

图 10-33

图 10-34

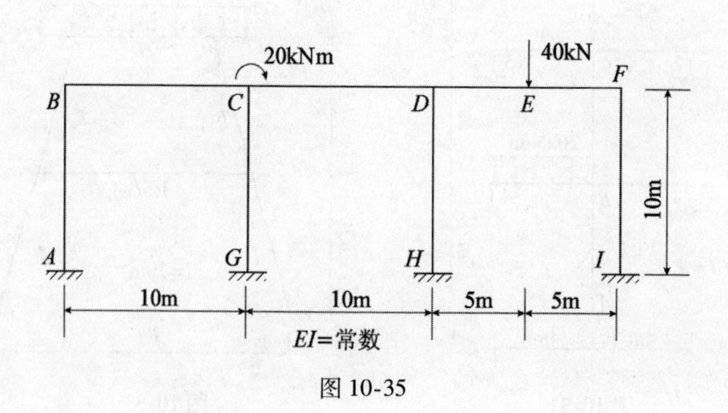

图 10-35

第 11 章　结构的稳定计算

11.1　一 般 介 绍

在结构设计中，对于某些结构只进行强度计算而不进行稳定计算是不够的。例如细长的杆件和比较薄的板和壳等，当荷载达到某一临界值时，临界压力还没有超过允许压力，然而变形已使结构不能维持原有的形状，发生新的变形形式（第一类稳定问题），或在原有变形形式上变形迅速增加（第二类稳定问题），结构因丧失稳定而遭致破坏，因此与强度问题同时存在的还有稳定问题。历史上由于稳定问题而造成的事故已有不少，如桥梁倒毁，起吊桁架失稳等。因此，研究稳定问题具有很重要的意义。

在材料力学中已介绍了压杆的稳定计算。除了压杆的稳定问题以外，还有刚架、拱、圆环、薄壳以及板等的稳定问题，如图 11-1（a）所示的刚架，当荷载达到临界荷载以前，只有一杆是中心受压，其他杆不受力，达到临界荷载 P_{kp} 以后，刚架发生弯曲而丧失稳定。如图 11-1（b）所示荷载小于临界荷载以前是中心受压的圆环，达到临界荷载以后，圆环变成椭圆形。如图 11-1（c）所示荷载小于临界荷载以前是中心受压的抛物线拱，达到临界荷载以后，发生两个半波形的弯曲拱。图 11-1（d）及（e）是板和壳的稳定问题，荷载在临界荷载以前均是直线形状，达到临界荷载以后均发生弯曲，甚至形成几个波形的弯曲。本章只讲述刚架、圆环、拱以及一些杆件的稳定问题，至于板和壳的稳定问题，因为牵涉到弹性理论问题，本章不作介绍。本章叙述的稳定问题都是在弹性限度以内的问题，且丧失稳定前后是两个变形状态（如由直线到弯曲）的欧拉稳定问题（第一类稳定问题）。

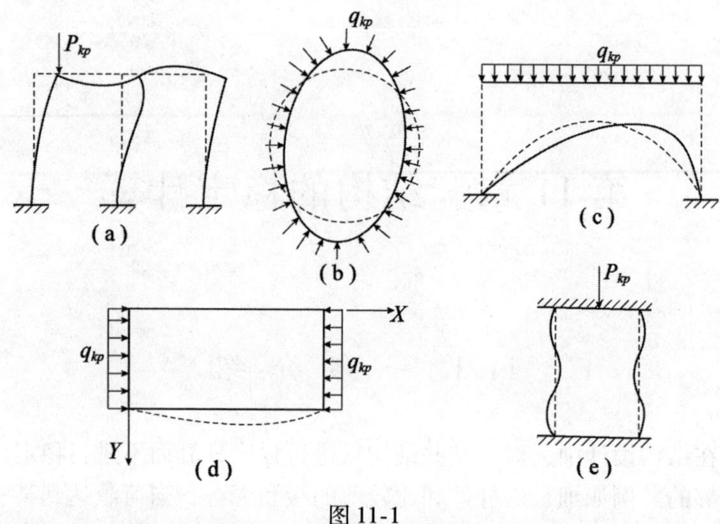

图 11-1

稳定计算在飞机、船舶、桥梁以及薄壳的房屋结构方面用得比较广泛，因为这些结构大多是比较薄或者是细长的结构，因此稳定计算与强度计算是同等重要的。在水工结构方面也遇到一些稳定计算问题，如支墩坝的薄而高的肋墩、大型薄壁管道、跨越山谷的高架渡槽的结构物如支架或支拱以及其他结构物等，如图 11-2 所示。所以在

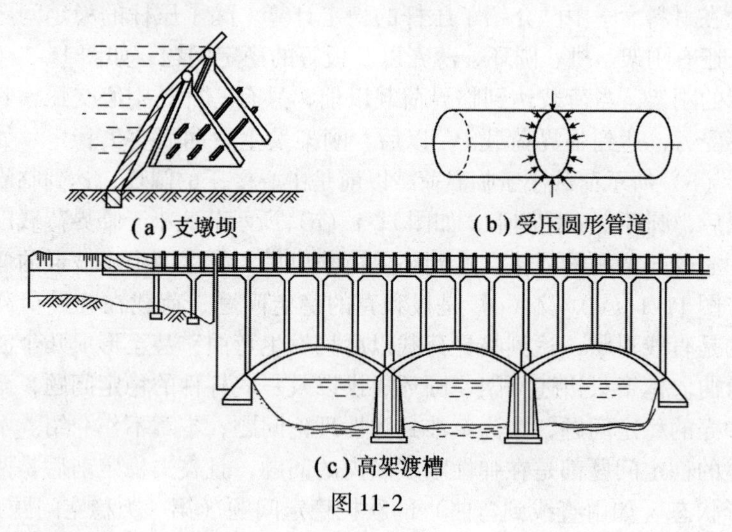

图 11-2

水工结构中，虽然一些大型块体结构不需要进行弹性稳定计算，但其中的一些轻型结构的稳定却是必须考虑的问题。

11.2　稳定计算的一般方法

结构丧失稳定时，结构的变形从原来的状态向新的平衡形式急剧转变，这种维持结构原来的变形状态的极限荷载称为临界荷载。刚要丧失稳定的结构状态称为临界状态。当临界荷载减少或增加，结构即处于稳定或不稳定的平衡状态。一般求临界荷载的方法有静力法和能量法。

11.2.1　静力法

用静力学的方法计算结构的稳定称为静力法。静力法系假定弹性结构在临界荷载作用下，结构的变形状态与原来的形状有微小位移的差异，这个微小位移的差异引起新的变形状态。结构在新的变形状态下维持稳定平衡。位移微小时，可以用近似的线性微分方程式作为挠度的微分方程式。挠度方程式连同边界条件可以组成线性齐次方程组，线性齐次方程式的数目等于微分方程式的积分常数（或称为参数）的数目。齐次方程式的特征在于方程不是具有唯一的解答。有一组解答是所有积分常数均为零，这相当于结构没有变形的状态，这不是我们所要讨论的。为了符合在丧失稳定时产生新的变形（弯曲）的条件，那么齐次线性方程组的常数不全等于零，这个条件由未知数前的系数 α 所组成的行列式等于零来实现，即

$$D(\alpha)=0 \tag{11-1}$$

这个方程式称为静力法的稳定特征方程式，或简称稳定方程式。根据特征方程式可以求得临界荷载 P_{kp}。同时这个特征方程式与变形的形状有关，与变形的绝对值无关。

现举一杆件的例子详细说明于下。至于用静力法计算刚架、拱、圆环及其他杆件的稳定计算，详见以后各节。

图 11-3 为两端铰支压杆，在临界荷载作用下，略呈弯曲，根据

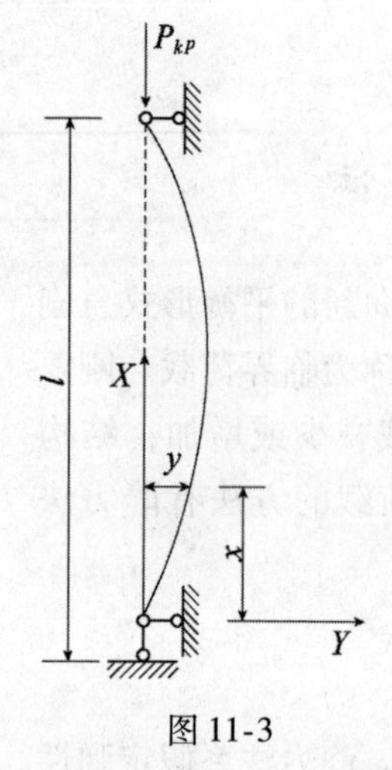

图 11-3

材料力学有

$$EIy'' = -M$$

$$M = Py$$

令 $$k = \sqrt{\frac{P}{EI}} \tag{11-2}$$

则得 $$y'' + k^2 y = 0$$

这个微分方程式的通解为

$$y = A\cos kx + B\sin kx$$

边界条件：$x=0$，$y=0$；$x=l$，$y=0$，分别代入通解得

$$A = 0$$

$$A\cos kl + B\sin kl = 0 \tag{1}$$

根据丧失稳定时有弯曲，那么 A 和 B 不能同时为零。因此式（1）的系数行列式应该为零，即

$$\begin{vmatrix} 1 & 0 \\ \cos kl & \sin kl \end{vmatrix} = 0$$

因此得稳定方程式 $$\sin kl = 0$$

这个方程式的最小根为 $kl = \pi$，$k = \frac{\pi}{l}$，代入式（11-2）得

$$P_{kp} = \frac{\pi^2 EI}{l^2} = \frac{9.87EI}{l^2} \tag{11-3}$$

11.2.2 能量法

利用功能原理计算结构的稳定称为能量法。先就刚体小球的稳定或不稳定平衡的能量特征说明于下，如图 11-4 所示。

如图 11-4（a）所示小球置于向上凹的曲面体内，若给小球微小偏离，小球仍能回到原来的位置。小球的位置是稳定平衡的，微小偏离均使位能增加，因此小球位置的位能是最小的。如图 11-4（b）所示小球置于平面上，小球在任何位置均是稳定平衡的，因此称为随遇

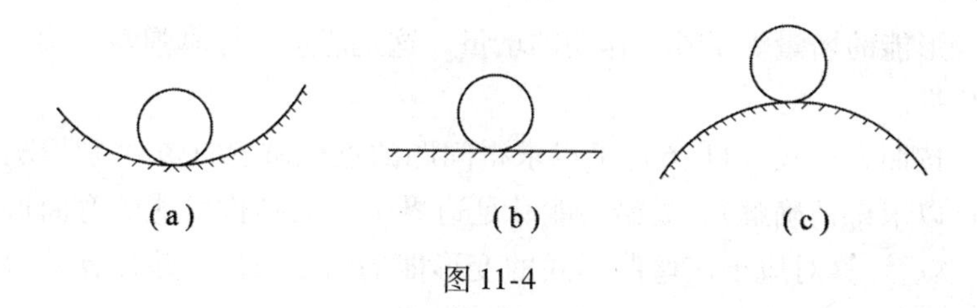

图 11-4

平衡。如图 11-4（c）所示小球置于向下凹的曲面上，若有微小的偏离，小球就不能回到原来的位置，是不稳定的平衡。微小偏离均使小球的位能减少，因此小球在顶点的位能是最大的。弹性结构的稳定或不稳定的能量特征也有上述的性质，若给以微小的偏离，体系的位能增加，则平衡形状是稳定的。反之，若位能减少，则原来的平衡是不稳定的。若从原来的平衡位置给以微小的偏离，位能维持不变，则是相当于临界状态。现从两个变形状态的能量改变来讨论。设 U 为弹性结构的变形位能，T 为外力所作的功，结构的位能以 Π 表示，则

$$\Pi = U - T \tag{11-4}$$

取增量的形式则为

$$\Delta\Pi = \Delta U - \Delta T \tag{11-5}$$

式中：ΔU ——结构离开平衡状态所产生的变形位能的增量；

ΔT ——发生偏离时外力作功的增量。

对于稳定状态

$$\Delta\Pi = \Delta U - \Delta T > 0$$

即结构的变形能的增量大于外力作功的增量，内部抵抗足以使结构恢复原状。

对于不稳定状态

$$\Delta\Pi = \Delta U - \Delta T < 0$$

即外力作功的增量大于变形能的增量，偏离以后，结构不能恢复原状。

对于中性状态或者是临界状态

$$\Delta\Pi = \Delta U - \Delta T = 0$$

因此 $$\Delta U=\Delta T \tag{11-6}$$

即变形能的增量等于外力作功的增量。这是能量法计算弹性结构稳定的依据。

按照方程式（11-6）可以求得问题的近似解答（在个别情况下也可以求得精确解），先给出能满足边界条件的结构可能的弯曲形式 y，然后计算对应于该弯曲形式的变形能的增量 ΔU，并计算外力作功的增量 ΔT，代入式中即可求得临界荷载。这里

$$\Delta T=\sum(X\delta_x+Y\delta_y+Z\delta_z) \tag{11-7}$$

式中 X、Y、Z 为外力在坐标轴上的投影；δ_x、δ_y、δ_z 为微小变形在坐标方向上的投影

$$\Delta U=\sum\frac{1}{2}\int_0^l\frac{M^2\mathrm{d}s}{EI}$$

又 $EIy''=-M$；y 为到达临界状态时的弯曲方程式，代入得

$$\Delta U=\sum\frac{1}{2}\int_0^l EI(y'')^2\mathrm{d}s \tag{11-8}$$

将式（11-7）及式（11-8）代入式（11-6）中即可求得临界荷载 P_{kp}。

能量法计算稳定的优点是不要求解微分方程式，而其缺点在于计算时必须首先假定丧失稳定时的可能变形，如果假设得不合适会引起较大的误差。通常能量法给出较大的临界荷载，因为假设的变形与真实的变形有出入，很难假设出结构具有最小位能的变形曲线，因此这正好像在结构上加有额外的控制一样，较之实际情形更加稳定，所以求得的临界荷载均较大。能量法虽有上述缺点，但还是解决问题的有效方法，在其他方法不能解决的情况下，常能给出较满意的近似解答。

现在用能量法计算任意支承的压杆稳定，如图 11-5 所示。

由前述可知

$$\Delta U=\frac{EI}{2}\int_0^l(y'')^2\mathrm{d}x$$

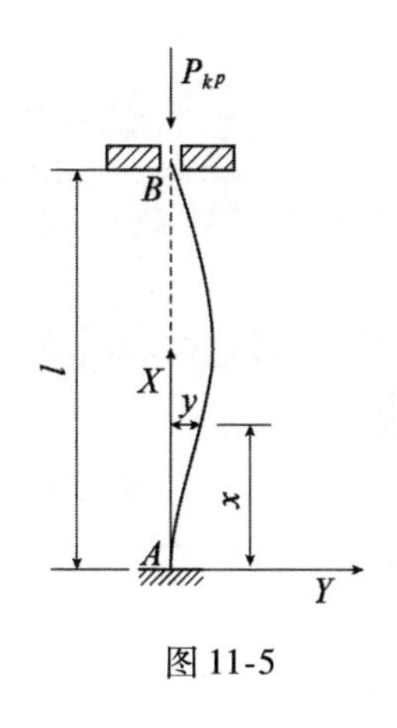

图 11-5

设 P 的作用点下降 δ，那么外力作功的增量为

$$\Delta T = P\delta$$

位移 δ 等于挠度曲线长度与弦长之差。现 $\mathrm{d}s$ 与 $\mathrm{d}x$ 之差为

$$\mathrm{d}s - \mathrm{d}x = \mathrm{d}x\sqrt{1+\left(\frac{\mathrm{d}y}{\mathrm{d}x}\right)^2} - \mathrm{d}x \approx \frac{1}{2}(y')^2\mathrm{d}x$$

故

$$\delta = \frac{1}{2}\int_0^l (y')^2\mathrm{d}x$$

因此
$$\Delta T = \frac{P}{2}\int_0^l (y')^2\mathrm{d}x$$

从原有直线位置转变到弯曲位置，到达临界状态时

$$\Delta U = \Delta T$$

因此
$$P_{kp}\int_0^l (y')^2\mathrm{d}x = \int_0^l \frac{M^2}{EI}\mathrm{d}x = EI\int_0^l (y'')^2\mathrm{d}x$$

$$P_{kp} = \frac{EI\int_0^l (y'')^2\mathrm{d}x}{\int_0^l (y')^2\mathrm{d}x} \tag{11-9}$$

公式（11-9）为常截面任何端支承的压杆稳定的计算公式。作为例子如图 11-3 所示的情况下，设弯曲形式为

$$y = f\sin\frac{\pi x}{l}$$

f 为待定系数。可以看出上式是满足挠度的边界条件的。现将

$$\int_0^l (y'')^2\mathrm{d}x = f^2\frac{\pi^4}{l^4}\int_0^l\left(\sin\frac{\pi x}{l}\right)^2\mathrm{d}x = \frac{f^2\pi^4}{2l^3}$$

$$\int_0^l (y')^2\mathrm{d}x = f^2\frac{\pi^2}{l^2}\int_0^l\left(\cos\frac{\pi x}{l}\right)^2\mathrm{d}x = \frac{f^2\pi^2}{2l}$$

代入式（11-9），得

$$P_{kp}=\frac{\pi^2 EI}{l^2}$$

上式与由静力法所得的结果完全相同，因所假定的弯曲形式是真实的。

能量法还可以计算其他结构的稳定，至于刚架、拱或圆环的稳定计算一般是用静力法，因为变形曲线是不容易假定的。

11.3 直杆的稳定计算

11.3.1 等截面直杆稳定

如图 11-6 所示的五种压杆情形，前四种已在材料力学中讲述过，至于第五种压杆情形，和图 11-6（b）的变形状态相比较，即可求得 P_{kp}。图 11-6（b）所示的状态和图 11-6（e）所示的一半相当，可见若将图 11-6（b）的临界力公式中的全长 l 代以 $l/2$，则即得图 11-6（e)的临界力公式。

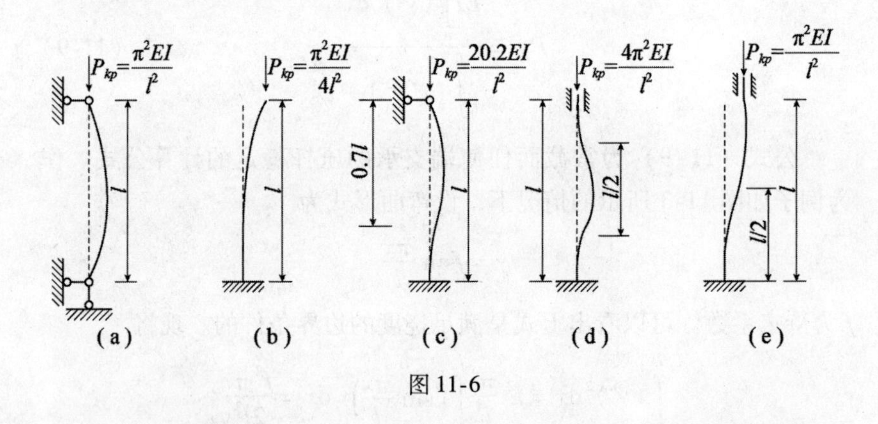

图 11-6

对于等截面压杆的稳定验算，在水工结构设计中也是会遇到的，如闸门桁架中的压杆，各种中心受压的柱子或支撑以及支墩坝中的肋

墩的截条等。对于五种压杆的稳定验算，P_{kp} 可以写成通式为

$$P_{kp} = \frac{\pi^2 EI}{(\mu l)^2}$$

式中：μ ——折算系数。

对于如图 11-6 所示的五种情形，折算系数 μ 分别为 1、2、0.7、0.5、1 等。

11.3.2　等截面直杆在自重作用下以及多个集中荷载作用下的稳定计算

1. 自重作用

如图 11-7 所示，一端固定、一端自由的杆件受到本身自重 q 的作用，若用静力法计算，要解变系数的微分方程式，用贝塞尔函数求解得

$$(ql)_{kp} = \frac{7.83}{l^2}EI \tag{11-10}$$

现用能量法求解，根据约束边界条件设丧失稳定时的弹性曲线方程式为

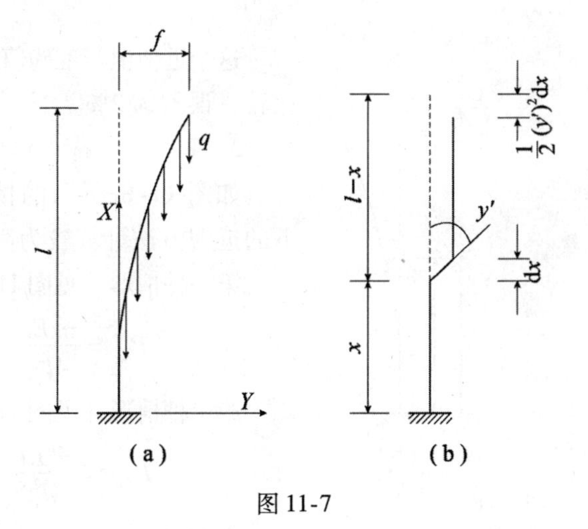

图 11-7

$$y=\frac{fx^2}{2l^2}\left(3-\frac{x}{l}\right)$$

微分得

$$y'=\frac{3fx}{l^2}-\frac{3fx^2}{2l^3}$$

$$y''=\frac{3f}{l^2}-\frac{3fx}{l^3}$$

代入式（11-8）得

$$\Delta U=\frac{EI}{2}\int_0^l(y'')^2\mathrm{d}x=\frac{3f^2EI}{2l^3}$$

由图 11-7（b）可知，在 dx 段上坡度为 y' 时，所有在 dx 段以上（$l-x$）段的自重均在 $\frac{1}{2}(y')^2\mathrm{d}x$ 的位移下作了功，因此

$$\Delta T=\frac{q}{2}\int_0^l(l-x)(y')^2\mathrm{d}x=\frac{3qf^2}{16}$$

根据 $\Delta U=\Delta T$，得

$$(ql)_{kp}=\frac{8EI}{l^2}$$

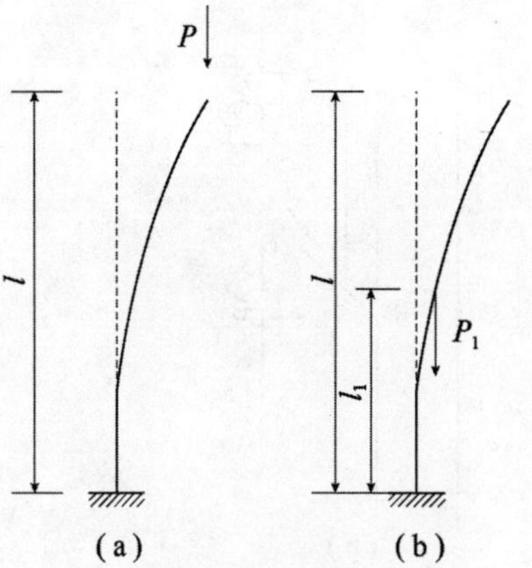

这个近似值与准确值式（11-10）比较，误差为 2%。

2. 多个集中荷载作用

如图 11-8 所示的情况，用以下的近似方法计算较为简捷。

图 11-8

第一种情形［见图 11-8（a）］

$$P_{kp}=\frac{\pi^2EI}{4l^2}$$

第二种情形［见图 11-8（b）］

$$P_{1kp}=\frac{\pi^2EI}{4l_1^2}$$

很明显

$$P_{kp}=\frac{\pi^2EI}{4l_1^2}\left(\frac{l_1}{l}\right)^2=P_{1kp}\left(\frac{l_1}{l}\right)^2=\left[P_1\left(\frac{l_1}{l}\right)^2\right]$$

$$\lambda_{kp}=\frac{\pi^2EI}{4l^2\left[P_1\left(\frac{l_1}{l}\right)^2\right]}$$

式中：λ_{kp} ——临界参数。

如果把上述这两种情形看成是同等稳定，那么作用在上端的临界荷载比作用在 l_1 处的临界荷载小 $(l_1/l)^2$ 倍，因此计算 P_1 的临界值时，可以先将 P_1 乘上 $(l_1/l)^2$ 系数而后迁移到顶点外，再计算顶点的临界荷载。

如果有一系列的外力 P_1、P_2、P_3…作用在不同的高度 l_1，l_2，…处，若以作用在顶点处的力 P 来代替，则其值为

$$P=P_1\left(\frac{l_1}{l}\right)^2+P_2\left(\frac{l_2}{l}\right)^2+\cdots+P_n\left(\frac{l_n}{l}\right)^2=\sum_{i=1}^{i-n}P_i\left(\frac{l_1}{l}\right)^2$$

这个 P 的临界荷载也可以引用临界参数 λ_{kp} 表出，即

$$P_{kp}=\lambda_{kp}P=\lambda_{kp}\sum_{i=1}^{i-n}P_i\left(\frac{l_1}{l}\right)^2$$

同时已知

$$P_{kp}=\frac{\pi^2EI}{4l^2}$$

故

$$\lambda_{kp}=\frac{\pi^2EI}{4l^2\sum_{i=1}^{i-n}P_i\left(\frac{l_1}{l}\right)^2}\tag{11-11}$$

若 λ_{kp} 大于 1，则结构是稳定的。

上述方法也适用在自重作用下的临界荷载计算，把 $q\mathrm{d}x$ 乘上系数 $(x/l)^2$ 后迁移到顶点，现令

$$\mathrm{d}Q=q\mathrm{d}x\left(\frac{x}{l}\right)^2,$$

$$Q=\frac{q}{l^2}\int_0^l x^2\mathrm{d}x=\frac{ql}{3}$$

即把 Q 整个放到杆件的顶点，因此

$$Q_{kp}=\frac{(ql)_{kp}}{3}=\frac{\pi^2 EI}{4l^2}$$

或
$$(ql)_{kp}=\frac{7.4EI}{l^2}$$

这里误差仅5%。

有时计算在自重作用下或多个集中力作用下的稳定，可以粗略地认为都作用在杆件或结构的顶点，算出来的临界荷载如果比实际的荷载大许多倍时，这表示杆件不会失稳，则用不着像上述的近似方法那样将荷载分别乘上系数迁移到顶点。因为把荷载全部作用在杆端求得的临界荷载是比较小的是偏于安全的。

11.3.3 弹性支承杆件的稳定计算

计算如图 11-9（a）所示排架的临界荷载。取计算简图如图 11-9（b)所示 柱 AB 的 B 端具有弹性支承，此支承反映柱 CD 所起的作用，弹性支座的刚度系数 $\bar{k}=3EI_2/l^3$。

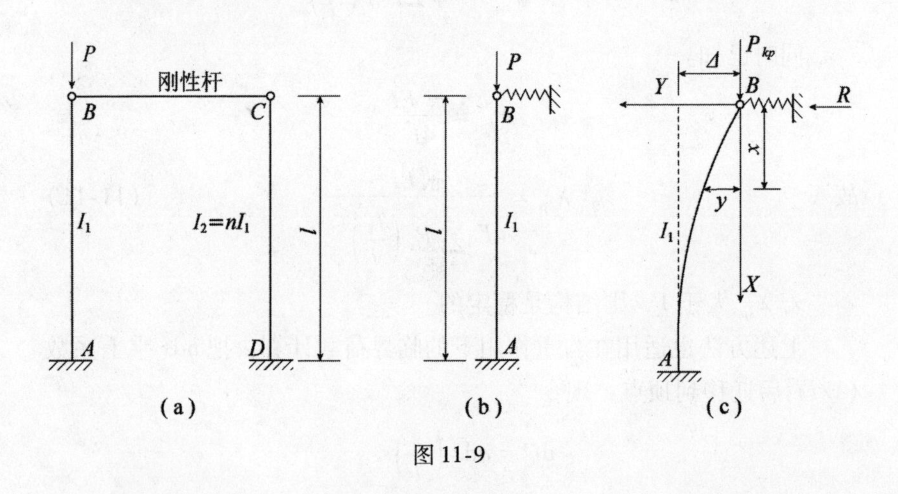

图 11-9

在临界状态下，柱 AB 的变形如图 11-9（c）所示，在柱顶有未知水平力 R 的作用，柱 AB 的位移微分方程为

$$EI_1\frac{d^2y}{dx^2}=-(Py-Rx)$$

式中
$$R=\bar{k}\Delta$$

令 $k^2=P/EI_1$，上式改写为

$$y''+k^2y=\frac{R}{EI_1}x$$

上式的解为

$$y=A\cos kx+B\sin kx+\frac{R}{P}x$$

常数 A、B 和 R 由边界条件确定。

当 $x=0$ 时，$y=0$，由此求得 $A=0$。

当 $x=l$ 时，$y=\Delta$，$y'=0$，由此得到

$$B\sin kl+\frac{R}{P}l=\Delta$$

$$Bk\cos kl+\frac{R}{P}=0$$

由于 $R=\bar{k}\Delta$，故上式改写为

$$B\sin kl+\frac{R}{P}l-\frac{R}{\bar{k}}=0$$

$$Bk\cos kl+\frac{R}{P}=0$$

因为 $y(x)$ 不为零，所以 B 和 R 不全为零。由此知上式的系数行列式应为零，即

$$\begin{vmatrix}\sin kl & \left(\dfrac{l}{P}-\dfrac{1}{\bar{k}}\right)\\ k\cos kl & \dfrac{1}{P}\end{vmatrix}=0$$

展开上式并利用 $P=k^2EI_1$，得到以下的超越方程

$$\tan kl=kl-\frac{(kl)^3EI_1}{\bar{k}l^3}$$

为了求解这个超越方程，先给定 $\bar{k}$ 值。下面讨论三种情形的解：

（1）$I_2=0$，$\bar{k}=0$，由超越方程知

$$kl-\tan kl=\infty$$

当EI_1为有限值，$kl\neq\infty$，所以

$$\tan kl=-\infty$$

这个方程的最小根为$kl=\frac{\pi}{2}$，临界荷载为$P_{kp}=\frac{\pi^2EI_1}{(2l)^2}$。这相当悬臂柱的情况。

（2）$I_2=\infty$，$\bar{k}=\infty$，这时超越方程为

$$\tan kl=kl$$

这个方程的最小根为$kl=4.493$。因此临界荷载为$P_{kp}=\frac{20.19EI_1}{l^2}=\frac{\pi^2EI_1}{(0.7l)^2}$。这相当于上端铰支，下端固定的情况。

（3）一般情况是$\bar{k}$在$0\sim\infty$的范围内，kl在$\frac{\pi}{2}\sim4.493$范围内变化。当$I_2=I_1$时，$\bar{k}=\frac{3EI_1}{l^3}$。这时超越方程为

$$\tan kl=kl-\frac{(kl)^3}{3}$$

用试算法求解，令

$$D=\frac{(kl)^3}{3}+\tan kl-kl=0$$

当$kl=2.4$时，$\tan kl=-0.916$，$D=1.192$
当$kl=2.0$时，$\tan kl=-2.185$，$D=-1.518$
当$kl=2.2$时，$\tan kl=-1.374$，$D=-0.025$
当$kl=2.21$时，$\tan kl=-1.345$，$D\approx0$
由此知$kl=2.21$，因此

$$P_{kp}=2.21^2\frac{EI_1}{l^2}=\frac{\pi^2EI_1}{(1.42l)^2}。$$

变截面杆件或其他弹性支承的杆件均可以用静力法和能量法求得

临界荷载，读者可以参阅有关结构稳定计算的书籍。

11.4　组合杆件的稳定计算

组合杆件出现在大型结构中的压杆，如桥梁的上弦杆及腹杆、组合柱、起重机的吊杆以及支墩坝的空心支墩的竖向截条（详见下节）等。

现就两端铰结的组合杆件进行稳定计算，如图 11-10 所示。

在进行组合杆件的稳定计算以前，先就两端铰接的压杆（见图 11-11）在计算临界荷载时，不仅考虑弯矩的影响，同时还考虑了剪力的影响，并重新导出临界荷载的计算公式。

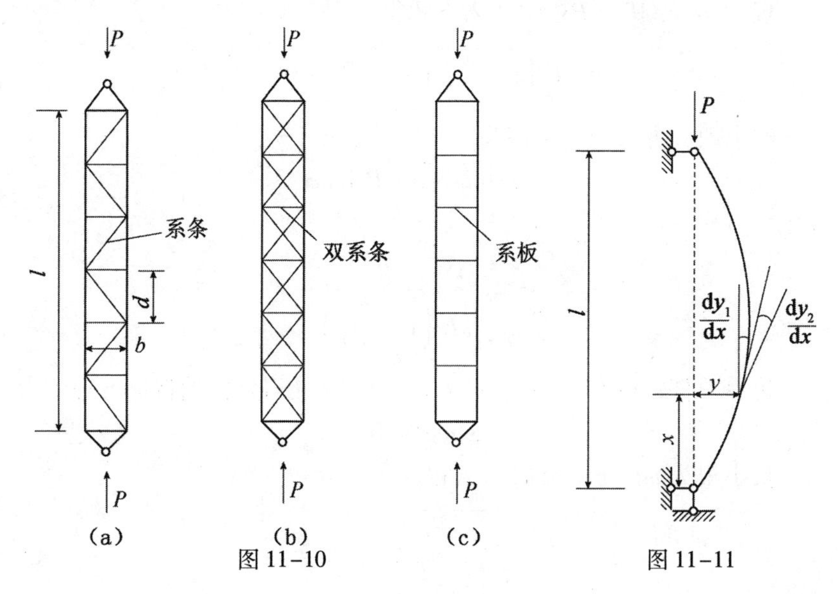

图 11-10　　图 11-11

为了考虑剪力对弯曲的影响，成立微分方程式不仅要计及弯矩的影响，同时还要计及剪力的影响。

由位移理论知剪切角

$$\gamma = \frac{k_0 Q}{GF}$$

此处 Q 为剪力；k_0为系数，矩形截面 $k_0=1.2$；圆形截面 $k_0=1.11$。

因剪力作用引起挠曲线的附加坡度等于剪切角

$$\frac{dy_2}{dx}=\gamma=\frac{k_0Q}{GF}=\frac{k_0}{GF}\frac{dM}{dx}$$

由此得

$$\frac{d^2y_2}{dx}=\frac{k_0}{GF}=\frac{d^2M}{dx^2}$$

这就是剪力所引起的附加曲率。因此计及弯矩与剪力的影响的微分方程式为

$$\frac{d^2y}{dx^2}=\frac{d^2y_1}{dx^2}+\frac{d^2y_2}{dx^2}=-\frac{M}{EI}+\frac{k_0}{GF}\frac{d^2M}{dx^2}$$

现 $M=Py$, $M''=Py''$，代入上式得

$$EI\left(1-\frac{k_0P}{GF}\right)y''+Py=0$$

这个微分方程式的通解为

$$y=A\cos mx+B\sin mx$$

式中

$$m=\sqrt{\frac{P}{EI\left(1-\frac{k_0P}{GF}\right)}}$$

边界条件：$x=0$，$y=0$；$x=l$，$y=0$。从此得稳定的特征方程式为

$$\sin ml=0$$

最小根为 $ml=\pi$，根据 m 式得

$$l\sqrt{\frac{P_{kp}}{EI\left(1-\frac{k_0P_{kp}}{GF}\right)}}=\pi$$

从而得

$$P_{kp}=\frac{\pi^2EI}{l^2}\frac{1}{1+\frac{k_0}{GF}\frac{\pi^2EI}{l^2}}=P_3\frac{1}{1+\frac{k_0P_3}{GF}}=P_3\frac{1}{1+\overline{\gamma}P_3} \quad (11\text{-}12)$$

$$P_3=\pi^2EI/l^2$$

式中：$\bar{\gamma}$——单位剪力产生的剪切角。

对两端铰接的压杆，当考虑了弯矩及剪力影响的临界荷载以后，现采用近似的办法来研究系条及系板两种连接的组合杆件的稳定。

11.4.1　系条压杆［见图 11-10（a）、（b）］

组合压杆的临界荷载，可以根据式（11-12）求得，但式中的 $\bar{\gamma}$ 应重新计算。

在剪力影响下，斜系条对应的节间产生变形，如图 11-12 所示。

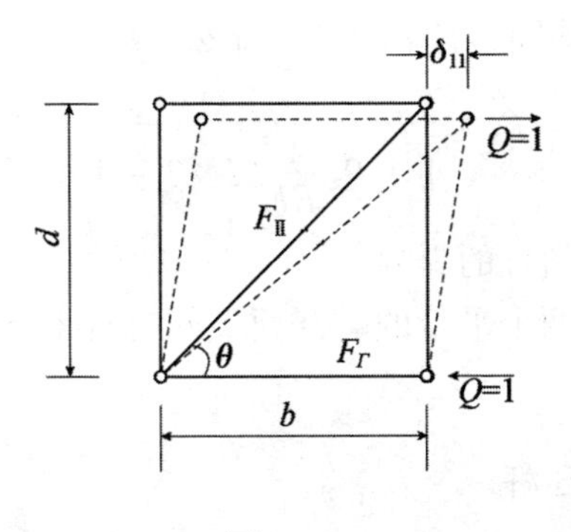

图 11-12

由于节间长度 d 与杆长 l 相比较相差较大，故认为 d 是很小的，上下剪力差可不考虑。由于变形很小，因此

$$\bar{\gamma} \approx \tan\bar{\gamma} = \frac{\delta_{11}}{d}$$

δ_{11}是 $Q = 1$ 作用下产生的变形，假如是铰接，则

$$\delta_{11} = \sum \frac{N^2 S}{EF}$$

式中 $\bar{N}$ 代表 $Q = 1$ 时产生的内力。

如果仅计系条的变形（竖杆变形不计），那么

$$\delta_{11} = \frac{\mathrm{d}}{E}\left(\frac{1}{\cos^2\theta\sin\theta F_{Д}} + \frac{1}{F_{\Gamma}\tan\theta}\right)$$

因此

$$\bar{\gamma}=\frac{\delta_{11}}{d}=\frac{1}{E}\left(\frac{1}{F_{Д}\cos^2\theta\sin\theta}+\frac{1}{F_{Г}\tan\theta}\right)$$

将 $\bar{\gamma}$ 代入式（11-12）中得

$$P_{kp}=P_3\frac{1}{1+\frac{P_3}{E}\left(\frac{1}{F_{Д}\cos^2\theta\sin\theta}+\frac{1}{F_{Г}\tan\theta}\right)}=\beta_1P_3 \quad (11\text{-}13)$$

组合压杆的临界荷载计算，系条和主杆应保证连接成整体，同时应由系条的强度来保证，这样计算惯性矩时才能按整个截面来考虑。

从式（11-13）可知，斜杆的作用比水平系条作用要大。比如水平系条及斜杆 EF 均同，且 $\theta=45°$，那么

$$\beta_1=\frac{1}{1+P_3\frac{1}{EF}(2.83+1)}$$

括号中的第一项是斜杆的影响。

当组合压杆在两个平行的敞开面上同时有系条时，则 $F_{Д}$、$F_{Г}$ 均应加倍。

11.4.2 系板压杆

系板组合杆件［见图 11-10（c）］的临界荷载计算，同样可以利用式（11-12）求得。现研究式中 $\bar{\gamma}$ 的计算。决定 δ_{11} 的时候，可以认为每个节间的反弯点均在节间的中点，从图 11-10（c）中取出一段，如图 11-13（a）所示。

现认为 $Q=1$ 平均分布在两肢上。由图 11-13（b）用图乘法求得

$$\delta_{11}=\sum\int\frac{M^2\mathrm{d}s}{EI}=\frac{d^3}{24EI_d}+\frac{d^2b}{12EI_b}$$

因此剪切角

$$\bar{\gamma}=\frac{\delta_{11}}{d}=\frac{d^2}{24EI_d}+\frac{bd}{12EI_b}$$

代入式（11-12）得

$$P_{kp}=P_3\frac{1}{1+\left(\frac{bd}{12EI_b}+\frac{d^2}{24EI_d}\right)P_3}=\beta_2P_3 \quad (11\text{-}14)$$

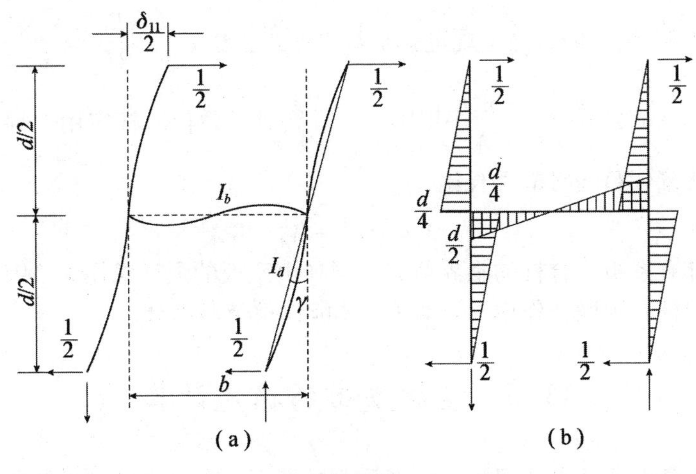

图 11-13

式中 β_2 随距离 d 的增加而减小。

假定系板的刚度相对较大，主杆刚度相对较小，因此可认为 $EI_b=\infty$ 。式（11-14）变为

$$P_{kp}=P_3\frac{1}{1+P_3\dfrac{d^2}{24EI_d}}=P_3\frac{1}{1+\dfrac{\pi^2d^2}{24l^2}\dfrac{I}{I_d}}$$

I 是整个组合柱的惯性矩。

惯性矩 I 及 I_d 用回转半径及截面面积来表示，那么

$$P_{kp}=P_3\frac{1}{1+\dfrac{(3.14)^2}{24}\times\dfrac{d^2i^2\times 2F_d}{l^2i_d^2F_d}}=P_3\frac{1}{1+0.83\dfrac{\lambda_d^2}{\lambda_l^2}}$$

式中：F_d——每根主杆的截面面积；

λ_1——组合杆的细长比；

λ_d——主杆的细长比。

视 0.83 近似为 1，则

$$P_{kp}=P_3\frac{\lambda_l^2}{\lambda_l^2+\lambda_d^2}$$

在设计规范中，关于组合杆允许应力的计算是按细长比等于 $\sqrt{\lambda_l^2+\lambda_d^2}$ 决定的，这个规定就是基于上式。按 $\sigma_{kp}=\frac{P_{kp}}{2F_d}=\frac{\pi^2 E}{\lambda_l^2+\lambda_d^2}$，与实腹柱的公式 $\sigma_{kp}=\frac{\pi^2 E}{\lambda^2}$ 相比较，可见对于系板压杆应用下列折算细长比来代替通常的细长比

$$\lambda=\sqrt{\lambda_l^2+\lambda_d^2}$$

计算系板组合杆的临界荷载，同样由系板的强度来保证，因为系板和主杆必须联合作用，计算 I 时才能以整个截面计。

11.5 空腹支墩的稳定计算

在高而薄的支墩坝中，或者是连拱坝中，对于支墩或垛从节省材料或者从安全出发，都必须进行纵向弯曲的稳定性校核。支墩或垛的稳定计算本来是渐变厚的梯形或三角形薄板的稳定性问题，但为了计算简化，从中截取单个的截条进行稳定计算，如图 11-14、图 11-15 所示。在实际工程设计中一般遇到空腹支墩或垛的情形较多，因此，在这里只研究带有加劲肋板而没有加劲梁的空腹支墩。如图 11-14 所示，从下游截取一单位宽的截条（见图 11-15）进行稳定计算。

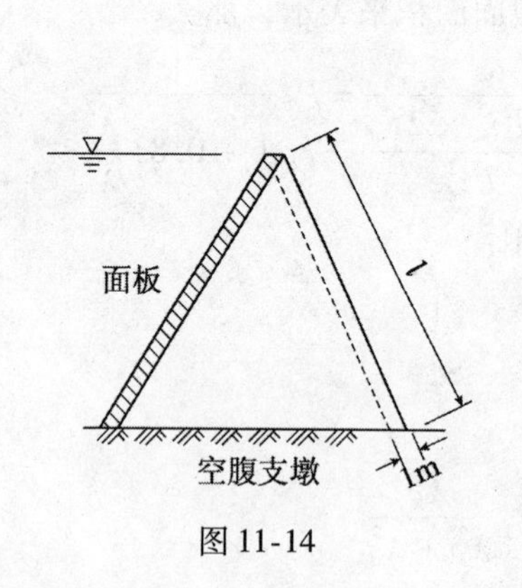

图 11-14

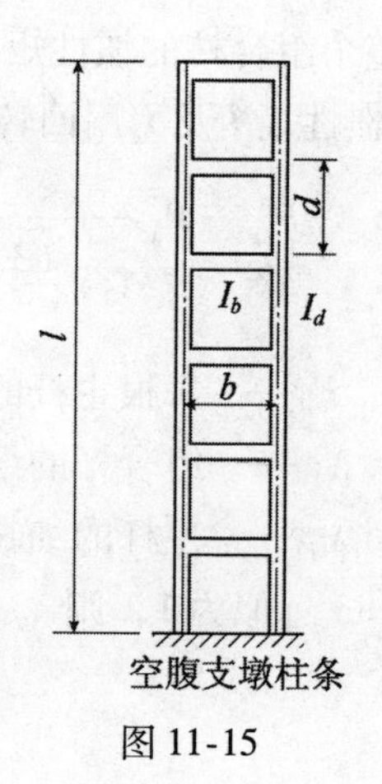

图 11-15

计算空腹支墩的临界荷载，与计算组合杆件的系板情况相同。

如果考虑面板的支承作用，那么先求出如图 11-16 所示的杆件在考虑弯矩及剪力共同影响下的临界荷载公式。

由 11.4 节可知，如图 11-16 所示的杆件考虑弯矩及剪力共同影响下的微分方程式为

$$EI\left(1-\frac{k_0P}{GF}\right)y''=-M$$

将
$$M=Py+Q(L-x)$$
代入得

$$EI\left(1-\frac{k_0P}{GF}\right)y''=-\left[Py+Q(L-x)\right]$$

即
$$EI\left(1-\frac{k_0P}{GF}\right)y''+Py=-Q(L-x)\quad(11\text{-}15)$$

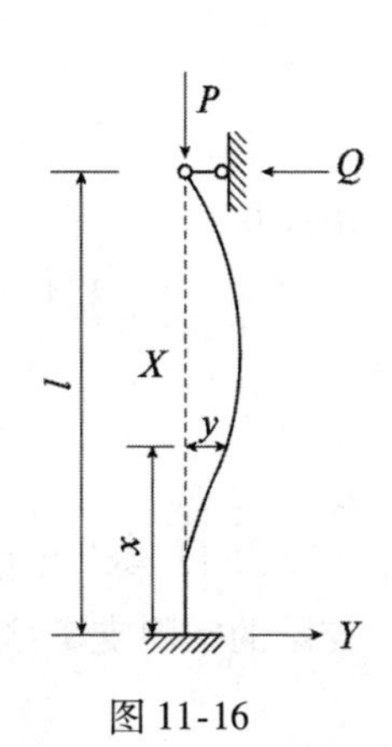

图 11-16

式（11-15）的通解为

$$y=A\cos mx+B\sin mx-\frac{Q}{P}(L-x)$$

式中
$$m=\sqrt{\frac{P}{EI\left(1-\frac{k_0P}{GF}\right)}}$$

根据边界条件得

$$x=0,\ y=0,\ 即\ A-\frac{Q}{P}L=0\quad(1)$$

$$x=0,\ y'=0,\ 即\ Bm+\frac{Q}{P}=0\quad(2)$$

$$x=L,\ y=0,\ 即\ A\cos mL+B\sin mL=0\quad(3)$$

根据 A、B、Q/P 不为零得

$$\begin{vmatrix}1 & 0 & -L\\ 0 & m & 1\\ \cos mL & \sin mL & 0\end{vmatrix}=0$$

解行列式得

$$\mathrm{tg}mL = mL$$

由试解法得最小根 $mL = 4.49$

以最小根代入 m 式中得

$$(4.49)^2 = \frac{P_{kp}}{EI\left(1 - \frac{k_0 P_{kp}}{GF}\right)} L^2$$

由此得

$$P_{kD} = \frac{(4.49)^2 EI}{L^2} \frac{1}{1 + \frac{k_0}{GF} \frac{(4.49)^2 EI}{L^2}} = \frac{20.2EI}{L^2} \frac{1}{1 + \bar{\gamma} \frac{20.2EI}{L^2}} \tag{11-16}$$

以 11.4 节中的系板组合杆件的 $\bar{\gamma}$ 代入，得一端固定另一端链杆支承的空腹支墩柱条的临界荷载公式于下

$$P_{kp} = \frac{20.2EI}{L^2} \frac{1}{1 + \left(\frac{bd}{12EI_b} + \frac{d^2}{24EI_d}\right) \frac{20.2EI}{L^2}} \tag{11-17}$$

如果不考虑面板的支承作用，那么先求出如图 11-17 所示杆件的临界荷载公式（考虑力矩及剪力的影响）。

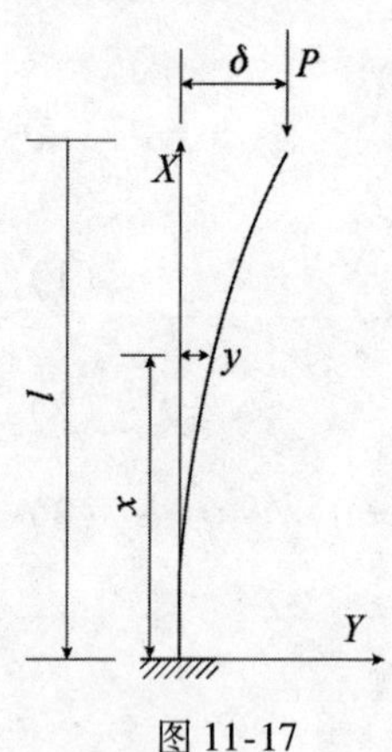

图 11-17

同样可知

$$EI\left(1 - \frac{k_0 P}{GF}\right) y'' = -M$$

现将 $M = -P(\delta - y)$

代入上式得

$$EI\left(1 - \frac{k_0 P}{GF}\right) y'' + Py = P\delta \tag{11-18}$$

同前理，根据边界条件成立行列式，解行列式得稳定的特征方程式为

$$m\cos mL = 0$$

现 $m \neq 0$，得 $\cos mL = 0$

最小根为
$$mL=\frac{\pi}{2}$$
代入 m 式中得
$$\left(\frac{\pi}{2}\right)^2=\frac{P_{kp}}{EI\left(1-\frac{k_0P_{kp}}{GF}\right)}L^2$$
由此得
$$P_{kp}=\frac{\pi^2EI}{4L^2}\frac{1}{1+\frac{k_0}{GF}\frac{\pi^2EI}{4L^2}}=\frac{\pi^2EI}{4L^2}\frac{1}{1+\bar{\gamma}\frac{\pi^2EI}{4L^2}}$$

再将 11.4 节中的系板组合杆件的 $\bar{\gamma}$ 代入，得一端固定另端完全自由的空腹支墩截条的临界荷载公式
$$P_{kp}=\frac{\pi^2EI}{4L^2}\frac{1}{1+\left(\frac{bd}{12EI_b}+\frac{d^2}{24EI_d}\right)\frac{\pi^2EI}{4L^2}}\tag{11-19}$$

式（11-17）及式（11-19）为计算空腹支墩截条的临界荷载的计算公式。

以上所述为空腹支墩稳定计算的近似方法，为了求得支墩较准确的临界力，可以根据板的稳定计算理论对支墩三角形板进行稳定计算。

11.6　刚架的稳定计算

上面介绍的是各种杆件的临界荷载。现在介绍刚架稳定计算的一般方法——位移法。

用位移法计算刚架的稳定仍需引用一般位移法中的一些规定和假定，同时在这里只研究刚架结点承受荷载的情形。如果荷载不是作用在刚架的结点上，可以近似地把荷载分在结点上，作为结点荷载的情形处理，或者求出结构在荷载作用下各杆中轴力，此轴力当作由结点荷载产生的，按结点荷载情形处理。

刚架结点承受荷载的情形，在丧失稳定以前，刚架杆件始终是直线状态，在抵达临界荷载时，刚架突然弯曲，在新的变形状态下维持稳定平衡，如图 11-18 所示。在临界荷载作用下的变形状态，可通过结点角位移及线位移来决定。这些结点的位移可用位移法求得，基本结构的取法与一般位移法同。

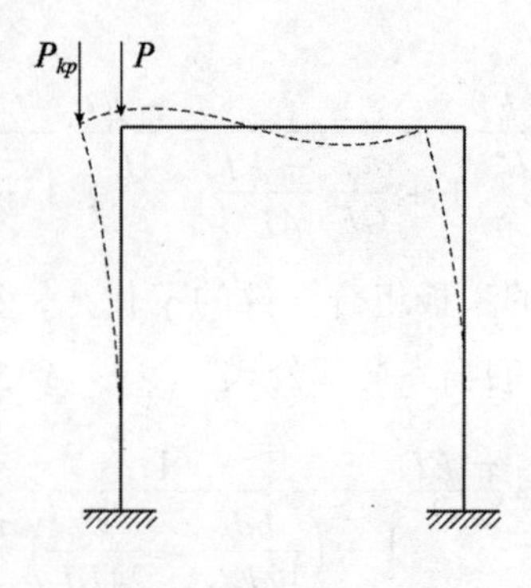

图 11-18

在位移法中的法方程式为

$$
\begin{aligned}
Z_1 r_{11} + Z_2 r_{12} + \cdots + Z_n r_{1n} + R_{1p} &= 0 \\
Z_1 r_{21} + Z_2 r_{22} + \cdots + Z_n r_{2n} + R_{2p} &= 0 \\
\vdots \qquad \vdots \qquad\qquad \vdots \qquad &\vdots \\
Z_1 r_{n1} + Z_2 r_{n2} + \cdots + Z_n r_{nn} + R_{np} &= 0
\end{aligned}
\tag{11-20}
$$

式中系数 r_{ik} 代表单位位移时的杆端反力或反力矩。在普通位移法中，这些系数与荷载无关。但在稳定计算中代表着不同的意义，在单位位移作用下，杆件弯曲给轴向力以力臂，产生附加力矩。因此在计算 r_{ik} 时必须计及结点荷载的影响。

式中自由项 R_{ip}，在刚架稳定计算中，在丧失稳定以前各杆是直线状态，不引起杆端反力及反力矩；到达临界状态时，荷载对反力及反力矩的影响已合并到系数 r_{ik} 中。因此式中 R_{ip} 均应为零，法方程式应改为

$$\begin{aligned} Z_1 r_{11} + Z_2 r_{12} + \cdots + Z_n r_{1n} &= 0 \\ Z_1 r_{21} + Z_2 r_{22} + \cdots + Z_n r_{2n} &= 0 \\ \vdots \qquad \vdots \qquad\qquad \vdots \quad & \vdots \\ Z_1 r_{n1} + Z_2 r_{n2} + \cdots + Z_n r_{nn} &= 0 \end{aligned} \tag{11-21}$$

式（11-21）是齐次方程式组，有两种解，一种是 Z 为零，刚架成直线状态的稳定平衡（不是所研究的对象），另一种是 Z 不全部为零，刚架成弯曲的稳定平衡。因此式（11-21）全部系数组成的行列式应等于零，故得稳定的特征方程式现以 D 表示为

$$D = \begin{vmatrix} r_{11} & r_{12}\cdots & r_{1n} \\ r_{21} & r_{22}\cdots & r_{2n} \\ \vdots & \vdots & \vdots \\ r_{n1} & r_{n2}\cdots & r_{nn} \end{vmatrix} = 0 \tag{11-22}$$

在这个行列式中很多系数是临界荷载或临界参数的函数，展开行列式即可求得临界荷载。

刚架稳定的特征方程式的系数计算，同一般位移法一样，也有系数互等性，即

$$r_{ik} = r_{ki}$$

现在具体来研究系数的计算方法。如图 11-19 所示为 P 小于 P_{kp} 的情形，图 11-19（b）为 P 抵达 P_{kp} 的情形，杆件弯曲在新的变形状态下维持稳定平衡。此时杆端产生角位移及线位移、端力矩及端剪力等（图中所示的方向是假定）。

根据材料力学，平衡微分方程式为

$$EIy'' = -\left(M_{AB} + Q_{AB}x + Py\right) \tag{11-23}$$

令

$$u = l\sqrt{\frac{P}{EI}} \tag{11-24}$$

得微分方程式的通解为

$$y = A\sin\frac{ux}{l} + B\cos\frac{ux}{l} - \frac{Q_{AB}x + M_{AB}}{P}$$

上式有四个未知数 A、B、Q_{AB} 及 M_{AB}。

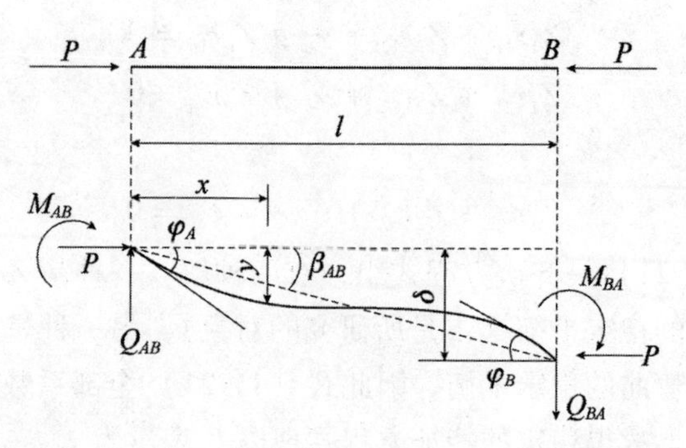

图 11-19

这里有四个边界条件:

当　$x=0$ 时, $y=0$; $x=l$, $y=\delta$

当　$x=0$ 时, $y'=\varphi_A$; $x=l$, $y'=\varphi_B$

由此联解可得 M_{AB}及 Q_{AB}。再根据平衡条件得

$$Q_{AB}=Q_{BA}=-\frac{M_{AB}+M_{BA}+P\delta}{\bar{l}}$$

同时可以求得 M_{BA}的数值。因此得到

$$M_{AB}=2i\left[2\varphi_A\xi_1(u)+\varphi_B\xi_2(u)-\frac{3\delta}{l}\eta_1(u)\right]$$

$$M_{BA}=2i\left[\varphi_A\xi_2(u)+2\varphi_B\xi_1(u)-\frac{3\delta}{l}\eta_1(u)\right] \tag{11-25}$$

$$Q_{AB}=Q_{BA}=-\frac{6i}{l}\left[\varphi_A\eta_1(u)+\varphi_B\eta_1(u)-\frac{2\delta}{l}\eta_2(u)\right]$$

式中 $i=\frac{EI}{l}$

$$\xi_1(u)=\frac{1-\frac{u}{\tan u}}{4\left[\frac{\tan\frac{u}{2}}{\frac{u}{2}}-1\right]}$$

$$\xi_2(u)=\frac{\dfrac{u}{\sin u}-1}{2\left[\dfrac{\tan\dfrac{u}{2}}{\dfrac{u}{2}}-1\right]} \tag{11-26}$$

$$\eta_1(u)=\frac{1}{3}(2\xi_1+\xi_2)=\frac{1}{3}\frac{\left(\dfrac{u}{2}\right)^2}{\left[1-\dfrac{\dfrac{u}{2}}{\tan\dfrac{u}{2}}\right]}$$

$$\eta_2(u)=\frac{1}{3}\frac{\left(\dfrac{u}{2}\right)^2}{\left[\dfrac{\tan\dfrac{u}{2}}{\dfrac{u}{2}}-1\right]}$$

当 $P=0$ 时，式（11-26）的各项系数转为 $\xi_1=\xi_2=\eta_1=\eta_2=1$，公式（11-25）转变为同普通位移法中的公式一样。

设杆件 AB 的 B 端为铰接，$M_{BA}=0$，如图 11-20 所示。在此情形下，公式（11-25）改为

$$M_{AB}=3i\xi_3(u)\left(\varphi_A-\frac{\delta}{l}\right) \tag{11-27}$$

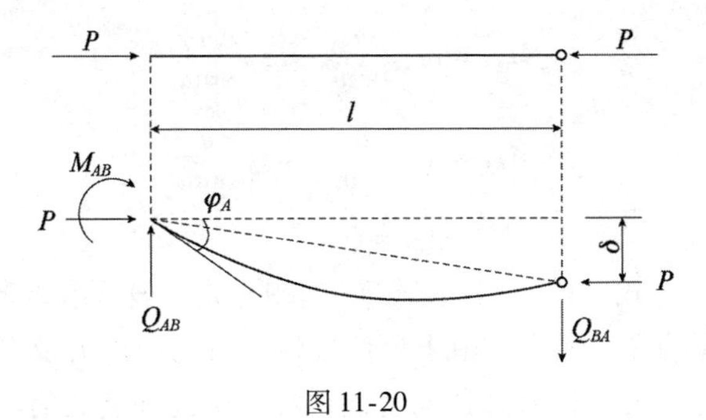

图 11-20

$$Q_{AB}=-\frac{3i}{l}\left[\varphi_A\xi_3(u)-\frac{\delta}{l}\eta_3(u)\right]$$

$$\xi_3(u)=\frac{1}{3}\frac{u^2}{\left[1-\dfrac{u}{\tan u}\right]} \tag{11-28}$$

$$\eta_3(u)=\xi_3-\frac{u^2}{3}=\frac{1}{3}\frac{u^2}{\left[\dfrac{\tan u}{u}-1\right]}$$

当 P=0 时，式（11-28）转变为 $\xi_3(u)=1$；$\eta_3(u)=1$。

设杆件 AB 的 B 端为定向支座，如图 11-21 所示。当 P 为 P_{kp}时，端力矩和端位移的关系式为

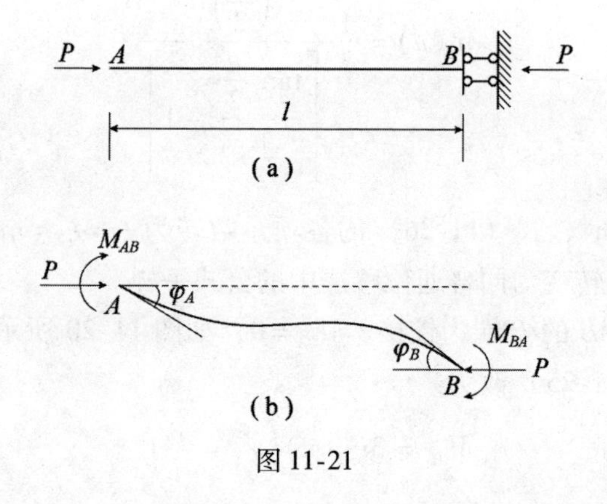

图 11-21

$$M_{AB}=i\varphi_A\frac{u}{\tan u}-i\varphi_B\frac{u}{\sin u}$$

$$M_{BA}=i\varphi_A\frac{u}{\sin u}+i\varphi_B\frac{u}{\tan u} \tag{11-29}$$

$$Q_{AB}=Q_{BA}=0$$

式（11–25）、式（11–27）及式（11–29）是一般通用的算式。由此可以导出在特殊情形下，由于单位位移所引起的反力及反力矩，如表 11-1 所示。比较这些数值与普通位移法中的同类数值，可以明显看出，在刚架稳定计算中，其系数计算与普通位移法基本相同，所不

同的在于压杆的力矩图形是曲线形的，同时反力及反力矩还需乘以适当的系数。这些系数是 u 的函数，可从本章附录表 11-5 中查到。

表 11-1　　在单位位移作用下的端力矩及端剪力

类别	位移与力矩图的类型	修 正 系 数
1	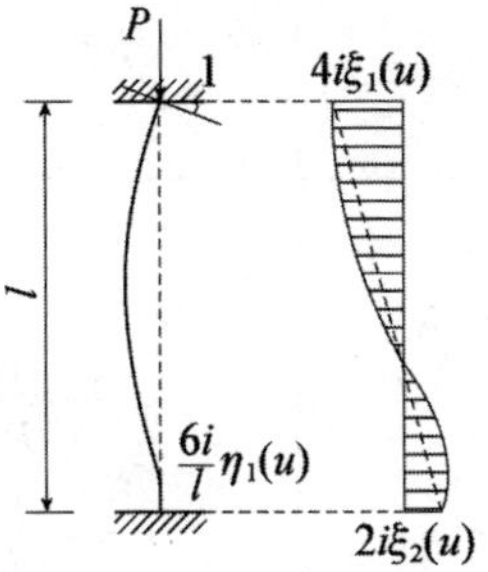 P, 1, $4i\xi_1(u)$, l, $\frac{6i}{l}\eta_1(u)$, $2i\xi_2(u)$	$\xi_1(u)=\dfrac{1-\dfrac{u}{\tan u}}{4\left[\dfrac{\tan\dfrac{u}{2}}{\dfrac{u}{2}}-1\right]}$ $\xi_2(u)=\dfrac{\dfrac{u}{\sin u}-1}{2\left[\dfrac{\tan\dfrac{u}{2}}{\dfrac{u}{2}}-1\right]}$ $\eta_1(u)=\dfrac{1}{3}(2\xi_1+\xi_2)$
2	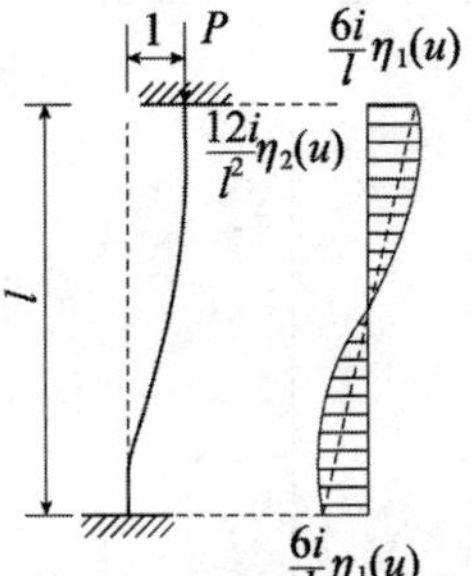 1, P, $\frac{6i}{l}\eta_1(u)$, $\frac{12i}{l^2}\eta_2(u)$, l, $\frac{6i}{l}\eta_1(u)$	$\eta_2(u)=\dfrac{1}{3}\dfrac{\left(\dfrac{u}{2}\right)^2}{\left(\dfrac{\tan\dfrac{u}{2}}{\dfrac{u}{2}}-1\right)}$
3	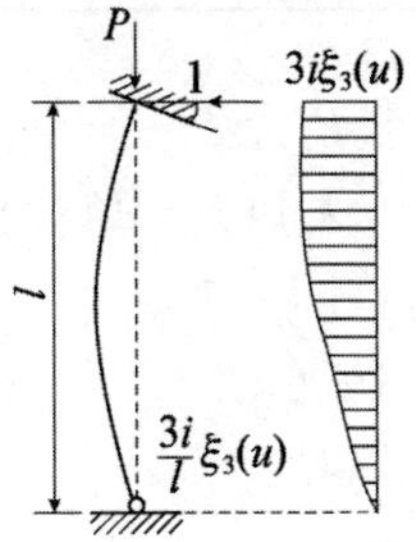 P, 1, $3i\xi_3(u)$, l, $\frac{3i}{l}\xi_3(u)$	$\xi_3(u)=\dfrac{1}{3}\dfrac{u^2}{\left[1-\dfrac{u}{\tan u}\right]}$

续表

类别	位移与力矩图的类型	修 正 系 数
4	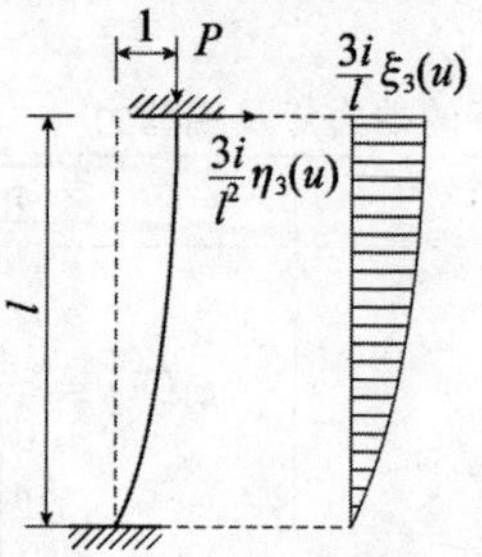	$\eta_3(u) = \xi_3(u) - \frac{u^2}{3}$
5	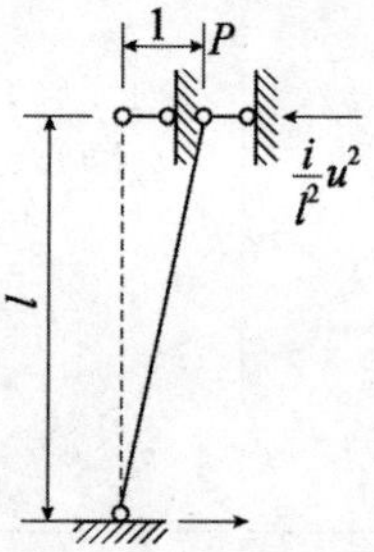	$u = l\sqrt{\frac{P}{EI}}$，$P = \frac{Elu^2}{l^2}$ $Q = -\frac{P}{l} = -\frac{i}{l^2}u^2$
6	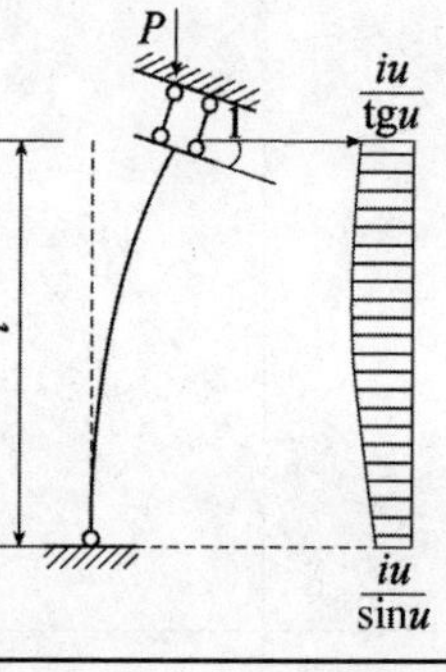	$\frac{u}{\tan u}$ $\frac{u}{\sin u}$

【例 11-1】 如图 11-22 所示，求 P_{kp}。

【解】 以结点 1 及 2 的角位移为未知数，单位角位移的力矩图如图 11-23（a）、（b）所示。由表 11-1 查得

$$r_{11} = 11i + 4i\xi_1(u)$$

$$r_{12} = r_{21} = 4i$$

$$r_{22} = 8i + 4i\xi_1(u)$$

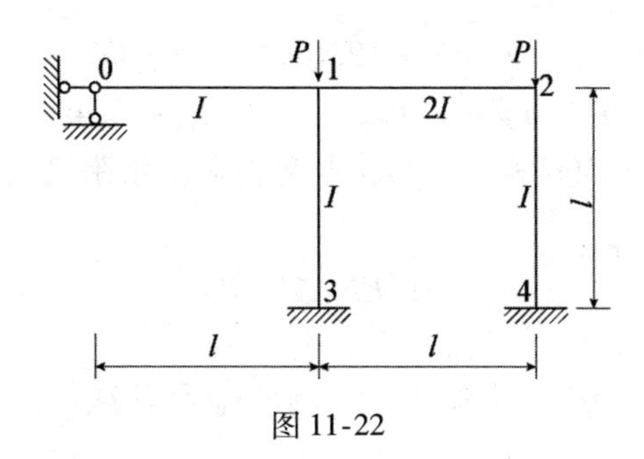

图 11-22

稳定特征方程式为

$$\begin{vmatrix} [11i + 4i\xi_1(u)] & 4i \\ 4i & [8i + 4i\xi_1(u)] \end{vmatrix} = 0$$

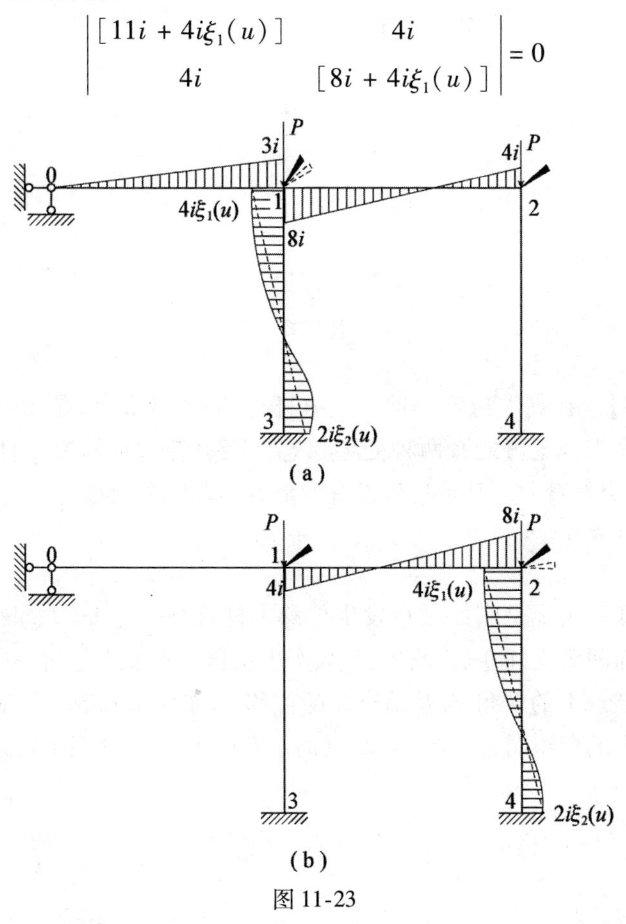

图 11-23

展开得 $$4\xi_1^2(u) + 19\xi_1(u) + 18 = 0$$

$$\xi_1(u) = -1.306; \quad \xi_1(u) = -3.444$$

其中 $\xi_1(u) = -1.306$ 相当于最小临界荷载。由附录表 11-5 查得 $u = 5.46$。故

$$P_{kp} = \frac{u^2 EI}{l^2} = \frac{29.81EI}{l^2}。$$

【例 11-2】 试求如图 11-24 所示的临界荷载。

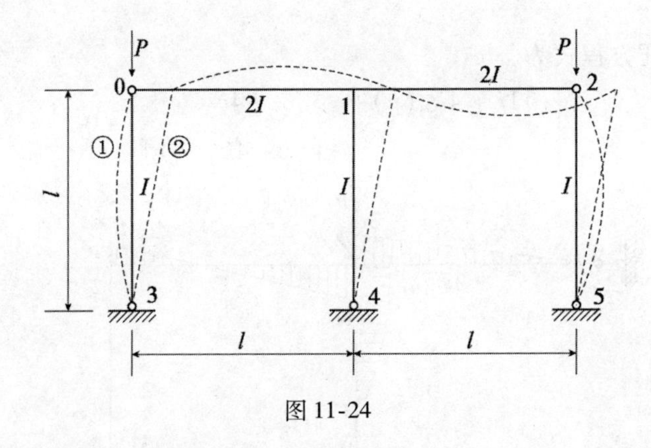

图 11-24

【解】 在丧失稳定以前，只有杆件 0—3 及 2—5 是中心受压的杆件。丧失稳定可能有两种变形状态，第一种变形情况是杆件 0—3 及 2—5 突然弯曲，其他杆件没有变形，因此临界荷载为

$$P_{kp} = \frac{\pi^2 EI}{l^2}$$

第二种变形情况是刚架结点发生位移，杆件 0—1、1—2、1—4 发生变形，而两旁支柱 0—3 及 2—5 只产生位移而不发生弯曲。在这种情况下取结点 1 的转角 Z_1 及结点 2 的位移 Z_2 作为未知数，绘制出单位位移产生的弯矩图，如图 11-25 (a)、(b) 所示。从图上得未知数前的系数为

$$r_{11} = 15i; \quad r_{22} = \frac{i}{l^2}(3 - 2u^2); \quad r_{12} = r_{21} = -\frac{3i}{l}$$

根据稳定方程式得

$$\begin{vmatrix} 15i & -\dfrac{3i}{l} \\ -\dfrac{3i}{l} & \dfrac{i}{l^2}(3-2u^2) \end{vmatrix} = 0$$

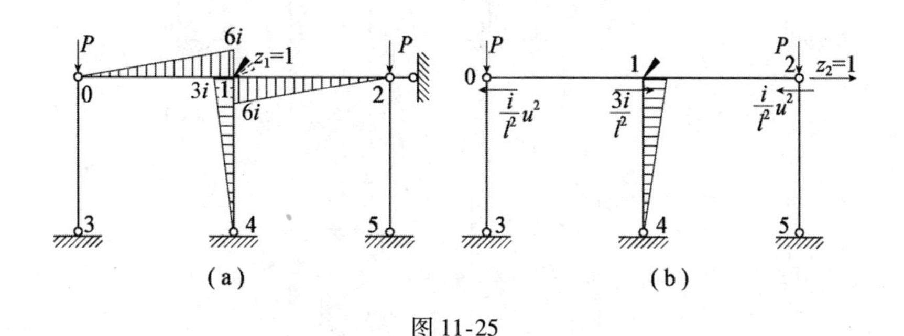

图 11-25

展开得：$u^2=1.2$，同时得：　$P_{kp}=\dfrac{1.2EI}{l^2}$

比较两种情况，最小临界荷载为

$$P_{kp}=\frac{1.2EI}{l^2}。$$

【例 11-3】 试求如图 11-26（a）所示刚架的临界荷载。

【解】 图 11-26（a）所示结构和荷载均为对称。结构的失稳形式可能是对称的也可能是反对称的，因此要计算两种失稳形式的临界荷载。

如果结构以对称变形形式丧失稳定，取如图 11-26（c）所示结构进行稳定计算。由结点 1 的力矩平衡知

$$M_{10}+M_{14}=0$$

即
$$[4i_1\xi_1(u_{10})+2i_2]\varphi_1=0$$

式中
$$u_{10}=h\sqrt{\frac{P}{EI_1}}=\sqrt{\frac{Ph}{i_1}}$$

现 $\varphi_1\neq0$，则
$$4i_1\xi_1(u_{10})+2i_2=0$$

$$\xi_1(u_{10})=-\frac{i_2}{2i_1}$$

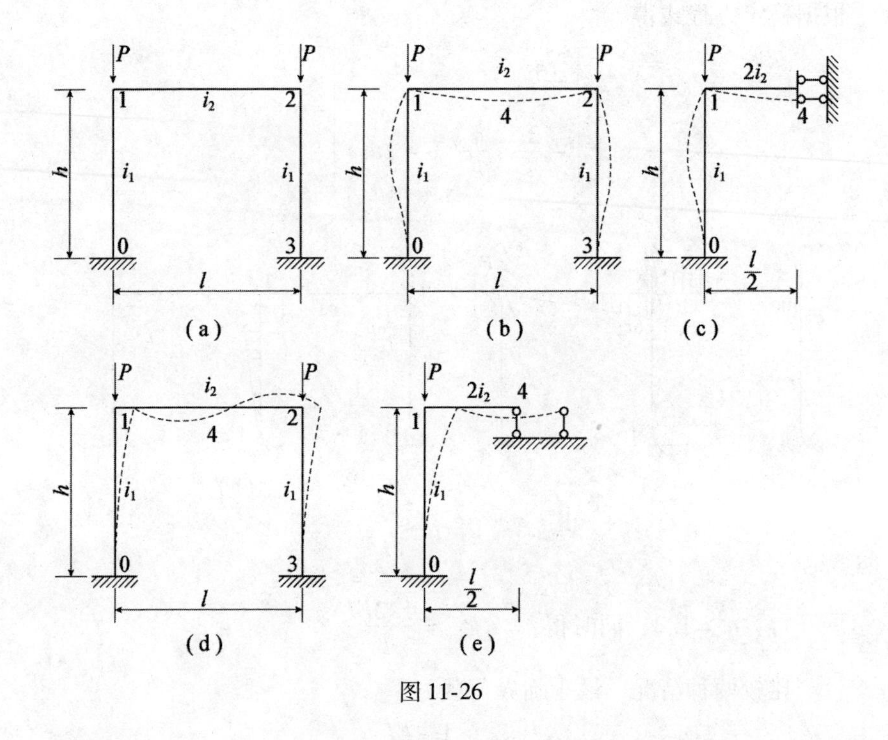

图 11-26

若 $i_1=i_2$，则 $\xi_1(u_{10})=-0.5$，由附录表 11-5 查得 $u_{10}=5.02$。

由此求得　$P_{kp}=(5.02)^2\frac{i_1}{h}=25.2\frac{i_1}{h}$。

如果结构以反对称变形形式丧失稳定，取如图 11-26（e）所示结构进行稳定计算。由结点 1 的力矩平衡知

$$M_{10}+M_{14}=0$$

即

$$\left[i_1\frac{u_{10}}{\tan u_{10}}+3(2i_2)\right]\varphi_1=0$$

现 $\varphi_1\neq 0$，则

$$i_1\frac{u_{10}}{\tan u_{10}}+6i_2=0$$

$$\frac{u_{10}}{\tan u_{10}}=-6\frac{i_2}{i_1}$$

若 $i_1 = i_2$，则 $\frac{u_{10}}{\tan u_{10}} = -6$。由试算得 $u_{10} = 2.716$，临界荷载为

$$P_{kp} = (2.716)^2 \frac{i_1}{h} = 7.38 \frac{i_1}{h}$$

这里结构的最小临界荷载对应的变形形式为反对称。

以上所述是采用位移法计算刚架的稳定，要展开行列式和解超越方程式，用手算是颇难求得解答的。在下一节中准备介绍刚架稳定计算的近似法。刚架的稳定计算也可以采用有限无法，若编出计算程序，则刚架的稳定计算就不困难了。

11.7　刚架稳定计算的近似法

11.7.1　结点不移动时的刚架稳定计算

如图 11-27 所示的刚架系统，可以把它折成如图 11-28 所示的简

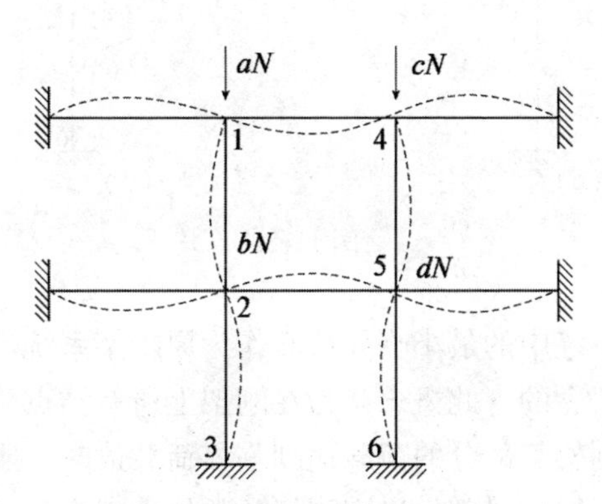

（aN、bN、cN、dN 是杆中轴向力）

图 11-27

化系统进行稳定计算。简化系统的形成是将原刚架以竖杆为基本杆件的某部分作为计算系统，与它相邻的竖杆用竖向连杆代替，相邻的弹性结点用铰结代替。采用刚架的所有竖杆作为基本的计算部分。然后

分别在各个简化系统上进行稳定计算。选取这些简化系统中最小临界荷载作为原刚架的最小临界荷载。

这样的简化系统是以刚架的柱子作为计算的基本杆件，并考虑柱子两端的弹性约束影响。这里是忽略了相邻柱端的弹件转动和相邻结点的弹件转动影响的。简化系统的变形形状和原刚架相应部分的变形状态大致是相符的。

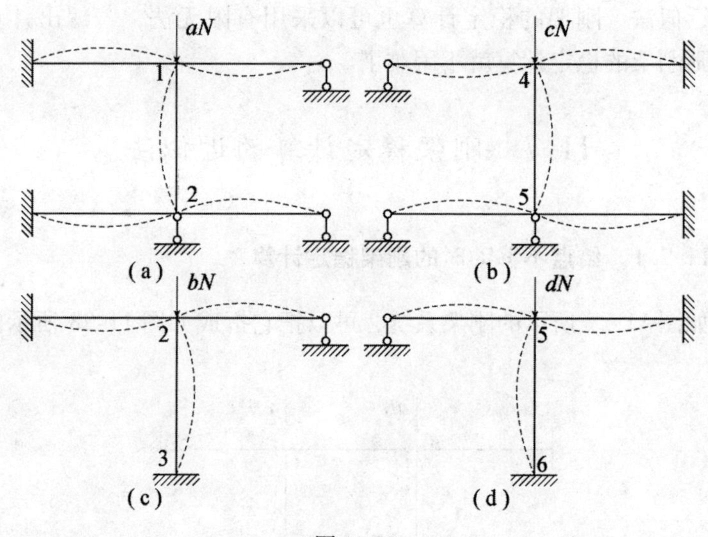

图 11-28

选取简化系统中的最小临界荷载作为原刚架系统的最小临界荷载是符合稳定的概念的。此概念认为在刚架上所有结点荷载是按一定的比例增长，当刚架某部分的荷载达到临界荷载值时，刚架全部达到临界状态。意即刚架的局部失稳则刚架的整体也就失稳。

在简化系统中选取有代表性的计算系统，如图 11-29（a）所示，由位移法计算它的稳定。

此系统的稳定计算方程为

$$\begin{vmatrix} r_{11} & r_{12} \\ r_{21} & r_{22} \end{vmatrix} = 0$$

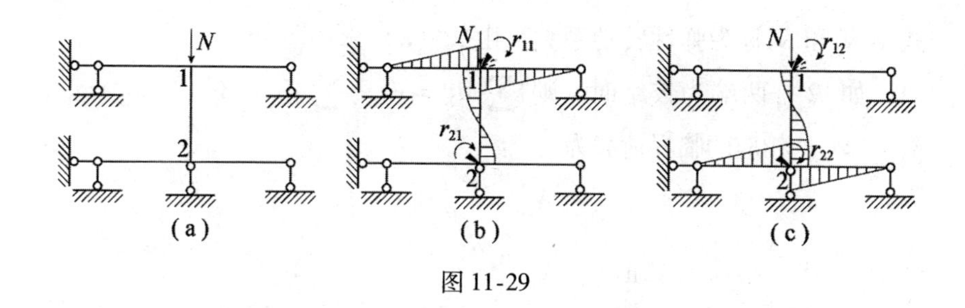

图 11-29

这里　$r_{11} = 4i\xi_1(u) + \sum M_1$，$r_{22} = 4i\xi_1(u) + \sum M_2$，$r_{12} = r_{21} = 2i\xi_2(u)$。

式中　$i = \dfrac{EI}{l}$；$u = l\sqrt{\dfrac{N}{EI}}$；$\xi_1(u) = \dfrac{u(\tan u - u)}{4\tan u\left(2\tan\dfrac{u}{2} - u\right)}$；

$$\xi_2(u) = \frac{u(u - \sin u)}{2\sin u\left(2\tan\dfrac{u}{2} - u\right)}。$$

i、u、$\xi_1(u)$、$\xi_2(u)$ 均为 12 杆的数据。$\sum M_1$ 和 $\sum M_2$ 为在结点 1 和结点 2 中转动一单位角时，在结点 1 和结点 2 除 12 杆外所有横梁的杆端力矩和。

将系数代入行列式并展开求得

$$[4i\xi_1(u) + \sum M_1][4i\xi_1(u) + \sum M_2] - 4i^2\xi_2^2(u) = 0$$

或为

$$16i^2\xi_1^2(u) + (\sum M_1 + \sum M_2)4i\xi_1(u) + \sum M_1\sum M_2 - 4i^2\xi_2^2(u) = 0 \tag{1}$$

全式除以 $\sum M_1 \sum M_2$，并令

$$\frac{i}{\sum M_1} = K_1；\quad \frac{i}{\sum M_2} = K_2。 \tag{2}$$

式 (1) 变为　$K_1K_2[16\xi_1^2(u) - 4\xi_2^2(u)] + (K_1 + K_2)4\xi_1(u) + 1 = 0$

将 $\xi_1(u)$ 及 $\xi_2(u)$ 代入，则上式变为

$$(1 - K_1 - K_2 - K_1K_2u^2)u\sin u + [(K_1 + K_2)u^2 + 2]\cos u - 2 = 0 \tag{3}$$

式中 K_1 和 K_2 称为弹性转动系数，由式（2）求出。

如 12 杆两端为铰结时，则 $\sum M_1 = 0$，$\sum M_2 = 0$，$K_1 = \infty$，$K_2 = \infty$。相应的临界荷载为

$$N_{kp} = \frac{\pi^2 EI}{l^2}$$

式中 EI 和 l 为 12 杆之值。

若杆 12 两端为刚性固定时，则 $\sum M_1 = \infty$，$\sum M_2 = \infty$，$K_1 = 0$，$K_2 = 0$。相应的临界荷载为

$$N_{kp} = \frac{4\pi^2 EI}{l^2}$$

若杆 12 两端结点为任意时，相应的临界荷载可以写成统一的公式

$$N_{kp} = \frac{\pi^2 EI}{(\mu l)^2} \tag{4}$$

$$\mu = \frac{\pi}{u} \tag{5}$$

式中：μ——折算系数。

根据不同的弹性系数 K_1 和 K_2，由式（3）算出 u，由式（5）算出 μ。计算成果见表 11-2。

计算简化系统的临界荷载时，只要算出 K_1 和 K_2 值，由表 11-2 查出相应的 μ 值，由式（4）算出临界荷载 N_{kp}。

上述计算结点不移动的刚架稳定的近似法，计算简易，从实例计算来看误差不大；但实例计算也还是有局限性的，近似法的计算误差较难估计。若要求计算精度较高，则可用近似法求出的临界荷载值作为位移法试算求解的初始值，再由此求出临界荷载的准确值。

【例 11-4】 试求如图 11-30（a）所示刚架的临界荷载。

【解】 如图 11-30（a）所示刚架是对称结构，它的失稳形式可能是正对称也可能是反对称，如图 11-30（b）、（c）所示（只画了一半）。该图（b）所示的简化形式取该图（d）和（e）所示结构，该图（c）的简化形式取该图（d）和（f）所示结构。现分别计算它们的临界荷载于下。

图 11-30（d），$\sum M_1 = 3\,\frac{EI}{4} + 3\,\frac{1.5EI}{6} = 1.5EI$

$$K_{16} = \frac{0.75EI}{6 \times 1.5EI} = 0.083$$

$$\sum M_6 = \infty \text{ , } K_{61} = 0$$

$$N_{kp} = \frac{\pi^2 \times 0.75EI}{(0.537 \times 6)^2} = 0.71EI$$

查表 11-2，知 $\mu = 0.537$。

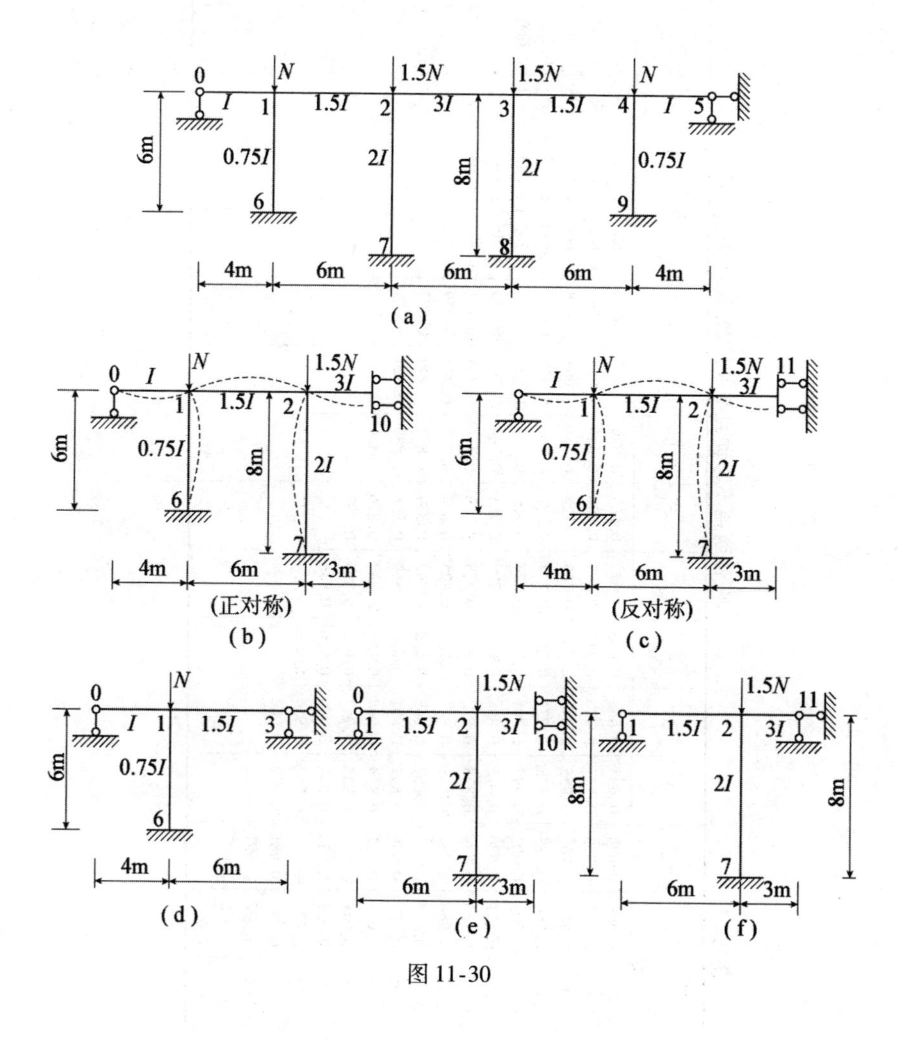

图 11-30

表 11-2　　杆件两端不移动且具有弹性结点时的 μ 值

K_1 \ K_2	∞	100	10	5	3	2	1.5	1.0	0.75	0.50	0.40	0.30	0.25	0.20	0.15	0.10	0.05	0
0	0.699	0.698	0.693	0.688	0.683	0.676	0.668	0.656	0.645	0.626	0.624	0.599	0.589	0.577	0.563	0.545	0.524	0.500
0.05	0.734	0.733	0.727	0.720	0.715	0.707	0.700	0.686	0.673	0.653	0.642	0.626	0.614	0.602	0.588	0.571	0.548	
0.10	0.761	0.760	0.755	0.748	0.742	0.733	0.725	0.711	0.698	0.678	0.666	0.649	0.638	0.625	0.610	0.592		
0.15	0.784	0.783	0.778	0.771	0.764	0.754	0.746	0.731	0.718	0.696	0.684	0.667	0.655	0.642	0.627			
0.20	0.803	0.802	0.797	0.791	0.783	0.774	0.765	0.750	0.737	0.715	0.702	0.683	0.672	0.660				
0.25	0.821	0.820	0.815	0.808	0.800	0.790	0.781	0.764	0.751	0.729	0.715	0.696	0.685					
0.30	0.835	0.834	0.828	0.822	0.813	0.803	0.793	0.776	0.764	0.741	0.727	0.708						
0.40	0.860	0.859	0.851	0.845	0.836	0.825	0.814	0.796	0.784	0.759	0.746							
0.50	0.878	0.877	0.867	0.862	0.852	0.842	0.831	0.812	0.799	0.773								
0.75	0.907	0.906	0.897	0.891	0.880	0.869	0.858	0.839	0.824									
1.0	0.923	0.922	0.914	0.907	0.897	0.887	0.876	0.856										
1.5	0.944	0.943	0.935	0.927	0.916	0.905	0.893											
2.0	0.957	0.956	0.947	0.940	0.928	0.916												
3.0	0.972	0.971	0.962	0.954	0.939													
5.0	0.982	0.981	0.972	0.963														
10.0	0.992	0.991	0.982															
100	0.999	0.998																
∞	1.000																	

图 11-30（e），$\sum M_2 = 3 \times \frac{1.5EI}{6} + \frac{3EI}{3} = 1.75EI$

$$K_{27} = \frac{2EI}{8 \times 1.75EI} = 0.143$$

$$K_{72} = 0$$

查表 11-2，知 $\mu = 0.558$。

$$N_{kp} = \frac{\pi^2 \times 2EI}{1.5 \times (0.558 \times 8)^2} = 0.656EI$$

图 11-30（f），$\sum M_2 = 3 \times \frac{1.5EI}{6} + 3 \times \frac{3EI}{3} = 3.75EI$

$$K_{27} = \frac{2EI}{8 \times 3.75EI} = 0.066$$

$$K_{72} = 0$$

查表 11-2，知 $\mu = 0.53$。

$$N_{kp} = \frac{\pi^2 \times 2EI}{1.5 \times (0.53 \times 8)^2} = 0.728EI。$$

这里算出的刚架最小临界荷载为 $0.656EI$，用位移法算出的最小临界荷载为 $0.651EI$。

【例 11-5】 计算如图 11-31（a）所示刚架的临界荷载。

【解】 取简化系统如图 11-31（b）、（c）、（d）、（e）所示。分别计算它们的临界荷载。

由图 11-31(*b*)　$\sum M_1 = 4\frac{2EI}{l} + 3\frac{2EI}{1.5l} = 12\frac{El}{l}$

$$K_{12} = \frac{2EI/l}{12EI/l} = 0.17$$

$$\sum M_2 = 4 \times \frac{2EI}{l} + 3 \times \frac{2EI}{1.5l} = 12\frac{EI}{l}$$

$$K_{21} = 0.17$$

查表 11-2，知 $\mu = 0.638$。

$$N_{kp} = \frac{\pi^2 \times 2EI}{1.5 \times (0.638l)^2} = 32.3\frac{EI}{l^2}$$

由图 11-31（c）$\sum M_4 = 3 \times \frac{2EI}{1.5l} + 3 \times \frac{2EI}{1.2l} = 9\frac{EI}{l}$

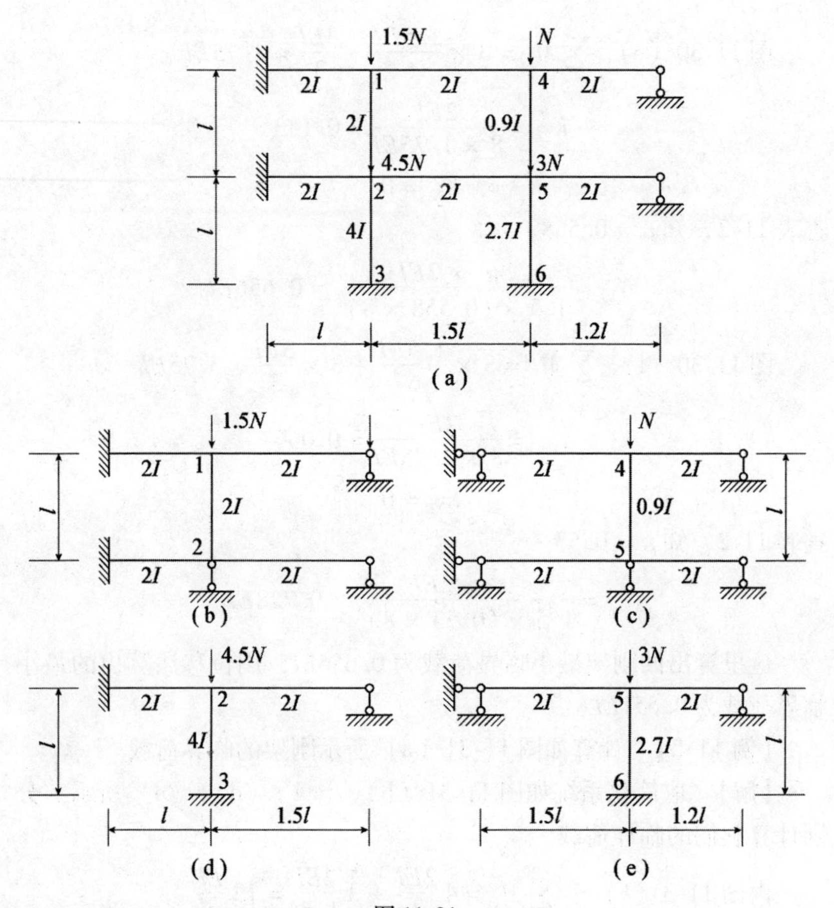

图 11-31

$$K_{45}=\frac{0.9EI/l}{9EI/l}=0.1$$

$$\sum M_5=3\times\frac{2EI}{1.5l}+3\times\frac{2EI}{1.2l}=9\frac{EI}{l};$$

$$K_{54}=0.1。$$

查表 11-2，知 $\mu=0.592$。

$$N_{kp}=\frac{\pi^2\times 0.9EI}{(0.592l)^2}=25.4\frac{EI}{l^2}$$

由图 11-31（d）$\sum M_2 = 4 \times \frac{2EI}{l} + 3 \times \frac{2EI}{1.5l} = 12\frac{EI}{l}$

$$K_{23} = \frac{4EI/l}{12EI/l} = 0.33;$$

$$K_{32} = 0;\ \mu = 0.607。$$

$$N_{kp} = \frac{\pi^2 \times 4EI}{4.5 \times (0.607l)^2} = 23.8\frac{EI}{l^2}$$

由图 11-31（e）　$\sum M_5 = 3 \times \frac{2EI}{1.5l} + 3 \times \frac{2EI}{1.2l} = 9\frac{EI}{l}$;

$$K_{56} = \frac{2.7EI/l}{9EI/l} = 0.3;$$

$$K_{65} = 0;\ \mu = 0.599。$$

$$N_{kp} = \frac{\pi^2 \times 2.7EI}{3 \times (0.599l)^2} = 24.7\frac{EI}{l^2}。$$

由此计算出刚架的最小临界荷载为 $23.8EI/l^2$，用位移法计算出的最小临界荷载的准确值为 $22.1EI/l^2$，两者相差 7.8%。若认为由近似法求出的值精度不够，则可以把近似值作为位移法试算的初始值，再由位移法求临界力的准确值。

11.7.2　结点有移动的刚架的稳定计算

结点有移动的刚架的稳定计算已有多种近似计算方法，下面介绍一种近似计算方法。该近似法的实质是忽略轴向力对杆件弯曲的影响，用位移法和力矩分配法求临界荷载的近似值。具体计算方法见下面的例题。如图 11-32（a）所示是小于 P_{kp} 以前的情况，图 11-32（b）是丧失稳定对应临界状态的变形状态，图 11-32（c）是计算结构，不考虑轴向力对杆件弯曲的影响，杆端力矩的计算方法如同一般力矩分配法。

这里丧失稳定时的变形状态是反对称。设结点 1 的线位移为 Δ_1，结点 2 的线位移为 Δ_2，现不考虑轴向力的影响进行力矩分配，把杆端力矩化成线位移 Δ_1 及 Δ_2 的函数，如表 11-3 所示。

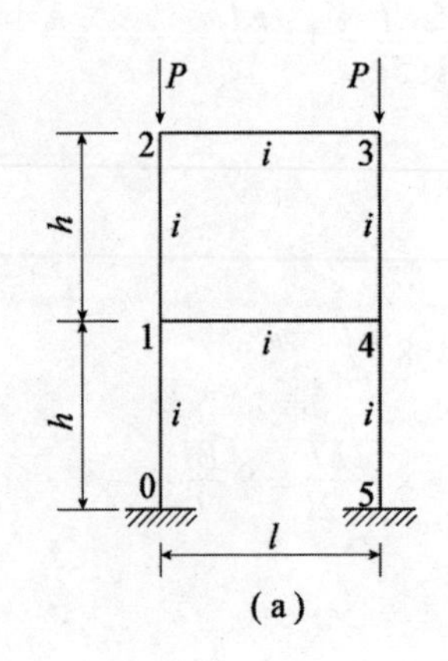

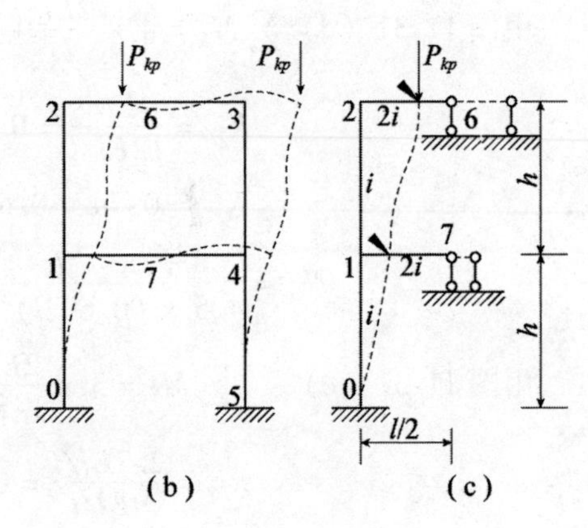

图 11-32

表 11-3　　　　**杆端力矩计算表**

杆端弯矩	M_{01}	M_{10}	M_{17}	M_{12}	M_{21}	M_{26}
分配系数		0.286	0.428	0.286	0.4	0.6
集体分配系数					1.03	
	−6	−6				
$\Delta_1=1$，固端力矩	0.855 ←—	1.71	2.57	1.71 —→	0.855	
				−0.176 ←—	−0.352	−0.528
	0.025 ←—	0.05	0.075	0.05 —→	0.025	
Σ	−5.12	−4.24	2.64	1.584	0.528	−0.528
				−6	−86	
$\Delta_2=1$，固端力矩	0.855 ←—	1.71	2.57	1.71 —→	0.855	
				1.06 ←—	2.12	3.18
	−0.151 ←—	−0.302	−0.453	−0.302 —→	−0.151	
Σ	0.7	1.41	2.12	−3.53	−3.18	3.18

注：表中弯矩数字需乘上 i/h。

从表 11-3 知

$$M_{01}=\frac{i}{h}(-5.12\Delta_1+0.7\Delta_2)$$

$$M_{10}=\frac{i}{h}(-4.24\Delta_1+1.41\Delta_2)$$

$$M_{12}=\frac{i}{h}(1.584\Delta_1-3.53\Delta_2)$$

$$M_{21}=\frac{i}{h}(0.528\Delta_1-3.18\Delta_2)$$

又从图 11-33 得剪力一般公式

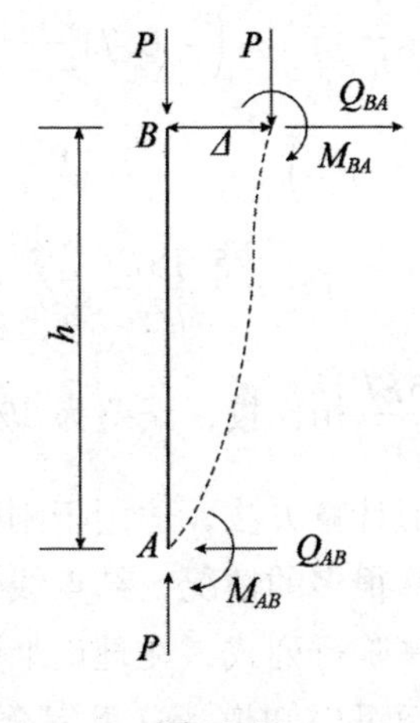

图 11-33

$$Q_{AB}=-P\frac{\Delta}{h}-\frac{M_{AB}+M_{BA}}{h}$$

现根据 $Q_{21}=0$，得

$$-P\frac{\Delta_2}{h}-\frac{1}{h}(M_{12}+M_{21})=0$$

代入各 M 值得

$$2.11\frac{i\Delta_1}{h}-6.71\frac{i\Delta_2}{h}+P\Delta_2=0 \tag{1}$$

同样　$Q_{10}=0$

即
$$-P\frac{\Delta_1}{h}-\frac{1}{h}(M_{01}+M_{10})=0$$

代入 M 值得

$$-9.36\frac{i\Delta_1}{h}+2.11\frac{i\Delta_2}{h}+P\Delta_1=0 \tag{2}$$

丧失稳定时，$\Delta_1\neq 0$ 及 $\Delta_2\neq 0$，故根据式（1）及式（2）组成稳定特征行列式为

$$\begin{vmatrix} 2.11\dfrac{i}{h} & \left(-6.71\dfrac{i}{h}+P\right) \\ \left(-9.36\dfrac{i}{h}+P\right) & 2.11\dfrac{i}{h} \end{vmatrix}=0$$

展开得
$$P_{kp}=\frac{5.15EI}{h^2}$$

与准确值 $P_{kp}=\dfrac{5.55EI}{h^2}$ 相比较，误差为 8% 左右。

上述刚架稳定的近似计算方法，适用于刚架结点的独立线位移的数目不多而结点转角位移很多的情况，结点线位移数目多时则需进行多次力矩分配，并需解高阶行列式，在理论上讲，虽然是可行的，但计算要复杂得多。从上面可以知道，这里完全避免了引用超越函数，计算临界荷载是比较简便的。

由于近似法的计算精度较难估计，若认为由近似法求出的值精度不够时，可以把 $P_{kp}=\dfrac{5.55EI}{h^2}$ 当做位移法试算求解的初始值，由位移法求临界力的准确值。

11.8 拱及圆环的稳定计算

本节讲述拱及圆环的稳定计算。先导出中心受压圆弧形曲杆的平衡微分方程式，由此导出无铰圆拱及圆环在均匀水压力作用下的稳定计算公式。最后介绍用代用刚架法计算在任意对称荷载作用下任意对称拱形的稳定。在水工结构中，我们可能遇到圆形水管的稳定计算以

及支承拱的稳定计算问题。

11.8.1　圆拱及圆环的稳定计算

在进行稳定计算以前，先推导圆弧形曲杆的平衡微分方程式。

1. 圆弧形曲杆的平衡微分方程式

中心受压圆弧形曲杆丧失稳定时发生弯曲变形，如图 11-34（a）所示。设 r_0为杆中心线的初曲率半径，r 表示变形后中心线任意一点（由 θ 角决定）的曲率半径，于是对于一薄环曲率半径的改变与弯矩 M 的关系，由材料力学知

$$EI\left(\frac{1}{r}-\frac{1}{r_0}\right)=-M \tag{1}$$

这里的负号是随弯矩的正负号规定而来的，弯矩使原有曲率减小时为正。

现在研究 $1/r$ 及 $1/r_0$的算式。从图 11-34（a）所示情况可以知道

$$\mathrm{d}s=r_0\mathrm{d}\theta;\qquad \frac{1}{r_0}=\frac{\mathrm{d}\theta}{\mathrm{d}s} \tag{2}$$

以 ω 表示径向位移，并假设向心为正，同时假定忽略切向位移。从图 11-34（b）所示可知，相切于 n 点的倾斜角与相切于 m 点的倾

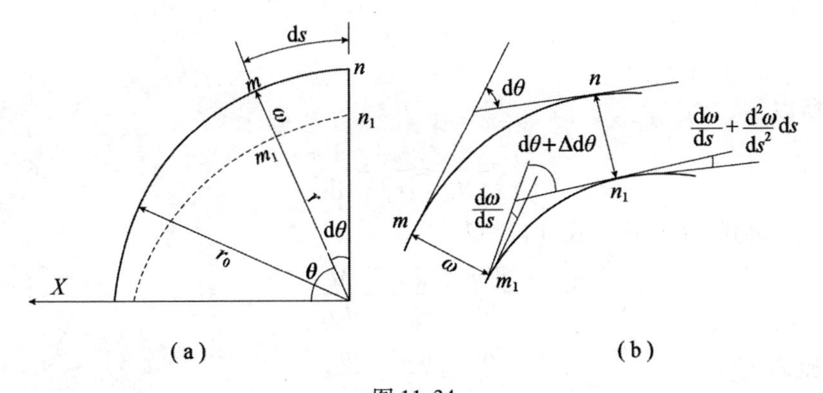

图 11-34

斜角相比的增量是

$$\Delta \mathrm{d}\theta = \frac{\mathrm{d}^2 w}{\mathrm{d}s^2}\mathrm{d}s \tag{3}$$

与式（2）相比较，短段 ds 在变形后的新曲率是

$$\frac{1}{r} = \frac{\mathrm{d}\theta + \Delta \mathrm{d}\theta}{\mathrm{d}s + \Delta \mathrm{d}s} \tag{4}$$

见图 11-34（a），比较 $m_1 n_1$ 及 mn 的长度，略去 dw/ds 小角的影响，取 $m_1 n_1$ 的长度为 $(r_0 - w)\mathrm{d}\theta$，因此

$$\Delta \mathrm{d}s = - w \mathrm{d}\theta = - \frac{w}{r_0}\mathrm{d}s \tag{5}$$

将式（3）及式（5）代入式（4）得

$$\frac{1}{r} = \frac{\mathrm{d}\theta + \frac{\mathrm{d}^2 w}{\mathrm{d}s^2}\mathrm{d}s}{\mathrm{d}s\left(1 - \frac{w}{r_0}\right)}$$

分子分母同除以 ds 并整理后得

$$\frac{1}{r}\left(1 - \frac{w}{r_0}\right) = \frac{1}{r_0} + \frac{\mathrm{d}^2 w}{\mathrm{d}s^2}$$

或

$$\frac{1}{r} - \frac{1}{r_0} = \frac{w}{r r_0} + \frac{\mathrm{d}^2 w}{\mathrm{d}s^2}$$

又因 r 与 r_0 相比较，相差甚微，因此取

$$\frac{w}{r r_0} = \frac{w}{r_0^2}$$

所以

$$\frac{1}{r} - \frac{1}{r_0} = \frac{w}{r_0^2} + \frac{\mathrm{d}^2 w}{\mathrm{d}s^2} \tag{6}$$

将式（6）代入式（1）得

$$\frac{\mathrm{d}^2 w}{\mathrm{d}s^2} + \frac{w}{r_0^2} = - \frac{M}{EI}$$

如果计及

$$\frac{\mathrm{d}w}{\mathrm{d}s} = \frac{\mathrm{d}w}{\mathrm{d}\theta} \quad \frac{\mathrm{d}\theta}{\mathrm{d}s}$$

$$\frac{\mathrm{d}^2 w}{\mathrm{d}s^2}=\frac{\mathrm{d}^2 w}{\mathrm{d}\theta^2}\left(\frac{\mathrm{d}\theta}{\mathrm{d}s}\right)^2$$

$$\frac{\mathrm{d}w}{\mathrm{d}s}=\frac{1}{r_0}$$

则同一方程式又可写成

$$\frac{\mathrm{d}^2 w}{\mathrm{d}\theta^2}+w=-\frac{Mr_0^2}{EI} \tag{11-30}$$

式（11-30）是圆弧形曲杆的平衡微分方程式。

2. 圆环在静水压力作用下的稳定计算

现将圆环稳定计算的一般公式导出。如图 11-35 所示的半圆环，虚线表示原来的图形，实线表示在均匀水压力作用下丧失稳定时的变形状态，设 AB 与 OD 为屈曲环的对称轴，下半部的圆环对上半部圆环的作用可以由作用在 A 及 B 截面处的轴向力 S 及力矩 M_0 来表示。在 A 及 B 处的压力是

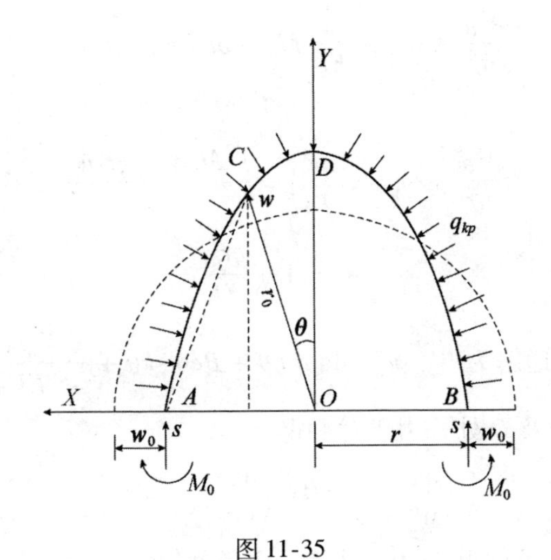

图 11-35

$$S=q(r_0-w_0)=q\times\overline{AO}$$

在屈曲环任意截面 C 的力矩为

$$M = M_0 + q\,\overline{AO} \times \overline{AF} - q\,\frac{\overline{AC}^2}{2}$$

由$\triangle ACO$知

$$\overline{OC}^2 = \overline{AC}^2 + \overline{AO}^2 - 2\,\overline{AO} \times \overline{AF}$$

或

$$\frac{1}{2}\overline{AC}^2 - \overline{AO} \times \overline{AF} = \frac{1}{2}(\overline{OC}^2 - \overline{AO}^2)$$

代入M式中得

$$M = M_0 - \frac{1}{2}q(\overline{OC}^2 - \overline{AO}^2)$$

应注意$\overline{AO} = r_0 - w_0$，$\overline{OC} = r_0 - w$，略去微量$w$及$w_0$的平方，力矩为

$$M = M_0 - qr_0(w_0 - w)$$

把M式子代入式（11-30）中得

$$\frac{d^2 w}{d\theta^2} + w = -\frac{r_0^2}{EI}[M_0 - qr_0(w_0 - w)]$$

合并后得

$$\frac{d^2 w}{d\theta^2} + w\left(1 + \frac{qr_0^3}{EI}\right) = \frac{-M_0 r_0^2 + qr_0^2 w_0}{EI} \tag{11-31}$$

引用记号

$$k^2 = 1 + \frac{qr_0^3}{EI} \tag{11-32}$$

式(11-31)的通解为 $w = A\sin k\theta + B\cos k\theta + \dfrac{-M_0 r_0^2 + qr_0^3 w_0}{EI + qr_0^3}$

在截面A及D处，由于对称得

$$\left(\frac{dw}{d\theta}\right)_{\theta=0} = 0;\ \left(\frac{dw}{d\theta}\right)_{\theta=\frac{\pi}{2}} = 0$$

从第一个条件得$A=0$，从第二个条件得

$$\sin\frac{k\pi}{2} = 0$$

这里最小根为$\dfrac{k\pi}{2} = \pi$，因此$k=2$。

将 k 代入式（11-32）得临界荷载为

$$q_{kp} = \frac{3EI}{r_0^3} \tag{11-33}$$

式（11-33）是中心受压圆环的临界荷载公式。

3. 无铰圆弧拱在静水压力作用下的稳定计算

如图 11-36 所示，在无铰圆拱上作用均匀水压力 q，丧失稳定时为反对称变形。我们知道，如果忽略轴力对位移的影响，圆弧拱在均匀水压力作用下，在丧失稳定以前只有轴向力 S，且

$$S = qR$$

当丧失稳定时，圆拱发生弯曲变形，除了轴向力产生力矩以外，还有拱端力矩 M_0产生的附加力矩。

从图 11-36（c）可知，任意截面（由 θ 决定位置）的附加力矩为

$$M'_\theta = - M_0 \frac{2x}{l}$$

M_0的方向是假定的。

由于

$$x = R\sin\theta$$

$$l = 2R\sin\alpha$$

故

$$M'_\theta = - M_0 \frac{\sin \theta}{\sin \alpha}$$

在任意截面上的全部力矩为

$$M_\theta = qRw - M_0 \frac{\sin \theta}{\sin \alpha}$$

代入式（11-30）得

$$\frac{\mathrm{d}^2 w}{\mathrm{d}\theta^2} + w = - \frac{R^2}{EI}\left(qRw - M_0 \frac{\sin \theta}{\sin \alpha}\right) \tag{11-34}$$

或

$$\frac{d^2 w}{d\theta^2} + w\left(1 + \frac{qR^3}{EI}\right) = \frac{M_0 R^2 \sin \theta}{EI\sin \alpha}$$

采用

$$k^2 = 1 + \frac{qR^3}{EI} \tag{11-35}$$

及

$$C = \frac{M_0 R^2}{EI\sin \alpha}$$

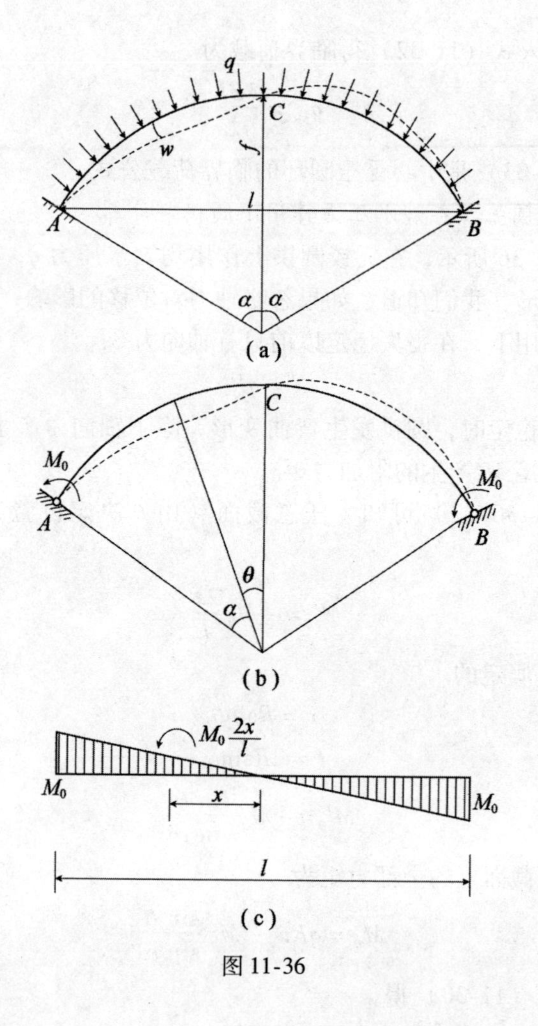

图 11-36

因此得

$$\frac{d^2w}{d\theta^2}+k^2w=C\sin\theta$$

这里的通解为

$$w=A\cos k\theta+B\sin k\theta+\frac{C}{k^2-1}\sin\theta$$

根据边界条件有:

$$\theta = 0,\ w = 0;\ \theta = \alpha,\ w = 0,\ \frac{dw}{d\theta} = 0。$$

第一个条件，$A=0$ 时被满足，而其他两个条件提供了

$$B\sin k\alpha + \frac{C}{k^2 - 1}\sin\alpha = 0$$

$$Bk\cos k\alpha + \frac{C}{k^2 - 1}\cos\alpha = 0$$

令这些方程式的系数组成的行列式等于零，得稳定的特征方程式为

$$D = \begin{vmatrix} \sin k\alpha, & \frac{1}{k^2 - 1}\sin\alpha \\ k\cos k\alpha, & \frac{1}{k^2 - 1}\cos\alpha \end{vmatrix} = 0$$

展开得

$$\sin k\alpha\cos\alpha - k\cos k\alpha\sin\alpha = 0$$

或

$$k\tan\alpha\cot k\alpha = 1 \tag{11-36}$$

从这里可以求得 k 值，因而可以求得临界荷载。

根据式（11-35）得

$$q_{kp} = \frac{EI}{R^3}(k^2 - 1) \tag{11-37}$$

式（11-37）是计算无铰圆拱的稳定公式。

表 11-4 列出了不同的 α 值所对应的 k 值。

表 11-4　　不同 α 值所对应的 k 值表

α	30°	60°	90°	120°	150°	180°
κ	8.62	4.38	3	2.36	2.07	2

上面讲述的是中心受压无铰圆拱及圆环的稳定计算。至于其他中心受压圆拱的稳定计算是大同小异的。读者可以参阅其他相关著作。

11.8.2　代用刚架法计算拱的稳定

现在研究任意轴线和任意截面的拱的稳定。假定拱是中心受压的（不是中心受压时可以近似地认为是中心受压的情况），在研究任意

中心受压对称拱形的稳定时，我们可以把拱变成折线形刚架，即用四个折点或五个折点的刚架代替拱，采用位移法计算拱的稳定。

采用四个折点的刚架代替拱，由计算结果表明，即使对于矢跨比较大的拱，与采用微分方程并用数值积分法求得的结果比较，误差也是比较小的。采用五个折点的刚架代替拱，其计算精度还要更高些。

如图 11-37（a）所示抛物线拱结构，在均布荷载作用下，采用五个折点的刚架代替拱，即沿拱轴分为六段，每段水平投影长为 $\frac{l}{6}$，把每段荷载等分到结点上，使原荷载变为集中荷载（或按原荷载求出各段中的轴向力），如图 11-37（b）所示。由位移法计算拱的稳定。由于对应超静定拱的最小临界荷载的变形形式为反对称，这里的未知数为 φ_1、φ_2、β_{01}、β_{12}。

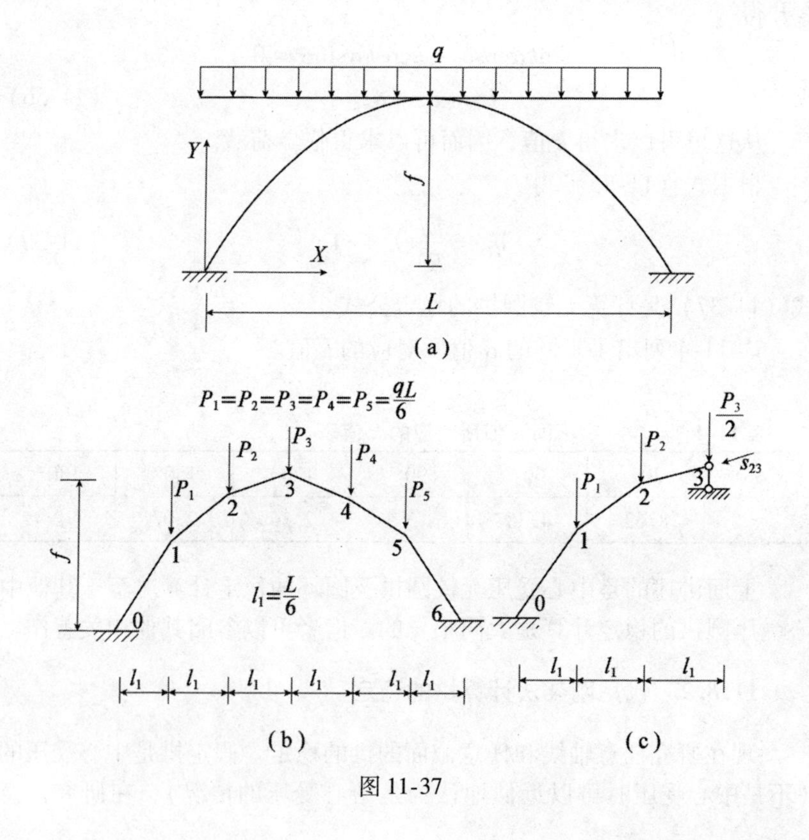

图 11-37

由 $\sum(x_B - x_A)\beta_{AB} = 0$，知 $\beta_{23} = -(\beta_{01} + \beta_{12})$，根据结点 1 的弯矩平衡有

$$M_{10} + M_{12} = 0$$

即 $$2i_{01}[2\varphi_1\xi_1(u_{01}) - 3\beta_{01}\eta_1(u_{01})] + 2i_{12}[2\varphi_1\xi_1(u_{12}) + \varphi_2\xi_2(u_{12}) - 3\beta_{12}\eta_1(u_{12})] = 0 \tag{1}$$

$$u = l\sqrt{\frac{N}{EI}}$$

$$i = \frac{EI}{l}$$

式中：l——杆长；

N——轴向力。

根据结点 2 的弯矩平衡有

$$M_{21} + M_{23} = 0$$

即 $$2i_{12}[2\varphi_2\xi_1(u_{12}) + \varphi_1\xi_2(u_{12}) - 3\beta_{12}\eta_1(u_{12})] + 3i_{23}\xi_3(u_{23}) + (\varphi_2 - \beta_{23}) = 0 \tag{2}$$

利用虚功原理成立另外两个方程式。如图 11-38（a）所示受力状态，图 11-38（b）、（c）分别表示一个独立转角 $\beta = 1$ 而另一独立转角 $\beta = 0$ 的虚位移状态。

假是端弯矩顺时针转为正，轴力力偶 $s_{01}l_{01}\beta_{01}$，$s_{12}l_{12}\beta_{12}$、$s_{23}l_{23}\beta_{23}$ 亦顺时针转为正，由图 11-38（a）的力系分别乘图 11-38（b）、（c）的虚位移，由虚功原理知

$$(M_{01} + M_{10}) \times 1 - M_{23} \times 1 + s_{01}l_{01}\beta_{01} \times 1 + s_{23}l_{23}(\beta_{01} + \beta_{12}) \times 1 = 0 \tag{3}$$

$$(M_{12} + M_{21}) \times 1 - M_{23} \times 1 + s_{12}l_{12}\beta_{12} \times 1 + s_{23}l_{23}(\beta_{01} + \beta_{12}) \times 1 = 0 \tag{4}$$

结点外力分解为轴向力，这里 P 力不作功。

将端弯矩式代入式（3）、式（4）得

$$2i_{01}[\varphi_1\xi_2(u_{01}) - 3\beta_{01}\eta_1(u_{01})] + 2i_{01}[2\varphi_1\xi_1(u_{01}) - 3\beta_{01}\eta_1(u_{01})] - 3i_{23}\xi_3(u_{23})(\varphi_2 - \beta_{23}) + s_{01}l_{01}\beta_{01} + s_{23}l_{23}(\beta_{01} + \beta_{12}) = 0 \tag{5}$$

$$2i_{12}[2\varphi_1\xi_1(u_{12}) + \varphi_2\xi_2(u_{12}) - 3\eta_1(u_{12})\beta_{12}] + 2i_{12}[2\varphi_2\xi_1(u_{12}) + \varphi_1\xi_2(u_{12}) - 3\beta_{12}\eta_1(u_{12})] - 3i_{23}\xi_3(u_{23})(\varphi_2 - \beta_{23}) + s_{12}l_{12}\beta_{12} +$$

$$s_{23}l_{23}(\beta_{01}+\beta_{12})=0 \tag{6}$$

把式（1）、式（2）、式（5）、式（6）中以$\beta_{23}=-(\beta_{01}+\beta_{12})$代入并把同类项合并得$\varphi_1$、$\varphi_2$、$\beta_{01}$、$\beta_{12}$的四个未知数的四个方程式，令这些未知数的系数组成的行列式等于零求得稳定计算的特征方程，解方程求最小临界力。至于式中u值的计算，可以根据一般解超静定的方法求出代用刚架各杆件的轴向力，然后算出各杆中u值，至于中心受压情况则更易求得u值。

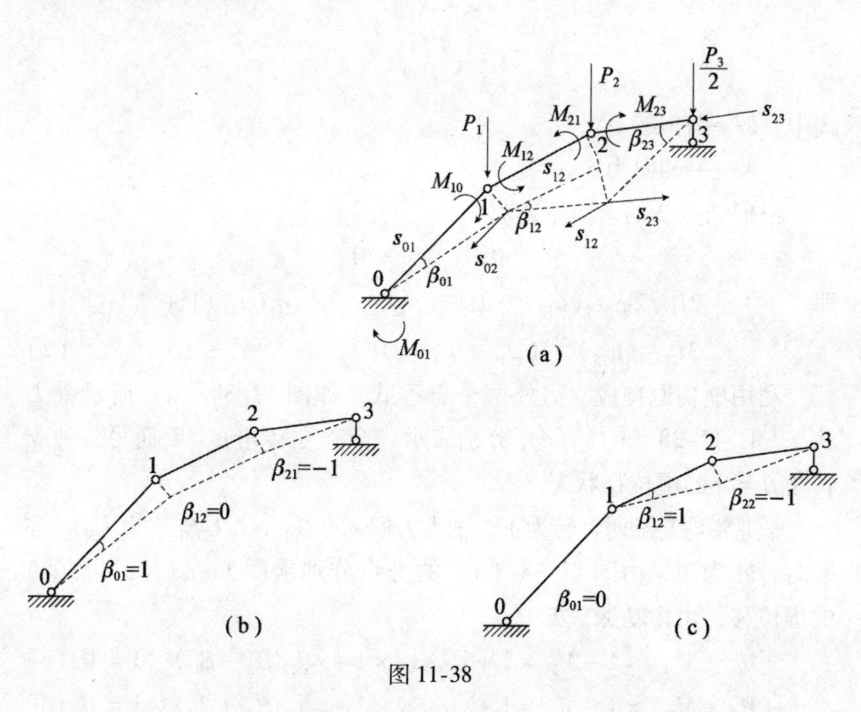

图 11-38

7 由于解稳定特征方程有一定困难，故下面提出一个迭代的计算方法。

先不考虑轴向力对弯曲变形的影响，端弯矩式为

$M_{01}=2i_{01}(\varphi_1-3\beta_{01})$；$M_{10}=2i_{01}(2\varphi_1-3\beta_{01})$；

$M_{12}=2i_{12}(2\varphi_1+\varphi_2-3\beta_{12})$；$M_{21}=2i_{12}(2\varphi_2+\varphi_1-3\beta_{12})$；　(7)

$M_{23}=3i_{23}(\varphi_2-\beta_{23})$。

由结点 1 和结点 2 的弯矩平衡方程并代入端弯矩式（7）求出 φ_1、φ_2 的算式，将端弯矩式（7）及 φ_1 和 φ_2 值代入式（3）和式（4），求得只有 β_{01} 和 β_{12} 为未知数的两个方程，由这两个方程的 β_{01} 和 β_{12} 系数组成的行列式为零，求得稳定计算的特征方程，解方程求最小临界力的第一近似值。

根据临界力第一近似值，由 $u = l\sqrt{\dfrac{S}{EI}}$ 算出各杆 u 值。

由 u 值及下面的端弯矩式（8）算出各杆端弯矩

$$
\begin{aligned}
M_{01} &= 2i_{01}[\varphi_1\xi_2(u_{01}) - 3\beta_{01}\eta_1(u_{01})] \\
M_{10} &= 2i_{01}[2\varphi_1\xi_2(u_{01}) - 3\beta_{01}\eta_1(u_{01})] \\
M_{12} &= 2i_{12}[2\varphi_1\xi_1(u_{12}) + \varphi_2\xi_2(u_{12}) - 3\beta_{12}\eta_1(u_{12})] \\
M_{21} &= 2i_{12}[2\varphi_2\xi_1(u_{12}) + \varphi_1\xi_2(u_{12}) - 3\beta_{12}\eta_1(u_{12})] \\
M_{23} &= 3i_{23}\xi_3(u_{23})(\varphi_2 - \beta_{23})
\end{aligned}
\tag{8}
$$

同样由结点 1 和 2 的弯矩平衡方程并将端弯矩式（8）代入求出 φ_1 和 φ_2 的算式，将端弯矩式（8）和 φ_1、φ_2 值代入式（3）和式（4），求得只有 β_{01} 和 β_{12} 为未知数的两个方程，由此成立求临界力的特征方程式，求出临界力第二近似值。通常第二近似值已可以达到实用要求，若认为精度不够，还可以如前述一样进行试算。

上述计算方法同样可以用在一些结点有移动的刚架的稳定计算。

【例 11-6】 如图 11-39（a）所示抛物线拱，$y = 4f\left(1 - \dfrac{x}{L}\right)\dfrac{x}{L}$，$EI$ 为常数，在竖向均布力作用下，试求拱的最小临界力。

【解】 推力 $H = \dfrac{qL^2}{8f}$；$H = 1.25qL$；轴心受压。

竖向反力 $V_0 = V_6 = 0.5qL$。把拱分为 6 段，尺寸如图 11-39 所示。

由 $\sum(x_B - x_A)\beta_{AB} = 0$，知 $\beta_{23} = -(\beta_{01} + \beta_{12})$

考虑失稳形式为反对称，取一半结构如图 11-39（c）所示，用位移法进行计算，未知数为 φ_1、φ_2、β_{01}、β_{23}。

计算各杆中轴力，及由轴力形成的力偶

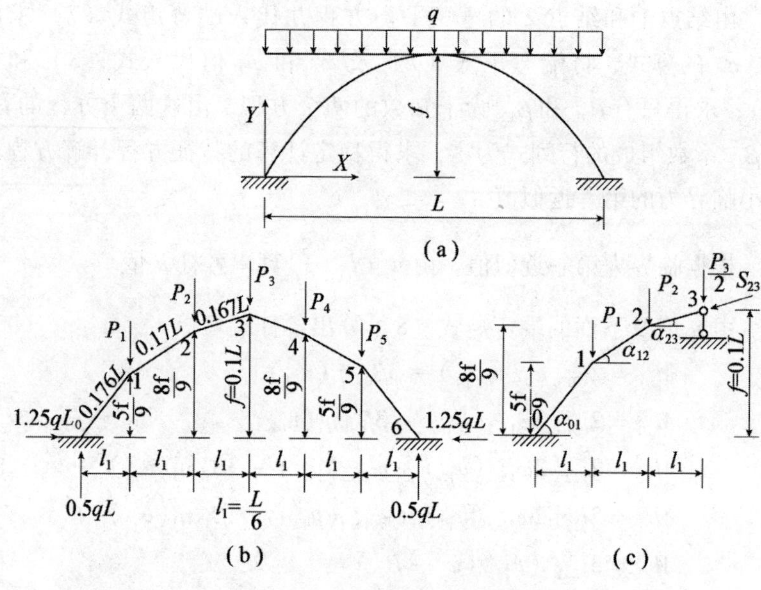

图 11-39

$$\tan\alpha_{01}=\frac{\frac{5L}{90}}{\frac{L}{6}}=0.333;\ \alpha_{01}=18.42°。$$

同样求得 $\alpha_{12}=11.31°$，$\alpha_{23}=3.814°$。

$$s_{01}=\frac{1.25qL}{\cos 18.42°}=1.317qL;\ s_{12}=1.274qL;\ s_{23}=1.253qL;$$

$$s_{01}l_{01}\beta_{01}=1.317qL\times 0.176L\times\beta_{01}=0.232qL^2\beta_{01}$$

$$S_{12}l_{12}\beta_{12}=0.217qL^2\beta_{12};\ S_{23}l_{23}\beta_{23}=-0.2093(\beta_{01}+\beta_{12})qL^2。$$

计算端弯矩（不计轴力对杆件弯曲的影响）

$$M_{01}=\frac{2EI}{0.176L}(\varphi_1-3\beta_{01})=11.364i\varphi_1-34.09i\beta_{01},\ i=\frac{EI}{L}$$

$$M_{10}=22.73i\varphi_1-34.09i\beta_{01}$$

$$M_{12}=\frac{2EI}{0.17L}(2\varphi_1+\varphi_2-3\beta_{12})=23.53i\varphi_1+11.765i\varphi_2-35.29i\beta_{12}$$

$$M_{21}=23.53i\varphi_2+11.765i\varphi_1-35.29i\beta_{12}$$

$$M_{23}=3\frac{EI}{0.167L}(\varphi_2-\beta_{23})=17.964i(\varphi_2-\beta_{23})$$

由 $M_{10}+M_{12}=0$

得 $22.73i\varphi_1-34.09i\beta_{01}+23.53i\varphi_1+11.765i\varphi_2-35.29i\beta_{12}=0$

整理得 $$\varphi_1=-0.2543\varphi_2+0.737\beta_{01}+0.763\beta_{12} \tag{9}$$

由 $$M_{21}+M_{23}=0$$

得 $23.53i\varphi_2+11.765i\varphi_1-35.29i\beta_{12}+17.964i(\varphi_2+\beta_{01}+\beta_{12})=0$

将式（9）代入上式，整理得 $$\varphi_2=-0.692\beta_{01}+0.217\beta_{12} \tag{10}$$

将式（10）代入式（9）得 $$\varphi_1=0.913\beta_{01}+0.708\beta_{12} \tag{11}$$

由式（3）、式（4）知

$$(M_{01}+M_{10})\times 1-M_{23}\times 1+S_{01}l_{01}\beta_{01}\times 1+S_{23}l_{23}(\beta_{01}+\beta_{12})\times 1=0$$

$$(M_{12}+M_{21})\times 1-M_{23}\times 1+S_{12}l_{12}\beta_{12}\times 1+S_{23}l_{23}(\beta_{01}+\beta_{12})\times 1=0$$

代入端弯矩式（不计轴力影响）及 φ_1 和 φ_2 值［式（10）及式（11）］求得

$$-42.59i\beta_{01}+2.29i\beta_{12}+0.441qL^2\beta_{01}+0.2093qL^2\beta_{12}=0 \tag{12}$$

$$2.26i\beta_{01}-59.79i\beta_{12}+0.2093qL^2\beta_{01}+0.426qL^2\beta_{12}=0 \tag{13}$$

由式（12）、式（13）中 β_{01} 和 β_{12} 的系数组成的行列式为零，得

$$\begin{vmatrix}(-42.59i+0.441qL^2) & (2.29i+0.2093qL^2)\\ (2.26i+0.2093qL^2) & (-59.79i+0.426qL^2)\end{vmatrix}=0$$

展开行列式得 $2541.3i^2-45.462iqL^2+0.144(qL^2)^2=0$ 由此求得 $(q_k)_{\min}=72.6\frac{EI}{L^3}$，提高 $(q_k)_{\min}$ 的精度，计算 $(q_k)_{\min}$ 第二近似值。计算各杆 u 值

$$u_{01}=l_{01}\sqrt{\frac{1}{EI}\times 1.317\times 72.6\times\frac{EI}{L^3}\times L}$$

$$u_{01}^2=(0.176L)^2\times 1.317\times 72.6\times\frac{1}{L^2}=2.96;\ u_{01}=1.72;$$

$$u_{12}=1.63,\ u_{23}=1.59$$

计算端弯矩（计及轴力对杆件弯曲的影响）

$$M_{01}=\frac{2EI}{0.176L}[\varphi_1\xi_2(u_{01})-3\beta_{01}\eta_1(u_{01})]=11.98i\varphi_1-32.39i\beta_{01}$$

$$M_{10}=20.39i\varphi_1-32.39i\beta_{01}$$

$$M_{12}=\frac{2EI}{0.17L}[2\varphi_1\xi_1(u_{12})+\varphi_2\xi_2(u_{12})-3\beta_{12}\eta_1(u_{12})]=21.37i\varphi_1+12.33i\varphi_2-33.71i\beta_{12} \tag{14}$$

$$M_{21}=21.37i\varphi_2+12.33i\varphi_1-33.71i\beta_{12}$$

$$M_{23}=\frac{3EI}{0.167L}\xi_3(u_{23})(\varphi_2-\beta_{23})=14.69i(\varphi_2+\beta_{01}+\beta_{12})$$

式中 $\xi_1(u)$ 、$\xi_2(u)$ 、$\xi_3(u)$ ，$\eta_1(u)$ 由表11-5查得。

由 $M_{10}+M_{12}=0$ 知

$$20.39i\varphi_1-32.39i\beta_{01}+21.37i\varphi_1+12.33i\varphi_2-33.71i\beta_{12}=0$$

即
$$41.76i\varphi_1+12.33i\varphi_2-32.39i\beta_{01}-33.71i\beta_{12}=0 \tag{15}$$

由 $M_{21}+M_{23}=0$，知

$$21.37i\varphi_2+12.33i\varphi_1-33.71i\beta_{12}+14.69i(\varphi_2+\beta_{01}+\beta_{12})=0$$

即
$$36.06i\varphi_2+12.33i\varphi_1+14.69i\beta_{01}-19.02i\beta_{12})=0 \tag{16}$$

由式（15）知，$\varphi_1=-0.2953\varphi_2+0.7756\beta_{01}+0.8072\beta_{12}$

将 φ_1 代入式（16），得，$\varphi_2=-0.748\beta_{01}+0.28\beta_{12}$ （17）

将 φ_2 代入 φ_1 式得，$\varphi_1=0.997\beta_{01}+0.7245\beta_{12}$ （18）

由式（3），式（4）知

$$(M_{01}+M_{10})\times 1-M_{23}\times 1+s_{01}l_{01}\beta_{01}\times 1+s_{23}(\beta_{01}+\beta_{12})l_{23}\times 1=0$$

$$(M_{12}+M_{21})\times 1-M_{23}\times 1+s_{12}l_{12}\beta_{12}\times 1+s_{23}(\beta_{01}+\beta_{12})l_{23}\times 1=0$$

将端弯矩式（14）及 φ_1 和 φ_2［式（17）及式（18）］代入上式求得

$$-36.22i\beta_{01}+4.652i\beta_{12}+0.441qL^2\beta_{01}+0.2093qL^2\beta_{12}=0 \tag{19}$$

$$4.68i\beta_{01}-52.37i\beta_{12}+0.426qL^2\beta_{12}+0.2093qL^2\beta_{01}=0 \tag{20}$$

由式（19）及式（20）β_{01} 和 β_{12} 的系数组成的行列式为零求得

$$\begin{vmatrix}(-36.22i+0.441qL^2) & (4.652i+0.2093qL^2)\\ (4.68i+0.2093qL^2) & (-52.37i+0.426qL^2)\end{vmatrix}=0$$

解得 $(q_k)_{\min}=58.5\dfrac{EI}{L^3}$。

此值与准确解 $(q_k)_{\min} = 60.7\frac{EI}{L^3}$ 相比，误差为 4%。

算到第三近似值，其值与准确解相比，误差较小。

11.9 附录　$\xi_1(u)$、$\xi_2(u)$、$\xi_3(u)$、$\eta_1(u)$、$\eta_2(u)$、$\eta_3(u)$ 等函数表

表 11-5

$u = l\sqrt{\frac{P}{EI}}$	$\xi_1(u)$	$\xi_2(u)$	$\xi_3(u)$	$\eta_1(u)$	$\eta_2(u)$	$\eta_3(u)$
0.00	1.0000	1.0000	1.0000	1.0000	1.0000	1.0000
0.20	0.9986	1.0009	0.9973	0.9992	0.9959	0.9840
0.40	0.9945	1.0026	0.9895	0.9973	0.9840	0.9362
0.60	0.9881	1.0061	0.9756	0.9941	0.9641	0.8556
0.80	0.9787	1.0111	0.9567	0.9895	0.9362	0.7434
1.00	0.9662	1.0172	0.9313	0.9832	0.8999	0.5980
1.10	0.9590	1.0209	0.9164	0.9798	0.8790	0.5131
1.20	0.9511	1.0251	0.8998	0.9756	0.8556	0.4198
1.30	0.9424	1.0296	0.8814	0.9714	0.8306	0.3181
1.40	0.9329	1.0348	0.8613	0.9669	0.8025	0.2080
1.50	0.9226	1.0403	0.8393	0.9620	0.7745	0.0893
$\pi/2$	0.9149	1.0445	0.8225	0.9581	0.7525	0
1.60	0.9116	1.0463	0.8153	0.9567	0.7434	−0.0380
1.70	0.8998	1.0529	0.7891	0.9510	0.7102	−0.1742
1.80	0.8871	1.0600	0.7609	0.9449	0.6749	−0.3191
1.90	0.8735	1.0676	0.7297	0.9383	0.8375	−0.4736
2.00	0.8590	1.0760	0.6961	0.9313	0.5980	−0.6372
2.02	0.8560	1.0777	0.6891	0.9299	0.5899	−0.6710
2.04	0.8530	1.0795	0.6819	0.9285	0.5817	−0.7053
2.06	0.8499	1.0613	0.6747	0.9277	0.5734	−0.7398
2.08	0.8468	1.0831	0.6672	0.9255	0.5650	−0.7749
2.10	0.8437	1.0850	0.6597	0.9260	0.5565	−0.8103
2.12	0.8405	1.0868	0.6521	0.9225	0.5480	−0.8465
2.14	0.8372	1.0887	0.6443	0.9210	0.5394	−0.8822
2.16	0.8339	1.0907	0.6364	0.9195	0.5307	−0.9188

续表

$u=l\sqrt{\frac{P}{EI}}$	$\xi_1\ (u)$	$\xi_2\ (u)$	$\xi_3\ (u)$	$\eta_1\ (u)$	$\eta_2\ (u)$	$\eta_3\ (u)$
2. 18	0. 8306	1. 0926	0. 6284	0. 9180	0. 5220	−0. 9557
2. 20	0. 8273	1. 0946	0. 6202	0. 9164	0. 5131	−0. 9931
2. 22	0. 8239	1. 0966	0. 6119	0. 9148	0. 5041	−1. 0309
2. 24	0. 8204	1. 0988	0. 6034	0. 9132	0. 4951	−1. 0691
2. 26	0. 8170	1. 1009	0. 5948	0. 9116	0. 4860	−1. 1077
2. 28	0. 8134	1. 1029	0. 5861	0. 9100	0. 4768	−1. 1457
2. 30	0. 8099	1. 1050	0. 5772	0. 9083	0. 4675	−1. 1861
2. 32	0. 8063	1. 1072	0. 5681	0. 9066	0. 4581	−1. 2260
2. 34	0. 8026	1. 1095	0. 5589	0. 9049	0. 4486	−1. 2663
2. 36	0. 7989	1. 1117	0. 5496	0. 9032	0. 4391	−1. 3069
2. 38	0. 7952	1. 1140	0. 5401	0. 9015	0. 4295	−1. 3480
2. 40	0. 7915	1. 1164	0. 5304	0. 8998	0. 4198	−1. 3896
2. 42	0. 7877	1. 1188	0. 5205	0. 8991	0. 4101	−1. 4316
2. 44	0. 7833	1. 1212	0. 5105	0. 8963	0. 4002	−1. 4743
2. 46	0. 7799	1. 1236	0. 5003	0. 8945	0. 3902	−1. 5169
2. 48	0. 7760	1. 1261	0. 4899	0. 8927	0. 3802	−1. 5602
2. 50	0. 7720	1. 1286	0. 4793	0. 8909	0. 3701	−1. 6040
2. 52	0. 7679	1. 1311	0. 4685	0. 8890	0. 3598	−1. 6383
2. 54	0. 7638	1. 1337	0. 4576	0. 8871	0. 3495	−1. 6929
2. 56	0. 7596	1. 1363	0. 4464	0. 8852	0. 3391	−1. 7381
2. 58	0. 7555	1. 1390	0. 4350	0. 8833	0. 3286	−1. 7838
2. 60	0. 7513	1. 1417	0. 4234	0. 8814	0. 3181	−1. 8299
2. 62	0. 7470	1. 1445	0. 4116	0. 8795	0. 3075	−1. 8765
2. 64	0. 7427	1. 1473	0. 3996	0. 8776	0. 2968	−1. 9236
2. 66	0. 7383	1. 1501	0. 3873	0. 8756	0. 2860	−1. 9712
2. 68	0. 7339	1. 1530	0. 3748	0. 8736	0. 2751	−2. 0193
2. 70	0. 7294	1. 1559	0. 3621	0. 8716	0. 2641	−2. 0679
2. 72	0. 7249	1. 1589	0. 3491	0. 8696	0. 2531	−2. 1170
2. 74	0. 7204	1. 1619	0. 3358	0. 8676	0. 2420	−2. 1667
2. 76	0. 7158	1. 1650	0. 3223	0. 8655	0. 2307	−2. 2169

续表

$u=l\sqrt{\frac{P}{EI}}$	$\xi_1(u)$	$\xi_2(u)$	$\xi_3(u)$	$\eta_1(u)$	$\eta_2(u)$	$\eta_3(u)$
2.78	0.7111	1.1681	0.3085	0.8634	0.2192	-2.2676
2.80	0.7064	1.1712	0.2944	0.8613	0.2080	-2.3189
2.82	0.7016	1.1744	0.2801	0.8592	0.1968	-2.3707
2.84	0.6967	1.1777	0.2654	0.8571	0.1850	-2.4231
2.86	0.6918	1.1810	0.2505	0.8550	0.1734	-2.4760
2.88	0.6869	1.1844	0.2352	0.8528	0.1616	-2.5296
2.90	0.6819	1.1878	0.2195	0.8506	0.1498	-2.5838
2.92	0.6768	1.1913	0.2036	0.8484	0.1379	-2.6385
2.94	0.6717	1.1948	0.1878	0.8462	0.1261	-2.6939
2.96	0.6665	1.1984	0.1706	0.8439	0.1138	-2.7499
2.98	0.6613	1.2020	0.1535	0.8416	0.1016	-2.8076
3.00	0.6560	1.2057	0.1361	0.8393	0.0893	-2.8639
3.02	0.6506	1.2095	0.1182	0.8370	0.0770	-2.9219
3.04	0.6452	1.2133	0.1000	0.8347	0.0646	-2.9805
3.06	0.6398	1.2172	0.0812	0.8323	0.0520	-3.0400
3.08	0.6343	1.2212	0.0621	0.8299	0.0394	-3.0991
3.10	0.6287	1.2252	0.0424	0.8275	0.0267	-3.1609
3.12	0.6230	1.2292	0.0223	0.8251	0.0139	-3.2225
3.14	0.6173	1.2334	0.0017	0.8227	0.0011	-3.2848
π	0.6168	1.2336	0	0.8224	0	-3.2898
3.16	0.6115	1.2376	-0.0195	0.8203	-0.0118	-3.3480
3.18	0.6057	1.2419	-0.0412	0.8178	-0.0249	-3.4120
3.20	0.5997	1.2463	-0.0635	0.8153	-0.0380	-3.4768
3.22	0.5937	1.2507	-0.0864	0.8128	-0.0512	-3.5425
3.24	0.5876	1.2552	-0.1100	0.8102	-0.0646	-3.6092
3.26	0.5815	1.2597	-0.1342	0.8076	-0.0780	-3.6767
3.28	0.5753	1.2644	-0.1591	0.8050	-0.0915	-3.7453
3.30	0.5691	1.2691	-0.1847	0.8024	-0.1051	-3.8147
3.32	0.5628	1.2739	-0.2111	0.7998	-0.1187	-3.8852
3.34	0.5564	1.2788	-0.2383	0.7972	-0.1324	-3.9568
3.36	0.5499	1.2838	-0.2663	0.7945	-0.1463	-4.0295
3.38	0.5433	1.2889	-0.2951	0.7918	-0.1602	-4.1032
3.40	0.5366	1.2940	-0.3248	0.7891	-0.1742	-4.1781
3.42	0.5299	1.2992	-0.3555	0.7863	-0.1884	-4.2540

续表

$u=l\sqrt{\frac{P}{EI}}$	$\xi_1(u)$	$\xi_2(u)$	$\xi_3(u)$	$\eta_1(u)$	$\eta_2(u)$	$\eta_3(u)$
3.44	0.5231	1.3045	-0.3873	0.7835	-0.2026	-4.3318
3.46	0.5102	1.3099	-0.4202	0.7807	-0.2169	-4.4107
3.48	0.5092	1.3155	-0.4542	0.7779	-0.2313	-4.4910
3.50	0.5021	1.3212	-0.4894	0.7751	-0.2457	-4.5727
3.52	0.4950	1.3270	-0.5259	0.7723	-0.2602	-4.6560
3.54	0.4878	1.3328	-0.5638	0.7695	-0.2748	-4.7410
3.56	0.4805	1.3387	-0.6031	0.7667	-0.2894	-4.8276
3.58	0.4731	1.3447	-0.6439	0.7638	-0.3042	-4.9160
3.60	0.4656	1.3508	-0.6862	0.7609	-0.3191	-5.0062
3.62	0.4580	1.3571	-0.7303	0.7580	-0.3340	-5.0984
3.64	0.4503	1.3635	-0.7763	0.7550	-0.3491	-5.1928
3.66	0.4425	1.3700	-0.8243	0.7520	-0.3643	-5.2895
3.68	0.4345	1.3766	-0.8745	0.7483	-0.3797	-5.3886
3.70	0.4265	1.3834	-0.9270	0.7457	-0.3951	-5.4903
3.72	0.4184	1.3903	-0.9819	0.7425	-0.4107	-5.5947
3.74	0.4102	1.3973	-1.0395	0.7393	-0.4263	-5.7020
3.76	0.4019	1.4044	-1.0999	0.7361	-0.4420	-5.8124
3.78	0.3935	1.4217	-1.1034	0.7329	-0.4578	-5.9262
3.80	0.3150	1.4191	-1.2303	0.7297	-0.4736	-6.0436
3.82	0.3764	1.4267	-1.3009	0.7265	-0.4895	-6.1650
3.84	0.3677	1.4344	-1.3754	0.7232	-0.5056	-6.2906
3.86	0.3588	1.4423	-1.4543	0.7199	-0.5217	-6.4208
3.88	0.3498	1.4503	-1.5380	0.7166	-0.5379	-6.5561
3.90	0.3407	1.4584	-1.6468	0.7133	-0.5542	-6.6968
3.92	0.3315	1.4667	-1.7214	0.7099	-0.5706	-6.8435
3.94	0.3221	1.4752	-1.8227	0.7065	-0.5871	-6.9972
3.96	0.3126	1.4838	-1.9310	0.7031	-0.6037	-7.1582
3.98	0.3030	1.4928	-2.0473	0.6996	-0.6204	-7.3274
4.00	0.2933	1.5018	-2.1725	0.6961	-0.6372	-7.5058
4.02	0.2834	1.5110	-2.3074	0.6926	-0.6541	-7.6942
4.04	0.2734	1.5204	-2.4547	0.6891	-0.6710	-7.8952
4.06	0.2632	1.5301	-2.6142	0.6855	-0.6881	-8.1087
4.08	0.2529	1.5400	-2.7888	0.6819	-0.7053	-8.3376

续表

$u=l\sqrt{\frac{P}{EI}}$	$\xi_1\ (u)$	$\xi_2\ (u)$	$\xi_3\ (u)$	$\eta_1\ (u)$	$\eta_2\ (u)$	$\eta_3\ (u)$
4. 10	0. 2424	1. 5501	−2. 9806	0. 6783	−0. 7225	−8. 5839
4. 12	0. 2318	1. 5604	−3. 1915	0. 6747	−0. 7398	−8. 8496
4. 14	0. 2210	1. 5709	−3. 4262	0. 6710	−0. 7573	−9. 1394
4. 16	0. 2101	1. 5816	−3. 6877	0. 6673	−0. 7749	−9. 4562
4. 18	0. 1990	1. 5925	−3. 9824	0. 6635	−0. 7925	−9. 8065
4. 20	0. 1877	1. 6036	−4. 3153	0. 6597	−0. 8103	−10. 196
4. 22	0. 1762	1. 6150	−4. 6970	0. 6559	−0. 8281	−10. 633
4. 24	0. 1646	1. 6267	−5. 1369	0. 6521	−0. 8460	−11. 129
4. 26	0. 1528	1. 6387	−5. 6516	0. 6482	−0. 8641	−11. 701
4. 28	0. 1409	1. 6510	−6. 2607	0. 6443	−0. 8822	−12. 367
4. 30	0. 1288	1. 6637	−6. 9949	0. 6404	−0. 9004	−13. 158
4. 32	0. 1165	1. 6767	−7. 8956	0. 6364	−0. 9188	−14. 116
4. 34	0. 1040	1. 6899	−9. 0306	0. 6324	−0. 9372	−15. 309
4. 36	0. 0912	1. 7033	−10. 503	0. 6284	−0. 9557	−16. 840
4. 38	0. 0781	1. 7170	−12. 523	0. 6243	−0. 9744	−18. 918
4. 40	0. 0648	1. 7310	−15. 330	0. 6202	−0. 9931	−21. 783
4. 42	0. 0513	1. 7452	−19. 703	0. 6161	−1. 0119	−26. 215
4. 44	0. 0376	1. 7602	−27. 349	0. 6119	−1. 0309	−33. 920
4. 46	0. 0237	1. 7754	−44. 148	0. 6077	−1. 0499	−50. 779
4. 48	0. 0096	1. 7910	−111. 57	0. 6034	−1. 0691	−118. 25
4. 50	−0. 0048	1. 8070	+227. 80	0. 5991	−1. 0884	+221. 05
4. 52	−0. 0194	1. 8234		0. 5948	−1. 1077	
4. 54	−0. 0343	1. 8402		0. 5905	−1. 1271	
4. 56	−0. 0495	1. 8575		0. 5861	−1. 1457	
4. 58	−0. 0650	1. 8752		0. 5817	−1. 1662	
4. 60	−0. 0807	1. 8933		0. 5772	−1. 1861	
4. 62	−0. 0969	1. 9119		0. 5727	−1. 2060	
4. 64	−0. 1133	1. 9310		0. 5681	−1. 2250	
4. 66	−0. 1301	1. 9507		0. 5635	−1. 2461	
4. 68	−0. 1472	1. 9710		0. 5589	−1. 2663	
4. 70	−0. 1646	1. 9919		0. 5543	−1. 2865	
$3/2\pi$	−0. 1755	2. 0052		0. 5514	−1. 2992	
4. 72	−0. 1824	2. 0134		0. 5496	−1. 3069	

续表

$u=l\sqrt{\frac{P}{EI}}$	ξ_1 (u)	ξ_2 (u)	ξ_3 (u)	η_1 (u)	η_2 (u)	η_3 (u)
4. 74	-0. 2005	2. 0355		0. 5449	-1. 3274	
4. 76	-0. 2190	2. 0582		0. 5402	-1. 3480	
4. 78	-0. 2379	2. 0816		0. 5354	-1. 3586	
4. 80	-0. 2572	2. 1056		0. 5305	-1. 3896	
4. 82	-0. 2770	2. 1304		0. 5255	-1. 4105	
4. 84	-0. 2973	2. 1506		0. 5205	-1. 4316	
4. 86	-0. 3181	2. 1824		0. 5155	-1. 4528	
4. 88	-0. 3394	2. 2096		0. 5105	-1. 4743	
4. 90	-0. 3612	2. 2377		0. 5054	-1. 4954	
4. 92	-0. 3834	2. 2667		0. 5003	-1. 5169	
4. 94	-0. 4061	2. 2966		0. 4951	-1. 5385	
4. 96	-0. 4293	2. 3275		0. 4899	-1. 5602	
4. 98	-0. 4530	2. 3594		0. 4846	-1. 5821	
5. 00	-0. 4772	2. 3924		0. 4793	-1. 6040	
5. 02	-0. 5022	2. 4266		0. 4739	-1. 6261	
5. 04	-0. 5280	2. 4620		0. 4685	-1. 6483	
5. 06	-0. 5545	2. 4986		0. 4630	-1. 6706	
5. 08	-0. 5818	2. 5365		0. 4576	-1. 6929	
5. 10	-0. 6099	2. 5757		0. 4520	-1. 7155	
5. 12	-0. 6388	2. 6164		0. 4464	-1. 7381	
5. 14	-0. 5685	2. 6587		0. 4407	-1. 7609	
5. 16	-0. 6999	2. 7027		0. 4350	-1. 7838	
5. 18	-0. 7306	2. 7485		0. 4292	-1. 8078	
5. 20	-0. 7630	2. 7961		0. 4234	-1. 8299	
5. 22	-0. 7964	2. 8454		0. 4175	-1. 8532	
5. 24	-0. 8310	2. 8968		0. 4116	-1. 8765	
5. 26	-0. 8668	2. 9504		0. 4056	-1. 9000	
5. 28	-0. 9039	3. 0064		0. 3996	-1. 9236	
5. 30	-0. 9423	3. 0648		0. 3931	-1. 9477	
5. 32	-0. 9821	3. 1257		0. 3873	-1. 9712	
5. 34	-1. 0233	3. 1893		0. 3811	-1. 9952	
5. 36	-1. 0660	3. 2559		0. 3748	-2. 0193	
5. 38	-1. 1103	3. 3267		0. 3685	-2. 0435	

续表

$u=l\sqrt{\frac{P}{EI}}$	ξ_1（u）	ξ_2（u）	ξ_3（u）	η_1（u）	η_2（u）	η_3（u）
5.40	−1.1563	3.3989		0.3621	−2.0679	
5.42	−1.2043	3.4757		0.3556	−2.0924	
5.44	−1.2544	3.5563		0.3491	−2.1170	
5.46	−1.3067	3.6409		0.3425	−2.1418	
5.48	−1.3612	3.7298		0.3358	−2.1667	
5.50	−1.4181	3.8234		0.3291	−2.1917	
5.52	−1.4777	3.9222		0.3223	−2.2169	
5.54	−1.5402	4.0267		0.3154	−2.2422	
5.56	−1.6059	4.1374		0.3085	−2.2676	
5.58	−1.6751	4.2549		0.3015	−2.2932	
5.60	−1.7481	4.3794		0.2944	−2.3189	
5.62	−1.8252	4.5118		0.2873	−2.3447	
5.64	−1.9065	4.6528		0.2801	−2.3707	
5.66	−1.9920	4.8026		0.2727	−2.3969	
5.68	−2.0833	4.9629		0.2654	−2.4231	
5.70	−2.1804	5.1346		0.2580	−2.4495	
5.72	−2.2833	5.3190		0.2505	−2.4760	
5.74	−2.2833	5.5173		0.2429	−2.5027	
5.76	−2.5130	5.7314		0.2352	−2.5296	
5.78	−2.6406	5.9628		0.2374	−2.5466	
5.80	−2.7777	6.2140		0.2195	−2.5838	
5.82	−2.9262	6.4873		0.2116	−2.6111	
5.84	−3.0876	6.7859		0.2036	−2.6385	
5.86	−3.2634	7.1132		0.1955	−2.6661	
5.88	−3.4562	7.4738		0.1873	−2.6939	
5.90	−3.6678	7.8726		0.1790	−2.7218	
5.92	−3.9018	8.3163		0.1706	−2.7499	
5.94	−4.1603	8.8122		0.1621	−2.7782	
5.96	−4.4547	9.3706		0.1535	−2.8066	
5.98	−4.7816	10.004		0.1448	−2.8352	
6.00	−5.1589	10.727		0.1361	−2.8639	
6.02	−5.5845	11.561		0.1272	−2.8928	
6.04	−6.0653	12.534		0.1182	−2.9219	

续表

$u=l\sqrt{\frac{P}{EI}}$	$\xi_1(u)$	$\xi_2(u)$	$\xi_3(u)$	$\eta_1(u)$	$\eta_2(u)$	$\eta_3(u)$
6.06	-6.6753	13.683		0.1091	-2.9512	
6.08	-7.3699	15.060		0.0999	-2.9805	
6.10	-8.2355	16.739		0.0906	-3.0102	
6.12	-9.2939	18.832		0.0812	-3.0400	
6.14	-10.646	21.511		0.0717	-3.0699	
6.16	-12.440	25.065		0.0621	-3.0991	
6.18	-14.921	29.999		0.0523	-3.1304	
6.20	-18.594	37.308		0.0424	-3.1609	
6.22	-24.575	49.255		0.0324	-3.1916	
6.24	-36.100	72.272		0.0223	-3.2225	
6.26	-67.436	135.03		0.0121	-3.2535	
6.28	-492.67	984.32		0.0017	-3.2848	
2π	$-\infty$	$+\infty$		0	-3.2898	

习　题

11-1　试用能量法求如图 11-40 所示结构的临界荷载。

提示：可设　$y=\delta\left(1-\cos\frac{\pi x}{2l}\right)$　或　$y=\delta\frac{x^2}{l^2}$.

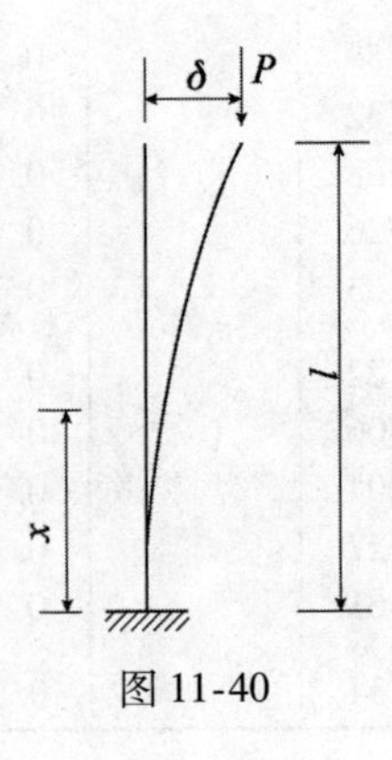

图 11-40

11-2 如图 11-41 所示，设弹性支座的刚度系数为 $\overline{K}$，试求临界荷载 P_{kp}。

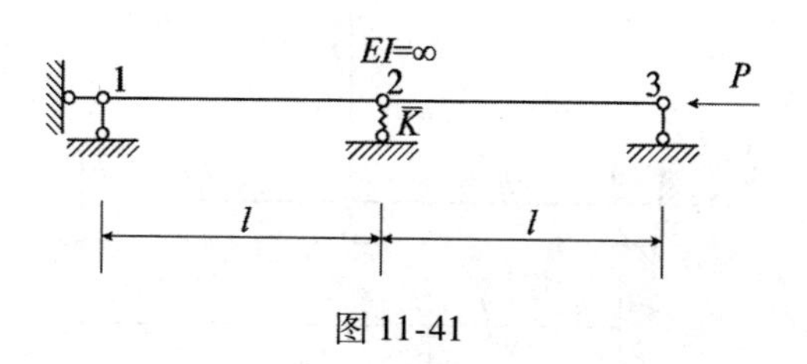

图 11-41

11-3 如图 11-42 所示，试求临界荷载 P_{kp} 并求出相应的失稳形式。

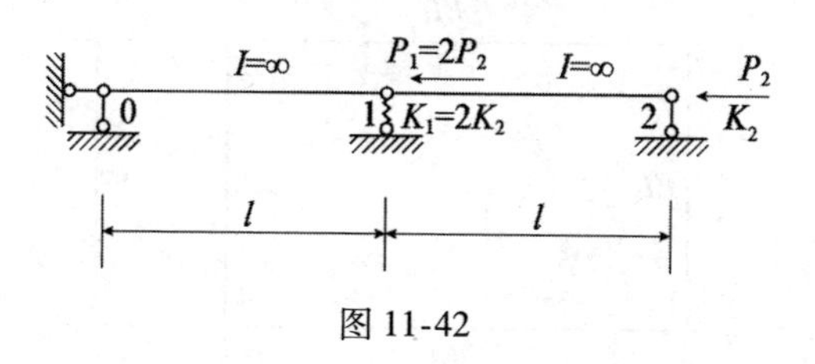

图 11-42

11-4 试求图 11-43 所示结构在下面三种情况下的临界荷载值和失稳形式。

（1）$EI_1=\infty$，$EI_2=$常数。

（2）$EI_2=\infty$，$EI_1=$常数。

（3）在什么条件下，失稳形式既可能是（1）的形式，又可能是（2）的形式。

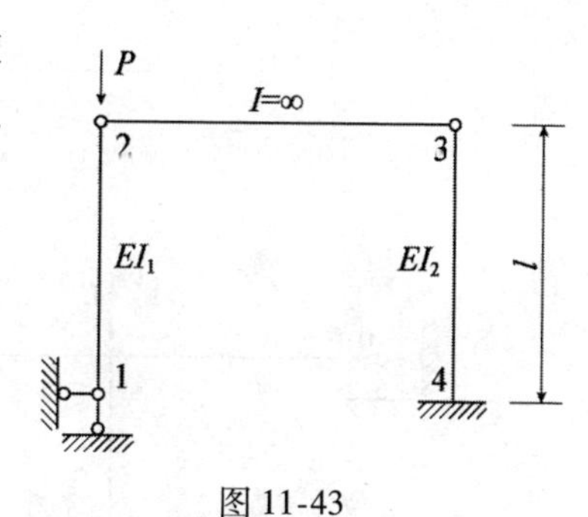

图 11-43

11-5 试写出图 11-44 所示结构丧失稳定的特征方程。

11-6 如图 11-45 所示结构，按虚线变形状态丧失稳定，试求临界荷载 P_{kp}。

11-7 试求如图 11-46 所示结构的临界荷载 P_{kp}。

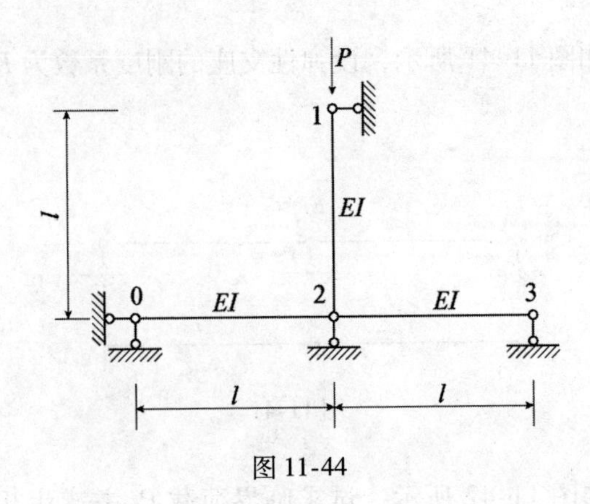

图 11-44

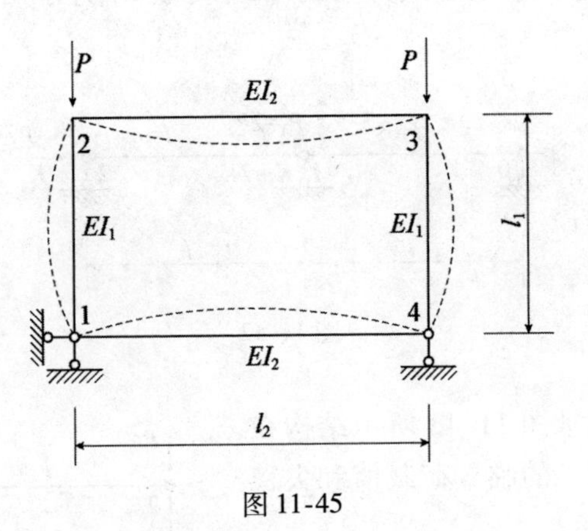

图 11-45

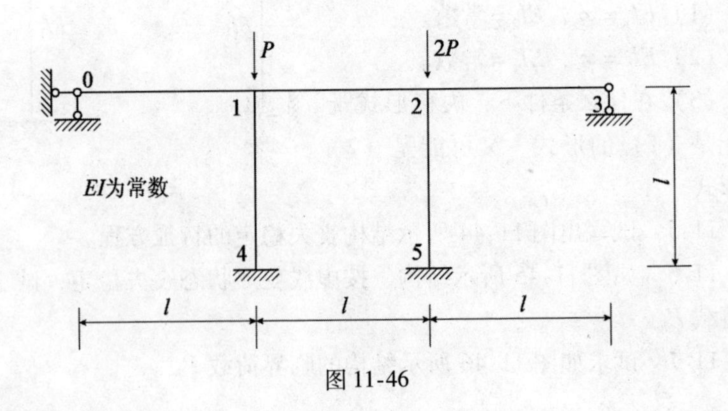

图 11-46

11-8　试求如图 11-47 所示结构的临界荷载 P_{kp}。

11-9　试求如图 11-48 所示结构的临界荷载 P_{kp}。

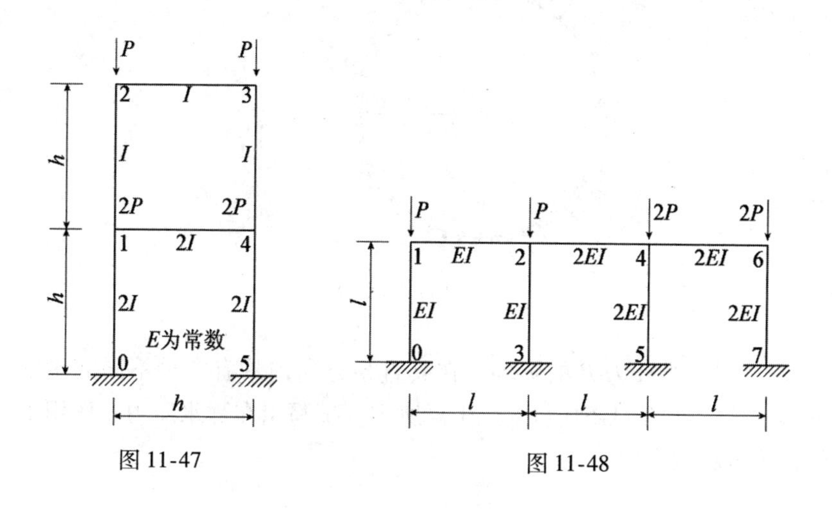

图 11-47　　　　　　　　　　图 11-48

11-10　试求如图 11-49 所示钢管的临界荷载。

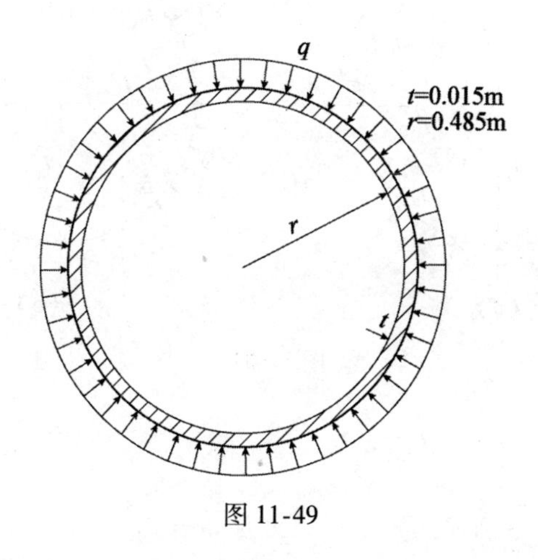

图 11-49

11-11　如图 11-50 所示一半径为 R 的圆环，在其直径方向内具有横撑一根。试写出在径向压力 q 作用下的稳定方程式。

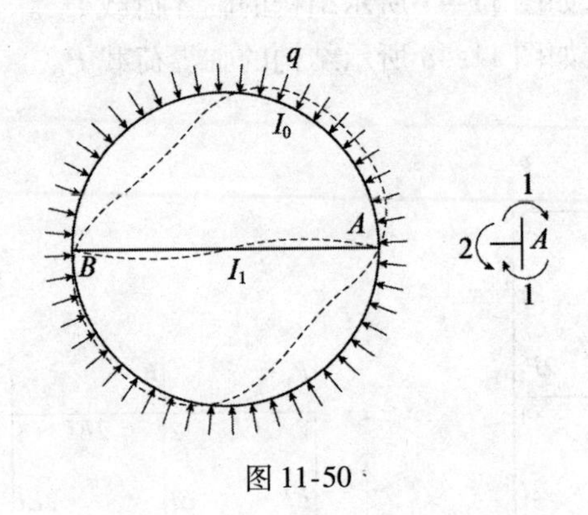

图 11-50

11-12 半径为 R 的圆环，在其直径方向内具有两种不同的十字形横支撑，如图 11-51（a）、（b）所示。试写出在静水压力 q 作用下的稳定方程式。

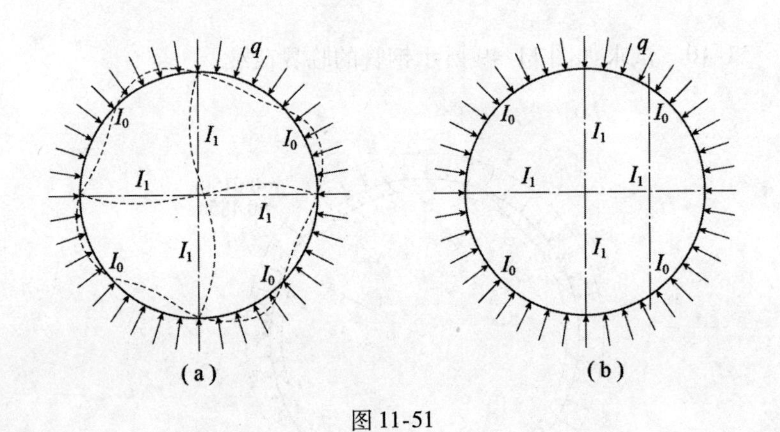

图 11-51

第 12 章　结构的动力计算

12.1　一 般 介 绍

12.1.1　动力荷载

结构物所受的荷载，不外乎静力的和动力的两种。以前各章均系就静力荷载的作用而论。所谓静力荷载，是指加载过程非常缓慢，因而结构的质量不产生加速度。通常当引起的加速度很小时，也可以当做静力荷载。但在实际工程中，也经常会遇到动力荷载。所谓动力荷载，是指那些能够使结构质量产生加速度（从而使结构产生惯性力）的荷载。对于建筑物或其基础而言，其中的动力机具如机床、汽锤、吊车、电机、蜗轮机等，均起着动力荷载的作用。从高处抛下或滚下的重物，对于阻拦设备也是动力荷载。对于受水流或波浪冲击的设施等，也属于受动力荷载的例子。对于高耸建筑物，风力也是重要的动力荷载。由于地震产生的基础加速度，对于建筑物也是动力荷载。此外，从结构上将荷载骤减也是动力荷载。总之，动力荷载的形式是多种多样的，有的是连续变化，有的是不连续冲击。动力计算的基本任务是，根据已知的动力荷载研究在结构中引起的位移和内力，以便设计出合适的结构形式和尺寸。

12.1.2　自由度

在结构的动力计算中，结构物通常是按自由度的数目分类的。所谓自由度的数目，是指在任意弹性变形下，决定该结构一切质量位置所必需的独立几何参变数。例如图 12-1（a）、（b）、（c）所示的无质量杆件上系一集中质量 M，均为一个自由度的体系，因为质体 M 的位置，只要用一个竖向坐标 y 就可以完全确定。图 12-1（d）中，当质体 M 扭转时也是一个自由度的体系，因为只要一个角位移就可以完全确定质体的位置。图 12-1（e）无质量结构上系一集中质量 M，该体系具有两度自由，因为要确定质体的位置需要用两个坐标，竖向的 y 和水平的 x。图 12-1（f）表示的是两根无质量刚性杆件用铰相连接，其上有集中质量 M_1、M_2 及 M_3，要确定这些质量的位置，只需用两个独立的角度坐标 θ_1 和 θ_2，因而是两个自由度的体系。图 12-1（g）和（h）所示为无限多自由度体系，因为它们有无限多个微分质量，需要用无限多个位移坐标才能描述它们的位置。总之，在结构动力学中，结构可以分为有限自由度和无限自由度两种。有限自由度又可以分为单自由度和多自由度两种。我们将按自由度数的多少，依次研究其动力计算方法。

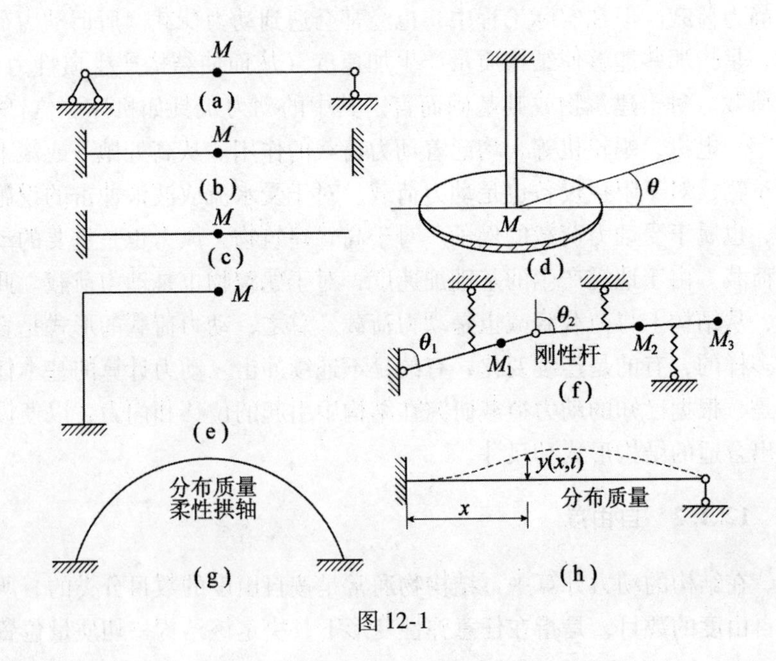

图 12-1

为了确定自由度的数目，可以采用机动分析和附加约束法。如图 12-2（a）所示，为了控制其质体的位移可能性，至少需要附加四个链杆，如该图中虚线所示，故为四个自由度的体系。如图 12-2（b）所示结构需要用三个附加链杆才能恰好控制其全部质体的位移，故为三个自由度的体系。

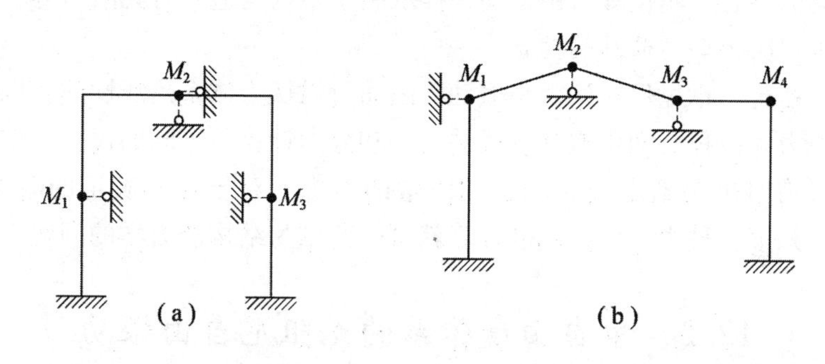

图 12-2

从以上的例子可以得出下列几点注意事项：

（1）自由度的数目不一定和质体数目相等［见图 12-1（e）、(f)］。

（2）自由度的数目和体系的静定或超静定性无关［见图 12-1（a）、(b)］。

（3）自由度的数目与计算的精确度有关，如图 12-1（a）所示，若精确计算应考虑梁本身的分布质量，按无限多自由度体系计算。但当梁的质量比集中质量相对很小时，则可以忽略梁的质量，而按单自由度计算。此外，精确计算还应考虑质体的转动，但当质体的尺寸不大时，可以当一个点考虑，而不计其转动自由度。

12.1.3　自由振动和强迫振动

任何体系只要有质量和弹性，都有可能在一定激发条件下发生振动。常见的振动可以分为自由振动（或称固有振动）和强迫振动等。自由振动是指在振动过程中，体系仅受弹性力和惯性力（有时还考虑摩阻力）的作用，除初始激发外，在振动过程中无外加动力荷载参与。这种在与外加动力荷载无关的时段内进行的振动叫做自由振动。所谓初始激发，可以是初位移、初速度或荷载作用的停止，等等（总之是自由振动时段的初始条件）。

在有外加动力荷载参与的时段内进行的振动称为强迫振动。强迫振动的性态，不仅和自由振动一样取决于结构构造、有无阻力等，而且也取决于动力荷载的性态。

在这一章里仅讨论微小振动，因而可以认为体系是线性的，也就是说力和位移之间仍服从直线关系。和静力计算所不同的仅在于惯性力（有时也包括阻力）和时间因素的考虑。对于任一确定的时刻，一旦知道各种力，则结构的计算就可以归结为结构静力学的问题。

12.2 单自由度体系的无阻尼自由振动

实际上任何体系都具有无限多个自由度，但在实际工程中，有许多情况可以足够精确地当做单自由度体系进行计算，而且单自由度体系研究起来最为简单，所以我们先从一个自由度讲起。而且暂不计入阻尼。以图12-3（a）所示的梁为例，其振动简图可以用图12-3（b）所示的质点——弹簧体系来代表。若由于某种原因使质点脱离其静力平衡位置，而后任其自由，则体系就进行自由振动。设任一时刻 t 质体离其静力平衡位置的距离是 $y(t)$（规定向上为正，向下为负），这时质体所受的力有两个：一个是弹性力，即结构给质体的力，用记号 $S(t)$ 表之；另一个是惯性力，用记号 $I(t)$ 表之。显然

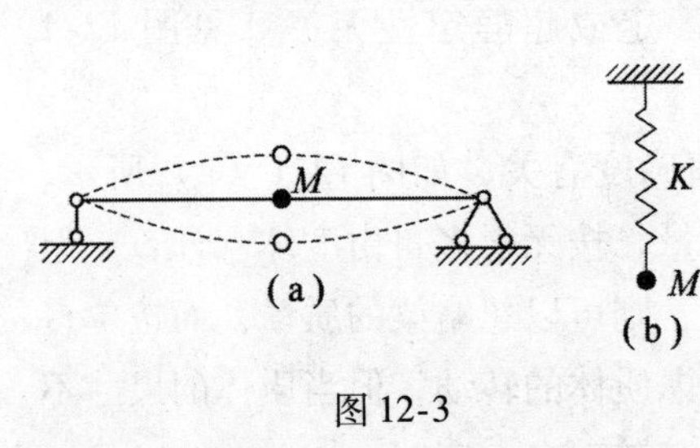

图 12-3

$$S(t)=-ky(t)=-\frac{1}{\delta}y(t)$$

式中：k——使质体沿振动方向产生单位位移时所需的力；

δ——单位力产生的位移。

k 和 δ 取决于弹性力的性质，负号表示和位移方向相反，所以也往往将 $S(t)$ 叫作恢复力。关于惯性力用下式表示

$$I(t)=-M\frac{\mathrm{d}^2y}{\mathrm{d}t^2}=-M\ddot{y}(t)$$

根据达朗伯尔原理，写出质体在任一瞬间的动力平衡方程为

$$\sum F_y=I(t)+S(t)=0$$

即
$$-M\ddot{y}(t)-ky(t)=0 \tag{12-1}$$

或改写为
$$\ddot{y}(t)+\omega^2y(t)=0 \tag{12-2}$$

式中
$$\omega^2=\frac{k}{M}=\frac{1}{M\delta} \tag{12-3}$$

应指出，成立上述动力平衡方程时，质体本身的重量不必考虑，因为自重和与之对应的内力时时刻刻都处在平衡而互相抵消。

式（12-2）的通解是

$$y(t)=A\cos\omega t+B\sin\omega t \tag{12-4}$$

对 t 微分一次，即得速度 v（t）的公式

$$v(t)=\dot{y}(t)=-\omega A\sin\omega t+\omega B\cos\omega t \tag{12-5}$$

经过三角函数的变换，式（12-4）可以改写为下列形式

$$y(t)=A_1\sin(\omega t+\varphi) \tag{12-6}$$

式中
$$A_1=\sqrt{A^2+B^2}；\quad \varphi=\arctan\frac{A}{B}$$

积分常数 A 和 B 或 A_1 和 φ 都可直接用初始位移 y_0 和初始速度 $\dot{y}_0$ 等初始条件确定。从而，自由振动的解答可以写成

$$y(t)=y_0\cos\omega t+\frac{\dot{y}_0}{\omega}\sin\omega t \tag{12-7}$$

由式（12-6）可见，单自由度体系的无阻尼自由振动规律，是以平衡位置为中心的简谐振动。A_1 为振动的振幅，两倍振幅即组成一个摆幅。也可以看出，每当 ωt 增加 2π，则振幅就要重复，而 ωt 增加 2π 就相当于 t 值增加$\frac{2\pi}{\omega}$，故$\frac{2\pi}{\omega}$为一个周期，用记号 T 表示之得

$$T=\frac{2\pi}{\omega}(s)$$

每单位时间内振动重复的次数称为振动频率。每完成一次全振动所需的时间既为 T，故单位时间内振动重复的次数应为$\frac{1}{T}$，用 f 表示之，即

$$f=\frac{1}{T}$$

每秒钟振动次数的单位是$\frac{1}{\mathrm{s}}$，亦称赫兹（Hz）。显然，每 2π 个单位时间内振动重复的次数应为

$$2\pi f=\frac{2\pi}{T}=\omega=\sqrt{\frac{k}{M}}=\sqrt{\frac{1}{M\delta}}=\sqrt{\frac{g}{\Delta}}(\mathrm{rad/s}) \qquad (12\text{-}8a)$$

式中：Δ——质体的重量沿振动方向作用时引起的静力位移；

rad/s——为 ω 的单位。

可见由式（12-3）定义的 ω 值的物理意义是 2π 个单位时间内振动的次数，通常称 ω 为圆频率。由于常常用到，故也可简称频率。每分钟振动的次数称为工程频率。

式（12-6）中的 φ 称为初相角。初相角的值与所选取的时间 t 的零点有关。同一个振动，若计时的起点不同，就有不同的初相角。但振幅 A_1 的值并不因计时的零点不同而变。图 12-4 表示式（12-6）所代表的振动过程曲线。

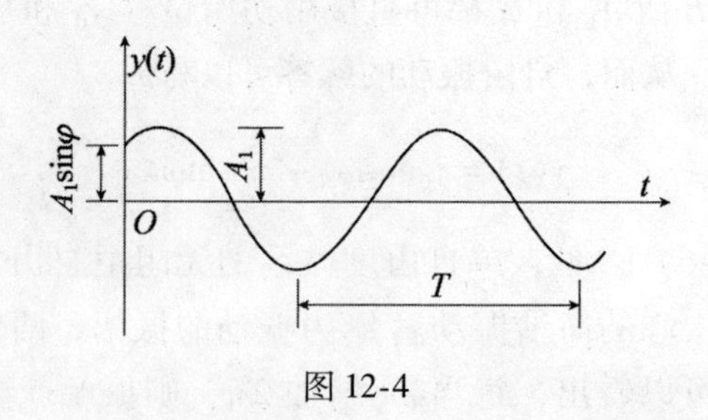

图 12-4

若研究的是旋转振动，则上述各式的形式仍然有效，只需用转角

代替线位移，用转动惯量代替质量，这时频率的公式为

$$\omega = \sqrt{\frac{1}{J\bar{\theta}}} \tag{12-8b}$$

式中：$\bar{\theta}$——单位力偶矩产生的转角；

J——质量对转轴的转动惯量。

学习了下面的内容后就会知道，自由振动频率的计算非常重要，这部分内容为核算共振及计算强迫振动反应所必需。

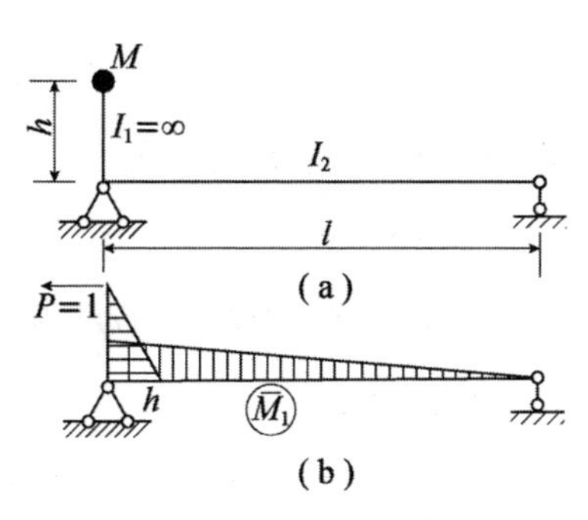

图 12-5

【例 12-1】 试求如图 12-5（a）所示结构的自振频率。

【解】 若忽略杆件的质量，则可当作单自由度体系。用式（12-8）计算频率时须按单位状态［见图 12-5（b）］用图乘法求 δ_{11}

$$\delta_{11} = \frac{hL}{2EI_2} \times \frac{2}{3}h = \frac{h^2L}{3EI_2}$$

$$所以\ \omega = \sqrt{\frac{1}{M\delta_{11}}} = \sqrt{\frac{3EI_2}{Mh^2l}} = \frac{1}{h}\sqrt{\frac{3EI_2}{Ml}}$$

单位状态中单位力应沿质体的振动方向作用，其指向可任意设定。

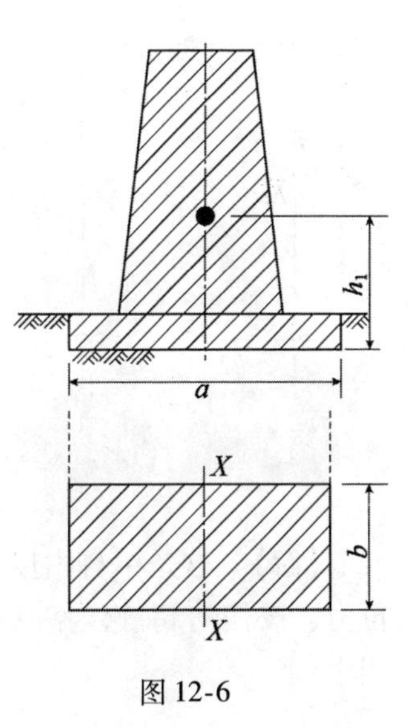

图 12-6

【例 12-2】 试求如图 12-6 所示弹性地基上刚性建筑物绕 X—X 轴作倾侧振动时的自由振动频率。

【解】 设使地基面（不是指结构）绕 X—X 轴产生单位转角时所需的力矩为 K，则使结构绕 X—X 轴产生单位转角时所需的力矩为

$$C = K - Q(h_1 \times 1) = K - Qh_1$$

式中：Q——结构的重量；

h_1——重心至转轴的距离；

$h_1 \times 1$——单位转角时重心的水平位移；

Q（$h_1 \times 1$）——因重心偏离而产生的附加力矩。

用公式（12-8b）计算自振频率为

$$\omega = \sqrt{\frac{C}{J}} = \sqrt{\frac{K - Qh_1}{Mh_1^2}}$$

式中：M——结构的质量。

讨论：

（1）若 $K = Qh_1$，则 $\omega = 0$，周期 $T = 2\frac{\pi}{\omega} = \infty$，表示结构倾侧后不能再回复原位置。

（2）若 $K < Qh_1$，则单位转角所需之力矩 $C < 0$，即结构处于不稳定状态。可见设计对应避免 $K \leqslant Qh_1$ 的情况。

【例 12-3】 试求如图 12-7（a）所示体系的自振频率。

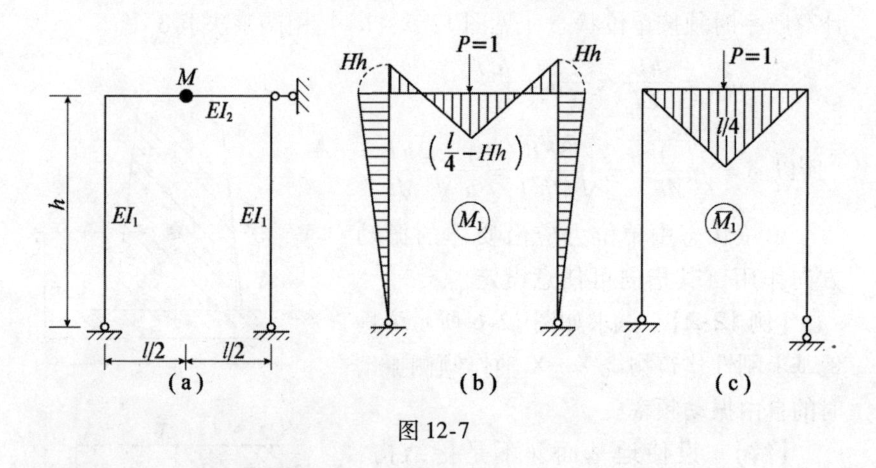

图 12-7

【解】 这是单自由度体系，振动方向为竖向。沿竖向作用一单位力，按任何超静定解法可求得弯矩图 M_1，如图 12-7（b）所示。图中

$$H = \frac{3}{8}\ \frac{l}{h}\ \frac{K}{2\beta + 3K}, \quad K = \frac{l}{h}, \quad \beta = \frac{I_2}{I_1}$$

为了简化 δ_{11} 的计算，可任取一基本结构作弯矩图 $\overline{M}_1$，如图 12-7

（c）所示。$\bar{M}_1$ 和 M_1 图相乘得

$$\delta_{11}=\frac{l^3}{48EL_2}\times\frac{3K+8\beta}{12K+8\beta}$$

所以频率为

$$\omega=\sqrt{\frac{1}{M\delta_{11}}}=\sqrt{\frac{48EI_2(12K+8\beta)}{Ml^3(3k+8\beta)}}。$$

12.3　单自由度体系的有阻尼自由振动

阻尼性质随阻尼类别而异，但在振动计算中往往按粘性阻尼处理，即假设阻尼力 $R(t)$ 与速度成正比，但和速度的方向相反，即

$$R(t)=-c\dot{y}(t)$$

在图 12-8（a）中用阻尼简图代表其作用。

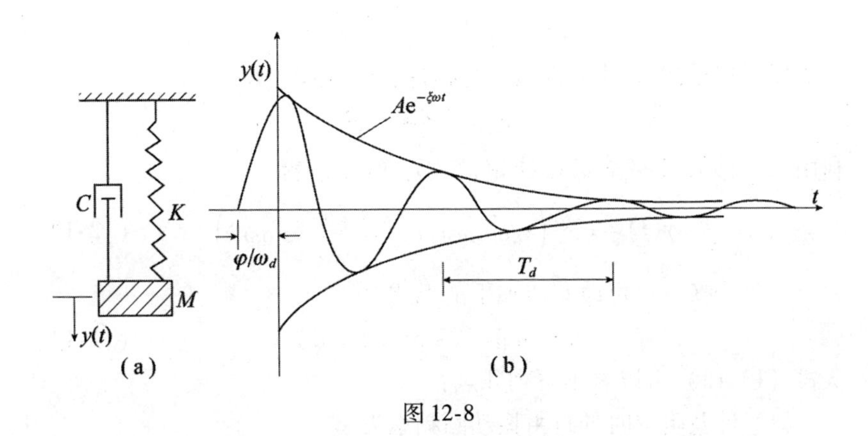

图 12-8

式中：c——阻尼系数，这样，动力平衡方程（12-1）中应增加阻尼项，即

$$-M\ddot{y}(t)-c\dot{y}(t)-ky(t)=0 \tag{12-9}$$

由微分方程理论不难求得其通解为

$$y(t)=e^{-nt}(C_1e^{ht}+C_2e^{-ht}) \tag{12-10}$$

式中 $n=c/2M$，$h=\sqrt{n^2-k/M}$。C_1，C_2为两个积分常数，取决于初始条件。

当$(c/2M)^2>k/M$时，称为超阻情况，因为这时解中的指数为实数，不可能自由振动；

当$(c/2M)^2<k/M$时，称为低阻情况，因为解中的指数为虚数$\pm i\sqrt{k/M-(c/2M)^2}$，从而得到谐振函数（下面还要详细介绍）。

当$(c/2M)^2=k/M$时，称为临界阻尼情况，这时的阻尼称为临界阻尼，记为c_c。

$$c_c=2\sqrt{kM}=2M\omega \tag{12-11}$$

$$\omega=\sqrt{\frac{K}{M}}$$

式中：ω——无阻尼时的圆频率。

c/c_c——阻尼比，记为ξ，从而可得

$$n=\xi\omega,\ h=\mathrm{i}\sqrt{1-\xi^2}\,\omega$$

对于低阻尼情况（即$\xi<1$），由解答式（12-10）得

$$y(t)=\mathrm{e}^{-\xi\omega t}\left(C_1\mathrm{e}^{\mathrm{i}\sqrt{1-\xi^2}\omega t}+C_2\mathrm{e}^{-\mathrm{i}\sqrt{1-\xi^2}\omega t}\right)$$

利用初位移y_0及初速度$\dot{y}_0$决定常数C_1和C_2后得

$$y(t)=\mathrm{e}^{-\xi\omega t}\left(y_0\cos\omega_d t+\frac{\dot{y}_0+\xi\omega y_0}{\omega_d}\sin\omega_d t\right) \tag{12-12}$$

利用三角变换，也可改写成如下的形式

$$y(t)=A\mathrm{e}^{-\xi\omega t}\sin(\omega_d t+\varphi) \tag{12-13}$$

从式（12-13）可以看出下列几点：

（1）计及阻尼时的自由振动圆频率为

$$\omega_d=\sqrt{1-\xi^2}\,\omega \tag{12-14}$$

和不计阻尼时的频率相比略有降低，但影响很小，实际上可忽略不计。

（2）$y(t)$具有变振幅$A\mathrm{e}^{-\xi\omega t}$，这种现象称为衰减，如图12-8所示。

阻尼比ξ值愈小，则指数曲线$A\mathrm{e}^{-\xi\omega t}$也愈平缓，因而振动衰减也愈缓慢。

现在研究当振动经过 N 个周期时，振幅的衰减情况。设某时刻 t 的振幅为 $y(t)=Ae^{-\xi\omega t}$，则经过 N 个周期 T_d 以后的振幅为 $y(t+NT_d)=Ae^{-\xi\omega(t+NT_d)}$，二者的比值为

$$\frac{y(t)}{y(t+NT_d)}=e^{\xi\omega NT_d}$$

再取对数得

$$\ln\frac{y(t)}{y(t+NT_d)}=\xi\omega NT_d\approx\xi\omega N\frac{2\pi}{\omega}=2N\pi\xi$$

所以

$$\xi=\frac{1}{2N\pi}\ln\frac{y(t)}{y(t+NT_d)}\tag{12-15}$$

从实测曲线图 12-8 中量得 $y(t)$，$y(t+NT_d)$，代入式（12-15）即可计算出体系的阻尼比 ξ。当没有实测资料时，往往取 $\xi\approx5\%$ 左右。

若取 $N=1$，则这时的 $\ln y[(t)/y(t+T_d)]$ 值称为衰减的对数递减量。对于粘性阻尼，在振动记录曲线中任取两个相邻的同向振幅均能计算得同一的对数递减量。

12.4　简谐外力作用下单自由度体系的无阻尼强迫振动

设质体上作用有外力 $P(t)$，如图 12 9 所示，则质体在任 时刻 t 的动力平衡方程可以写为

$$-M\ddot{y}(t)-ky(t)+P(t)=0\tag{12-16}$$

或改写为

$$\ddot{y}(t)+\omega^2y(t)=\frac{P(t)}{M}$$

上述动力平衡方程的解与干扰力 $P(t)$ 的变化规律有关。现在重点研究一下按简谐规律变化的力 $P\sin\theta t$ 的作用。即

$$\ddot{y}(t)+\omega^2y(t)=\frac{P}{M}\sin\theta t\tag{12-17}$$

其中一个特解为　　$y_P(t)=C\sin\theta t$

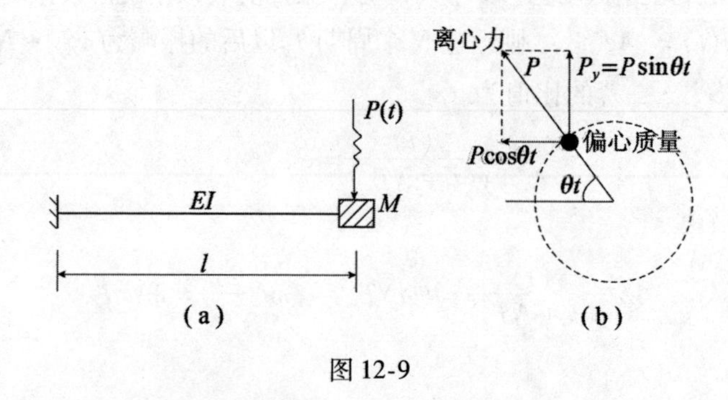

图 12-9

代入式（12-17），求待定系数 C 如下

$$-C\theta^2\sin\theta t+\omega^2 C\sin\theta t=\frac{P}{M}\sin\theta t$$

所以
$$C=\frac{P}{M(\omega^2-\theta^2)}$$

故式（12-17）的通解为

$$y(t)=A\cos\omega t+B\sin\omega t+\frac{P}{M(\omega^2-\theta^2)}\sin\theta t \tag{12-18}$$

式中 A 及 B 可由初始条件决定。

设当 $t=0$ 时，$y=0$，$\frac{\mathrm{d}y}{\mathrm{d}t}=0$

于是可求得

$$A=0,\ B=\frac{-P\theta}{\omega M(\omega^2-\theta^2)}$$

代入式（12-18）得

$$\begin{aligned}y(t)&=\frac{P}{M(\omega^2-\theta^2)}\left(\sin\theta t-\frac{\theta}{\omega}\sin\omega t\right)\\&=\frac{P}{M\omega^2\left(1-\frac{\theta^2}{\omega^2}\right)}\times\left(\sin\theta t-\frac{\theta}{\omega}\sin\omega t\right)\\&=\frac{P}{M\frac{K}{M}\left(1-\frac{\theta^2}{\omega^2}\right)}\left(\sin\theta t-\frac{\theta}{\omega}\sin\omega t\right)\end{aligned}$$

$$=y_{st}\frac{1}{1-\dfrac{\theta^2}{\omega^2}}\left(\sin\theta t-\frac{\theta}{\omega}\sin\omega t\right) \tag{12-19}$$

由式（12-19）可见，振动由两部分组成，一部分的频率和自由振动的相同，可称为伴生自由振动。另一部分和扰力的频率相同，通常称之为纯强迫振动或稳态振动。因为实际上有阻尼存在，故伴生自由振动必逐渐消失，而只剩下纯强迫振动部分。动力机械主要在稳态中工作，下面讨论稳态解，即

$$y(t)=y_{st}\frac{1}{1-\dfrac{\theta^2}{\omega^2}}\sin\theta t \tag{12-20}$$

稳态振幅为
$$y(t)\big|_{\max}=y_{st}\frac{1}{1-\dfrac{\theta^2}{\omega^2}}$$

最大位移 $y(t)\big|_{\max}$ 和静力位移 y_{st} 的比值叫动力系数，记作 μ，即

$$\mu=\frac{y(t)\big|_{\max}}{y_{st}}=\frac{1}{1-\dfrac{\theta^2}{\omega^2}} \tag{12-21}$$

以上动力系数的导出，系以位移 $y(t)$ 而论的。其实，因体系为线性，当 $P(t)$ 作用在质体上时，动力系数的公式（12-21）同样可用于内力计算，即振动内力等于静力内力乘以动力系数。

动力系数 μ 是频率比值 $\dfrac{\theta}{\omega}$ 的函数。图 12-10 表示出动力系数的绝对值 $|\mu|$ 对 $\dfrac{\theta}{\omega}$ 的依赖关系。从该图中可以看出，当扰力的频率很低时（即 $\dfrac{\theta}{\omega}\to 0$），动力系数 $\mu\to 1$。这说明，当简谐外力随时间变化得非常缓慢时，可以近似地当作静荷载处理；当 $\dfrac{\theta}{\omega}<1$ 时，$\mu>1$，

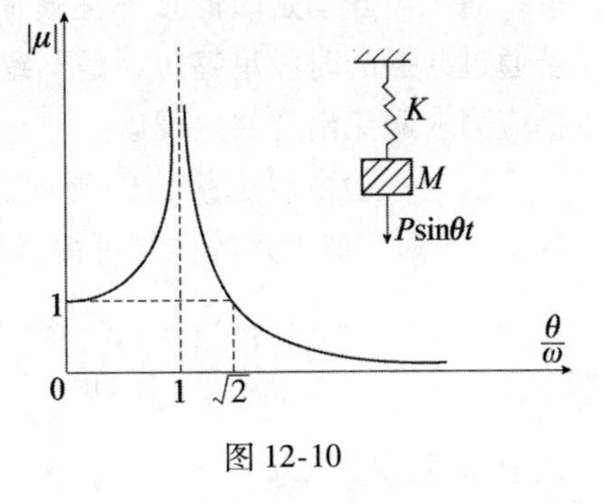

图 12-10

且μ值随$\frac{\theta}{\omega}$的增大而增大；当$\frac{\theta}{\omega}>1$时，由式（12-21）可知，μ为负值，但由于振动的双向性质，我们关心的是μ的绝对值，故在图12-10中，右边的曲线仍作在横坐标的上侧。此外，当$\frac{\theta}{\omega}>1$时，$|\mu|$随$\frac{\theta}{\omega}$的增大而减小；当$\theta=\omega$，即$\frac{\theta}{\omega}=1$时，动力系数μ趋于无穷大。这种现象称为共振。设计中应避免共振的出现。应指出，共振是一个增幅过程，并不是一开始振幅就很大，下边的分析将阐明这一点。

当$\frac{\theta}{\omega}=1$时，即$\theta=\omega$时，式（12-19）变为不定式。为了揭示共振现象过程，需要求出当ω趋于θ值时式（12-19）的极限。即求式

$$y_{st}\frac{\sin\theta t-\frac{\theta}{\omega}\sin\omega t}{1-\frac{\theta^2}{\omega^2}}$$

的极限。为此可以将分子分母分别对θ微分，然后再求其极限得

$$y(t)=\frac{y_{st}}{-2}t\theta\cos\theta t+\frac{y_{st}}{2}\sin\theta t$$

这就是共振现象的过程。当t不断增加时，$y(t)$也不断增加，因为其中第一项的振幅是与时间t成正比的。振幅变得很大以致破坏，是需要经过一定时间的。所以在结构设计中，若扰力正常频率大于自振频率，而机器开动是由低频率逐渐加速到正常频率，其间要经过共振，若通过共振的时段足够短，是不致使结构破坏的。尽管如此，设计中仍应力求避免出现共振现象。

以上所述系假定扰力的规律是$P(t)=P\sin\theta t$。若假定干扰力是$P\cos\theta t$，则类似上述的推导可得强迫振动的全解为

$$y(t)=y_{st}\frac{1}{1-\frac{\theta^2}{\omega^2}}(\cos\theta t-\cos\omega t) \qquad (12\text{-}22)$$

其中纯强迫振动为

$$y(t)=y_{st}\frac{1}{1-\frac{\theta^2}{\omega^2}}\cos\theta t \tag{12-23}$$

当 $\omega\to\theta$ 时，则得共振的过程为

$$y(t)=y_{st}\frac{\theta t}{2}\sin\theta t$$

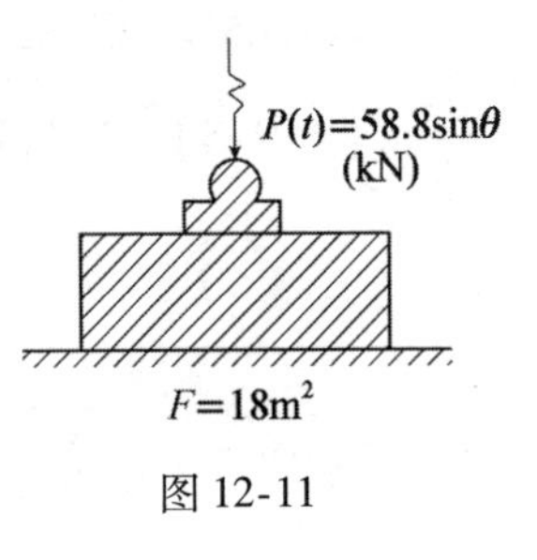

图 12-11

【例 12-4】　如图 12-11 所示，试求动力基础受转子离心扰力作用时产生的沉陷量，已知地基压缩系数 $K_0=2940\text{kN/m}^3$，机器每分钟转数 $n=200$。基础块质量 $M=235\times10^3$ kg。

【解】　使基础单位沉陷所需之力为

$$k=18\times2940\text{kN/m}$$

扰力频率

$$\theta=\frac{2\pi\times200}{60}=21\text{rad/s}$$

$$\omega=\sqrt{\frac{k}{M}}=\sqrt{\frac{18\times2940\times10^3}{235\times10^3}}=15\text{rad/s}$$

动力系数

$$\mu=\frac{1}{1-\frac{\theta^2}{\omega^2}}=\frac{1}{1-\left(\frac{21}{15}\right)^2}=-1.04\text{，用绝对值 }1.04\text{。}$$

静力沉陷量

$$y_{st}=\frac{P}{K_0F}=\frac{58.8\times10^3}{18\times2940\times10^3}=\frac{1}{900}\text{m}$$

动力沉陷量

$$y_d=\mu y_{st}=1.04\times\frac{1}{900}=1.15\times10^{-3}\text{m}=1.15\text{mm。}$$

上述计算，系认为已形成纯强迫振动，故伴生自振的影响未计及。此外上述结果只有当 M 的自重引起的沉陷大于或等于振幅值时才正确，否则地基和基础将有脱离现象。若欲计算总沉陷量，应将振

动以前的自重沉陷量加入动力沉陷中，即

$$y_{总}=1.15\times10^{-3}+\frac{235\times10^{3}\times9.8}{18\times2940\times10^{3}}=1.15\times10^{-3}+43.5\times10^{-3}$$
$$=44.65\times10^{-3}\text{m}=44.65\text{mm}。$$

【例 12-5】 试核算如图 12-12（a）所示梁的强度及挠度。

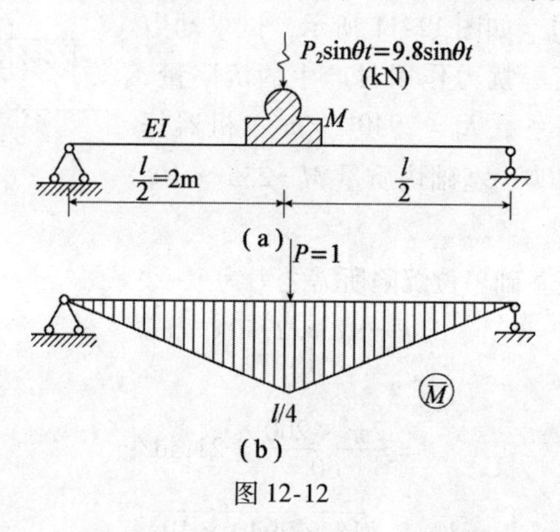

图 12-12

设已知［σ］= 140MPa，［f］= $\frac{1}{500}l$，梁的 $E=210$GPa，$I=42\times10^{-6}\text{m}^4$，截面系数 $W=400\times10^{-6}\text{m}^3$，动力机械的质量为 $M=3\times10^3$kg，自重 $P_1=3\times10^3\times9.8$kN，扰力为 $P_2\sin\theta t=9.8\sin\theta t$(kN)，机器每分钟转数 $n=860$。

【解】 扰力圆频率

$$\theta=\frac{2\pi n}{60}=90.3\text{rad/s}$$

由单位弯矩图［图 12-12（b）］图乘得

$$\delta_{11}=\frac{l^3}{48EI}=\frac{64}{423360\times10^3}\text{m/N}$$

$$\omega=\sqrt{\frac{1}{M\delta_{11}}}=\sqrt{\frac{48EI}{Ml^3}}=\frac{4}{l}\sqrt{\frac{3EI}{Ml}}=47\text{rad/s}$$

动力系数

$$\mu = \frac{1}{1-\frac{\theta^2}{\omega^2}} = \frac{1}{1-\left(\frac{90.3}{47}\right)^2} = -0.37 \quad \text{用绝对值}0.37$$

向下的挠度为

$$y_{总} = y_{静} + y_{动} = P_1\delta_{11} + P_2\mu\delta_{11} = \delta_{11}(P_1 + \mu P_2)$$

$$= \frac{64}{423360 \times 10^3}(3 \times 9.8 \times 10^3 + 0.37 \times 9.8 \times 10^3)$$

$$= 5 \times 10^{-3}\text{m} = 5\text{cm} < \frac{l}{500}$$

下侧的拉应力为

$$\sigma_{总} = \sigma_{静} + \sigma_{动} = \frac{\frac{P_1 l}{4}}{W} + \frac{\frac{P_2 l}{4}}{W}\mu = \frac{l}{4W}[P_1 + P_2\mu]$$

$$= \frac{4}{4 \times 400 \times 10^{-6}}[3 \times 9.8 \times 10^3 + 0.37 \times 9.8 \times 10^3]$$

$$= 83\text{MPa} < [\sigma]$$

同理可计算向上振动时的挠度和应力，但可判定均小于上述数字。

12.5 简谐外力作用下单自由度体系的有阻尼强迫振动

仍设阻尼力为 $R(t) = -c\dot{y}(t)$ 外扰力为 $P\sin\theta t$。

则微分方程为

$$M\ddot{y}(t) + c\dot{y}(t) + ky(t) = P\sin\theta t$$

可以改写为

$$\ddot{y}(t) + 2\xi\omega\dot{y}(t) + \omega^2 y(t) = \frac{P}{M}\sin\theta t \tag{12-24}$$

用代入法可以验证其解为

$$y_P(t) = C_1[2\theta\xi\omega\cos\theta t - (\omega^2 - \theta^2)\sin\theta t] \tag{12-25}$$

式中

$$C_1 = \frac{-P}{M[(\omega^2 - \theta^2)^2 + 4\theta^2\xi^2\omega^2]} \tag{12-26}$$

再计及齐次方程的解［式（12-13）］，通解可写作

$$y(t)=\mathrm{e}^{-\xi\omega t}A\sin(\omega_d t+\varphi)+C_1\left[2\theta\xi\omega\cos\theta t-(\omega^2-\theta^2)\sin\theta t\right] \tag{12-27}$$

式中 A 及 φ 可由初始条件确定。

式（12-27）中的第一部分和自由振动相同。由于阻力的存在，经过不长的时间就衰减掉了。而只剩下后一项纯强迫振动即式(12-25)。它可改写为下列形式：

$$y_P(t)=y_{st}\,\mu\sin(\theta t-\varepsilon)$$

式中：y_{st} ——静力位移，即 $y_{st}=P\delta=\dfrac{P}{K}$

μ ——动力系数，即 $\mu=\dfrac{1}{\sqrt{\left[1-\left(\dfrac{\theta}{\omega}\right)^2\right]^2+\left[2\xi\left(\dfrac{\theta}{\omega}\right)\right]^2}}$；

(12-28)

ε —— $y_P(t)$ 和干扰力之间的相位差，即

$$\tan\varepsilon=\frac{2\xi\left(\dfrac{\theta}{\omega}\right)}{1-\left(\dfrac{\theta}{\omega}\right)^2}。 \tag{12-29}$$

比较式（12-21）和式（12-28）可见，阻尼有减小动力系数的作用。

在图12-13中，作出了对应于几种 ξ 值的动力系数和 $\dfrac{\theta}{\omega}$ 之间的关系曲线。由于阻尼的存在，共振时（$\theta=\omega$），μ 并不趋于无穷大，而且 μ 的最大值并不对应于共振，而要略偏左一些。但可以近似地认为当 $\theta=\omega$ 时 μ 值最大。即

$$\mu_{\max}\approx\frac{1}{2\xi} \tag{12-30}$$

作定性估计时，可以将稳态简谐强迫振动分为三个频段：

（1）低频段，$\dfrac{\theta}{\omega}<0.75$。这时影响振幅的控制因素是刚度，振幅的近似公式是 $\dfrac{P}{k}$。在低频段中，改变刚度比改变质量或阻尼更能有效地影响振幅值。

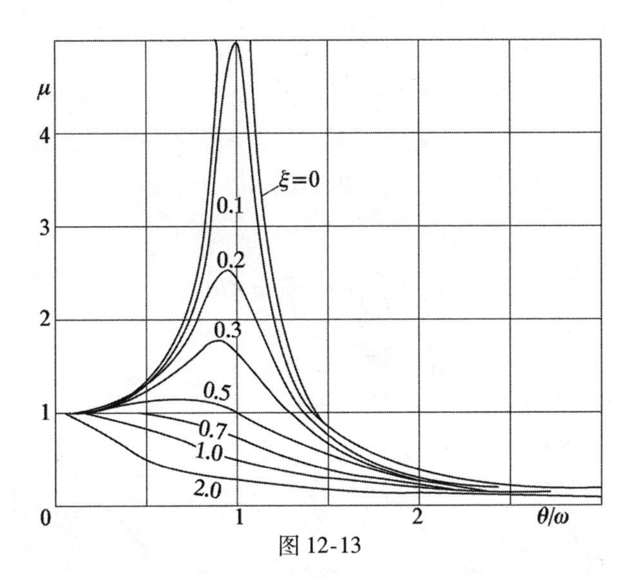

图 12-13

(2) 高频段，$\frac{\theta}{\omega} > 1.25$，这时影响振幅的控制因素是惯性力，振幅的近似公式是 $\frac{P}{M\theta^2}$。在高频段中，增大质量比改变刚度或阻尼更能有效地减小振动。

(3) 共振段，$0.75 < \frac{\theta}{\omega} < 1.25$。这时阻尼的作用比以上两频段中更为突出，振幅的近似公式是 $\frac{P}{2\xi k}$。在共振段中，增大阻尼也成为减振的有效措施之一。

12.6　周期性荷载引起的振动

若外力 $P(t)$ 不是简谐变化，而是具有周期为 T_0 的任意周期函数，如图 12-14 所示。计算结构反应时可以先将该外力分解为富里叶级数，即

$$P(t) = a_0 + \sum_{n=1}^{\infty} (a_n \cos n\theta_0 t + b_n \sin n\theta_0 t) \tag{12-31}$$

式中

$$a_0 = \frac{1}{T_0}\int_0^{T_0} P(t)\,\mathrm{d}t$$

$$a_n = \frac{2}{T_0}\int_0^{T_0} P(t)\cos n\theta_0 t\,\mathrm{d}t$$

$$b_n = \frac{2}{T_0}\int_0^{T_0} P(t)\sin n\theta_0 t\,\mathrm{d}t$$

$$\theta_0 = \frac{2\pi}{T_0}$$

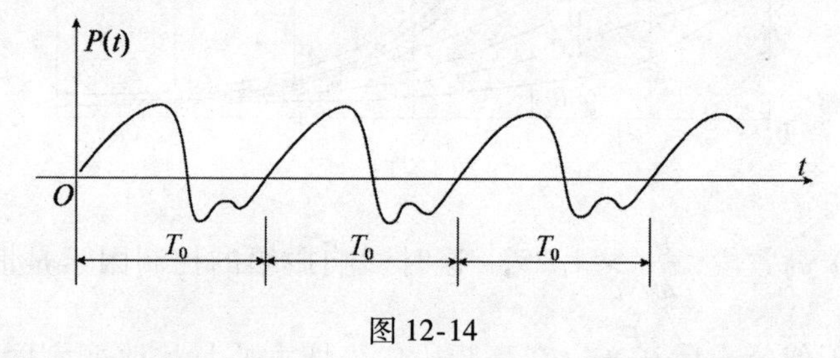

图 12-14

再利用式（12-20）及式（12-23）即可叠加出位移反应为

$$y(t) = A\cos\omega t + B\sin\omega t + \frac{a_0}{k} + \frac{1}{k}\sum_{n=1}^{\infty}\frac{1}{1-\left(\frac{n\theta_0}{\omega}\right)^2}[a_n\cos n\theta_0 t + b_n\sin n\theta_0 t] \tag{12-32}$$

式中常数 A、B 由初始条件决定。由于该级数往往收敛很快，通常只需取若干项即可得满意的结果。可以证明，计及阻尼影响时，位移稳态反应的叠加表达式为

$$y(t) = \frac{1}{k}a_0 + \frac{1}{k}\sum_{n=1}^{\infty}\frac{1}{(1-\beta_n^2)+(2\xi\beta_n)^2}\{[a_n 2\xi\beta_n + b_n(1-\beta_n^2)]\sin n\theta_0 t + [a_n(1-\beta_n^2) - b_n 2\xi\beta_n]\cos n\theta_0 t\} \tag{12-33}$$

式中 $\beta_n = \frac{n\theta_0}{\omega}$。

12.7　一般荷载引起的振动

若遇到的荷载，既不是简谐的，也不是周期性的，则在 12.4 ~ 12.6 节中介绍的计算方法就不能应用。这时，可以将荷载看做是由无限多个瞬时冲量荷载 $I=P(\tau)\mathrm{d}\tau$ 的叠加，如图 12-15 所示。每个冲量 I 作用后，根据动量定理，质体的速度增量为 $\Delta\dot{y}=\dfrac{I}{M}$，若冲后位移反应记为 $h(t-\tau)$，则根据式（12-12）得

$$h(t-\tau)=\frac{I}{M\omega_d}\mathrm{e}^{-\xi\omega(t-\tau)}\sin\omega_d(t-\tau) \tag{12-34}$$

如图 12-15（c）所示。无限多个微分冲量引起反应的叠加即得位移反应

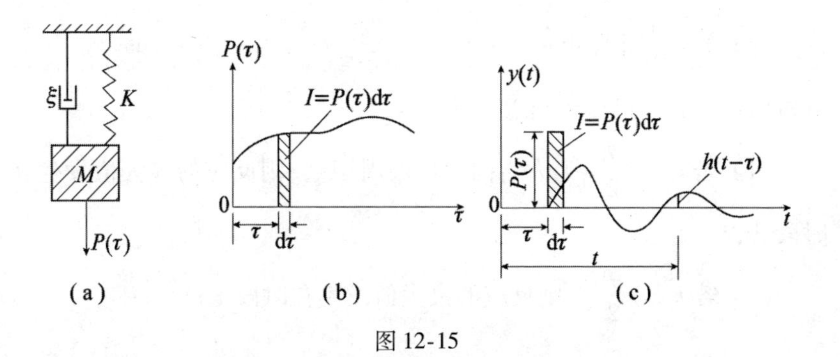

图 12-15

$$y(t)=\int_0^t h(t-\tau)\mathrm{d}\tau=\frac{1}{M\omega_d}\int_0^t P(\tau)\mathrm{e}^{-\xi\omega(t-\tau)}\sin\omega_d(t-\tau)\mathrm{d}\tau \tag{12-35}$$

这就是有名的杜哈梅（Duhamel）积分。若不计阻尼，则式（12-35）变为

$$\tau(t)=\frac{1}{M\omega}\int_0^t P(\tau)\sin\omega(t-\tau)\mathrm{d}\tau \tag{12-36}$$

应指出，杜哈梅积分式是根据初始静止状态导出的。若有初位移 y_0 及初始速度 $\dot{y}_0$，则还需在 $y(t)$ 式中增加这些初始条件引起的自由振

动。以无阻尼情形为例

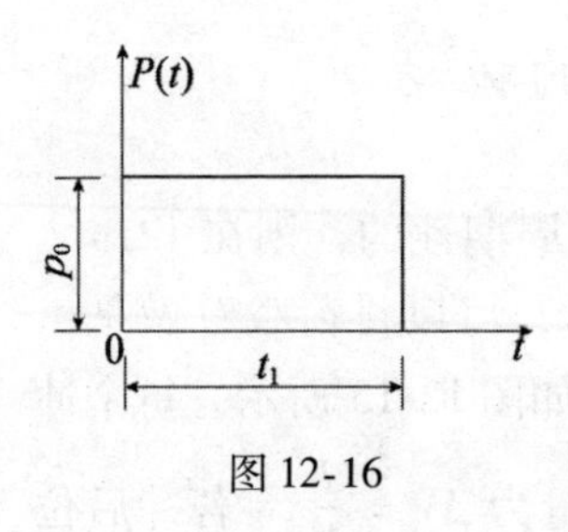

图 12-16

$$y(t)=y_0\cos\omega t+\frac{\dot{y}_0}{\omega}\sin\omega t+\frac{1}{M\omega}\int_0^t P(\tau)\sin\omega(t-\tau)\mathrm{d}\tau \tag{12-37}$$

【例 12-6】 设无阻尼单自由度质体上受短时突加荷载，如图 12-16 所示。试用杜哈梅积分法计算其位移反应。

【解】 时段Ⅰ，当 $t\leqslant t_1$ 时

$$y(t)=\frac{1}{M\omega}\int_0^t P_0\sin\omega(t-\tau)\,d\tau=\frac{P_0}{k}(1-\cos\omega t)$$

时段Ⅱ，当 $t\geqslant t_1$ 时

$$y(t)=\frac{1}{M\omega}\int_0^{l_1} P_0\sin\omega(t-\tau)\,d\tau=\frac{P_0}{k}[\cos\omega(t-t_1)-\cos\omega t]$$

分析所得算式，可以看出以下几点：

（1）若 $t_1<\frac{T}{2}$（T 为结构的自振周期），则反应的最大值发生在时段Ⅱ；

（2）若 $t_1>\frac{T}{2}$，则反应的最大值发生在时段Ⅰ；

（3）若 $t_1=\frac{T}{2}$，则反应的最大值发生在 $t=t_1$ 时刻；

（4）若 $t_1=T$，则时段Ⅱ无振动；

（5）当 $t_1<\frac{T}{2}$ 时，动力系数小于2。当 $t\geqslant\frac{T}{2}$ 时，动力系数等于2，即突加荷载的反应是静力加载反应的两倍。

比较计算表明，对于待续时间很短的荷载，比如 $t_1<0.1T$，位移反应主要依赖于冲量 $I=\int P(t)\,\mathrm{d}t$ 的大小，而脉冲荷载随时间变化的形状对它影响不大。例如，对于诸如图 12-17 所示的几种情形，都可近似地用公式（12-34）计算它们的反应，即

$$y(t)=\frac{I}{M\omega_d}e^{-\xi\omega t}\sin\omega_d t$$

当各图的 I 值（即图形的面积）相同时，都有相同的反应。

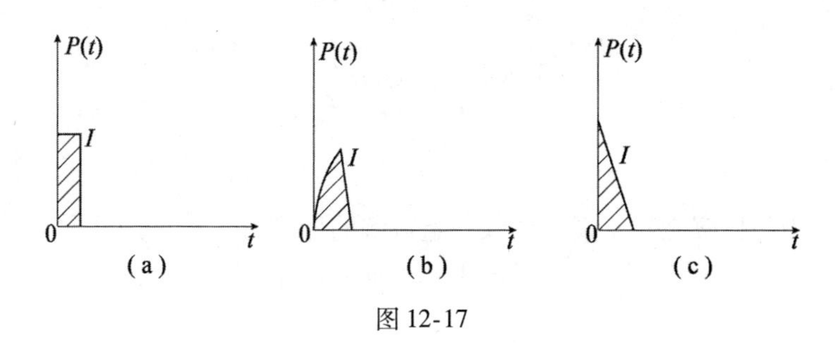

图 12-17

12.8　有限多自由度体系的自由振动

12.8.1　柔度法

现在以图 12-18 所示的体系作为例子。当体系振动时，任一质体 M_i 的位移设为 $y_i(t)$，则任一质体的惯性力为 $-M_i\ddot{y}_i(t)$。若有 n 个质体，就有 n 个这样的惯性力，正是它们的共同作用才引起体系的振动曲线。所以质体 M_1 的位移应写为

同理

$$\left.\begin{aligned}
y_1(t) &= -M_1\ddot{y}_1(t)\delta_{11}-M_2\ddot{y}_2(t)\delta_{12}\cdots-M_i\ddot{y}_i(t)\delta_{1i}\cdots-M_n\ddot{y}_n(t)\delta_{1n}\\
y_2(t) &= -M_1y_1(t)\delta_{21}-M_2\ddot{y}_2(t)\delta_{22}\cdots-M_i\ddot{y}_i(t)\delta_{2i}\cdots-M_n\ddot{y}_n(t)\delta_{2n}\\
&\vdots\\
y_i(t) &= -M_1\ddot{y}_1(t)\delta_{i1}-M_2\ddot{y}_2(t)\delta_{i2}\cdots-M_i\ddot{y}_i(t)\delta_{ii}\cdots-M_n\ddot{y}_n(t)\delta_{in}\\
&\vdots\\
y_n(t) &= -M_1\ddot{y}_1(t)\delta_{n1}-M_2\ddot{y}_2(t)\delta_{n2}\cdots-M_i\ddot{y}_i(t)\delta_{ni}\cdots-M_n\ddot{y}_n(t)\delta_{nn}
\end{aligned}\right\}\tag{12-38}$$

式中 δ 代表单位力引起的位移，体系越柔，δ 值越大，故称 δ 为柔度系数。因为这里建立运动方程时用的是柔度系数，故称这里所用的求解方法为柔度法。这是一个常系数二阶齐次线性微分方程组，其通解可

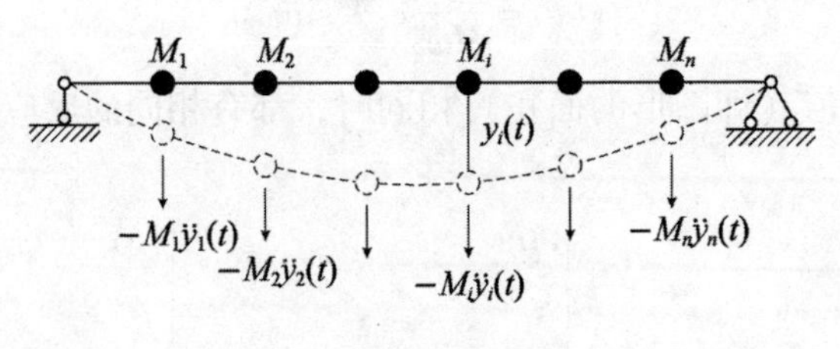

图 12-18

以写为各特解之和。现在试取一组特解的形式为

$$\left.\begin{aligned} y_1(t) &= A_1\sin(\omega t+\varphi) \\ y_2(t) &= A_2\sin(\omega t+\varphi) \\ &\vdots \\ y_i(t) &= A_i\sin(\omega t+\varphi) \\ &\vdots \\ y_n(t) &= A_n\sin(\omega t+\varphi) \end{aligned}\right\} \tag{12-39}$$

这个解对应于各质点作同频率同初相角的简谐振动。式中各振幅 A_1，A_2，…，A_n和频率 ω，初相角 φ 等都是待定的参数。我们暂时还不知道这样的简谐振动是否可能存在，若存在应满足什么条件。或者说这些参数是否存在，若存在应该等于什么值。为了解答这些问题，须将解式（12-39）代入式（12-38），看能否满足，或在什么条件下才能满足。先将解式（12-39）对 t 取二次导数

$$\left.\begin{aligned} \ddot{y}_1(t) &= -\omega^2A_1\sin(\omega t+\varphi) \\ \ddot{y}_2(t) &= -\omega^2A_2\sin(\omega t+\varphi) \\ &\vdots \\ \ddot{y}_n(t) &= -\omega^2A_n\sin(\omega t+\varphi) \end{aligned}\right\} \tag{12-40}$$

将式（12-39）及式（12-40）代入式（12-38），并除以 $\sin(\omega t+\varphi)$ 得

$$\left.\begin{aligned} (M_1\delta_{11}\omega^2-1)A_1+M_2\delta_{12}\omega^2A_2+\cdots+M_n\delta_{1n}\omega^2A_n &= 0 \\ M_1\delta_{21}\omega^2A_1+(M_2\delta_{22}\omega^2-1)A_2+\cdots+M_n\delta_{2n}\omega^2A_n &= 0 \\ \vdots \\ M_1\delta_{n1}\omega^2A_1+M_2\delta_{n2}\omega^2A_2+\cdots+(M_n\delta_{nn}\omega^2-1)A_n &= 0 \end{aligned}\right\} \tag{12-41}$$

式（12-41）即特解式（12-39）能满足微分方程组应具备的条件。这条件中没有 φ 值，可见 φ 可为任意值。这条件是各振幅的齐次代数方程组，各振幅值之间应满足式（12-41）的关系，而它们的绝对值不是唯一的。欲求各振幅之间的关系，只需在式（12-41）中任设一个振幅值，这样对其余各振幅值来说，式（12-41）就不再是齐次的了。这时未知数个数和方程数刚刚相等，可用普通的代数方法解出各振幅值和 ω 值。换句话说，式（12-41）只规定了诸 A 值间的比例关系，以及 ω 应具有的值。

可按如下的思路解代数方程组（12-41）。由于振动时诸振幅 A 不能都恒等于零，故诸 A 的系数组成的行列式应该等于零，即

$$\begin{vmatrix} (M_1\delta_{11}\omega^2-1) & M_2\delta_{12}\omega^2\cdots & M_n\delta_{1n}\omega^2 \\ M_1\delta_{21}\omega^2 & (M_2\delta_{22}\omega^2-1)\cdots & M_n\delta_{2n}\omega^2 \\ \vdots & \vdots & \vdots \\ M_1\delta_{n1}\omega^2 & M_2\delta_{n2}\omega^2\cdots & (M_n\delta_{nn}\omega^2-1) \end{vmatrix}=0$$

为了简化，各行除以 ω^2，并引用记号 $\lambda=\dfrac{1}{\omega^2}$，则上式可改写为

$$\begin{vmatrix} (M_1\delta_{11}-\lambda) & M_2\delta_{12}\cdots\cdots & M_n\delta_{1n} \\ M_1\delta_{21} & (M_2\delta_{22}-\lambda)\cdots\cdots & M_n\delta_{2n} \\ \vdots & \vdots & \vdots \\ M_1\delta_{n1} & M_n\delta_{n2}\cdots\cdots & (M_n\delta_{nn}-\lambda) \end{vmatrix}=0 \qquad (12\text{-}42)$$

式（12-42）称为频率方程，因为展开后即得 λ 的 n 次方程，据之可求得 ω 的 n 个正根（负根没有物理意义）：ω_1，ω_2，…，ω_n。将每一 ω 值代入式（12-41）即可求得一组相应各点振幅的比例关系（前面已经说过，绝对值是不能求得的）。每一组比例关系就确定一个振动型态。对于 n 个自由度体系来说，就可能有 n 个不同的简谐振动频率 ω 值和相应地有 n 个可能的简谐振动型态。可见式（12-39）形式的解将有 n 组。每一个频率相应的振动型态，都可能单独发生。比如让初位移保持上述求得的任一组比例，然后任其自由，这时发生的振动，就对应于上述的一组特解。

通常把每一个频率相应的振动都称为主自由振动，对应的每一个振动型态都称为主振型。主振型的绝对值可任意，但各点位移的相对比值是固定的。另外，在不致误解的情况下，主振型也往往简称为振型。假如初始条件是任意的，比如初位移的比例不符合式（12-41）的要求，则放松任其自由后所发生的振动就不是按主振型的简谐规律振动，而是更复杂的振动，这时需要用通解来表示它。通解应写作上述各特解之和，即

$$\left.\begin{array}{l}y_1(t)=A_1\sin(\omega_1 t+\varphi_1)+B_1\sin(\omega_2 t+\varphi_2)+\cdots+C_1\sin(\omega_n t+\varphi_n)\\ y_2(t)=A_2\sin(\omega_1 t+\varphi_1)+B_2\sin(\omega_2 t+\varphi_2)+\cdots+C_2\sin(\omega_n t+\varphi_n)\\ \quad\vdots\qquad\qquad\vdots\qquad\qquad\qquad\vdots\qquad\qquad\qquad\vdots\\ y_n(t)=A_n\sin(\omega_1 t+\varphi_1)+B_n\sin(\omega_2+\varphi_2)+\cdots+C_n\sin(\omega_n t+\varphi_n)\end{array}\right\}\tag{12-43}$$

式中 A_1，A_2，$\cdots A_n$ 只有一个是独立的，它们之间的关系可由式（12-41）确定。同理诸 B 之间和诸 C 之间也分别只有一个是独立的。φ_1，φ_2，$\cdots$，φ_n 都是独立的。

可见解式（12-43）中包括有 $2n$ 个任意常数，可根据 n 个自由度的 n 个初速度及 n 个初位移确定它们。

从频率方程（12-42）中求得的各频率 ω_1，ω_2，$\cdots$，ω_n 的总体称作频率谱，排列的次序是从低到高。我们将依次称它们为第一频率、第二频率等；称它们对应的振型为第一主振型、第二主振型等。第一频率也称基频，主振型也简称振型。

【例 12-7】 试求如图 12-19（a）所示结构的自振频率及其对应的振型。

【解】 这是两个自由度体系。用图乘法不难求得

$$\delta_{11}=\delta_{22}=\frac{23l^3}{1536EI}$$

$$\delta_{12}=\delta_{21}=-\frac{3l^3}{512EI}$$

代入频率方程（12-42）得

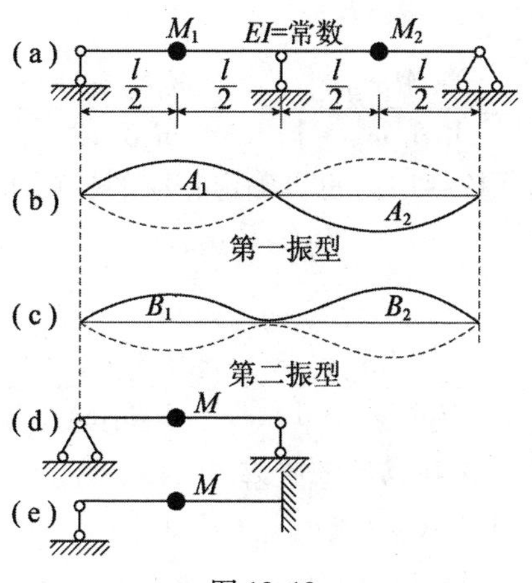

图 12-19

$$\begin{vmatrix} \left(\dfrac{23M_1l^3}{1536EI}-\lambda\right) & \dfrac{-3M_2l^3}{512EI} \\ \dfrac{-3M_1l^3}{512EI} & \left(\dfrac{23M_2l^3}{1536EI}-\lambda\right) \end{vmatrix}=0$$

即

$$\lambda^2-\frac{23l^3(M_1+M_2)}{1536EI}\lambda+\frac{448}{(1536)^2}\frac{M_1M_2l^6}{(EI)^2}=0$$

故　$\lambda_{1,2}=\dfrac{23l^3(M_1+M_2)}{2\times1536EI}\pm\sqrt{\dfrac{529\,(M_1+M_2)^2l^6}{4\,(1536EI)^2}-\dfrac{448M_1M_2l^6}{(1536EI)^2}}$

从而得

$$\omega_1=\sqrt{\frac{1}{\lambda_1}},\quad \omega_2=\sqrt{\frac{1}{\lambda_2}}$$

为了确定第一振型中各点振幅的比例关系，可将 ω_1 代入式 (12-41) 得

$$(M_1\delta_{11}\omega_1^2-1)A_1+M_2\delta_{12}\omega_1^2A_2=0$$
$$M_1\delta_{21}\omega_1^2A_1+(M_2\delta_{22}\omega_1^2-1)A_2=0$$

从上述二式中的任一个可求得振幅间的关系为

$$A_2=A_1\rho_1$$

式中比值

$$\rho_1 = \frac{-M_1\delta_{21}\omega_1^2}{M_2\delta_{22}\omega_1^2 - 1} = \frac{-(M_1\delta_{11}\omega_1^2 - 1)}{M_2\delta_{12}\omega_1^2}$$

同样将 ω_2 代入式（12-41），也可确定相应的振幅比例关系为

$$B_2 = B_1\rho_2$$

式中比值

$$\rho_2 = \frac{-M_1\delta_{21}\varphi_2^2}{M_2\delta_{22}\varphi_2^2 - 1} = \frac{-(M_1\delta_{11}\varphi_2^2 - 1)}{M_2\delta_{12}\varphi_2^2}$$

质体 M_1 及 M_2 自由振动的通解为

$$y_1(t) = A_1\sin(\omega_1 t + \varphi_1) + B_1\sin(\omega_2 t + \varphi_2)$$

$$y_2(t) = \rho_1 A_1\sin(\omega_1 t + \varphi_1) + \rho_2 B_1\sin(\omega_2 t + \varphi_2)$$

式中包括四个任意常数 A_1、B_1、φ_1 和 φ_2。可以按下列初始条件确定它们。

当 $t = 0$ 时，

$$y_1 = y_{10} \quad y_2 = y_{20}$$

$$\dot{y}_1 = v_{10} \quad \dot{y}_2 = v_{20}$$

现在研究一个特例，设 $M_1 = M_2 = M$ 的对称情况。这时将 $M_1 = M_2 = M$ 代入上述各式可得

$$\lambda_1 = \frac{32Ml^3}{1536EI} = \frac{Ml^3}{48EI}$$

$$\lambda_2 = \frac{14Ml^3}{1536EI} = \frac{7Ml^3}{768EI}$$

$$\omega_1 = \sqrt{\frac{1}{\lambda_1}} = \sqrt{\frac{48EI}{Ml^3}}$$

$$\omega_2 = \sqrt{\frac{1}{\lambda_2}} = \sqrt{\frac{109.72EI}{Ml^3}}$$

$$A_2 = -A_1\frac{M_1\delta_{11}\omega_1^2 - 1}{M_2\delta_{12}\omega_2^2} = -A_1 \times 1 = A_1，\text{即} \quad \rho_1 = \frac{A_2}{A_1} = -1$$

$$B_2 = -B_1\frac{M_1\delta_{11}\omega_1^2 - 1}{M_2\delta_{12}\omega_2^2} = B_1 \times 1 = B_1 \text{ 即} \quad \rho_2 = \frac{B_2}{B_1} = 1$$

可见第一振型是反对称的，如图 12-19（b）所示。第二振型是正对称的，如图 12-19（c）所示。既然两振型分别为反对称和正对称的，所以可直接用图 12-19（d）所示的单自由度结构计算 ω_1；而直接用图 12-19（e）所示的单自由度结构计算 ω_2。

12.8.2　对称性的应用

对称体系的频率谱及其相应的振型，总可以分为正对称的和反对称的两种。这是因为引起这两种形式的惯性力及弹性力总可以区分为正对称和反对称的缘故。所以对每一个有对称轴的体系，求其频率谱时，可以将体系分解为正对称和反对称两个结构，分别进行计算就可以了。

如图 12-20 所示几个结构及其分解后的计算简图。在图 12-20（c）中，若忽略轴向变形，则只可能发生反对称的振型。

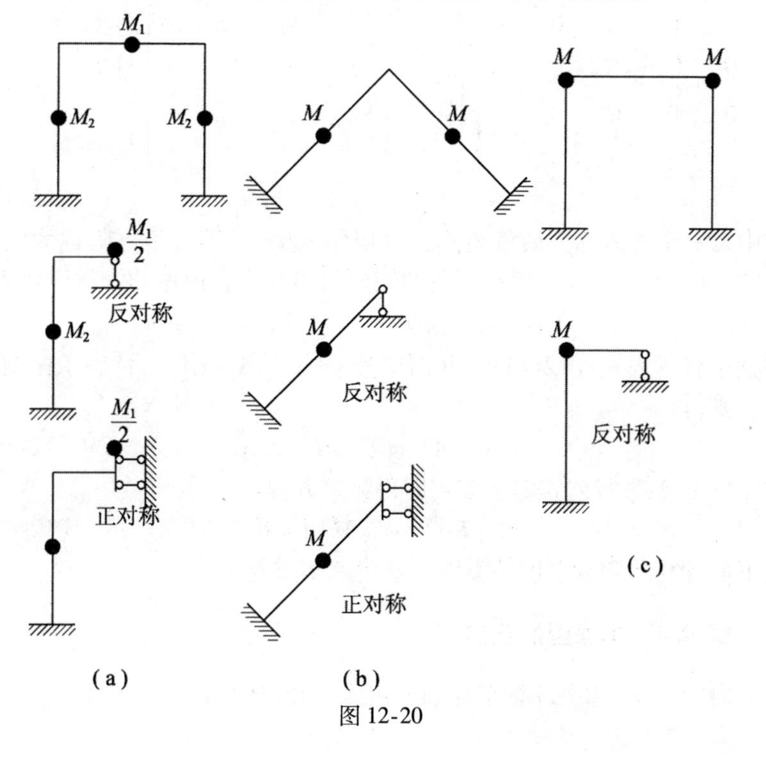

图 12-20

12.8.3 刚度法

振动问题的求解，除了用前述的柔度法以外，还广泛采用刚度法。仍以图 12-18 所示的梁为例，求解时可以取位移法基本结构，即将各自由度位移都用附加链杆暂时约束起来，再根据这些附加约束本来不存在的条件，建立如下的方程组

$$\left.\begin{array}{l} M_1\ddot{y}_1(t)+k_{11}y_1(t)+k_{12}y_2(t)+k_{13}y_3(t)+\cdots+k_{1n}y_n(t)=0 \\ M_2\ddot{y}_2(t)+k_{21}y_1(t)+k_{22}y_2(t)+k_{23}y_3(t)+\cdots+k_{2n}y_n(t)=0 \\ \quad\vdots \qquad\qquad \vdots \qquad\qquad \vdots \qquad\qquad \vdots \qquad\qquad\qquad \vdots \\ M_n\ddot{y}_n(t)+k_{n1}y_1(t)+k_{n2}y_2(t)+k_{n3}y_3(t)+\cdots+k_{nn}y_n(t)=0 \end{array}\right\} \tag{12-44}$$

式中各刚度系数 k 代表产生单位位移时需用的力。结构越刚，k 值越大。由于在这里建立运动方程时应用了这些刚度系数，故称这种解题方法为刚度法。式（12-44）可改写为矩阵

$$\begin{bmatrix} M_1 & 0 & 0 & 0 & \cdots \\ 0 & M_2 & 0 & 0 & \cdots \\ 0 & 0 & M_3 & 0 & \cdots \\ \vdots & \vdots & \vdots & \vdots & \end{bmatrix}\begin{Bmatrix} \ddot{y}_1(t) \\ \ddot{y}_2(t) \\ \ddot{y}_3(t) \\ \vdots \end{Bmatrix}\begin{bmatrix} k_{11} & k_{12} & k_{13} & \cdots \\ k_{21} & k_{22} & k_{23} & \cdots \\ k_{31} & k_{32} & k_{33} & \cdots \\ \vdots & \vdots & \vdots & \end{bmatrix}\begin{Bmatrix} y_1(t) \\ y_2(t) \\ y_3(t) \\ \vdots \end{Bmatrix}=0 \tag{12-45}$$

式中第一个方阵称为质量矩阵，可记作 $[\boldsymbol{M}]$，第二个方阵称为刚度矩阵，可记作 $[\boldsymbol{K}]$。现在，我们限定只研究主自由振动，故设解为

$$y_i=A_1\sin(\omega t+\varphi),\ i=1,\ 2,\ 3,\ \cdots,\ n$$

将这个解代入式（12-45），并用记号 $\{\boldsymbol{A}\}=[\boldsymbol{A}_1\boldsymbol{A}_2\boldsymbol{A}_3\cdots]^{\mathrm{T}}$ 表示振型向量，则得

$$[\boldsymbol{K}]\{\boldsymbol{A}\}=\omega^2[\boldsymbol{M}]\{\boldsymbol{A}\} \tag{12-46}$$

取 $\{A\}$ 的系数行列式等于零，即得频率方程

$$|\,[\boldsymbol{K}]-\omega^2[\boldsymbol{M}]\,|=0 \tag{12-47}$$

剩下的计算步骤和柔度法类同。这里就不重复了。

12.8.4 主振型的正交性

对第 i 振型和第 j 振型分别应用式（12-46）得

$$[K]\{A\}_i = \omega_i^2 [M]\{A\}_i \quad (1)$$

$$[K]\{A\}_j = \omega_j^2 [M]\{A\}_j \quad (2)$$

将式（1）前乘以 $\{A\}_j^{\mathrm{T}}$ 得

$$\{A\}_j^{\mathrm{T}}[K]\{A\}_i = \omega_i^2 \{A\}_j^{\mathrm{T}}[M]\{A\}_i \quad (3)$$

将式（2）前乘以 $\{A\}_i^{\mathrm{T}}$ 得

$$\{A\}_i^{\mathrm{T}}[K]\{A\}_j = \omega_j^2 \{A\}_i^{\mathrm{T}}[M]\{A\}_j \quad (4)$$

将式（3）和式（4）相减得

$$0 = (\omega_i^2 - \omega_j^2)\{A\}_j^{\mathrm{T}}[M]\{A\}_i$$

因 $\omega_i \neq \omega_j$，故

$$\{A\}_j^{\mathrm{T}}[M]\{A\}_i = 0 \quad (12\text{-}48)$$

这就是主振型关于质量的正交性。将式（12-48）代入式（3）得

$$\{A\}_j^{\mathrm{T}}[K]\{A\}_i = 0 \quad (12\text{-}49)$$

这就是主振型关于刚度的正交性。主振型的正交性，不仅可以用做振型解答正确性的核对条件，而且在振动力学的专著中有很广泛的应用。

12.9　有限多自由度体系的强迫振动

12.9.1　柔度法

多自由度体系受有外加扰力时，体系即发生强迫振动。扰力的规律可能是多种多样的，现在我们只打算研究一种随时间按简谐规律变化的振动荷载。并且还限定，若同时有数个荷载时，它们都是同频率和同初相角的。

设体系中有 n 个质体，并在体系上作用有 k 个振动力：$P_{\mathrm{I}}\sin\theta t$，$P_{\mathrm{II}}\sin\theta t$，…，$P_k\sin\theta t$①。在振动过程中的任一时刻 t，体系所受的力有各质体的惯性力 $Z_i(t) = -M_i\ddot{y}_i(t)$ 和动力荷载在 t 时的值。在它们的作用下，任一质体 M_i 处的位移应写为

$$y_i(t) = y_{ip}(t) + \delta_{i1}[-M_1\ddot{y}_1(t)] + \delta_{i2}[-M_2\ddot{y}_2(t)] +$$

① 不一定都作用在质体上。

$$\cdots + \delta_{in}[-M_n\ddot{y}_n(t)] \tag{12-50}$$

式中 $y_{ip}(t) = \delta_{iI}P_{\text{I}}\sin\theta t + \delta i_{\text{II}}P_{\text{II}}\sin\theta t + \cdots + \delta_{ik}P_k\sin\theta t$

$$= [\sum_{j=1}^{k}\delta_{ij}P_j]\sin\theta t = \Delta_{ip}\sin\theta t$$

式中：$\Delta_{ip} = \sum_{j=1}^{k}\delta_{ij}P_j$——相当于各动力荷载同时达到最大值时，对位移的静力影响，其值可用图乘法或积分法计算。

对每一个质体，均可成立一个和式（12-50）形式相同的方程，而得一个二阶线性微分方程组

$$\left.\begin{array}{l}
y_1(t) + M_1\delta_{11}\ddot{y}_1(t) + M_2\delta_{12}\ddot{y}_2(t) + \cdots + M_n\delta_{1n}\ddot{y}_n(t) = A_{1p}\sin\theta t \\
y_2(t) + M_1\delta_{21}\ddot{y}_1(t) + M_2\delta_{22}\ddot{y}_2(t) + \cdots + M_n\delta_{2n}y_n(t) = A_{2p}\sin\theta t \\
\vdots \qquad\qquad \vdots \qquad\qquad \vdots \qquad\qquad \vdots \qquad\qquad \vdots \\
y_n(t) + M_1\delta_{n1}\ddot{y}_1(t) + M_2\delta_{n2}\ddot{y}_2(t) + \cdots + M_n\delta_{nn}\ddot{y}_n(t) = A_{np}\sin\theta t
\end{array}\right\} \tag{12-51}$$

方程组（12-51）的通解应为两部分相加。一部分是对应齐次方程组的通解式（12-43）；另一部分是式（12-51）的一组特解。

设特解的形式为

$$y_i(t) = y_i\sin\theta t \tag{12-52}$$

可将特解式（12-52）代入式（12-51），以确定待定常数 y_i。通解中的任意常数由初始条件决定。

例如对于二度自由的体系，其通解应写作

$$\left.\begin{array}{l}
y_1(t) = A_1\sin(\omega_1 t + \varphi_1) + B_1\sin(\omega_2 t + \varphi_2) + y_1\sin\theta t \\
y_2(t) = \rho_1 A_1\sin(\omega_1 t + \varphi_1) + \rho_2 B_1\sin(\omega_2 t + \varphi_2) + y_2\sin\theta t
\end{array}\right\} \tag{12-53}$$

将初始条件代入式（12-53）即可确定常数 A_1，B_1，φ_1 及 φ_2。

总之，强迫振动的通解包括两部分，一部分和自由振动相同；另一部分和扰力具有相同的频率。后者称为纯强迫振动。

若扰力作用的时段很长，如机械振动力，则由于实际上有阻力存在，自由振动很快消失。下面重点研究纯强迫振动。

任一质体 M_i 的纯强迫振动为

$$y_i(t) = y_i \sin\theta t$$
$$\ddot{y}_i(t) = -y_i\theta^2 \sin\theta t = -\theta^2 y_i(t)$$

因而惯性力为

$$Z_i(t) = -M_i\ddot{y}_i(t) = M_i\theta^2 y_i \sin\theta t = Z_i \sin\theta t \tag{12-54}$$
$$Z_i = M_i\theta^2 y_i$$

式中　Z_i——表示惯性力的振幅值。

将式（12-54）代入方程组（12-51），并消去 $\sin\theta t$ 得

$$\left.\begin{aligned} Z_1\delta_{11}^* + Z_2\delta_{12} + Z_3\delta_{13} + \cdots + Z_n\delta_{1n} + \Delta_{1p} &= 0 \\ Z_1\delta_{21} + Z_2\delta_{22}^* + Z_3\delta_{23} + \cdots + Z_n\delta_{2n} + \Delta_{2p} &= 0 \\ \vdots \qquad \vdots \qquad \vdots \qquad\qquad \vdots \qquad & \\ Z_1\delta_{n1} + Z_2\delta_{n2} + Z_3\delta_{n3} + \cdots + Z_n\delta_{nn}^* + \Delta_{np} &= 0 \end{aligned}\right\} \tag{12-55}$$

$$\left.\begin{aligned} \delta_{11}^* &= \delta_{11} - \frac{1}{M_1\theta^2} \\ \delta_{22}^* &= \delta_{22} - \frac{1}{M_2\theta^2} \\ \vdots \quad & \quad \vdots \qquad \vdots \\ \delta_{nn}^* &= \delta_{nn} - \frac{1}{M_n\theta^2} \end{aligned}\right\} \tag{12-56}$$

式（12-55）称为惯性力振幅值的法方程，和力法的法方程的形式有些相似。据之可以计算惯性力的振幅值，从而可以按式（12-54）求出挠度振幅值 y_i。

由式（12-54）可以看出，惯性力和扰力同时达到最大值。所以计算动力最大扰度及最大内力时，可将惯性力和扰力的振幅值当作静力荷载作用在结构上，然后按静力学方法计算。

【例 12-8】 求作如图 12-21（a）所示体系在纯强迫振动时的最大动力弯矩图。设受有均布扰力 $q(t) = q\sin\theta t$。

【解】 作各弯矩图，如图 12-21（b）、（c）、（d）所示。用图乘法可求得

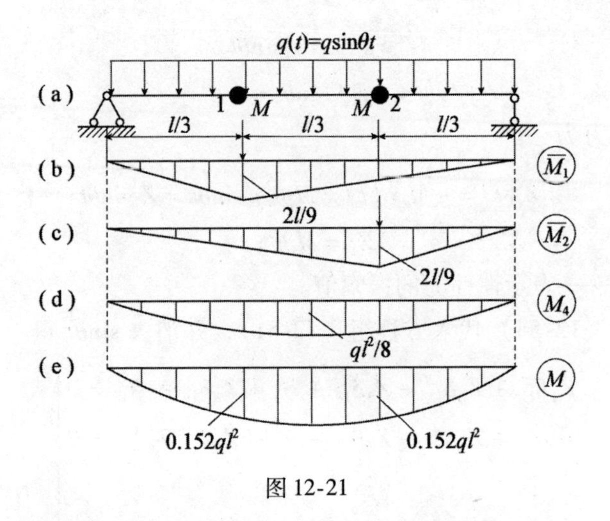

图 12-21

$$\delta_{11}=\delta_{22}=\frac{4l^3}{243EI}\qquad \delta_{12}=\delta_{21}=\frac{7l^3}{486EI}$$

$$\Delta_{1p}=\Delta_{2p}=\frac{11}{2}\frac{ql^4}{486EI}$$

所以
$$\delta_{11}^*=\delta_{22}^*=\frac{4l^3}{243EI}-\frac{1}{M\theta^2}$$

将这些值代入惯性力振幅值的法方程

$$\left.\begin{aligned}Z_1\delta_{11}^*+Z_2\delta_{12}+\Delta_{1p}=0\\Z_1\delta_{21}+Z_2\delta_{22}^*+\Delta_{2p}=0\end{aligned}\right\}$$

解之得

$$Z_1=Z_2=\frac{11ql}{2\left(\dfrac{486EI}{M\theta^2l^3}-15\right)}$$

设题给 $\theta=2.845\sqrt{\dfrac{EI}{Ml^3}}$，则

$$Z_1=Z_2=0.123ql$$

$$M=\overline{M}_1Z_1+\overline{M}_2Z_2+M_p$$

据之作纯强迫振动时产生的最大动力弯矩图。如图 12-19（e）所示。

【例 12-9】 试求图 12-22（a）所示刚架的对称振型的自由振动频率，并绘制在所示扰力作用下产生的最大动力弯矩图。已知 $M_1 = M_2 = M_3 = M$。

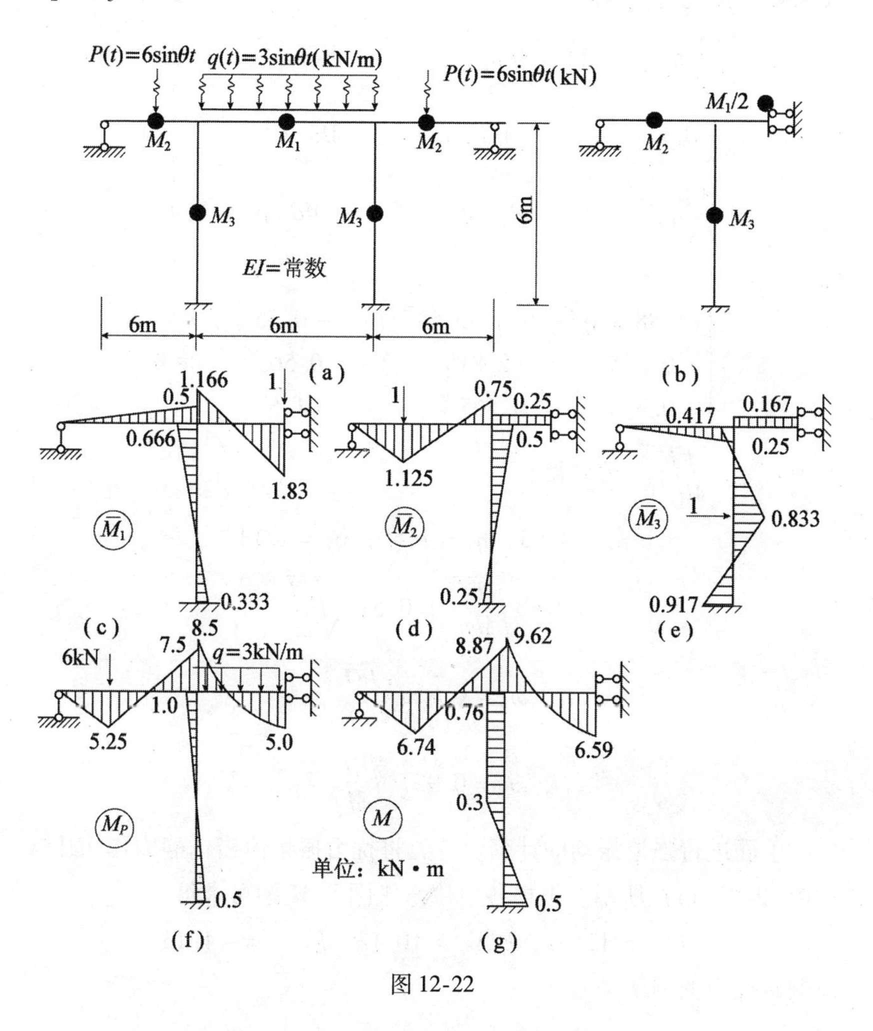

图 12-22

【解】 利用对称性，只需取出结构的一半如图 12-22（b）所示的简图进行研究就可以了。

作单位弯矩图如图 12-22（c）、(d)、(e）所示。

$$EI\delta_{11}=3.76\qquad EI\delta_{12}=-1.13\qquad EI\delta_{13}=-0.75$$

$$EI\delta_{22}=2.81\qquad EI\delta_{23}=0.565\qquad EI\delta_{33}=1.50$$

代入频率方程（12-42）

$$\begin{vmatrix}\left(\frac{M}{2}\delta_{11}\omega^2-1\right) & M\delta_{12}\omega^2 & M\delta_{13}\omega^2\\ \frac{M}{2}\delta_{21}\omega^2 & (M\delta_{22}\omega^2-1) & M\delta_{23}\omega^2\\ \frac{M}{2}\delta_{31}\omega^2 & M\delta_{32}\omega^2 & (M\delta_{33}\omega^2-1)\end{vmatrix}=0$$

即

$$\begin{vmatrix}(1.88-\eta) & -1.13 & -0.75\\ -0.565 & (2.815-\eta) & 0.565\\ -0.375 & 0.565 & (1.5-\eta)\end{vmatrix}=0$$

式中　$\eta=\dfrac{EI}{M\omega^2}$，解之得

$$\eta_1=3.55;\ \eta_2=1.50;\ \eta_3=1.14$$

$$\omega_1=\sqrt{\frac{EI}{M\eta_1}}=0.531\sqrt{\frac{EI}{M}}$$

$$\omega_2=0.816\sqrt{\frac{EI}{M}}$$

$$\omega_3=0.937\sqrt{\frac{EI}{M}}$$

下面进行强迫振动的计算。首先将扰力振幅值当作静力作 M_p 图，如图 12-22（f）所示。根据各单位弯矩图及 M_p 图可求得

$$EI\Delta_{1p}=12.37,\ EI\Delta_{2p}=10.13,\ EI\Delta_{3p}=-1.13$$

设题给扰力的频率是

$$\theta=0.319\sqrt{\frac{EI}{M}}$$

则根据式（12-56），计算下列数值

$$\delta_{11}^* = \delta_{11} - \frac{1}{\frac{M}{2}\theta^2} = \frac{1}{EI}\left(3.76 - \frac{2}{0.319^2}\right) = -\frac{15.88}{EI}$$

$$\delta_{22}^* = \delta_{22} - \frac{1}{M\theta^2} = \frac{1}{EI}\left(2.81 - \frac{1}{0.319^2}\right) = -\frac{7.01}{EI}$$

$$\delta_{33}^* = \delta_{33} - \frac{1}{M\theta^2} = \frac{1}{EI}\left(1.5 - \frac{1}{0.319^2}\right) = -\frac{8.32}{EI}$$

按式（12-55）可写出惯性力振幅值的法方程

$$-15.88Z_1 - 1.13Z_2 - 0.75Z_3 + 12.37 = 0$$
$$-1.13Z_1 - 7.01Z_2 + 0.565Z_3 + 10.13 = 0$$
$$-0.75Z_1 + 0.565Z_2 - 8.32Z_3 - 1.13 = 0$$

解之得

$$Z_1 = 0.695, \ Z_2 = 1.327, \ Z_3 = -0.108$$

最后按 $M = \overline{M}_1 Z_1 + \overline{M}_2 Z_2 + \overline{M}_3 Z_3 + M_p$，可作出总弯矩图如图 12-22（g）所示。

【例 12-10】 如图 12-23（a）为计算拱结构反对称振动时的一种计算简图。求作在所示扰力作用下产生的最大弯矩图。设 $M_1 = M_2 = M$。

【解】 这是两个自由度体系。M_1 的振动方向垂直于 AB 杆，M_2 的振动有两个分量，一个是沿 BC 杆的，另一个是垂直 BC 杆的。显然这三个位移不是独立的，但为了计算上的方便，可以当做三个自由度体系来处理。也可以按下述近似方法处理，即把 M_1 振动方向按垂直于 AB 杆的同时，也把 M_2 的振动方向近似地取做和 BC 杆垂直。至于 M_2 沿 BC 杆方向上的变位分量就忽略不计了。

首先作 M_p、$\overline{M}_1 \overline{M}_2$ 等图，用图乘法算得

$$EI\delta_{11} = 55.58, \ EI\delta_{22} = 43.70, \ EI\delta_{12} = 44.36$$
$$EI\Delta_{1p} = 51.67, \ EI\Delta_{2p} = 34.60$$

代入频率方程得

$$\begin{vmatrix} (55.58 - \eta) & 44.36 \\ 44.36 & (43.70 - \eta) \end{vmatrix} = 0$$

其中

$$\eta = \frac{EI}{M\omega^2}$$

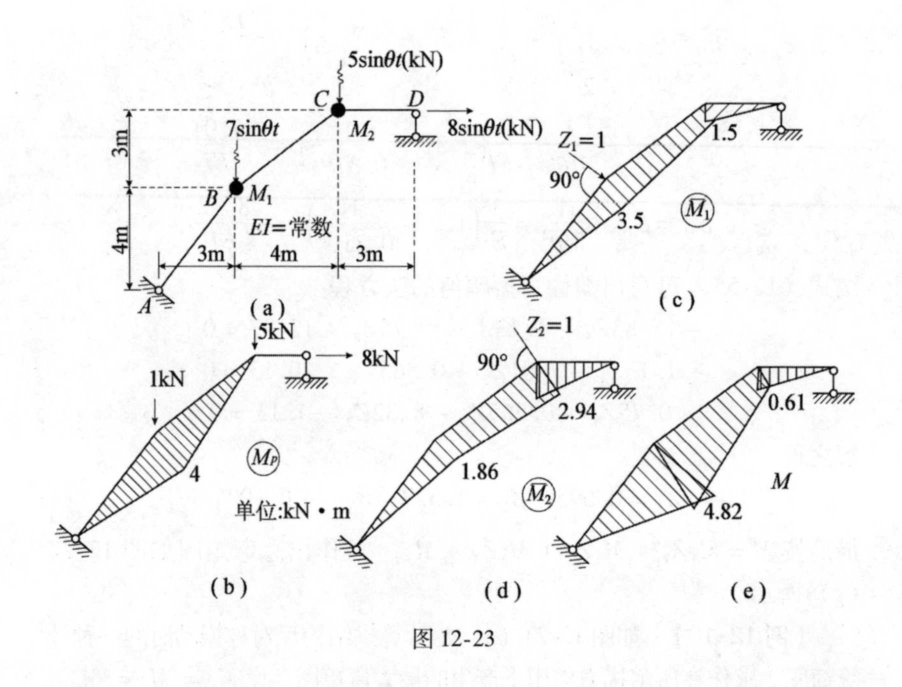

图 12-23

解之得

$$\eta_1 = 94.40 \quad \eta_2 = 4.88$$

因此
$$\omega_1 = \frac{1}{\sqrt{94.40}}\sqrt{\frac{EI}{M}} = 0.104\sqrt{\frac{EI}{M}}$$

$$\omega_2 = \frac{1}{\sqrt{4.88}}\sqrt{\frac{EI}{M}} = 0.453\sqrt{\frac{EI}{M}}$$

下面计算纯强迫振动。设 $\theta = 0.05\sqrt{\frac{EI}{M}}$，则得

$$\delta_{11}^* = \delta_{11} - \frac{1}{M\theta^2} = \frac{1}{EI}\left(55.58 - \frac{1}{0.05^2}\right)$$

$$\delta_{22}^* = \delta_{22} - \frac{1}{M\theta^2} = \frac{1}{EI}\left(43.70 - \frac{1}{0.05^2}\right)$$

代入法方程（12-55），并将各项约去 $1/EI$ 后得

$$\left.\begin{aligned}\left(55.58-\frac{1}{0.05^2}\right)Z_1+44.36Z_2+51.67=0\\ 44.36Z_1+\left(43.70-\frac{1}{0.05^2}\right)Z_2+34.60=0\end{aligned}\right\}$$

解之得

$$Z_1=0.17\text{kN},\ Z_2=0.12\text{kN}$$

按

$$M=\overline{M}_1Z_1+\overline{M}_2Z_2+M_p$$

即可绘出最大动力弯矩图，如图 12-23（e）所示。

12.9.2　刚度法

以图 12-24 为例。用刚度法建立强迫振动方程时，只需在式（12-45）中增加荷载项即可，即

$$[\boldsymbol{M}]\{\ddot{\boldsymbol{Y}}(t)\}+[\boldsymbol{K}]\{\boldsymbol{Y}(t)\}=\{\boldsymbol{P}(t)\} \tag{12-57}$$

式中 $\{\boldsymbol{Y}(t)\}=\begin{Bmatrix}\boldsymbol{y}_1(t)\\ \boldsymbol{y}_2(t)\end{Bmatrix}$　$\{\boldsymbol{P}(t)\}=\begin{Bmatrix}\boldsymbol{P}_1(t)\\ \boldsymbol{P}_2(t)\end{Bmatrix}$

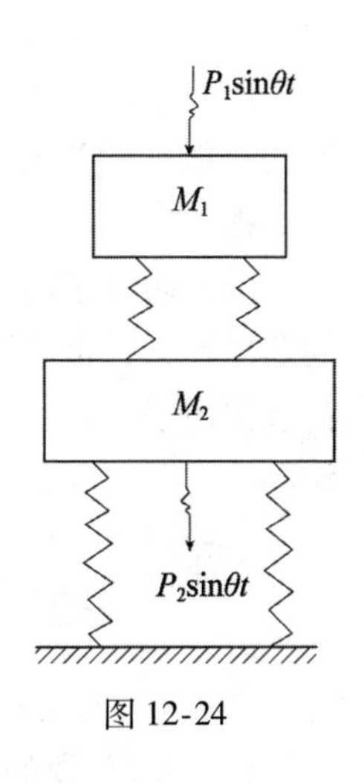

图 12-24

若外力为简谐荷载，即

$$\{\boldsymbol{P}(t)\}=\{\boldsymbol{P}\}\sin\theta t=\begin{Bmatrix}\boldsymbol{P}_1\\ \boldsymbol{P}_2\end{Bmatrix}\sin\theta t$$

则纯强迫振动亦为同频的简谐振动，即

$$\{\boldsymbol{Y}(t)\}=\{\boldsymbol{A}\}\sin\theta t=\begin{Bmatrix}\boldsymbol{A}_1\\ \boldsymbol{A}_2\end{Bmatrix}\sin\theta t \tag{12-58}$$

将式（12-58）代入式（12-57）得

$$([\boldsymbol{K}]-\theta^2[M])\{A\}=\{P\} \tag{12-59}$$

将式（12-59）具体用于图 12-24 所示的体系，则得

$$\begin{bmatrix}(K_{11}-\theta^2M_1) & K_{12}\\ K_{21} & (K_{22}-\theta^2M_2)\end{bmatrix}\begin{Bmatrix}\boldsymbol{A}_1\\ \boldsymbol{A}_2\end{Bmatrix}=\begin{Bmatrix}\boldsymbol{P}_1\\ \boldsymbol{P}_2\end{Bmatrix}$$

解这个代数方程组，即求得纯强迫振动的振幅 $\{\boldsymbol{A}\}$。

12.9.3 关于共振

从例12-8可以看出，假若题给简谐扰力频率是 $\theta = 5.69\sqrt{\frac{EI}{Ml^3}}$，则 Z_1 和 Z_2 都趋于无穷大。这是因为 θ 值和正对称频率相一致之故，这时就发生共振现象。若 θ 值和反对称的频率相一致，则上例中的 Z 值将不趋于无穷大。这并不奇怪，因为对称结构在正对称的扰力作用下，只能发生正对称的振动型式，所以没有可能发生反对称振型的共振。

但对于没有对称关系的体系来说，有多少自由度就有多少次共振的可能，即当简谐扰力的频率和任一个自振频率相合时，都将发生共振。

以上研究了简谐力作用于多自由度体系时的稳态振动反应。对于周期性外力，可以用12.6节中介绍过的富里叶级数方法。更一般性荷载作用于多自由度体系时的反应分析，可以参阅其他振动力学著作。

12.10 无限多自由度梁的振动

12.10.1 梁的自由振动

设质量沿梁长均匀分布，每单位梁长的质量为 $\overline{m}$，如图12-25所示，根据材料力学知识，惯性力引起的弹性曲线的微分方程为

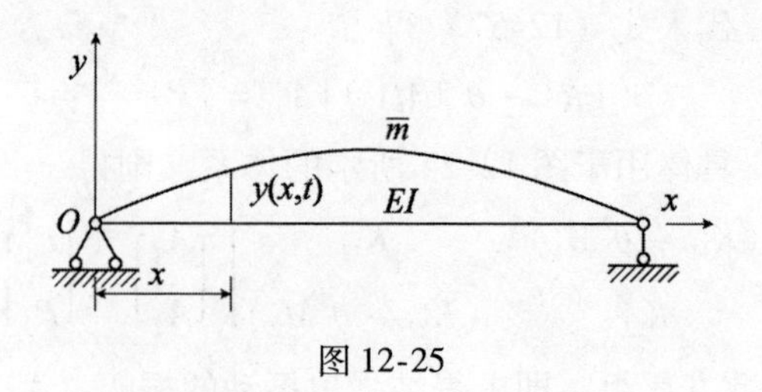

图12-25

$$EI\frac{\partial^4 y}{\partial x^4}=-\bar{m}\frac{\partial^2 y}{\partial t^2} \tag{12-60}$$

因研究主自由振动时，限定只研究其简谐振动，故只需求具有下列形式的解答

$$y(x, t)=y(x)\sin(\omega t+\varphi)$$

式中：$y(x)$ ——主振型：

ω ——主频率。

将上式取导数得

$$\frac{\partial^4 y(x, t)}{\partial x^4}=\frac{\mathrm{d}^4 y(x)}{\mathrm{d}x^4}\sin(\omega t+\varphi)$$

$$\frac{\partial^2 y(x, t)}{\partial t^2}=-y(x)\omega^2\sin(\omega t+\varphi)$$

代入偏微分方程（12-60），则可化为常微分方程

$$EI\frac{\mathrm{d}^4 y(x)}{\mathrm{d}x^4}=\bar{m}y(x)\omega^2$$

即

$$\frac{\mathrm{d}^4 y(x)}{\mathrm{d}x^4}-k^4 y(x)=0 \tag{12-61}$$

式中

$$k^4=\frac{\bar{m}\omega^2}{EI}，或\ \omega^2=\frac{k^4 EI}{\bar{m}} \tag{12-62}$$

不难用反代入法验证式（12-61）的解为

$$y(x)=A\mathrm{ch}kx+B\mathrm{sh}kx+C\cos kx+D\sin kx \tag{12-63}$$

为了简化计算，把上式改写一下，为此引用下列新的任意常数

$$A=\frac{1}{2}(C_1+C_3);\qquad C=\frac{1}{2}(C_1-C_3)$$

$$B=\frac{1}{2}(C_2+C_4);\qquad D=\frac{1}{2}(C_2-C_4)$$

代入式（12-63）得

$$y(x)=C_1A_{kx}+C_2B_{kx}+C_3C_{kx}+C_4D_{kx} \tag{12-64}$$

式中

$$\left.\begin{aligned}A_{kx}=\frac{1}{2}(\mathrm{ch}kx+\cos kx)\,;\quad C_{kx}=\frac{1}{2}(\mathrm{ch}kx-\cos kx)\\B_{kx}=\frac{1}{2}(\mathrm{sh}kx+\sin kx)\,;\quad D_{kx}=\frac{1}{2}(\mathrm{sh}kx-\sin kx)\end{aligned}\right\}\quad(12\text{-}65)$$

这些函数值已制有专门的表可查（见本章附录表 12-1），它们之间具有下列微分关系

$$A'_{kx}=\frac{\mathrm{d}A_{kx}}{\mathrm{d}x}=kD_{kx}\quad B'_{kx}=\frac{\mathrm{d}B_{kx}}{\mathrm{d}x}=kA_{kx}$$

$$C'_{kx}=\frac{\mathrm{d}C_{kx}}{\mathrm{d}x}=kB_{kx}\quad D'_{kx}=\frac{\mathrm{dD}_{kx}}{\mathrm{d}x}=k\mathrm{C}_{kx}$$

并且当 $x=0$ 时，$A_{kx}=1$； $B_{kx}=C_{kx}=D_{kx}=0$

下面将挠度 $y(x)$， 切线倾角的正切 $y'(x)$， 弯矩 $M(x)$， 以及剪力 $Q(x)$ 的式子列写如下

$$\left.\begin{aligned}y(x)&=C_1A_{kx}+C_2B_{kx}+C_3C_{kx}+C_4D_{kx}\\y'(x)&=k[C_1D_{kx}+C_2A_{kx}+C_3B_{kx}+C_4C_{kx}]\\y''(x)&=\frac{M(x)}{EI}=k^2[C_1C_{kx}+C_2D_{kx}+C_3A_{kx}+C_4B_{kx}]\\y'''(x)&=\frac{Q(x)}{EI}=k^3[C_1B_{kx}+C_2C_{kx}+C_3D_{kx}+C_4A_{kx}]\end{aligned}\right\}\quad(12\text{-}66)$$

积分常数 C_1、C_2、C_3 及 C_4 可根据边界条件求得。现根据 $x=0$ 处的边界条件（即所谓初参数）决定这些积分常数。

在 $x=0$ 处，$y(x)=y_0$； $y'(x)=y'_0$； $y''(x)=\frac{M_0}{EI}$； $y''(x)=\frac{Q_0}{EI}$ 将这些初参数代入方程（12-66），并计及 $x=0$ 时，$A_{kx}=1$，$B_{kx}=C_{kx}=D_{kx}=0$，则得

$$C_1=y_0\quad C_2=\frac{1}{k}y'_0$$

$$C_3=\frac{1}{k^2}\frac{M_0}{EI}\quad C_4=\frac{1}{k^3}\frac{Q_0}{EI}$$

将所得常数代入式（12-66）得

$$\left.\begin{aligned}
EIy(x) &= EIy_0A_{kx} + EIy'_0\frac{1}{k}B_{kx} + M_0\frac{1}{k^2}C_{kx} + Q_0\frac{1}{k^3}D_{kx}\\
EIy'(x) &= EIy_0kD_{kx} + EIy'_0A_{kx} + M_0\frac{1}{k}B_{kx} + Q_0\frac{1}{k^2}C_{kx}\\
M(x) &= EIy_0k^2C_{kx} + EIy'_0kD_{kx} + M_0A_{kx} + Q_0\frac{1}{k}B_{kx}\\
Q(x) &= EIy_0k^3B_{kx} + EIy'_0k^2C_{kx} + M_0kD_{kx} + Q_0A_{kx}
\end{aligned}\right\}$$

(12-67)

应用这些方程，再根据梁右端的边界条件，可以成立一组求参数 k 的方程，称为频率方程，因为有了 k 值就可以按式（12-62）求得自振频率 ω 值。下面的例题将具体说明求 ω 值的步骤和方法。

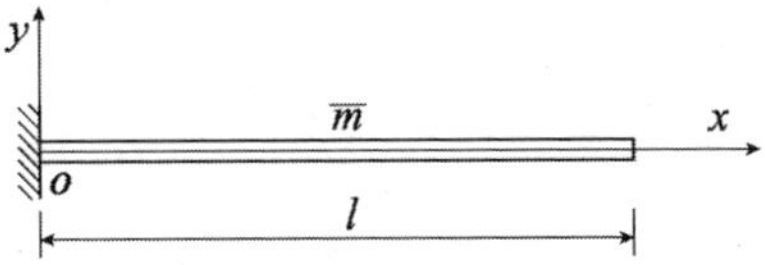

y　$\overline{m}$　x　o　l

图 12-26

【例 12-11】 试求如图 12-26 所示悬臂梁的自由振动频率。

【解】 已知 $y_0=0$；$y'_0=0$ 根据式（12-67），

当 $x=l$ 时，$M_l=0$，即
当 $x=l$ 时，$Q_l=0$，即

$$\left.\begin{aligned}
M_0A_{kl} + \frac{1}{k}Q_0B_{kl} &= 0\\
kM_0D_{kl} + Q_0A_{kl} &= 0
\end{aligned}\right\}\qquad(12\text{-}68)$$

由于有振动发生，故 M_0 及 Q_0 不能都恒等于零。根据用行列式解 M_0 及 Q_0 的理论，必须有

$$\begin{vmatrix} A_{kl} & \frac{1}{k}B_{kl} \\ kD_{kl} & A_{kl} \end{vmatrix} = 0$$

展开得

$$A_{kl}^2 - B_{kl}D_{kl} = 0$$

或

$$A_{kl}^2 = B_{kl}D_{kl}$$

这就是频率方程。取 $y_1=A_{kl}^2$ 及 $y_2=B_{kl}D_{kl}$，选用各种不同的 k 值，将这两个曲线绘出。它们将有很多交点，每一交点对应的 k 值都是频率方程的解，从而求得

$$\omega_1 = \frac{3.515}{l^2}\sqrt{\frac{EI}{\overline{m}}}$$

$$\omega_2 = \frac{22}{l^2}\sqrt{\frac{EI}{\overline{m}}}$$

$$\vdots \qquad \vdots$$

当没有 A_{kl} 、B_{kl} 等的专门函数表可查时，则应将 A_{kl} 、B_{kl} 等的原式代入，将频率方程改写为

$$\mathrm{ch}kl\cos kl + 1 = 0$$

即
$$\mathrm{ch}kl\cos kl = -1$$

取 $y_1 = \mathrm{ch}kl\cos kl$ 及 $y_2 = -1$，在同一坐标系统中作出这两根曲线，根据它们的交点所对应的 k 值，可求得各 ω 值。

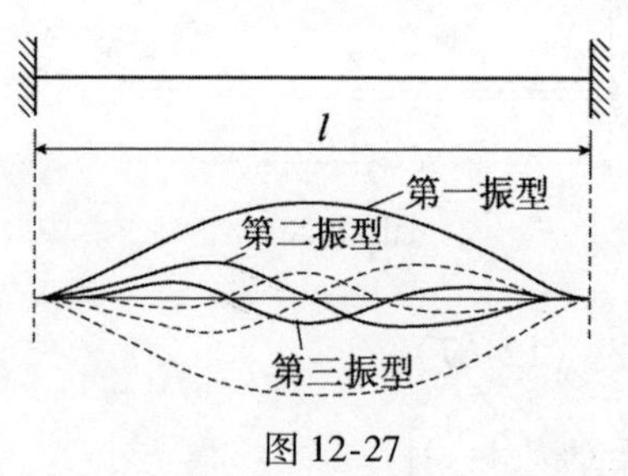

图 12-27

【例 12-12】 试求如图 12-27 所示两端固定梁的自由振动频率，设单位梁长的重量为 q。

【解】 已知 $y_0 = 0$、$y_0' = 0$。根据 $y_l = 0$ 及 $y'_l = 0$ 可得

$$\begin{aligned} M_0\frac{1}{k^2}C_{kc} + Q_0\frac{1}{k^3}D_{kl} &= 0 \\ M_0\frac{1}{k}B_{kl} + Q_0\frac{1}{k^2}C_{kl} &= 0 \end{aligned} \qquad (12\text{-}69)$$

从而得频率方程

$$\begin{vmatrix} \frac{1}{k^2}C_{kl} & \frac{1}{k^3}D_{kl} \\ \frac{1}{k}B_{kl} & \frac{1}{k^2}C_{kl} \end{vmatrix} = 0$$

展开得
$$C_{kl}^2 - B_{kx}D_{kl} = 0$$

也可改写为
$$\mathrm{ch}kl\cos kl = 0$$

解之得

$$k_1 = \frac{4.73}{l},\ k_2 = \frac{7.853}{l},\ k_3 = \frac{10.996}{l},\ \cdots,$$

所以　$\omega_1 = \dfrac{22.4}{l^2}\sqrt{\dfrac{EIg}{q}}$，　$\omega_2 = \dfrac{61.6}{l^3}\sqrt{\dfrac{EIg}{q}}$，　$\omega_3 = \dfrac{121}{l^2}\sqrt{\dfrac{EIg}{q}}$，…

和这三个频率对应的振型，已在图中表示出。关于振型的描绘，应根据式（12-67）中的第一式求得。第 i 振型函数可以记为 $Y_i(x)$，第 j 振型函数可记作 $Y_j(x)$。和多自由度体系一样，无限多自由度体系的诸振型之间也有正交性。可以证明，振型关于质量的正交性是

$$\int_0^l \overline{m}(x)Y_i(x)Y_j(x)\,\mathrm{d}x = 0;$$

振型关于刚度的正交性是

$$\int_0^l EI(x)Y_i''(x)Y_j''(x)\,\mathrm{d}x = 0$$

请读者论证如图 12-28 所示简支梁的自由振动频率的公式是

$$\omega_n = \frac{(n\pi)^2}{l^2}\sqrt{\frac{EI}{\overline{m}}}$$

主振型的公式是

$$Y_n(x) = \sin\frac{n\pi}{l}x$$

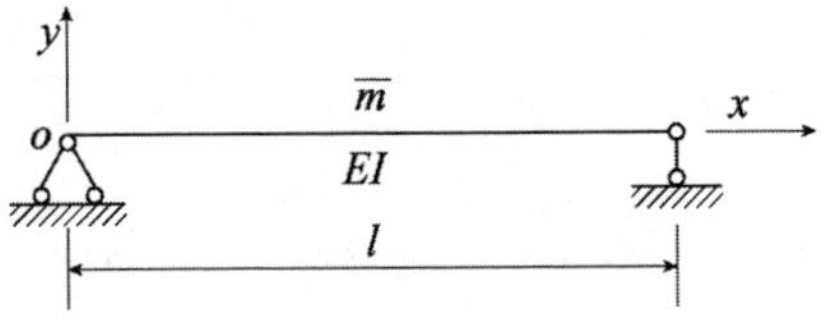

图 12-28

式中：n——振型的编号，即 $n = 1, 2, 3, 4, \cdots$。

12.10.2　梁的强迫振动

图 12-29 为一等截面梁，受有一系列的振动荷载。梁的振动位移为 $y(x、t)$。对于受均布扰力的第一段而言，其微分方程为

$$EI\frac{\partial^4 y}{\partial x^4} = -\overline{m}\frac{\partial^2 y}{\partial t^2} + P_1\sin\theta t \tag{12-70}$$

式中 $\overline{m}$ 是单位梁长的质量。其通解应包括齐次方程的通解及非齐次方程的一个特解。也就是说，解答中包括自由振动和纯强迫振动两部分。我们现在仅限于研究纯强迫振动，即

$$y(x、t) = y(x)\sin\theta t \tag{12-71}$$

其中 $y(x)$ 为纯强迫振动的振幅方程。

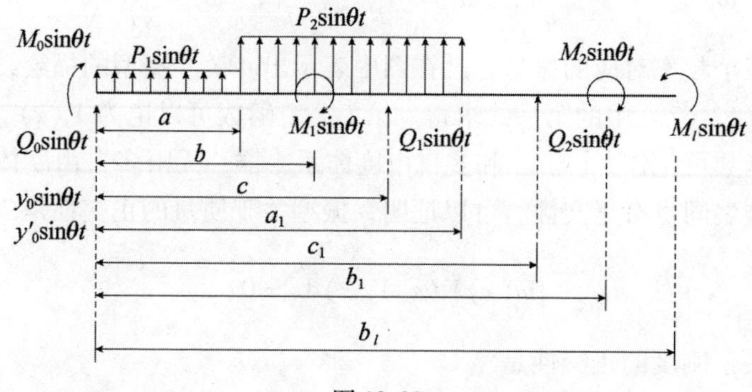

图 12-29

将式（12-71）代入式（12-70），并消去 $\sin\theta t$ 得

$$\frac{\mathrm{d}^4 y(x)}{\mathrm{d}x^4} - k^4 y(x) = \frac{P_1}{EI} \tag{12-72}$$

式中

$$k = \sqrt[4]{\frac{\overline{m}\theta^2}{EI}} \tag{12-73}$$

式（12-72）的解为

$$y(x) = A\mathrm{ch}kx + B\mathrm{sh}kx + C\cos kx + D\sin kx - \frac{P_1}{k^4 EI}$$

仍引用前面给出的特殊函数式（12-65），则上式变为

$$y(x) = C_1 A_{kx} + C_2 B_{kx} + C_3 C_{kx} + C_4 D_{kx} - \frac{P_1}{k^4 EI} \tag{12-74}$$

式中任意常数可按左端条件（初参数）定出之。

在 $x = 0$ 处，$y(x) = y_0$：$y'(x) = y'_0$；$y''(x) = \frac{M_0}{EI}$；$y''(x) = \frac{Q_0}{EI}$。代入式（12-74）得

$$C_1 - \frac{\mathrm{P}_1}{k^4 EI} = y_0$$

$$C_2 = y'_0 \frac{1}{k}$$

$$C_3=\frac{M_0}{EI}\frac{1}{k^2}$$

$$C_4=\frac{Q_0}{EI}\frac{1}{k^3}$$

因此，对于受均布扰力 P_1 的第一段的解为

$$y_1(x)=y_0A_{kx}+\frac{1}{k}y'_0B_{kx}+\frac{1}{k^2}\frac{M_0}{EI}C_{kx}+\frac{1}{k^3}\frac{Q_0}{EI}D_{kx}-\frac{P_1}{k^4EI}(1-A_{kx}) \tag{12-75}$$

由该式可见，各因素（指初参数及 P_1）对其右边各截面扰度的影响是可叠加的。

对于梁的其他各段，式（12-75）仍可应用，只要将各该段所受因素的变化量加以考虑（叠加）即可。比如第二段（$a\to b$），假定上边的扰力仍为 P_1，则式（12-75）完全有效；但现在不是 P_1 而是 P_2，它比 P_1 增大 $\Delta P=P_2-P_1$，这个差值对第二段以右的影响就如同 P_1 对第一段以右的影响一样。所以可以仿照 P_1 的影响写出（P_2-P_1）的影响，不过应注意，P_1 的起点是 $x=0$，而（P_2-P_1）的起点是 a，起点离右边各截面的距离不再是 x，而应该是（$x-a$）。所以第二段的解答应为

$$y_2(x)=y_1(x)-\frac{P_2-P_1}{k^4EI}\left[1-A_{k(x-a)}\right]$$

对于第三段（$b\to c$），比第二段有初参数 M_1 的变化量，M_1 对其右横坐标为（$x-b$）各截面的影响，可以仿照 M_0 对横坐标为 x 各截面的影响而写出。故第三段的解答为

$$y_3(x)=y_2(x)+\frac{M_1}{k^2EI}C_{k(x-b)}$$

对于第四段（$c\to a_1$）应计及剪力变化量 Q_1；对于第五段（$a_1\to c_1$）应计及扰力变量（$-P_2$）；对于第六段（$c_1\to b_1$）应计及剪力变化量 Q_2；对于第七段（$b_1\to b_l$）应计及弯矩变化量 M_2，即

$$y_4(x)=y_3(x)+\frac{1}{k^3}\frac{Q_1}{EI}D_{k(x-c)}$$

$$y_5(x) = y_4(x) + \frac{P_2}{k^4EI}[1 - A_{k(x-a_1)}]$$

$$y_6(x) = y_5(x) + \frac{1}{k^3}\frac{Q_2}{EI}D_{k(x-c_1)}$$

$$y_7(x) = y_6(x) + \frac{1}{k^2}\frac{M_2}{EI}C_{k(x-b_1)}$$

一般形式的解答可归结为如下的形式

$$\left.\begin{aligned}
&EIy_x = EIy_0A_{kx} + EIy'_0\frac{1}{k}B_{kx} + M_0\frac{1}{k^2}C_{kx} + Q_0\frac{1}{k^3}D_{kx} - \\
&\frac{P_1}{k^4}(1 - A_{kx}) + \sum M\frac{1}{k^2}C_{k(x-b)} + \sum Q\frac{1}{k^3}D_{k(x-c)} - \\
&\sum\frac{\Delta P}{k^4}[1 - A_{k(x-a)}] \\
&EIy'_x = EIy_0kD_{kx} + EIy'_0A_{kx} + M_0\frac{1}{k}B_{kx} + Q_0\frac{1}{k^2}C_{kx} + \frac{P_1}{k^3}D_{kx} + \\
&\sum M\frac{1}{k}B_{k(x-b)} + \sum Q\frac{1}{k^2}C_{k(x-c)} + \sum\frac{\Delta P}{k^3}D_{k(x-a)} \\
&EIy''_x = M_x = EIy_0k^2C_{kx} + EIy'_0kD_{kx} + M_0A_{kx} + Q_0\frac{1}{k}B_{kx} + \\
&\frac{P_1}{k^2}C_{kx} + \sum MA_{k(x-b)} + \sum Q\frac{1}{k}B_{k(x-c)} + \sum\frac{\Delta P}{k^2}C_{k(x-a)} \\
&EIy'''_x = Q_x = EIy_0k^3B_{kx} + EIy'_0k^2C_{kx} + M_0kD_{kx} + Q_0A_{kx} + \frac{P_1}{k}B_{kx} + \\
&\sum MkD_{k(x-b)} + \sum QA_{k(x-c)} + \sum\frac{\Delta P}{k}B_{k(x-a)}
\end{aligned}\right\} \tag{12-76}$$

这些公式中 y 及 y' 的正负号规定同解析几何，M 及 Q 的正负号规定同材料力学。式中 y、y'、M 及 Q 均系指振幅值。

【例 12-13】 设如图 12-30 所示简支梁的中点作用有振动力 $P\sin\theta t$，试研究当 θ 自 100～1000 之间变动时，纯强迫振动振幅的变化情形。已知梁长 $l = 2\text{m}$，梁质量 $\overline{m} = 25\text{kg/m}$，惯矩 $I = 2 \times$

10^{-5}m^4，$E=200\text{GPa}$，$g=9.80\text{m/s}^2$。

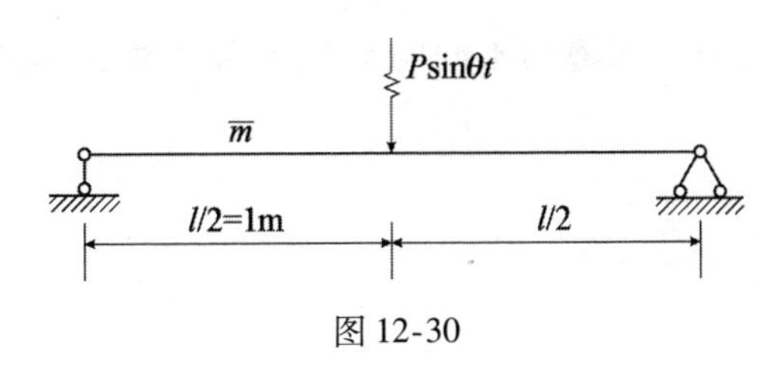

图 12-30

【解】 在 $x=0$ 处，$y_0=0$，$M_0=0$

在 $x=\dfrac{l}{2}$ 处，$y'_{\frac{l}{2}}=0$，$Q_{\frac{l}{2}}=\dfrac{P}{2}$

将这些边界条件代入通解中得

$$\left.\begin{aligned}EIy'_{0.5l}&=EIy'_0A_{0.5kl}+\frac{1}{k^2}Q_0C_{0.5kl}=0\\Q_{0.5l}&=EIy'_0k^2C_{0.5kl}+Q_0A_{0.5kl}=\frac{P}{2}\end{aligned}\right\}$$

解之得

$$EIy'_0=-\frac{P}{2k^2}\cdot\frac{C_{0.5kl}}{A^2_{0.5kl}-C^2_{0.5kl}},$$

$$Q_0=\frac{P}{2}\cdot\frac{A_{0.5kl}}{A^2_{0.5kl}-C^2_{0.5kl}}$$

所以

$$EIy_{动}=EIy_{0.5l}=EIy'_0\frac{1}{k}B_{0.5kl}+\frac{1}{k^3}Q_0D_{0.5kl}=\frac{P}{2k^3}\cdot F$$

式中　$F=\dfrac{-B_{0.5kl}C_{0.5kl}+A_{0.5kl}D_{0.5kl}}{A^2_{0.5kl}-C^2_{0.5kl}}$，$k=\sqrt[4]{\dfrac{25\theta^2}{200\times10^9\times2\times10^{-5}}}=$ $0.5\times10^{-1}\sqrt{\theta}$

为了求动力系数，就需要求静力扰度

$$y_{静}=\frac{-Pl^3}{48EI}$$

动力系数 $$\mu=\frac{y_{动}}{y_{静}}=\frac{y_{0.5l}}{y_{静}}=\frac{-24F}{(kl)^3}$$

对应于不同的 θ 值，可算出不同的 $y_{动}$，从而可算出不同的 μ 值，如图 12-31 所示。

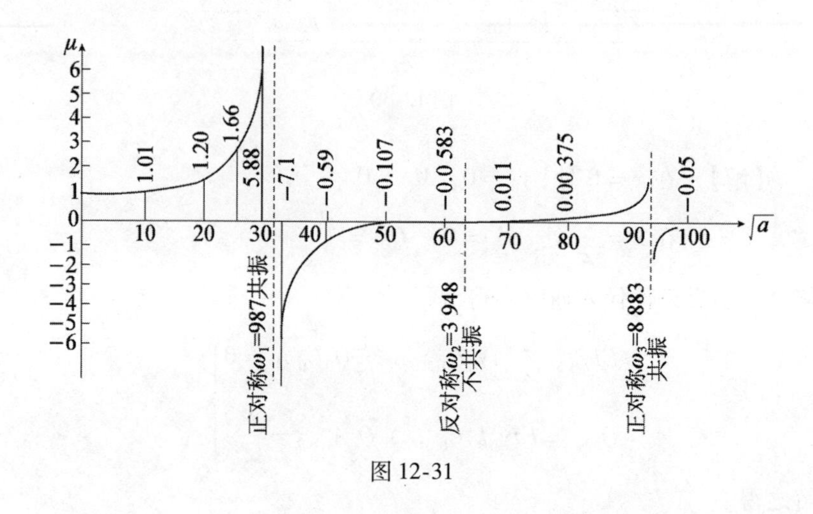

图 12-31

12.11 频率的近似计算

从前述所讲的内容可以看出，结构自由振动的频率是核算共振及进行动力反应分析不可缺少的基本数据，但多自由度及无限自由度体系频率的计算往往是相当复杂的，故近似方法得到了普遍的重视。下面介绍几种常用的近似方法。

12.11.1 瑞利公式

瑞利（Rayleigh）公式建立在能量守恒定律的基础上。当体系振动时，在任何时刻动能和弹性能（位能）的总和应保持为常数，即

$$U(t)+V(t)=C$$

式中：C——常数；

$U(t)$ ——t 时刻的弹性位能；

$V(t)$ ——t 时刻的动能。

在简谐自由振动中：

当 $y(t)=0$ 时，$\dot{y}(t)$ 最大，即在平衡位置处，位能等于零而动能最大；

当 $\dot{y}(t)=0$ 时，$y(t)$ 最大，即在振幅位置处，动能等于零而位能最大。

对这两个特定时刻成立能量守恒方程得

$$U_{\max}+0=V_{\max}+0=C$$

即

$$U_{\max}=V_{\max} \tag{12-77}$$

假若已知振幅曲线（即振型）为 $y(x)$，则简谐自由振动的方程应写为

$$y(x,\ t)=y(x)\sin(\omega t+\varphi)$$

速度为

$$v=\dot{y}(x,\ t)=y(x)\omega\cos(\omega t+\varphi)$$

动能为

$$V(t)=\frac{1}{2}\int_0^l \overline{m}(x)v^2dx=\frac{1}{2}\omega^2\cos^2(\omega t+\varphi)\int_0^l \overline{m}(x)y^2(x)\mathrm{d}x$$

式中 $\overline{m}(x)$ 表示杆件 x 处的单位长度的质量。故

$$V_{\max}=\frac{1}{2}\omega^2\int_0^l \overline{m}(x)y^2(x)\mathrm{d}x \tag{12-78}$$

弹性位能为

$$U(t)=\frac{1}{2}\int_0^l EI\left[y''(x,\ t)\right]^2\mathrm{d}x$$

$$=\frac{1}{2}\sin^2(\omega t+\varphi)\int_0^l\left[y''(x)\right]^2EI\mathrm{d}x$$

故

$$U_{\max}=\frac{1}{2}\int_0^l\left[y''(x)\right]^2EI\mathrm{d}x \tag{12-79}$$

按 $U_{\max}=V_{\max}$ 得

$$\omega^2=\frac{\int_0^l [y''(x)]^2 EI\mathrm{d}x}{\int_0^l \overline{m}(x)y^2(x)\mathrm{d}x} \tag{12-80}$$

除分布质量外，若同时还有集中质量，则

$$V_{\max}=\frac{1}{2}\omega^2\left[\int_0^l \overline{m}(x)y^2(x)\mathrm{d}x+\sum_{i=1}^n M_i y_i^2\right]$$

式中，n 表示集中质量的数目。这时

$$\omega^2=\frac{\int_0^l [y''(x)]^2 EI\mathrm{d}x}{\int_0^l \overline{m}(x)y^2(x)\mathrm{d}x+\sum_{i=1}^n M_i y_i^2} \tag{12-81}$$

当仅有集中质量而不计分布质量时，则

$$\omega^2=\frac{\int_0^l [y''(x)]^2 EI\mathrm{d}x}{\sum_{i=l}^n M_i y_i^2} \tag{12-82}$$

若振型 $y(x)$ 已精确知道，则代入这些公式就能求得精确的频率值。但近似计算的问题往往是在不知道振型方程 $y(x)$ 的条件下提出的。所以为了近似地计算 ω 值，可以近似地假定一个振幅曲线 $y(x)$。很幸运，人们发现 $y(x)$ 式的偏差对于式中 ω 值的影响并不灵敏，所以能得到较好的结果。

通常多采用全部或部分主要质量的本身重量 $q(x)$ 及 P_i 产生的静力曲线作为振型曲线 $y(x)$。这时弹性位弹 $U_{\max}$ 可以用相应的外力功 $T_{\max}$ 来代替，即

$$U_{\max}=T_{\max}=\frac{1}{2}\int_0^l q(x)y(x)\mathrm{d}x+\frac{1}{2}\sum_{i=1}^n P_i y_i$$

式中各项凡 y_i 和 P_i 方向一致者为正值。这时式（12-82）应改写为

$$\omega^2 = \frac{\int_0^l q(x)y(x)\mathrm{d}x + \sum_{i=1}^{n} P_i y_i}{\int_0^l \overline{m}(x)y^2(x)\mathrm{d}x + \sum_{i=1}^{n} M_i y_i^2} = \frac{\int_0^l \overline{m}(x)gy(x)\mathrm{d}x + \sum_{i=1}^{n} M_i g y_i}{\int_0^l \overline{m}(x)y^2(x)\mathrm{d}x + \sum_{i=1}^{n} M_i y_i^2} \tag{12-83}$$

当然设定曲线 $y(x)$ 时，也可以不用自重产生的曲线，而用其他满足边界条件且和振型大体轮廓接近的曲线。以上用以计算 ω 的公式都称为瑞利公式。可以证明，用瑞利公式所得 ω 值总不小于真值。这种方法在理论上可以计算梁、刚架以及其他结构的各阶自振频率，但对于振型不易估计时（如刚架的较高频率对应的振型），这种方法所得的结果具有较大的偏差。

【例 12-14】 求简支梁自振的最低频率。

【解】 若用梁自重 $q = mg$ 产生的静力曲线作为振幅曲线，即

$$y(x) = \frac{q}{24EI}(l^3 x - 2lx^3 + x^4)$$

$$y''(x) = \frac{q}{2EI}(x^2 - lx)$$

$$\int_0^l [y''(x)]^2 \mathrm{d}x = \frac{1}{30}\left(\frac{q}{2EI}\right)^2 l^5$$

$$\int_0^l y^2(x)\mathrm{d}x = \left(\frac{q}{24EI}\right)^2 \frac{31}{630} l^9$$

代入式（12-80）得

$$\omega = \sqrt{\frac{q^2 l^5 630 \times 24^2 (EI)^3}{30 \times 4 (EI)^2 31 q^2 l^9 \overline{m}}} = \frac{9.87}{l^2}\sqrt{\frac{EI}{\overline{m}}}$$

精确结果为

$$\omega = \frac{\pi^2}{l^2}\sqrt{\frac{EI}{\overline{m}}}$$

若用公式（12-83），也可得同样的近似值，这时

$$\int_0^l \overline{m}gy(x)\,\mathrm{d}x = \frac{q^2}{24EI}\int_0^l (l^3x - 2lx^3 + x^4)\,\mathrm{d}x = \frac{q^2l^5}{120EI}$$

代入式（12-83）得

$$\omega = \frac{\sqrt{24^2\ (EI)^2 630q^2l^5}}{31q^2l^9 120EI\overline{m}} = \frac{9.87}{l^2}\sqrt{\frac{EI}{\overline{m}}}$$

假若所设的振幅曲线为 $y(x) = A\sin\dfrac{\pi x}{l}$，则

$$y''(x) = -A\left(\frac{\pi}{l}\right)^2 \sin\frac{\pi x}{l}$$

$$\int_0^l [y''(x)]^2 EI\mathrm{d}x = \frac{A^2\pi^4 EI}{l^4}\int_0^l \sin^2\frac{\pi x}{l}\mathrm{d}x$$

$$\int_0^l \overline{m}(x)y^2(x)\,\mathrm{d}x = A^2\overline{m}\int_0^l \sin^2\frac{\pi x}{l}\mathrm{d}x$$

所以

$$\omega^2 = \frac{\dfrac{A^2\pi^4 EI}{l^4}}{A^2\overline{m}}$$

$$\omega = \frac{\pi^2}{l^2}\sqrt{\frac{EI}{\overline{m}}}$$

和精确结果相同，这是因为我们所假定的曲线就是精确的振型曲线的缘故。

12.11.2 集中质量法

比较计算表明，若把分布质量在若干点集中，因而将无限自由度体系化为有限自由度体系，对于频率的计算往往能得到很好的近似值。首先通过图 12-32（a）所示简支梁的例子，来说明这种方法。为了求最低频率，可以将体系化为单自由度。为此可以选择中点及两端为质量集中点。按杠杆原理，中点集中的质量为 $0.5\overline{m}l$，两支座上分别集中的质量为 0.25ml。显然后者由支座负担，对振动没有影响。故只需计算中间质量的作用，如图 12-32（b）所示。

按 $M = 0.5\overline{m}l$，$\delta_{11} = \dfrac{l^3}{48EI}$，可算得

$$\omega = \sqrt{\frac{1}{M\delta_{11}}} = \sqrt{\frac{48EI}{0.5\text{ml} \times l^3}} = \frac{9.8}{l^2}\sqrt{\frac{EI}{\overline{m}}}$$

和精确结果比较，偏差是不大的。

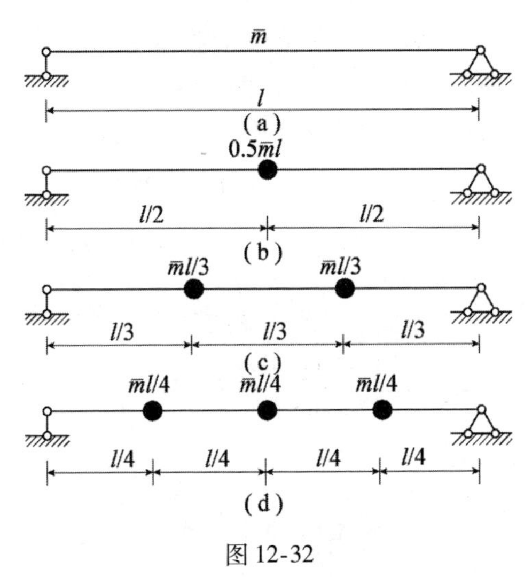

图 12-32

若为了求前两个频率，则至少必须把体系化为两个自由度。为此按图 12 32（c）将质量集中。前面已经计算过

$$\delta_{11} = \delta_{22} = \frac{4}{243}\frac{l^3}{EI}$$

$$\delta_{12} = \delta_{21} = \frac{7}{486}\frac{l^3}{EI} = \frac{7}{8}\delta_{11}$$

频率方程为

$$\begin{vmatrix} (M\delta_{11}\omega^2 - 1) & M\delta_{12}\omega^2 \\ M\delta_{21}\omega^2 & (M\delta_{22}\omega^2 - 1) \end{vmatrix} = 0$$

展开得

$$\frac{15}{64}M^2\delta_{11}^2\omega^4 - 2M\delta_{11}\omega^2 + 1 = 0$$

将 $M=\frac{1}{3}\overline{m}l$ 代入后可解得

第一频率　$\omega_1=\frac{9.86}{l^2}\sqrt{\frac{EI}{\overline{m}}}$（偏差1%）

第二频率　$\omega_2=\frac{38.2}{l^2}\sqrt{\frac{EI}{\overline{m}}}$（偏差3.24%）

若为了求前三个频率，则至少应将体系化为三个自由度，如图12-32（d）所示，成立频率方程

$$\begin{vmatrix}(M\delta_{11}\omega^2-1) & M\delta_{12}\omega^2 & M\delta_{13}\omega^2\\ M\delta_{21}\omega^2 & (M\delta_{22}\omega^2-1) & M\delta_{23}\omega^2\\ M\delta_{31}\omega^2 & M\delta_{32}\omega^2 & (M\delta_{33}\omega^2-1)\end{vmatrix}=0$$

式中　$\delta_{11}=\delta_{33}=\frac{3}{256}\frac{l^3}{EI}$；　$\delta_{22}=\frac{l^3}{48EI}$；　$\delta_{13}=\delta_{31}=\frac{7}{768}\frac{l^3}{EI}$

$\delta_{12}=\delta_{21}=\delta_{23}=\delta_{32}=\frac{11}{768}\frac{l^3}{EI}$；　$M=\frac{1}{4}\overline{m}l$

代入频率方程解之得

$$\omega_1=\frac{9.865}{l^2}\sqrt{\frac{EI}{\overline{m}}}\text{（偏差0.05\%）}$$

$$\omega_2=\frac{39.2}{l^2}\sqrt{\frac{EI}{\overline{m}}}\text{（偏差0.7\%）}$$

$$\omega_3=\frac{84.6}{l^2}\sqrt{\frac{EI}{\overline{m}}}\left(\text{精确值为}\frac{88.74}{l^2}\sqrt{\frac{EI}{\overline{m}}}\text{，偏差4.7\%}\right)$$

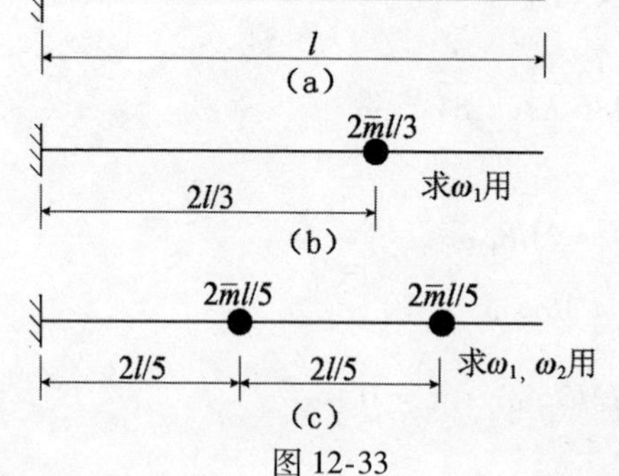

图 12-33

对于图12-32（c）及（d）的计算，也可采用以前讲过的将体系分解为对称及反对称的办法，这样就可以避免求解高阶行列式。

在图12-33中表示出悬臂梁集中质量的一个方案。在图12-34中，表示出刚架集中质量

的一个方案（用于求反对称频率）。

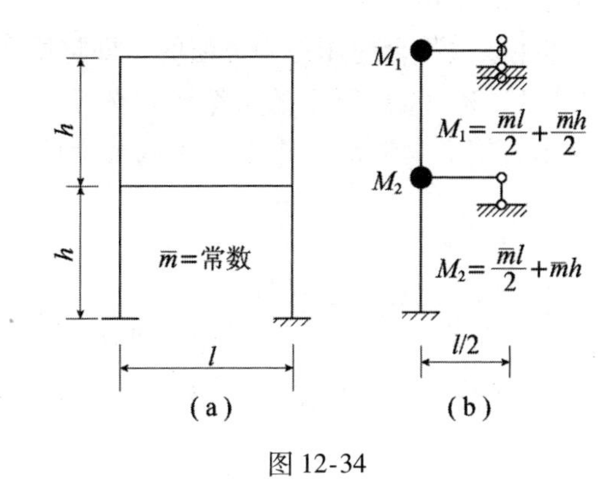

图 12-34

在图 12-35 中，表示出求双铰拱反对称自振频率时集中质量的一个方案。在集中质量的同时，也把拱轴近似地用折梁代替。这样，就把拱的计算变成为折梁的计算，而后者在例题 12-10 中曾经讨论过。

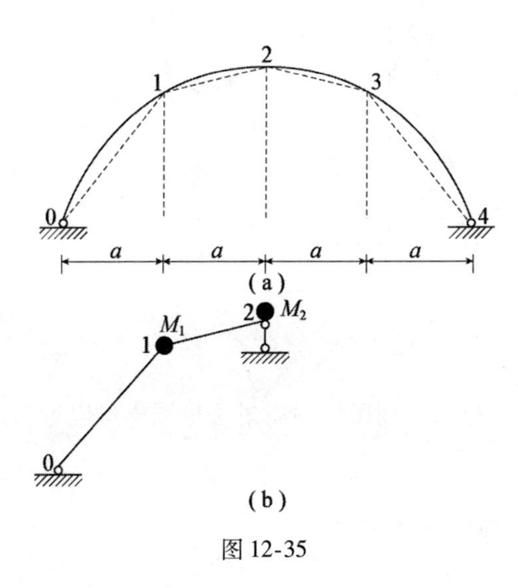

图 12-35

关于如何集中质量的问题，不能一概而论。对常用类型的结构，可用和精确法结果比较计算的方法，制定出相应的集中质量方案，再遇到同一类型的结构时就可直接采用。

集中质量法和能量法联合应用是很方便的，即将质量集中后，用式（12-83）。如图 12-36（a）所示的水箱塔架体系，取计算简图如图 12-36（b）所示，用 $P=1$ 水平作用产生的静力曲线作为振幅曲线，则

$$\varphi=\sqrt{\frac{gy_1}{W_1y_1^2+W_2y_2^2+W_3y_3^2+W_4y_4^2}}$$

式中 y_1、y_2、y_3等均系静力 $P=1$ 水平作用产生的位移。诸 W 为各质点的重量。

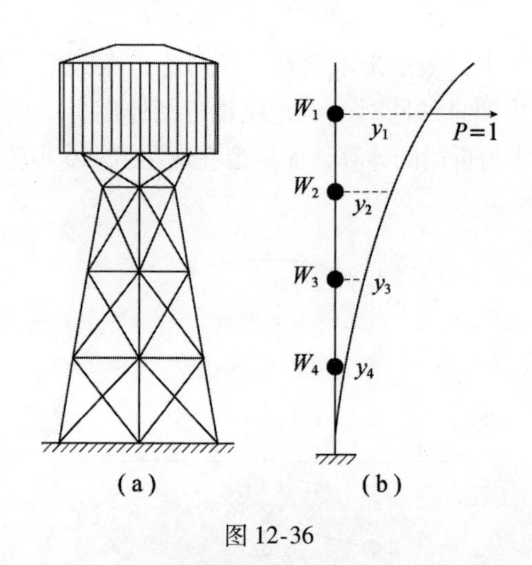

图 12-36

最后，顺便指出，利用集中质量法也同样可以近似地解决强迫振动问题。

12.11.3 邓柯莱公式

邓柯莱（Dunkerley）提出一个估算结构基频的叠加方法。例如图 12-37 所示结构，其频率方程由式（12-42）得

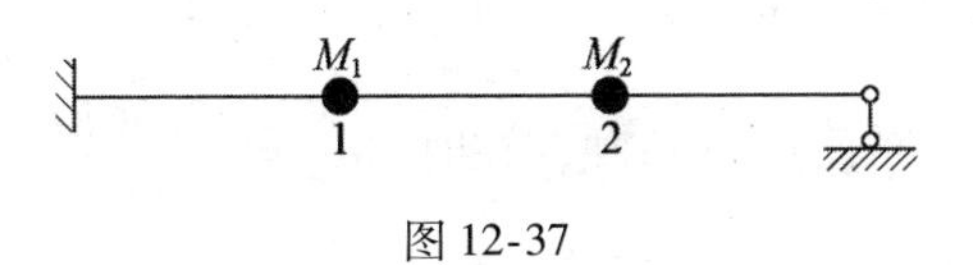

图 12-37

$$\begin{vmatrix} \left(M_1\delta_{11} - \dfrac{1}{\omega^2}\right) & M_2\delta_{12} \\ M_1\delta_{21} & \left(M_2\delta_{22} - \dfrac{1}{\omega^2}\right) \end{vmatrix} = 0$$

即
$$\left(\frac{1}{\omega^2}\right)^2 - (M_1\delta_{11} + M_2\delta_{22})\left(\frac{1}{\omega^2}\right) + M_1M_2(\omega_{11}\delta_{22} - \delta_{12}^2) = 0 \qquad (1)$$

设其解为 ω_1 及 ω_2，据之可将式（1）写作因式形式

$$\left(\frac{1}{\omega^2} - \frac{1}{\omega_1^2}\right)\left(\frac{1}{\omega^2} - \frac{1}{\omega_2^2}\right) = 0$$

即
$$\left(\frac{1}{\omega^2}\right)^2 - \left(\frac{1}{\omega_1^2} + \frac{1}{\omega_2^2}\right)\left(\frac{1}{\omega^2}\right) + \frac{1}{\omega_1^2\omega_2^2} = 0 \qquad (2)$$

比较式（1）、式（2）的系数可得

$$\frac{1}{\omega_1^2} + \frac{1}{\omega_2^2} = M_1\delta_{11} + M_2\delta_{22}$$

若 $\omega_2^2 > \omega_1^2$，则上式可近似地写作

$$\frac{1}{\omega_1^2} \approx M_1\delta_{11} + M_2\delta_{22} = \frac{1}{\omega_{11}^2} + \frac{1}{\omega_{22}^2}$$

同理，对于自由度数更多的体系，可将上式推广为

$$\frac{1}{\omega_1^2} \approx \frac{1}{\omega_{11}^2} + \frac{1}{\omega_{22}^2} + \frac{1}{\omega_{33}^2} + \cdots \qquad (12\text{-}84)$$

这就是邓柯莱的叠加公式。式中 ω_{ii} 为第 i 个质量单独存在时对应的频率。

【例 12-15】 试用邓柯莱公式估算如图 12-38 所示梁的基频。设单位梁长的质量为 $\overline{m}$，设梁的总质量 $\overline{m}l = M_1 = M$。

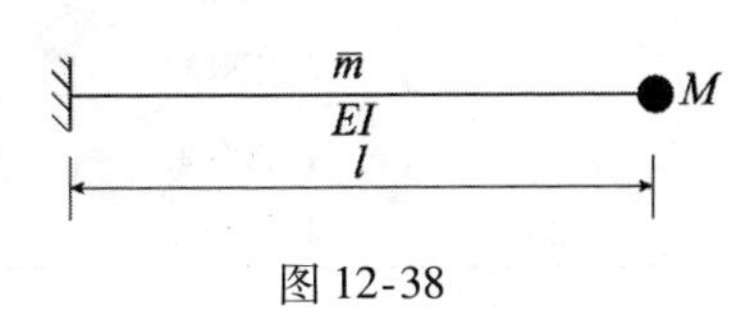

图 12-38

【解】 集中质量 M 单独存在时，$\omega_{11}^2=\dfrac{3EI}{Ml^3}$；

梁分布质量 $\overline{m}$ 单独存在时，$\omega_{22}^2=\dfrac{12.36EI}{\overline{m}l^4}=\dfrac{12.36EI}{\overline{M}_1 l^3}$

代入公式（12-84）得

$$\frac{1}{\omega_1^2}=\frac{Ml^3}{3EI}+\frac{M_1 l^3}{12.36EI}=0.414\frac{Ml^3}{EI}$$

所以 $\omega_1=1.55\sqrt{\dfrac{EI}{Ml^3}}$，用瑞利公式得 $\omega_1=1.56\sqrt{\dfrac{MI}{Ml^3}}$。

12.12 附录 A_{kx}、B_{kx}、C_{kx}、D_{kx} 等函数数值表

A_{kx}、B_{kx}、C_{kx}、D_{kx} 函数数值表如表 12-1 所示。

$$A_{kx}=\frac{1}{2}(\mathrm{ch}kx+\cos kx);\quad C_{kx}=\frac{1}{2}(\mathrm{ch}kx-\cos kx);$$

$$B_{kx}=\frac{1}{2}(\mathrm{sh}kx+\sin kx);\quad D_{kx}=\frac{1}{2}(\mathrm{sh}kx-\sin kx)。$$

表 12-1

kx	A_{kx}	B_{kx}	C_{kx}	D_{kx}
0.00	1.00000	0.00000	0.00000	0.00000
0.01	1.00000	0.01000	0.00005	0.00000
0.02	1.00000	0.02000	0.00020	0.00000
0.03	1.00000	0.03000	0.00045	0.00000
0.04	1.00000	0.04000	0.00080	0.00001
0.05	1.00000	0.05000	0.00125	0.00002
0.06	1.00000	0.06000	0.00180	0.00004
0.07	1.00000	0.07000	0.00245	0.00006
0.08	1.00000	0.08000	0.00320	0.00009
0.09	1.00000	0.09000	0.00405	0.00012
0.10	1.00000	0.10000	0.00500	0.00017
0.20	1.00007	0.20000	0.02000	0.00133

续表

kx	A_{kx}	B_{kx}	C_{kx}	D_{kx}
0. 30	1. 00034	0. 30002	0. 04500	0. 00450
0. 40	1. 00106	0. 40008	0. 07999	0. 01067
0. 50	1. 00261	0. 50026	0. 12502	0. 02084
0. 60	1. 00539	0. 60065	0. 18006	0. 03601
0. 70	1. 01001	0. 70140	0. 24516	0. 05718
0. 80	1. 01702	0. 80273	0. 32036	0. 08537
0. 90	1. 02735	0. 90492	0. 40574	0. 12159
1. 0	1. 04169	1. 00833	0. 50139	0. 16686
1. 1	1. 06106	1. 11343	0. 60746	0. 22222
1. 2	1. 08651	1. 22075	0. 72415	0. 28871
1. 3	1. 11920	1. 33097	0. 85171	0. 36741
1. 4	1. 16043	1. 44487	0. 99046	0. 45943
1. 5	1. 21157	1. 56338	1. 14083	0. 56589
$1/2\pi$	1. 25409	1. 65064	1. 25409	0. 65015
1. 6	1. 27413	1. 68757	1. 30333	0. 68800
1. 7	1. 34974	1. 81864	1. 47858	0. 82698
1. 8	1. 44013	1. 95801	1. 66734	0. 98416
1. 9	1. 54722	2. 10723	1. 87051	1. 16093
2. 0	1. 67302	2. 26808	2. 08917	1. 35878
2. 1	1. 81973	2. 44253	2. 32458	1. 57932
2. 2	1. 98970	2. 63280	2. 57820	1. 82430
2. 3	2. 18547	2. 84133	2. 85175	2. 09562
2. 4	2. 40978	3. 07085	3. 14717	2. 39537
2. 5	2. 66557	3. 32433	3. 46671	2. 72586
2. 6	2. 95606	3. 60511	3. 81295	3. 08961
2. 7	3. 28470	3. 91682	4. 18877	3. 48944
2. 8	3. 65525	4. 26346	4. 59747	3. 92846
2. 9	4. 07181	4. 64940	5. 04277	4. 41016
3. 0	4. 53883	5. 07949	5. 52882	4. 93837
3. 1	5. 06118	5. 55901	6. 06032	5. 51743
π	5. 29597	5. 77437	6. 29597	5. 77437

续表

kx	A_{kx}	B_{kx}	C_{kx}	D_{kx}
3. 2	5. 64418	6. 09375	6. 64247	6. 15212
3. 3	6. 29364	6. 69006	7. 28112	6. 84781
3. 4	7. 01597	7. 35491	7. 98277	7. 61045
3. 5	7. 81818	8. 09592	8. 75464	8. 44670
3. 6	8. 70801	8. 92147	9. 60477	9. 36399
3. 7	9. 69395	9. 84072	10. 54205	10. 37056
3. 8	10. 78540	10. 86377	11. 57637	11. 47563
3. 9	11. 99271	12. 00167	12. 71864	12. 68943
4. 0	13. 32730	13. 26656	13. 98093	14. 02337
4. 1	14. 80180	14. 67179	15. 37662	15. 49007
4. 2	16. 43020	16. 23204	16. 92046	17. 10362
4. 3	18. 22794	17. 96347	18. 62874	18. 87964
4. 4	20. 21212	19. 88385	20. 51945	20. 83545
4. 5	22. 40166	22. 01274	22. 61246	22. 99027
4. 6	24. 81751	24. 37172	24. 92969	25. 36541
4. 7	27. 48287	26. 98456	27. 49526	27. 98448
3/2π	27. 83169	27. 32720	27. 83169	28. 32720
4. 8	30. 42341	29. 87746	30. 33591	30. 87361
4. 9	33. 66756	33. 07936	33. 48105	34. 06181
5. 0	37. 24680	36. 62214	36. 96314	37. 58106
5. 1	41. 19599	40. 54105	40. 81801	41. 46686
5. 2	45. 55370	44. 87495	45. 08518	45. 75840
5. 3	50. 36263	49. 66682	49. 80826	50. 49909
5. 4	55. 67008	54. 96409	55. 03539	55. 73685
5. 5	61. 52834	60. 81919	60. 81967	61. 52473
5. 6	67. 99531	67. 29004	66. 21974	67. 92131
5. 7	75. 13504	74. 44967	74. 30033	74. 99136
5. 8	83. 01840	82. 34183	82. 13288	82. 80633
5. 9	91. 72379	91. 07172	90. 79631	91. 44562
6. 0	101. 33790	100. 71687	100. 37773	100. 99629
6. 1	111. 95664	111. 37280	110. 97337	111. 55491
6. 2	123. 68604	123. 14521	122. 68950	123. 22830

续表

kx	A_{kx}	B_{kx}	C_{kx}	D_{kx}
2π	134. 37338	133. 87245	133. 37338	133. 87245
6. 3	136. 64336	136. 15092	135. 64350	136. 13411
6. 4	150. 95826	150. 51912	149. 96508	150. 40257
6. 5	166. 77508	166. 39259	165. 79749	166. 17747
6. 6	184. 24925	183. 92922	183. 29902	183. 61768
6. 7	203. 55895	203. 30357	202. 64457	202. 89872
6. 8	224. 89590	224. 70860	224. 02740	224. 21449
6. 9	248. 47679	248. 35764	247. 66106	247. 77920
7. 0	274. 53547	274. 48655	273. 78157	273. 82956
7. 1	303. 33425	303. 35645	302. 64970	302. 62707
7. 2	335. 16205	335. 25434	334. 55370	334. 46067
7. 3	370. 33819	370. 50003	369. 81211	369. 64954
7. 4	409. 21553	409. 44531	408. 77698	408. 54660
7. 5	452. 18406	452. 47946	451. 83742	451. 54146
7. 6	499. 67473	500. 03281	499. 42347	499. 06489
7. 7	552. 16384	552. 58097	552. 01042	551. 59375
7. 8	610. 17757	610. 64966	610. 12361	609. 65112
$5/2\pi$	643. 99272	644. 49252	643. 99272	643. 49252
7. 9	674. 29767	674. 81986	674. 34367	673. 88102
8. 0	745. 16683	745. 73409	745. 31233	744. 74473
8. 1	823. 49532	824. 10189	823. 73886	823. 28200
8. 2	910. 06807	910. 70787	910. 40722	909. 76714
8. 3	1005. 75247	1006. 41912	1006. 18385	1005. 51695
8. 4	1111. 50710	1112. 19393	1112. 02639	1111. 33933
8. 5	1228. 39125	1229. 09140	1228. 99326	1228. 29291
8. 6	1357. 57558	1358. 28205	1358. 25430	1357. 54765
8. 7	1500. 35377	1501. 05950	1501. 10242	1500. 39658
8. 8	1658. 15549	1658. 85342	1658. 96658	1658. 26850
8. 9	1832. 56070	1833. 42607	1833. 42614	1832. 74284
9. 0	2025. 31545	2025. 97701	2026. 22658	2025. 56489
9. 1	2238. 34934	2238. 98270	2239. 29706	2238. 66360

续表

kx	A_{kx}	B_{kz}	C_{kz}	D_{kx}
9.2	2473.79487	2474.39373	2474.76971	2474.17079
9.3	2734.00871	2734.56701	2735.00094	2734.44255
9.4	3021.59536	3022.10755	3022.59505	3022.08297
3π	3097.41192	3097.91193	3098.41197	3097.91193
9.5	3339.43314	3339.89411	3340.43031	3339.96926
9.6	3690.70306	3691.11321	3691.68775	3691.27754
9.7	4078.92063	4079.26590	4079.88299	4079.53766
9.8	4507.47103	4508.25298	4508.90146	4508.61946
9.9	4982.14802	4982.35202	4983.03721	4982.82136
10.0	5506.19696	5506.34442	5507.03599	5506.88844

习 题

12-1 试计算如图 12-39 所示各体系的自由振动频率和振型。

12-2 设单自由度体系上受外力 $P(t)$ 分别如图 12-40（a），（b），（c）所示。试用杜哈梅积分导出它们的位移反应式。设初始时体系处于静平衡位置，初始速度为零。不计阻尼。

12-3 机座的质量为 $M = 20 \times 10^3\text{kg}$，发动机的振动荷载为 $P(t)=P_1\sin\theta t=12\sin\theta t\text{kN}$，如图 12-41 所示。发动机每分钟的稳态转数为 $n=250$。求底面积为 $F = 4\text{m}^2$ 的地基基础的振动压应力。设土壤弹性压缩系数为 $c = 50\text{kN/m}^3$，阻尼比为 $\xi = 0.05$。

12-4 试作如图 12-42 所示刚架在稳态振动时的弯矩图。设 $\theta = 0.64\omega_1$。

12-5 试用初参数公式计算下列各梁的 ω_1，ω_2，ω_3 及第一振型。

（1）两端简支梁；

（2）一端简支另端固定梁。

12-6 试用近似办法估算半圆三铰拱的最低频率。

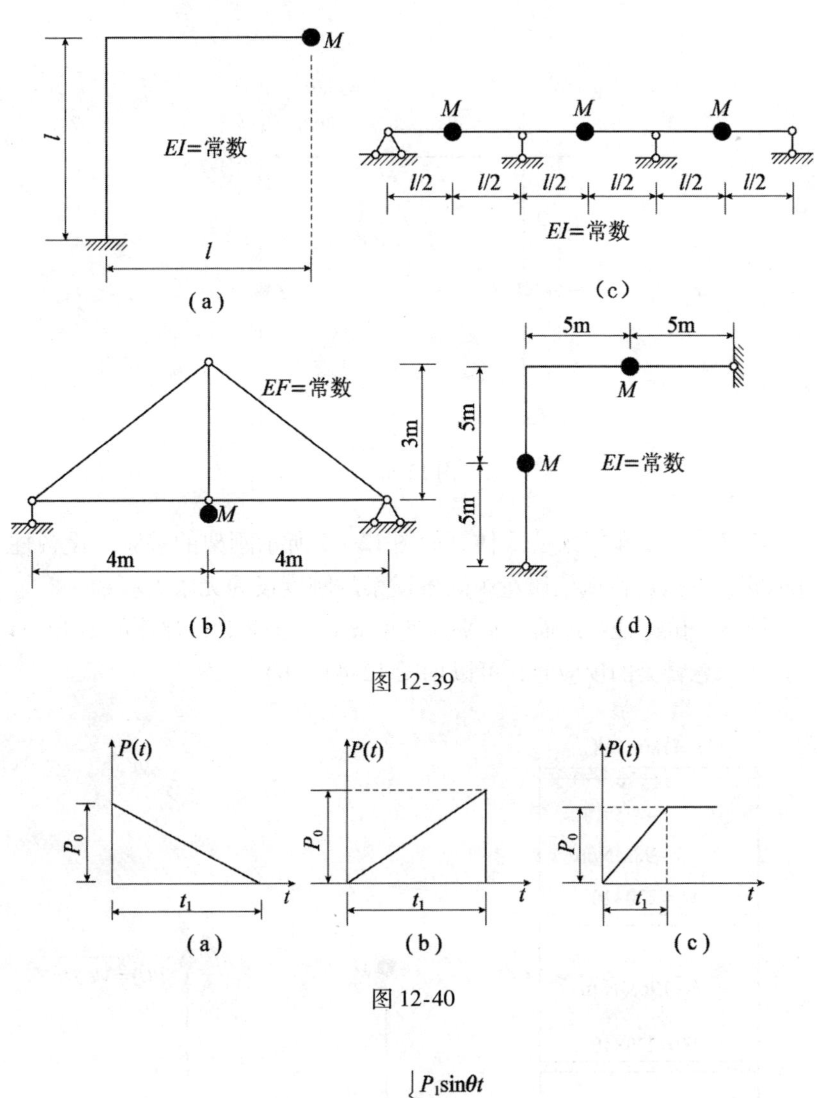

图 12-39

图 12-40

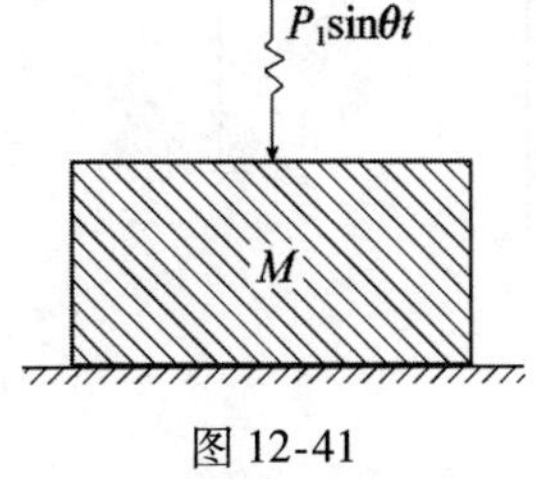

图 12-41

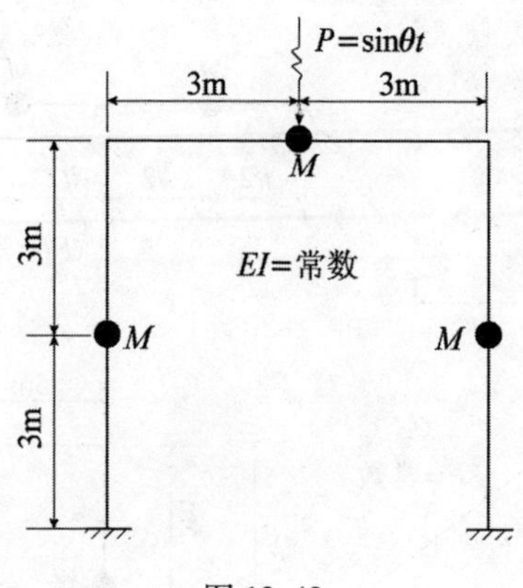

图 12-42

12-7　试用邓柯莱公式估算如图 12-43 所示刚架的基频。设各柱的质量已包括在各横梁质量中。各横梁的刚度设为无限大。

12-8　试论证当地面以水平加速度 $a_g(t)$ 运动时，计算如图 12-44（a）所示悬臂梁的反应时，可以用图 12-44（b）。

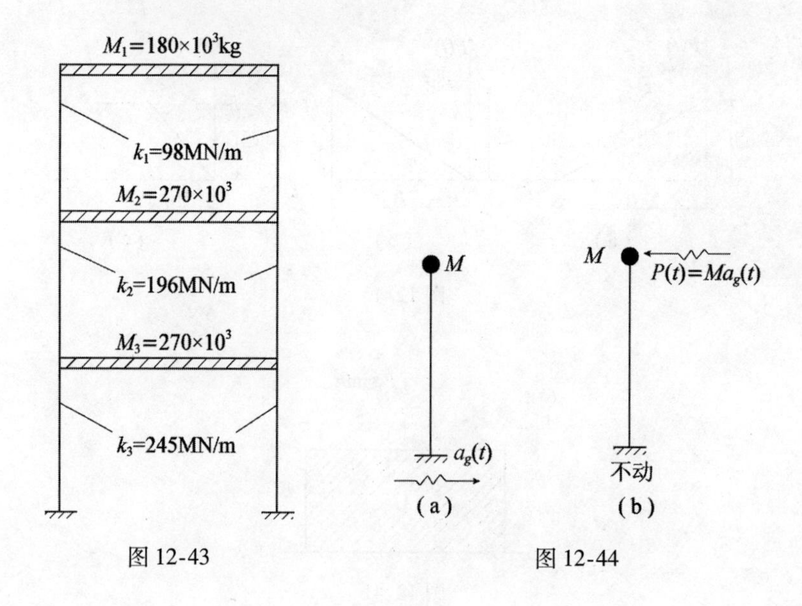

图 12-43　　图 12-44

第 13 章　矩阵位移法

13.1　矩阵位移法的基本概念

在应用本书第 9 章中介绍过的位移法计算超静定结构时，当结构的基本未知数数目较多时，则需要建立和求解多元的线性代数方程组，若用手工计算是极为冗繁和困难的。为了减少手工的计算量，在那里我们不得不对于基本假设的设立、基本未知量的确定、基本结构的选取等方面，都尽可能地使基本未知数的数目少一些，以减少手工计算的工作量。但是随着高速电子计算机的广泛应用，数百阶的线性代数方程组，应用电子计算机解算已不是什么困难的问题了。在这种情况下，对于位移法中基本假设的设立、基本未知数的确定、基本结构的选取等方面再作更多的限制就成为不必要的了。另外，为便于编制电子计算机的程序，使各种计算完全做到规格化，把位移法的各种计算公式用矩阵来表示是非常必要的，我们把这种方法称为矩阵位移法，以和前面的普通位移法加以区别。矩阵位移法，有时也称为杆系有限单元法。

如图 13-1 所示的刚架，用第 9 章中介绍过的位移法分析它时，是以结点 1、2 的角位移和线位移作为未知数的，这时只要在结点 1、2 处加上刚臂在结点 1 或 2 加上链杆以取做基本结构 [见图 13-1 (b)]，这样，如图 13-1 (a) 所示的刚架就变成三个单跨的两端固定梁的组合体了。然后，对结点 1、2 和杆件 1–2 成立三个平衡方程式，就可以求出结点 1、2 的转角和水平位移。

为了减少基本未知量数目，前述的位移法曾作过两条基本假定，一是计算结构位移时可以忽略轴向变形和剪切变形的影响；二是所有的位移都是小位移。基于以上两条假定，图 13-1（a）刚架的基本结构取为如图 13-1（b）所示。

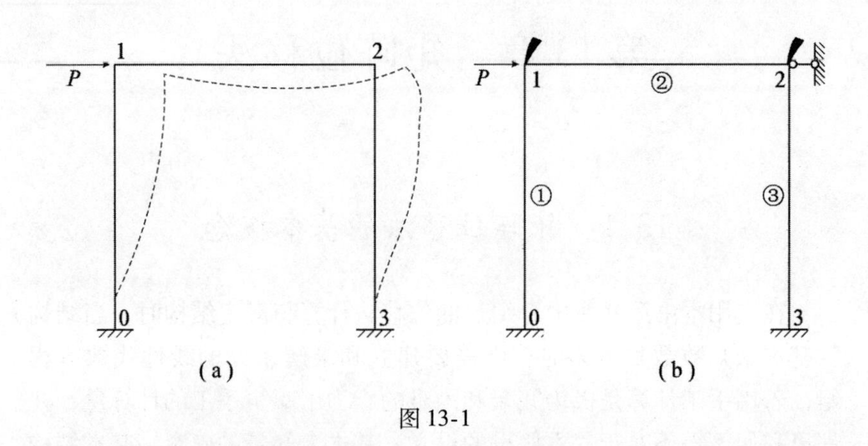

图 13-1

事实上，一个结构如果存在有轴力和剪力，就必有轴向变形和剪切变形，如果忽略它们的影响则对计算结果的精度就必然有影响。为了提高计算结果的精度，我们不再采用第一条假定，也就是计算结构的位移时将同时考虑弯曲、轴向和剪切等三种变形的影响。对于第二条小位移的假定仍旧采用，因为在一般情况下，采用了这条假定对结构的强度、刚度的计算可以简便得多，而对结果精度的影响却十分微小。

显然，在不采用前述第一条假定的情况下，结点位移未知数的数目将要大大增加。图 13-1（a）所示的刚架，每一个结点除有一个转角外，还有两个线位移，整个结构共有 6 个未知数，这里按前述方法在结点 1、2 处加上相应的刚臂和链杆，原结构就可以离散化为如图 13-2 所示的基本结构了。为了计算上的方便，结点线位移的方向，通常采用与所取的一个正交坐标系的 X 轴或 Y 轴平行。我们称这种坐标系为整体坐标系或结构坐标系。在这里我们采用的是右手坐标系。取了这样的基本结构，虽然未知数增加为 6 个，如果分别取每个结点为脱离体，则每一个结点可以成立 $\sum X=0$、$\sum Y=0$、$\sum M=0$

三个平衡方程式，一共可以成立 6 个平衡方程。这样，位移未知数的数目与法方程式数目仍然相等，足以解算出全部的未知数。

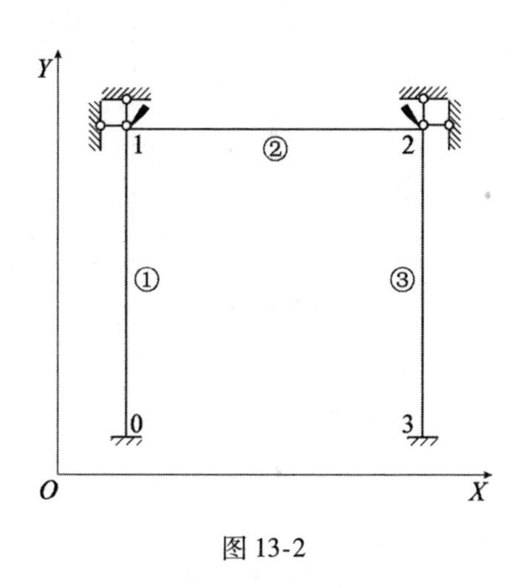

图 13-2

如图 13-3（a）所示的刚架，它不仅有刚结点而且有铰结点，则可以不取铰结点 2 的角位移为未知数。这样，基本未知数的总数为 5，由此而选出的基本结构如图 13-3（b）所示。在此基本结构中，1—3杆可以取做两端固定的单跨梁，1—2 杆及 2—4 杆可以取做一端固定、另一端铰支的单跨梁。计算这些未知数时，取结点 1 为脱离体可以成立 3 个平衡方程，取结点 2 为脱离体可以成立 $\sum X=0$、$\sum Y=0$ 两个平衡方程，一共有 5 个平衡方程，恰恰足以求解 5 个未知位移。此外，我们也可以取铰结点 2 的角位移作为未知数，因为在铰结点处的角位移是不连续的，即 φ_{21} 与 φ_{24} 是不相等的，所以结点 2 应该有 2 个角位移未知数。这样，一共有 7 个未知数，选取的基本结构如图 13-3（c）所示。在结点 2 加了两个刚臂分别控制着 φ_{21} 及 φ_{24} 的转动，对这样的基本结构，它的每一根杆都可以取成为两端固定的单跨梁。这种基本结构虽然有 7 个独立的基本未知数，但是以结点 1 为脱离体时可以成立 3 个平衡方程，以整个结点 2 为脱离体［见图 13-4（a）］时可以成立 $\sum X=0$ 与 $\sum Y=0$ 两个平衡方程。此外，还可以根据铰不能

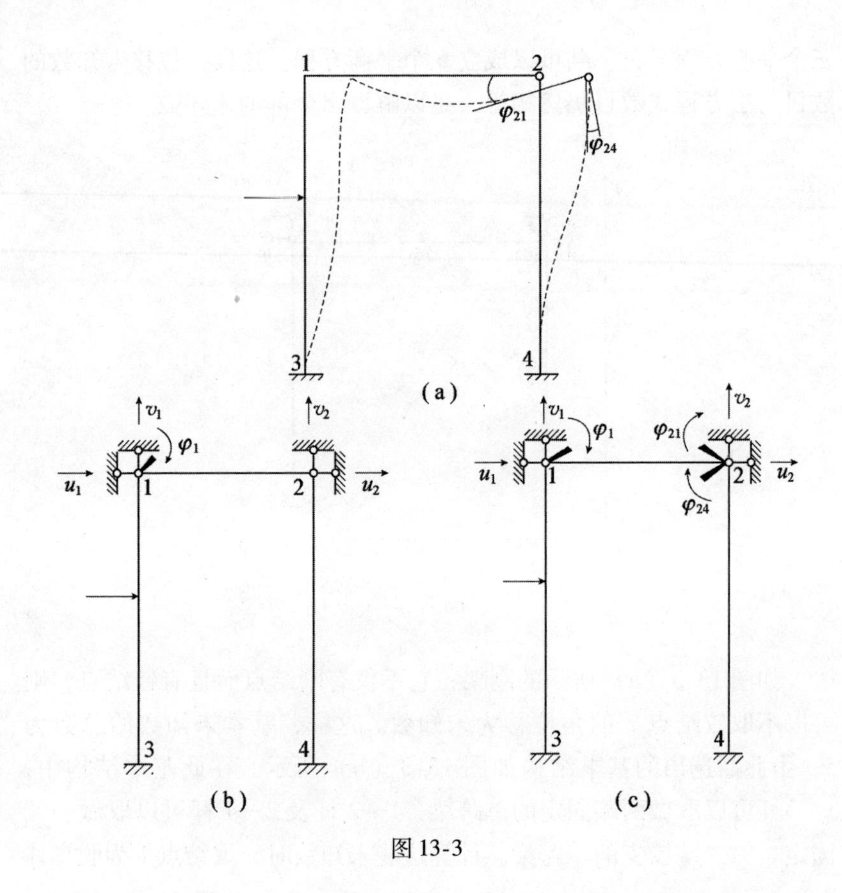

图 13-3

承受弯矩的特点，分别截取杆 2—1 及杆 2—4 的一部分为脱离体［见图 13-4（b）、（c）］各成立一个 $\sum M=0$ 的平衡方程，这样可以成立 7 个独立的平衡方程以解算 7 个独立的基本未知数。

如上所述，如图 13-3（b）、（c）所示的两种不同的基本结构都可以用来计算图 13-3（a）所示的超静定结构，但是各有特点。图 13-3（b）所示的基本结构虽然只有 5 个基本未知数，但是需要应用两种单跨梁的形常数及载常数，图 13-3（c）所示的基本结构虽然有 7 个基本未知数，但是只需要应用一种单跨梁的形常数及载常数。在某些情况下（例如变截面梁、或需要同时考虑弯曲、轴向及剪切变形的影响时），后一种基本结构常优先为机算所采用，因为它只需要一种两端固

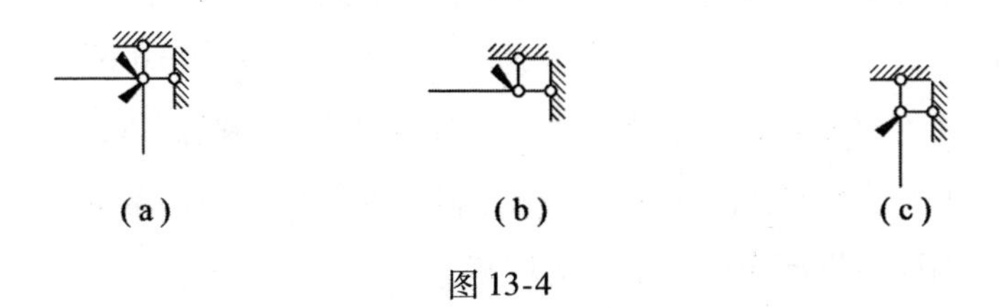

图 13-4

定单跨梁的形、载常数，而每一种单跨梁的形、载常数常常是很繁杂的，能够少用一种单跨梁的资料就可以使计算机的计算程序简单许多。但是，取后一种基本结构也有不利之处，就是基本未知数比较多。在本章中，我们将只采用这种形式的基本结构来计算有铰结结点的刚架结构。

用位移法计算桁架时的原理和方法与计算刚架的相同。例如图 13-5（a）所示的桁架，用位移法计算时，也是以结点位移作为未知数。因为所有的结点都是铰结点，同时各杆都只有轴力，所以只需取每个结点的 2 个线位移作基本未知数。对于支座结点的位移可以根据支承情况来确定，或没有线位移或只有一个线位移。各结点所有线位移的方向仍取为与整体坐标轴平行。取图 13-5（b）所示的基本结构

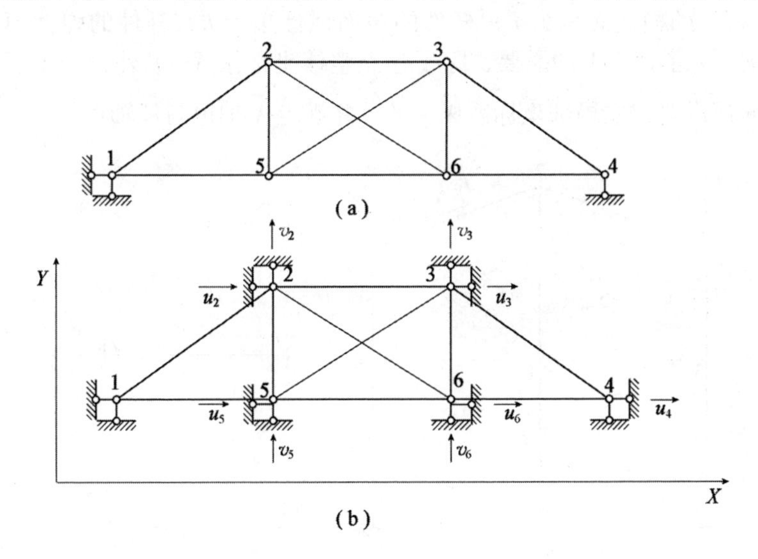

图 13-5

时，这个桁架共有 9 个线位移未知数。通过分别取结点 2、3、5、6 为脱离体，并且分别对每个结点成立 $\sum X=0$，$\sum Y=0$ 两个平衡方程，一共可以成立 8 个平衡方程，另外取结点 4 为脱离体，可以成立 $\sum x=0$ 的平衡方程。这样，平衡方程的数目正好等于基本未知数的数目，因而可以解出各个结点的位移。

13.2 单元分析 局部坐标系中的单元劲度矩阵

在上节中，我们介绍了矩阵位移法的基本概念，为了计算出所有的位移未知数，仍需成立位移法的法方程式，而为了计算法方程中的系数又必须用到相应的基本杆件的形常数，也就是要用到基本杆件的杆端位移与杆端力之间的关系，这种工作，通常称为单元分析，而其中的主要工作是建立单元劲度矩阵。

为了能推导出一般情况下杆件的单元劲度矩阵，现从如图 13-6（a）所示的任意刚架中取出任意典型单元（等直截面）ⓔ进行分析［见图 13-6（b）］。设它的左、右结点号分别为 i，j；杆件的长度为 l；杆件的横截面积为 F；杆件的截面惯性矩为 I；杆件的弹性模量为 E。为了计算上的需要，除了建立整体坐标系 X—Y 外，对于每个单元还需要建立局部坐标系 $\overline{X}-\overline{Y}$。并规定 $\overline{X}$ 轴恒与杆轴重合。

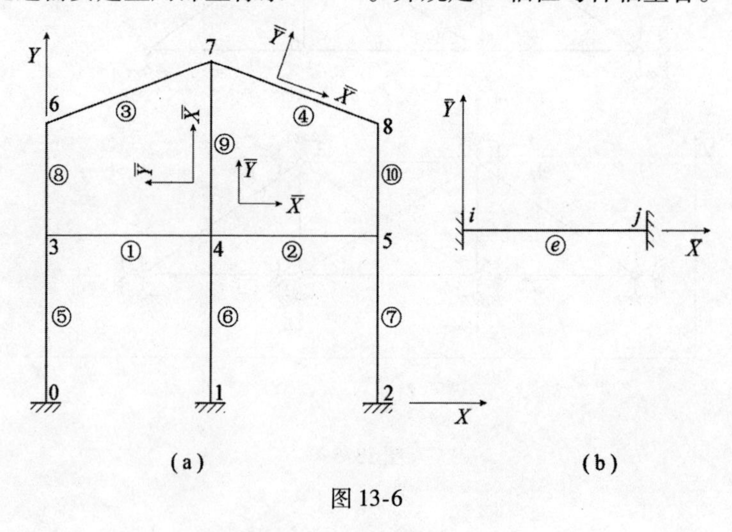

图 13-6

设第ⓔ号单元由原状态变为变形状态如图 13-7 所示。从图 13-7 中可以看出，杆件两端共有 6 个位移分量，由于杆端位移而产生了 6 个杆端力分量，在局部坐标系中，分别可以用矩阵表示为

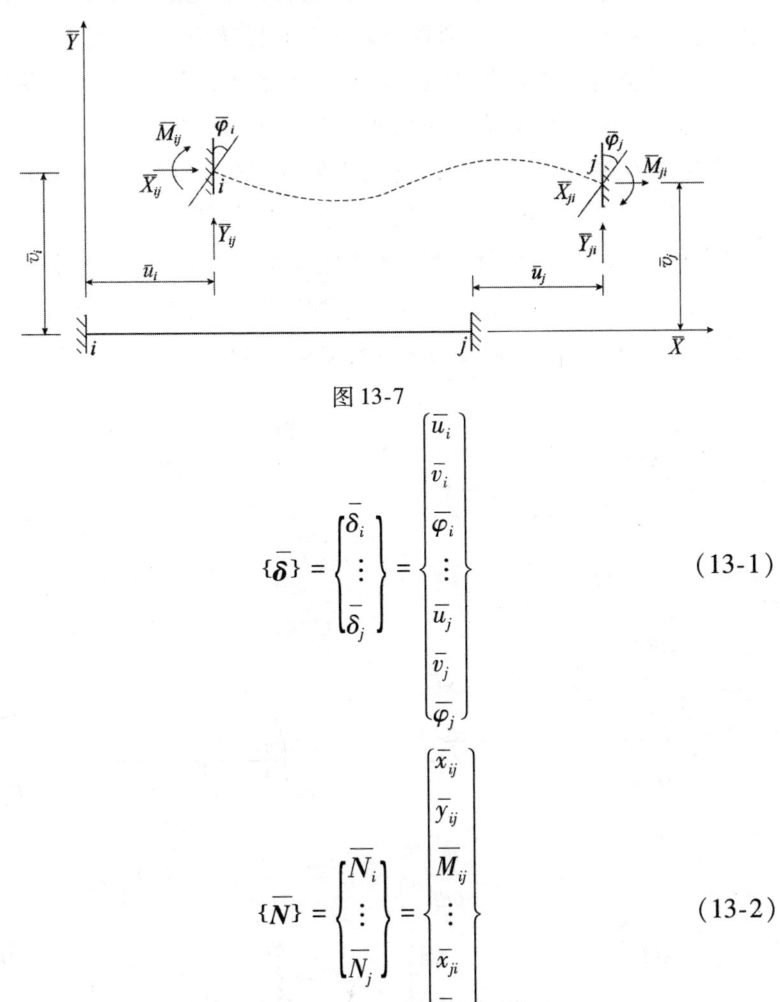

图 13-7

$$\{\overline{\boldsymbol{\delta}}\} = \begin{Bmatrix} \overline{\delta}_i \\ \vdots \\ \overline{\delta}_j \end{Bmatrix} = \begin{Bmatrix} \overline{u}_i \\ \overline{v}_i \\ \overline{\varphi}_i \\ \vdots \\ \overline{u}_j \\ \overline{v}_j \\ \overline{\varphi}_j \end{Bmatrix} \tag{13-1}$$

$$\{\overline{\boldsymbol{N}}\} = \begin{Bmatrix} \overline{N}_i \\ \vdots \\ \overline{N}_j \end{Bmatrix} = \begin{Bmatrix} \overline{x}_{ij} \\ \overline{y}_{ij} \\ \overline{M}_{ij} \\ \vdots \\ \overline{x}_{ji} \\ \overline{y}_{ji} \\ \overline{M}_{ji} \end{Bmatrix} \tag{13-2}$$

式中的 $\overline{u}$ 和 $\overline{v}$ 分别表示沿 $\overline{x}$ 轴和 $\overline{y}$ 轴方向的位移，$\overline{\varphi}$ 表示角位移；下标 i 和 j 表示 i 端和 j 端；$\overline{x}$ 和 $\overline{y}$ 表示沿 $\overline{x}$ 轴和 $\overline{y}$ 轴的杆端力，$\overline{M}$ 表示

杆端弯矩；下标 ij 或 ji 表示 ij 杆的 i 端或 j 端。

在这里对杆端位移及杆端力的正负规定为：线位移及杆端力以沿坐标轴正方向者为正，反之为负（注意：这个规定与第 9 章中位移法的规定不同）；角位移及杆端弯矩以顺时针转为正，反之为负。

下面建立杆端位移和杆端力之间的关系式。图 13-7 所示单元的变形状态，我们可以看成是由两步完成的。第一步先固定 j 端，让 i 端分别产生位移 $\bar{u}_i$、$\bar{v}_i$、$\bar{\varphi}_i$，这时它们分别在 i 端和 j 端引起的杆端力如图 13-8（a）、（c）、（e）所示。第二步固定 i 端，让 j 端分别产生位移 $\bar{u}_j$、$\bar{v}_j$、$\bar{\varphi}_j$，同样它们会分别在 i 端和 j 端引起的杆端力如图 13-8（b）、（d）、（f）所示。根据叠加原理，把图 13-8 所示相应的杆端力进行叠加，就可以很容易地建立如图 13-7 所示两端固定杆件

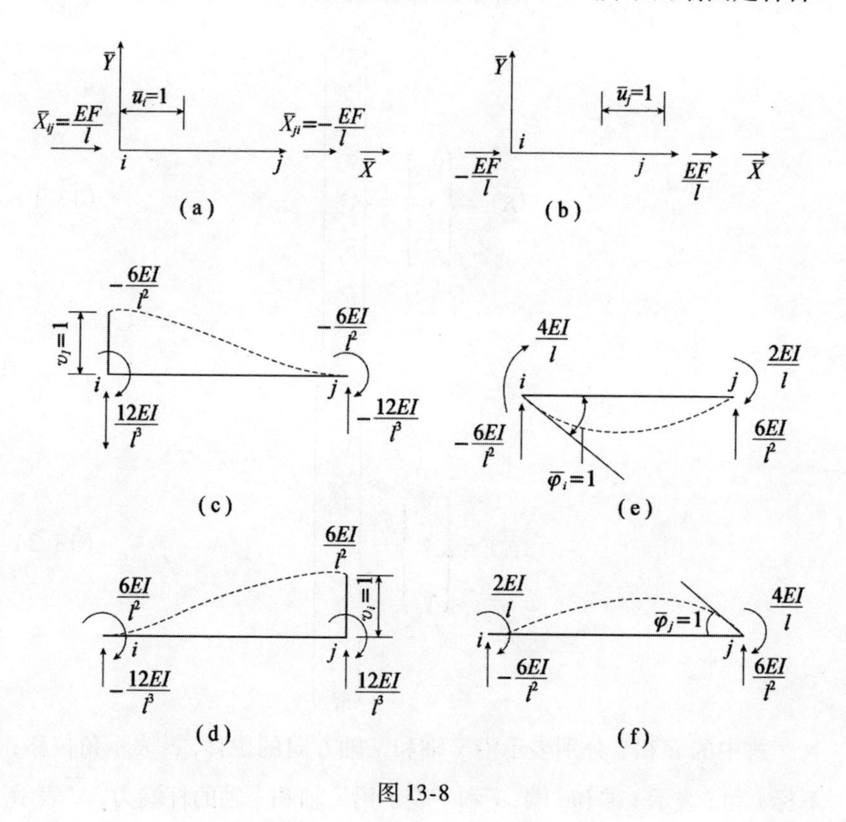

图 13-8

的杆端位移和杆端力的关系式。

$$
\begin{aligned}
\bar{x}_{ij} &= \frac{EF}{l}\bar{u}_i - \frac{EF}{l}\bar{u}_j \\
\bar{y}_{ij} &= \frac{12EI}{l^3}\bar{v}_i - \frac{6EI}{l^2}\bar{\varphi}_i - \frac{12EI}{l^3}\bar{v}_j - \frac{6EI}{l^2}\bar{\varphi}_j \\
\overline{M}_{ij} &= \frac{6EI}{l^2}\bar{v}_i + \frac{6EI}{l}\bar{\varphi}_i + \frac{6EI}{l^2}\bar{v}_j + \frac{2EF}{l}\bar{\varphi}_j \\
\bar{x}_{ji} &= -\frac{EF}{l}\bar{u}_i + \frac{EF}{l}\bar{u}_j \\
\bar{y}_{ji} &= -\frac{12EI}{l^3}\bar{v}_i + \frac{6EI}{l^2}\bar{\varphi}_i + \frac{12EI}{l^3}\bar{v}_j + \frac{6EI}{l^2}\bar{\varphi}_j \\
\overline{M}_{ji} &= -\frac{6EI}{l^2}\bar{v}_i + \frac{2EI}{l}\bar{\varphi}_i + \frac{6EI}{l^2}\bar{v}_j + \frac{4EI}{l}\bar{\varphi}_j
\end{aligned}
\tag{13-3}
$$

将式（13-3）用矩阵表示为

$$
\begin{Bmatrix} \overline{X}_{ij} \\ \overline{Y}_{ij} \\ \overline{M}_{ij} \\ \hdashline \overline{X}_{ji} \\ \overline{Y}_{ji} \\ \overline{M}_{ji} \end{Bmatrix}
=
\left\{\begin{array}{ccc:ccc}
\frac{EF}{l} & 0 & 0 & -\frac{EF}{l} & 0 & 0 \\
0 & \frac{12EI}{l^3} & -\frac{6EI}{l^2} & 0 & -\frac{12EI}{l^3} & -\frac{6EI}{l^2} \\
0 & -\frac{6EI}{l^2} & \frac{4EI}{l} & 0 & \frac{6EI}{l^2} & \frac{2EI}{l} \\
\hdashline
-\frac{EF}{l} & 0 & 0 & \frac{EF}{l} & 0 & 0 \\
0 & -\frac{12EI}{l^3} & \frac{6EI}{l^2} & 0 & \frac{12EI}{l^3} & \frac{6EI}{l^2} \\
0 & -\frac{6EI}{l^2} & \frac{2EI}{l} & 0 & \frac{6EI}{l^2} & \frac{4EI}{l}
\end{array}\right\}
=
\begin{Bmatrix} \bar{u}_i \\ \bar{v}_i \\ \bar{\varphi}_i \\ \hdashline \bar{u}_j \\ \bar{v}_j \\ \bar{\varphi}_j \end{Bmatrix}
\tag{13-4}
$$

上式就是用局部坐标表示的杆端位移与杆端力的关系式，称为单元劲度方程，上式还可以用矩阵缩写成

$$
\{\overline{\boldsymbol{N}}\} = [\bar{\boldsymbol{k}}]\{\bar{\boldsymbol{\delta}}\}
\tag{13-5}
$$

式中的 $[\bar{\boldsymbol{k}}]$ 代表式（13-4）等号右边的 6×6 阶方阵，它是表示杆单元劲度的一个系数矩阵，称为杆单元劲度矩阵。杆单元劲度矩阵是一

个对称方阵，其中的每一个系数，代表着杆端产生某一单位位移时相应的杆端力的数值（也就是形常数）。为了能清楚地看出某一位移与某一杆端力的对应关系，可以将杆端位移注明在劲度矩阵的上面和将杆端力注明在劲度矩阵的右面，如下式中所示

$$[\bar{\boldsymbol{k}}] = \begin{array}{c} \begin{array}{cccccc} \bar{u}_i & \bar{v}_i & \bar{\varphi}_i & \bar{u}_j & \bar{v}_j & \bar{\varphi}_j \end{array} \\ \left[\begin{array}{ccc|ccc} \frac{EF}{l} & 0 & 0 & -\frac{EF}{l} & 0 & 0 \\ 0 & \frac{12EI}{l^3} & -\frac{6EI}{l^2} & 0 & -\frac{12EI}{l^s} & -\frac{6EI}{l^2} \\ 0 & -\frac{6EI}{l^2} & \frac{4EI}{l} & 0 & \frac{6EI}{l^2} & \frac{2EI}{l} \\ \hline -\frac{EF}{l} & 0 & 0 & \frac{EF}{l} & 0 & 0 \\ 0 & -\frac{12EI}{l^3} & \frac{6EI}{l^2} & 0 & \frac{12EI}{l^3} & \frac{6EI}{l^2} \\ 0 & -\frac{6EI}{l^2} & \frac{2EI}{l} & 0 & \frac{6EI}{l^2} & \frac{4EI}{l} \end{array}\right] \end{array} \begin{array}{c} \bar{X}_{ij} \\ \bar{Y}_{ij} \\ \bar{M}_{ij} \\ \bar{X}_{ji} \\ \bar{Y}_{ji} \\ \bar{M}_{ji} \end{array} \tag{13-6}$$

此外，为了更好地理解劲度矩阵的意义，我们还可以按杆的 i 端或 j 端将劲度矩阵分为四个 3×3 的子块，将其写成

$$[\bar{\boldsymbol{k}}] = \begin{array}{c} \begin{array}{cc} \{\bar{\delta}_i\} & \{\bar{\delta}_j\} \end{array} \\ \left[\begin{array}{c|c} \bar{k}_{ii} & \bar{k}_{ij} \\ \hline \bar{k}_{ji} & \bar{k}_{jj} \end{array}\right] \end{array} \begin{array}{c} \{\bar{N}_{ij}\} \\ \{\bar{N}_{ji}\} \end{array} \tag{13-7}$$

式中的每一个子块用一个有下标的 $\bar{k}$ 表示，$\bar{k}$ 下标的第 1 个字母表示杆端力产生的地点（i 端或 j 端），第 2 个字母表示引起杆端力的位移的地点。例如：

$\bar{k}_{ii}$ 表示 ij 杆的 i 端产生单位位移时，引起 i 端产生的杆端力；

$\bar{k}_{ij}$ 表示 ij 杆的 j 端产生单位位移时，引起 i 端产生的杆端力。

从式（13-6）中我们可以看出单元劲度矩阵有以下几个重要性质：

（1）单元劲度矩阵是一个对称矩阵。还可以由反力互等定理得到一般性的证明。

（2）单元劲度矩阵是一个奇异矩阵，因此它不存在逆矩阵。单元劲度矩阵的奇异性，可以根据行列式中有一行（或一列）元素为零，则全行列式为零的性质得到证明。因为行列式（13-6）中第 2 列加第 5 列等于零。

（3）单元劲度矩阵中的各值只与单元的截面尺寸、长度、材料特性有关，而与外荷载无关。这也就是说，单元劲度矩阵只反映杆件本身抵抗变形能力的大小，所以称它们为形常数。

13.3　单元分析　整体坐标系中的单元劲度矩阵

在上一节中，我们建立了在局部坐标系中的单元劲度矩阵。由于采用了局部坐标系，使我们由具有不同方位的各个杆件的单元导出了具有统一形式的单元劲度矩阵。能不能简单地把局部坐标系中的单元劲度矩阵叠加在一起，就变成整个结构的劲度矩阵（法方程中的系数矩阵）呢？显然是不行的。因为结构中各个单元在整体坐标系中方位完全是不同的，在计算时必须要把各个单元的杆端力与杆端位移方向统一到整体坐标系中来才行，也就是说必须把局部坐标系中的单元劲度矩阵转换成在整体坐标系中的单元劲度矩阵才行。这就需要进行坐标转换工作。

13.3.1　坐标转换矩阵

设如图 13-9（a）、（b）所示的单元是从结构中取出的任意单元。X—Y 表示整体坐标系，$\bar{x}-\bar{y}$ 表示局部坐标系。θ 表示由整体坐标的 X 轴到局部坐标的 $\bar{x}$ 轴的夹角，规定以反时针转为正。图 13-9（a）中画出了 i 端与 j 端处在两种坐标系中的杆端位移分量。在整体坐标系中 i 端的位移用 u_i、v_i、φ_i 表示；j 端的位移用 u_j、v_j、φ_j 表示。在局部坐标系中 i 端的位移用 $\bar{u}_i$、$\bar{v}_i$、$\bar{\varphi}_i$ 表示；j 端的位移用 $\bar{u}_j$、$\bar{v}_j$、$\bar{\varphi}_j$ 表示。下面来建立这两种量之间的关系。

如果已知用整体坐标表示的杆端位移，从图 13-9（c）中表示的

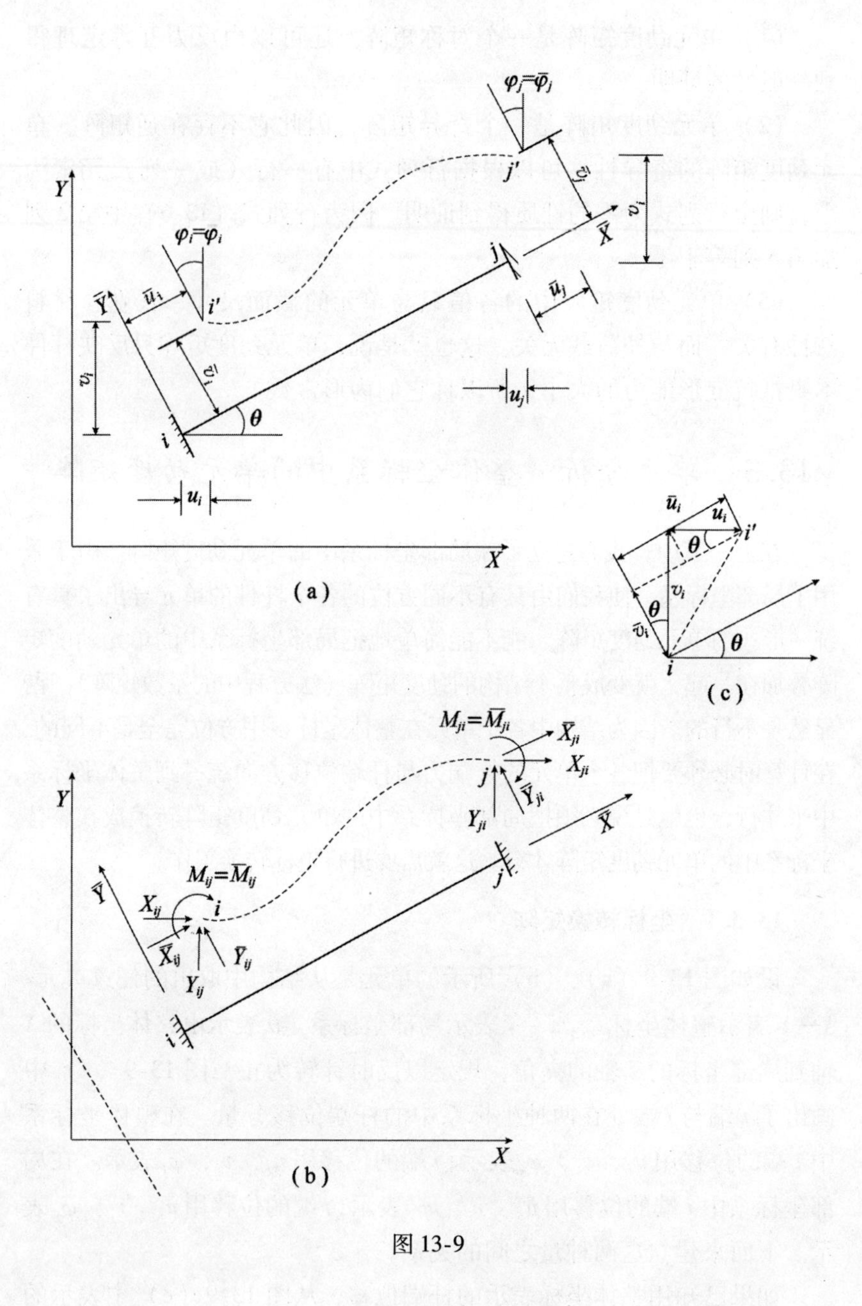
Y
X
φi=φ̄i
φj=φ̄j
i
i'
j
j'
θ
(a)
(b)
(c)
Mij=M̄ij
Mji=M̄ji
Xij
X̄ij
Yij
Ȳij
Xji
X̄ji
Yji
Ȳji

图 13-9

几何关系，可以求得用局部坐标表示的杆端位移为

$$\begin{aligned}\overline{u}_i &= u_i\cos\theta + v_i\sin\theta \\ \overline{v}_i &= -u_i\sin\theta + v_i\cos\theta \\ \overline{\varphi}_i &= \varphi_i\end{aligned} \tag{1}$$

同样

$$\begin{aligned}\overline{u}_j &= u_j\cos\theta + v_j\sin\theta \\ \overline{v}_j &= -u_j\sin\theta + v_j\cos\theta \\ \overline{\varphi}_j &= \varphi_j\end{aligned} \tag{2}$$

式（1）、（2）可以分别用矩阵表示为

$$\{\overline{\boldsymbol{\delta}_i}\} = [\boldsymbol{\lambda}]\{\boldsymbol{\delta}_i\}, \qquad \{\overline{\boldsymbol{\delta}_j}\} = [\boldsymbol{\lambda}]\{\boldsymbol{\delta}_j\} \tag{13-8}$$

式中

$$[\boldsymbol{\lambda}] = \begin{bmatrix} \cos\theta & \sin\theta & 0 \\ -\sin\theta & \cos\theta & 0 \\ 0 & 0 & 1 \end{bmatrix} \tag{13-9}$$

如果将式（13-8）的两式合并，可以写成

$$\{\overline{\boldsymbol{\delta}}\} = [\boldsymbol{L}]\{\boldsymbol{\delta}\} \tag{13-10}$$

同理：如果已知整体坐标的杆端力：分别在 $\overline{x}-\overline{g}$ 轴上投影可以求得局部坐标的杆端力，即

$$\begin{aligned}\overline{X}_{ij} &= X_{ij}\cos\theta + Y_{ij}\sin\theta \\ \overline{Y}_{ij} &= -X_{ij}\sin\theta + Y_{ij}cos\theta \\ \overline{M}_{ij} &= M_{ij}\end{aligned} \tag{3}$$

同样

$$\begin{aligned}\overline{X}_{ji} &= X_{ji}\cos\theta + Y_{ji}\sin\theta \\ \overline{Y}_{ji} &= -X_{ji}\sin\theta + Y_{ji}\cos\theta \\ \overline{M}_{ji} &= M_{ji}\end{aligned} \tag{4}$$

式（3）、（4）可以分别用矩阵表示为

$$\{\overline{\boldsymbol{N}_i}\} = [\boldsymbol{\lambda}]\{\boldsymbol{N}_i\},\ \{\overline{\boldsymbol{N}_j}\} = [\boldsymbol{\lambda}]\{\boldsymbol{N}_j\} \tag{13-11}$$

如果将式（13-11）的两式合并，可以写成

$$\{\overline{\boldsymbol{N}}\} = [\boldsymbol{L}]\{\boldsymbol{N}\} \tag{13-12}$$

以上式（13-10）及式（13-12）中的

$$[\boldsymbol{L}] = \begin{bmatrix} \lambda & 0 \\ 0 & \lambda \end{bmatrix} = \begin{Bmatrix} \cos\theta & \sin\theta & 0 & 0 & 0 & 0 \\ -\sin\theta & \cos\theta & 0 & 0 & 0 & 0 \\ 0 & 0 & 1 & 0 & 0 & 0 \\ 0 & 0 & 0 & \cos\theta & \sin\theta & 0 \\ 0 & 0 & 0 & -\sin\theta & \cos\theta & 0 \\ 0 & 0 & 0 & 0 & 0 & 1 \end{Bmatrix} \tag{13-13}$$

上式为由［$\boldsymbol{\lambda}$］组成的 6×6 阶矩阵。矩阵［$\boldsymbol{\lambda}$］及［$\boldsymbol{L}$］都称为转换矩阵，通过它们可以将整体坐标表示的量化为局部坐标表示的量。

由矩阵代数可知：正交矩阵的逆矩阵等于它的转置矩阵。而坐标转换矩阵［$\boldsymbol{L}$］是一个正交矩阵，因此必有下列关系

$$[\boldsymbol{L}]^{-1} = [\boldsymbol{L}]^{\mathrm{T}} \text{①} \tag{5}$$

如果反过来，已知局部坐标表示的量，要化为整体坐标表示的量，这只要作一些简单的矩阵运算就可以得到。对式（13-10）和式(13-2）矩阵左、右两边同时左乘以［$\boldsymbol{L}$］$^{-1}$，并利用式（5）的关系，所以有

$$\{\boldsymbol{\delta}\} = [\boldsymbol{L}]^{\mathrm{T}}\{\overline{\boldsymbol{\delta}}\} \tag{13-14}$$

---

① 由于弹性体所做的功，不因所取坐标的不同而不同，所以应该有

$$W = \{\boldsymbol{N}\}^{\mathrm{T}}\{\boldsymbol{\delta}\} = \{\overline{\boldsymbol{N}}\}^{\mathrm{T}}\{\overline{\boldsymbol{\delta}}\}$$

将式(13-12) $\{\overline{\boldsymbol{N}}\} = [\boldsymbol{L}]\{\boldsymbol{N}\}$ 及式(13-10) $\{\overline{\boldsymbol{\delta}}\} = [\boldsymbol{L}]\{\boldsymbol{\delta}\}$ 代入上式，可以得到

$$\{\boldsymbol{N}\}^{\mathrm{T}}\{\boldsymbol{\delta}\} \equiv \{\overline{\boldsymbol{N}}\}^{\mathrm{T}}\{\boldsymbol{\delta}\} \equiv ([\boldsymbol{L}]\{\boldsymbol{N}\})^{\mathrm{T}}[\boldsymbol{L}]\{\boldsymbol{\delta}\} \equiv \{\boldsymbol{N}\}^{\mathrm{T}}[\boldsymbol{L}]^{\mathrm{T}}[\boldsymbol{L}]\{\boldsymbol{\delta}\}$$

因为等式的左、右两边恒等，所以应该有

$$[\boldsymbol{L}]^{\mathrm{T}}[\boldsymbol{L}] = [\boldsymbol{I}]$$

由此可以知道 $[\boldsymbol{L}]^{-1} = [\boldsymbol{L}]^{\mathrm{T}}$。

$$\{\boldsymbol{N}\} = [\boldsymbol{L}]^{\mathrm{T}}\{\overline{\boldsymbol{N}}\} \tag{13-15}$$

13.3.2　整体坐标系中的单元劲度矩阵

前面已经建立了局部坐标系表示的单元劲度矩阵式（13-6），如果需要求整体坐标系表示的单元劲度矩阵，可以利用前面介绍过的转换关系进行如下的换算。

由式（13-12）及式（13-10）已经得出

$$\{\overline{\boldsymbol{N}}\} = [\boldsymbol{L}]\{\boldsymbol{N}\}$$

和

$$\{\overline{\boldsymbol{\delta}}\} = [\boldsymbol{L}]\{\boldsymbol{\delta}\}$$

将它们分别代入式（13-5）的左、右两边，则有

$$[\boldsymbol{L}]\{\boldsymbol{N}\} = [\overline{\boldsymbol{k}}][\boldsymbol{L}]\{\boldsymbol{\delta}\}$$

将上式的左、右两边左乘以 $[\boldsymbol{L}]^{-1}$，可以得到

$$[\boldsymbol{L}]^{-1}[\boldsymbol{L}]\{\boldsymbol{N}\} = [\boldsymbol{L}]^{-1}[\overline{\boldsymbol{k}}][\boldsymbol{L}]\{\boldsymbol{\delta}\}$$

即

$$\{\boldsymbol{N}\} = [\boldsymbol{L}]^{-1}[\overline{\boldsymbol{k}}][\boldsymbol{L}]\{\boldsymbol{\delta}\}$$

由式（5）已经知道

$$[\boldsymbol{L}]^{-1} = [\overset{x}{\underset{0}{\boldsymbol{L}}}]^{\mathrm{T}}$$

所以

$$\{\boldsymbol{N}\} = [\boldsymbol{L}]^{\mathrm{T}}[\overline{\boldsymbol{k}}][\boldsymbol{L}]\{\boldsymbol{\delta}\}$$

将上式改写成

$$\{\boldsymbol{N}\} = [\boldsymbol{k}]\{\boldsymbol{\delta}\} \tag{13-16}$$

式中

$$[\boldsymbol{k}] = [\boldsymbol{L}]^{\mathrm{T}}[\overline{\boldsymbol{k}}][\boldsymbol{L}] \tag{13-17}$$

式（13-16）为整体坐标表示的单元劲度方程。式中的 $[\boldsymbol{k}]$ 为整体坐标表示的杆单元劲度矩阵。该矩阵可以根据式（13-17）应用 $[\boldsymbol{L}]^{\mathrm{T}}$、$[\overline{\boldsymbol{k}}]$、$[\boldsymbol{L}]$ 三个矩阵连乘求得。现在用式（13-6）及式（13-13）推导出 $[\boldsymbol{k}]$ 的显式如下

$$
[\boldsymbol{k}] = \left(\begin{array}{ccc}
u_i & v_i & \varphi_i \\
\frac{EF}{l}\cos^3\theta + \frac{12EI}{l^3}\mathrm{s.\ n}^2\theta & \left(\frac{EF}{l} - \frac{12EI}{l^3}\right)\cos\theta\sin\theta & \frac{6EI}{l^2}\sin\theta \\
\left(\frac{EF}{l} - \frac{12EI}{l^3}\right)\cos\theta\sin\theta & \frac{EF}{l}\sin^2\theta + \frac{12EI}{l^3}\cos^2\theta & -\frac{6EI}{l^2}\cos\theta \\
\frac{6EI}{l^2}\sin\theta & -\frac{6EI}{l^2}\cos\theta & \frac{4EI}{l} \\
\hline
-\left(\frac{EF}{l}\cos^2\theta + \frac{12EI}{l^3}\sin^2\theta\right) & \left(-\frac{EF}{l} + \frac{12EI}{l^3}\right)\cos\theta\sin\theta & -\frac{6EI}{l^2}\sin\theta \\
\left(-\frac{EF}{l} + \frac{12EI}{l^3}\right)\cos\theta\sin\theta & -\left(\frac{EF}{l}\sin^2\theta + \frac{12EI}{l^3}\cos^2\theta\right) & \frac{6EI}{l^2}\cos\theta \\
\frac{6EI}{l^2}\sin\theta & -\frac{6EI}{l^2}\cos\theta & \frac{2EI}{l}
\end{array}\right|
$$

$$
\left|\begin{array}{ccc|c}
u_j & v_j & \varphi_j & \\
-\left(\frac{EF}{l}\cos^2\theta + \frac{12EI}{l^3}\sin^2\theta\right) & \left(-\frac{EF}{l} + \frac{12EI}{l^3}\right)\cos\theta\sin\theta & \frac{6EI}{l^2}\sin\theta & X_{ij} \\
\left(-\frac{EF}{l} + \frac{12EI}{l^3}\right)\cos\theta\sin\theta & -\left(\frac{EF}{l}\sin^2\theta + \frac{12EI}{l^3}\cos^2\theta\right) & -\frac{6EI}{l^2}\cos\theta & Y_{ij} \\
-\frac{6EI}{l^2}\sin\theta & \frac{6EI}{l^2}\cos\theta & \frac{2EI}{l} & M_{ij} \\
\hline
\frac{EF}{l}\cos^2\theta + \frac{12EI}{l^3}\sin^2\theta & \left(\frac{EF}{l} - \frac{12EI}{l^3}\right)\cos\theta\sin\theta & -\frac{6EI}{l^2}\sin\theta & X_{ji} \\
\left(\frac{EF}{l} - \frac{12EI}{l^3}\right)\cos\theta\sin\theta & \frac{EF}{l}\sin^2\theta + \frac{12EI}{l^3}\cos^2\theta & \frac{6EI}{l^2}\cos\theta & Y_{ji} \\
-\frac{6EI}{l^2}\sin\theta & \frac{6EI}{l^2}\cos\theta & \frac{4EI}{l} & M_{ji}
\end{array}\right)
\tag{13-18}
$$

在上面求得的劲度矩阵 [$\boldsymbol{k}$] 中，我们同样地附注了相应的杆端位移和杆端力，以便能够清楚地看出在整体坐标系中单元的某一位移与某一杆端力的对应关系。

下面再对两端铰结的轴力杆作劲度分析，同样通过劲度矩阵来建立杆端位移与杆端力之间的关系。这种轴力单元的劲度矩阵，可以很方便地从前面导出的劲度矩阵式（13-6）推得。因为可以把这种杆看成为只能承受轴力而不能承受弯矩的杆，所以可以令式（13-6）中的惯性矩 I 为零；同时因为计算桁架时不用角位移作未知数，也不产生弯矩，所以可以将矩阵中与 φ_i、φ_j、M_{ij}、M_{ji} 有关的第三列、第六列和第三行、第六行除去，就得到 4×4 阶的轴力杆的劲度矩阵如下

$$[\bar{\boldsymbol{k}}]=\frac{EF}{l}\left(\begin{array}{cc|cc} 1 & 0 & -1 & 0 \\ 0 & 0 & 0 & 0 \\ \hline -1 & 0 & 1 & 0 \\ 0 & 0 & 0 & 0 \end{array}\right)\begin{matrix}\bar{X}_{ij}\\ \bar{Y}_{ij}\\ \bar{X}_{ji}\\ \bar{Y}_{ji}\end{matrix} \qquad \text{列：} \bar{u}_i\ \ \bar{v}_i\ \ \bar{u}_j\ \ \bar{v}_j \tag{13-19}$$

在上述矩阵中，我们将公因子 EF/l 取出放在矩阵的外面，式（13-19）就是局部坐标表示的轴力单元劲度矩阵。根据同样的道理可以从式（13-18）推得整体坐标系表示的轴力单元劲度矩阵为

$$[\boldsymbol{k}]=\frac{EF}{l}\left(\begin{array}{cc|cc} \cos^2\theta & \cos\theta\sin\theta & -\cos^2\theta & -\cos\theta\sin\theta \\ \cos\theta\sin\theta & \sin^2\theta & -\cos\theta\sin\theta & -\sin^2\theta \\ \hline -\cos^2\theta & -\cos\theta\sin\theta & \cos^2\theta & \cos\theta\sin\theta \\ -\cos\theta\sin\theta & -\sin^2\theta & \cos\theta\sin\theta & \sin^2\theta \end{array}\right)\begin{matrix}X_{ij}\\ Y_{ij}\\ X_{ji}\\ Y_{ji}\end{matrix} \qquad \text{列：} u_i\ \ v_i\ \ u_j\ \ v_j \tag{13-20}$$

本节中，我们对两端固定的基本杆和轴力基本杆进行了劲度分析，并且建立了整体坐标系表示的单元劲度矩阵，这样就为下面对整体结构的计算打下了必需的基础。

13.4　结构分析　结构劲度矩阵

本节开始进行结构分析，所谓结构分析，就是建立位移法的法方程，这里称为结构劲度方程，方程中的系数矩阵称为结构劲度矩阵，建立结构劲度矩阵是进行结构分析的主要工作。怎样建立结构劲度矩

阵呢？常用的有两种方法：其一就是直接劲度法，该方法是直接利用整体坐标系中各个单元的劲度矩阵“拼装”而成；其二是用结构力学方法列出结构各个结点的静力平衡方程组，则平衡方程组的系数矩阵，就是结构的劲度矩阵。直接劲度法，简单易实现，适合于计算机程序的编制，所以被广泛应用。第二种方法计算较烦工作量大，但力学概念清晰易被人们接受。所以这里先采用这种方法导出结构劲度矩阵，在此基础上总结归纳出直接劲度法。

本节中先只研究作用有结点荷载的情况。设有如图 13-10 所示的刚架，在结点 1、2 作用有集中荷载，设各杆的 E、F、I 都相同。首先对结构进行离散化，即对结构选取结点并进行编号和划分单元。设取 1、2、3、4 为 4 个结点，将 12、31 及 24（前一数码为 i，后一数码为 j，为 3 个杆单元，并且分别编号为①、②、③如图中所示。并取图所示的整体坐标系。结点位移未知数共 6 个，其中结点 1 有 3 个即 u_1，v_1，φ_1，结点 2 有 3 个即 u_2、v_2、φ_2，将这 6 个未知数的编号依次编为（1，2，3）、（4、5、6）并且将它们写在图 13-10 中相应的结点号后面。结点 3 及 4 为固定支座，它们的 3 个位移分量都为零，也分别编号为（0，0，0）、（0，0，0），并且写在相应的结点号后面。

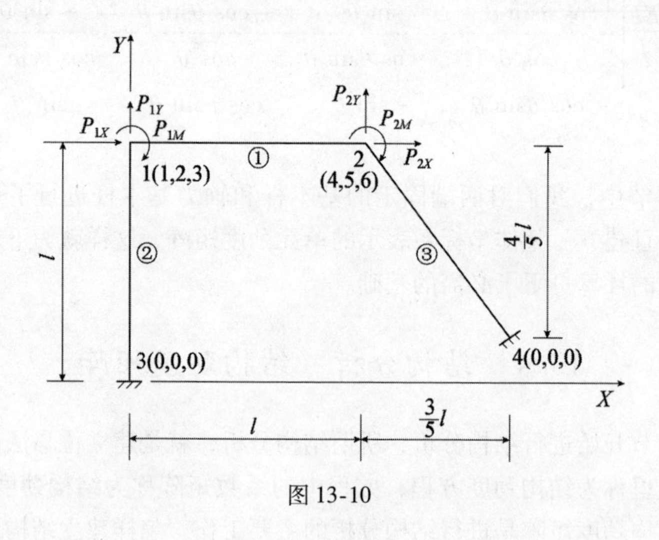

图 13-10

根据上述工作把计算所需要的信息归纳如下：
单元信息如表 13-1 所示。

表 13-1

单元号	①	②	③
左结点号 i	1	3	2
右结点号 j	2	1	4

结点坐标信息如表 13-2 所示。

表 13-2

结点号	1	2	3	4
X 坐标值	0	l	0	$\frac{8}{5}l$
Y 坐标值	l	l	0	$\frac{1}{5}l$

结点荷载信息如表 13-3 所示。

表 13-3

结点号	1	2	3	4
P_{ix}	P_{1x}	P_{2x}	0	0
P_{iy}	P_{1y}	P_{2y}	0	0
P_{iM}	P_{1M}	P_{2M}	0	0

现在需要计算结点 1 和 2 的 6 个位移，为此，我们取结点 1 及 2

为脱离体，如图 13-11 所示。在图 13-11 中，作用在杆端的杆端力都按整体坐标取为正的方向，而与其相对应的、作用在结点上的力的方向则与其相反。

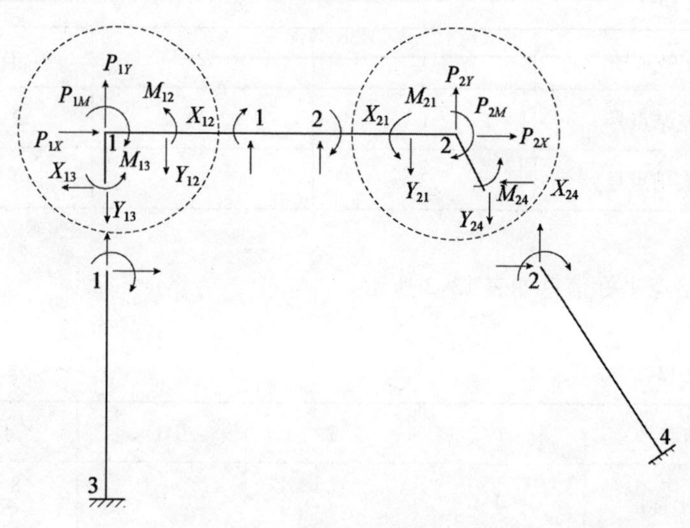

图 13-11

由结点 1 及结点 2 的 3 个平衡条件 $\sum X=0$、$\sum Y=0$、$\sum M=0$ 可以分别建立 3 个平衡方程，用矩阵表示为

$$\begin{Bmatrix} X_{12} \\ Y_{12} \\ M_{12} \end{Bmatrix} + \begin{Bmatrix} X_{13} \\ Y_{13} \\ M_{13} \end{Bmatrix} = \begin{Bmatrix} P_{1X} \\ P_{1Y} \\ P_{1M} \end{Bmatrix}, \quad \begin{Bmatrix} X_{21} \\ Y_{21} \\ M_{21} \end{Bmatrix} + \begin{Bmatrix} X_{24} \\ Y_{24} \\ M_{24} \end{Bmatrix} = \begin{Bmatrix} P_{2X} \\ P_{2Y} \\ P_{2M} \end{Bmatrix} \tag{1}$$

或缩写为

$$\{\boldsymbol{N}_{12}\} + \{\boldsymbol{N}_{13}\} = \{\boldsymbol{P}_1\}, \quad \{\boldsymbol{N}_{21}\} + \{\boldsymbol{N}_{24}\} = \{\boldsymbol{P}_2\} \tag{2}$$

各结点力（也就是杆端力）与结点位移（也就是杆端位移）之间的关系，可以通过整体坐标单元劲度矩阵来表示，因此需要用式(13-18) 成立各个单元劲度矩阵。式中需要的各个杆单元的长度和倾角的余弦值及正弦值，可以用结点坐标代入下列的式子来进行计

算，如图 13-12 所示。

$$l_{ij}=\sqrt{(x_j-x_i)^2+(y_j-y_i)^2}$$

$$\cos\theta=\frac{x_j-x_i}{l_{ij}},$$

$$\sin\theta=\frac{y_j-y_i}{l_{ij}} \tag{13-21}$$

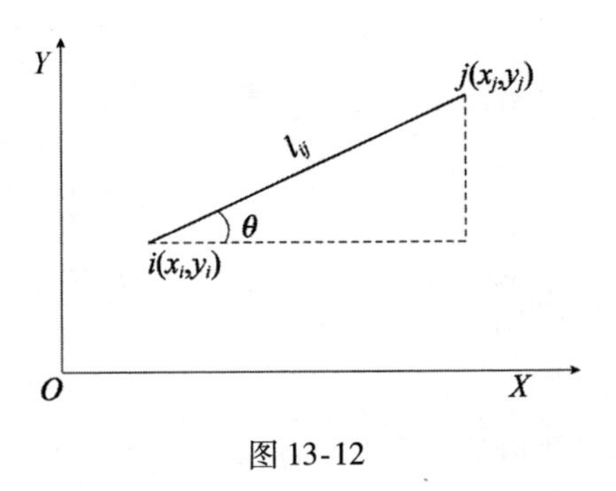

图 13-12

对如图 13-10 所示刚架的各个单元可以计算出其有关数值如表 13-4 所示。

表 13-4

单元	x_j-x_i	y_j-y_i	l_{ij}	$\cos\theta$	$\sin\theta$
①	l	0	l	1	0
②	0	l	l	0	1
③	$\frac{3}{5}l$	$-\frac{4}{5}l$	l	$\frac{3}{5}$	$-\frac{4}{5}$

将表 13-4 中的结果代入式（13-18），就可以求出整体坐标表示的各个单元的劲度矩阵如下：

对单元①：

$$
\begin{array}{c}
\begin{array}{cccccc}
(1) & (2) & (3) & (4) & (5) & (6) \\
u_1 & v_1 & \varphi_1 & u_2 & v_2 & \varphi_2
\end{array} \\
[\boldsymbol{k}]_{12}^{①} = \left[\begin{array}{ccc:ccc}
\frac{EF}{l} & 0 & 0 & -\frac{EF}{l} & 0 & 0 \\
0 & \frac{12EI}{l^3} & -\frac{6EI}{l^2} & 0 & -\frac{12EI}{l^3} & -\frac{6EI}{l^2} \\
0 & -\frac{6EI}{l^2} & \frac{4EI}{l} & 0 & \frac{6EI}{l^2} & \frac{2EI}{l} \\
\hdashline
-\frac{EF}{l} & 0 & 0 & \frac{EF}{l} & 0 & 0 \\
0 & -\frac{12EI}{l^3} & \frac{6EI}{l^2} & 0 & -\frac{12EI}{l^3} & \frac{6EI}{l^2} \\
0 & -\frac{6EI}{l^2} & \frac{2EI}{l} & 0 & \frac{6EI}{l^2} & \frac{4EI}{l}
\end{array}\right]
\begin{array}{l}
X_{12}(1) \\ Y_{12}(2) \\ M_{12}(3) \\ X_{21}(4) \\ Y_{21}(5) \\ M_{21}(6)
\end{array}
\end{array}
\tag{3}
$$

在上面的劲度矩阵中，我们在 u_1、v_1、φ_1、u_2、v_2、φ_2 等结点位移的上边注明了它们的编号（1）、（2）、（3）、（4）、（5）、（6），此外，在矩阵的右边也注明了相同的编号。最后我们可以按式（13-7）的形式将上列劲度矩阵缩写成

$$
\begin{array}{c}
\quad\quad \{\boldsymbol{\delta}_1\} \ \ \{\boldsymbol{\delta}_2\} \\
[\boldsymbol{k}]_{12}^{①} = \left[\begin{array}{c:c} k_{11}^{①} & k_{12}^{①} \\ \hdashline k_{21}^{①} & k_{22}^{①} \end{array}\right] \begin{array}{l} \{\boldsymbol{N}_{12}\} \\ \{\boldsymbol{N}_{21}\} \end{array}
\end{array}
\tag{4}
$$

由此可以写出有关的展式

$$
\begin{aligned}
\{\boldsymbol{N}_{12}\} &= [\boldsymbol{k}_{11}^{①}]\{\boldsymbol{\delta}_1\} + [\boldsymbol{k}_{12}^{①}]\{\boldsymbol{\delta}_2\} \\
\{\boldsymbol{N}_{21}\} &= [\boldsymbol{k}_{21}^{①}]\{\boldsymbol{\delta}_1\} + [\boldsymbol{k}_{11}^{①}]\{\boldsymbol{\delta}_2\}
\end{aligned}
\tag{5}
$$

式中的 $k_{ij}^{①}$ 用了一个上标①来表示该单元的编号为①。

对单元②：

$$
\begin{array}{c}
\begin{array}{cccccc}
(0) & (0) & (0) & (1) & (2) & (3) \\
u_3 & v_3 & \varphi_3 & u_1 & v_1 & \varphi_1
\end{array} \\
[\boldsymbol{k}]_{31}^{②} = \left[\begin{array}{ccc:ccc}
\frac{12EI}{l^3} & 0 & \frac{6EI}{l^2} & -\frac{12EI}{l^3} & 0 & \frac{6EI}{l^2} \\
0 & \frac{EF}{l} & 0 & 0 & -\frac{EF}{l} & 0 \\
\frac{6EI}{l^2} & 0 & \frac{4EI}{l} & \frac{6EI}{l^2} & 0 & \frac{2EI}{l} \\
\hdashline
-\frac{12EI}{l^3} & 0 & -\frac{6EI}{l^2} & \frac{12EI}{l^3} & 0 & -\frac{6EI}{l^2} \\
0 & -\frac{EF}{l} & 0 & 0 & \frac{EF}{l} & 0 \\
\frac{6EI}{l^2} & 0 & \frac{2EI}{l} & -\frac{6EI}{l^2} & 0 & \frac{4EI}{l}
\end{array}\right]
\begin{array}{l}
X_{31}(0) \\ Y_{31}(0) \\ M_{31}(0) \\ X_{13}(1) \\ Y_{13}(2) \\ M_{13}(3)
\end{array}
\end{array}
\tag{6}
$$

在这个矩阵的 u_3、v_3、φ_3、u_1、v_1、φ_1 等结点位移的上边也注明了它们的编号（0）、（0）、（0）、（1）、（2）、（3），同时在矩阵的右边也注明了相同的编号。最后写成缩写形式。

$$
\begin{array}{c}
\quad\quad\quad\{\boldsymbol{\delta}_3\}\ \{\boldsymbol{\delta}_1\} \\
[\boldsymbol{k}]_{31}^{②} = \left[\begin{array}{c:c} k_{33}^{②} & k_{31}^{②} \\ \hdashline k_{13}^{②} & k_{⑪}^{②} \end{array}\right] \begin{array}{l} \{\boldsymbol{N}_{31}\} \\ \{\boldsymbol{N}_{11}\} \end{array}
\end{array}
\tag{7}
$$

由于结点 3 是固定端，所以上式中的 $\{\boldsymbol{\delta}_3\}$ 为零。由此写出的展式为

$$
\{\boldsymbol{N}_{13}\} = [\boldsymbol{k}_{13}^{②}]\{\boldsymbol{\delta}_3\} + [\boldsymbol{k}_{11}^{②}]\{\boldsymbol{\delta}_1\} = [\boldsymbol{k}_{11}^{②}]\{\boldsymbol{\delta}_1\} \tag{8}
$$

$\{\boldsymbol{N}_{31}\}$ 在平衡方程（2）中不出现，所以它的展式没有列出。

对单元③：

$$
\begin{array}{c}
\begin{array}{cccccc}
(4) & (5) & (6) & (0) & (0) & (0) \\
u_2 & v_2 & \varphi_2 & u_4 & v_4 & \varphi_4
\end{array} \\
[\boldsymbol{k}_{24}^{③}] = \left[\begin{array}{ccc|ccc}
\frac{9}{25}\frac{EF}{l}+\frac{16}{25}\frac{12EI}{l^3} & \frac{12}{25}\left(-\frac{EF}{l}+\frac{12EI}{l^3}\right) & -\frac{4}{5}\frac{6EI}{l^2} & -\left(\frac{9}{25}\frac{EF}{l}+\frac{16}{25}\frac{12EI}{l^3}\right) & \frac{12}{25}\left(\frac{EF}{l}-\frac{12EI}{l^3}\right) & -\frac{4}{5}\frac{6EI}{l^2} \\
\frac{12}{25}\left(-\frac{EF}{l}+\frac{12EI}{l^3}\right) & \frac{16}{25}\frac{EF}{l}+\frac{9}{25}\frac{12EI}{l^3} & -\frac{3}{5}\frac{6EI}{l^2} & \frac{12}{25}\left(\frac{EF}{l}-\frac{12EI}{l^3}\right) & -\frac{16}{25}\left(\frac{EF}{l}+\frac{9}{25}\frac{12EI}{l^3}\right) & -\frac{3}{5}\frac{6EI}{l^2} \\
-\frac{4}{5}\frac{6EI}{l^2} & -\frac{3}{5}\frac{6EI}{l^2} & \frac{4EI}{l} & \frac{4}{5}\frac{6EI}{l^2} & \frac{3}{5}\frac{6EI}{l^2} & \frac{2EI}{l} \\
\hline
-\left(\frac{9}{25}\frac{EF}{l}+\frac{16}{25}\frac{12EI}{l^3}\right) & \frac{12}{25}\left(\frac{EF}{l}-\frac{12EI}{l^3}\right) & \frac{4}{5}\frac{6EI}{l^2} & \frac{9}{25}\frac{EF}{l}+\frac{16}{25}\frac{12EI}{l^3} & \frac{12}{25}\left(-\frac{EF}{l}+\frac{12EI}{l^3}\right) & \frac{4}{5}\frac{6EI}{l^2} \\
\frac{12}{25}\left(\frac{EF}{l}-\frac{12EI}{l^3}\right) & -\left(\frac{16}{25}\frac{EF}{l}+\frac{9}{25}\frac{12EI}{l^3}\right) & \frac{3}{5}\frac{6EI}{l^2} & \frac{12}{25}\left(-\frac{EF}{l}+\frac{12EI}{l^3}\right) & \frac{16}{25}\frac{EF}{l}+\frac{9}{25}\frac{12EI}{l^3} & \frac{3}{5}\frac{6EI}{l^2} \\
-\frac{4}{5}\frac{6EI}{l^2} & -\frac{3}{5}\frac{6EI}{l^2} & \frac{2EI}{l} & \frac{4}{5}\frac{6EI}{l^2} & \frac{3}{5}\frac{6EI}{l^2} & \frac{4EI}{l}
\end{array}\right]
\begin{array}{l}
X_{24}(4) \\ Y_{24}(5) \\ M_{34}(6) \\ X_{42}(0) \\ Y_{42}(0) \\ M_{42}(0)
\end{array}
\end{array}
\tag{9}
$$

同样在矩阵的上边注明了各结点位移的编号，同时在矩阵的右边也注明了相同的编号；最后写成缩写形式

$$
\begin{matrix} & \{\boldsymbol{\delta}_2\} & \{\boldsymbol{\delta}_4\} & \\ [\boldsymbol{k}]_{24}^{③} = & \left[\begin{array}{c:c} k_{22}^{③} & k_{24}^{③} \\ \hdashline k_{42}^{③} & k_{44}^{③} \end{array}\right] & & \begin{matrix}\{\boldsymbol{N}_{24}\} \\ \{\boldsymbol{N}_{42}\}\end{matrix} \end{matrix} \tag{10}
$$

同样，由于结点 4 是固定端，上式中的 $\{\boldsymbol{\delta}_4\}$ 为零，因此写出的展式为

$$
\{\boldsymbol{N}_{24}\} = [\boldsymbol{k}_{22}^{③}]\{\boldsymbol{\delta}_2\} + [\boldsymbol{k}_{24}^{③}]\{\boldsymbol{\delta}_4\} = [\boldsymbol{k}_{22}^{③}]\{\boldsymbol{\delta}_2\} \tag{11}
$$

将式（5）、式（8）、式（11）代入平衡方程（2）可以得到

$$
\begin{aligned} &[\boldsymbol{k}_{11}^{①}]\{\boldsymbol{\delta}_1\} + [\boldsymbol{k}_{12}^{①}]\{\boldsymbol{\delta}_2\} + [\boldsymbol{k}_{11}^{②}]\{\boldsymbol{\delta}_1\} = \{\boldsymbol{P}_1\} \\ &[\boldsymbol{k}_{21}^{①}]\{\boldsymbol{\delta}_1\} + [\boldsymbol{k}_{22}^{①}]\{\boldsymbol{\delta}_2\} + [\boldsymbol{k}_{22}^{③}]\{\boldsymbol{\delta}_2\} = \{\boldsymbol{P}_2\} \end{aligned} \tag{12}
$$

即

$$
\begin{aligned} &[\boldsymbol{k}_{11}^{①} + \boldsymbol{k}_{11}^{②}]\{\boldsymbol{\delta}_1\} + [\boldsymbol{k}_{12}^{①}]\{\boldsymbol{\delta}_2\} = \{\boldsymbol{P}_1\} \\ &[\boldsymbol{k}_{21}^{①}]\{\boldsymbol{\delta}_1\} + [\boldsymbol{k}_{22}^{①} + \boldsymbol{k}_{22}^{③}]\{\boldsymbol{\delta}_2\} = \{\boldsymbol{P}_2\} \end{aligned} \tag{13}
$$

把上式写成矩阵形式，有

$$
\left[\begin{array}{c:c} \boldsymbol{k}_{11}^{①} + \boldsymbol{k}_{11}^{②} & \boldsymbol{k}_{12}^{①} \\ \hdashline \boldsymbol{k}_{21}^{①} & \boldsymbol{k}_{22}^{①} + \boldsymbol{k}_{22}^{③} \end{array}\right] \left\{\begin{array}{c} \boldsymbol{\delta}_1 \\ \hdashline \boldsymbol{\delta}_2 \end{array}\right\} = \left\{\begin{array}{c} \boldsymbol{P}_1 \\ \hdashline \boldsymbol{P}_2 \end{array}\right\} \tag{13-22}
$$

这就是缩写形式的平衡方程，将所有的元素代入，可以得到

$$
\left[\begin{array}{ccc:} \frac{EF}{l} + \frac{12EI}{l^3} & 0 & -\frac{6EI}{l^2} \\ 0 & \frac{EF}{l} + \frac{12EI}{l^3} & -\frac{5EI}{l^2} \\ -\frac{6EI}{l^2} & -\frac{6EI}{l^2} & \frac{8EI}{l} \\ \hdashline -\frac{EF}{l} & 0 & 0 \\ 0 & -\frac{12EI}{l^3} & \frac{6EI}{l^2} \\ 0 & -\frac{6EI}{l^2} & \frac{2EI}{l} \end{array}\right.
$$

$$
\left.\begin{matrix}
-\dfrac{EF}{l} & 0 & 0 \\[2ex]
0 & -\dfrac{12EI}{l^3} & -\dfrac{6EI}{l^2} \\[2ex]
0 & \dfrac{6EI}{l^2} & \dfrac{2EI}{l} \\[2ex]
\hdashline
-\dfrac{34}{25}\dfrac{EF}{l}+\dfrac{16}{25}\dfrac{EI}{l^3} & \dfrac{12}{25}\left(-\dfrac{EF}{l}+\dfrac{12EI}{l^3}\right) & -\dfrac{4}{5}\dfrac{6EI}{l^2} \\[2ex]
\dfrac{12}{25}\left(-\dfrac{EF}{l}+\dfrac{12EI}{l^3}\right) & \dfrac{16}{25}\dfrac{EF}{l}+\dfrac{34}{25}\dfrac{12EI}{l^3} & \dfrac{2}{5}\dfrac{6EI}{l^2} \\[2ex]
-\dfrac{4}{5}\dfrac{6EI}{l^2} & \dfrac{2}{5}\dfrac{6EI}{l^2} & \dfrac{8EI}{l}
\end{matrix}\right]
\begin{Bmatrix} u_1 \\ v_1 \\ \varphi_1 \\ \hdashline u_2 \\ v_2 \\ \varphi_2 \end{Bmatrix}
=
\begin{Bmatrix} P_{1x} \\ P_{1y} \\ P_{1M} \\ \hdashline P_{2x} \\ P_{2y} \\ P_{2M} \end{Bmatrix}
\tag{13-23}
$$

这就是展开形式的平衡方程，也就是位移法的法方程，本章中又称为结构劲度方程，通常将其缩写为

$$
[\boldsymbol{K}]\{\boldsymbol{\Delta}\}=\{\boldsymbol{P}\} \tag{13-24}
$$

式中的 $\{\boldsymbol{\Delta}\}$ 为结点位移列阵；$\{\boldsymbol{P}\}$ 为结点荷载列阵；而

$$
[\boldsymbol{K}]=
\left[\begin{array}{ccc:}
(1) & (2) & (3) \\[1ex]
\dfrac{EF}{l}+\dfrac{12EI}{l^3} & 0 & -\dfrac{6EI}{l^2} \\[2ex]
0 & \dfrac{EF}{l}+\dfrac{12EI}{l^3} & -\dfrac{6EI}{l^2} \\[2ex]
-\dfrac{6EI}{l^2} & -\dfrac{6EI}{l^2} & \dfrac{8EI}{l} \\[2ex]
\hdashline
-\dfrac{EF}{l} & 0 & 0 \\[2ex]
0 & -\dfrac{12EI}{l^3} & \dfrac{6EI}{l^2} \\[2ex]
0 & -\dfrac{6EI}{l^2} & \dfrac{2EI}{l}
\end{array}\right.
$$

$$
\begin{array}{ccc|l}
(4) & (5) & (6) & \\
\dfrac{-EF}{l} & 0 & 0 & (1) \\
0 & -\dfrac{12EI}{l^3} & -\dfrac{6EI}{l^2} & (2) \\
0 & \dfrac{6EI}{l^2} & \dfrac{2EI}{l} & (3) \\
\hline
\dfrac{34}{25}\dfrac{EF}{l}+\dfrac{16}{25}\dfrac{12EI}{l^3} & \dfrac{12}{25}\left(-\dfrac{EF}{l}+\dfrac{12EI}{l^3}\right) & -\dfrac{4}{5}\dfrac{6EI}{l^2} & (4) \\
\dfrac{12}{25}\left(-\dfrac{EF}{l}+\dfrac{12EI}{l^3}\right) & \dfrac{16}{25}\dfrac{EF}{l}+\dfrac{34}{25}\dfrac{12EI}{l^3} & \dfrac{2}{5}\dfrac{6EI}{l^2} & (5) \\
-\dfrac{4}{5}\dfrac{6EI}{l^2} & \dfrac{2}{5}\dfrac{6EI}{l^2} & \dfrac{8EI}{l} & (6)
\end{array}
\tag{13-25}
$$

称为结构劲度矩阵，该矩阵是法方程中的系数矩阵，是一个对称方阵。

上面介绍了建立结构劲度方程的过程。一旦建立了这个方程，就可以用线性代数中的适宜方法解算出结点位移未知数，从而计算出结构的内力。从式（13-24）可以看出，结构劲度方程是由三个矩阵组成的：第一个是 $\{\boldsymbol{\Delta}\}$，即由结点位移未知数组成的位移列阵，该矩阵是通过如何取基本结构首先加以确定的量；第二个是 $\{\boldsymbol{P}\}$，即结点荷载列阵，当荷载作用在结点上时，该矩阵直接由各结点荷载所组成；第三个是 $[\boldsymbol{K}]$，即结构劲度矩阵，该矩阵是由劲度方程中的系数所组成的。本方法中很大的一部分工作量是组成结构劲度矩阵。结构劲度方程实质上是平衡方程，其建立的过程是，首先建立由结点力（也就是杆端力）与结点荷载组成的平衡方程，再通过单元劲度矩阵，将结点力用结点位移来表示，从而建立以结点位移作未知数的平衡方程，也就是结构劲度方程。

从上述过程我们可以看出，利用结点平衡来建立结构劲度矩阵 $[\boldsymbol{K}]$，其工作量很大，是非常麻烦的。那么能不能寻找一条更简捷的办法呢？下面我们来分析一下结构劲度矩阵 $[\boldsymbol{K}]$ ［式（13-25）］中每一个元素是如何构成的？该矩阵的构成是不是有一定的规律性？该矩阵与单元劲度矩阵之间的对应关系是什么？从式（13-25）可以看出，结构劲度矩阵为一对称的6×6阶方阵，方程式数目为6个，而结点位移未知数

$$
\begin{array}{cccccccc}
 & & (1) & (2) & (3) & (4) & (5) & (6) \\
\{\boldsymbol{\Delta}\} & = [& u_1 & v_1 & \varphi_1 & u_2 & v_2 & \varphi_2]^{\mathrm{T}}
\end{array}
$$

也为6个，两者相等。这些位移未知数的编号分别为（1）、（2）、…、（6），这种编号也是方程的编号，所以方程编号也为（1）、（2）、…、（6），位移编号与方程式的编号完全一致。显然，结构劲度矩阵中的列号是与位移未知数相对应的，行号是与方程的编号相对应的。其次我们再来研究一下各个单元劲度矩阵式（3）、式（6）、式（9），它们行号与列号对应着 u_1、v_1、φ_1 及 u_2、v_2、φ_2 等结点位移，我们也都相应地编上了（1）、（2）、（3）及（4）、（5）、（6）等号，对应着 u_3、v_3、φ_3 及 u_4、v_4、φ_4 等位移，因为已经知道它们为零，所以都编以（0）的编号。现在我们转入分析结构劲度矩阵中某一元素的构成和性质。从上述知道结构劲度矩阵中与单元劲度矩阵中对应着同一位移，所以结构劲度矩阵中某一元素的性质是和单元劲度矩阵中具有相同行号与列号的元素的性质相同的，即都是由同一性质的单位位移所引起的同一性质的结点力（也就是杆端力）。所以可以按“对号入座”的方法，将各单元劲度矩阵中的各个元素按其行、列号叠加到具有相同行、列号的结构劲度矩阵中去。换句话说，结构劲度矩阵中各个元素是单元劲度矩阵的各元素对它所作的“贡献”。对于单元劲度矩阵中其行、列号为（0）的元素，因为它们是与零位移相对应的，显然不必叠加到结构劲度矩阵中去，而可以将它们去掉。由于它们对建立结构劲度矩阵是不需要的，因此在建立单元劲度矩阵时，对这样的一些元素也可以不必算出以简化计算。

下面以结构劲度矩阵中几个元素为例，看看它们是怎样按“对号入座”的方法组成的。

图13-13（a）、（b）、（c）表示的是杆件12、31、24的单元劲度矩阵的示意图，对其中的各个元素分别附注有行号和列号，在组成结

构劲度矩阵时，可以将具有相同行号、列号的各个元素［具有（0）行号与（0）列号的元素除外用］叠加到结构劲度矩阵中具有相同行号、列号的位置上去［见图 13-13（d）］。例如在结构劲度矩阵中第（5）行、第（5）列处的元素为

$$\frac{16}{25}\frac{EF}{l}+\frac{34}{25}\frac{12EI}{l^3},$$

它是由杆件 12 的单元劲度矩阵中在（5）行、（5）列处的元素 $12EI/l^3$［见图 13-13（a）］和杆件 24 的单元劲度矩阵中在（5）行、（5）列处的元素 $16/25EF/l+9/25\times 12EI/l^3$［见图 13-13（c）］叠加而得到的。即

$$\frac{12EI}{l^3}+\frac{16}{25}\frac{EF}{l}+\frac{9}{25}\frac{12EI}{l^3}=\frac{16}{25}\frac{EF}{l}+\frac{34}{25}\frac{12EI}{l^3}$$

其他可以类推。

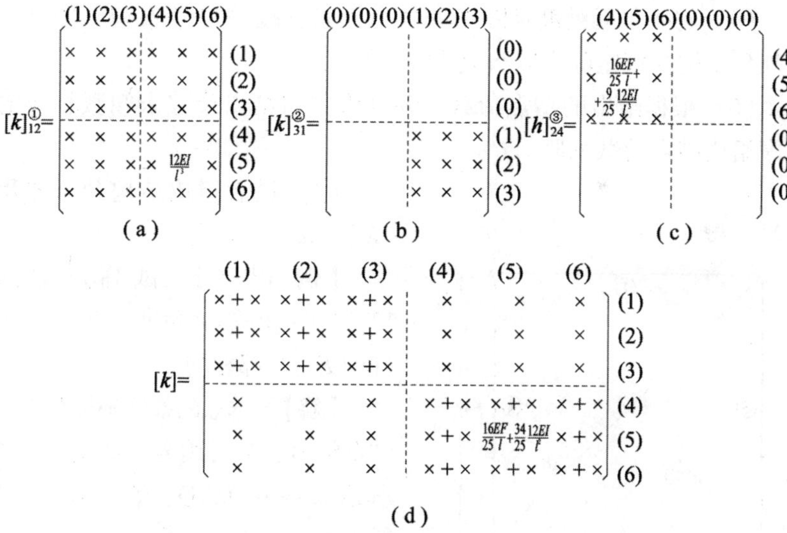

$$[\boldsymbol{k}]^{①}_{12}=\begin{array}{c} \begin{array}{cccccc}(1)&(2)&(3)&(4)&(5)&(6)\end{array} \\ \left[\begin{array}{ccc|ccc} \times&\times&\times&\times&\times&\times\\ \times&\times&\times&\times&\times&\times\\ \times&\times&\times&\times&\times&\times\\ \hline \times&\times&\times&\times&\times&\times\\ \times&\times&\times&\times&\frac{12EI}{l^3}&\times\\ \times&\times&\times&\times&\times&\times \end{array}\right] \end{array}\begin{array}{c}(1)\\(2)\\(3)\\(4)\\(5)\\(6)\end{array}$$

(a)

$$[\boldsymbol{k}]^{②}_{31}=\begin{array}{c} \begin{array}{cccccc}(0)&(0)&(0)&(1)&(2)&(3)\end{array} \\ \left[\begin{array}{ccc|ccc} &&&&&\\ &&&&&\\ &&&&&\\ \hline &&&\times&\times&\times\\ &&&\times&\times&\times\\ &&&\times&\times&\times \end{array}\right] \end{array}\begin{array}{c}(0)\\(0)\\(0)\\(1)\\(2)\\(3)\end{array}$$

(b)

$$[\boldsymbol{h}]^{③}_{24}=\begin{array}{c} \begin{array}{cccccc}(4)&(5)&(6)&(0)&(0)&(0)\end{array} \\ \left[\begin{array}{ccc|ccc} \times&\times&\times&&&\\ \times&\frac{16}{25}\frac{EF}{l}+\frac{9}{25}\frac{12EI}{l^3}&\times&&&\\ \times&\times&\times&&&\\ \hline &&&&&\\ &&&&&\\ &&&&& \end{array}\right] \end{array}\begin{array}{c}(4)\\(5)\\(6)\\(0)\\(0)\\(0)\end{array}$$

(c)

$$[\boldsymbol{k}]=\begin{array}{c} \begin{array}{cccccc}(1)&(2)&(3)&(4)&(5)&(6)\end{array} \\ \left[\begin{array}{ccc|ccc} \times+\times&\times+\times&\times+\times&\times&\times&\times\\ \times+\times&\times+\times&\times+\times&\times&\times&\times\\ \times+\times&\times+\times&\times+\times&\times&\times&\times\\ \hline \times&\times&\times&\times+\times&\times+\times&\times+\times\\ \times&\times&\times&\times+\times&\frac{16}{25}\frac{EF}{l}+\frac{34}{25}\frac{12EI}{l^3}&\times+\times\\ \times&\times&\times&\times+\times&\times+\times&\times+\times \end{array}\right] \end{array}\begin{array}{c}(1)\\(2)\\(3)\\(4)\\(5)\\(6)\end{array}$$

(d)

图 13-13

掌握了这种关系，我们就可以用比较简便的方法，由单元劲度矩阵直接组成结构劲度矩阵，这种方法称为直接劲度法。用直接劲度法

组成结构劲度矩阵不但简单明了，而且便于应用电子计算机进行计算，所以已经广泛地应用于计算机的程序设计中。

最后，我们归纳一下建立结构劲度方程的步骤：

（1）对需要计算的结构选取整体坐标系、选取结点、划分单元，并且对单元与结点进行编号。对单元进行编号时，除按①，②，…的次序编号外，还要按两端结点的次序编号，例如两端结点号为 i 及 j 的杆，可以编为 ij，也可以编为 ji。

（2）确定基本位移未知数，并且按 u、v、φ 的次序进行（1），（2），…的编号，依照编号次序组成结点位移列阵 $\{\boldsymbol{\Delta}\}$。对于受到约束并且数值为零的位移则编为（0）号。

（3）依次建立用整体坐标表示的单元劲度矩阵，并且根据各位移的编号注上相应的列号和行号。

（4）按位移未知数的个数，对结构劲度矩阵编以行号和列号。

（5）将各单元劲度矩阵中的各个元素，按"对号入座"的方法叠加到结构劲度矩阵中以组成矩阵 $[K]$。

（6）根据给出的结点荷载，并且依照与结点位移未知数相应的次序组成结点荷载列阵 $\{P\}$。

（7）最后组成结构劲度方程 $[\boldsymbol{K}]\{\boldsymbol{\Delta}\} = \{\boldsymbol{P}\}$。

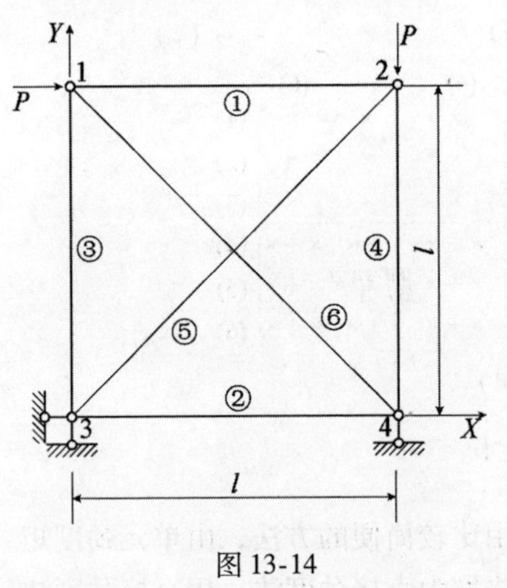

图 13-14

【例 13-1】 试列出如图 13-14所示桁架的劲度方程，设各杆的 E、F 都相同。

【解】 选取的整体坐标系以及结点编号、单元编号，如图 13-14 所示。各单元①、②、③、④、⑤、⑥的结点编号取为

12、34、31

42、32、41

所取的基本结构和结点位移未知数的编号如图 13-15 所示，

即取

$$\{\boldsymbol{\Delta}\} = \begin{bmatrix} (1) & (2) & (3) & (4) & (5) \\ u_1 & v_1 & u_2 & v_2 & u_4 \end{bmatrix}^T$$

这样，各个结点位移的编号如图 13-15（b）所示。

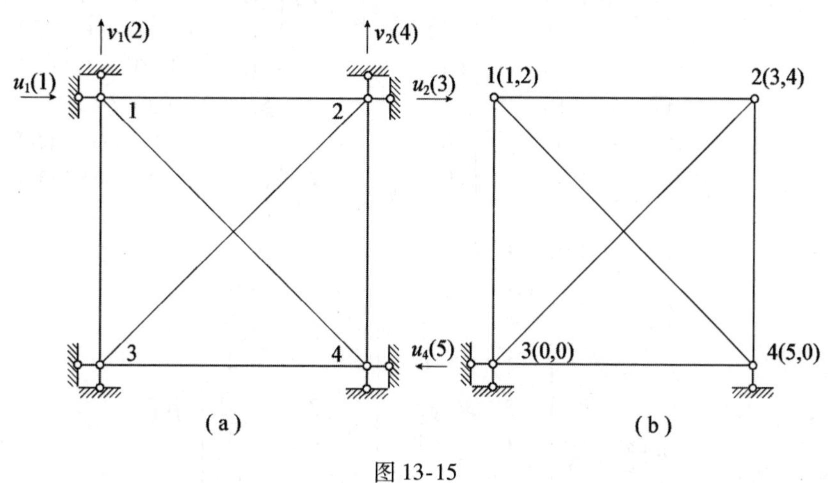

图 13-15

有关基本数据的计算如表 13-5 所示。

表 13-5

杆单元	x_j-x_i	y_j-y_i	l_{ij}	$\cos\theta$	$\sin\theta$	$\cos^2\theta$	$\sin^2\theta$	$\cos\theta\ \sin\theta$
①（1–2）	l	0	l	1	0	1	0	0
②（3–4）	l	0	l	1	0	1	0	0
③（3–1）	0	l	l	0	1	0	1	0
④（4–2）	0	l	l	0	1	0	1	0
⑤（3–2）	l	l	$\sqrt{2}l$	$\frac{\sqrt{2}}{2}$	$\frac{\sqrt{2}}{2}$	$\frac{1}{2}$	$\frac{1}{2}$	$\frac{1}{2}$
⑥（4–7）	$-l$	l	$\sqrt{2}l$	$-\frac{\sqrt{2}}{2}$	$\frac{\sqrt{2}}{2}$	$\frac{1}{2}$	$\frac{1}{2}$	$-\frac{1}{2}$

用式（13-20）计算各个单元劲度矩阵。如果单元局部坐标系与整体坐标系相同（例如杆 12 及 34 就是这种杆），则局部坐标单元劲度矩阵就是整体坐标单元劲度矩阵。

$$[\boldsymbol{k}]_{12}^{①}=\frac{EF}{l}\begin{pmatrix}1&0&-1&0\\0&0&0&0\\-1&0&1&0\\0&0&0&0\end{pmatrix}\begin{matrix}(1)\\(2)\\(3)\\(4)\end{matrix}\quad\text{列: }(1)\ (2)\ (3)\ (4)$$

$$[\boldsymbol{k}]_{34}^{②}=\frac{EF}{l}\begin{pmatrix}1&0&-1&0\\0&0&0&0\\-1&0&1&0\\0&0&0&0\end{pmatrix}\begin{matrix}(0)\\(0)\\(5)\\(0)\end{matrix}\quad\text{列: }(0)\ (0)\ (5)\ (0)$$

$$[\boldsymbol{k}]_{31}^{③}=\frac{EF}{l}\begin{pmatrix}0&0&0&0\\0&1&0&-1\\0&0&0&0\\0&-1&0&1\end{pmatrix}\begin{matrix}(0)\\(0)\\(1)\\(2)\end{matrix}\quad\text{列: }(0)\ (0)\ (1)\ (2)$$

$$[\boldsymbol{k}]_{42}^{④}=\frac{EF}{l}\begin{pmatrix}0&0&0&0\\0&1&0&-1\\0&0&0&0\\0&-1&0&1\end{pmatrix}\begin{matrix}(5)\\(0)\\(3)\\(4)\end{matrix}\quad\text{列: }(5)\ (0)\ (3)\ (4)$$

$$[\boldsymbol{k}]_{32}^{⑤}=\frac{EF}{l}\begin{pmatrix}\frac{\sqrt{2}}{4}&\frac{\sqrt{2}}{4}&-\frac{\sqrt{2}}{4}&-\frac{\sqrt{2}}{4}\\\frac{\sqrt{2}}{4}&\frac{\sqrt{2}}{4}&-\frac{\sqrt{2}}{4}&-\frac{\sqrt{2}}{4}\\-\frac{\sqrt{2}}{4}&-\frac{\sqrt{2}}{4}&\frac{\sqrt{2}}{4}&\frac{\sqrt{2}}{4}\\-\frac{\sqrt{2}}{4}&-\frac{\sqrt{2}}{4}&\frac{\sqrt{2}}{4}&\frac{\sqrt{2}}{4}\end{pmatrix}\begin{matrix}(0)\\(0)\\(3)\\(4)\end{matrix}\quad\text{列: }(0)\ (0)\ (3)\ (4)$$

$$[\boldsymbol{k}]_{41}^{⑥}=\frac{EF}{l}\begin{pmatrix}\frac{\sqrt{2}}{4}&-\frac{\sqrt{2}}{4}&-\frac{\sqrt{2}}{4}&\frac{\sqrt{2}}{4}\\-\frac{\sqrt{2}}{4}&\frac{\sqrt{2}}{4}&\frac{\sqrt{2}}{4}&-\frac{\sqrt{2}}{4}\\-\frac{\sqrt{2}}{4}&\frac{\sqrt{2}}{4}&\frac{\sqrt{2}}{4}&-\frac{\sqrt{2}}{4}\\\frac{\sqrt{2}}{4}&-\frac{\sqrt{2}}{4}&-\frac{\sqrt{2}}{4}&\frac{\sqrt{2}}{4}\end{pmatrix}\begin{matrix}(5)\\(0)\\(1)\\(2)\end{matrix}\quad\text{列: }(5)\ (0)\ (1)\ (2)$$

按“对号入座”的方法由各单元劲度矩阵组成结构劲度矩阵如下

$$
[\boldsymbol{K}]=\frac{EF}{l}\begin{pmatrix}
1+\frac{\sqrt{2}}{4} & -\frac{\sqrt{2}}{4} & -1 & 0 & -\frac{\sqrt{2}}{4} \\
-\frac{\sqrt{2}}{4} & 1+\frac{\sqrt{2}}{4} & 0 & 0 & \frac{\sqrt{2}}{4} \\
-1 & 0 & 1+\frac{\sqrt{2}}{4} & \frac{\sqrt{2}}{4} & 0 \\
0 & 0 & \frac{\sqrt{2}}{4} & 1+\frac{\sqrt{2}}{4} & 0 \\
-\frac{\sqrt{2}}{4} & \frac{\sqrt{2}}{4} & 0 & 0 & 1+\frac{\sqrt{2}}{4}
\end{pmatrix}
\begin{matrix}(1)\\(2)\\(3)\\(4)\\(5)\end{matrix}
$$

（列编号：(1)　(2)　(3)　(4)　(5)）

由此可以得出结构劲度方程为

$$
\frac{EF}{l}\begin{pmatrix}
1+\frac{\sqrt{2}}{4} & -\frac{\sqrt{2}}{4} & -1 & 0 & -\frac{\sqrt{2}}{4} \\
-\frac{\sqrt{2}}{4} & 1+\frac{\sqrt{2}}{4} & 0 & 0 & \frac{\sqrt{2}}{4} \\
-1 & 0 & 1+\frac{\sqrt{2}}{4} & \frac{\sqrt{2}}{4} & 0 \\
0 & 0 & \frac{\sqrt{2}}{4} & 1+\frac{\sqrt{2}}{4} & 0 \\
-\frac{\sqrt{2}}{4} & \frac{\sqrt{2}}{4} & 0 & 0 & 1+\frac{\sqrt{2}}{4}
\end{pmatrix}
\begin{pmatrix} u_1 \\ v_1 \\ u_2 \\ v_2 \\ u_4 \end{pmatrix}
=\begin{pmatrix} P \\ 0 \\ 0 \\ -P \\ 0 \end{pmatrix}
$$

在荷载列阵中，结点荷载与整体坐标轴方向相同者取为正，反之为负。

【例 13-2】 试列出如图 13-16 所示刚架的结构劲度方程，设各杆的 E、F、I 都相同。

【解】 选取的整体坐标系以及结点编号、单元编号如图 13-16 所示，各单元的结点编号为 12、31、42。

所取基本结构、结点位移未知数以及它们的编号如图 13-17（a）所示，即取

$$\{\boldsymbol{\Delta}\} = \begin{bmatrix} (1) & (2) & (3) & (4) & (5) & (6) & (7) \\ u_1 & v_1 & \varphi_1 & u_2 & v_2 & \varphi_{21} & \varphi_{24} \end{bmatrix}^{\mathrm{T}}$$

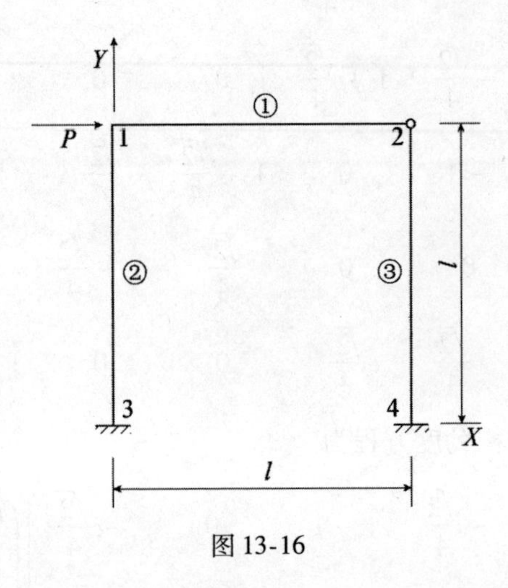

图 13-16

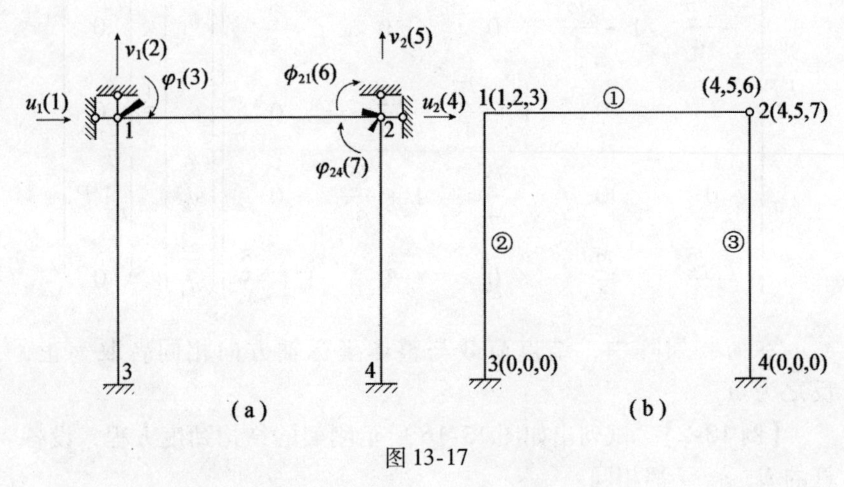

图 13-17

各结点位移的编号如图 13-17（b）所示。由于结点 2 为铰结点，角位移不连续，因此对 21 杆的角位移编号为（6），对 24 杆的角位移编号为（7）。但是在结点 2 处的 u_2、v_2 两个线位移对于杆 21 和杆 24

来说是连续的，所以都编号为（4）、（5）。

有关基本数据的计算如表 13-6 所示。

表 13-6

杆单元	x_j-x_i	y_j-y_i	l_{ij}	$\cos\theta$	$\sin\theta$	$\cos^2\theta$	$\sin^2\theta$	$\cos\theta\sin\theta$
①（1–2）	l	0	l	1	0	1	0	0
②（3–1）	0	l	l	0	1	0	1	0
③（4–2）	0	l	l	0	1	0	1	0

计算各杆单元的整体坐标单元劲度矩阵。因为 12 杆的局部坐标系与整体坐标系相同，所以其局部坐标劲度矩阵也就是其整体坐标劲度矩阵。

$$
\begin{array}{c} \\ [\boldsymbol{k}]_{12}^{①} = \end{array}
\begin{array}{c}
\begin{array}{cccccc} (1) & (2) & (3) & (4) & (5) & (6) \end{array} \\
\left(\begin{array}{ccc:ccc}
\frac{EF}{l} & 0 & 0 & -\frac{EF}{l} & 0 & 0 \\
0 & \frac{12EI}{l^3} & -\frac{6EI}{l^2} & 0 & -\frac{12EI}{l^3} & -\frac{6EI}{l^2} \\
0 & -\frac{6EI}{l^2} & \frac{4EI}{l} & 0 & \frac{6EI}{l^2} & \frac{2EI}{l} \\
\hdashline
-\frac{EF}{l} & 0 & 0 & \frac{EF}{l} & 0 & 0 \\
0 & -\frac{12EI}{l^3} & \frac{6EI}{l^2} & 0 & \frac{12EI}{l^3} & \frac{6EI}{l^2} \\
0 & -\frac{6EI}{l^2} & \frac{2EI}{l} & 0 & \frac{6EI}{l^2} & \frac{4EI}{l}
\end{array}\right)
\end{array}
\begin{array}{c} \\ (1) \\ (2) \\ (3) \\ (4) \\ (5) \\ (6) \end{array}
$$

$$
[\boldsymbol{k}]_{31}^{②}=
\begin{array}{c}
\begin{matrix}(0) & (0) & (0) & (1) & (2) & (3)\end{matrix}\\
\left(\begin{array}{ccc:ccc}
\frac{12EI}{l^3} & 0 & \frac{6EI}{l^2} & -\frac{12EI}{l^3} & 0 & \frac{6EI}{l^2}\\
0 & \frac{EF}{l} & 0 & 0 & -\frac{EF}{l} & 0\\
\frac{6EI}{l^2} & 0 & \frac{4EI}{l} & -\frac{6EI}{l^2} & 0 & \frac{2EI}{l}\\
\hdashline
-\frac{12EI}{l^3} & 0 & -\frac{6EI}{l^2} & \frac{12EI}{l^3} & 0 & -\frac{6EI}{l^2}\\
0 & -\frac{EF}{l} & 0 & 0 & \frac{EF}{l} & 0\\
\frac{6EI}{l^2} & 0 & \frac{2EI}{l} & -\frac{6EI}{l^2} & 0 & \frac{4EI}{l}
\end{array}\right)
\end{array}
\begin{matrix}(0)\\(0)\\(0)\\(1)\\(2)\\(3)\end{matrix}
$$

$$
[\boldsymbol{k}]_{42}^{③}=
\begin{array}{c}
\begin{matrix}(0) & (0) & (0) & (4) & (5) & (7)\end{matrix}\\
\left(\begin{array}{ccc:ccc}
\frac{12EI}{l^3} & 0 & \frac{6EI}{l^2} & -\frac{12EI}{l^3} & 0 & \frac{6EI}{l^2}\\
0 & \frac{EF}{l} & 0 & 0 & -\frac{EF}{l} & 0\\
\frac{6EI}{l^2} & 0 & \frac{4EI}{l} & -\frac{6EI}{l^2} & 0 & \frac{2EI}{l}\\
\hdashline
-\frac{12EI}{l^3} & 0 & -\frac{6EI}{l^2} & \frac{12EI}{l^3} & 0 & -\frac{6EI}{l^2}\\
0 & -\frac{EF}{l} & 0 & 0 & \frac{EF}{l} & 0\\
\frac{6EI}{l^2} & 0 & \frac{2EI}{l} & -\frac{6EI}{l^2} & 0 & \frac{4EI}{l}
\end{array}\right)
\end{array}
\begin{matrix}(0)\\(0)\\(0)\\(4)\\(5)\\(7)\end{matrix}
$$

按“对号入座”方法组成结构劲度矩阵如下：

$$
[\boldsymbol{k}] = \begin{pmatrix}
\frac{EF}{l}+\frac{12EI}{l^3} & 0 & -\frac{6EI}{l^2} & -\frac{EF}{l} & 0 & 0 & 0 \\
0 & \frac{EF}{l}+\frac{12EI}{l^3} & -\frac{6EI}{l^2} & 0 & -\frac{12EI}{l^3} & -\frac{6EI}{l^2} & 0 \\
-\frac{6EI}{l^2} & -\frac{6EI}{l^2} & \frac{8EI}{l} & 0 & \frac{6EI}{l^2} & \frac{2EI}{l} & 0 \\
-\frac{EF}{l} & 0 & 0 & \frac{EF}{l}+\frac{12EI}{l^3} & 0 & 0 & -\frac{6EI}{l^2} \\
0 & -\frac{12EI}{l^3} & \frac{6EI}{l^2} & 0 & \frac{EF}{l}+\frac{12EI}{l^3} & \frac{6EI}{l^2} & 0 \\
0 & -\frac{6EI}{l^2} & \frac{2EI}{l} & 0 & \frac{6EI}{l^2} & \frac{4EI}{l} & 0 \\
0 & 0 & 0 & -\frac{6EI}{l^2} & 0 & 0 & \frac{4EI}{l}
\end{pmatrix}
\begin{matrix} (1) \\ (2) \\ (3) \\ (4) \\ (5) \\ (6) \\ (7) \end{matrix}
$$

（列编号依次为 (1) (2) (3) (4) (5) (6) (7)）

最后组成结构劲度方程为

$$
\begin{pmatrix}
\frac{EF}{l}+\frac{12EI}{l^3} & 0 & -\frac{6EI}{l^2} & -\frac{EF}{l} & 0 & 0 & 0 \\
0 & \frac{EF}{l}+\frac{12EI}{l^3} & -\frac{6EI}{l^2} & 0 & -\frac{12EI}{l^3} & -\frac{6EI}{l^2} & 0 \\
-\frac{6EI}{l^2} & -\frac{6EI}{l^2} & \frac{8EI}{l} & 0 & \frac{6EI}{l^2} & \frac{2EI}{l} & 0 \\
-\frac{EF}{l} & 0 & 0 & \frac{EF}{l}+\frac{12EI}{l^3} & 0 & 0 & -\frac{6EI}{l^2} \\
0 & -\frac{12EI}{l^3} & \frac{6EI}{l^2} & 0 & \frac{EF}{l}+\frac{12EI}{l^3} & \frac{6EI}{l^2} & 0 \\
0 & -\frac{6EI}{l^2} & \frac{2EI}{l} & 0 & \frac{6EI}{l^2} & \frac{4EI}{l} & 0 \\
0 & 0 & 0 & -\frac{6EI}{l^2} & 0 & 0 & \frac{4EI}{l}
\end{pmatrix}
\begin{Bmatrix} u_1 \\ v_1 \\ \phi_1 \\ u_2 \\ v_2 \\ \phi_{21} \\ \phi_{24} \end{Bmatrix}
=
\begin{Bmatrix} P \\ 0 \\ 0 \\ 0 \\ 0 \\ 0 \\ 0 \end{Bmatrix}。
$$

【例 13-3】 试列出如图 13-18 所示单跨三层刚架的结构劲度方程。已知：$E=0.26\times10^8 \text{kN/m}^2$，梁的面积 $F=0.15\text{m}^2$，柱的惯性矩 $I=0.003125\text{m}^4$，柱的面积 $F=0.18\text{m}^2$，柱的惯性矩 $I=0.0054\text{m}^4$。所受的荷载如图 3-18 所示（$P_{1y}=P_{2y}=P_{3y}=P_{4y}=P_{5y}=P_{6y}=-9\text{kN}$，$P_{1M}=P_{3M}=P_{5M}=9\text{kNm}$，$P_{2M}=P_{4M}=P_{6M}=-9\text{kNm}$）。

【解】 选取整体坐标系以及结点编号和划分单元如图 13-18 所

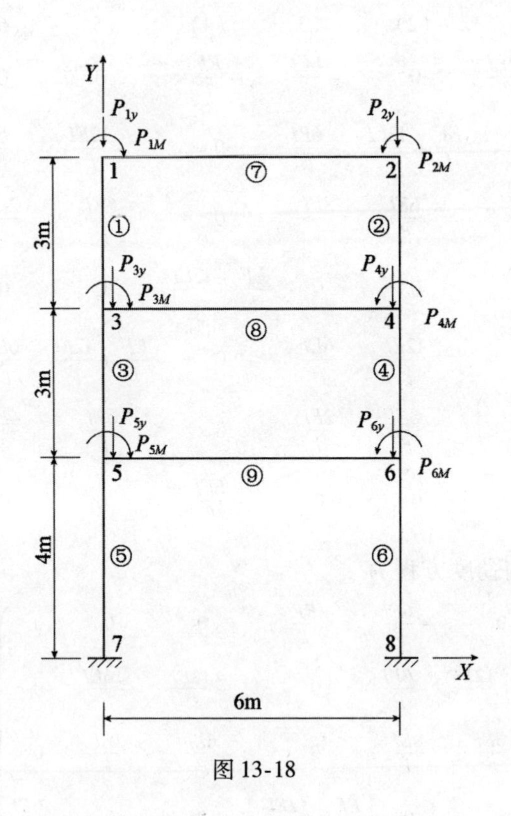

图 13-18

示。单元信息如表 13-7 所示。

表 13-7

单元号	①	②	③	④	⑤	⑥	⑦	⑧	⑨
左结点号 i	3	4	5	6	7	8	1	3	5
右结点号 j	1	2	3	4	5	6	2	4	6

所选取的基本结构和结点位移编号如图 13-19 所示。

位移信息如表 13-8 所示。

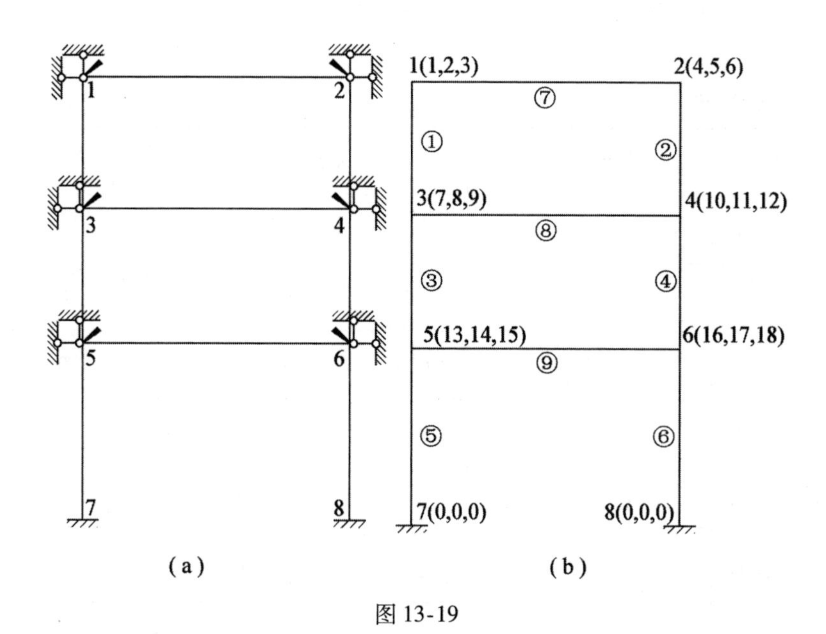

图 13-19

表 13-8

结点	1			2			3			4			5			6		
位移名称	u_1	v_1	φ_1	u_2	v_2	φ_2	u_3	v_3	φ_3	u_4	v_4	φ_4	u_5	v_5	φ_5	u_6	v_6	φ_6
位移编号	1	2	3	4	5	6	7	8	9	10	11	12	13	14	15	16	17	18

荷载信息如表 13-9 所示。

表 13-9

结点	1	2	3	4	5	6
P_{iy}/(kN)	−9	−9	−9	−9	−9	−9
P_{iM}/(kNm)	9	−9	9	−9	9	−9

有关基本数据的计算如表 13-10 所示。

表 13-10

杆单元	x_j-x_i	y_j-y_i	l_{ij}	$\cos\theta$	$\sin\theta$	$\cos^2\theta$	$\sin^2\theta$	$\cos\theta\sin\theta$
①（3-1）	0	3	3	0	1	0	1	0
②（4-2）	0	3	3	0	1	0	1	0
③（5-3）	0	3	3	0	1	0	1	0
④（6-4）	0	3	3	0	1	0	1	0
⑤（7-5）	0	4	4	0	1	0	1	0
⑥（8-6）	0	4	4	0	1	0	1	0
⑦（1-2）	6	0	6	1	0	1	0	0
⑧（3-4）	6	0	6	1	0	1	0	0
⑨（5-6）	6	0	6	1	0	1	0	0

计算各杆单元的整体坐标单元劲度矩阵。虽然总共有 9 个单元，但有些单元的长度和截面特性相同，所以只需要以下三组单元劲度矩阵。

第一组：单元①～④的劲度矩阵都相同，即 $[\boldsymbol{k}]_{31}=[\boldsymbol{k}]_{42}=[\boldsymbol{k}]_{53}=[\boldsymbol{k}]_{64}$，用 $[\boldsymbol{k}]^{①}$表示。

第二组：单元⑤、⑥的劲度矩阵都相同，即 $[\boldsymbol{k}]_{75}=[\boldsymbol{k}]_{86}$，用 $[\boldsymbol{k}]^{⑤}$表示。

第三组：单元⑦～⑨的劲度矩阵都相同，即 $[\boldsymbol{k}]_{12}=[\boldsymbol{k}]_{34}=[\boldsymbol{k}]_{56}$，用 $[\boldsymbol{k}]^{⑦}$表示。

计算结果如下：

$$[\boldsymbol{k}]^{①} = 10 \times \begin{pmatrix} 6240 & 0 & 9360 & -6240 & 0 & 9360 \\ 0 & 156000 & 0 & 0 & -156000 & 0 \\ 9360 & 0 & 18720 & -9360 & 0 & 9360 \\ -6240 & 0 & -9360 & 6240 & 0 & -9360 \\ 0 & -156000 & 0 & 0 & 156000 & 0 \\ 9360 & 0 & 9360 & -9360 & 0 & 18720 \end{pmatrix}$$

④	(16)	(17)	(18)	(10)	(11)	(12)				
③	(13)	(14)	(15)	(7)	(8)	(9)				
②	(10)	(11)	(12)	(4)	(5)	(6)				
①	(7)	(8)	(9)	(1)	(2)	(3)	①	②	③	④
	6240	0	9360	-6240	0	9360	(7)	(10)	(13)	(16)
	0	156000	0	0	-156000	0	(8)	(11)	(14)	(17)
	9360	0	18720	-9360	0	9360	(9)	(12)	(15)	(18)
	-6240	0	-9360	6240	0	-9360	(1)	(4)	(7)	(10)
	0	-156000	0	0	156000	0	(2)	(5)	(8)	(11)
	9360	0	9360	-9360	0	18720	(3)	(6)	(9)	(12)

$$[\boldsymbol{k}]^{⑤} = 10 \times \begin{pmatrix} 2632.5 & 0 & 5265 & -2632.5 & 0 & 5265 \\ 0 & 117000 & 0 & 0 & -117000 & 0 \\ 5265 & 0 & 14040 & -5265 & 0 & 7020 \\ -2632.5 & 0 & -5265 & 2632.5 & 0 & -5265 \\ 0 & -117000 & 0 & 0 & 117000 & 0 \\ 5265 & 0 & 7020 & -5265 & 0 & 14040 \end{pmatrix}$$

⑥	(0)	(0)	(0)	(16)	(17)	(18)		
⑤	(0)	(0)	(0)	(13)	(14)	(15)	⑤	⑥
	2632.5	0	5265	-2632.5	0	5265	(0)	(0)
	0	117000	0	0	-117000	0	(0)	(0)
	5265	0	14040	-5265	0	7020	(0)	(0)
	-2632.5	0	-5265	2632.5	0	-5265	(13)	(16)
	0	-117000	0	0	117000	0	(14)	(17)
	5265	0	7020	-5265	0	14040	(15)	(18)

$$
\begin{array}{cccccc|c}
(13) & (14) & (15) & (16) & (17) & (18) & ⑨ \\
(7) & (8) & (9) & (10) & (11) & (12) & ⑧ \\
(1) & (2) & (3) & (4) & (5) & (6) & ⑦
\end{array}
\quad
\begin{array}{c|c}
⑧ & ⑨
\end{array}
$$

$$
[\boldsymbol{k}]^{⑦} = 10 \times \begin{pmatrix}
65000 & 0 & 0 & -65000 & 0 & 0 \\
0 & 451.4 & -1354.2 & 0 & -451.4 & -1354.2 \\
0 & -1354.2 & 5416.7 & 0 & 1354.2 & 2708.3 \\
-65000 & 0 & 0 & 65000 & 0 & 0 \\
0 & -451.4 & 1354.2 & 0 & 451.2 & 1354.2 \\
0 & -1354.2 & 2708.3 & 0 & 1354.2 & 5416.7
\end{pmatrix}
\begin{array}{c|c|c}
(1) & (7) & (13) \\
(2) & (8) & (14) \\
(3) & (9) & (15) \\
(4) & (10) & (16) \\
(5) & (11) & (17) \\
(6) & (12) & (18)
\end{array}
$$

用“对号入座”的方法组成结构劲度矩阵

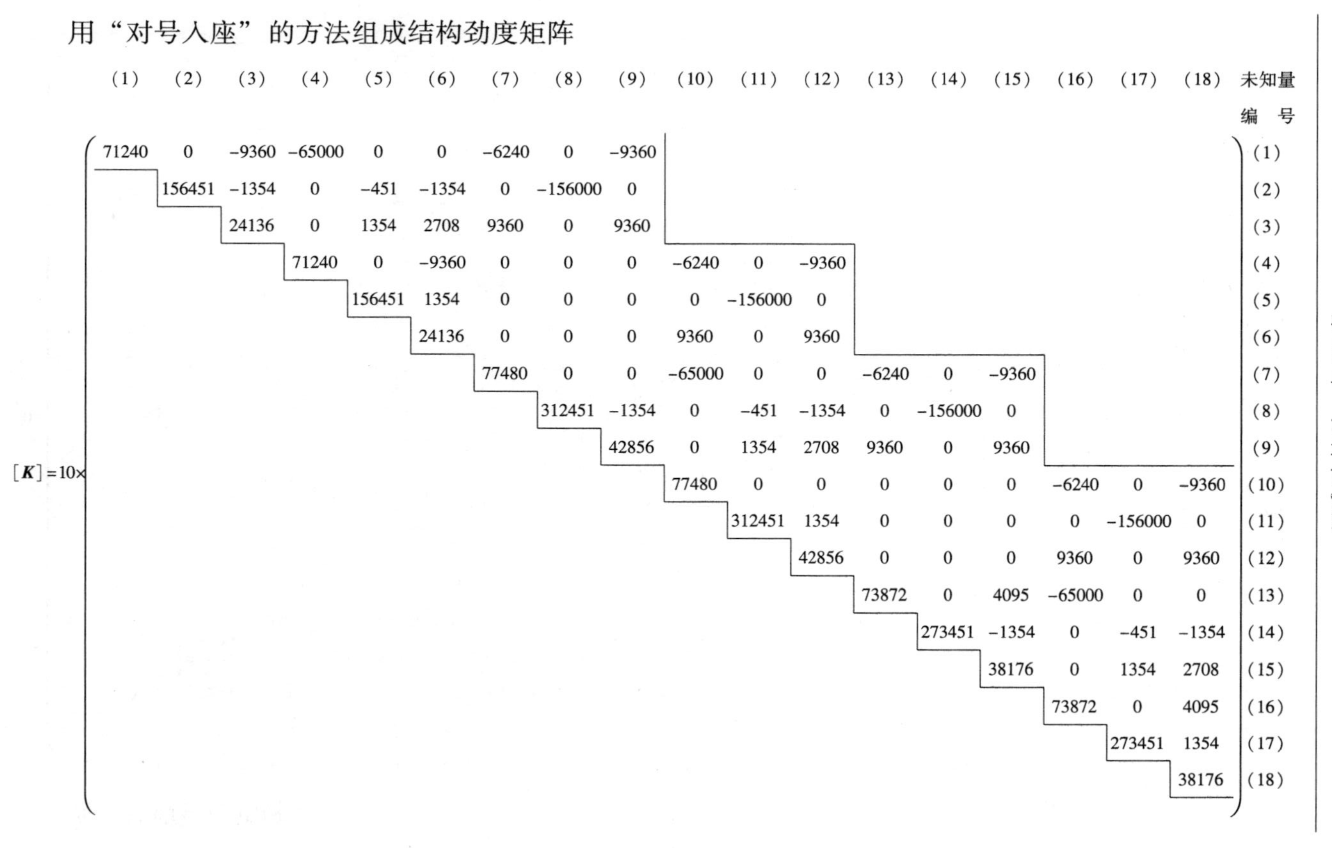

$[\boldsymbol{K}]=10\times$

(1)	(2)	(3)	(4)	(5)	(6)	(7)	(8)	(9)	(10)	(11)	(12)	(13)	(14)	(15)	(16)	(17)	(18)	未知量编号
71240	0	-9360	-65000	0	0	-6240	0	-9360										(1)
	156451	-1354	0	-451	-1354	0	-156000	0										(2)
		24136	0	1354	2708	9360	0	9360										(3)
			71240	0	-9360	0	0	0	-6240	0	-9360							(4)
				156451	1354	0	0	0	0	-156000	0							(5)
					24136	0	0	0	9360	0	9360							(6)
						77480	0	0	-65000	0	0	-6240	0	-9360				(7)
							312451	-1354	0	-451	-1354	0	-156000	0				(8)
								42856	0	1354	2708	9360	0	9360				(9)
									77480	0	0	0	0	0	-6240	0	-9360	(10)
										312451	1354	0	0	0	0	-156000	0	(11)
											42856	0	0	0	9360	0	9360	(12)
												73872	0	4095	-65000	0	0	(13)
													273451	-1354	0	-451	-1354	(14)
														38176	0	1354	2708	(15)
															73872	0	4095	(16)
																273451	1354	(17)
																	38176	(18)

列出结构劲度矩阵

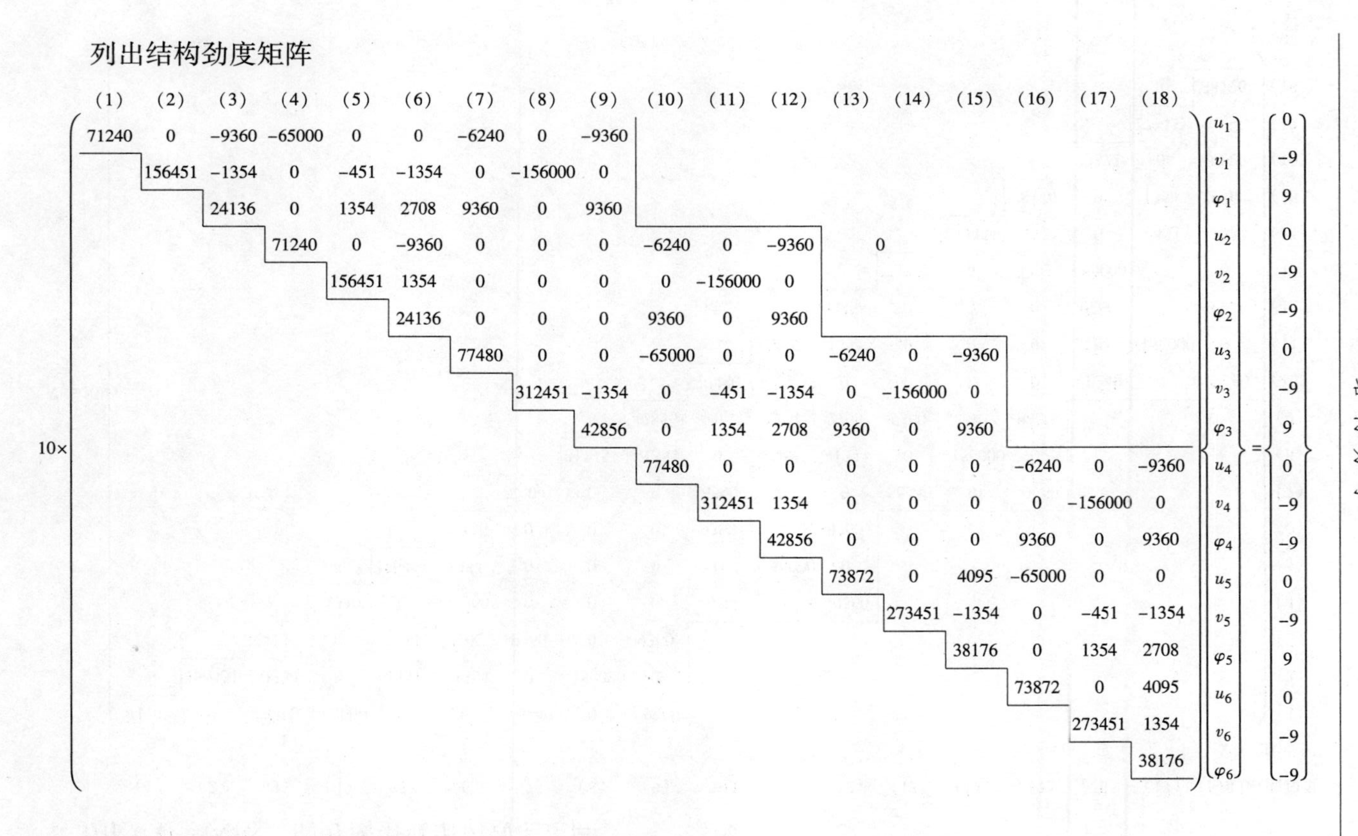

(1) (2) (3) (4) (5) (6) (7) (8) (9) (10) (11) (12) (13) (14) (15) (16) (17) (18)

$$
10\times\left(\begin{array}{cccccccccccccccccc}
71240 & 0 & -9360 & -65000 & 0 & 0 & -6240 & 0 & -9360 & & & & & & & & & \\
 & 156451 & -1354 & 0 & -451 & -1354 & 0 & -156000 & 0 & & & & & & & & & \\
 & & 24136 & 0 & 1354 & 2708 & 9360 & 0 & 9360 & & & & & & & & & \\
 & & & 71240 & 0 & -9360 & 0 & 0 & 0 & -6240 & 0 & -9360 & 0 & & & & & \\
 & & & & 156451 & 1354 & 0 & 0 & 0 & 0 & -156000 & 0 & & & & & & \\
 & & & & & 24136 & 0 & 0 & 0 & 9360 & 0 & 9360 & & & & & & \\
 & & & & & & 77480 & 0 & 0 & -65000 & 0 & 0 & -6240 & 0 & -9360 & & & \\
 & & & & & & & 312451 & -1354 & 0 & -451 & -1354 & 0 & -156000 & 0 & & & \\
 & & & & & & & & 42856 & 0 & 1354 & 2708 & 9360 & 0 & 9360 & & & \\
 & & & & & & & & & 77480 & 0 & 0 & 0 & 0 & 0 & -6240 & 0 & -9360 \\
 & & & & & & & & & & 312451 & 1354 & 0 & 0 & 0 & 0 & -156000 & 0 \\
 & & & & & & & & & & & 42856 & 0 & 0 & 0 & 9360 & 0 & 9360 \\
 & & & & & & & & & & & & 73872 & 0 & 4095 & -65000 & 0 & 0 \\
 & & & & & & & & & & & & & 273451 & -1354 & 0 & -451 & -1354 \\
 & & & & & & & & & & & & & & 38176 & 0 & 1354 & 2708 \\
 & & & & & & & & & & & & & & & 73872 & 0 & 4095 \\
 & & & & & & & & & & & & & & & & 273451 & 1354 \\
 & & & & & & & & & & & & & & & & & 38176
\end{array}\right)
\begin{Bmatrix} u_1 \\ v_1 \\ \varphi_1 \\ u_2 \\ v_2 \\ \varphi_2 \\ u_3 \\ v_3 \\ \varphi_3 \\ u_4 \\ v_4 \\ \varphi_4 \\ u_5 \\ v_5 \\ \varphi_5 \\ u_6 \\ v_6 \\ \varphi_6 \end{Bmatrix}
=
\begin{Bmatrix} 0 \\ -9 \\ 9 \\ 0 \\ -9 \\ -9 \\ 0 \\ -9 \\ 9 \\ 0 \\ -9 \\ -9 \\ 0 \\ -9 \\ 9 \\ 0 \\ -9 \\ -9 \end{Bmatrix}
$$

从上述这个例子可以看出，结构劲度矩阵除了具有对称性以外，还具有另外一个重要的性质，即稀疏性。所谓稀疏性就是结构劲度中含有大量的零元素。利用结构劲度矩阵这种性质，为计算机程序的编制带来了方便，在计算机内存中不存储这些零元素可以大大提高解题能力，同时节约容量减少机时，达到节省费用的目的。当结构的未知量阶数愈高时，结构劲度矩阵的稀疏性愈明显。

13.5　杆端内力的计算　杆端内力矩阵

建立了结构劲度方程［式（13–24）］即位移法的法方程以后，求解这些方程，就可以求得用整体坐标表示的各个结点的各个位移值 $\{\boldsymbol{\Delta}\}$。我们最后还需要计算各个单元的内力，首先是计算出各个单元的杆端力（此杆端力也就是杆端内力），通常需要的是以局部坐标表示的杆端内力，即杆端的轴力、剪力和弯矩。知道了杆端内力以后就可以计算出杆中任意截面的内力。

下面分两种情况研究，一是当杆件的局部坐标与整体坐标轴平行的情况；二是当杆件的局部坐标与整体坐标不平行的情况。先研究两套坐标轴为平行时杆端内力的计算。

由单元劲度方程（13-5）知道

$$\{\overline{\boldsymbol{N}}\} = [\overline{\boldsymbol{k}}]\{\overline{\boldsymbol{\delta}}\} \tag{1}$$

由式（13-10）又有

$$\{\overline{\boldsymbol{\delta}}\} = [\boldsymbol{L}]\{\boldsymbol{\delta}\} \tag{2}$$

这时，两套坐标轴之间的夹角 $\theta=0$，所以转换矩阵成为么阵，即

$$[\boldsymbol{L}] = [\boldsymbol{I}] \tag{3}$$

所以

$$\{\overline{\boldsymbol{\delta}}\} = \{\boldsymbol{\delta}\} \tag{4}$$

将式（4）代入式（1），就有

$$\{\overline{\boldsymbol{N}}\} = [\overline{\boldsymbol{k}}]\{\boldsymbol{\delta}\} \tag{13-26}$$

从式（13-26）可以看出这种情况比较简单，只要把局部坐标的单元劲度矩阵 $[\bar{\boldsymbol{k}}]$ 与按整体坐标求得的杆端位移 $\{\boldsymbol{\delta}\}$ 直接相乘，就可以计算出杆端内力。

再研究两套坐标轴成一夹角 θ 时，这时转换矩阵不是么阵，而为任意值，即 $[\boldsymbol{L}] \neq [\boldsymbol{I}]$，这时将式（2）直接代入式（1），由此可以得到

$$\{\bar{\boldsymbol{N}}\} = [\bar{\boldsymbol{k}}][\boldsymbol{L}]\{\boldsymbol{\delta}\} \tag{5}$$

在上式中如果令

$$[\boldsymbol{S}] = [\bar{\boldsymbol{k}}][\boldsymbol{L}] \tag{13-27}$$

则

$$\{\bar{\boldsymbol{N}}\} = [\boldsymbol{S}]\{\boldsymbol{\delta}\} \tag{13-28}$$

上式中的 $[\boldsymbol{S}]$ 称为杆端内力矩阵，或简称内力矩阵，将 $[\boldsymbol{S}]$ 与求得的结点位移相乘，就可以求得结点荷载作用下的杆端内力 $\{\bar{\boldsymbol{N}}\}$。

本章 13.2 节中所介绍的两种基本杆的内力矩阵，可以根据式（13-27）求得。对两端固定的基本杆的内力矩阵，可以用式（13-6）与式（13-13）相乘求得如下

$$[\boldsymbol{S}] = \begin{pmatrix} \frac{EF}{l}\cos\theta & \frac{EF}{l}\sin\theta & 0 & -\frac{EF}{l}\cos\theta & -\frac{EF}{l}\sin\theta & 0 \\ -\frac{12EI}{l^3}\sin\theta & \frac{12EI}{l^3}\cos\theta & -\frac{6EI}{l^2} & \frac{12EI}{l^3}\sin\theta & -\frac{12EI}{l^3}\cos\theta & -\frac{6EI}{l^2} \\ \frac{6EI}{l^2}\sin\theta & -\frac{6EI}{l^2}\cos\theta & \frac{4EI}{l} & -\frac{6EI}{l^2}\sin\theta & \frac{6EI}{l^2}\cos\theta & \frac{2EI}{l} \\ -\frac{EF}{l}\cos\theta & -\frac{EF}{l}\sin\theta & 0 & \frac{EF}{l}\cos\theta & \frac{EF}{l}\sin\theta & 0 \\ \frac{12EI}{l^3}\sin\theta & -\frac{12EI}{l^3}\cos\theta & \frac{6EI}{l^2} & -\frac{12EI}{l^3}\sin\theta & \frac{12EI}{l^3}\cos\theta & \frac{6EI}{l^2} \\ \frac{6EI}{l^2}\sin\theta & -\frac{6EI}{l^2}\cos\theta & \frac{2EI}{l} & -\frac{6EI}{l^2}\sin\theta & \frac{6EI}{l^2}\cos\theta & \frac{4EI}{l} \end{pmatrix} \tag{13-29}$$

对于只承受轴力的杆，同样可以求得

$$[\boldsymbol{S}]=\frac{EF}{l}\begin{pmatrix}\cos\theta & \sin\theta & -\cos\theta & -\sin\theta\\ 0 & 0 & 0 & 0\\ -\cos\theta & -\sin\theta & \cos\theta & \sin\theta\\ 0 & 0 & 0 & 0\end{pmatrix} \tag{13-30}$$

一般情况下，桁架是只承受轴力的结构，其荷载通常都是结点荷载，因此将式（13-30）代入式（13-28）并且写成展开形式，就可以求得各杆的杆端内力如下

$$\begin{Bmatrix}\overline{X}_{ij}\\ \overline{Y}_{ij}\\ \overline{X}_{ji}\\ \overline{Y}_{ji}\end{Bmatrix}=\frac{EF}{l}\begin{pmatrix}\cos\theta & \sin\theta & -\cos\theta & -\sin\theta\\ 0 & 0 & 0 & 0\\ -\cos\theta & -\sin\theta & \cos\theta & \sin\theta\\ 0 & 0 & 0 & 0\end{pmatrix}\begin{Bmatrix}u_i\\ v_i\\ u_j\\ v_j\end{Bmatrix} \tag{6}$$

由上式可以得到

$$\begin{aligned}\overline{X}_{ji}=-\overline{X}_{ij}&=\frac{EF}{l}[-\cos\theta u_i-\sin\theta v_i+\cos\theta u_j+\sin\theta v_j]\\ &=\frac{EF}{l}[\cos\theta(u_j-u_i)+\sin\theta(v_j-v_i)]\end{aligned} \tag{7}$$

$$\overline{Y}_{ji}=\overline{Y}_{ij}=0$$

因为对于承受轴力的杆，各个截面的轴力都相等，如果我们规定杆内任 ·截面的轴力以拉力为正、压力为负；杆端内力仍旧以沿局部坐标轴正方向者为正，反之为负，则任一截面的轴力 $\overline{N}_{ij}$ 与杆端内力 $\overline{X}_{ji}$ 在数值上和正负号都相同，所以由式（7）可以得到

$$\overline{N}_{ij}=\frac{EF}{l}[\cos\theta(u_j-u_i)+\sin\theta(v_j-v_i)] \tag{13-31}$$

求得各结点位移后，直接代入上式就可以求得各轴向单元内的轴力。

【例 13-4】 试计算如图 13-20（a）所示桁架各杆的内力。设各杆的 EF 都相同。

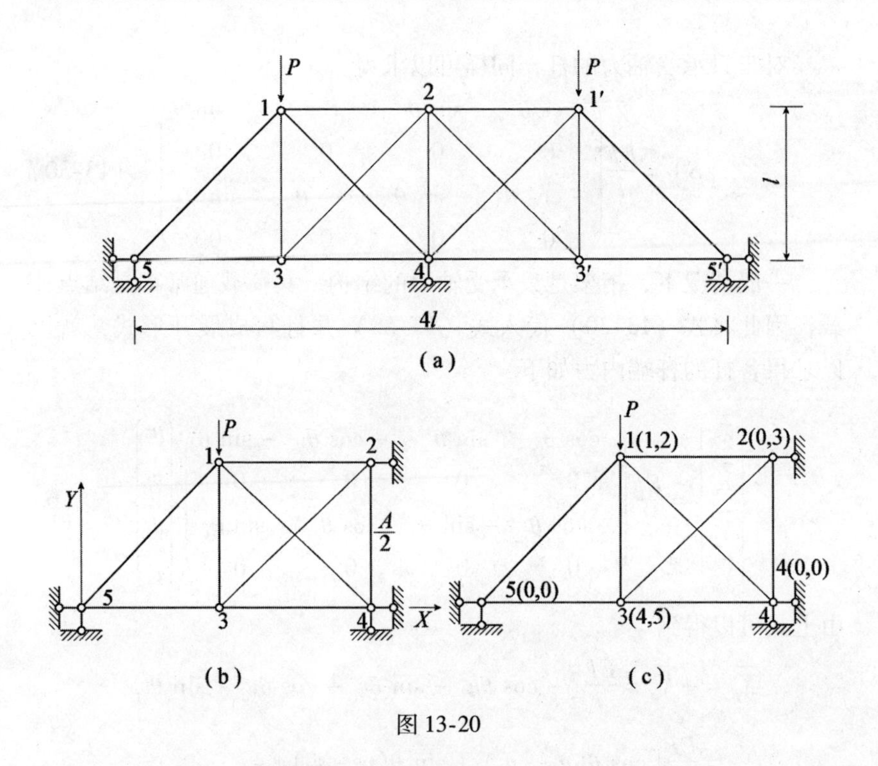

图 13-20

【解】 因为结构是对称的，荷载也对称，为了简化计算，可以利用对称性只取结构的一半进行计算，如图 13-20（b）所示。因为结点 2、4 没有水平线位移，所以各加了一根水平链杆、又因为 42 杆在对称轴上，所以将它的截面积取为 $F/2$。各结点的位移编号如图 13-20（c）所示，各基本数据的计算如表 13-11 所示。

表 13-11

杆	x_j-x_i	y_j-y_i	l_{ij}	$\cos\theta$	$\sin\theta$	$\cos^2\theta$	$\sin^2\theta$	$\cos\theta\sin\theta$
12	l	0	l	1	0	1	0	0
34	l	0	l	1	0	1	0	0
53	l	0	l	1	0	1	0	0
31	0	l	l	0	1	0	1	0

续表

杆	x_j-x_i	y_j-y_i	l_{ij}	$\cos\theta$	$\sin\theta$	$\cos^2\theta$	$\sin^2\theta$	$\cos\theta\sin\theta$
42	0	l	l	0	1	0	1	0
32	l	l	$\sqrt{2}l$	$\frac{\sqrt{2}}{2}$	$\frac{\sqrt{2}}{2}$	$\frac{1}{2}$	$\frac{1}{2}$	$\frac{1}{2}$
51	l	l	$\sqrt{2}l$	$\frac{\sqrt{2}}{2}$	$\frac{\sqrt{2}}{2}$	$\frac{1}{2}$	$\frac{1}{2}$	$\frac{1}{2}$
41	$-l$	l	$\sqrt{2}l$	$-\frac{\sqrt{2}}{2}$	$\frac{\sqrt{2}}{2}$	$\frac{1}{2}$	$\frac{1}{2}$	$-\frac{1}{2}$

应用式（13-20）计算各单元劲度矩阵如下

$$
\begin{matrix}
(1) & (2) & (0) & (3) \\
(4) & (5) & (0) & (0) \\
(0) & (0) & (4) & (5)
\end{matrix}
$$

$$
[\boldsymbol{k}]_{12}=[\boldsymbol{k}]_{34}=[\boldsymbol{k}]_{53}=\frac{EF}{l}\left(\begin{array}{cc:cc}
1 & 0 & -1 & 0 \\
0 & 0 & 0 & 0 \\
\hdashline
-1 & 0 & 1 & 0 \\
0 & 0 & 0 & 0
\end{array}\right)
\begin{matrix}
(0) & (4) & (1) \\
(0) & (5) & (2) \\
(4) & (0) & (0) \\
(5) & (0) & (3)
\end{matrix}
$$

$$
\begin{matrix}
(4) & (5) & (1) & (2)
\end{matrix}
$$

$$
[\boldsymbol{k}]_{31}=\frac{EF}{l}\left(\begin{array}{cc:cc}
0 & 0 & 0 & 0 \\
0 & 1 & 0 & -1 \\
\hdashline
0 & 0 & 0 & 0 \\
0 & -1 & 0 & 1
\end{array}\right)
\begin{matrix}
(4) \\
(5) \\
(1) \\
(2)
\end{matrix}
$$

$$
\begin{matrix}
(0) & (0) & (0) & (3)
\end{matrix}
$$

$$
[\boldsymbol{k}]_{42}=\frac{EF}{l}\left(\begin{array}{cc:cc}
0 & 0 & 0 & 0 \\
0 & \frac{1}{2} & 0 & -\frac{1}{2} \\
\hdashline
0 & 0 & 0 & 0 \\
0 & -\frac{1}{2} & 0 & \frac{1}{2}
\end{array}\right)
\begin{matrix}
(0) \\
(0) \\
(0) \\
(3)
\end{matrix}
$$

$$
\begin{array}{c} \\ \\ [\boldsymbol{k}]_{32}=[\boldsymbol{k}]_{51}=\dfrac{EF}{l} \end{array}
\begin{array}{c}
\begin{array}{cccc} (4) & (5) & (0) & (3) \\ (0) & (0) & (1) & (2) \end{array} \\
\left(\begin{array}{cc:cc}
\frac{\sqrt{2}}{4} & \frac{\sqrt{2}}{4} & -\frac{\sqrt{2}}{4} & -\frac{\sqrt{2}}{4} \\
\frac{\sqrt{2}}{4} & \frac{\sqrt{2}}{4} & -\frac{\sqrt{2}}{4} & -\frac{\sqrt{2}}{4} \\
\hdashline
-\frac{\sqrt{2}}{4} & -\frac{\sqrt{2}}{4} & \frac{\sqrt{2}}{4} & \frac{\sqrt{2}}{4} \\
-\frac{\sqrt{2}}{4} & -\frac{\sqrt{2}}{4} & \frac{\sqrt{2}}{4} & \frac{\sqrt{2}}{4}
\end{array}\right)
\end{array}
\begin{array}{cc} \\ \\ (0) & (4) \\ (0) & (5) \\ (1) & (0) \\ (2) & (3) \end{array}
$$

$$
[\boldsymbol{k}]_{41}=\dfrac{EF}{l}
\begin{array}{c}
\begin{array}{cccc} (0) & (0) & (1) & (2) \end{array} \\
\left(\begin{array}{cc:cc}
\frac{\sqrt{2}}{4} & -\frac{\sqrt{2}}{4} & -\frac{\sqrt{2}}{4} & \frac{\sqrt{2}}{4} \\
-\frac{\sqrt{2}}{4} & \frac{\sqrt{2}}{4} & \frac{\sqrt{2}}{4} & -\frac{\sqrt{2}}{4} \\
\hdashline
-\frac{\sqrt{2}}{4} & \frac{\sqrt{2}}{4} & \frac{\sqrt{2}}{4} & -\frac{\sqrt{2}}{4} \\
\frac{\sqrt{2}}{4} & -\frac{\sqrt{2}}{4} & -\frac{\sqrt{2}}{4} & \frac{\sqrt{2}}{4}
\end{array}\right)
\end{array}
\begin{array}{c} \\ (0) \\ (0) \\ (1) \\ (2) \end{array}
$$

用“对号入座”的方法组成结构劲度矩阵

$$
[\boldsymbol{K}]=\dfrac{EF}{l}
\begin{array}{c}
\begin{array}{ccccc} (1) & (2) & (3) & (4) & (5) \end{array} \\
\left(\begin{array}{ccccc}
1.7071 & 0 & 0 & 0 & 0 \\
0 & 1.7071 & 0 & 0 & -1 \\
0 & 0 & 0.8536 & -0.3536 & -0.3536 \\
0 & 0 & -0.3536 & 2.3536 & 0.3536 \\
0 & -1 & -0.3536 & 0.3536 & 1.3536
\end{array}\right)
\end{array}
\begin{array}{c} \\ (1) \\ (2) \\ (3) \\ (4) \\ (5) \end{array}
$$

列出结构劲度方程如下

$$\frac{EF}{l}\begin{pmatrix} 1.7071 & 0 & 0 & 0 & 0 \\ 0 & 1.7071 & 0 & 0 & -1 \\ 0 & 0 & 0.8536 & -0.3536 & -0.3536 \\ 0 & 0 & -0.3536 & 2.3536 & 0.3536 \\ 0 & -1 & -0.3536 & 0.3536 & 1.3536 \end{pmatrix} \times \begin{Bmatrix} u_1 \\ v_1 \\ v_2 \\ u_3 \\ v_3 \end{Bmatrix} = \begin{Bmatrix} 0 \\ -P \\ 0 \\ 0 \\ 0 \end{Bmatrix}$$

由上列方程解得未知结点位移

$$\begin{Bmatrix} u_1 \\ v_1 \\ v_2 \\ u_3 \\ v_3 \end{Bmatrix} = \frac{Pl}{EF}\begin{Bmatrix} 0 \\ -1.1561 \\ -0.3654 \\ 0.0914 \\ -0.9735 \end{Bmatrix}$$

根据式（13-31）列表计算出如图 13-20（b）所示桁架各杆的内力，如表 13-12 所示。

表 13-12

杆	$\sin\theta$	$\cos\theta$	u_j-u_i	v_j-v_i	$(u_j-u_i)\cos\theta$	$(v_j-v_i)\sin\theta$	$\frac{EF}{l}$	$\overline{N}$
12	0	1	0	$0.7907\frac{Pl}{EF}$	0	0	$\frac{EF}{l}$	0
34	0	1	$-0.0914\frac{Pl}{EF}$	$0.9735\frac{Pl}{EF}$	$-0.0914\frac{Pl}{EF}$	0	$\frac{EF}{l}$	$-0.0914P$
53	0	1	$0.0914\frac{Pl}{EF}$	$-0.9735\frac{Pl}{EF}$	$0.0914\frac{Pl}{EF}$	0	$\frac{EF}{l}$	$0.0914P$
32	0.7071	0.7071	$-0.0914\frac{Pl}{EF}$	$0.6081\frac{Pl}{EF}$	$-0.0646\frac{Pl}{EF}$	$0.4300\frac{Pl}{EF}$	$0.7071\frac{EF}{l}$	$0.2584P$
51	0.7071	0.7071	0	$-1.1561\frac{Pl}{EF}$	0	$-0.8175\frac{Pl}{EF}$	$0.7071\frac{EF}{l}$	$-0.5781P$
31	1	0	$-0.0914\frac{Pl}{EF}$	$-0.1826\frac{Pl}{EF}$	0	$-0.1826\frac{Pl}{EF}$	$\frac{EF}{l}$	$-0.1826P$
42	1	0	0	$-0.3654\frac{Pl}{EF}$	0	$-0.3654\frac{Pl}{EF}$	$0.5\frac{EF}{l}$	$-0.1827P$
41	0.7071	-0.7071	0	$-1.1561\frac{Pl}{EF}$	0	$-0.8175\frac{Pl}{EF}$	$0.7071\frac{EF}{l}$	$-0.5781P$

由于图 13-20（b）所示桁架是由原桁架截取的一半，所以杆 42 的真实内力应该将表 13-12 中的数值乘以 2。这样，如图 13-20（a）所示桁架各个杆的内力如表 13-13 所示：

表 13-13

杆	12	34	53	31	42	32	51	41
	1′2	3′4	5′3′	3′1′		3′2	5′1′	41′
内力	0	−0.0914P	0.0914P	−0.1826P	−0.3654P	0.2584P	−0.5781P	−0.5781P

表 13-13 中的各内力，正号的为拉力，负号的为压力。

【例 13-5】 例 13-2 中如图 13-16 所示刚架，若 $E=20\times10^6\text{kN/m}$，$F=0.15\text{m}^2$，$I=0.003\text{m}^4$，$l=4\text{m}$，$P=100\text{kN}$，试求刚架各杆的内力。

【解】 其计算过程见例 13-2。现把各已知条件代入例 13-2 所示的结构劲度方程中，就有

$$10^3\times\begin{pmatrix}761.25 & 0 & -22.5 & -750 & 0 & 0 & 0\\ 0 & 761.25 & -22.5 & 0 & -11.25 & -22.5 & 0\\ -22.5 & -22.5 & 120 & 0 & 22.5 & 30 & 0\\ -750 & 0 & 0 & 761.25 & 0 & 0 & -22.5\\ 0 & -11.25 & 22.5 & 0 & 761.25 & 22.5 & 0\\ 0 & -22.5 & 30 & 0 & 22.5 & 60 & 0\\ 0 & 0 & 0 & -22.5 & 0 & 0 & 60\end{pmatrix}\times\begin{Bmatrix}u_1\\ v_1\\ \varphi_1\\ u_2\\ v_2\\ \varphi_{21}\\ \varphi_{24}\end{Bmatrix}=\begin{Bmatrix}100\\ 0\\ 0\\ 0\\ 0\\ 0\\ 0\end{Bmatrix}$$

由上列方程解得未知结点位移为

$$\begin{Bmatrix}u_1\\ v_1\\ \varphi_1\\ u_2\\ v_2\\ \varphi_{21}\\ \varphi_{24}\end{Bmatrix}=10^{-2}\times\begin{Bmatrix}1.0852\\ 0.0035\\ 0.2333\\ 1.0811\\ -0.0035\\ -0.1140\\ 0.4054\end{Bmatrix}$$

由式（13-26）可以计算 12 杆的杆端力为

$$\begin{Bmatrix} \overline{X}_{12} \\ \overline{Y}_{12} \\ \overline{M}_{12} \\ \overline{X}_{21} \\ \overline{Y}_{21} \\ \overline{M}_{21} \end{Bmatrix} = 10^3 \times \begin{pmatrix} 750 & 0 & 0 & -750 & 0 & 0 \\ 0 & 11.25 & -22.5 & 0 & -11.25 & -22.5 \\ 0 & -22.5 & 60 & 0 & 22.5 & 30 \\ -750 & 0 & 0 & 750 & 0 & 0 \\ 0 & -11.25 & 22.5 & 0 & 11.25 & 22.5 \\ 0 & -22.5 & 30 & 0 & 22.5 & 60 \end{pmatrix} \times$$

$$\begin{Bmatrix} 1.0852 \\ 0.0035 \\ 0.2333 \\ 1.0811 \\ -0.0035 \\ -0.1140 \end{Bmatrix} \times 10^{-2} = \begin{Bmatrix} 30.75 \\ -26.055 \\ 104.21 \\ -30.75 \\ 26.055 \\ 0 \end{Bmatrix}$$

由式（13-28）可以计算 31 杆及 42 杆的杆端力为

$$\begin{Bmatrix} \overline{X}_{31} \\ \overline{Y}_{31} \\ \overline{M}_{31} \\ \overline{X}_{13} \\ \overline{Y}_{13} \\ \overline{M}_{13} \end{Bmatrix} = 10^3 \times \begin{pmatrix} 0 & 750 & 0 & 0 & -750 & 0 \\ -11.25 & 0 & -22.5 & 11.25 & 0 & -22.5 \\ 22.5 & 0 & 60 & -22.5 & 0 & 30 \\ 0 & -750 & 0 & 0 & 750 & 0 \\ 11.25 & 0 & 22.5 & -11.25 & 0 & 22.5 \\ 22.5 & 0 & 30 & -22.5 & 0 & 60 \end{pmatrix} \times$$

$$\begin{Bmatrix} 0 \\ 0 \\ 0 \\ 1.0852 \\ 0.0035 \\ 0.2333 \end{Bmatrix} \times 10^{-3} = \begin{Bmatrix} -26.25 \\ 69.593 \\ -174.18 \\ 26.25 \\ -69.593 \\ -104.19 \end{Bmatrix}$$

$$\begin{Bmatrix} \overline{X}_{42} \\ \overline{Y}_{42} \\ \overline{M}_{42} \\ \overline{X}_{24} \\ \overline{Y}_{24} \\ \overline{M}_{24} \end{Bmatrix} = 10^3 \times \begin{pmatrix} 0 & 750 & 0 & 0 & -750 & 0 \\ -11.25 & 0 & -22.5 & 11.25 & 0 & -22.5 \\ 22.5 & 0 & 60 & -22.5 & 0 & 30 \\ 0 & -750 & 0 & 0 & 750 & 0 \\ 11.25 & 0 & 22.5 & -11.25 & 0 & 22.5 \\ 22.5 & 0 & 30 & -22.5 & 0 & 60 \end{pmatrix} \times$$

$$\begin{Bmatrix} 0 \\ 0 \\ 0 \\ 1.0811 \\ -0.0035 \\ 0.4054 \end{Bmatrix} \times 10^{-2} = \begin{Bmatrix} 26.25 \\ 30.409 \\ -121.628 \\ -26.25 \\ -30.409 \\ 0 \end{Bmatrix}$$

刚架的内力图如图 13-21 所示（轴力仍以拉力为负，压力为正）。

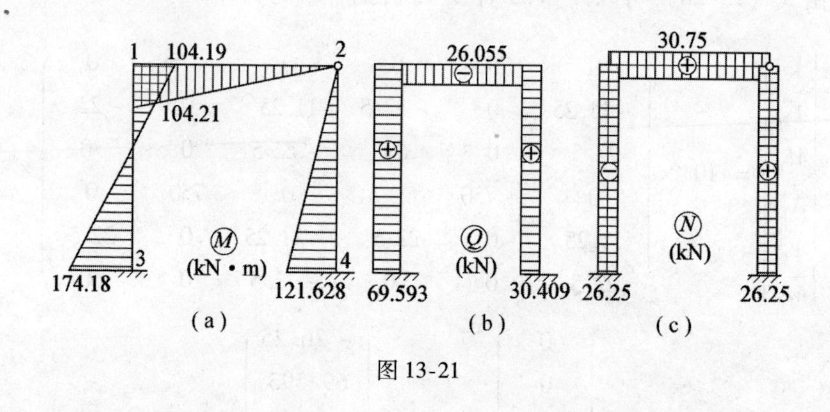

图 13-21

13.6 杆中荷载向结点移置 等效结点荷载

前几节所讨论的结构承受的荷载都是作用在结点上的情形。但在许多实际工程中，荷载并不是作用在结点上而是作用在杆的中间，我们把这种类型的荷载称为杆中荷载或非结点荷载。如图 13-22（a）

所示，要对这种情形进行计算，最好的办法是对作用在杆中的荷载作静力等效变换，将其转化为等效结点荷载移置到结点上去，然后按荷载作用在结点上的情形进行计算。

下面介绍一种作静力等效变换的方法。首先我们在需要求结点线位移处加一个链杆控制，以阻止这些结点发生线位移，在需要求结点角位移处加一个刚臂控制以阻止这些结点发生转角。因此，图 13-22（a）所示的原结构经过上述处理后就变成图 13-22（b）所示的状态，并且把这种状态称为固定状态。这样，结构在杆中荷载的作用下，在这些附加的控制上将产生反力或反力矩 R_{1x}^{g}、R_{1y}^{g}、R_{1M}^{g}、R_{2x}^{g}、R_{2y}^{g}、R_{2M}^{g}。但是在原结构上，实际并没有这些附加的反力。为此，我们需要对它叠加一个如图 13-22（c）所示的状态，即在结点上除原作用的集中荷载外，再加上反方向的 R_{1x}^{g}，R_{1y}^{g}，…，R_{2M}^{g} 等结点荷载，我们把这种状态称为放松状态。显然，将这两种状态进行叠加以后，结构的受力状态和变形状态就都和原结构相同了。因此，把这两种状态下的位移和内力分别叠加起来就是原结构的位移和内力。而图 13-22（c）中所示的 R_{1x}^{g}，R_{1y}^{g}，…，R_{2M}^{g} 等就是原作用于杆中荷载等效的结点荷载。

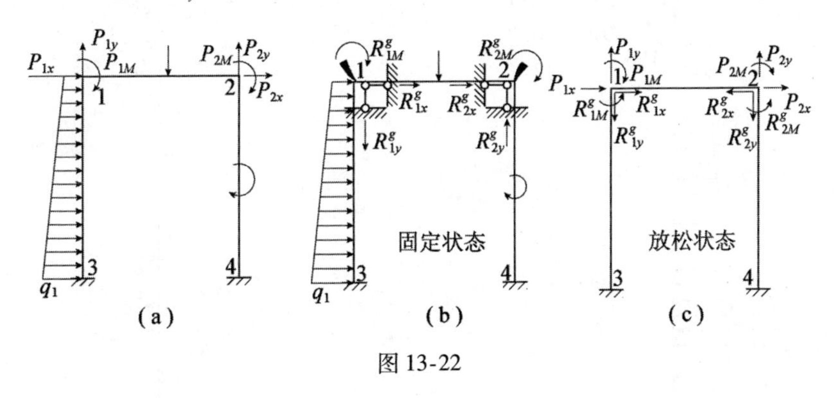

图 13-22

因此，原结构的计算问题变换成了“固定状态”与“放松状态”叠加的计算问题了。

下面分别介绍固定状态和放松状态的计算。先考虑固定状态，主要是计算等效结点力。我们取固定状态的结点 1 及结点 2 为脱离体如

图 13-23 所示。考虑其平衡条件可以得到

$$\begin{Bmatrix} R_{1x}^{g} \\ R_{1y}^{g} \\ R_{1M}^{g} \end{Bmatrix} = \begin{Bmatrix} X_{12}^{g} \\ Y_{12}^{g} \\ M_{12}^{g} \end{Bmatrix} + \begin{Bmatrix} X_{13}^{g} \\ Y_{13}^{g} \\ M_{13}^{g} \end{Bmatrix}, \quad \begin{Bmatrix} R_{2x}^{g} \\ R_{2y}^{g} \\ R_{2M}^{g} \end{Bmatrix} = \begin{Bmatrix} X_{21}^{g} \\ Y_{21}^{g} \\ M_{21}^{g} \end{Bmatrix} + \begin{Bmatrix} X_{24}^{g} \\ Y_{24}^{g} \\ M_{24}^{g} \end{Bmatrix} \tag{1}$$

式中的 X_{12}^{g}，X_{13}^{g}，…，M_{24}^{g} 为用整体坐标表示的杆端力。在力的符号上加一个上标“g”表示固定状态，将以上二式用下列矩阵表示

$$\begin{cases} \{\boldsymbol{R}_{1}^{g}\} = \{\boldsymbol{N}_{12}^{g}\} + \{\boldsymbol{N}_{13}^{g}\} = \{\boldsymbol{N}_{1j}^{g}\} \quad (j=2,\ 3) \\ \{\boldsymbol{R}_{2}^{g}\} = \{\boldsymbol{N}_{21}^{g}\} + \{\boldsymbol{N}_{24}^{g}\} = \{\boldsymbol{N}_{2j}^{g}\} \quad (j=1,\ 4) \end{cases} \tag{2}$$

写成一般的表达式

$$\{\boldsymbol{R}_{i}^{g}\} = \{\boldsymbol{N}_{ij}^{g}\} \ (j=l,\ m,\ n,\ \cdots) \tag{3}$$

式中的 l，m，n，…表示与结点 i 相联结的所有杆另一端的结点号。

从图 13-22（b）可以看出，在固定状态下，各杆都成为两端固

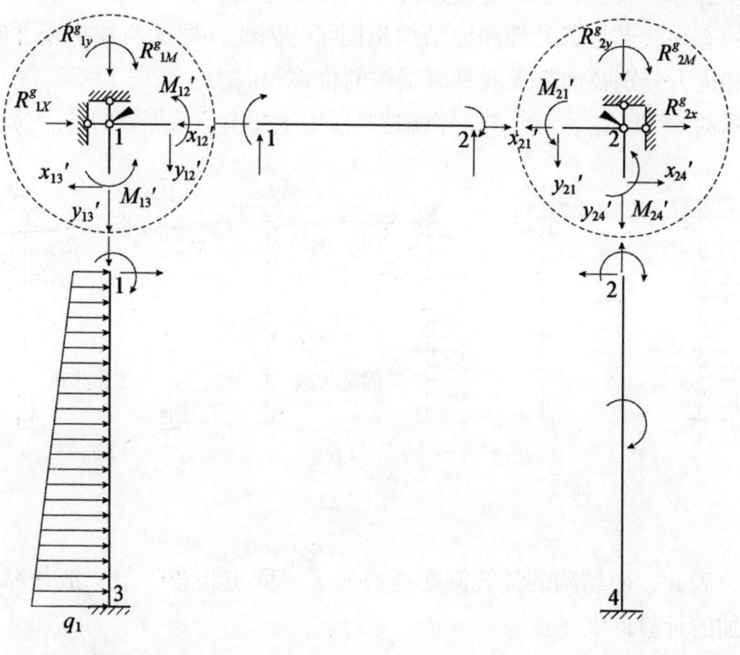

图 13-23

定的单跨梁。在各种荷载作用下这种梁的杆端力（即载常数）可以由表 9-1 中查得，但需注意正负号应按本章规定选取。由于表 9-1 中所列的是按局部坐标表示的杆端力，而以上各式中需要的却是按整体坐标表示的杆端力，因此可以用转换矩阵进行转换，即

$$\{\boldsymbol{N}_{ij}^{g}\} = [\boldsymbol{\lambda}_{ij}]^{\mathrm{T}}\{\overline{\boldsymbol{N}}_{ij}^{g}\} \tag{4}$$

式中：$\{\boldsymbol{N}_{ij}^{g}\}$ ——固定状态下 ij 杆的 i 端按整体坐标表示的杆端力；

$\{\overline{\boldsymbol{N}}_{ij}^{g}\}$ ——固定状态下 ij 杆的 i 端按局部坐标表示的杆端力，其值可以从第 9 章的表 9-1 中查得；

$[\boldsymbol{\lambda}_{ij}]^{\mathrm{T}}$ ——ij 杆的转换矩阵，即式（13-9）的转置矩阵。

将式（4）代入式（3）可以得到

$$\{\boldsymbol{R}_{i}^{g}\} = [\boldsymbol{\lambda}_{ij}]^{\mathrm{T}}\{\overline{\boldsymbol{N}}_{ij}^{g}\}(j = l,\ m,\ n,\ \cdots) \tag{13-32}$$

现在再考虑放松状态，此时结点荷载由两部分组成［图 13-22（c）］；一部分是原来作用在结构上的结点荷载 P_{1X}、P_{1Y}、…、P_{2M}，另一部分是移置的等效结点力 $-R_{1X}^{g}$、$-R_{1Y}^{g}$、$-R_{1M}^{g}$、$-R_{2X}^{g}$、$-R_{2Y}^{g}$、$-R_{2M}^{g}$，取负号是因为力的方向与由式（21-32）求得的方向相反。这样，在放松状态下的结构劲度方程可以取为

$$[\boldsymbol{K}][\boldsymbol{\Delta}] = \{\boldsymbol{P}\} + \{-\boldsymbol{R}^{g}\} = \{\boldsymbol{F}\} \tag{13-33}$$

式中：$[\boldsymbol{K}]$ ——结构劲度矩阵；

$[\boldsymbol{\Delta}]$——结点位移列阵；

$\{\boldsymbol{P}\}$——直接作用在结构上的结点荷载列阵；

$\{-\boldsymbol{R}^{g}\}$ ——等效结点荷载列阵；

$\{\boldsymbol{F}\}$——总结点荷载列阵。

由方程（13-33）可以求得在放松状态下的结点位移，它们也就是原结构的结点位移。这是因为原结构的结点位移是固定状态的结点位移与放松状态的结点位移的和，而在固定状态下，由于在结点位移处都有附加控制，各结点位移都为零，所以原结构的结点位移也就等于放松状态的结点位移。

至于原结构的内力，应该是固定状态的结构内力与放松状态的结构内力之和，即

$$\{\overline{\boldsymbol{N}}\} = \{\overline{\boldsymbol{N}}^g\} + \{\overline{\boldsymbol{N}}^f\} \tag{13-34}$$

式中：$\{\overline{\boldsymbol{N}}\}$ ——原结构的杆端内力列阵；

$\{\overline{\boldsymbol{N}}^g\}$ ——固定状态的杆端内力列阵；

$\{\overline{\boldsymbol{N}}^f\}$ ——放松状态的杆端内力列阵。

$\{\overline{\boldsymbol{N}}^g\}$ 的数值可以从表 9-1 中查得，$\{\overline{\boldsymbol{N}}^f\}$ 可以按式（13-28）计算，即

$$\{\overline{\boldsymbol{N}}^f\} = [\boldsymbol{S}]\{\boldsymbol{\delta}\}$$

代入式（13-34）即得

$$\{\overline{\boldsymbol{N}}\} = \{\overline{\boldsymbol{N}}^g\} + [\boldsymbol{S}]\{\boldsymbol{\delta}\} \tag{13-35}$$

在以上各节的计算中，除了计算各结点的位移外，主要是计算各杆的杆端内力。计算出了各杆的杆端内力以后，杆中各截面的内力就可以很容易地由静力平衡条件求得。各支座反力也可以用同样的方法求得。

最后，我们归纳一下结构在杆中荷载作用下的计算步骤：

（1）首先对结构上所有有杆中荷载的杆件，由表 9-1 中按不同类型荷载查出各个杆件在局部坐标下的杆端力 $\{\overline{\boldsymbol{N}}_{ij}^g\}$。

（2）再按式（13-32）计算出各个结点用整体坐标表示的等效结点力 $\{\boldsymbol{R}_i^g\}$。

（3）把原结构上的结点荷载 $\{\boldsymbol{P}\}$ 与反号的等效结点力 $\{-\boldsymbol{R}^g\}$ 叠加，组成放松状态的荷载列向量 $\{\boldsymbol{F}\}$，并把荷载向量 $\{\boldsymbol{F}\}$ 代入结构劲度方程中，求出放松状态的结点位移 $\{\boldsymbol{\Delta}\}$。

（4）最后把放松状态求得的内力 $\{\overline{\boldsymbol{N}}^f\}$ 与固定状态求得的内力 $\{\overline{\boldsymbol{N}}^g\}$ 叠加，即得整个结构的内力。

以上讨论的是结构在荷载作用下的计算问题。若结构上作用的是温度变化及支座沉陷等因素，同样可以利用式（13-32）计算等效结点力，计算方法完全同结构在荷载作用下的计算一样，只是载常数在表中要查温度与支座沉陷项。

【例 13-6】 试计算如图 13-24 所示刚架的结点位移，并且作出弯矩图、剪力图和轴力图。已知各杆的弹性模量 $E=3\times10^7\,\text{kPa}$；截面

惯性矩 $I=0.0128\text{m}^4$；截面面积 $F=0.24\text{m}^2$。

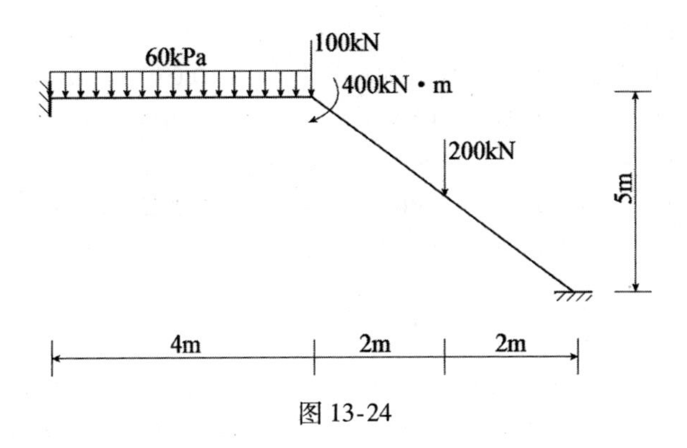

图 13-24

【解】 选用的整体坐标、结点及单元编号，以及结点位移编号都如图 13-25 所示。

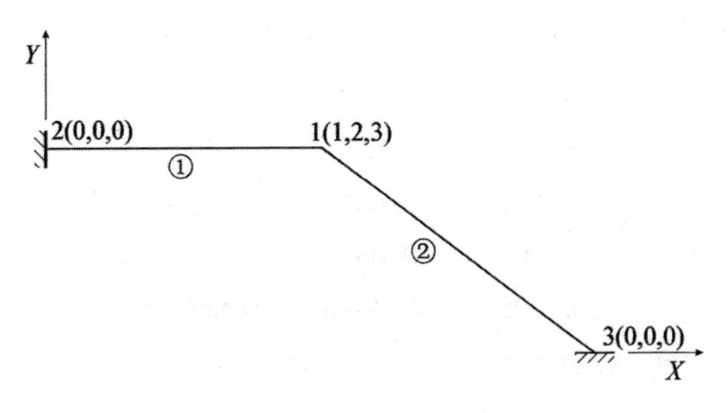

图 13-25

有关基本数据的计算如表 13-14 所示。

表 13-14

单元	x_j-x_i	y_j-y_i	l_{ij}	$\cos\theta$	$\sin\theta$	$\cos^2\theta$	$\sin^2\theta$	$\cos\theta\sin\theta$
①（2-1）	4	0	4	1	0	1	0	0
②（1-3）	4	-3	5	0.8	-0.6	0.64	0.36	-0.48

用式（13-6）及式（13-18）计算单元劲度矩阵。

$$
[\boldsymbol{k}]_{21}^{①}=\begin{matrix} (0) & (0) & (0) & (1) & (2) & (3) & \\ \end{matrix}
$$

$$
[\boldsymbol{k}]_{21}^{①}=\left(\begin{array}{ccc|ccc}
0.1800 & 0 & 0 & -0.1800 & 0 & 0 \\
0 & 0.0072 & -0.0144 & 0 & -0.0072 & -0.0144 \\
0 & -0.0144 & 0.0384 & 0 & 0.0144 & 0.0192 \\
\hline
-0.1800 & 0 & 0 & 0.1800 & 0 & 0 \\
0 & -0.0072 & 0.0144 & 0 & 0.0072 & 0.0144 \\
0 & -0.0144 & 0.0192 & 0 & 0.0144 & 0.0384
\end{array}\right)\times 10^{7}\quad \begin{matrix}(0)\\(0)\\(0)\\(1)\\(2)\\(3)\end{matrix}
$$

$$
\begin{matrix} (1) & (2) & (3) & (0) & (0) & (0) \end{matrix}
$$

$$
[\boldsymbol{k}]_{13}^{②}=\left(\begin{array}{ccc|ccc}
0.0935 & -0.0673 & -0.0055 & -0.0935 & 0.0673 & -0.0055 \\
-0.0673 & 0.0542 & -0.0074 & 0.0673 & -0.0542 & -0.0074 \\
-0.0055 & -0.0074 & 0.0307 & 0.0055 & 0.0074 & 0.0154 \\
\hline
-0.0935 & 0.0673 & 0.0055 & -0.0935 & -0.0673 & 0.0055 \\
0.0673 & -0.0542 & 0.0074 & -0.0673 & 0.0542 & 0.0074 \\
-0.0055 & -0.0074 & 0.0154 & 0.0055 & 0.0074 & 0.0307
\end{array}\right)\times 10^{7}\quad \begin{matrix}(1)\\(2)\\(3)\\(0)\\(0)\\(0)\end{matrix}
$$

按照“对号入座”的方法组成整体劲度矩阵

$$
\begin{matrix} (1) & (2) & (3) \end{matrix}
$$

$$
[\boldsymbol{K}]=\begin{pmatrix}
0.2735 & -0.0673 & -0.0055 \\
-0.0673 & 0.0614 & 0.0070 \\
-0.0055 & 0.0070 & 0.0691
\end{pmatrix}\times 10^{7}\quad \begin{matrix}(1)\\(2)\\(3)\end{matrix}
$$

再计算结点荷载列阵。由式（13-33）知道

$$
\{\boldsymbol{F}\}=\{\boldsymbol{P}\}+\{-\boldsymbol{R}^{g}\}
$$

由式（13-32）可以得到

$$
\{\boldsymbol{R}_{1}^{g}\}=[\boldsymbol{\lambda}_{12}]^{\mathrm{T}}\{\overline{\boldsymbol{N}}_{12}^{g}\}+[\boldsymbol{\lambda}_{13}]^{\mathrm{T}}\{\overline{\boldsymbol{N}}_{13}^{g}\}
$$

计算 $\{\overline{\boldsymbol{N}}_{12}^{g}\}$ 及 $\{\overline{\boldsymbol{N}}_{13}^{g}\}$ 时，由图 13-26 及表 9-1 中的公式可以计算出

$$
\{\overline{\boldsymbol{N}}_{12}^{g}\}=\begin{Bmatrix}0\\120\\80\end{Bmatrix},\quad \{\overline{\boldsymbol{N}}_{13}^{g}\}=\begin{Bmatrix}-60\\80\\-100\end{Bmatrix}
$$

由式（13-9）知道

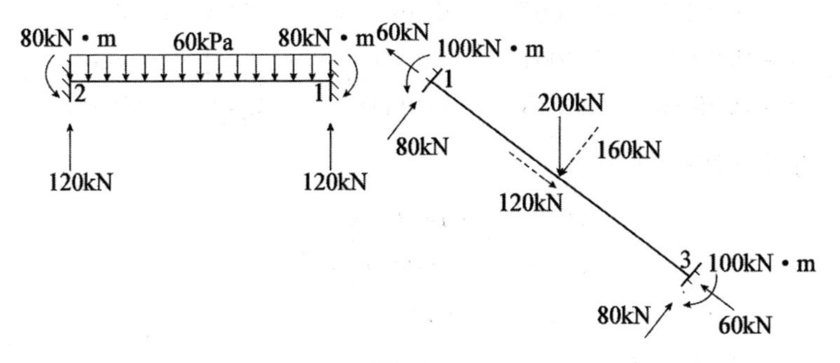

图 13-26

$$[\boldsymbol{\lambda}]^{\mathrm{T}}=\begin{pmatrix}\cos\theta & -\sin\theta & 0\\ \sin\theta & \cos\theta & 0\\ 0 & 0 & 1\end{pmatrix}$$

将前面表 13-14 中对杆 2−1 及 1−3 算得的 $\sin\theta$ 及 $\cos\theta$ 值代入上式可以得到

$$[\boldsymbol{\lambda}_{12}]^{\mathrm{T}}=\begin{pmatrix}1 & 0 & 0\\ 0 & 1 & 0\\ 0 & 0 & 1\end{pmatrix},\qquad [\boldsymbol{\lambda}_{13}]^{\mathrm{T}}=\begin{pmatrix}0.8 & 0.6 & 0\\ -0.6 & 0.8 & 0\\ 0 & 0 & 1\end{pmatrix}$$

由此可以计算出

$$\{\boldsymbol{R}_1^g\}=\begin{pmatrix}1 & 0 & 0\\ 0 & 1 & 0\\ 0 & 0 & 1\end{pmatrix}\begin{Bmatrix}0\\ 120\\ 80\end{Bmatrix}+\begin{pmatrix}0.8 & 0.6 & 0\\ -0.6 & 0.8 & 0\\ 0 & 0 & 1\end{pmatrix}\begin{Bmatrix}-60\\ 80\\ -100\end{Bmatrix}$$

$$=\begin{Bmatrix}0\\ 120\\ 80\end{Bmatrix}+\begin{Bmatrix}0\\ 100\\ -100\end{Bmatrix}=\begin{Bmatrix}0\\ 220\\ -20\end{Bmatrix}$$

因此荷载项为

$$\{\boldsymbol{F}\}=\{\boldsymbol{P}\}+\{-\boldsymbol{R}^g\}=\begin{Bmatrix}0\\ -100\\ 400\end{Bmatrix}+\begin{Bmatrix}0\\ -220\\ 20\end{Bmatrix}=\begin{Bmatrix}0\\ -320\\ 420\end{Bmatrix}$$

这样，得出的结构劲度方程为

$$\begin{pmatrix} 0.2735 & -0.0673 & -0.0055 \\ -0.0673 & 0.0614 & 0.0070 \\ -0.0055 & 0.0070 & 0.0691 \end{pmatrix} \times 10^7 \begin{Bmatrix} u_1 \\ v_1 \\ \varphi_1 \end{Bmatrix} = \begin{Bmatrix} 0 \\ -320 \\ 420 \end{Bmatrix}$$

解上列方程得到

$$\begin{Bmatrix} u_1 \\ v_1 \\ \varphi_1 \end{Bmatrix} = \begin{Bmatrix} -1831.1 \\ -7990.4 \\ 6742.2 \end{Bmatrix} \times 10^7$$

应用式（13-35）

$$\{\overline{\boldsymbol{N}}\} = \{\overline{\boldsymbol{N}}^g\} + [\boldsymbol{S}]\{\boldsymbol{\delta}\}$$

计算各单元的杆端内力如下：

单元①：

$$\begin{Bmatrix} \overline{X}_{21} \\ \overline{Y}_{21} \\ \overline{M}_{21} \\ \cdots\cdots \\ \overline{X}_{12} \\ \overline{Y}_{12} \\ \overline{M}_{12} \end{Bmatrix} = \begin{Bmatrix} 0 \\ 120 \\ -80 \\ \hdashline 0 \\ 120 \\ 80 \end{Bmatrix} + \left(\begin{array}{ccc:ccc} 0.1800 & 0 & 0 & -0.1800 & 0 & 0 \\ 0 & 0.0072 & -0.0144 & 0 & -0.0072 & -0.0144 \\ 0 & -0.0144 & 0.0384 & 0 & 0.0144 & 0.0192 \\ \hdashline -0.1800 & 0 & 0 & 0.1800 & 0 & 0 \\ 0 & -0.0072 & 0.0144 & 0 & 0.0072 & 0.0144 \\ 0 & -0.0144 & 0.0192 & 0 & 0.0144 & 0.0384 \end{array}\right) \begin{Bmatrix} 0 \\ 0 \\ 0 \\ \hdashline -1831.1 \\ -7990.4 \\ 6742.2 \end{Bmatrix} = \begin{Bmatrix} 329.6 \\ 80.4 \\ -65.6 \\ \hdashline -329.6 \\ 159.6 \\ 223.8 \end{Bmatrix}$$

单元②：

$$\begin{Bmatrix} \overline{X}_{13} \\ \overline{Y}_{13} \\ \overline{M}_{13} \\ \cdots\cdots \\ \overline{X}_{31} \\ \overline{Y}_{31} \\ \overline{M}_{31} \end{Bmatrix} = \begin{Bmatrix} -60 \\ 80 \\ -100 \\ \hdashline -60 \\ 80 \\ 100 \end{Bmatrix} + \left(\begin{array}{ccc:ccc} 0.1152 & -0.0864 & 0 & -0.1152 & 0.0864 & 0 \\ 0.0022 & 0.0030 & -0.0092 & -0.0022 & -0.0030 & -0.0092 \\ -0.0055 & -0.0074 & 0.0307 & 0.0055 & 0.0074 & 0.0154 \\ \hdashline -0.1152 & 0.0864 & 0 & 0.1152 & -0.0864 & 0 \\ -0.0022 & -0.0030 & 0.0092 & 0.0022 & 0.0030 & 0.0092 \\ -0.0055 & -0.0074 & 0.0154 & 0.0055 & 0.0074 & 0.0307 \end{array}\right) \begin{Bmatrix} -1831.1 \\ -7990.4 \\ 6742.2 \\ \hdashline 0 \\ 0 \\ 0 \end{Bmatrix} = \begin{Bmatrix} 419.4 \\ -9.9 \\ 176.2 \\ \hdashline -539.4 \\ 169.9 \\ 272.6 \end{Bmatrix}$$

根据计算得的杆端力作出内力图，如图 13-27 所示。刚架内力图的正负号按习惯标注。即弯矩图绘制在受拉纤维的一侧，不注正负号；剪刀以使截面的邻近微段作顺时针转动的为正，反之为负；轴力以压力为正，拉力为负。

【例 13-7】 例 13-3 中如图 13-18 所示单跨三层刚架，当横梁 12、34、56 上只作用有均布荷载 $q=3\text{kN/m}$ 时，试求刚架各杆的杆端力并作出轴力、剪力和弯矩图。

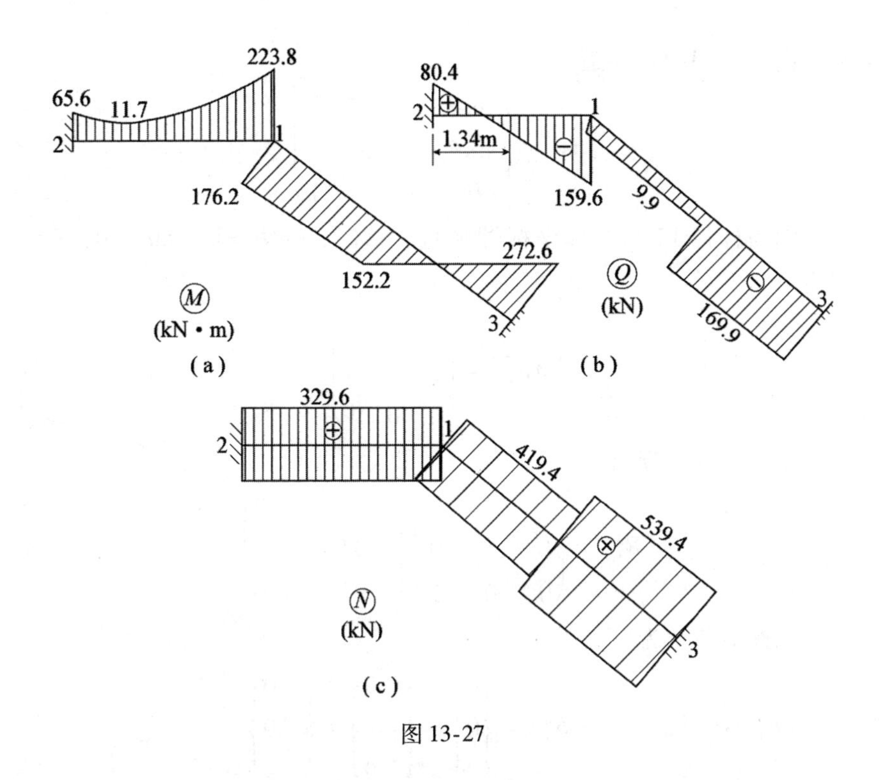

图 13-27

【解】 形成刚架的结构劲度矩阵工作已在例 13-3 中给出，这里从略。

现在计算等效结点荷载。刚架 9 个单元中，只有⑦、⑧、⑨三个单元上有均布荷载作用，这些荷载会在结点 1，2，3，4，5，6 上产生 R_{1X}^g，R_{1Y}^g，…，R_{6M}^g 等附加反力。它们的计算可以按式（13 32）进行

$$\{\boldsymbol{R}_i^g\} = [\boldsymbol{\lambda}_{ij}]^{\mathrm{T}}\{\overline{\boldsymbol{N}}_{ij}^g\} \quad (j = l,\ m,\ n,\ \cdots)$$

例如结点 1 的结点荷载为

$$\{\boldsymbol{R}_1^g\} = [\boldsymbol{\lambda}_{12}]^{\mathrm{T}}\{\overline{\boldsymbol{N}}_{12}^g\}$$

计算 $\{\overline{\boldsymbol{N}}_{12}^g\}$ 时，由图 13-28 可以从表 9-1 中的公式算出

$$\{\overline{\boldsymbol{N}}_{12}^g\} = \begin{Bmatrix} 0 \\ 9 \\ -9 \end{Bmatrix}$$

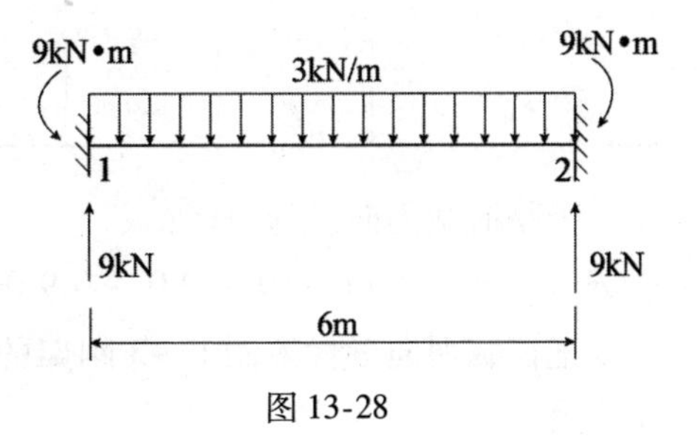

图 13-28

由式（13-9）知道

$$\{\boldsymbol{\lambda}\}^{\mathrm{T}}=\begin{pmatrix}\cos\theta & -\sin\theta & 0\\ \sin\theta & \cos\theta & 0\\ 0 & 0 & 1\end{pmatrix}$$

因为杆件 12 与整体坐标轴平行，这时，$\cos\theta=1$，$\sin\theta=0$，所以有

$$[\boldsymbol{\lambda}_{12}]^{\mathrm{T}}=\begin{pmatrix}1 & 0 & 0\\ 0 & 1 & 0\\ 0 & 0 & 1\end{pmatrix}$$

出此可以计算出

$$\{\boldsymbol{R}_1^g\}=\begin{pmatrix}1 & 0 & 0\\ 0 & 1 & 0\\ 0 & 0 & 1\end{pmatrix}\begin{Bmatrix}0\\ 9\\ -9\end{Bmatrix}=\begin{Bmatrix}0\\ 9\\ -9\end{Bmatrix}$$

因此荷载项为

$$\{\boldsymbol{F}_1\}=\{\boldsymbol{P}_1\}+\{-\boldsymbol{R}_1^g\}=\begin{Bmatrix}0\\ 0\\ 0\end{Bmatrix}+\begin{Bmatrix}0\\ -9\\ 9\end{Bmatrix}=\begin{Bmatrix}0\\ -9\\ 9\end{Bmatrix}$$

其他各结点荷载项，可以按上述过程算出，现列表 13-15 所示。

表 13-15

荷载项 \ 结点项	1	2	3	4	5	6
F_X	0	0	0	0	0	0
F_Y	–9	–9	–9	–9	–9	–9
F_M	9	–9	9	–9	9	–9

于是荷载列向量为

$$\{\boldsymbol{F}\}=\{0\ -9\ 9\ 0\ -9\ -9\ 0\ -9\ 9\ 0\ -9\ -9\ 0\ -9\ 9\ 0\ -9\ -9\}^{\mathrm{T}}$$

把荷载列向量代入例 13-3 刚架的结构劲度方程中，解得各结点位移为

$$\{\Delta\} = \{3.309\ \ -40.385\ \ 40.0496\ \ -3.309\ \ -40.385\ \ -40.0496\ \ -1.0376\ \ -34.615\ \ 8.8132\ \ 1.0376\ \ -34.615\ \ -8.8132\ \ -1.3167\ \ -23.3077\ \ 22.9292\ \ 1.3167\ \ -22.3077\ \ -22.9272\} \times 10^{-6}$$

计算各杆的杆端力，可利用公式（13-35），例如 12 杆的杆端力为

$$\begin{Bmatrix} \overline{X}_{12} \\ \overline{Y}_{12} \\ \overline{M}_{12} \\ \overline{X}_{21} \\ \overline{Y}_{21} \\ \overline{M}_{21} \end{Bmatrix} = \begin{Bmatrix} 0 \\ 9 \\ -9 \\ \hdashline 0 \\ 9 \\ 9 \end{Bmatrix} + 10 \times \left(\begin{array}{ccc:ccc} 65000 & 0 & 0 & -65000 & 0 & 0 \\ 0 & 451.4 & -1354.2 & 0 & -451.4 & -1354.2 \\ 0 & -1354.2 & 5416.7 & 0 & 1354.2 & 2708.3 \\ \hdashline -65000 & 0 & 0 & 65000 & 0 & 0 \\ 0 & -451.4 & 1354.2 & 0 & 451.4 & 1354.2 \\ 0 & -1354.2 & 2708.3 & 0 & 1354.2 & 5416.7 \end{array}\right) \times$$

$$\begin{Bmatrix} 3.309 \\ -40.385 \\ 40.0496 \\ -3.309 \\ -40.385 \\ -40.0496 \end{Bmatrix} \times 10^{-6} = \begin{Bmatrix} 4.30 \\ 9 \\ -7.92 \\ -4.30 \\ 9 \\ 7.92 \end{Bmatrix}$$

其他各杆的杆端力列表如表 13-16 所示。

表 13-16

单元号	$\overline{N}_i$	$\overline{Q}_i$	$\overline{M}_i$	$\overline{N}_j$	$\overline{Q}_j$	$\overline{M}_j$
①（3–1）	9.0	−4.30	4.99	−9.0	4.30	7.92
②（4–2）	9.0	4.30	−4.99	−9.0	−4.30	−7.92
③（5–3）	18.0	−2.95	5.09	−18.0	2.95	3.77
④（6–4）	18.0	2.95	−5.09	−18.0	−2.95	−3.77
⑤（7–5）	27.0	−1.24	1.68	−27.0	1.24	3.29
⑥（8–6）	27.0	1.24	−1.68	−27.0	−1.24	−3.29
⑦（1–2）	4.3	9.0	−7.92	−4.3	9.0	7.92
⑧（3–4）	−1.35	9.0	−8.76	1.35	9.0	8.76
⑨（4–5）	−1.71	9.0	−8.38	1.71	9.0	8.38

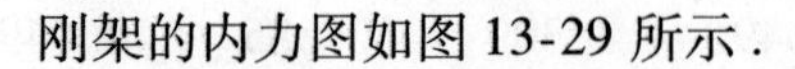
刚架的内力图如图 13-29 所示 .

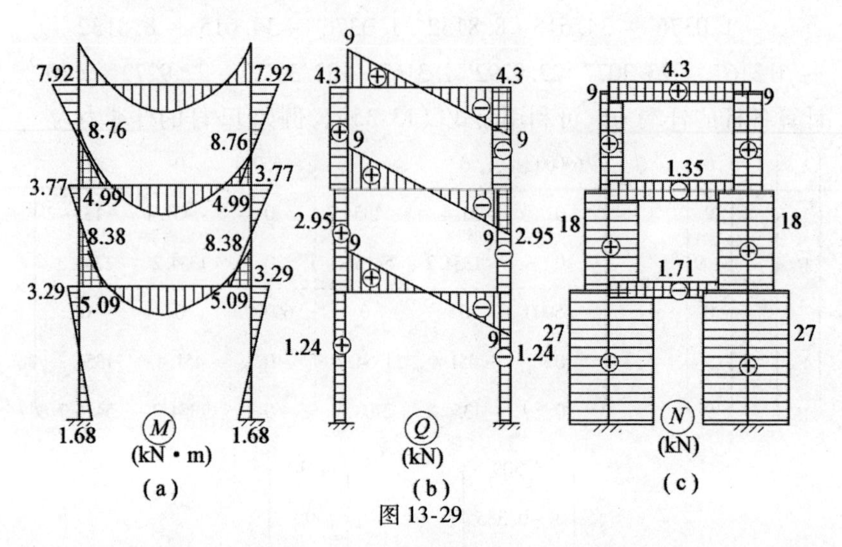

图 13-29

【例 13-8】 如图 13-30（a）所示的三跨连续梁，当支座 4 沉陷了 0.015m 和支座 3 沉陷了 0.01m 时，试求连续梁的各杆端内力并作出它的内力图。已知连续梁的 EI = 常数，其各值为：$E = 0.26\times10^8$ kN/m^2，$I = 3.375m^4$，$F = 4.5m^2$。

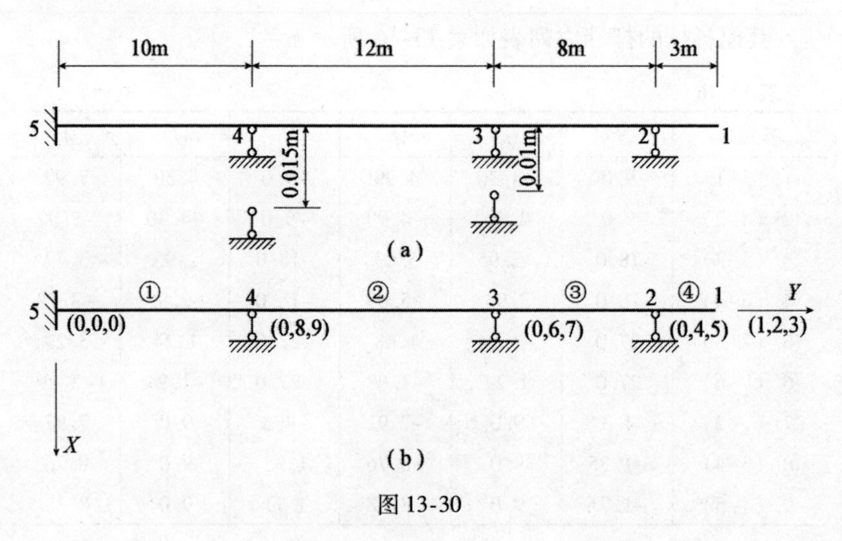

图 13-30

【**解**】 选用的整体坐标、结点及单元编号，以及位移编号都如图 13-30（b）所示。因为有支座 2，3，4，所以 u_2，u_3，u_4 没有作为未知数。

有关基本数据的计算如表 13-17 所示。

表 13-17

单元号	$x_j - x_i$	$y_j - y_i$	l	$\cos\theta$	$\sin\theta$	$\cos^2\theta$	$\sin^2\theta$	$\cos\theta\sin\theta$
①（5–4）	0	10	10	0	1	0	1	0
②（4–3）	0	12	12	0	1	0	1	0
③（3–2）	0	8	8	0	1	0	1	0
④（2–1）	0	3	3	0	1	0	1	0

把 E、I、F、l 和上表中的基本数据代入式（13-18）中，就可以分别计算出①、②、③、④各单元的劲度矩阵，即 $[\boldsymbol{k}]_{54}^{①}$、$[\boldsymbol{k}]_{43}^{②}$、$[\boldsymbol{k}]_{32}^{③}$、$[\boldsymbol{k}]_{21}^{4}$（过程从略），并按“对号入座”的方法，组成整体劲度矩阵为

$$
[\boldsymbol{K}] = 10^8 \times
\begin{array}{c}
\begin{array}{ccccccccc}
(1) & (2) & (3) & (4) & (5) & (6) & (7) & (8) & (9)
\end{array} \\
\left(\begin{array}{ccccccccc}
39 & 0 & -58.5 & 0 & -58.5 & & & & \\
 & 39 & 0 & -39 & 0 & & & 0 & \\
 & & 117 & 0 & 58.5 & & & & \\
 & & & 53.625 & 0 & -14.625 & & & \\
 & & & & 160.875 & 0 & 21.938 & & \\
 & & & & & 24.375 & 0 & -9.75 & \\
 & & & & & & 73.125 & 0 & 14.625 \\
 & & & & & & & 21.45 & 0 \\
 & & & & & & & & 64.36
\end{array}\right)
\begin{array}{c}
(1)\\(2)\\(3)\\(4)\\(5)\\(6)\\(7)\\(8)\\(9)
\end{array}
\end{array}
$$

现在来计算等效结点荷载。由于支座 3 及 4 发生了沉陷，因此在结点 1，2，3，4 上会产生 R_{1x}^{g}、R_{1y}^{g}、…、R_{4M} 等附加反力。它们的计算仍可按式（13-32）进行

$$
\{\boldsymbol{R}_i^g\} = [\boldsymbol{\lambda}_{ij}]^{\mathrm{T}}\{\overline{\boldsymbol{N}}_{ij}^g\} \quad (j = l,\ m,\ n,\ \cdots)
$$

例如结点 4 的结点荷载可以按上式写为

$$\{\boldsymbol{R}_4^g\} = [\boldsymbol{\lambda}_{45}]^{\mathrm{T}}\{\overline{\boldsymbol{N}}_{45}^g\} + [\boldsymbol{\lambda}_{43}]^{\mathrm{T}}\{\overline{\boldsymbol{N}}_{43}^g\} \tag{1}$$

式中 $\{\overline{\boldsymbol{N}}_{45}^g\}$ 和 $\{\overline{\boldsymbol{N}}_{43}^g\}$ 的计算可以由图 13-31（a）、（b）从表 9-1 中形常数项的公式计算出，其数值见图所示。但是这个题目比较特殊，在结点 4 已经有支座，不需要再附加沿 X 方向的链杆，所以在选择未知数时我们没有把 u_4 作为未知数。这样 $\{\overline{\boldsymbol{N}}_{45}^g\}$ 与 $\{\overline{\boldsymbol{N}}_{43}^g\}$ 中不需要考虑 $\overline{y}_{45}^g$ 与 $\overline{y}_{43}^g$ 的影响，所以杆端荷载矩阵 $\{\overline{\boldsymbol{N}}_{45}^g\}$ 与 $\{\overline{\boldsymbol{N}}_{43}^g\}$ 都由 3 ×1 退化为 2×1 的矩阵。

同样，转换矩阵 $[\boldsymbol{\lambda}_{45}]^{\mathrm{T}}$ 与 $[\boldsymbol{\lambda}_{43}]^3$ 也由 3×3 退化为 2×2 的矩阵。

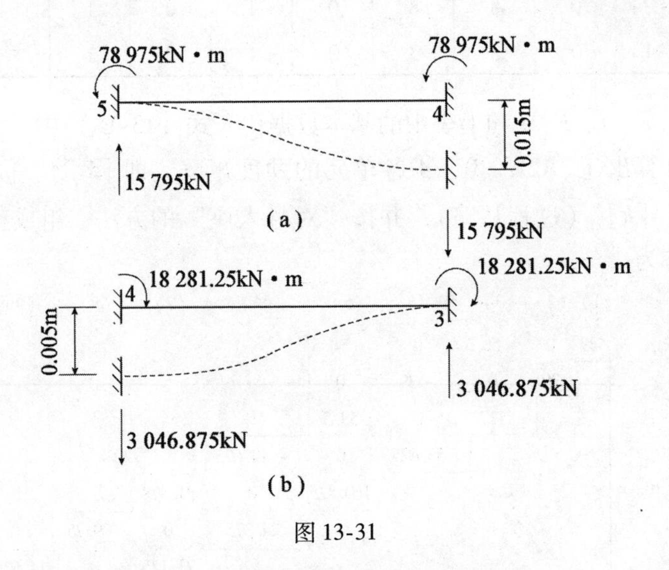

图 13-31

所以这时固定状态的杆端力可以写为

$$\{\overline{\boldsymbol{N}}_{45}^g\} = \begin{Bmatrix} 0 \\ -78975 \end{Bmatrix}, \{\overline{\boldsymbol{N}}_{43}^g\} = \begin{Bmatrix} 0 \\ 18281.25 \end{Bmatrix} \tag{2}$$

由基本数据表中知道①与②单元的 $\cos\theta = 0$、$\sin\theta = 1$，所以转换矩阵可以写为

$$[\boldsymbol{\lambda}_{45}]^{\mathrm{T}} = \begin{bmatrix} 0 & 0 \\ 0 & 1 \end{bmatrix}, [\boldsymbol{\lambda}_{43}]^{\mathrm{T}} = \begin{bmatrix} 0 & 0 \\ 0 & 1 \end{bmatrix} \tag{3}$$

把式（2）与式（3）代入式（1）中，就有

$$\{\boldsymbol{R}_4^g\} = \begin{bmatrix} 0 & 0 \\ 0 & 1 \end{bmatrix} \begin{Bmatrix} 0 \\ -78975 \end{Bmatrix} + \begin{bmatrix} 0 & 0 \\ 0 & 1 \end{bmatrix} \begin{Bmatrix} 0 \\ 18281.25 \end{Bmatrix} = \begin{Bmatrix} 0 \\ -60693.75 \end{Bmatrix}$$

于是荷载向量为

$$\{\boldsymbol{F}_4\} = \{-\boldsymbol{R}_4^g\} = \begin{Bmatrix} 0 \\ 60693.75 \end{Bmatrix}$$

同理，可以计算出其他结点的荷载向量，现列表如表 13-18 所示。

表 13-18

荷载向量 \ 结点	1	2	3	4
F_y	0	0	0	0
F_m	0	−82265. 625	−100546. 875	60693. 75

引入未知量的列向量（$\boldsymbol{\Delta}$）＝ $\{u_1 v_1 \varphi_1、v_2 \varphi_2、v_3 \varphi_3、v_4 \varphi_4\}^{\mathrm{T}}$和荷载向量的列向量 $\{\boldsymbol{F}\}$ ＝ $\{0\ 0\ 0\ 0\ -82265.625\ 0\ \ -100546.875\ 0\ \ 60693.75\}^{\mathrm{T}}$于劲度矩阵中，组成结构劲度方程，并解得各结点位移为

$$\{\boldsymbol{\Delta}\} = \{-3758475\ \ 0\ \ -1252825\ \ \ 0\ \ -1252825\ \ \ 0\ \ -124435\ \ 0\ \ 1225989\}^{\mathrm{T}} \times 10^{-9}$$

各杆的杆端力同样可以用式（13-35）算出。现列表如表 13-19 所示。

表 13-19

单元号	$\overline{N}_i$	$\overline{Q}_i$	$\overline{M}_i$	$\overline{N}_j$	$\overline{Q}_j$	$\overline{M}_j$
①（5–4）	0	9340. 169	−57458. 898	0	−9340. 169	−35942. 791
②（4–3）	0	−2979. 74	35942. 797	0	2979. 74	−185. 911
③（3–2）	0	−23. 239	185. 911	0	23. 293	0
④（2–1）	0	0	0	0	0	0

根据表 13-19 中的数据可以作出连续梁的内力图，如图 13-32

(a)、(b) 所示。

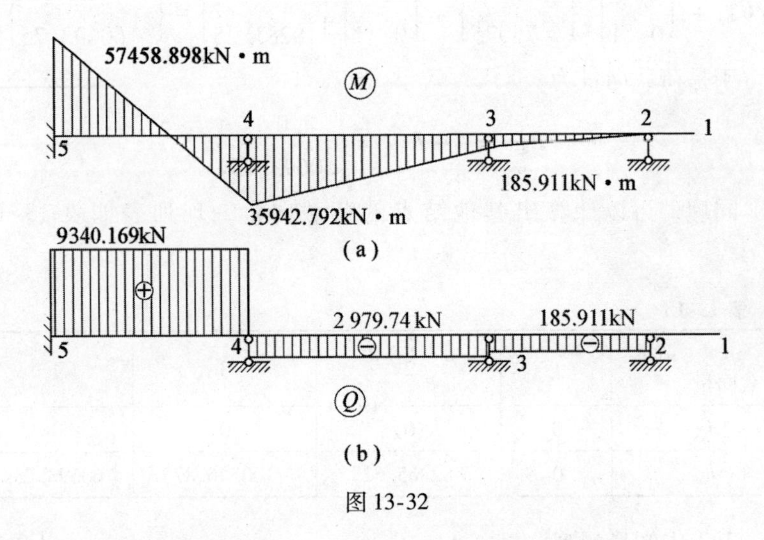

(a)

(b)

图 13-32

13.7 考虑剪力对变形影响时的计算

在以前各节中，对于刚架的计算，我们都只考虑了弯矩和轴力对变形的影响而忽略了剪力对变形的影响。这对一般常见的细而长的杆，计算的精度是足够的，但对粗而短的杆（即截面的高度与杆的长度的比值较大的杆)，剪力对变形的影响比较显著，必须考虑这一部分因素的影响才能减少计算误差，提高计算结果的精度。在矩阵位移法中，剪力对变形的影响也主要反映在单元劲度矩阵、荷载列阵及内力计算中。当同时考虑轴力、剪力、弯矩对变形的影响时，杆端力与杆端位移的关系式，可以利用第 6 章中考虑剪力对变形影响时的力法计算有

$$\overline{X}_{ij} = \frac{EF}{l}\overline{u}_i - \frac{EF}{l}\overline{u}_j,$$

$$\overline{Y}_{ij} = \frac{12EI}{l^3}\rho\overline{v}_i - \frac{6EI}{l^2}\rho\overline{\varphi}_i - \frac{12EI}{l^3}\rho\overline{v}_j - \frac{6EI}{l^2}\rho\overline{\varphi}_j,$$

$$\overline{M}_{ij} = -\frac{6EI}{l^2}\rho\bar{v}_i + \frac{EI}{l}(3\rho+1)\bar{\varphi}_i + \frac{6EI}{l^2}\rho\bar{v}_j + \frac{EI}{l}(3\rho-1)\bar{\varphi}_j, \quad (1)$$

$$\overline{X}_{ji} = -\frac{EF}{l}\bar{u}_i + \frac{EF}{l}\bar{u}_j,$$

$$\overline{Y}_{ji} = -\frac{12EI}{l^3}\rho\bar{v}_i + \frac{6EI}{l^2}\rho\bar{\varphi}_i + \frac{12EI}{l^2}\rho\bar{v}_j + \frac{6EI}{l^2}\rho\bar{\varphi}_j,$$

$$\overline{M}_{ji} = -\frac{6EI}{l^2}\rho\bar{v}_i + \frac{EI}{l}(3\rho-1)\bar{\varphi}_i + \frac{6EI}{l^2}\rho\bar{v}_j + \frac{EI}{l}(3\rho+1)\bar{\varphi}_j。$$

式中

$$\rho = \frac{GFl}{GFl + k\dfrac{12EI}{l}} \tag{13-36}$$

为考虑剪切变形时的一个系数，其中 k 是反映剪应力在横截面上分布不均匀情况的一个系数。当不考虑剪力影响时，则 $\rho=1$，此时式（1）就与式（13-3）相同。

将式（1）用矩阵表示为

$$\begin{Bmatrix} \overline{X}_{ij} \\ \overline{Y}_{ij} \\ \overline{M}_{ij} \\ \hdashline \overline{X}_{ji} \\ \overline{Y}_{ji} \\ \overline{M}_{ji} \end{Bmatrix} = \left(\begin{array}{ccc:ccc} \frac{EF}{l} & 0 & 0 & -\frac{EF}{l} & 0 & 0 \\ 0 & \frac{12EI}{l^3}\rho & -\frac{6EI}{l^2}\rho & 0 & -\frac{12EI}{l^3}\rho & -\frac{6EI}{l^2}\rho \\ 0 & -\frac{6EI}{l^2}\rho & \frac{EI}{l}(3\rho+1) & 0 & \frac{6EI}{l^2}\rho & \frac{EI}{l}(3\rho-1) \\ \hdashline -\frac{EF}{l} & 0 & 0 & \frac{EF}{l} & 0 & 0 \\ 0 & -\frac{12EI}{l^3}\rho & \frac{6EI}{l^2}\rho & 0 & \frac{12EI}{l^3}\rho & \frac{6EI}{l^2}\rho \\ 0 & -\frac{6EI}{l^2}\rho & \frac{EI}{l}(3\rho-1) & 0 & \frac{6EI}{l^2}\rho & \frac{EI}{l}(3\rho+1) \end{array}\right) \begin{Bmatrix} \bar{u}_i \\ \bar{v}_i \\ \bar{\varphi}_i \\ \bar{u}_j \\ \bar{v}_j \\ \bar{\varphi}_j \end{Bmatrix} \tag{13-37}$$

其中的单元劲度矩阵为

$$
[\bar{k}]=\begin{bmatrix}
\frac{EF}{l} & 0 & 0 & -\frac{EF}{l} & 0 & 0 \\
0 & \frac{12EI}{l^3}\rho & -\frac{6EI}{l^2}\rho & 0 & -\frac{12EI}{l^3}\rho & -\frac{6EI}{l^2}\rho \\
0 & -\frac{6EI}{l^2}\rho & \frac{EI}{l}(3\rho+1) & 0 & \frac{6EI}{l^2}\rho & \frac{EI}{l}(3\rho-1) \\
-\frac{EF}{l} & 0 & 0 & \frac{EF}{l} & 0 & 0 \\
0 & -\frac{12EI}{l^3}\rho & \frac{6EI}{l^2}\rho & 0 & \frac{12EI}{l^3}\rho & \frac{6EI}{l^2}\rho \\
0 & -\frac{6EI}{l^2}\rho & \frac{EI}{l}(3\rho-1) & 0 & \frac{6EI}{l^2}\rho & \frac{EI}{l}(3\rho+1)
\end{bmatrix}
\begin{matrix}\bar{X}_{ij}\\ \bar{Y}_{ij}\\ \bar{M}_{ij}\\ \bar{X}_{ji}\\ \bar{Y}_{ji}\\ \bar{M}_{ji}\end{matrix}
$$

(columns: $\bar{u}_i$, $\bar{v}_i$, $\bar{\varphi}_i$, $\bar{u}_j$, $\bar{v}_j$, $\bar{\varphi}_j$)

(13-38)

上式是局部坐标的单元劲度矩阵，同样应用式（13-17），即

$$[k]=[L]^{\mathrm{T}}[\bar{k}][L]$$

可以求得用整体坐标表示的单元劲度矩阵如下

$$
[k]=\begin{bmatrix}
\frac{EF}{l}\cos^2\theta+\frac{12EI}{l^3}\rho\sin^2\theta & \left(\frac{EF}{l}-\frac{12EI}{l^3}\rho\right)\cos\theta\sin\theta & \frac{6EI}{l^2}\rho\sin\theta & \cdots \\
\left(\frac{EF}{l}-\frac{12EI}{l^3}\rho\right)\cos\theta\sin\theta & \frac{EF}{l}\sin^2\theta+\frac{12EI}{l^3}\rho\cos^2\theta & -\frac{6EI}{l^2}\rho\cos\theta & \cdots \\
\frac{6EI}{l^2}\rho\sin\theta & -\frac{6EI}{l^2}\rho\cos\theta & \frac{EI}{l}(3\rho+1) & \cdots \\
-\left(\frac{EF}{l}\cos^2\theta+\frac{12EI}{l^3}\rho\sin^2\theta\right) & \left(-\frac{EF}{l}+\frac{12EI}{l^3}\rho\right)\cos\theta\sin\theta & -\frac{6EI}{l^2}\rho\sin\theta & \cdots \\
\left(-\frac{EF}{l}+\frac{12EI}{l^3}\rho\right)\cos\theta\sin\theta & -\left(\frac{EF}{l}\sin^2\theta+\frac{12EI}{l^3}\rho\cos^2\theta\right) & \frac{6EI}{l^2}\rho\cos\theta & \cdots \\
\frac{6EI}{l^2}\rho\sin\theta & -\frac{6EI}{l^2}\rho\cos\theta & \frac{EI}{l}(3\rho-1) & \cdots
\end{bmatrix}
$$

(columns: u_i, v_i, φ_i)

$$
\begin{array}{ccc|c}
u_j & v_j & \varphi_j & \\
-\left(\dfrac{EF}{l}\cos^2\theta+\dfrac{12EI}{l^3}\rho\sin^2\theta\right) & \left(-\dfrac{EF}{l}+\dfrac{12EI}{l^3}\rho\right)\cos\theta\sin\theta & \dfrac{6EI}{l^2}\rho\sin\theta & X_{ij} \\
\left(-\dfrac{EF}{l}+\dfrac{12EI}{l^3}\rho\right)\cos\theta\sin\theta & -\left(\dfrac{EF}{l}\sin^2\theta+\dfrac{12EI}{l^3}\rho\cos^2\theta\right) & -\dfrac{6EI}{l^2}\rho\cos\theta & Y_{ij} \\
-\dfrac{6EI}{l^2}\rho\sin\theta & \dfrac{6EI}{l^2}\rho\cos\theta & \dfrac{EI}{l}(3\rho-1) & M_{ij} \\
\hline
\dfrac{EF}{l}\cos^2\theta+\dfrac{12EI}{l^3}\rho\sin^2\theta & \left(\dfrac{EF}{l}-\dfrac{12EI}{l^3}\rho\right)\cos\theta\sin\theta & -\dfrac{6EI}{l^2}\rho\sin\theta & X_{ji} \\
\left(\dfrac{EF}{l}-\dfrac{12EI}{l^3}\rho\right)\cos\theta\sin\theta & \dfrac{EF}{l}\sin^2\theta+\dfrac{12EI}{l^3}\rho\cos^2\theta & \dfrac{6EI}{l^2}\rho\cos\theta & Y_{ji} \\
-\dfrac{6EI}{l^2}\rho\sin\theta & \dfrac{6EI}{l^2}\rho\cos\theta & \dfrac{EI}{l}(3\rho+1 & M_{ji}
\end{array}
\qquad (13\text{-}39)
$$

当考虑剪力影响时，杆端内力矩阵也要作相应的改变，由式（13-27）即

$$[\boldsymbol{S}]=[\bar{\boldsymbol{k}}][\boldsymbol{L}]$$

将式（13-38）与式（13-13）相乘就可以得到内力矩阵如下

$$
[\boldsymbol{S}]=\left(\begin{array}{ccc}
\dfrac{EF}{l}\cos\theta & \dfrac{EF}{l}\sin\theta & 0 \\
-\dfrac{12EI}{l^3}\rho\sin\theta & \dfrac{12EI}{l^3}\rho\cos\theta & -\dfrac{6EI}{l^2}\rho \\
\dfrac{6EI}{l^2}\rho\sin\theta & -\dfrac{6EI}{l^2}\rho\cos\theta & \dfrac{EI}{l}(3\rho+1) \\
-\dfrac{EF}{l}\cos\theta & -\dfrac{EF}{l}\sin\theta & 0 \\
\dfrac{12EI}{l^3}\rho\sin\theta & -\dfrac{12EI}{l^3}\rho\cos\theta & \dfrac{6EI}{l^2}\rho \\
\dfrac{6EI}{l^2}\rho\sin\theta & -\dfrac{6EI}{l^2}\rho\cos\theta & \dfrac{EI}{l}(3\rho-1)
\end{array}\right.
$$

$$\left.\begin{array}{ccc}
-\dfrac{EF}{l}\cos\theta & -\dfrac{EF}{L}\sin\theta & 0 \\
\dfrac{12EI}{l^3}\rho\sin\theta & -\dfrac{12EI}{l^3}\rho\cos\theta & -\dfrac{6EI}{l^2}\rho \\
-\dfrac{6EI}{l^2}\rho\sin\theta & \dfrac{6EI}{l^2}\rho\cos\theta & \dfrac{EI}{l}(3\rho-1) \\
\dfrac{EF}{l}\cos\theta & \dfrac{EF}{l}\sin\theta & 0 \\
-\dfrac{12EI}{l^3}\rho\sin\theta & \dfrac{12EI}{l^3}\rho\cos\theta & \dfrac{6EI}{l^2}\rho \\
-\dfrac{6EI}{l^2}\rho\sin\theta & \dfrac{6EI}{l^2}\rho\cos\theta & \dfrac{EI}{l}(3\rho+1)
\end{array}\right\} \qquad (13\text{-}40)$$

此外在计算固定状态的杆端内力（即载常数）时，也需要计及剪力对变形的影响（见表15-4）。在前几节的计算中有两处与固定状态的杆端力有关，第一是计算等效结点力的式（13-30），即

$$\{\boldsymbol{R}_i^g\} = [\boldsymbol{\lambda}_{ij}]^{\mathrm{T}}\{\overline{\boldsymbol{N}}_{ij}^g\} \quad (j=l,\ m,\ n,\ \cdots)$$

第二是计算杆端内力的式（13-35）即

$$\{\overline{\boldsymbol{N}}\} = \{\overline{\boldsymbol{N}}^g\} + [\boldsymbol{S}]\{\boldsymbol{\delta}\}$$

上述二式中的 $\{\overline{\boldsymbol{N}}_{ij}^g\}$ 及 $\{\overline{\boldsymbol{N}}^g\}$ 都是固定状态的杆端力，这些力的数值都应取自表15-4。

除了以上所提应当注意的变动以外，其他的计算都和前几节中所述一样。

13.8 考虑刚性段影响时的计算

前面所介绍过的刚架，其杆件的截面高度与杆长之比一般来说比较小。但在工程实际问题中，还会遇到刚架的杆件截面高度与杆长之比较大的情况，我们称这类刚架为厚壁刚架。如图13-33（a）所示的水电站钢筋混凝土蜗壳以及图13-34（a）所示的尾水管扩散段，这些都是厚壁刚架的实例。这类刚架的特点是截面的高度和杆长之比

都小于$\frac{1}{5}$，一般在$\frac{1}{4}$～$\frac{1}{2}$之间。在取厚壁刚架的计算简图时，若还用常规的方法从梁截面中心到柱截面中心作为计算跨度 l，显然是不合理的。因为刚架尺寸较大，在刚架的接点处刚度很大，接近于不变形，若按上述的跨度 l 作为计算跨度来计算，得到的内力会偏大，是很不经济的。因此这类厚壁刚架必须考虑刚性段的影响，并令其惯性矩 $I=\infty$。刚性段又称为“刚性域”。

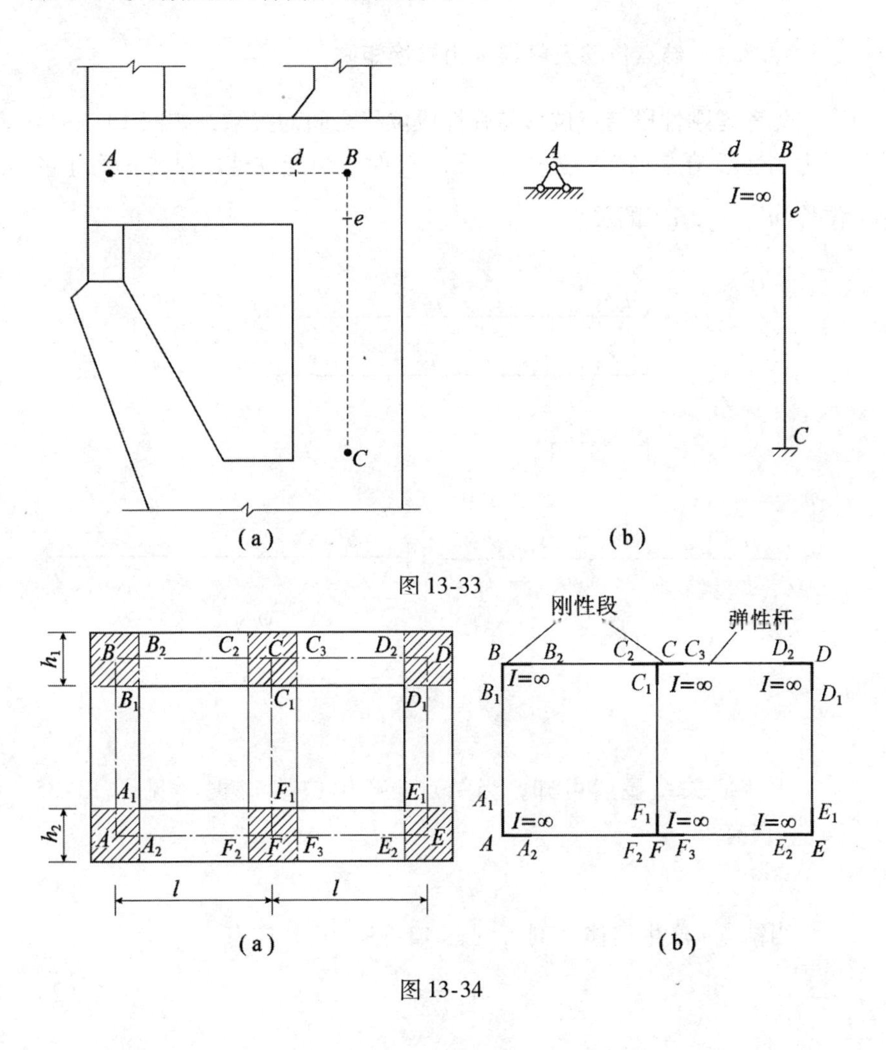

图 13-33

图 13-34

刚性段宽度到底取多大合适，是一个很复杂的问题，目前仍在研究中。常用的最简单的取法是取梁和柱的宽度的一半，作为刚性段，如图 13-33（b）和图 13-34（b）所示。

下面来讨论考虑刚性域影响的计算方法。设有一个带刚性域的梁段，如图 13-35（a）所示，弹性段长为 l，左段刚性域长为 l_1，右段刚性域长为 l_2，令 $m=\frac{l_1}{l}$，$n=\frac{l_2}{l}$。

13.8.1 结点位移及杆端内力转换矩阵

先考虑刚性段结点位移与弹性段位移之间的关系，如图 13-35 所示为刚性段结点 i 产生位移 $\bar{u}_i$，$\bar{v}_i$，$\bar{\varphi}_i$ 时，引起弹性段结点 i' 产生的位移 $\overline{u_i'}$，$\overline{v_i'}$，$\overline{\varphi_i'}$ 的关系。

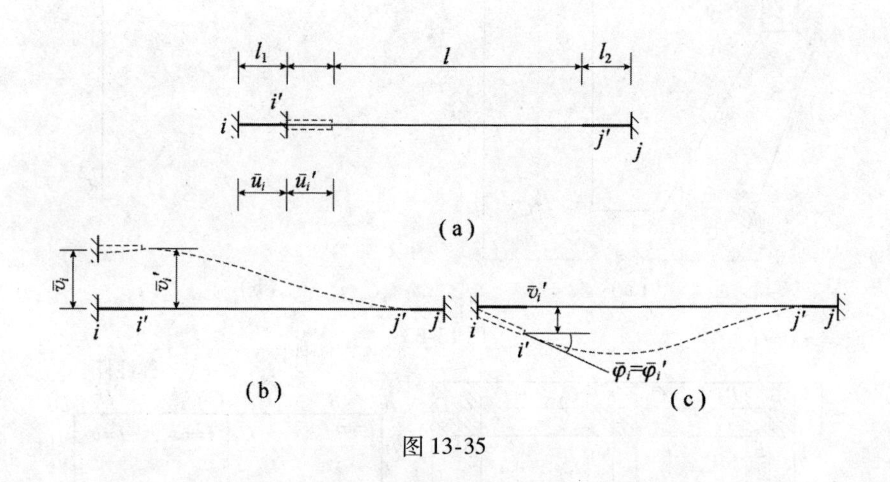

图 13-35

由几何关系显然可知，当结点 i 产生位移 $\bar{u}_i$ 时［见图 13-35（a）］应有

$$\overline{u_i'}=\bar{u}_i \tag{1}$$

当结点 i 产生位移 $\bar{v}_i$ 时［见图 13-35（b）］应有

$$\overline{v_i'}=\bar{v}_i \tag{2}$$

当结点 i 产生位移 $\bar{\varphi}_i$ 时［见图 13-35（c）］应有

$$\bar{v}_i = - l_1 \bar{\varphi}_i, \quad \bar{\varphi}'_i = \bar{\varphi}_i \tag{3}$$

将式（1）、式（2）、式（3）用矩阵表示为

$$\{\bar{\delta}'_i\} = \begin{Bmatrix} \bar{u}'_i \\ \bar{v}'_i \\ \bar{\varphi}'_i \end{Bmatrix} = \begin{Bmatrix} \bar{u}_i \\ \bar{v}_i - l_1\bar{\varphi}_i \\ \bar{\varphi}_i \end{Bmatrix} = \begin{pmatrix} 1 & 0 & 0 \\ 0 & 1 & -l_1 \\ 0 & 0 & 1 \end{pmatrix} \begin{Bmatrix} \bar{u}_i \\ \bar{v}_i \\ \bar{\varphi}_i \end{Bmatrix} = [\boldsymbol{B}_i]\{\bar{\boldsymbol{\delta}}_i\} \tag{13-41}$$

同理可得出结点 j 位移与结点 j' 位移之间的关系为

$$\{\bar{\delta}'_j\} = \begin{Bmatrix} \bar{u}'_j \\ \bar{v}'_j \\ \bar{\varphi}'_j \end{Bmatrix} = \begin{Bmatrix} \bar{u}_j \\ \bar{v}_j + l_2\bar{\varphi}_j \\ \bar{\varphi}_j \end{Bmatrix} = \begin{pmatrix} 1 & 0 & 0 \\ 0 & 1 & l_2 \\ 0 & 0 & 1 \end{pmatrix} \begin{Bmatrix} \bar{u}_j \\ \bar{v}_j \\ \bar{\varphi}_j \end{Bmatrix} = [\boldsymbol{B}_j]\{\bar{\boldsymbol{\delta}}_j\} \tag{13-42}$$

将以上二式合并且写成简写形式应有

$$\{\bar{\boldsymbol{\delta}}'\} = \begin{Bmatrix} \bar{\delta}'_i \\ \vdots \\ \bar{\delta}'_j \end{Bmatrix} = \begin{pmatrix} B_i & 0 \\ 0 & B_j \end{pmatrix} \begin{Bmatrix} \bar{\delta}_i \\ \vdots \\ \bar{\delta}_j \end{Bmatrix} = [\boldsymbol{B}]\{\bar{\boldsymbol{\delta}}\} \tag{13-43}$$

现在再考虑刚性段的杆端力与弹性段的杆端力的关系，如图 13-36 所示，弹性段的结点 i' 作用有杆端力 $\bar{X}'_{ij}$，$\bar{Y}'_{ij}$，$\bar{M}'_{ij}$，现在要静力等效地化为刚性段的杆端力 $\bar{X}_{ij}$，$\bar{Y}_{ij}$，$\bar{M}_{ij}$，由图 13-36 中所示的静力平衡

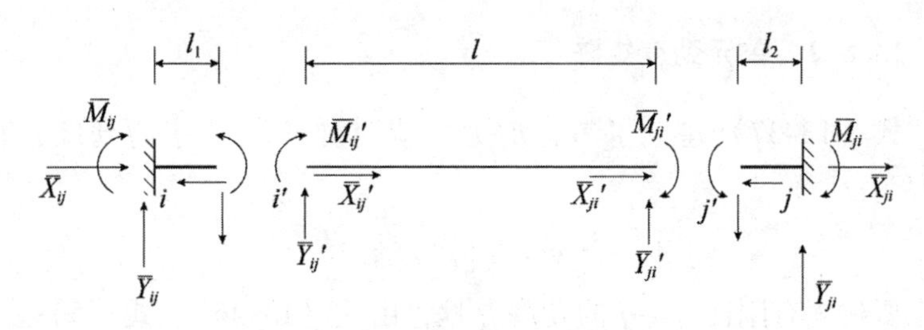

图 13-36

关系有

$$\overline{X}_{ij} = \overline{X}'_{ij}, \quad \overline{Y}_{ij} = \overline{Y}'_{ij}, \quad \overline{M}_{ij} = \overline{M}'_{ij} - \overline{Y}'_{ij} l_1 \tag{4}$$

写成矩阵形式有

$$\{\overline{\boldsymbol{N}}_{ij}\} = \begin{Bmatrix} \overline{X}_{ij} \\ \overline{Y}_{ij} \\ \overline{\varphi}_{ij} \end{Bmatrix} = \begin{Bmatrix} \overline{X}'_{ij} \\ \overline{Y}'_{ij} \\ -\overline{Y}'_{ij} l_1 + \overline{M}'_{ij} \end{Bmatrix} = \begin{pmatrix} 1 & 0 & 0 \\ 0 & 1 & 0 \\ 0 & -l_1 & 1 \end{pmatrix} \begin{Bmatrix} \overline{X}'_{ij} \\ \overline{Y}'_{ij} \\ \overline{\varphi}'_{ij} \end{Bmatrix} = [\boldsymbol{B}_i]^{\mathrm{T}} \{\overline{\boldsymbol{N}}'_{ij}\} \tag{13-44}$$

同理在 j 端有

$$\{\overline{\boldsymbol{N}}_{ji}\} = \begin{Bmatrix} \overline{X}_{ji} \\ \overline{Y}_{ji} \\ \overline{\varphi}_{ji} \end{Bmatrix} = \begin{Bmatrix} \overline{X}'_{ji} \\ \overline{Y}'_{ji} \\ -\overline{Y}'_{ji} l_2 + \overline{M}'_{ji} \end{Bmatrix} = \begin{pmatrix} 1 & 0 & 0 \\ 0 & 1 & 0 \\ 0 & l_2 & 1 \end{pmatrix} \begin{Bmatrix} \overline{X}_{ji} \\ \overline{Y}_{ji} \\ \overline{\varphi}_{ji} \end{Bmatrix} = [\boldsymbol{B}_j]^{\mathrm{T}} \{\overline{\boldsymbol{N}}'_{ji}\} \tag{13-45}$$

将上述两式写在一起有

$$\{\overline{\boldsymbol{N}}\} = \begin{Bmatrix} \overline{N}_{ij} \\ \overline{N}_{ji} \end{Bmatrix} = \begin{bmatrix} B_i^{\mathrm{T}} & 0 \\ 0 & B_j^{\mathrm{T}} \end{bmatrix} \begin{Bmatrix} \overline{N}'_{ij} \\ \overline{N}'_{ji} \end{Bmatrix} = [\boldsymbol{B}]^{\mathrm{T}} \{\overline{\boldsymbol{N}}'\} \tag{13-46}$$

上述矩阵 $[\boldsymbol{B}]$ 及 $[\boldsymbol{B}]^{\mathrm{T}}$都是转换矩阵。值得注意的是，式(13-46)的杆端内力转换矩阵，正是式（13-43）的结点位移转换矩阵的转置矩阵。

13.8.2 单元劲度矩阵

式（13-37）建立了考虑剪力影响时弹性段 $i'-j'$ 的劲度方程，简写为

$$\{\overline{\boldsymbol{N}}'\} = [\overline{\boldsymbol{k}}'] \{\overline{\boldsymbol{\delta}}'\} \tag{5}$$

现在要建立有刚性段 i–j 的劲度方程，由式（13-46）、式（5）及式（13-43）可得

$$\{\overline{\boldsymbol{N}}\} = [\boldsymbol{B}]^{\mathrm{T}}\{\overline{\boldsymbol{N}'}\} = [\boldsymbol{B}]^{\mathrm{T}}[\overline{\boldsymbol{k}'}]\{\overline{\boldsymbol{\delta}'}\} = [\boldsymbol{B}]^{\mathrm{T}}[\overline{\boldsymbol{k}'}]\{\boldsymbol{B}\}\{\overline{\boldsymbol{\delta}}\} \tag{6}$$

令

$$[\overline{\boldsymbol{k}}] = [\boldsymbol{B}]^{\mathrm{T}}[\overline{\boldsymbol{k}'}]\{\boldsymbol{B}\} \tag{13-47}$$

则

$$[\overline{\boldsymbol{N}}] = [\overline{\boldsymbol{k}}][\overline{\boldsymbol{\delta}}] \tag{7}$$

式（6）或式（7）就是用局部坐标表示的 i–j 段的劲度方程，而式（13-47）就是局部坐标表示的单元劲度矩阵，展开成显式为

$$[\overline{\boldsymbol{k}}] = \begin{array}{c} \begin{array}{cccccc} \bar{u}_i & \bar{v}_i & \bar{\varphi}_i & \bar{u}_j & \bar{v}_j & \bar{\varphi}_j \end{array} \\ \left[\begin{array}{ccc|ccc} \dfrac{EF}{l} & 0 & 0 & -\dfrac{EF}{l} & 0 & 0 \\ 0 & \dfrac{12EI}{l^3}\rho & -\dfrac{6EI}{l}\rho c_1 & 0 & -\dfrac{12EI}{l^3}\rho & -\dfrac{6EI}{l^2}\rho c_2 \\ 0 & -\dfrac{6EI}{l^2}\rho c_1 & \dfrac{EI}{l}c_3 & 0 & \dfrac{6EI}{l^2}\rho c_1 & \dfrac{EI}{l}c_4 \\ \hline -\dfrac{EF}{l} & 0 & 0 & \dfrac{EI}{l} & 0 & 0 \\ 0 & -\dfrac{12EI}{l^3}\rho & \dfrac{6EI}{l^2}\rho c_1 & 0 & \dfrac{12EI}{l^3}\rho & \dfrac{6EI}{l^2}\rho c_2 \\ 0 & -\dfrac{6EI}{l^2}\rho c_2 & \dfrac{EI}{l}c_4 & 0 & \dfrac{6EI}{l^2}\rho c_2 & \dfrac{EI}{l}c_5 \end{array}\right] \end{array} \begin{array}{c} \overline{X}_{ij} \\ \overline{Y}_{ij} \\ M_{ij} \\ \overline{X}_{ji} \\ \overline{Y}_{ji} \\ M_{ji} \end{array} \tag{13-48}$$

式中

$$c_1 = 1 + 2m,\ c_2 = 1 + 2n,\ c_3 = 3\rho + 1 + 12m\rho + 12m^2\rho,$$
$$c_4 = 3\rho - 1 + 6\rho(m + n) + 12mn\rho,$$
$$c_5 = 3\rho + 1 + 12n\rho + 12n^2\rho \tag{13-49}$$

要得到用整体坐标表示的单元劲度矩阵时，可以应用式（13-17），因此有

$$[\boldsymbol{k}] = [\boldsymbol{L}]^{\mathrm{T}}[\overline{\boldsymbol{k}}][\boldsymbol{L}] = [\boldsymbol{L}]^{\mathrm{T}}[\boldsymbol{B}]^{\mathrm{T}}[\overline{\boldsymbol{k}'}][\boldsymbol{B}][\boldsymbol{L}] \tag{13-50}$$

而用整体坐标表示的单元劲度方程为

$$\{\boldsymbol{N}\} = [\boldsymbol{k}]\{\boldsymbol{\delta}\} \tag{8}$$

将式（13-50）展开可得显示为

$$
[\boldsymbol{k}]=\left(\begin{array}{ccc}
u_i & v_i & \varphi_i \\
\frac{EF}{l}\cos^2\theta+\frac{12EI}{l^3}\rho\sin^2\theta & \left(\frac{EF}{l}-\frac{12EI}{l^3}\rho\right)\cos\theta\sin\theta & \frac{6EI}{l^2}\rho c_1\sin\theta \\
\left(\frac{EF}{l}-\frac{12EI}{l^3}\rho\right)\cos\theta\sin\theta & \frac{EF}{l}\sin^2\theta+\frac{12EI}{l^3}\rho\cos^2\theta & -\frac{6EI}{l^2}\rho c_1\cos\theta \\
\frac{6EI}{l^2}\rho c_1\sin\theta & -\frac{6EI}{l^2}\rho c_1\cos\theta & \frac{EI}{l}c_3 \\
\hline
-\left(\frac{EF}{l}\cos^2\theta+\frac{12EI}{l^3}\rho\sin^2\theta\right) & \left(-\frac{EF}{l}+\frac{12EI}{l^3}\rho\right)\cos\theta\sin\theta & -\frac{6EI}{l^2}\rho c_1\sin\theta \\
\left(-\frac{EF}{l}+\frac{12EI}{l^3}\rho\right)\cos\theta\sin\theta & -\left(\frac{EF}{l}\sin^2\theta+\frac{12EI}{l^3}\rho\cos^2\theta\right) & \frac{6EI}{l^2}\rho c_1\cos\theta \\
\frac{6EI}{l^2}\rho c_2\sin\theta & -\frac{6EI}{l^2}\rho c_2\cos^2\theta & \frac{EI}{l}c_4
\end{array}\right|
$$

$$
\left|\begin{array}{ccc}
u_j & v_j & \varphi_j \\
-\left(\frac{EF}{l}\cos^2\theta+\frac{12EI}{l^3}\rho\sin^2\theta\right) & \left(-\frac{EF}{l}+\frac{12EI}{l^3}\rho\right)\cos\theta\sin\theta & \frac{6EI}{l^2}\rho c_2\sin\theta \\
\left(-\frac{EF}{l}+\frac{12EI}{l^3}\rho\right)\cos\theta\sin\theta & -\left(\frac{EF}{l}\sin^2\theta+\frac{12EI}{l^3}\rho\cos^2\theta\right) & -\frac{6EI}{l^2}\rho c_2\cos\theta \\
-\frac{6EI}{l^2}\rho c_1\sin\theta & \frac{6EI}{l^2}\rho c_1\cos\theta & \frac{EI}{l}c_4 \\
\hline
\frac{EF}{l}\cos^2\theta+\frac{12EI}{l^2}\rho\sin\theta & \left(\frac{EF}{l}-\frac{12EI}{l^3}\rho\right)\cos\theta\sin\theta & -\frac{6EI}{l^2}\rho c_2\sin\theta \\
\left(\frac{EF}{l}-\frac{12EI}{l^3}\rho\right)\cos\theta\sin\theta & \frac{EF}{l}\sin^2\theta+\frac{12EI}{l^3}\rho\cos^2\theta & \frac{6EI}{l^2}\rho c_2\cos\theta \\
-\frac{6EI}{l^2}\rho c_2\sin\theta & \frac{6EI}{l^2}\rho c_2\cos\theta & \frac{EI}{l}c_5
\end{array}\right)
\begin{array}{l} \\ X_{ij} \\ Y_{ij} \\ M_{ij} \\ X_{ji} \\ Y_{ji} \\ M_{ji}\end{array}
\tag{13-51}
$$

13.8.3 等效结点荷载

在非结点荷载作用下，考虑剪力影响时 i'–j' 弹性段的杆端力，可以由表 15-1 查得，化为等效结点荷载时，需先将弹性端杆端力转移到刚性端，为此应用式（13-46）可得

$$\{\overline{\boldsymbol{N}}_{ij}^{g}\} = [\boldsymbol{B}]^{\mathrm{T}}\{\overline{\boldsymbol{N}}_{ij}'^{g}\} \tag{13-52}$$

再应用式（13-32）以求得用整体坐标表示的等效结点荷载

$$\{R_i^g\} = [\boldsymbol{\lambda}_{ij}]^{\mathrm{T}}\{\overline{\boldsymbol{N}}_{ij}^{g}\} \quad (j = l, \ m, \ n, \ \cdots) \tag{13-53}$$

13.8.4　杆端内力、杆端内力矩阵

由结构劲度方程

$$[\boldsymbol{k}]\{\boldsymbol{\Delta}\} = \{\boldsymbol{F}\} \tag{9}$$

解得各结点的位移后，即可得各个单元的杆端位移，从而可以求得各单元的杆端力，实际工程中所需要的是用局部坐标表示的，作用于弹性段 i'–j' 的杆端力，先考虑放松状态

$$\{\overline{\boldsymbol{N}}'^{f}\} = [\bar{\boldsymbol{k}}']\{\bar{\boldsymbol{\delta}}'^{f}\} \tag{10}$$

式中 $\{\overline{\boldsymbol{N}}'^{f}\}$ 为放松状态，用局部坐标表示的弹性段 i'–j' 的杆端力。其中上标“f”表示放松状态，“–”表示局部坐标，“,”表示弹性段。

将式（13-43）及式（13-10）代入上式可得

$$\{\overline{\boldsymbol{N}}'^{f}\} = [\bar{\boldsymbol{k}}'][\boldsymbol{B}]\{\bar{\boldsymbol{\delta}}^{f}\} = [\bar{\boldsymbol{k}}'][\boldsymbol{B}][\boldsymbol{L}]\{\boldsymbol{\delta}^{f}\} \tag{13-54}$$

令

$$[\boldsymbol{S}'] = [\bar{\boldsymbol{k}}'][\boldsymbol{B}][\boldsymbol{L}] \tag{13-55}$$

式中 $[\boldsymbol{S}']$ 即为杆端内力矩阵，展开成显式有

$$[\boldsymbol{S}'] = \left[\begin{array}{ccc|ccc}
\frac{EF}{l}\cos\theta & \frac{EF}{l}\sin\theta & 0 & -\frac{EF}{l}\cos\theta & -\frac{EF}{l}\sin\theta & 0 \\
-\frac{12EI}{l^3}\rho\sin\theta & \frac{12EI}{l^3}\rho\cos\theta & -\frac{6EI}{l^2}\rho c_3 & \frac{12EI}{l^2}\rho\sin\theta & -\frac{12EI}{l^3}\rho\cos\theta & -\frac{6EI}{l^2}\rho c_2 \\
\frac{6EI}{l^2}\rho\sin\theta & -\frac{6EI}{l^2}\rho\cos\theta & \frac{6EI}{l}\rho m + \frac{EI}{l}(3\rho+1) & -\frac{6EI}{l^2}\rho\sin\theta & \frac{6EI}{l^2}\rho\cos\theta & \frac{6EI}{l}\rho_n + \frac{EI}{l}(3\rho-1) \\
\hline
-\frac{EF}{l}\cos\theta & -\frac{EF}{l}\sin\theta & 0 & \frac{EF}{l}\cos\theta & \frac{EF}{l}\sin\theta & 0 \\
\frac{12EI}{l^3}\rho\sin\theta & -\frac{12EI}{l^3}\rho\cos\theta & \frac{6EI}{l^2}\rho c_1 & -\frac{12EI}{l^3}\rho\sin\theta & \frac{12EI}{l^3}\rho\cos\theta & \frac{6EI}{l^2}\rho c_2 \\
\frac{6EI}{l^2}\rho\sin\theta & -\frac{6EI}{l^2}\rho\cos\theta & \frac{6EI}{l}\rho m + \frac{EI}{l}(3\rho-1) & -\frac{6EI}{l^2}\rho\sin\theta & \frac{6EI}{l^2}\rho\cos\theta & \frac{6EI}{l}\rho_n + \frac{EI}{l}(3\rho+1)
\end{array}\right] \tag{13-56}$$

原结构总的杆端力，应为固定状态与放松状态杆端内力的和，即

$$\{\overline{N}'\} = \{\overline{N}'^{g}\} + \{\overline{N}^{f}\} = \{\overline{N}'^{g}\} + [S']\{\boldsymbol{\delta}\} \tag{13-57}$$

习　题

13-1　试列出如图 13-37 所示桁架的结构劲度方程，设各杆的 $E=30\text{GPa}$，$F=0.01\text{m}^2$。

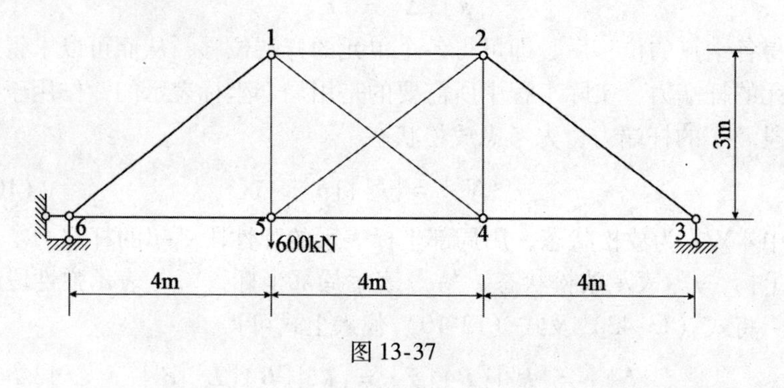

图 13-37

13-2　试利用对称性列出如图 13-38 所示刚架的结构劲度方程，设 E、G、F 都为常数。

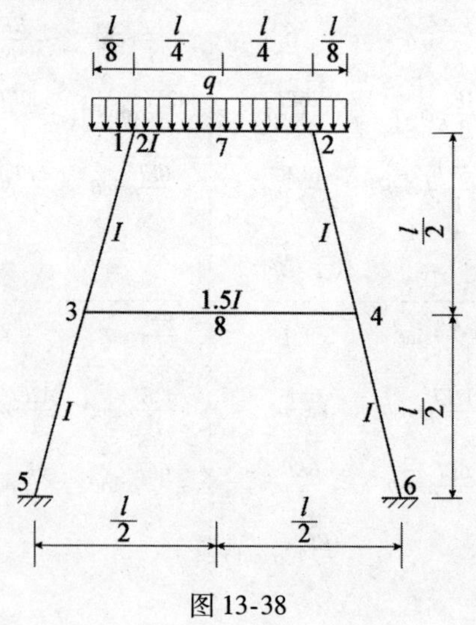

图 13-38

13-3　试列出如图 13-39 所示刚架的结构劲度方程，设各杆的 E、G、I、F 都相同。

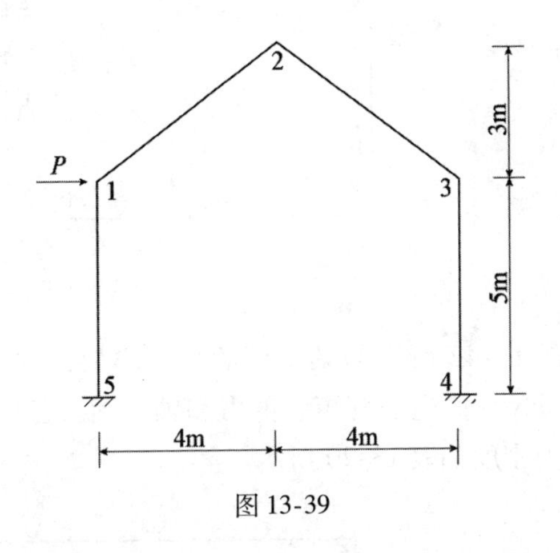

图 13-39

13-4　试利用对称性计算如图 13-40 所示桁架各杆的内力，设 E、F 为常数。

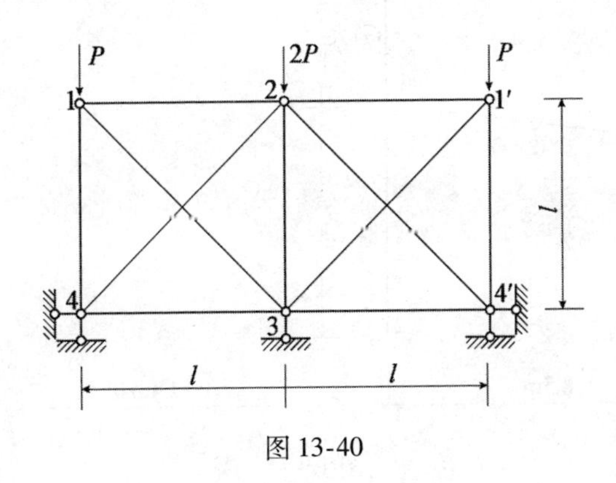

图 13-40

13-5　试作如图 13-41 所示刚架的弯矩图、剪力图和轴力图。设 $E=30\text{GPa}$，$F=0.012\text{m}^2$，$I=0.0016\text{m}^4$。计算时可以不计剪力对变形的影响。

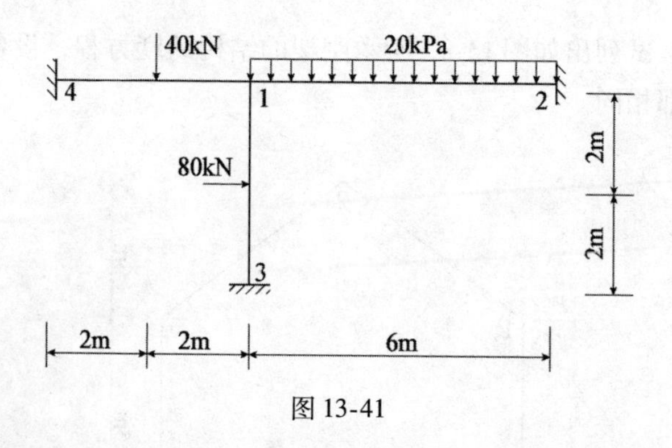

图 13-41

13-6 如图 13-42 所示为某工厂的平面刚架，试求由荷载 $P_1=120\text{kN}$，$P_2=80\text{kN}$ 所产生的弯矩、剪力和轴力图。各杆的抗拉刚度、抗弯刚度和抗剪刚度如表 13-20 所示。

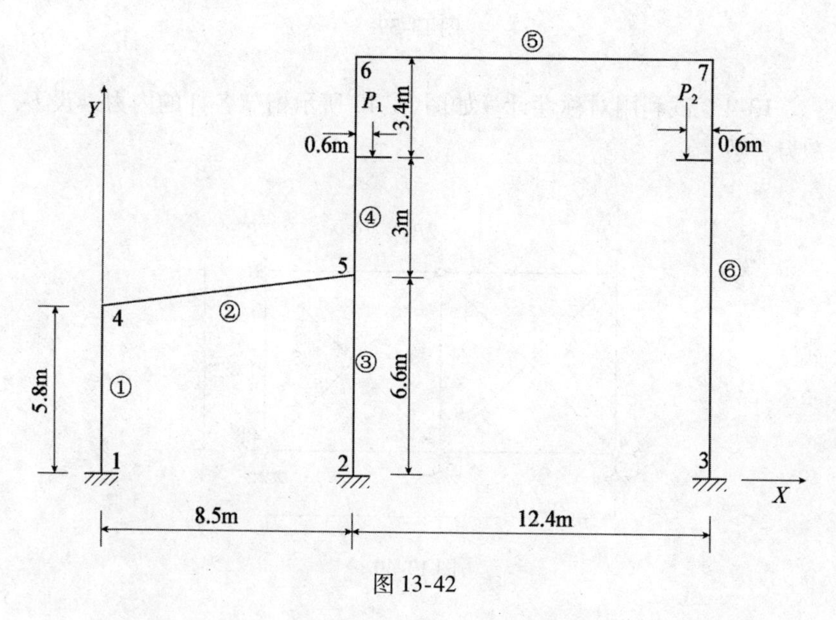

图 13-42

表 13-20

单元号	EF	FI	GF
1–4	$4.16\times10^6\text{kN}$	$54600\text{kN}\cdot\text{m}^2$	$2.08\times10^6\text{kN}$

续表

单元号	EF	FI	GF
4-5	1.74×10^6kN	429000kN · m^2	8.7×10^6kN
2-5	8.45×10^6kN	296400kN · m^2	4.23×10^6kN
5-6	8.45×10^6kN	296400kN · m^2	4.23×10^6kN
6-7	1.99×10^6kN	1107600kN · m^2	1×10^7kN
3-7	8.45×10^6kN	296400kN · m^2	4.23×10^6kN

13-7　如图 13-43（a）所示的框架剪力墙系统，其计算简图如图 13-43（b）所示。已知 $E=2.6\times10^7$ kN/m^2，$G=1.105\times10^7$ kNm^2，梁和柱的截面为矩形，尺寸 b、h 分别为 0.3×0.5m^2 和 0.3×0.6m^2，剪力墙厚为 0.3m。试作框架剪力墙系统的弯矩图，剪力图和轴向力图。

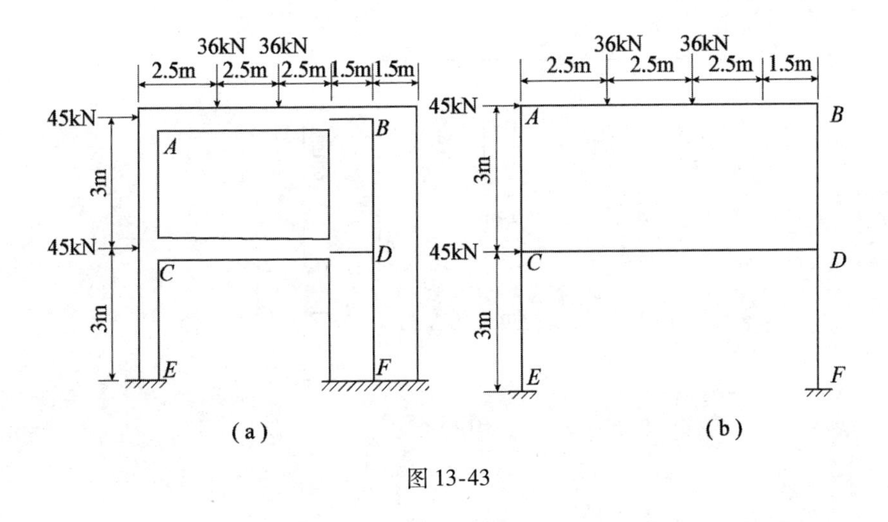

图 13-43

13-8　如图 13-44 所示刚架浇注混凝土时温度为 15℃，冬季室外温度为-35℃，室内温度为 15℃，试求此刚架由于温度变化所引起的内力。已知：各杆 EI=常数，截面尺寸示于图中，混凝土的弹性模量 $E=2\times10^7$kN/m^2，剪切模量 $G=0.425$E，温度膨胀系数 $\alpha=0.00001$。

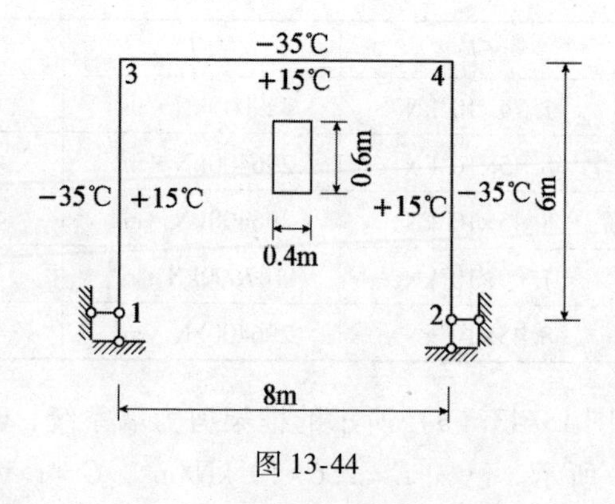

图 13-44

13-9　如图 13-45 所示刚架由于支座沉陷了 $\Delta_H=0.015\text{m}$，$\Delta_v=0.005\text{m}$，试求该刚架由于支座沉陷所引起的内力。已知：各杆 $EI=$ 常数，截面尺寸示于图中，$E=2\times10^7\text{kN/m}^2$，$G=0.425E$。

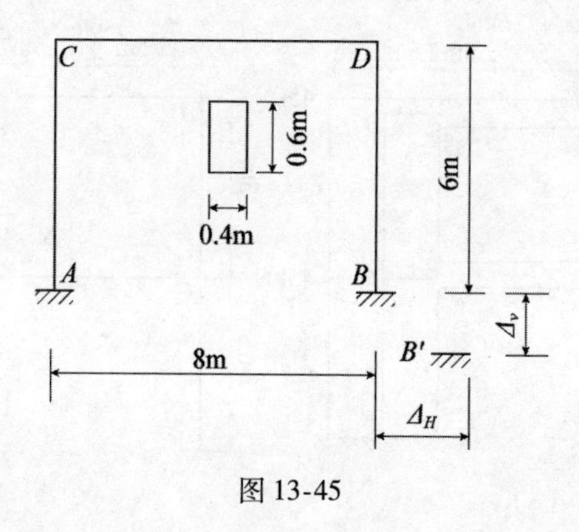

图 13-45

第 14 章　弹性基础圆拱及对岔管的计算

14.1　一 般 介 绍

在水工结构物中，我们常常遇到埋置在弹性介质中由圆拱与直杆组成的结构物，例如马蹄形隧洞（见图 14-1），卵形隧洞（见图 14-2）。此外隧洞入口处的渐变段截面（如图 14-3）及二圆形隧洞分岔处的截面（见图 14-4）都是埋置在弹性介质中由圆拱与直杆组成的。这种结构的精确解答在理论上还没有解决，因为在半无限弹性平面中开一个这样的孔洞，即使孔洞内没有衬砌，而且作用在孔壁上只有最简单的荷载，要按弹性理论求出应力分布及孔壁每点的变形那都是非常困难的，有了隧洞衬砌以后计算就更困难了。目前在工程设计中对这种结构的应力分析往往是先假定反力分布的形状及大小，然后按三次超静定闭合结构计算内力。比较合理而又可行的理论分析方法是将弹性介质的反力按文克尔假定进行计算。文克尔假定用公式表示如下

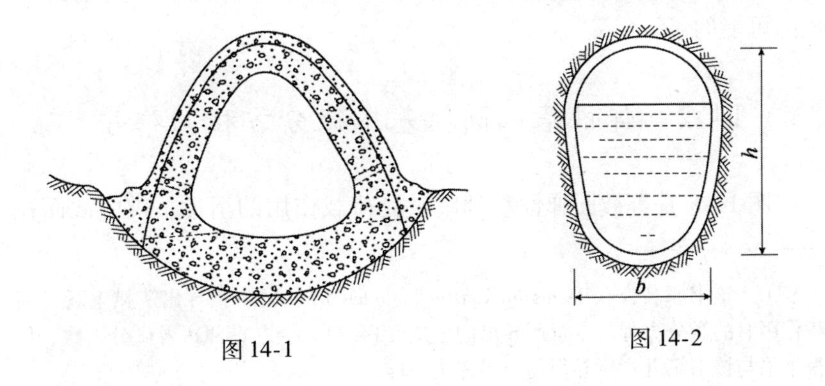

图 14-1　　图 14-2

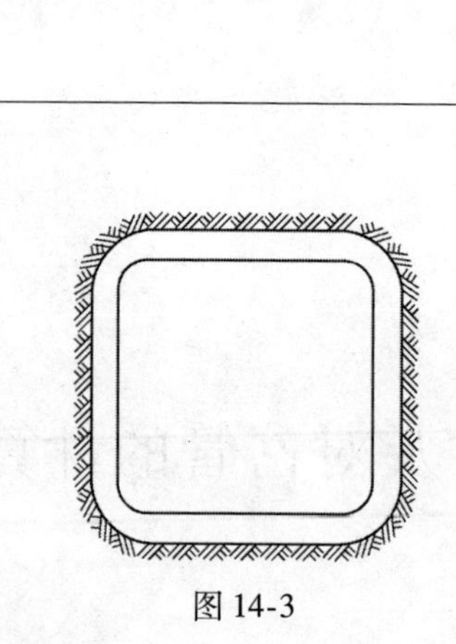

图 14-3

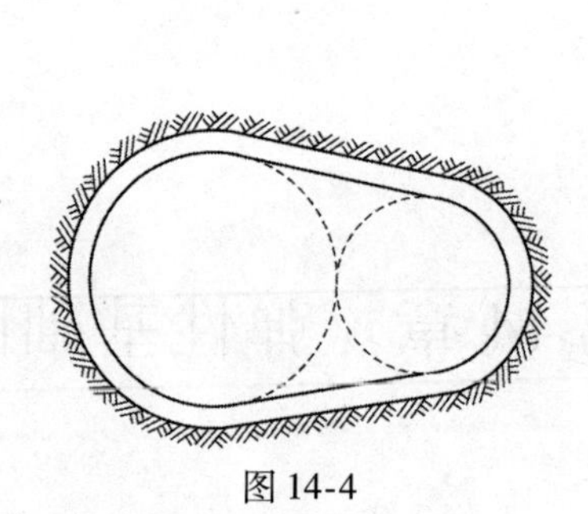

图 14-4

$$p_0 = K_0 y$$

式中：p_0——单位面积上的反力，即反力强度；

y——地基沉陷量；

K_0——比例常数，称为地基系数，是单位面积的地基沉陷一单位深度时所需之力。

按文克尔假定的弹性基础梁目前已经研究得比较完善，因此弹性基础圆拱部分一般书籍上常近似地看成若干直杆组成的折线，用计算弹性基础梁的方法计算。本章介绍我们在解决输水隧洞分岔段部分应力分析问题时提出的弹性基础圆拱的计算方法。本章所导得的弹性基础圆拱基本微分方程式同时考虑了轴向变形与弯曲变形。忽略掉轴向变形的基本微分方程在 M. Hetenyl 所著《弹性基础梁》一书中曾从不同途径导出了类似的结果①。当解决了单个弹性基础梁和单个的弹性基础拱的计算以后，由这两种杆件组成的结构物的计算就成为可能的了。

14.2 弹性基础圆拱基本微分方程的推导

图 14-5 是等截面弹性基础圆拱受荷载作用的情形。拱的截面积

① 该书原名为《Beams on Elastio Foundation》，书中推导出了拱上无外荷载作用时的微分方程。本章所导出的公式（14-7），令左右两边各微分一次，所得结果与该书第九章所导得的公式完全一样。

为 F，惯性矩为 I，中轴至圆心之半径为 r_0，垂直于拱环的径向荷载为 q，平行于拱环的切向荷载为 p。

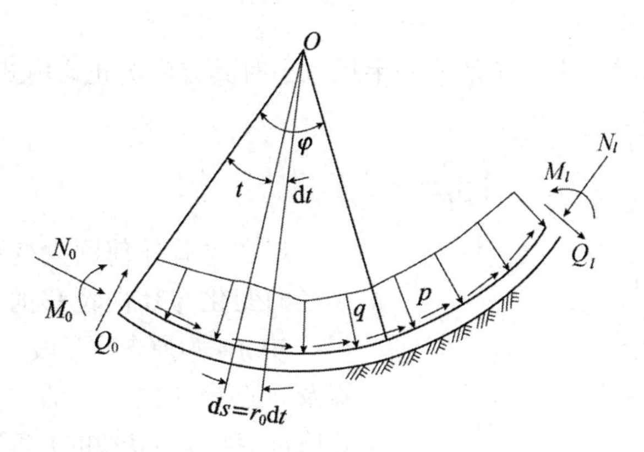

图 14-5

取拱上的任一微分段 ds 研究（见图 14-6），该微分段上受弯矩 M、轴向力 N 及剪力 Q 的作用。在未受任何力作用时曲率半径为 r_0，仅受轴向压力作用时曲率半径为 r'_0，受轴向力及弯矩共同作用时曲率半径最后为 r（剪力使曲率半径的改变略去不计）。在 N 作用下微分段 ds 长度改变为 ds′，则有

图 14-6

$$
\begin{aligned}
\frac{N}{EF}&=\frac{\mathrm{d}s-\mathrm{d}s'}{\mathrm{d}s}=\frac{\mathrm{d}\varphi}{\mathrm{d}s}\left(\frac{\mathrm{d}s}{\mathrm{d}\varphi}-\frac{\mathrm{d}s'}{\mathrm{d}\varphi}\right)\\
&=\frac{1}{r_0}(r_0-r'_0)=\frac{r'_0(r_0-r'_0)}{r_0r'_0}\\
&=r'_0\left(\frac{1}{r'_0}-\frac{1}{r_0}\right)\approx r_0\left(\frac{1}{r'_0}-\frac{1}{r_0}\right),
\end{aligned}
$$

所以

$$
\frac{N}{EFr_0}=\frac{1}{r'_0}-\frac{1}{r_0} \tag{1}
$$

在继续受弯矩 M 作用后，微分段的曲率半径由 r'_0 改变至 r，对于

微小曲率的圆形曲梁有

$$\frac{M}{EI}=\left(\frac{1}{r}-\frac{1}{r'_0}\right) \tag{2}$$

在式（2）中，M 使曲率半径减小时其方向为正。由式（1）加式（2）得

$$\left(\frac{N}{EFr_0}+\frac{M}{EI}\right)=\left(\frac{1}{r}-\frac{1}{r_0}\right) \tag{3}$$

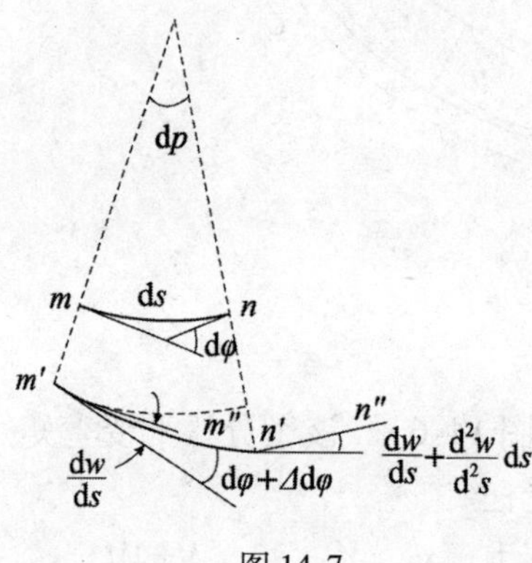

图 14-7

现在再看任何圆拱变形后曲率半径的变化与径向位移的关系。图 14-7 中 mn 为原来圆弧段，$m'n'$ 为 m 点及 n 点径向位移后的位置。未位移前 m 点与 n 点切线的夹角为 $\mathrm{d}\varphi$，位移后 m' 点及 n' 点切线的夹角为 $\mathrm{d}\varphi+\Delta\mathrm{d}\varphi$，径向位移以由圆心向外者为正。$m$ 点的径向位移 $\overline{mm'}=w$，n 点的径向位移 $\overline{nn'}=w+\mathrm{d}w$。由图 14-7 可以看到位移后的曲率为

$$\frac{1}{r}=\frac{\mathrm{d}\varphi+\Delta\mathrm{d}\varphi}{\widehat{m'n'}}$$

弧段 $\widehat{m'n'}\approx(r_0+w)\mathrm{d}\varphi$，$m'm''$ 线与 $n'n''$ 线垂直于半径，两者相交成 $\mathrm{d}\varphi$ 角，故有

$$\Delta\mathrm{d}\varphi=\frac{\mathrm{d}w}{\mathrm{d}s}-\left(\frac{\mathrm{d}w}{\mathrm{d}s}+\frac{\mathrm{d}^2w}{\mathrm{d}s^2}\mathrm{d}s\right)=-\frac{\mathrm{d}^2w}{\mathrm{d}s^2}\mathrm{d}s$$

将 $\widehat{m'n'}$ 及 $\Delta\mathrm{d}\varphi$ 的式子代入曲率的公式中，得

$$\frac{1}{r}=\frac{\mathrm{d}\varphi-\frac{\mathrm{d}^2w}{\mathrm{d}s^2}\mathrm{d}s}{(r_0+w)\mathrm{d}\varphi}=\frac{1-\frac{\mathrm{d}s}{\mathrm{d}\varphi}\cdot\frac{\mathrm{d}^2w}{\mathrm{d}s^2}}{(r_0+w)}=\frac{1-r_0\frac{\mathrm{d}^2w}{\mathrm{d}s^2}}{(r_0+w)}=\frac{\frac{1}{r_0}-\frac{\mathrm{d}^2w}{\mathrm{d}s^2}}{1+\frac{w}{r_0}}$$

化简整理后得

$$\frac{1}{r}-\frac{1}{r_0}=-\frac{w}{rr_0}-\frac{\mathrm{d}^2w}{\mathrm{d}s^2}$$

r 与 r_0 相差甚小，故上式右边的 r 可以用 r_0 代替，得曲率变化与径向位移之关系式

$$\frac{1}{r}-\frac{1}{r_0}\approx-\frac{w}{r_0^2}-\frac{\mathrm{d}^2w}{\mathrm{d}s^2} \tag{4}$$

将式（3）代入式（4），整理后得

$$\frac{\mathrm{d}^2w}{\mathrm{d}s^2}+\frac{w}{r_0^2}=-\left(\frac{N}{EFr_0}+\frac{M}{EI}\right) \tag{14-1}$$

将 $\mathrm{d}s=r_0\mathrm{d}\varphi$ 代入式（14-1），得

$$\frac{\mathrm{d}^2w}{\mathrm{d}\varphi^2}+w=-\left(\frac{Nr_0}{EF}+\frac{Mr_0^2}{EI}\right) \tag{14-2}$$

式（14-1）与式（14-2）为弹性基础圆拱拱轴上任一点 n 的径向位移与内力 N 及 M 的关系式，φ 为过该点的截面与某一原始截面（$\varphi_0=0$）所成的夹角。

现在再从图 14-5 来研究 n 截面上的轴向力 N 与弯矩 M。设地基的弹性抗力系数为 k，地基与圆拱之间假定只有垂直于拱轴的反力（即径向反力），没有摩擦力（即切向反力），则 M 与 N 的算式如下

$$\begin{aligned}M=&M_0+Q_0r_0\sin\varphi-N_0r_0(1-\cos\varphi)+\int_0^{\varphi}[kw(t)-q(t)]\mathrm{d}s\cdot\\&r_0\sin(\varphi-t)-\int_0^{\varphi}p(t)\mathrm{d}s\cdot r_0[1-\cos(\varphi-t)]\\=&M_0+Q_0r_0\sin\varphi-N_0r_0(1-\cos\varphi)+\int_0^{\varphi}[kw(t)-q(t)]r_0^2\sin\\&(\varphi-t)\mathrm{d}t-\int_0^{\varphi}p(t)r_0^2[1-\cos(\varphi-t)]\mathrm{d}t\end{aligned} \tag{14-3}$$

$$N=Q_0\sin\varphi+N_0\cos\varphi+\int_0^{\varphi}[kw(t)-q(t)]\mathrm{d}s\cdot\sin(\varphi-t)+$$

$$\int_0^{\varphi} p(t)\,\mathrm{d}s \cdot \cos(\varphi - t) = Q_0 \sin\varphi + N_0 \cos\varphi +$$

$$\int_0^{\varphi} [kw(t) - q(t)] r_0 \sin(\varphi - t)\,\mathrm{d}t + \int_0^{\varphi} p(t) r_0 \cos(\varphi - t)\,\mathrm{d}t \quad (14\text{-}4)$$

由式（14-3）与式（14-4）得

$$M - N r_0 = M_0 - N_0 r_0 - r_0^2 \int_0^{\varphi} p(t)\,\mathrm{d}t \quad (14\text{-}5)$$

式（14-5）的物理意义是很明显的，那就是弹性基础圆拱截取任何一段，设左端为原始截面（$\varphi_0 = 0$），作用在左端的弯矩 M_0、轴向力 N_0、剪力 Q_0以及外荷载 q 与 p 和基础反力对圆弧中心 c 顺时针取力矩，它应当等于右端的弯矩 M、轴向力 N 及剪力 Q 对中心 c 取力矩（方向为逆时针）。这是维持静力平衡所必须的条件。由于剪力、外荷载 q 及基础反力均通过圆心 c，取力矩为零，故式（14-5）中就只有含 M、N、M_0、N_0及 p 等五项。由式（14-5）可以看到，弹性基础圆拱中任一截面上的 M 与 N 彼此有一定关系，不是独立存在的。

将式（14-3）及式（14-4）代入式（14-2），整理后得

$$\frac{\mathrm{d}^2 w}{\mathrm{d}\varphi^2} + w = -\frac{r_0^2}{EI}\left(\mathrm{M}_0 - N_0 r_0 - r_0^2 \int_0^{\varphi} p(t)\,\mathrm{d}t\right) - \left(\frac{r_0}{EF} + \frac{r_0^3}{EI}\right) Q_0 \sin\varphi -$$

$$\left(\frac{r_0}{EF} + \frac{r_0^3}{EI}\right) N_0 \cos\varphi - \left(\frac{r_0^2}{EF} + \frac{r_0^4}{EI}\right) \int_0^{\varphi} [kw(t) - q(t)].$$

$$\sin(\varphi - t)\,\mathrm{d}t - \left(\frac{r_0^2}{EF} + \frac{r_0^4}{EI}\right) \int_0^{\varphi} p(t) \cos(\varphi - t)\,\mathrm{d}t \quad (5)①$$

将式（5）左边及右边取二次微商，整理后得

① 式(5) 右边的积分项取微商可以利用积分号下求微商的公式

$$\frac{\mathrm{d}}{\mathrm{d}x}\int_{\alpha(x)}^{\beta(x)} F(x, t)\,\mathrm{d}t = F(x, t)\Big|_{t-a(x)} \frac{\mathrm{d}x}{\mathrm{d}x} - F(x, t)\Big|_{r-\beta(x)} \frac{\mathrm{d}\beta}{\mathrm{d}x} + \int_{\theta}^{x} \frac{\partial}{\partial x} F(x, t)\,\mathrm{d}t。$$

$$\frac{\mathrm{d}^4 w}{\mathrm{d}\varphi^4}+\frac{\mathrm{d}^2 w}{\mathrm{d}\varphi^2}=-\frac{r_0^2}{EF}p'(\varphi)-\left(\frac{r_0^2}{EF}+\frac{r_0^4}{EI}\right)[kw(\varphi)-q(\varphi)]+\left(\frac{r_0}{EF}+\frac{r_0^3}{EI}\right)$$

$$Q_0\sin\varphi+\left(\frac{r_0}{EF}+\frac{r_0^3}{EI}\right)N_0\cos\varphi+\left(\frac{r_0^2}{EF}+\frac{r_0^4}{EI}\right)$$

$$\int_0^{\varphi}[kw(t)-q(t)]\sin(\varphi-t)\,\mathrm{d}t+\left(\frac{r_0^2}{EF}+\frac{r_0^4}{EI}\right)$$

$$\int_0^{\varphi}p(t)\cos(\varphi-t)\,\mathrm{d}t \tag{6}$$

将式（5）与式（6）相加并整理之，得

$$\frac{\mathrm{d}^4 w}{\mathrm{d}\varphi^4}+2\frac{\mathrm{d}^2 w}{\mathrm{d}\varphi^2}+\left(1+\frac{kr_0^2}{EF}+\frac{kr_0^4}{EI}\right)w=-\frac{r_0^2}{EI}(M_0-N_0r_0)+$$

$$\left(\frac{r_0^2}{EF}+\frac{r_0^4}{EI}\right)q(\varphi)+\left[\frac{r_0^4}{EI}\int_0^{\varphi}p(t)\,\mathrm{d}t-\frac{r_0^2}{EF}p'(\varphi)\right] \tag{14-6}$$

若作用在圆拱上的径向荷载 q 及切向荷载 p 为零，则得

$$\frac{\mathrm{d}^4 w}{\mathrm{d}\varphi^4}+2\frac{\mathrm{d}^2 w}{\mathrm{d}\varphi^2}+\left(1+\frac{kr_0^2}{EF}+\frac{Rr_0^4}{EI}\right)w=-\frac{r_0^2}{EI}(M_0-N_0r_0) \tag{14-7}$$

式（14-6）及式（14-7）就是弹性基础圆拱的基本微分方程。在上述公式推导过程中我们考虑了圆拱各截面上的轴向力使拱轴受到的压缩或拉伸。若忽略它们的影响，所导得的公式稍微简单一点。我们只要在前面各式中取 $EF=\infty$，就可以得出忽略拱轴压缩或拉伸影响的公式。基本微分方程式（14-6）与式（14-7）就分别简化为式（14-8）与式（14-9）

$$\frac{\mathrm{d}^4 w}{\mathrm{d}\varphi^4}+2\frac{\mathrm{d}^2 w}{\mathrm{d}\varphi^2}+\left(1+\frac{kr_0^4}{EI}\right)w$$

$$=-\frac{r_0^2}{EI}(M_0-N_0r_0)+\frac{r_0^4}{EI}q(\varphi)+\frac{r_0^4}{EI}\int_0^{4}p(t)\,\mathrm{d}t \tag{14-8}$$

$$\frac{\mathrm{d}^4 w}{\mathrm{d}\varphi^4}+2\frac{\mathrm{d}^2 w}{\mathrm{d}\varphi^2}+\left(1+\frac{kr_0^4}{EI}\right)w=-\frac{r_0^4}{EI}(M_0-N_0r_0) \tag{14-9}$$

从弹性基础圆拱的基本微分方程可以解得拱轴径向位移 w 值，因而可以求得弹性基础反力，同时拱中各截面的弯矩、轴向力和剪力

也就可以求出来了。一般情形下，圆拱各截面上有较大的弯矩，采用忽略拱轴压缩或拉伸影响的公式，所得结果和精确解相差很小。当拱中各截面上内力主要是轴向力时，忽略拱轴压缩或拉伸的影响将引起较大误差。典型的例子是在弹性介质中的薄圆环，环内受均布的径向压力。当不考虑圆环在切向受拉的伸长影响时，则内压力将全部由圆环承受，弹性介质完全不产生反力，这就引起了偏于安全的较大误差。

基于上述理由，14.3 节中推导的弹性基础圆拱解答的诸公式中，均从考虑轴向压缩或拉伸的基本微分方程出发。但 14.5 节中初参数解答的公式，由于考虑轴向压缩或拉伸将使式子太庞杂，我们推导时就略去了轴向压缩或拉伸的影响，这些式子在一般情况下是适用的。和前面一样，下面所导得的考虑轴向压缩或拉伸影响的公式中只要取 $EF=\infty$，就得出忽略它们的影响的公式。

14.3 弹性基础圆拱的解答

现在先求方程式（14-6）的特解。该式的特解可以看做由下面二方程的特解组成

$$\frac{d^4 w_1}{d\varphi^4}+2\frac{d^2 w_1}{d\varphi^2}+\left(1+\frac{kr_0^2}{EF}+\frac{kr_0^4}{EI}\right)w_1=-\frac{r_0^2}{EI}(M_0-N_0 r_0)$$

$$\frac{d^4 w_2}{d\varphi^4}+2\frac{d^2 w_2}{d\varphi^2}+\left(1+\frac{kr_0^2}{EF}+\frac{kr_0^4}{EI}\right)w_2$$

$$=\left(\frac{r_0^2}{EF}+\frac{r_0^4}{EI}\right)q(\varphi)+\left[\frac{r_0^4}{EI}\int_0^{\varphi}p(t)\,dt-\frac{r_0^2}{EF}p'(\varphi)\right]$$

第一个微分方程的特解为

$$w_1=\frac{-\dfrac{r_0^2}{EI}(M_0-N_0 r_0)}{1+\dfrac{kr_0^2}{EF}+\dfrac{kr_0^4}{EI}}$$

第二个微分方程的特解因 $q(\varphi)$ 及 $p(\varphi)$ 而变，当 $q(\varphi)$ 及 $p(\varphi)$

已经确定时，总有特解存在，设特解为 $w_2=f(\varphi)$。故方程式（14-6）的特解为

$$w=\frac{-\frac{r_0^2}{EI}(M_0-N_0r_0)}{1+\frac{kr_0^2}{EF}+\frac{kr_0^4}{EI}}+f(\varphi)$$

令
$$m^2=1+\frac{kr_0^2}{EF}+\frac{kr_0^4}{EI} \tag{7}$$

微分方程式（14-6）的特征方程式为

$$s^4+2s^2+m^2=0,$$

解之得
$$s=\pm\sqrt{\frac{m-1}{2}}\pm i\sqrt{\frac{m+1}{2}}=\pm\alpha\pm i\beta,$$

式中
$$\alpha=\sqrt{\frac{m-1}{2}},\quad \beta=\sqrt{\frac{m+1}{2}} \tag{8}$$

故方程式（14-6）的通解为

$$w(\varphi)=\mathrm{ch}\alpha\varphi(C_1\cos\beta\varphi+C_2\sin\beta\varphi)+\mathrm{sh}\alpha\varphi(C_3\cos\beta\varphi+C_4\sin\beta\varphi)-\frac{\frac{r_0^2}{EI}}{m^2}(M_0-N_0r_0)+f(\varphi) \tag{9}$$

令
$$\psi_1=\mathrm{ch}\alpha\varphi\cos\beta\varphi,\quad \psi_2=\mathrm{ch}\alpha\varphi\sin\beta\varphi,$$
$$\psi_3=\mathrm{sh}\alpha\varphi\cos\beta\varphi,\quad \psi_4=\mathrm{sh}\alpha\varphi\sin\beta\varphi$$

代入式（9），得

$$w(\varphi)=C_1\psi_1+C_2\psi_2+C_3\psi_3+C_4\psi_4-\frac{\frac{r_0^2}{EI}}{m^2}(M_0-N_0r_0)+f(\varphi) \tag{14-10}$$

将式（9）进行一次微分与二次微分，得

$$w'(\varphi)=(C_2\beta+C_3\alpha)\psi_1+(-C_1\beta+C_4\alpha)\psi_2+(C_1\alpha+C_4\beta)\psi_3+(C_2\alpha-C_3\beta)\psi_4+f'(\varphi) \tag{14-11}$$

$$w''(\varphi)=(-C_1+2C_4\alpha\beta)\psi_1+(-C_2-2C_3\alpha\beta)\psi_2+(-C_3+2C_2\alpha\beta)\psi_3+(-C_4-2C_1\alpha\beta)\psi_4+f''(\varphi) \tag{14-12}$$

将式（14-5）代入式（14-2），整理后得

$$M=\frac{-1}{\frac{1}{EF}+\frac{r_0^2}{EI}}\left[w''(\varphi)+w(\varphi)-\frac{M_0-N_0r_0}{EF}+\frac{r_0^2}{EF}\int_0^{\varphi}p(t)\,\mathrm{d}t\right]$$

$$N=\frac{-1}{\frac{r_0}{EF}+\frac{r_0^3}{EI}}\left[w''(\varphi)+w(\varphi)+\frac{r_0}{EI}(M_0-N_0r_0)-\frac{r_0^4}{EI}\int_0^{\varphi}p(t)\,\mathrm{d}t\right]$$

将式（14-10）与式（14-12）中的 w（φ）及 w''（φ）代入上面二式，整理后得

$$M=-\frac{kr_0^2}{2\alpha\beta}(C_4\psi_1-C_3\psi_2+C_2\psi_3-C_1\psi_4)+\frac{1}{m^2}\left(1+\frac{kr_0^3}{EF}\right)(M_0-$$

$$N_0r_0)-\frac{\frac{r_0^2}{EF}}{\frac{1}{EF}+\frac{r_0^2}{EI}}\int_0^{\varphi}p(t)\,\mathrm{d}t-\frac{1}{\frac{1}{EF}+\frac{r_0^2}{EI}}[f(\varphi)+f''(\varphi)] \qquad (14\text{-}13)$$

$$N=-\frac{kr_0}{2\alpha\beta}(C_4\psi_1-C_3\psi_2+C_2\psi_3-C_1\psi_4)-\frac{1}{m^2}\cdot\frac{kr_0^3}{EI}(M_0-N_0r_0)+$$

$$\frac{\frac{r_0^3}{EI}}{\frac{1}{EF}+\frac{r_0^2}{EI}}\int_0^{\varphi}p(t)\,\mathrm{d}t-\frac{1}{\left(\frac{1}{EF}+\frac{r_0^2}{EI}\right)r_0}[f(\varphi)+f''(\varphi)] \qquad (14\text{-}14)$$

将 M 对 S 微分一次得剪力 Q

$$Q=-\frac{kr_0}{2\alpha\beta}[(C_2\alpha-C_3\beta)\psi_1-(C_1\alpha+C_4\beta)\psi_2+(-C_1\beta+C_4\alpha)\psi_3-$$

$$(C_2\beta+C_3\alpha)\psi_4]-\frac{\frac{r_0}{EF}}{\frac{1}{EF}+\frac{r_0^2}{EI}}p(t)-\frac{1}{\left(\frac{1}{EF}+\frac{r_0^2}{EI}\right)r_0}[f'(\varphi)+f'''(\varphi)]$$

$$(14\text{-}15)$$

式（14-13）、式（14-14）、式（14-15）为弹性基础圆拱中 M、N 及 Q 的表达式。式（14-13）和式（14-14）不是彼此独立存在的，

它们之间存在有式（14-5）所表达的关系。

当弹性基础圆拱两端均为自由端，且作用于端部的轴向力、剪力及力矩为已知时，则代入式（14-13）、式（14-14）、式（14-15）可以将四个未知数 C_1、C_2、C_3、C_4 求出。这样便可以求得圆拱任何截面上的弯矩、轴向力与剪力的数值。将 C_1、C_2、C_3、C_4 代入式(14-10)，并可求得圆拱拱轴任何点的径向位移和岩基在该处的反力。应当注意，作用于圆拱两端的力矩与轴向力彼此必须满足式(14-5）的关系，否则圆拱将绕圆心转动而不能平衡。由于作用在两端的力矩与轴向力一定满足上述关系，所以计算常数 C_1、C_2、C_3、C_4 时，式（14-13）和式（14-14）只采用其中一个就够了。

弹性基础圆拱有时两端不是自由端，上面各式中的未知数 C_1、C_2、C_3、C_4 要由边界位移条件决定。式（14-10）是拱轴上任一点径向位移的公式，现在推导拱上任一截面转角及切向位移的公式。转角方向规定以顺时针方向为正，切向位移规定对拱的圆心发生以逆时针方向移动为正。

图 14-8 中 nm 为圆拱中任一弧段，c 为圆心，n'与 m'分别为 n 截面与 m 截面变位后的位置，nn''为 n 截面中心在切线方向的位移分量，以 u 表之。由图 14-8 可以推得 n 截面转角 θ 与切向位移的关系式

$$\theta = \frac{\mathrm{d}w}{\mathrm{d}s} - \angle nBn' = \frac{\mathrm{d}w}{\mathrm{d}s} - \angle ncn'$$

$$= \frac{\mathrm{d}w}{\mathrm{d}s} - \frac{nn''}{r_0} = \frac{1}{r_0}\left(\frac{\mathrm{d}w}{\mathrm{d}\varphi} - u\right)$$

$$r_0\theta + u = w'(\varphi) \tag{14-16}$$

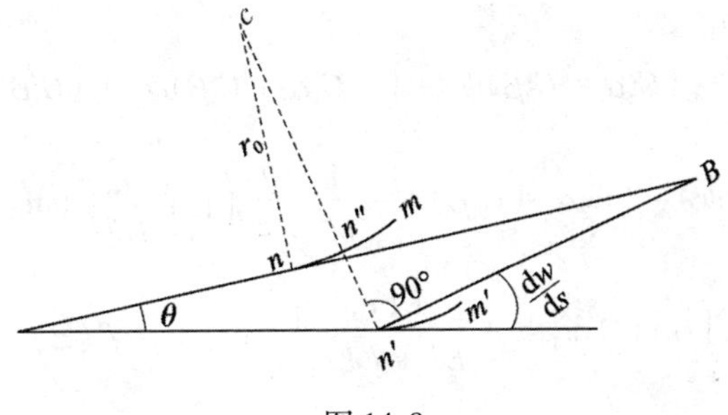

图 14-8

当圆拱任一截面的转角与切向位移为已知时，由式（14-16）即可求得该截面中心的 $w''(\varphi)$ 值。由式（14-11）得

$$r_0\theta + u = (C_2\beta + C_3\alpha)\psi_1 + (-C_1\beta + C_4\alpha)\psi_2 + (C_1\alpha + C_4\beta)\psi_3 + (C_2\alpha - C_3\beta)\psi_4 + f'(\varphi) \tag{14-17}$$

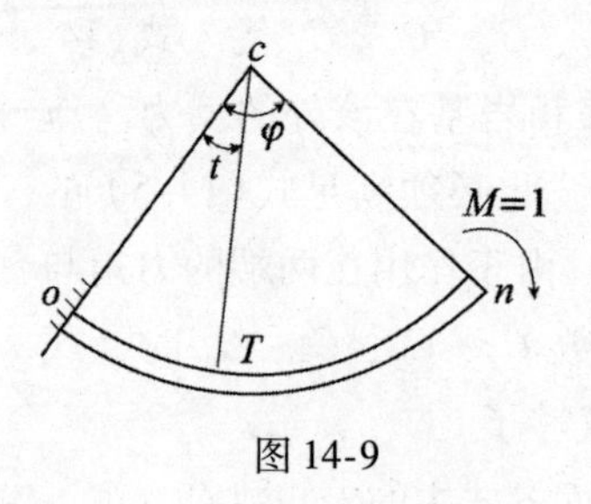

图 14-9

图 14-9 为圆拱 o 端至任一截面 n 的一段，令 o 截面固定，在 n 上作用一单位力矩如该图所示，则拱 on 段中各处的弯矩 $\overline{M}=-1$，轴向力 $\overline{N}=0$。故弹性基础圆拱中 n 截面对 o 截面的相对转角 θ_n 为

$$\theta_n = \int_0^s \frac{\overline{M}M}{EI}\mathrm{d}s = -\int_0^s \frac{M}{EI}\mathrm{d}s$$

式中：M——弹性基础圆拱 on 段中任一截面 T 上的弯矩。将式(14-13)代入并积分，得

$$\theta_n = \frac{\frac{kr_0^3}{EI}}{2\alpha\beta m}[C_4(\beta\psi_2 + \alpha\psi_3) + C_3(\beta\psi_1 - \alpha\psi_4 - \beta) + C_2(\alpha\psi_1 + \beta\psi_4 - \alpha) + C_1(-\alpha\psi_2 + \beta\psi_3)] - \frac{1}{m^2}\cdot\frac{r_0}{EI}\left(1 + \frac{kr_0^2}{EF}\right)(M_0 - N_0 r_0)\varphi + \frac{r_0^3}{EI + EFr_0^2}\int_0^{\varphi}\int_0^{t} p(t_1)\,\mathrm{d}t_1\mathrm{d}t + \frac{EFr_0}{EI + EFr_0^2}\int_0^{\varphi}[f(t) + f''(t)]\,\mathrm{d}t \tag{10}$$

o 截面的转角为 θ_0，故 n 截面的绝对转角 $\theta=\theta_0+\theta_n$。将式（10）代入并整理，得

$$\theta = \theta_0 + \frac{\frac{kr_0^3}{EI}}{2\alpha\beta_m}[(C_2\alpha + C_3\beta)\psi_1 + (-C_1\alpha + C_4\beta)\psi_2 + (C_1\beta + C_4\alpha)\psi_3 + (C_2\beta - C_3\alpha)\psi_4 - (C_2\alpha + C_3\beta)] - \frac{1}{m^2}\cdot\frac{r_0}{EI}\left(1 + \frac{kr_0^2}{EF}\right)(M_0 - N_0 r_0)\varphi + \frac{r_0^3}{EI + EFr_0^2}\int_0^{\varphi}\int_0^{t} p(t_1)\,\mathrm{d}t_1\mathrm{d}t + \frac{EFr_0}{EI + EFr_0^2}\left[\int_0^{\varphi} f(t)\,\mathrm{d}t + f'(\varphi) - f'(0)\right] \tag{14-18}$$

将式（14-18）代入式（14-17）并整理之，即得 n 截面的切向位移 u 的公式。

令
$$\beta_1=\left(\beta-\frac{1}{2\beta m}\cdot\frac{kr_0^4}{EI}\right)$$

$$\alpha_1=\left(\alpha-\frac{1}{2\alpha m}\cdot\frac{kr_0^4}{EI}\right)\qquad(11)$$

$$\begin{aligned}u=&(C_2\beta_1+C_3\alpha_1)\psi_1+(-C_1\beta_1+C_4\alpha_1)\psi_2+(C_1\alpha_1+C_4\beta_1)\psi_3+\\&(C_2\alpha_1-C_3\beta)\psi_4+C_2(\beta-\beta_1)+C_3(\alpha-\alpha_1)-r_0\theta_0+\\&\frac{1}{m^2}\cdot\frac{r_0^2}{EI}\left(1+\frac{kr_0^2}{EF}\right)(M_0-N_0r_0)\varphi-\frac{r_0^4}{EI+EFr_0^2}\int_0^{\varphi}\int_0^{t}p(t_1)\mathrm{d}t_1\mathrm{d}t-\\&\frac{EFr_0^2}{EI+EFr_0^2}\left[\int_0^{\varphi}f(t)\mathrm{d}t+f'(\varphi)-f'(0)\right]+f'(\varphi)\end{aligned}\qquad(14\text{-}19)$$

若弹性基础圆拱两端位移为已知，则将边界条件 $\varphi=0$ 处的 $w=w_0$、$\theta=\theta_0$、$u=u_0$，以及 $\varphi=\varphi_L$处的 $w=w_L$、$\theta=\theta_L$、$u=u_L$代入式（14-10）、式（14-18）与式（14-19）中，联合解之即可求得 C_1、C_2、C_3、C_4诸常数及（$M_0-N_0r_0$）之值。若圆拱两端位移与两端所受力矩、轴向力与剪力各知道一部分，则根据边界条件，由式（14-10）、式（14-13）、式（14-14）、式（14-15）、式（14-17）、式（14-18）、式（14-19）等相应的公式即可决定绪常数。上述诸式中包含的未知数有 C_1、C_2、C_3、C_4、C_0 及（$M_0-N_0r_0$）六项，故足够的边界条件需六个。但式（14-10）~式（14-15）等 w、M、N 及 Q 的表达式中包含了 C_1、C_2、C_3、C_4及（$M_0-N_0r_0$），故用拱端的 w、M、N 及 Q 作边界条件时，只要 5 个边界条件即可将上述未知常数确定。要确定 θ_0未知数，必须给出拱端 u 或 θ 中的一个边界条件才行。从上面的分析自然得出这样的结论，要确定弹性基础圆拱的 u 和 θ 的公式，我们必须有六个边界条件，而确定 w、M、N 及 Q 的公式，如边界条件不是 u 与 θ 时，只要五个就足够了。又当我们给出了杆件两端的 M 及 N 边界条件时，由于它们相互间可由式（14-5）确定，知道其中任意三个，其余一个就可确定了。因此，两端的 M、N 合起来只能当作三个边界条件，而不能当作四个边界条件。

式（14-19）也可以和推导 θ 的方法一样，由相对切向位移推导得出。图 14-10 的圆拱段为 o 端固定而 n 端作用一单位轴向拉力的情形。此时 T 截面内弯矩 $\overline{M}=r_0-r_0\cos(\varphi-t)$，轴向力 $\overline{N}=-\cos(\varphi-t)$。弹性基础圆拱 n 截面对 θ 截面的相对切向位移

$$u_n=\int_0^{\varphi}\frac{\overline{M}M\mathrm{d}s}{EI}+\int_0^{\varphi}\frac{\overline{N}N}{EF}\mathrm{d}s$$

设 o 截面的径向位移为 w_0，切向位移为 u_0，转角为 θ_0，则 n 截面绝对切向位移

$$u=-w_0\sin\varphi+u_0\cos\varphi-r_0(1-\cos\theta)\theta_0+\int_0^{\varphi}\frac{\overline{M}M\mathrm{d}s}{EI}+\int_0^{\varphi}\frac{\overline{N}N\mathrm{d}s}{EF}$$

将 $\overline{M}$、$\overline{N}$、M 及 N 代入并积分后整理之，得出结果与式（14-19）完全一致。

【例 14-1】 求如图 14-11 所示的圆环在弹性介质中受集中力 P 作用后各截面上的径向位移、弯矩、轴向力与剪力。设不计圆环自重的作用。

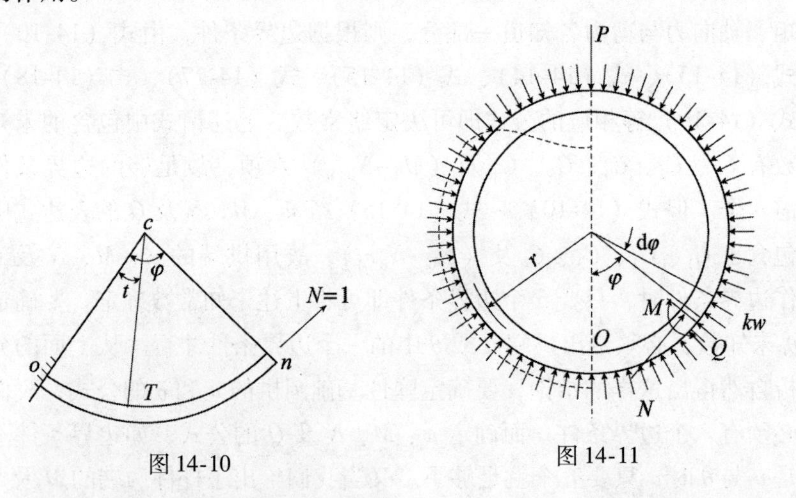

图 14-10　　图 14-11

【解】 此圆环受对称荷载作用，可取右半环考虑，以 o 为半环起点，边界条件为：

（1）当 $\varphi=0$ 时：$u=0$，$\theta=0$，$Q=0$。

（2）当 $\varphi=\pi$ 时：$u=0$，$\theta=0$，$Q=-P/2$。

在圆环上无径向作用的荷载及切向作用的荷载，故 $q=p=0$，特解 $f(\varphi)=0$。将边界条件代入式（14-15）与式（14-17），得

$$C_2\alpha - C_3\beta = 0 \tag{a}$$

$$C_2\beta + C_3\alpha = 0 \tag{b}$$

$$(C_2\alpha - C_3\beta)\psi_1(\pi) - (C_1\alpha + C_4\beta)\psi_2(\pi) + (-C_1\beta + C_4\alpha)\psi_3(\pi) - (C_2\beta + C_3\alpha)\psi_4(\pi) = \frac{\alpha\beta}{kr_0}P \tag{c}$$

$$(C_2\beta + C_3\alpha)\psi_1(\pi) + (-C_1\beta + C_4\alpha)\psi_2(\pi) + (C_1\alpha + C_4\beta)\psi_3(\pi) - (C_2\alpha - C_3\beta)\psi_4(\pi) = 0 \tag{d}$$

联解式（a）与式（b），得 $C_2=C_3=0$，代入式（c）与式（d）并整理之，得

$$C_1[\alpha\psi_2(\pi) + \beta\psi_3(\pi)] + C_4[\beta\psi_2(\pi) - \alpha\psi_3(\pi)] = -\frac{\alpha\beta}{kr_0}P \tag{e}$$

$$C_1[-\beta\psi_2(\pi) + \alpha\psi_3(\pi)] + C_4[\alpha\psi_2(\pi) + \beta\psi_3(\pi)] = 0 \tag{f}$$

解之得

$$C_1 = -\frac{\alpha\beta P(\alpha\text{ch}\alpha\pi\sin\beta\pi + \beta\text{sh}\alpha\pi\cos\beta\pi)}{kr_0 m(\text{ch}^2\alpha\pi\sin^2\beta\pi + \text{sh}^2\alpha\pi\cos^2\beta\pi)} = -\frac{\alpha\beta P}{kr_0 m}A$$

$$C_4 = -\frac{\alpha\beta P(\beta\text{ch}\alpha\pi\sin\beta\pi - \alpha\text{sh}\alpha\pi\cos\beta\pi)}{kr_0 m(\text{ch}^2\alpha\pi\sin^2\beta\pi + \text{sh}^2\alpha\pi\cos^2\beta\pi)} = -\frac{\alpha\beta P}{kr_0 m}B$$

式中

$$A = \frac{(\alpha\text{ch}\alpha\pi\sin\beta\pi + \beta\text{sh}\alpha\pi\cos\beta\pi)}{(\text{ch}^2\alpha\pi\sin^2\beta\pi + \text{sh}^2\alpha\pi\cos^2\beta\pi)}$$

$$B = \frac{(\beta\text{ch}\alpha\pi\sin\beta\pi - \alpha\text{sh}\alpha\pi\cos\beta\pi)}{(\text{ch}^2\alpha\pi\sin^2\beta\pi + \text{sh}^2\alpha\pi\cos^2\beta\pi)}$$

将 $\varphi=\pi$、$\theta=0$ 及 C_1、C_2、C_3、C_4 代入式（14-18），代简后得

$$M_0 - N_0 r_0 = -\frac{Pr_0}{2\pi\left(1 + \dfrac{kr_0^2}{EF}\right)}$$

将 C_1、C_2、C_3、C_4 及（$M_0-N_0r_0$）代入式（14-10），式（14-13）、

式（14-14）、式（14-15），得

$$w(\varphi)=\frac{P\alpha\beta}{kr_0}\left[\frac{1}{2\pi\alpha\beta}\left(\frac{1}{1+\dfrac{kr_0^2}{EF}}-\frac{1}{m^2}\right)-A\mathrm{ch}\alpha\varphi\cos\beta\varphi-B\mathrm{sh}\alpha\varphi\sin\beta\varphi\right]$$

$$M=-\frac{Pr_0}{2}\left(\frac{1}{\pi m^2}-B\mathrm{ch}\alpha\varphi\cos\beta\varphi+A\mathrm{sh}\alpha\varphi\sin\beta\varphi\right)$$

$$N=\frac{P}{2}\left[\frac{1}{r_0\pi}\left(\frac{1}{1+\dfrac{kr_0^2}{EF}}-\frac{1}{m^2}\right)+B\mathrm{ch}\alpha\varphi\cos\beta\varphi-A\mathrm{sh}\alpha\varphi\sin\beta\varphi\right]$$

$$Q=-\frac{P}{2}[(A\alpha+B\beta)\mathrm{ch}\alpha\varphi\sin\beta\varphi+(A\beta-B\alpha)\mathrm{sh}\alpha\varphi\cos\beta\varphi]。$$

14.4 弹性基础圆拱的初参数解答

和弹性基础梁一样，弹性基础圆拱也可以用初参数表达任何截面上的内力与位移。所取初参数为圆拱起点的径向位移 w_0、切向位移 u_0、转角 θ_0、弯矩 M_0、轴向力 N_0 以及剪力 Q_0。在圆拱上假定无外荷载作用，即 $p=0$，$q=0$，故得特解 $f(\varphi)=0$。

在本节推导的公式中，我们不考虑拱轴压缩或拉伸的影响。当利用本章 14.3 节中的公式时，取 $EF=\infty$，$m^2=1+kr_0^4/EI$。

将边界条件 $\varphi=0$ 时的 $w=w_0$、$u=u_0$、$\theta=\theta_0$、$M=M_0$ 及 $Q=Q_0$ 代入式（14-10）、式（14-13）、式（14-15）、式（14-17）诸式，解之得

$$C_1=w_0+\frac{r_0^2}{m^2EI}M_0-\frac{r_0^3}{m^2EI}N_0$$

$$C_2=\frac{\beta}{m}(u_0+r_0\theta_0)-\frac{2\alpha^2\beta}{kr_0m}Q_0$$

$$C_3=\frac{\alpha}{m}(u_0+r_0\theta_0)+\frac{2\alpha\beta^2}{kr_0m}Q_0$$

$$C_4=-\frac{2\alpha\beta r_0^2}{m^2EI}M_0+\frac{2\alpha\beta}{m^2}\left(\frac{r_0^3}{EI}-\frac{m^2}{kr_0}\right)N_0$$

令

$$\left.\begin{aligned}
F_1(\varphi) &= \mathrm{ch}\alpha\varphi\cos\beta\varphi \\
F_2(\varphi) &= \frac{\beta}{m}\mathrm{ch}\alpha\varphi\sin\beta\varphi + \frac{\alpha}{m}\mathrm{sh}\alpha\varphi\cos\beta\varphi \\
F_3(\varphi) &= \frac{1}{m^2}(2\alpha\beta\mathrm{sh}\alpha\varphi\sin\beta\varphi - \mathrm{ch}\alpha\varphi\cos\beta\varphi) \\
F_4(\varphi) &= -\beta\mathrm{ch}\alpha\varphi\sin\beta\varphi + \alpha\mathrm{sh}\alpha\varphi\cos\beta\varphi
\end{aligned}\right\} \tag{12}$$

将 C_1、C_2、C_3、C_4 代入式（14-10）、式（14-13）、式（14-14）、式（14-15）、式（14-19）、式（14-18），整理后得

$$\begin{aligned}
w =& w_0F_1(\varphi) + u_0F_2(\varphi) + r_0\theta_0F_2(\varphi) - \frac{r_0^2}{EI}M_0\left(F_3(\varphi) + \frac{1}{m^2}\right) - \\
& \frac{1}{kr_0}N_0\left[F_1(\varphi) + F_3(\varphi) - \frac{kr_0^4}{m^2EI}\right] + \frac{1}{kr_0}Q_0[F_2(\varphi) + F_4(\varphi)] \\
=& A_{11}w_0 + A_{12}u_0 + A_{13}\theta_0 + A_{14}M_0 + A_{15}N_0 + A_{16}Q_0 = G_1
\end{aligned} \tag{14-20}$$

$$\begin{aligned}
u =& - w_0F_2(\varphi) - u_0\left[F_3(\varphi) - \frac{kr_0^4}{m^2EI}\right] - r_0\theta_0\left(F_3(\varphi) + \frac{1}{m^2}\right) - \\
& \frac{r_0^2}{m^2EI}M_0[2F_2(\varphi) + F_4(\varphi) - \varphi] + \frac{r_0^3}{m^2EI}N_0\left[\left(1 - \frac{EI}{kr_0^4}\right)F_2(\varphi) - \right. \\
& \left.\frac{EI}{kr_0^4}F_4(\varphi) - \varphi\right] - \frac{1}{kr_0}Q_0\left[F_1(\varphi) + F_3(\varphi) - \frac{kr_0^4}{m^2EI}\right] \\
=& A_{21}w_0 + A_{22}u_0 + A_{23}\theta_0 + A_{24}M_0 + A_{25}N_0 + A_{26}Q_0 = G_2
\end{aligned} \tag{14-21}$$

$$\begin{aligned}
\theta =& \frac{1}{r_0}w_0[F_2(\varphi) + F_4(\varphi)] + \frac{1}{r_0}u_0\left[F_1(\varphi) + F_3(\varphi) - \frac{kr_0^4}{m^2EI}\right] + \\
& \theta_0\left[F_1(\varphi) + F_3(\varphi) + \frac{1}{m^2}\right] + \frac{r_0}{m^2EI}M_0\left[\left(1 - \frac{kr_0^4}{EI}\right)F_2(\varphi) + \right. \\
& \left.F_4(\varphi) - \varphi\right] - \frac{r_0^2}{m^2EI}N_0[2F_2(\varphi) + F_4(\varphi) - \varphi] - \\
& \frac{r_0^2}{EI}Q_0\left[F_3(\varphi) + \frac{1}{m^2}\right] \\
=& A_{31}w_0 + A_{32}u_0 + A_{33}\theta_0 + A_{34}M_0 + A_{35}N_0 + A_{36}Q_0 = G_3
\end{aligned} \tag{14-22}$$

$$M = \frac{EI}{r_0^2} w_0 [F_1(\varphi) + m^2 F_3(\varphi)] - \frac{EI}{r_0^2} u_0 [F_2(\varphi) + F_4(\varphi)] -$$

$$\frac{EI}{r_0} \theta_0 [F_2(\varphi) + F_4(\varphi)] + M_0 \left[F_1(\varphi) + F_3(\varphi) + \frac{1}{m^2}\right] -$$

$$r_0 N_0 \left[F_3(\varphi) + \frac{1}{m^2}\right] + Q_0 r_0 F_2(\varphi)$$

$$= A_{41} w_0 + A_{42} u_0 + A_{43} \theta_0 + A_{44} M_0 + A_{45} N_0 + A_{46} Q_0 = G_4 \quad (14\text{-}23)$$

$$N = \frac{EI}{r_0^3} w_0 [F_1(\varphi) + m^2 F_3(\varphi)] - \frac{EI}{r_0^3} u_0 [F_2(\varphi) + F_4(\varphi)] -$$

$$\frac{EI}{r_0^2} \theta_0 [F_2(\varphi) + F_4(\varphi)] + \frac{1}{r_0} M_0 \left[F_1(\varphi) + F_3(\varphi) + \frac{kr_0^4}{m^2 EI}\right] -$$

$$N_0 \left[F_3(\varphi) - \frac{kr_0^4}{m^2 EI}\right] + Q_0 F_2(\varphi)$$

$$= A_{51} w_0 + A_{52} u_0 + A_{53} \theta_0 + A_{54} M_0 + A_{55} N_0 + A_{56} Q_0 = G_5 \quad (14\text{-}24)$$

$$Q = \frac{EI}{r_0^3} w_0 [m^2 F_2(\varphi) + F_4(\varphi)] + \frac{EI}{r_0^3} u_0 [F_1(\varphi) + m^2 F_3(\varphi)] +$$

$$\frac{EI}{r_0^2} \theta_0 [F_1(\varphi) + m^2 F_3(\varphi)] + \frac{1}{r_0} M_0 [F_2(\varphi) + F_4(\varphi)] -$$

$$N_0 F_2(\varphi) + Q_0 F_1(\varphi)$$

$$= A_{61} w_0 + A_{62} u_0 + A_{63} \theta_0 + A_{64} M_0 + A_{65} N_0 + A_{66} Q_0 = G_6 \quad (14\text{-}25)$$

式（14-20）~式（14-25）为弹性基础圆拱上只有在端部有荷载作用时与端部截面成 φ 角之任一截面的位移与内力初参数表达式。从式中可以看到它们是用初参数 w_0、u_0、θ_0、M_0、N_0 及 Q_0 线性表达出来的。若在拱中有外荷载 M_1、P_1、P_2 及 p 与 q 作用，如图 14-12 所示，则在荷载以右任一截面 n 上的位移与内力可以由式（14-20）~式（14-25）利用叠加原理推得如下。当有更多荷载时，其计算公式只要相应增加几项就行了。

$$w = G_1 - \frac{r_0^2}{EI} M_1 \left[F_3(\varphi - \varphi_1) + \frac{1}{m^2}\right] - \frac{1}{kr_0} P_2 \left[F_1(\varphi - \varphi_1) + F_3(\varphi - \varphi_1) - \frac{kr_0^4}{m^2 EI}\right] -$$

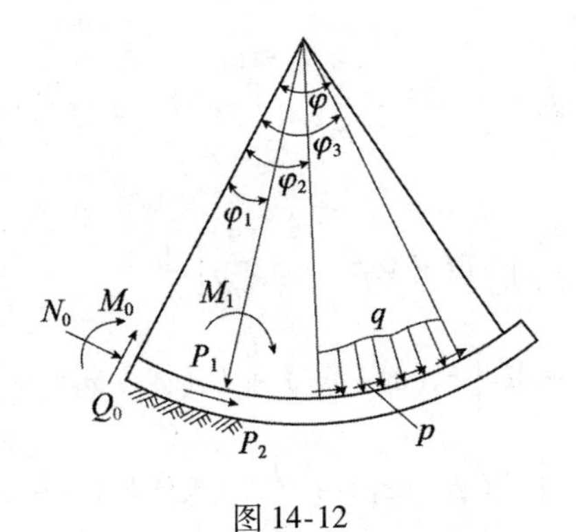

图 14-12

$$\frac{1}{kr_0}P_1[F_2(\varphi-\varphi_1)+F_4(\varphi-\varphi_1)]-\frac{1}{k}\int_{\varphi_2}^{\varphi_3}p\left[F_1(\varphi-t)+F_3(\varphi-t)-\frac{kr_0^4}{m^2EI}\right]\mathrm{d}t-$$

$$\frac{1}{k}\int_{\varphi_2}^{\varphi_3}q[F_2(\varphi-t)+F_4(\varphi-t)]\mathrm{d}t \tag{14-26}$$

$$u=G_2-\frac{r_0^2}{m^2EI}M_1[2F_2(\varphi-\varphi_1)+F_4(\varphi-\varphi_1)-(\varphi-\varphi_1)]+$$

$$\frac{r_0^3}{m^2EI}P_2\left[\left(1-\frac{EI}{kr_0^4}\right)F_2(\varphi-\varphi_1)-\frac{EI}{kr_0^4}F_4(\varphi-\varphi_1)-(\varphi-\varphi_1)\right]+$$

$$\frac{1}{kr_0}P_1\left[F_1(\varphi-\varphi_1)+F_3(\varphi-\varphi_1)-\frac{kr_0^4}{m^2EI}\right]+\frac{r_0^4}{m^2EI}\int_{\varphi_2}^{\varphi_3}P\left[\left(1-\frac{EI}{kr_0^4}\right)\right.$$

$$\left.F_2(\varphi-t)-\frac{EI}{kr_0^4}F_4(\varphi-t)-(\varphi-t)\right]\mathrm{d}t-$$

$$\frac{1}{k}\int_{\varphi_2}^{\varphi_3}q\left[F_1(\varphi-t)+F_3(\varphi-t)-\frac{kr_0^4}{m^2EI}\right]\mathrm{d}t \tag{14-27}$$

$$\theta=G_3+\frac{r_0}{m^2EI}M_1\left[\left(1-\frac{kr_0}{EI}\right)F_2(\varphi-\varphi_1)+F_4(\varphi-\varphi_1)-(\varphi-\varphi_1)\right]-$$

$$\frac{r_0^2}{m^2EI}P_2[2F_2(\varphi-\varphi_1)+F_4(\varphi-\varphi_1)-(\varphi-\varphi_1)]+$$

$$\frac{r_0^2}{EI}P_1\left[F_3(\varphi-\varphi_1)+\frac{1}{m^2}\right]-\frac{r_0^3}{m^2EI}\int_{\varphi_2}^{\varphi_3}p[2F_2(\varphi-t)+F_4(\varphi-t)-$$

$$(\varphi-t)]\mathrm{d}t+\frac{r_0^3}{EI}\int_{\varphi_2}^{\varphi_3}q\left[F_3(\varphi-t)+\frac{1}{m^2}\right]\mathrm{d}t \tag{14-28}$$

$$M=G_4+M_1\left[F_1(\varphi-\varphi_1)+F_3(\varphi-\varphi_1)+\frac{1}{m^2}\right]-$$

$$r_0P_2\left[F_3(\varphi-\varphi_1)+\frac{1}{m^2}-r_0P_1F_2(\varphi-\varphi_1)-\right.$$

$$r_0^2\int_{\varphi_2}^{\varphi_3}p\left[F_3(\varphi-t)+\frac{1}{m^2}\right]\mathrm{d}t-r_0^2\int_{\varphi_2}^{\varphi_3}qF_2(\varphi-t)\mathrm{d}t \tag{14-29}$$

$$N=G_5+\frac{1}{r_0}M_1\left[F_1(\varphi-\varphi_1)+F_3(\varphi-\varphi_1)-\frac{kr_0^4}{m^2EI}\right]-$$

$$P_2\left[F_3(\varphi-\varphi_1)-\frac{kr_0^4}{m^2EI}\right]-P_1F_2(\varphi-\varphi_1)-$$

$$r_0\int_{\varphi_2}^{\varphi_3}pF_3(\varphi-t)-\frac{kr_0^4}{m^2EI}\Big]\mathrm{d}t-r_0\int_{\varphi_2}^{\varphi_3}qF_2(\varphi-t)\mathrm{d}t \tag{14-30}$$

$$Q=G_6+\frac{1}{r_0}M_1[F_2(\varphi-\varphi_1)+F_4(\varphi-\varphi_1)]-$$

$$P_2F_2(\varphi-\varphi_1)-P_1F_1(\varphi-\varphi_1)-$$

$$r_0\int_{\varphi_2}^{\varphi_3}pF_2(\varphi-t)\mathrm{d}t-r_0\int_{\varphi_2}^{\varphi_3}qF_1(\varphi-t)\mathrm{d}t \tag{14-31}$$

式（14-26）~式（14-31）中积分项比较复杂。当p或q为常数或为正弦函数、余弦函数时，可以利用本章最后所列积分公式积出。

弹性基础圆拱在一般情况下每端总有三个边界条件为已知，由式（14-20）~式（14-25）或由式（14-26）~式（14-31）即可将起始端未知的三个初参数计算出来。这里应当说明一点，如14.3节中曾讨论过的，六个边界条件中至少必须包含u或θ的一个边界条件才能把全部未知的参数计算出来。此外两端的M与N均为已知时，它们不能算做四个边界条件而只能算做三个边界条件。现以前面的例题作为例子用初参数公式计算如下：

边界条件当 $\varphi=0$ 时：$u_0=0$，$\theta_0=0$，$Q_0=0$

当 $\varphi=\pi$ 时：$u_\pi=0$，$\theta_\pi=0$，$Q_\pi=-\dfrac{P}{2}$

将 $\varphi=\pi$ 代入式（14-21）、式（14-22）与式（14-26）中，得

$$-w_0F_2(\pi)-\frac{r_0^2}{m^2EI}M_0[2F_2(\pi)+F_4(\pi)-\pi]+$$
$$\frac{r_0^3}{m^2EI}N_0\left[\left(1-\frac{EI}{kr_0^4}\right)F_2(\pi)-\frac{EI}{kr_0^4}F_4(\pi)-\pi\right]=0 \tag{a}$$

$$\frac{1}{r_0}w_0[F_2(\pi)+F_4(\pi)]+\frac{r_0}{m^2EI}M_0\left[\left(1-\frac{kr_0^4}{EI}\right)F_2(\pi)+F_4(\pi)-\pi\right]-$$
$$\frac{r_0^3}{m^2EI}N_0[2F_2(\pi)+F_4(\pi)-\pi]=0 \tag{b}$$

$$\frac{EI}{r_0^3}w_0[m^2F_2(\pi)+F_4(\pi)]+\frac{1}{r_0}M_0[F_2(\pi)+F_4(\pi)]-$$
$$N_0F_2(\pi)=-\frac{P}{2} \tag{c}$$

由式（a）、式（b）、式（c）即可解出 w_0、M_0与 N_0。当这三个未知数解出后，将 w_0、u_0、θ_0、M_0、N_0、Q_0代入式（14-20）~式（14-25），即得任一截面上的径向位移、切向位移、转角、弯矩、轴向力与剪力的公式。其他边界条件的问题可以仿照上面一样解算。

14.5　在弹性介质中杆系结构的计算原理

在有关的结构力学或弹性理论的文献中都曾讲述过按文克尔假定计算弹性地基梁的方法。本章中又推导了计算弹性基础圆拱的公式。弹性介质中的结构物如果是由圆拱与直杆组成，则把解决单个弹性基础梁与单个弹性基础拱的公式配合起来，就可以用力法、位移法或初参数法解决弹性介质中较复杂的结构物的计算问题。现以对图 14-13 结构的分析来说明力法、位移法及初参数法的应用。

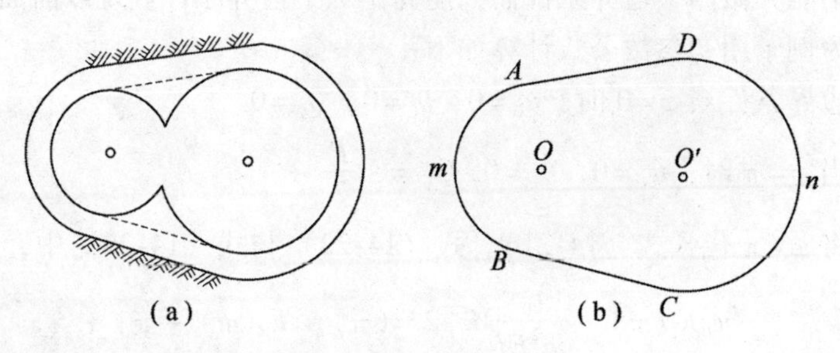

图 14-13

图 14-13（a）为分岔管的一个截面，为简化计算，中部突出的尖角不予考虑，按等截面计算。结构物的计算简图如图 14-13（b）所示。该图中 O 及 O' 分别为圆拱 AB 与圆拱 CD 的圆心。二者半径分别为 r_0 及 r_0'。作用在结构上的荷载有内水压力、自重等。

14.5.1 力法

用力法分析这种结构，可以取直杆与圆拱相接的截面 A、B、C、D 处的弯矩、剪力及轴向力作未知数。图 14-14（a）上绘制出了这四个截面上共十二个内力。但由杆件的静力平衡条件可以看出它们不完全是独立的。有

$$N_A - N_D + P_{AD} = 0$$

$$N_B - N_C + P_{BC} = 0$$

$$(M_A - M_B) - (N_A - N_B) r_0 - M_{AB} = 0$$

$$(M_C - M_D) - (N_C - N_D) r_0' - M_{CD} = 0$$

上式中：P_{AD} 与 P_{BC} 分别为直杆 AD 与 BC 上外荷载在杆轴方向的分力，指向 D 与 C 为正；M_{AB} 与 M_{CD} 分别为圆拱 AB 与 CD 上外荷载对圆心 O 及 O' 所取的力矩，以顺时针方向为正。

由于 A、B、C、D 四截面上内力存在着上述依从关系，力法的基本结构可取图 14-14（b）所示的形式。在外荷载作用下，由静力平衡条件可以算出此结构在 B 与 D 处双链杆连接的地方产生的弯矩与轴向力。这样圆拱 AB 与 CD 上及直杆 AD 与 BC 上所受的外荷载以及

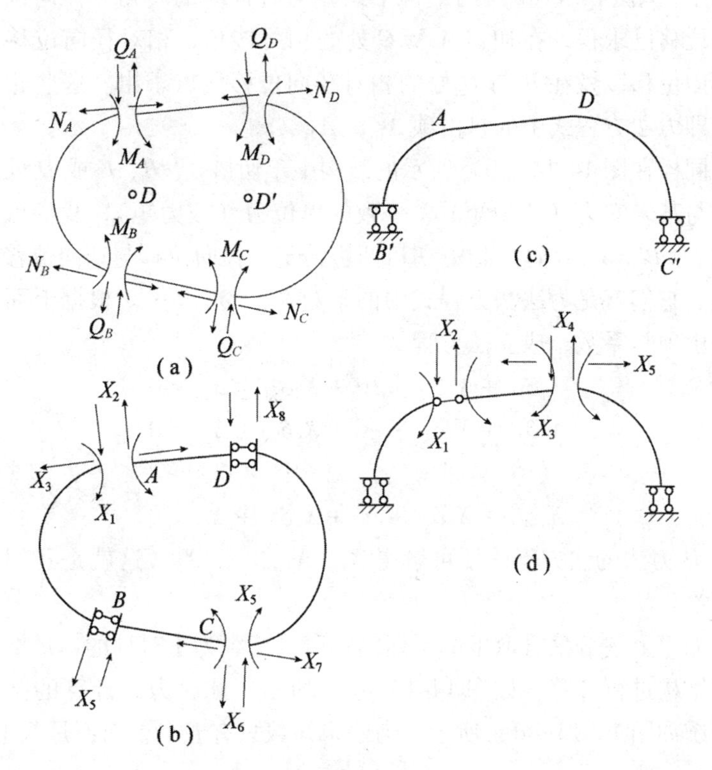

图 14-14

它们端部所受之力均为已知。利用前面计算单个弹性基础梁及单个弹性基础圆拱的公式，就可以计算圆拱端部和直杆端部的转角、径向位移与切向位移。本章第三节曾经谈到，确定弹性基础圆拱的位移 u 和 θ 必须有六个边界条件，而两端的 M 与 N 合起来只能算三个边界条件，不能算四个边界条件，因此仅知拱两端所受的力矩、轴向力及剪力，尚不足以确定拱上各截面的径向位移和转角。现可由图 14-14 (b) 上的 B 点与 D 点的联系条件补充边界条件。为此可取拱 AB 上 B 端的转角 θ_B 等于弹性基础梁 BC 在 B 端的转角，作为拱 AB 的边界条件，这样拱 AB 各处的切向位移及转角就可求出了。同样可补充拱 CD 的转角 θ_D 的边界条件，求出它各处的切向位移及转角。在外荷载作用下，图 14-14（b）的结构中拱端与直杆端的转角、径向位移与切向位移已求得，在切口 A 及 C 处的相对转角、相对径向位移与相对切向位移以及在 B 与 D 处的相对径向位移便可求出。这些相对位移值即力法方程式中的自由项 Δ_{1p}，Δ_{2p}，…。

同样在图 14-14（b）所示的结构中于切口 A、B、C 或 D 处加上一对与某未知力（或力矩）X_i 一致的单位力（或力矩），我们可以算得在 A、B、C、D 这些地方切口两边转角、径向位移与切向位移的相对值。它们就是力法法方程式中的系数 δ_{1i}，δ_{2i}，…。根据上面求得的自由项与系数，成立法方程

$$
\begin{aligned}
X_1\delta_{11} + X_2\delta_{12} + \cdots + X_8\delta_{18} + \Delta_{1p} &= 0 \\
X_1\delta_{21} + X_2\delta_{22} + \cdots + X_8\delta_{28} + \Delta_{2p} &= 0 \\
\vdots \qquad\quad \vdots \qquad\qquad\quad \vdots \qquad & \\
X_1\delta_{81} + X_2\delta_{82} + \cdots + X_8\delta_{88} + \Delta_{8p} &= 0
\end{aligned}
$$

从力法的法方程，便可解得 X_1，X_2，…，X_8，这就是我们所需的解答。

如果上述分岔管取下的平面结构所受荷载为正对称的，那么可取一半结构进行计算，如图 14-14（c）所示，此时力法计算的基本结构系统如图 14-14（d）所示。力法未知数只有五个，而不是八个。

14.5.2 位移法

位移法可取 A、B、C、D 结点的转角、径向位移与切向位移作未知数。如 AD 及 BC 直杆忽略掉轴向力引起的压缩与拉伸，则位移法的基本结构如图 14-15（a）所示。结点 B、C、D 固定而结点 A 仅转动单位角度后用刚臂固定起来，这时刚臂及链杆 1，2，3，…，10 的反力分别为 r_{11}，r_{21}，r_{31}，…，$r_{10,1}$，它们分别等于这种情况下交于相应节点的圆拱和直杆杆端弯矩、剪力或轴向力之和。例如：$r_{11}=M_{AB}+M_{AD}$，$r_{21}=Q_{AB}-Q_{AD}$（剪力绕杆件另一端顺时针转者为正）。当弹性基础圆拱或弹性基础梁某一端固定而另一端仅发生单位转角时，梁端和拱端的弯矩、剪力和轴向力利用本章和计算弹性地基梁的公式即可求出。因此计算 r_{11}，r_{21}，…是不困难的。同样，当结点 A 发生单位径

向位移（或单位切向位移）时，刚臂和链杆的反力分别为 r_{12}，r_{22}，r_{32}，…，$r_{10,2}$（或 r_{31}，r_{32}，r_{33}，…，$r_{10,3}$），它们也都是可以算出来的。再令 A、B、C、D 结点固定，算出外荷载作用下刚臂和链杆的反力 R_{1p}，R_{2p}，R_{3p}，…，$R_{10,p}$。于是可列出位移法的法方程

$$
\begin{aligned}
r_{11}\Delta_1 + r_{12}\Delta_2 + r_{13}\Delta_3 + \cdots + r_{1,10}\Delta_{10} + R_{1p} &= 0 \\
r_{21}\Delta_1 + r_{22}\Delta_2 + r_{23}\Delta_3 + \cdots + r_{2,10}\Delta_{10} + R_{2p} &= 0 \\
\vdots \qquad \vdots \qquad \vdots \qquad \qquad \vdots \\
r_{10,1}\Delta_1 + r_{10,2}\Delta_2 + r_{10,3}\Delta_3 + \cdots + r_{10,10}\Delta_{10} + R_{10,p} &= 0
\end{aligned}
$$

解出结点的转角、径向位移与切向位移之值，即可求得圆拱 AB 及 CD 和直杆 AD 及 BC 在杆端的弯矩、剪力和轴向力，以及圆拱和直杆任何截面上的内力和位移。

如果作用在结构上的荷载是正对称的，那么可以只取一半计算，位移法的基本结构示于图 14-15（b）中，结点独立位移的未知数比图 14-15（a）少了一半。对于反对称荷载，同样也取一半结构计算。

14.5.3　初参数法

由弹性基础梁的初参数公式可知，梁上某一端垂直于梁轴方向的位移 w、转角 θ、力矩 M 和剪力 Q 可以用另一端的位移、转角、力矩和剪力表示，而且是一次线性式。取 BC 梁为例

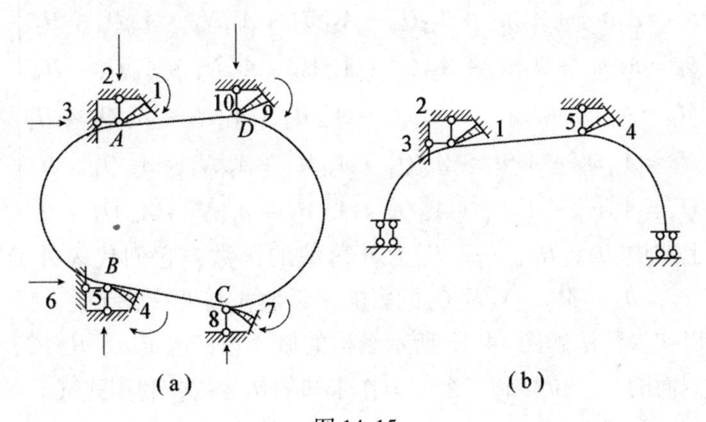

图 14-15

$$
\left.\begin{aligned}
w_C &= B_{11}w_B + B_{12}\theta_B + B_{13}M_B + B_{14}Q_B + L_1 \\
\theta_C &= B_{21}w_B + B_{22}\theta_B + B_{23}M_B + B_{24}Q_B + L_2 \\
M_C &= B_{31}w_B + B_{32}\theta_B + B_{33}M_B + B_{34}Q_B + L_3 \\
Q_C &= B_{41}w_B + B_{42}\theta_B + B_{43}M_B + B_{44}Q_B + L_4
\end{aligned}\right\} \tag{a$_1$}
$$

上式中 L_1、L_2、L_3、L_4 为外荷载的函数，它们代表外荷载对 w_C、θ_C、M_C及 Q_C的影响。系数 B 仅与梁的尺寸、弹性系数 E 及地基弹性抗力系数 k 有关，与外荷载无关。梁在某一端的轴向力 N 与轴向位移 u 也可以用另一端的轴向力及轴向位移表示出来。

$$
\left.\begin{aligned}
u_C &= u_B - \frac{N_B l_{BC}}{EF} + L_5 \\
N_C &= N_B + L_6
\end{aligned}\right\} \tag{a$_2$}
$$

式（a_2）中轴向力以压力为正，轴向位移以指向 C 端的方向为正。L_5为外荷载对 C 端产生的轴向位移影响。L_6为外荷载在梁轴向的投影，向 C 为正。

由本章初参数公式同样可知，弹性基础圆拱某一端的转角、径向位移、切向位移以及弯矩、轴向力与剪力可由另一端的转角、径向位移、切向位移、弯矩、轴向力和剪力表示出来，表示式也是一次线性式。例如 AB 圆拱

$$
\left.\begin{aligned}
w_B &= A_{11}w_A + A_{12}u_A + A_{13}Q_A + A_{14}M_A + A_{15}N_A + A_{16}Q_A + H_1 \\
u_B &= A_{21}w_A + A_{22}u_A + A_{23}Q_A + A_{24}M_A + A_{25}N_A + A_{26}Q_A + H_2 \\
\theta_B &= A_{31}w_A + A_{32}u_A + A_{33}Q_A + A_{34}M_A + A_{35}N_A + A_{36}Q_A + H_3 \\
M_B &= A_{41}w_A + A_{42}u_A + A_{43}Q_A + A_{44}M_A + A_{45}N_A + A_{46}Q_A + H_4 \\
N_B &= A_{51}w_A + A_{52}u_A + A_{53}Q_A + A_{54}M_A + A_{55}N_A + A_{56}Q_A + H_5 \\
Q_B &= A_{61}w_A + A_{62}u_A + A_{63}Q_A + A_{64}M_A + A_{65}N_A + A_{66}Q_A + H_6
\end{aligned}\right\} \tag{b}
$$

上式中 H_1，H_2，…，H_6 为外荷载的函数，它们代表外荷载对 w_B、u_B、θ_B、M_B、N_B及 Q_B的影响，系数 A 与外荷载无关。

以初参数法解图 14-13 所示结构的概念是，选定 A、B、C、D 中某一截面的三个位移和三个内力作未知的初参数，利用式（a_1）与式（a_2）及式（b）表示的关系，进行连续代入，将其他截面上的位移

和内力，用初参数表示出来，再根据由最后的边界条件所成立的方程解出初参数。例如我们可选截面 A 的位移及内力作初参数，将式(b) 代入式（a_1）与式（a_2），就得出用 w_A、u_A、θ_A、M_A、N_A及 Q_A 表达的 w_C、u_C、θ_C、M_C、N_C及 Q_C，而表达式也是一次线性的。将得出的式子代入圆拱 CD 的初参数公式，D 截面的位移和内力也就可以用 w_A、u_A、θ_A、M_A、N_A及 Q_A的一次线性式表达出来。最后将 D 截面的式子代入弹性基础梁 DA 的初参数公式及两端轴向力与轴向位移的关系式中，我们就得出了用 A 截面的位移和内力来表达同一截面的位移和内力的一次线性式

$$\left.\begin{aligned}
w_A &= C_{11}w_A + C_{12}u_A + C_{13}\theta_A + C_{14}M_A + C_{15}N_A + C_{16}Q_A + K_1\\
u_A &= C_{21}w_A + C_{22}u_A + C_{23}\theta_A + C_{24}M_A + C_{25}N_A + C_{26}Q_A + K_2\\
\theta_A &= C_{31}w_A + C_{32}u_A + C_{33}\theta_A + C_{34}M_A + C_{35}N_A + C_{36}Q_A + K_3\\
M_A &= C_{41}w_A + C_{42}u_A + C_{43}\theta_A + C_{44}M_A + C_{45}N_A + C_{46}Q_A + K_4\\
N_A &= C_{51}w_A + C_{52}u_A + C_{53}\theta_A + C_{54}M_A + C_{55}N_A + C_{56}Q_A + K_5\\
Q_A &= C_{61}w_A + C_{62}u_A + C_{63}\theta_A + C_{64}M_A + C_{65}N_A + C_{66}Q_A + K_6
\end{aligned}\right\}\quad (c)$$

式（c）中有六个未知数：w_A、u_A、θ_A、M_A、N_A及 Q_A，正好由六个方程解出来。当它们被求出后，截面 B、C、D 上的位移和内力便可都求出来了。

如果荷载是正对称的，图 14-13 的结构可以取一半计算，如图 14-14（c）所示。在此结构中，我们取 w'_C、u'_C、θ'_C、M'_C、N'_C及 Q'_C作初参数，仿上述连续代入法，最后可将 B' 处的位移 w'_B、u'_B、θ'_B 及反力 M'_B、N'_B、Q'_B 用上述初参数表示出来。但由边界条件知

$$u'_C = \theta'_C = Q'_C = 0$$

$$u'_B = \theta'_B = Q'_B = 0$$

所以六个初参数实际只有 w_C、N_C、M_C这三个是未知的。因此 w'_B、u'_B、θ'_B、M'_B、N'_B及 Q'_B 可用这三个初参数表示出来。将 $u'_B = \theta'_B = Q'_B = 0$ 代入，正好得三个方程，解三个未知数。

上面所述的力法、位移法及初参数法计算原理，对于放置在弹性介质中的其他杆系结构也同样可以应用。如果结构不是由圆拱和直杆

组成，曲杆部分可以近似地看作由几根直杆组成，同样可以用上面三种方法计算。

用本节所述方法计算弹性介质中的杆系结构，有时弹性介质对结构的反力是拉力。我们知道，地基对结构物是不可能产生拉力的，这需要设计时加以处理或计算时考虑进去。若拉力范围不大，且拉力也很小，我们可以忽略它的影响，或者在产生拉力的地方，岩基与结构之间做上锚筋。若拉力范围很大，或拉力很大，不可能做锚筋，则需将产生拉力区的那一段杆件不看做是埋置在弹性介质中的杆件，重新进行内力和位移的分析，以达到岩基反力分布区和实际计算的反力分布区相接近为止。

用本节提供的方法计算埋置在弹性介质中的杆系结构，工作量是较大的。如对圆拱和直杆的计算制成若干表格（例如直杆的初参数表），则计算时就可以减少许多工作量。或编成电算程序，由计算机计算出。

附：$F_1(\varphi)$、$F_2(\varphi)$、$F_3(\varphi)$、$F_4(\varphi)$ 微分与积分公式：

微分公式

$$\frac{\mathrm{d}F_1(\varphi)}{\mathrm{d}(\varphi)}=F_4(\varphi) \qquad \frac{\mathrm{d}F_2(\varphi)}{\mathrm{d}\varphi}=F_1(\varphi) \qquad \frac{\mathrm{d}F_3(\varphi)}{\mathrm{d}\varphi}=F_2(\varphi)$$

$$\frac{\mathrm{d}F_4(\varphi)}{\mathrm{d}\varphi}=-2F_1(\varphi)-m^2F_3(\varphi)$$

积分公式

$$\int F_1(\varphi)\mathrm{d}\varphi=F_2(\varphi)+C$$

$$\int F_2(\varphi)\mathrm{d}\varphi=F_3(\varphi)+C$$

$$\int F_3(\varphi)\mathrm{d}\varphi=-\frac{1}{m^2}[2F_2(\varphi)+F_4(\varphi)]+C$$

$$\int F_4(\varphi)\mathrm{d}\varphi=F_1(\varphi)+C$$

$$\int F_1(\varphi)\cos(\varphi-A)\mathrm{d}\varphi=\frac{1}{4\alpha^2\beta^2}[F_1(\varphi)\sin(\varphi-A)+$$

$$m^2F_2(\varphi)\cos(\varphi-A)+m^2F_3(\varphi)\sin(\varphi-A)+F_4(\varphi)\cos(\varphi-A)]+C$$

$$\int F_2(\varphi)\cos(\varphi-A)\mathrm{d}\varphi=\frac{1}{4\alpha^2\beta^2}[F_1(\varphi)\cos(\varphi-A)-$$

$$F_2(\varphi)\sin(\varphi-A)+m^2F_3(\varphi)\cos(\varphi-A)-F_4(\varphi)\sin(\varphi-A)]+C$$

$$\int F_3(\varphi)\cos(\varphi-A)\mathrm{d}\varphi=-\frac{1}{4\alpha^2\beta^2}[F_1(\varphi)\sin(\varphi-A)+$$

$$F_2(\varphi)\cos(\varphi-A)+F_3(\varphi)\sin(\varphi-A)+F_4(\varphi)\cos(\varphi-A)]+C$$

$$\int F_4(\varphi)\cos(\varphi-A)\mathrm{d}\varphi=\frac{1}{4\alpha^2\beta^2}[(m^2-2)F_1(\varphi)\cos(\varphi-A)+$$

$$m^2F_2(\varphi)\sin(\varphi-A)-m^2F_3(\varphi)\cos(\varphi-A)+F_4(\varphi)\sin(\varphi-A)]+C$$

$$\int F_1(\varphi)\sin(\varphi-A)\mathrm{d}\varphi=\frac{1}{4\alpha^2\beta^2}[-F_1(\varphi)\cos(\varphi-A)+m^2F_2(\varphi)$$

$$\sin(\varphi-A)-m^2F_3(\varphi)\cos(\varphi-A)+F_4(\varphi)\sin(\varphi-A)]+C$$

$$\int F_2(\varphi)\sin(\varphi-A)\mathrm{d}\varphi=\frac{1}{4\alpha^2\beta^2}[F_1(\varphi)\sin(\varphi-A)+F_2(\varphi)\cos(\varphi-A)+$$

$$m^2F_3(\varphi)\sin(\varphi-A)+F_4(\varphi)\cos(\varphi-A)]+C$$

$$\int F_3(\varphi)\sin(\varphi-A)\mathrm{d}\varphi=\frac{1}{4\alpha^2\beta^2}[F_1(\varphi)\cos(\varphi-A)-F_2(\varphi)\sin(\varphi-A)+$$

$$F_3(\varphi)\cos(\varphi-A)-F_4(\varphi)\sin(\varphi-A)]+C$$

$$\int F_4(\varphi)\sin(\varphi-A)\mathrm{d}\varphi=-\frac{1}{4\alpha^2\beta^2}[(2-m^2)F_1(\varphi)\sin(\varphi-A)+$$

$$m^2F_2(\varphi)\cos(\varphi-A)+m^2F_3(\varphi)\sin(\varphi-A)+F_4(\varphi)\cos(\varphi-A)]+C。$$

第 15 章　空间刚架及对钢筋混凝土蜗壳的计算

15.1　概　　述

在刚结杆系结构中，当各杆件的轴线或作用的荷载不在同一平面内时，这种刚结结构通常不能当做平面刚架计算，而必须按空间刚架计算。如图 15-1 所示，就是两种不同形式的空间刚架。

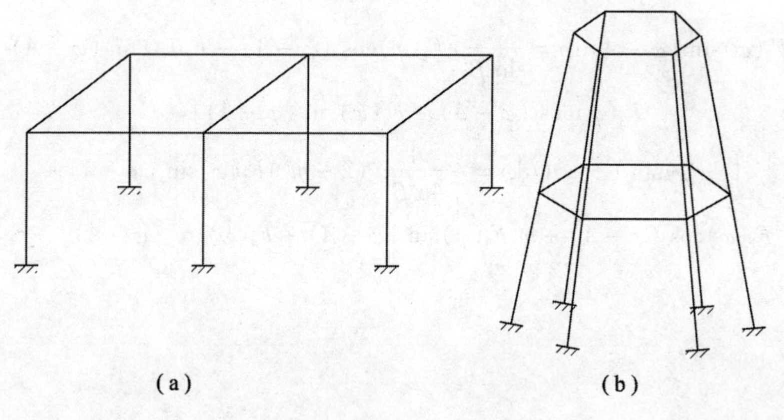

图 15-1

实际工程中，诸如钢筋混凝土或钢的骨架式建筑、机床下面的骨架基础、水塔支架、高桩平台等结构都是常见的空间刚架。对于空间刚架，过去由于计算手段的限制，常近似地化成平面刚架进行计算，近代，由于电子计算机的广泛应用，许多繁杂的计算，如大型联立方程组的求解等都可以用电子计算机完成，所以空间刚架的计算问题得到了解决。除了上面所举的一些骨架结构常按空间刚架计算外，一些非骨架结构，如钢筋混凝土蜗壳、尾水管等结构，也可以近似地化做空间刚架计算，在某些情况下，也常常可以取得较满意的结果。

为了提高空间刚架计算结果的精度，尤其是在电子计算机的程序设计中，可以将下列一些因素加以考虑。

15.1.1　杆件单元结点的位置

杆件单元的结点不在杆件的轴线上，或不在轴线的延长线上。

由于构成空间刚架的各杆件的截面大小及形状可能各不相同，所以各杆件的轴线（截面形心连线）不可能都交于一点，如图 15-2 (a)、(b) 所示的就是这样的一种情形，这样，在选取单元结点时，就不可能选在每根杆件的轴线上，或者它们的延长线上。

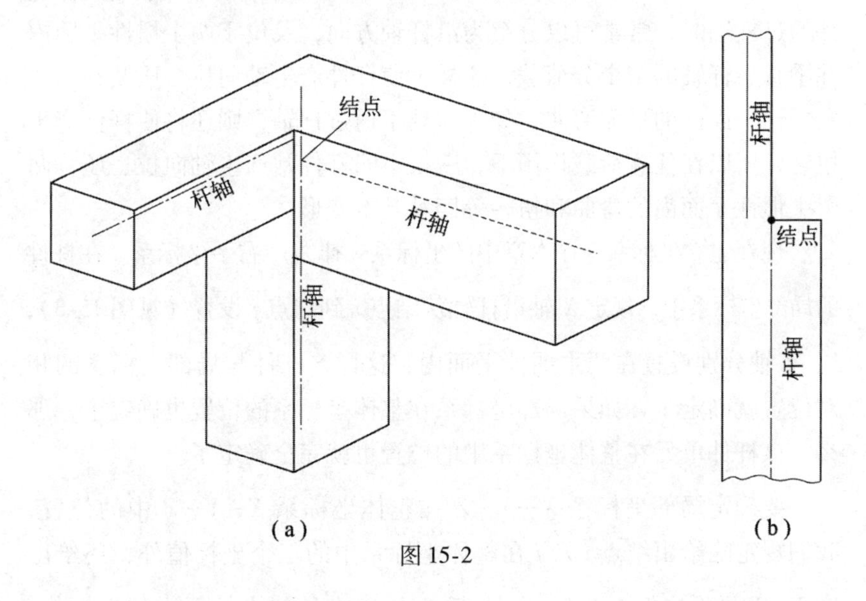

图 15-2

15.1.2　结点宽度的影响

在刚架中，若连接成一结点的各杆件的截面都比较大，则结点宽度也比较大，如图 15-2（a）所示的情形，如果将它当成一个几何点，将引起较大误差，因此有必要考虑结点的宽度影响。

15.1.3 剪力对位移的影响

在一般杆件结构计算中，当计算结构位移时，常常只考虑因弯矩而产生的位移，而忽略剪力所产生的位移。这对截面高度与跨度比比较小的杆件是合适的，否则就应考虑剪力对位移的影响。

15.2 空间杆件单元的杆端位移与杆端力

图 15-3 表示一根空间杆件单元，两端结点以 i、j 表示，我们假定杆件有两个纵向对称平面，它们必定通过杆件的轴线，由材料力学知识可知，这两个平面就是主形心惯性平面。当荷载以任意方向作用并通过杆轴时，常常可以分解为沿杆轴方向，及位于两主惯性平面内并垂直于杆轴的三个分荷载，这样将使杆件产生轴向拉、压及在两个主惯性平面内的平面弯曲。如果荷载不通过杆轴，则还将使杆件产生扭转，所以在任意荷载作用下，一根空间杆件常产生轴向拉、压；两个主惯性平面内的弯曲和扭转等四种基本变形。

现在建立坐标系，在本章中的坐标系一律采用右手坐标系。在杆件的局部坐标系中，规定 $\overline{X}$ 轴沿杆轴从结点 i 到结点 j 设置（见图 15-3），$\overline{Y}$，$\overline{Z}$ 轴分别设置在两主惯性平面内，这样，杆件与局部坐标系的相对位置就确定了，如果局部坐标系在整体坐标系的位置也确定了，那么，该杆件单元在整体坐标系中的位置也就完全确定了。

要确定局部坐标系 $\overline{X}$—$\overline{Y}$—$\overline{Z}$ 在整体坐标系 X—Y—Z 中的位置，我们规定除给出结点 i 及 j 在整体坐标系中的三个坐标值外，还给出在 $\overline{X}$—$\overline{Y}$ 平面内但不在 i-j 线上任一点 m 在整体坐标系中的坐标值，这样，由 i、j 两点的坐标值即可定出 $\overline{X}$ 轴的方位，再由不在同一直线上的 i、j、m 三点的坐标值即可确定 $\overline{X}$—$\overline{Y}$ 平面，从而可以确定 $\overline{Y}$ 轴

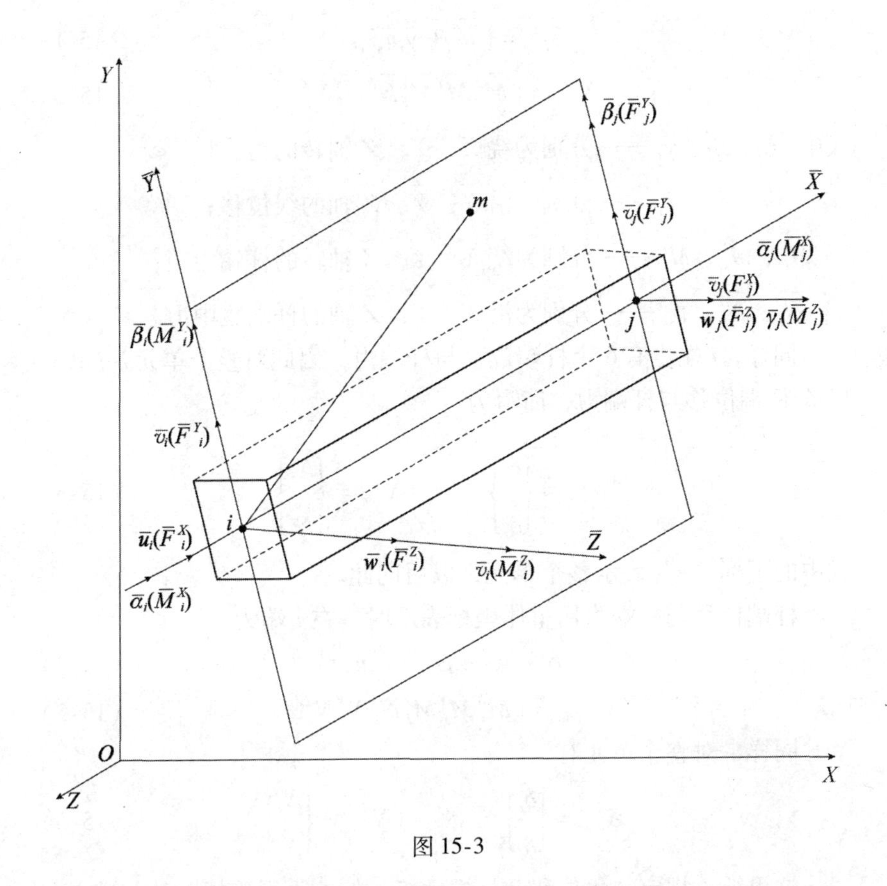

图 15-3

的方位，最后，用右手坐标系规则可以定出 $\bar{Z}$ 轴的方位。这样，整个局部坐标系在整体坐标系中的方位也就完全确定了，从而该杆件单元在整体坐标系中的位置也就完全确定了。

现在来建立按局部坐标系，及按整体坐标系表示的杆端位移与杆端力，以及它们之间的关系。在一空间刚架中，一个刚性结点有 6 个独立位移，即 3 个角位移和 3 个线位移，根据形变连续的条件，它们也就是刚结杆件的杆端位移。与 6 个杆端位移相应，刚结杆件的每端有 6 个独立的杆端力，即 3 个杆端力矩和 3 个杆端集中力。在杆件 i–j 的 i 端的杆端位移与杆端力用局部坐标表示为

$$\{\overline{\boldsymbol{\delta}_i}\} = [\overline{\alpha_i}\ \overline{\beta_i}\ \overline{\gamma_i}\ \overline{u_i}\ \overline{v_i}\ \overline{w_i}]^{\mathrm{T}} \tag{15-1}$$

$$\{\overline{\boldsymbol{N}_i}\} = [\overline{\boldsymbol{M}_i^X}\ \overline{\boldsymbol{M}_i^Y}\ \overline{\boldsymbol{M}_i^Z}\ \overline{\boldsymbol{N}_i^X}\ \overline{\boldsymbol{N}_i^Y}\ \overline{\boldsymbol{N}_i^Z}]^{\mathrm{T}} \tag{15-2}$$

式中：$\overline{\alpha_i}$、$\overline{\beta_i}$、$\overline{\gamma_i}$——分别为绕 $\overline{X}$、$\overline{Y}$、$\overline{Z}$ 轴转的角位移；

$\overline{u_i}$、$\overline{v_i}$、$\overline{w_i}$——分别为沿 $\overline{X}$、$\overline{Y}$、$\overline{Z}$ 轴的线位移；

$\overline{M_i^X}$、$\overline{M_i^Y}$、$\overline{M_i^Z}$——分别为绕 $\overline{X}$、$\overline{Y}$、$\overline{Z}$ 轴转的杆端力矩；

$\overline{N_i^X}$、$\overline{N_i^Y}$、$\overline{N_i^Z}$——分别为沿 $\overline{X}$、$\overline{Y}$、$\overline{Z}$ 轴的杆端集中力。

同样，j 端也有 6 个杆端位移与杆端力，因此对整个单元 i–j 共有 12 个杆端位移与杆端力，简写为

$$\{\overline{\boldsymbol{\delta}}\}_e = \begin{Bmatrix} \overline{\delta_i} \\ \overline{\delta_j} \end{Bmatrix} \qquad \{\overline{\boldsymbol{N}}\}_e = \begin{Bmatrix} \overline{N_i} \\ \overline{N_j} \end{Bmatrix} \tag{15-3}$$

式中的下标“e”表示整个单元，以后同此。

杆端位移与杆端力用整体坐标表示时，在 i 端为

$$\{\boldsymbol{\delta}_i\} = [\alpha_i \beta_i \gamma_i u_i v_i w_i]^{\mathrm{T}} \tag{15-4}$$

$$\{\boldsymbol{N}_i\} = [\boldsymbol{M}_i^X \boldsymbol{M}_i^Y \boldsymbol{M}_i^Z \boldsymbol{N}_i^X \boldsymbol{N}_i^Y \boldsymbol{N}_i^Z]^{\mathrm{T}} \tag{15-5}$$

同样，对整个单元有

$$\{\boldsymbol{\delta}\}_e = \begin{Bmatrix} \delta_i \\ \delta_j \end{Bmatrix} \qquad \{\boldsymbol{N}\}_e = \begin{Bmatrix} N_i \\ N_j \end{Bmatrix} \tag{15-6}$$

这里统一规定：角位移及杆端力矩，按右手螺旋规则其前进方向沿坐标轴正方向者为正（见图 15-3）；线位移及杆端集中力以沿坐标轴正方向者为正。

现在要确定局部坐标系的坐标轴与整体坐标系的坐标轴之间的方向余弦，以便于进行两种坐标系之间各向量的转换。为了计算简单，这里采用矢量分析法①，为此将图 15-3 中的 i—j 线段当做一个矢量 V_{ij}，则该矢量在整体坐标系的三个坐标轴上的投影，用向量表示为

① 参考高等数学中“矢量代数”中的矢量积的坐标表示法。

$$V_{ij}=\begin{Bmatrix}x_j-x_i\\y_j-y_i\\z_j-z_i\end{Bmatrix}=\begin{Bmatrix}x_{ji}\\y_{ji}\\z_{ji}\end{Bmatrix}\tag{1}$$

式中，x_j，x_i，…，z_i为结点 i 或 j 在 X、Y、Z 轴上的坐标值，$x_{ji}=x_j-x_i$，其余类推。

此矢量的长度（模）为

$$l_{ji}=(x_{ji}^2+y_{ji}^2+z_{ji}^2)^{\frac{1}{2}}\tag{2}$$

因此，该矢量的方向余弦，也就是 $\overline{X}$ 轴与 X、Y、Z 轴的方向余弦为

$$V_{\overline{X}}=\begin{Bmatrix}\lambda_{\overline{X}X}\\\lambda_{\overline{X}Y}\\\lambda_{\overline{X}Z}\end{Bmatrix}=\frac{1}{e_{ij}}\begin{Bmatrix}x_{ji}\\y_{ji}\\z_{ji}\end{Bmatrix}\tag{15-7}$$

式中 $\lambda_{\overline{X}X}$、$\lambda_{\overline{X}Y}$、$\lambda_{\overline{X}Z}$ 分别为 $\overline{X}$ 轴与 X、Y、Z 轴的方向余弦，以后同此。

因为 $\overline{Z}$ 轴是垂直于 $\overline{X}$—$\overline{Y}$ 平面的，所以如果将 i—j 线段及 i—m 线段各当作一个矢量 V_{ij} 及 V_{im}（见图 15-3），而将 $\overline{Z}$ 轴当作另一个矢量 $V_{\overline{Z}}$，则根据矢量积的性质可得 $\boldsymbol{V}_{\overline{Z}}$ 在坐标轴上的投影，写成向量的形式为

$$V_{\overline{Z}}=V_{ij}V_{im}=\begin{Bmatrix}y_{ji}z_{mi}-z_{ji}y_{mi}\\z_{ji}x_{mi}-x_{ji}z_{mi}\\x_{ji}y_{mi}-y_{ji}x_{mi}\end{Bmatrix}\tag{3}$$

此矢量的长度为

$$l_{\overline{Z}}=[(y_{ji}z_{mi}-z_{ji}y_{mi})^2+(z_{ji}x_{mi}-x_{ji}z_{mi})^2+(x_{ji}y_{mi}-y_{ji}x_{mi})^2]^{\frac{1}{2}}\tag{4}$$

这样，$\overline{Z}$ 轴的方向余弦为

$$V_{\overline{Z}}=\begin{Bmatrix}\lambda_{\overline{Z}X}\\\lambda_{\overline{Z}Y}\\\lambda_{\overline{Z}Z}\end{Bmatrix}=\frac{1}{l_{\overline{Z}}}\begin{Bmatrix}y_{ji}z_{mi}-z_{ji}y_{mi}\\z_{ji}x_{mi}-x_{ji}z_{mi}\\x_{ji}y_{mi}-y_{ji}x_{mi}\end{Bmatrix}\tag{15-8}$$

同理，因 $\overline{Y}$ 轴垂直于 $\overline{X}$—$\overline{Z}$ 平面且垂直于 $\overline{X}$ 轴与 $\overline{Z}$ 轴，所以如果

在$\bar{X}$轴与$\bar{Z}$轴上各取一个单位矢量，$\bar{V}_{\bar{X}}$与$\bar{V}_{\bar{Z}}$而在$\bar{Y}$轴上取另外一个单位矢量$\bar{V}_{\bar{Y}}$，则单位矢量$\bar{V}_{\bar{Z}}$及$\bar{V}_{\bar{X}}$在整体坐标轴上的投影分别为

$$\bar{V}_{\bar{Z}} = \begin{Bmatrix} \lambda_{\bar{Z}X} \\ \lambda_{\bar{Z}Y} \\ \lambda_{\bar{Z}Z} \end{Bmatrix} \qquad \bar{V}_{\bar{X}} = \begin{Bmatrix} \lambda_{\bar{X}X} \\ \lambda_{\bar{X}Y} \\ \lambda_{\bar{X}Z} \end{Bmatrix} \tag{5}$$

同样，根据矢量积的性质可得单位矢量$\bar{V}_{\bar{Y}}$在整体坐标轴上的投影，也就是$\bar{Y}$轴与整体坐标轴的方向余弦为

$$\bar{V}_{\bar{Y}} = \bar{V}_{\bar{Z}} \times \bar{V}_{\bar{X}} = \begin{Bmatrix} \lambda_{\bar{Y}X} \\ \lambda_{\bar{Y}Y} \\ \lambda_{\bar{Y}Z} \end{Bmatrix} = \begin{Bmatrix} \lambda_{\bar{Z}Y}\lambda_{\bar{X}Z} - \lambda_{\bar{Z}Z}\lambda_{\bar{X}Y} \\ \lambda_{\bar{Z}Z}\lambda_{\bar{X}X} - \lambda_{\bar{Z}X}\lambda_{\bar{X}Z} \\ \lambda_{\bar{Z}X}\lambda_{\bar{X}Y} - \lambda_{\bar{Z}Y}\lambda_{\bar{X}X} \end{Bmatrix} \tag{15-9}$$

这样，只要已知i、j、m三点的坐标值，由式（15-7）及式（15-8）可分别求得$\bar{X}$与$\bar{Z}$轴的三个方向余弦$\lambda_{\bar{X}X}$、$\lambda_{\bar{X}Y}$、$\lambda_{\bar{X}Z}$及$\lambda_{\bar{Z}X}$、$\lambda_{\bar{Z}Y}$、$\lambda_{\bar{Z}Z}$，再由式（15-9）可求得$\bar{Y}$轴的三个方向余弦$\lambda_{\bar{Y}X}$、$\lambda_{\bar{Y}Y}$、$\lambda_{\bar{Y}Z}$。

将局部坐标的三个坐标轴与整体坐标的三个坐标轴的方向余弦写在一起，并用矩阵表示为

$$[\boldsymbol{\lambda}] = \begin{pmatrix} \lambda_{\bar{X}X} & \lambda_{\bar{X}Y} & \lambda_{\bar{X}Z} \\ \lambda_{\bar{Y}X} & \lambda_{\bar{Y}Y} & \lambda_{\bar{Y}Z} \\ \lambda_{\bar{Z}X} & \lambda_{\bar{Z}Y} & \lambda_{\bar{Z}Z} \end{pmatrix} \tag{15-10}$$

应用式（15-10），可以将用局部坐标表示的各向量，与用整体坐标表示的各向量相互转换，例如，将用整体坐标表示的结点i的位移，表示为按局部坐标表示的位移为

$$\begin{Bmatrix} \bar{\alpha}_i \\ \bar{\beta}_i \\ \bar{\gamma}_i \\ \bar{u}_i \\ \bar{v}_i \\ \bar{w}_i \end{Bmatrix} = \begin{pmatrix} \lambda_{\bar{X}X} & \lambda_{\bar{X}Y} & \lambda_{\bar{X}Z} & 0 & 0 & 0 \\ \lambda_{\bar{Y}X} & \lambda_{\bar{Y}Y} & \lambda_{\bar{Y}Z} & 0 & 0 & 0 \\ \lambda_{\bar{Z}X} & \lambda_{\bar{Z}Y} & \lambda_{\bar{Z}Z} & 0 & 0 & 0 \\ 0 & 0 & 0 & \lambda_{\bar{X}X} & \lambda_{\bar{X}Y} & \lambda_{\bar{X}Z} \\ 0 & 0 & 0 & \lambda_{\bar{Y}X} & \lambda_{\bar{Y}Y} & \lambda_{\bar{Y}Z} \\ 0 & 0 & 0 & \lambda_{\bar{Z}X} & \lambda_{\bar{Z}Y} & \lambda_{\bar{Z}Z} \end{pmatrix} \begin{Bmatrix} \alpha_i \\ \beta_i \\ \gamma_i \\ u_i \\ v_i \\ w_i \end{Bmatrix} \tag{15-11}$$

上式可以简写为

$$\{\bar{\boldsymbol{\delta}}_i\} = [\boldsymbol{H}]\{\boldsymbol{\delta}_i\} \tag{15-12}$$

同理有

$$\{\bar{\boldsymbol{N}}_i\} = [\boldsymbol{H}]\{\boldsymbol{N}_i\} \tag{15-13}$$

式中 $[H]$ 为由 $[\boldsymbol{\lambda}]$ 组成的 6×6 阶的转换矩阵，它可以简写为：

$$[\boldsymbol{H}] = \begin{bmatrix} \lambda & 0 \\ 0 & \lambda \end{bmatrix} \tag{15-14}$$

对于整个杆件单元的杆端位移与杆端力则有

$$\{\bar{\boldsymbol{\delta}}\}_e = [\boldsymbol{L}]\{\boldsymbol{\delta}\}_e \tag{15-15}$$

$$\{\bar{\boldsymbol{N}}\}_e = [\boldsymbol{L}]\{\boldsymbol{N}\}_e \tag{15-16}$$

式中 $[\boldsymbol{L}]$ 为由 $[\boldsymbol{\lambda}]$ 组成的 12×12 阶矩阵，它可以简写为

$$[\boldsymbol{L}] = \begin{pmatrix} \lambda & 0 & 0 & 0 \\ 0 & \lambda & 0 & 0 \\ 0 & 0 & \lambda & 0 \\ 0 & 0 & 0 & \lambda \end{pmatrix} \tag{15-17}$$

这样，应用式（15-15）及式（15-16），可以将用整体坐标表示的杆件单元的杆端位移及杆端力，分别转换为用局部坐标表示的杆端位移及杆端力。

以上各式中的 $[\boldsymbol{\lambda}]$、$[\boldsymbol{H}]$、$[\boldsymbol{L}]$ 都是转换矩阵，和平面杆系结构中的转换矩阵一样，它们都是正交矩阵，因此，它们的逆矩阵等于各自的转置矩阵，所以有

$$[\boldsymbol{L}]^{-1} = [\boldsymbol{L}]^{\mathrm{T}} \tag{6}$$

这样，将式（15-15）及式（15-16）的左右两边同时左乘以 $[\boldsymbol{L}]^{-1}$，同时应用式（6）的关系就可以得到

$$\{\boldsymbol{\delta}\}_e = [\boldsymbol{L}]^{\mathrm{T}}\{\bar{\boldsymbol{\delta}}\}_e \tag{15-18}$$

$$\{\boldsymbol{N}\}_e = [\boldsymbol{L}]^{\mathrm{T}}\{\bar{\boldsymbol{N}}\}_e \tag{15-19}$$

应用以上二式，可以将用局部坐标表示的秆件单元的杆端位移及杆端

力，分别转换为用整体坐标表示的杆端位移及杆端力。

【例 15-1】 如图 15-4 所示的空间刚架，已知 $E=30\text{GPa}$；$G=12\text{GPa}$；各杆的截面形状及大小都相同，且 $F=7\times10^{-3}\text{m}^2$；$I_{\bar{X}}=3.5\times10^{-5}\text{m}^4$；$I_{\bar{y}}=I_{\bar{z}}=2.3\times10^{-5}\text{m}^4$。试计算各杆件的方向余弦。

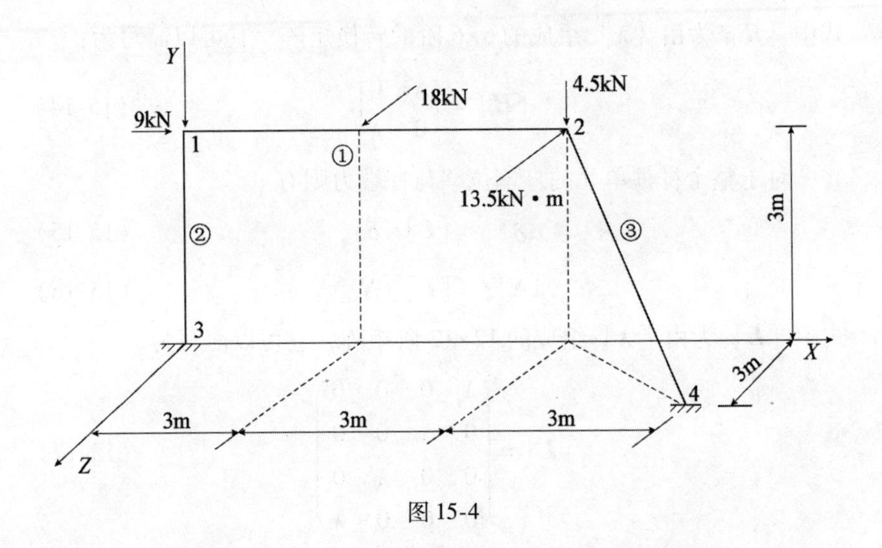

图 15-4

【解】 取整体坐标轴如该图中所示，各基本数据计算如表 15-1 所示。

表 15-1

单元号	单元结点号	*i* 点坐标			*j* 点坐标			*m* 点坐标		
		x	*y*	*z*	*x*	*y*	*z*	*x*	*y*	*z*
①	1—2	0	3	0	6	3	0	0	6	0
②	3—1	0	0	0	0	3	0	−3	0	0
③	2—4	6	3	0	9	0	3	9	3	3

应用式（15-7）、式（15-8）、式（15-9）计算，其结果如表 15-2 所示。

表 15-2

单元	1—2	3—1	2—4	单元	1—2	3—1	2—4
x_{ji}	6	0	3	$y_{ji}z_{mi}-z_{ji}y_{mi}$	0	0	−9
y_{ji}	0	3	−3	$z_{ji}x_{mi}-x_{ji}z_{mi}$	0	0	0
z_{ji}	0	0	3	$x_{ji}y_{mi}-y_{ji}x_{mi}$	18	9	9
x_{mi}	0	−3	3	l_2	18	9	$9\sqrt{2}$
y_{mi}	3	0	0	$\lambda_{\bar{z}x}$	0	0	$-\frac{1}{\sqrt{2}}$
z_{mi}	0	0	3	$\lambda_{\bar{z}y}$	0	0	0
l_{ij}	6	3	$3\sqrt{3}$	$\lambda_{\bar{z}z}$	1	1	$\frac{1}{\sqrt{2}}$
$\lambda_{\bar{x}x}$	1	0	$\frac{1}{\sqrt{3}}$	$\lambda_{\bar{z}y}\lambda_{\bar{x}z}-\lambda_{\bar{z}z}\lambda_{\bar{x}y}$	0	−1	$\frac{1}{\sqrt{6}}$
$\lambda_{\bar{x}y}$	0	1	$-\frac{1}{\sqrt{3}}$	$\lambda_{\bar{z}z}\lambda_{\bar{x}x}-\lambda_{\bar{z}x}\lambda_{\bar{x}z}$	1	0	$\frac{2}{\sqrt{6}}$
$\lambda_{\bar{x}z}$	0	0	$\frac{1}{\sqrt{3}}$	$\lambda_{\bar{z}x}\lambda_{\bar{x}y}-\lambda_{\bar{z}y}\lambda_{\bar{x}x}$	0	0	$\frac{1}{\sqrt{6}}$

各单元方向余弦写成矩阵形式为

$$[\boldsymbol{\lambda}]_{1-2}=\begin{bmatrix}1&0&0\\0&1&0\\0&0&1\end{bmatrix},\qquad [\boldsymbol{\lambda}]_{3-1}=\begin{bmatrix}0&1&0\\-1&0&0\\0&0&1\end{bmatrix}$$

$$[\boldsymbol{\lambda}]_{2-4}=\begin{bmatrix}\frac{1}{\sqrt{3}}&-\frac{1}{\sqrt{3}}&\frac{1}{\sqrt{3}}\\\frac{1}{\sqrt{6}}&\frac{2}{\sqrt{6}}&\frac{1}{\sqrt{6}}\\-\frac{1}{\sqrt{2}}&0&\frac{1}{\sqrt{2}}\end{bmatrix}=\begin{bmatrix}0.577&-0.577&0.577\\0.408&0.816&0.408\\-0.707&0&0.707\end{bmatrix}。$$

15.3　局部坐标单元劲度矩阵

在空间刚架中取出一根带有刚性结点的杆件 i'—j'，同时假定 i、j 不在杆件轴线的延长线上，如图 15-5（a）所示，图中 i 及 j 分别为杆件两端的结点，结点 i 及 j 在 $\overline{X}$ 轴上的宽度分别为 d_i 及 d_j（只是绝对值无正负），结点 i 及 j 在 $\overline{Y}'$—$\overline{Z}'$ 平面的坐标值分别为 a_y、a_z 及 b_y、b_z（按所在象限有正负），如图 15-5（b）、（c）所示。

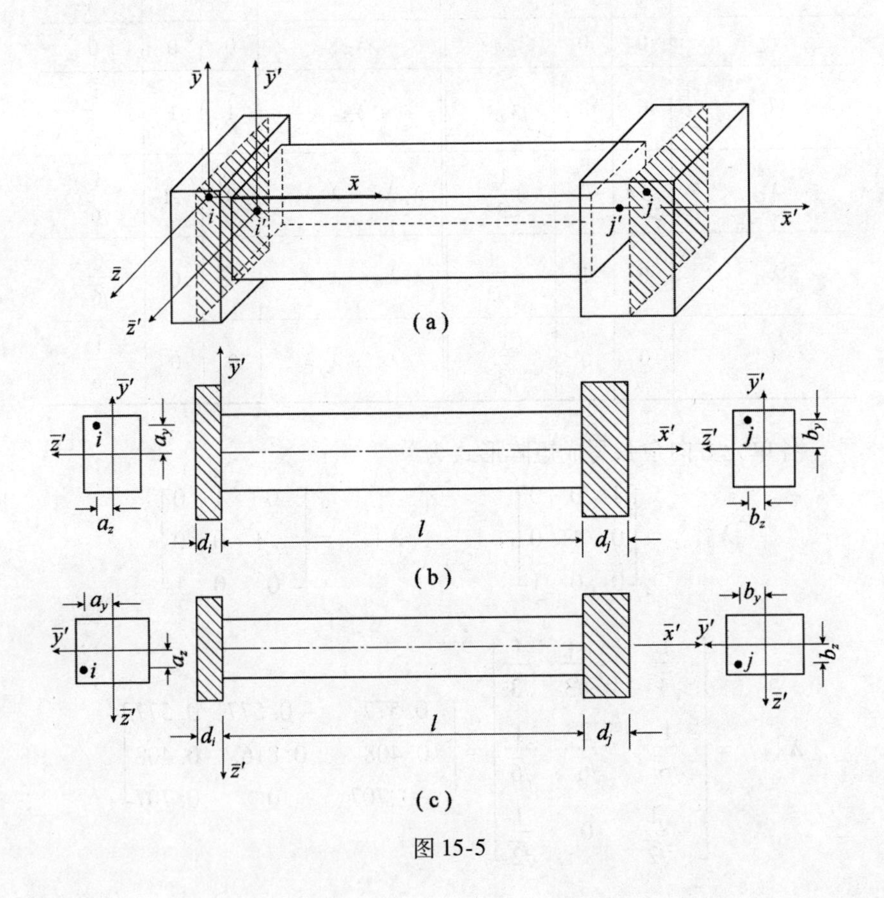

图 15-5

由于两端刚性段的刚度比杆件 i'—j' 段的刚度大很多，所以当结点 i 及 j 产生移动及转动时，可以假定刚性段作刚体移动及转动，但杆件 i'—j' 段仍当作弹性杆看待，由几何关系可知。

（1）当结点 i 产生一绕 $\overline{X}$ 轴的角位移 $\overline{\alpha_i}$ 时，将引起结点 i' 的位移有（见图 15-5）

$$\overline{\alpha}_i' = \overline{\alpha}_i;\quad \overline{v}_i' = a_x\,\overline{\alpha}_i;\quad \overline{w}_i' = -a_y\,\overline{\alpha}_i \tag{1}$$

（2）当结点 i 产生一绕 $\overline{Y}$ 轴的角位移 $\overline{\beta}_i$ 时，将引起结点 i' 的位移有

$$\overline{\beta}_i' = \overline{\beta}_i;\quad \overline{u}_i' = -a_z\overline{\beta}_i;\quad \overline{w}_i' = -d_i\overline{\beta}_i \tag{2}$$

（3）当结点 i 产生一绕 $\overline{Z}$ 轴的角位移 $\overline{\gamma}_i$ 时，将引起结点 i' 的位移有

$$\overline{\gamma}_i' = \overline{\gamma}_i;\quad \overline{u}_i' = a_y\overline{\gamma}_i;\quad \overline{v}_i' = d_i\overline{\gamma}_i \tag{3}$$

（4）当结点 i 分别产生沿 $\overline{X}$、$\overline{Y}$、$\overline{Z}$ 轴的线位移 $\overline{u}_i$、$\overline{v}_i$、$\overline{w}_i$ 时，将分别引起结点 i' 的位移有

$$\overline{u}_i' = \overline{u}_i;\quad \overline{v}_i' = \overline{v}_i;\quad \overline{w}_i' = \overline{w}_i \tag{4}$$

将式（1）、式（2）、式（3）、式（4）合并在一起并用矩阵表示有

$$\{\overline{\boldsymbol{\delta}}_i'\} = \begin{Bmatrix} \overline{\alpha}_i' \\ \overline{\beta}_i' \\ \overline{\gamma}_i' \\ \overline{u}_i' \\ \overline{v}_i' \\ \overline{w}_i' \end{Bmatrix} = \begin{Bmatrix} \overline{\alpha}_i \\ \overline{\beta}_i \\ \overline{\gamma}_i \\ \overline{u}_i - a_z\overline{\beta}_i + a_y\overline{\gamma}_i \\ \overline{v}_i + a_z\overline{\alpha}_i + d_i\overline{\gamma}_i \\ \overline{w}_i - a_y\overline{\alpha}_i - d_i\overline{\beta}_i \end{Bmatrix} = \begin{pmatrix} 1 & & & & & \\ & 1 & & & & \\ & & 1 & & & \\ & -a_z & a_y & 1 & & \\ a_z & & d_i & & 1 & \\ -a_y & -d_i & & & & 1 \end{pmatrix} \begin{Bmatrix} \overline{\alpha}_i \\ \overline{\beta}_i \\ \overline{\gamma}_i \\ \overline{u}_i \\ \overline{v}_i \\ \overline{w}_i \end{Bmatrix}$$

$$= [\boldsymbol{B}_i]\{\overline{\boldsymbol{\delta}}_i\} \tag{15-20}$$

用同样的方法，可得 j' 点的位移用 j 点的位移表示为

$$\{\bar{\boldsymbol{\delta}}_j'\}=\begin{Bmatrix}\bar{\alpha}_j'\\ \bar{\beta}_j'\\ \bar{\gamma}_j'\\ \bar{u}_j'\\ \bar{v}_j'\\ \bar{w}_j'\end{Bmatrix}=\begin{Bmatrix}\bar{\alpha}_j\\ \bar{\beta}_j\\ \bar{\gamma}_j\\ \bar{u}_j-b_z\bar{\beta}_j+b_y\bar{\gamma}_j\\ \bar{v}_j+b_z\bar{\alpha}_j-d_j\bar{\gamma}_j\\ \bar{w}_j-b_y\bar{\alpha}_j+d_j\bar{\beta}_j\end{Bmatrix}=\begin{pmatrix}1&&&&&\\&1&&&&\\&&1&&&\\&-b_z&b_y&1&&\\b_z&&-d_j&&1&\\-b_y&d_j&&&&1\end{pmatrix}\begin{Bmatrix}\bar{\alpha}_j\\ \bar{\beta}_j\\ \bar{\gamma}_j\\ \bar{u}_j\\ \bar{v}_j\\ \bar{w}_j\end{Bmatrix}$$

$$=[\boldsymbol{B}_j]\{\bar{\boldsymbol{\delta}}_j\} \tag{15-21}$$

将式（15-20）及式（15-21）合并起来，并写成简写形式有

$$\{\bar{\boldsymbol{\delta}}'\}_e=\begin{Bmatrix}\bar{\delta}_i'\\ \bar{\delta}_j'\end{Bmatrix}=\begin{bmatrix}B_i&0\\0&B_j\end{bmatrix}\begin{Bmatrix}\bar{\delta}_i\\ \bar{\delta}_j\end{Bmatrix}=[\boldsymbol{B}]\{\bar{\boldsymbol{\delta}}\}_e \tag{15-22}$$

下面再建立结点 i 的作用力与结点 i' 的作用力间的转换关系，由力的静力等效关系可知：

（1）当结点 i' 作用一沿 $\bar{X}'$ 轴的集中力 $\bar{N}_i^{X\prime}$ 时［见图 15-6（a）］，将它静力等效地移置到结点 i 将有

$$\bar{N}_i^x=\bar{N}_i^{x\prime};\quad \bar{M}_i^y=-a_2\bar{N}_i^{x\prime};\quad \bar{M}_i^2=a_y\bar{N}_i^{x\prime} \tag{5}$$

（2）当结点 i' 作用一沿 $\bar{Y}'$ 轴的集中力 $\bar{N}_i^{Y\prime}$ 时［见图 15-6（b）］，将它静力等效地移置到结点 i 将有

$$\bar{N}_i^y=\bar{N}_i^{y\prime};\quad \bar{M}_i^x=a_z\bar{N}_i^{y\prime};\quad \bar{M}_i^z=d_i\bar{N}_i^{y\prime} \tag{6}$$

（3）当结点 i' 作用一沿 Z' 轴的集中力 $\bar{N}_i^{z\prime}$ 时［见图 15-6（c）］，将它静力等效地移置到结点 i 将有

$$\bar{N}_i^z=\bar{N}_i^{z\prime};\quad \bar{M}_i^x=-a_y\bar{N}_i^{z\prime};\quad \bar{M}_i^y=-d_i\bar{N}_i^{z\prime} \tag{7}$$

（4）当结点 i' 分别作用绕 $\bar{X}'$、$\bar{Y}'$、$\bar{Z}'$ 轴的力矩 $\bar{M}_i^{x\prime}$、$\bar{M}_i^{y\prime}$、$\bar{M}_i^{z\prime}$ 时，分别静力等效地移置在结点 i 时将有

$$\bar{M}_i^x=\bar{M}_i^{x\prime};\quad \bar{M}_i^y=\bar{M}_i^{y\prime};\quad \bar{M}_i^z=\bar{M}_i^{z\prime} \tag{8}$$

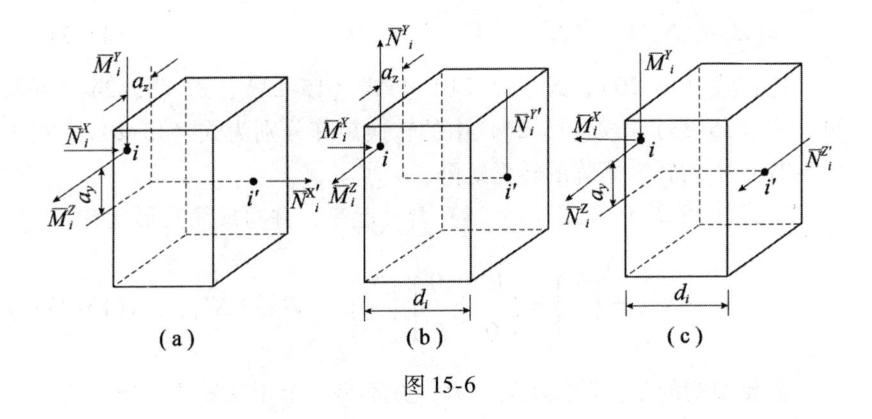

图 15-6

将式（5）、式（6）、式（7）、式（8）合并在一起并用矩阵表示有

$$
\{\overline{\boldsymbol{N}}_i\}=\begin{Bmatrix}\overline{M}_i^x\\ \overline{M}_i^y\\ \overline{M}_i^z\\ \overline{N}_i^x\\ \overline{N}_i^y\\ \overline{N}_i^z\end{Bmatrix}=\begin{Bmatrix}\overline{M}_i^{x\prime}+a_z\overline{N}_i^{y\prime}-a_y\overline{N}_i^{z\prime}\\ \overline{M}_i^{y\prime}-a_z\overline{N}_i^{x\prime}-d_i\overline{N}_i^{z\prime}\\ \overline{M}_i^{z\prime}+a_y\overline{N}_i^{x\prime}+d_i\overline{N}_i^{y\prime}\\ \overline{N}_i^{x\prime}\\ \overline{N}_i^{y\prime}\\ \overline{N}_i^{z\prime}\end{Bmatrix}=\begin{pmatrix}1 & & & & a_z & -a_y\\ & 1 & & -a_z & & -d_i\\ & & 1 & a_y & d_i & \\ & & & 1 & & \\ & & & & 1 & \\ & & & & & 1\end{pmatrix}\begin{Bmatrix}\overline{M}_i^{x\prime}\\ \overline{M}_i^{y\prime}\\ \overline{M}_i^{z\prime}\\ \overline{N}_i^{x\prime}\\ \overline{N}_i^{y\prime}\\ \overline{N}_i^{z\prime}\end{Bmatrix}
$$

$$
=[\boldsymbol{B}_i]^{\mathrm{T}}\{\overline{\boldsymbol{N}}_i'\} \tag{15-23}
$$

用同样的方法，可得 j 点的作用力用 j' 点的作用力表示为

$$
\{\overline{\boldsymbol{N}}_j\}=\begin{Bmatrix}\overline{M}_j^x\\ \overline{M}_j^y\\ \overline{M}_j^z\\ \overline{N}_j^x\\ \overline{N}_j^y\\ \overline{N}_j^z\end{Bmatrix}=\begin{Bmatrix}\overline{M}_j^{x\prime}+b_z\overline{N}_j^{y\prime}-b_y\overline{N}_j^{z\prime}\\ \overline{M}_j^{y\prime}-b_z\overline{N}_j^{x\prime}+d_j\overline{N}_j^{z\prime}\\ \overline{M}_j^{z\prime}+b_y\overline{N}_j^{x\prime}-d_j\overline{N}_j^{y\prime}\\ \overline{N}_j^{x\prime}\\ \overline{N}_j^{y\prime}\\ \overline{N}_j^{z\prime}\end{Bmatrix}=\begin{pmatrix}1 & & & & b_z & -b_y\\ & 1 & & -b_z & & d_j\\ & & 1 & b_y & -d_j & \\ & & & 1 & & \\ & & & & 1 & \\ & & & & & 1\end{pmatrix}\begin{Bmatrix}\overline{M}_j^{x\prime}\\ \overline{M}_j^{y\prime}\\ \overline{M}_j^{z\prime}\\ \overline{N}_j^{x\prime}\\ \overline{N}_j^{y\prime}\\ \overline{N}_j^{z\prime}\end{Bmatrix}
$$

$$=[\boldsymbol{B}_j]^{\mathrm{T}}\{\overline{\boldsymbol{N}}'_j\} \tag{15-24}$$

比较式（15-20）、式（15-21）与式（15-23）、式（15-24）可见，式（15-23）、式（15-24）中的转换矩阵分别为式（15-20）、式（15-21）中的转换矩阵的转置矩阵。

将式（15-23）及式（15-24）合并起来，并写成简写形式有

$$\{\overline{\boldsymbol{N}}\}_e=\begin{Bmatrix}\overline{N}_i\\ \overline{N}_j\end{Bmatrix}=\begin{bmatrix}B_i^{\mathrm{T}} & 0\\ 0 & B_j^{\mathrm{T}}\end{bmatrix}\begin{Bmatrix}\overline{N}'_i\\ \overline{N}'_j\end{Bmatrix}=[\boldsymbol{B}]^{\mathrm{T}}\{\overline{\boldsymbol{N}}'\}_e \tag{15-25}$$

需要说明的是，转换矩阵［$\boldsymbol{B}$］并不是一个正交矩阵，所以它的逆矩阵［$\boldsymbol{B}$］$^{-1}$与它的转置矩阵$[\boldsymbol{B}]^{\mathrm{T}}$是不相等的。

现在要建立包括刚性结点的i-j一段杆件（见图 15-5）的杆端力与杆端位移的关系，为此先要建立 $i'-j'$ 一段杆件的杆端力与杆端位移的关系再进行转换。在第 13 章中讲述平面杆件时，我们曾建立在 $\overline{X}-\overline{Y}$ 平面内的杆端力与杆端位移的关系，当考虑剪力对位移的影响时可以写出劲度方程为

$$\begin{Bmatrix}\overline{N}_i^{x\prime}\\ \overline{N}_i^{y\prime}\\ \overline{M}_i^{z\prime}\\ \hdashline \overline{N}_j^{x\prime}\\ \overline{N}_j^{y\prime}\\ \overline{M}_j^{z\prime}\end{Bmatrix}=\left(\begin{array}{ccc:ccc}\frac{EF}{l} & 0 & 0 & -\frac{EF}{l} & 0 & 0\\ 0 & \frac{12EI_z}{l^3}\rho_z & \frac{6EI_z}{l^2}\rho_z & 0 & -\frac{12EI_z}{l^3}\rho_z & \frac{6EI_z}{l^2}\rho_z\\ 0 & \frac{6EI_z}{l^2}\rho_z & \frac{EI_z}{l}(3\rho z+1) & 0 & -\frac{6EI_z}{l^2}\rho_z & \frac{EI_z}{l}(3\rho z-1)\\ \hdashline -\frac{EF}{l} & 0 & 0 & \frac{EF}{l} & 0 & 0\\ 0 & -\frac{12EI_z}{l^2}\rho_z & -\frac{6EI_z}{l^2}\rho_z & 0 & \frac{12EI_z}{l^3}\rho_z & -\frac{6EI_z}{l^2}\rho_z\\ 0 & \frac{6EI_z}{l^2}\rho_z & \frac{EI_z}{l}(3\rho_z-1) & 0 & -\frac{6EI_z}{l^2}\rho_z & \frac{EI_z}{l}(3\rho_z+1)\end{array}\right)\begin{Bmatrix}\overline{u}'_i\\ \overline{v}'_i\\ \overline{\gamma}'_i\\ \hdashline u'_j\\ \overline{v}'_j\\ \overline{\gamma}'_j\end{Bmatrix} \tag{9}$$

式中

$$\rho_z=\frac{GFl}{GFl+k\,\dfrac{12EI_z}{l}} \tag{15-26}$$

为考虑剪力对位移影响时加入的一个系数，当不考虑剪力对位移的影响时，$\rho_z = 1$。

在空间杆件中，则还应有绕 $\overline{X}$ 轴的扭转和在 $\overline{X}$—$\overline{Z}$ 平面内的弯曲。

如图 15-7 所示为一长度为 l 的圆截面杆 $i'-j'$，两端分别作用扭矩 $\overline{M_i^x}'$、$\overline{M_j^x}'$，$\overline{\alpha_i'}$、$\overline{\alpha_j'}$ 分别为两端的扭转角，根据平衡条件有

$$\overline{M_i^x}' + \overline{M_j^x}' = 0$$

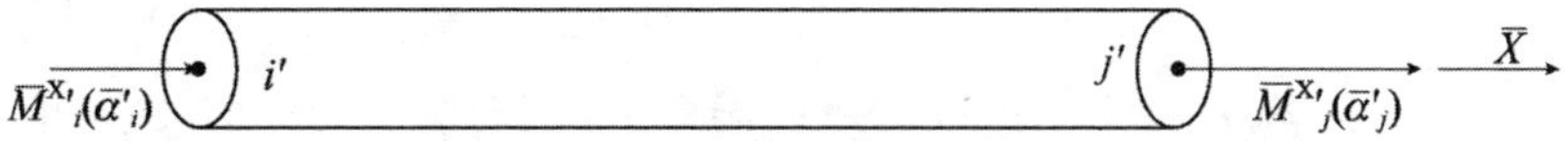

图 15-7

两端的相对扭角为 $\overline{\alpha_i} - \overline{\alpha_j}$，由材料力学知识可知

$$\begin{aligned}
\overline{M_i^x}' &= \frac{GI_x}{l}(\overline{\alpha_i'} - \overline{\alpha_j'}) = \frac{GI_x}{l}\overline{\alpha_i'} - \frac{GI_x}{l}\overline{\alpha_j'} \\
\overline{M_j^x}' &= -\frac{GI_x}{l}(\overline{\alpha_i'} - \overline{\alpha_j'}) = -\frac{GI_x}{l}\overline{\alpha_i'} + \frac{GI_x}{l}\overline{\alpha_j'}
\end{aligned} \tag{10}$$

式中的 I_x，在圆截面中为截面对形心的极惯性矩，在非圆截面中为截面的相当极惯性矩。式（10）就是扭转时的杆端力与杆端位移的关系式。

至于在 $\overline{X}' - \overline{Z}'$ 平面内弯曲时的杆端力与杆端位移的关系式，可以参照图 15-8 及式（9）得出

$$\overline{M_i^y}' = \frac{EI_y}{l}(3\rho_y + 1)\overline{\beta}_i' + \frac{EI_y}{l}(3\rho_y - 1)\overline{\beta}_j' - \frac{6EI_y}{l^2}\rho_y\overline{w}_i' + \frac{6EI_y}{l^2}\rho_y\overline{w}_j'$$

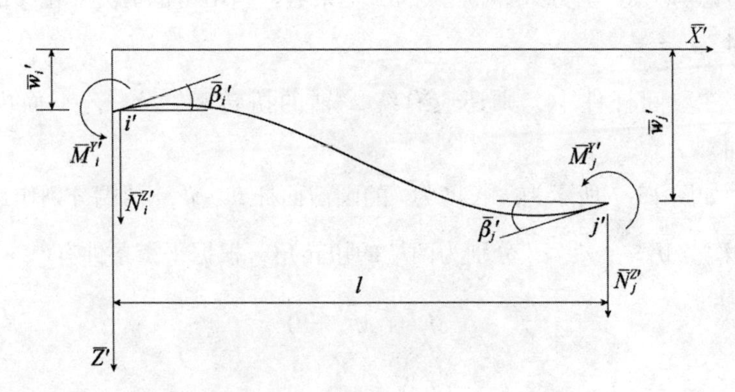

图 15-8

$$\overline{N}_i^{z\prime} = -\frac{6EI_y}{l^2}\rho_y\overline{\beta}_i' - \frac{6EI_y}{l^2}\rho_y\overline{\beta}_j' + \frac{12EI_y}{l^3}\rho_y\overline{w}_i' - \frac{12EI_y}{l^3}\rho_y\overline{w}_j'$$

$$\overline{M}_j^{y\prime} = \frac{EI_y}{l}(3\rho_y - 1)\overline{\beta}_i' + \frac{EI_y}{l}(3\rho_y + 1)\overline{\beta}_j' - \frac{6EI_y}{l^2}\rho_y\overline{w}_i' + \frac{6EI_y}{l^2}\rho_y\overline{w}_j'$$

$$\overline{N}_j^{z\prime} = \frac{6EI_y}{l^2}\rho_y\overline{\beta}_i' + \frac{6EI_y}{l^2}\rho_y\overline{\beta}_j' - \frac{12EI_y}{l^3}\rho_y\overline{w}_i' + \frac{12EI_y}{l^3}\rho_y\overline{w}_j' \tag{11}$$

式中

$$\rho_y = \frac{GFl}{GFl + k\dfrac{12EI_y}{l}} \tag{15-27}$$

将式（9）、式（10）、式（11）合并在一起，并用矩阵表示，就得空间杆件单元的杆端力与杆端位移的关系式，也就是单元劲度方程式

$$
\begin{Bmatrix}
\overline{M}_i^{x'} \\ \overline{M}_i^{Y'} \\ \overline{M}_i^{z'} \\ \overline{N}_i^{x'} \\ \overline{N}_i^{Y'} \\ \overline{N}_i^{z'} \\ \hdashline \overline{M}_j^{x'} \\ \overline{M}_j^{Y'} \\ \overline{M}_j^{z'} \\ \overline{N}_j^{x'} \\ \overline{N}_j^{Y'} \\ \overline{N}_j^{z'}
\end{Bmatrix}
=
\left(\begin{array}{cccccc:cccccc}
\frac{GI_x}{l} & & & & & & -\frac{GI_x}{l} & & & & & \\
 & \frac{EI_y}{l}(3\rho_y+1) & & & & -\frac{6EI_y}{l^2}\rho_y & & \frac{EI_y}{l}(3\rho_y-1) & & & & \frac{6EI_y}{l^2}\rho_y \\
 & & \frac{EI_z}{l}(3\rho_z+1) & & \frac{6EI_z}{l^2}\rho_z & & & & \frac{EI_z}{l}(3\rho_z-1) & & -\frac{6EI_z}{l^2}\rho_z & \\
 & & & \frac{EF}{l} & & & & & & -\frac{EF}{l} & & \\
 & & \frac{6EI_z}{l^2}\rho_z & & \frac{12EI_z}{l^3}\rho_z & & & & \frac{6EI_z}{l^2}\rho_z & & -\frac{12EI_z}{l^3}\rho_z & \\
 & -\frac{6EI_y}{l^2}\rho_y & & & & \frac{12EI_y}{l^3}\rho_y & & -\frac{6EI_y}{l^2}\rho_y & & & & -\frac{12EI_y}{l^3}\rho_y \\
\hdashline
-\frac{GI_x}{l} & & & & & & \frac{GI_x}{l} & & & & & \\
 & \frac{EI_y}{l}(3\rho_y-1) & & & & \frac{-6EI_y}{l^2}\rho_y & & \frac{EI_y}{l}(3\rho_y+1) & & & & \frac{6EI_y}{l^2}\rho_y \\
 & & \frac{EI_z}{l}(3\rho_z-1) & & \frac{6EI_z}{l^2}\rho_z & & & & \frac{EI_z}{l}(3\rho_z+1) & & -\frac{6EI_z}{l^2}\rho_z & \\
 & & & -\frac{EF}{l} & & & & & & \frac{EF}{l} & & \\
 & & -\frac{6EI_z}{l^2}\rho_z & & -\frac{12EI_z}{l^3}\rho_z & & & & -\frac{6EI_z}{l^2}\rho_z & & \frac{12EI_z}{l^3}\rho_z & \\
 & \frac{6EI_y}{l^2}\rho_y & & & & -\frac{12EI_y}{l^3}\rho_y & & \frac{6EI_y}{l^2}\rho_y & & & & \frac{12EI_y}{l^3}\rho_y
\end{array}\right)
\begin{Bmatrix}
\alpha^r{}_i \\ \overline{\beta}_i \\ \overline{\gamma}_i \\ \overline{u}_i \\ \overline{v}_i \\ \overline{w}_i \\ \hdashline \overline{\alpha}_j \\ \overline{\beta}_j \\ \overline{\gamma}_j \\ \overline{u}_j \\ \overline{v}_j \\ \overline{w}_j
\end{Bmatrix}
\tag{15-28}
$$

式（15-28）也可以简写为

$$\{\overline{\boldsymbol{N}}'\}_e = [\overline{\boldsymbol{k}}']\{\overline{\boldsymbol{\delta}}'\}_e \tag{15-29}$$

式中 $[\overline{\boldsymbol{k}}']$ 为用局部坐标表示的杆件 i'—j' 段的单元劲度矩阵。

因为在刚架的计算中是以结点 i，j，…为对象［见图 15-5（a）］成立平衡方程式的，所以要建立杆件单元 i-j 段的单元劲度方程，为此，先后将式（15-29）、式（15-22）代入式（15-25）可得

$$\{\overline{\boldsymbol{N}}\}_e = [\boldsymbol{B}]^{\mathrm{T}}[\overline{\boldsymbol{k}}']\{\overline{\boldsymbol{\delta}}'\}_e = [\boldsymbol{B}]^{\mathrm{T}}[\overline{\boldsymbol{k}}'][\boldsymbol{B}]\{\overline{\boldsymbol{\delta}}\}_e \tag{15-30}$$

令

$$[\overline{\boldsymbol{k}}] = [\boldsymbol{B}]^{\mathrm{T}}[\overline{\boldsymbol{k}}'][\boldsymbol{B}] \tag{15-31}$$

则式（15-30）可以写为

$$\{\overline{\boldsymbol{N}}\}_e = [\overline{\boldsymbol{k}}]\{\overline{\boldsymbol{\delta}}\}_e \tag{15-32}$$

这样，就建立了杆件单元 i—j 段的劲度方程，式中的 $[\overline{\boldsymbol{k}}]$ 为用局部坐标表示的杆件 i—j 段的单元劲度矩阵，它可以由式（15-31）算出。

【例 15-2】 计算例 15-1 所示刚架的局部坐标单元劲度矩阵（设不考虑结点宽度影响及剪力对位移的影响）。

【解】 因不考虑结点宽度影响，同时刚架的结点都在杆轴上，故有

$$d_i = d_j = 0; \quad a_y = a_z = b_y = b_z = 0$$

则 $[\boldsymbol{B}]$ 为一个单位矩阵，又因为不考虑剪力对位移的影响，故有

$$\rho_y = \rho_z = 1$$

所以单元劲度矩阵可以用式（15-28），同时取 $\rho_y = \rho_z = 1$。先计算式（15-28）中的各元素列如表 15-3 所示。

表 15-3

单元	l /(m)	$\frac{GI_x}{l}$ /(kN·m)	$\frac{EF}{l}$ /(kN/m)	$\frac{EI_y}{l}=\frac{EI_z}{l}$ /(kN·m)	$\frac{2EI}{l}$ /(kN·m)	$\frac{4EI}{l}$ /(kN·m)	$\frac{6EI}{l^2}$ /(kN)	$\frac{12EI}{l^3}$ /(kN/m)
1—2	6	70	0.35×10^5	115	230	460	115	38.3
3—1	3	140	0.7×10^5	230	460	920	460	307
2—4	$3\sqrt{3}$	80.8	0.404×10^5	133	266	532	153	59.0

将表 15-3 中计算出的各元素值，按单元分别代入式（15-28）的单元劲度矩阵中，即可求得按局部坐标表示的各单元劲度矩阵如下

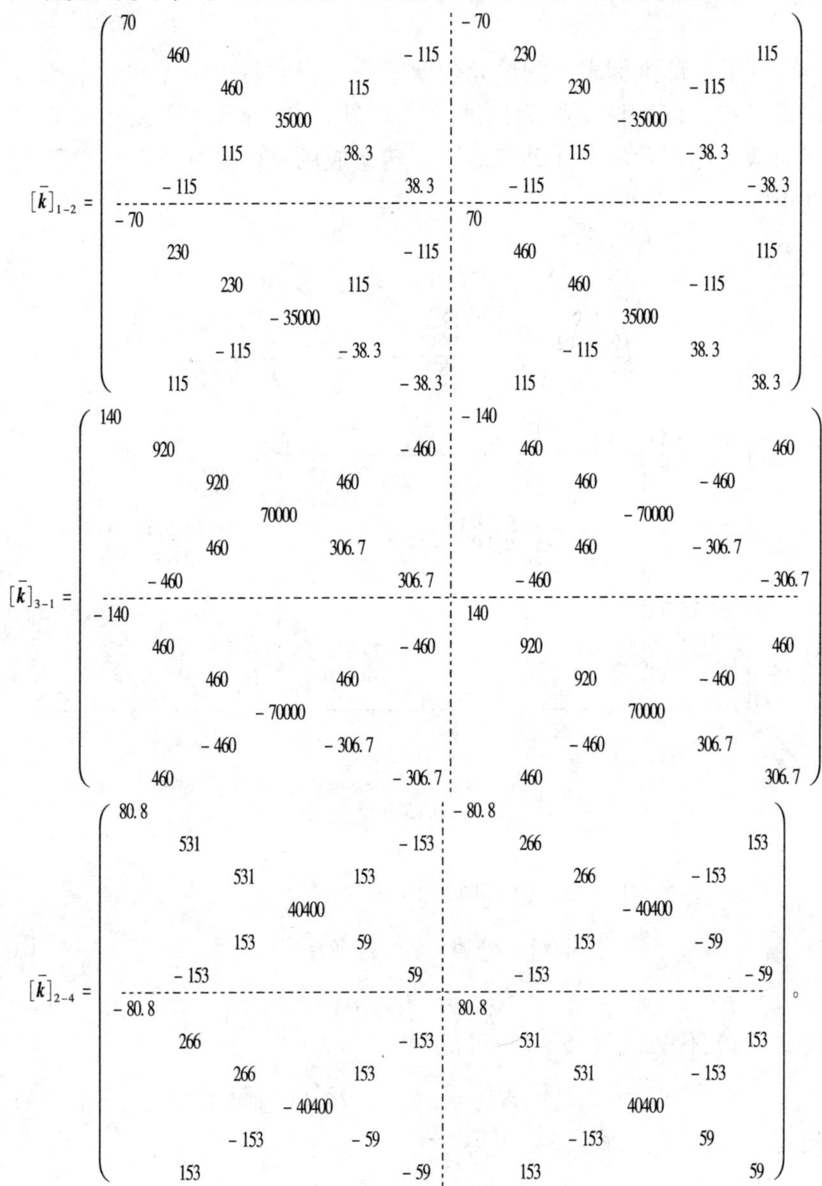

$$[\bar{k}]_{1-2}=\left(\begin{array}{cccccc|cccccc}
70 & & & & & & -70 & & & & & \\
 & 460 & & & & -115 & & 230 & & & & 115 \\
 & & 460 & & 115 & & & & 230 & & -115 & \\
 & & & 35000 & & & & & & -35000 & & \\
 & & 115 & & 38.3 & & & & 115 & & -38.3 & \\
 & -115 & & & & 38.3 & & -115 & & & & -38.3 \\
\hline
-70 & & & & & & 70 & & & & & \\
 & 230 & & & & -115 & & 460 & & & & 115 \\
 & & 230 & & 115 & & & & 460 & & -115 & \\
 & & & -35000 & & & & & & 35000 & & \\
 & & -115 & & -38.3 & & & & -115 & & 38.3 & \\
 & 115 & & & & -38.3 & & 115 & & & & 38.3
\end{array}\right)$$

$$[\bar{k}]_{3-1}=\left(\begin{array}{cccccc|cccccc}
140 & & & & & & -140 & & & & & \\
 & 920 & & & & -460 & & 460 & & & & 460 \\
 & & 920 & & 460 & & & & 460 & & -460 & \\
 & & & 70000 & & & & & & -70000 & & \\
 & & 460 & & 306.7 & & & & 460 & & -306.7 & \\
 & -460 & & & & 306.7 & & -460 & & & & -306.7 \\
\hline
-140 & & & & & & 140 & & & & & \\
 & 460 & & & & -460 & & 920 & & & & 460 \\
 & & 460 & & 460 & & & & 920 & & -460 & \\
 & & & -70000 & & & & & & 70000 & & \\
 & & -460 & & -306.7 & & & & -460 & & 306.7 & \\
 & 460 & & & & -306.7 & & 460 & & & & 306.7
\end{array}\right)$$

$$[\bar{k}]_{2-4}=\left(\begin{array}{cccccc|cccccc}
80.8 & & & & & & -80.8 & & & & & \\
 & 531 & & & & -153 & & 266 & & & & 153 \\
 & & 531 & & 153 & & & & 266 & & -153 & \\
 & & & 40400 & & & & & & -40400 & & \\
 & & 153 & & 59 & & & & 153 & & -59 & \\
 & -153 & & & & 59 & & -153 & & & & -59 \\
\hline
-80.8 & & & & & & 80.8 & & & & & \\
 & 266 & & & & -153 & & 531 & & & & 153 \\
 & & 266 & & 153 & & & & 531 & & -153 & \\
 & & & -40400 & & & & & & 40400 & & \\
 & & -153 & & -59 & & & & -153 & & 59 & \\
 & 153 & & & & -59 & & 153 & & & & 59
\end{array}\right)。$$

15.4 整体坐标单元劲度矩阵及结构劲度方程

有了局部坐标表示的单元劲度矩阵，当对每个结点成立平衡方程式时却是以整体坐标为标准的，如图 15-9 所示。所以还需要将用局部坐标表示的单元劲度矩阵，转换成用整体坐标表示的单元劲度矩阵。

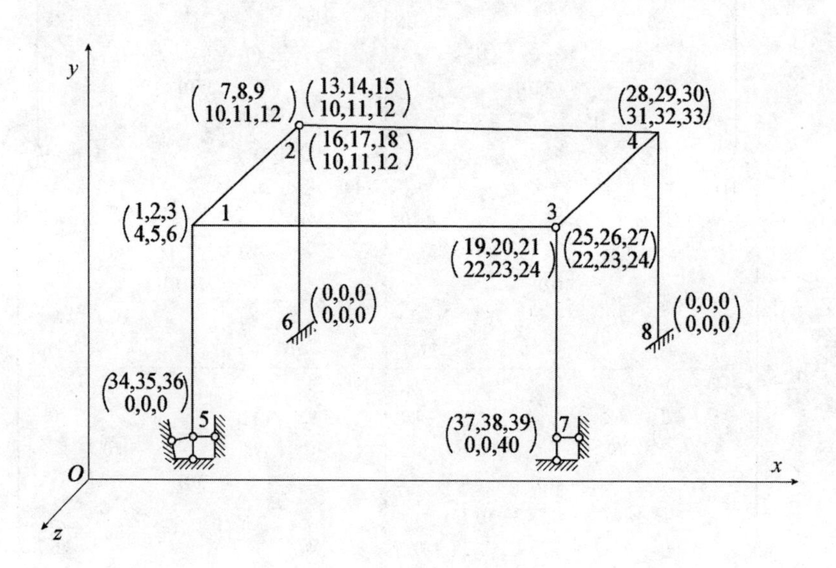

图 15-9

由式（15-30）、式（15-15）即

$$\{\overline{N}\}_e = [B]^{\mathrm{T}}[\overline{k}'][B][\overline{\delta}]_e \tag{1}$$

$$\{\overline{\delta}\}_e = [L]\ \{\delta\}_e \tag{2}$$

将式（1）代入式（15-19）可得

$$\{N\}_e = [L]^{\mathrm{T}}\ \{\overline{N}\}_e = [L]^{\mathrm{T}}\ [B]^{\mathrm{T}}[\overline{k}'][B]\ \{\overline{\delta}\}_e \tag{3}$$

再将式（2）代入式（3）可得

$$\{N\}_e = [L]^{\mathrm{T}}\ [B]^{\mathrm{T}}[\overline{k}'][B][L]\ \{\delta\}_e \tag{15-33}$$

取

$$[\boldsymbol{k}]=[\boldsymbol{L}]^{\mathrm{T}}[\boldsymbol{B}]^{\mathrm{T}}[\bar{\boldsymbol{k}}'][\boldsymbol{B}][\boldsymbol{L}] \tag{15-34}$$

式（15-34）表示的 $[\boldsymbol{k}]$ 就是用整体坐标表示的单元劲度矩阵，该矩阵可以应用有关的转换矩阵将它展成显式，但此显式因很繁长不便实用，所以多不展成显式，在计算时可以应用式（15-34）进行数值计算。

将式（15-34）代入式（15-33）可得

$$\{\boldsymbol{N}\}_e=[\boldsymbol{k}]\{\boldsymbol{\delta}\}_e \tag{15-35}$$

这就是用整体坐标表示的单元劲度方程。

成立空间刚架的结构劲度方程式的原则是和平面刚架一样的，也是以每一结点为脱离体而成立平衡方程的，每一结点成立的平衡方程式的数目是和这一结点的独立的位移未知数的数目相等的。在本方法中所采用的位移法的基本杆件也只采用两端刚结的一种杆件，而没有采用一端刚结一端铰结或其他类型的基本杆件，所以如果有铰结点或铰支座，应加上足够的约束使之成刚结点，与此同时，也应将与所加约束相应的位移取做基本未知数。例如，如图 15-9 所示的刚架，结点 2 是一个完全铰结点，所以应在杆 1—2 的 2 端、杆 6—2 的 2 端以及杆 4—2 的 2 端各加上 3 个刚臂以控制其转动，才能使上述 3 根杆件都成为两端刚结的杆件，与此同时，也应以相应的角位移 α_{2-1}、β_{2-1}、γ_{2-1}；α_{2-4}、β_{2-4}、γ_{2-4} 及 α_{2-6}、β_{2-6}、γ_{2-6} 取作独立未知数。由于此结点是铰结点，是不能承受扭矩和弯矩的，所以分别取杆 1—2、2—4 和 2—6 的 2 端为脱离体，如图 15-10 所示，对每一结点可以增加 3 个力矩平衡方程

$$\sum M_X=0;\quad \sum M_Y=0;\quad \sum M_Z=0$$

这样，虽然增加了 9 个独立角位移未知数，但是也增加了 9 个力矩平衡方程式，所以平衡方程式的数目仍和独立未知数的数目相等。同理，对图 15-9 中结点 3 的不完全铰，在杆 3—4 的 3 端也要加 3 个刚臂，对于结点 5 的铰支座也应加 3 个刚臂，对于结点 7 的铰支座，除应加 3 个刚臂外还应加一根沿 Z 轴方向的链杆，才能使上述杆件成为

两端刚结的杆件，当然，与此同时也应将相应的位移取作独立的位移未知数。

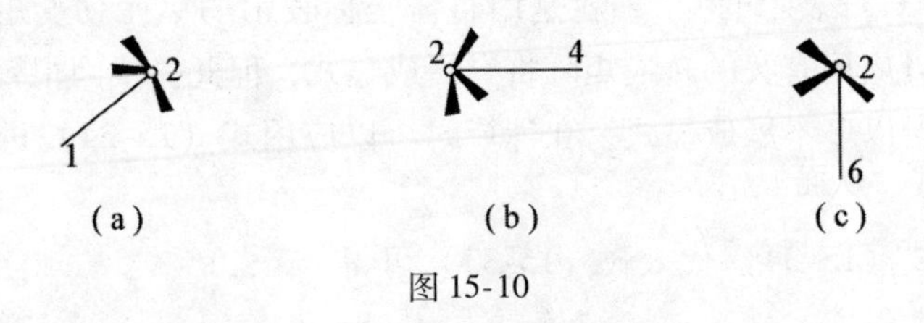

图 15-10

在组成结构劲度方程式中的结构劲度矩阵时，仍按“对号入座”的方法，先按独立未知数的数目，对每一单元的两端按独立未知数的数目编号，然后据此对各杆件的单元劲度矩阵编出行号和列号，这样，矩阵中的每一个元素的号码也就确定了，最后根据各元素的号码送入结构劲度矩阵中，就可以组成结构劲度矩阵。例如，对图 15-9 所示的刚架，各结点（也是各杆杆端）独立未知数的编号可如该图中括号内的数码。这样，各单元劲度矩阵的行号和列号也就确定了，从而各个元素的号码也就确定了，就可据此送入结构劲度矩阵中。例如，对于杆 1–3，其单元劲度矩阵的行号和列号以及各元素的编号如下

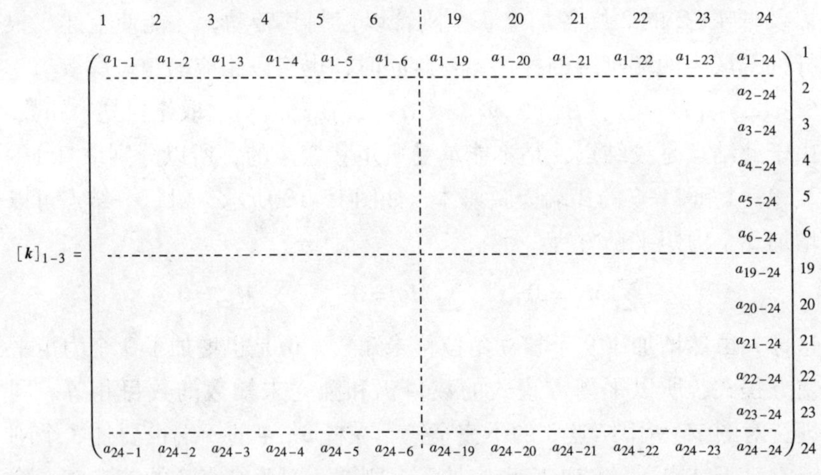

在图 15-9 所示的刚架中，共有 40 个独立位移未知数，所以结构劲度

矩阵是一个 40×40 的矩阵，这样，各单元劲度矩阵中的元素，都可以按各自的号码送入结构劲度矩阵中。凡编号为零的元素是不送入矩阵中的，所以在结构劲度矩阵中，与支座约束处相应的元素是不送入矩阵中的，也就是支座约束已经处理过了。

可以看出，采用这样的取独立未知数的方法，其缺点是未知数的数目增加了，从而方程式的数目也增加了，但是其优点是：因为只用了一种两端刚结的杆件单元，所以只有这一种杆件的形常数（单元劲度矩阵）和载常数，此外，不论是完全铰或不完全铰，也不论是有怎样约束的支座，都可以统一用一种方法处理。同时考虑到在实际工程中，空间刚架的大多数结点都应取做刚结点，应取作铰结点的很少，此外多数支座都是固定支座，铰支座也较少，所以采用这样的方法还是比较有利的。

结构劲度矩阵组成后，则结构劲度方程为

$$[\boldsymbol{K}]\{\boldsymbol{\Delta}\} = \{\boldsymbol{F}\} \tag{15-36}$$

式中：$[\boldsymbol{K}]$ ——结构劲度矩阵；

$\{\boldsymbol{\Delta}\}$ —— 独立结点位移未知数向量；

$\{\boldsymbol{F}\}$ ——结点荷载向量。

【例 15-3】 试计算例 15-1 中的刚架的整体坐标单元劲度矩阵和结构劲度方程。

【解】 对各结点的独立位移未知数的编号如图 15-11 所示。

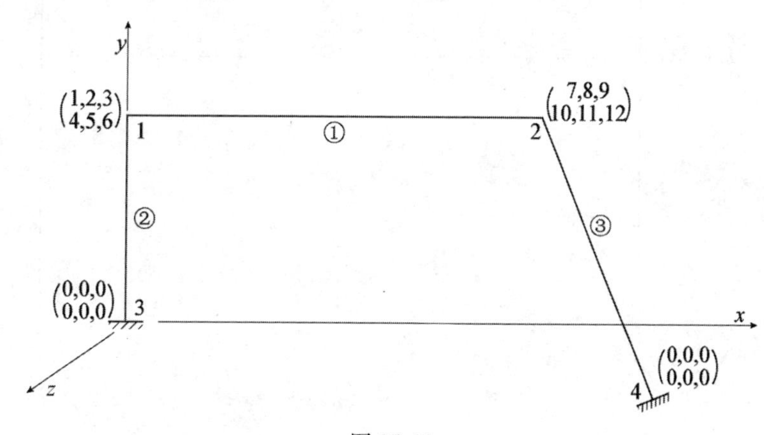

图 15-11

将例题 15-1 中求得的各杆的 $[\boldsymbol{\lambda}]$，按照式（15-17）组成各杆的转换矩阵 $[\boldsymbol{L}]$，即

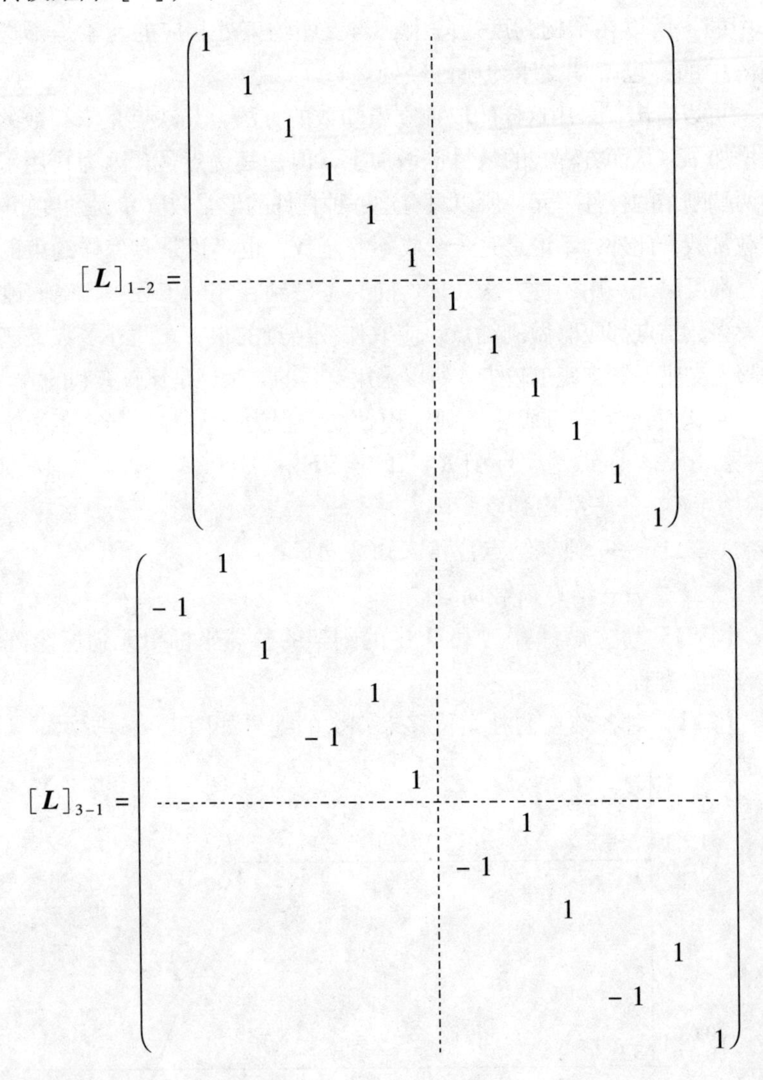

$$[\boldsymbol{L}]_{1-2}=\left(\begin{array}{cccccc|cccccc}
1&&&&&&&&&&&\\
&1&&&&&&&&&&\\
&&1&&&&&&&&&\\
&&&1&&&&&&&&\\
&&&&1&&&&&&&\\
&&&&&1&&&&&&\\
\hline
&&&&&&1&&&&&\\
&&&&&&&1&&&&\\
&&&&&&&&1&&&\\
&&&&&&&&&1&&\\
&&&&&&&&&&1&\\
&&&&&&&&&&&1
\end{array}\right)$$

$$[\boldsymbol{L}]_{3-1}=\left(\begin{array}{cccccc|cccccc}
&1&&&&&&&&&&\\
-1&&&&&&&&&&&\\
&&1&&&&&&&&&\\
&&&&1&&&&&&&\\
&&&-1&&&&&&&&\\
&&&&&1&&&&&&\\
\hline
&&&&&&&1&&&&\\
&&&&&&-1&&&&&\\
&&&&&&&&1&&&\\
&&&&&&&&&&1&\\
&&&&&&&&&-1&&\\
&&&&&&&&&&&1
\end{array}\right)$$

$$
[\boldsymbol{L}]_{2-4}=\left(\begin{array}{cccccc|cccccc}
0.577 & -0.577 & 0.577 & & & & & & & & & \\
0.408 & 0.816 & 0.408 & & & & & & & & & \\
-0.707 & 0 & 0.707 & & & & & & & & & \\
 & & & 0.577 & -0.577 & 0.577 & & & & & & \\
 & & & 0.408 & 0.816 & 0.408 & & & & & & \\
 & & & -0.707 & 0 & 0.707 & & & & & & \\
\hline
 & & & & & & 0.577 & -0.577 & 0.577 & & & \\
 & & & & & & 0.408 & 0.816 & 0.408 & & & \\
 & & & & & & -0.707 & 0 & 0.707 & & & \\
 & & & & & & & & & 0.577 & -0.577 & 0.577 \\
 & & & & & & & & & 0.408 & 0.816 & 0.408 \\
 & & & & & & & & & -0.707 & 0 & 0.707
\end{array}\right)
$$

$[\boldsymbol{L}]_{1-2}$ 是一个单位矩阵，这是因为此单元的局部坐标系与整体坐标系一致的缘故。

将求得的转换矩阵 $[\boldsymbol{L}]$ 和例 15-2 中求得的局部坐标单元劲度矩阵 $[\bar{\boldsymbol{k}}]$，代入式（15-34）即可求得各杆的整体坐标单元劲度矩阵 $[\boldsymbol{k}]$ 如下

$$
\begin{array}{c}
\begin{array}{cccccccccccc}
1 & 2 & 3 & 4 & 5 & 6 & 7 & 8 & 9 & 10 & 11 & 12
\end{array} \\
[\boldsymbol{k}]_{1-2}=\left(\begin{array}{cccccc|cccccc}
70 & & & & & & -70 & & & & & \\
 & 460 & & & & -115 & & 230 & & & & 115 \\
 & & 460 & & 115 & & & & 230 & & -115 & \\
 & & & 35000 & & & & & & -35000 & & \\
 & & 115 & & 38.3 & & & & 115 & & -38.3 & \\
 & -115 & & & & 38.3 & & -115 & & & & -38.3 \\
\hline
-70 & & & & & & 70 & & & & & \\
 & 230 & & & & -115 & & 460 & & & & 115 \\
 & & 230 & & 115 & & & & 460 & & -115 & \\
 & & & -35000 & & & & & & 35000 & & \\
 & & -115 & & -38.3 & & & & -115 & & 38.3 & \\
 & 115 & & & & -38.3 & & 115 & & & & 38.3
\end{array}\right)
\begin{array}{c}
1\\2\\3\\4\\5\\6\\7\\8\\9\\10\\11\\12
\end{array}
\end{array}
$$

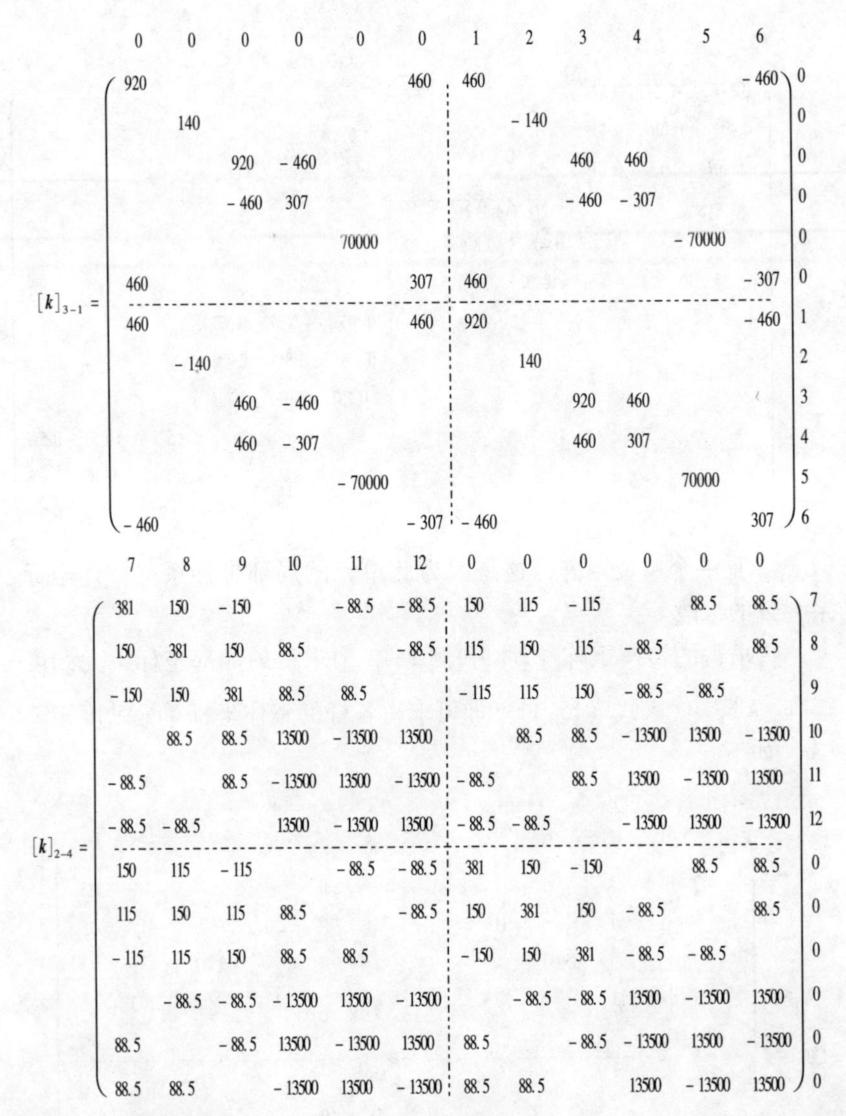

$$
[\boldsymbol{k}]_{3-1}=\begin{array}{c}
\begin{array}{cccccccccccc} 0 & 0 & 0 & 0 & 0 & 0 & 1 & 2 & 3 & 4 & 5 & 6 \end{array} \\
\left(\begin{array}{cccccc:cccccc}
920 & & & & & 460 & 460 & & & & & -460 \\
 & 140 & & & & & & -140 & & & & \\
 & & 920 & -460 & & & & & 460 & 460 & & \\
 & & -460 & 307 & & & & & -460 & -307 & & \\
 & & & & 70000 & & & & & & -70000 & \\
460 & & & & & 307 & 460 & & & & & -307 \\
\hdashline
460 & & & & & 460 & 920 & & & & & -460 \\
 & -140 & & & & & & 140 & & & & \\
 & & 460 & -460 & & & & & 920 & 460 & & \\
 & & 460 & -307 & & & & & 460 & 307 & & \\
 & & & & -70000 & & & & & & 70000 & \\
-460 & & & & & -307 & -460 & & & & & 307
\end{array}\right)
\end{array}
\begin{array}{c} \\ 0 \\ 0 \\ 0 \\ 0 \\ 0 \\ 0 \\ 1 \\ 2 \\ 3 \\ 4 \\ 5 \\ 6 \end{array}
$$

$$
[\boldsymbol{k}]_{2-4}=\begin{array}{c}
\begin{array}{cccccccccccc} 7 & 8 & 9 & 10 & 11 & 12 & 0 & 0 & 0 & 0 & 0 & 0 \end{array} \\
\left(\begin{array}{cccccc:cccccc}
381 & 150 & -150 & & -88.5 & -88.5 & 150 & 115 & -115 & & 88.5 & 88.5 \\
150 & 381 & 150 & 88.5 & & -88.5 & 115 & 150 & 115 & -88.5 & & 88.5 \\
-150 & 150 & 381 & 88.5 & 88.5 & & -115 & 115 & 150 & -88.5 & -88.5 & \\
 & 88.5 & 88.5 & 13500 & -13500 & 13500 & & 88.5 & 88.5 & -13500 & 13500 & -13500 \\
-88.5 & & 88.5 & -13500 & 13500 & -13500 & -88.5 & & 88.5 & 13500 & -13500 & 13500 \\
-88.5 & -88.5 & & 13500 & -13500 & 13500 & -88.5 & -88.5 & & -13500 & 13500 & -13500 \\
\hdashline
150 & 115 & -115 & & -88.5 & -88.5 & 381 & 150 & -150 & & 88.5 & 88.5 \\
115 & 150 & 115 & 88.5 & & -88.5 & 150 & 381 & 150 & -88.5 & & 88.5 \\
-115 & 115 & 150 & 88.5 & 88.5 & & -150 & 150 & 381 & -88.5 & -88.5 & \\
 & -88.5 & -88.5 & -13500 & 13500 & -13500 & & -88.5 & -88.5 & 13500 & -13500 & 13500 \\
88.5 & & -88.5 & 13500 & -13500 & 13500 & 88.5 & & -88.5 & -13500 & 13500 & -13500 \\
88.5 & 88.5 & & -13500 & 13500 & -13500 & 88.5 & 88.5 & & 13500 & -13500 & 13500
\end{array}\right)
\end{array}
\begin{array}{c} \\ 7 \\ 8 \\ 9 \\ 10 \\ 11 \\ 12 \\ 0 \\ 0 \\ 0 \\ 0 \\ 0 \\ 0 \end{array}
$$

将各单元劲度矩阵中各元素，根据其行号与列号按“对号入座”的方法送入结构劲度矩阵中可得

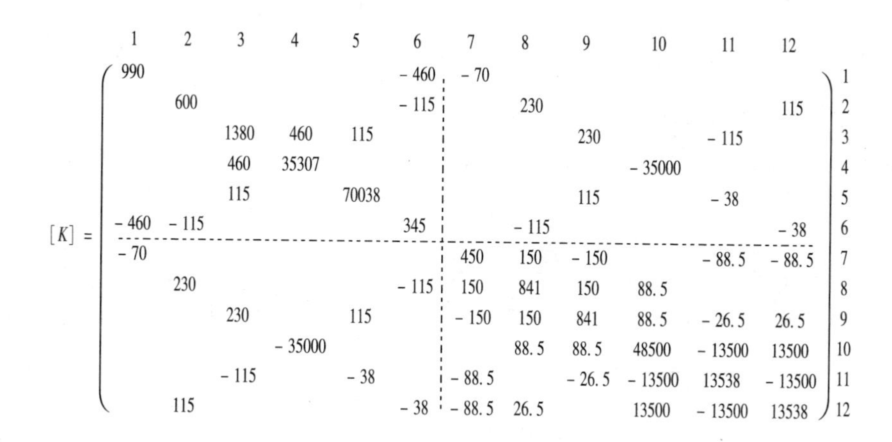

15.5　荷载的处理

作用在刚架上的荷载，有作用在刚架结点上的结点荷载（集中力荷载或集中力矩荷载）；有作用在杆件上的非结点荷载（集中荷载或分布荷载），计算应分别处理。

15.5.1　结点荷载

作用在各结点上的荷载，应按整体坐标轴的方向分解为 3 个分荷载，再送入荷载向量 $\{\boldsymbol{P}\}$ 中。应注意的是，向量 $\{\boldsymbol{P}\}$ 与式（15-36）中的结点位移未知数 $\{\boldsymbol{\delta}\}$ 应是同阶的，所以所加的结点分荷载，应与结点位移未知数相对应。例如，与未知位移 β_i 相对应的，应是加于结点 i 的绕 Y 轴（整体坐标轴）的力矩荷载；与未知位移 w_j 相对应的，应是加于结点 j 的沿 Z 轴的集中力荷载，等等。当然，若与某一位移未知数相对应的，无相应的结点荷载，则在向量 $\{\boldsymbol{P}\}$ 的该行应为零。

15.5.2　非结点荷载

如果作用的是非结点荷载（包括杆件自重），仍然和第 13 章中所述的平面刚架一样，将原结构分解为固定状态与放松状态的叠加，这样可以将非结点荷载化为等效的结点荷载。

表 15-4　　考虑剪力对位移影响时平面弯曲中的杆端力

荷载形式	杆端弯矩		杆端剪力	
	M_{i-j}	M_{j-i}	Q_{i-j}	Q_{ji}
M_{ij} i a P b j M_{ji} x Q_{ij} l Q_{ji}	$\frac{l+\rho(b-a)}{2l^2}Pab$	$-\frac{l-\rho(b-a)}{2l^2}Pab$	$\frac{Pb}{l}\left[1+\frac{\rho a(b-a)}{l^2}\right]$	$\frac{Pa}{l}\left[1-\frac{\rho b(b-a)}{l^2}\right]$
M_{ij} i a M b j M_{ji} x Q_{ij} l Q_{ji}	$-\frac{3\rho a-l}{l^2}Mb$	$-\frac{3\rho b-l}{l^2}Ma$	$-\frac{6\rho ab}{l^3}M$	$\frac{6\rho ab}{l^3}-M$
M_{ij} i a q b j M_{ji} x Q_{ij} l Q_{ji}	$\frac{l(3l-2a)+3\rho(l-a)^2}{12l^3}qa^2$	$-\frac{l(3l-2a)-3\rho(l-a)^2}{12l^2}qa^2$	$\frac{qa}{2l}(2l-a)+$ $\frac{(l-a)^2}{2l^3}\rho qa^2$	$\frac{qa^2}{2l}-\frac{(l-a)^2}{2l^3}\rho qa^2$
q M_{ij} i a b j M_{ji} x Q_{ij} l Q_{ji}	$\frac{5l(2l-a)+\rho(10l^2-15al+6a^2)}{120l^2}$ $\times qa^2$	$-\frac{5l(2l-a)-\rho(10l^2-15al+6a^2)}{120l^2}$ $\times qa^2$	$\frac{qa}{6l}(3l-a)+$ $\frac{10l^2-15al+6a^2}{60l^3}\times\rho qa^2$	$\frac{qa^2}{6l}-$ $\frac{10l^2-15al+6a^2}{60l^3}\rho qa^2$
M_{ij} i a q b j M_{ji} x Q_{ij} l Q_{ji}	$\frac{5l(4l-3a)+\rho(20l^2-45al+24a^2)}{120l^2}$ $\times qa^2$	$-\frac{5l(4l-3a)-\rho(20l^2-45al+24a^2)}{120l^2}$ $\times qa^2$	$\frac{qa}{6l}(3'-2a)+$ $\frac{20l^2-45al+24a}{60l^3}\times\rho qa^2$	$\frac{qa^2}{3l}-$ $\frac{20l^2-45al+24a^2}{60l^3}\rho qa^2$

在固定状态中，计算杆件单元 i'—j' 由于杆中荷载引起的杆端力，若为平面弯曲，同时不考虑剪力影响时可以查第 9 章中的载常数表（注意必须根据本章的规定确定杆端力的正负），若需考虑剪力影响时可以查表 15-4。

对于沿杆轴方向的荷载，以及扭矩荷载的作用而产生的杆端力，可以查表 15-15。

表 15-5　　轴向荷载及扭矩荷载下的杆端力

荷 载 形 式	R_i	R_i
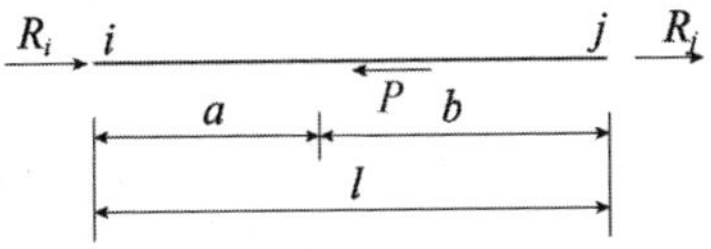 R_i i j R_j P a b l	$\dfrac{Pb}{l}$	$\dfrac{Pa}{l}$
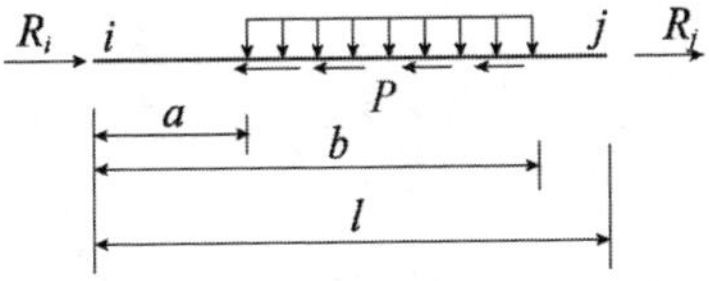 R_i i j R_j P a b l	$\dfrac{p(b-a)(2l-b-a)}{2l}$	$\dfrac{p(b^2-a^2)}{2l}$
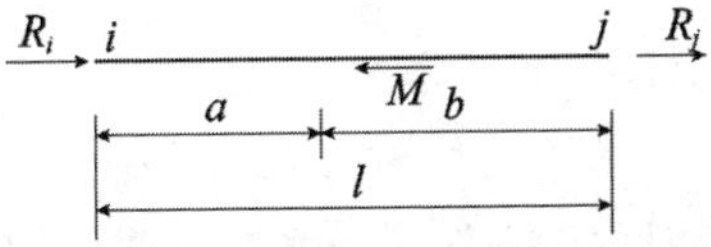 R_i i j R_j M a b l	$\dfrac{Mb}{l}$	$\dfrac{Ma}{l}$
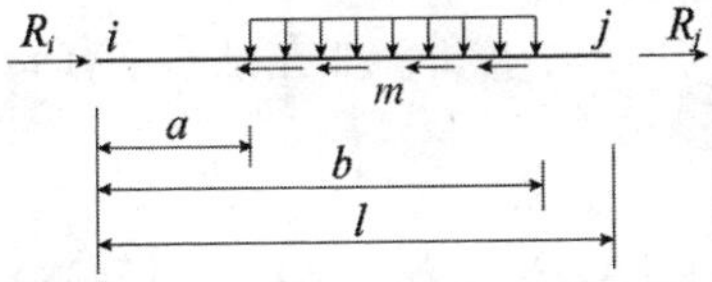 R_i i j R_j m a b l	$\dfrac{m(b-a)(2l-b-a)}{2l}$	$\dfrac{m(b^2-a^2)}{2l}$

由各载常数表查得的杆端力，都是按局部坐标系作用在杆轴的端点 i' 及 j' 的（见图 15-12）。如果杆件两端有刚性大结点 i 及 j，则需要将作用于 i'、j' 的杆端力，先转换为作用于结点 i 及 j 的杆端力，最后再转换为按整体坐标的杆端力，为此将式（15-25）代入式（15-19）可得

$$\{\boldsymbol{N}\}_e^g = [\boldsymbol{L}]^{\mathrm{T}}\{\overline{\boldsymbol{N}}\}_e^g = [\boldsymbol{L}]^{\mathrm{T}}[\boldsymbol{B}]^{\mathrm{T}}\{\overline{\boldsymbol{N}'}\}_e^g \qquad (15\text{-}37)$$

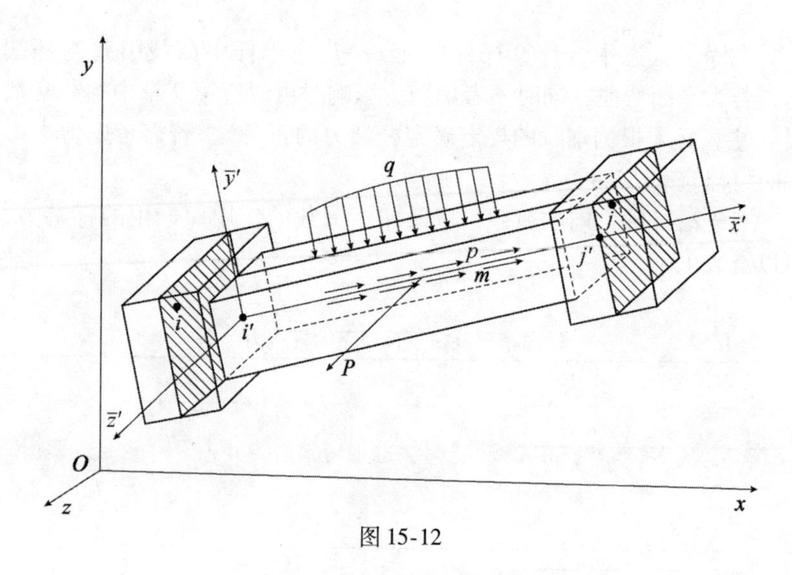

图 15-12

式中：$\{\overline{N}'\}_e^g$——从载常数表查得的，用局部坐标表示的，由于荷载作用而产生在 i'—j' 的杆端力，上标 g 表示固定状态；

$\{\overline{N}\}_e^g$——按局部坐标作用于 i–j 的杆端力；

$\{N\}_e^g$——按整体坐标作用于 i–j 的杆端力；

$[L]$、$[B]$——转换矩阵。

这样，应用式（15-37）求出各杆在固定状态下，由于荷载作用而产生的杆端力，将交于同一结点的各杆端力求和，如在结点 i 有 m 根杆件相交，则有

$$\{N_i\}^g = \{N_i\}_1^g + \{N_i\}_2^g + \cdots + \{N_i\}_m^g = \sum_{j=1}^{m} \{N_i\}_j^g \quad (15\text{-}38)$$

由此求出的各结点力向量 $\{N_i\}^g$，反方向加于放松状态的结点上即化为等效的结点荷载，即

$$\{R_i\}^g = -\{N_i\}^g \quad (i = 1,\ 2,\ \cdots) \quad (15\text{-}39)$$

【例 15-4】 如图 15-13 所示，试求例 15-1 所示刚架的等效结点荷载；及在放松状态下的结构劲度方程，并求出结点位移。

【解】 将原结构［见图 15-13（a）］分解为固定状态与放松状态［见图 15-13（b）、（c）］的叠加。在固定状态中杆 1–2 的杆端力

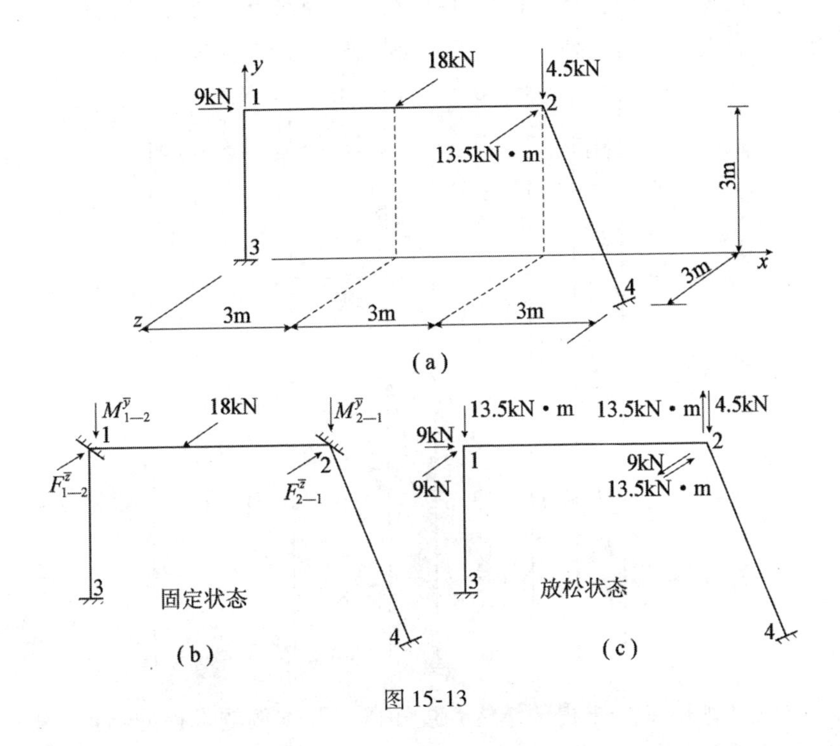

图 15-13

有

$$M_{1-2}^{\bar{Y}}=\frac{Pl}{8}=\frac{18\times 6}{8}=13.5\text{kN}\cdot\text{m}$$

$$M_{2-1}^{\bar{Y}}=-\frac{Pl}{8}=-13.5\text{kN}\cdot\text{m}$$

$$F_{1-2}^{\bar{Z}}=F_{2-1}^{\bar{Z}}=-9\text{kN}$$

故有　$\{\overline{\boldsymbol{N}'}\}_{1-2}^{g}=[0\quad 13.5\quad 0\quad 0\quad 0\quad -9\quad 0\quad -13.5\quad 0\quad 0\quad 0\quad -9]^{\mathrm{T}}$

由式（15-37）有

$$\{\boldsymbol{N}\}_{1-2}^{g}=[\boldsymbol{L}]_{1-2}^{\mathrm{T}}[\boldsymbol{B}]_{1-2}^{\mathrm{T}}\{\overline{\boldsymbol{N}'}\}_{1-2}^{g}$$

由于$[\boldsymbol{L}]_{1-2}$、$[\boldsymbol{B}]_{1-2}$两转换矩阵均为单位矩阵，故有

$$\{\boldsymbol{N}\}_{1-2}^{g}=\{\overline{\boldsymbol{N}'}\}_{1-2}^{g}$$

在放松状态中，将 $\{\boldsymbol{N}\}_{1-2}^{g}$ 中的结点 1 及结点 2 的结点荷载反向，并与原有的结点荷载叠加，即得放松状态下的等效结点荷载向量

$$\{\boldsymbol{F}\}=\left\{\begin{array}{c} M_1^X \\ M_1^Y \\ M_1^Z \\ F_1^X \\ F_1^Y \\ F_1^Z \\ \hdashline M_2^X \\ M_2^Y \\ M_2^Z \\ F_2^X \\ F_2^Y \\ F_2^Z \end{array}\right\}=\left\{\begin{array}{c} 0 \\ 0 \\ 0 \\ 9 \\ 0 \\ 0 \\ \hdashline 0 \\ 0 \\ -13.5 \\ 0 \\ -4.5 \\ 0 \end{array}\right\}-\left\{\begin{array}{c} 0 \\ 13.5 \\ 0 \\ 0 \\ 0 \\ -9 \\ \hdashline 0 \\ -13.5 \\ 0 \\ 0 \\ 0 \\ -9 \end{array}\right\}=\left\{\begin{array}{c} 0 \\ -13.5 \\ 0 \\ 9 \\ 0 \\ 9 \\ \hdashline 0 \\ 13.5 \\ -13.5 \\ 0 \\ -4.5 \\ 9 \end{array}\right\}$$

应用例 15-3 中求得的结构劲度矩阵，与本例题求得的结点荷载向量，即可组成放松状态时的结构劲度方程如下

$$\left(\begin{array}{cccccc:cccccc}
990 & & & & & -460 & -70 & & & & & \\
 & 600 & & & & -115 & & 230 & & & & 115 \\
 & & 1380 & 460 & 115 & & & & 230 & & -115 & \\
 & & 460 & 35307 & & & & & & -35000 & & \\
 & & 115 & & 70308 & & & & 115 & & -38 & \\
-460 & -115 & & & & 345 & & -115 & & & & -38 \\
\hdashline
-70 & & & & & & 450 & 150 & -150 & & -88.5 & -88.5 \\
 & 230 & & & & -115 & 150 & 841 & 150 & 88.5 & & 26.5 \\
 & & 230 & & 115 & & -150 & 150 & 841 & 88.5 & -26.5 & \\
 & & & -35000 & & & & 88.5 & 88.5 & 48500 & -13500 & 13500 \\
 & & -115 & & -38 & & -88.5 & & -26.5 & -13500 & 13538 & -13500 \\
 & 115 & & & & -38 & -88.5 & 26.5 & & 13500 & -13500 & 13538
\end{array}\right)\times$$

$$\begin{pmatrix} \alpha_1 \\ \beta_1 \\ \gamma_1 \\ u_1 \\ v_1 \\ w_1 \\ \cdots\cdots \\ \alpha_2 \\ \beta_2 \\ \gamma_2 \\ u_2 \\ v_2 \\ w_2 \end{pmatrix} = \begin{pmatrix} 0 \\ -13.5 \\ 0 \\ 9 \\ 0 \\ 9 \\ \cdots\cdots \\ 0 \\ 13.5 \\ -13.5 \\ 0 \\ -4.5 \\ 9 \end{pmatrix}$$

解上列方程可得结点位移向量

$$\{\boldsymbol{\Delta}\} = [0.051589\ \ -0.037125\ \ 0.018273\ \ -0.026072\ \ 0.000043\ \ 0.107243\ \ 0.024874\ \ 0.039165\ \ -0.018371\ \ -0.026318\ \ 0.078284\ \ 0.105219]^{\mathrm{T}}$$。

15.6　杆端内力

成立了放松状态时的结构劲度方程

$$[\boldsymbol{K}]\{\boldsymbol{\Delta}\} = \{\boldsymbol{F}\}$$

并求解后即可求出整体坐标结点位移向量 $\{\boldsymbol{\Delta}\}$，然后即可求出各杆件的杆端位移向量 $\{\boldsymbol{\delta}\}_e$，由此即可求出各杆件的杆端内力。在实际工程中需要的是用局部坐标表示的 i'—j' 段的杆端内力，为此应用式（15-29）、式（15-22）及式（15-15）可得

$$[\overline{\boldsymbol{N}}']_e^f = [\overline{\boldsymbol{k}}']\{\overline{\boldsymbol{\delta}}'\}_e^j = [\overline{\boldsymbol{k}}'][\boldsymbol{B}]\{\overline{\boldsymbol{\delta}}\}_e^f = [\overline{\boldsymbol{k}}'][\boldsymbol{B}][\boldsymbol{L}]\{\boldsymbol{\delta}\}_e^f \tag{15-40}$$

式中：$[\overline{\boldsymbol{N}}']_e^f$ ——局部坐标表示的，杆件 i'—j' 段的杆端内力，上标 f 表示放松状态；

$\{\boldsymbol{\delta}\}_e^f$ ——整体坐标表示的杆件 i—j 段的杆端位移。

原结构的杆端内力为放松状态的杆端内力与固定状态杆端内力的和，即

$$\{\overline{N'}\}_e=\{\overline{N'}\}_e^f+\{\overline{N'}\}_e^g \tag{15-41}$$

式中：$\{\overline{N'}\}_e$ ——局部坐标表示的原结构的杆端内力；

$\{\overline{N'}\}_e^g$ ——局部坐标表示的固定状态下的杆端内力。

为了计算方便，可以将式（15-40）代入式（15-41）得

$$\{\overline{N'}\}_e=[\overline{k'}][B][L]\{\delta\}_e^f+\{\overline{N'}\}_e^g \tag{15-42}$$

【例 15-5】 试计算例 15-1 中所示刚架，各杆件单元的局部坐标杆端内力。

【解】 由例 15-4 中求出的结点位移向量，可以求得各杆件单元的杆端位移向量

$$\{\delta\}_{1-2}^f=[0.051589\ \ -0.037125\ \ 0.018273\ \ -0.026072\ \ 0.000043\ \ 0.107243\ \ 0.024874\ \ 0.039165\ \ -0.018371\ \ -0.026318\ \ 0.078284\ \ 0.105219]^{\mathrm T}$$

$$\{\delta\}_{3-1}^f=[0\ \ 0\ \ 0\ \ 0\ \ 0\ \ 0\ \ 0.051589\ \ -0.037125\ \ 0.018273\ \ -0.026072\ \ 0.000043\ \ 0.107243]^{\mathrm T}$$

$$\{\delta\}_{2-4}^f=[0.024874\ \ 0.039165\ \ -0.018371\ \ -0.026318\ \ 0.078284\ \ 0.105219\ \ 0\ \ 0\ \ 0\ \ 0\ \ 0\ \ 0]^{\mathrm T}$$

应用式（15-42）则有

$$\{\overline{N'}\}_{1-2}=[\overline{k'}]_{1-2}[B]_{1-2}[L]_{1-2}[\delta]_{1-2}^f+\{\overline{N'}\}_{1-2}^g$$

将例 15-2、例 15-3、例 15-4、例 15-5 中的计算结果代入上式，并计算出结果为

$$\{\overline{N'}\}_{1-2}=[\overline{M}_1^x\ \overline{M}_1^y\ \overline{M}_1^z\ \overline{F}_1^x\ \overline{F}_1^y\ \overline{F}_1^z\ \overline{M}_2^x\ \overline{M}_2^y\ \overline{M}_2^z\ \overline{F}_2^x\ \overline{F}_2^y\ \overline{F}_2^z]^{\mathrm T}$$
$$=[1.8700\ \ 5.1976\ \ -4.8176\ \ 8.5900\ \ -3.0105\ \ -9.1570\ \ -1.8700\ \ -4.2556\ \ -13.2456\ \ -8.5900\ \ 3.0105\ \ -8.8430]^{\mathrm T}$$

同理可得

$$\{\overline{N'}\}_{3-1}=[5.1976\ \ 25.6009\ \ -3.5878\ \ -3.0105\ \ 0.4099\ \ -9.1570\ \ -5.1976\ \ 1.8700\ \ 4.8176\ \ 3.0105\ \ -0.4099\ \ 9.1570]^{\mathrm T}$$

$$\{\overline{N'}\}_{2-4} = [-1.5242\ 1.5022\ 4.1342\ 14.4012\ -0.1789\ 0.9847$$
$$1.5242\ -6.6189\ -5.0637\ -14.4012\ 0.1789\ -0.9847]^T。$$

15.7　钢筋混凝土蜗壳的计算

钢筋混凝土蜗壳，大体上可以看成由顶板及侧墙等部分组成，根据这种构造，蜗壳比较近似于一种厚壁壳体，同时由于它的形状很复杂，要求得较精确的结果，采用三维有限元计算比较恰当，但是为了计算简单，同时为了能直接求出蜗壳内力以便于配筋计算，也可以近似地采用空间刚架计算。为此，可以根据需要先将蜗壳的顶板和侧墙离散成径向、环向、纵向等条块，再取各条块的中线作为空间刚架各单元的轴线，如图 15-14（a）所示为蜗壳的一部分顶板或侧墙条块的划分和杆系单元的选取方法，其中虚线表示离散成的条块，实线表示杆件单元的轴线，蜗壳的各部分都按此划分、选取，就成为一空间刚架，对于坝体的舍去部分对保留的蜗壳部分的作用，可以根据实际情况采用不同的支座约束来代替。

将一块连续的板块用刚架来代替，首先应解决的是二者刚度的代换，也就是要解决如何将一块板块的刚度转化为“等效”的刚架的刚度。这里所指的等效的刚度，应是在相同的荷载作用下，二者有相同的位移时的刚度，只有满足了这个条件，用刚架计算出的内力及应力才有可能近似于板块的内力及应力。

下面讨论等效刚度的代换，取出如图 15-14（a）所示板块中的一小块板块 $ABCD$，用交叉杆 ij 及 kl 代替如图 15-14（b）所示的结构，现在要将此板块的刚度化为交叉杆 ij 及 kl 的等效刚度。先考虑拉、压刚度，如图 15-15（a）所示为受轴向荷载 pa_1h 而压缩的板块，如图 15-15（b）所示为受相同荷载而压缩的杆件 kl，则板块的轴向位移为

$$\Delta = \frac{pa_1hb_1}{Ea_1h} = \frac{pb_1}{E} \tag{1}$$

式中：p——单位面积上的荷载强度；

E——板块材料的弹性模量。

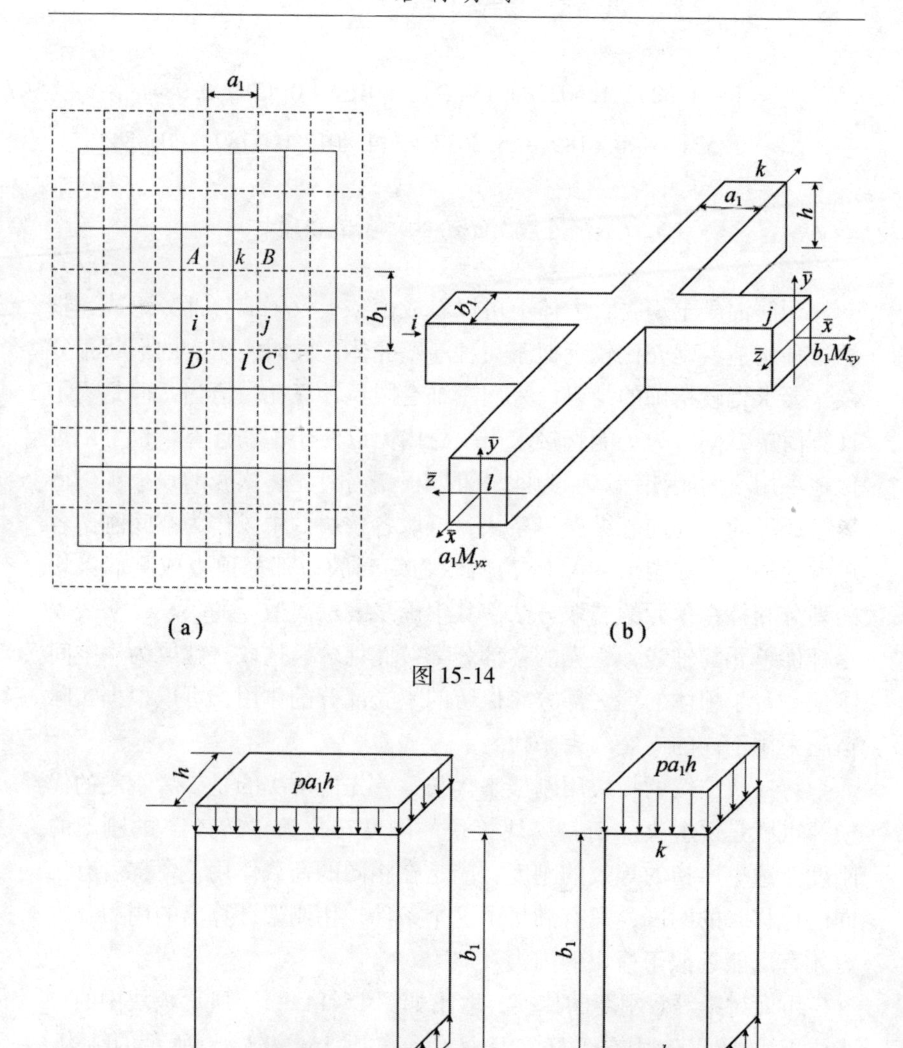

图 15-14

图 15-15

杆件 kl 的轴向位移为

$$\Delta' = \frac{pa_1hb_1}{E_1F_{kl}} \tag{2}$$

式中：F_{kl}——杆件 kl 的截面面积；

E_1——杆件材料的弹性模量。

由 $\Delta = \Delta'$ 可得

$$E_1F_{kl} = Ea_1h$$

式中：E_1F_{kl}——等效拉、压刚度；

F_{kl}——等效面积。

如果两种构件的材料相同，则 $E_1 = E$，则有

$$F_{kl} = a_1h \tag{3}$$

同理可得杆 ij 的等效面积为

$$F_{ij} = b_1h \tag{4}$$

现在再考虑弯曲刚度与扭转刚度。为此，先介绍一些正交异性板的有关公式①。

设有如图 15-16 所示沿 X、Y 方向正交的异性板，其应力应变关系为

$$\begin{aligned} \sigma_x &= E'_x\varepsilon_x + E''\varepsilon_y \\ \sigma_y &= E'_y\varepsilon_y + E''\varepsilon_x \\ \tau_{xy} &= G\upsilon_{xy} \end{aligned} \tag{5}$$

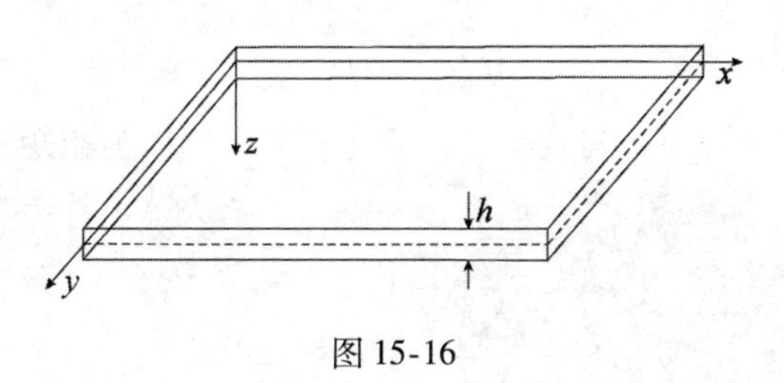

图 15-16

式中 E'_x、E'_y、E''、G 为与正交异性材料性质有关的弹性常数，其数值

① 参阅 S. Timoshenko，《Theory of plates and Shells》pp. 364～370。

需通过材料试验求得。

由薄板的基本假定可以求得

$$\varepsilon_x = -z\frac{\partial^2 w}{\partial x^2};\quad \varepsilon_y = -z\frac{\partial^2 w}{\partial y^2};\quad v_{xy} = -2z\frac{\partial^2 w}{\partial x\partial y} \tag{6}$$

式中$\frac{\partial^2 w}{\partial x^2}$、$\frac{\partial^2 w}{\partial y^2}$分别为沿 x 向及 y 向板的曲率；$\frac{\partial^2 w}{\partial x\partial y}$为板的扭曲率。

将式（6）代入式（5）可得

$$\begin{aligned}\sigma_x &= -z\left(E_x'\frac{\partial^2 w}{\partial x^2} + E''\frac{\partial^2 w}{\partial y^2}\right)\\ \sigma_y &= -z\left(E_y'\frac{\partial^2 w}{\partial y^2} + E''\frac{\partial^2 w}{\partial x^2}\right)\\ \tau_{xy} &= -2Gz\frac{\partial^2 w}{\partial x\partial y}\end{aligned} \tag{7}$$

由上列应力求出作用于板中面上的内力有

$$\begin{aligned}M_x &= \int_{-h/2}^{h/2}\sigma_x z\mathrm{d}z = -\left(D_x\frac{\partial^2 w}{\partial x^2} + D_1\frac{\partial^2 w}{\partial y^2}\right)\\ M_y &= \int_{-h/2}^{h/2}\sigma_y z\mathrm{d}z = -\left(D_y\frac{\partial^2 w}{\partial y^2} + D_1\frac{\partial^2 w}{\partial x^2}\right)\\ M_{xy} &= \int_{-h/2}^{h/2}\tau_{xy} z\mathrm{d}z = 2D_{xy}\frac{\partial^2 w}{\partial x\partial y}\\ M_{yx} &= -M_{xy}\end{aligned} \tag{8}$$

式中 M_x、M_y分别为 x 向及 y 向的弯矩；M_{xy}、M_{yx}为扭矩；而

$$\begin{aligned}D_x &= \frac{E_x'h^3}{12} \qquad D_y = \frac{E_y'h^3}{12}\\ D_1 &= \frac{E''h^3}{12} \qquad D_{xy} = \frac{Gh^3}{12}\end{aligned} \tag{9}$$

一个板单元的平衡方程为

$$\frac{\partial^2 M_x}{\partial x^2} + \frac{\partial^2 M_{yx}}{\partial x\partial y} + \frac{\partial^2 M_y}{\partial y^2} - \frac{\partial^2 M_{xy}}{\partial x\partial y} = -q \tag{10}$$

式中 q 为作用于板面的横向荷载强度，将式（8）代入式（10）并化

简后有

$$D_x \frac{\partial^4 w}{\partial x^4} + 2(D_1 + 2D_{xy}) \frac{\partial^4 w}{\partial x^2 \partial y^2} + D_y \frac{\partial^4 w}{\partial y^4} = q \tag{11}$$

这就是正交异性板的挠度微分方程，若为各向同性材料，则有

$$E_x' = E_y' = \frac{E}{1-\mu}; \quad E'' = \frac{E\mu}{1-\mu^2}; \; G = \frac{E}{2(1-\mu)} \tag{12}$$

将式（12）代入式（9）再代入式（11）则式（11）退化为

$$D\left(\frac{\partial^4 w}{\partial x^4} + 2\frac{\partial^4 w}{\partial x^2 \partial y^2} + \frac{\partial^4 w}{\partial y^4}\right) = q \tag{13}$$

式中

$$D = \frac{Eh^3}{12(1-\mu^2)} \tag{14}$$

式（13）即为各向同性板的挠度微分方程。

现在设图 15-14（a）所示的 $ABCD$ 板块为一正交异性板块，而图 15-14（b）所示梁系为一正交异性梁系，设在相同荷载 q 作用下，板块与交叉梁系有相同的挠度，今设 ij 梁的弯曲刚度为 B_1、扭转刚度为 C_1，而 kl 梁的弯曲刚度为 B_2、扭转刚度为 C_2，则可以将

$$D_x = \frac{B_1}{b_1}, \quad D_y = \frac{B_2}{a_1} \tag{15}$$

代入式（11）中，在交叉梁系情况下，式（11）中的 D_1 应为零，而 D_{xy} 可以用扭转刚度 C_1 及 C_2 表示。为此，考虑图 15-14（b）所示的交叉梁的扭转，可得下列扭矩与扭曲率的关系有

$$M_{xy} = \frac{C_1}{b_1}\frac{\partial^2 w}{\partial x \partial y}; \quad M_{yx} = -\frac{C_2}{a_1}\frac{\partial^2 w}{\partial x \partial y} \tag{16}$$

由于 $D_1 = 0$，所以有

$$\begin{aligned} M_x &= -D_x \frac{\partial^2 w}{\partial x^2} = -\frac{B_1}{b_1}\frac{\partial^2 w}{\partial x^2} \\ M_y &= -D_y \frac{\partial^2 w}{\partial y^2} = -\frac{B_2}{a_1}\frac{\partial^2 w}{\partial y^2} \end{aligned} \tag{17}$$

代入平衡方程（10）中并化简可得

$$\frac{B_1}{b_1} \quad \frac{\partial^4 w}{\partial w^4} + \left(\frac{C_1}{b_1} + \frac{C_2}{a_1}\right) \frac{\partial^4 w}{\partial x^2 \partial y^2} + \frac{B_2}{a_1} \quad \frac{\partial^4 w}{\partial y^4} = q \tag{18}$$

比较式（11）及式（18），显然有

$$\frac{B_1}{b_1} = D_x; \qquad \frac{B_2}{a_1} = D_y; \qquad \frac{C_1}{b_1} + \frac{C_2}{a_1} = 4D_{xy} \tag{19}$$

显然，满足式（19）的 B_1、B_2、C_1及 C_2就是正交异性交叉杆系的等效弯曲刚度及等效扭转刚度。

若为各向同性材料，且板块与交叉梁系为同一种材料，则有

$$\begin{aligned} & B_1 = E(I_z)_{ij}; \qquad B_2 = E(I_z)_{kl} \\ & C_1 = G(I_x)_{ij}; \qquad C_2 = G(I_x)_{kl} \\ & D_x = D_y = D = \frac{Eh^3}{12(1-\mu^2)}; \qquad D_{xy} = \frac{Gh^3}{12} \end{aligned} \tag{20}$$

式中：I_z——对 z 轴的截面惯性矩［见图 15-14（b）］；

I_x——对 x 轴的相当截面极惯性矩。

将式（20）代入式（19）可得

$$\begin{aligned} & \frac{E(I_z)_{ij}}{b_1} = D; \qquad \frac{E(I_z)_{kl}}{a_1} = D \\ & \frac{G(I_x)_{ij}}{b_1} + \frac{G(I_x)_{kl}}{a_1} = 4\,\frac{Gh^3}{12} \end{aligned} \tag{21}$$

由上式的前二式可以求得等效弯曲刚度

$$\begin{aligned} & E(I_z)_{ij} = b_1 D = E\,\frac{b_1 h^3}{12(1-\mu^2)} \\ & E(I_z)_{kl} = a_1 D = E\,\frac{a_1 h^3}{12(1-\mu^2)} \end{aligned} \tag{22}$$

能满足式（21）第三式的扭转刚度 $G(I_x)_{ij}$与 $G(I_x)_{kl}$都是等效扭转刚度，它有无穷多个解，为了计算简单，通常取

$$\frac{G(I_x)_{ij}}{b_1} = \frac{G(I_x)_{kl}}{a_1} \tag{23}$$

代入式（21）的第三式可得等效扭转刚度为

$$G(I_x)_{ij} = G\,\frac{b_1 h^3}{6}; \qquad G(I_x)_{kl} = G\,\frac{a_1 h^3}{6} \tag{24}$$

综上所述，将一板块用一交叉梁系代替（见图 15-14），根据等效刚度的要求，其等效截面常数有

$$F_{ij} = a_1 h; \quad F_{kl} = b_1 h$$

$$(I_z)_{ij} = \frac{b_1 h^3}{12(1-\mu^2)}; \quad (I_z)_{kl} = \frac{a_1 h^3}{12(1-\mu^2)} \qquad (15\text{-}43)$$

$$(I_x)_{ij} = \frac{b_1 h^3}{6}; \quad (I_x)_{kl} = \frac{a_1 h^3}{6}$$

应用上述方法我们曾编制了一个空间刚架程序 SRF，并用于我国某大型水电站钢筋混凝土蜗壳在内水压力及自重联合作用下的计算，蜗壳 0°～90°。截面位置如图 15-17 所示，根据需要按图 15-18 所示的

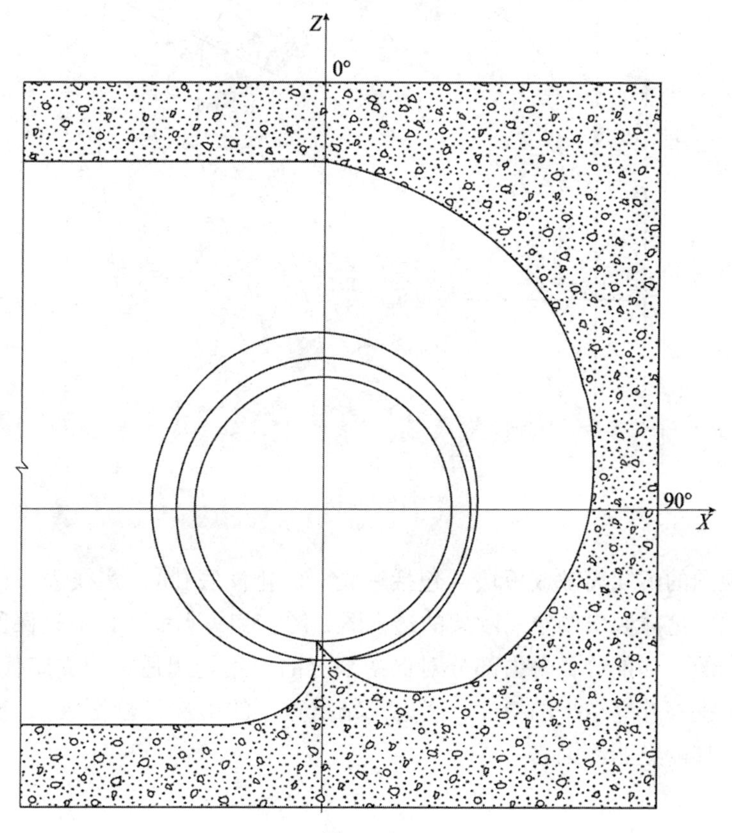

图 15-17

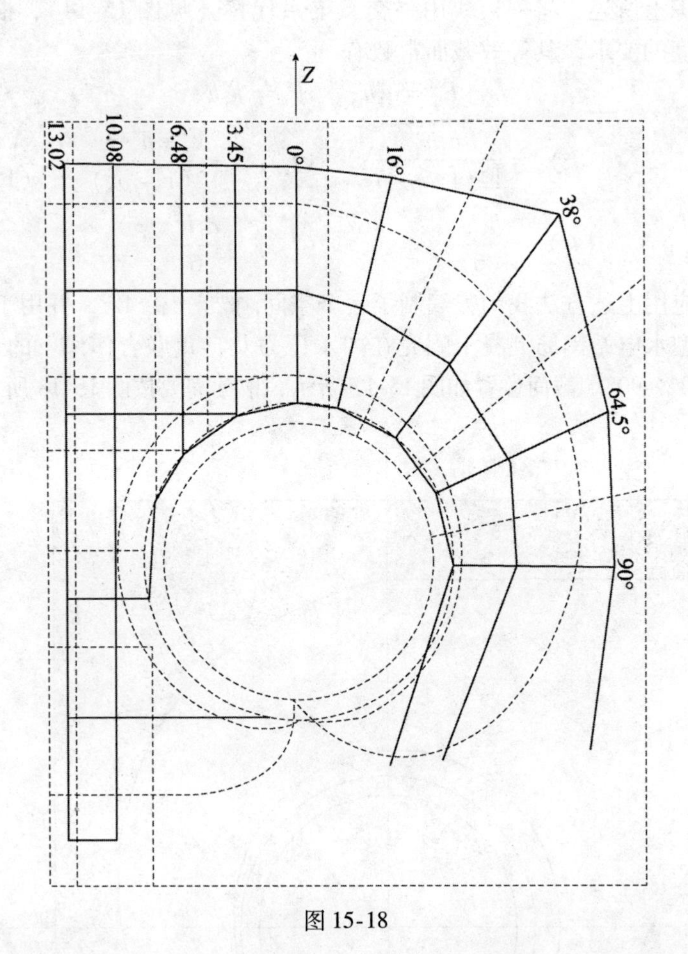

图 15-18

顶视图的虚线离散成板块（包括蜗壳下的排沙底孔），实线表示杆件轴线，这样取出的空间刚架的透视图如图 15-19 所示，其中只保留了蜗壳的主要部分，舍去部分对保留部分的作用均用适当的支座代替，为了提高计算结果的精度，考虑了结点宽度的影响（刚性域）；剪力对位移的影响等因素。

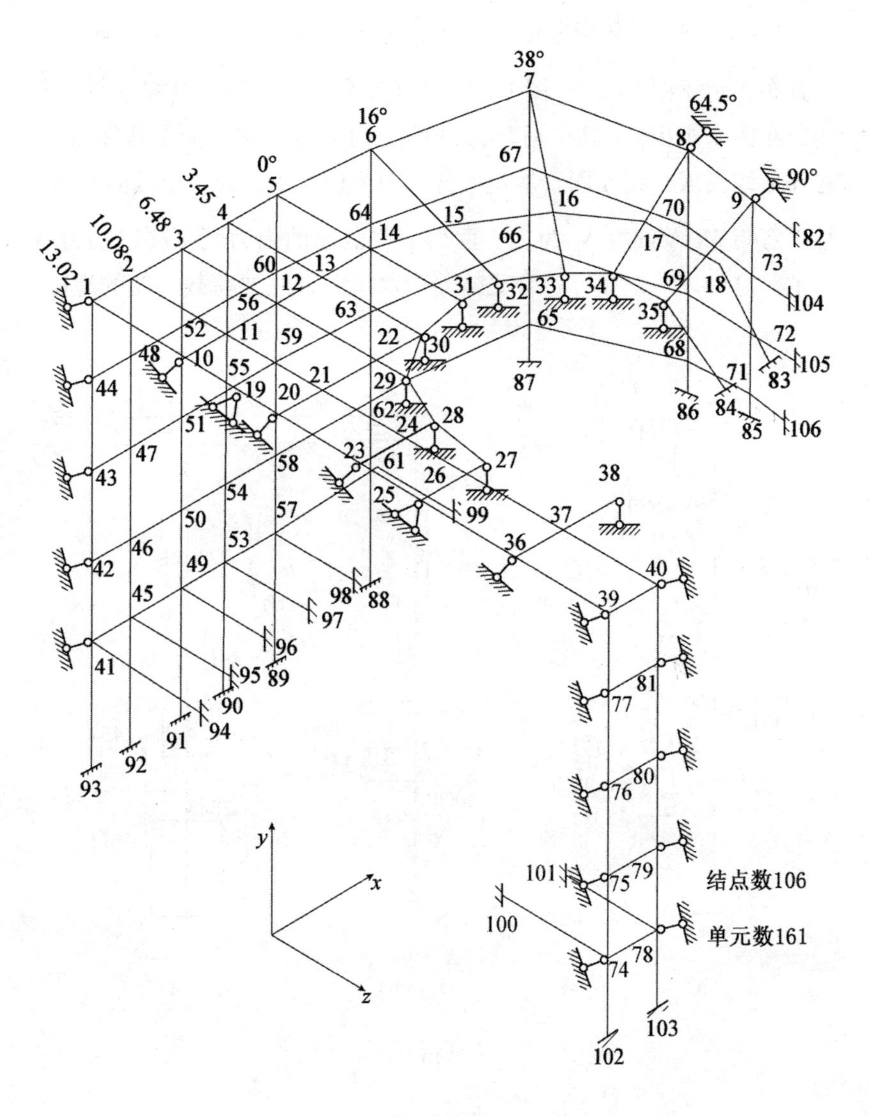

图 15-19

现将0°截面（包括顶板及侧墙）及顶板上10-11-12-13-14-15-16-17-18-83环形截面等两个截面的三个主要内力$\overline{M}_z$、$\overline{N}_y$、$\overline{N}_x$的分布图示于图15-20、图15-21中（其余三个次要内力$\overline{M}_x$、$\overline{M}_y$、$\overline{N}_z$的分布图未画出）。其中对环形截面的内力分布图，为了作图方便，将环形线展成直线作图。从这些分布图可以看出，前一个截面的内力是以弯矩$\overline{M}_z$及轴力$\overline{N}_x$为主，而后一个截面的内力则主要以轴力$\overline{N}_x$为主，这种内力规律，符合壳体受内水压力（主要荷载）时的规律。

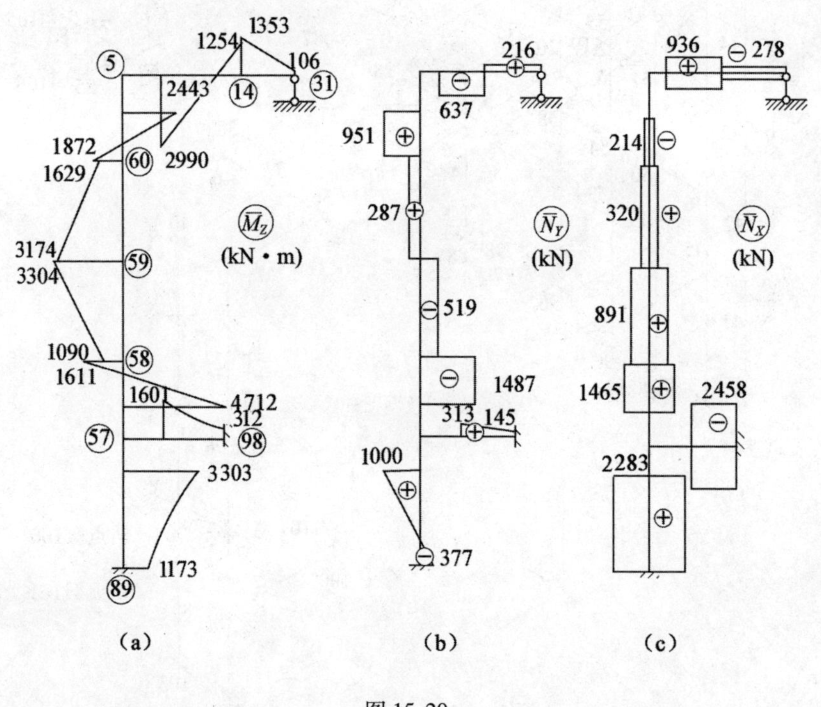

图 15-20

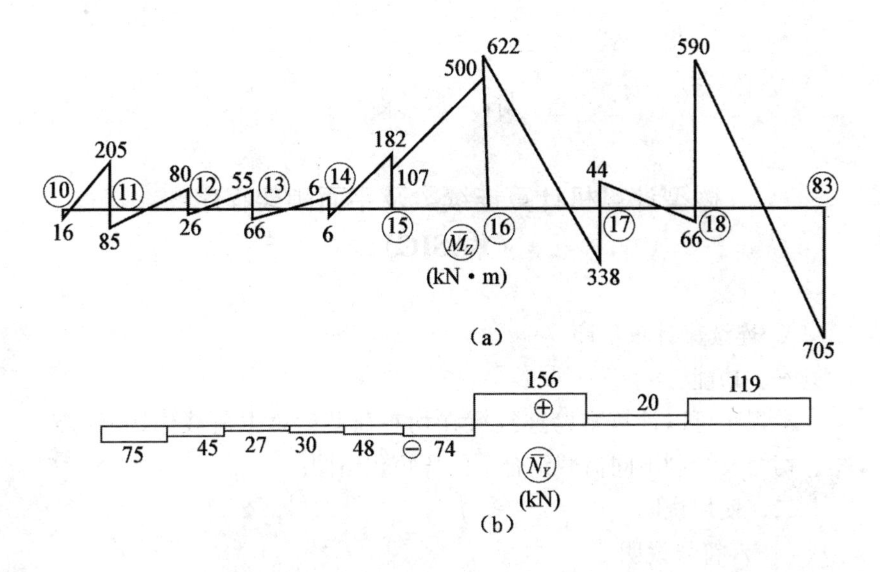
622
500
590
205
182
107
80
55
6
44
⑩
⑪
⑫
⑬
⑭
⑮
⑯
⑰
⑱
㉝
16
85
26
66
6
66
338
705
$\overline{M}_Z$
(kN · m)
156
20
119
75
45
27
30
48
74
$\overline{N}_Y$
(kN)

（a）

（b）

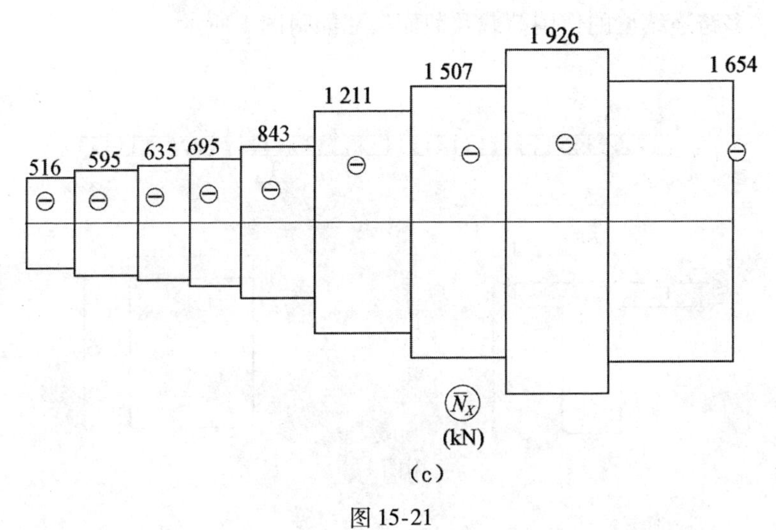
1 926
1 507
1 654
1 211
843
695
635
595
516
$\overline{N}_X$
(kN)

（c）

图 15-21

附　　录

微型计算机计算连续梁及平面刚架程序 *
（BASIC）

A. 连续梁计算程序

一、功能

本程序可以计算多跨连续梁在均布荷载，集中荷载作用下的弯矩、切力及绘制不同荷载组合下的弯矩包络图。

二、使用说明

（一）符号说明

多跨连续梁的作用荷载及截面尺寸如附图 1 所示。

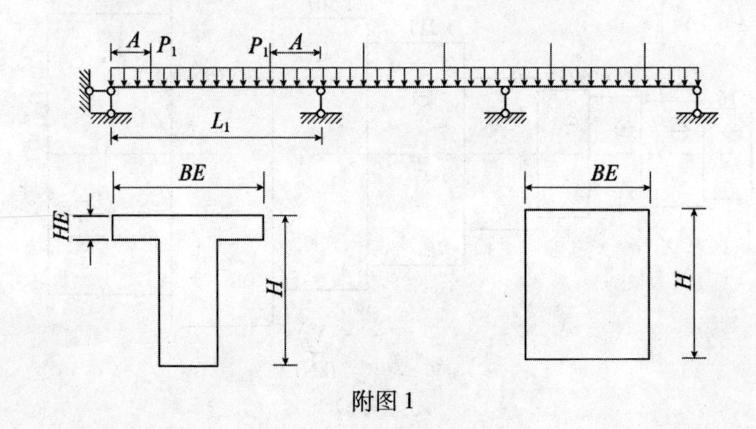

附图 1

---

* ①参加本附录程序编写的还有彭贤豪同志。

②本程序是在 MDR-Z80 微型计算机及 WX4675 型绘图仪上实现的，若使用其他型号的微型计算机及绘图仪，稍作修改即可。

Z：荷载组数；

N：连续梁跨度数目；

RZ，RY：左右端支承信息（铰支为0，固端为1）；

NQ：每跨梁计算截面数

Q_2，Q_3，Q_4，Q_5：各跨集中力 P_1 作用点左、右截面切力；

IZ（N）：N 个元素一维数组，存放截面惯性矩；

I（N）：I（N）=IZ（N）/L_1（N）线刚度；

Q_1（N）：均布荷载；

P_1（N）：集中荷载；

L_1（N）：各跨梁的跨度；

A（N）：集中力至支座距离；

P（N+1）：先存结点荷载，后存位移；

PM（N，2）：N×2 个元素的二维数组，存放固端弯矩；

KZ（N+1，N+1）：（N+1）×（N+1）个元素的二维数组，存放整体刚度矩阵；

MA（Z，N），MB（Z，N）：各种荷载组合下各跨梁左、右端杆端弯矩；

MP（NP）：各截面弯矩；

QP（NP）：各截面切力；

M_2（N），M_3（N）；各跨内集中荷载 P_1 作用处的弯矩；

MO（N）：均布荷载作用下各跨梁内最大弯矩；

MX（N），MI（N）：各跨梁内最大，最小弯矩；

M_5（Z，N），M_6（Z，N）：各种荷载组合下连续梁的最大弯矩和最小弯矩。

（二）输入

1. 205 行：键盘输入语句，Z，N，RZ，RY，NQ

2. 2300 行：DATA 语句，梁截面参数 BE（N），HE（N），B（N），H（N），L_1（N）

3. 2400 行：DATA 语句，各种组合下载荷参数 A（N），Q_1（N），P_1（N），L_1（N）

4. 2500 行：恢复数据语句，假读的数据个数为 2300 行数据个数。

（三）输出

1. 截面尺寸及惯性矩数组：BE（N），HE（N），B（N），H（N），L1（N），IZ（N）；

2. 固端弯矩数组 ABM（N，2）；

3. 计算截面　弯矩 M，切力 Q；

4. 支座反力及集中力作用处的弯矩和切力数组 VA，VB，M_2，M_3，Q_2，Q_3，Q_4，Q_5；

5. 各种荷载组合情况下，各跨最大弯矩数组 M_5（Z，N）和最小弯矩数组 M_6（Z，N）；

6. 不同荷载组合情况下，各跨最大弯矩值 M_{max} 和最小弯矩值 M_{min}；

7. 各种荷载情况作用下的弯矩图 M。

（四）荷载及杆端弯矩正负号规定

均布荷载及集中荷载均以向下为正（附图 1）。

杆端弯矩以顺时针转向为正向（绘制 M 图时为与一般绘图规则一致，仍按结构力学规定）。

三、源程序

```
100 REM"＊＊＊＊CONTINUOUS BEAM OR SLAB ON MANY SUPPURTS＊＊＊＊"200 REM"＊＊＊＊M(ABM(I.1).ABM(I.2)) AT THE ENDS OF THE MEMBER OF ALL ELEMENT S OF MAIN BEAM ＊＊＊"
205 CLEAR 1000:INPUT"Z,N,RZ,RY,NQ=";Z,N,RZ,RY,NQ
206 DIM IZ(N),A(N),Q1(N),P1(N),L1(N),I(N),P(N+1),PM(N,2),KZ(N+1,N+1),ABM(N,2),MA(Z,N),MB(Z,N)
215 GOSUB 670
220 FOR I=1 TO N:I(I)=IZ(I)/L1(I):NEXT I
225 FOR W=1 TO Z:LPRINT"    ":LPRINT TAB(35)"W=":W:LPRINT"  ":FOR I=1 TO N:FOR X=1 TO 2:PM(I,X)=0:NEXT X,I
230 FOR I=1;TO N:READ A(I),Q 1(I),P 1(I).L 1(I)
```

```
240 PM(I,1)= -P 1(I) * A(I) * (1-A(I)/L1(I))-Q 1(I) * L 1(I) *
L 1(I)/12 : PM(I,2)= -PM(I,1) : NEX T I
246 PRINT : PRINT@ 50,"W=";W
255 P(1)= -PM(I,1) : P(N+1)= -PM(N,2)
260 FOR I=2 TO N
270 P(I)= -PM(I-1,2)-PM(I,1) : NEXT I
280 KZ(1,1)= 4 * I(1) : KZ(N+1,N+1)= 4 * l(N)
300 FOR J=2 TO N
310 KZ(J,J)= 4 * I(J-1)+4 * I(J) : NEXT J
330 FOR J=2 TO N+1
340 KZ(J,J-1)= 2 * I(J-1) : KZ(J-1,J)= KZ(J,J-1) : NEXT J
370 IF RZ=1 THEN KZ(1,1)= 1 : KZ(1,2)= 0 : KZ(2,1)= 0 :
P(1)= 0
380 IF RY=1 THEN KZ(N+l,N+1)= 1 : KZ(N,N+1)= 0 : KZ(N
+1,N)= 0 : P(N+I)= 0
400 FOR K=1 TO N
410 FOR I=K+1 TO N+1
420 C=KZ(K,I)/KZ(K,K) : P(I)= P(I)-C * P(K)
430 FOR J=I TO N+l
440 KZ(I,J)= KZ(I,J)-C * KZ(K,J) : NEXT J,I,K
450 P(N+1)= P(N+I)/KZ(N+1,N+1)
490 FOR I=N TO 1 STEP-1
500 FOR J=I+1 TO N+1
510 P(I)= P(I)-KZ(I,J) * P(J) : NEXT J
630 P(I)= P(I)/KZ(I,I) : NEXT I
570 FOR I=1 TO N
580 ABM(I,1)= 4 * I(I) * P(I)+2 * I(I) * P(I+1)+PM(I,1) :
MA(W,I)= -ABM(I,1)
590 ABM(I,2)= 2 * I(I) * P(I)+4 * I(I) * P(I+1)+PM(I,2) :
MB(W,I)= ABM(I,2)
```

```
595 NEXT I
600 LPRINT"    " : LPRINT TAB(20)"ABM(I,1)" : TAB(50)
"ABM(I,2)""(T-M)" : FOR I = 1 TO N; LPRINT TAB(20)
ABM(I,1) : TAB(50)ABM(I,2)NEXT I : LPRINT"   "
610 NEXT W
620 LPRINT STRING $(80,"*") : LPRINT"      "
660 GOTO 1010
670 REM"****THE MOMENT OF INERTIA IZ OF THE T-
SHAPED CROSS SECTION ABOUT THE NEUTRAL. AXIS****"
680 LPRINT"**********—IZ—MA—MB—****
*****"
690 LPRINT"      " : LPRINT TAB(3)"N" : TAB(12)"BE(M)"
: TAB(22)"HE(M)" : TAB(32)"B(M)" : TAB(42)"H(M)" : TAB
(52)"L 1(M)" : TAB(62)"JZ(M+4)" : LPRINT"      "
700 CLS : FOR I=1 TO N : READ BE(I),HE(I),B(I),H(I)
L1(I)
710 Y1=HE(I)/2 : Y2=HE(I)+(H(I)-HE(I))/2 : Y8=(BE(I)
*HE(I)*Y1+(H(I)-HE(I))*B(I)*Y2)/(BE(I)*HE(1)+
(H(I)-HE(I))*B(I))
720 A1=YB-HE(I)/2 : I1Z=BE(I)*HE(I)↑3/12+A1*AI*
BE(I)*HE(I) : A2=(H(I)-HE(I))/2+HE(I)-Y 8 : I2Z=B(J)*(H
(I)-HE(I)↑3/12+A2*A2*B(I)*(H(I)-HE(I))
730 IZ(I)= I1Z+I2Z; LPRINT TAB(2)I : TAB(10)BE(I) : TAB
(20)HE(I) : TAB(30)B(I) : TAB(40)H(I) : TAB(50)L1(I) : TAB
(60)IZ(I)
740 NEXT I
750 RETURN
1000 REM*****SHEAR FORCE AND BENDING MOMENT
OF ALL SECTIONOF MAIN BEAM*****
1010 NP=N*NQ+l
```

1020 DIM MP(NP),QP(NP),MO(N),XO(N),M_2(N),M_3(N),VA(N),VB(N),M(NP),Q(NP),X(NP),MX(N),MI(N),MZ(Z,NP),QZ(Z,NP),M_5(Z,N),M_6(Z,N),Q_2(N),Q_3(N),Q_4(N),Q_5(N),X_1(NP),X_2(NP)

1025 RESTORE：READ B_4;B_5,B_6,B_7,B_8,B_9,F_1,F_2,F_3,F_4,F_5,F_6,F_7,F_8,F_9

1030 FOR W=1 TO Z：PRINT@ 50,"W=";W：LPRINT" * * * * * W=";W："* * * * *"

1040 FOR K=1 TO N;READ A(K),Q1(K),P1(K),L_1(K)

1220 VA=Q1(K) * L_1(K)/2+P_1(K)+(MA(W,K)-MB(W,K))/L_1(K)：V-Q1(K) * L1(K)/2+P_1(K)+(MB(W,K)-MA(W,K))/L1(K)

1240 FOR I=1 TO NQ+1：IF I=1 THEN X(I)=0 ELSE X(I)：X(I-1)+L_1(K)/NQ：X1(I+(K-1) * NQ)=X(I)

1250 IF A(K)=0 OR X(I)<A(K)THEN M(I)=VA * X(I)-Q1(K) * X(I) * X(I)/2-MA(W,K)：Q(1)=VA-Q1(K) * X(I)：GOTO 1280

1260 IF X(I)<(L1(K)-A(K))THEN M(I)=VA * X(I)-Q1(K) * X(I) * X(I)/2-MA(W,K)-P1(K) * (X(I)-A(K))：Q(I)=VA-Q_1(K) * X(I)-P_1(K)：GOTO 1280

1270 M(I)=VB * (L_1(K)-X(I))-Q_1(K) * ((L_1(K)-X(I)))↑2/2-MB(W,K)：Q(I)=-VB+Q_1(K) * (L1(K)-X(I))

1280 MP(I+(K-1) * NQ)=M(I)：QP(1+(K-1) * NQ)=Q(I)：NEXT I

1290 IF A(K)>0 THEN M_2=VA * A(K)-Q_1(K) * A(K) * A(K)/2-MA(W,K)$_2$ M_3=VB * A(K)-Q_1(K) * A(K) * A(K)/2-MB(W,K)：Q_2=VA-Q_1(K) * A(K)：Q_3=VA-Q_1(K) * A(K)-P_1(K)：Q_4=-VB+Q_1(K) * A(K)：Q5=-VB+Q_1(K) * A(K)+P_1(K)

1295 IF A(K)=0 THEN Q2=O：Q3=0：Q4=0：Q5=0：M2=0：M3=0。

```
1300 IF Q1(K)>0 THEN XO=(VA-P1(K))/Q1(K) : MO=VA * XO-Q1(K) * XO * XO/2-P1(K) * (XO-A(K))-MA(W,K) : QO=VA-Q1(K) * XO
1305 MX=-1E38 : MI=1E38
1310 FOR I=1 TO NQ+1 : IF M(I)>MX THEN MX=M(I)
1320 IF M(I)<MI THEN MI=M(I)
1325 NEXT I
1340 XO(K)=XO : M0(K)=MO : Q0(K)=QO : M2(K)=M2 : M3(K)=M3 : VA(K)=VA : VB(K)=VB : MX(K)=MX : MI(K)=MI : Q2(K)=Q2 : Q3(K)=Q3 : Q4(K)=Q4 :  Q5(K)=Q5
1350 NEXT K
1352 PRINT"DO YOU NEED TO LPRINT M(I)Q(I)? YES THEN CONT NO GOTO 1400" : STOP
1360 LPRINT"#","X","M(I)","Q(I)" : LPRINT"      "
1361 X1=0
1362 FOR K=1 TO N
1363 X(1)=0
1364 FOR I=2 TO NQ+1 : X1=X1+L1(K)/NQ : X1(I)=X1 : X2(I+(K-1) * NQ)=X1(I)
1365 NEXT I
1366 NEXT K
1370 FOR I=1 TO NP
1380 LPRINT I,X2(I),MP(I),QP(I)
1390 NEXT I
1420 LPRINT"      " : LPRINT"N","VA","VB","M2(AT-P)","M3(AT-P)" : LPRINT"      "
1430 FOR I=1 TO N : LPRINT I,VA(I),VB(I),M2(I),M3(I) : NEXT I : LPRINT"      "
1435 LPRINT"N","Q2(P-LEFT)","Q3(P-RIGHT)","Q4(P-RIGHT)","Q5(P-LEFT" : LPRINT"      "
```

```
1440 FOR I=1 TO N : LPRINT I, Q2(I), Q3(I), Q4(I), Q5(I) : NEXT I : LPRINT"     "
1510 FOR I=1 TO NP : MZ(W,I)=MP(I) : QZ(W,I)=QP(I) : NEXT I
1512 FOR I=1 TO N : IF M2(I)<M3(I)THEN M2(I)=M3(I)
1514 IF MO(I)>MX(I)THEN MX(I)=MO(I)
1516 IF M2(I)>MX(I)THEN MX(I)=M2(I)
1517 NEXT I
1520 FOR J=1 TO N : M5(W,J)=MX(J) : M6(W,J)=MI(J) : NEXT J
1530 NEXT W
1532 DIM MM(N),MN(N)
1533 FOR I=1 TO N : MM(I)=-1E38 : MN(I)=1E38 : NEXT I
1534 FOR W=1 TO N : FOR I=1 TO N
1535 IF M5(W,N)<=MM(I)THEN 1537
1536 MM(I)=M5(W,I)
1537 IF M6(W,I)>=MN(I)THEN 1539
1538 MN(I)=M6(W,I)
1539 NEXT I
1540 NEXT W
1600 CLS : LPRINT"***********MAX. M M5(Z. N)**********"
1605 LPRINT"W","N=1","N=2","N=3" : LPRINT"     "
1610 FOR I=1 TO Z
1615 LPRINT I,
1620 FOR J=1 TO N
1630 LPRINT M5(I,J), : NEXT J : LPRINT"     "
1640 LPRINT"     " : NEXT I
1650 LPRINT"     " : LPRINT,"************
```

```
MIN. M M6(Z,N) * * * * * * * * * * * * * * ": LPRINT" "
    1660 FOR I=1 TO Z : LPRINT I : FOR J=1 TO N
    1670 LPRINT M6(I,J),  : NEXT J : LPRINT"  "
    1680 LPRINT"       " : NEXT I
    1681 LPRINT STRING $ (40," =")
    1682 LPRINT"MAX. M MM=";
    1684 FOR I=1 TO N : LPRINT MM(I), : NEXT I : LPRINT"
    1686 LPRINT"MIN. M MN=";
    1688 FOR I=1 TO N : LPRINT MN(I), : NEXT J : LPRINT"      " :
LPRINT STRING $ (80," =")
    1690 SM=-1E38 : QM=1E38
    1692 FOR I=1 TO N : IF MM(I)>SM THEN SM=MM(I)
    1693 IF MN(I)<QM THEN QM=MN(I)
    1694 NEXT I : IF ABS(QM)>ABS(SM)THEN SM=QM
    1695 SM=ABS(SM)
    1696 FOR I=1 TO Z
    1697 FOR J=1 TO NP : MZ(I,J)=MZ(I,J)/SM : NEXT J
    1698 NEXT I
    1999 REM * * * * * * * * LPOT * * * * * * * *
    2000 CLS : PRINT" * * * * DO YOU NEED PLOT M ? YES
THEN CONT,ELSE GOTO 1000 OR END" : STOP
    2005 DIM A $ (N),B $ (N)
    2006 INPUT"NX=1 OR NX=0. 5,NX=";NX : NP : NX * N *
NQ+1
    2010 XO=200 : YO=1500 : GOTO 2020
    2020 T $ ="BENDING MOMENT ENVELOPE"
    2025 LPRINT"S"2
    2030 LPRINT"M"XO+700","YO+600
    2040 LPRINT"P"T $
```

```
2080 LPRINT"M"XO",”YO
2085 IF N=3 THEN NL=700：LPRINT"X1,700,3"
2090 IF N=5 THEN NL=400：LPRINT"X1,400,5"
2095 IF N=7 THEN NL=300：LPRINT"X1,300,7"
2100 IF N=3 THEN LPRINT"M"XO","YO-500：LPRINT"XO,
100,10"ELSE LPRINT"M"XO","YO-400：LPRINT"XO,80,10"
2120 FOR Y=10 TO-10 STEP-2
2130 IF N=3 THEN LPRINT"M"XO-140","YO+Y/0.02-10
ELSE LPRINT"M"XO-140","YO+Y/0.025-10
2140 LPRINT"P";：LPRINT USING"####.#";(-Y)/10：NEXT
2142 C $ =STR $ (SM)+"(T-M)"
2144 IF N=3 THEN LPRINT"M"XO-50","YO+550 ELSE LPRINT
"M"XO-50","YO+450
2146 LPRINT"P"C $
2147 LPRINT"J2"
2148 FOR W=1 TO Z
2150 LPRINT"M"XO","YO
2160 Q=(N*NL)/(NP-1)
2170 FOR X=1 TO NP
2180 IF N=3 THEN LPRINT"D"INT(XO+Q*(X-1))","INT(YO-
MZ(W,X)/0.002)ELSE LPRINT"D"INT(XO+Q*(X-1))","INT(YO-
MZ(W,X)/0.0025)
2190  NEXT X
2200 FOR K=1 TO Z
2210 IF W=K THEN LPRINT"J"K
2220 NEXT K
2240 NEXT W
2241 P $ ="MAX="：Q $ ="MIN="
2242 IF NX=1.0 THEN 2243 ELSE 2259
```

2243 FOR I=1 TO N

2244 A $(I)=P $+STR $(MM(I)):B $(I)=Q $+STR $(MN(I))

2245 IF N=3 THEN LPRINT"M"XO+100+<(I-1)*700",",YO+500:LPRINT"P"A $(I):LPRINT"M"XO+100+((I-1)*700)",",YO+400:LPRINT"P"B $ (I):GOTO 2247

2246 IF N=3 THEN LPRINT"M"XO+50+((I-1)*400)",",YO+400;LPRINT"P"A $(I):LPRINT"M"XO+50+((I-1)*400)",",YO+300:LPRINT"P",B $(I)

2247 NEXT I

2255 LPRINT"M,O,O"

2256 CLS:PRINT"PLOT M END OR GOTO 2006",STOP

2259 FOR I=1 TO NH:A $(I)=P $+STR $(MM(I)):B $(I)=Q $、STR $(MN(I))

2260 LPRINT"M"XO+800+((I-1)*1700)",",YO+800:LPRINT"P"A $(I)

2261 LPRINT"M"XO+800+((I-1)*1700)",",YO+700:LPRINT"P"B $(I):NEXT I

2262 GOTO 2255

2300 DATA(BE(1),HE(1)B(1),H(1),L_1(1),……BE(N),HE(N),B(N),H(N),L_1(N)

2400 DATA[A(1),Q_1(1),P_1(1),L_1(1)……A(N),Q_1(N),P_1(N),L_1(N)$]_{w-1}$……

2500 DATA[A(1),Q_1(1),P_1(1),L_1(1)……A(N),Q_1(N),P_1(N),L_1(N)$]_{w-1}$……………[A(1),Q(1),P_1(I),L_1(1)……A(N),Q_1(N),P_1(N),L_1(N)$]_{w-z}$

四、计算实例

1. 计算简图及荷载组合情况(见附图2)

2. 截面尺寸

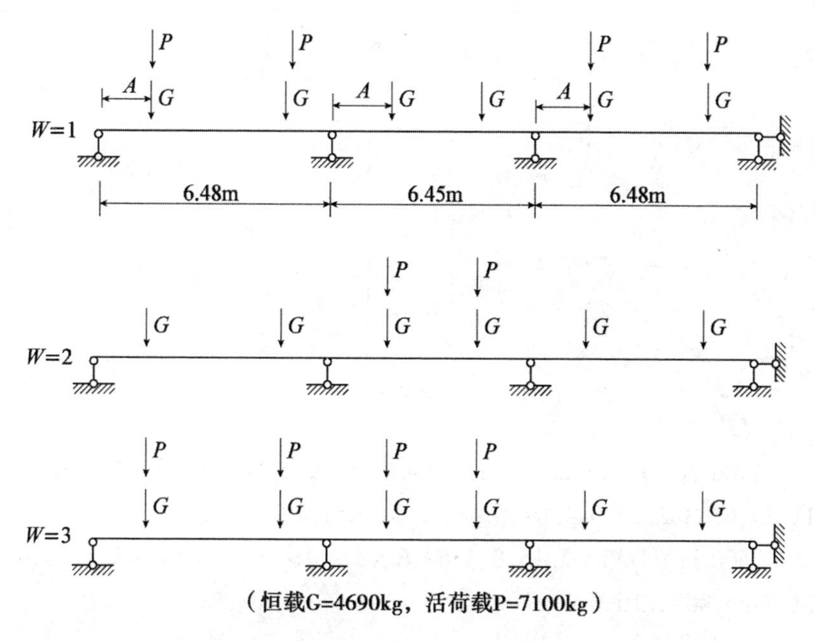

附图 2

跨数	* A	BE	HE	B	H	L_1(单位:m)
1	2. 16	2. 16	0. 08	0. 25	0. 6	6. 48
2	2. 15	2. 15	0. 08	0. 25	0. 6	6. 45
3	2. 16	2. 16	0. 08	0. 25	0. 6	6. 48

3. 输入数据(见附图 3)

205 行　INPUT 语句(键盘输入)

荷载组合数　Z=3;

连续梁跨度数　N=3;

支承信息　RZ=0,RY=0;

每跨计算截面数　NQ=20

2300 行　DATA 2. 16;0. 08,0. 25,0. 6,6. 48,2. 15,0. 08,0. 25,0. 6,6. 45,2. 16,0. 08,0. 25,0. 6,6. 48

2400 ~2500 行　$[A(I),Q_1(I),P_1(I),L_1(I)]_w$ W=1,2,…,Z　I=1,2,…,N

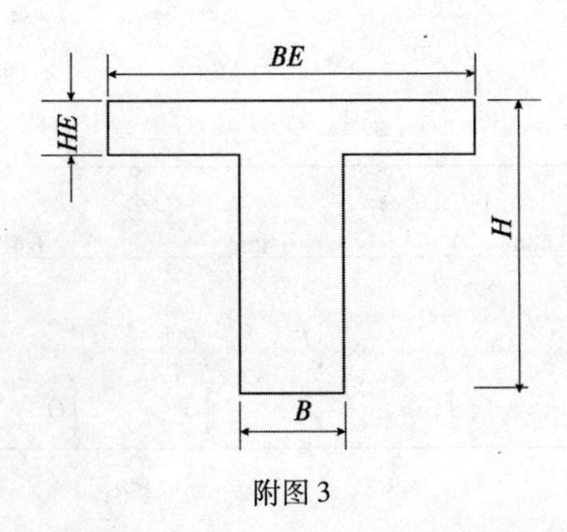

附图 3

2400 行　DATA 2. 16,0,11. 79,6. 48,2. 15,0,4. 69,6. 45,2. 16,0,11. 79,6. 48,2. 16,0,4. 69,6. 48,2. 15,0,11. 79,6. 45。

2500 行　DATA 2. 16,0,4. 69,6. 48,2. 16,0,11. 79,6. 48,2. 15,0,11. 79,6. 45,2. 16,0,4. 69,6. 48

4. 输出结果

(1)截面几何性质：

＊＊＊＊＊＊＊＊＊＊＊------IZ------MA------MB------＊＊＊＊＊＊＊

N	BE(M)	HE(M)	B(M)	H(M)	L_1(M)	IZ(M↑4)
1	2. 16	. 08	. 25	. 6	6. 48	9. 69838E-03
2	2. 15	. 08	. 25	. 6	6. 45	9. 68464E-03
3	2. 16	. 08	. 25	. 6	6. 48	9. 69838E-03

(2)不同荷载组合下各单元杆端弯矩值；

W=1

跨数	ABM(I,1)	ABM(I,2)(T-M)
1	0	14. 2345
2	-14. 2345	14. 2345
3	-14. 2345	-1. 90735E-06

W=2

	ABM(I,1)	ABM(I,2)(T-M)
1	4.76837E-07	14.1863
2	-14.1863	14.1863
3	-14.1863	0

W=3

	ABM(I,1)	ABM(I,2)(T-M)
1	0	22.377
2	-22.377	12.142
3	-12.142	0

(3)各种荷载组合下连续梁各截面内力(弯矩 M,剪力 Q)

(本例每跨取 20 等分,表中 X 值为各截面距左端点距离):

* * * * * W=1　* * * * *

#	X	M(I)	Q(I)
1	0	0	9.59332
2	.324	3.10824	9.59332
3	.648	6.21647	9.59332
4	.972	9.32471	9.59332
5	1.296	12.4329	9.59332
6	1.62	15.5412	9.59332
7	1.944	18.6494	9.59332
8	2.268	20.4843	-2.19668
9	2.592	19.7726	-2.19668
10	2.916	19.0609	-2.19668
11	3.24	18.3492	-2.19668
12	3.564	17.6375	-2.19668
13	3.888	16.9257	-2.19668
14	4.212	16.214	-2.19668
15	4.536	12.9556	-13.9867
16	4.86	8.42395	-13.9867

17	5. 184	3. 89227	-13. 9867
18	5. 508	-6. 39414	-13. 9867
19	5. 832	-5. 1711	-13. 9867
20	6. 156	-9. 70278	-13. 9867
21	6. 48	-14. 2345	4. 69
22	6. 8025	-12. 7219	4. 69
23	7. 125	-11. 2094	4. 69
24	7. 4475	-9. 69689	4. 69
25	7. 77	-8. 18437	4. 69
26	8. 0925	-6. 67184	4. 69
27	8. 415	-5. 15932	4. 69
28	8. 7375	-4. 15097	4. 76837E-07
29	9. 06	-4. 15097	4. 76837E-07
30	9. 3825	-4. 15097	4. 76837E-07
31	9. 705	-4. 15097	4. 76837E-07
32	10. 0275	-4. 15096	4. 76837E-07
33	10. 35	-4. 15097	4. 76837E-07
34	10. 6725	-4. 15097	4. 76837E-07
35	10. 995	-5. 15932	-4. 69
36	11. 3175	-6. 67184	-4. 69
37	11. 64	-8. 18437	-4. 69
38	11. 9625	-9. 6969	-4. 69
39	12. 285	-11. 2094	-4. 69
40	12. 6075	-12. 7219	-4. 69
41	12. 93	-14. 2345	13. 9867
42	13. 254	-9. 70278	13. 9867
43	13. 578	-5. 1711	13. 9867
44	13. 902	-. 639415	13. 9867
45	14. 226	3. 89227	13. 9867

46	14.55	8.42395	13.9867
47	14.874	12.9556	13.9867
48	15.198	16.214	2.19668
49	15.522	16.9257	2.19668
50	15.846	17.6375	2.19668
51	16.17	18.3492	2.19668
52	16.494	19.0609	2.19668
53	16.818	19.7726	2.19668
54	17.142	20.4843	2.19668
55	17.466	18.6494	-9.59332
56	17.79	15.5412	-9.59332
57	18.114	12.4329	-9.56332
58	18.438	9.32471	-9.59332
59	18.762	6.21648	-9.59332
60	19.086	3.10824	-9.59332
61	19.41	6.4818E-06	-9.59332

(4)各跨支座反力及集中力作用处截面内力(M,Q)：

N	VA	VB	M_2(AT-P)	M_3(AT-P)
1	9.59332	13.9867	20.7216	15.9768
2	4.69	4.69	-4.15097	-4.15097
3	13.9867	9.59332	15.9768	20.7216

N	Q2(P-LEFT)	Q3(P-RIGHT)	Q4(P-RIGHT)	Q5(P-LEFT)
1	9.59332	-2.19668	-13.9867	-2.19668
2	4.69	4.76837E-07	-4.69	4.76837E-07
3	13.9867	2.19668	-9.59332	2.19668

(W=2,3 两种荷载组合情况计算结果略)

(5)不同荷载组合下各跨度内最大弯矩值及最小弯矩值:

* * * * * * * * *　MAX * M　M_5(Z_N)　* * * * * * * *

W	N=1	N=2	N=3

1	20.7216	0	20.7216
2	5.40163	11.1622	5.40163
3	18.0074	9.79487	6.08308

******* MIN. M M_6(Z_N) *********

1	-14.2345	-14.2345	-14.2345
2	-14.1863	-14.1863	-14.1863
3	-22.3769	-22.377	-12.142

(6)各种荷载组合情况下各跨度最大弯矩 M_{max}、最小弯矩 M_{min}：

MAX. M	MM=20.7216	11.1622	20.7216
MIN. M	MN=-22.3769	-22.377	-14.2345

(7)各荷载组合情况下的弯矩图：

B. 平面刚架计算程序(见附图 4)

一、功能

可以计算一般刚架(包括有侧移)的结点位移和杆端内力，也可以

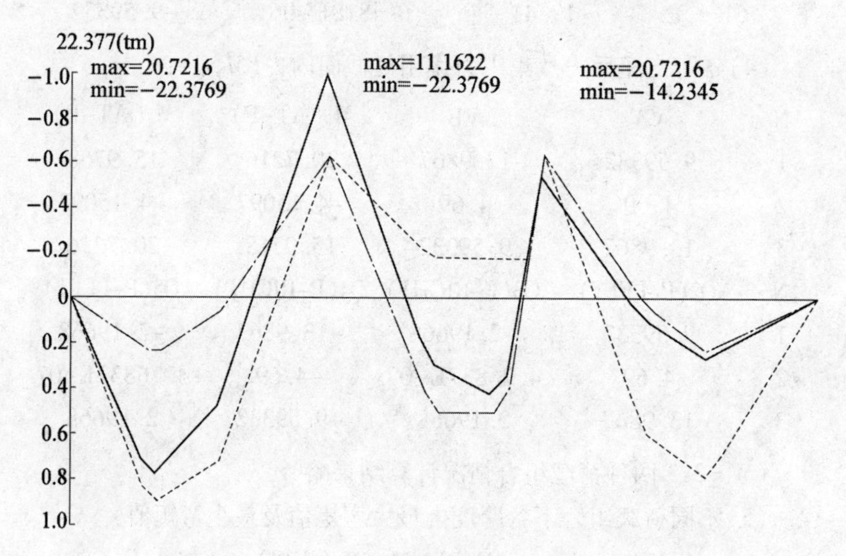

附图 4

用来计算连续梁的结点转角和杆端内力。

二、使用说明

(一)符号说明

NE——单元数;

NJ——结点数;

NZ——支承数;

N_1P——结点荷载数;

NFP——非结点荷载数;

EO——弹性模量;

N_3J——位移分量数,$N_3J=NJ\times3$;

AO——杆件横截面的面积;

JO——杆件横截面的惯性矩;

LO——杆长;

CETA——杆件的倾角(弧度);

CO,SI——余弦与正弦;

U,V——结点位移;

NA,QA,MA,NB,QB,MB——杆件 A、B 端内力;

PJ(N P+1,2)——结点荷载数组,由全部 N_1P 个结点荷载的数值及对应位移分量的编码组成;

PF(NFP+1,4)——非结点荷载数组,由全部 NFP 个非结点荷载的四种数据(荷载数值,位置参数,作用杆码,荷载类型码)组成。它是(NFP+1)×4 阶矩阵,矩阵共有 NFP+1 行,即由第 0 行到 NFP 行;

当 NFP=0 时,第 0 行的四个元素可虚设为零;

当 NFP>0 时,第 I 行的四个元素意义为:

PF(I,1)——第 I 号非结点荷载的数值;

PF(I,2)——第 I 号非结点荷载的位置参数。如为集中荷载,则为荷载作用点与杆件始端的距离,如为均布荷载,则为荷载段的长度;

PF(I,3)——第 I 号非结点荷载所在杆件的编码;

PF(I,4)——第 I 号非结点荷载的类型编码:

均布荷载——1;垂直集中荷载——2;水平集中荷载——3。

GC(NE),GJ(NE),GX(NE),MJ(NE),ZC(NE)——分别为杆件长度,杆件角度,惯性矩,截面面积,支承数组;

JM(NE,2)——杆端结点编码组成的数组;

FO(6)——非结点荷载作用下的杆端内力数组;

PE(6)——刚架的等效结点荷载;

P(N_3J)——先存直接结点荷载,后存刚架等效总结点荷载;

KE(6,6)——单元刚度矩阵(公共坐标系);

T(6,6)——坐标转换矩阵;

KP(6,6)——局部坐标系中的单元刚度矩阵;

KZ(N_3J,N_3J)——整体刚度矩阵;

WY(6)——单元位移,WY(6)= $[u_1\ v_1\ \theta_1\ u_2\ v_2\ \theta_2]$;

F(6)——单元杆端内力,F(6)=[NA QA MA NB QB MB]。

IND——荷载类型码:

  * IND=1 均布荷载;

  IND=2 垂直集中荷载;

  IND=3 水平集中荷载。

(二)荷载及杆端内力正负号规定

荷载的正方向如附图5所示。垂直荷载以沿 $\bar{Y}$ 轴方向为正,平行荷载以沿 $\bar{X}$ 轴方向为正。

杆端内力正方向如附图6所示。轴向力 N 以沿 $\bar{X}$ 轴方向为正,切力 Q 以沿 $\bar{Y}$ 轴方向为正,弯矩 M 以顺时针方向为正。

(三)输入

40行 键盘输入语句:由键盘输入单元数NE,结点数NJ,支承数NZ,结点荷载数N_1P,非结点荷载数NFP,弹性模量EO;

```
3450    DATA    杆件角度    GJ(NE)
3460    DATA    杆端结点编码    JM(NE,2)
3470    DATA    杆件面积    MJ(NE)
3480    DATA    杆件长度    GC(NE)
```

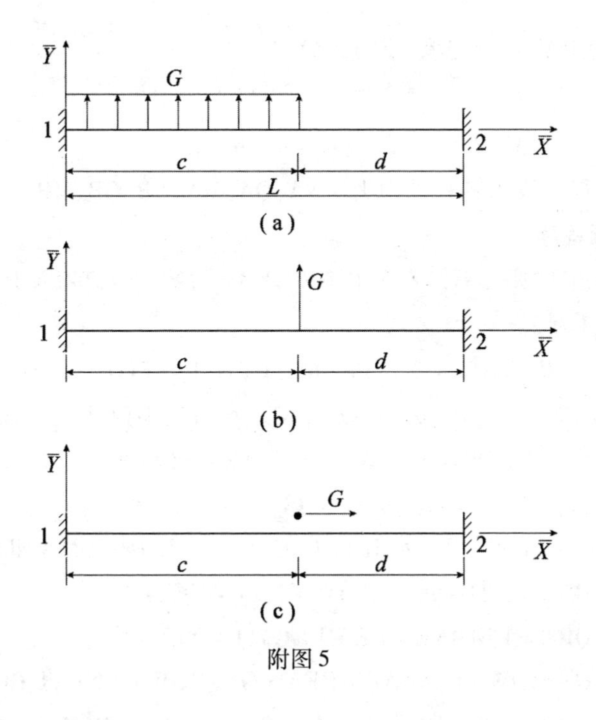

附图 5

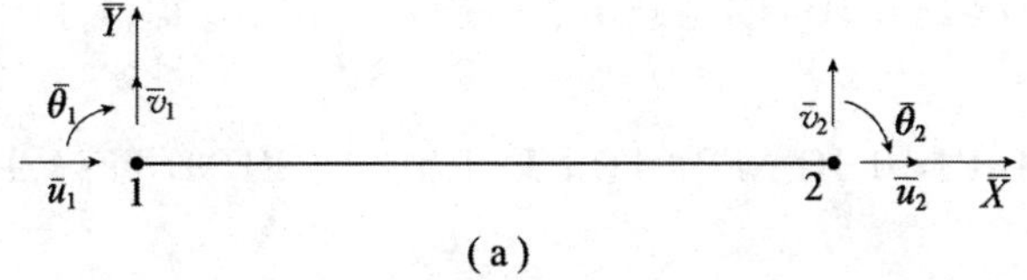

(a)

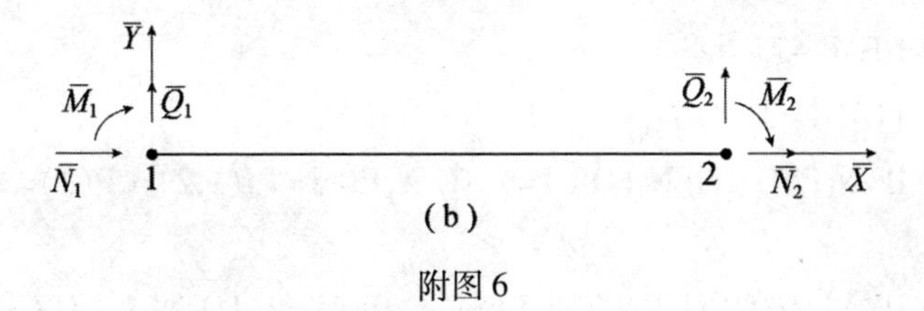

(b)

附图 6

3490　　DATA　　杆件截面惯性矩　GX(NE)

3500　　DATA　　结点荷载　PJ(N_1P+1,2)

3510　　DATA　　非结点荷载　PF(NFP+1,4)

3520　DATA　支承　ZC(NZ)

(四)输出

1390 行~1394 行　打印位移　u v θ

1847 行　打印各杆端内力　NA,QA,MA,NB,QB,MB

三、源程序

```
40 INPUT"NE,NJ,NZ,N1P,NFP,EO=";NE,NJ,NZ,N1P,NFP,EO
60 N3J=NJ*3
70 DIM PJ(N1P+1,2),PE(6),P(N3J),T(6,6),JM(NE,2),
FO(6),KZ(N3J,N3J),ZC(NZ),KD(6,6),MJ(NE),KE(6,6),
WY(6),F(6),GJ(NE),GC(NE),GX(NE),PF(NFP+1,4)
80 FOR I=1 TO NE:READ GJ(I):NEXT I
90 FOR I=1 TO NE:FOR J=1 TO 2:READ JM(I,J):NEXT J,I
100 FOR I=1 TO NE:READ MJ(I):NEXT I
110 FOR I=1 TO NE:READ GC(I):NEXT I
120 FOR ROW=1 TO AE:READ GX(ROW):NEXT ROW
130 FOR I=0 TO N1P:FOR J=1 TO 2:READ PJ(I,J):NEXT J,
I
140 FOR I=0 TO NFP:FOR J=1 TO 4:READ PF(I,J):NEXT
J,I
150 FOR I=1 TO NZ:READ ZC(I):NEXT I
490 REM---7---
500 FOR I=1 TO N3J:P(I)=O:NEXT I
510 IF N1P>O THEN FOR I=1 TO N1P:J=PJ(I,2):P(J)=PJ(I,1)
:NEXT I
520 IF NFP=O,THEN 700 ELSE FOR H=1 TO NFP:HZ=H
530 GOSUB 2990
535 GOSUB 3390
540 FOR J=1 TO 6:PE(J)=0
550 FOR K=1 TO 6:PE(J)=PE(J)-T(K,J)*FO(K):NEXT
```

```
K,J
    560 A1 =JM(E,1) : B1 =JM(E,2) : P(3 * A1 -2)= P(3 * A1 -2)+
PE(1) : P(3 * A1 -1)= P(3 * A1 -1) +PE(2) : P(3 * A1 )= P(3 * A1 )+
PE(3) : P(3 * B1 -2)= P(3 * B1 -2) +PE(4) : P(3 * B1 -1)= P(3 * B1 -
1)+PE(5) : P(3 * B1 )= P(3 * B1 )+PE(6) : NEXT H
    690 REM---8---
    700 FOR I=1 TO N3J : EOR J=1 TO N3J : KZ(I,J)= O : NEXT J,
I
    710 FOR E=1 TO NE
    720 GOSUB 2190
    730 FOR I=1 TO 2
    740 FOR II=1 TO 3
    750 H=3 * (I-1) +II : HH=3 * (JM(E,1) -1) +II
    760 FOR J=1 TO 2
    770 FOR JJ=1 TO 3
    780 L=3 * (J-1) +JJ : LL=3 * (JM(E,J) -1) +JJ
    790 KZ(HH,LL)= KZ(HH,LL) +KE(H,L) : NEXT JJ,J,II,I
    797 NEXT E
    990 REM---9---
    1000 FOR I=1 TO NZ
    1010 J=ZC(I)
    1030 FOR K=1 TO N3J
    1040 IF K=J THEN KZ(J,J)= 1 : GOTO 1055
    1050 KZ(J,K)= O : KZ(K,J)= O
    1055 NEXT K
    1060 P(J)= O : NEXT I
    1290 REM---10---
    1300 FOR K=1 TO N3J-1
    1310 FOR I=K+1 TO N3J
    1320 C1 =KZ(K,I)/KZ(K,K)
```

```
1330 FOR J=I TO N3J：KZ(I,J)=KZ(I,J)-C1 * KZ(K,J)：
NEXT J
1340 P(I)=P(I)-C1 * P(K)：NEXT I. K
1350 P(N3J)=P(N3J)/KZ(N3J,N3J)
1360 FOR I=N3J-1 TO 1 STEP -1
1370 FOR J=I+1 TO N3J
1380 P(I)=P(I)-KZ(I,J) * P(J)：NEXT J
1385 P(I)=P(I)/KZ(I,I)：NEXT I
1390 LPRINT"    "：LPRINT TAB(3)"NJ";TAB(18)"U";TAB
(40)"V";TAB(54)
"CETA"
1392 FOR I=1 TO NJ
1394 LPRINT"     "：LPRINT TAB(3)1;TAB(15)P(3 * I-2);
TAB(36)P(3 * I-1);TAB(50)P(3 * I)
1395 NEXT I
1690 REM---11---
1695 LPRINT"     "：LPRINT TAB(2)"E";TAB(8)"NA";TAB
(18)"QA";TAB(29)"MA";TAB(38)"NB"：T AB(50)"QB",TAB
(60)"MB"
1700 FOR E=1 TO NE
1710 GOSUB 2590
1720 GOSUB 3390
1730 FOR I=1 TO 2
1740 FOR II=1 TO 3
1750 H * 3(I-1)+II：HH=3 * (JM(E,I)-1)+II：WY(H)=
P(HH)：NEXT II,I
1760 FOR I=1 TO 6：F(I)=0
1770 FOR J=1 TO 6
1780 FOR K=1 TO 6
1790 F(I)=F(I)+KD(I,J) * T(J,K) * WY(K)
```

```
1800 NEXT K,J,I
1805 IF NFP=0 GOTO 1847
1810 IF NFP>0 THEN FOR I=1 TO NFP
1815 IF PF(I,3)< >E GOTO 1845
1820 IF PF(I,3)=E THEN HZ=I : GOSUB 2990
1830 FOR J=1 TO 6 : F(J)=F(J)+FO(J) : NEXT J
1845 NEXT I
1847 LPRINT"      " : LPRINT TAB(2) E;TAB(6)F(1);TAB
(16)F(2);TAB(26)F(3);TAB(36)F(4);TAB(46)F(5);TAB(56)
F(6)
1850 NEXT E
2180 END
2190 REM 6
2200 GOSUB 2590
2210 GOSUB 3390
2220 FOR I=1 TO 6 : FOR J=1 TO 6
2230 KE(I. J)=0
2240 FOR K=1 TO 6 : FOR M=1 TO 6
2250 KE(I,J)=KE(I,J)+T(K,I) * KD(K,M) * T(M,J)
2260 NEXT M,K,J,I
2270 RETURN
2590 REM---5---
2610 AO=MJ(E) : LO=GC(E) : JO=GX(E)
2620 FOR I=1 TO 6 : FOR J=1 TO 6 : KD(I,J)=0 : NEXT J,I
2830 KD(I,1)=EO * AO/LO : KD(2,2)=12 * EO * JO/(LO * LO
* LO) : KD(3,2)=-6 * EO * JO/(LO * LO) : KD(3,3)=4 * EO *
JO/LO
2640 KD(4,1)=-KD(I,1) : KD(4,4)=KD(1,1) : KD(5,2)=-
KD(2,2) : KD(5,3)=-KD(3,2) : KD(5,5)=KD(2,2)
```

```
2650 KD(6,2)=KD(3,2) : KD(6,3)=2 * EO * JO/LO : KD(6,
5)=-KD(3,2) : KD(6,6)=KD(3,3)
2660 FOR I=1 TO 6 : FOR J=1 TO I : KD (J,I)=KD(I,J) :
NEXT J,1
2670 RETURN
2990 REM 3
3000 G=PF(HZ,1) : C=PF(HZ,2) : E=PF(HZ,3) : IND=PF
(HZ,4)
3010 LO=GC(E) : D=LO-C
3020 IF IND=1 THEN FO(1)=0 : FO(2)=-G * C * (2-2 * C *
C/(LO * LO)+C * C * C/(LO * LO * LO))/2 : FO(3)
=G * C * C * (6-8 * C/LO+3 * C * C/(LO * LO))/12 : FO(4)=
0 : FO(5)=-G * C-FO(2) : FO(6)=-G * C * C * C * (4-3 * C/
LO)/(12 * LO)
3030 IF IND=2 THEN FO(1)=0 : FO(2)=-G * D * D * (LO+2 *
C)/(LO * LO * LO : FO(3)=G * D * D * C/(LO * LO) : FO(4)=0 :
FO(5)=-G * C * C * (LO+2 * D)/(LO * LO * LO) : FO(6)=-G * C
* C * D/(LO * LO)
3035 IF IND=3 THEN FO(1)=-G * D/LO : FO(2)=0 : FO(3)=
0 : FO(4)=-G * C/LO : FO(5)=0 : FO(6)=0
3040 RETURN
3390 REM 4
3400 CETA=GJ(E) * 3.1415927/180 : CO=COS(CETA) : SI=
SIN(CETA)
3410 FOR 1=1 TO 6 : FOR J=1 TO 6 : T(I,J)=0 : NEXT J. I
3420 T(1,1)=CO : T(1,2)=S1 : T(2,1)=-SI : T(2,2)=CO :
T(3,3)=1
3430 FOR I=1 TO 3 : FOR J=1 TO 3 : T(I+3,J+3)=T(I,J) :
NEXT J,I
```

```
3440 RETURN
3450 DATA······················GJ(NE)······························
3460 DATA······················JM(NE.2)···························
3470 DATA······················MJ(NE)·····························
3480 DATA······················GC(NE)·····························
3490 DATA······················GX(NE)·····························
3500 DATA······················PJ(N1P+1,2)·······················
3510 DATA······················PF(NFP+1,4)························
3520 DATA······················ZC(NZ)·······························
```

四、计算实例

1. 计算简图及单元、结点编号如附图 7 所示

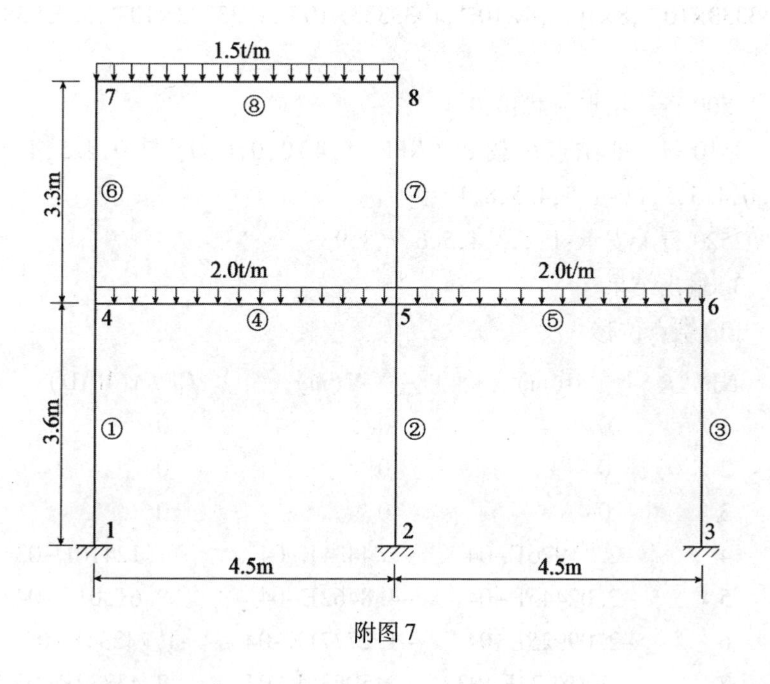

附图 7

2. 输入数据

(1)40 行　键盘输入

单元数　NE=8;结点数 NJ=8;支承数　NZ=9;

结点荷载数　$N_1P=0$;非结点荷载数　NFP=3;

弹性模量　$EO=2.6\times10^6 t/m^2$

(2)DATA 语句

3450 行　杆件角度　GJ(NE):90,90,90,0,0,90,90,0

3460 行　杆端结点码　JM(NE,2):1,4,2,5,3,6,4,5,5,6,4,7,5,8,7,8

3470 行　杆件截面面积(m^2):0.04,0.04,0.04,0.06,0.06,0.04,0.04,0.0525

3480 行　杆件长度(m):3.6,3.6,3.6,4.5,4.5,3.3,3.3,4.5

3490 行　截面惯性矩(m^4):1.33333×10^{-4},1.33333×10^{-4},1.33333×10^{-4},8×10^{-4},8×10^{-4},1.33333×10^{-4},1.33333×10^{-4},5.35938×10^{-4}

3500 行　结点荷载:0,0

3510 行　非结点荷载 PF(NFP+1,4)0,0,0,0,-2.0,4.5,4,1,-2.0,4.5,5,1,-1.5,4.5,8,1

3520 行　支承:1,2,3,4,5,6,7,8,9

3. 输出结果

(1)结点位移

NJ	U(m)	V(m)	CETA(RAD)
1	0	0	0
2	0	0	0
3	0	0	0
4	-2.11976E-04	-2.4434E-04	1.12416E-03
5	-2.02445E-04	-4.8462E-04	2.61301E-04
6	-2.09925E-04	-1.27771E-04	-1.73234E-03
7	1.08972E-03	-3.50536E-04	2.43832E-03
8	1.07225E-03	-5.92607E-04	-2.26234E-03

(2)杆端内力

E	NA(t)	QA(t)	MA(tm)	NB(t)	QB(t)	MB(tm)
1	7.05872	-.199321	.250526	-7.05872	.199321	.467031
2	14.0001	-.0599876	.0828155	-14.0001	.0599876	.13314
3	3.69115	.259312	-.299944	-3.69115	-.259312	-.633579
4	-.330433	3.71196	-1.20307	.330433	5.28804	4.74926
5	.259311	5.30885	-4.27341	-.259311	3.69115	.633579
6	3.34677	-.529754	.736042	-3.34677	.529754	1.01215
7	3.40324	.529756	-.608988	-3.40324	-.529756	-1.13921
8	.529759	3.34677	-1.01215	-.529759	3.40324	1.13921